개정판

직업환경의학

Occupational and Environmental Medicine

대한직업환경의학회 편

계축문화사

발간사

대한직업환경의학회 제17대 집행부는 2022년에 '직업환경의학' 개정판을 발간하게 되어 기쁘게 생각합니다.

직업환경의학은 오랫동안 예방의학의 한 분야이었기 때문에 '예방의학과 공중보건'의 한 부분을 차지하고 있었습니다. 1995년에 전문진료과목으로 독립한 직업환경의학은 수련과정이 정립되고 성숙하면서 예방과 임상의 공존이라는 직업환경의학의 정체성을 구현할 수 있는 교과서가 필요하였습니다. 이러한 이유로 2014년에 학회원들의 노력에 의해 직업환경의학 초판이 발간되었습니다.

학회가 성장하는 지난 30년 중 최근의 10여년은 사회환경이 더욱 가파르게 변하였습니다. 직업환경의학의 대상이 되는 노동환경도 급격하게 변해 왔습니다. 짧은 시간이지만 직업환경의학 전문의들이 관심을 가져야 할 환경과 대상도 더 확대되고 다양해졌습니다. 새로운 환경을 담아낼 교과서가 필요하게 되었습니다.

이번 집행부는 사회 및 노동환경의 변화에 부합할 수 있도록 교과서 개정이 필요하다는 학회원의 요청을 받아 들여 2021년 봄에 '직업환경의학'을 확대 · 개편하기로 하고 18개월의 대장정을 거쳤습니다. 교과서 편찬 작업을 흔쾌히 수락하고 원고 방향설정, 집필 의뢰, 원고 모집, 편집 및 교정 전 과정에 대해 많은 노력을 기울여 주신 강성규 편찬위원장과 장태원 편집위원장, 최원준 간사 및 편집위원의 헌신적인 노고에 감사드립니다. 바쁜 시간에도 집필 의뢰를 승낙하고 좋은 원고를 작성해 주신 집필자 여러분에게도 깊이 감사드립니다.

이번 교과서는 직업환경의학 전문의와 전공의를 위한 것이지만 산업보건 전반을 아우르고 있어, 의과대학생, 보건관리자, 산업안전보건 및 환경보건분야 전문가와 관련 대학원생, 그리고 행정가 등도 참고할 수 있도록 정리하였습니다. 이번에 발간되는 '직업환경의학'에는 변치 않는 자연과학적 진리가 담기지만, 학문의 특성상 사회 변화에 따른 노동 및 환경에 대한 다양한 인식과 최신 지견을 담고 있고, 관련 통계, 보상 및 정책 등 사회과학적 논리와 현상을 수록하고 있어 시대변화에 따라 지속적으로 보강하고 개편할 것입니다.

이번 개정 '직업환경의학'은 현장에서 산업보건과 환경보건 업무에 폭 넓게 활용될 뿐만 아니라 직업환경의학 분야가 한 단계 도약하는 데에도 기여할 수 있기를 기대합니다. 감사합니다.

2022년 11월
대한직업환경의학회 회장

구 정 완

편찬사

교과서를 발간한다는 것은 해당 분야가 학문으로서 정착되었다는 것을 의미합니다. 직업환경의학회가 발족한 후 지난 30년간 한국은 물론 세계적으로도 직업건강 및 환경보건의 범위가 크게 확장되었습니다. 최초의 구상은 2014년에 발간된 '직업환경의학'의 증보판이었는데, 변화된 직업 및 환경의학을 수용하다 보니 전면 개정판으로 발간하게 되었습니다.

이번 개정판은 다음의 원칙을 가지고 편찬하였습니다.

첫째, 새로운 노동환경에 대한 내용을 신설하였습니다. 산업 및 환경보건의 정의를 새롭게 하고, 전통적인 직업병뿐만 아니라 환경에 의한 건강문제를 재정비하고, 산업보건관리와 보상을 정리하고 새로운 직업적 위험을 반영하였습니다. 근로자의 관점에서 질병뿐만 아니라 사고예방을 위한 안전을 추가하였습니다.

둘째, 학회 회원 모두가 집필자로 참여하였습니다. 직업환경의학은 의학과 사회를 연결하는 학문이므로 다양한 시각과 이해가 존재합니다. 학식과 경험이 풍부한 중장년의 교수만으로 집필했을 때 학문의 완결성을 갖출 수 있으나 역동성은 떨어질 수 있습니다. 세대간의 다양성을 모으기 위해 수차례 공지를 통해 자원 집필자를 모집하였습니다. 전공의와 타분야 전문가들도 집필에 참여하였습니다. 집필자에 따라 학문의 깊이와 경험이 다를 수 있으나 내 손으로 교과서를 집필한다는 열정으로 미흡함을 보완하였습니다.

셋째, 모든 절에 집필저자명을 표기하였습니다. 무릇 교과서는 근거에 기반한 내용이 기술되어야 하지만 직업환경의학은 특성상 절대적 객관성을 갖지 않는 것도 많습니다. 객관성에 대한 모든 판단을 저자에게 일임하였습니다. 참고문헌은 총설, 보고서, 책만을 부기하여 지식을 확장하도록 하였습니다. 교과서 내용의 근거를 찾지 못하거나 학문적 토론이 필요할 때 저자와 직접 소통하도록 실저자명을 표기하였습니다.

학문은 진리를 추구하지만 영원히 진리인 것은 없습니다. 직업환경의학에서 진리는 수학적 진리라기보다는 철학적 진리에 가까울 수 있습니다. 오늘 우리가 진리라고 믿는 것은 대부분 현상일 수 있습니다. 현상의 변화는 사회 변화에서 올 수도 있고, 개인의 지식과 각성에서 올 수도 있습니다. 새롭게 편찬된 직업환경의학 교과서를 통해 개인적 지식과 성찰의 깊이를 더할 수 있기를 기대합니다.

2022년 11월

직업환경의학 교과서편찬위원회 편찬위원장

강 성 규

편집의 글

교과서편찬위원회는 목차 초안 및 주요 내용 구성에 대해 검토하여 내용이 중복되지 않으면서 일관되게 구성되고 일반인도 쉽게 활용할 수 있도록 편집을 하였습니다.

2014년 발간된 '직업환경의학'은 "직업환경의학의 학문적 배경, 직업과 유해요인, 주요 공정, 직업성 질환, 환경의학, 관리, 새로운 과제"로 총 7편의 내용으로 구성되었습니다. 편집위원회는 "주요 공정"편은 유해요인과 직업성질환의 내용에 포함하고, 안전에 대한 내용을 추가한 개정판을 만들었습니다.

제1편 "노동과 건강"은 2014년 교과서의 "직업환경의학의 학문적 배경"에 해당하는 편으로서 직업환경의학의 역사와 법 체계, 역학, 그리고 2014년 교과서에는 없었던 윤리에 대한 내용을 추가하였습니다.

제2편 "직업적 유해요인"과 제3편 "직업성질환"은 2014년 교과서를 추가 및 보완하였습니다.

제4편 "환경과 건강"은 2014년 교과서의 "환경의학"을 기본으로 하고, 가습기살균제와 미세플라스틱, 태안 기름유출과 구미 불산누출 사고, 그리고 환경성질환과 관련된 법 규정에 대한 내용을 추가하였습니다.

제5편 "건강한 작업환경을 위하여"는 직업환경의학 전문의가 주로 수행하고 있는 업무를 담고자 하였으며, 업무상 질병의 보상과 직업재활, 그리고 사업장 보건관리와 건강증진에 대한 내용을 추가 및 보완하였습니다.

제6편 "새로운 노동환경"은 2014년 교과서의 제7편 "새로운 과제"를 확대 개편하였습니다. 재난 사고 중 환경누출 관련은 제4편으로 이동시키고, 직업적 누출은 "사업장 재난"으로 옮겼습니다. 그리고 최근 부각되는 취약한 노동자와 고위험 직업 분야의 내용을 추가하였습니다.

제7편 "안전과 건강"은 근로자의 관점에서 안전한 일터를 구현하기 위해 직업환경의학 전문의가 알아야 할 내용으로 새로이 구성하였습니다.

교과서 개정작업은 시간과 정성을 들여야 하며 집필자의 노력과 희생이 필요합니다. 그렇지만 시대 변화에 따라 교과서 개정은 반드시 필요하므로 향후에도 교과서 개정이 시기를 놓치지 않고 이루어지기를 기대합니다.

2022년 11월

직업환경의학 교과서편찬위원회 편집위원장

장 태 원

직업환경의학 교과서편찬위원회

편찬위원장	**강성규**(가천대학교)
편집위원장	**장태원**(한양대학교)
간　　사	**최원준**(가천대학교)

편집위원(가나다 순)

고동희(가톨릭관동대학교)
김세영(부산대학교)
김용규(근로복지공단 인천병원)
김은아(산업안전보건연구원)
김환철(인하대학교)
류현철(일환경건강센터)
명준표(가톨릭대학교)
박소영(강북삼성병원)
송한수(조선대학교)
윤진하(연세대학교)
이지호(울산대학교)
정경숙(연세대학교)

집필자(가나다 순)

강모열(가톨릭대학교)
강성규(가천대학교)
강충원(한일병원)
강희태(연세대학교)
고상백(연세대학교)
곽경민(고려대학교)
구정완(가톨릭대학교)
권순찬(순천향대학교)
권호장(단국대학교)
김규상(서울특별시 서울의료원)
김대성(한일병원)
김대환(인제대학교)
김명준(산업안전보건연구원)
김민기(단국대학교)
김세영(부산대학교)
김양호(울산대학교)
김영기(부산대학교)
김용규(근로복지공단 인천병원)
김용대(충북대학교)
김우진(강원대학교)
김은경(근로복지공단 안산병원)
김은아(산업안전보건연구원)
김인아(한양대학교)
김정원(고신대학교)
김정일(동아대학교)
김정호(인제대학교)
김종은(좋은강안병원)
김태구(인제대학교)
김형렬(가톨릭대학교)
김환철(인하대학교)
류지아(가톨릭관동대학교)
류지영(인제대학교)
명준표(가톨릭대학교)
문재동(화순전남대학교병원)
민경복(서울대학교)
민영선(순천향대학교)
민지희(한양대학교병원)
박달재(서울과학기술대학교)
박소영(강북삼성병원)
박신구(인하대학교)
박원주(전남대학교)
박재범(아주대학교)
박재학(충북대학교)
박철용(영남대학교)
배상혁(가톨릭대학교)
백기욱(영남대학교병원)
백종배(한국교통대학교)
서성원(한국원자력의학원)
서춘희(인제대학교)
손미아(강원대학교)

집필자(가나다 순)

손지언(터직업환경의학센터)
송재석(가톨릭관동대학교)
송재철(한양대학교)
송한수(조선대학교)
안연순(연세대학교)
양선희(동국대학교)
예병진(인제대학교)
오성수(연세대학교)
원종욱(연세대학교)
유 영(고려대학교)
유영재(화순전남대학교병원)
유철인(울산대학교)
윤성용(순천향대학교)
이경은(산업안전보건연구원)
이기현(근로복지공단 부산의원)
이덕희(경북대학교)
이동욱(서울대학교)
이명구(을지대학교)
이무식(건양대학교)
이미영(계명대학교)
이상길(산업안전보건연구원)
이상윤(안성성모병원)
이승호(동아대학교)
이영일(터직업환경의학센터)
이완형(가천대학교)
이원철(성균관대학교)
이은수(양산부산대학교병원)
이재명(터직업환경의학센터)
이정배(단국대학교)
이종인(가톨릭대학교)
이준형(가천대 길병원)
이지호(울산대학교)
이철호(터직업환경의학센터)
이혜은(한림대학교)
임종한(인하대학교)
장성록(부경대학교)
정경숙(연세대학교)
정최경희(이화여자대학교)
조성식(동아대학교)
채창호(성균관대학교)
최 민(한국노동안전보건연구소)
최성우(한국안전보건협회)
최원준(가천대학교)
하미나(단국대학교)
하은희(이화여자대학교)
한동헌(서울대학교)
한복순(강북삼성병원)
함승헌(가천대학교)
홍영습(동아대학교)

차 례

제1편 노동과 건강

제2편 직업적 유해요인

제3편 직업성질환

제4편 환경과 건강

제5편 건강한 작업환경을 위하여

제6편 새로운 노동환경

제7편 안전과 건강

제1편

노동과 건강

편집위원

김은아 · 윤진하

OCCUPATIONAL AND ENVIRONMENTAL MEDICINE

제1장

개념과 역사

제1절 산업보건의 태동

1.1 산업보건의 개념과 정의

| 강성규

1) 용어의 정의

직업활동을 하는 환경으로부터 발생하는 유해요인으로부터 근로자의 건강을 보호하고 증진하는 것을 산업보건이라고 한다. 산업보건(또는 산업의학)은 영어의 Industrial Health (Medicine)를 일본이 번역한 한자어로 한국이 그대로 차용한 것이다. Industrial Health는 18세기 산업혁명시기에 새로운 제조업에서 발생하는 먼지, 소음, 화학물질에 의한 질병을 예방하는 학문으로부터 출발하였다. 20세기 들이서 제조업의 작업환경 뿐만 아니라 다양한 직업활동에서 환경에 의한 질병이 발생하므로 영어로는 Occupational Health (Medicine)로 변경하였으나 일본과 한국에서는 아직도 산업보건(의학)이란 용어를 사용하고 있다. 같은 한자권이지만 중국과 대만에서는 職業健康(醫學)이란 용어를 사용한다. 20세기 후반부터 국제노동기구(ILO)나 영국과 같은 국가에서는 직업환경에서 벌어지는 건강문제를 포괄하기 위해 Health at Work (일건강)이란 표현을 사용하고 있다.

한국은 일본의 영향을 받아 산업의학으로 사용하던 것을 2011년에 학회명과 전문과목 명칭을 국제적 변화에 일치하는 직업환경의학으로 변경하였다. 산업보건은 의학뿐 아니라 행정, 간호, 위생, 역학, 독성 등이 다분야가 관여하는 부분이므로 변경없이 사용되고 있다.

근로자와 노동자라는 용어가 혼용되고 있다. 근로자는 민주화 이전 시대에 노동을 억압하는 의미에서 사용되어 부정적으로 인식되는 측면도 있으나, 이는 대한민국 건국 이래로 사용되어 온 헌법적 개념이다. 2020년 개정된 산업재해보상보험법에서는 근로자를 노무를 제공하는 자로 변경하였다. 이는 고용을 전제로 한 노사관계를 기초로 한 근로자의 개념을 확대하여 플랫폼노동 등 비정형노동이 증가하는 현실을 반영하여 개정한 것이다.

직업활동 중 유해요인에 노출되어 발생하는 것을 직업병이라고 한다. 고용주는 과실과 무관하게 직업병에 대해 보상의 책임을 진다. 고용주를 대신하여 직업병을 치료하고 보상해 주기 위한 것이 산업재해보상보험 제도이다. 당연히 스스로 고용자(자영업자)이거나 고용관계가 불확실한 경우(비정형노동)이거나, 치료가 필요하지 않은 질병은 보상대상에서 제외된다. 산재보험에서 보상이 되는 질병을 업무상 질병이라고 하는데, 업무와 질병간의 인과관계가 불명확한 사례가 있어 사회적 갈등을 유발하고 있다. 특히 일반질병과 직업병사이에 진료비 부담과 휴업수당의 차이가 커서 직업적 연관성이 의심되는 질병이 발생하면 업무상 질병으로 인정받으려 한다. 서유럽국가는 질병 치료는 보험으로 전액 처리되므로 질병의 직업관련성 여부에 대해 적극적으로 다툴 필요가 없어졌고, 휴업으로 인한 임금 손실도 직업관련성과 무관하게 일정 수준을 보장해 주는 사회보장제도(상병수당)가 있어 직업병 인정에 대한 갈등이 상대적으로 적다.

산업안전보건법에서 산업재해는 근로자가 업무에 관계되는 건설물 · 설비 · 원재료 · 가스 · 증기 · 분진 등에 의하거나 작업 또는 그 밖의 업무로 인하여 사망 또는 부상하거나 질병에 걸리는 것으로 정의한다. 이처럼 산업재해는 사고와 질병을 통칭하는 용어이지만 간혹 사고에 의한 부상만을 의미하는 경우도 있다. 또한 부상을 산재사고라고 많이 표현하는데 이는 정확한 용어는 아니다. 사고는 신체에 이상을 일으키기 전단계의 상태이기 때문이다. 국제노동기구(ILO)를 비롯한 유럽국가에서는 사고에 의한 부상을 직업적 사고(Occupational Accidents)라고 표현한다. 반면 영미국가에서는 직업적 부상(Occupational Injuries)으로 표현한다.

2) 산업재해의 보상의 범위와 분류

산업재해 중에서 산업재해보상보험법(이하 산재보험법)에 의해 보상의 범위에 들어가는 재해를 업무상 재해라고 하고 질병을 업무상 질병이라고 한다. 이 책에서 기술하는 직업병의 대부분은 산재보험으로 보상된 업무상 질병을 의미하는 경우가 많다. 업무상 재해는 크게 [표 1-1]과 같은 형태로 분류할 수 있다.

직업병이라고 하면 국가별로 범위에 차이가 없지만 업무상 질병이라고 하면 보상방식에 따라 국가별 범위가 다르다. 산재보험을 건강보험과 별로도 운영하는 국가(독일, 프랑스, 일본, 한국 등)에서는 사업주의 책임 원칙에 의거하여 보상을 하고, 산재보험이 국민건강보험에 포함된 국가(영국, 네덜란드, 북유럽국가 등)에서는 사회보장 원칙에서 보상을 한다.

한국의 산재보험은 사업주의 책임범위 내에서 보상하기 위해 출발하였지만, 현재에 와서는 사회보장적 성격이 많이 가미되었다. 사업주가 주관하는 행사나 야유회, 회식이나 휴게시간 중에 발생한 사고에 의한 부상과 뇌 · 심혈관계 질환, 일부 근골격계질환과 정신질환(자살 등) 및 간질환 등 작업관련질환이 이에 해당한다. 전문가들 사이에서도 산재보상의 원칙을 바라보는 인식이 서로 달라서 일부 질병(특히 암, 희귀질환 등)의 업무관련성에 대해 의견 차이를 보인다.

통근재해는 직장에 출퇴근하는 중에 발생한 재해를 말한다. 국제노동기구에서는 통근재해를 산업재해로 포함하여 보상해 주도록 권고하고 일부 국가에서는 통근재해를 산업재해로 인정한다. 한국은 사업주가 제공한 교통수단을 이용한 출퇴근 중에 발생한 재해만을 통근재해로 인정하다가 헌법불합치 판결을 받고 2018년부터 통근재해도 업무상 재해로 인정하고 있다.

업무상 질병은 유해위험 요인에 노출되어 발생하는 직업병, 유해요인에 의해 촉발 또는 악화된 작업관련질환과 업무상 부상이 원인이 되어 발생한 질병으로 구분한다.

직업병은 분진, 소음, 진동, 고온, 방사선 등 물리적

표 1-1 업무상 재해의 분류

업무상 재해	
업무상 질병	직업병(유해요인에 의해 발생한 질병) 작업관련질환(신체에 부담을 주는 업무로 인해 발생하는 질병) 업무상 부상으로 인한 질병
업무상 사고(부상)	업무 수행 중 발생한 사고 사업주가 제공한 시설물에 의한 사고 행사 휴게시간 중에 발생한 사고 기타 사고 : 특수한 장소에서의 사고, 요양 중의 사고, 제3자행위에 따른 사고, 자해행위에 따른 사고
통근재해	출퇴근 중에 발생한 교통사고

인자에 의한 직업병과 중금속, 유기용제, 가스, 분진 등에 화학적 인자에 의한 직업병과 세균과 바이러스 등 생물학적 인자에 의한 직업병으로 구분한다. 작업관련질환은 직업적 원인에 의해 촉발되거나 악화된 질병을 말한다. 과로나 스트레스에 의한 뇌·심혈관계 질환과 정신질환 및 작업장의 조건과 작업방법에 의해 발생하거나 악화되는 근골격계 질환 등이 있다. 작업관련질환을 업무상 질병으로 인정하고 보상을 해주는 것은 나라마다 다르다. 유럽에 비해 사회보장제도가 미흡한 한국에서는 작업관련질환에 대한 인정이 관대한 편이다.

1.2 국내 산업보건의 역사

| 구정완

신라, 가야시대인 고대 한국에 있어 유리, 금속공방과 주철공방이 있었음이 이미 이 시대부터 진폐증과 금속중독증이 발생하였음을 어림하게 한다. 그러나 봉건사회 속에서 농민과 공예인은 노비와 평민에 속하여 이들의 질병과 건강에 관한 기록은 찾아보기 어렵다. 20세기에 들어와 서양문화 도입에 뒤떨어졌던 한국은 일본의 침략 지배를 받게 된다. 1910년에서 1945년까지의 36년간의 일본치하에서 한국의 산업은 군수공업에 필요한 자원개발 위주이었고 일반산업의 발전은 극히 미약하였다. 당시 전력과 광산은 북한에 있었으므로 금속, 화학공업 등 중공업의 대부분은 북한에 있었고, 남한에서는 방직, 식품, 인쇄 등 경공업이 주 산업이었다.

선상 관련 사항은 경찰위생행정으로 이루어졌고 노동법은 없었으며, 단지 1942년에 재해가 많았던 광산에 광부노무부조 규칙이 있었을 뿐이다. 사업장의 재해로는 광산재해(1930), 전매공장재해(1937)의 보고가 있고, 직업병으로는 철도공사의 소음성 난청(1913), 텅스텐광산과 제조업의 진폐증(1938, 1939), 그리고 철교가설 공사자의 잠함병(1938, 1941)의 보고가 있다.

1938년부터 젊은이들이 일제의 징용령에 동원되어 광산과 공장에서 노동을 함으로써 진폐증 등 많은 상병에 이환되었다. 1945년 2차 세계대전 말기 만주에는 160만 명의 농민이 이민을 갔고 일본에는 120만 명이 징용으로 끌려갔다. 2차 세계대전 후 한국은 남북으로 분단되었다. 남한은 미군정하에서 1945년 상무부 광공국에 노동과를 설치하였고 1946년 최고 노동시간법과 미성년자 노동보호법을 제정하였다.

1953년 근로기준법이 제정되어 시행령과 업무상 질병 규정이 만들어졌고, 1955년 보건사회부에 노동국이 설치되고 1957년 시·도에 처음으로 근로감독관이 임명되었다. 국내 산업보건사업은 국영광산인 대한석탄공사에서 시작되었다. 석탄공사 의무실에서 광부진폐증이 보고(1954)되어 이들에게 일부 보상이 실시(1957)되었고, 장성병원 중앙실험실에서는 공군 항공의학연구소의 협조하에 갱내 작업환경과 작업능률에 대한 기초조사가 실시(1956)되었다. 그리고 이들 연구원들은 가톨릭의과대학에 우리나라 최초로 산업의학연구소를 설립(1962)하였다.

1960년대 들어와 우리나라 경제개발 5개년 계획이 시작되었다. 산업보건행정분야에 있어서도 근로보건관리규칙이 제정되어 산업보건관리자(의사)와 관리요원의 교육(1962)이 시작되었고 사업장 근로자에 대한 정기건강진단이 전국적으로 시작되었다. 1963년 정부는 산업재해보상보험법을 제정하였고 노동청이 신설되었는데 같은 해에 대한산업보건협회가 창립되었다.

1965년부터는 독일과 베트남에 우리나라 근로자를 파견하였고 국제노동기구(ILO) 전문가가 내한하였으며, 가톨릭의대는 진폐환자를 위한 직업병 클리닉을 실시하는 등 산업보건사업의 기틀이 마련되었다. 이에 따라 1960년대에는 소음성 난청, 벤젠중독, 아황산가스중독, 연(납)중독 등 많은 직업병이 보고되었다.

1970년대에 들어와 우리나라 최초로 산업재해병원이 가톨릭의대에 설립(1971)되었고, 이후 여러 의과대학에서도 산업보건에 관한 연구소가 신설되기 시작하였다. 한편 서울 청계상가에 있는 평화보세공장의 노동환경조건에 항의하여 전태일씨의 분신자살사건이 일어난 것을 계기로 정부는 청계상가를 비롯한 전국 6개 지역의 산업보건협회 내에 근로복지의원을 개설하였고, 마산자유수출공단에는 집단산업보건관리를 위한 산업보건센터를 설립하였다. 이것은 중소기업 보건관리대행사업의 시초가 되었다.

1977년에는 국립노동과학연구소와 근로복지공사가 설립되었고, 직장의료보험이 시작됨으로써 근로자들 의료복지에 큰 전기를 가져왔다. 또한 1979년에는 제9차 아세아산업보건학회(ACOH)가 서울에서 개최되었다.

1980년대에 들어와 사회복지정책의 시작을 계기로 노동청이 노동부로 승격되고 산업안전보건법이 공포(1982)되었다. 1984년 진폐예방법이 제정되고 근로복지공사에 진폐병원과 진폐연구소(1989년부터 직업병연구소)가 개설되었다. 1987년에는 산재기금으로 한국산업안전공단이 설립되었고, 1989년에 국립노동과학연구소가 산업안전보건연구원으로 개편되었다. 노동부에는 산업안전국과 산업보건과가 신설(1989)되었고, 6개 지방노동청이 신설되었다. 한편 인견사 생산공장이었던 원진레이온의 이황화탄소 중독이 사회적으로 크게 공론화되었다. 비정부단체로 노동과 건강연구회가 발족(1988)하였다. 대한산업의학회(1988), 한국산업위생학회와 한국산업간호학회(1990년)가 창립되었다.

1990년대에 들어와 정부는 산업안전보건법을 전면 개정하여 보건관리자를 의사, 위생사, 간호사 중에서 선임할 수 있도록 자격기준을 완화하였다. 의사는 산업보건의로 선임되어 의사가 아닌 보건관리자를 지원하도록 하였다. 1991년 직업병예방 종합대책을 마련하여 산업보건연구원을 설립하고 장학금과 연구비를 지원하였다. MSDS, 정도관리제도가 새로이 도입되는 한편 산업의학전문의 제도(1996)와 산업위생기술사 제도(1991)도 제정되어 전문인력이 배출되었다. 1997년부터는 중소영세사업장을 위한 보건관리사업을 확대하였다.

2000년대에는 자동차 산업, 조선업, 금속산업 등에서 근골격계질환에 대한 집단적 산재 신청이 이어졌고, 근골격계질환도 직업병이라는 인식이 확대되고 근골격계질환의 예방의 중요성이 강조되어 3년마다 근골격계부담작업 유해요인 조사를 실시하도록 법규(2003)가 신설되었다. 2006년 노사정위원회에서는 산재보험제도의 전반적인 개선방안을 논의하여 산재보험법령의 개정, 근로복지공단 조직 개편을 통하여 서울, 부산, 대구, 경인, 광주, 대전 등 전국 6개 지역에 업무상질병판정위원회가 설치(2008)되었다. 2008년에 한국산업안전보건공단이 서울에서 ILO와 공동개최한 제18회 세계산업안전보건대회(18th World Congress on Safety and Health at Work)는 121개국이 참가하였고, 산업안전보건대표자회의에서 '산업안전보건 서울선언서'를 채택하였다.

2011년에는 대한산업의학회에서 대한직업환경의학회로 명칭을 개정하여 산업에서 직업으로 개념을 확대하고 대상을 환경보건까지 확장하였다. 학회는 2015년 제31회 국제산업보건대회(31st ICOH Congress)를 안전보건공단과 서울에서 공동으로 개최하였고, 세계 모든 근로자를 위해 산업보건서비스에 대한 협력과 지원을 촉구하는 '산업보건 증진에 관한 서울성명서'를 공표하였다.

2018년 화력발전소 김용균씨 사망사고를 계기로 2020년 1월 산업안전보건법이 전면 개정되어 위험작업에 대한 도급이 제한되고, 위반에 대한 사업주의 처벌이 강화되었다. 2021년 근로자의 안전권과 건강권을 확보하기 위해 시행되고 있는 산업안전보건법의 한계를 극복하기 위해 중대재해 발생 시 경영자를 형사처벌하는 중대재해처벌법이 제정되었다. 노동계와 경영계 모두 법의 실효성과 작동성에 대해 다양한 의견이 제시되고 있고 중대재해를 얼마나 줄여나갈 수 있을지 주목이 되는 부분이다. 고용노동부 산재예방보상정책국과 지방고용노동청 내 일부 과만으로는 산업재해 위험요소들을 선제적으로 대응하고 산재 조사, 관리 · 감독 업무수행에 근본적인 한계가 있어, 중대재해법 제정의 후속 조치로 2021년 7월 고용노동부 산업안전예방보상정책국(5과)에서 산업안전보건본부(2정책관, 10과)로 확대 개편되었다. 산업재해를 예방하기 위하여 예측 중심의 산업안전보건 시스템의 전주기가 관리될 수 있도록 효과적인 규제방식으로의 전환이 필요할 것이다.

더 읽을거리

가톨릭대학교 의과대학 예방의학교실, 가톨릭 산업의학센터. 산업보건학 제3판. 수문사. 2003.
대한직업환경의학회. 노동과 앞서거니 뒤서거니 함께 한 직업환경의학 30년. 한국학술정보. 2018.

1.3 국외 산업보건의 역사

| 강성규

1) 산업보건의 역사적 고찰

(1) 고대의 산업보건

역사 이래로 인간의 의식주를 해결하기 위해서는 노동을 하여야 하고 노동은 필연적으로 노동환경에 의한 질병을 유발한다. 고대 시대에 노동은 노예나 죄수에게 부과된 형벌이었다. 이러한 '징역(懲役)'이라는 용어에서 이러한 의미가 나타난다. 노동을 의미하는 역이라는 벌을 부과하는 것이 징역이다. 그만큼 당시의 노동환경은 열악하고 어려운 일이었다는 것을 의미한다. 노동환경에 의해 유발되는 것을 직업병이라고 한다. 인류는 수천 년 전부터 수은, 납 등을 사용하였기 때문에 채광하고, 제련하고, 가공하고 사용하는 과정에서 중금속에 노출되어 질병이 발생했을 것으로 추정된다.

수은은 상온에서 액체이므로 가공하기 쉬워 가장 오래 전부터 사용되던 금속이었다. 수천 년 전 구석기 시대의 사람들도 수은(辰砂)의 붉은 색을 이용하여 그림을 그리거나 표시를 남겼다. 수은은 상온에서도 기화되는 금속이므로 수은을 취급하면 쉽게 체내에 흡입된다. 납중독도 고대 그리스의 기록에서 나타난다. Hunter의 책에는 히포크라테스가 최초로 납중독을 기술했다는 기록도 있으나 실제 문헌석 근거는 없나. 문헌상으로는 기원진 250년에 아나톨리아반도의 니칸더(Nicander)가 납에 의한 빈혈과 산통을 기술한 것이 최초이다. 납은 로마시대에 들어 다량으로 사용되었다. 납으로 수도관 등 각종 제품을 만들었고, 특히 와인의 단맛을 높이기 위한 첨가제인 사파(Sapa)에 납이 함유되어 있었다. 이는 사파를 제조하는 용기의 납이 첨가제에 오염된 것이다. 납중독은 현대시대에는 노동자층에서 많이 발생하는 것에 비해 로마시대에는 상류층에 발생하는 질병이었다.

(2) 중세의 산업보건

중세에 들어 광산이 지하로 깊어지면서 관련 질병이 발생하기 시작했다. 1556년 아그리콜라는 현재 체코지역 광산의 광부에게 발생한 진폐증을 "De Re Metallica"를 통해 기술하였다. 독성학의 개념을 처음 제안한 오스트리아의 의사 파라셀수스도 1567년에 광산과 제련업의 직업병을 기술하였다. 그 외 집단 납중독, 비소중독 등이 보고되었으나 당시의 낙후된 산업발달의 수준에 따라 직업병은 많이 보고되지 않았다.

(3) 근세의 산업보건

르네상스가 시작된 이태리에서는 다양한 산업이 발전하였다. 업종에 따라 사용하는 화학물질들이 달랐다. 이태리 볼로냐대학의 내과의사이던 Bernardo Ramazzini는 직업에 따라 다른 질병이 나타나는 것을 관찰하고 1700년에 'Morbis Artificum Diatriba (직업인의 질병)'이란 책을 발간하였고, 1713년에 영어판을 발간하였다. 라마찌니는 광부, 화학자, 도장공 등 41개의 직업군에 대한 질병을 기술하였고, 특히 최근에 관심을 받는 사무직 노동자의 심혈관질환, 교대근무와 장시간 노동에 의한 건강문제도 기술하고 있어 오늘날 직업환경의학의 아버지로 불린다. 그는 환자를 볼 때 "직업이 무엇이냐?"를 반드시 확인해야 한다고 했다. 1755년에는 Percival Pott이 굴뚝 청소부인 소년에게서 직업성 암인 음낭암을 처음 보고하였다.

18세기에는 질병 진단과 더불어 환경개선에도 진전이 있었다. 1743년 영국의 해일은 기계환기장치를 처음으로 개발하여 오늘날의 환기설비의 기초를 마련하였다. 1799년 독일의 광산기술자였던 훔볼트가 초기 형태의 호흡 보호구와 안전램프를 만들었다. 18세기 후기 산업혁명시기에는 인도에서 수입한 면화로 직물을 생산하는 공장이 생겼고 인구의 도시화가 진행되면서 위생문제와 각종 전염병이 발생하였다.

산업 발전과 달리 작업환경은 열악하였고 노동조합도 없었다. 영국에서는 1824년 노동조합을 비합법화한 법률이 폐기된 후 파업이 많이 일어나자 이를 제재하는 법안이 제정되었다. 1871년이 되어서 비로서 노동조합법이 완성되었다. 당시 노동시간은 하루 12시간~14시간 주당 6일이었다. 열악한 노동환경과 노동시간은 각종 직업병 문제를 유발하였다. 19세기 후반과 20세기 초반에 성냥공장의 인중독(1839), 염료에 의한 직업성 방광암(1895),

산에 의한 치아산식증, 이황화탄소 중독(1905), 진동에 의한 레이노드증후군(1911) 등이 보고되었다.

영국은 1881년에 공장법을 만들어 사업장 감독을 시작하였다. 공장 근로자에게 의료서비스를 제공하도록 하고 납, 백린, 폭발물, 고무 등에 노출되는 근로자에 대한 정기건강검진 규정을 마련하였다. 1898년에 처음으로 의사를 근로감독관으로 선임하였는데, 첫 의사 감독관인 Thomas Legge경은 1912년에 납중독을 발간하고 탄저병, 유리공의 백내장, 피부암, 독성간염에 의한 황달, 인, 비소, 수은에 의한 중독을 기술하였다.

산재 손상과 직업병이 발생함에도 보상은 쉽지 않았다. 19세기 말 상식법(영미법) 체계에서는 사업주가 과실이 있을 때만 산재에 대한 책임을 졌다. 노동조건을 받아들인 것이 이미 위험을 받아들인 것이고, 동료과실에 의하거나, 노동자 과실에 의한 경우 사업주가 책임이 없다는 것이다. 영국은 1880년에 사업주책임법을 만들었지만 여전히 사업주 과실을 증명해야 했기 때문에 보상이 되지 않았다.

독일에서는 1884년 산재보상법이 제정되었다. 이는 같은 업종끼리 조합을 만들어 보험료를 내고 치료와 보상을 해주는 방식이었다. 당시에는 일반 의료제도가 잘 정비된 상태가 아니어서 근로자의 일반질병을 치료해주고 예방하는 것으로부터 출발하였고 산재손상이나 직업병도 당연히 포함되었다. 자연히 사업주의 책임소재를 떠나 사업장내에서 발생한 손상이나 질병에 대해 치료해주는 무과실책임주의의 개념이 도입되었다. 대신 산재에 대해서는 민사소송을 할 수 없게 하여 사업주의 민사소송 부담도 덜어주었다. 영국에서도 1893년 노동자보상법이 제정되어 무과실책임주의가 확립되었다.

장시간 노동에 대한 변화도 있었다. 미국에서는 1886년에 하루 12시간 노동을 8시간으로 줄이라는 노동운동이 있었고 이것이 노동절의 기원이 되었다. 오늘날의 주5일제 하루 8시간 근무방식은 포드자동차에서 시작되었고 대공황시대에 정착되었다.

유럽의 직업병이 18세기부터 문제가 된 것에 비해 미국은 1910년까지도 직업병에 대해 관심이 없었다. 하버드의대의 최초의 여자교수가 된 Alice Hamilton은 1925년에 '미국의 산업중독'을 발간하여 납중독, 황린에 의한 직업병, 일산화탄소중독 등을 기술하였다.

(4) 현대의 산업보건

20세기 초에는 공업이 발달하면서 다양한 직업병이 발생하였으나 두 번의 세계대전을 거치면서 근로자의 건강문제는 크게 부각되지 못하였다. 1890년대 개발된 인견사 제조과정에서 사용되는 이황화탄소는 1905년부터 중독사례가 보고되었다. 1940년대 폴란드의 독일 인견사공장에서는 600명 중 100명의 중독자가 발생하였다. 전쟁으로 잊혀졌던 이황화탄소중독은 1950년대 유럽, 미국과 일본에서 다시 발생하였다. 인견사업은 다시 동유럽, 중남미, 한국, 대만 등으로 이전되어 이곳에서도 1980~90년대에 이황화탄소 중독이 집단 발생하였다.

20세기부터 석유화학제품을 이용하면서 새로운 직업병이 발생하였다. 1928년 벤젠이 조혈기계질환을 일으키는 것으로 알려진 후 많은 벤젠에 의한 백혈병이 많이 보고되었다. 벤젠에 의한 백혈병은 석유화학공장에서 발생하기 시작하였으나 벤젠으로 만든 접착제나 세척제를 사용하는 근로자들에게서 많이 발생하였다. 벤젠 노출을 줄이기 위해 작업장의 노출기준이 점차 강화되었다. 1955년 석면공장에서 폐암 발생률이 10배 이상 증가하였다는 연구와 1960년에 석면에 의한 악성중피종 사례가 보고되었다. 악성중피종은 석면을 다량 사용했던 국가를 중심으로 많이 발생했는데, 영국에서는 2차세계대전 중 석면을 다량 사용하였던 조선소 소재 도시에서 악성중피종의 발생률이 높게 나타났다. 유럽국가는 1985년부터 석면사용을 중단하기 시작했고 한국은 2009년부터 석면사용을 중단하였다. 1960년대 염화비닐의 발암가능성이 제기되는데 1974년에 미국의 염화비닐합성공장에서 근로자 건강진단과정 중 두 사례의 매우 희귀한 간혈관육종이 발견되었다.

전후 일본에서는 경제성장과정에서 많은 환경성질병과 직업병이 발생하였다. 이미 알려진 중독성질병 이외에 1960년대 전통신발제조공장에서 접착제에 함유된 노말헥산에 의한 말초신경염이 처음으로 보고되었다. 노말헥산은 높은 휘발성과 세정성 때문에 널리 사용되어 지속적으로 말초신경염을 발생시키고 있다. 한국에서는 1995년에 전자부품 세척제로 사용하던 2-브로모프로판에 의한 생식기계질환이 세계 최초로 보고되었다.

20세기 후반에 들어서는 화학물질에 의한 중독성질환 못지 않게 다양한 직업성 질환이 발생하였다. 조립라인의 생산방식의 변화에 따라 단순반복 작업이 증가하면서 근골격계질환이 급부상하였다. 컴퓨터 단말기를 많이 사용하는 근로자들에게서 목, 어깨, 팔, 손목에 질환이 발생하는 것을 통칭하여 경견완증후군이라고 하였다. 건강진단을 실시하는 유럽국가에서는 VDT (visual display terminals) 사용업무를 건강진단 대상에 포함하였다. 영국에서는 반복적인 자극에 의한 질환이라고 해서 반복외상증후군(RSI, repetitive stress injury), 미국에서는 누적된 외상에 의한 질환이라고 해서 누적외상성질환(CTD, cumulative traumatic disorder)이라고 했으나 이제는 작업관련 근골격계질환(WRMSD, work-related musculoskeletal disorder)이라고 통칭한다. 근골격계 질환 문제는 작업장의 인간공학적 구조적 문제를 제거하고, 작업방식을 변경하고, 작업자의 근력강화 등 건강증진을 통해 해소되어 가고 있다.

과거의 직업병이 주로 육체적인 것의 문제라면 현대에는 정신적인 문제도 증가하고 있다. 직무스트레스, 장시간 · 야간 · 고립노동, 고객과의 관계 등 특수한 환경에 의한 정신심리적인 상태가 건강에 영향을 미치고 있다. 대부분의 경우 인과관계의 증명이 어렵고 질병 휴업에 따른 보상이 없으므로 문제제기를 하지 않지만, 상병수당제도가 발달된 북유럽에서는 이로 인한 노동력의 손실이 커서 정신심리문제가 사회적 관심사가 되었다. 이는 직무스트레스에 의해 개인적 자원이 고갈되었다는 소진증후군(burnout syndrome)으로 표현되었다. 전자파에 의한 과민증후군(electromagnetic hypersensitivity syndrome)도 제기되었다.

국제교류가 빈번해지는 현대에 들어서는 이주노동자의 산업보건문제도 크게 대두되고 있다. 한국을 비롯한 고소득국가에는 중저소득국가의 사람들이 이주하여 농업, 제조업, 건설업 등에 종사하고 있다. 이들은 직업적 유해요인으로부터 취약할 수 있다. 중동에서 다수의 이주노동자에게 열사병 사망자와 급성신부전이 발생하듯이 작업조건뿐만 아니라 열악한 생활환경이 이주노동자의 건강에 영향을 주고 있다.

유럽은 유럽연합으로 통합되면서 EU지침에서 사업주의 일반적 의무를 강조하고 위험성평가를 시행하고 예방프로그램을 도입하며 노동자에게 권리를 부여하는 방향을 강조하였다. 이로 인해 기존의 유해인자별 건강진단체계를 갖던 국가에서는 위험성 평가를 바탕으로 건강진단을 시행하게 되었다. 노동자에게는 알권리와 참여의 권리가 보장되고 위험한 환경에서는 작업을 거부할 수 있는 권리가 강조되었다.

2) 근로자 건강보호 제도의 발달

(1) 근로자 건강진단

근로자 건강보호를 하는 방식은 각 국가의 법체계에 따라 차이가 있다.

영미법 국가에서는 국가에서 자세한 규제를 하기 보다는 사업장에서 자율적으로 근로자 건강을 보호하도록 하고 있다. 영국이나 미국에서는 건강진단을 해야 할 유해요인을 최소화하고 사업주가 판단해서 근로자에게 필요한 건강보호조치를 하도록 하고 있다. 사업장내의 산업보건팀이 있고 의사를 중심으로 한 팀에서 건강검진 등 해당 사업장 근로자에게 필요한 건강보호조치를 한다.

대륙법체계에서는 집단적인 건강진단이나 보건관리를 기본으로 한다. 산재보험제도로 근로자의 국가보호체계를 갖춘 독일에서는 유해인자를 선별하여 이에 노출되는 근로자에 대해 특수건강진단을 실시하였다. 다수의 근로자에 대한 건강검진은 많은 직업환경의학 의사의 수요를 유발하였다. 1980~90년대 독일, 프랑스, 이태리 같은 국가에서는 수천 명의 직업환경의학 의사가 산업보건에 종사하였다. 이러한 제도는 유럽의 다른 국가와 일본, 그리고 한국에 전파되었다. 2000년대 들어서 유해인자별로 개별 건강진단을 하던 유럽국가들은 산업환경의 변화, 직업환경의학 의사의 감소 등의 이유로 인해 위험성 평가 후 필요한 경우에 건강진단을 하는 방향으로 제도를 변경하였다.

복지제도가 잘 정착된 유럽국가의 직업환경의학과 의사는 일반적인 건강진단보다는 업무적합성평가 활동에 많이 관여한다. 네덜란드에서는 직업관련성 여부와 무관하게 질병이 있으면 2년 간 유급휴직을 할 수 있는데, 일정 휴직기간이 지나면 업무적합성평가를 받고 작업에 복귀해야 한다.

2020년대에 세계보건기구(WHO)는 국제노동기구(ILO)와 협력하여 유해요인별로 체계적인 문헌연구를 하여 발표하고 있다. 기존에 알려진 유해요인에 대한 과학적인 분석과 추정을 하였고, 최초로 장시간 노동과 심혈관계질환이나 뇌졸중의 위험도를 추정하였다.

(2) 각국의 산업보건활동

현재 각국의 산업보건 또는 근로자 건강은 보건부 또는 노동부에서 담당하고 있다. 한국처럼 노동부에서 감독, 보상, 예방을 담당하는 국가가 있고, 노동부에서는 근로감독을 담당하고, 예방활동은 보건부를 통해서 하는 국가도 있다. 산업보건감독을 중앙정부에서 담당하는 국가도 있고 지방정부에서 담당하기도 한다.

① 영국

영국의 2020년대 산재 사고사망자수는 연간 150여명 이내이지만, 1900년도에는 산재 사망자수가 4~5,000여명에 이르렀다. 광산에서 사고를 예방하기 위해 1928년에 광산안전을 연구하는 실험실을 설립하여 산업안전연구를 하였고, 1959년에 런던에 직업의학연구실을 설립하였다.

1960년대에서 연간 1,000명의 산재사고사망으로 인해 안전보건상황을 분석하여 1972년에 로벤스보고서가 제출되었다. 로벤스경은 자율규제를 강조하고 제재보다는 설득을 하고 노동자의 권리보장으로서의 산업안전보건 방향을 제시하였다. 그 결과로 1975년에 보건안전법이 제정되고 보건안전청(HSE)이 설립되었다. 1988년 북해유전폭발로 167명이 사망한 후 모든 안전보건에 관련된 사항을 HSE가 관장하게 되었다. 산업안전보건관련 연구실은 1995년에 안전보건연구소(HSL)로 발전하였다. 독립연구기관이었던 HSL는 중대사고조사 등을 전문적으로 지원하기 위해 정부인 HSE의 연구부서로 통합되었다. 의학적인 문제에 대한 역학적 조사, 감독 등은 의사와 간호사로 구성된 EMAS (Employment Medical Advisory Service)에서 수행된다. 영국은 국가건강체계에 의해 질병의 원인과 무관하게 치료를 받고 보상을 받으므로 직업병 인정여부에 대한 다툼은 없다. 일부 직업병에 대해 인정목록을 만들어 해당하는 경우에는 장애에 대한 추가보상을 한다.

② 미국

미국은 1884년에 노동부 내에 노동국을 설치하였다. 미국에서도 1960년대 광산에서 잦은 사고가 발생하였는데, 78명의 사망사고도 발생하였다. 이에 1970년에 산업안전보건법이 제정되고 노동국은 직업안전보건청(OSHA)으로 확대되었다. 연방정부의 OSHA가 설립되기 이전에 각 주에는 주정부의 OSHA가 있었다. 2020년 현재는 26개 주정부에는 자체 OSHA가 있고 24개 주에는 연방OSHA의 지부에 의해 관리된다. 연방정부 OSHA의 기준은 최소규범이어서 주정부의 기준은 더 엄격하다. 캘리포니아 주의 각종 산업보건기준은 미국에서도 매우 엄격하다. 1914년 미공중보건서비스내에 산업위생실을 설치하였는데 이것이 1971년 산업안전보건법에 의해 설립된 국립산업안전보건연구원(NIOSH)의 기원이 되었다. NIOSH는 1970년대는 10대 직업병으로, 1990년대 후반부터는 국가직업위험우선전략(NORA)을 통해 근로자 건강보호 방향을 설정하고 있다. 미국의 산업보건사업은 사업장 단위로 건강관리 서비스를 제공하고, 업무상 손상이나 질병이 발생하면 보험회사를 통해 치료와 보상을 한다. 사보험 체제이므로 사업주가 보험회사와 근로자 보험을 계약할 때 업무관련성과 무관하게 질병 치료에 대해 계약하므로 근로자의 질병 치료 여부에 대한 다툼이 없다. 1938년에 설립된 ACGIH는 작업장의 유해물질의 노출기준 제정을 선도하고 있다. 많은 국가에서 독자적인 노출기준을 가지고 있지만 대부분 미국의 ACGIH 기준을 근간으로 하고 있다. 명칭과 달리 전문가들이 회원인 비정부단체이다.

③ 독일

독일은 1925년 베를린에 직업병클리닉을 처음 개설하였다. 이것은 나중에 산업의학연구소가 되었다가 1996년에 연방산업안전보건연구원(BAuA)으로 통합되었다. 현재는 노동사회부의 산업안전연구부서로 있다. 1884년 산업별로 산재보험조합(BG)을 구성하여 사업주 부담으로 예방과 보상을 해 왔다. 사업주는 비용을 부담하고 근로자에게는 소송을 불허함[1]으로써 산재보험은 사업주의 책임보험과 같은 역할을 하고 있다. 업종별 산재보험조합은 행정적으로는 노사가 동수로 운영하는 독일사회재해보험(DGUV)에 의해 관리되고 있다. DGUV 산하에는 3개의 연구기관이 있다. 과거 진폐연구소로 알려진 보쿰의 산업의학연구원, 상트아우구스틴의 산업안전보건연구원, 드레스덴의 노동과 건강연구원이 있다. 독일은 직업병이 의심되는 경우 진료의사가 산재보험조합에 보고를 하도록 하고 있다. 직업병인 경우 진료비의 10%를 가산해 준다.

④ 프랑스

프랑스는 산업보건사업이 지역별로 이뤄지고 있다. 각 지역 대학병원의 직업병센터와 산업보건서비스센터로 구성되어 있다. 산업보건서비스센터는 현직 근로자를 대상으로 하고 직업병센터는 퇴직자와 비정규식 근로자도 포함하고 있다. 프랑스의 건강검진은 한국의 특수건강진단과 보건관리를 통합한 형태와 유사하다. 과거에는 모든 근로자에게 주기적인 검진을 했으나 이제는 위험성평가에 따라 필요한 경우만 시행한다. 검진방식에 대해서는 보건부가 관장하는데 발암변이원성 및 생식독성물질에 대해서는 기본적으로 건강검진을 한다. 프랑스에서는 직업병 보상은 사회보장공단에서 담당하는데 한국의 질병판정과정과 유사하다. 판정과정에는 직업환경의학전문의가 필수적으로 참여한다.

1 우리나라와는 달리 산재로 처리되는 경우는 사업주를 대상으로 한 소송은 허용되지 않는다.

⑤ 이태리

이태리는 1902년에 밀라노대학병원에 직업병 클리닉을 개설했다. 현재 각 대학병원의 직업환경의학과에서는 건강검진을 포함한 건강관리를 담당하고 있다. 이태리는 지정된 유해요인이 있는 경우 사업장에서는 반드시 직업환경의학의사의 관리를 받아야 하는데 대상요인은 물리적, 화학적 및 생물학적 요인과 중량물 수작업업무, VDT업무, 야간작업, 운전작업 등이고 음주와 약물사용에 대한 검진도 포함되어 이태리 근로자의 90% 이상이 대상이 된다. 산재보상과 예방은 산재예방보상공단(INAIL)에서 담당하고 있다. 1933년에 설립되어 보상을 담당하고 있다가 2010년에 산업안전보건연구원을 통합하여 예방과 보상을 담당하고 있다.

⑥ 일본

일본은 1938년에 공장법에 근로자의 건강진단 및 관리를 담당한 산업의를 규정하였다. 2차 세계대전 후 일본에서는 많은 직업병과 환경성 질환이 발생하였다. 규슈 서해안의 미나마타시에서 발생한 수은중독(미나마타병), 카드뮴중독에 의한 이타이이타이병, 크롬에 의한 비중격천공, 노말헥산에 의한 말초신경염 등이다. 1972년 산업안전보건법이 제정되었다. 일본은 산업보건기관을 통해 근로자 특수건강진단을 실시하고 있다. 일본의 특수건강검진 대상 유해요인은 64종이다. 그러나 위험성평가를 실시해서 필요하면 추가 요인에 대해서 건강진단을 한다. 산업보건연구는 노동부 산하기관인 산업의학총합연구소(산업안전보건연구원)가 수행하고 있다. 1970년대 말 부족한 산업의를 양성하기 위하여 1978년에 키타큐슈시에 세계 유일의 산업의과대학(産業醫科大學, UOEH)을 설립하였다. 학생들은 장학금을 지원받고 졸업 후 일정기간 사업장에서 산업의로 근무한다. 또한 생태과학연구소를 설립하여 직업병과 근로자 건강관리를 위한 연구를 수행하고 있다.

3) 국제기구 및 전문가 단체

(1) 국제기구

① 국제노동기구

국제노동기구(ILO)는 1919년에 설립되어 187개국이 회원국으로 있다. 사용자, 노동자, 정부 등 세 주체의 협의기구로 각국의 노동부가 상대역이다. 각종 노동조건에 대해 국제적인 협약과 권고를 제정하는데, 근로자의 건강문제와 산재예방 및 보상도 포함된다. 1925년에 직업병 목록을 제정함으로써 회원국이 산재보상에 활용하도록 했다. 2010년에 직업병 목록을 개정하였다. 직업병을 유해요인, 표적장기, 직업성 암과 기타 질병 등 4가지 군으로 분류하고 있다. 매년 4월 28일은 세계산업안전의 날로 기념하는데 한국은 산업재해자추모의 날로 기념하고 있다. 진폐진단과 예방을 위해 ILO 표준필름을 만들어 보급하고 중저소득 국가에 실습교육을 제공하고 있다. ILO산업안전보건 백과사전을 발간(현재 4판)하였다. 제네바 본부에 산업안전보건을 다루는 부서가 있고 세계 6개의 지역사무소에서도 산업안전보건 담당관이 있다. 한국은 방콕에 위치한 아시아대양주 소속이다.

ILO는 1927년에 부설기관으로 국제사회보장협회(ISSA)를 설립하였다. 150여개 국가의 350여개의 건강보험, 연금, 산재보상 및 예방기관이 회원으로 가입되어 있다. ILO의 ISSA는 1954년부터 산업안전보건에 대한 세계대회를 3년주기로 개최하고 있다. 한국은 2008년에 18회 대회를 서울에서 개최하였고, 23회 대회는 2023년 호주의 시드니에서 개최된다.

② 세계보건기구

세계보건기구(WHO)는 1948년에 설립되어 194개 회원국으로 구성되어 있다. 각국의 보건부가 상대역이다. 세계인의 건강에 대한 모든 업무를 수행하고 있다. 제네바 본부에는 환경부서 산하에 직업보건을 담당하는 담당관이 있고 세계 6개의 지역사무소에서도 환경보건과 산업보건을 담당하는 담당관이 있다. 한국은 서태평양지구(WPRO) 소속이다. WHO는 기초산업보건서비스 보급을 통해 근로자 건강수준 향상을 기하고 있다. WHO는 각국의 산업보건기관을 협력센터로 지정하여 산업보건활동을 확장하고 있다. 한국에서는 가톨릭대학교와 안전보건공단이 협력센터로 지정되어 있다.

WHO와 ILO는 시대에 따라 산업보건이 강조되었다가 비중이 낮아지기를 반복하고 있다. 1980년대에는 유기용제 중독에 의한 신경계 질환을 WHO기준으로 만들 정도로 활발했었다. 최근에는 직업적 위험요인에 의한 질병부담추정과 유해물질과 질병의 연관성에 대한 메타분석을 통해 산업보건을 강화하고 있다.

기타 유엔 산하기관으로 암에 관련된 연구를 하고 발암물질을 발표하는 국제암연구소(IARC)가 있다. 직업성 발암물질을 포함한 발암물질에 대한 연구와 조사를 통해 발암물질에 관한 단행본을 발간하고 있다.

(2) 국제 비정부기구

19세기 말 최초의 스위스 터널을 개통하면서 10년의 공사기간 중에 사고로 200명이 사망했는데 질병(십이지장충감염)으로 167명이 사망하였다. 1898년 이태리와 프랑스를 연결하는 두 번째 터널(심플론터널)을 공사할 때는 안전문제뿐만 아니라 근로자 건강문제도 개선하였다. 106명의 안전사고 사망이 있었지만 질병사망자는 한 명도 없었다. 1906년 개통식 이후 이러한 성과를 근로자의 질병과 사고 예방을 위한 계기를 삼기 위해 국제산업보건학회(ICOH)가 조직되었다. 1906년에 제1회 대회를 밀라노에서 개최한 후 매 3년마다 산업보건대회를 계속해서 2006년에 100주년이 되었다. 한국은 2015년에 제31회 대회를 서울에서 개최하였다. 2024년 34회 대회는 모로코의 마라케시에서 개최된다. ICOH는 현재 100여개 국의 2,000여명의 개인회원과 산업안전보건기관이 회원인 기관회원, 학회가 회원인 단체회원으로 구성되어 있다. ICOH는 산하에 38개의 전문분과학회를 두고 있다. 분과학회는 유해요인별로는 나노, 온열, 방사선, 실내오염, 진동, 손상, 독성학, 금속독성, 미생물이 있고, 질병별로는 호흡기, 신경계, 심혈관, 근골격계, 생식, 피부, 시각, 응급의료, 알레르기가 있으며 전공별로는 의학, 간호학, 위생학, 역사학이 있고, 업종별로는 건설, 광업, 농업, 보건의료업, 화학공장, 소규모사업장이 있고, 기타 역학, 실업, 여성, 장애, 고령, 교대작업, 교육, 보건관리, 개발, 사회심리학 등의 전문분과가 있다.

기타 산업보건과 유관한 비정부단체로는 각국의 산업위생학회의 모임인 국제산업위생학회(IOHA), 각국의 인간공학회 모임인 국제인간공학회(IEA)가 있다. 이 학회도 매 3년을 주기로 국제대회를 개최한다. 2022년에 12회 IOHA가 대구에서 온라인으로 개최되었다.

아시아 지역에서도 산업보건학술대회(ACOH)가 개최되고 있다. 첫 대회는 1956년 동경에서 개최되었고 한국은 1979년에 제9회 대회를 개최하였다. 2023년 아시아 산업보건대회는 한국이 대구에서 개최한다. 한국은 일본의 산업의학계와 1984년부터 학술교류회를 시작하였고 2000년부터 중국이 참여하여 매년 삼국을 순환하며 한일중 국제학술대회를 개최하고 있다.

더 읽을거리

ICOH, International Commission on Occupational Health, www.icohweb.org

Lord Robens. Safety and health at work. Report of the committee 1970-1972. London. Her Majesty's statutionery office.

World Health Organization & International Labour Organization. (2021). WHO/ILO joint estimates of the work-related burden of disease and injury, 2000-2016: global monitoring report. World Health Organization. https://apps.who.int/iris/handle/10665/345242.

제2절 환경의학의 태동

2.1 국내 환경보건의 역사

| 홍영습

근대 이전까지 우리나라는 환경보건에 대한 개념이 부족하여 감염병 유행이나 홍수, 가뭄, 산불과 같은 재해 외에는 관련 기록이 미비한 상태이다. 환경과 관련한 건강문제를 다루기 시작한 것은 본격적인 산업화가 진행된 이후에야 비로소 이루어지게 되었다. 1960년대부터 경제개발은 농경중심사회에서 공업중심의 산업화사회로 급격한 변동을 가져왔고 환경오염으로 인한 피해가 급격히 늘어나게 되었다.

1) 환경보건문제의 변천

1960년대 초부터 본격적인 경제성장과 공업화가 시작되었다. 1962년 울산에 첫 번째로 석유화학공단이 조성되었고 인접한 온산공단은 1970년대 후반 비철금속 위주의 공단으로 거주 지역에 인접해서 만들어졌다. 공단이 가동되면서 주민들은 온산병이라 불리는 호흡기계, 신경계 등의 비특이적 신체증상을 호소하기 시작하였다. 당시 역학조사결과에서는 명확한 원인을 찾지 못한 채 유해물질 복합오염으로 인한 질환으로 추정하였는데, 이것이 산업단지를 중심으로 발생한 국내 첫 공해병 사례이다. 1960~1970년대에 걸쳐 여러 가지 환경문제가 발생하였으나 그 규모나 심각성, 그리고 그에 대한 사회적 인식은 낮은 수준이었고, 국가 정책의 우선순위도 높지 않은 상황이었다. 1980년대부터는 주거지역과 공장지역이 명확하게 구분되지 않은 상태에서 난개발이 지속되어 인근 주민의 피해 사례가 지속적으로 발생하였다. 80년대 당시, 도심 내에 위치해있던 연탄공장 때문에 인근에 거주하던 주부가 진폐증을 진단받았고, 대구 안심연료단지 인근 주민들에서도 진폐증과 만성폐쇄성폐질환이 발견되는 등 수십 년이 지난 이후에도 문제가 지속적으로 발생하고 있다.

1990년대 이전까지는 석탄을 주 에너지원으로 사용하여 도시지역 내 대기오염이 심각하였다. 서울올림픽(1988)을 준비하면서 대기오염을 개선하기 위한 정책의 일환으로 1987년부터 무연휘발유를 도입하였고 이후 국민들의 혈중 납 농도는 이전 대비 5분의 1 수준으로 떨어지게 되었다. 무연휘발유의 조기도입은 한국의 환경보건정책 중 가장 큰 효과를 거둔 정책으로 평가되고 있다.

1991년 낙동강 페놀오염사건은, 대구시 상수도 수원지로부터 약 50km 떨어진 구미공업단지에 위치하는 한 대기업체 공장의 파손된 파이프라인에서 약 30톤의 페놀원액이 낙동강으로 유출되면서 시작되었다. 페놀에 오염된 수돗물을 음용한 사람들이 다양한 증상을 호소하였고 수천 명의 임산부들이 태아가 받았을 유해한 영향에 대한 피해보상을 요구하는 소송을 제기함에 따라 역학조사가 실시되었다. 그 결과, 페놀 노출군에서 다양한 증상 호소 및 노출량과의 상관성이 입증되어 환경오염이 국민의 건강과 생명에 직접적인 영향을 초래함을 보여준 중요한 사례가 되었다. 또한 이 사고는 정부로 하여금 환경처를 환경부로 격상시키고, 수질위생에 대한 국민들의 인식수준을 높이는 계기가 되었다.

1995년, 인천시 고잔동 유리섬유 지하수 오염사건이 발생하였다. 공장에서 배출한 산업폐기물의 불법매립으로 지하수가 오염되어 20년이 지난 뒤 인근 지역 주민에서 건강피해가 발생하였다. 당시 학계에서는 주민건강영향조사 결과를 바탕으로 질병발생과 원인에 대한 큰 논란이 있었으나 산업폐기물에 의한 환경오염이 주민건강에 미치는 영향에 대해 국가 및 사회적 관심을 유도했다는 면에서 환경보건학적인 의미가 큰 역사적 사건으로 기록되고 있다.

2004년 5월, 폐금속광산 인근 지역에 거주하는 주민에서 이타이이타이병 의심사례가 발생했다는 한 시민단체의 발표는 사회적으로 충격을 주었다. 그해, 정부는 학계 전문가 및 시민단체가 공동으로 참여하는 위원회를 구성하였고 대규모 역학조사를 수행하였다. 역학조사결과, 이타이이타이병은 아니었으나 주민들의 혈중 및 요중 카드뮴 농도가 대조지역에 비해 높고 거주기간이 길어질수록 체내 카드뮴 농도가 높다는 것을 확인하였다. 이 사건은 폐금속광산에 대한 사회적 관심을 증가시켰고, 환경보건정책 추진방향을 수용체 중심으로 전환하는데 중요한 역할을 하였다.

2007년, 충청남도 태안군 만리포 해상에서 크레인선이 유조선 허베이스피리트호와 충돌하면서 약 1만 톤 이상의 원유가 유출되었다. 이로 인해 인근 생태계 환경오염뿐 아니라 인근 주민들에서 피부질환, 호흡기 질환, 안질환 등 건강피해가 발생하였다. 신체적인 증상에 더해 고위험 스트레스와 우울증이 증가하였고, 장기적으로는 만성질환에 대한 건강영향에 대해서도 우려가 되고 있다.

2011년, 가습기살균제 사건이 발생하였다. 가습기살균제는 한국에서만 시판되었던 제품으로 세계적으로도 유례가 없는 사건이다. 1994년 개발되어 2000년대 이후 널리 이용되던 중, 2011년 봄 임산부들의 심각한 폐손상 사례보고와 이어진 역학조사 결과로 인해 가습기살균제의 치명적인 흡입독성이 알려지게 되었다. 이 사건을 통해 화학물질 안전과 관련된 제도적 강화가 이루어졌고 전체 피해자 규명과 사후관리, 피해보상을 위한 조사와 판정이 여전히 지속되고 있다.

2012년, 구미공단의 한 공장에서 불산이 누출되어 공장 근로자 5명이 사망하고 인근 지역주민과 농경지를 오염시킨 사건이 발생하였다. 이를 계기로 환경부와 화학물질안전원 중심으로 화학 사고에 대한 대비책이 강화되었다.

2) 환경보건문제의 대응과 정책적 변천

산업화가 본격화되면서 각종 환경오염, 중독사건 등이 대두되어 1980년 환경업무가 보건사회부에서 분리되어 환경청이 설립되었다. 환경행정이 본격적으로 시작되면서 환경청은 기존의 공해병 대신 환경성질환이라는 용어를 사용하였다. 그러나 현실적으로 환경성질환의 정의와 범위 및 판정방법 등에 대한 논란이 있었으며 피해배상이나, 보상과 관련한 분쟁이 그치지 않았다. 환경청이 발족한 이후 당면한 온산병 등에 대한 논란이 공론화되는 상황이었으나, 환경에 대한 사회적 인식도나 국가정책의 우선순위는 그리 높지 않았다.

1990년 환경청이 환경처로 승격하였고 낙동강 페놀오염 사건 후인 1994년 환경부로 격상되었다. 1978년 국립환경연구소가 설립되어 2005년 국립환경과학원으로 확대되었으며 2004년 폐금속광산 카드뮴 중독 의심 사건을 거치면서 매체중심의 환경정책이 수용체 중심의 환경보건정책으로 변화하게 되었다. 이후 환경부는 환경보건 10개년 계획을 수립하면서 2008년 환경보건법을 제정하였다. 환경보건법은 환경오염과 유해화학물질 등이 국민건강과 생태계에 미치는 영향과 피해를 조사 및 감시하여 국민건강의 위협을 예방하고, 이를 줄이기 위한 대책마련을 목적으로 한다. 이 법은 환경보건 종합계획의 수립과 시행, 환경유해인자의 위해성평가, 환경관련 건강피해의 조사와 대응, 국민환경보건 기초조사, 취약인구집단보호, 환경보건센터, 환경보건 전문인력의 육성 및 지원 등에 관한 조항을 포함한다.

환경성질환의 원인을 규명하고 그 대책을 마련하기 위한 일환으로 2007년 환경성질환연구센터 지정 운영계획을 수립하였고, 3개의 환경성질환연구센터(천식, 소아발달장애, 아토피피부염)를 지정하였다. 2009년 환경보건법에 의해 환경성질환연구센터가 환경보건센터로 변경되었으며, 2022년 현재 9개의 지역거점 환경보건센터와 4개의 정책지원형 환경보건센터가 설립되어 있다. 이들 센터는 의료체계를 기반으로 직업환경의학 전문의와 예방의학 전문의 및 환경보건 전문가들을 주축으로 설립되어 환경유해요인에 의한 역학조사, 예방관리, 교육훈련, 위해도 소통 등을 담당하고 있다.

환경오염에 대한 건강피해를 법원에서 공식적으로 인정한 첫 사례는 1989년 연탄공장 인근 지역주민에서 발생한 진폐증에 대한 보상 판정이었다. 이후 많은 환경오염 사건이 있었으나, 법률적 기준 대신 개별적인 소송을 통해 보상을 받는 형식이었다. 2013년에 들어서야 환경오염피해구제법이 발의되었고 2016년에 법이 시행되면서 법률적인 근거가 만들어지게 되었다. 주요 내용은 배상책임, 인과관계 추정, 정보 청구권, 환경책임보험, 구제급여 등을 담고 있다. 환경오염피해구제계정 운영은 환경책임보험으로 해결하지 못하는 사각지대의 피해 발생을 국가가 구제급여를 지급하는 내용을 포함하고 있어 환경분야 사회안전망 확충에 기여한 제도적 발전으로 평가된다.

더 읽을거리

환경부. 환경30년사. 2010.
환경부. 환경백서. 2013.

2.2 국외 환경보건의 역사

| 이승호

오늘날 사용되는 히포크라테스 선서 원문은 '의술을 주관하는 아폴론과 아스클레피오스와 하이게이아와 파나케이아를 포함하여'라는 표현으로 시작한다. 그리스로마 신화에서 하이게이아(Hygeia)는 건강과 위생을 주관하는 신으로 등장하며, 오늘날 위생을 의미하는 Hygiene의 어원이 여기서 비롯되었다. 고대 의학의 아버지인 히포크라테스는 자신의 저서 "On Airs, Waters and Places"에서 기후, 수질, 지형, 거주자의 특성(문화) 등이 건강에 영향을 미치는지 고려해야 한다고 권고함으로써 환경보건 및 위생학의 개념을 정립하였다. 기원 전 312년 최초의 수로를 건설했던 고대 로마에서는, 식수와 목욕에 사용하는 물, 그리고 하수를 구분해서 사용했던 흔적이 남아있고 또한 인수공통 질환에 대한 기록 등을 통해 당시의 보건 및 위생관념에 대한 인식수준을 확인해 볼 수 있다.

중세시대에는 환경에 대한 위생이 질병예방에 중요하다는 인식의 발전이 있었다. 콜레라와 흑사병, 홍역 등 여러 질병들이 대유행하자 전염을 막기 위한 대응책들이 생겨났다. 이탈리아 베니스에서는 공중보건위원회를 설립하여 배와 사람, 물건 등을 항구 외곽에 격리시킬 권한을 부여하였고, 프랑스 마르세유에서는 페스트 유행지역에서 오는 사람을 40일 동안 격리시켜 관찰하는 검역법이 제정되었다.

산업혁명 이후 생산활동에 따른 석탄 연소는 대기오염으로 이어졌고, 급격한 인구 증가로 인해 도시의 보건위생이 악화되었다. 채드윅(E. Chadwick)은 "영국 노동자 집단의 위생상태에 대한 보고서(Report on the Sanitary Condition of the Labouring Population of Great Britain)"에서 사례와 통계수치를 제시하면서 노동자 집단의 생활환경이 질병 및 사망률에 미치는 영향에 대해 기술하였다. 이 보고서를 기반으로 영국에서는 1848년 공중보건법이 처음으로 제정되었고, 1875년 공식적으로 확정되었다. 한편, 미국에서는 살충제 사용과 생태계 파괴에 대한 레이첼 카슨의 "침묵의 봄"이 1962년 발표되었다. 당시 DDT는 효과적인 살충제로 각광받으며 널리 사용되었는데 책에서는 이러한 살충제 및 제초제의 무분별한 사용이 생태계를 파괴시켜 결국 인간에게 영향을 미칠 수 있음을 주장하였다. 이후 미국 내 환경운동이 일어나게 되었고 1969년 국가 환경정책법안이 발효되었으며 결국 DDT 사용이 금지되었다.

히포크라테스의 권고에서도 알 수 있듯이 환경이란, 유전적 요인을 제외한 모든 외적 요인 – 물리화학적, 생물학적, 그리고 사회경제적 환경을 포괄한다. 지금까지 환경보건의 역사를 통해 단순한 물리화학적 환경에서 생물학적 요인과 사회계층적 개념이 추가되어 현대의 환경보건이 정립되는 과정을 보았다. 현재 환경보건은 사전주의 원칙에 입각하여 건강위험이 발생하기 전 조처를 취하는 정책적 개념이 통합되는 방향으로 발전하고 있다.

1) 환경보건 주요 사건

인간에게 의식주의 모든 기능을 제공하는 필수불가결한 요소로서, 환경은 자체 순환시스템과 자정작용을 통해 항상성을 유지해왔다. 그러나 근현대로 오면서 급속한 산업발전은 자원 고갈과 자정능력을 벗어난 환경오염을 초래하였다. 역사적으로 기록된 주요 환경오염 사건들을 보면 유해요인, 환경적 요인, 그리고 수용체가 상호작용을 하여 문제를 일으키는 조건을 만들어냈다. 환경오염에 의한 건강피해가 발생했던 주요 사례들을 살펴보면서 문제의 원인과 사후 규제마련을 알아보고, 되풀이하지 않기 위한 방법들을 생각해본다.

(1) 대기오염 사례 Ⅰ. 뮤즈계곡 사례

벨기에 뮤즈계곡사건은 거의 최초의 인위적인 대기오염사건으로 알려져 있다. 뮤즈계곡 지역은 100m 정도의 완만한 언덕이 이어진 분지형 지대로, 근처에 코크스제조공장, 제철공장, 제강공장, 유리공장, 아연제련공장, 황산제조공장 등 공장들이 밀집한 공업지구이다. 1930년 12월, 며칠 간 바람이 불지 않아 기온역전현상이 발생하였는데 공장들이 배출한 각종 오염물질과 안개가 밖으로 빠져나가지 못하고 계곡으로 스며들면서 100m 높이까지 길이 30km의 대형 스모그가 발생하였고, 이로 인해 인근 주민들 6,000여 명에서 호흡기 증상이 발생했고 이 중 63명은 급성심부전 등으로 사망하였다. 이 사건을 계기로, 기온역전현상이 일어나는 지형에서는 굴뚝 위치를 역전되는 층의 고도보다 높게 해야 한다는 규정이 생기게 되었다.

(2) 대기오염 사례 Ⅱ. 욧카이치 천식

욧카이치 천식 사건은 일본의 4대 환경보건사건으로 기록되는 사례이다. 욧카이치는 일본 혼슈 남쪽에 위치한 해안 도시로, 미쓰비시 공장을 비롯한 정유화학공장들이 들어서면서 종합석유공업단지로 지정되었다. 1956년부터 공장에서 이산화황, 포름알데히드, 이산화질소 등 대기오염물질이 배출되기 시작하였고 악취가 심각한 상황에 이르게 되었다. 1960년대 천식과 호흡기질환자가 증가하면서 공식적인 피해자가 1,231명, 사망자가 80여명에 이르자, 정부는 피해자 검진과 의료비를 면제하는 방안을 제시하였다. 대기오염 특별조사위원회가 구성되었고 피해자들은 공단을 상대로 법적 소송을 하여 결국 1972년 승소판결을 받았다. 이 사례를 통해 '공해로 인한 건강피해 보상법'이 제정되었고 지역차원의 규제를 통해 유해물질 농도를 감소시키기 시작하였다.

(3) 수질오염 사례Ⅰ. 미나마타 질병

미나마타 사건은 수은 노출에 의해 발생한 대표적인 환경보건 사례이다. 1950년대 초, 집에서 기르던 고양이가 경련을 일으키다가 바다로 뛰어드는 현상이 발생하자 사람들은 이것을 춤추는 고양이 질병으로 불렀다. 그리고 얼마 뒤 사람에게서도 건강영향이 나타나기 시작하였다. 산모들에서 기형출산율과 유산율이 증가하였고, 뒤이어 주민들에서도 언어장애, 오한, 사지마비, 운동장애 등 신경계 이상반응이 발생하였다. 1956년, 미나마타시는 대책위원회를 구성하여 질병의 원인을 조사하기 시작하였고, 인근에 위치한 질소비료공장(칫소)에서 방류한 메틸수은을 원인으로 규명하였다. 이후 니키타 현에서 발생한 유사한 피해 사례의 원인이 역시 수은 노출에 의한 것으로 밝혀졌는데, 수은 방류는 1968년까지 계속되었다. 1973년, 법원은 미나마타지역과 니키타지역에서 일어난 피해에 대하여 배상판결이 내렸으며 개별 소송들은 2000년 이후로도 계속 진행되고 있다. 이 사건 이래로, 태반을 통해 태아에게 전달되는 수은의 특성 때문에 민감군인 태아 노출량에 대한 많은 역학연구들이 수행되고 있다.

(4) 수질오염 사례Ⅱ. 듀폰사 사건

일상생활을 편리하게 만들어준 물질의 위해성을 다시 생각하게 해주는 사례이다. 듀폰사는 테프론으로 잘 알려진 주방용품을 생산하였다. 생산과정에 과불화합물(PFOA)을 사용하였다. 구조적 안정성이 있기 때문에 다양한 분야에 사용되어 왔지만 환경 중에서 분해가 되지 않으며 체내 흡수될 경우 몸속에 쌓여 여러가지 건강영향을 발생시키는 것으로 밝혀졌다. 1990년까지 듀폰사는 웨스트버지니아주 오하이오 강에 과불화합물(PFOA) 약 7,100톤을 무단 유출하였다.

해당 지역 동물들의 이상행동에 이어 지역 주민들의 암 발병률과 기형아 출산율이 증가하였다. 피해를 입은 주민들은 1998년부터 소송을 시작하였고 이 과정에서 불화물 노출과 질환과의 연관성을 밝히기 위해 6만9천 명을 대상으로 설문과 혈액샘플을 수집하여 연구하는 대규모 역학조사가 수행되었다. 그리고 2015년, 원고(주민)의 신장암 발병에 책임이 있다는 판결이 내려졌고 듀폰사는 3,550건이 넘는 소송에 대해 6억7100만 달러를 배상하기로 합의하였다. 이 스캔들은 영화로도 제작되어 과불화합물의 위해성을 널리 알리게 되었다.

(5) 토양오염 사례Ⅰ. 러브커넬

러브커넬 사건은 미국 내 최악의 유해물질 노출사례이다. 원래 윌리엄 러브(W.T. Love)가 나이아가라 상류와 하류를 연결하는 운하(Canal)를 건설하려던 부지를 후커케미컬이 매입하여 1950년대까지 산업폐기물을 매립하였다. 이후 1달러에 해당 부지를 나이아가라시에 기증하였고 시는 이 지역에 초등학교와 주택을 설립한다. 그러자 학교 운동장에서는 화학물질이 검출되고 건물 지하실에서는 검은 액체가 스며나오는 일이 발생하기 시작하였고 1970년대에는 인근 지역 주민들이 피부병과 두통을 호소하면서 기형출산율, 유산율이 증가한다고 문제를 제기하였다. 보건당국에서는 역학조사에 착수하였고 환경보호청이 해당지역 정밀조사를 실시한 결과, 유산율이 타 지역대비 4배 이상, 발암물질 11종을 포함한 유해화학물질 82종이 검출되었다. 당시 카터 행정부는 환경재난지역을 선포하면서 해당 지역을 폐쇄하였고 거주민들을 이주조치하였다. 이 사건을 계기로 수퍼펀드 법안(Superfund Act: The comprehensive Environmental Response, Compensation and Liability Act)이 제정되었고 오염지역 관리와 손해배상 특별기금법 마련을 통한 환경정책의 중요한 전환을 가져오는 계기가 되었다.

(6) 토양오염 사례Ⅱ. 세베소 사건

세베소 사건은 이탈리아에서 발생한 유해가스 노출과 그로 인한 토양오염 사례이다. 1976년 7월 10일, 한 화학공장(Icmesa: Roche의 자회사) 내 안전밸브가 열려 다량의 유독성 화학물질이 대기 중으로 방출되었다. 누출된 가스에는 강한 독성을 지닌 테트라클로로디벤조다이옥신(2,3,7,8-tetrachlorodibenzo-p-dioxin, TCDD)가 포함되어 있었고 주변 18km^2 면적의 토양을 오염시켰다. 가장 먼저 가축들이 폐사하였고 며칠 뒤 지역 주민들에서도 피부 염증 및 화상 등의 피해가 발생하였다. 먹이사슬로 인한 다이옥신 체내 노출을 방지하기 위해 약 8만마리의 가축이 도살되었고 긴급대피 조치를 내려 해당 지역 접근을 통제하였다. 7월 25일, 임상화학 검사를 위해 수천 명의 주민 혈액샘플을 수집하여 신경학적 이상과 감염, 피부병변, 임신과 유아건강 등을 추적관찰하기 시작하였다. 또한, 토양샘플 분석 결과를 기반으로 지역의 노출수준을 A지역, B지역, R지역, 비ABR지역으로 분류하였다. 가장 높은 농도로 노출된 A지역 거주자들은 긴급대피 후 건강검진을 실시하였고, 중간 농도 노출지역인 B지역 거주자들 중 임산부와 12세 미만 아동 외 거주자들은 대피 없이 건강검진을 받았다. 오염정도가 비교적 낮은 R지역 거주자들은 농산물 및 가금류 섭취에 대한 경고를 받았다. 로슈는 지역 정화작업과 피해자들의 주택정비 사업을 위한 기금을 조성하였으나 개별 피해자들에 대한 보상은 이루어지지 않았다. 이 사건을 계기로 유럽 내 엄격한 산업안전보건 규정의 필요성이 대두되어, 독성물질로 인한 안전사고를 예방하고 대처하기 위한 세베소 지침(Seveso Directive, 1982)이 제정되었다.

2) 환경보건 사건 예방사업

여러 국가에서는 자국민의 환경성 유해물질 수준을 모니터링하고 건강영향을 확인하는 환경보건 프로그램을 수행하고 있다. 미국은 1950년대 후반부터 자국민의 만성질환과 영양조사를 수행해왔고 1999년부터는 두 조사와 환경성 유해물질 생체모니터링을 결합한 국가건강영양조사(NHANES) 연구를 매년 수행해오고 있다. 이 사업은 국민의 환경유해인자 노출수준에 대한 기초자료로서 환경성 유해물질 노출 평가와 영향요인 분석을 통한 보건정책 수립에 활용되어 왔다. 독일은 1980년대 후반부터 독일환경조사(German Environmental Survey, GerES)를 수행해왔다. 특히 건강영향에 대한 유해물질의 체내 기준값으로 인체생체모니터링값(Human Biomonitoring, HBM) 값을 제시하는데 HBM-I은 해당 수준 이하에서는 건강영향이 나타나지 않는 농도, HBM-II는 해당 수준 이상에서 건강영향이 발생할 위험이 증가하는 농도를 의미한다. 또한 대표성이 있는 인구집단의 상대적 고노출군의 기준으로서 분포의 95 분율값, 즉 95분율참고값(Reference Value)을 제시하고 있다. 이 값은 물질 노출의 시간적 경향에 대한 이해와 국가간 비교 등에 유용하게 사용된다.

그 외 국외 대표적인 생체모니터링 사업은 [표 1-2]와 같으며 분석 기술발전과 사회적 필요성에 따라 생체모니터링 사업은 계속 발전하고 있다.

더 읽을거리

국립환경과학원. 국민환경보건기초조사 발전방안 및 로드맵 마련. 2020.

표 1-2 국외 환경성 유해물질 생체모니터링 사업 주요 특징

	NHANES	CHMS	GerEs	JECS	COPHES	MoBa	Tromsø
수행기관	미국, CDC	캐나다, Health Canada	독일, Umweltbundesamt	일본, Ministry of Environment	유럽, European Commission	노르웨이, National Institute of Public Health	노르웨이, University of Tromsø
목적	자국민 보건의료에 관한 기초자료 구축	건강관련 주요 정보 수집 및 노출 관리정책의 기초자료 산출	환경유해물질 노출관리 기초자료 구축	어린이 건강 및 발달에 영향을 주는 환경성 요인 확인	유럽인구의 모니터링 및 노출의 과학적 평가, 잠재적인 건강영향 확인	엄마와 자녀들의 질병 병인 관련 연구	높은 심혈관계 사망률의 원인 확인 및 예방법 개발
연구기간	1960년대 사업시작(설문중심), 1999년~현재(바이오모니터링 포함)	2007년~현재	1985년 1기 시작 ~ 현재 5기	2011~2027	2009.9~2012.11	1999~2009	1974~2016
대상자	6~79세 대상자 약 5000명	3~79세 대상자 약 5700명	성인, 어린이 청소년	100,000쌍의 산모와 태아	17개 EU 대상국의 3688명 6-11세 아동과 어머니	13세 미만 어린이 108,000명, 어머니 90,700명, 아버지 71,500명	Tromsø 거주자
연구내용 1) 신체계측	신체계측, 임상, 치과검사	건강검진	건강검진	신체계측, 임상검사, 건강영향			신체계측, 임상검사, 심전도, 초음파, 골밀도, 소변분석, 인지능력
2) 생체시료	혈액, 소변, 혈장, DNA 수집	혈액, 소변, 타액, 모발 수집	혈액, 소변, 모발수집	전혈, 혈장, 소변, 모발, 모유, 제대혈, 신생아 혈액, 태아 모발 등 수집	소변, 모발수집	혈액, 소변, 제대혈, 치아 수집	혈액, 소변, (7기: 대변, 타액 추가)
3) 설문조사	식이, 건강관련설문	건강관련행태, 운동, 영양, 감염병 등	건강관련, 노출잠재요인 등	식이, 환경노출	생활습관, 노출잠재요인 등	생활습관, 노출잠재요인 등	식이, 생활습관, 질병력, 직업환경 등
4) 환경조사	집먼지, 먹는 물, 실내공기 등	먹는 물, 실내공기 등	먹는 물, 집먼지, 실내공기 미세먼지, 소음 등	실내외 공기질, 집먼지, 주거환경관찰	대기, 물, 토양(기존에 수행된 DB결과이용)		
분석물질	약 350여가지	약 160여가지	Phthalates, Parabens, PAHs, VOCs, Metals, PFAs, PCBs, Cotinine, PM	Phthalates, Parabens, PAHs, VOCs, Metals, PFAs, PCBs, Cotinine POPs, PBDEs Dioxins, DDTs, BPA, BPF, Phenols, Triclosan, Benzophenon	Phthalates, Metals, BPA, Cotinine	Acrylamide/Glycidamide, BPA, Cotinine, Fluorocarbons, OCPS, Organophosphatemetabolites, Trichloropyridinol	PCBs, PFAS, Chlorinated Pesticides (DDT, DDE 등)
검진체계	검진차량 내 건강검진&인터뷰	설문발송 후 검진차량 내 검진 및 인터뷰(혹은 가정방문)	마련장소에서 건강검진과 인터뷰 이후 조사원의 가정방문	대학병원들과 연계마련으로 방문검진		출산 전 설문(의료기록, 생활습관), 초음파검사 및 분만 등 병원방문 시 샘플링, 발달시기별 설문(의료기록, 발달특이사항)	초대장발송, 1차 방문검진 & 샘플링, 2차방문 검진 샘플링
성인기준 시료 수집량	혈액 111ml, 소변 55ml 이상	혈액 80ml, 소변 60m	혈액 40ml, 아침 첫소변, 모발 4cm	산모혈액 30ml, 소변 50ml, 모유 20ml, 제대혈 20~35ml	아침 첫소변, 두피 쪽 머리카락		

제2장

한국의 직업환경보건 제도

제1절 산업보건 법, 제도와 체계

1.1 산업보건관련 법

| 김명준

1) 노동 4법의 탄생

1948년 정부수립과 함께 공포한 헌법에 근거하여 1953년에 노동과 관련된 4가지 법, 즉, 노동조합법, 노동쟁의조정법, 노동위원회법, 근로기준법이 제정되었는데, 이를 흔히 '노동 4법'이라고 한다. 특히, 근로기준법은 헌법에 따라 근로조건의 기준을 정함으로써 근로자의 기본적인 생활을 보장, 향상시키며 균형 있는 국민경제의 발전을 꾀하는 것을 목적으로 지금의 산업안전보건법(사전 예방)과 산업재해보상보험법(재해 보상) 영역을 포괄하는 근로자 보호의 기본법이었다.

노동 4법에서도 근로기준법은 다른 법과 차이가 있는데, 그 중 가장 큰 특징은 노동 4법 중에서 근로기준법만 개별 근로자와 사용자 사이의 근로관계를 규율하는 개별적 노사관계법이고, 나머지는 노동조합과 사용자간의 노사관계를 대상으로 하는 집단적 노사관계법이라는 점이다.

노동 4법이 탄생하게 된 근거는 헌법에서 규정하고 있다. 헌법에 규정된 국민들의 근로와 관련된 대표적인 규정을 살펴보면 다음과 같다.

① 모든 국민은 근로의 권리를 가진다. 국가는 사회적, 경제적 방법으로 근로자의 고용의 증진과 적정 임금의 보장에 노력해야 하며, 법률이 정하는 바에 의하여 최저임금제를 시행하여야 한다. ② 모든 국민은 근로의 의무를 진다. 국가는 근로의 의무 내용과 조건을 민주주의원칙에 따라 법률로 정한다. ③ 근로조건의 기준은 인간의 존엄성을 보장하도록 법률로 정한다. ④ 여자의 근로는 특별한 보호를 받으며, 고용, 임금 및 근로조건에 있어서 부당한 차별을 받지 아니한다. ⑤ 연소자의 근로는 특별한 보호를 받는다. ⑥ 근로자는 근로조건의 향상을 위하여 자주적인 단결권, 단체교섭권 및 단체행동권을 가진다.

2) 산업안전보건법 제정 배경

1980년대 빠른 경제성장으로 사업장 기계설비의 대형화, 고속화 및 건설공사의 대규모화에 따른 중대재해가 증가하고 유해물질의 사용 증가로 새로운 직업성 질병이 증가하여, 1980년에는 1970년에 비해 전체 재해자 수(약 3만7천 → 약 11만 명), 사망자(639명 → 1,273명), 직업성 질병자(780명 → 약 4천8백 명)도 증가하였다. 산업재해로 인한 경제적 손실 추정액은 1970년 약 92억 원이었으나 1980년에는 약 3천억 원으로 약 34배나 증가되어 산업재해로 인한 경제적 손실의 심각성이 나타났다.

정부는 산업재해를 당한 근로자들의 보상과 재활을 체계적으로 관리하기 위해 1964년에 산업재해보상보험법을 먼저 제정하였다. 산업재해 근로자에 대한 보상과 더불어 산업재해를 예방하고 근로자를 보호하기 위해서는 사고의 책임을 명확히 하고 예방 대책을 세우도록 하는 법률 제정이 필요하게 되었다. 이러한 배경에서 1981년 12월 31일 산업안전보건법이 제정되었다. 통상 법규는 법, 시행령, 시행규칙 1개씩으로 구성되지만, 산업안전보건법규는 1개의 법, 1개의 시행령과 3개의 시행규칙으로 구성되어 법적구조가 다른 법령에 비해 복잡 · 다양하다. 산업안전보건법이 제정되기까지의 과정을 요약하면 다음과 같다.

1950년대	• 근로자 안전의 중요성 인식과 사업장 안전에 관한 법률 제정의 필요성 대두 – 1953년 근로기준법 제정(제6장 안전과 보건)
1960년대	• 산업재해 예방을 위한 제도적 체계가 구축된 시기 – 1961년 근로보건관리규칙 공포(사전 예방) – 1962년 근로안전관리규칙 제정(사전 예방) – 1964년 산업재해보상보험법 제정, 근로자 보상체계 구축(사후 보상)
1970년대	• 산업재해 다발 예방대책으로서 안전보건 분야 연구 관심 고조 – 1977년 국립노동과학연구소 설립
1980년대	• 근로기준법에서 분리되어 독립된 법으로 제정 – 1981년 12월 31일 산업안전보건법 제정

3) 산업안전보건법 목적 및 주요 내용

산업현장의 안전과 보건을 확보하여 근로자를 각종 위험으로부터 보호하는 것이 목적인 법의 주요 내용은 다음과 같다.

①	산업재해 예방을 위한 사업주 및 근로자의 기본적 의무 명시
②	노동부 내 산업안전보건정책심의위원회를 두어 산업재해 예방에 관한 주요 정책 심의 · 조정
③	유해 · 위험성이 있는 사업에서는 안전보건관리 책임자와 안전관리자 및 보건관리자 선임, 안전보건위원회 설치, 안전보건 관계자 및 근로자에 대한 안전보건교육 실시
④	작업환경이 인체에 해로운 작업장에 대해 작업환경 측정 · 기록, 근로자에 대한 건강진단 실시
⑤	산업재해 예방시설의 종류와 설치, 운영방법 및 정부의 지원 육성 방안 결정, 산재예방에 관한 과학기술의 진흥과 연구개발을 추진하여 그 성과 보급

산업안전보건법은 1981년 제정된 이후 변화하는 산업현장의 환경에 맞춰 개정을 거듭하여 우리나라 안전보건체제 구축의 완성도를 높여 왔다. 산업안전보건법은 제정 이후 두 번의 전부 개정을 하였으며 2020년 전부 개정 법의 주요 특징은 다음과 같다.

①	법의 보호 대상이 기존의 '근로자'에서 '노무를 제공하는 자'로 확대함으로써 안전보건 사각지대에 있는 사람들까지 법의 보호를 받을 수 있도록 함
②	안전 · 보건조치 의무 범위를 22개 위험 발생 장소에서 사업장 전체로 확대함
③	사업주의 안전 · 보건조치 의무 위반 시 3년 이하의 징역 또는 3천만 원 이하의 벌금, 근로자가 사망할 경우 7년 이하의 징역 또는 1억 원 이하의 벌금 부과로 처벌 수준이 대폭 강화됨
④	위험상황 발생에 대한 근로자의 작업중지권을 명확하게 하고, 위험성 평가 시 해당 작업 근로자를 참여시키도록 법에 명시하는 등 근로자를 보호하기 위한 다양한 제도가 신설되었음

4) 산업안전보건법과 중대재해처벌법 비교

산업안전보건법은 1981년 12월 31일 제정되어 40년 이상 산업현장의 안전과 보건을 확보하는데 있어 큰 역할을 담당하였다. 하지만 산업현장에서의 사고 사망자수는 여전히 선진 외국과 비교했을 때 높은 상태이고, 업무상 질병으로 인한 사망자수도 감소되지 않았다. 안전하고 쾌적한 작업환경을 조성하기 위해서는 권한과 책임이 있는 최고 경영책임자의 처벌을 강화해야 한다는 사회적 공감대가 형성되어 중대재해 처벌 등에 관한 법률(약칭: 중대재해처벌법)이 2021년 1월 26일 제정되어, 2022년 1월 27일부터 상시근로자수 50인 이상 사업장에 대해 적용되고 있다. 50인 미만 사업장은 적용이 3년 유예되었다.

산업안전보건법과 중대재해처벌법은 일반법과 특별법

표 2-1 산업안전보건법과 중대재해처벌법 주요 내용 비교

구분	산업안전보건법	중대재해처벌법
의무주체	• 사업주(법인 + 개인)	• 개인사업주 + 경영책임자 등
보호대상	• 근기법 상 근로자 • 수급인의 근로자 • 특수고용종사 근로자	• 근기법 상 근로자 • 노무제공자(위탁, 도급 포함) • 수급인의 근로자 및 노무제공자
적용범위	• 전 사업장	• 5인 미만 사업장 제외
재해정의	• 중대재해 – 사망자 1명 이상 – 3개월 이상 요양이 필요한 부상자 동시 2명 이상 – 부상자 또는 직업성 질병자가 동시 10명 이상	• 중대산업재해 – 사망자 1명 이상 – 동일한 사고로 6개월 이상 치료가 발생한 부상자 2명 이상 – 동일한 유해요인으로 급성중독 등 직업성 질병자[1] 1년 이내 3명 이상
처벌수위	• 사업주 – 사망: 7년 이하 징역 또는 1억원 이하 벌금 – 안전 · 보건조치 위반: 5년 이하 징역 또는 5천만 원 이하 벌금 • 법인 – 사망: 10억 원 이하 벌금 – 안전 · 보건조치 위반: 5천만 원 이하 벌금	• 경영책임자 등(자연인) – 사망: 1년 이상 징역 또는 10억 원 이하 벌금(병과 가능) – 부상이나 질병: 7년 이하의 징역 또는 1억 원 이하 벌금 • 법인 – 사망: 50억 원 이하 벌금 – 부상이나 질병: 10억 원 이하 벌금

의 관계가 아니라 같은 수준의 법으로서 동시에 적용된다. 다시 말해, 중대재해처벌법으로 최고 경영책임자가 처벌을 받았다고 하여 산업안전보건법상의 안전 · 보건조치 의무 위반자(공장장 또는 현장소장 등)가 처벌을 면제받는 것이 아니라는 점이다. 두 법의 주요 차이점을 요약하면 다음과 같다(표 2-1).

5) 산업재해보상보험법

산업재해보상보험법의 목적은 "산업재해보상보험 사업을 시행하여 근로자의 업무상의 재해를 신속하고 공정하게 보상하며, 재해근로자의 재활 및 사회 복귀를 촉진하기 위하여 이에 필요한 보험시설을 설치 · 운영하고, 재해 예방과 그 밖에 근로자의 복지 증진을 위한 사업을 시행하여 근로자 보호에 이바지하는 것을 목적으로 한다."라고 기술되어 있다. 산업재해보상보험법은 1964년 제정된 이후 개정 과정을 통해 업무상 사고나 질병의 인정 범위를 넓혀 왔다.

산업재해보상보험법에 의한 업무상 재해의 기준은 업무상 사고, 업무상 질병, 출퇴근 재해로 구분할 수 있다. 이 중 인정 여부의 논란이 되는 것은 업무와의 인과관계 입증이 상대적으로 곤란한 업무상 질병이었다. 이와 관련된 산업재해보상보험법 제도개선 사항 중 가장 눈여겨볼 내용은 제37조 제2항[2]과 제3항[3]이다. 과거에는 업무상 재해로 인정받지 못했지만 제도개선을 통해 각 항의 단서 조항에 해당되면 업무상 재해로 인정받을 수 있는 근거가 마련되었다.

업무상 질병의 인정에 대한 판단은 산업재해보상보험법 시행령 등에서 구체적으로 기술하고 있는데, 제34조는 업무상질병 인정기준에 대해서, 제35조는 출퇴근 중의 사고에 대해서 공표하고 있다. 아래의 요건 모두에 해당하면 업무상 질병으로 본다.

---

1 중대재해처벌법 제2조 제1호 다목에서 대통령령으로 직업성 질병자는 동 법 시행령 제2조(직업성 질병자)는 직업성 질병자에 해당하는 24가지 사항을 [별표1]에서 상세하게 규정하고 있음.

2 근로자의 고의 · 자해행위나 범죄행위 또는 그것이 원인이 되어 발생한 부상 · 질병 · 장해 또는 사망은 업무상 재해로 보지 아니한다. 다만, 그 부상 · 질병 · 장해 또는 사망이 정상적인 인식능력 등이 뚜렷하게 낮아진 상태에서 한 행위로 발생한 경우로서 대통령령으로 정하는 사유가 있으면 업무상 재해로 본다. 〈개정 2020. 5. 26.〉.

3 2016년 9월 29일 헌법재판소에서 헌법불합치 결정을 받아 신설된 조항으로 출퇴근 중 일탈이나 중단 시에는 원칙적으로 출퇴근 재해로 보지 않지만, 일탈 또는 중단이 일상생활에 필요한 행위로서 대통령령으로 정하는 사유가 있는 경우에는 출퇴근 재해로 본다. 〈신설 2017. 10. 24.〉.

1. 근로자가 업무수행 과정에서 유해 · 위험요인을 취급하거나 유해 · 위험요인에 노출된 경력이 있을 것
2. 유해 · 위험요인을 취급하거나 유해 · 위험요인에 노출되는 업무시간, 그 업무에 종사한 기간 및 업무 환경 등에 비추어 볼 때 근로자의 질병을 유발할 수 있다고 인정될 것
3. 근로자가 유해 · 위험요인에 노출되거나 유해 · 위험요인을 취급한 것이 원인이 되어 그 질병이 발생하였다고 의학적으로 인정될 것

업무상 질병의 인정 여부를 심의하기 위해서 근로복지공단에 업무상질병판정위원회를 두었으며, 근로자가 산업재해보상보험의 보험급여를 신청하는 것을 시작으로, 심의를 위한 절차가 시작된다. 업무상질병판정위원회에서 판단하는 기조에서 업무상질병 인정기준과 함께 고려해야 할 중요한 개념으로는 "상당인과관계"와 "인과관계 입증 정도"가 있다. "상당인과관계"란 일반적인 경험과 지식에 비추어 그러한 사고가 있으면 그러한 재해가 발생할 것이라고 인정되는 범위에서 인과관계를 인정해야 한다는 것을 의미하며, 이에 따라 "인과관계의 입증 정도"는 "반드시 의학적, 과학적으로 명백하게 입증되어야 하는 것은 아니고, 근로자의 취업 당시의 건강상태, 발병 경위, 질병의 내용, 치료의 경과 등 제반 사정을 고려할 때 업무와 질병 사이에 상당인과관계가 있다고 추단되는 경우"를 고려한다.

6) 법의 관계 및 향후 전망

산업현장에서 '노무를 제공하는 자'를 보호하는 방법은 사전예방과 사후관리가 있다. 사전 예방은 산업안전보건법과 중대재해처벌법의 영역이고, 사후 보상은 산업재해보상보험법의 영역이다. 예방은 사업주의 책임에 대한 인과관계를, 보상은 근로자의 보호를 우선하므로 서로 추구하는 범위가 항상 일치하지 않을 수도 있다. 업무상 질병은 기존의 제도로 보호되지 못하는 새로운 질병이 나타날 수 있는데, 이들이 보호받기 위해서는 적기에 제도가 개선되어야 하고, 그러기 위해서는 업무와 질병간의 인과관계를 규명할 수 있는 전문가의 역할이 중요할 수 밖에 없다.

2020년 업무상 사고로 인한 사망자 수는 882명이다. 정부는 산재사고 사망자수를 현재의 절반 수준으로 줄이고, 중대재해를 예방하기 위해 많은 인력과 자원을 투입하였고, 사업장 안전 · 보건조치 의무 위반자에 대한 처벌을 강화하기 위해 산업안전보건법을 개정하고 중대재해처벌법을 제정하는 등 국가적 차원에서 다각적으로 접근하고 있다.

업무상 질병에 의한 사망자는 중독성 질환에 의한 사망처럼 현재의 작업조건에 의해 발생하는 경우도 있지만, 대부분은 과거의 작업환경에 기인하여 오랜 시간이 지나서 발생한 것이므로 업무상 사고사망과는 다른 차원에서 접근해야 한다.

특히, 그동안 안전보건 사각지대에 놓여 있던 특수고용형태 근로자들도 보호대상으로 포섭되고, 건설현장이나 위험 업종에 고령근로자의 고용이 증가함에 따라 특수건강진단 대상 유해인자에 노출되는 노무 제공자가 증가할 것이다. 따라서 산업현장의 복잡 · 다양화되는 유해 · 위험요인으로부터 근로자를 체계적으로 관리하고, 코로나19와 같은 예기치 못한 감염병 예방에 선제적 대응과 관련 법령의 제도개선을 추진하는데 있어서도 산업안전보건법 제18조(보건관리자)와 제22조(산업보건의)의 역할은 더욱 중요해질 것이다.

1.2 산업보건체계

| 김은아

산업보건체계는 기본 산업보건서비스(Basic Occupational Health Service, BOHS)를 공급하기 위한 시스템이다. 국제노동기구(ILO), 세계보건기구(WHO), 국제산업보건학회(ICOH)가 공동으로 개발한 핵심적인 기본 산업보건서비스 개념은 WHO가 정의한 일차의료의 개념을 산업보건 영역에 적용한 것으로, 모든 노동자가 고용형태, 작업장 규모, 지리적 위치에 상관없이 제공받아야 하는 항목이라고 제안되었다. BOHS의 내용으로 제시되는 내용은 작업환경 감시와 위험성평가, 건강감시와 건강진단, 작업환경 관리를 위한 자문, 보건교육과 정보제공, 건강증진, 노동능력보존, 응급처치와 비상사태에 대

한 대비, 직업병의 진단, 자료의 보관 등이 있다.

한국의 현행 산업보건체계는 1980년대 노동부 설립과 산업안전보건법 제정 후 본격적으로 운영되었다. 산업안전보건법에는 BOHS로 해당하는 다양한 서비스가 제공될 수 있도록 정부 책무와 사업주의 의무가 규정되어 있다. 대표적 제도는 작업환경측정, 근로자 건강진단, 물질안전보건자료를 포함하는 화학물질관리, 사업장 내 보건관리, 안전보건교육, 위험성평가, 근골격계 부담작업 조사, 화학물질의 분류와 관리, 석면관리제도이다.

1) 관련 기관

산업보건체계의 공적 영역에는 행정규제를 관장하는 고용노동부, 고용노동부의 행정을 보완하며 기술지원 사업을 펼치는 산업안전보건공단, 산재보험을 운영하는 근로복지공단이 있다. 산업안전보건공단은 안전보건 기술지원을 하는 전국적 지사조직이 있으며, 연구원, 교육원, 미래기술원에서는 전문적인 기술사업과 연구를 수행한다. 근로복지공단은 산업재해보상보험을 관장하여 산재보상과 재활사업을 하며, 산재환자를 진료하기 위한 공단병원을 운영하고 있다. 직업병 진단과 주기적인 건강진단, 보건관리, 작업환경평가는 법에 정한 기준을 만족하는 의료기관이나 측정기관 등의 민간영역의 기관에서 수행되고 있다. 특수건강진단이나 직업환경측정 사업을 하기 위해서는 안전보건공단 연구원에서 운영하는 정도관리에 참여하여 적합판정을 받아야 한다.

2) 인적 자원

산업보건체계에서 활동하는 전문인력은 직업병진단과 특수건강진단을 수행하는 직업환경의학 전문의, 간호사, 청력검사와 폐기능검사, 생체시료를 분석하는 임상병리사 등의 전문가가 참여하고 있다. 작업환경평가를 위해서는 산업위생기사와 분석전문가가 참여한다. 사업장 보건관리는 직업환경의학전문의, 간호사, 산업위생사 등의 전문가가 직무를 수행한다. 근로자건강센터에는 직업환경의학전문의, 간호사, 산업위생사, 인간공학기사, 물리치료사, 상담심리사 등의 전문가가 근무한다.

3) 환경감시

작업환경평가제도는 대표적인 한국의 작업환경감시 사업이다. 산업안전보건법이 제정되기 전에도 학계와 산업보건협회를 중심으로 탄광 등의 산업에 대한 환경측정기록이 있지만, 1982년 관련 시행규칙이 제정되면서 측정대상과 측정자의 자격이 규정되었고 2003년에 옥내 뿐 아니라 옥외사업장까지 포괄되었다. 1982년 당시 분진, 소음, 유기용제 등 대표적인 6개 위험요인이 대상이었는데, 최근에는 191종에 달하고 있다. 2020년도에는 총 75,468개소의 사업장에 대해 작업환경측정이 실시되었는데, 이 중 11.1%인 8,400개소가 노출기준을 초과한 것으로 나타났다. 작업환경측정은 특정시기에 일회적으로 위험요인을 측정하기 때문에, 작업의 양, 원료의 변화, 작업자의 수 등에 따라 변화하는 실제 노출을 반영하기 어렵고, 측정 누락 공정, 누락 사업장이 많다는 비판이 있다.

4) 건강감시

근로자 건강검진제도는 1953년에 16인 이상 사업장부터 도입된 상대적으로 오랜 역사를 갖는 산업보건제도이다. 한국에서 집단선상검진이 도입되던 시기, 유병률이 높았던 결핵, 빈혈 등을 목표질환으로 선정했었는데, 1972년부터 제조업 작업장에서 많이 노출되었던 소음과 분진 등의 유해요인을 대상으로 한 특수건강진단이 구분되어 시행되었으며 2002년 이후 5인 이하 소규모 사업장까지 포괄하는 제도가 되었다. 1982년에 71종이었던 유해요인은 최근 179종으로 늘어났으며, 2017년에는 야간작업이라는 작업조건이 건강검진대상으로 포함되었다. 2020년에는 총 2,213,193명이 검진을 받았으며 이 중 1.3%인 14,469명이 직업병 유소견자로 진단되었다. 특수건강진단은 광범위한 유해요인 수에 비해, 진단되는 직업병이 소음성 난청과 진폐 등 몇몇 질병에 불과하고, 직업병 진단율도 아주 낮아 실효성이 높지 않다는 비판이 제기되기도 하였다. 최근에는 특수건강진단과 작업환경평가제도를 비판적으로 검토한 후, 보완하려는 연구가 진행 중에 있다. 특수건강진단은 직종별로 합리적인 건강검진을 구성하려는 방향으로, 작업환경평가는 위험성평가를 토대로 사업주의 자율적 평가를 가미하는 제도를 연구 중이다.

5) 위험성평가

2013년에 도입된 위험성평가는 BOHS의 핵심적 요소 중 하나로, 구체적인 작업장 내의 사정을 잘 아는 사업주와 관리감독자, 노동자가 자율적으로 작업장의 위험요소를 파악하도록 하는 제도이다. 그 사업장에 특징적인 유해위험요인을 파악하고, 위험을 추정하여 적정한 수준의 예방대책을 노사가 자율적으로 실시하도록 하는 제도로, 작업환경측정이나 특수건강진단제도에 비해 연혁이 짧으며, 기존의 작업환경평가제도, 특수건강진단제도에 의무가 추가되었다는 느낌을 주면서 현실에서 시행률이 높지 않다는 평가가 있다.

다수의 업무상 질병은 근골격계질환이지만, 건강진단제도로 포괄하기에는 부적절하여 건강관리제도로 관리하는 나라가 많다. 한국은 2000년대 초반 사회적 문제로 크게 떠오른 근골격계질환의 예방을 위하여 2003년에 근골격계부담작업 유해요인조사 제도가 시작되었다. 근골격계부담작업은 매 3년마다 정기조사와 필요시 수시조사를 하도록 제안되어 있으며, 관련 방법과 절차는 안전보건공단의 매뉴얼로 제시된다.

6) 직업병진단과 보상

직업병진단은 직업환경의학과 전문의의 영역으로, 이들을 통한 업무관련성 평가는 산업재해 보상신청에 도움이 된다. 직업병으로 추정되는 경우 노동자는 근로복지공단에 산재보상을 신청하면 평가절차를 거쳐 보상 여부가 결정된다.

7) 산업보건관리사업

노동자에게 가장 밀접한 산업보건서비스는 사업장 내의 보건관리라고 할 수 있다. 상시근로자 50인 이상의 사업장의 경우 보건관리자를 선임하여 물질안전보건자료의 비치, 보건교육, 부상의 치료, 응급처치, 건강진단 사후관리, 작업장의 공학적 개선, 산재발생원인조사, 통계유지 등의 업무를 수행하게 한다. 50인 미만의 소규모 사업장인 경우, 안전보건담당자를 선임하여 위와 유사한 업무를 수행하게 되는데, 정부의 기술지원, 재정지원사업 등을 지원받는다. 300인 미만 사업장은 보건관리를 위탁으로 수행할 수 있어, 다수의 사업장은 상근보다는 위탁을 택하고 있다. 소규모 사업장의 보건관리를 지원하기 위하여 안전보건공단은 2007년부터 근로자건강센터를 설립하여 2020년 현재까지 23개소를 운영하고 있다. 민간전문기관에 위탁하여 운영하는데, 직업병상담, 보건관리, 근골격계질환 관리, 직무스트레스 상담 등을 수행한다.

8) 교육과 정보제공

BOHS의 다른 중요 축으로는 노동자의 교육과 정보제공의 영역이 있다. 산업안전보건법에는 노동자의 안전보건교육 주기와 시간이 정해져 있다. 화학물질을 제조, 양도, 사용하는 사람은 물질안전보건자료를 안전보건공단에 제출해야 한다. 사업주의 영업비밀을 이유로 위험한 물질의 사용을 알 수 없다는 문제 제기가 많았는데, 영업비밀로 기재하기 위해서는 안전보건공단에 승인을 받도록 제도를 변경하였다. 노동자의 알 권리를 위하여 위험물질을 사용하는 경우 작업현장에 그 자료를 게시하거나 비치하도록 규정하고 있다.

산업혁명과 함께 100여년 이상을 거쳐 변화, 보완되어 온 영국이나 독일 등에 비해 한국의 산업보건체계는 비교적 단기간에 구축되었다. 또한 제조업 노동자에 맞도록 만들어져 고용 인구 중 BOHS에서 소외되는 노동자가 늘어나고 있다. 플랫폼 노동 등 급속히 변화하는 산업구조와 직업의 방식에 맞는 산업보건제도를 마련하기 위해서 지속적인 연구가 필요하다.

더 읽을거리

고용노동부, 산업안전보건법 제 · 개정사, 2015.
홍윤철, 질병관리의 새로운 패러다임, (재)여시재 신문명연구 시리즈_의료와 도시_4, 2020.

제2절 환경보건 법, 제도와 체계

2.1 환경보건관련 법

| 하미나

우리나라 환경부가 관장하는 환경정책의 기본 원칙과 방향을 제시하는 기본법으로서 「환경정책기본법」이 있고, 이중 환경보건정책에서 기본법이라 할 수 있는 「환경보건법」이 있다. 이외 화학안전(4개법), 환경유해인자관리(4개법), 환경피해구제(4개법)와 관련하여 12개의 법을 환경보건에 관한 법으로 분류할 수 있다(표 2-2).

환경부 외 다른 부처에서 관장하는 법에서도 환경보건 내용을 부분적으로 담고 있는데, 대표적으로 보건복지부 「보건의료기본법」 제37조(환경 보건의료) 및 제37조의2(기후변화에 따른 국민건강영향평가 등)가 있다. 또, 부처에서 관장하는 법 내에 환경 유해인자와 관련한 환경보건 요소를 포함하는 경우가 있다. 과학기술정보통신부의 「전파법」 제44조의4(전자파의 인체영향에 관한 연구 · 조사 및 교육 · 홍보), 제47조의2(전자파 인체보호기준 등)와 원자력안전위원회의 「원자력안전법」 제105조의2(방사선 건강영향조사) 등이 그 예이다.

1) 환경정책기본법

환경정책기본법은 환경정책 분야의 최상위 법으로, 환경정책의 기본이념과 원칙, 정책의 대상, 환경기준의 설정 등과 관련한 국가의 책무 등을 규정하고 있다. 이 법에서 밝히는 환경정책의 기본이념은 다음과 같다(제2조). 첫째, 환경을 이용하는 모든 행위를 할 때 환경보전을 우선적으로 고려한다는 것이다. 즉 환경의 질적인 향상과 보전을 위해서 인간과 환경간의 조화와 균형을 유지하며, 기후변화 등 지구환경의 위해를 예방하기 위하여 공동으로 노력하는 것을 통해 현 세대 및 미래의 세대에게 그 혜택이 계승될 수 있도록 하는 것이다. 둘째, 환경정의를 실현하기 위한 노력이다. 즉 환경 관련 법령, 조례, 규칙을 제정, 개정하거나 정책을 수립, 시행할 때 모든 사람에게 실질적인 참여를 보장하고, 환경에 관한 정보에 대한 접근성을 보장하며, 환경적 혜택과 부담을 공평하게 나누고, 환경오염 또는 환경훼손으로 인한 피해에 대하여 공정한 구제를 보장하는 것이다.

환경오염은, '사업활동 및 그 밖의 사람의 활동에 의하여 발생하는 대기오염, 수질오염, 토양오염, 해양오염, 방사능오염, 소음, 진동, 악취, 일조방해, 인공조명에 의한 빛공해 등으로서 사람의 건강이나 환경에 피해를 주는 상태'로 정의되고 있다(제3조).

이 법에서는 또한 환경정책의 중요한 법 · 정책 원리를 천명하고 있다. 환경오염, 환경훼손의 원인을 발생시킨 자가 예방, 회복 및 복원의 책임을 지고, 피해구제비용을 부담해야 한다는 오염원인자 책임원칙(제7조), 환경오염이나 훼손으로 인해 피해가 발생한 경우, 오염원인자가 과실여부와 관계없이 배상의 책임을 져야 한다는 환경오염의 피해에 대한 무과실책임원칙(제44조)이 그것이다.

환경보건과 관련해서는, 국가 및 지방자치단체가 환경오염으로 인한 국민의 건강상의 피해를 규명하고 환경오염으로 인한 질환에 대한 대책을 마련할 의무(제36조)를 규정하고 있다.

2) 환경보건법

환경보건법은 환경보건에 대한 정책 목적이 독립적으로 법제화가 된 것으로, 세계적으로도 유일한 사례이다. 이것은 환경보건 분야의 높은 정부의 정책의지를 보여주는 것인 한편, 환경오염에 의한 건강피해의 문제가 빈발하고 이에 대한 요구가 높다는 현실을 반영하는 것이기도 하다. 우리나라는 매우 짧은 기간에 빠르게 도시화·산업화가 진행되면서, 무분별한 환경개발로 인한 훼손과 오염으로 인하여 사람과 생태계의 피해가 압축적으로 발생하였다. 「환경보건법」은 이러한 역사적 배경에서 탄생한 산물이라 볼 수 있다.

(1) 기본 원칙

「환경보건법」의 목적(제1조)은 환경오염과 유해화학물질 등이 국민건강과 생태계에 미치는 영향 및 피해를 조사, 규명, 감시하여 국민건강에 대한 위협을 예방하고 이를 줄이기 위한 대책을 마련함으로써 국민건강과 생태

표 2-2 우리나라 환경부가 관장하는 환경보건 관련 법 현황

분야	법 이름	최초시행	주요 내용
기본법	환경정책기본법	1991	– 환경정책관련 최상위법, 기본 원칙 등
	환경보건법	2009	– 환경보건종합계획 수립 – 환경관련 건강피해 예방관리 등
화학안전	화학물질관리법 (구. 유해화학물질관리법, 1991)	2015	– 화학물질 통계, 배출량 조사, 유해화학물질 취급시설 및 영업자 관리 – 화학물질 사고예방, 대비·대응 등
	잔류성오염물질관리법 (구. 잔류성유기오염물질관리법, 2008)	2016	– 잔류성오염물질 환경기준 설정 – 잔류성오염물질 제조·수출입·사용금지·제한 등
	화학물질의 등록 및 평가 등에 관한 법률	2015	– 화학물질 등록, 유해성 심사 및 위해성 평가 – 화학물질의 정보 제공 등
	생활화학제품 및 살생물제 안전관리법	2019	– 살생물제 승인제도 및 살생물제품 허가제도 도입 – 살생물처리제품 관리체계, 유통 및 안전관리 강화
유해인자 관리	소음·진동관리법 (구. 소음·진동규제법, 1991)	2009	– 공사장, 도로·교통 및 생활 소음·진동 규제 – 건설기계 소음도 표시 의무제 도입 등
	실내공기질관리법 (구. 다중이용시설 등의 실내공기질관리법, 2004; 지하생활공간 공기질관리법, 1997)	2016	– 다중이용시설군의 실내공기질 관리 – 오염물질 방출기준 초과 건축자재 사용제한 등
	석면안전관리법	2012	– 석면사용 금지 및 석면함유 가능물질 관리 – 석면해체 사업장 주변환경 관리 등
	인공조명에 의한 빛공해 방지법	2013	– 빛공해 관리를 위한 조명환경관리구역 지정 – 빛방사허용기준 차등적용 및 조명기구 설치관리 기준 고시 등
환경피해 구제	석면피해구제법	2011	– 환경성석면피해자 구제제도 운영 – 석면피해구제기금 조성·운영 등
	환경오염피해 배상책임 및 구제에 관한 법률	2016	– 환경오염피해에 대한 배상책임 및 보험가입 – 환경오염피해 구제에 관한 사항 등
	가습기살균제 피해구제를 위한 특별법	2017	– 피해자 구제급여 지원 – 건강피해 인과관계 규명 및 손해배상 규정 등
	생활화학제품 및 살생물제 안전관리법 제5장의2	2021	– 살생물제품의 제조물결함에 의한 피해에 대한 구제 – 재원조달, 피해구제 절차 등 규정

출처 : 하미나, 정선화. 환경보건정책입문. 단국대학교 출판부. 2022.

표 2-3 환경보건법의 4대 원칙

기본 원칙	내용
사전주의 (precautionary principle)	환경유해인자와 수용체의 피해 사이에 과학적 상관성이 명확히 증명되지 않은 경우에도 그 환경유해인자의 무해성이 최종적으로 증명될 때까지 경제적, 기술적으로 가능한 범위에서 수용체에 미칠 영향을 예방하기 위한 적절한 조치와 시책을 마련해야 한다.
환경정의 (environmental justice principle)	어린이 등 환경유해인자의 노출에 민감한 계층과 환경오염이 심한 지역의 국민을 우선적으로 보호하고 배려하여야 한다.
수용체 중심 (human and ecosystem centered principle)	수용체 보호의 관점에서 환경매체별 계획과 시책을 통합하고 조정하여야 한다.
참여 (participatory principle)	환경유해인자에 따라 영향을 받는 인구집단은 위해성 등에 관한 적절한 정보를 제공받는 등 관련 정책의 결정과정에 참여할 수 있어야 한다.

계의 건전성을 보호, 유지하는 것이다. 이 법의 기본 이념은 4가지(제4조)이며, 환경보건정책의 중요한 원칙을 이루고 있다(표 2-3).

(2) 환경보건종합계획의 수립

「환경보건법」에서는 중앙정부는 10년 단위로, 지방자치단체(시, 도)는 5년 단위로 '환경보건종합계획' 또는 '지역환경보건계획'을 수립하도록 하여, 환경보건에 관한 중앙행정기관 및 지자체의 정책수립의 원칙과 기본방향을 제시하도록 하고 있다(제6조, 제6조의2). 이는 다양한 환경매체별 계획을 수용체 중심으로 통합 조정, 선도하며, 환경정책과 보건정책 사이의 사각지대를 해소하는 역할을 한다.

(3) 위해성평가와 관리, 국민환경보건 기초통계와 지표의 마련

정부의 의무로서, 환경유해인자의 위해성평가와 관리(제11조), 국민환경보건 기초조사를 통해 매 3년마다 국민의 생체내 농도, 건강피해 현황 등을 파악하도록 하고(제14조), 환경 관련 건강피해에 관한 건강영향조사(제15조) 및 건강영향조사의 청원 접수 및 처리(제17조), 조사결과에 따른 조치의 이행의무(제17조의2) 등을 명시하고 있다. 뿐만 아니라, 환경보건 지표를 개발하고(제21조), 환경보건 정보와 통계를 관리(제22조)하도록 하고 있다.

(4) 어린이 환경보건

어린이의 건강보호에 대하여는 별도의 장을 두어 강조하고 있다. 어린이 활동공간의 위해성 관리(제23조), 어린이 활동공간의 관리자나 소유자에게 환경보건교육의 실시(제23조의3), 어린이 활동공간 환경안심 인증(제23조의4), 어린이 용품의 유해물질 관리(제24조)와 환경유해인자로 인한 건강피해가 우려되거나 의심되는 경우 어린이에 대한 진료지원(제25조의2)을 할 수 있도록 하고 있다.

(5) 연구 · 조사 지원, 전문인력양성

그 밖에, 환경보건센터의 지정과 운영(제26조)하여 환경유해인자로 인한 건강피해의 규명, 감시, 예방 및 관리를 위한 조사, 연구, 교육 및 기술개발, 역학조사의 지원 등을 할 수 있도록 하고, 권역별로 환경성질환 예방관리센터를 설치, 운영(제27조의2)하여, 질환의 예방, 관리에 관한 정보의 보급과 의료지원 및 교육, 체험활동 등을 할 수 있도록 하였다. 또 중앙정부 및 지방자치단체가 환경보건 전문인력을 육성하는데 예산을 지원할 수 있도록 하고(제28조), 환경보건정보시스템을 구축 · 운영(제28조의2)하도록 하고 있다.

3) 화학안전 관련법

화학물질과 제품의 안전에 관련한 법은 가습기살균제

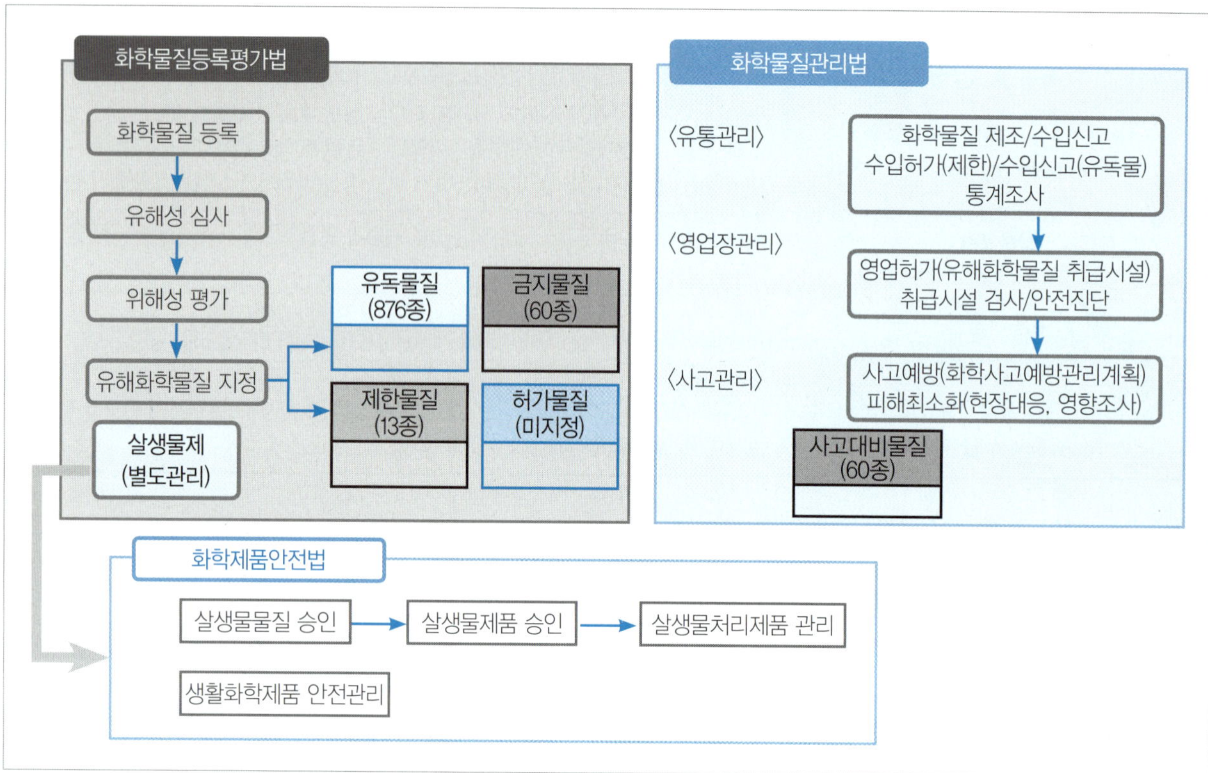

그림 2-1 화학3법을 통한 유해화학물질의 안전관리 체계

출처 : 하미나, 정선화. 환경보건정책입문. 단국대학교출판부. 2020.

사건과 구미 불산 사고를 계기로 크게 변화 · 발전하였다. 「화학물질의 등록 및 평가 등에 관한 법률」(약칭 화학물질등록평가법), 「생활화학제품 및 살생물제 안전관리에 관한 법률」(약칭 화학제품안전법), 「화학물질관리법」과 「잔류성오염물질 관리법」(약칭 잔류성물질법)이 있다. 앞의 3법은 서로 밀접하게 연계되어 화학물질의 안전관리체계를 구성하고 있다(그림 2-1).

화학물질등록평가법을 통해 확보한 화학물질의 유해성 및 위해성 정보에 기반하여, 관리의 수준과 방법을 결정하기 위한 물질분류(유독, 금지, 제한, 허가)를 하고, 이 물질분류에 근거하여 화학물질관리법을 통해 유통과정과 사업장의 영업활동을 관리하고 사고를 대비한다. 화학제품안전법은, 화학물질등록평가법에서 다루는 화학물질 중 소비자들에게 직접적으로 노출되는 살생물질과 생활화학제품에 특화하여 더 강화된 수준의 관리를 한다.

(1) 화학물질의 등록 및 평가 등에 관한 법률

화학물질등록평가법은 화학물질을 제조 · 수입하려는 자가 제조 · 수입 전에 환경부장관에게 등록하도록 하고, 환경부장관은 화학물질의 유해성과 위해성을 평가하여 관리대상 물질(유독물, 허가물질, 제한물질, 금지물질 등)로 지정할 수 있도록 한다. 이 법의 목표는 '위해 관련 자료의 등록 없이 판매 불가(No Data, No Market)'라는 사전예방적 관리체계를 실현하는 것이다. 모든 화학물질의 유해성과 위해성 정보의 확보에 대한 일차적인 책임을 사업자에게 부여한 것이 특징이다.

(2) 생활화학제품 및 살생물제 안전관리법

화학제품안전법에 의해 정부는 생활화학제품에 대하여 위해성 평가를 한 후 그 결과 위해성이 있다고 인정하는 경우에 '안전확인대상생활화학제품'으로 지정하고 안전기준을 정하여 고시한다. 안전확인대상생활화학제품을 제조 · 수입하려는 자는 시험기관에서 안전기준에 적합 확인을 받아 정부에 신고한다.

살생물제(물질과 제품)는, 기본적으로 화학물질등록평가법과 유사한 관리체계이나 규제의 수준이 더 강력하다. 사업자는 제조 · 수입 전에 유해성 및 위해성에 관한 정보를 제출하여 정부로부터 승인을 받아야 한다. 살생물제품은 승인된 살생물물질을 사용하여야 하며, 살생물처리제품은 승인된 살생물제품을 사용하여야 한다. 시장 출시 이후의 사후관리도 비중 있게 규정하여, '무독성', '친환경성' 등 문구 사용을 금지하는 표시 · 광고 규정, 정부의 회수 · 폐기 등의 조치에 관한 명령권과 과징금 부과권 등이 있다.

(3) 화학물질관리법

화학물질관리법은 구미 불산사고 등을 계기로 기존의 「유해화학물질관리법」이 전부 개정된 것으로, 화학물질을 취급하는 현장의 안전관리를 규정하고 있다. 즉 취급자의 안전관리 책임, 유해화학물질의 취급기준과 취급시설의 설치 · 운영에 관한 기준, 유해화학물질 영업허가와 영업자에 대한 관리, 화학사고 대응 · 대비 규정 등을 두고 있다.

국가와 지방자치단체는 '화학물질 통계조사'[4]와 '화학물질 배출량 조사'[5]를 실시한다. 유해화학물질 취급시설을 설치 · 운영하려는 자는 화학사고 발생 영향 및 대응조치를 담은 '화학사고예방관리계획서'를 작성 · 제출해야 한다.

(4) 잔류성오염물질 관리법

잔류성물질법의 최초 명칭은 「잔류성유기오염물질 관리법」으로 2008년에 〈잔류성유기오염물질에 관한 스톡홀름협약〉의 비준 및 그 국내 이행에 대비하고자 마련되었다. 2013년에 채택된 〈수은에 관한 미나마타 협약〉으로, 그 적용대상 물질을 수은 및 수은화합물로 확대하여, 2016년에 「잔류성오염물질 관리법」으로 변경되었다. 제조 · 수출입 · 사용의 금지 및 제한, 배출규제, 함유폐기물의 처리, 함유기기 등의 관리체계로 구성된다.

4) 환경유해인자 관리 관련법

환경유해인자에 대한 노출을 저감하고 관리하기 위한 법으로 「소음 · 진동관리법」, 「석면안전관리법」, 「실내공기질 관리법」과 「인공조명에 의한 빛공해 방지법」이 있다.

(1) 소음 · 진동관리법

소음 · 진동관리법은 공장, 건설공사장, 도로, 철도 등으로부터 발생하는 소음 · 진동으로 인한 피해를 예방 · 관리하기 위한 것이다. 소음의 정의는 '기계 · 기구 · 시설, 그 밖의 물체의 사용 또는 공동주택 등 장소에서 사람의 활동으로 인하여 발생하는 강한 소리'이다. 국가는 전국적인 소음 · 진동의 실태파악을 위하여 측정망을 설치, 상시 측정하며, 교통소음관리를 위하여 소음지도를 작성할 수 있다. 소음발생원별로 즉, 공장, 생활(층간, 공사장, 이동), 교통과 항공기별 관리 규정과 방음시설 설치기준 등에 관한 규정을 두고 있다.

(2) 석면안전관리법

석면안전관리법은 석면 노출로 인한 국민의 건강피해를 예방하기 위하여 국가와 지방자치단체의 석면관리를 위한 시책마련의 의무를 규정하고 있다. 정부는 석면의 이용, 관리 등에 관한 실태조사를 실시하고 이를 공개하여야 한다. 석면함유 제품, 자연발생 석면, 건축물 석면, 석면해체 사업장의 주변환경, 4분야로 구분하여 구체적인 관리방안을 규정하고 있다. 최근에 건축물 석면의 해체 · 제거 작업을 질적으로 관리하기 위하여 감리인의 등록 및 평가제가 마련되었다.

(3) 실내공기질 관리법

실내공기질 관리법은 다중이용시설, 신축되는 공동주

4 2년마다 화학물질을 취급하는 사업장에 대해 취급관련 현황(화학물질의 종류, 용도, 제품명 및 취급량, 입 · 출고량, 보관 · 저장량 및 수 · 출입량 등의 유통량), 취급시설(취급시설의 종류, 위치 및 규모관련 정보) 등에 관한 통계

5 특정 화학물질(대기오염물질 중 화학물질 및 휘발성유기화합물과 수질오염물질 중 화학물질, 발암성 · 생식독성 또는 유전독성을 가진 화학물질)을 취급하는 사업장에서 취급과정에서 배출되는 화학물질 현황(연간 취급량 · 용도, 대기 · 수질 · 토양 등 환경으로의 직접배출량, 사업장 폐기물, 폐수 등에 포함되어 사업장 외부로 이송되는 양 등) 조사

택 및 대중교통차량의 실내공기질을 알맞게 유지하고 관리하기 위한 것이다. 정부는 실내공기질 관리에 관한 실태조사와 이를 위한 측정망을 설치하여 상시 측정할 수 있다. 다중이용시설의 소유자 등은 기준에 맞게 시설을 관리할 의무가 있으며, 실내공기질을 측정 · 기록 · 보존하여야 한다. 신축되는 공동주택(아파트 등)의 시공자는 시공이 완료된 공동주택의 실내공기질을 측정하여 지방자치단체장에게 제출하고, 입주 개시전에 입주민들이 잘 볼 수 있는 장소에 공고하여야 한다. 다중이용시설 또는 공동주택을 설치할 때 기준을 초과하여 오염물질을 방출하는 건축자재는 사용하지 못한다.

(4) 인공조명에 의한 빛공해 방지법

도시개발 사업이 확대되면서, 도시미관 등을 이유로 경관조명이 무분별하게 설치되어 인공조명에서 방사되는 과도한 빛에 대한 우려가 높아졌다. 인공조명에 의한 빛공해 방지법은 사람과 동식물, 농작물에 미치는 빛공해의 위해를 방지하고 인공조명을 환경친화적으로 관리

표 2-4 환경피해 관련 구제법의 비교

최초시행	석면 피해구제법	환경오염 피해구제법	가습기살균제 피해구제법	살생물제품피해구제 (화학제품안전법)
	2011.1	2016.1	2017.8	2021.12
피해의 정의	환경성 석면노출로 인하여 발생한 석면 질병: 원발성 악성중피종, 원발성 폐암, 석면폐증, 미만성 흉막비후	오염물질을 배출하는 시설의 설치 및 운영으로 인하여 발생한 환경오염으로 인해 발생한 건강피해	가습기살균제에 노출되어 발생하거나 악화된 생명 또는 건강상의 피해	제조물의 결함이 있는 살생물제품에 노출되어 발생한 생명 또는 건강상 피해(후유증 포함)
인과관계 추정	별도 규정 없음	• 상당한 개연성 : 일반적 인과관계(역학적 상관관계)와 개별적 인과관계(해당 피해가 다른 원인에 의한 것이 아님)를 피해자가 입증	• 가습기살균제 노출, 노출 후 질병이 발생하였거나 악화된 것, 노출과 질병 사이에 역학적 상관관계가 있다는 것이 증명된 경우 • 다른 원인에 의한 것임을 사업주가 입증한 경우에는 인과관계 추정이 성립하지 않음	별도 규정 없음
구제급여의 종류	• 요양급여 • 요양생활수당 • 장례비 • 특별유족조위금 및 특별장례비 • 구제급여조정금	• 의료비 • 요양생활수당 • 장의비 • 유족보상비 • 재산피해보상비(최대 5천만원)	• 요양급여 • 요양생활수당 • 장의비 • 간병비 • 장해급여 • 특별유족조위금 및 특별장례비 • 구제급여조정금	• 진료비 • 장애일시보상금 • 장례비 • 사망일시보상금 • 미지급 진료비
유효기간	5년	3년 (요양생활수당)	10년	5년
심사제도	• 피해판정위원회(1심) • 피해구제심사위원회(2심) • 피해구제재심사위원회(3심)	• 피해구제정책위원회 • 피해구제심의회(1심) • 구제급여심사위원회(2심)	• 조사판정전문위원회 • 피해구제위원회(1심) • 재심사전문위원회(2심)	• 살생물제품피해조사단 • 피해구제판정전문위원회 • 재심사전문위원회 • 관리위원회(의결)
재원	석면피해구제기금	환경오염피해구제계정	가습기살균제피해구제자금	살생물제품피해구제계정
재원의 출처	• 산재보험관련 사업장의 분담금 • 사용석면량 누계가 1만톤 이상 사업장의 특별분담금 • 정부출연금 등	• 보험사가 정부에 가입한 재보험료 • 정부출연금 등	• 가습기살균제 사업자의 분담금 • 정부출연금 등	• 피해발생제품의 제조 · 수입업자의 사후분담금 • 화학안전제품법에 따른 과징금, 수수료, 과태료 등

출처 : 하미나, 정선화, 환경보건정책입문, 단국대학교출판부, 2020.

하기 위한 것이다. 지방자치단체가 빛공해 우려 지역을 조명환경관리구역으로 지정하면, 구역내 조명기구의 소유자 · 점유자 · 관리자는 정부가 설정한 빛방사허용기준을 준수하여야 한다.

5) 환경피해 구제

「민법」 등 피해배상과 관련된 사법적인 구제제도와는 구별되어, 행정부가 운영하는 행정구제제도로서, 환경피해와 관련된 것으로 4개 구제법이 운영되고 있다. 「석면피해구제법」, 「환경오염피해 배상책임 및 구제에 관한 법률」, 「가습기살균제 피해구제를 위한 특별법」과 「화학제품안전법」의 살생물제품피해구제(제5장의2)가 그것이다. 각 법에서는 피해심사와 구제급여지급 결정을 위한 위원회를 두고 있고, 피해자가 결정에 불복할 경우 재심 혹은 삼심까지 가능하도록 규정하고 있다(표 2-4).

다른 한편, 직접적으로 구제급여를 지급하지는 않으나, 환경피해를 둘러싼 손해배상 분쟁을 행정기관이 조정함으로써, 법원에서 분쟁을 판단하는 것에 비하여 피해가 신속하고 효율적으로 구제될 수 있도록 하는 「환경분쟁조정법」이 있다.

(1) 석면피해구제법

석면광산이나 석면공장 수변 수민들은 근로자가 아니어서 석면피해가 있어도 「산업재해보상보험법」에 따른 보상을 받을 수 없었다. 석면피해구제법은 이들 환경성 석면피해 구제를 위하여 마련되었다. 석면피해구제기금은 그동안 석면사용으로 인한 혜택을 공유하였던 국가와 지방자치단체, 산업계가 함께 재원을 마련하였다. 석면피해구제법은 우리나라에서 환경피해를 구제하기 위하여 제정된 최초의 법으로서 이후의 피해구제법들 제정시 견본이 되고 있으며, 환경성 석면피해에 대한 구제법으로는 세계에서 6번째이다.

(2) 환경오염피해 배상책임 및 구제에 관한 법률

이 법은 법명에도 나와 있듯이, 크게 두 부분, 즉 환경오염피해배상(및 환경책임보험)과 이에 대하여 보충적인 환경오염피해구제로 구성된다. 오염원인자 부담원칙을 구현할 수 있도록 무과실책임과 인과관계추정 법리를 명확히 하면서, 환경오염 위험성이 높은 시설은 환경책임보험에 가입하여 배상책임 이행을 위한 재무적 수단을 확보하도록 하였다. 책임보험으로 배상할 수 없는 경우에 환경오염피해구제를 통하여 구제의 사각지대를 해소할 수 있게 하였다. 구제급여의 재원은 보험사가 정부에 드는 재보험료와 정부 출연금으로 구제계정을 조성하여 조달한다.

(3) 가습기살균제 피해구제를 위한 특별법

가습기살균제로 인한 건강피해는 환경보건법에 따라 원인기업에 대한 정부의 구상을 전제로 하여 이루어졌다. 가습기살균제피해구제법은 가습기살균제 사업자들로부터 걷은 분담금으로 특별구제계정을 조성하여 법상 피해자로 인정받지 못한 사람들까지 폭넓게 구제하기 위하여 제정되었다. 2번에 걸친 개정을 통해, 특별법은 많은 변화를 거쳤다. 가습기살균제 건강피해는 후유증을 포함하여 질환을 특정하지 않고 '가습기살균제에 노출되어 발생하거나 악화된 생명 또는 건강상의 피해'로 포괄적으로 정의되었다. 노출된 사실, 노출 후 질병의 발생 · 악화의 사실과 노출과 질병간 역학적 상관관계가 인정되면, 인과관계가 추정되도록 하였다.

(4) 살생물제품피해의 구제

살생물제품 피해구제는 화학제품안전법 내 '살생물제품피해의 구제' 장(제5장의2)에 마련되어 있다. 이 법에 따른 과징금, 과태료, 수수료와 피해를 발생시킨 제품을 제조 또는 수입한 업자가 내는 사후분담금이 구제계정의 주요 재원이다.

더 읽을거리

법제처. 국가법령정보센터. https://www.law.go.kr/LSW//main.html
하미나, 정선화. 환경보건정책입문. 단국대학교 출판부. 2020.

2.2 환경보건체계

| 권호장

한국의 환경정책은 주로 대기, 토양, 수질 등 매체 관리를 중심으로 시행되었으나 2000년대에 들어 새집증후군 등 환경오염과 관련한 건강문제에 대한 사회적 관심이 높아지면서 2004년 환경부에 환경보건정책과가 신설되었고 본격적인 환경보건정책이 수립되기 시작하였다. 환경보건의 대상이 되는 환경유해요인은 사전적으로는 건강에 영향을 미치는 모든 요인, 즉 물리적, 화학적, 생물학적, 사회적, 행태적 요인 등을 포함하지만 통상적으로 화학적 요인과 물리적 요인이 주요 대상이고 감염을 일으키는 병원체나 직업적 노출, 그리고 생활습관과 관련된 요인은 대상에서 제외된다. 따라서 한국의 환경보건체계에서는 환경부가 중심이 되어 법과 제도를 정비하고 관련 정부기관과 민간기관, 시민단체 등이 정책 수립 및 집행과정에 참여하고 있는 형태라고 볼 수 있다. 보건복지부나 질병관리청은 환경보건 영역 중 질병 관리가 주요 과제가 되는 제한된 분야에 한정해서 환경보건체계에 참여하고 있다.

1) 환경보건 관련 법률

제1항 환경보건 법을 참고하여야 환경보건 체계를 파악할 수 있다.

2) 주요기관

환경부에서 환경보건업무를 담당하는 부서는 환경보건국이다. 환경보건국 산하에 6개 과가 있는데 각각 환경보건정책과, 환경피해구제과, 생활환경과와 화학안전을 담당하는 3개과(화학물질정책과, 화학제품관리과, 화학안전과)가 있다. 환경부 소속기관으로 환경보건 관련 업무를 수행하는 기관으로는 국립환경과학원, 중앙환경분쟁조정위원회 등이 있다.

국립환경과학원은 환경보전과 환경오염방지에 대한 조사 및 연구 사업을 주로 담당하는데 환경건강연구부에서 환경오염피해 역학조사, 국민환경보건기초조사, 화학물질 위해성 평가 등 환경보건 관련 업무를 수행한다.

중앙환경분쟁조정위원회는 환경분쟁을 신속하게 해결할 목적으로 설립된 기관인데 공사장 소음과 진동, 층간소음, 악취 및 일조권 피해 등 일상생활에서 발생할 수 있는 다양한 환경오염 피해를 조정하는 역할을 맡고 있다.

환경보건 업무를 수행하는 환경부 산하기관으로는 한국환경산업기술원, 한국환경공단 등이 있다. 한국산업환경기술원은 환경기술을 개발하여 환경산업을 육성하는 것을 목적으로 설립된 기관으로 환경보건 분야의 핵심 연구개발 사업인 '환경성질환 예방관리 핵심기술 개발사업('21-'28)과 '환경보건 디지털 조사기반 구축 기술개발('21-'24) 등 환경보건 분야의 연구개발 사업을 관장하고 있다. 최근에는 가습기살균제 및 석면 피해자 지원 업무 등 환경오염 피해자에 대한 구제 업무도 수행하고 있다. 한국환경공단에서는 대국민 환경보건서비스를 제공하는데 주요 사업으로는 층간소음이웃서비스, 소음진동 및 실내공기 측정망 운영, 석면안전관리, 라돈 측정 및 저감 컨설팅 등이 있다.

한국환경연구원은 국무총리실 산하 정부출연기관으로 환경분야 국책연구기관이자 환경영향평가 전문검토기관이다. 환경정책과 관리기법의 연구개발, 환경관리계획의 수립 및 환경정책 운영성과 평가 등 환경과 관련된 정책과 기술의 연구개발과 함께 환경영향평가서의 전문적 검토 및 평가기법을 개발하고 보급하는 역할을 하고 있다.

광역지자체에는 보건환경연구원법에 근거하여 보건과 환경에 관한 검사 및 연구업무를 수행하는 보건환경연구원이 설치되어 있다. 감염병에 대한 진단, 검사, 연구 외에 대기, 실내공기, 수질, 토양, 소음과 진동, 환경보건법에 따른 환경유해인자 등에 대한 검사, 시험, 조사, 연구 사업을 수행하고 있다.

환경보건센터는 환경보건법에 의해 환경유해인자에 의한 건강피해를 연구하고 관리할 목적으로 지정된 민간기관이다. 초기에는 알레르기질환, 소아발달장애 등 환경성질환에 대한 연구센터를 중심으로 운영하였으나 최근에는 지역의 특성을 반영한 환경보건 사업을 추진하고 지역 거버넌스를 구축하는 것을 목적으로 하는 권역형 환경보건센터와 환경보건 정책을 지원하는 목적의 센터로 구분하여 지정하고 있다. 2022년 현재, 서울, 인천, 울산, 부산, 대전, 충남, 충북, 강원, 제주 등 9곳에 권역형 환경보건센터가 지정되어 있고 환경독성, 환경빅데이터, 연구정보, 건강빅데이터 등 4개 분야에 정책지원형 환경보건센터가 지정되어 있다.

3) 환경보건 주요정책

환경보건종합계획은 환경보건법에 따라 매 10년마다 수립하는 법정 계획으로 2020년에 제2차 환경보건종합계획(2021-2030)이 만들어졌다. 환경보건 안전망 구축을 통한 환경성 질병부담 완화를 목표로 하고 있으며 유해인자 사전관리에서 건강피해에 대한 대응 및 시스템 구축에 이르기까지 환경오염의 전 과정에 대응하기 위한 4가지 전략이 있는데, 각각 ① 환경 유해인자 사전감시 강화, ② 환경유해인자 노출관리 강화, ③ 환경성건강피해 대응능력강화, ④ 환경보건시스템 견고화 등이다.

① 환경 유해인자 사전감시 강화 전략에 따라 수행하는 주요 정책으로는 환경오염 노출 실태 조사를 목적으로 수행하고 있는 국민환경보건 기초조사의 고도화가 있다. 국민환경보건 기초조사는 2009년부터 3년을 주기로 시행하고 있고 2021년부터 제5기 조사가 진행 중이다. 제5기 조사에서는 잔류성유기오염물질 등을 신규로 포함하여 제4기의 33종에 비해 늘어난 총 64종의 물질을 조사하고 있다. 환경오염 취약지역에 대한 건강영향조사도 주요 정책인데 기존의 산단, 폐광지역, 석탄화력발전소에 대한 조사 외에 환경오염 취약지역을 사전에 파악하여 모니터링하는 정책도 추진하고 있다.

② 환경유해인자 노출관리 강화 전략에 따라 생활환경의 불편 및 위해요소를 관리하는 다양한 사업들이 진행 중인데 대표적으로 실내공기 관리 강화, 실내라돈 관리강화, 빛공해관리 강화, 소음 및 진동 관리 강화, 석면안전관리 강화 등이 있다. 또한, 화학물질의 안전성을 확보하기 위해 화학물질 유해성 심사 및 평가 등 다양한 정책들이 시행되고 있다.

③ 환경성건강피해 대응능력강화 전략에서는 환경오염 피해구제 제도를 정비하는 것이 주요 정책과제이다. 환경책임보험이나 구제를 위한 기금이 조성되어 있으나 실제 집행 건수가 많지 않고 피해구제를 통해 지원받는 액수도 많지 않아서 실질적인 피해회복에는 못 미치고 있는 현실을 개선하기 위해 환경오염 피해자의 피해등급을 평가하여 요양생활수당 등을 지급하는 정책을 마련 중이다. 가습기살균제 피해자에 대한 지원은 기존에 질환 중심의 판정과 지원에서 질환을 특정하지 않고 전체적인 건강상태를 고려한 판정으로 지원 범위를 확대하고 있다.

④ 환경보건시스템 견고화의 핵심 내용은 지역단위에서 환경보건 정책의 제도적 기반을 만드는 것이다. 환경보건 업무는 태동 때부터 중앙 정부 중심으로 사업이 계획되고 시행되어 지역적 기반이 취약하다는 문제 제기가 있었다. 2021년 환경보건법 개정을 통해 광역지자체장의 지역환경보건계획 수립의무를 규정하였고 지역의 환경보건 증진에 관한 주요 사항을 심의하기 위하여 지역환경보건위원회를 설치할 수 있도록 했다.

4) 환경보건 거버넌스

환경유해요인에서 국민을 보호하는 일을 정부 단독으로는 원활하게 수행하기 어렵다. 환경보건 분야의 다양한 이해당사자가 주체적인 행위자로 협의와 합의과정을 통해 환경보건 정책을 수립하고 집행해나가는 사회적 통치시스템, 즉 환경보건 거버넌스가 필요하다. 환경보건 거버넌스의 주요 주체로는 정부(중앙정부, 지방정부), 시민단체, 전문가, 그리고 무엇보다도 국민(지역주민)이 있다.

환경부는 환경보건과 관련한 법과 제도를 만드는 일을 담당하고 구체적인 정책 집행은 국립환경과학원, 한국환경산업기술원, 한국환경공단 등 소속 및 산하기관을 통해 수행하는데 필요시에는 민간기관에 용역을 발주하여 사업을 수행하기도 한다. 환경보건 정책과 관련한 최상위 심의기구는 환경보건법에 의해 설치된 환경보건위원회인데 환경부 차관이 위원장이고 위원은 환경보건전문가, 시민단체의 대표자, 환경보건 관련 산업계 종사자, 관계 공무원을 포함하여 20명 이내로 구성된다. 환경보건위원회의 주요 심의 사항으로는 환경성질환 지정, 환경보건종합계획의 수립과 변경, 건강영향조사 청원의 처리 등이 있다.

2021년부터 시행하고 있는 제2차 환경보건종합계획에서는 지역 중심으로 환경보건 현안을 처리하는 것이 주요 정책목표가 되고 있다. 지역의 환경보건 증진에 대한 주요 사항을 심의하기 위해 광역지자체에서 지역환경보건위원회를 설치할 수 있고 지역의 환경의 특성을 반영한 환경보건 사업을 지원하기 위해 권역형 환경보건센터 지정을 확대하고 있다. 보건소, 시 · 도 보건환경연구원 등 유관기관과의 협의체도 구성하고 있지만, 전반적으로 지역 단위에서 환경보건 현안을 처리할 수 있는 역량은 아직 부족한 상태라고 할 수 있다.

환경보건 거버넌스의 필요성이 크게 대두되는 때는 환경오염 사건이 발생했을 때이다. 비료공장에서 배출한 오염물질로 인한 주민의 암 집단발병이 커다란 사회적 논란이 되었던 익산시 장점마을 사건은 환경보건 거버넌스가 어떻게 작동하는지 보여주는 좋은 예라고 할 수 있다. 주민대표, 지역의 민간전문가, 시민단체, 언론인, 익산시 공무원 등으로 구성된 민간협의회가 사건 발생 초기부터 해결단계까지 주도적 역할을 하였고 환경부와 국립환경과학원은 민간기관에 용역을 발주하여 역학조사를 시행하였으며 역학조사 결과를 토대로 인과성 판단을 하는 과정에서는 전문가집단인 한국역학회가 참여하였다.

향후 지역 단위에서 환경보건 주체들의 역량을 키우고 환경보건 거버넌스를 공고하게 구축하는 한국 환경보건 체계의 주요한 과제라고 할 수 있다.

제3장

학문적 배경

제1절 역학

1.1 직업역학

| 최성우

1) 개요

역학(epidemiology)은 원래 유행병(epidemic)을 연구하는 학문(–ology)으로부터 기원하였다. 역학의 가장 현대적인 정의는 국제역학회(International Epidemiological Association)에서 발간한 역학사전에서 잘 기술하고 있다. 여기에서는 역학을 "특정 인구집난에서 건강관련 사건, 상태, 과정의 발생과 분포에 대한 학문으로서, 이러한 건강에 영향을 주는 결정요인을 연구하고 그 지식을 적용하여 해당 건강문제를 통제하는 것을 포함한다."라고 정의하고 있다. 이 정의에서 역학의 탐구대상은 "건강관련 사건, 상태와 과정"이며, 역학의 학문적 내용은 "발생빈도의 측정, 분포의 기술, 결정요인의 규명, 그리고 이러한 지식을 건강문제의 통제에 적용하는 것"이다. 역학사전에서 정의하고 있는 내용을 중심으로 이 장에서는 직업역학 분야에서 필요한 역학의 기본 지식 및 활용에 관한 부분을 주로 다루고자 한다.

일반적으로 직업역학은 직업적인 노출이 특정 인구집단에서 건강현상에 미치는 영향을 탐구하는 학문이라고 할 수 있다. 따라서 역학의 방법론을 직업건강 영역에 적용하여 근로자 집단에서 건강상태를 기술하고 직업의 형태별로 질병이환을 연구한다. 또한 특정 직업적 위해인자를 발견하고 원인–결과의 인과관계에 대한 가설을 검증하며, 중재조치의 효과를 검증한다. 위에서 언급한 직업역학의 연구결과들은 비단 근로자 집단을 넘어서 같은 위해물질에 더 낮은 농도로 노출되는 일반 인구집단에서 건강영향을 추론하는데 사용될 수도 있다.

2) 발생빈도의 측정

역학연구를 수행함에 있어 우리는 질병 또는 건강사건의 발생빈도를 측정해야 하는 상황을 자주 접하게 된다. 질병빈도를 측정한다는 것은 정해진 인구집단 내에서 일정기간 동안 관찰되는 사건이나 상태의 빈도를 계산하는 것에서 시작한다. 이 때 계산한 빈도는 그 인구집단의 크기를 고려하여 분율(proportion)이나 비율(rate)로 나타내게 된다. 분율은 [발생빈도/인구집단 크기]로 분자가 분모에 포함되는 개념이며, 비율은 [발생빈도/(인구집단 크기*관찰기간)]으로 속도와 같이 단위시간당 평균 변화율을 나타내는 개념이다.

이 때 분율을 나타내는 대표적인 지표가 유병률이다. 유병률은 특정 시점에 관찰 인구집단에서 건강사건에 이

4) 측정의 타당도와 신뢰도

직업역학에서 원인인자에 대한 노출평가나 결과인 질병이나 건강관련 상태를 조사할 때 우리는 흔히 측정이라는 과정을 거치게 된다. 측정이란 일정한 규칙에 따라 사건이나 대상에 숫자를 부여하는 것이다. 노출평가에는 개인 공기포집기를 이용하여 작업장 대기 중 유기용제 농도를 측정하는 과정에서부터 소변에서 유기용제의 대사산물을 측정하는 것까지 다양한 과정이 존재할 수 있다. 질병이나 건강관련 상태의 조사 시에도 설문지를 비롯하여 각종 검사자료 등을 활용하는데 이 또한 측정의 영역에 해당된다. 오류를 줄여 최대한 정확하게 측정하는 것이 중요한데 이와 관련한 지표가 타당도(validity)와 신뢰도(reliability)이다.

측정을 했을 때 참값을 T라고 하고, 체계적 오류를 b, 확률적 오류를 e, 실제 측정값을 X라고 하면, X=T+b+e의 식으로 일반적인 측정모형을 만들 수 있다. 타당도란 측정값이 얼마나 참값에 근접하는 지를 나타내는 지표로서 체계적 오류(b, 비뚤림)를 줄임으로써 타당도를 높일 수 있다. 신뢰도란 측정을 여러 번 반복했을 때 같은 값을 나타내느냐 하는 재현성의 지표로서 확률적 오류(e, 무작위 오류)를 줄임으로써 신뢰도를 높일 수 있다. [그림 3-2]의 경우 A는 측정값의 타당도는 낮지만 신뢰도가 높은 경우이고, B는 타당도와 신뢰도 모두 높은 경우를 나타낸다. C는 타당도는 높으나 신뢰도가 낮은 경우이며, D는 타당도와 신뢰도 모두 낮은 경우이다. 역학연구에서는 대상자들에서 조사를 할 때 설문지를 많이 활용하는데 이러한 설문지를 개발할 때에는 반드시 그 타당도와 신뢰도를 평가하는 것이 우선되어야 한다.

5) 결정요인의 탐구

여러 개의 값이 가능한 대상이나 결과가 있을 때 그 값을 정하게 하는 요인을 결정요인이라고 한다. 역학연구에서는 건강관련 사건이나 상태에 영향을 미칠 수 있는 인자들을 결정요인이라고 하며 흔히 건강 결정요인이라는 용어를 사용하게 된다. 건강 결정요인 중에서도 특히 질병발생의 원인을 규명하는 것은 질병의 치료 및 예방에

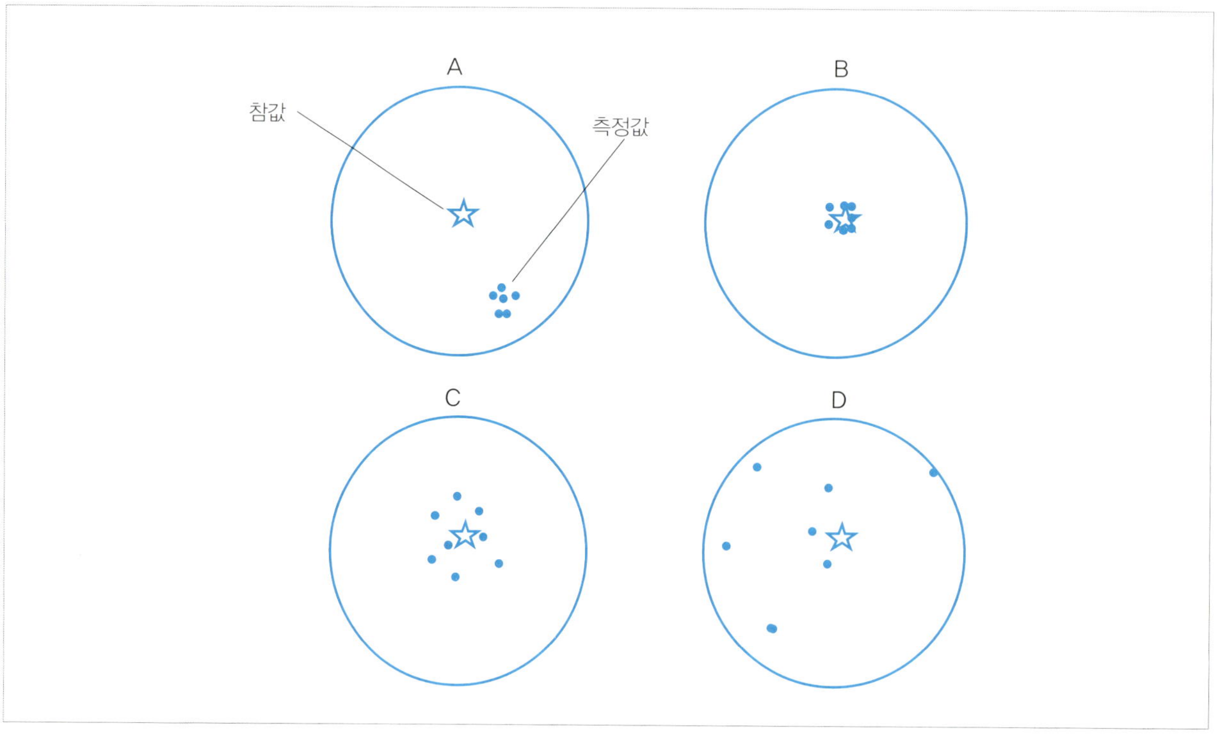

그림 3-2 타당도와 신뢰도

활용될 수가 있으므로 역학연구에서 매우 중요한 관심사이다. 이와 같이 질병발생의 원인 규명을 주목적으로 하는 역학연구를 분석역학이라고 한다. 앞에서 언급한 기술역학의 경우 질병원인의 가설을 수립하는데 도움을 주는 반면 분석역학은 과학적 방법론에 따라 질병발생의 원인을 탐구하여 가설이 옳은지 검증하는데 활용된다.

(1) 질병발생 모형과 인과관계의 추론

질병발생은 일반적으로 한 가지 요인에 의해 결정되는 것이 아니라 여러 가지 요인이 복합적으로 작용하는 다중원인(multi-causality)에 의하며 이를 설명하는 모형의 대표적인 것이 원인 그물망(web of causation)과 원인 파이모형(causal pie model)이다. 원인 그물망은 여러 가지 원인들이 거미줄처럼 복잡하게 얽혀서 질병발생에 영향을 준다는 이론이다. 원인 파이모형은 다중 원인들의 상호작용을 마치 여러 가지의 작은 원인들이 파이조각처럼 합쳐져서 하나의 큰 파이를 만들었을 때 비로소 충분조건이 이루어져 질병이 발생하는 것으로 설명한다. 또한 동일한 질병도 여러 가지 다른 원인 파이들에 의해서 발생이 가능하다고 본다. 이 때 각각의 다른 원인파이는 각각의 다른 질병발생 경로를 의미한다. 원인파이모형에서 하나의 완성된 원인파이는 충분원인(sufficient cause)이라고 하고, 그 원인파이를 구성하는 각각의 작은 파이 조각들은 성분원인(component cause)이라고 한다. 우리가 알고 있는 질병발생의 개별 요인들은 파이조각에 해당하고 이런 파이조각들이 모여서 상호작용하여 하나의 질병을 일으키는 것으로 이 모형은 다중 원인을 잘 설명하고 있다.

역학연구에서 인과관계를 추론하는 과정은 크게 세 단계를 거친다. 첫 번째, 원인으로 추정되는 요인에의 노출과 그로 인해 발생할 것으로 추정되는 결과 간에 통계적 연관성을 평가한다. 두 번째, 인과관계 이외에 통계적 연관성을 설명할 수 있는 다른 비원인적 연관성을 찾아서 배제한다. 세 번째, 비원인적 연관성을 충분히 배제한 후에 남는 연관성이 우리가 추정하는 원인에 의한 것인지 판단한다.

원인에의 노출과 그 결과인 질병발생간의 통계적 연관성을 평가하기 위해서 노출군과 비노출군에서의 질병발생을 비교하는 방법을 사용한다. 이 때 질병발생은 유병률이나 발생률을 계산하여 두 군간에 통계적으로 유의한 차이가 있는지 검증하게 된다. 그러나 만약에 통계적으로 유의한 차이를 발견한다고 해도 이러한 차이가 과연 추정원인에의 노출에 의한 것인지 아니면 비인과관계의 다른 요인에 의한 것인지를 판단하는 과정이 중요하다. 연구수행의 결과를 측정값으로 본다면 비인과관계의 연관성을 나타내는 데는 두 가지 오류, 즉 확률적 오류와 체계적 오류가 존재한다. 확률적 오류(무작위 오류)는 연구를 반복하거나 표본수를 늘림으로써 줄일 수 있으나 체계적 오류(비뚤림)는 어디서 발생하는지를 파악해야 줄일 수 있다. 체계적 오류인 비뚤림에는 크게 선택비뚤림(selection bias), 정보비뚤림(information bias), 혼란비뚤림(confounding bias)의 세 가지가 존재하며 자세한 사항은 (3) 비뚤림의 유형과 대처방법에서 기술한다.

(2) 원인효과의 측정지표

어떤 원인에의 노출이 특정 질병을 일으키는 지를 조사하는 것도 중요하지만 그 영향의 크기가 얼마나 되는지 측정하는 것도 매우 의미있는 일이다. 예를 들어 작업장 공기 중에 특정물질 A에의 노출이 근로자에서 폐암을 유발하는지 조사하고 만약 폐암을 유발한다면 A에의 노출이 폐암발생을 얼마나 증가시키는지 그 크기를 평가할 필요가 있다. 이 때 우리의 관심대상은 원인효과의 측정지표로서 특정물질 A와 폐암 발생간의 관련성의 크기를 파악하는 것이다.

원인효과의 크기를 정확하게 측정하기 위해서는 노출군과 비노출군 간에 우리가 관심있어 하는 특정요인의 노출을 제외하고는 모든 조건을 가급적 동일하게 만드는 것이 중요하다. 이렇게 함으로써 비원인적 연관성을 충분히 배제하고 원인적 연관성의 크기를 측정할 수가 있다. 무작위배정을 이용한 실험연구에서는 노출군과 비노출군 간의 확률배정을 통하여 노출 이외의 조건을 최대한 동등하게 만들 수가 있다. 마찬가지로 관찰연구에서도 노출군과 비노출군 간에 최대한 조건을 동등하게 만들기 위한 연구설계가 이루어져야 한다.

일반적으로 원인효과의 크기는 비노출군 대비 노출군에서 질병 발생률이나 유병률을 비교하여 측정할 수 있다. 비노출군에서 질병 발생률을 I_0라고 하고 노출군에서 질병 발생률을 I_1이라고 했을 때 두 군에서 발생률비를 원인효과의 크기로 나타낼 수 있는데 이를 상대위험도(비교위험도, relative risk, RR)라고 정의한다. 이러한 상대위험도는 질병발생의 상승적 모델(multiplicative model)을 적용한 것으로 RR=1일 경우 노출에 의한 질병발생의 위험이 zero이고, RR〉1일 경우 위험이 증가, RR〈1은 노출에 의해 질병발생의 위험이 감소하는 보호효과를 의미한다. 귀속분율(attributable fraction)은 증가된 질병발생의 위험 중에서 특정 노출에 의한 증가분율을 의미하며 (RR−1)/RR의 공식으로 계산할 수 있다. 환자-대조군 연구에서는 질병 발생률을 구할 수가 없어 대신에 교차비(대응위험도, odds ratio, OR)를 이용하여 원인효과의 크기를 나타낸다. 표 2. 에서 보면 환자군의 노출 대응비는 a/b이고 대조군의 노출 대응비는 c/d으로 교차비는 (a/b)/(c/d)=ad/bc로 추정할 수 있다. 이 OR값은 질병발생이 흔하지 않은 경우 코호트 연구에서 추정가능한 상대위험도(RR)값과 근사적으로 동일하다.

표 3-2 환자-대조군 연구 결과

exposure	disease	
	case	control
(+)	a	c
(−)	b	d

일반적으로 연령과 성별은 질병 발생에 큰 영향을 미치는 인자들이며 비교하고자 하는 인구집단간에 연령과 성별이 큰 차이가 있을 경우 반드시 보정이 필요하다. 왜냐하면 비교집단 간에 우리가 관심있는 노출에 의해 질병 발생이 차이가 나는 것인지, 아니면 연령과 성별에 의한 것인지 명확하게 알 수가 없기 때문이다. 예를 들어 특정물질 A와 폐암간의 관련성 연구에서 노출군이 비노출군에 비해 고령자의 비율이 높다면 특정물질 A에의 노출 뿐만이 아니라 연령에 의해서 폐암의 발생이 증가할 수도 있다. 이러한 연령과 성별의 영향을 보정해주기 위한 방법 중 대표적인 것이 질병 발생률을 표준화하여 상대위험도(RR)를 계산하는 것이며 이를 표준화발생률비(standardized incidence rate ratio)라고 한다. 예를 들어 특정 사업장 근로자에서 백혈병 발생률을 계산했을 때 우리는 이를 일반 인구집단의 백혈병 발생률보다 더 높은 것인지 혹은 더 낮은 것인지 알고 싶어한다. 이 때 일반 인구집단의 성별, 연령대별 백혈병 발생률을 각각의 성별, 연령대의 근로자 수에 곱하여 기대발생자수를 계산하고 이를 실제 관찰 발생자수와 비교하면 표준화발생률비를 구할 수가 있다.

(3) 비뚤림의 유형과 대처방법

비뚤림(bias)은 연구결과에서 얻은 값이 체계적으로 참값에서 벗어나 있는 것을 말하며 체계적 오류(systematic error)라고 한다. 비뚤림이 있다면 원인효과 측정에서 상대위험도의 값은 비인과적 연관성에 의해서 참값으로부터 편향될 것이다. 비뚤림의 종류에는 선택비뚤림, 정보비뚤림, 그리고 혼란비뚤림의 세 가지가 존재하며 혼란비뚤림은 보통 교란(confounding)이라고도 한다.

선택비뚤림은 모집단에서 연구에 참여한 대상들과 연구에 참여하지 못한 대상들의 특성이 일정한 방향으로 차이가 날 때 발생한다. 또는 모집단에서 노출군과 비노출군의 각각 연구대상에 포함될 확률이 질병발생의 측면에서 다를 경우 발생할 수 있다. 예를 들어 직업성 석면노출에 의한 폐암발생 연구에서 잘못된 설계에 의해 석면노출군에서 폐암 환자가 더 높은 확률로 포함되고 비노출군에서 더 낮은 확률로 포함된다면 위험성이 실제보다 과장되어 평가될 수 있다. 선택비뚤림을 최소화하기 위해서는 전체적으로 연구대상자의 참여율을 높이거나 또는 비교집단간에 노출과 질병발생에 따른 참여확률이 가급적 동일하도록 설계를 해야 한다.

정보비뚤림은 측정오류에 의해 발생한다. 즉 노출군과 비노출군에서 측정오류의 차이가 있을 경우 상대위험도의 값에 정보비뚤림이 개입하게 된다. 측정오류는 그 방향과 크기에 따라 비차별적 측정오류와 차별적 측정오류의 두가지로 나눌 수가 있으며 각각이 정보비뚤림에 서로 다른 영향을 미치게 된다. 비차별적 측정오류는 비교군

사이에 측정오류의 크기와 방향이 다르지 않은 것으로 이때 상대위험도 값은 관련이 없는 방향으로(귀무편향) 정보비뚤림이 일어나게 된다. 즉 상대위험도값이 1에 가까워지며 노출에 의해 질병발생이나 건강영향이 없는 쪽으로 정보비뚤림이 발생하는 것으로 우리는 노출의 영향을 과소평가하게 된다. 이와 달리 차별적 측정오류는 비교군 사이에 측정오류의 크기와 방향이 다른 것으로 이 때 정보비뚤림이 어떻게 발생하는 지는 일관되게 예측할 수 없으며 상대위험도값이 1에 가까워질 수도 있고 멀어질 수도 있다. 예를 들어 여성근로자에서 특정 화학물질 노출에 의한 태아유산의 환자-대조군연구를 수행한다고 했을 때 유산경험이 있는 환자군에서는 경험이 없는 대조군에 비해 특정 화학물질에 대한 노출을 더 잘 기억해낼 가능성이 있는데 이 경우 차별적 측정오류에 의한 정보비뚤림이 발생하게 된다. 정보비뚤림을 최소화하기 위해서는 측정오류를 최소화해야 하며, 특히 차별적 측정오류는 정보비뚤림의 방향과 크기를 예측하기 어렵기 때문에 더욱 주의를 기울여야 한다.

교란(혼란비뚤림)은 노출집단과 비노출집단간에 교환성이 충분하지 않아서 발생하는 비뚤림이다. 무작위 임상시험에서처럼 비교집단 사이에 관심대상이 되는 노출을 제외하고는 다른 조건들은 동일하게 설계가 되었을 때 교환성이 좋다고 할 수 있다. 하지만 일반적인 관찰연구에서는 비교집단 간에 교환성이 떨어지게 되고 두 집단 간에 이러한 차이를 가져오는 것이 교란변수이다. 교란변수는 ① 노출인자와 관련성이 있어야 하고, ② 질병발생에 영향을 주며, ③ 노출이 질병발생을 일으키는 경로(원인-결과 사슬) 상에 있지 않아야 한다(그림 3-3).

교란을 최소화하기 위해서는 사전에 문헌고찰을 충분히 하여 잠재적 교란변수들을 파악하고 이들에 대한 자료수집이 미리 이루어져야 한다. 교란변수들에 대한 측정이 이루어졌다면 연구설계 단계에서 비교군 집단 간에 교란변수가 동일한 값의 범위를 가지도록 연구대상을 선정하거나, 또는 자료분석 단계에서 통계적으로 보정함으로써 비뚤림을 최소화할 수 있다. 만약 연구설계 단계에서 중요한 교란변수에 대한 정보가 제대로 수집되지 않아서 이에 대한 적절한 통제가 이루어지지 못한다면 비인과적 연관성이 나타날 수 있기 때문에 주의를 기울여야 한다.

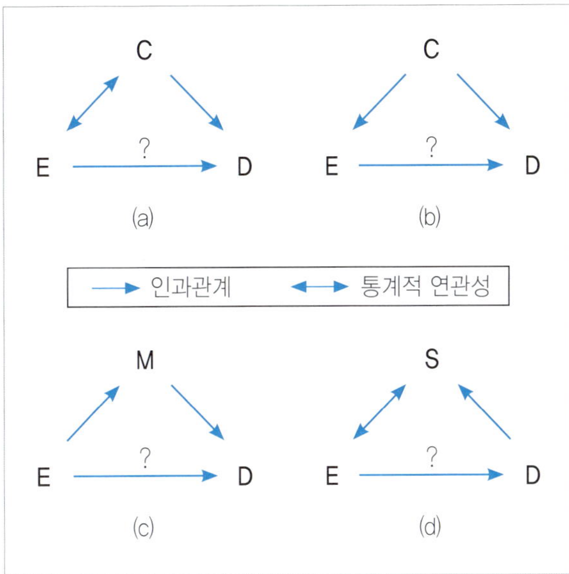

그림 3-3 교란변수의 예(a, b)와 아닌 예(c, d) (E: 노출인자, D: 질병발생, C: 혼란변수)

출처 : 직업환경의학교과서 제1판

직업역학에서는 건강근로자효과(healthy worker effect)를 자주 접하게 되는데 이는 유해인자에 노출되는 근로자가 비노출근로자와 비교해 건강상태가 더 좋고 질병발생이 더 적게 나타나는 현상이다. 건강근로자효과에는 선택비뚤림과 교란의 두 가지 측면이 존재한다. 선택비뚤림의 측면에서 본다면 채용 시에 고위험 사업장일수록 건강한 근로자들이 선발될 가능성이 높으며, 이후에도 건강상태가 안 좋거나 나빠진 근로자들은 이직하고 건강한 근로자들만 남게 되므로 건강근로자효과가 발생한다. 교란의 측면에서는 건강상태가 좋은 근로자들이 고위험직종에 더 적극적으로 지원할 수 있으며, 또한 건강상태가 좋을수록 질병발생의 위험이 낮으므로 건강근로자효과가 나타날 수 있다.

6) 대표적인 역학연구 설계

역학연구는 크게 기술역학 연구와 분석역학 연구로 구분하고 분석역학 연구는 다시 실험연구와 관찰연구로 나눌 수 있다. 기술역학 연구는 앞서 언급한 것처럼 인구

집단에서 건강관련 사건이나 상태의 특성을 사람, 장소, 시간 등의 측면에서 기술하는 연구방법으로 질병발생의 인과관계에 대한 가설을 수립하는데 도움을 준다. 실험연구는 설계 상에서 노출군과 비노출군을 설정하여 진행하는 연구이며, 윤리적인 사항 때문에 특정치료의 효과를 평가하기 위한 임상시험이나 공중보건 사업의 효과를 평가하기 위한 지역사회 실험의 형태 등으로 주로 적용하는 등 제한이 있다. 직장에서는 건강증진 프로그램이나 유해인자에의 노출을 줄이기 위한 중재의 효과를 연구하기 위해 적용할 수 있다.

실험연구는 적용에 제한이 많다 보니 원인인자 및 인과관계를 추론하는 대부분의 역학연구는 관찰연구에 의존하게 된다. 관찰연구는 자료수집의 시간적 차원에 따라 단면적 관찰연구는 자료수집의 시간적 차원에 따라 단면적 연구와 경시적 연구로 나눌 수 있다. 단면적 연구는 특정한 시점에서 노출과 건강상태를 동시에 조사하여 그 관련성을 평가하는 것인데 반해 경시적 연구는 시간의 흐름에 따라 최소한 두 시점 이상 노출과 건강상태의 변화를 관찰하여 평가한다. 일반적으로 대표적인 관찰연구에는 단면적 연구, 환자-대조군 연구, 그리고 코호트 연구 등이 있으며 후자로 갈수록 인과관계를 뒷받침할 수 있는 강도가 증가한다. 이 중에서 코호트 연구는 경시적 연구설계를 적용하며, 환자-대조군 연구는 코호트 연구 내에서 경시적 연구로서 수행되는 경우가 많으나, 별도로 단면연구로서 수행될 수도 있다. 이 세 가지 연구설계에 대해서는 아래에서 기술하며, 또 추가로 개인수준을 넘어 집단수준의 정보를 활용하는 다수준 연구와 다양한 연구설계를 적용한 연구결과들을 종합하는 메타분석에 대해서도 기술한다.

(1) 코호트 연구

코호트 연구는 특정 인구집단을 선정하여 일정한 기간 동안 추적관찰하여 노출과 건강영향의 관계를 분석하는 연구이다. 코호트 내에서 노출군과 비노출군을 나누고 각각의 집단에서 추적관찰기간 동안 건강사건의 발생률을 계산하여 상대위험도를 산출한다. 원래 코호트의 어원은 로마군대의 단위를 나타내는 용어로서 약 480명에 해당되었다. 직업역학에서 직업코호트는 근로자의 집단이며 같은 직장에서 근무하는 근로자로 설정하거나 또는 더 많은 인원이 필요한 경우 공통된 유해인자에의 노출을 공유하는 여러 다른 직장들을 묶어서 설정할 수도 있다. 일단 코호트가 설정이 되면 이들에 대한 추적관찰 기간을 정해야 하며, 이 기간 동안에 관심있는 건강사건의 발생에 대한 정보를 수집해 나가야 한다.

코호트 연구는 노출에 대한 정보를 수집하는 시점에 따라 전향적 코호트 연구와 후향적 코호트 연구로 구분할 수 있으며 후향적 코호트는 역사적 코호트(historical cohort)라고 부르기도 한다. 전향적 코호트 연구는 시작시점에서 노출군과 비노출군을 먼저 나누고 시간의 흐름에 따라 추적관찰을 하여 질병발생을 측정하는 것이다. 이에 반해 후향적 코호트 연구는 과거의 특정 시점으로 돌아가서 그때부터 노출군과 비노출군을 나누어서 추적관찰을 하여 질병발생을 측정한다. 보통 후향적 코호트는 질병이 발생한 이후에 연구가 시작되며, 과거의 특정시점으로 돌아가 노출과 질병발생을 역사적으로 재구성함으로써 시간과 경비를 절약할 수가 있다. 그러나 후향적 코호트 연구에서는 이미 결과를 알고 시작하기 때문에 질병발생의 유무가 연구대상에 포함되는지에 영향을 줄 수 있고 과거 노출상태 평가에도 영향을 줄 수 있어 비뚤림이 발생할 가능성이 있다. 여기에 더해 연구설계 단계에서 교란변수들에 대한 정보를 충분히 얻지 못할 수 있기 때문에 교란 비뚤림의 가능성도 있다.

(2) 환자-대조군 연구

환자-대조군 연구(case-control study, 사례-대조군 연구)는 관심질병을 가진 환자군에서 노출 정보를 얻고 이를 대조군의 노출 정보와 비교하여 노출-질병간의 관련성을 추론하는 연구설계이다. 환자-대조군 연구에서는 올바른 대조군의 선정이 연구결과의 신뢰성을 담보할 수 있는 가장 중요한 단계이므로 이를 중심으로 연구설계를 검토해야 한다.

원칙적으로 모든 환자-대조군 연구는 환자가 발생한 기반 인구집단(base population)내에서 이루어진다. 하지만 이러한 기반 인구집단은 명확하게 정의할 수 있는 경우도 있고 그렇지 못한 경우도 있다. 예를 들어 특정 한 회사 내에서 발생한 직업병에 대해 환자-대조군 연구를 수행할 경우 그 기반 인구집단은 특정 회사로 명확하게 설정할 수 있다. 반면에 서울의 특정병원에 입원한 직업병 환자를 대상으로 환자-대조군 연구를 수행한다면 그 기반인구 집단의 경계는 모호하여 대조군을 선정하기가 쉽지 않다.

하지만 위의 어느 경우이던 간에 기반 인구집단은 분명 존재하며 이는 사실상 코호트가 된다. 코호트를 기반으로 하여 그 안에서 발생한 환자를 대상으로 환자-대조군 연구를 수행하는 것을 내포 환자-대조군 연구(nested case-control study)라고 한다. 그런데 원칙적으로 추론해 보면 모든 환자-대조군 연구는 기반 인구집단이 존재하므로 사실상 내포 환자-대조군 연구라고 할 수 있다. 기반 인구집단을 코호트로 설정하고 환자 발생을 추적관찰했을 때 코호트에서 발생한 모든 환자들은 코호트에 내포된 환자-대조군 연구에서도 모두 포함되어야 한다. 이러한 상황 하에 환자군에서 유해인자에 노출된 사람 수를 a, 노출되지 않은 사람 수를 b라고 하면 이 정보는 코호트 연구에서 상대위험도를 산출하는데 이용된다. 기반 인구 코호트에서 노출된 사람들의 추적관찰기간 합을 T_1, 노출되지 않은 사람들의 추적관찰기간 합을 T_0라고 하면 이 때 상대위험도는 $(a/T_1)/(b/T_0)$이다. 이 식을 다시 풀어쓰면 $(a/b)/(T_1/T_0)$이고 여기서 a/b는 환자-대조군 연구에서 얻을 수 있는 환자군의 노출 오즈가 된다. 만약 환자-대조군 연구에서 대조군 선정이 적절하게 이루어져 T_1/T_0값을 얻을 수가 있다면 환자-대조군 연구에서의 대응비는 코호트 연구에서의 상대위험도 값이랑 같아지게 되며 매우 이상적인 상황이라고 할 수 있다. 환자-대조군 연구의 대조군에서 유해인자에 노출된 사람 수를 c, 노출되지 않은 사람 수를 d라고 하면 c/d는 대조군의 노출오즈가 된다. 이 때 $(c/d)=(T_1/T_0)$가 되게끔 대조군을 선정하는 것이 이상적인 환자-대조군 연구의 핵심이라고 할 수 있다(그림 3-4).

환자-대조군 연구는 코호트 연구에 비하여 적은 비용과 노력으로 노출-질병발생의 인과관계를 추론할 수 있는 효율적인 연구방법이다. 특히 코호트 연구에서 노출 측정에 많은 비용이 드는 경우 전체 연구대상에 대해 자료수집이 힘들게 되므로 환자-대조군 연구는 좋은 대안이 될 수 있다. 그러나 대조군 선정을 적절하게 하는 것이 어려우며, 여기에 실패할 경우 대응비가 편향되는 선택 비뚤림이 나타날 수 있다. 특히, 기반인구를 명확하

코호드 연구

노출여부	N	평균추적기간	추적인년합계	환자	발생률	발생률비
노출	20,000	5	100,000 (T_1)	300 (a)	300/100,000	1.5
비노출	20,000	5	100,000 (T_0)	200 (b)	200/100,000	1 (기준)
						RR = 1.5

대조군 선정 ↓ RR 추정 ↑

환자-대조군 연구

노출여부	대조군	환자	환자:대조군 비	오즈비
노출	250 (c)	300 (a)	300/250	1.5
비노출	250 (d)	200 (b)	200/250	1 (기준)
노출:비노출 비	250/250	300/200		OR = 1.5

그림 3-4 코호트에 내포된 환자-대조군 연구에서 대응비(OR)를 이용한 상대위험도(RR) 추정의 예

출처 : 직업환경의학교과서 제1판

게 정의하기 어려운 상황이라면 이러한 선택 비뚤림의 가능성을 항상 염두에 두어야 한다. 또 코호트 연구에서는 노출군과 비노출군 각각에서 질병 발생률을 구하여 상대위험도를 계산할 수 있지만 환자-대조군 연구에서는 발생률을 구하지 못하고 대신 대응비를 이용한 상대위험도의 추정만 할 수 있으므로 한계점이 있다.

(3) 단면연구

단면연구는 시간의 흐름을 고려하지 않고 특정 시점에서 상태에 대한 정보를 수집하여 분석하는 연구설계이다. 특정시점에서 노출과 건강상태를 동시에 측정하여 그 연관성을 파악하는 분석연구로 활용할 수가 있다. 이때 건강상태는 발생률이 아닌 유병률을 측정하게 되며 노출군과 비노출군에서 유병률비를 계산하여 원인추론에 활용할 수 있다. 단면연구의 주요한 단점은 노출과 건강영향의 시간적 선후관계를 알 수가 없다는 것이다. 따라서 건강영향이 노출에 의한 것이라는 인과관계를 입증하는 데는 매우 제한적이다. 오히려 노출과 건강영향의 연관성이 반대방향인 역원인작용에 의한 것일 가능성도 있다. 예를 들어 사업장에서 습진 유발물질에 노출되는 근로자들에서 습진의 유병률이 더 낮은 결과를 얻었을 경우 이는 노출이 습진의 유병을 낮춰주는 효과가 있는 것이 아니라 습진의 소인이 있는 근로자들이 유발물질에의 노출을 피함으로써 이러한 결과를 초래하는 것이다. 그러나 단면연구에서도 노출에 따른 건강영향의 선후관계가 명확한 경우가 존재하는데 소인이 되는 유전자형과 유방암 유병률간의 단면연구가 그 좋은 예이다.

유병률(p)이 낮을 경우에 유병률비는 유병상태의 오즈, 즉 p/(1-p)와 비슷한 값을 가진다. 따라서 단면연구에서 유병률비를 구하는 대신 유병오즈를 구하여 대신할 수가 있다. 실제로 통계프로그램 패키지는 유병률비를 구하는 것보다 오즈비를 쉽게 산출해 주기 때문에 단면연구에서는 오즈비를 제시하는 경우가 더 많다. 환자-대조군 연구도 마찬가지로 오즈비를 산출하기 때문에 혼란이 생길 수 있는데 연구설계를 잘 검토하고 질병의 발생인지 유병상태인지를 잘 구분해야 한다.

(4) 생태학적 연구와 다수준 연구

일반적으로 인과관계를 증명하기 위한 역학연구는 개인수준에서 정보를 수집하고 분석하게 된다. 이와 달리 사업장, 행정구역, 국가 등 집단수준에서 자료를 수집하고 분석하는 연구를 생태학적 연구(ecological study)라고 한다. 생태학적 연구는 기술역학에 가까우며 가설을 수립하는데 도움을 줄 수 있다. 직업역학에서는 사업장별 특성에 따른 호흡기질환 유병률 조사, 시군단위 지역의 환경오염 지표와 지역주민의 혈중 중금속 농도의 관련성, 국가별 소득에 따른 직업성 질환 유병률 조사 등이 여기에 해당된다.

생태학적 연구는 노출과 건강영향의 조사가 집단수준에서 이루어지기 때문에 개인수준의 교란변수에 대한 정보가 없는 경우가 많다. 따라서 생태학적 연구에서 도출된 연관성을 개인수준의 연관성으로 해석하게 되면 오류가 발생할 수 있는데 이를 생태학적 오류라고 한다. 사업장별 분진 농도와 직원 호흡기질환 유병률에 대한 생태학적 연구를 시행할 때 각 사업장별 자료만 있고 근로자들 개인에 대한 정보가 없다면 그로 인한 교란을 배제하기 힘들다. 만약에 분진농도가 낮은 사업장에서 직원들의 흡연률이 높다면 실제의 연관성을 상쇄시키는 방향으로 작용할 것이다. 반면에 분진농도가 높은 사업장의 직원들이 연령이 더 높을 경우에는 높은 연령이 호흡기질환 이환을 증가시키는 효과가 있어서 실제의 연관성보다 더 과장이 될 가능성이 있다.

생태학적 오류를 보정하는 방법은 일반적인 역학연구들에서와 마찬가지로 개인수준의 교란변수를 측정하여 보정하는 것이다. 이를 위해서는 집단수준과 개인수준에서 동시에 정보를 수집해야 하는데 이러한 연구설계를 다수준 연구(multilevel study)라고 한다. 다수준 연구는 생태학적 연구에 개인 수준 연구를 통합한 것으로 통계분석 시에 집단변수와 개인변수를 함께 분석하는 다수준 분석(multilevel analysis)을 사용한다. 기존의 단일 수준 통계분석에서는 개인을 독립적인 단위로 하여 분석하는 반면에 다수준 분석에서는 같은 집단에 속하는 개인들간의 상관관계를 보정해 준다. 다수준 연구의 강점은 집단수준 변수와 개인수준 변수가 결과에 미치는 영향을 독립적으로 평가할 수 있다는 것이다. 집단수준의 영향을 맥락효과(contextual effect)라고 하고, 개인수준의 영향을 구성효과(compositional effect)라고 하는데 다수준 연구에서는 이 둘의 영향을 각각 독립적으로 산출하여 평가할 수 있다. 앞에서 예로 들었던 사업장별 분진 농도와 직원 호흡기질환 유병률에 대한 생태학적 연구에서 개인의 흡연상태를 보정한다면 교란 비뚤림을 막을 수 있다. 기존의 코호트 연구나 환자-대조군 연구, 단면연구 등은 개인수준의 연구이나 근래에는 이들 연구에 사업장이나 지역사회 등 집단수준의 영향을 고려하기 위한 다수준 연구가 늘어나고 있다.

(5) 체계적 문헌고찰과 메타분석

체계적 문헌고찰이란 특정한 주제를 정하고 거기에 적합한 연구들을 비뚤림 없이 수집, 평가, 종합하는 방법으로서 주로 상호심사(peer review)가 이루어진 논문들을 엄격하고 표준화된 방법으로 선정하고 평가한다. 체계적 문헌고찰의 과정 중에 메타분석이 포함될 수 있다. 메타분석은 독립적인 연구의 결과들을 종합하여 하나의 합성된 통계 추정치를 산출하는 방법이다.

메타분석은 체계적 문헌고찰이 이루어진 기반 위에서 수행하는데 계량적으로 종합이 가능한 범위에서만 이루어질 수 있으며, 이를 넘어 무리하게 통계적인 합성을 하면 오히려 잘못된 결론에 도달할 수 있어 주의를 요한다. 메타분석은 보통 두 단계를 거쳐 결과인 통계 추정치를 산출한다. 첫 번째 단계에서는 개별 연구결과들을 요약하여 추정치를 계산하며, 각 연구에 가중치를 부여한다. 이 때 각 연구의 크기(표본수)나 자료의 분포, 질을 고려하여 가중치를 부여한다. 두 번째 단계에서는 개별 연구결과와 가중치를 활용하여 가중평균을 계산하여 통합 추정치(pooled estimate)를 산출한다.

메타분석의 대상이 무작위배정 실험연구이냐 아니면 관찰연구이냐에 따라서 상당히 다른 접근법을 사용하게 된다. 무작위배정 실험연구에서는 연구결과인 추정치가 비뚤림이 없는 것으로 추정하게 되고 따라서 여러 연구들간의 차이는 확률적인 오류로 간주하여 타당도는 유지하면서 신뢰도를 높이는 방향으로 분석이 이루어진다. 하지만 무작위배정 실험이라고 해도 잘못된 방법론을 사용할 경우에는 비뚤림이 일어날 수 있다. 또한 일반적으로 연구결과가 유의하게 나오는 경우에 학회지에 출판될 가능성이 더 높아지므로 메타분석에서는 출판비뚤림이 나타날 수 있다. 출판비뚤림의 가능성을 검토하기 위해서 깔때기그림(funnel plot)을 이용할 수 있다. 관찰연구에서는 각 개별연구 자체에 비뚤림이 존재할 수 있는데 이를 종합하게 되면 신뢰도는 높더라도 편향된 추정치를 산출할 수도 있다. 따라서 단순하게 합성치를 산출하는 것보다 각 연구의 이질성과 비뚤림의 가능성을 충분히 고려하여 결론을 내리는 것이 중요하다. 개별 연구들의 결과를 비교하고 이질성 검토를 위해 숲그림(forest plot) 등 시각적 도구를 활용하는 것이 도움을 줄 수 있다.

더 읽을거리

Porta M. ed. A dictionary of epidemiology. International Epidemiological Association. 2014.
Rothman KJ. Epidemiology, an introduction. 2nd ed., Oxford University Press, 2012.

1.2 환경역학

| 배상혁

1) 범위

역학은 인구집단에서 질병과 위험요인의 분포를 파악하고 두 분포 사이의 관련성을 분석하여 질병의 원인을 밝혀내는 의학의 한 분야이다. 환경역학은 환경에 존재하는 위험요인과 이로 인해 발생하는 질병을 다루는 역학의 분과이다. 넓은 개념으로 환경은 사람의 신체 외부의 모든 것을 의미하며 자연적 환경과 사회적 환경으로 나눌 수 있다. 자연적 환경은 동식물, 미생물 등 생물학적 요인과 공기, 물, 빛 흙, 소리 등의 물리화학적 요인으로 구성되어 있으며 사회적 환경은 산업, 의복, 식생활, 주거, 교통 등 인공 환경과 문화, 경제, 정치, 종교, 교육 등 사회 환경으로 구성되어 있다. 환경의 범위가 이렇게 포괄적이지만 환경역학은 대체로 물리화학적 요인과 일부 인공 환경을 연구 주제로 다루고 있다.

2) 노출 평가

환경역학에서 다루는 위험요인의 노출은 저농도로 장기간에 걸쳐 일어나며 대부분 노출 대상자가 노출 여부를 인지하지 못한다. 이런 특성으로 인해 정확한 노출 측정이 어려우며, 이를 극복하기 위해 다양한 방법의 노출 평가 기법이 사용된다(그림 3-5). 직접 개인을 대상으로 측정하는 방법은 정확하나 장기간 노출을 평가하기 어렵고, 간접적인 측정 방법들은 정확성이 떨어진다. 예를 들어 미세먼지 노출을 평가하고자 하는 경우 개인이 미세먼지 측정기를 휴대하여 측정하는 것이 가장 정확할 것이나 측정기를 늘 휴대하는 것이 쉽지 않으므로 장기간의 개인 노출을 측정하는 것이 어렵다. 미세먼지 노출은 개인이 인지할 수 없는 것이므로 설문으로 이를 파악하는 것 역시 어렵다. 일반적으로 사용되는 환경 모니터링은 미세먼지의 장기간의 노출을 평가하기는 용이하나 개인의 노출값으로 해석하기에는 제한적이다. 실제 측정값과 실제 농도에 영향을 주는 여러 가지 예측 인자들로 구축된 수치모형은 장기간 개인의 노출을 평가하기 위해 많이 사용되나 정확성에는 한계가 있을 수 밖에 없다. 따라서 연구의 가설과 설계에 따라 적절한 노출 평가 방법을 선택하는 것이 중요하다.

생체지표를 이용하면 노출부터 건강 현상에 이르기까지 인체 내에서 일어나는 반응을 정량적으로 측정할 수 있다(그림 3-6). 생체지표는 노출, 효과, 민감성의 생체지표로 구분할 수 있다. 대표적인 민감성의 생체지표는 유전형이 있다. 노출에서 질병에 이르는 각 단계는 유전형의 영향을 받으며 특정 유전형을 가지는 경우 특정 노출에 의한 질병이 발생할 위험이 커지거나 작아질 수 있다. 노출의 생체지표와 효과의 생체지표는 상대적인 개념으로, 노출에서 질병에 이르는 과정 중 노출 쪽에 가까운 것이 노출의 생체지표로, 질병에 가까운 것이 효과의 생체지표로 분석에 사용될 수 있다. 예를 들어 산화손상의 생체지표인 말론디알데히드(malondialdehyde,

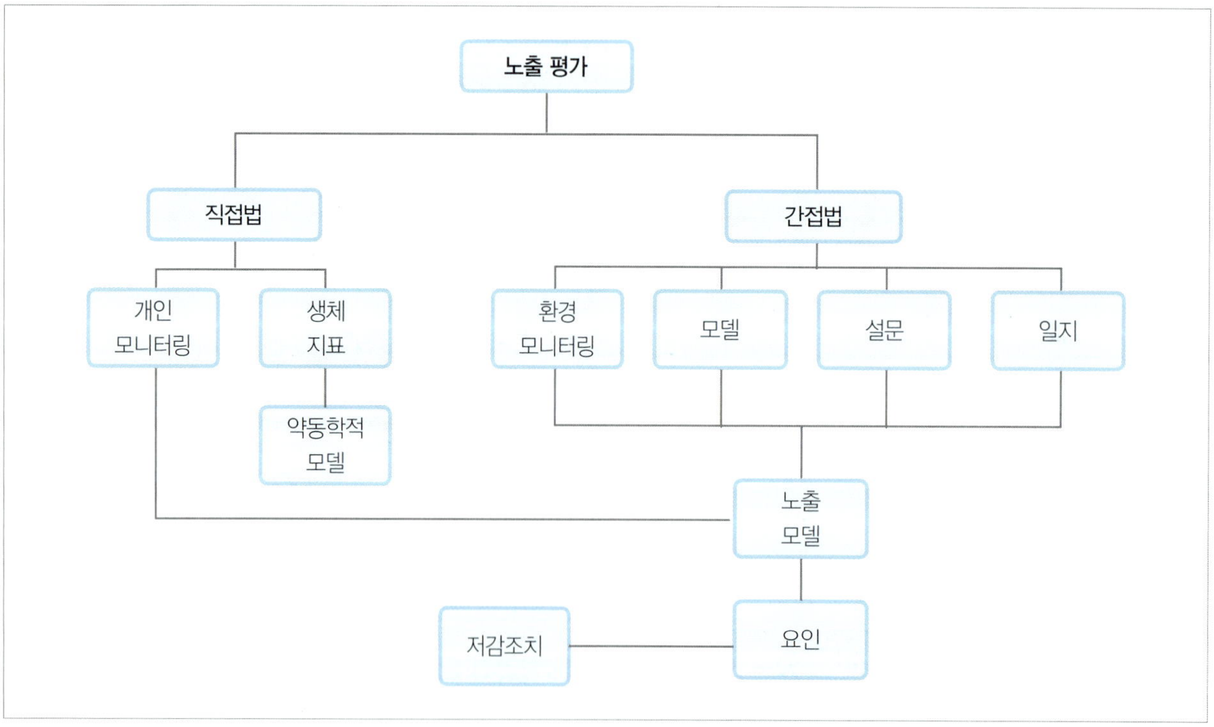

그림 3-5 환경역학의 노출 평가

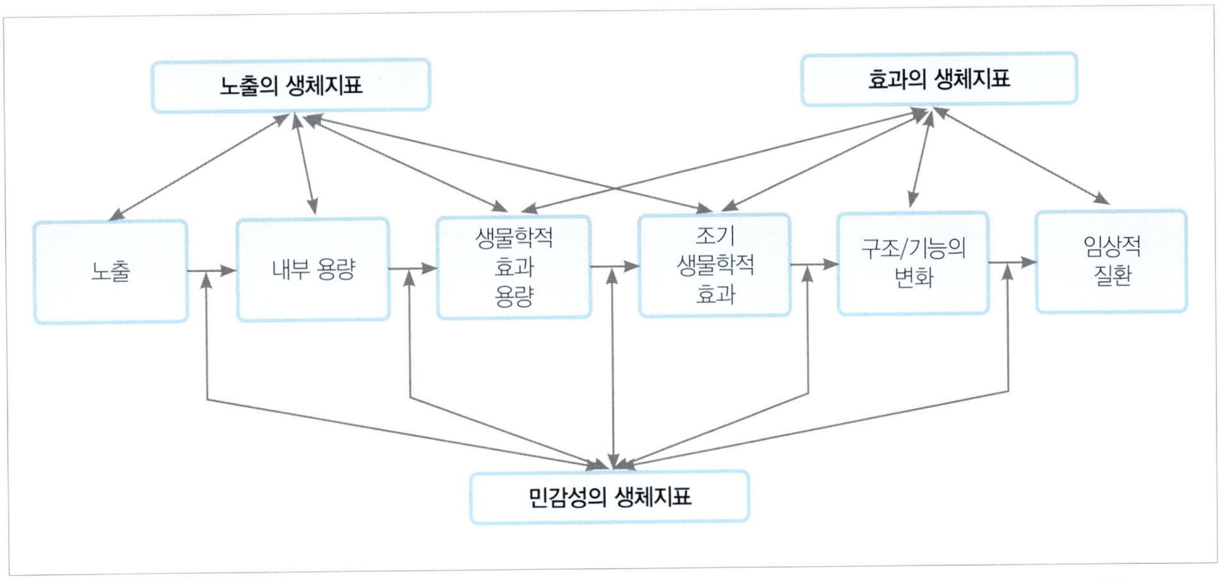

그림 3-6 생체지표

MDA)는 외부 미세먼지 농도와 관련성을 분석할 때는 신체 내에서 생긴 산화 손상을 나타내는 효과의 생체지표이지만 질병 발생과 관련성을 분석할 때에는 노출의 생체지표가 된다.

환경요인에 의한 건강영향은 단기 노출에 의한 영향과 장기 노출에 의한 영향이 다른 경우가 많으므로 노출 평가 시에는 노출과 영향의 시간적 관계를 고려하여야 한다. 이를 위해서는 노출원, 노출 경로, 대사의 과정 등을 생각하여 노출 평가 방법을 선택하여야 한다. 예를 들어 내분비계 교란물질인 비스페놀 A (bisphenol A, BPA)의 경우 빠르게 흡수되고 대사, 배설되기 때문에 요중 BPA는 단기간의 노출을 반영하는 것이다. 만약 1회 소변 검사에서 검출한 BPA 농도를 장기 노출을 반영하는 것으로 가정하고 장기적인 건강영향과 관련성을 분석하고자 한다면 오류가 생기게 된다.

3) 연구설계

환경역학 연구에는 일반적인 역학 연구에 사용되는 모든 연구설계가 활용될 수 있다. 다른 역학 분야 연구보다 환경역학 분야에서 더 유용하게 사용되는 연구설계로는 시계열분석 연구, 패널 연구 등이 있다. 연구설계를 선택할 때에는 연구가설, 특히 연구가설에서 상정하는 시간적 틀을 고려하여야 한다. 단기 노출에 의한 급성 영향을 연구하고자 한다면 단면연구, 시계열분석 연구, 패널 연구 등이 고려될 수 있으며 장기 노출에 의한 만성 영향을 연구하고자 한다면 환자-대조군 연구나 코호트 연구가 고려되어야 한다. 연구설계 중 단면 연구, 환자-대조군 연구, 코호트 연구는 직업역학에서 기술하였으므로, 여기에서는 시계열분석 연구와 패널 연구에 대해 설명한다.

(1) 시계열분석 연구

시계열분석 연구는 단위 시간별로 측정된 변수들 사이의 관련성을 분석하는 연구설계이다. 사용되는 변수가 집단을 대상으로 결합된 변수(aggregated variable)이므로 생태학적 연구의 범주에 포함되는 연구설계로, 일반적인 경우 인과관계를 추정할 수 없다. 그러나 대기오염물질이나 기상요인과 같이 대상 인구집단이 모두 노출되는 것을 가정할 수 있는 경우 생태학적 오류(ecological fallacy)를 일으키지 않고 인과관계를 추정할 수 있으므로 환경역학 연구에 많이 사용된다. 특히 대기오염물질의 경우 단기 영향을 규명하기 위한 표준적인 연구방법으로 사용되고 있다.

(2) 패널 연구

패널 연구는 동일한 대상자를 반복 측정하여 변화하는 노출 수준에 따라 대상자내(within-subject)의 변이와 대상자간(between-subject)의 변이를 종합하여 관련성을 도출하는 연구이다. 패널 연구는 단면연구가 반복된 형태이기도 하고 코호트 연구에서 중간 측정이 추가된 형태이기도 하기 때문에(그림 3-7) 패널 연구는 연구설계가 아니라 분석법이라는 견해도 있다. 환경역학 연구에서는 시간에 따라 쉽게 변하는 환경유해요인의 급성 건강영향을 분석하는데 유용하게 사용될 수 있다.

4) 비뚤림

비뚤림(bias)은 연구 수행 과정에 비교하고자 하는 집단 사이에 차이가 생겨 연구에서 추정하고자 하는 모집단의 실제 관련성과 다른 결과를 도출하게 되는 경우를 말한다. 비뚤림은 크게 선택 비뚤림, 정보 비뚤림, 교란 비뚤림으로 나눌 수 있다. 각각에 대한 설명과 예시는 직업역학에서 기술하였으므로 여기에서는 생략한다.

비뚤림은 역학연구에서 필연적으로 발생하는 것으로 연구설계, 자료수집, 분석 단계에서 각별히 주의하여야 한다. 선택 비뚤림을 줄이기 위해서는 비교하고자 하는 연구 집단들이 최종적으로 분석군에 포함되기까지의 과정에서 차이가 없어야 한다. 정보 비뚤림을 줄이기 위해서는 정보를 수집하는 과정이 모든 대상자에게 동일하게 적용되어야 하며 수집 과정에서 생기는 오류를 최소한으로 줄이기 위해 노력해야 한다. 선택 비뚤림과 정보 비뚤림은 연구계획 단계에서 해결되어야 하며 이미 자료가 수집된 상태에서는 통제할 수 있는 방법이 거의 없다. 교란 비뚤림은 연구설계 시에 교란을 통제하는 방법을 적용할 수 있고 통계 분석 시에도 통제할 수 있다. 교란 비뚤림을 통제하기 위해서는 기저 특성에 따라 짝짓기를 하거나 층화분석, 다변량분석 등의 방법을 사용할 수 있다.

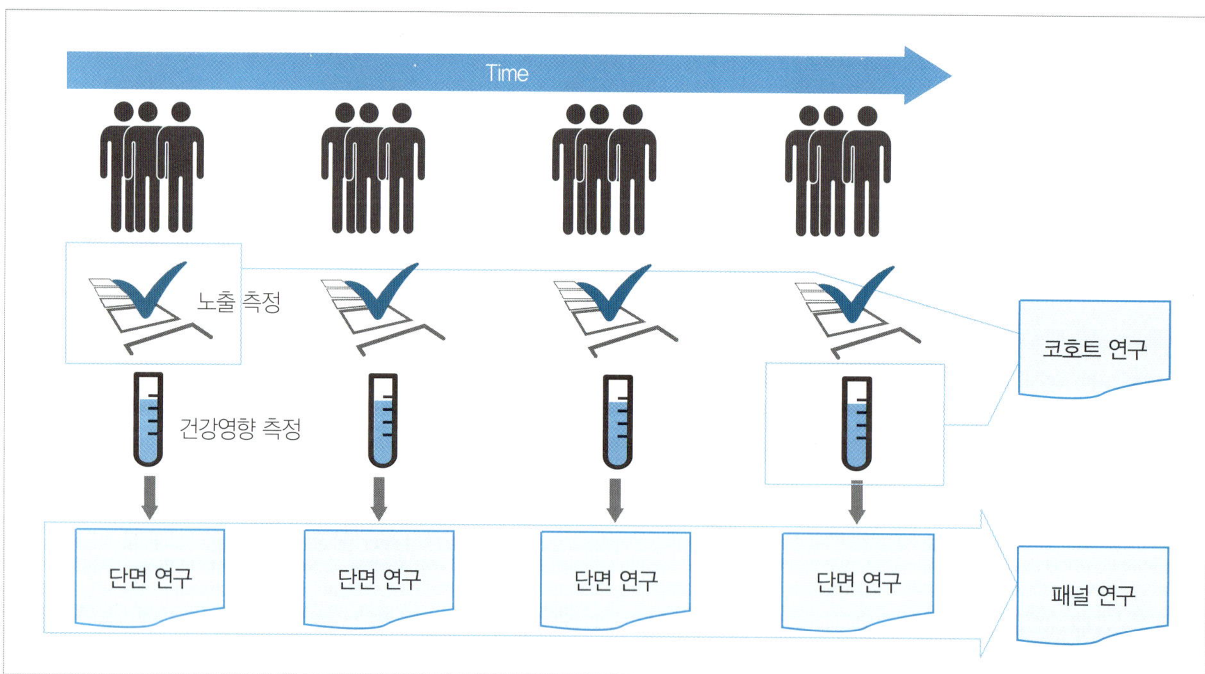

그림 3-7 패널 연구

더 읽을거리

Baker D, Nieuwenhuijsen MJ. Environmental epidemiology: study methods and application. Oxford: Oxford University Press; 2008

제2절 독성학

송재석

2.1 정의

독성학은 어원적으로 '독에 대한 학문'으로서 화학적, 물리적 요인에 의한 생체의 유해작용을 다루는 분야이다. 모든 화학물질은 어느 수준 이상의 농도에서는 독성을 나타낸다. 'All substances are poisonic; there is non which is not a poison. The right dose differentiates a poison and remedy'라는 파라셀수스의 금언은 대부분의 약제들도 독성과 부작용을 가지며 규정된 용량과 처방 내에서도 독성을 일으킬 수 있다는 것이다.

2.2 독성물질의 분류

1) 물리적 성상에 의한 분류

(1) 가스

가스는 상온, 상압 하에서 기체의 형태인 것을 말한다. 상온, 상압 하에서 액체의 형태로 존재하더라도 끓는점이 낮은 경우에는 휘발되어 작업자에게 노출될 수 있다. 중요한 점은 끓는점이 높더라도 증기압이 있기 때문에 가스 상의 노출은 가능하다. 가스의 경우, 주로 호흡기로 노출되며 점막으로 노출되는 경우 점막의 수분에 용해되어 흡수가 가능하다.

(2) 액체

상온, 상압 하에서 액체로 존재하는 것을 말한다. 액체의 경우 그 성질에 따라 피부로 노출되기도 하고, 휘발되어 가스의 형태로 노출되기도 한다. 또는 우발적, 혹은 고의적으로 구강으로 노출되는 경우도 있다.

① 미스트

미스트는 액상 물질이던 것이 미립자로 되어 공기중으로 확산되는 것을 말한다.

(3) 고체

고체의 경우, 고체 자체로는 인체에 노출되지 않으나 특이한 겨우, 이미증(pica)이 있는 경우에는 구강으로 노출되는 경우도 있다.

① 분진

분진(dust)은 고체가 물리적인 힘에 의해 분쇄되어 만들어지는 입자로 호흡기를 통한 노출이 가능하다. 분진의 호흡기 노출은 분진의 크기가 중요한 역할을 한다. 또한 분진 입자의 표면적은 입자의 직경에 반비례하기 때문에 표면에 독성물질이 붙어서 독성을 일으키는 경우는 입자가 미세할수록 상대적 독성이 높아진다.

② 흄

흄(fume)은 고체상의 금속을 고온으로 가열하였을 때 고체가 기체로 승화하면서 대기 중으로 증발되었다가 대기의 온도에 의하여 냉각되어서 다시 미세한 고상입자로 된 것을 말한다. 금속의 호흡기 노출에 가장 중요한 역할을 한다.

2.3 독성 반응

어떤 독성물질이 체내에 들어갔을 때 나타나는 반응은 다양하다. 좋게 보았을 때는 약리작용을 나타낼 수도 있지만 가장 심한 경우에는 사망을 일으키기도 한다. 이러한 반응은 일반적으로 노출된 양과 비례하게 된다.

그러나 일반적으로 하나의 실험동물에게 약물의 농도를 높여가면서 그 효과를 보기에는 약물의 효과가 없어지거나(washout) 약물효과의 누적 때문에 하나의 개체에 반복적인 투여를 하는 것은 쉽지 않다. 때문에 여러 개체를 두고 각각 다른 용량의 독성물질을 투입하여 그 효과를 보게 된다.

이렇게 양과 그 반응의 결과를 보는 것을 양-반응 곡선이라고 한다(그림 3-8). 양-반응 곡선은 X축에는 용량의 로그값을 표시하고 Y축에는 동일한 용량을 투여한 처치들 중에 반응을 나타낸 개체의 백분율을 표시하는 것으로 일반적으로 S자 모양(sigmoidal shape)으로 나타낸다.

어떤 물질의 양-반응 곡선을 그린다고 한다면 그 약물의 반응은 약리학적 효과일 수도 있고, 극단적으로는 사망에 이를 수도 있다. 동물실험을 하여 실험동물의 50%에서 약리학적 반응을 보이는 농도를 유효용량(ED_{50})이라고 한다. 만약 실험동물의 사망을 목표 반응으로 잡는다면 실험동물의 반이 사망하는 농도를 구하게 되며, 이를 치사용량(LD_{50})으로 표현한다. 유효용량과 치사용량의 차이를 안전역(safety margin)이라고 하며 안전역이 클수록 안전한 약물이다.

역치가 없이 확률적으로 발생하며 노출량과 중증도가 일치하지 않는 것을 확률적 영향(stochastic effect)라 하고, 역치가 있고 노출량과 중증도가 일치하는 것을 비확률적 영향(non-stochastic effect)라고 한다.

2.4 독성물질의 작용

1) 자극제

어떤 독성물질은 체내에 들어와서 점막에 있는 수분에 용해된 다음 자극증상을 일으킨다. 자극증상을 일으키는 부위는 그 물질의 수용성과 상관이 있다. 수용성이 높은 경우는 주로 상기도 자극을 일으키는 반면 수용성이 낮은 경우는 하기도 자극을 일으킨다. 자극성의 정도가 독성과

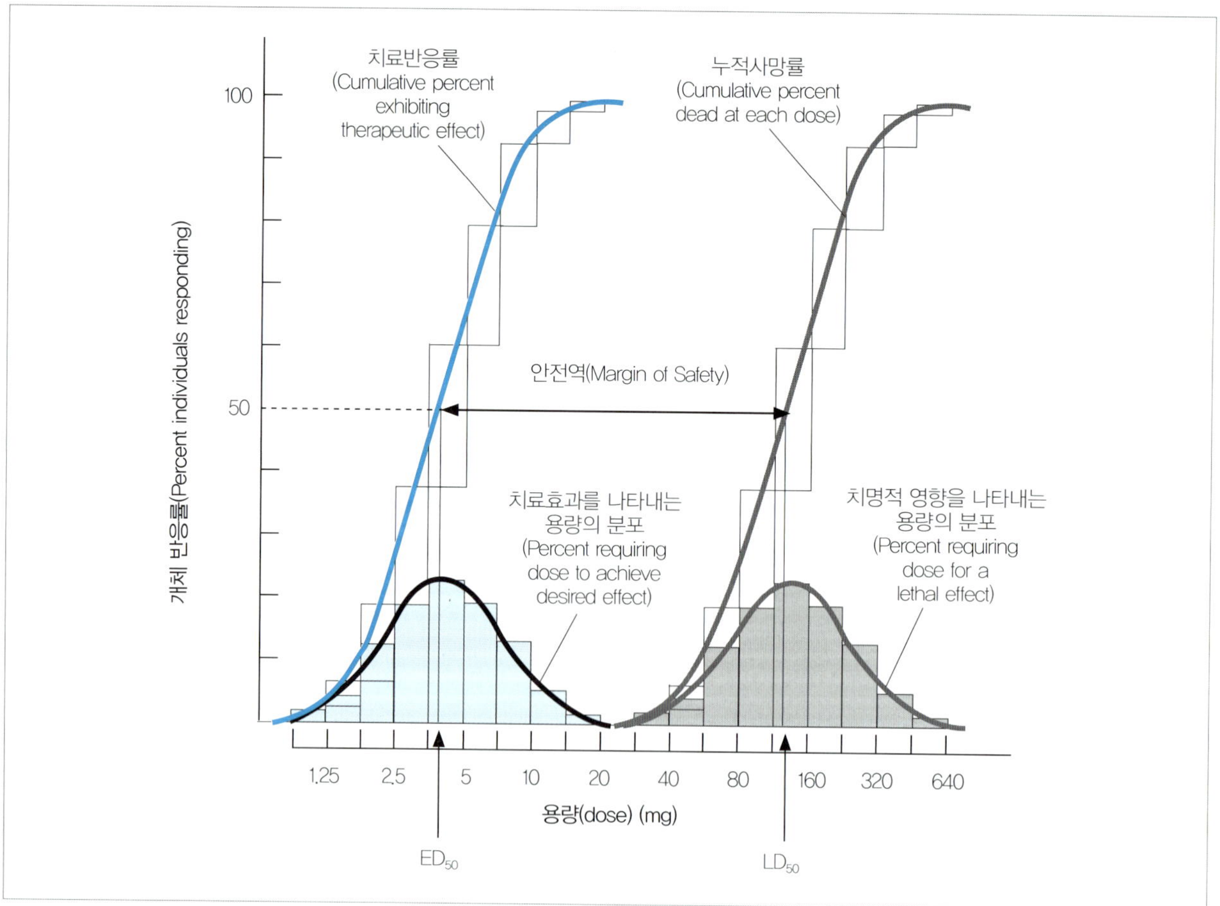

그림 3-8 양-반응 곡선

출처 : Bertram G. Katzung, Todd W. Vanderah: Basic & Clinical Pharmacology, Fifteenth Edition Copyright © McGraw-Hill Education. All rights reserved.

비례하지 않는다. 자극적이거나 악취가 심한 경우는 경고 신호의 역할을 하여 노출을 줄이는 역할을 하기도 한다.

2) 질식제

질식제는 체내에서 산소의 이용을 방해하여 사망에 이르게 하는 물질이다. 인체에서 산소를 이용하는 것이 호흡인데, 호흡은 외호흡과 내호흡으로 나뉜다. 외호흡은 폐에서 공기를 순환시켜서 산소를 얻는 과정이고 내호흡은 세포내에서 산소를 이용하는 것을 의미한다.

질식제는 단순 질식제와 화학적 질식제로 나누어 볼 수 있는데, 단순 질식제는 외호흡을 억제하는 것이고 화학적 질식제는 내호흡을 억제하는 것이다. 예를 들어, 단순 질식제인 이산화탄소, 메탄 등은 사람에게 실제 무해한 가스이지만, 공간내에서 높은 농도로 존재하게 되면 산소의 농도가 낮아져서 질식을 일으킨다. 반면, 화학적 질식제인 일산화탄소, 황화수소 등은 세포로의 산소이동을 억제하거나 세포내에서 산소이용을 못하게 하여 질식을 일으킨다. 이외에도 생리적 영향에 따라 마취제, 전신작용제 등으로 분류할 수 있다.

2.5 독성물질의 흡수, 대사, 배출

1) 흡수

독성물질의 노출 경로는 매우 다양하지만 가장 중요한 노출 경로는 호흡기 노출이다. 가스나 분진, 흄 등의 독성물질이 주로 호흡기로 흡수된다. 호흡기는 전체 면적이 약 140m²로 흡수면적이 크면서 흡수와 동시에 전신혈류로 들어가기 때문에 그 효과가 빠르다.

호흡기 노출에 미치는 요인은 몇 가지가 있다. 첫 번째는 호흡량으로 호흡량은 노동 강도에 따라 결정된다. 안정시 성인 남자의 평균 흡기량은 약 6L/min 정도인데 반해 구보시에는 40L/min 이상이 되기도 한다. 두 번째 요인은 입자상 물질의 크기이다. 0.5~5㎛의 입자인 경우를 호흡성 분진이라고 하며, 호흡성 분진이 폐에 가장 잘 흡착되는 것으로 알려져 있다. 이보다 작은 분진의 경우에는 폐포를 통하여 바로 혈액순환으로 들어가서 심혈관 질환 등의 독성을 나타내기도 한다.

경구노출은 오용이나 의도적인 섭취로 인하여 주로 일어난다. 그러나 경구노출은 위산에 의한 중화를 거치며, 흡수가 되면 전신 혈류가 아니라 문맥계를 통하여 간에서 대사과정을 거친 후 전신 혈류로 들어가기 때문에 다른 노출경로 보다 독성이 낮은데, 이를 초회통과효과라고 한다.

피부 역시 지용성 물질인 경우 중요한 노출 경로이다. 피부는 진피층이 중요한 방어 역할을 하는데, 피부가 손상을 입은 경우나 진피층을 투과할 수 있는 지용성 물질의 경우에는 피부 노출이 가능하다. 눈을 포함한 점막 역시 중독의 가능성이 있다.

2) 대사

독성물질의 대사는 기본적으로 비극성인 물질을 극성화시켜서 수용성을 높여 소변으로 배설시키는 것이다. 이 과정은 제1상 반응과 제2상 반응으로 나뉘는데, 제1상 반응의 경우, 산화, 환원, 가수분해를 통하여 극성을 높이거나 다른 분자들과의 결합력을 증가시키는 과정이다. 제2상 반응은 여기에 다른 분자를 결합(포합)하여 극성을 더 키워 수용성을 증가시키는 과정이다. 수용성이 증가된 독성 물질은 신장을 통하여 소변으로 배출된다.

그러나 일부 물질들은 대사과정에서 독성이나 발암성이 증가하는 경우가 있으며 이를 생물학적 활성화라고 한다. 벤젠은, 대사과정에서 에폭사이드(epoxide)를 형성하는데, 벤젠의 발암성은 벤젠 자체보다는 에폭사이드에 의하여 나타나는 것으로 알려져 있다. 방광암을 일으키는 벤지딘의 경우, 벤지딘 자체의 발암성 보다 대사과정에서 메틸화가 나타나는 모노메틸 벤지딘이나 디메틸 벤지딘이 DNA와 결합하여 발암성을 나타낸다.

3) 분포

독성물질은 체내에 흡수되면 전신혈류를 따라 여러 기

관에 분포한다. 여기에는 물질의 수용성이 중요한 역할을 하는데, 지용성이 높은 독성물질은 체내 지방이 많은 곳에 분포되는 경향이 있다. 체내 지방이 많은 곳으로는 지방세포도 있지만, 가장 중요한 곳은 신경세포이다. 때문에 지용성 물질은 중추신경을 포함한 신경계 독성을 나타내는 경우가 많다.

반면, 중금속, 특히 납과 같은 경우에는 뼈에 흡수되는 경우도 많은데, 이는 혈류량과 평형을 이루면서 유리되어 독성을 나타내기도 하지만, 다발성 골절 같은 경우에는 급성 독성을 나타내기도 한다.

4) 배설

배설의 가장 중요한 통로는 소변을 통한 것이지만, 대변, 또는 호기를 통하여 배설되기도 한다. 이외에 일부는 땀을 통하여 배설되기도 한다.

5) 노출과 중독

독성물질이 체내에 들어와서 흡수되는 경로는 매우 다양하다. 체내에 들어온 독성물질은 그 자체, 또는 대사물질의 형태로 배설이 된다. 배설되는 양을 정량적으로 측정하는 것이 생물학적 모니터링이고, 이는 노출량을 평가하는 방법이다. 흡수된 독성물질, 또는 대사물질은 인체에서 특정 부위와 결합을 하게 되는데, 특정 부위와 결합된 양을 측정하는 것 역시 생물학적 모니터링의 일부이며, 이는 효과지표이다. 특정 부위와 결합하여 전임상적 단계를 나타내는 것을 찾는 것은 집단검진의 역할이다. 여기에서 더 나아가 질병이 발생했을 때에는 의학적인 진단을 필요로 한다.

노출이 많다고 해서 질병, 혹은 중독이 나타나는 것은 아니다. 노출이 중독이 되는 것에는 개인적 감수성 등 매우 다양한 요소가 작용하기 때문에 노출이 많으면 중독이 될 가능성은 높아지지만 반드시 노출양이 많다고 해서 질병, 또는 중독이 생기지는 않다.

2.6 독성 검사 방법

독성 검사방법은 크게 시험관 검사와 생체 검사로 나누어 생각할 수 있다. 사람을 대상으로 하는 독성검사는 불가능하기 때문에 주로 동물을 대상으로 이루어지는 생체시험을 시행하며, 사망이나 부작용 등을 검사한다. 최근에는 미세RNA배열 방법을 이용한 분석을 시행하기도 한다.

1) 급성 독성시험

14일 이내의 짧은 노출, 또는 1회 투여 후 독성 효과를 보는 시험 방법이다. 이는 주로 이후 독성시험에서 용량을 결정하기 위한 예비실험의 성격을 갖는 경우가 많다.

2) 아급성 독성시험

14일에서 28일 정도까지 시험 동물에게 반복적으로 투여하는 독성시험이다.

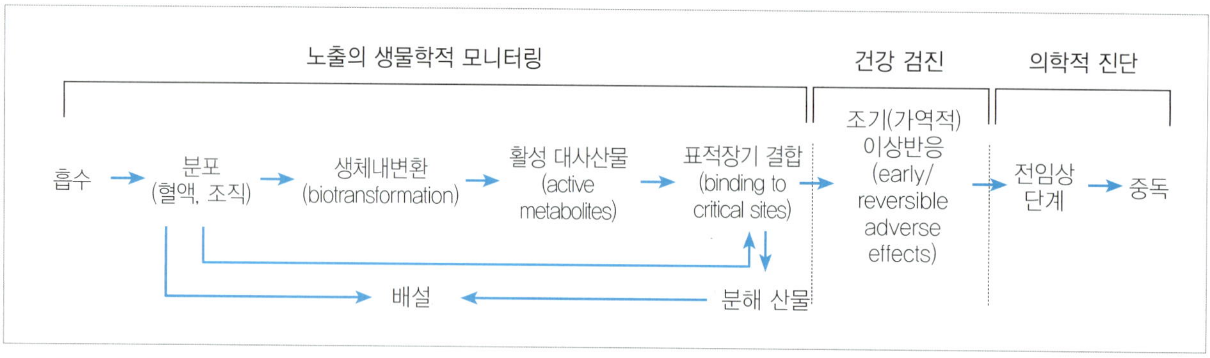

그림 3-9 노출과 중독의 과정

3) 아만성 독성시험

90일 혹은 시험동물 수명의 10%에 해당하는 기간동안 반복투여하는 시험이다. 이 시험의 주된 목적은 최소유해용량(LOAEL)이나 최대무독성용량(NOAEL)을 확인하고, 반복투여에 의하여 손상을 받는 기관과 특성을 확인하는 것이다. 투여 용량은 낮은 용량에서 10% 이내의 시험동물이 사망하는 높은 용량까지의 범위에서 적어도 3가지의 용량을 시험하여야 한다.

4) 만성 독성시험

6개월 내지 30개월 동안 반복 투여하는 시험으로 누적독성이나 발암성을 확인하는 것이 목적이다. 이 연구결과를 바탕으로 최대허용량을 추정하게 된다. 투여용량은 아만성 시험에서 90일 동안 투여하였을 때 체중증가가 약간 저하되었던 용량을 사용하는 것이 일반적이다.

5) 유전독성 시험

유전독성 시험이란 시험물질이 유전체에 직접적으로 손상을 주어서 형태적 변화 또는 기능적 이상을 일으키는지를 관찰하는 시험이다. 또한, 시험물질의 발암성 및 변이원성을 찾아내기 위한 시험이다.

시험물질에 대한 유전독성을 측정하기 위해 현재 가장 널리 시행되고 있는 시험법은 복귀돌연변이시험, 시험관 염색체이상 시험, 생체 소핵시험을 포함한다.

2.7 독성지표

1) 반수치사농도

반수치사농도(lethal concentration 50%, LC_{50})란 흡입독성시험에서 독성시험 대상동물의 50%가 정해진 기간 동안에 죽는 독성물질의 공기중 농도로서, 단위로는 ppm이나 mg/m^3을 사용한다.

2) 반수독성용량

반수독성용량(toxic dose 50%, TC_{50})이란 시험대상 동물이나 사람의 50%에서 독성효과를 나타내는 용량이다.

3) 무작용량

무작용량(no effect level, NEL)이란 한 종의 동물을 대상으로 독성시험을 시행하였을 때 아무런 효과가 관찰되지 않은 최고의 용량수준이다.

4) 영향무관찰량

영향무관찰량(no observed effect level, NOEL)이란 특정 독성효과에 대한 연구에서 그 독성효과가 관찰되지 않은 최고의 용량수준이 NOEL이다. 그러므로 대상이 되는 독성효과가 아닌 다른 독성은 이 용량수준 범위 내에서도 관찰될 수 있으며, 다른 종을 대상으로 동물시험을 한다면 이 용량수준 범위 내에서 대상 독성이 나타날 수도 있다.

5) 악영향무관찰량

악영향무관찰량(no observed adverse effect level, NOAEL)이란 어떤 해로운 효과도 관찰되지 않는 최고의 용량수준이다. 그러나 어떤 효과가 독성학적인 의미가 있는지에 대한 판단이 달라지면, 이 값은 변할 수 있다. 예를 들면 간비대를 독성효과로 볼 것인지 아니면 단순한 적응반응으로 볼 것인지에 따라 NOAEL 값은 달라지게 된다.

6) 악영향최소관찰량

악영향최소관찰량(lowest observed adverse effect level, LOAEL)이란 독성시험에서 독성효과가 확인된 최저의 용량수준이다.

7) 참고용량

참고용량(reference dose, RfD)이란 미국 환경청이 정한 것으로, 사람들이 일생동안 섭취하여도 해로운 효과(발암성은 해당되지 않은)를 나타낼 가능성이 거의 없는 독성물질의 하루 섭취허용량이다. 참고용량은 식이를 통해 섭취되는 물질에 대해서만 정해져 있으며, 흡입 노출되는 물질에 대해서도 참고농도(reference concentration, RfC)을 정해놓고 있다.

참고용량은 일반적으로 다음과 같이 결정한다.

$$RfD(mg/kg/day) = \frac{NOEL(mg/kg/day)}{Uf_{inter} * Uf_{intra} * Uf_{other}}$$

- Uf_{inter} : 사람과 실험동물 사이의 차이를 반영한 불확실성 계수(uncertainty factor)로서 대개 10을 적용한다.
- Uf_{inter} : 개인별 민감도의 차이를 반영한 불확실성 계수로서 대개 10을 적용한다.
- Uf_{inter} : 독성시험 자료의 양과 질 등을 감안한 불확실성 계수로서 일반적으로 1부터 10 사이의 값을 적용한다.

8) 기준용량

기준용량(benchmark dose, BMD)이란 미국 환경청이 NOAEL/LOAEL 접근법의 단점을 보완하기 위하여 새롭게 제시한 것으로, 독성영향이 노출되지 않은 실험동물에 비하여 특정 수준(5% 또는 10%)으로 증가되었을 이에 해당하는 노출량을 추정한 값을 말한다. 기준용량 하한값(Benchmark Dose_lower confidence, BMDL)이라 함은 노출량-반응 모형에서 추정된 BMD의 신뢰구간 하한값을 말한다. 표본수가 적어서 통계적 검정력이 낮은 연구 결과를 근거로 NOAEL값을 구하면 상대적으로 높은 값이 되는데 비하여 BMD방법을 사용하면 일반적으로 더 낮은 BMDL값을 추정할 수 있다.

최근에는 동물을 이용한 독성시험 대신 컴퓨터 기반의 가상환경(in silico) 기법이나, 체학(omics)과 같은 고용량처리 시험관 시험법을 활용한 구조/분자/생활성 프로파일링을 사용하는 추세로 변하고 있다. 2009년 EU는 화장품 성분의 인체효과에 대한 급성독성 동물시험을 금지하였다.

9) 치료지수 또는 안전역

치료지수(therapeutic index, TI)란 어떤 치료제가 치료효과를 나타내는 용량과, 동물의 사망이나 인체 독성이 나타내는 용량 사이의 비이다. 동물에서 치료지수는 LD_{50}/ED_{50}로 정의하며, 사람의 치료지수는 TD_{50}/ED_{50} 혹은 LD_{1}/ED_{99}로 정의한다.

치료제가 아닌 물질의 안전역(margin of safety)이란 동물시험에서 구한 NOAEL농도와 인구집단이 노출되는 농도의 차이를 가리킨다.

더 읽을거리

김주환, 안일영, 노종윤, 박소은, 이정선, 고경육, 손수정, 이종권. "국제 유전독성시험 가이드라인 최신 동향." FDC법제연구 11.2 (2016): 201-209.

Zastrow, Mark von. "Drug Receptors & Pharmacodynamics." Basic & Clinical Pharmacology, 15e Eds. Bertram G. Katzung, and Todd W. Vanderah. McGraw Hill

제3절 산업위생과 노출평가

함승헌

인류의 역사를 돌이켜보면 노출평가는 자연스럽게 발전하였다. 과거에는 정보가 없는 상황에서 다양한 종류의 환경이나 식품 등에 노출되었고, 경험에 의해 어떤 환경을 피해야 하는지 또는 먹을 수 있는지 없는지를 스스로 체득해오면서 살았다. 이를 통해 인간의 감각이 유해성을 예측하기에 충분하지 않다는 것을 오랜 경험을 통해 체득할 수 있었다. 야생에서 자라는 특정 열매는 먹으면 안된다는 것을 알 수 있었고, 환경 중에서 절대로 노출되지 말아야 할 것, 관리를 할 것, 관리하지 않아도 되는 것을 판단한 인류만이 살아남아 있다고 해도 과언이 아니다. 또한 로마시대에 노예, 죄수 등은 스페인 알마덴의 수은 광산으로 보내져서 노동을 하였고 이유를 모른 채 오래 살지 못하였다. 이러한 경험에 비추어 인류는 특정 유형의 환경과 음식은 피해야 한다는 것을 배우며 지금까지 살아오고 있다.

과거에도 다양한 상황에서 유해물질을 평가하기 위하여 노출평가를 하기도 하였고 이에 대한 연구를 한 연구자들도 있었다. 노출평가는 예방을 목표로 한다. 노출평가를 하는 직업은 로마 황제의 궁에서 왕이 식사를 하기 전에 음식의 맛을 보는 사람이었다. 왕이 먹는 음식에 유해한 물질이 들어있는지를 매번 확인하는 일이었다. 라마찌니는 이를 직업과 노출, 특정질병으로 구분하여 정리를 하였고, 존 스노우는 노출과 질병에 내해 역학적으로 문제를 해결한 바 있다. 18세기 카나리아를 광부가 광산에 들어가기 전에 내부 환경을 확인하고자 먼저 내부로 들어보내서 생사를 확인한 바 있다. 여기서의 공통점은 노출에 대한 이해를 하고 있고, 그 노출을 관리하면 질병으로 이어지지 않는다는 점에 대하여 강조하고 있다. 현재는 과거에 비해 노출에 대한 이해도가 높아지고 있으나 여전히 노출평가에 대한 이론은 정립 중이고 노출을 측정하는 기술은 점차 발전하고 있어 해결해야 할 과제가 많은 분야이다.

근로자를 기준으로 노출을 바라보는 관점이 과거와는 확연히 달라졌다. 과거에는 상대적으로 일하는 시간도 길었고, 일하는 동안 노출되는 유해요인의 강도도 높았다. 그러나 최근에는 반드시 그렇지는 않다. 예를 들면 8시간 동안 조용한 사무실에서 일을 하다가 퇴근 이후에 소음이 크게 발생하는 야구장, 콘서트, 노래방과 같은 장소에 가거나 또는 이어폰 사용 등으로 소음에 스스로를 노출시키는 일들이 있다. 또한 방향제를 집안에 두면서 가스상 물질을 흡입하는 경우도 마찬가지이다. 그렇기 때문에 직업적 노출에 따른 건강영향을 파악하기가 과거에도 어려웠지만 지금은 더욱 더 복잡한 상황에 놓여 있다.

위험에 대한 인식이 증가하고 변화하고 있는 사회적 상황에 근로자를 보호하기 위하여 효과적으로 준비를 해야 한다. 그렇기 때문에 더욱 세심한 노출평가가 중요하고 평가결과에 따라 작업환경을 관리할 준비가 되어 있어야 한다. 또한 현재 산업위생은 과거에 비해 더욱 광범위한 유해인자를 관리할 수 있도록 체계적이고 효과적이면서도 효율적이어야 한다. 산업위생사의 최우선 순위는 근로자의 건강을 보호하는 것이지만, 규제, 법률 등 유기적으로 연관되어 있고 사업장 조직은 과거보다 훨씬 더 다양한 이해관계자에게 책임이 있기 때문에 이러한 부분도 간과해서는 안 된다. 이러한 새로운 이해관계자에는 직원, 사업주, 고객, 노동조합, 규제 기관, 주주, 언론, 지역사회까지 포함된다. 따라서 이제는 그동안 수행하고 있던 노출수준 미만인지 확인만하는 법적인 단순 측정을 벗어나 적극적인 노출평가와 관리가 필요하다. 기존에 사용하면 물질의 새로운 독성이 발견되기도 하고 새로운 물질의 독성정보는 아직 불완전하기 때문에 이에 대한 합리적인 관리방안도 함께 제시를 해야 하는 상황이다.

1) 노출평가의 정의와 목적

노출(Exposure)은 유해인자의 정도 또는 농도(Concentration)와 접촉한 시간(Exposure Time)의 관계를 나타낸다. 유해요인이 인체와 얼마나 접촉이 되어 있는

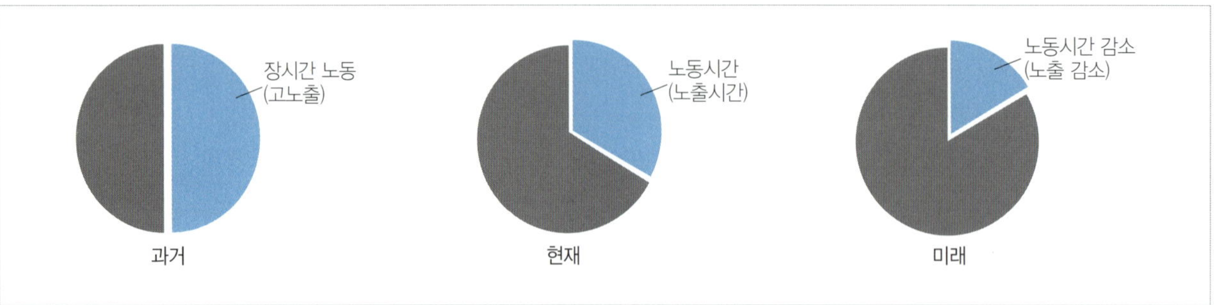

그림 3-10 과거, 현재, 미래의 노동시간의 변화

지 평가하는 것으로 정의할 수 있다. 여기서 유해인자는 화학적, 물리적, 생물학적, 인간공학적, 사회심리학적인 것을 모두 포함한다. 노출평가의 목적은 우리가 보호하고자 하는 대상을 유해요인으로부터 보호하고 질병으로 연결되지 않도록 예방하고 관리하기 위함이다.

2) 직업환경과 일반환경의 노출 차이

일반적으로 노출과 질병의 인과관계를 규명하는 것은 어려운 일이다. 인과관계를 규명할 때 주로 과거의 객관적인 자료를 찾아서 추정을 하게 되는데, 자료를 수집하는 것이 가장 중요하지만 가장 어려운 일이다. 위에서 정의한 노출을 평가하기 위해서는 유해인자와 접촉시간을 알아야 하는데 노출평가는 자료를 찾고 해당 상황을 파악하는 것부터 시작하게 된다.

배경에서 언급했던 것과 같이 근로자 입장에서 노출을 명확하게 분리하기는 어렵지만 인과관계규명을 하기 위해서는 직업환경의 노출과 일반환경의 노출은 차이가 있다. 직업환경에서는 유해물질에 노출되는 근로자들을 유사노출그룹(Similar Exposure Group)으로 묶어서 평가를 하고 일반환경에서는 목적에 따라 집단을 묶기도 하지만 범위가 넓어 해석을 할 때 더 복잡하다. 직업환경에서 때로는 건강근로자효과(Healthy worker effect)가 나타나기도 한다. 직업환경에서도 취약계층을 분리하기도 하는데 고령근로자가 대표적이다. 일반환경에서는 노출 및 영향에 더 취약할 수 있는 어린이, 노인 및 다양한 질병을 가진 사람들이 취약계층에 포함된다.

근로자는 유해인자나 노출된 시간 등 근거에 기반하여 직업환경에서 유해인자에 노출된다고 알려져 있으나 실제로 노출평가를 하다보면 해당 유해인자의 사용이력에 대한 자료가 없거나 고용에 대한 자료가 불분명하거나 사업장이 없어지거나 하는 등의 변수가 많이 발생하게 된다. 일반 인구는 실외 및 실내, 도시 및 농촌 지역, 가정, 학교 또는 직장 등에서 다양한 농도의 다양한 환경에 노출된다. 근로자는 근무시간 동안 직업환경에 노출이 된다. 물론 근로자도 퇴근을 하면 일반환경에 노출되고 수일, 수개월, 수년 또는 수십 년에 걸쳐 평생 동안 유해인자에 노출되기 때문에 작업환경과 일반환경을 명확하게 구분지어 판단하는 것은 어렵다고 하는 것이다. 따라서 노출평가를 할 때에는 직업환경과 일반환경에서의 노출을 두루 살펴 판단하는 것이 필요하다.

과거 직업에 대한 이력과 연관된 노출을 충분히 이해를 하면 향후에 직업병이 발생하더라도 진단, 치료까지 더 나은 관리 방향을 효과적으로 잡을 수 있다. 노출을 이해하면 직업환경의학전문의는 근로자의 건강영향을 조기에 발견하기 위해 추적 검사, 감시 또는 기타 진단 기술을 효과적으로 선택할 수 있다. 노출에 대한 정보와 개인 의료 기록을 연관지어 포괄적으로 볼 수 있다면 역학적으로도 의미가 있을 것이고 이에 따라 개인의 건강에 영향을 미칠 수 있는 부분까지 고려하여 근로자에게 더 나은 서비스를 제공할 수 있다.

3) 산업위생의 정의

산업위생이란 질병, 건강장애, 심각한 불쾌감 및 능률저하를 초래하는 작업환경요인과 스트레스를 예측

(Anticipation), 인식(Recognition), 평가(Evaluation), 관리(Control)하는 과학이자 기술이다.

예측은 기존의 작업환경측정을 포함하며 사업장에 새로운 물질, 공정, 기계, 제품의 생산, 부산물로 인하여 도입이 되기 전에 잠재적 위험을 규명하는 것이다. 이 활동이 중요한 이유는 근로자를 보호하기 위하여 가장 효과적이고 처음 시도할 수 있는 예방의 영역이기 때문이다. 특히 경제적인 측면에서도 비용이 최소화될 수 있는 방법이다. 이미 도입되어 있는 유해인자를 인식하고 평가하고 관리하는 비용과 노력에 비해서는 적은 비용이 들어가기 때문이다. 이미 유해인자를 사용하거나 설치해버리면 비용이 많이 들거나 때에 따라서는 관리가 불가한 경우도 있다.

인식은 현재 상황에서 이미 알려져 있거나 잠재적인 유해인자를 인지하는 것이다. 유해인자는 일반적으로 화학적, 물리적, 생물학적, 인간공학적, 사회심리학적 인자로 구분할 수 있다.

평가는 측정을 하고 그 결과를 통하여 상황에 대한 평가를 내리는 것이다. 측정은 작업환경의 유해 정도를 정성, 정량 평가하는 것이다. 다양한 측정방법과 분석방법에 따라 결과를 도출한다. 도출된 결과를 평가하게 되는데 근로자의 건강에 어떤 영향을 미칠 것인가에 대한 의사결정을 하게 되는 단계이다. 결과를 노출기준과 비교를 하게 되는데 우리나라에서는 고용노동부의 노출기준을 따르고 있다. 그밖에도 미국 ACGIH의 TLV (Threshold Limit Value), 미국 NIOSH의 REL (Recommended exposure limit), 미국 OSHA의 PEL (Permissible Exposure Limit), 독일의 MAK (Maximale Arbeitsplatz Konzentration) 외에도 기타 문헌 등을 참고하여 평가에 활용할 수 있다. 단순히 측정결과만 놓고 해석하는 것이 아니라 사용방법, 사용량 등 다양한 요인을 함께 고려해야 한다.

관리는 유해인자로부터 근로자를 보호하는 수단이다. 일반적으로 제거, 대체, 격리, 공학적 관리, 행정적 관리, 보호구착용 등이 있다. 행정적 관리에는 작업시간, 배치, 교육 등이 있다.

산업위생은 근본적으로 예방적 접근에 중점을 두고 있다. 유해요인에 노출을 최소화하여 작업환경을 유지하는 것이 중요하다.

4) 산업위생에서의 노출평가

지속적인 개선을 위해 반복적인 방식으로 진행된다. 노출평가를 처음 시작할 때는 기초조사(예비조사)를 먼저 한다. 이때 사업장의 기본정보와 노출에 대한 정보를 얻는다. 해당 정보를 기반으로 한 기초 노출평가 결과는 평가 이후 관리 및 추가 정보 수집 노력의 우선순위를 지정하는 데 사용한다.

노출평가 전략의 주요 단계는 다음과 같다.

1. 시작: 수용 가능한 노출에 대한 결정 기준의 정의를 포함하여 노출평가 전략을 수립한다.
2. 기초조사(예비조사): 사업장, 인적자원 및 환경 요인의 특성 정보를 수집한다.
3. 노출평가: 사업장, 인적자원 및 환경 요인에 대해 사용할 수 있는 정보를 고려하여 사업장 노출을 평가한다.
   a) 유사한 노출을 가진 작업자 그룹을 묶음
   b) 적절한 노출기준과 유사하게 노출된 작업자의 각 그룹에 대한 노출형태의 정의
   c) 각 노출형태의 수용 가능성에 대한 판단
4. 개선(관리): 노출기준을 초과한 경우 관리 방안을 우선순위를 선정하여 마련한다.
5. 추가 정보 수집: 불확실한 노출 판단을 보나 확실하게 할 수 있도록 노출평가 또는 건강영향에 대한 추가 정보 수집을 한다.
6. 재평가: 노출에 대한 주기적인 재평가를 주기적으로 수행한다. 허용 가능한 노출이 허용 가능한 수준인지 확인하기 위해 일상적인 모니터링이 필요한지 여부를 결정한다.

※ 추가로 소통 및 문서화가 필요하다. 노출평가 결과의 소통 및 노출평가 데이터 유지관리는 효과적인 노출평가의 필수 사항이다.

(1) 산업위생에서의 노출평가

① 노출평가 전략 수립

사업장의 노출평가 전략을 수립할 때 3가지를 명확하게 설정하고 시작해야 한다. 첫째 산업위생가의 역할과 권한, 둘째, 노출평가의 목표와 목적, 셋째, 노출이 허용 가능한지 여부를 결정하기 위한 결정 기준(노출기준)이다.

② 기초조사(예비조사)

사업장, 인적지원 및 환경 요인을 특성화하는 데 필요한 기본 정보를 수집하고 구성하여 노출평가 프로세스를 시작한다. 수행 중인 작업, 사용 중인 재료, 실행 중인 프로세스 및 적절한 제어를 이해하는 데 사용할 정보를 수집하여 노출 조건의 그림을 만들 수 있도록 한다.

③ 노출평가

노출평가를 할 때 반드시 유사노출그룹(Similar Exposure Group: SEG)을 설정해야 한다. 유사한 공정에 노출이 되는 근로자를 하나의 그룹으로 묶어서 그들의 노출은 유사하다라는 대전제 하에 노출평가를 수행한다. 이는 과학적이면서도 경제적으로 노출평가를 수행하는데 필요한 전략이다. 사업장에서 근로자가 수행하는 작업의 유사성과 빈도, 작업에 사용되는 물질 및 공정, 작업을 수행하는 방식, 기초조사 단계에서 수집되고 구성된 작업, 프로세스, 제어 장비 및 자재에 대한 데이터를 활용하여 근로자를 유사노출그룹으로 분류하게 된다. 근로자는 일반적으로 하나 이상의 유사노출그룹에 속하게 되지만 근로자에 따라 두 개 이상의 유사노출그룹에 속할 수 있다. 노출형태를 정의하는 데 사용되는 정보에는 정성적 또는 정량적 데이터 또는 둘 다 포함될 수 있다. 노출평가를 처음 시작할 때에는 사용할 수 있는 정량적 데이터가 거의 없

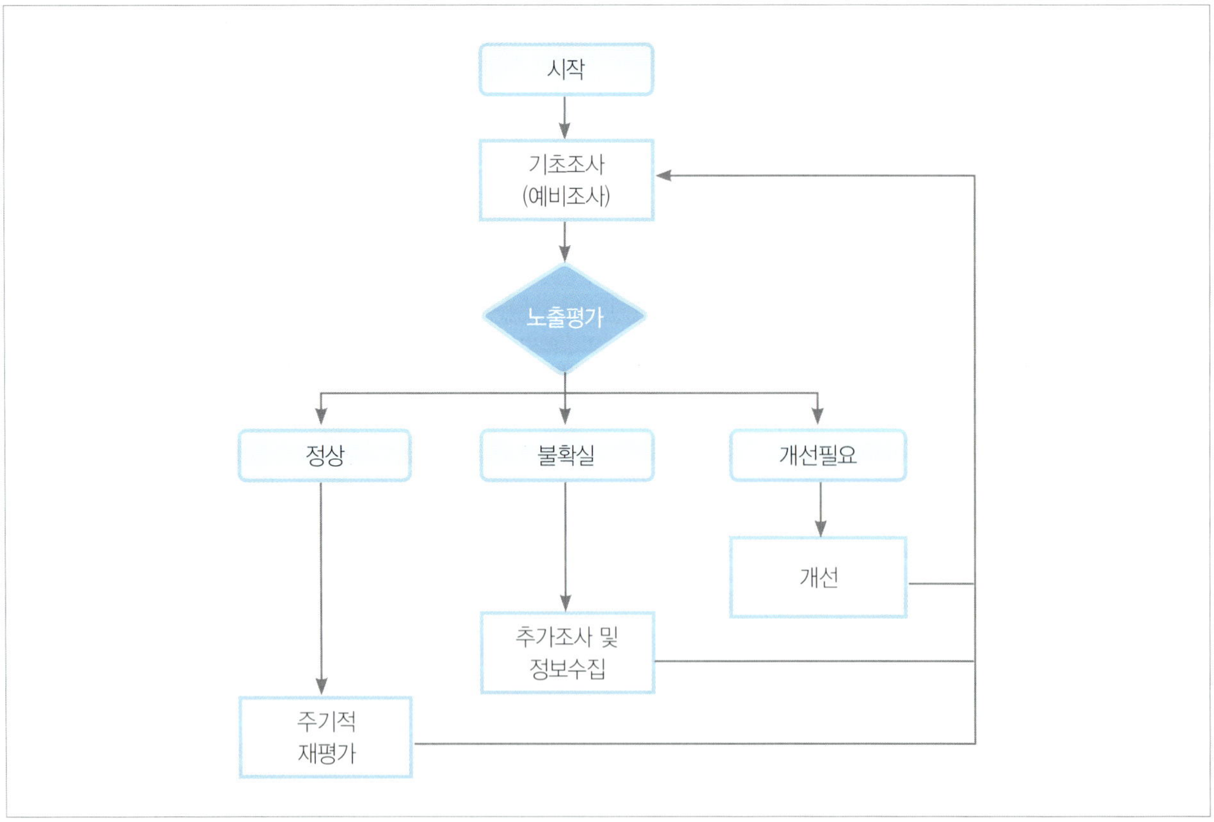

그림 3-11 노출평가 전략

을 수 있으므로 대부분의 초기 노출형태는 정성적 정보를 기반으로 한다. 정보 수집 및 평가가 주기적으로 진행됨에 따라 유사노출그룹이 재정의되고 새로운 정보를 기반으로 노출형태가 수정될 수 있다.

각 유사노출그룹에 대한 노출형태의 수용 가능성에 대한 판단을 하게 된다. 노출 등급, 불확실성 및 유해인자의 독성에 대해 수집된 정보를 사용하여 노출에 대한 판단이 내려진다. 이 판단은 환경 인자의 예상 노출 수준, 건강 영향의 심각성, 노출등급 및 건강 영향 정보와 관련된 불확실성을 기반으로 관리의 노력 또는 추가 정보 수집의 우선순위를 선정하는 데 사용된다.

노출기준을 초과하여 허용되지 않는 것으로 판단되는 경우 관리를 위해 개선 우선순위 목록에 선정한다. 노출기준을 이용하여 평가 결정을 내리기에 충분히 확실하지 않은 노출은 추가 정보 수집을 실시하고 다시 노출평가를 실시한다. 노출기준을 초과하지 않아 허용 가능한 것으로 판단된 노출은 문서화하여 보고서를 작성하고 노출이 계속 관리하고자 하는 목표 노출기준으로 유지가 가능한지 확인하기 위해 정기적으로 재평가를 한다.

㉠ 노출기준을 초과하여 허용되지 않는 노출 – 관리(개선) 실시

허용되지 않는 것으로 판단되는 유사하게 노출된 작업자 그룹에 대한 노출형태에 대해 관리 우선순위를 선정한다. 독성이 더 높은 물질이거나 노출이 더 많은 경우 먼저 관리 및 개선이 될 수 있도록 우선순위를 정하는 것이다. 일반적으로 우선순위를 정하는 요인에는 노출평가 결과에 대한 판단과 관련된 불확실성, 노출된 작업자 수 및 노출 빈도가 포함된다.

㉡ 불확실한 노출형태로 인한 추가 정보 수집

노출평가를 할 때 설명하기 어렵거나 이 정도 노출은 수용이 가능하다고 판단을 내릴 수 없는 노출형태의 경우에는 추가 정보를 수집하여 추가적인 특성들을 파악해야 한다. 수집해야 하는 정보 유형은 유사노출그룹에 따라 다르다. 예를 들면 어떤 유사노출그룹에 대해서 노출형태는 잘 이해될 수 있지만 독성자료는 부족할 수 있다. 이 경우 독성학 또는 역학자료를 수집할 수 있고 어떤 경우에는 생성하는 것이 필요할 수도 있다. 또 다른 유사노출그룹은 노출형태의 추정에 사용할 수 있는 자료나 사전 지식이 거의 없을 수 있다. 그럴 때에는 노출 모델링 또는 생물학적 모니터링을 통해 노출형태를 더 잘 파악할 수 있는 과학적이고 합리적인 정보를 생성하는 것이 중요하다.

㉢ 목표한 노출기준 이하로 허용 가능한 노출 – 일상적인 작업환경 모니터링

목표했던 노출기준 이하로 평가가 되면 현재 작업환경을 수용 가능한 것으로 판단하게 된다. 노출은 재평가 기간이 도래할 때까지 추가 조치가 필요하지 않으나, 작업환경이 변경되는 경우에는 상황이 바뀔 수 있으므로 항상 변화되는 사항을 관심 있게 살펴야 한다.

④ 추가 정보 수집

노출평가의 확실성을 높이기 위해서 정보 수집에 대한 노력을 해야 한다. 노출 추정치, 독성 추정치에 관한 신뢰도와 정확도 높은 자료를 찾아야 하며 관련된 정보 요구 사항에 더 높은 우선순위를 부여하여 정보를 수집해야 한다. 현재 노출평가 결과가 확정되지 않았기 때문에 어떤 경우에는 노출 및 독성 추정치가 충분히 높거나 불확실하면 사전주의원칙에 의거하여 노출평가를 하기 위한 정보를 수집하거나 생성하는 동안 개인 보호구의 사용이나 작업환경관리를 적용하는 것을 미리 고려해야 한다. 정보에 대한 요구 사항은 각 노출형태 및 판단에 따라 다르다. 보통 5가지 정보를 수집하게 되는데 노출 모니터링이나 모델링을 추가적으로 실시하거나, 생물학적 모니터링을 하거나, 독성자료나 역학자료를 생성하기도 한다.

중요한 사건을 통해 복잡한 이해갈등관계를 가진 현대사회에서의 전문가의 직업전문성(professionalism)과 윤리적 문제에 대해서는 전문가 집단 내 성찰이나 책임, 사회적인 관계에 대한 논의가 전개되지 못하였다.

미국이 환자와 의사관계에서의 신의와 성실성의 윤리를 넘어, 1997년에 미국의사협회(AMA)가 윤리강령 전면개정을 통해 자율규제기능을 강화하였으며, 의사의 사회적 지위를 향상하고 대중의로부터 신뢰와 권위를 얻기 위한 신뢰유발장치(trust inducing appratus)로서의 정치적인 윤리의 역할을 잘 보여준 사례와 대조를 이루는 지점이다.

우리나라도 1961년 대한의학협회(대한의사협회의 전신)가 세계의사협회의 '국제의사윤리강령'을 번역하여 발표한 '의사윤리'규약을 시작으로 발전과 변화를 거듭하여 2017년 전문직업성에 입각하여 전면개정한 의사윤리강령과 지침이 발표되었다. 윤리는 관련 법령에 따라서 다양하게 변화되는데, 시대의 변화에 따라서 의사결정과 의료행위, 연구 등에 적용되는 법의 범위가 점차 확대되고 있으며 그 중요성이 커지게 될 것이다. 그러나 아직까지 의사 집단의의 의사결정이나 의료 현장에서 보편적으로 적용되거나 활용된다고 보기는 어렵다. 교육과 학습이 윤리의식을 향상시키는 효과가 있지만, 일방적으로 주어진 규칙이나 명령, 준칙, 규범을 알기보다는 스스로 규범을 찾아가고 합의에 의해서 윤리를 구조화하는 과정에 집단의 구성원들이 동참하는 것 또한 매우 중요하다.

4.2 직업환경보건의 윤리와 직업환경의학 전문의의 역할

직업환경보건 윤리란 직업보건분야와 환경보건분야에서 일하는 의사, 간호사, 산업위생전문가, 독성학전문가 등 직업윤리이며, 전문가적 의사결정과 행위에 대한 도덕적 가치판단에 대한 이론이며 실천이라고 할 수 있다. 직업환경보건분야의 직업적 전문성이 형성되어 온 과정이 윤리적인 갈등이 내재되었기 때문에, 직업환경보건의 윤리는 노동자 건강, 환경문제의 역사와 맥을 같이 한다고 할 수 있다. 직업환경보건분야는 어떠한가? 프랑스 사회학자인 에밀 뒤르켐(1857~1917)의 책 '직업윤리와 시민도덕'에서 사회 변화의 시기에 도덕적 진공상태에서는 전문직업집단의 직업윤리가 중요하다는 것을 강조하였다. 국민의 생명의 위기를 가져오거나 사회적인 영향

표 4-2 의사윤리규약 관련 법령의 종류

기본법률	보건의료 관련 법령	기타법령
헌법	의료법/시행령/시행규칙	아동복지법
형법	보건의료기본법	아동학대범죄의 처벌 등에 관한 특례법
개인정보보호법	국민건강보험법	가정폭력범죄의 처벌 등에 관한 법률
	응급의료에 관한 법률/시행규칙	부정청탁 및 금품 등 수수의 금지에 관한 법률
	호스피스·완화의료 및 임종과정에 있는 환자의 연명의료결정에 관한 법률	독점 규제 및 공정거래에 관한 법률
	감염병의 예방 및 관리에 관한 법률	의약품 거래에 관한 공정경쟁규약
	모자보건법	국민건강보험 요양급여의 기준에 관한 규칙
	생명윤리 및 안전에 관한 법률	정보통신, 방송 연구윤리 진실성 확보 등에 관한 규정
	장기 등 이식에 관한 법률	
	후천성면역결핍증 예방법	
	전공의의 수련환경개선 및 지위 향상을 위한 법률	

출처 : 의료정책연구소, 2020

을 끼치는 큰 사건 뿐 아니라, 모든 관계가 발생하는 곳에서는 크고 작은 이해갈등과 충돌이 일어날 수 밖에 없다. 학회 30주년 제목 "노동과 앞서거니 뒤서거니 함께한 30년"처럼 역사적인 경험의 축적으로 지금의 윤리가 나오게 되는 것이다.

노동자집단과 환경에 노출되는 지역과 시민 등을 대상으로 보건학적 연구를 수행하거나 안전보건정책을 집행하는 과정에서 발생될 수 있는 윤리적 문제들까지 모두 포함한다고 할 수 있다. 현대사회의 모든 사회적인 관계와 활동은 일종의 권력관계를 바탕으로 두고 있으며, 전문가는 이러한 권력관계에서 자기 전문성을 발휘하여 독점적인 판단을 할 수 있는 하나의 권력을 가지고 있다. 그러한 전문가의 권력은 직업환경보건분야에서는 화학물질을 다루는 법, 환경관련법, 산업안전보건에 관한 법률 등에서 다양하게 영향을 끼치고 있다. 직업윤리로서 전문가 윤리 뿐 아니라 대중을 대상으로 한 환경연구나 취약집단에 대한 직업건강연구, 건강불평등 연구 등에서도 연구윤리에 대한 논의의 지점들이 발생한다.

또한 직업환경의학과전문의는 1,2,3차 수준의 질병진단과 치료까지도 담당하는 포괄적 보건의료활동을 수행하기 때문에 환자진료와 관련된 의료윤리와 공중보건에 관련된 공중보건윤리를 모두 포함하기 때문에, 의사로서의 법적인 준수의무와 환자보호, 의료관련법률의 적용을 받기 때문에 그 어느 전문가보다 법적, 윤리적인 책무가 크다고 할 것이다.

하지만, 직업환경보건 분야는 의료인 뿐 아니라 다양한 산업보건전문가가 참여하기 때문에, 국제산업보건학회(ICOH)에서는 의료인 윤리강령과 별개로 산업보건전문가를 위한 국제윤리강령을 제정하였다. "산업보건전문가를 위한 윤리강령 2015년"에서 '산업보건전문가는 노동자, 고용주, 일반국민, 보건복지부, 고용노동부, 사회보장기관, 사법당국에게 복잡하거나 때로는 상충될 수 있는 사안에 대하여 응답할 책임을 갖는 전문가'로서 다학제적 접근과 다양한 분야의 상호작용으로서 윤리의 중요성을 강조하였다. 직업환경보건에서 좋은 산업보건이란 배타적인 개념이 아니라 포괄적인 개념을 의미하는 것으로, 직업환경보건의 윤리는 다양한 전문가 집단간 상호보완적이고 포괄적이어야 한다.

4.3 직업환경보건 윤리의 역사적 맥락

역사적으로 윤리적인 문제는 전문성에 대한 신뢰가 무너질 때 가장 강조되었다. ICOH 윤리강령에서도 '정치사회적 발전으로 인해 얻어진 노동조건과 사회적 요구의 변화를 반영하여야 한다(유용성에 대한 요구, 지속적인 질 향상과 투명성, 경제의 세계화와 국제무역의 자유화, 기술개발, 생산과 서비스의 필수 요소로서 정보기술의 도입 등). 이 모든 측면이 산업보건실무를 둘러싼 다양한 상황에 영향을 미치기 때문에, 산업보건전문가의 윤리, 전문가의 행위규범도 영향을 받는다.'고 언급하고 있다. 2차 세계대전 이후 세계적 혼란을 수습하는 과정에서 의료윤리와 직업환경보건 윤리가 재정립되었고, 이후 변화 발전을 거듭하였다. 1980년대말부터 민주화와 문송면 사망사건, 원진레이온 직업병 집단발병 사건 등 노동자건강문제가 커지게 되면서, 사회적인 요구에 응답하여 1996년 우리나라에 산업의학전문의 제도가 시작되었다. 새로운 전문가의 형성은 새로운 윤리를 요구하게 되었고, 기존의 의료윤리와는 다른 다양한 윤리적인 문제에 대한 해결책들을 고민하기 시작하였다. 특히 2006년 부실한 특수건강진단 문제로 인해 직업환경의학전문의의 역할이 재조명 되면서 내부에서는 권한에 대한 자율적인 통제와 제도개선을 위한 노력을 시작하였다. 2017년 야간작업 특수건강진단이 도입된 후 특수건강진단을 수행할 전문의 부족으로 인해 특수건강진단의 틀에 변화가 예상되면서 직업전문성에 대한 고민이 시작되었다. 그 과정에서 "일터건강을 지키는 직업환경의학과 의사회"가 창립되고, 윤리강령에 대한 필요성이 대두되었고, 대한직업환경의학회도 윤리위원회가 공식적인 기구로 개편되었다. 이 시기에는 환경보건분야에서도 가습기 살균제문제에 대한 기업측의 부적절한 대응에 동조하는 전문가로 인해 환경보건 연구윤리에 대한 의식을 고민하는 계기가 되었다.

표 4-3 직업환경보건 윤리의 역사적 맥락과 관련된 국내외 사건

시기	역사적 사건	비고
1948	세계인권선언, 헬싱키선언, WMA 히포크라테스 선언	
1950	WHO ILO 합동위원회, 산업보건의 정의	1995년 재확인
1978	알마아타 선언(Declaration of Alma-Ata)	누구에게나 접근 가능한 의료, 일차보건의료
1981	ILO협약 제155호 직업안전보건협약(Occupational health and Safety Convention) 제정	법체계와 사회공공시설기반 구축
1985	ILO협약 제161호 직업보건서비스협약(Occupational Health Services Convention) 제정	직업건강감시와 건강진단 등 직업보건서비스의 요구
1992	ICOH 국제윤리강령 초판에서 직업건강윤리의 원칙 제정	
1995	북경 '모든 이를 위한 직업보건 선언(Declaration on Occupational Health for All)'	이 선언의 한 가지 주목할 점은 '직업보건'이라는 용어 속에 사고예방(보건과 안전) 및 사회 심리적 스트레스와 같은 요인을 포함
1996	우리나라 산업의학전문의 시작	
1997	"산업보건의 윤리적 제문제" 제안	ACOEM의 12개 제언(개인권리와 비밀보전에 대한 배려와 법적 요청 시의 대응), 산업보건사업에서 윤리적 고찰 능력 강조
2004	산업의학윤리강령 선포식(특수건강진단협회)	근로자건강진단 질향상과 신뢰성 회복 목적, 회원기관 내 담합, 덤핑 등 금지, 윤리위원회
2006	산업연수생과 DMF 중독 사망과 특수건강진단기관 지정 취소	특검판정과 사후관리 문제
2010	한국 산업의학과 의사의 직업윤리 학회발표	산업의학의사들의 직업윤리에 대한 최초의 연구
2015	ICOH 회장 및 사무총장에게 제안서를 제출	2015년 서울ICOH에서 발표되었던 ICOH 윤리강령의 한국어판 번역
2017	전문성, 협력, 연대와 건강형평이라는 윤리적 가치를 가지고 "일터건강을 지키는 직업환경의학과 의사회" 출범	
2017	ICOH 윤리강령 한국어판 번역	KOSHA, 대한직업환경의학회, 일터건강을 지키는 직업환경의학과 의사회
2017	직업환경의학회 윤리위원회가 상임위원회로 출범	
2018	가을학회 윤리심포지엄 개최	의사필수교육에 윤리교육 추가

4.4 직업환경의학 전문가가 겪는 윤리적 갈등 문제

1) 이중 역할, 이해충돌과 중립성

직업환경의학 전문의가 경험하는 가장 많은 갈등의 원인은 이중역할에서 오는 것이다. 1991년 "산업보건에서의 윤리문제에 대한 제언"이라는 기고에서 노동보건하는 의사의 이중성에 대하여, 산업보건의사는 환자-의사 관계를 유지하면서 회사라는 제3자가 개입하게 되어, 의사-회사-노동자의 구조에서는 회사의 관리자로서 관리자-피고용자관계라는 이중역할이 윤리적 갈등을 종종 야기한다고 언급하였다. 회사 밖에서 역할을 하더라도 재정적 독립이 어렵기 때문에, 노동자들에게는 근본적으로 산업보건의사의 신뢰와 도덕적 권위를 의심하게 만들 수 있는 상황인 것이다. 이러한 상황에서 전문가가 한 쪽 편의 입장을 취할 때, 공장돌팔이의사(company quacks)가 되지 않도록 전문가로서 권위를 유지하기 위한 수단으로 중립성(neutrality) 확보의 중요성을 언급하였다. 그러한 갈등의 요인과 역할의 딜레마가 공존하는 상황에서 직업환경보건은 윤리적인 기준이 필요한 상황이고, 산업보건의의 비밀보장의 의무, 작업자의 일할 권리, 개인의 자주성, 이중적 입장, 경제평가 등 윤리학적인 의미에서 다각적인 검토가 필요하다.

우리나라에서 특수건강진단 시에 윤리적인 갈등에 대해서 조사된 결과를 보더라도 기업과 계약으로부터 독립적이지 못한 이중 역할과 전문가로서의 전문성에 대한 도전 등의 갈등이 있었다. 특히 고용에 불이익을 주는 채용검진의 의무가 사라졌음에도, 업무적합여부를 확인하기 위한 특수건강진단을 수행하는 의사들은 노동권 보호와 건강권 보호 사이에서 큰 갈등을 경험하고 있다. 특히 직업병 판정으로 인해 노동자의 고용/직책/조직 문화상 피해를 받는 것, 직업환경의사의 계약제 신분으로 인한 고용 불안 및 피고용인으로서의 갈등, 법 체계가 사회의 변화를 따라가지 못하는 부분 및 타 전문 직종과의 관계의 어려움이 대표적인 갈등이다.

검진과 관련해서 대부분의 병원에서 채용검진을 실시하고 있고, HIV 감염을 확인하고 있는데, 현행법상 문제가 있는 사항임에도, 쉽게 문제를 제기하지 못하는 상황 등 현재 법률에서 보장하는 권리나 인권보호에 대한 보장이 열악한 우리나라 상황에서 직업환경의학과 전문가들의 고민은 깊어질 수 밖에 없다. 의료인들은 의료법상 환자의 의무기록이나 기밀을 보장해야 하나, 산안법상 기밀 유지 의무자로서 건강보호나 의무기록의 의뢰에 대한 규정이 미비하기 때문에 겪는 어려움도 많다.

또한 생식독성물질과 관련하여 최근에는 태아도 산재보상의 대상이 되었지만, 화학물질에 대해서 노동자가 알권리를 보장하는 것보다는 기업의 영업기밀이 우선시되는 상황에서 전문가가 문제를 제기하기 어렵다. 우리나라에서는 근로기준법상 납 등은 여성의 모성보호를 위해서 근로금지항목이다. 이는 사실 다양한 형태의 업무에서 많은 여성노동자를 제외시키는 과도한 "태아 보호 정책"일 수 있다. 미국의 존슨콘트롤사의 사례에 대한 미국대법원 판결에서, "사업주는 가임기 여성을 납에 노출될 수 있는 직업에서 제외시킬 수 없고, 임산부의 고용제한은 오직 직무 수행능력과 관련되어야 하며, 태아의 노출을 결정하는 것은 충분한 지식을 교육받은 모체의 권리여야 한다"고 판결하였다.

장애와 업무수행능력과 수행가능여부를 판단해야 하는 직업환경보건 전문가, 직업환경의학과 의사의 중립성은 우리나라 법과 제도 내에서 끊임없이 윤리적인 갈등을 경험할 수밖에 없으며, 법과 제도에서 비합리적이고 차별적인 내용들을 개선하는 것도 전문가의 중립성과 윤리적인 기준을 바꿔가는 과정이라고 할 수 있다.

최근에는 근로복지공단 업무상질병판정위원회나 다양한 업무상 질병 판정의 과정은 물론, 직장내 괴롭힘, 성희롱 고충처리 등 다양한 이해갈등 관계에서의 의사결정을 해야 하는 직업보건영역에서 전문가의 중립성은 자칫 법률적인 갈등으로 확대될 가능성이 높다. 다양한 갈등 상황에서 전문가의 중립성은 점점 중요해지고 있는 상황이며, 문제의 원인이 중층적이고 복잡할수록 다학제적으로 문제를 해결했기 때문에 직업환경보건 영역에서 중립성의 유지는 다른 전문가들과의 소통을 위해서도 점점 중요해지고 있다. 그렇기 때문에 동일한 분야의 전문가들은 각자의 업무가 갖는 공동의 가치에 기반해야 하며, 서로의 업무, 의무, 책임, 전문가 직무기준(professional standards)을 이해하기 위해 노력하여야 한다. ICOH의 산업보건전문가를 위한 윤리강령 3판에서는 "직업건강 전문가는 모범 사례(good practice)와 최고수준의 전문적 직무기준(professional standards)에 따라 실무수행에 필요한 요건들이 반드시 충족되도록 해야 한다. 이러한 요건에는 적절한 인력, 훈련 및 역량 강화가 포함되어야 하고, 또한 지식과 기술을 지속적으로 향상시키고, 결정권한이 있는 고위 관리직으로부터 지지를 받고, 그들과 만날 수 있어야 한다."로 선언했는데, 중립성의 유지는 직업전문성과 연결되어 있기 때문에, 윤리 또한 직업전문성 유지를 위해서 교육, 실천, 감시, 합의가 지속되어야 할 것이다.

직업환경보건 전문가의 중립성은 이해충돌(conflict of interest)문제와도 만나는 부분이 있다. 직업환경보건 연구의 불확실성, 취약한 계층에 대한 접근으로 시작되는 연구의 한계, 적절한 대조군 설정이 어렵고, 소규모 집단발생의 경우 발생률이 낮은 질환에 대해서 통계적인 유의성을 확인하기 어려운 점 등 다양한 연구적 한계를 지닌다. 논문에서는 이해충돌에 대해서 언급을 하고 있지만, 사회적인 운동이나 의견을 제안하는 것은 정치적인 이해와 맞물려 있다. 따라서 기업과 노동자, 피해자와 가해자 구도에서 중립성을 지키기 보다는 어느 한 쪽 입장을 대변하게 되는 경우가 있다. 역사적 맥락에서도 언급했든, 핵발전소 주변에 사는 주민들의 암발생에 대한 연구나 가습기 살균제로 인한 사회적 참사에 대한 연구, 물류배송업에 종사하는 노동자의 과로 문제에 대해서 직업환경보건 연구자들이 자신의 전문성을 활용하여 기업이나 국가의 입장을 대변하는 경우가 있었다. 과거 담배회사로부터 연구비를 받은 연구자들이 담배의 무해성을 연구하고 정치적인 행동을 한 것과 유사하다. "청부과학"이라는 책에서는 과학의 불확실성에 대한 윤리적 해석과 판단과 관련하여 이들은 낮은 수준의 노출이 무해하다는 것을 증명하기 보다는 "가습기 살균제로 인해 질병이 발생할 확률이 높다"거나 "물류배송노동자들의 노동강도로 인해 뇌 · 심혈관계 질환의 위험이 높다"와 같은 연구결과에 대해서 연구의 정확성과 신뢰도를 문제 삼아 불확실성을 강조하는 역할을 한 것이다. 이런 전문가를 제품방어 전문가(기업방어 전문가)라고 부르는데, 연구를 비판하기 위해 교묘하게 작성한 일반적 역학의 기준을 엄격하게 적용하여, 인과관계 증명을 불가능하게 만드는 것이다. 때로는 중립성이라는 전문가의 기준은 이해충돌과 만나면 또 다른 문제를 만들 수 있기 때문에 공동의 윤리적 기준뿐 아니라 감시하는 것은 매우 중요하다.

2) 다양한 윤리적 기준들

우리나라에는 1991년에 미국산업의학회에서 제정한 윤리강령(1976년)이 소개된 이후, 1993년 산업보건전문가 국제윤리강령(1992년)을 번역하여 소개되었다. 다양한 윤리적 기준들이 소개되었고, 연구분야와 관련해서는 세계의사회 헬싱키선언의 인간대상의학연구 윤리원칙을 통해 현재 윤리적인 원칙들을 확인하고 있다. 제31회 국제산업보건대회(ICOH 2015)가 서울에서 개최되었고, 당시 안전보건공단에서 〈ICOH Code of Ethics〉의 한국어판 번역에 대해서 ICOH 회장 및 사무총장에게 제안서를 제출하여, 2017년 대한직업환경의학회, 안전보건공단, 일터건강을 지키는 직업환경의학과 의사회(이하 직업환경의사회)가 함께 한국어판을 완성하여 세계에서 9번째로 ICOH의 "산업보건전문가를 위한 윤리강령 3판"의 번역본을 등재하였다. 현재는 ICOH 홈페이지를 통해 직업환경보건 전문가 누구나 한국어로 번역된 윤리강령을 활용할 수 있게 된 것이다. 이를 바탕으로 2017년 대한직업환경의학회에서 윤리위원회를 두고 14개의 직업환경의학 윤리규정을 제정하였으며, 2018년 직업환경의사회에서는 일선 전문의들이 실천할 수 있도록 의사회원의 윤리 7원칙을 정하여 보급하는 노력을 하였다. 자세한 내용은 직업환경의학과 의사회 윤리강령, 직업환경의학 전문의 윤리규정, 산업보건전문가를 위한 윤리강령 3판, 2015년 ICOH Code of Ethics에 공표되어 있다.

3) 건강불평등과 윤리

직업환경보건 윤리가 일반적인 의료윤리나 건강문제를 다루는 윤리와 차이가 나는 지점은 문제가 주로 발생하는 취약한 계층에 대한 접근성과 불평등이다. 병원에서 환자가 갖는 권리를 사업장의 노동자는 가질 수 없는 문제, 생산물이 소비되는 지점의 환경과 생산되는 지점의 환경이 다른 문제, 이로 인해 발생하는 안전과 보건, 환경의 불평등과 건강의 불평등 문제를 직업환경보건 전문가들은 마주하게 된다.

정치적인 권력이나 경제적인 권력이 없는 개인이나 집단은 제도를 개선하거나 수정할 권한과 능력, 자원이 없는 경우가 대부분이고, 전문가 집단의 도움을 받기도 어렵다. 산업재해가 소규모 사업장이나 취약한 노동자에게 집중되지만, 관리나 지원이 제한적인 상황, 고용의 구조적 취약성이 위험의 외주화를 가속화 시키는 상황에서 사업적으로나 상업적으로 수익이 발생하지 않는 상황은 자원의 투입의 불평등을 초래하고 결국은 건강의 불평등으로 나타난다. 환경보건 문제도 소비가 집중되는 도시보다는 공단이나 발전소, 공항 등 생산의 시작지점이나 소비의 말단에서 발생하는 경우가 많으며, 이러한 환경

표 4-4 자유권적 건강권과 사회적권 건강권

자유권적 성격이 강한 건강권	사회권적 성격이 강한 건강권
• 알권리 • 치료과정에서의 자기 결정권 • 사전동의(informed consent) • 진료상의 비밀을 보장받을 권리	• (모든 사람이 도달 가능한 최고 수준의 신체적, 정신적 건강을 향유하는데 필요한) 최선의 보건의료서비스를 제공받을 권리 • 안전하고 건강한 작업, 생활환경의 확보 권리

출처 : 신영전, 2011

에 놓인 취약한 건강상태의 주민들은 환경을 바꾸거나 이주하기 어려운 상황이다. 직업보건에서 위험이 외주화 되듯, 환경보건에서도 위험은 주변화 되고 있는 것이다. 공중보건의 경우에도 환경문제가 감수성이 취약한 계층에 더 나쁜 건강영향을 끼친다고 배운다. 그러나 그러한 취약계층은 대부분 건강상태가 좋지 않거나, 옥외 작업을 하거나, 건강상태에 따라서 자신의 쉼이나 업무를 조절하기 어려운 노동자, 정보에서 소외되거나 자신을 보호할 자원이 부족한 노동자와 시민이다.

건강검진의 경우도 대기업이 받는 검진의 수준과 특수형태근로종사자나 기간제, 계약직 등 비정규직이 받는 검진의 수준이 다르고, 특히 안전보건공단을 통해서 지원되는 뇌심심층진단, 디딤돌사업, 직종별 건강진단과 같은 보완적인 수단에서도 정보와 네트워크, 검진의 간접비용을 감당할 수 있는 규모의 노동자와 기업만 이익을 누리는 구조로 수행되고 있다. 직업환경보건 윤리는 세계인권선언과 국내외 건강관련 규약 등에서 "사회권적인 건강권"으로 일컫는 '모든 사람이 도달 가능한 최고 수준의 신체적, 정신적 건강을 향유하는 데 필요한 최선의 보건의료서비스를 제공받을 권리'와 '안전한 작업, 생활 환경을 보장받을 권리'에 관심을 가져야 한다.

직업환경보건 분야의 전문가로서 독립적이고 중립적으로 실무와 연구를 수행하고, 사회적으로 권위와 신뢰를 받는다면 좋은 일이고, 그러한 전문가는 "윤리적인 전문가"로 인정을 받게 될 것이다. 그러나, 이미 직업환경보건의 위험이 외주화, 주변화 되어 취약한 노동자와 시민이 존재하는 우리 분야에서 이들의 건강불평등이 심화되고 건강마저 양극화된다는 것은 전문가들이 문제해결을 못했거나 노력이 충분하지 않은 것을 나타내는 것이다. 그렇기 때문에 직업환경보건 윤리는 사회권적인 건강권에 관심을 가지고, 문제해결을 위해 지속적으로 노력할 것을 선언할 수밖에 없다.

4.5 직업환경보건 윤리의 미래

사회가 변화되거나 기존의 권위가 위협 받는 위기의 상황에서 "윤리"라는 가치가 강조되거나 새로운 변화를 맞게 된다. 전문가집단에서는 이러한 윤리는 가치로서 공유되기도 하지만, 권위를 강화하는 수단이기도 하다. 최근 4차 산업혁명과 자본주의의 변화시기에 등장한 기업의 지속가능한 성장을 위한 ESG경영[기업의 비재무적 요소를 강조한 경영전략, 환경(Environment), 사회(Social), 지배구조(Governance)]도 같은 흐름으로 볼 수 있다. 그러나 이렇게 윤리적이고 공적인 가치가 중요해지는 시대이지만 여전히 세월호 참사와 김용균의 사망, 가습기 살균제와 같은 비극이 계속되고 있다. 윤리가 공동의 가치로서 사회의 변화를 가져오기 보다는 윤리마저 소비되는 시대를 경험하고 있다. 그럼에도, 이러한 현실을 마주하는 것은 변화를 위한 시작이며, 그 시작은 원칙을 재확인하는 것이다.

직업건강전문가를 위한 국제윤리강령에 따라 윤리와 가치의 원칙을 3가지로 요약했는데, 이를 직업환경보건 분야에 적용한다면 [표 4-5]와 같이 정리될 것이다.

윤리강령은 단순한 규범들의 나열이 아니라 현재 당면한 문제를 해결하기 위한 도구로서 역할이 더 중요하다. 그렇기 때문에 역사적 맥락에 따라서 변화 발전해 왔으며, 공동체와 집단의 역사적인 경험이 윤리강령에 내재되어 있는 것이다. 직업환경보건의 역사교육과 함께 윤리교육이 반드시 함께 되어야 할 이유이기도 하다.

표 4-5 직업환경보건 윤리 기본 3원칙

1. 직업환경보건의 목적은 노동자와 시민, 개인 또는 그들의 집단을 대상으로 신체적, 정신적 건강 및 복지를 보호하고 증진하는 것이다. 직업환경보건실무는 최고수준의 전문가직무기준과 윤리적 원칙에 따라 수행되어야 한다. 직업환경보건전문가는 환경과 지역사회건강에 기여하여야 한다.
2. 직업환경보건전문가는 노동자와 시민의 생명과 건강을 보호하고, 인간의 존엄성을 존중하며, 직업환경보건정책과 프로그램에서 최고수준의 윤리원칙을 지킬 의무가 있다. 전문가 행위의 진실성, 공정성, 그리고 건강기록에 대한 기밀유지와 노동자의 개인비밀보호는 이러한 의무의 일부이다.
3. 직업환경보건전문가는 자신의 직무 수행에 있어 완전한 독립성을 보장받고 그들은 자신의 직무에 필요한 역량을 습득하고 유지하여야 한다. 그래야 모범사례와 직업윤리에 따라 업무수행을 할 수 있다.

출처 : 산업보건전문가 국제윤리강령 기본 3원칙

원칙을 확인한 이후에는 기존의 원칙이나 강령으로 해결되지 않는 사례들에 대한 검토와 지침이 개정되고 실천적이거나 기술적인 항목들이 보완되어야 한다.

특히, 위에서 살펴본 것처럼 명확한 이유 없이 받아들여지고 있는 관행에 대해서 반대를 할 때 윤리적인 기준은 유일한 반대의 논거가 될 수 있다. 이러한 윤리강령은 직업환경보건분야의 전문가 뿐 아니라 고용노동부, 환경부와 지자체, 시민단체, 노동단체, 대중 등과도 공유되고 집단적인 가치로 변화될 필요성도 있다.

직업환경보건 윤리에서 가장 많이 언급되는 내용은 "독립성"을 어떻게 유지할 것인가이다. 중립성보다는 독립성이 사회적인 의미에서는 훨씬 더 중요하게 다뤄져야 한다. 국제윤리강령에서도 독립성 확보는 그 무엇과도 양보할 수 없는 원칙임을 강조하고 있으며, 독립성 확보를 위해서 개인적, 집단적, 제도적 노력이 필요함을 언급하고 있다. 계약 단계에서부터 직업전문성과 윤리원칙에 따라 업무를 하도록 하는 조건을 수용해서는 안되며, 계약서 상에 전문가의 독립성을 명시하고, 학회나 의사회의 윤리원칙들에 대해서도 포함할 수 있도록 제안하고 있다. 미국의사회에서는 2008년부터 법제윤리위원회(CEJA)에서 2년마다 "code of medical ethics"에 사례 등을 검토하여 의견항목을 추가하는 노력을 하고 있다. 직업환경보건 전문가 집단에서도 이와 비슷한 노력이 함께 되어야 하며, 윤리분야에서 자주 언급되는 "썩은 사과 솎아내기"도 함께 진행되어야 한다.

사실 우리나라 현실은 윤리적이지는 않더라도 합법적인 의료와 전문가 역할을 수행하는 것도 쉽지 않다. 우리가 갈등하는 상황은 윤리적이라기 보다는 법을 어기는 경우가 많을 수 있기 때문에, 우리 안에 비윤리적인 행동에 대한 비판이 약할 수 있다. 자율적인 전문가 단체로서 우리의 업무수행과 관련된 윤리적인 이론이나 철학적 지식이나 고민이 부족하고, 의료와 직업환경보건에 대한 견해차이, 공공성과 상업성에 대한 입장, 조합주의와 전문가주의에 대한 논의도 활발하지 못했고, 합의를 이룬 것도 없다. 그럼에도 불구하고 노동자와 시민, 기업과 정부, 직업환경보건 분야의 전문가와 타 분야 전문가 등과 중립성과 독립성을 지키면서 지속적으로 소통하기 위해서는 공동의 가치로서, 갈등과 문제해결을 위한 도구로서 윤리 원칙과 윤리적인 규범들을 만드는 것은 매우 중요하고 가치 있는 일이다. 문제와 갈등은 윤리적 갈등을 만들 수 밖에 없다. 직업환경보건분야에서 우리가 만나는 모든 문제에는 우리들의 윤리가 필요한 이유이다.

더 읽을거리

산업보건전문가를 위한 윤리강령 2015년 국제산업보건대회를 위한 특별판 International code of ethics for occupational health professionals, Third edition Special Edition for ICOH Congress 2015

송재철. 청부과학 6 – 어떻게 청부 과학자들이 우리를 호도하는가. 산업보건 no.327, 2015년, pp.34 – 37.

신영전. 사회권으로서의 건강권 – 지표개발 및 적용가능성을 중심으로, 상황과 복지 2011 no.32, 2011년, pp.181 – 222.

의사윤리강령 및 지침 해설과 활용방안 연구(Development of a Commentary on the Ethical Codes and Guidelines of the Korean Medical Association and Its Utilization Plans). 의료정책연구소, 2020.10.

제2편

직업적 유해요인

편집위원

이지호 · 명준표

제1장 물리적 요인

제1절 소음

김규상

1.1 소리와 소음

소리(sound)는 탄성과 점성을 가진 매개체의 진동으로 인해 일어나는 대기의 압력변화에 의해 발생한다. 즉, 소리는 발생원의 진동면에서 공기압력이 높고 낮은 파동이 생겨서 이것이 발생원으로부터 전파되면서 귀에 닿아 청각을 자극할 때에 느끼는 청감각을 말한다.

음의 물리적 성상은 음압 파동의 진폭, 주파수, 파형에 의하여 결정된다. 소리의 파장은 공기와 같은 매질(medium) 내에서 압축과 이완이 주기적으로 변화하는 것을 말하며, 이 압력 차이의 정도는 주관적으로 소리 크기를 자각하는 것과 일치한다. 공기 중에서 소리의 진폭은 대개 주위 대기압 상하의 압력의 변화를 말하고 압력의 진폭을 음압이라고 보통 말한다. 주파수는 단위 시간 동안에 진동한 회수이며, 단위는 헤르츠(Hz)를 사용한다. 주기는 한 파장이 지나가는데 걸리는 시간이다.

인간이 듣는 소리를 N/m^2의 단위로 소리 압력 수준(Sound Pressure Level, SPL)을 측정한다. 사람의 귀는 외부 자극에 비례하여 반응하는 것이 아니라 자극의 대수값에 비례하여 반응하므로 음압과 기준 음압의 비를 대수값으로 변환한 음압레벨(sound pressure level, Lp)을 통상 사용한다. 단위는 dB (decible, 데시벨)로 이때 기준 음압의 세기는 2×10^{-5} N/m^2 (20 μPa 혹은 20 μ N/m^2)로 대략 1000Hz에서 보통 인간의 가청 역치와 비슷한 수준에서 정하였다. 음압수준에 대한 방정식은 다음과 같다.

Lp 혹은 SPL = $10 \log (P/P_0)^2 = 20 \log(P/P_0)$

dB re 20 μPa,

P: 음압(rms) , P_0: 기준음압

인간의 귀는 0부터 120dB까지 상당히 큰 범위의 소리를 들을 수 있는데(가청음압), 이는 아주 작은 소리에서부터 통증을 느낄 정도의 소리까지 다양하다. 정상인의 달팽이관(cochlea)은 대략 20Hz부터 20,000Hz까지의 주파수 범위를 지각할 수 있다. 인간의 언어를 자각하기 위한 가장 중요한 영역은 300Hz에서 3,000Hz 범위이다(표 1-1, 그림 1-1).

소음(noise)의 정의는 '원하지 않는 소리' 또는 '정신적, 신체적으로 인체에 유해한 소리'이다. 일반적인 소음은 특히 큰 소리, 불쾌한 음색이나 충격성의 음, 음성이나 음악의 청취를 방해하는 소리, 생리적으로 장애를 일으키는 소리, 주의집중이나 작업을 방해하는 소리, 숙면이나 휴식을 방해하는 소리이다. 주요 소음원으로 사업장내의 생산라인, 건설 중장비, 발파소음 등 건설 현장,

표 1-1 소리의 크기

SPL(dB)	음압에 따른 소리와 역치와의 비	SPL(dynes/cm²)	해당 음압의 소리	위험도
0	1:1	.0002	들을 수 있는 한계	
10	3.16:1		낙엽 스치는 소리	
20	10:1	.002	조용한 도시의 아파트	
30	31.6:1		속삭임	
40	100:1	.02	조용한 라디오 음악	
50	316:1		낮은 목소리의 대화	
60	1,000:1	.2	정상적인 크기의 대화	불쾌한 자극
70	3,160:1		고급 승용차	대화불가능
80	10,000:1	2.0	교통량이 많은 거리	위험함
90	31,600:1		큰 트럭	손상가능함
100	100,000:1	20.0	판금공장	
110	316,000:1		착암기, 전기톱	
120	1,000,000:1	200.0	프로펠러 비행기	매우 위험함
130	3,160,000:1		고통을 느끼는 한계	
140	10,000,000:1	2,000.0	제트기 엔진	

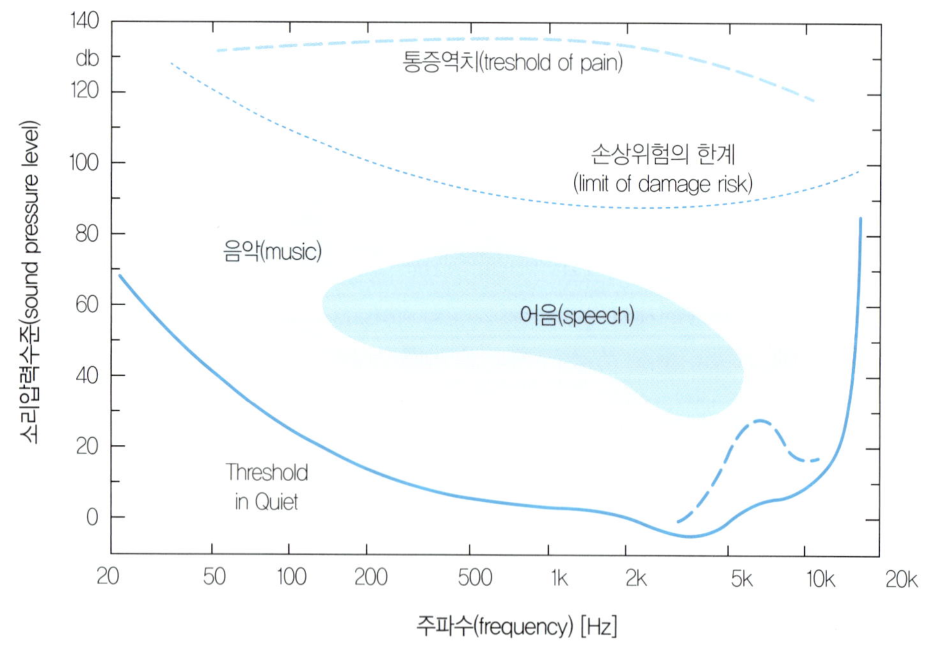

그림 1-1 인간의 가청역과 소리의 음압 분포

자동차, 기차, 항공기 등 운송수단에 의한 교통 소음, 전투기, 사격장 등의 국방관련 소음원 및 생활소음을 들 수 있다. 일반적으로 사업장에서 발생하는 소음은 연속음, 단속음, 충격음 등 크게 3가지로 구분할 수 있다.

1.2 소음의 측정과 평가

소음의 기본적인 측정은 시간에 따른 평균치를 내는 기기(noise dosemeter)와 주파수에 대한 음압스펙트럼을 측정하는 기기(sound level meter)를 사용한다. 소음 측정기의 대표적인 지시소음계는 청감보정회로로서 Fletcher-Munson 곡선에 의해 추정된 A, B, C의 3가지 특성 중 낮은 소음수준에서의 음의 크기 반응인 40-phon 등감 청감곡선에 의해 묘사된 필터보정에 의한 근사치인 A특성치로 전 주파수역 음압을 측정 평가한다. 여기서 적용되는 A 보정곡선은 기준인 1 kHz에서 40dB 음압수준(SPL)과 비교하여 같은 음의 크기로 감지되는 순음을 나타낸다. A특성치와 C특성치로 측정하여 각각의 소음치를 비교해 보면 소음원의 주파수 특성을 알 수 있다. 즉, A특성치와 C특성치의 차이가 크면 저주파음이고 차이가 작으면 고주파음이라고 추정할 수 있다(그림 1-2~4, 표 1-2).

표 1-2 A, B, C의 보정치

주파수(Hz)	보정치		
	A특성	B특성	C특성
31.5	−39.4	−17.1	−3.0
63	−26.2	−9.3	−0.8
125	−16.1	−4.2	−0.2
250	−8.6	−1.3	0
500	−3.2	−0.3	0
1,000	0	0	0
2,000	+1.2	−0.1	−0.2
4,000	+1.0	−0.7	−0.8
8,000	−1.1	−2.9	−3.0

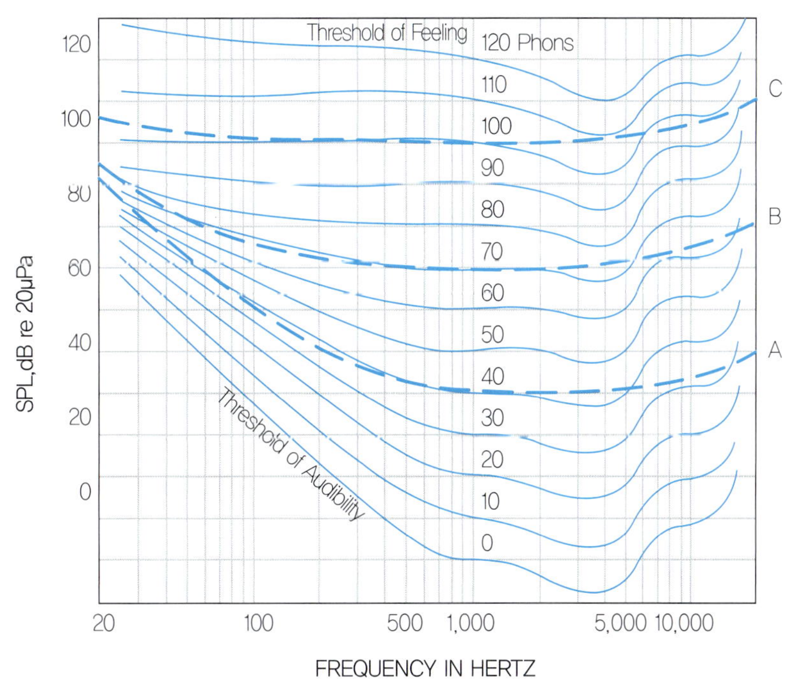

그림 1-2 Fletcher-Munson 곡선에서 추정된 보정 특성

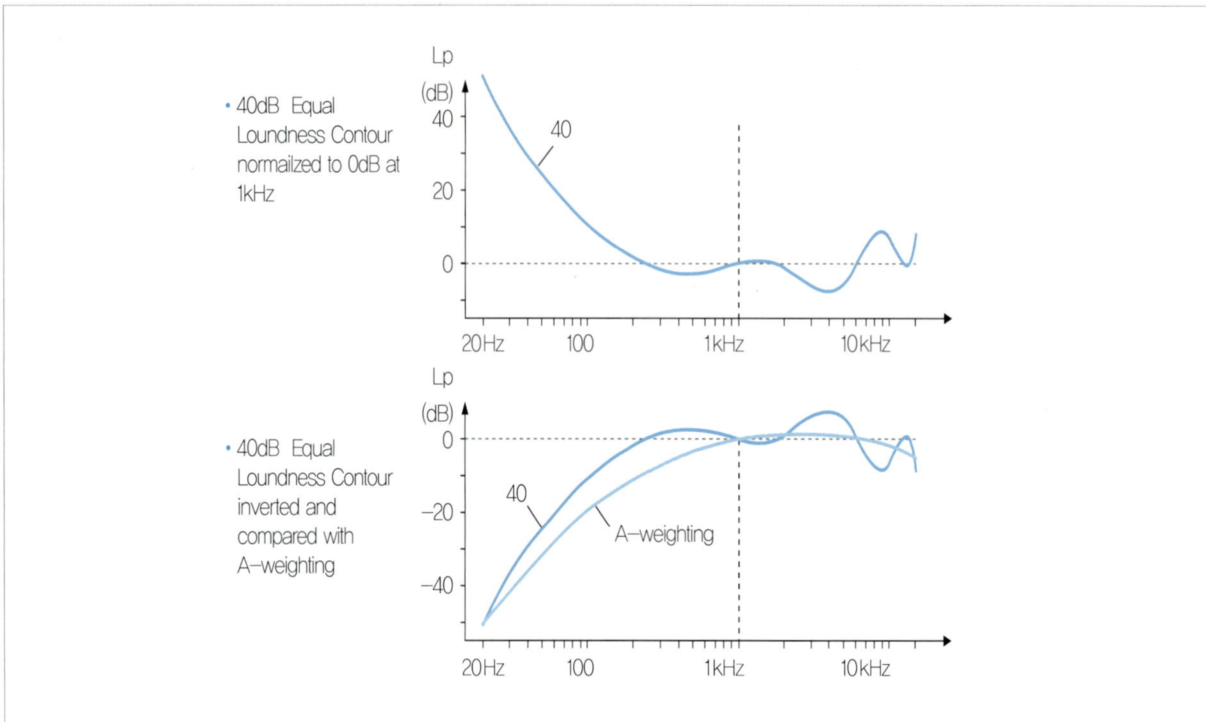

그림 1-3 소음계의 A특성 보정곡선

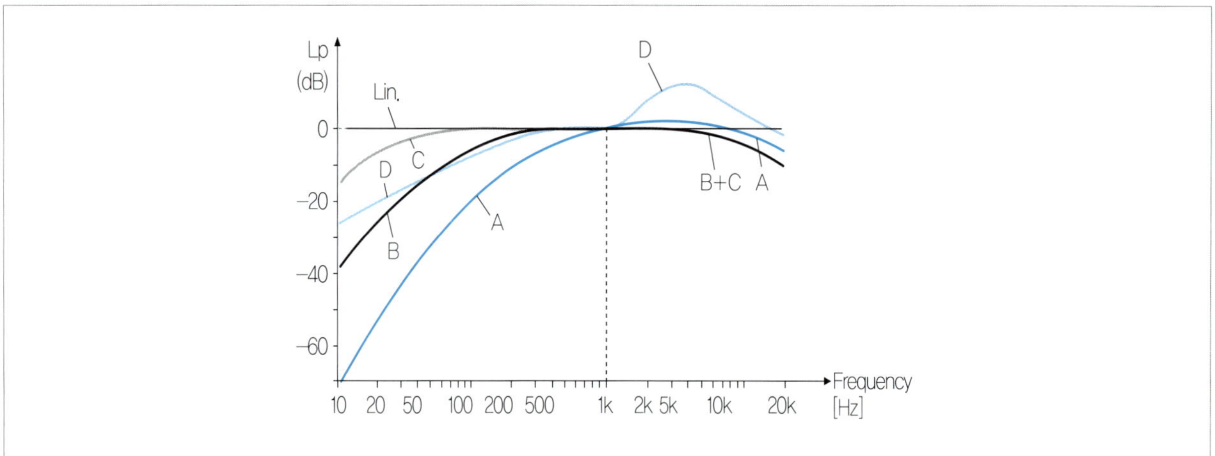

그림 1-4 소음계의 A, B, C 및 D특성의 보정곡선

환경 소음과 산업장 소음의 노출 평가와 기준을 대부분dB(A)로 규정하고 있으며, 우리나라의 고용노동부도 A특성에 의한 전 주파수역 평균음압[dB(A)]을 소음의 측정과 노출기준 단위로 이용하고 있다.

측정은 단위작업장소(작업환경측정 대상이 되는 작업장 또는 공정에서 정상적인 작업을 수행하는 동일 노출집단의 근로자가 작업을 하는 장소)에 대해 1일 작업시간동안 6시간 이상 연속 측정하거나 작업시간을 등간격으로 나누어 6시간 이상 연속 분리하여 측정한다. 다만, 소음의 발생 특성에 따라 연속음으로서 측정치가 변동이 없다고 판단한 경우에는 1시간 동안을 등간격으로 나누어 3회 이상 측정할 수 있으며, 단위작업장소에서의 소음발생시간이 6시간 이내인 경우나 소음발생원에서의 발생시간이 간헐적인 경우에는 발생시간동안 연속 측정하거나 등간격으로 나누어 4회 이상 측정한다. 그리고 단위작업장소에서 모든 작업자에 대해 개인 측정을 시행하지 않고 매 5명당 1명(1개 지점)으로 개인과 지역시료 채취방법으로 동시 측정한다. 소음 측정의 청감보정회로는 A특성으로 하고 누적소음노출량 측정기로 소음을 측정하는 경우에는 허용기준(criteria level)은 90dB, 교환율(exchange rate)[1]은 5dB, 역치기준(threshold level)[2]은 80dB로 기기를 설정한다(작업환경측정 및 정도관리 등에 관한 고시, 고용노동부고시 제2020-44호).

이와 같이 1시간 동안 등간격으로 나누어 측정한 값을 평균하여 8시간 작업시의 평균소음 수준으로 한다. 개인 시료채취 방법이 불가능한 경우에는 지시소음계로 측정하여 등가소음레벨방법으로 다음의 식에 따라 산출한 값을 기준으로 평가한다.

$$Leq[dB(A)] = 16.61\ \log \frac{n_1 \times 10^{\frac{LA_1}{16.61}} + n_2 \times 10^{\frac{LA_2}{16.61}} + n_N \times 10^{\frac{LA_n}{16.61}}}{\text{각 소음레벨측정치의 발생시간합}}$$

LA : 각 소음레벨의 측정치[dB(A)]

n : 각 소음 레벨 측정치의 발생시간(분)

단위 작업장소에서 소음의 강도가 불규칙적으로 변동하는 소음 등을 누적소음 노출량측정기로 측정하여 노출량으로 산출되었을 경우에는 아래 식에 따라 시간가중평균 소음수준으로 환산한다.

$$TWA = 16.61 \log (D/100) + 90$$

TWA : 시간가중평균소음수준[dB(A)]

D : 누적소음노출량(%)

산업장 소음에 있어서 우리나라의 소음 노출기준은 소음발생 간격이 1초 미만을 유지하며 계속적으로 발생하는 소음, 즉 연속음에 대해서는 90dBA이며 115dBA를 초과하는 소음에 노출되어서는 안되며, 1초 이상의 간격으로 최대 음압수준이 120dBA 이상 발생하는 충격소음의 경우에서는 1일 노출회수로 규정하고, 140dBA를 초과해서 노출되어서는 안된다고 규정하고 있다(화학물질 및 물리적인자의 노출기준, 고용노동부 고시 제2020-48호)(표 1-3, 1-4). 물리적 인자로서 작업장 소음은 8시간 시간가중평균 80dB(A) 이상의 소음은 작업환경측정 대상 유해인자로서 6개월에 1회 이상 정기적으로 작업환경을 측정하여야 한다. 다만, 작업공정 내 소음의 작업환경측정 결과가 최근 2회 연속 85dB(A) 미만인 경우 1년에 1회 이상 작업환경측정을 할 수 있다(산업안전보건법 시행규칙 제190조제2항).

표 1-3 우리나라 소음의 노출기준(충격음이 아닌 경우)

1 일 노출시간(hr)	소음 강도 (dB(A))
8	90
4	95
2	100
1	105
1/2	110
1/4	115

주 : 115dB(A)를 초과하는 소음 수준에 노출되어서는 안됨

표 1-4 충격소음의 노출기준

1일 노출회수	충격소음의 강도dB(A)
100	140
1,000	130
10,000	120

주 : 1. 최대 음압수준이 140dB을 초과하는 충격소음에 노출되어서는 안됨
2. 충격소음이라 함은 최대음압수준에 120dB 이상인 소음이 1초 이상의 간격으로 발생하는 것을 말함

산업장의 소음수준을 평가하고 소음대책을 세우는데 필요한 소음의 노출 허용기준에 대해서는 전 주파수역 음압(A 특성)에 의한 1일 8시간 노출을 기준으로 ACGIH는 85dB(A), 그리고 이를 다시 세분하여 각 음압별로 1일 노출시간을 규정하고 있다. OSHA에서는 교환율(exchange rate)을 5dB, 역치기준(threshold level)은

1 소음 노출량이 2배가 되는dB의 차이로서 통상 등가에너지 법칙에 의해 소음은 음압이 2배가 되면 3dB이 증가하지만 소음이 인체에 미치는 영향은 5dB 증가시 2배가 된다는 조사 결과를 반영해 OSHA에서는 5dB을 규정하고 있다.

2 누적소음노출량 측정기가 측정치를 적분하기 시작하는 A특성 소음치의 하한치를 의미하며, cutting off라고도 하여 노출량 산출시에 중요한 역할을 한다. 소음 측정시 threshold 값 미만의 소음은 누적소음에 포함시키지 않고 측정된다.

80dB, 노출기준(criterion level)은 90dB로 규정하고 있고, 미국 국방성(U.S. Air Force, 1973)의 경우는 교환율 4dB, 역치기준 80dB, 노출기준 85dB로 규정하고 있다. 그리고 ISO에서는 교환율 3dB, 역치기준 75dB, 노출기준 85dB을 권장하고 있다. ISO의 3dB 교환율은 간헐적인 소음의 영향을 과대하게 산정하게 되고 OSHA의 5dB 교환율은 큰 소리에서는 소음의 영향을 과소평가하게 되는 단점을 가지고 있다. 일반적으로 충격음에 대한 측정 평가방법으로 최대치와 총 에너지 평가방법 등 두가지가 제시되고 있으며, 이에 따른 노출기준으로 프랑스는 A보정 최대치로 135dB, 영국은 C보정치로 140dB, 유럽은 노출 수에 상관없이 140dBSPL, ACGIH는 C보정 최대치로 140dB을 초과해서 노출되지 않도록 권고하고 있다. 충격음에 대해 C보정 또는 무보정(dBSPL) 보다 A보정방법으로 측정한 경우, 소음계 지시침의 반응속도를 일반적으로 연속음 측정시의 느린(slow) 상태로 측정한 경우에는 충격음의 최고값(peak)으로 측정한 값보다 소음 노출수준에 대해 저평가할 가능성이 크다. 그리고 노출수준에 따른 노출회수로 평가 적용하기가 현실적으로 어려운 측면이 있다. 따라서 충격음의 노출기준으로는 노출회수가 아닌 최고노출기준(Ceiling, C)을 설정하고, 측정방법으로는 최고 소음도를 고려한 등가소음도(C보정 또는 무보정)로 측정 평가할 필요가 있다.

1.3 관리

1) 청력보존 프로그램

소음성 난청의 진단과 관리는 1일 8시간 작업을 기준으로 85dBA 이상 소음에 노출되는 작업부서 전체 근로자에 대해 2년에 1회 이상 실시되는 특수건강진단을 통해 이루어지고 있다. 산업안전보건법에 의한 소음 특수건강진단의 1차 검사항목은 ① 직업력 및 노출력 조사, ② 과거 병력 조사, ③ 자각증상 조사, ④ 임상 진찰과 기도 순음청력검사(양쪽 귀에서 2,000, 3,000, 4,000Hz)가 1차 검사 항목으로 포함되어 있다. 1차 검사의 기도 순음청력검사 중 2,000Hz에서 30dBHL, 3,000Hz에서 40dBHL, 4,000Hz에서 40dBHL 이상의 청력손실을 어느 하나라도 보이는 경우에 2차 검사로 순음청력검사(양측 귀의 기도 및 골도; 500, 1,000, 2,000, 3,000, 4,000, 6,000Hz 순음검사)를 한다. 2차 순음청력검사 ① 3~6kHz의 고음역 중 어느 하나라도 기도역치가 50dBHL 이상이고, 삼분법(500(a), 1,000(b), 2,000(c)에 대한 청력손실 정도로서 (a+b+c)/3 평균) 30dB 이상의 청력손실이 있고, ② 직업력상 소음 노출에 의한 것으로 추정되는 경우 소음성 난청 유소견자(D_1)로 판정하도록 하고 있다. 건강진단 결과 업무 수행 적합 여부를 평가하고, 건강상담, 보호구 착용, 추적검사, 근무 중 치료, 근로시간 단축, 작업전환, 근로금지 및 제한, 직업병 확

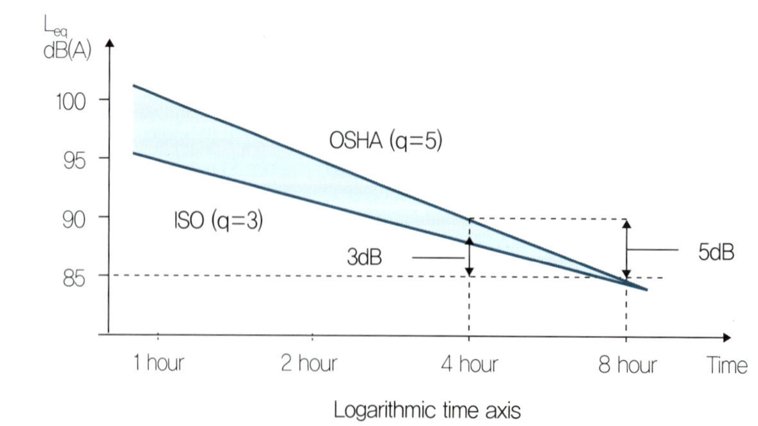

그림 1-5 OSHA와 ISO의 소음 노출 기준과 교환율 비교

진의뢰 안내 등의 사후조치를 시행한다.

우리나라의 산업재해보상보험법에서 소음성 난청의 업무상 질병 인정기준(업무상 질병에 대한 구체적인 인정기준; 제34조제3항 관련 [별표 3], 개정 2021.6.5.)은 85dB(A) 이상의 연속음에 3년 이상 노출되어 한 귀의 청력손실이 40dBHL 이상으로 다음 요건 모두를 충족하는 감각신경성 난청. 다만, 내이염 · 약물중독 · 열성 질병 · 메니에르씨 증후군 · 매독 · 머리 외상 · 돌발성 난청 · 유전성 난청 · 가족성 난청 · 노인성 난청 또는 재해성 폭발음 등 다른 원인으로 발생한 난청은 제외한다. ① 고막 또는 중이에 뚜렷한 손상이나 다른 원인에 의한 변화가 없을 것, ② 순음청력검사 결과 기도청력역치와 골도청력역치 사이에 뚜렷한 차이가 없어야 하며, 청력장해가 저음역보다 고음역에서 클 것. 이 경우 난청의 측정방법은 6분법(500Hz(a), 1000Hz(b), 2000Hz(c), 4000Hz(d); [(a+2b+2c+d)/6])으로 판정한다.

우리나라는 작업환경측정 소음수준이 노출기준을 초과하는 사업장과 소음으로 인하여 근로자에게 건강장해가 발생한 사업장에 대해서 "청력보존 프로그램"을 수립하여 시행하도록 하고 있다. 청력보존 프로그램이란 소음노출 평가, 소음노출기준 초과에 따른 공학적 대책, 청력보호구의 지급과 착용, 소음의 유해성과 예방에 관한 교육, 정기적 청력검사, 기록 · 관리 사항 등이 포함된 소음성 난청을 예방 · 관리하기 위한 종합적인 계획을 말한다(산업안전보건기준에 관한 규칙, 고용노동부고시, 제2021-337호). 소음측정은 과노출되는 근로자와 과노출에 기여하는 기계, 즉 소음 발생원을 파악하기 위해 필요하며, 공학적 대책은 장기간 소음 노출과 관련한 가장 근본적인 대책이라고 볼 수 있다. 소음 문제는 발생원, 경로, 수용자(근로자)와 같은 세 가지 요소에 의해 구분되며, 발생원을 조절하는 것이 가장 만족스러운 방법이다. 청력보호구 착용은 소음성 난청을 예방하는 또 다른 중요한 방법이다. 청력검사 자체는 실제적으로 근로자를 보호하지는 못하지만 청력보존 프로그램이 효과적으로 진행 중인지를 알려주는 유일한 방법이다.

소음 방지를 위한 공학적 개선 대책은 소음원 대책, 전파경로 대책, 수음측 대책으로 구분할 수 있다. 소음원 대책으로서 저소음원 기계의 채용을 통한 발생원의 저소음화, 부품 교환 등을 통해 발생원인을 제거하고, 방음실, 방음 스크린으로 차음, 소음기, 흡음덕트로 방음, 방진고무 · 스프링 · 제진재 활용을 통한 방진 · 제진과 공장 자동화 및 배치변경 등의 운전방법의 개선을 들 수 있다. 전파경로 대책으로는 배치변경을 통한 거리감쇠, 차폐물이나 방음벽의 차폐효과, 실내흡음처리를 통한 흡음 대책, 음원의 방향조정의 지향성 대책을 들 수 있으며, 수음 대책으로는 방음감시실의 차음, 작업공정조정 및 원격조작 등을 통한 작업방법의 개선과 귀마개(earplug) · 귀덮개(earmuff) 등의 청력보호구(hearing protection devices)가 있다. 귀마개는 가장 간단한 형태로 외이도에 삽입하여 사용하는 작업장에서 가장 흔히 볼 수 있는 형태이다. 대표적인 귀마개로 폼형(foam type) 귀마개를 들 수 있다.

표 1-5 청력보호구의 장점과 단점

청력보호구	장점	단점
귀마개	• 작아서 가지고 다니거나 보관이 편리하다. • 안경, 모자 등에 방해를 받지 않는다. • 고온에서 착용해도 불편이 없다. • 가격이 귀덮개보다 저렴하다. • 다른 보호구와 동시에 사용할 수 있다.	• 착용법에 대한 교육과 훈련이 필요하다. • 올바른 착용 시에만 차음 효과가 유지된다. • 더러운 손으로 만지면 안된다. • 귀가 건강한 사람만이 착용할 수 있다. • 작아서 분실하기 쉽다. • 말하거나 껌을 씹을 때 위치가 변할 수 있다.
귀덮개	• 귀마개보다 일관성 있는 차음효과가 유지된다. • 멀리서도 사용여부 확인이 쉽다. • 귀에 염증이 있어도 사용할 수 있다. • 동일한 크기를 대부분의 근로자가 착용할 수 있다.	• 고온에서 불편하다. • 운반과 보관이 쉽지 않다. • 안경, 모자, 귀걸이, 머리카락 등이 착용에 불편을 준다. • 가격이 귀마개보다 비싸다.

2) 청력보호구

귀마개와 귀덮개의 착용효과는 그것을 어떻게 맞게, 세심하게 쓰느냐에 달려 있다(표 1-5). 보호구가 최대효과를 가지려면 완전한 공기밀폐를 하여야 한다. 공기 누출과 관련하여 완전한 보호를 위해서 청력보호구는 외이도의 벽이나 이개 주위의 귀 부분을 완전하게 밀폐시켜야 한다. 완전히 밀폐하여 착용하지 않으면 청력 감쇄 효과가 5~15dB까지 떨어질 수 있고, 특히 저주파수에서 감쇄 효과가 더욱 심하게 떨어진다.

귀마개의 감음률은 고주파에서 보통 25~35dB이고, 귀덮개는 35~40dB 정도이므로 귀마개는 115~125dB에서 귀덮개는 130~135dB에서 작업이 가능하다는 결론이 나온다. 또한 귀마개와 귀덮개를 동시에 착용하면 추가로 3~5dB까지 감음을 시킬 수 있으나 어떠한 경우도 50dB 이상 감음시킨다는 것은 불가능하다. 청력보호구가 실제로 사용되는 현장에서는 실험실에서 측정한 감음효과보다 작다.

청력보호구의 소음 감음효과에 영향을 미치는 중요한 변수 중 하나는 착용자가 얼마나 오랫동안 착용하고 있었는지 시간이다. [그림 1-6]은 착용시간과 차음률(noise reduction rating, NRR)과의 관계를 도식화한 결과이다. 한 예로 8시간 지속적으로 착용했을 때 NRR이 25인 청력보호구를 15분간 착용하지 않았다면 이것은 전체 착용시간의 3%밖에 되지 않으나 NRR이 20dB 정도로 낮아지게 되어 소음감소 효과가 매우 떨어진다. 그러므로 청력보호구는 소음에 노출되는 시간동안 지속적으로 사용하여야 소기의 목적을 달성할 수 있다.

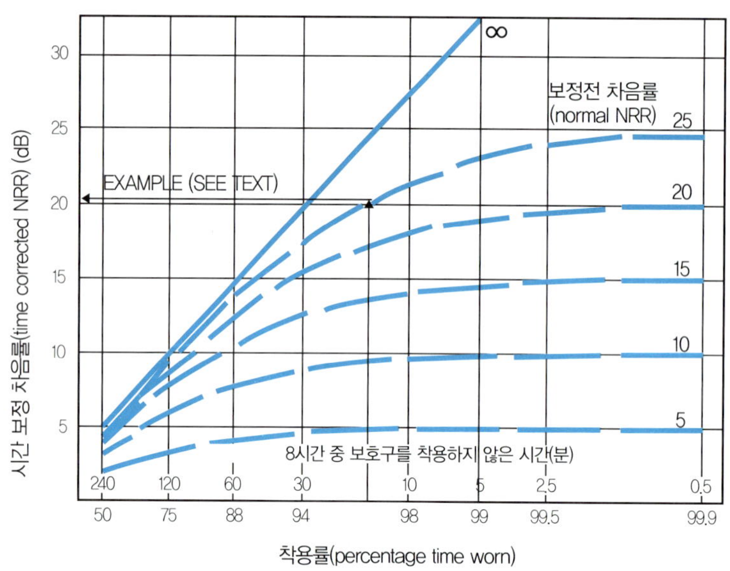

그림 1-6 청력보호구 NRR과 착용시간과의 관계(Berger, 2003)

더 읽을거리

김규상. 소음성 난청의 업무상 질병 인정기준 고찰. Audiology and Speech Research 2017;13(4):265-271.

Berger EH, Ward WD, Morril JC, Royster LH. Noise and hearing conservation manual. 4th ed. Fairfax: AIHA; 1986.

제2절 진동

유철인

진동이란 어떤 물체가 기계적 에너지에 의하여 평형상태에 있는 정지 위치의 기점을 중심으로 하여 전후, 좌우 또는 상하로 흔들리는 것을 말한다. 이때 흔들리는 물체는 기체, 액체, 고체가 될 수 있으며, 그중에서 기체, 즉 공기 입자가 20~20,000Hz 범위에서 흔들리는 경우에는 소리가 생긴다. 생체에 작용하는 기전에 따라 전신진동과 국소진동으로 구분한다.

인간이 처음으로 바다와 접했을 때부터 진동 운동이 사람을 쇠약하고 무력하게 하는 영향이 있다고 알려져 왔으나, 실제로 진동의 인체 영향은 산업혁명의 시작과 함께 진동 수공구와 자동화 기계가 등장하면서 나타났다. 직업성 레이노 현상은 1911년 이탈리아의 Loriga가 공압 수공구를 사용하는 광부의 손에서 진동 수공구와 레이노 증상의 초기 연관성을 처음 설명한 이래, 제2차 세계대전 이후 현대적인 항공기, 선박, 차량 등의 도입과 함께 진동이 인간의 기능 및 작업 수행 능력에 미치는 영향을 보기 위한 수많은 연구가 진행되었으며, 이제 직업적 진동이 근로자의 건강과 안전한 작업에 영향을 미친다는 것이 분명하다.

2.1 물리적 성질

1) 단위

(1) 진동 강도(magnitude)

물체의 신동성 움식임은 한 방향의 속도와 반대 방향의 속도가 번갈아 생기는 것으로, 이러한 속도의 변화는 물체가 끊임없이 가속되어 한 방향과 반대 방향으로 움직이는 것을 말한다. 진동의 크기는 움직임이나, 속도 혹은 그 가속도를 정량화하여 표현한 것이다. 실용적 측면에서는 가속도를 많이 측정하며 단위는 m/sec^{2}이다. 이러한 가속도는 지구 중력을 감안할 때 9.81m/sec^{2}가 된다.

진동측정에는 진동전위, 진동속도, 진동가속도, 진동가속도의 변화속도, 진동력 등이 계측된다. 단일의 진동수에 의한 진동의 경우('정현파'라고 함) 가속도는 빈도수 f(1초당 진동수)와 변위 d(meter)로 계산된다.

진동으로 인한 부상은 시간과 진동 강도 사이에 특정한 관계가 있는 손에 들어가는 총 에너지와 관련이 있다고 가정하고, 진동 크기, 또는 '일일 진동 노출' 또는 'A(8)'는 8시간 기준 기간 동안 동일한 에너지를 전달하는 등가 가속도의 관점에서 다시 표현된다.

$$A(8) = a_{hw}\sqrt{(t/T_0)}(ms^{-2})$$

A (8) = 일일 진동 노출 [8시간 에너지 등가 진동 총 값 또는 a_{hw} (eq (8))]

a_{hw} = 주파수 가중 진동 총 값

t = 진동 a_{hw} 에 대한 하루의 노출 시간

T_0 = 8시간 (t와 동일한 단위)

(2) 진동수(frequency)

1초당 사이클(hertz, Hz)로 표현되는 진동수는 진동의 주기성을 나타내는 것으로 주기는 진동이 신체로(예를 들어 앉아 있을 때, 진동기구를 다룰 때) 전달되는 그 양에 있어서 영향을 미치게 된다. 인체와 관계되는 진동범위는 1~400Hz이나 피부에서는 1,500Hz 이상의 진동을 느낄 수 있다.

(3) 진동축(direction)

진동은 3차원적인 방향으로 발생하고 세 개의 회전 방향을 가진다. 앉아 있는 사람의 경우 그 축은 x축(전후), y축(좌우), z축(수직)으로 생각할 수 있다. x, y, z 축에 대한 회전 또한 각각 r_x, r_y, r_z 으로 나타낼 수 있다.

(4) 진동 노출기간(duration)

인체의 진동 노출로 인한 건강영향은 노출된 전체기간에 따라 다르다. 진동의 특성이 일정할 경우는 진동의 조화 평균 측정이 유용하며, 진동 노출기간을 초 단위로

재는 것도 많이 쓰인다. 그러나 많은 직업성 진동 노출이 간헐적으로 일어나고 순간적인 영향은 매 순간마다 다르므로 짧은 기간 고도의 혹은 긴 기간 동안 낮은 정도의 진동에 대해 알맞은 부하를 주어 진동 노출기간을 측정해야 한다. 많은 직업성 노출의 경우 간헐적이며 순간 순간마다 각 모멘트의 진동 노출 정도는 다르기 때문에 부하량을 산출하는 방식은 전신진동 질환, 수완 진동 증후군(Hand-arm vibration syndrome), 동요병(Motion sickness) 등 질환에 따라 다르다. 하지만 이렇게 자세히 진동 노출기간을 측정하는 것은 어렵기 때문에 진동 도구나 장비를 접촉 혹은 작동하는 시간이 중요하다. 근로자들은 이 시간을 과대 평가하는 경향이 있으므로 주의해야 한다.

(5) 공진(resonance)

인체가 외부로부터 작용하는 진동에 맞추어서 행동하여 사실상 진동을 증폭하게 되는 것을 말한다. 사람의 전신 또는 신체의 각 부위를 위시하여 모든 물체는 그 자체가 자연 진동을 하고 있다. 이에 주파수가 같은 진동이 가해지면 공진을 일으켜서 진동의 영향을 증폭시킨다. 가령, 가속도 1G인 5Hz의 진동이 사람의 둔부에 가해지면 사람의 두부에서는 공명이 생겨서 1.5G의 진동을 받게 된다.

2.2 생체작용

진동의 형태는 통상 전신진동과 국소진동으로 구분한다. 전신진동은 트럭, 트랙터, 버스 등 차량의 의자나 작업장 건축물의 마룻바닥 등 몸을 의지하고 있는 구조물을 통하여 저주파(2~100Hz) 진동이 전신에 전달되는 것을 말하며, 국소진동은 전기톱, 압축 공기공구 등 진동 공구를 통하여 손이나 발 등 특정한 신체 부위에 작용하는 고주파(20~1,000Hz) 진동을 말한다. 국소진동은 특히 손이나 손목에 주로 작용하는 경우가 많아 수완진동(hand-transmitted vibration)이라고도 한다.

1) 전신진동

지금까지 알려진 바에 의하면 서 있는 사람과 앉아 있는 사람에서는 대략 3~14Hz 범위의 전신진동에 대한 내성이 가장 낮다. 즉, 인체의 전신진동은 특정한 진폭 범위에서 외부에서 생긴 특수주파수, 즉 3~6Hz와 10~14Hz 범위의 진동이 인체에 가해질 때 다른 주파수보다 공진을 잘 일으킨다. 진동 주파수가 3Hz 이하면 신체는 한 개체처럼 움직이고, 그로 인하여 멀미를 하게 된다. 진동주기가 증가함에 따라 신체의 각 부위에 개별적으로 영향을 미치게 되는데, 20~30Hz에서는 머리와 어깨, 60~90Hz에서는 안구가 공진하여 시력장해를 일으키고, 100~200Hz에서는 턱과 두개골에 공진이 일어나는 것으로 알려져 있다. 이들 전신진동으로 인한 장해는 진동 노출을 중단하면 대개는 가역적으로 회복된다.

전문가가 가장 우려하는 전신진동 유형은 차량 운전(예: 버스, 지게차 및 건설 중장비) 및 기계 작동(예: 대형 펀치 프레스, 컨베이어, 용광로)과 관련된 것이며 진동의 영향은 가속도, 지속 시간, 주파수 및 방향(수직 또는 측면)에 따라 다르다. 전신 수직 진동(Whole-body vertical vibration)은 차량 운전자에게 계속되는 문제로 몸통(torso)의 자연 공진 주파수의 임계 범위는 3~5Hz이지만 2~11Hz 범위에서 불편함이 발생할 수 있다. 버스 및 트럭 운전사를 위해 잘 설계된 좌석은 이 임계 주파수 범위에서 진동을 50%까지 감소시킨다. 반면에 더 오래되고 딱딱한 좌석은 최대 20%의 증폭 효과를 가질 수 있다.

다양한 주파수 및 가속도에 대한 최대허용 가능한 전신 수직 진동 노출 시간은 진동 노출이 짧을수록 허용할 수 있는 가속 수준이 높아진다. 모든 진동 가속도 및 모든 노출 기간에서 허용되는 최소한의 주파수 범위는 4~8Hz이다(그림 1-7).

2) 국소진동

국소진동은 보다 국소적인 자극원으로 작용하며 주로 수지와 손에 건강 영향이 나타난다. 자동톱, 공기해머,

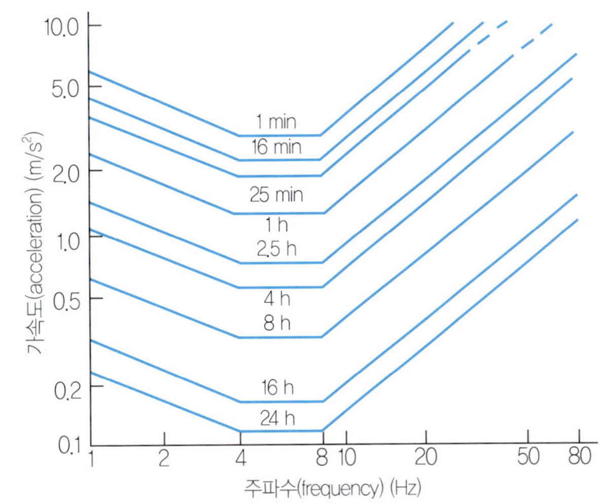

그림 1–7 다양한 주파수 및 가속도에 따른 최대허용 전신 수직 진동 노출 시간

출처 : ACGIH: Threshols limit Values for Chemical Substances and Physical Agents in the Work Environment. American Conference of Governmental Industrial Hygienists, 2006

전동기, 연마기 등의 진동기구를 사용할 때 국소의 혈관, 신경, 골, 관절, 근육, 지각 등의 이상을 초래하게 된다. 특히 한랭환경에서 레이노 현상이 일어나며 이 현상은 수지의 감각 이상 및 창백 등을 증상으로 한다. 국소진동에 의하여 수부의 순환장애(백지증)와 감각 및 운동신경장해, 근골격계장해(뼈, 관절, 근육질환) 및 기타 다른 전신성 혹은 중추신경계 등의 이상을 초래하는 질환을 수완 진동 증후군이라고 하는데 여기서는 주로 순환장해 및 신경장해를 위주로 기술하고자 한다.

2.3 건강장해

1) 진신진동에 의한 건강장해

전신진동의 임상 증상은 크게 2가지로 구분할 수 있다.

(1) 중추신경계의 기능장애에 의한 증상

중추신경계의 기능장애 증상으로 두중감, 두통, 수면장애, 수장 발한 과다, 건망증, 초조감, 우울증, 의욕감퇴, 피로감, 귀울림, 성욕감퇴 등이 생긴다. 때로는 두통과 함께 현기증, 구역질, 불안감 등 자율신경 증상이 나타나기도 하며, 눈을 뜰 수 없을 정도로 눈의 통증을 호소하기도 한다. 또한, 자연유산, 선천성기형, 월경 변조 등 생식 장애가 생기기도 한다.

(2) 골관절장해에 의한 증상

트럭 및 버스 운전사, 중장비 운전자, 광부 및 기타 장기간 전신진동에 노출된 사람들은 일반 인구보다 근골격계, 신경계, 순환기계 및 소화기계 질환 발병률이 더 높은 것으로 보고되었다. 요통, 추간판 손상, 척추 퇴행이 사주 발션되며, 유럽 연구에서는 진동이 뼈의 이상(추간판 골연골증 및 추간판 석회화)과 생식 장애(자연유산, 선천성기형, 월경 변화)와 연관 있다고 하였다. 위장 문세, 시력 저하, 미로 장해 및 심한 근골격계 통증을 특징으로 하는 "진동병(Vibration sickness)"도 상기 근로자들에게서 보고되었다. 이러한 보고에도 불구하고 직업적으로 노출된 그룹에서 발견되는 질환과 노출 강도 또는 양 사이의 관계는 명확하게 정의되지 않아, 장기간의 전신진동 노출의 영향에 대해 많은 의문점이 있지만, 신경계 및 척추에 미치는 영향은 확실한 것으로 보인다.

전신진동에 관한 연구의 주요 초점은 척추에 대한 여

러 위험 요소(예: 들어 올리기, 장시간 앉아 있기)가 있는 작업자의 진동을 단독으로 연구하는 것이 어렵다는 점을 감안할 때, 연구는 결정적이지는 않지만, 전신진동과 요통 사이에 연관성이 있음을 암시한다. 전신진동으로 인한 척추의 기계적 스트레스 증가에 대한 증거가 있는데, 조화 공진(특히 약 5Hz)으로 인한 염좌 증가와 근육 피로이다. 또한, 진동의 힘을 완화하기 위해 척추 근육이 수축하는 동안 진동 주파수에 적응하지 못할 수 있으며 결과적으로 위상이 맞지 않게 수축하고 척추에 가해지는 스트레스를 증가시킨다.

2) 국소진동에 의한 건강장해

역사적으로 환자의 손가락의 창백과 무감각, 따끔거리는 증상은 1862년 프랑스 의사인 Maurice Raynaud가 처음 보고하였는데, "보통 여성이 작은 자극에도 하나 이상의 손가락이 동시에 하얗고 차가워지는 현상으로 결정적인 원인은 보통 추위이며 피부의 감각도 둔해지거나 소멸된다"라고 기술하였다. 이것이 원발성 레이노병으로 레이노 현상은 일반 인구의 최대 10%와 일하는 남성 인구의 최대 5% 또는 6%에 영향을 미친다. 그 후 1911년 이탈리아의 Loriga는 공압 수공구를 사용하는 광부의 손에서 진동 수공구와 레이노 증상의 초기 연관성을 처음으로 설명하였다.

국소진동에 의한 건강장해는 주로 손과 발에 국소진동이 노출되어 일으키는 장해로 주로 말초혈관과 말초신경, 근골격계에 이상을 초래하며, 수완 진동 증후군이라고 알려져 있다. 과거에는 주 증상인 백지증에 국한하여 Traumatic vasospastic disease, Dead man's hand, 직업성 레이노 현상(Raynaud's phenomenon of occupational origin), 진동유발백지증(Vibration-induced white finger) 등 여러 가지 용어로 사용되었으나 혈관장해뿐만 아니라 다른 신경장해 및 근골격계 등에도 이상을 초래함에 따라 1983년 영국에서 개최된 국제학회에서 수완 진동 증후군(hand arm vibration syndrome, HAVS)으로 통일하여 사용하기로 하였다. 수완 진동 증후군의 발생기전으로 동맥 근육 비대, 탈수초성 말초 신경병, 혈관 주변, 신경 주변 및 피하조직 내 과도한 결체조직의 침착, 모세 혈관계의 폐쇄 등이 관련된 것으로 알려져 있다. 작업경력이 최소 2,000시간에서 발생하는 것으로 알려져 있으며 보통은 8,000시간 이상의 작업경력이 있는 근로자에서 잘 발생한다.

수완 진동 증후군 중 혈관장해의 전형적인 증상 및 증후는 레이노 현상이라 불리는 진동유발 백지증이고, 이것은 손가락 동맥들의 수축에 의한 일시적 폐쇄 때문이다. 백지증은 특히 몸 전신이 식어 있을 때, 보통 추위에 노출되어 유발된다. 손가락 창백은 수 분이나 그 이상 갈 수 있고, 그동안 이환된 손가락은 감각이 둔해지고 종종 회복될 때 심한 따끔거림이나 통증을 경험한다. 백지증 환자들은 또한 건강한 사람들에 비해 추운 계절에 손발이 차다는 감각을 더 쉽게 느낀다. 수완 진동 증후군 환자들은 또한 소음과 진동, 추위에 대한 혈관 수축 반응이 증가한다.

손과 팔의 저림과 이상 감각과 같은 신경학적 증상은 별다른 임상적 이상 소견 없이 나타날 수 있으나, 대개는 피부 감각 저하, 악력 감소, 그리고 때때로 손동작의 민첩성 감소와 함께 나타난다. 이런 증상들이 일상생활에서 방해와 불편감을 유발할 수 있다.

심한 수완 진동 증후군을 가진 일부 근로자의 손에서 근전도 검사상 감각신경과 운동신경의 전달 속도가 감소하는 것으로 나타났는데, 운동신경보다는 감각신경에서 더 자주 관찰되었고, 특히 팔보다는 손의 감각신경에서 더 심했고 정중신경과 척골신경이 모두 이환될 수 있다. 비정상적인 신경 전달은 진동 지각 역치 손상과 악력 감소와 연관되어 있다. 신경학적 증상은 처음에는 간헐적이고, 진동 노출이 계속되면서 점점 지속적으로 된다. 동물 실험에 의하면 단기간의 진동 노출에 의한 신경 변화는 가역적일 수 있다. 그러므로 초기의 말초 신경 손상은 가역적이지만, 진동 노출이 길어지면 손상이 비가역적이 되는 경향이 있고, 아마도 그것은 손상된 신경의 불완전한 재생 때문이라고 추정할 수 있다. 역학 조사에서 진동 노출을 중단한 후에도 저린감과 이상 감각은 계속된다는 사실이 지적된 바 있다. 이런 지속성은 대체로 말초 신경의 병리학적인 변화를 반영한 것이다.

심한 진동을 받을 때는 근육 및 관절의 장해도 발생하여 손목과 팔꿈치의 퇴행성 관절염, 손뼈의 낭종 형성과 Kienbock's disease, Dupuytren 구축과 손목터널 증후군과 같은 질병도 유발할 수 있다. 또한, 뇌의 자율신경 중추에 영향을 주어 피로나 두통, 수면장해, 건망증, 과민성 등의 전신 증상도 나타날 수 있다.

2.4 수완 진동 증후군

1) 유병률과 주요노출 업종

국내에서 수완 진동 증후군의 유병률에 관한 연구는 주로 1970년대에 탄광 근로자들을 대상으로 진동유발 창백지를 호소한 근로자에 대한 보고가 다수 있었다. 그 이후에 탄광이 폐쇄되면서 보고가 거의 없다가 2000년대 들어 조선업종을 중심으로 상당수의 수완 진동 증후군이 보고되면서 전국적으로 제조업 근로자들에게서 그라인더 등 진동 공구 사용으로 인한 수완 진동 증후군이 상당히 많을 것임을 시사하였다. 국소 진동 노출이 있는 주요 산업은 건설 및 중공업이 있지만 건설 작업자, 금속 가공 및 유지 보수 작업자, 용접공, 광부, 산림작업자, 조선 작업자, 주조작업자, 설비 서비스 작업자 및 정원사와 같은 많은 업종에서 상당한 노출이 있을 수 있다. 최근에도 진동장해로 인한 직업병이 특수건강진단 및 업무상 질병통계에서 확인되나 정확한 유병률은 아직 조사되지 않고 있다.

대개 수완 진동 증후군의 유병률은 백지증의 존재 여부로 판단하는데, 이는 진동 공구의 가속도와 노출 시간 및 노출 기간에 따라 다르다. 국제표준화기구(International standard organization, ISO)는 진동가속도가 20m/sec^{2}인 진동 공구를 8시간 사용 시 1.1년이 경과하였을 때 근로자의 10%에서 백지증이 발생할 가능성이 있다고 하여, 여러 나라에서 백지증 발생의 최소 노출 기간을 1년으로 규정하고 있다.

2) 진단

진단은 국소진동에 노출된 직업력과 백지증과 같은 혈관장해 유무, 지각 이상와 같은 신경장해가 있는지 등의 임상 증상으로 쉽게 판단할 수 있다. 국소진동에 의한 수완 진동 증후군의 임상적 평가는 1986년 Taylor와 Pelmear가 도입한 분류체계를 사용하다가 1986년 이후 Stockholm Workshop에서 개정된 Stockholm Workshop scale을 사용하고 있다. Stockholm Workshop scale은 레이노 현상을 임상적으로 5단계로 구분한다(표 1-6). 말초혈관 증상의 병증을 분류할 때 양손에 대하여 따로 실시하여 좌측 손가락(병변이 발생된 손가락 수/단계), 우측 손가락(병변이 발생한 손가락 수/단계)으로 표시[예: 2L(2)/3R(1)]한다. 감각신경 증상에 대한 평가도 양손에 대해 각각 실시한다(예: 2SN/3SN, 표 1-7).

진동장해의 고전적인 소견은 추위로 인한 손가락 창백

표 1-6 수완 진동 증후군의 Stockholm Workshop scale (말초혈관 증상)

단계	정도	손가락 상태
0		발작 없음
1	경증	하나 혹은 그 이상의 수지 말단에 국한해서 이따금씩 발작
2	중등증	하나 혹은 그 이상의 수지 원위 및 중위 부위에 이따금씩 발작
3	중증	대부분의 수지들 전체 부위에 자주 발작
4	심한 중증	중증과 같으나, 수지 말단의 피부비후 변화를 동반

* 병증의 단계분류는 양손에 대해서 따로따로 행한다. 병증의 정도를 나타낼 때는 두 손의 단계와 각 손의 침해된 손가락 수를 표시한다.
예: "2L(2)/1R(1)", 왼손은 2개 손가락이 침해되고 제2단계, 오른손은 1개 손가락이 침해되고 제1단계임을 표시."-/3R(4)", 왼손은 정상이고, 오른손은 4개 손가락이 침해되고, 제3단계임을 표시

이므로 백지증 또는 직업성 레이노 현상이라는 용어를 많이 사용하나, 낮은 진동 노출에서는 신경학적 증상이 우세하다. 이러한 증상은 일반적으로 손의 협응과 미세 조작의 문제로 시작한다. 손과 팔의 통증과 손의 감각 이상은 수공구를 자주 사용하는 사람들에게 흔하며 신경 압박이나 만성 연조직 손상과 관련이 있을 수 있다. 초기 단계에서 진동 노출을 최소화하거나 중단하면 혈관성 징후와 증상이 안정화되고 호전될 수 있으므로, 노출 정도를 파악하고 의학적 상태에 대한 정확한 진단이 필수적이다. 신경학적 증상은 기계 수용기(mechanoreceptor) 또는 체간 신경과 관련될 수 있으므로 예후는 더 다양하다.

피부의 영양성 변화 및 괴저를 동반하는 가장 심각한 경우는 흔하지 않으나, 이러한 증후가 있는 경우에는 콜라겐 혈관 질환이나 폐쇄성 동맥 질환과 같은 주요 동반 질환이 있는지 여부를 확인하기 위해 광범위한 조사가 필요하다. 검사는 모노필라멘트나 2지점 감별 검사와 같은 손가락 감각 검사 및 손목터널 증후군에서처럼 손가락 신경 압박을 위한 유발 검사도 포함되어야 한다. 각 손은 혈관성 및 신경성 수완 진동 증후군의 임상 분류의 단계에 대해 별도로 평가되어야 한다. 혈관성의 경우, 레이노 유형 창백지는 환자의 진술과 일치하게 영향을 받지 않은 피부와 명확하게 구분되는 창백한 피부가 있는 검증된 사진으로 확인할 수 있으며, 창백 점수는 영향을 받은 각 손가락의 근위부에 3점, 중간 지골에 대해 2점, 원위지골에 대해 1점으로 사진상으로 계산할 수 있다. 신경학적 요소의 경우, 신경 감각 증상이 20분 이상 지속되면 병적인 것으로 간주되며, 감각 지각은 정중 및 척골 신경에 의해 공급되는 두 개 이상의 손가락의 치수에 대해 평가되며 모든 사람에 대해 표준화된 테스트 방법을 따라야 한다.

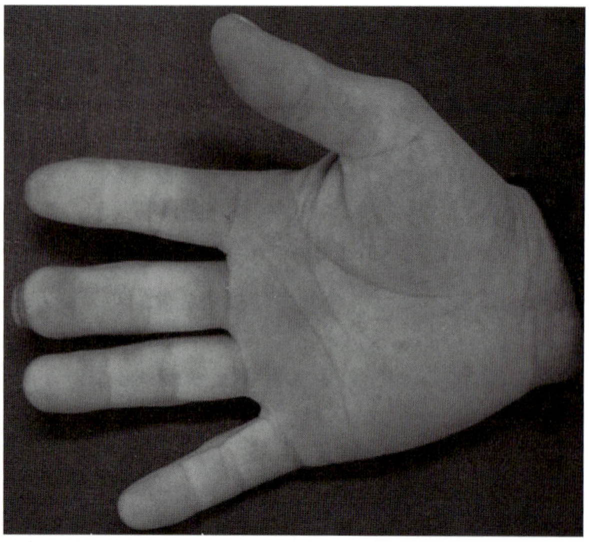

그림 1-8 Raynaud 현상 나타난 사진 예시

이 환자의 경우 좌측 수지가 정상이라고 가정하면, 사진상으로 우측 수지 중 우측 엄지를 제외한 모든 수지에서 근위부를 침범한 것으로 나타나기에 −/3R(4)로 표시하고 말초혈관증상 3단계이므로 즉각적인 작업 전환을 실시하고 증상에 따라 치료나 보상도 필요하다.

그러나 업무상 질병으로 승인받고 치료나 보상을 받기 위하여 객관적인 자료가 필요하면 특수검사법으로 혈관 장해의 경우 수지에 대한 한랭유발검사 시 레이노 현상이 나타나는지 확인하거나, 한랭유발검사 후에 수지 온도 회복률 측정 혹은 수지 수축기 혈압 측정 같은 혈관계 검사를 실시하고, 신경장해의 경우에는 진동 감각검사, 촉각, 통각 검사와 같은 감각신경검사와 악력, 손가락 악력, Purdue Pegboard 검사 등과 같은 운동기능검사도 시행한다. 한랭유발검사는 계절과 장소에 따라 위음성으로 나타나지 않는 경우가 많아 최근에는 백지증 발현 시의 사진을 촬영하여 진단에 활용하기도 한다. 신경

표 1-7 수완 진동 증후군의 Stockholm Workshop scale (감각신경 증상)

단계	증상 및 증후
0SN	진동에 노출되었으나 증상 없음
1SN	간헐적 저림(numbness), 욱신거림(tingling) 때도 있음
2SN	간헐적 또는 지속적 저림(numbness), 지각둔마(sensory perception)
3SN	간헐적 또는 지속적 저림(numbness), 촉각판별능의 감퇴 및/또는 손가락 기교의 감퇴

전도검사도 실시하나 심한 신경장해가 동반되지 않은 경우는 신경전도검사는 정상으로 나오는 경우가 많다.

또한, 진단시 원발성 레이노병, 손목터널 증후군, 흉곽출구 증후군 등과 같은 포착성 신경병증(entrapment neuropathy)와 미세혈관 질환(예: 경피증)과 감별진단이 필요하다. 모세혈관 현미경 검사는 경피증이나 기타 미세혈관 장애를 배제하는 데 유용할 수 있다.

수완 진동 증후군과 손목터널 증후군은 각각 독립된 별개의 질환이다. 수완 진동 증후군이 주로 손가락 끝의 압력 감각수용체가 지속적인 국소진동으로 인해 병리적 기전의 변화를 일으켜 발생하는 반면, 손목터널 증후군은 손목의 수근관 내 압력증가로 정중신경이 눌리면서 발생한다. 그러나 진동에 노출된 근로자에서 두 질환은 종종 같이 발견되기도 한다. 또한, 손목터널 증후군의 중요한 악화인자가 국소진동과 한랭이라는 점을 고려하면 국소진동은 수완 진동 증후군의 원인일 뿐만 아니라 손목터널 증후군의 발병 위험도 증가시킨다.

3) 치료

일단 수완 진동 증후군에 이환되면 확실한 치료방법은 없다. 환자 중 일부는 초기에 진동 노출이 중단되면 증상 및 증후가 호전되나 일정 단계(2단계) 이상 진행되면 진동폭로를 중단하여도 레이노 현상과 신경학적 증상이 지속된다. 따라서 가장 효과적인 관리방법은 진동 노출을 초기에 적절히 조절하는 것이며, 만일 작업전환이 가능하지 않다면, 진동유발기구의 진동가속도에 따라 작업시간 단축과 약물 처방도 필요하다. 약물은 대개 혈관확장제와 신경학적 증상을 호전시키는 약물 등을 사용하나 효과는 제한적이다. 하지만 질병의 초기 단계에서 진동 노출을 피하고 금연이 동반되면 호전되는 경우도 있다. 약물치료에 반응이 없는 심한 레이노 현상을 호소하는 경우는 경추부위에서 교감신경 절제술이나 성상 신경절 차단술을 실시하기도 하나 수술 후 경과가 만족스럽지 못해 요즘은 잘 시행하지 않는다.

4) 예후

추위에 의한 백지증은 불편함과 업무 및 여가 방해의 원인이 되지만 작업시간을 많이 잃지 않고 장기 기능에 거의 영향을 미치지 않는 것으로 보이며, 오히려 감각신경 이상이 기능 장해의 훨씬 더 중요한 원인이다. 비록 몇 년에 걸쳐 느리기는 하지만, 노출 중단 시 혈관 증상이 개선될 수 있다는 것이 현재 인정되고 있으며, 회복 가능성은 근로자의 나이, 질병의 중증도, 증상 후 노출 기간에 따라 달라진다. 대조적으로, 수완 진동 증후군의 신경학적 영향은 개선되지 않는 것 같다. 관리 원칙은 더 심각한 단계로의 진행을 피하는 것이어야 하며, 이는 증상의 개선 가능성을 높이고 사회 및 가정 활동과 작업 능력에 영향을 미칠 수 있는 심각한 기능 장해를 피할 수 있다.

영향을 받은 근로자의 경우 노출 정도를 계속 확인하지 않으면 질병 상태가 진행되는 경향이 있지만, 진행률은 개인마다 다르며 예측할 수 없으며, 이는 진동 크기, 작업자 기술 및 아마도 개인적 민감성을 포함한 많은 요인에 따라 달라진다.

2.5 노출기준 및 관리방안

1) 노출기준

전신진동 및 국소진동에 대한 국내의 노출기준은 아직 정해져 있지는 않다. 국소진동의 경우 유럽연합(EU)에서는 5.0m/s^2를 진동 노출 한계 기준으로 정하고 있으며, 2.5m/s^2를 초과하는 제품에는 설명서에 진동가속도 명시를 의무화하고, 이를 수출입 제품에 적용하고 있다(표 1-8).

1m/s^2의 일일 A(8) 수준은 무시할 수 있는 위험을 초래하는 것으로 간주되지만, 노출에 대한 개인의 민감도에는 상당한 차이가 있기 때문에 국소진동 노출의 '안전한' 수준은 없다. 영국에서는 2.5m/s^2의 A(8) 수준을 노

표 1-8 EU의 8시간 주파수 가중 가속도 값 수준별 진동 노출기준

수 준	A(8)(m/s²)	정 의
역치(Threshold)	1	계속적 반복적 노출에도 근로자의 건강 및 안전에 유해영향이 없는 수준
권고치(Action)	2.5	기준 이상의 수준에 노출시 명시된 한 가지 이상의 대책(유해영향에 대한 지식보급, 교육, 기술적 조언, 건강 감시 등)을 마련해야 하는 노출 수준
노출 한계치(Exposure limit value)	5	기준 이상의 수준에 노출시 근로자가 유해한 영향에 직면할 위험이 있는 노출 수준 (정부의 관련 부서에서 정책적인 대책이 필요한 경우)

A(8) : 8시간 주파수 가중 에너지 등가 가속도 값

출처 : The Council of the European Union for a Council on physical agents: Annex II A. Hand-transmitted vibration

출한계수준(Exposure action value)으로 사용하며, 그 이상일 경우 고용주는 위험 감소 조치를 도입하고 건강 감시를 도입해야 하는데 이 값은 이 진동의 크기가 10년 후 노출된 사람들의 10%에서 손가락이 창백해지는 증상을 유발한다는 ISO 5349 표준을 기반으로 한다. 대조적으로, 수완 진동 증후군의 감각신경 증상의 발병 가능성을 예측하는 일일 A(8)는 불확실하다.

일반적으로 평생 누적 국소진동 노출이 발병의 주요 결정 요인으로 받아들여진다. 비직업적 노출이 총 선량에 크게 기여할 것 같지는 않지만, 직업적 및 비직업적 노출 모두 평생 노출에 기여한다. 또한, 진동 노출 병력을 얻을 때 도구나 장비를 접촉 혹은 작동하는 시간이 중요한데 근로자들은 이 시간을 과대평가하는 경향이 있다(실제 값은 일반적으로 추정치의 50~70%이나 일부 도구의 경우 과대평가가 90%까지 높을 수 있다).

2) 진동에 의한 건강장해의 예방

(1) 진동원의 관리

유럽연합(EU)에서는 2010년부터 기계류에서 전달되는 진동이 수완 진동의 경우 2.5m/s², 전신진동의 경우 0.5m/s² 초과 시 제품사용설명서에 진동가속도를 명시하는 것을 의무화하면서 진동에 의한 근로자 건강장해 예방 노력을 하고 있으나 국내에서는 아직까지 아무런 법적인 규제조항이 없는 실정이므로 이에 대한 기준 마련이 필요하다.

또한, 공학적인 방법을 통하여 진동공구를 항상 정비하여 불필요한 진동이 발생하는 것을 방지하도록 한다. 진동이 인체에 전달되는 경로를 차단하거나 완충물을 부착하여 진동을 흡수하게 한다. 진동 공구를 개량하여 찬 공기가 작업자에게 닿지 않도록 하면서 손잡이 굵기도 손의 크기에 맞게 한다. 작업 중 손이 시리지 않게 하는 작업장 관리도 도움이 된다.

실제 국내에서 근로자에게 작업시간을 고려하지 않고 단순히 기계·기구에서 발생되는 진동 수준을 비교했을 때는 착암기에서 26.39~30.18m/s²로 가장 높은 진동 가속도가 측정되었다. 또한, 치핑 해머, 다이 그라인더, 7인치 그라인더, 4인치 그라인더, 임팩트 렌치, 체인톱 등 국내에서 사용하는 진동기구 중 상당수에서 유럽연합의 권고치인 2.5m/s²를 초과하는 경우가 많은 것으로 측정되기에 진동 작업 시 세심한 주의를 필요로 한다.

(2) 작업자에 대한 대책

사용하는 진동기구의 가속도를 파악하여 이에 따라 진동기구 작업시간을 제한한다. 진동 노출 근로자에게 적절한 방진장갑을 착용시킨다. 특히 겨울철에 손가락의 창백을 예방하기 위하여, 추위에 대한 폭로를 가능한 피하도록 조치하고 보온장갑이나 보온양말을 지급한다. 또한, 금연, 영양섭취, 적절한 운동 등을 내용으로 하는 보건교육을 주기적으로 실시한다.

(3) 조기발견

진동 노출자를 대상으로 1년에 1회 이상 특수건강진단을 실시하여 이상자를 찾아내어 적절한 보건학적 관리를 해야 하나 현행 산업안전보건법상 진동은 작업환경 측정상 법적인 유해인자가 아니기 때문에 많은 수의 근로자

가 국소진동에 노출되지만, 진동에 대한 특수건강진단을 받지 못해 관리에 허점을 보이고 있다.

또한, 배치 전 평가에서 기존에 레이노 증상이 있는 사람들을 고려해야 한다. 다른 원인으로 인해 레이노 증상이 있는 근로자들은 국소진동에 노출되었을 때 위험이 증가할 수 있음을 권고되어야 하지만 이것이 고용에 장애로 간주되어서는 안된다. 그러나 진행 상황이 기존 질병으로 인한 것인지 국소진동의 영향으로 인한 것인지 판단하는 것이 불가능하기 때문에 이러한 근로자는 더 빈번한 감시를 받아야 한다. 유사한 주장이 기존의 말초 신경병증에 적용될 수 있는데, 신중한 평가를 통해 경추증 또는 흉곽 출구 증후군으로 인한 증상을 말초 신경 병증과 구별할 수 있으므로 국소진동 노출에 대한 결정에 영향을 미칠 필요는 없다.

손목터널 증후군이 완화된 환자는 치료 여부와 관계없이 진동 도구를 사용할 수 있지만, 증상이 재발하면 그것이 진동 때문인지 기존 상태 때문인지에 대한 의문이 제기된다. 국소진동이 기존의 손목터널 증후군을 악화시킨다는 증거는 없지만, 잠재적인 위험 증가에 대해 직원과 고용주 모두에게 알리는 것이 좋고 손목터널 증후군 수술 후 직장으로 복귀하는 사람들에게도 해당되며 각 사례를 개별적으로 고려해야 한다.

더 읽을거리

이지호, 유철인, 정경숙. 유해인자에 의한 건강 영향과 관리 - 국소진동 -. 산업안전공단/산업안전보건연구원. 2006.

Donald E. Wasserman. Occupational exposure to vibration. In: William N. Rom. Environmental and Occupational medicine. Third ed. Lippincott-Raven Publishers. 1998. p. 1403-1409.

Ian lawson, Roger Cooke. Health effects of vibration. In : Fitness for work. sixth ed. John Hobson, Julia Smedley p. 381-397.

James P. Seward, Joshua Potocko, Injuries caused by physical hazards. In: Current Diagnosis & Treatment: Occupational & Environmental Medicine. sixth ed. Joseph Ladou, Robert J. Harrison. Mc Graw Hill Education. p.168-195.

Pelmear PL, Wasserman DE. Hand-arm Vibration : A Comprehensive Guide for Occupational Health Professionals, 2nd. Eds, OEM Press, 1998.

Stellaman et al. Encyclopedia of Occupational and Health and Safety. 4th Ed. Vol 2. Hazards. ILO Geneva, 1998.

제3절 이상기압

한복순

3.1 기체의 법칙

기체는 압력, 부피, 온도의 영향을 받는다. 저기압 또는 고기압 환경에서 일하는 작업자는 압력 변화에 따라 체강 내 기체의 부피 변화로 다양한 건강장해를 경험할 수 있다. 기체의 법칙[보일의 법칙(Boyle's law), 샤를의 법칙(Charles's law), 달톤의 법칙(Dalton's law), 헨리의 법칙(Henry's law)]을 이해하면 이상기압에 노출된 작업자에게 나타나는 변입증, 고산병, 압착증, 폐 과팽창 증후군, 감압병 등의 발생 원리를 이해할 수 있다.

3.2 고소작업

해수면보다 높은 지역은 고도 상승에 따라 산소분압이 낮아진다. 높은 산속에 위치한 광산, 휴양시설, 군사시설의 작업자는 낮은 산소분압으로 인해 건강문제가 발생할 수 있으며 산소 소모가 더 많아 작업량이 감소한다. 해발 2,500m 이상으로 급히 올라가면 두통, 오심, 무기력, 호흡곤란 증상이 발생한다. 3,000m 이상에서는 저기압성 저산소증 외에 낮은 기온으로 한랭질환 발생 위험이 있고, 자외선 노출량이 증가한다.

1) 고소순응

고소순응(high altitude acclimatization)은 고도가 높아짐에 따라 저산소증이 발생할 때 이를 보상하기 위해 일어나는 생리적 변화를 의미한다. 고소에 신체가 적응하는 것은 매우 복합적인 생리적 작용으로 저산소 상태에서 일어나는 과호흡이 중요한 역할을 한다. 고소에서는 저산소 환경에 의해 말초화학수용기가 자극을 받아 호흡이 증가하며 그 보상으로 콩팥에서 중탄산 이온을 배출한다. 고도가 높아질수록 과호흡의 증가로 대기와 혈액의 산소분압 차이를 줄여 산소포화도 유지에 일조한다. 초기에는 저산소증으로 인해 erythropoietin (EPO)을 분비하여 혈색소가 증가하고 이러한 현상은 고도 증가에 비례한다. EPO는 골수를 자극하여 적혈구를 수주에 걸쳐 서서히 증가시킨다. 순응이 되기까지 수면구조가 변화하며 잦은 각성으로 인해 수면의 질이 저하되어 작업효율이 낮아진다. 소변량도 증가한다. 같은 고도에 머물면 3~4일 지나 적응된다.

고소순응을 위해 3,000m 이상으로 급하게 올라가지 않아야 한다. 더 높은 곳으로 오르기 위해서는 2,500~3,000m에서 2~3일 정도 머물렀다 올라간다. 주간에 높은 고도로 올라가도 야간에는 다시 낮은 고도로 내려와 잠을 자고, 3,000m 이상에서는 전날 수면을 취한 고도보다 하루에 300m 이상 오르지 않는다. 그 이상의 고도에서는 600~900m마다 하루 더 머물렀다 올라간다. 즉, 2~3일에 300m 올라가고 증상이 발생하면 증상이 사라질 때까지 더 높은 곳에 오르지 않는다. 하산하면 순응된 상태는 2~6주 후에 원래 상태로 회복된다.

2) 고소작업자에서 발생하는 건강문제

낮은 지역에서 높은 곳으로 급히 이동하였을 때 기압이 낮은 환경에 적응하지 못한 사람은 고소증(high altitude sickness)을 경험한다. 고소증은 해발 2,500m 이상에서 나타난다. 가장 높은 한라산도 이 고도에 미치지 못하므로 우리나라에서는 고소증이 발생할 가능성이 매우 낮다. 그러나 3,000m 이상의 높은 산을 등반하거나 칠레 마추픽추 등 고도가 높은 지역을 다녀온 여행자 중에서는 해발 1,850~2,750m에서 22%, 3,000m에서는 42%에서 고소증을 경험한 것으로 보고되었다. 고소증에는 급성 고산병, 고소 폐부종, 고소 뇌부종이 있다. 위험요인으로 고소증 과거력, 해발 900m 이하에서 거주, 활동량, 심폐질환, 40세 이하, 음주, 수면제 복용, 비만, 흡연 등이 있다. 예방책은 신체가 고소에 적응할 수 있도록 시간을 주면서 서서히 높은 고도로 올라가는 것이다.

(1) 급성 고산병(Acute mountain sickness, AMS)

급성 고산병은 높은 고도에 급히 올라갈 때 흔히 발생한다. 1993년, Lake Louise Consensus Committee는 급성 고산병을 2,500m 이상의 고지에 도착한 사람으로 두통이 있으면서 위장장애, 피로 · 무기력, 어지러움 · 현기증, 수면장애 중 한 가지 이상의 증상이 발생한 것으로 정의하였다. 이후 지침은 개정되었으며 각 증상을 0에서 3까지의 척도로 등급을 매겨 경미한 급성 고산병 3~5점, 중등도 급성 고산병 6~9점, 중증 급성 고산병은 10~12점으로 제안하였다. 동맥혈의 이산화탄소압이 증가하고 산소압 감소로 저산소증이 발생하여 지속적인 뇌혈관의 확장과 뇌혈류의 증가, 뇌압 상승 등으로 급성 고산병이 발생하는 것으로 보이나 병리기전은 정확히 밝혀지지 않았다. 두통(throbbing headache), 피로감, 쇠약감이 흔한 증상이며 손 · 발 · 얼굴의 부종, 망막출혈이 나타나기도 한다. 망막출혈은 저산소증으로 인하여 망막혈류 감소와 망막혈관 확장에 의해 발생하며 고소 두통이 있는 사람과 격렬한 운동을 한 사람에서 많이 나타난다. 대부분 2주 이내에 흡수된다. 급성 고산병은 대체로 고소에 오른 지 6~12시간 이내에 증상이 발생하며, 2~3일째 증상이 가장 심하고 4~5일 지나면 사라진다. 그러나 더 높은 곳에 오르면 증상이 재발한다. 드물게 2,000m 이하에서도 발생한다. 중증 급성 고산병에서는 저환기, 체액저류, 두개내압 상승, 가스교환의 장애, 간질성 폐렴 등이 나타난다. 대부분 저절로 증상이 호전되지만 일부에서는 심각한 합병증인 고소 폐부종이나 고소 뇌부종이 나타날 수 있다. 안정 시에도 호흡곤란이 나타나면 고소 폐부종을 의심한다. 진통제를 복용하여도 두통이 호전되지 않으면 낮은 지대로 내려와야 한다. 고도 높이, 등반 속도, 체류 기간, 활동량, 과거 순응여부, 고산병에 대한 감수성에 따라 고산병 발생에 차이가 있으며 건강한 사람도 고산병을 경험한다.

최선의 예방은 고도 변화에 적응할 수 있도록 천천히 오르는 것이다. 하루에 해발 3,000m 이상의 고산에 오르거나 고산병의 과거력이 있는 경우는 예방약으로 아세타졸아미드가 도움이 된다. 아세타졸아미드는 신장에서 carbonic anhydrase 차단으로 중탄산염을 배출하여 혈액을 산성화하고 호흡성 알칼리증을 감소시켜 호흡 및 동맥혈 산소의 증가 및 이산화탄소를 감소시키는 작용을 한다. 산에 오르기 전날부터 아세타졸아미드 125mg을 하루에 두 번, 등반 첫 2일까지 복용한다. 부작용으로 발진, 소변량 증가, 손 · 발가락의 이상감각, 위장관 증상 등이 있다. 덱사메타손도 사용 가능하며 두 약제의 병합요법이 단일제제 요법보다 효과적이다. 탈수 예방을 위해 수분 섭취는 필요하나 수분을 많이 섭취하는 것이 고산병을 예방한다는 과학적 근거는 부족하다. Gaillard 등이 12년간 추적관찰한 결과에 의하면 트레킹 연령이 높아졌고 좀 더 천천히 걸으며 고산병에 대한 인식이 높아졌으며, 예방약 복용자는 더 늘고 고산병 경험자는 감소하였다.

치료는 산소공급과 낮은 고도로 내려오는 것이다. 500~1,000m만 하산하여도 증상이 호전된다. 하산이 어려우면 간이형 고압챔버인 가모백(gamow bag)을 이용한다. 가모백은 발로 펌프를 밟아 백을 팽창시키는 구조이다. 가모백 내부에서는 주변보다 1,500m 낮은 고도에 있는 효과를 얻을 수 있다. 하산이나 산소공급이 어려운 경우 최선의 치료는 약물치료다. 아세타졸아미드와 부종 감소를 위해 덱사메타손을 사용한다. 호흡을 억제하는 수면제는 사용하지 않아야 하며, 증상이 호전되지 않으면 더 높은 곳으로 오르지 않아야 한다.

(2) 고소 폐부종(High altitude pulmonary edema, HAPE)

고산병으로 인한 사망은 주로 고소 폐부종에 기인한다. 급히 2,500m 이상에 오르면 약 1%에서, 4,000m 이상에서는 약 10%에서 고소 폐부종이 발생한다. 고소에 오른 둘째 밤에 증상이 많이 나타나고 4일 지나 발생하는 경우는 드물다. 위험요인은 급성 고산병과 같다. 50%에서 급성 고산병이, 14%에서 고소 뇌부종이 동반된다. 고소 폐부종은 폐동맥압과 폐모세혈관압의 증가와 연관되며 저산소증에 의해 폐혈관 수축이 심화되어 나타난다. 교감신경의 과도한 흥분, 내피의 기능부전, 저산소증에 대하여 적절하게 반응하지 못하는 환기반응으로 인한 저산소증의 심화 등이 발생기전으로 알려졌다. 맥박산소측정기(pulse oxymetry)로 산소포화도가 90% 이하이거나 안정 시에도 호흡곤란이 있으면 고소 폐부종을 의심한다.

증상은 급성 고산병의 증상을 포함하며 마른기침이 특징적이다. 상태가 악화되면 미열, 붉은색 가래를 동반한 지속적인 기침, 호흡곤란, 빈맥, 빈뇨, 손톱과 입술의 청색증, 저혈압, 객혈, 오른쪽 겨드랑이에서 시작하여 양측 폐에서 들리는 수포음, 호흡성 알칼리증, 의식장애, 방향감각 상실 등이 나타나며 밤에 증상이 심하다. 흉부엑스선 소견은 90%에서 균질한 폐포성 음영과 폐동맥 확장이 관찰된다. 예방책은 고소순응이 필요하며 아세타졸아미드를 복용하는 것이다. 기왕력이 있으면 니페디핀을 사용한다. 증상이 나타나면 산소를 공급하고 하산한다. 하산하여 휴식을 취하고 2~3일간 산소를 공급하면 폐고혈압이 30~50% 감소되어 증상이 호전된다. 하산하기 어려우면 가모백을 사용한다. 니페디핀 사용으로 폐동맥압을 낮출 수 있다. 사망률은 11%에 이르며 이와 같은 높은 치명률은 대부분 초기에 진단에 실패하고 하산할 수 없었기 때문이다.

(3) 고소 뇌부종(High altitude cerebral edema, HACE)

급성 고산병의 매우 심한 형태이다. 고산병이나 고소 폐부종을 보이는 환자에서 조화운동실조(ataxia) 혹은 의식수준의 변화가 있을 때 진단한다. 저환기로 인해 뇌혈류가 증가하고 뇌압이 상승되어 뇌부종을 유발한다. 고소 폐부종 환자에서 심한 저산소증이 지속되면 고소 뇌부종이 합병될 수 있다.

전반적인 뇌병증이 고소 뇌부종의 특징이다. 증상으로 두통, 불면, 오심, 구토, 마비, 환각, 경련, 의식저하 등이 있으며 소뇌는 저산소증에 매우 예민하여 몸통 운동실조를 초래한다. 안저부종, 망막출혈이 있을 수 있으며 발작은 드물다. 수 시간 내지 수 일에 걸쳐 진행하여 뇌이탈(brain herniation)로 사망한다. 고소 뇌부종이 나타나면 즉시 하산하여야 한다. 산소치료로 산화헤모글로빈 포화도를 90% 이상 유지하도록 한다. 부종 감소를 위하여 덱사메타손과 이뇨제를 사용하며 혼수상태에서는 기도확보가 중요하다.

(4) 만성 고산병(Chronic mountain sickness, CMS)

만성 고산병은 평균 고도 4,200m 이상에서 오랫동안 생활하는 경우 만성 저산소증에 의해 증상이 나타나는 질환이다. 1925년 Monge가 4,000m 이상에 거주하는 페루 안데스 원주민에서 처음으로 발견하여 만성 고산병을 Monge's disease 라고도 한다. 산소부족으로 매우 심한 적혈구증다증(erythrocytosis) 소견을 보이며, 혈색소 증가, 두통, 만성피로, 현기증, 집중력 저하, 기억장애, 수면 중 저산소증, 호흡 운동 및 환기의 저하, 청색증, 폐동맥 고혈압에 의한 우심실비대 등이 특징이다. 남성이 여성보다 많이 발생하고 평균연령은 40세이다. 만성 고산병은 폐고혈압과 극심한 산화헤모글로빈 포화도 감소로 인한 폐성심(cor pulmonale), 즉 우심부전(right heart failure)으로 사망한다. 낮은 지대로 내려오면 적혈구 생산이나 폐혈관 수축이 해소되어 증상이 호전되나 다시 고산으로 올라가면 증상이 재발된다. 적혈구 감소를 위한 정맥절개술(phlebotomy)과 저산소증 개선을 위해 자는 동안 산소를 지속적으로 사용한다.

3) 의학적 고려사항

고소작업자는 저기압 환경에서 작업을 하므로 건강문제가 발생할 가능성이 낮은 건강상태이어야 한다. 중증 만성폐쇄성폐질환, 불안정 협심증, 심부전, 선천성심질환(ASD, PDA, 다운증후군 등), 폐고혈압, 겸상 적혈구성 빈혈, 고위험군 임산부는 고소작업에 적합하지 않다. 경동맥 수술 또는 방사선 치료, 수면무호흡증, 중등증 만성폐쇄성폐질환, 낭포성 섬유증, 조절되지 않는 고혈압, 안정형 협심증, 겸상 적혈구성 빈혈이 동반된 심부전, 뇌혈관질환, 조절되지 않는 경련성 질환, 각막절개술, 당뇨병성 망막증 환자는 문진과 이학적 검사를 통해 산소필요 여부와 건강상태를 평가한다. 고소증 발생 위험이 낮음으로 판단될 때 고소작업을 고려할 수 있다. 흡연자는 금연을 하여야 한다. 혈색소, 적혈구, 폐활량검사, 흉부엑스선 촬영은 건강상태 평가의 기본 검사항목이며 고소작업자는 스트레스 수준이 증가할 가능성이 있어 스트레스 평가 등도 고려하는 것이 바람직하다. 두통, 위장장애, 피로 · 허약, 현기증 · 가벼운 현기증, 수면장애 5가지 증상에 대한 자세한 문진을 통해 급성 고산병의 평가지표인 Lake Louise AMS score를 활용할 수 있다.

더 읽을거리

Dietz TF, Hackett PH. High altitude medicine. In: Keystone JS, Kozarsky PE, Freedman DO, Nothdurft HO, Connor BA. Travel Medicine, 2nd Edition. Philadelphia, PA: Mosby Elsevier, 2008.

3.3 항공기 기내환경

1) 대기권

대기권은 지구를 둘러싸고 있는 공기층을 말하며 지표면에서 약 1,000km에 이른다. 공기는 질소 78%, 산소 21%, 기타 1%의 기체로 구성되며 고도 약 100km까지 기체의 구성비가 일정하다. 고도에 따라 물리적 특성이 변화한다.

(1) 대류권(Troposphere)

지표면으로부터 약 10km(적도 지역 약 18km)까지의 대기층으로 대기권의 최하층에 있다. 고도 상승에 따라 기온이 일정하게 하강하는 특징이 있으며(6.5℃/km 하강), 대류 현상으로 인해 구름 · 비 · 바람과 같은 기상현상이 있다.

(2) 성층권(Stratosphere)

고도 10~50km까지의 대기층으로 대류 현상이 없는 안정된 기층이다. 20~30km 사이에 오존층이 있어 자외선을 흡수하고, 고도 상승에 따라 기온이 상승한다. 성층권 하부에는 수평으로 매우 빠른 속도로 공기가 흐르는 제트기류가 있고 난기류가 발생하지 않아 항공기 운항에 많이 이용된다.

(3) 중간권(Mesosphere)

고도 50~80km까지의 대기층으로 기온이 가장 낮은 층이다. 고도가 상승할수록 기온이 내려가 영하 70℃에 이른다. 오존을 많이 포함하고 있으며 대류 현상이 있으나 수증기가 없어 기상현상이 발생하지 않는다.

(4) 열권(Thermosphere)

고도 80~500km까지의 대기층이다. 태양의 복사에너지를 흡수하여 기온이 올라간다. 열권의 하층부는 전리현상이 강해 원거리 통신에 이용되며 극지방에서는 상층부의 오로라 현상을 볼 수 있다. 로켓추진에 의한 탄도비행이 가능하고 330~400km 사이에 우주정거장이 설치된다.

2) 객실고도

해수면의 대기압은 1기압으로 수은기둥 76cm가 누르는 압력 즉, 760mmHg(14.7psi)이다. 장거리 노선의 운항고도(aircraft altitude)는 대체로 10~12km(33,000~39,000ft)이다. 34,000ft 고도에서는 기압이 1/4로 감소하여 190mmHg(3.7psi)에 불과하며 심각한 저산소증으로 인해 생명을 유지하기 어렵다. 이러한 극한 환경을 극복하기 위해 항공기는 여압장치를 통해 가압(pressurization)을 한다. 기종에 따라 차이가 있으나 객실은 5,000~8,000ft 고도로 유지된다. 최대 객실(cabin altitude)고도인 8,000ft 에서도 건강한 사람은 산소포화도가 90% 이상으로 유지된다. 34,000ft 상공을 날고 있는 항공기의 객실고도는 흔히 한라산 정상에 비유되며 이러한 비유는 순항중인 항공기에서 건강한 성인은 별다른 문제가 발생하지 않고 있음을 의미한다. 그러나 PaO_2가 낮은 심장질환, 만성 호흡기질환, 빈혈이 심한 환자는 건강상태가 악화될 가능성이 높다.

3) 항공기승무원의 건강문제

(1) 변압증(Dysbarism)

기압의 변화로 나타나는 신체변화를 변압증이라 한다. 기체의 온도가 일정하면 압력과 부피는 반비례한다. 따라서 항공기가 상승 · 하강 시 객실기압의 변화로 중이, 부비동, 위장관 내 공기의 부피도 변화한다. 개복수술을 받은 직후 또는 기흉 환자가 항공기 탑승이 허용되지 않는 것도 변압증으로 인한 건강상태 악화를 우려하기 때문이다.

① 항공성 중이염(Aerotitis media)

항공성 중이염은 항공기승무원이 경험하는 가장 흔한 압력손상(barotrauma)이다. 중이는 이관을 통해 외부와 공기가 통한다. 항공기 상승 시에는 이관을 통해 중이의 공기가 외부로 서서히 배출되어 문제되지 않으나 하강 시에는 중이에 형성된 음압으로 공기 이동이 원활하지 않다. 이관기능의 저하로 중이와 외이의 압력 차이가 크면 고막이 내측으로 밀려 귀의 압박감, 일시적 난청, 고막충혈, 귀의 통증 등이 발생하고 심한 경우 삼출성 액체가 저류된다. 항공성 중이염은 상기도감염이 있을 때 발생하기 쉽다. 이관의 통기를 돕기 위해 발살바법(Valsalva maneuver)을 가볍게 시도하면 증상이 완화된다. 지상에서도 증상이 지속되면 치료가 필요하며 승무원은 증상이 호전될 때까지 항공업무에서 배제된다.

② 항공성 부비동염(Aerosinusitis)

항공기가 하강 시 부비동과 외부의 압력 차이가 크면 부비동의 점막에 염증이 생겨 항공성 부비동염이 발생한다. 상기도감염과 같은 선행질환이 있을 때 발생되며, 주 증상은 안면부 통증과 두통이다. 호발부위는 전두동이다.

③ 복통

장내 세균, 섭취한 음식물로 인해 위장관에는 공기가 있다. 이륙 후 위장관 공기는 팽창되어 속이 더부룩해지는 불편함이 발생한다. 예방책으로 탑승 전에 가스를 많이 생성하는 음식이나 탄산음료는 가급적 적게 섭취하는 것이 권고된다. 복부 수술 후 상처가 아물지 않으면 공기 팽창으로 위험한 상황이 발생할 수 있어 항공기 탑승이 허용되지 않는다.

④ 항공성 치통(Barodontalgia)

충치, 치수괴사, 치주염 등 구강질환이나 항공성 부비동염이 있을 때 기압변화로 인해 치통이 발생할 수 있다. 발치 직후에는 항공기 탑승이 권고되지 않는다.

(2) 저산소증(Hypoxia)

저산소증은 조직에 공급되는 산소가 부족한 상태이다. 가벼운 저산소증은 대부분 자각하지 못한다. 고도, 노출시간, 건강상태에 따라 두통, 피로, 졸림, 불안, 초조함, 업무수행능력 저하, 판단력 저하, 다행감(euphoria), 현기증, 시력저하, 시야협소, 의식저하 등 여러 증상이 나타난다. 심폐기능이 저하된 경우에는 기내의 낮은 산소분압으로 인해 가스교환이 원활하지 않아 저산소성 저산소증을 경험할 수 있다. 따라서 혈색소 8.5g/dL 이하인 환자는 기내에서 사용할 산소를 항공사에 요청하여야 하며 항공기승무원은 일시적으로 항공업무에서 배제된다.

(3) 급격 기압 강하 증후군 (Rapid decompression sickness)

급격 기압 강하 증후군은 객실고도의 급상승, 즉 급격 감압상태에 노출되었을 때 나타나는 증상을 말한다. 여압장치에 결함이 있거나 기체가 파손되는 사고 등 비상상황이 발생하지 않으면 객실고도가 8,000ft를 초과하는 일은 없으며, 급격 기압 강하 증후군도 발생하지 않는다. 객실고도가 급상승하면 심각한 저산소증으로 인해 수분 내에 의식이 소실된다. 저산소증으로 업무수행능력이 저하될 때까지의 시간을 유효의식시간(time of useful consciousness, TUC)이라 한다. 객실고도 상승에 따라 유효의식시간은 급격히 감소한다. 22,000ft에서 5분, 25,000ft 2분, 28,000ft 1분, 35,000ft에서 30초이며, 40,000ft에서는 15~20초에 불과하다. 기내에는 비상상황에 대비하여 산소가 준비되어 있으며, 객실고도가 10,000ft 이상으로 올라가면 좌석 위 선반에서 산소마스크가 자동으로 내려온다. 항공기 운항 중에 기체가 파손되면 폭음과 함께 기온이 내려가 기내에 일시적으로 짙은 안개가 끼고 고정되지 않은 물체는 파손부위를 통해 기체 외부로 빠져나가며 폭풍현상이 나타난다.

객실고도가 18,000ft 이상으로 급상승 시 감압병이 발생할 수 있다. 미국 공군의 자료에 의하면 고도 감압병은 25,000ft 이상에서 나타났으며 13%에서만 그 이하의 고도에서 발생하였다. 잠수 활동 후 일정시간이 지나지 않은 상태에서 항공기에 탑승하면 체내에 녹아있던 질소가 기포를 형성하여 기내에서도 감압병이 발생할 수 있다. 문헌상 4,500ft에서 발생한 사례가 보고되었다. 고도 감압병 예방을 위해 미국 연방항공청(FAA)은 잠수 활동 후 24시간 지나 항공기에 탑승하도록 권고하였다. 헬기로 감압병 환자를 이송할 때에도 비행고도를 가급적 낮게 유지하도록 하는 이유이기도 하다.

(4) 기내환경(Aircraft cabin environment)과 관련된 건강문제

① 기내온도, 습도, 소음

항공기 객실(기내)은 기압이 낮은 것 외에도 지상의 환경과 다른 점이 있다. 기내온도는 22~26℃로 유지하며 조절이 가능하다. 습도는 10~20%로 유지되어 장거리 노선에서는 피부, 눈, 코 등 점막이 건조하여 불편함을 느낀다. 콘택트렌즈보다 안경 착용을 권하는 이유이기도 하다. 탈수를 예방하기 위해 기내에서 지나친 음주는 삼가하고 카페인이 포함된 음료는 적게 섭취하며 생수를 자주 마시는 것이 도움이 된다. 항공기 엔진과 환기장치, 에어컨 등 여러 장치로부터 소음이 발생된다. 그러나 기내에서 승무원이나 옆 사람과의 대화에 어려움이 없으며 기내소음으로 인해 소음성 난청은 발생하지 않는다.

② 기내환기

깨끗한 공기를 유지하기 위해 항공기는 환기시스템을 갖추고 기내 오염물질을 제거한다. 기내공기는 50:50 비율로 외부공기와 교환한다. 외부에서 유입된 공기는 뜨거운 엔진을 거쳐 온도조절장치에서 냉각되고 HEPA 필터를 거친 재순환 공기와 혼합되어 기내에 공급된다. 따라서 이 공기에 바이러스 등 생물이 생존할 가능성은 매우 낮다. 기내는 건조하고 공기는 위에서 아래로 흘러내려 객실 앞뒤로 공기가 섞이지 않으며 분당 20~30회 주기로 공기가 교체된다. 거기에다가 좌석은 물리적으로 비말을 차단하는 역할을 하여 기내감염(inflight transmission)은 매우 드물게 발생한다.

③ 기내 오염물질

0.3㎛ 이상의 입자, 세균, 바이러스 등을 99.9% 걸러내는 HEPA 필터를 거친 공기가 기내에 유입되고 있으나 기내공기에서 세균, 곰팡이, 바이러스 등 생물학적 오염물질과 일산화탄소, 이산화탄소, 오존, 휘발성 유기화합물(VOC), 반휘발성 유기화합물, 살충제 등 화학적 오염물질이 검출되는 경우가 있다. 주 오염원으로 담배연기, 오존, 이산화탄소 등이 지목되었으나 기내금연으로 담배연기는 더 이상 문제되지 않는다. 기내에서 간혹 눈과 목이 따갑고 두통을 경험했다는 객실승무원의 보고가 있었으나 European Cabin Air project에서는 사무실 공기에 비해 기내공기에서 오염물질이 더 적게 검출되었으며, 영국 교통부의 의뢰로 Cranfield 대학이 수행한 연구에서도 기준을 초과하는 오염물질은 확인되지 않았다.

④ 좌석 간격

장시간 좁은 좌석에 앉아 있으면 popliteal vein의 압박으로 혈액 흐름이 느려 혈전이 생길 수 있다. Virchow는 색전증으로 사망한 11명 중 10명의 부검소견에서 심부정맥혈전증(deep vein thrombosis, DVT)을 확인하고 원인으로 혈류정체, 혈관내막 손상, 혈액응고성 증가로 요약되는 Virchow's triad를 발표하였다. 항공여행 후 발생한 DVT는 이코노미클래스 증후군(economy class syndrome)이라는 용어로 불리기도 한다. 장시간 앉아있는 것과 DVT 발생과의 관련성은 이미 1954년에 알려졌으며 일등석 승객이나 자동차 여행, 공연관람 후에도 DVT는 발생한다. 2000년, 영국 상원 과학기술위원회는 광범위한 검토를 통해 오해의 소지가 높은 이코노미클래스 증후군 대신 Traveler's thrombosis 라는 용어를 사용하도록 권고하였다. 2001년, 세계보건기구는 4시간 이상의 장거리 항공여행을 마친 건강한 승객을 대상으로 WHO Research into Global Hazards of Travel (WRIGHT) Project를 수행하여 승객 6,000명당 1명에서 DVT가 발생하는 것을 확인하였다. 암환자, DVT 병력이나 가족력, 고령, 피임약 복용, 임신 말기, 분만 후, 전신마취 후, 최근에 받은 수술, 흡연, 비만, 장기간 침상생활 등 혈전이 잘 생길 수 있는 건강상태에 기내환경 요인이 더해지면 DVT 발생 위험이 높아진다. 주 증상은 다리 부종과 통증이나 약 50%에서는 증상이 없다. 폐색전증으로 발전되면 호흡곤란이나 흉통이 발생하며 사망에 이르기도 한다. DVT 예방을 위해 기내에서 물을 자주 마시고 좌석에 앉아 있는 동안 규칙적으로 다리 운동을 하는 것이 권고된다.

⑤ 난기류(Turbulence)

공기 흐름이 불규칙한 난기류가 있는 지역을 통과할 때 항공기는 심하게 흔들린다. 이로 인해 통로에 있는 기내식 카트에 부딪히거나 서있다 넘어지면서 골절 등 부상을 입는 경우가 있다. 예기치 못한 난기류에 대비하기 위해 좌석에 앉아 있을 때에는 안전벨트 착용을 권장한다.

4) 항공기승무원의 건강관리

항공기승무원은 항공기에 탑승하여 임무를 수행하는 사람을 말한다. 운항승무원(Cockpit crew, Flight crew)은 조종사 또는 부조종사 자격증명을 받은 사람으로 항공기에 탑승하여 항공업무에 종사하는 사람이며, 객실승무원(Cabin crew, Flight attendant)은 비상시 승객을 탈출시키는 등 안전업무를 수행하는 사람으로 정의된다.

(1) 항공신체검사

사전예고 없이 발생하는 응급증상은 업무능력을 저해하여 항공안전을 위협한다. 비행 중 항공안전을 위태롭게 할 정도의 의학적 적합성이 감소되는 상태로 정의되는 의학적 조종불능상태(inflight medical incapacitation)를 예방하기 위해 국제민간항공기구(International Civil Aviation Organization, ICAO)는 국제민간항공조약 부속서 1에 면허증 발급을 위한 신체검사에 관한 기준을 규정하고 의학적 평가, 의학적 평가요건, 제1종 · 제2종 · 제3종 신체검사 평가를 구체적으로 기술하였다. 우리나라도 이를 근거로 항공신체검사에 대한 기준과 절차를 항공안전법 및 같은 법 시행규칙과 고시에 규정하였다. ICAO는 항공의학에 관한 기본 학식과 경험을 갖춘 의사 즉, 항공전문의사(Aviation Medical Examiner, AME)가 항공신체검사를 담당하도록 권장하고 있다. 우리나라도 항공의학에 관한 전문교육을 받은 의사 중 국토교통부장관이 지정한 항공전문의사에 의해 항공신체검사 업무가 수행되고 있으며, 다수의 직업환경의학과 전문의가 항공전문의사로 활동하고 있다.

항공안전법 시행규칙 [별표 9]의 항공신체검사기준을 충족하지 못하는 경우, 운항승무원은 일시적 또는 영구적으로 항공업무에서 배제된다. 감기와 같은 가벼운 질병을 제외한 대부분의 질병은 치료 종료 후 업무에 복귀할 때 업무적합성 평가가 필요하다. 근무복귀를 위한 평가에는 승무원의 업무특성과 기내환경이 반드시 고려되어야 한다. 지상에서 문제가 없어보여도 기내에서 업무 수행 중에 건강상태가 악화되는 경우가 있기 때문이다. 따라서 치료가 종료되어도 질병에 따라 항공업무 복귀까지 상당기간 관찰이 필요한 경우도 있다. 운항승무원의 근무복귀에 대한 평가는 항공전문의사가 치료기관의 의사소견서를 참고하여 판단한다.

객실승무원은 산업안전보건법에 의거하여 매년 일반건강검진을 받으며 같은 법 시행규칙에서 정한 야간작업에 해당하는 경우에는 특수건강진단을 받아야 한다. 산업안전보건법에 따라 감염병, 정신병 또는 근로로 인하여 병세가 크게 악화될 우려가 있는 질병으로서 고용노동부령으로 정하는 질병에 걸린 경우와 기내에서 건강악화의 가능성이 있는 경우에는 항공업무에서 배제된다. 객실승무원은 안전업무 뿐 아니라 기내식 제공 등 서비스 업무도 담당하므로 업무적합성 평가 시 업무 내용이 고려되어야 한다.

(2) 피로위험관리

피로는 항공기 사고의 기여요인(contributing factor)이다. ICAO는 승무원의 피로를 항공기 안전운항 또는 안전관련 근무 수행에 필요한 승무원의 각성상태 및 수행능력을 해칠 수 있는 수면부족, 과도한 각성, 일주기리듬의 변동 또는 업무 과부하의 결과로 발생하는 정신적, 신체적 수행능력이 저하된 생리적 상태로 정의하였다. 2012년, ICAO는 승무원의 피로로 인해 항공기사고가 발생하는 것을 예방하기 위해 각 국가에서 피로위험관리시스템(Fatigue risk management system, FRMS)을 도입하도록 국제기준을 개정하였다. 피로위험관리시스템은 승무원이 충분한 주의력이 있는 상태에서 해당 업무를 할 수 있도록 피로와 관련한 위험요소를 경험과 과학적 원리 및 지식에 기초하여 지속적으로 감독하고 관리하는 시스템을 말한다.

(3) 우주방사선 관리

우주방사선은 태양 또는 우주로부터 지구 대기권으로 들어온 방사선을 말한다. Hess는 실험을 통하여 지상보다 높은 공중에서 방사선의 영향을 더 많이 받는 현상을 발견하고 이것은 지구 밖에서 오는 방사선의 영향이라고 생각하여 우주방사선으로 불렀다. 방사선은 조직에서의 흡수 정도와 에너지 전이 정도에 따라 전리방사선과 비전리방사선으로 구분된다. X선, γ선 같은 광자와 중성자, 양성자, 전자, 양전자 등이 전리방사선에 속한다. 우주방사선은 대기와 충돌 시 주로 큰 에너지를 가진 양성자로 구성된 전리방사선을 방출하며 대기권을 통과하면서 중성자, 전자, 감마선 등 낮은 에너지를 가진 방사선을 발생시킨다. 우주방사선은 해수면에 가까울수록 선량률이 낮으며 위도와 고도가 높을수록 선량률은 높고, 극지방은 적도에 비해 거의 두 배에 가까운 영향을 받는다. 그러므로 일반항로에 비해 북극항로 이용 시 우주방사선 피폭량이 더 많다.

① 우주방사선의 신체 영향

우주방사선에 노출된 이후부터 영향이 나타날 때까지의 시간에 따라 급성장애와 만성장애로 구분된다. 만성장애는 비교적 오랜 시간 경과 후에 나타나며 암과 백내장이 대표적이다. 그러나 암 발생에는 흡연 등 여러 요인들의 영향력이 매우 크고 100mSv[3] 이하의 폭로에서는 암 발생 확률이 낮은 것으로 알려져 있다. 원폭피해 생존자나 원자력산업 종사자 대상의 연구에서는 방사선 피폭으로 인한 평균 위험은 1,000mSv당 약 5%, 누적 폭로량이 100mSv에 이르면 암발생 위험이 약 0.5% 증가하였으며, 일본 원폭피해 생존자의 선량과 초과상대위험과의 상관관계를 보면 200mSv 미만에서는 암 발생이 뚜렷하게 증가하지 않았다. 낮은 선량 피폭자에서 암 발생과의 관련성에 대한 과학적 증거는 충분하지 않으나 암 발생이 위험이 없다는 증거도 확실하지 않다. 따라서 낮은 선량에서도 높은 선량에서와 같이 문턱 없는 선형비례모델(LNT 모델)을 적용하여 암 발생 위험이 있을 것으로 가정한다.

1990년, 국제방사선방호위원회(ICRP)는 승무원의 우주방사선 피폭을 직업적인 것으로 간주하였다. 이후 수행된 암 발생과 우주방사선의 관련성에 관한 연구들에서 피부암과 유방암 외에는 연구결과에 일관성이 없었으며 피부암은 악성흑색종의 빈도가 높았다. 악성흑색종은 자외선 노출과 관련 있고 전리방사선과의 관련성은 낮은 것으로 알려져 있다. 객실승무원 44,000명을 대상으로 유럽 8개국의 공동 코호트 연구에서 모든 암의 표준화사망비(SMR)는 0.78, 유방암은 1.11로 약간 증가되었으나 유의하지 않았고, 영국항공의 연구결과에서도 승무원의 암 사망률은 일반인에 비해 더 낮았으며, 미연방항공청은 매년 5mSv 피폭으로 20년간 근무 시 약 0.4%, 30년간 근무 시 암 발생이 약 0.6% 증가하는 것으로 추정하였다.

② 항공기승무원의 피폭방사선량 관리

전리방사선에 의한 건강영향은 확률론적 영향(stochastic effects)에 의해 피폭방사선량과 관련 있는 것으로 간주한다. 따라서 방사선 노출 후 수년간 암이 거의 발생하지 않으나 확률론적 영향에 대한 임계선량(threshold dose)을 명확하게 알기 어렵다. 확률론적 영향에는 암, 심혈관 질환, 다음 세대의 유전적 장애가 포함되며 이러한 위험은 누적된다. 따라서 피폭선량에 대한 제한이 필요하며 승무원의 피폭방사선량이 법에서 정한 선량한도를 초과하지 않도록 관리되어야 한다. 미연방항공청은 항공기승무원의 선량한도[4]를 연간 50mSv를 초과하지 않는 범위에서 매 5년간 100mSv 이하로 하고, 임신한 여승무원은 임신 사실이

3 인체 피폭선량을 나타내는 방사능 단위는 시버트(Sv)이다. 우주방사선은 방사선량이 적어 일반적으로 밀리시버트(mSv)를 사용한다. 1 Sv = 1,000mSv

4 선량한도는 사람의 신체의 외부에 피폭하는 우주방사선량과 내부에 피폭하는 우주방사선량을 합한 피폭방사선량의 상한값을 말한다.

확인된 날부터 출산 시까지 2mSv 이하로 제한하였다. 임신한 승무원의 항공업무 제한에 대한 규정은 국가마다 상이하다. 2021년 5월, 우주방사선으로 부터 항공기승무원의 건강보호를 강화하기 위해 승무원에 대한 우주방사선 안전관리 규정이 개정되었다. 항공기 운항 중 우주방사선에 노출 가능성이 있는 승무원의 피폭방사선량 안전기준을 연간 50mSv에서 6mSv, 임신한 승무원은 연간 2mSv 이하에서 1mSv 이하로 낮추고, 개인별 자료 보관기간도 마지막 운항으로부터 30년(또는 75세)까지 연장되어, 우리나라는 국제기준보다 엄격한 관리기준을 마련 · 실행하고 있다.

생활주변방사선 안전관리법에 의해 국제선에 탑승하는 승무원은 개인별 연간 피폭방사선량을 측정 장비를 사용하여 직접 측정 또는 CARI-6M, EPCARD, SIEVERT와 같은 전산프로그램을 활용하여 평가받는다. 일반적으로 장거리 구간에서는 시간당 약 0.004~0.006mSv, 단거리 구간에서는 시간당 약 0.001~0.003mSv 정도의 우주방사선에 노출된다. 전리방사선에 의해 영향을 받는 대표적인 암으로 백혈병, 피부암, 폐암, 갑상선암, 유방암이 있다. 확률론적 영향으로 유발되는 암 중 백혈병은 잠복기가 가장 짧으며, 최소 잠복기는 2~3년이다. 우리나라에서 객실승무원과 운항승무원이 급성골수성백혈병으로 업무상 질병으로 승인받은 사례가 있다. 성인에서는 급성백혈병 및 만성골수성백혈병이 전리방사선과 관련 있으며 만성림프구성백혈병은 전리방사선에 의해 유발되지 않는다.

(4) 건강증진활동

운항승무원의 건강은 항공안전과 직결된다. 근무 중 건강악화로 조종불능상태에 이르면 비상상황이 초래될 수 있으며, 개인적인 측면에서는 항공업무에 적합한 건강상태가 유지되지 않으면 조기 퇴직의 사유가 된다. 이를 예방하기 위해 ICAO는 항공신체검사를 통해 항공안전을 위협할 수 있는 건강문제를 주기적으로 평가하도록 하였다. 항공신체검사는 질병의 조기발견 및 조기치료, 건강증진에 필요한 정보를 제공하는 등 순기능이 있으나 예방측면에서는 미흡함이 있다. 불규칙한 근무일정과 교대근무, 시차로 인해 일주기리듬이 교란되어 있는 운항승무원이 스스로 건강한 생활습관을 지속적으로 유지 · 실행하는 것은 쉬운 일이 아니다. 이와 같은 배경에서 ICAO는 의학적 관리강화 방안으로 항공보건 증진활동(aviation-related health promotion) 의무화 규정을 2015년에 신설하여 항공안전을 위협하는 질병의 발생을 예방하거나 늦춤으로써 항공안전 수준을 향상시키고자 하였다. 건강증진활동을 통해 운항승무원의 건강을 유지 · 증진함으로써 항공안전 수준을 향상시켜 의학적 조종불능상태 제로화를 기대해 볼 수 있다. 이를 위해 항공안전법에 건강증진활동을 의무화하는 규정이 제정되어 2023년 1월부터 정부와 항공사는 항공안전의 위험요소를 줄이기 위해 운항승무원의 건강증진 및 유지를 목적으로 하는 건강증진활동계획을 수립 · 시행하게 되었다. 우리나라 항공신체검사에서 부적합 판정을 받는 주요 원인은 순환기질환, 종양질환, 정신질환, 안과질환이다. 질병이 발생되면 개인의 삶의 질 저하 외에도 항공업무를 수행할 자격을 유지하기 어렵다. 만성질환은 결정하는 요인의 약 70%는 생활습관에서 비롯된다. 따라서 적정 체중을 유지하고 금연, 절주, 스트레스 관리, 규칙적인 운동 등 건강한 생활습관을 유지하는 것이 매우 중요하다. 항공기 사고로 사망한 운항승무원의 가검물에서 마약, 허가되지 않은 향정신의약품, 업무수행능력을 저하하는 약물들이 검출된 사례가 드물지 않다. 일반의약품에서도 안전을 위협하는 이상반응이 나타날 수 있으므로 승무원은 평소 복용하는 약의 부작용에 대해서도 알고 있어야 한다. 무엇보다 건강문제가 발생하면 임의로 약물을 복용하지 않고 의사의 진료 및 적절한 치료를 받는 것이 중요하다.

더 읽을거리

한복순, 권영환, 김수근, 최은희, 장정순, 신윤영. 조종사·관제사 건강증진방안 연구. 국토교통부 연구용역보고서. 2019.

항공안전법 제49조(항공전문의사의 지정 등)
Copeland K, Friedberg W. Ionizing Radiation and Radiation Safety in Aerospace Environments. DOT/FAA/AM-21/8. Office of Aerospace Medicine, Washington, DC 20591. 2021.
International Air Transport Association. Medical manual. 12th ed. Montreal, Canada. IATA. 2020.
International Civil Aviation Organization. FRMS manual for regulations. Montreal, Canada. ICAO. 2012.

3.4 고기압 환경

1) 고기압

고기압은 압력이 1kg/㎠ 이상인 기압을 말한다. 고기압 환경에 노출될 수 있는 공정으로 수중공사 및 인양과 관련된 잠수작업, 수중교량·교각 건설작업, 잠항공법을 이용한 터널 굴착작업, 고압챔버 작업 등이 있다.

2) 수중환경

잠수작업자는 대기압에 수압을 합친 압력인 절대압(absolute pressure)[5]의 영향을 받는다. 바다에서는 수심 10m, 민물에서는 약 10.3m 내려갈 때마다 1기압씩 증가하여 공기가 있는 공간의 체적은 절대압에 반비례하여 압축된다. 폐 압축을 예방하기 위하여 수압과 같은 압력의 기체로 호흡하면 각 기체의 분압이 높아져 용해도가 증가하고, 기체의 밀도 증가로 호흡저항이 증가한다. 열전도율은 물이 공기보다 25배 높으며 수온, 체지방, 습식 잠수복, 작업자세에 따라 차이가 있다. 수심에 비례하여 단위시간당 환기량의 증가로 체온 손실이 기진다. 낮은 수온에서는 미주신경이 자극되어 맥박이 느리고 혈압이 저하되며 교감신경의 자극으로 혈관이 수축된다. 특히 혼합기체를 사용하는 경우 헬륨이 질소에 비해 열전도율이 5~7배 높아 체온손실이 더 많다. 체온이 2℃ 낮아지면 심한 떨림으로 작업하기 어렵고 동료와 협조가 잘 되지 않으며, 3~4℃ 내려가면 심하게 떨리고 행동이 둔하며 의식이 저하되어 익사 가능성이 높다. 체온이 33℃로 내려가면 말이 느려지고, 30℃에서 의식 소실, 27℃에 이르면 사망한다. 체온이 낮아지면 기체의 용해도가 증가하여 규정된 감압절차를 준수하여도 체외 배출이 지연되어 감압병 발생 위험이 높다. 수중에서는 혈류량이 증가하여 이뇨현상이 초래된다.

수심이 깊어지면 빛은 바닷물을 투과하지 못한다. 파장이 긴 색상부터 흡수되어 수심 1m에서는 붉은 색이 붉지 않은 색으로, 10m 아래에서는 노란색이 다른 색으로, 더 깊어지면 푸른색 또는 회색으로 보이며 30m 아래에서는 수중작업이 힘들다. 물속에서는 굴절률이 달라 물체가 30% 정도 확대되어 보이고 75% 정도 가깝게 보인다. 음파는 공기보다 수중에서 속도가 4배 빨라 소리가 나는 방향을 찾기 어렵다. 수중에는 수중구조물, 바위, 밧줄, 대형 해조류 등 장애물이 많고 낚싯줄에 장비가 걸리는 등 사고 위험이 높다. 대형 해조류 근처에서는 천천히 잠수·상승을 하며, 몸을 돌리거나 비트는 행동은 피하고 조류가 심한 지역에서는 물의 흐름이 정지되는 정조시간을 이용한다. 파도에 휩쓸리면 수중 물체에 부딪혀 부상을 입을 위험이 있다.

3) 잠수·잠항작업

잠수(diving)는 물속에 들어갔다 수면 위로 나오는 일련의 행위이며, 잠수작업은 물속에서 공기압축기나 호흡용 공기통을 이용하여 하는 직업을 말한다. 잠수장비나 기술이 발달하지 않았던 시절에는 비교적 얕은 수심에서 숨을 크게 들여 마신 후 숨을 멈추는 지식잠수(breath hold diving)를 하였다. 지식잠수로 수중에서 견딜 수 있는 시간은 수분에 불과하다. 잠수 활동분야로 산업잠수, 군사잠수, 과학잠수, 스포츠·레저잠수 등이 있다.

고압작업자는 압력이 1kg/㎠ 이상인 고기압에서 작업을 한다. 잠함작업은 수중작업을 위해 밀폐된 구조물인

5 절대압(절대압력)은 잠수작업자에게 미치는 전체압력을 말하며 'ata'로 표기한다.

caisson을 물속 바닥에 두고 하부의 작업실에 압축공기를 불어넣어 가압하여 그 속의 물, 진흙을 외부로 배출시킨 후 작업하는 수중공법을 말한다. 하부 작업실의 압력은 틀 아래 부분이 위치한 수심의 압력과 같다. 작업자가 하부 작업실에 들어가거나, 작업을 마치고 장치 내에서 나오기 위해서는 상부 작업실과 하부 작업실 또는 외부 대기압과 압력평형을 이루어야 한다. 감압과정을 준수하지 않으면 작업자들이 감압병에 걸릴 수 있다.

4) 잠수방법

잠수는 잠수기술에 따라 환경압잠수(ambient pressure diving)와 대기압잠수(atmosphere diving)로 구분한다. 환경압잠수는 수압과 동일한 압력의 기체를 호흡매체로 사용하며 호흡하는 기체에 따라 압축공기잠수와 혼합기체잠수로 구분한다. 압축공기장수는 사용하는 장비에 따라 표면공급식잠수와 스쿠버잠수로, 혼합기체잠수는 포화여부에 따라 포화잠수와 비포화잠수로 구분한다. 대기압잠수는 대기압과 같은 조건의 특수 구조물(예, 잠수정) 속에서 수중활동을 하는 잠수다.

(1) 압축공기잠수(Compressed air diving)

압축공기잠수는 공기를 압축하여 호흡매체로 사용한다. 경제적인 잠수방법이나 수심이 깊으면 각 기체의 부분압이 증가하여 수심 30m 이상에서는 질소 마취, 70m 이상에서는 산소독성이 발생한다. 산업잠수에서는 주로 표면공급식잠수를 하고 스쿠버잠수는 제한적으로 사용한다.

① 표면공급식잠수(Surface supplied air diving)

선상이나 지상에서 견고한 호스를 통해 수중에 있는 잠수작업자의 헬멧에 공기를 지속적으로 공급하는 방식이다. 잠수감독관, 잠수작업자, 대기 잠수작업자, 보조사(tender), 전화수 등으로 팀을 구성한다. 공기를 지속적으로 공급할 수 있어 수중체류시간을 늘릴 수 있고, 작업자와 감독관 사이에 교신이 가능하여 작업자의 위치 확인과 잠수작업을 지휘 · 통제할 수 있어 산업분야에서 잠수작업은 대부분 이 방법으로 한다. 수심이 깊은 곳에서는 공기압축으로 밀도가 증가하여 호흡저항이 크므로 OSHA는 표면공급식잠수의 최대수심을 190ft(57m)로 규정하고 체류시간이 30분 미만인 경우에는 수심 220ft(66m) 이내에서 작업하도록 하였다. 영국과 캐나다에서는 수심 50m로 제한한다.

② 스쿠버잠수(SCUBA diving)

수중에서 독립적으로 호흡할 수 있는 휴대용 잠수기구인 스쿠버를 착용하고 잠수하는 방법이다. 공기 사용시간이 제한되어 산업잠수에서는 주로 수중탐사나 수중촬영에 사용되고, 이동거리가 길거나 공기공급용 호스가 수중 구조물에 걸릴 위험이 있는 특수한 상황이 아니면 사용하지 않는다. OSHA는 스쿠버잠수의 최대수심을 130ft(40m)로 규정하였다.

(2) 혼합기체잠수(Mixed gas diving)

심해잠수를 하기 위하여 기체독성이 발생하는 압축공기 대신 마취현상과 밀도증가가 적은 헬륨, 수소와 같은 불활성기체와 산소를 혼합하여 호흡매체로 사용한다. 국제산업잠수협회(ADCI)와 국제해양공사협회(IMCA)는 50m 이상의 수심에서는 혼합기체잠수를 하도록 하였다. 질소와 산소를 혼합한 나이트록스(nitrox)는 비감압 한계시간의 연장, 감압병과 질소 마취 감소, 수중체류시간 증가, 감압시간 단축, 반복잠수 시 표면경과시간 단축의 장점이 있는 반면, 산소중독 및 고압산소로 화재 및 폭발 위험이 증가하는 단점이 있다. 나이트록스로 잠수할 경우 수심 140ft(42.7m) 이내로 제한된다. 헬륨과 산소를 혼합한 헬리옥스(heliox)는 심해잠수에 이용된다. 수심 200ft(60m) 이상에서는 목소리 변성(donald duck effect), 400ft(120m) 이상에서는 고압 신경 증후군이 나타난다.

포화잠수(saturation diving)는 수중주거장치나 deep dive system (DDS)에서 사용되며, 국내 산업잠수에서는 사용하지 않는다. 불활성기체가 특정 수압에서는 더 이상 용해되지 않으므로 장시간 수중작업을 하여도 감압에 필요한 시간이 더 길어지지 않는 장점이 있다. 비포화잠수(nonsaturation diving)는 체내에 기체가 포화되지 않은 상태로 단시간의 잠수만 가능하며 적은 인원과 장비로도 운용 가능한 장점이 있으나 작업 수심과 작업시간의 제약이 있으며 감압에 필요한 시간이 길어 경제성이 떨어진다.

(3) 잠수장비

잠수작업자가 사용하는 장비로 공기압축기, 잠수조정장치, 잠수헬멧 또는 밴드마스크, 안전멜빵, 생명줄, 수중통화기, 잠수복, 잠수시계, 수중전등, 칼, 물갈퀴 등이 있다. 국제산업잠수협회는 헬멧 또는 웨이트 벨트(필요시), 보호복, 작업공구, 안전장치, 칼 등을 잠수작업자의 개인장비로 분류하며, 표면공급식잠수에서는 구급의료함과 인공호흡 마스크를 갖추도록 하였다. 우리나라에서 많이 사용되는 후카 장비는 스쿠버 장비를 개조하여 2단계 호흡조절기에 공기공급호스를 연결한 것으로 공기 공급에 제한이 없고 장비가 가벼워 활동성이 높으나 통화가 되지 않고 비상기체가 공급되지 않아 급상승(blow-up) 위험에 노출되어 있다.

5) 잠수작업자에서 발생하는 건강문제

잠수작업자가 받는 압력은 대기압과 수압을 더한 압력이다. 폐, 중이, 부비동과 같이 공기가 있는 공간은 수중에서 압력 변화에 따라 하강 시에는 압착증, 질소 마취, 산소독성, 상승 시에는 폐 과팽창 증후군, 폐포 파열로 인한 동맥혈 기체 색전증, 감압병이 발생한다. 지식잠수에서는 주로 하강 시에, 스쿠버잠수에서는 주로 상승 시에 압력변화에 따른 건강장해가 발생한다. 입수 전에는 압력평형(equalizing)이 되는지 반드시 확인해야 한다. 1m 하강할 때마다 압력평형을 하며 압력평형이 되지 않으면 다시 상승하여야 한다.

(1) 압착증

① 폐 압착증(Lung squeeze)

가장 심한 형태의 압착증으로 하강할 때 받는 압력손상에 기인한다. 지식잠수로 깊은 수심으로 내려갈 때 발생하기 쉽다. 수압이 높아짐에 따라 폐가 압축되기 시작하여 잔류폐용적(residual volume)까지는 큰 무리 없이 압축되나 한계수심보다 더 깊게 내려가면 폐 내부에서는 주위 압력에 대한 상대적 음압상태를 보상하기 위하여 폐혈관이 확장되고 삼출액이 분비된다. 가장 일반적인 예방법은 작업자가 체류하고 있는 수심의 수압과 같은 압력의 호흡기체로 호흡하는 것이다.

② 중이 압착증(Middle ear squeeze)

잠수작업자가 경험하는 가장 흔한 압착증이다. 하강할 때 중이의 압력평형이 이루어지지 않으면 고막이 중이 쪽으로 밀려 통증이 발생하고 점막이 붓고 삼출액이 고이거나 심하면 고막이 파열된다. 가장 흔히 사용하는 중이의 압력평형 방법은 증상이 나타날 때 코를 막고 코를 풀듯이 공기를 불어내어 이관을 통해 비강 내 공기를 중이로 내보내는 발살바(Valsalva)를 하는 것이다. 수면으로 상승 시에도 압력평형이 이루어지지 않으면 중이 내 공기의 팽창으로 고막이 파열되어 혈액이 이관을 통해 코와 입으로 나올 수 있다. 고막이 파열되면 통증은 소실되나 찬 물이 중이에 유입되면 현기증, 오심, 구토가 발생한다. 일반적으로 2주 내에 호전된다. 이 기간 동안 잠수 활동, 항공기 탑승, 높은 산의 등반은 피해야 한다.

③ 외이 압착증(External ear squeeze)

외이와 고막사이의 폐쇄공간이 있으면 하강 시 이 공간이 압착되어 귀의 충만감, 통증, 이이도에 점상출혈이 나타난다. 귀마개를 착용하거나 후드를 꽉 조여 사용하는 경우에 발생한다.

④ 내이의 압력손상(Inner ear barotrauma)

내이는 공기가 없어 압착증이 발생하지 않는다. 그러나 중이 압착증으로 인한 심한 통증을 해소하기 위해 지나치게 압력평형을 시도하면 내이에 손상이 올 수 있다. 난원창이나 원형창이 파열되어 내이의 림프액이 중이로 유출되면 이명, 청력손실, 현기증, 오심, 구토, 평형장애 등이 나타난다.

⑤ 부비동 압착증(Sinus squeeze)

부비동은 비강과 연결되어 압력평형을 이룬다. 하강 시 압력평형이 되지 않는 경우 영향 받은 부위에 압박감과 통증이 발생한다. 잠수작업자에게 두 번째로 흔한 압착증이다. 두통은 흔한 증상이며 상승하는 동안 코에서 소량의 혈액이 나오기도 한다. 부비동의 벽이 파괴되어 공기가 새어나가면 안구기종 또는 공기뇌증(pneumoencephalus)을 유발한다. 부비동과 인접한 곳에서는 치통을 경험할 수 있다. 상승보다 하강 시에 부비동의 압력손상이 약 2배 더 많으며 상악동, 전두동, 사골동, 접형동 순으로 발생한다.

⑥ 마스크 압착증(Face squeeze)

하강 시 숨을 내쉬지 않으면 물안경 내·외부에 압력평형이 되지 않아 발생한다. 주위 수압과 같아지기 위하여 물안경 내부가 압축되면서 물안경이 얼굴에 밀착되어 안면부를 압박한다. 안구주변이 부어오르고 멍이 들며 심한 경우 안구출혈과 비출혈이 발생한다. 예방책으로 물안경이 얼굴에 밀착되는 느낌일 때 폐의 공기를 코를 통하여 물안경 안으로 내뿜어, 물안경 내부의 압력을 높인다.

⑦ 그 외 압착증

충치가 있으면 그 속에 공기가 있을 수 있다. 하강 시에는 치아의 압궤손상, 상승 시에는 공기가 팽창되어 치아가 균열될 수 있다. 치통이 귀의 통증으로, 상악동 통증은 치통으로 오인될 수 있으며 발치 후 상처가 치유되는 기간 동안 잠수 활동을 하지 않아야 한다. 하강하는 동안 압력평형 시 공기를 많이 삼키고 상승 중에는 위장관 내 공기가 팽창하여 복통, 트림, 구토가 발생할 수 있다. 하강하는 동안 잠수복 안쪽 주름에 있던 공기가 압축되어 피부가 그 속으로 밀려들어가면 피부에 멍이 든다.

(2) 폐 과팽창 증후군(Pulmonary overinflation syndrome)

압축기체로 호흡하던 작업자가 수면으로 상승하는 동안 적절하게 숨을 내쉬지 않으면 폐 과팽창 증후군이 발생한다. 특히 미숙련자가 응급상황에서 호흡을 멈추고 급상승하거나 산소독성이 나타난 작업자를 수면으로 급히 끌어올릴 때 발생한다. 폐의 과팽창으로 폐포출혈, 폐기종, 동맥혈 기체 색전증, 종격동기종, 기흉, 피하기종 등이 발생하며 호흡곤란, 기침, 빈맥, 객혈, 흉통, 쇼크 증상 등이 나타날 수 있다. 가장 큰 변화는 수면 부근에서 일어난다. 예방책으로 수면으로 급상승하는 응급상황이 발생하지 않도록 하며 수압과 같은 압력의 기체로 호흡해야 한다.

(3) 동맥혈 기체 색전증(Arterial gas embolism, AGE)

동맥혈 기체 색전증은 폐 과팽창 증후군에서 비롯된다. 빠른 시간 내에 고압산소치료를 받지 않으면 사망에 이를 수 있는 매우 심각한 질환이다. 혈관 내 기포는 대부분 정맥에서 발생되며 폐는 필터 역할을 하여 기포가 전신에 퍼지지 않도록 한다. 그러나 폐 과팽창 증후군으로 기포가 폐동맥으로 직접 들어가거나 난원공 개존증과 같은 좌우단락이 있으면 동맥혈 기체 색전증이 발생할 수 있다. 수면에 올라온 직후부터 10분 이내에 발생하며 불안, 현기증, 혼란, 무기력, 의식상실 등 중추신경계 증상이 95%의 환자에서 나타난다. 뇌기능 손상으로 시각장애, 언어장애, 균형장애 등이 나타나며 관상동맥에 동맥혈 기체 색전증이 발생하면 흉통, 호흡곤란 등이 나타난다. 재가압 치료는 기포 크기를 줄여 체외로 쉽게 배출되도록 한다. 고압산소치료를 받기 위해 환자를 이송하는 경우에는 산소호흡을 하도록 한다.

(4) 이상기압에 의한 간접영향

① 질소 마취(Nitrogen narcosis)

질소 마취는 압축공기를 이용하여 수심 100ft(30m) 이상 내려갔을 때 마취효과가 나타나는 현상을 말한다. 수심 30m에 이르면 수분 내에 증상이 나타나고 그 수심에 머물면 변화가 없다. 초기에는 판단력 저하로 잠수목적을 기억하지 못하며 위험에 대한 과신과 행복감을 경험한다. 수심이 증가할수록 졸음, 환각, 의식소실 등 심각한 증상이 나타나 잠수 목적을 잊거나 돌발행동으로 자신과 동료의 안전을 위협한다. 압축공기는 질소분압이 높아 질소 마취가 잘 발생하므로 예방책으로 수심 30m 이상에서는 헬륨과 산소를 혼합한 기체를 사용한다. 수심 30m에서 10m 더 내려갈 때마다 빈속에 마티니 한 잔을 더 마신 것 같이 취한다 하여 질소 마취 정도를 마티니 효과(Martini's effect)로 표현한다. 피로, 힘든 작업, 불안, 경험부족, 낮은 수온, 음주 등은 질소 흡수를 증가시키는 요인이다. 술을 마셔도 쉽게 취하지 않는 사람은 질소 마취가 늦게 나타난다. 수면으로 올라오면 후유증 없이 수분 내에 증상이 사라진다.

② 산소독성(Oxygen toxicity)

산소독성은 높은 분압의 산소를 장시간 호흡할 때 발생한다. 산소분압이 높고 노출시간이 길면 산소독성의 위험도 증가한다. 일반적으로 질소 또는 헬륨과 산소를 혼합하여 사용하는 혼합기체는 산소분압이 0.16-0.4 ata로 유지된다. 산소분압이 0.5 ata 이상의 공기를 장시간 호흡하면 폐에, 1.6 ata 이상이면 중추신경계에 산소독성이 나타나므로 산소분압 1.6 ata에서 노출시간은 30분으로 제한된다. 폐 산소독성 증상으로 기침, 숨을 들이쉴 때 가슴에 작열감, 호흡곤란, 폐 조직의 탄성과 기체의 확산능력 저하 등이 있다. 중추신경계 산소독성의 증상으로 시각장애(Visual symptom), 이명(Ear symptom), 오심(Nausea), 눈과 입 주위 근육의 경련(Twitching and tingling), 과민반응(Irritability), 어지럼증(Dizziness), 발작(Convulsion) 등이 있으며 이를 쉽게 기억하기 위해 VENTIDC으로 부르기도 한다. 처음에는 가벼운 증상으로 시작하나 곧이어 전신 발작으로 이어지며 산소분압이 높으면 빨리 나타난다. 발작은 가장 심각한 증상이며 첫 증상으로 나타날 수 있다. 중추신경계 산소독성이 폐 산소독성보다 빨리 나타난다. 예방책으로 호흡기체의 산소농도를 낮추고, 경련을 하면 100% 산소 대신 일반 공기를 호흡하도록 한다.

(5) 감압병(Decompression sickness, DCS)

수중은 감압병이 발생하기 쉬운 환경이다. 잠수작업 외에 잠함작업, 고공비행, 고압챔버에서도 감압병이 발생할 수 있다. 케이슨에서 장시간 작업을 하고 밖으로 나온 작업자들 사이에 통증, 피부증상을 호소하는 경우가 있었으며 케이슨에서 다시 들어가 작업을 하면 증상이 호전되는 것으로 알려진 잠함병(caisson disease)은 감압병과 발생기전이 같다.

① 발생기전

수심이 깊을수록 불활성기체의 분압도 증가하여 체내에 기체가 더 많이 용해된다. 수면으로 올라오면 기압이 낮아져 용해된 기체는 서서히 체외로 배출되나 적절한 감압 없이 상승하면 미처 배출되지 못한 기체는 기포를 형성하여 혈액순환을 방해 또는 주위 조직에 기계적 영향을 미친다. 수심, 잠수시간, 상승속도 등은 감압병 발생에 영향을 미치는 주요 요인이다. 특히 적절한 감압을 하지 않고 반복잠수를 하는 것은 감압병의 주요 위험요인이다. 국내에서 감압병으로 고압산소치료를 받은 62명에서 반복잠수(50%), 급상승(29%), 비감압 한계시간[6]을 초과하는 잠수(16.1%)가 원인으로 지적되었다. 감압병은 수심 10m에서 발생하기 시작하며 25m 이상에서 발생 위험이 높다. 특정 수심에서 얼마나 오랫동안 비감압 한계시간을 초과하는가에 따라 감압병의 중등도에 차이가 있다. 이 외에도 수중에서 여러 차례 상승과 재잠수를 한 경우, 음주 후 잠수, 초보 잠수자, 감압병 과거력, 과격한 수중활동, 낮은 수온, 고령, 체지방 증가, 탈수, 피로, 잠수 후 높은 산에 오르거나 항공기 탑승을 하는 경우에 발생 위험이 높다. 체지방이 증가하면 질소 용해도가 증가하고 탈수는 혈액량을 감소시켜 감압병 위험을 높인다. 수중에서는 혈류량이 증가하고 수온이 낮아 이뇨작용이 있으며 건조한 가스도 탈수의 원인이 된다. 감압병은 대부분 수면으로 올라와 24시간 이내에 발생한다. 감압이 필요 없는 잠수 또는 감압절차를 준수하여도 감압병은 발생할 수 있다. 미국 해군 자료에 의하면

6 비감압 한계시간은 수중에서 작업 후 감압을 위해 특정 수심에서 정지하지 않고 수면으로 올라와도 건강장해가 발생하지 않는 최대 잠수시간을 말한다.

42%에서 1시간 이내, 60%는 3시간 이내, 83%는 8시간 이내, 98%는 24시간 이내에 감압병이 발생하였다.

② 증상

기포가 나타나는 부위에 따라 감압병은 제1형과 제2형으로 구분한다. 증상 유발 여부는 기포 수와 크기에 따라 다르다. 제1형 감압병은 근골격계, 피부, 림프계에 증상이 나타나며 비교적 경미하다. 호발부위는 어깨, 팔꿈치, 손목, 무릎 관절이다. 감압병 환자들이 통증을 줄이기 위해 상체를 구부리고 다니는 모습을 여성들이 굽 높은 구두를 신고 상체를 앞으로 조금 숙여 멋을 부리며 걷는 걸음걸이와 비슷하다 하여 gracian bend라고 불렀다. 벤즈(bends)는 감압병을 의미하는 용어로도 사용된다. 가장 흔한 피부 증상은 가려움이다. 기포가 혈관을 막아 피부가 푸른색과 붉은색으로 얼룩덜룩한 대리석 피부증은 심한 감압병에 앞서 발생할 수 있어 제2형에 준해 치료한다. 제2형 감압병은 제1형이 나타나지 않는 부위인 신경계와 심폐기관에 증상이 나타나며 심각한 경우가 많으나 드물게 발생한다. 기포의 주 성분인 질소는 고지용성으로 중추신경계를 침범하여 손상부위에 따라 사지마비, 근력약화, 감각이상, 복시, 배뇨이상, 두통, 어지럼증, 일시적 청력손실, 경련 등이 나타난다. 제1형과 제2형이 동시에 발생하는 경우도 있다. Chokes로 불리는 폐감압병은 정맥 내 기포가 폐혈관을 폐색하여 폐동맥압과 중심정맥압이 상승되고 저산소증과 저혈압 등 쇼크 증상 또는 흉통, 기침, 호흡곤란 등이 나타난다. 감압병은 예방에 주의를 기울여도 약 1~2%에서 발생한다. 심해잠수는 약 5%, 고기압환경에서 터널공사를 하는 경우에는 1~4%에서 발생하는 것으로 알려져 있다.

③ 치료

감압병에 가장 효과적인 치료는 고압산소치료(hyperbaric oxygen therapy)다. 고압산소치료의 기본 원리는 재가압으로 체내에 형성된 기포 크기를 줄여 호흡기를 통해 불활성 기체를 서서히 배출하는 것이다. 고압산소치료는 100% 산소를 최소 1.4기압 이상의 압력으로 투여한다. 3기압 이상이면 산소독성이 발생할 수 있다. 100% 산소호흡은 비활성기체의 체외 배출과 허혈조직의 혈액순환을 촉진시키며 부종을 줄이는 효과가 있다. 감압병 치료는 상황에 맞는 치료표를 이용하여 가압, 감압속도, 깊이, 시간을 준수해야 하며, 전 세계적으로 미국해군 잠수 지침서의 치료표(U.S. Navy treatment table)가 널리 사용된다. 증상 발현 후 치료가 빠를수록 그리고 고압산소치료를 위해 이동할 때 100% 산소를 호흡하는 것이 치료결과가 좋다. 헬기를 이용하여 환자를 이송할 때는 증상 악화 또는 새로운 기포 생성을 억제하기 위해 고도를 300m 이하로 유지한다.

고압산소치료는 기흉, 폐쇄공포증이 있는 경우 사용할 수 없으며 산소중독의 위험이 있고 오심, 구토, 발작 등의 부작용이 있다. 합병증으로 영구적 청력손실과 현훈이 있으며 치료 중 폐의 압력손상으로 공기색전증, 긴장성 기흉이 발생할 수 있다. 고압산소챔버가 있는 의료기관이 현장에서 멀리 있으면 환자를 다시 잠수시키는 수중재가압을 하는 경우가 있다. 그러나 표준방법이 잘 지켜지지 않고 장시간 수중 체류로 체온이 낮아지므로 불활성기체의 배출이 잘 되지 않아 상태를 악화시키는 경우가 많으므로 권장되지 않는다.

④ 예방

최선의 예방은 잠수·잠함작업 후에 감압절차를 철저히 준수하는 것이다. 작업간 가스감소시간을 지키지 않는 반복잠수 또는 기상조건을 고려하지 않은 무리한 잠수를 하지 않아야 한다. 상승속도는 분당 9m 이하이며, 감압표(decompression table)를 참고하여 수심과 잠수시간에 따라 상승 중 정지수심에 도달한 경우에는 정지시간을 준수한 후 수면으로 올라와야 한다.

단계적 감압 후에도 체내에 용해된 불활성기체는 12시간이 지나도 일부 남아있다. 따라서 12시간 이내에 다시 잠수하는 경우에는 잔류질소시간이란 개념의 시간을 산출하고 잠수작업 수정시간을 가산하여 후속 잠수의 잠수시간을 적절히 보정하고 작업간·작업 후 가스압 감소시간을 준수하도록 한다. 급상승이 발생하지 않도록 잠수 전에 장비를 점검한다. 잠수 전 · 후 무리한 운동을 삼가하고, 잠수작업 후에는 충분한 시간이 경과하지 않은 상태에서 기압이 낮은 장소로 이동하거나 뜨거운 물에 목욕을 하지 않는다. 고지대에 위치한 호수에서 잠수작업을 하는 경우에는 해상에서 보다 감압시간이 길어야 한다. 고압작업자는 1일 6시간 1주 34시간, 잠수작업자는 잠수시간과 감압시간을 합해 1일 6시간, 1주 34시간을 초과하지 않도록 한다.

(6) 고도 감압병(Altitude DCS)

고기압 환경에서 급히 압력이 낮은 장소로 이동하였을 때 미처 배출되지 못한 불활성기체가 기포화하거나 기포 크기가 커져 감압병이 발생한다. 이를 일반 감압병과 구분하여 고도 감압병이라 하며, 잠수 후 높은 산에 오르거나 항공기에서 급격 기압 저하상태가 발생하였을 때 발생할 수 있다. 60~70%에서 관절통이 나타나며 견관절이 호발 부위이다. 피부와 신경계 증상이 각각 10~15%에서 나타나며 두통과 시야장애가 흔한 증상이다. 증상이 수일 후에 발생하기도 하며, 발생에 영향을 미치는 요인으로 고도, 비만, 고령이 있다.

(7) 고압 신경 증후군(High pressure nervous syndrome, HPNS)

헬륨과 산소 혼합기체를 이용한 심해잠수에서 400ft (120m) 이상의 수심에서 발생한다. 손 · 발의 떨림, 근육간 상호협조가 되지 않는 증상이 나타나고 더 깊은 수심에서는 혼돈, 졸림, 방향감각 상실, 의식소실이 나타난다. 예방책으로 헬륨, 산소, 질소 혼합체인 트라이믹스를 사용한다. 또한 가압속도를 늦추면 어느 정도의 증상을 예방할 수 있다.

(8) 이압성 골괴사(Dysbaric osteonecrosis)

이압성 골괴사는 잠수작업자에게 발생하는 만성 건강장애이다. 불활성기체의 기포 혹은 지방성 혈전이 뼈의 혈액순환을 방해하거나 혈액농축, 응고성 증가로 발생한다. 일반적으로 잠수를 시작하고 수년 후 뼈의 통증과 고관절, 견관절의 운동장해가 나타난다. 30세 이상, 불

표 1-9 공기잠수작업의 기준 (수심 30.5m)

① 수심		② 시간(분)	부상시 사용기체	③-1 부상정지수심(정지점)										총 감압 시간	③-2 기압조절실 호흡주기	③-3 반복그룹 기호
미터	피트			미터	30.5	27.5	24.4	21.4	18.3	15.3	12.2	9.2	6.1			
				피트	100	90	80	70	60	50	40	30	20			
30.5	100	60	공기	정지시간(분)									81	84:20	1.5	Z
			공기 · 산소										33	36:20		
		70	공기									11	124	138:00	2	Z
			공기 · 산소									6	39	53:00		
		80	공기									21	160	184:00	2.5	Z
			공기 · 산소									11	45	64:00		
		90	공기								2	28	196	228:40	2.5	
			공기 · 산소								2	14	53	82:00		
		100	공기								9	28	241	280:40	3	
			공기 · 산소								9	14	66	102:00		
		110	공기								14	28	278	322:40	3.5	
			공기 · 산소								14	14	76	117:00		
		120	공기								19	28	324	373:40	4	
			공기 · 산소								19	14	85	136:00		

출처 : 고용노동부고시 제2020-59호 「고기압 작업에 관한 기준」[별표 4]

충분한 감압, 감압병 기왕력, 오랜 기간의 잠수경력과 심해잠수가 많을수록 발생 위험이 높다. 상완골, 대퇴골, 경골의 관절면에 발생한 골괴사는 움직이면 통증이 심해지고 대칭적, 다발성으로 나타난다. 감압과정을 준수하여도 완전히 예방하지 못한다.

(9) 과호흡에 의한 저산소증

지식잠수에서 호흡정지시간을 연장하기 위하여 지나치게 과호흡을 할 때 발생한다. 과호흡으로 폐포 내 탄산가스 농도가 낮아지면 탄산가스 분압에 영향을 받는 호흡정지시간이 길어져 수중활동 시간을 연장할 수 있으며 수중에서는 가압되어 산소분압이 증가하는 효과가 있다. 수면으로 상승할 때 폐포 내 산소분압이 급격히 낮아지는 경우에는 저산소증으로 인해 의식이 저하될 수 있다.

(10) 일산화탄소 중독

공기압축기의 내부엔진에서 발생한 배출가스가 압축공기에 유입되어 오염될 수 있다. 수중에서는 기체 분압이 상승하므로 낮은 농도의 일산화탄소 유입에도 일산화탄소 중독이 발생할 수 있다. 잠수와 관련된 일산화탄소 중독은 수면으로 상승하여 호흡기체의 산소분압이 낮아질 때 잘 나타난다.

6) 건강관리

(1) 업무적합성 평가

산업안전보건법 시행규칙 제221조에서 규정한 고기압 업무에 종사해서 안되는 질병은 다음과 같다.

① 감압증이나 그 밖에 고기압에 의한 장해 또는 그 후유증
② 결핵, 급성상기도감염, 진폐, 폐기종, 그 밖의 호흡기계 질병
③ 빈혈증, 심장판막증, 관상동맥경화증, 고혈압증, 그 밖의 혈액 또는 순환기계 질병
④ 정신신경증, 알코올중독, 신경통, 그 밖의 정신신경계 질병
⑤ 메니에르씨병, 중이염, 그 밖의 이관 협착을 수반하는 귀 질환
⑥ 관절염, 류마티스, 그 밖의 운동기계 질병
⑦ 천식, 비만증, 바세도우씨병, 그 밖의 알레르기성 · 내분비계 · 물질대사 또는 영양장해 등과 관련된 질병

운동능력 제한, 부상을 입거나 건강상태 악화, 건강상태가 호전되었으나 수중환경에 의해 증상이 재발할 가능성이 있는 경우, 고압산소치료를 받을 수 없는 경우, 감압병 치료 후 근무복귀를 하고자 하는 경우에는 업무적합성 평가가 필요하며, 평가 시 다음과 같은 의학적 기준을 고려한다.

① 잠수업무 수행능력을 제한하는 건강상태가 아니어야 함
② 자신이나 동료에게 위협적인 건강상태가 아니어야 함
③ 잠수업무로 기존질환이 악화되지 않아야 함
④ 잠수관련 질환 혹은 직업병이 발생되기 쉬운 건강상태가 아니어야 함

감압병 치료 후 제1형 감압병은 24시간, 증상이 재발

표 1-10 잠수업무 복귀에 요구되는 시간

건강상태	복귀시간
단순 감압병(사지통증, 피부 벤즈, 림프부종, 피로 등)	
합병증 없이 회복	24시간
재가압 치료가 필요한 재발의 경우	7일
신경학적 감압병	
사지의 감각변화만 있는 경우	7일
전정신경계, 운동계, 폐감압병 등	28일

출처 : EDTC(2003). Fitness to dive standards.

하여 재가압 치료를 받은 경우에는 7일, 폐 · 신경계 감압병은 4주 지나야 잠수업무에 복귀할 수 있다. 귀의 압착증은 회복되기까지 약 2주, 고막천공은 치유되기까지 1~3개월 소요된다. 근무복귀 평가 시 청력검사를 포함하여 고막상태를 확인한다.

더 읽을거리

Bove AA, Davis JC. Bove and Davis' Diving medicine. 4th ed. Philadelphia, PA: Saunders. 2003.

Edmonds C, Mckenzie B, Thomas R, Pennefather J. Diving medicine for scuba divers. 5th ed. 2013.

European Diving Technology Committee. Fitness to dive standards. Guidelines for medical assessment of working divers. 2003.

Occupational Safety and Health Administration. 29 CFR Part 1910, Subpart T – Commercial Diving Operations. 2011.

U.S. Navy. U.S. Navy Diving Manual 7th ed. U.S. Government Printing Office. Washington DC. 2016.

제4절 온열조건과 습도

김대환

4.1 온열조건과 정상 신체반응

일정한 체온은 열생산과 손실사이에 균형을 유지해야 하며, 시상하부는 갈증, 근육긴장도, 혈관긴장도, 땀샘 기능의 변화를 유발하여 체온을 조절한다. 땀 생성과 증발은 열을 제거하는 주요 기전이지만 체내 수분과 나트륨이 손실된다. 피부에서 주변의 공기나 액체로의 열전달(대류) 또는 두 고체 사이에 직접 접촉하여 열전달(전도)하지만 주변 온도가 증가함에 따라 효율성이 감소한다. 적외선을 통해 따뜻한 물체에서 차가운 물체로 수동적 열전달(복사)은 상온에서 체열손실의 65%를 차지한다. 상온에서 증발은 체열 손실의 약 20%를 차지하지만, 고온에서는 증발이 열발산의 가장 중요한 수단이며, 습도가 증가하면 열발산이 제한된다.

노출강도와 기간을 점진적으로 조절하여 고온환경에 노출시키면 일찍 발한이 시작되고, 발한량의 증가, 땀의 염분함량 감소, 심박수는 감소하면서 혈장량, 심박출량 및 수축력 증가, 사구체여과율이 20%까지 증가하여 소변으로 염분배출이 억제되면서 고온에 적응하게 된다(고온순화).

땀의 생성과 증발을 억제하고 열에 대한 감수성을 증가시키는 건강상태들이 있다. 비만, 피부질환, 피부혈류량 감소, 탈수, 저혈압, 심박출량이 감소되는 심장질환, 음주, 발한억제, 탈수를 일으키는 약물 복용(아트로핀, 항정신성약물, 삼환계 항우울제, 이뇨제, 완하제, 항콜린제, 항히스타민제, 모노아민 산화효소 억제제, 혈관수축제 및 베타차단제), 근육활동 증가로 체온생성을 증가시키는 약물복용(펜시클리딘[PCP)], LSD, 암페타민, 코카인 및 리튬탄산염), 감염, 암, 영양실조, 갑상선 기능장애 및 쇠약상태는 발한기전과 고온에 대한 순환반응의 효율성을 감소시킬 수 있다. 나이가 많을수록 발한의 효율이 떨어지므로 쉽게 순응하지 못하며, 일반적으로 여성은 동일한 작업을 수행할 때 남성보다 더 많은 체내 열을 생성한다.

4.2 고온 노출에 의한 질환

고온환경에 과도한 노출로 인해 열사병, 열탈진, 열경련, 열실신 및 피부질환 등의 질환들이 발생할 수 있다. 위험이 높은 직종은 철강제조, 오븐 및 용광로 작업자,

유리공예가, 농부, 목장, 어부 및 건설노동자 등이다.

1) 열사병

열사병(heat stroke)은 정신상태 변화, 이상고열, 비정상적 활력징후, 뜨겁고 건조한 피부를 동반한 뇌기능 이상을 나타내는 열조절장애로 인해 생명을 위협하는 응급상황이다. 열사병은 중심(직장)온도가 41.1℃ 정도에 임박하여 생기며, 열발산 능력이 저하된 사람들(노인, 유아, 만성질환자 또는 쇠약한 환자)에서 과도한 고온조건 또는 고온환경에서 격렬한 운동으로 인해 발생한다. 악화되면 뇌심혈관, 간, 또는 신장손상을 동반하거나 사망할 수 있다.

(1) 임상소견

체온조절 실패로 인해 현기증, 쇠약, 오심, 구토, 혼수, 섬망 및 시각장애를 동반하며 정신상태 변화가 특징이다. 경련, 허탈 또는 의식소실도 발생할 수 있다. 피부는 뜨겁고 처음에는 땀이 나다가 이후에는 건조해진다. 혈압은 처음에는 약간 상승하지만 이후에는 저혈압이 된다. 심부체온은 일반적으로 41℃를 초과한다. 과호흡으로 호흡성 알칼리증과 보상성 대사성 산증을 유발하며, 비정상적 출혈, 신부전 또는 부정맥이 있을 수 있다. 실험실적 검사에서 탈수로 인해 백혈구증가가 나타날 수 있다. 혈청 칼륨 · 칼슘 · 인 감소, BUN 상승, 혈액농축, 혈액응고 감소, 단백뇨 · 세뇨관 캐스트 및 미오글로빈뇨가 있는 농축소변, 혈소판 감소증, 출혈 및 응고시간 증가, 섬유소 용해, 소모성 응고장애가 나타날 수 있고, 심근, 간 또는 신장손상이 검사결과에 나타날 수 있다.

ACGIH는 습구온도(Tnwb), 건구(Tdb) 및 흑구온도(Tg)를 사용하여 측정한 복사열, 기류, 기습, 기온에 의하여 산출한 WBGT지수로 고온노출의 TLV를 권고하고 있다. 노출한도는 작업-휴식의 형태와 작업자세, 동작, 고온순화, 사지 사용을 포함한 작업량을 고려한다.

직사광선에 노출될 때:

$$WBGT = 0.7T_{nwb} + 0.2T_{g} + 0.1T_{db}$$

직사광선에 노출되지 않을 때:

$$WBGT = 0.7T_{nwb} + 0.3T_{db}$$

WBGT 자료가 없는 경우에 사용하는 미국 기상청에서 개발한 열지수는 습도와 기온이 복합되어 실제로 느끼는 더위를 지수화한 것이다. 이 기준은 근로자가 적응하고 신체적으로 건강하며 적절한 의복을 입고 있으며, 적절한 물과 음식이 제공된다는 가정을 전제로 한다.

근로자가 고온에 노출되는 작업장에서 기존의 의학적 상태나 약물사용으로 인한 고온장애의 위험이 높은 개인을 파악하기 위한 의학적 평가가 필요하다. 고온장애의 초기 징후와 증상에 대한 교육, 적절한 복장, 영양 및 수분섭취의 중요성을 작업자에게 알려야 한다. 사업주는 시원한 식수나 전해질 탄수화물용액을 제공해야 하며 작업장 가까이에 그늘진 휴식공간이 있는지 확인해야 한다.

고온에 순화되는 기간은 고온에 노출된 지 4~7일에 시작하여 12~14일에 완성되는 것으로 알려져 있으며, 고온순화의 효과는 고온노출이 중지되고 1주 이후에 감소되기 시작하여 약 1개월 후에는 완전히 없어진다. 미국 NIOSH에서 권고하는 고온순화 일정은 고온에 노출되는 신규 근로자의 경우에 1일째에 일상적 작업시간의 20%, 2일째부터 매일 20%씩 증가하여 5일째 100%를 넘지 않도록 한다. 이전에 동일한 작업에 경험이 있는 경우에는 1일째 50%, 2일째 60%, 3일째 80%, 4일째 100%를 초과하지 않도록 한다.

(2) 치료

치료목표는 중심체온을 1시간 이내에 빠르게 낮추고 2차 효과를 조절하는 것이다. 증발냉각은 응급상황에서 체온을 빠르고 효과적으로 낮추는 방법이다. 치료가 시작될 때까지 환자를 그늘지고 서늘한 장소로 이동하여 옷을 벗기고 전신에 시원한 물(15℃)을 뿌려야 한다. 냉각과정은 젖은 수건으로 닦고 부채질을 계속하여야 한다. 얼음물이나 찬물욕조에 몸을 담그는 것은 39℃까지 빠르게 식히는데 효과적이지만, 저혈압이나 떨림의 합병증이 발생할 가능성이 더 커진다. 다른 대안으로 사타구

표 1-11 미국 기상청의 열지수(Heat Index)

℃	상대습도(%)												
	40	45	50	55	60	65	70	75	80	85	90	95	100
47	58												
43	54	58											
41	51	54	58										
40	48	51	55	58									
39	46	48	51	54	58								
38	43	46	48	51	54	58							
37	41	43	45	47	51	53	57						
36	38	40	42	44	47	49	52	56					
34	36	38	39	41	43	46	48	51	54	57			
33	34	36	37	38	41	42	44	47	49	52	55		
32	33	34	35	36	38	39	41	43	45	47	50	53	56
31	31	32	33	34	35	37	38	39	41	43	45	47	49
30	29	31	31	32	33	34	35	36	38	39	41	42	44
29	28	29	29	30	31	32	32	33	34	36	37	38	39
28	27	28	28	29	29	29	30	31	32	32	33	34	35
27	27	27	27	27	28	28	28	29	29	29	30	30	31

분류	열지수	고위험군에서 발생 가능한 온열질환
매우위험	54 이상	열사병/일사병 높음
위험	41~54	신체활동시 일사병/열경련/열탈진 높음. 열사병 가능성
매우주의	32~41	신체활동시 일사병/열경련/열탈진 가능성
주의	27~32	신체활동시 피로 가능성

출처 : Heat Index Chart, National Weather Service, USA

표 1-12 우리나라 고온의 노출기준(단위:℃, WBGT)

작업휴식시간비 \ 작업강도	경작업[1]	중등작업[2]	중작업[3]
계 속 작 업	30.0	26.7	25.0
매시간 75%작업, 25%휴식	30.6	28.0	25.9
매시간 50%작업, 50%휴식	31.4	29.4	27.9
매시간 25%작업, 75%휴식	32.2	31.1	30.0

1) 경작업 : 200kcal까지의 열량이 소요되는 작업을 말하며, 앉아서 또는 서서 기계의 조정을 하기 위하여 손 또는 팔을 가볍게 쓰는 일 등을 뜻함
2) 중등작업 : 시간당 200~350kcal의 열량이 소요되는 작업을 말하며, 물체를 들거나 밀면서 걸어다니는 일 등을 뜻함
3) 중작업 : 시간당 350~500kcal의 열량이 소요되는 작업을 말하며, 곡괭이질 또는 삽질하는 일 등을 뜻함

출처 : 고용노동부, 고용노동부고시 제 2018-62호, 제10조 별표3 고온의 노출기준

니, 겨드랑이, 목에 얼음찜질하고 냉수로 위세척하는 방법이 있으나 증발냉각보다 효과가 적다. 중심체온이 39℃가 될 때까지 치료를 계속해야 하며, 중심체온이 정상으로 돌아온 후에 안정되더라도 체온을 계속 모니터링해야 한다. Chlorpromazine 25~50mg 또는 diazepam 5~10mg 정맥주사는 떨림을 조절하여 체온이 증가하는

것을 예방할 수 있으며, 해열제는 금기이다. 저혈량성 및 심인성 쇼크에 대해 모니터링 해야 하며 기도개방, 산소공급, 체액과 전해질 불균형을 교정하고 활력징후를 유지해야 한다. 열사병이후 장기간동안 고온에 과민성이 지속되므로 최소 4주 동안은 다시 고온에 노출되지 않도록 해야 한다.

2) 열탈진

격렬한 작업을 수행하는 경우에 고온에 장기간 노출되고 염분과 물공급이 불충분하면 열탈진(heat exhaustion), 탈수, 나트륨부족, 심혈관계 변화를 동반한 등장액 소실을 유발할 수 있다. 증상과 징후는 심한 갈증, 쇠약, 오심, 피로, 두통, 의식착란, 38℃ 이상의 중심체온, 맥박증가, 촉촉한 피부 등이다. 열실신 및 열경련과 동반된 증상도 나타날 수 있다. 과호흡이 열탈진에 이차적으로 발생하여 호흡성 알칼리증을 유발할 수 있다. 체온상승이나 발한감소에 의해 열사병으로 진행될 수도 있다. 치료는 환자를 서늘하고 그늘진 환경에 두고 구강투여가 가능하다면 수분(2~4시간 동안 1~2L)과 염분을 보충하는 것이다. 더 심한 경우에는 생리식염수나 등장성 포도당액을 정맥 투여한다. 최소한 24시간의 휴식이 필요하다.

3) 열경련

열경련(heat cramp)은 손실된 땀을 염분이 없는 음료수로만 보충하여 희석성 저나트륨혈증으로 인해 발생한다. 일반적으로 느리고 고통스러운 근육수축과 1~3분 동안 지속되는 심한 근육경련이 특징이다. 피부는 촉촉하고 차가우며, 경련을 일으킨 근육은 당구공과 같은 덩어리처럼 느낀다. 체온은 정상이거나 약간 상승하고 혈액검사에서 염분감소와 혈액농축이 나타나지만 갈증기전이 정상이므로 혈액량이 크게 감소하지는 않는다. 환자를 시원한 환경으로 옮기고 균형잡힌 식염수를 제공한다. 작업에 복귀하기 전에 1~3일 동안 휴식하면서 식이에 염분보충이 필요할 수 있다.

4) 열실신

열실신(heat syncope)은 피부의 혈관이 확장되어 혈액이 말초혈관에 저류되고 저혈압 및 뇌 혈류량이 감소하여 갑자기 의식소실이 생기는 것이며, 2시간 정도 힘든 작업을 수행한 후에 주로 발생한다. 피부는 차고 습하며 맥박이 약하고, 대부분에서 수축기 혈압은 100mmHg 이하이다. 치료는 시원한 장소에 환자를 눕혀 수분을 보충하고, 기존질환을 모니터링한다.

5) 고온에 의한 피부질환

땀띠는 땀샘의 폐쇄로 인한 땀 정체로 인해 발생한다. 땀샘도관의 폐쇄부위가 깊어질수록 심각도가 증가하고 소수포, 홍반, 박리, 반점 등의 다양한 양상이 나타난다. 열성홍반은 화상을 일으킬 정도가 아닌 고온물체에 접촉하여 과각화성 결절이 생기는 것이다. 간찰진은 땀을 많이 흘려서 생기는 것으로 비만한 사람에서 흔하게 발생한다. 사타구니와 겨드랑이처럼 피부가 접히는 곳에 홍반이 생기고 짓무른다. 열성 두드러기(콜린성 두드러기)는 주변에 홍반과 함께 팽진이 국소적 또는 전신적으로 생긴다. 치료는 고온에 노출을 제한하고, 땀을 흘리지 않도록 하고, 증상을 조절하는 것이다. 두드러기의 가려움증 완화에 항히스타민제가 도움이 되지만 코티코스테로이드제는 효과가 없다.

4.3 한랭 노출에 의한 질환

한랭 노출에 의해 전신적 또는 국소적 장해와 냉동(예, 동상) 또는 비냉동장해(예, 침수족)로 나누어진다. 이러한 장해의 위험요소들은 기온, 수온, 습도, 풍속, 노출기간, 보호구나 의복의 종류, 작업의 형태, 에너지소모량, 근로자의 나이와 건강상태 등이 있다. 육류포장업자, 냉동실내부 작업자, 건설업자, 냉장실 직원, 어부, 벌목업자, 다이버, 우편배달부, 소방관, 도로보수 유지 작업자들은 실내 및 실외에서 한랭에 노출되는 고위험군이다.

표 1-13 고온질환의 임상적 감별진단

	열경련	열탈진	열사병
병태생리	염분부족	체액/전해질부족	체온조절기능 장애
증상	통증성 근육경련 무력감 오심 구토	무력감 두통 실신 오심 구토 심한 갈증(수분부족) 근육경련(염분부족) 권태감	불안감 의식착란 전구적 열탈진 허탈상태 심한 육체피로 정신병적 행동
임상소견	정상체온	심부온도 38℃ 이하 심한 발한 기립성 활력징후 빈맥 과호흡 근육강직	심부온도 40℃ 이상 정신상태 변화-이상행동 뜨겁고 건조한 피부(전형적 열사병) 촉촉한 피부(과로성 열사병) 혼수 저혈압/쇼크 발작 빈맥 청색증 수포음(rales)
검사소견	CPK 상승 크레아틴뇨증	핍뇨	고요산혈증 CPK 상승 파종혈관내 응고 호흡성 알칼리혈증 저칼륨혈증 혈소판감소증 myoglobin뇨증 저혈당 transaminase 상승

저체온증은 나이에 따라 증가하며, 음주, barbiturate, reserpine, 항정신성 약물 치료자, 흡연, 부신기능저하증, 당뇨병, 점액수종, 시상하부나 뇌하수체 기능에 영향을 주거나 말초감각신경이상을 일으키는 신경질환, 말초혈관질환, 심박출량이 감소되는 심혈관질환이 있으면 증가한다.

1) 전신 저체온증

전신적 저체온증(hypothermia)은 중심체온이 35℃ 미만인 경우이며, 기온이 18.3℃, 수온이 22.2℃에서 발생할 수 있다. 신체가 추운 환경에 노출될 때 생리적 반응으로 피부와 피하조직의 표재성 혈관이 수축하여 열을 보존하고, 수의적 운동과 떨림으로 대사성 열생산을 증가시킨다. 전신 저체온증에서 세포와 생리적 기능이 감소된다. 산소소비량은 1℃마다 약 7% 정도 감소되고, 심근의 재분극이 느려지고, 심실세동이 중요한 위험요소이다.

(1) 임상소견

병력조사는 환자가 발견된 상황, 노출기간 추정, 부상이나 동상, 기존질환, 알코올이나 약물사용, 최근의 의식수준 변화를 포함한다. 저체온증은 특별한 전구증상 없이 서서히 발병한다. 심한 저체온증에서는 기억력 감소, 떨림 감소가 나타나고, 초기에는 졸음, 불분명한 발음, 불안감, 협동기능 장애, 전신쇠약, 이뇨, 푸석하고 차가운 피부와 얼굴 등의 증상이 나타난다.

신체진찰에서는 신경학적 반사감소, 느린 정신적 또는 근육반응, 약한 맥박, 부정맥, 혈압감소, 혈액점도 증가 등의 소견이 나타난다. 중심체온이 35℃에서 떨림과 말초혈관수축이 시작되고, 체온이 내려가면서 심박수, 호흡수, 혈압이 감소된다. 경증 저체온증(33~35℃)에서는 전신의 광범위한 떨림이 있고, 33℃ 이하로 내려가면 떨림이 감소되고, 관절과 근육의 경직이 두드러진다.

(2) 치료

경증의 저체온증(직장온도 33℃ 이상)인 경우에는 환자가 젊고 건강하면 따뜻한 침대나 욕조에 눕히거나, 온열팩과 담요로 가온하고, 카페인이나 알코올이 없는 따뜻한 음료수를 제공한다. 허약자나 노인의 경증 저체온증은 37℃ 정도의 전기담요를 사용하여 서서히 가온한다. 체온이 32℃ 이하의 중증 저체온증은 심실세동으로 사망할 수도 있으므로 심장박동을 모니터링한다. 재가온하는 동안 가능한 빨리 심혈관계기능, 전해질평형, 혈청칼륨농도, 혈당량을 정상화하고, 동맥혈의 산소농도 및 혈액량을 증가시켜서 심박출량과 혈압을 유지하고, 폐환기를 잘 조절하여 장기에 경색증이 생기지 않도록 한다. 체온이 정상화되면 대부분의 부정맥은 저절로 정상적인 동율동으로 회복된다.

예후는 대사성 산증의 중증도와 직접적인 관련이 있으며, pH감소(6.6), $Paco_2$증가(8.0kPa), 칼륨증가(4mEq/L)되는 경우에는 예후가 나쁘다. 건강한 환자에서는 예후가 좋지만 기저질환이 있거나 치료가 지연되는 경우에는 악화될 수 있다.

(3) 예방

저체온증을 예방하려면 바람과 비를 막아주고 발한으로 생긴 수증기가 빠져나갈 수 있도록 특별히 고안된 방한복을 입는다. 추운 환경에서는 활동적인 상태를 유지하도록 하고, 정적인 작업에는 건조하면서 바람을 차단하고 난방이 되는 대피장소를 제공하여야 한다. 야외작업자는 난방이 되는 휴식시설과 따뜻한 음식과 음료수를 이용할 수 있어야 한다.

추운환경의 작업에는 저체온증을 증가시키는 혈관질환, 대사장해, 신경질환 등의 기저질환이 없이 신체적 적성이 맞는 사람을 배치해야 한다. 흡연과 약물, 음주를 피하도록 주의해야 한다. 한랭작업에 배치할 때에는 작업일정을 서서히 조절하고, 방한복 착용, 동상 및 저체온증의 초기증상 및 징후, 적절한 온열요법, 응급처치법 등을 교육하여야 한다.

2) 국소냉각에 의한 저체온증

뺨, 코, 귓불, 손가락, 발가락, 손, 발 등의 부위는 한랭환경에서 조직내 얼음결정이 생기기 쉬워 국소적 저체온증이 잘 발생된다. 피부온도가 25℃ 이하로 내려가면 조직의 신진대사가 느려지지만 작업을 계속하면 산소요구량이 증가하고, 15℃에서는 허혈 및 혈전증의 결과로 조직손상을 일으키며, -3℃에서는 조직이 동결된다. 침수족(immersion foot, trench foot)은 저온의 물에 노출되어 발생하며, 동창(chilblain)은 조직이 동결되지 않지만 동상(frostbite)은 조직이 동결된다. 동결되지 않는 손상을 유발하는 요인은 부적절한 의복과 조이는 의복을 입고 작업하는 것이고, 위험요인은 이전의 한랭손상, 흡연, 레이노현상, 교원질혈관질환 등이다.

(1) 임상소견

① 동창(Chilblain, Pernio)

동창은 추위와 차가운 습기로 인한 염증에 의해 통증성, 홍반성, 소양성 피부병변이다. 장기간 노출되면 이러한 상태가 만성적으로 진행하여 발가락 끝부분에 홍반성, 부종성, 궤양성 병변이 생기고, 이후에 반흔, 섬유증, 조직위축을 일으킨다.

② 침수족(Immersion Foot, Trench Foot)

한랭 노출을 중단한 후에 회복되는데 허혈기, 충혈기, 회복기의 3단계가 있다. 초기에는 발이 차고, 통증, 무감각, 부종, 밀랍같은 흰색이나 청색증이 생긴다. 한랭 노출을 중단하고 2~3일 사이에 충혈, 심한 통증, 부종, 발적, 열감, 수포, 출혈, 림프관염, 반상출혈이 생기고, 이후에 봉와직염, 괴저, 혈전정맥염 등의 후유증이 발생할 수 있다. 10~30일 이후에는 심한 감각이상이 나타나기도 하며, 한랭에 민감성과 다한증이 동반되고, 이러한 증상이 수년 동안 지속될 수 있다.

③ 동상(Frostbite)

동상에서는 피부조직(피부 및 피하조직)이 동결되어 무감각, 따끔거림, 소양감이 생기고 피부는 회백색이고 단단하다. 심한 경우에는 감각이상과 강직, 심부조직(뼈, 근육, 신경)의 손상, 피부는 희고 부종이 있고, 깊은 동상에서는 궤양, 괴사나 괴저가 생긴다.

(2) 치료

① 동창과 침수족

치료는 모세혈관 순환을 개선하기 위해 사지를 들어 올리고 실온에서 서서히 가온하고, 압박부위를 외상으로부터 보호하는 것이다. 마사지, 얼음찜질, 온찜질, 물에 담그는 것은 피해야 한다. 치료 및 예방목적으로 prazosin 1mg을 취침시에 복용하고 감염이 발생하면 항생제를 사용한다.

② 동상

치료는 한랭에 노출된 장소에서 젖은 장갑, 양말과 신발을 벗기고 사지를 따뜻하게 한다. 사지를 건조시키고 마른 의복으로 덮는다. 손을 들어 올리거나 겨드랑이에 손을 넣어 따뜻하게 한다. 환부를 치료하기 전에 다시 동결되는 경우에는 재가온을 시도해서는 안된다. 빠른 재가온은 동상부위를 40~42℃로 가열된 수조에 넣는 것이지만 시간은 30분을 넘지 않도록 한다. 건열은 권장하지 않으며, 정상체온에 도달하면 외부 가열은 중단한다. 환부는 들어 올리고 상온에서 덮지 않은 상태로 침대에 누워있어야 한다. 동상부위를 움직이거나 비비거나 압력을 가하지 않아야 하며, 드레싱과 붕대는 적용하지 않는다. 37~40℃에서 매일 2회 15~30분 동안 3주 이상 월풀요법을 하면 피부를 깨끗이 하고 표피조직을 제거하는데 도움이 된다. 이부프로펜 200mg 일일 4회 및 알로에 베라를 조합하여 사용하면 피부허혈을 예방하는 데 도움이 된다. 감염은 포비돈-요오드액에 담그기, 물에 담그기, 월풀요법, 전신적 항생제를 사용하거나 이러한 요법의 조합으로 치료할 수 있다. 파상풍 항독소나 톡소이드 부스터 주사가 필요하다. 일반적으로 외과적 수술은 피하고 조직괴사가 확실하기 전에는 절단수술을 고려하지 않는다. 조직의 괴사나 괴저가 생겼을 때는 전문의의 치료를 받도록 한다. 치유가 진행되면서 물리요법을 시행할 수 있고, 환자는 수개월동안 추위에 노출되지 않도록 하고 앞으로도 동상에 걸리기 쉽다는 것을 알려 주어야 한다.

(3) 예방

예방은 피부를 건조하게 유지하고 방습이 되는 모자, 안면 마스크, 귀마개, 스카프, 장갑, 양말, 장화를 착용하는 것이다. 침수족을 방지하기 위해서는 젖어있거나 조이는 양말을 가능한 빨리 교체해야 한다. 손발을 가온하기 위해 포켓용 핸드워머를 사용하는 것이 좋다.

더 읽을거리

Heat Index Chart on National Weather Service: http://www.weather.weather.gov/ffc/hichart

Ladou J: Current Occupational and Environmental Medicine. In: Cohen R, Horie S. Injuries Caused by Physical Hazards. 5th ed. New York: Mc Graw Hill; 2014. p.169-180.

제5절 방사선[7]

서성원

5.1 일반적 특성

1) 정의와 종류

(1) 방사선의 정의

방사선은 에너지가 높은 방사성 물질이 안정된 상태를 찾기 위해 방출하는 에너지의 흐름으로 입자선 혹은 전자기파를 일컫는다. 우리가 흔히 아는 전파, 적외선, 자외선, 가시광선 등도 방사선의 범주에 포함되나 보통 방사선이라고 하면 알파(α)선, 베타(β)선, 중선자선, 감마(γ)선, X선 등과 같이 물질을 이온화시키는 방사선(전리방사선)을 말한다. 전리방사선은 국제암연구소(IARC)의 발암원 Group 1에 분류되며 우리나라 근로기준법 시행령과 산재보상보험법 시행령에서 직업성 암의 유해요인 중의 하나로 인정하고 있다.

(2) 방사선(전리방사선)의 종류

에너지를 방출하는 형태에 따라 질량을 가지고 있는 입자방사선과 파동 형태의 전자기파방사선(광자)으로 구분할 수 있다. 대표적인 입자방사선은 알파(α)선, 베타(β)선, 중성자선이 있고, 전자기파방사선은 감마(γ)선, X선이 있다.

① **알파선(입자)** : 양성자 2개와 중성자 2개로 구성된 헬륨 원자핵이다. 다른 방사선에 비해 상대적으로 큰 질량과 전하량을 가지고 있어 물질에 많은 에너지를 전달할 수 있지만, 투과력은 낮아 종이 한 장 정도로 차단할 수 있다. 일반적으로 피부를 통과하지 못하지만, 호흡, 섭취 등으로 체내 다량 유입되면 알파선이 가지고 있는 에너지를 전달하게 되므로 인체 내 조직이나 세포에 손상을 줄 수 있다.

② **베타선(입자)** : 불안정한 원자핵으로부터 방출되는 고에너지의 전자이다. 알파선에 비해 무게가 적지만 투과력은 상대적으로 크다. 피부 깊숙이 통과하지는 못하며, 알루미늄 같은 얇은 금속판 두께로 차폐할 수 있다.

③ **중성자선(입자)** : 원자핵에 있는 중성자가 방출된 것으로, 전하를 띠지 않기 때문에 투과력이 크다. 수소와 반응했을 때 많은 에너지를 잃어버리는 특징이 있어 수소가 다량으로 함유된 물, 파라핀, 합성수지 등을 사용하여 차폐할 수 있다.

④ **감마선과 X선(광자)** : 전하를 띠지 않으며 에너지가 높은(파장이 짧은) 전자기파이다. 원자핵에서 방출되는 광자를 감마선, 원자의 궤도전자에서 방출되는 광자를 X선이라 구분한다. 높은 투과력을 가지고 있으며, 두꺼운 납이나 콘크리트 등을 사용하여 차폐할 수 있다.

2) 방사선 피폭과 방사선량

(1) 방사선 피폭

방사선 피폭은 생체나 물질이 방사선의 에너지를 흡수하는 현상을 의미하며, 피폭 형태에 따라 외부피폭과 내부피폭, 급성피폭과 만성피폭으로 구분된다. 인체가 피폭하는 경우에 외부피폭은 인체 외부에 있는 방사선원으로부터 방출되는 방사선을 사람이 피폭하는 것을 의미하며, 내부피폭은 방사성물질이 호흡이나 섭취, 피부 침투를 통해 인체 내부로 들어와 방출되는 방사선을 피폭하는 것을 의미한다. 급성피폭은 단시간에 방사선에 피폭되는 것을 말하고, 만성피폭은 장기간에 걸쳐 피폭되는 것을 말한다.

(2) 방사선량

방사선량은 방사선에 피폭된 생체나 물질에 흡수된 에너지의 양으로, 일반적으로 많이 사용되는 방사선량으로는 흡수선량, 등가선량, 유효선량, 예탁선량, 조사선량이 있다. 이중 흡수선량은 물질에 흡수된 에너지에 대한 측정

7 일부 내용은 우리나라의 방사선 환경(KINS, 2009)(1) 및 방사선비상진료 개론서(한국원자력의학원, 2016)(2)에서 부분 발췌 및 재가공함

가능한 물리량인 반면, 등가선량 및 유효선량은 생물학적 · 역학적 인체영향에 기초한 가중치를 추가적으로 고려한 선량이다. 조사선량은 어떤 공간에서의 엑스선이나 감마선으로 인해 대기가 이온화된 정도를 측정한 양이다.

① **흡수선량** : 피폭하는 물질 단위 질량 당 흡수된 방사선 에너지양으로 기본단위는 Joule/kg이며, 국제표준단위로 그레이(Gy)를 사용한다(1 Gy = 1 J/kg). 과거에는 라드(rad)를 주로 사용하였으며, 1 Gy는 100 rad 이다.

② **등가선량** : 등가선량은 방사선 방어 및 관리의 측면에서 도입된 선량이다. 방사선에 의한 흡수선량이 동일하더라도 방사선의 종류나 에너지 크기에 따라 인체 생물학적 영향이 다를 수 있으므로, 이를 보정한 선량이다. 예를 들면 인체에 감마선과 중성자선이 같은 양의 흡수선량으로 피폭되었을 때, 감마선보다는 중성자선에 의한 생물학적 효과가 크게 나타난다. 따라서 이러한 방사선의 질에 따른 상대적 효과를 방사선가중치로 보정한 것이 등가선량이다. 기본단위는 Joule/kg이며, 흡수선량과의 구분을 위해서 시버트(Sv)를 사용한다. 과거에는 렘(rem)를 주로 사용하였으며, 1 Sv는 100 rem 이다.

등가선량 = 흡수선량 × 방사선가중치

③ **유효선량** : 등가선량과 마찬가지로 방사선 방어 및 관리의 측면에서 도입된 선량이나, 인체 내의 여러 장기나 조직들이 같은 등가선량을 받았을 경우라도 조직에 따라서 나타나는 증상과 위험도가 다를 수 있으므로, 인체 내 조직의 위험도를 고려한 선량이 유효선량이다. 단위는 등가선량 단위와 같은 시버트(Sv)를 사용하며, 등가선량에 조직의 상대적 위험도를 나타내는 조직가중치를 곱하여 산출한다. 아래에 있는 표는 조직별 가중치를 나타낸 것이며, 조직가중치를 전부 합하면 1이 된다.

유효선량 = 조직가중치(WT) × 등가선량

표 1-14 방사선가중치

방사선 유형	방사선가중치
광자	1
전자 또는 뮤온	1
양성자 및 하전 파이온	2
알파입자, 핵분열파편, 중이온	20
중성자	연속함수(그림 1-9 참조)

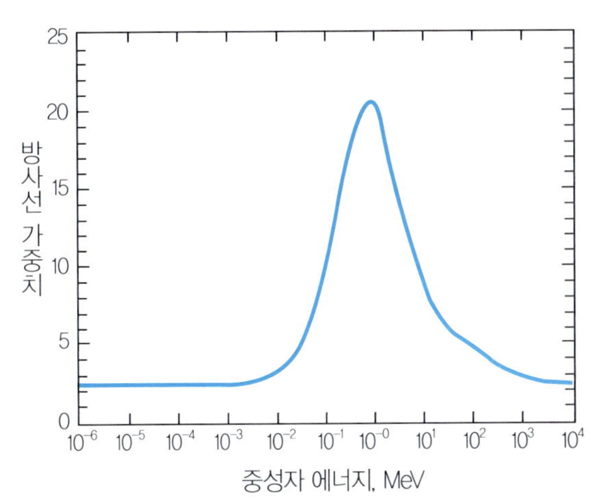

그림 1-9 중성자 에너지에 대한 방사선가중치

표 1-15 조직가중치

조직	조직가중치 (WT)	조직가중치 합 (ΣWT)
적색골수, 결장, 폐, 위, 유방, 잔여조직*	0.12	0.72
생식선	0.08	0.08
방광, 식도, 간, 갑상선	0.04	0.16
뼈표면, 뇌, 침샘, 피부	0.01	0.04

* 잔여조직 : 부신, 흉외기도(ET), 쓸개, 심장, 신장, 림프절, 근육, 구강점막, 췌장, 전립선, 소장, 비장, 흉선, 자궁/자궁경부

출처 : ICRP103 보고서

④ **예탁선량** : 체내에 존재하는 방사선 핵종으로 인해 방사능이 소멸하기까지 일정기간 받게 되는 내부피폭 방사선량을 말한다. '예탁'이란 체내 조직이나 장기가 방사능에 의해 오염되어 앞으로 피폭할 것이라는 의미로 보통 성인에게는 피폭 시점부터 50

년의 예탁기간이 권고되고, 유아와 아동에 대해서는 70세까지의 선량을 평가한다.

⑤ **조사선량** : 공간상의 어떤 위치에서 공기 단위 질량당 방사선에 의해 생성된 전하량을 의미한다. 단위로는 뢴트겐(R)을 사용하고, X선과 감마선에 대해서만 사용한다. 1 R은 표준상태의 공기 1㎏당 2.58×10^{-4} C(쿨롱)의 전하를 만드는 방사선의 양으로 정의된다.

$$1\ \mathrm{R} \equiv 2.58 \times 10^{-4}\ \mathrm{C/kg}(\text{공기})$$

또한 공기 중에서의 방사선 강도를 나타내기 위해 대부분의 방사선 측정기에서는 단위시간당 선량인 선량률(mR/h)이 주로 사용된다.

3) 방사선의 작용

(1) 방사선과 물질의 상호작용

방사선은 물질을 구성하는 원자, 원자핵, 궤도전자 등과 반응하면서 흡수되거나 산란된다. 이러한 과정에서 방사선 에너지가 물질의 원자나 분자에 전달되고, 여기분자, 이온, 자유라디칼 등의 초기 생성물을 형성, 여러 상호작용이 일어난다. 대표적인 상호작용의 유형은 전리작용, 여기작용, 화학작용, 생물작용, 현광작용, 감광작용 등이 있다. 전리작용은 방사선이 물질 구성 원자의 궤도전자를 이탈시킴으로써 양이온과 전자로 전리시키는 작용이다. 여기작용은 에너지가 전자에 전달되었지만 전리는 안 되고 정상보다는 더 높은 에너지 준위의 들뜬 상태(여기상태)에 이르게 하는 작용이다. 화학작용은 전리나 여기작용을 통해 물질의 분자구조에 변화가 초래되어 화학적 변화가 일어나는 것이다. 예를 들어 방사선이 물분자(H_2O)를 여기시키고, 여기된 물분자가 불안정하여 분해되어 [H]와 [OH] 기단을 형성하고 이들 활성 기단이 주변의 다른 분자와 화학적 반응을 일으키는 것과 같다. 생물작용도 대체로 그 본질은 화학작용 및 생화학적 변화의 결과로 생물학적 영향이 나타나는 것이다. 예를 들어 [OH] 기단이 세포핵 내의 핵산(DNA)분자와 반응하여 손상을 입혀 그 결과로서 유전자 돌연변이 또는 세포 사멸을 초래할 수가 있다. 형광작용 및 감광작용 역시 일종의 물리적 또는 화학적 작용으로 특정 물질과 반응하여 고유한 파장의 빛을 내거나 감광되는(예, x-ray 필름) 현상을 말한다.

(2) 방사선에 의한 DNA 손상

방사선 피폭에 의한 DNA 손상은 직접 물리적 작용과 간접 화학적 작용이 있다. 방사선의 전기력이나 운동에너지가 DNA분자에 충격을 주어 손상시키는 것이 직접 물리적 작용이며, 방사선이 물분자를 분해하여 화학적 활성이 큰 기단을 만들고 이들이 인근의 DNA분자를 화학적으로 손상시키는 과정이 간접 화학적 작용이다. 손상된 DNA는 수선 기전에 의해서 복구가 될 수 있지만 복구에 실패하거나 잘못 복구되면 손상이 유지될 수 있다. 세포 수준에서 DNA 손상은 세포의 사멸이나 기능마비 또는 돌연변이로 나타나게 되는데, 심각하게 변이된 세포는 자살 프로그램(apoptosis)에 의해서 사멸되거나 면역체계에 의해서 제거되기도 한다. 비교적 손상이 경미한 세포는 변이된 상태로 계속 생존하고 자손 세포를 생산할 수도 있다.

5.2 피폭방사선량 평가 및 노출 현황

1) 피폭방사선량 평가

피폭방사선량 평가란 방사선 사고나 작업 중에 발생할 수 있는 외부피폭 혹은 내부피폭으로 인한 피폭선량을 평가하는 것을 말한다. 방사선 사고로 인해 피폭 환자가 발생할 경우 피폭방사선량을 조속한 시일 내에 정확히 파악하는 것은 환자의 치료방침을 결정하고 예후를 판단하는 데 필수적이다. 또한, 피폭방사선량을 확인하는 것은 방사선피폭에 따라 향후 발생할 수 있는 건강영향에 대한 예측과 피폭에 따른 질환 발생 시 이에 대한 원인 규명을 위한 자료로도 활용할 수 있다.

피폭방사선량 평가는 크게 임상적 선량평가, 물리적

선량평가 및 생물학적 선량평가로 구분할 수 있다. 임상적 선량평가는 주로 방사선 과피폭 후에 환자에게 나타나는 구토, 설사, 피부홍반, 수포발생 등의 피폭 초기 증상 발현의 유무, 발현 시기, 중증도 등을 토대로 방사선량을 추정하는 방법이다. 또한 혈액 내에 있는 절대림프구수치(absolute lymphocyte count)의 감소 정도와 감소 속도를 확인함으로써 피폭 초기 48시간 내에 피폭선량을 추정할 수 있다. 이러한 증상들은 급성방사선증후군(ARS)의 전구증상이며, 위장관계 및 신경혈관계 증상 등을 포함한다. 물리적 선량평가는 종사자가 작업 중 착용하는 선량계에 누적된 방사선량을 측정하거나, 피폭상황을 재구성하여 방사선량을 계산하는 외부피폭 선량평가 방법이 있으며, 직접·간접 생체검정법 및 공기샘플링방법을 통해 내부피폭 선량을 평가하는 방법이 있다. 생물학적 선량평가는 다양한 생물학적 표지자를 통해 노출 선량을 추정하는 방법이다. 가장 흔히 쓰이는 표준법은 말초혈액 림프구의 염색체 손상 여부를 분석하여 노출 선량을 추정하는 세포유전학적 선량평가이다.

※ 판독특이자 피폭선량 평가

방사선 관련 작업 중 선량한도[8]를 초과하여 방사선에 피폭되었거나 선량 판독이 불가능한 종사자에 대한 관리가 필요하다. 원자력안전위원회 등 관계부처 및 기관에서는 이러한 사람을 판독특이자로 분류하고 이들에 대한 조사 및 피폭방사선량 평가를 수행하고 있다. 판독특이자 발생 유형은 크게 세 가지로 선량계 판독 결과가 선량한도를 초과한 경우, 선량계의 훼손·분실 등으로 인하여 선량 판독이 불가능한 경우, 위원회에서 정한 선량계 교체주기인 7개월을 초과하여 선량계를 제출한 경우이다. 판독특이자 발생 시 방사선원 사용이력, 방사선작업 내용, 해당 종사자의 피폭이력 검토 및 작업 상이상여부 등을 확인한다. 특히, 초과피폭으로 판독특이자가 발생한 경우에는 판독업무자에게 개인선량계의 상태 및 반응특성에 대한 자료를 추가로 요구하여 검토한다. 판독특이자의 추정선량을 보다 정확하게 검증하기 위해 현장조사를 진행하고, 판독특이자의 진술에 따라 현장 재현 실험을 수행하거나, 수학적 계산 등을 통해 선량재구성을 한다. 또한 보조적인 검증수단인 염색체이상검사를 이용한 생물학적 선량평가, 휴대전화 소자 판독 등을 수행한다.

2) 노출 현황

(1) 방사선 피폭원

방사선은 생성 원인에 따라 크게 자연방사선과 인공방사선으로 구분할 수 있다. 자연방사선은 지구상의 여러 물질로부터 자연적으로 생겨나는 방사선으로 우주방사선(우주로부터 나오는 방사선)을 포함 지각의 암석이나 토양, 물, 채소나 과일 등에서도 찾을 수 있다. 자연방사선 피폭의 연간 세계평균은 개인당 2.4mSv로 우리나라는 이보다 조금 높은 3.08mSv인데 그 주요 원인은 화강암이 많이 분포되어 있는 지형의 특성 때문이다. 반면 인공방사선은 인위적인 행동이나 발생장치를 통해 만들어진 방사선으로 병원에서 진단 및 치료용으로 사용하는 방사성 동위원소 및 장비, 원자력시설, 비파괴검사 등의 다양한 분야에서 찾아볼 수 있다. 아래 그림은 생활 속에서 피폭되는 방사선량을 나타내는데, 자연방사선과 인공방사선 모두 방사선이 가지는 성질이나 특성은 동일하므로 인체에 미치는 영향 역시 같다고 볼 수 있다. 이처럼 방사선은 우리의 생활과 밀접한 관계가 있으며, 일상에서 지속적으로 미량의 방사선을 받으면서 생활하고 있다.

(2) 직업성 피폭(직무피폭)

직무상의 이유로 방사선을 피폭하는 것을 직무피폭이라 한다. 대표적인 직군으로 원전종사자나 방사선을 치료나 진단에 사용하는 의료종사자, 비파괴 검사와 같은 산업분야 종사자, 방사선을 취급하는 연구소나 대학 등의 연구·교육 분야 종사자, 항공승무원 등의 종사자들이 직업성 피폭 직군에 속한다. 국내에서는 이들 종사자를 방사선작업종사자(산업, 교육, 연구, 방사성동위원소를 이용·관리하는 의료기관 종사자 등), 방사선관계종사자(의료 진단용 발생장치를 이용·관리하는 의료기관 종사자), 항공승무원, 동물병원 방사선관계종사자로 분류한다. 방사선작업종사자와 항공승무원은 원자력안전위원회에서, 방사선관계종사자는 질병관리청에서, 수의사 등 동물병원 방사선관계종사자는 농림축산검역본부에서 직무피폭 관리를 소관하고 있다. 방사선 종사자에 대한 피폭선량 기록은 직업성 피폭 안전관리 목적에 따라 관련 법령에

8 방사선 방호 및 피폭 관리 일환으로 정한 유효선량이나 등가선량으로 위험에 대한 기준 선량은 아니다. 방사선작업종사자 및 방사선관계종사자의 유효선량 한도는 연간 50mSv를 넘지 않는 범위에서 5년간 100mSv이며, 항공승무원은 연간 6mSv이다.

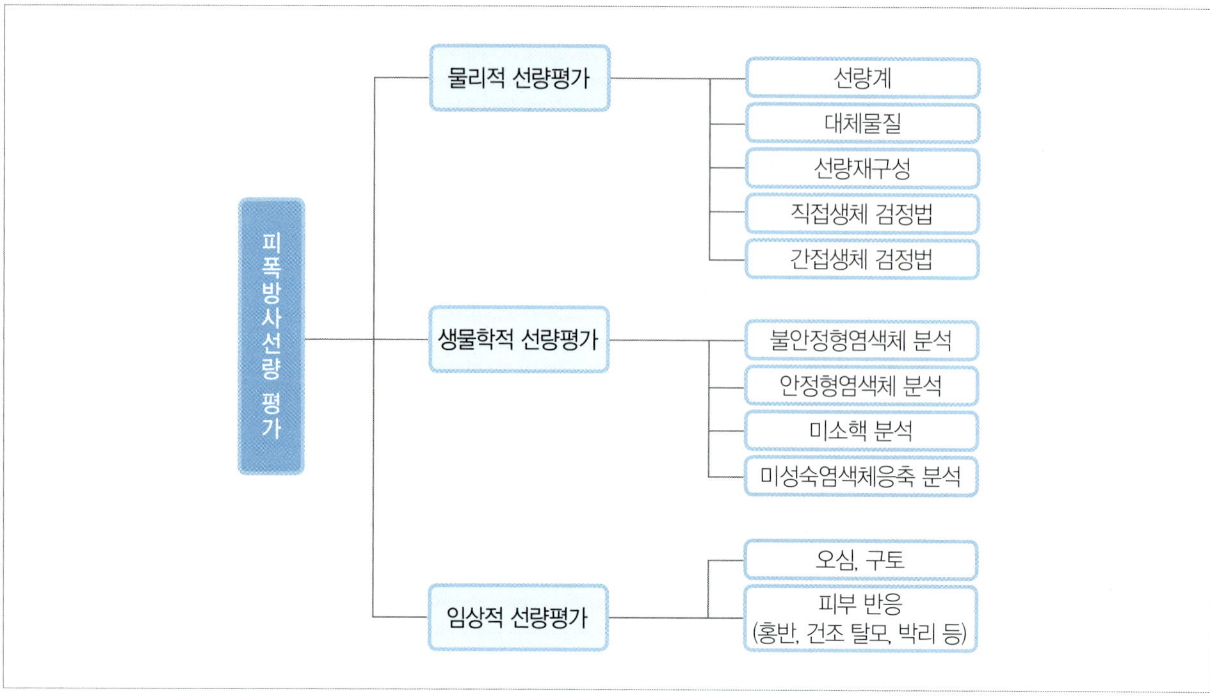

그림 1-10 피폭방사선량 평가 종류

출처 : 방사선비상진료개론서, 한국원자력의학원(2)

표 1-16 과피폭 이후 증상에 따른 선량 추정(급성 피폭)

증상	급성방사선증후군 정도 및 급성 전신노출 선량(Gy)				
	Mild (1~2Gy)	Moderate (2~4Gy)	Severe (4~6Gy)	Very Severe (6~8Gy)	Lethal (>8Gy)
구토	있음	있음	있음	있음	있음
시작	~2시간	1~2시간	1시간 이내	30분 이내	10분 이내
빈도	10~50%	70~90%	100%	100%	100%
설사	없음	없음	mild	heavy	heavy
시작	–	–	3~8시간	1~3시간	1시간 이내
빈도	–	–	<10%	>10%	~100%
두통	slight	mild	moderate	severe	severe
시작	–	–	4~24시간	3~4시간	1~2시간
빈도	–	–	50%	80%	80~90%
의식	정상	정상	정상	의식변성(경도)	혼수
시작	–	–	–	–	수분
빈도	–	–	–	–	100%
체온	정상	상승	열감	고열	고열
시작	–	1~3시간	1~2시간	1시간 이내	1시간 이내
빈도	–	10~80%	80~100%	100%	100%

출처 : 방사선비상진료개론서, 한국원자력의학원(2)

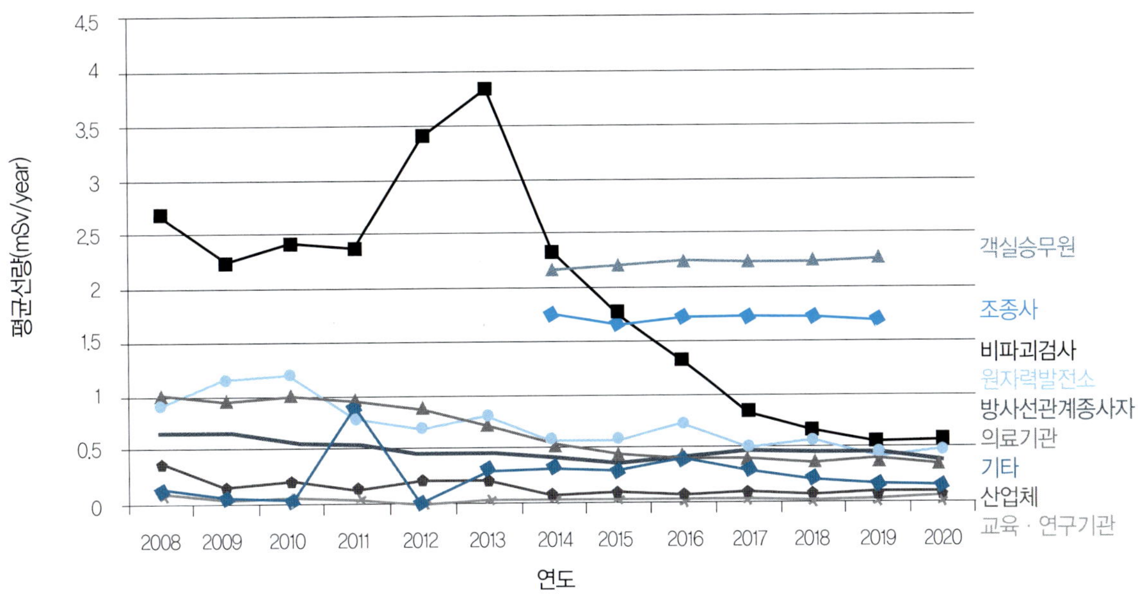

그림 1-11 방사선 종사자 연도별 피폭선량

의거하여 엄격하게 관리되고 있으며, 업무상 질병 발생의 인과관계를 판단하는데 중요한 자료이다.

국가에서 피폭선량 기록을 관리하는 방사선 종사자 수는 2020년 기준 방사선작업종사자는 42,701명, 방사선관계종사자는 97,801명, 항공승무원은 23,251명[2019년 기준, 생활방사선 안전관리 실태조사 보고서(KINS, 2021)], 동물병원 방사선관계종사자는 6,037명으로 해마다 증가 추세다. 방사선작업종사자, 방사선관계종사자, 동물병원 방사선관계종사자의 최근 5년 연간 평균 피폭선량은 1mSv 이하로 보고되고 있으며, 항공승무원은 이보다 다소 높은 2mSv 수준을 유지하고 있다. 보다 자세한 현황은 관계부처에서 보고하는 원자력안전연감(원자력안전위원회), 의료방사선 관계종사자 피폭선량 통계연보(질병관리청), 동물병원 방사선관계종사자 피폭선량 연간보고서(농림축산검역본부) 등에서 확인할 수 있다.

(3) 의료 피폭

의료피폭은 개인이 질병의 진단과 치료를 위해 의료기관에서 받은 방사선 피폭이다. 다시 말해, 진료나 치료를 위해 인체에 불가피하게 의도적으로 조사된 방사된 피폭을 의미한다. 환자는 아니지만 의료피폭으로 간주하는 경우는 다음과 같다: ① 환자의 가족이나 친지가 방사선 피폭사실을 주지한 상태에서 환자를 간병하는 과정에서 피폭, ② 임신한 환자가 불가피하게 방사선 의료절차를 거칠 때 그 태아의 피폭, ③ 의생물학적 연구의 대상으로 자원한 사람이 받는 피폭. 방사선을 이용한 진료의 이득과 피폭 위험성을 비교하는 대부분의 연구들에서 진료 이득이 피폭 위험 보다 높다는 견해를 유지하고 있지만, 불필요한 피폭을 줄여기는 노력은 지속적으로 필요하다(특히 방사선 영향에 민감한 소아 · 청소년).

5.3 인체영향

방사선 영향은 급성과 만성, 신체적과 유전적, 결정론적과 확률론적 영향 등으로 나누어 생각할 수 있다. 같은 선량의 방사선을 받더라도 한꺼번에 받은 경우와 여러 번에 나누어 받은 경우 그 영향에 차이가 있을 수 있다. 왜냐하면 여러 번 나누어 받을 경우에는 받지 않는 시간 동안에 회복작용이 일어날 수 있기 때문이다. 또한 방사선을 전신에 받은 경우와 신체 일부에만 받은 경우에도 나타나는 영향은 다르다.

1) 급성 영향과 만성 영향

급성 영향은 방사선 사고 또는 핵폭탄 투하 등으로 다량의 방사선을 일시에 피폭하였을 때 주로 나타나는 현상이다. 피폭선량에 따라 피폭 후 1~2개월 이내 사망하거나 심한 손상 후유증을 갖게 된다. 짧은 시간 안에 전신으로 1Gy 이상 많은 양의 방사선을 받으면 몸의 조직에 따라 여러 가지 증상이 나타날 수 있다. 0.25Gy 이하로 받으면 급성 영향의 증상이 나타나지 않지만 0.5Gy 정도를 받으면 혈액에서 백혈구의 농도 변화가 나타난다. 피폭 후 30일간 사망률이 50% 정도 되는 반치사선량(LD50(30))은 전신피폭으로 4~5Gy로 알려져 있다. 이 정도의 방사선을 받게 되면 한기나 구토와 같은 증상이 수시간 안에 일어나고, 약 3주 후에 탈모, 식욕부진, 출혈성 발진, 발열, 쇠약 등과 같은 증상이 나타난다. 대표적인 급성방사선증후군으로 사망을 포함 중추신경증후군, 위장증후군, 조혈증후군이 있다.

방사선 피폭 후 그 영향이 1~2개월 이내에 발생하지 않고 오랜 세월이 지난 후에 나타나는 것을 만성 영향이라 한다. 급성 영향이 발생하였으나 모든 상해가 회복되어 육안으로 보아서는 정상이었지만 시간이 지남에 따라 여러 가지 만성 영향이 나타나는 경우도 있다. 대표적인 만성 영향으로는 암과 백내장을 들 수 있다. 영향이 나타날 때까지의 시간을 '잠복기'라 한다. 발암의 잠복기간은 피폭선량, 피폭된 조직의 종류, 피폭 시 연령 등에 따라 다를 수 있으나 대체로 5~10년 이후 이다. 백혈병은 빠르면 2년 정도에서도 나타날 수 있다. 백내장의 잠복기간은 방사선을 받은 선량에 따라 차이가 있으나 수 년 ~ 수십 년 정도이다.

2) 신체적 영향과 유전적 영향

신체적 영향은 신체의 체세포 손상에 의해서 생기는 것으로 그 영향은 피폭받은 사람에게만 한정된다. 신체적 영향에는 급성 영향과 같이 피폭 후 조기에 나타나는 증상과 암과 같이 오랜 잠복기 후에 나타나는 영향이 있다.

방사선의 유전적 영향은 생식세포 손상에 의해서 일어난다. 그 손상은 세포 내에서 유전을 담당하고 있는 물질인 유전자의 변화에 의해서 생기기 때문에 유전자 돌연변이(gene mutation) 라고 부르며, 그 영향은 몇 세대 후에 나타날 수도 있다. 현재까지 인간을 대상으로 한 연구에서 부모의 방사선 피폭으로 자손에 초과 유전질환이 발생할 것이라는 직접적인 증거는 없지만, 실험동물에서는 방사선 유전영향이 보고되고 있다.

3) 결정론적 영향(조직반응 위험)과 확률론적 영향

결정론적 영향은 일정량 이상의 피폭을 받으면 나타나

표 1-17 급성 피폭의 증상(감마선 또는 X선)

선 량(전신피폭)	증 상	비 고
0.25 Gy	거의 임상증상이 없음	
0.5 Gy	림프구 일시적 감소	
1 Gy	구토, 구역질, 전신권태, 림프구 거의 감소	
1.5 Gy	방사선 숙취 50%	
2 Gy	장기 백혈구 감소	사망률 5%
4 Gy	사망 30일 내에 50%	LD50(30)
6 Gy	사망 15일 내에 50%	
7 Gy	사망 100%	100% 치사선량

출처 : 방사선비상진료개론서, 한국원자력의학원

는 변화를 말하며, 대체적인 문턱선량(threshold dose)이 있다. 따라서 발단선량 이하에서는 가시적인 변화가 관찰되지 않는다. 또한 영향의 심각도는 선량에 비례하여 증가하며, 일부 만성질환을 제외하고는 대체로 급성이다. 대표적인 영향으로 불임, 홍반, 화상, 태아 기형, 백내장, 골수증후군, 위장증후군 등이 있다. 생물학적, 임상적 증거를 토대로 최대 약 100mGy 까지 흡수선량 범위에서는 조직에 임상적으로 유의한 기능부전이 나타나지 않는 것으로 보고되고 있다.

확률적 영향은 그 발생확률이 피폭선량에 비례하고 문턱선량이 없는 것으로 가정한다. 대표적인 영향으로 암이나 유전영향이 있다. 암의 경우 역학적, 실험적 연구에 따르면 약 100mSv 이상부터 다소 불확실성은 있지만 암 위험 증거가 관찰된다. 국제방사선방호기구(ICRP 103)가 평가한 평균 인구집단에 대한 생애 암 위험 계수는 Sv 당 약 5.5%이며, 아동을 제외한 성인만을 대상으로 하면 Sv 당 4.1%이다. 이러한 암 위험 수치는 평균치이므로 특정 소집단이나 개인의 위험을 평가하는 근거는 되지 않는다. 동일한 피폭 상황에서도 성별이나 인체 내 조직별 방사선 민감도 및 개별 기저위험 차이가 존재하므로 해당 소집단 또는 개인적 특성까지 고려해야 한다. 유전질환의 경우 사람에게 방사선 위험의 명확한 증거는 부족하다. 백내장 및 순환기계 질환은 일부 연구에서 확률론적 영향 특성이 보고되고 있으나, 아직 해당 질환의 문턱선량 이하에서의 위험 증거는 충분하지 않다.

4) 저선량 방사선 영향의 불확실성

저선량 피폭에서는 신체 영향을 관찰할 수 있는 빈도가 낮아 피폭과 질병의 인과관계에 대한 완전한 입증을 기대하기는 어렵다. 일반적으로 문턱 없는 선형 모델(선형무역치)을 사용하여 저선량에서의 위험을 추정하는데, 이는 방사선 방호를 목적으로 가정한 것이며, 실제로 선량에 비례하여 위험이 있다는 것은 명확하지 않다. 한

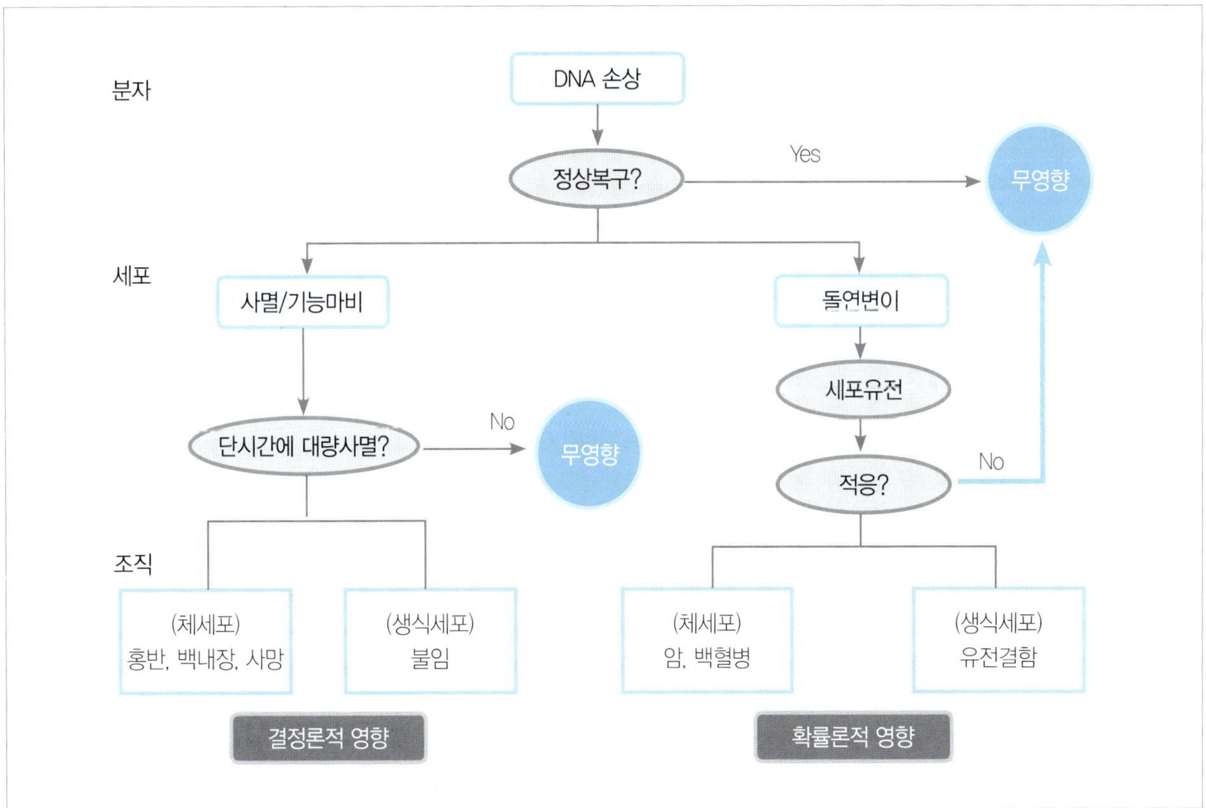

그림 1-12 결정론적 영향과 확률론적 영향

출처 : 한국원자력안전기술원(우리나라의 방사선 환경)

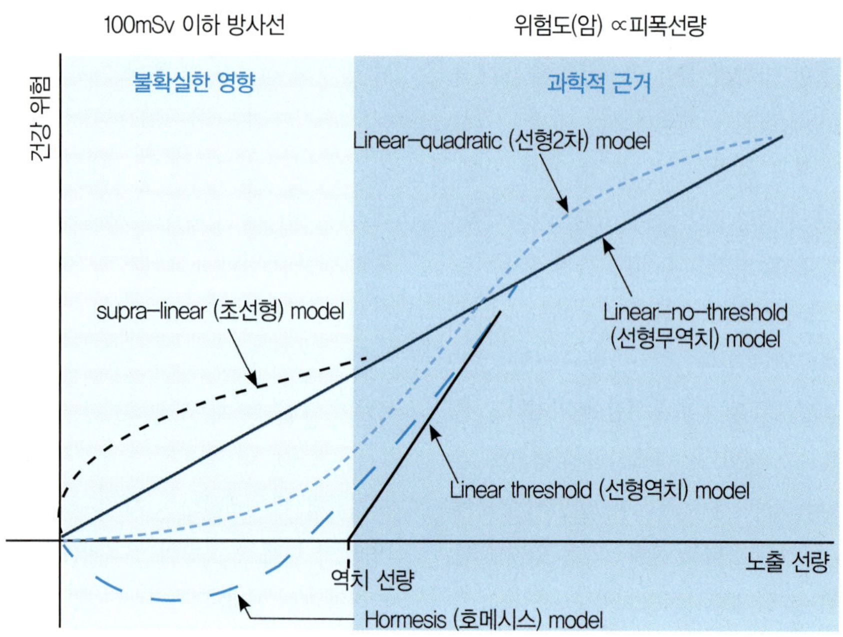

그림 1-13 방사선 피폭선량 반응 모델

편, 저선량에서 방사선이 암을 유발하는 기회보다 방사선 자극 때문에 인체 면역체계가 활성화되고, 이를 통해서 자연발생 암 위험을 낮추는 유익한 효과를 준다는 주장도 있다. 하지만 저선량 방사선이 암을 증가시킨다는 근거가 부족하듯이 암을 감소시킨다는 근거 역시 부족하다. 그러므로 피폭에 대한 위험도 추정 시 보수적 견해에서 문턱 없는 선형모델을 수용하고 있다.

더 읽을거리

한국원자력안전기술원(KINS). 우리나라의 방사선 환경. 2009.

한국원자력의학원. 방사선비상진료개론서. 2016.

ICRP. The 2007 Recommendations of the International Commission on Radiaological Protection. ICRP Publication 103. Ann. ICRP 37. 2007.

5.4 비전리방사선

비전리방사선은 주파수에 따라 크게 긴 파장을 가진 전자기파(electromagnetic field and radiation)와 상대적으로 짧은 파장을 가진 광학방사선(optical radiation)으로 나눌 수 있다. 전자기파에는 정자기장(Static field, 0Hz), 극저주파(Extremely Low Frequency, ELF, 3Hz~3kHz) 및 무선주파수(Radiofrequency, RF, 10kHz~300GHz), 마이크로파(microwave, MW, 300MHz~30GHz)가 포함되며, 광학방사선에는 적외선(Infrared), 가시광선(Visible light)과 자외선(Ultraviolet)이 포함된다.

1) 광학방사선

(1) 종류와 생물학적 영향

광학방사선(optical radiation)은 비전리방사선 중에서는 에너지가 크지만, 매질을 전리화시킬 만큼 크지 않다. 광학방사선의 에너지는 매질에서 분자의 에너지 수준을 높여 화학적인 변화를 초래한다(열에너지 전달). 광학방사선 중 자외선은 피부암을 유발할 수 있다. 피부 발적, 노화, 화상 등을 초래할 수 있고, 눈에서 백내장, 망막손상을 유발할 수 있다.

(2) 노출 직업군

자외선과 적외선에 직업적으로 노출되는 집단에 대해서는 다양한 수준과 방법에서 보호책을 마련하는 것이 필요하다.

2) 전자기파

전자기파(electromagnetic wave)는 조직을 투과하는 능력이 주파수에 반비례하여 커진다. 즉 주파수가 작고 파장이 클수록 조직투과 능력이 더 뛰어나다. 전자기파

표 1-18 광학방사선의 종류와 생물학적 효과

스펙트럼 구분		파장	생물학적 효과	
			눈	피부
자외선	UVC	100nm~280nm	Photokeratitis	
	UVB	280nm~315nm		Erythema, Tanning Cancers
	UVA	315nm~400nm	Photochemical cataract, Lens yellowing	Photoageing, Cancers
가시광선		400nm~770nm	Retinal injury	Burns
적외선	IRA	77nm~1.4um	Thermal cataract, Retinal injury (lenticular lesion)	
	IRB	1.4um~3um	Corneal burn	
	IRC	3um~Imm		

표 1-19 자외선과 적외선에 노출되는 직업군

	노출 직업군		
자외선	항공기 근로자 이발사 복복실 도우미 건설근로자 약물 제조자 농부 어부 식품 조사원(irradiators)	금속 주조 감독관 유전(oil field) 근로자 철도 근로자 목장경영자 선원 담배 조사자(irradiators) Vitamin D 제조자	유리공 제강공장 근로자 용접공 주조공 전기공
적외선	제빵사 제철공 화학자	요리사 군인	

는 기본적으로 열에너지 전달, 유도 전기장 및 전류의 형성을 통해 생물학적 효과를 나타낸다. 그러나 유전독성을 유발할 정도의 큰 에너지를 전달하지 못하며, 직접적인 유전독성에 대해서는 아직 뚜렷한 과학적 증거가 없으며 발암성에 대해서도 논란이 많다.

(1) 전기장(Electric fields)과 자기장(Magnetic fields)

전자기파의 스펙트럼은 방사선의 진동(파동)이 일초에 몇 번 일어나는가를 표현하는 주파수(frequency)와 파동의 진폭이 얼마나 큰지를 표현하는 파장(wave-length)으로 구분할 수 있다. 전기장은 거리 당 전력의 크기(volts per meter, V/m)로 측정하며, 쉽게 차단될 수 있다. 전류가 흐르지 않아도 전압의 차이가 존재하면 전기장이 형성될 수 있다. 반면 자기장은 전류가 흐를 때 발생하는 것으로 테슬러(tesla, T)나 가우스(gauss, G)로 측정한다. 자기장은 전기장과는 다르게 쉽게 차단되지 않는다. 생물학적인 효과의 측면에서는, 주파수가 낮을수록 전기장보다는 자기장의 영향이 중요하고, 주파수가 커질수록 전기장의 에너지가 더 중요한 영향을 미친다.

(2) 극저주파 전자기파(ELF, Extremely Low Frequency Electromagnetic Fields, 0~300Hz)

극저주파는 고압 송전선로와 송전탑, 변전시설 등에서, 그리고 여러 가지 전기제품을 작동시킬 때 발생한다. 극저주파는 현재 국제암기구의 발암물질 분류에서 Group 2B로, 사람에서 암을 유발할 가능성이 있는 물질이다(Possibly carcinogenic to humans). 이것은 역학연구에서 3~4mG 이상의 극저주파 전자기파 노출 시에 어린이에서 백혈병 발생이 증가한다는 일관된 결과가 존재하는 반면, 동물실험 등의 실험실연구에서는 극저주파가 암을 유발하게 되는 생물학적 기전에 대하여 뚜렷한 증거를 얻지 못한 결과를 종합하여 내려진 분류이다. 유산, 퇴행성신경계질환, 우울증 등 다양한 건강영향에 관한 연구들에서는 서로 상반되는 결과들이 보고되어 명확한 결론을 내리지 못하는 상태이다.

직업적으로는 철도운행 근로자, 송전선 및 전기설비관련 근로자가 주요 노출군이다.

표 1-20 전자기장 노출로 인한 생물학적 영향과 상호작용의 기전

전자기파 스펙트럼 구분	상호작용의 기전	생물학적 영향
정 전기장 (Static electric fields)	표면 전하	표면 효과 방해, 쇼크
정 자기장 (Static magnetic fields)	움직이는 액체와 조직에서 전기장의 유도	심혈관과 중추신경계 영향
변동 전기장 (Time-varying electric fields) (<10MHz)	표면 전하	표면 효과 방해, 전기 쇼크, 화상
	전기장과 전류의 유도	신경과 근육 세포의 자극, 신경계 기능에 영향
변동 자기장 (Time-varying magnetic fields) (<10MHz)	전기장과 전류의 유도	신경과 근육 세포의 자극, 신경계 기능에 영향
전자기장 (Electromagnetic fields) (100kHz~300GHz)	전기장과 전류의 유도, 체내 에너지 흡수	과열, 전기 쇼크, 화상
	>10GHz: 에너지의 표면 흡수	표면과열
	Pulses<30us, 300MHz~6GHz: 열소리파 퍼짐(thermoacoustic wave propagation)	미세청각 방해 효과

(3) 무선주파수(RF, Radiofrequency, 10kHz~300GHz)와 마이크로파(MW, microwave, 300MHz~30GHz)

무선주파수 노출의 가장 중요한 노출원은 휴대전화와 기지국이다. TV와 라디오 방송국의 경우 무선주파수 신호가 이보다 더 세다. 레이다와 인공위성도 무선주파수의 노출원이 된다. RF/MW의 측정단위는 mW/cm^2, 혹은 W/m^2이고, 조직에 전달하는 열의 양을 표현하는 SAR (specific absorption rate)의 단위는 W/kg 이다.

TV 및 라디오 송신탑으로부터의 무선주파수 환경노출과 암발생간에 뚜렷한 관련성이 발견되지 못한 반면, 2011년에 국제암기구에서는 휴대전화 전자파를 발암물질 Group 2B로 분류하였다. 무선통신을 많이 사용하는 군인들이 주요 노출집단 중 하나이다. 산업장에서는 비전리방사선의 열적 효과를 다양하게 활용하고 있다. 예를 들어 RF heater와 sealer를 이용하여 자동차시트를 다듬거나, 베니어합판을 붙이는 데 사용한다. 이 과정에서 작업자들이 무선주파수에 노출될 수 있다.

더 읽을거리

Arthur L.Frank. Ch.36. Nonionizing radiation. in Maxy-Rosenau-Last's Public Health and Preventive Medicine. 15th ed. 2008. McGraw Hill.

Dade W.Moddler. Environmental Health. 3rd ed. 2005. Harvard University Press.

IARC Monograph volume 80. Non-Ionizing Radiation, Part 1: Static and Extremely Low-Frequency (ELF) Electric and Magnetic Fields. 2002. WHO Press. avaliable at URL: http://monographs.iarc.fr/ENG/Monographs/vol80/

IARC Monograph volume 102. Non-Ionizing Radiation, Part 2: Radiofrequency Electromagnetic Fields. 2013. WHO Press. avaliable a URL: http://monographs.iarc.fr/ENG/Monographs/vol102/

제2장 화학적 요인

제1절 화학물질의 흡수, 분포, 대사

류지영

화학물질에 노출이 되면 인체에 흡수(absorption), 분포(distribution), 대사(metabolism) 및 배출(excretion)의 일련의 과정(ADME)을 거치게 되는데, 이러한 독성물질의 체내에서의 이동하는 과정을 연구하는 분야를 독성동태학(toxicokinetics)이라고 하며, 화학물질의 독성작용을 이해하는데 기초가 된다.

화학물질의 독성동태학을 이해하기 위해서는 체내에서 물질 이동에 대한 해부학 및 생리학적 고려가 필요하다. 위장관으로 흡수된 화학물질의 경우 간문맥을 통해 간을 거쳐 전신순환으로 들어가는데, 이때 물질에 따라 간에서 대사과정을 거치게 되며 이를 초회통과 효과(first-pass effect 또는 first-pass metabolism)라고 한다. 장에서 흡수된 화학물질이 직접적으로 순환계로 들어가 체내에 분포되는 것이 아니라 물질에 따라 일정 부분 간에서 대사가 된 후 순환으로 들어가게 되는 것을 의미하며, 이 과정에서 모 화학물질(parent chemical substance)이 독성을 나타내는 물질이라면 초회통과 대사를 통해 일정 부분 해독작용이 있을 수 있지만, 독성이 없는 화학물질이 독성 대사체(toxic metabolite)로 변환될 수도 있다. 위장관 흡수와 달리 폐, 피부 등을 통한 흡수의 경우 초회통과 효과를 거치지 않고 직접적으로 순환에 들어가 독성을 나타낼 수 있다. 시안화물(cyanide)의 경우, 경구 섭취 시 일정부분 간에서 rhodanese 효소에 의해 해독되어 순환으로 들어가게 되지만, 가스상의 시안화수소산(gaseous hydrocyanic acid)이 폐순환을 통해 흡수되는 경우 직접적으로 뇌에 도달하여 독성을 유발할 수 있다. 체내에 분포된 화학물질은 대사 및 배출의 과정을 통해 제거되게 되는데, 주로 간에서의 대사와 신장 배출에 의해 제거가 된다. 이외에도 담즙을 통한 대변 배출, 휘발성 물질의 경우 폐를 통한 배출 등 여러 경로로 제거된다. [그림 2-1]은 이러한 화학물질의 체내 이동을 도식적으로 나타내고 있다.

화학물질의 흡수, 분포, 대사, 배출이 모든 과정에서 물질이 세포막을 통과하는 과정이 필요하다. 세포막은 생물학적으로 인지질 이중층(phospholipids bilayer)으로, 인지질 이외에 콜레스테롤이나 다른 지질, 수용체나 동로 역할을 하는 난백실을 가지고 있다. 지질친화성 분자(lipophilic molecules)의 세포막 출입은, 높은 농도에서 낮은 농도로의 단순 확산에 의해서 일어나는데, 화학물질의 지질친화도(lipophilicity)가 세포막 통과에 영향을 준다. 이때 화학물질의 상대적인 지질용해도(lipid solubility)는 보통 지질/물 분배계수(lipid/water partition coefficient)로 표현되며, 이러한 특성은 화학물질의 체내 유입을 고려할 때 중요하다. 화학물질의 이

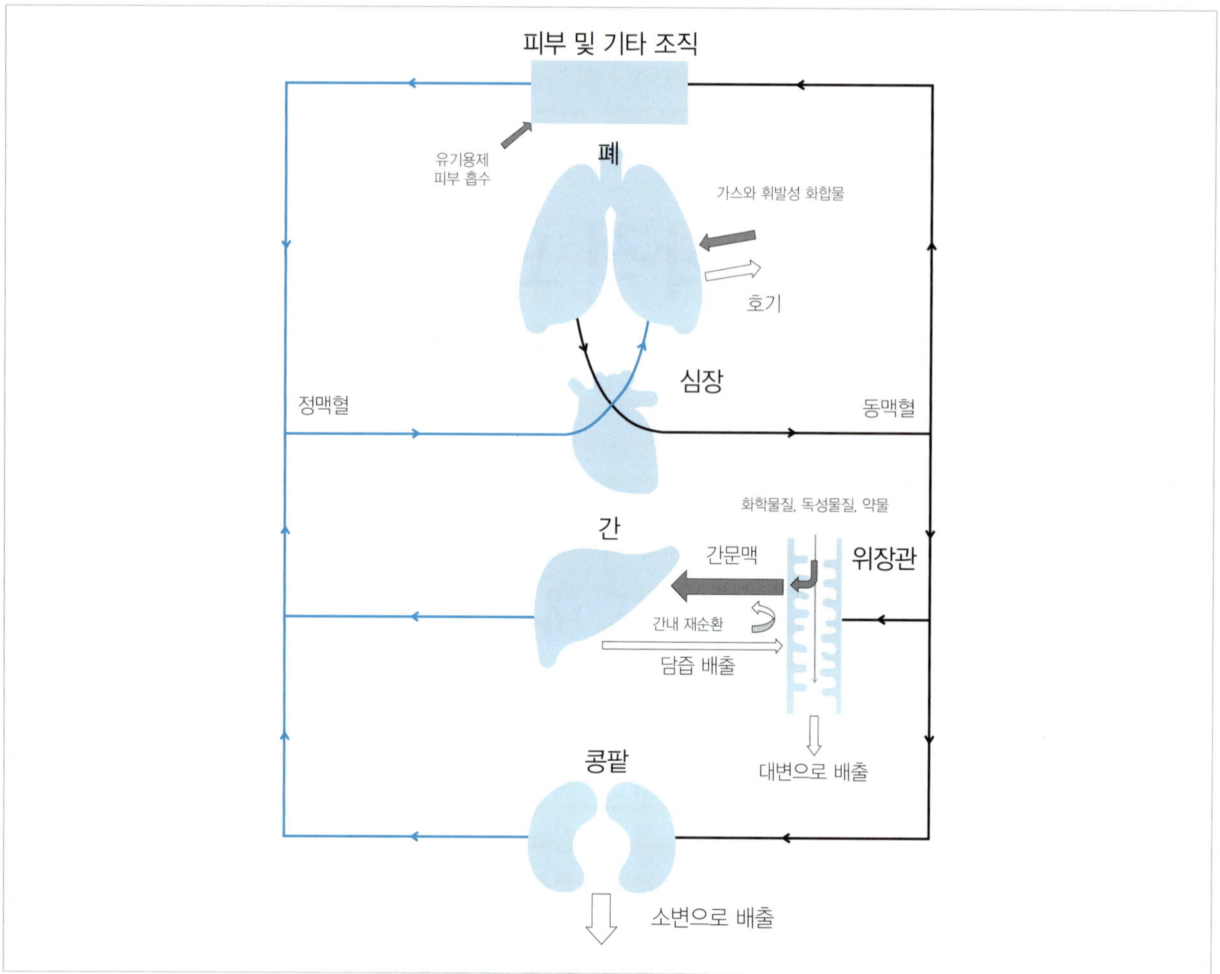

그림 2-1 화학물질의 체내 이동

온화 정도는 물질의 지질용해도에 영향을 미치는데, 이온화 되지 않은 분자가 극성 분자 보다 더 지질에 용해가 잘 되며(높은 지질/물 분배계수), 세포막을 통과하여 쉽게 확산할 수 있다. 이외에도 화학물질의 분자량, 형태도 세포막 투과성(permeability)에 영향을 준다.

1.1 흡수

환경에서 화학물질에 대한 주요 노출경로는 섭취(ingestion), 호흡(inhalation), 피부접촉(dermal contact)이며, 위장관이나 폐 등을 통하여 체내에 흡수되어 영향을 줄 수 있다. 화학물질의 흡수율(rate of absorption)은 물질의 농도 및 용해도에 의해 결정되며, 위장관이나 폐와 같이 혈류량이 많고 흡수되는 표면적이 큰 부위에서 높아지게 된다. 금속이나 불용성 입자성물질의 경우는 보통 흡수가 제한적이다.

1) 위장관 흡수

위장관을 통한 화학물질의 흡수량은 일반적으로 위장 표면적과 혈류에 비례하며 화학물질의 물리적 상태에 따라 달라진다. 대부분의 물질은 소장에서 흡수되는데, 음식물 존재 여부에 따라 흡수가 영향을 받을 수 있으며, 위 배출 시간 및 장운동에도 영향을 받을 수 있다. 일반적으로 위 배출이 지연되면 주요 흡수 부위인 소장으로의 도달이 지연되기 때문에 흡수율이 감소하며, 반대로 위 배출이 촉진된다면 흡수율은 증가하게 된다. 혈류는 위장관 흡수부위의 화학물질 농도경사(concentration gradient)에 영향을 주는데, 혈류가 빠르면 흡수된 물질이 혈류를 통해 흡수부위에서 빠르게 제거되면서 농도경사가 유지되지만, 혈류가 느리면 농도경사가 감소하게 되어 확산을 통한 화학물질의 흡수가 제한될 수 있다.

위와 소장을 통해 흡수된 물질은 문맥 순환을 통해 간으로 들어가게 되고, 화학물질에 따라 초회통과 대사를 거친 후 전신순환에 들어가게 되며, 이는 화학물질의 생체이용률(bioavailability)을 감소시키는 역할을 한다. 초회통과 효과는 문맥 혈류(portal blood flow)에 의해 영향을 받을 수 있다. 문맥 혈류가 감소한다면 물질이 간에 머무르는 시간이 증가하게 되어 더 많은 대사가 이루어지며, 전신순환으로 들어가는 모 화학물질의 비율이 더 줄어들게 되는데, 간에서 대사되는 비율이 높은 물질일수록 더 큰 영향을 받게 된다.

구강의 경우는 표면적이 제한적으로, 지질/물 분배계수(lipid/water partition coefficient)가 큰 화학물질인 경우 어느 정도 흡수가 될 수 있다. 협심증 증상완화를 위해 사용되는 nitroglycerin의 설하 투여(sublingual administration)를 통한 흡수가 한 예이다.

위를 통한 흡수는 산성 환경에서 이온화 정도에 따라 영향을 받을 수 있다. carboxylic acid 같은 약산의 경우 산성 환경에서 이온화 정도가 크지 않으며, 이온화되지 않은 형태가 확산을 통해 흡수될 수 있다. 반대로 amines는 산성 환경에서 이온화 정도가 크기 때문에 위안에 머무르게 된다. 위의 pH에 영향을 줄 수 있는 PPIs나 sodium bicarbonate 같은 약물의 경우 위를 통한 화학물질의 흡수에 큰 영향을 줄 수 있다.

경구로 섭취된 대부분의 화학물질의 경우 위에서는 흡수가 되지 않고 소장에서 흡수가 이루어진다. 소장의 경우 주름, 융모, 미세융모의 구조로 표면적이 매우 넓기 때문에, 이온화 정도가 큰 화학물질의 경우라도 일부 이온화 되지 않은 형태가 확산으로 막을 통과할 가능성이 있다. 또한, 소장의 세포막에는 P-glycoprotein (Pgp) 같은 능동 수송체들(active transporters)이 존재하는데, 수송체의 기질(substrate) 여부에 따라 화학물질의 흡수가 영향을 받을 수 있다.

2) 폐 흡수

직업적인 노출의 가장 일반적인 경로는 폐를 통한 흡수이다. 기체 및 휘발성 물질은 폐 상피와 점막을 통해 흡수될 수 있다. 폐포에서는 공기와 혈관 사이 폐포 내부를 덮고 있는 세포층의 수가 많지 않기 때문에 지질용해성이 있는 화학물질의 경우 흡입 시 빠르게 순환으로 유입될 수 있다. 또한, 폐포 구조에 의해서 표면적이 매우 크고, 혈류량이 상당하기 때문에 화학물질의 흡수가 빠르게 일어날 수 있다. 가스상이나 휘발성의 전신마취제의 경우, 흡입을 통해 빠르게 흡수되어 순환을 통해 뇌에 도달하여 수초에서 수분 내에 마취효과를 나타낼 수 있다.

기체의 용해도는 기체의 흡수에 영향을 미친다. 암모니아와 이산화황과 같은 수용성이 매우 높은 가스는 상부 기도에서 자극을 유발하는데, 이것은 노출에 대한 조기 경고 역할을 하여 추가적인 노출을 막아 폐 손상을 막는데 도움이 될 수 있다. 반대로, 수용성이 낮은 이산화질소나 포스겐 같은 유해 가스는 기관지와 폐포에 도달하여 지연된 폐 손상을 유발할 수 있다. 코털, 기침 반사, 점액 장벽은 먼지 입자나 흄이 폐에 도달하는 것을 막는데 도움을 준다.

3) 경피 흡수

많은 화학물질들이 손상되었거나 손상되지 않은 피부를 통과할 수 있다. 피부 흡수량은 일반적으로 접촉한 표면적과 화학물질의 지질 용해도에 비례한다. 피부에는 외부표면과 혈관사이 다수의 세포층이 존재하는데, 유기용제 같은 지질용해성 물질이더라도, 외부표면과 혈관 사이 거리는 물질의 확산을 상당히 더디게 만든다. 표피는 지질 장벽 역할을 하고 각질층은 유해 물질에 대한 보호막을 제공한다. 그러나 진피에서는 많은 독성 물질이 자유롭게 투과할 수 있다. 흡수되는 부위의 혈류량은 순환으로 유입되는 속도에 큰 영향을 줄 수 있다. 피부를 통한 흡수율은 피부 투과성에 있어 부위별, 병리학적, 개인적 차이에 의해 영향을 받을 수 있다. 건조한 피부

보다 수분이 많은 피부가 더 투과가 잘 되며, 얼굴이나 목, 음낭의 얇은 피부가 손바닥과 발바닥의 두꺼운 피부보다 흡수가 잘 된다. 화상, 찰과상, 피부염 및 기타 피부 손상은 피부 보호 특성을 변화시키고 다량의 독성 물질의 흡수를 허용할 수 있다.

4) 눈을 통한 흡수

눈도 흡수되기 쉬운 부위로 화학물질이 결막을 통해 체내에 들어오면 간의 초회통과 효과를 우회해 전신 독성을 유발할 수 있다. 따라서 눈의 오염을 조기에 제거하면 전신 손상과 국소 손상을 예방할 수 있다.

1.2 분포

흡수 부위로부터 혈류로 유입된 화학물질은 다양한 신체 조직으로 분포하게 되는데, 물질의 분포는 가장 기본적으로는 분포용적(volume of distribution, Vd)으로 표현될 수 있다. 분포용적(Vd)은 신체에 들어온 화학물질의 양(amount)을 혈중 농도(blood concentration)로 나누어 계산할 수 있는데, 이것은 반드시 생리적인 용적(physiologic volume)을 의미하는 것은 아니다. 각 조직으로 넓게 분포하는 화학물질은 큰 분포용적을 가지며, 만약 혈장에 머무르는 물질이라면 작은 분포용적을 가질 것이다. 분포용적은 물질의 크기, pH, 단백결합, 특정 조직에서의 결합, 국소 혈류 차이, 분배계수(partition coefficients)에 의해서 결정되는데, 혈장에서 단백(주로 albumin)결합이 광범위하게 이루어지는 물질의 경우 낮은 분포용적을 가질 수 있으며, 조직부위에서 광범위하게 결합이 이루어지는 물질은 큰 분포용적을 가질 수 있다.

흡수된 화학물질의 기관이나 조직으로의 초기 분포는 대체로 혈류에 의해 이루어지며, 관류량이 큰 기관의 경우 많은 양의 화학물질에 노출이 될 것이다. 혈류로부터 기관의 세포나 조직으로 물질의 유입은 여러 요인에 의해 결정된다. 만약 물질의 대부분이 혈장단백이나 혈액성분과 결합한다면, 조직으로 확산할 수 있는 단백과 결합하지 않은 물질의 농도가 낮아지기 때문에 조직으로의 분포가 제한될 것이다. 많은 조직의 세포막에는 ABC수송체(ATP-binding cassette transporters)를 포함한 여러 수송체가 발현되어 있어 확산을 통해 들어온 물질이 다시 순환으로 돌아갈 수 있다. 세포막을 잘 통과하지 못하는 물질은 분포가 제한되므로 물질이 작용할 수 있는 잠재적인 부위가 제한된다. 일부 지질친화도가 매우 높은 화학물질의 경우, 초기에 뇌와 같은 혈류량이 많은 조직에 분포했다가, 이어 근육이나 지방 같은 혈류량이 낮은 조직으로 재분포가 일어나기도 한다. 혈뇌장벽(blood-brain barrier)과 혈고환장벽(blood-testis barrier)은 지용성 물질과 달리 수용성 물질의 분포를 제한한다. 일부 물질은 조직 저장소에 축적되며, 이는 물질의 독성 작용을 연장시킬 수 있다. 예를 들면, 납은 뼈에 수년간 저장되었다가 나중에 방출될 수 있다.

1.3 대사

화학물질의 대사는 물질의 생체내변환(biotransformation)으로 효소촉매 반응(enzyme-catalyzed reaction)에 의해 물질이 화학적으로 변하는 것이다. 이러한 생체내변환의 목적은 일반적으로는 화학물질의 수용성을 증가시켜 화학물질의 배출을 촉진하기 위한 것이다. 대사과정 없이 물질이 배출될 수도 있지만, 지질용해도가 높은 대부분의 물질들은 일련의 대사과정을 거쳐 배출되게 된다. 수용성은 주로 2상 포합(Phase II conjugation) 반응을 통해 얻어지는데, glucuronides, sulfates, amino acid conjugates 같은 포합체(conjugate)들은 산성 작용기(acidic functional groups)를 가지고 있어 생리적인 pH에서 상당 부분 이온화되며, 사구체여과 이후 신 세뇨관에서 확산에 의한 재흡수가 제한된다. 또한 이들 포합체는 근위 세뇨관(proximal tubule)에서 운반체 매개 능동분비(carrier-mediated active secretion)로 혈액에서 소변으로 배출되기도 한다.

많은 화학물질들은 그 자체로 포합반응(conjugation)이 일어날 수 있는 적절한 작용기(functional or reactive chemical group)를 가지고 있지 못하기 때문에, 이들을 생성하기 위해서 먼저 1상 반응을 거쳐야 한다. 예를 들면, 지용성인 벤젠의 경우 일차적으로 페놀로 변환된 후 phenyl glucuronide로 진행하게 된다. 1상과 2상의 두 단계 대사는 대체로 제한된 수의 작용기(functional group)를 통해 진행되는데, 하이드록시기(-OH), 아미노기(-NH_2), 카복실기(-COOH)가 대표적이다. 2상 포합체는 보통 약리적으로는 비활성 상태다. 1상 대사체는 약리적으로 활성상태일 수도 있고 아닐 수도 있다. 반응성이 매우 높은 대사체는 대체로 1상 산화반응을 통해 때때로 생성되며 조직 손상을 유발할 수 있는데, cytochrome P450에 의한 돌연변이원성(mutagenic)과 발암성(carcinogenic)이 있는 epoxides의 생성이 좋은 예이다. 이러한 반응성의 중간대사체들(reactive intermediates)은 효소를 불활성화 시키거나, 세포막의 변화를 초래하는 지질 과산화반응, DNA 변화를 유발할 수 있으며, 발암, 조직괴사 반응, 조직 알레르기 반응과 관련이 있다.

화학물질의 생체내변환은 간, 피부, 위장관, 폐, 신장, 혈액 등을 포함한 거의 모든 장기와 조직에서 이루어지지만, 간에서 화학물질을 대사하는 많은 종류의 효소들이 높은 수준으로 발현되어 있기 때문에 간이 양적으로 화학물질의 대사에 있어 가장 중요한 조직이다. 간세포 내 주요 생체내변환이 이루어지는 곳은 소포체(endoplasmic reticulum)인데, cytochrome P450s, flavin monooxygenases (FMOs), carboxylesterases, glucuronosyltransferases 같은 주요 효소들이 위치하고 있다.

1) 1상 산화

간에서 화학물질의 산화에 주로 관여하는 효소 군으로는 cytochrome P450 (CYPs)과 flavin monooxygenases (FMOs)의 두 군이 있는데, 두 효소군 모두 촉매작용을 위해 NADPH와 O_2를 필요로 한다. 그 외 dehydrogenases나 monoamine oxidases (MAOs) 같은 효소도 화학물질의 산화를 촉매한다.

Cytochrome P450s (CYPSs)은 헴단백(hemoproteins)과 관련된 큰 효소 집단을 지칭하는 용어로, 대체로 산화반응을 촉매한다. CYP3A4와 CYP3A5가 CYPs의 약 40%로 가장 많은 비중을 차지하고 산화를 거치는 물질의 약 40%의 대사에 관여하며, CYP2C9이나 CYP2C19 같은 CYP2C의 아집단(subfamily)은 약 25%를 차지하며 약 25%의 대사에 관여한다. CYP1A2는 약 17%를 차지하고 10%의 대사에 관여하며, CYP2E1는 약 10%를 차지하며 약 5%의 대사에 관여한다. CYP2D6의 경우는 전체에서 5% 미만으로 발현되지만, 약 20% 정도의 CYP의존 산화대사(CYP-dependent oxidative metabolism)에 관여한다. Aniline, benzene, N,N-dimethylformamide, ethanol은 CYP2E1, benzo[a]pyrene은 CYP1A2에 의해 대사되는데, 이처럼 각각의 cytochrome P450은 어느 정도의 기질 선택성(substrate selectivity)을 가진다. 한 기질의 대사에 여러 종류의 CYPs가 관여하기도 하는데, 예를 들면, amitriptyline의 경우 CYP1A2, CYP2Cs, CYP2D6에 의해 대사되고, cyclophosphamide는 CYP2B6 및 CYP3A4에 의해 대사된다. CYPs의 경우 유전적 다형성(genetic polymorphisms)이 알려져 있는데, 이에 따라 효소 활성(activity)이 영향을 받을 수 있다. 또한, 화학물질 간 또는 약물 간 상호작용(drug-drug interaction)으로 인해 CYPs가 유도되거나 대사가 억제될 수도 있다.

Flavin Monoxygenases (FMOs)는 hydroperoxyflavin species (NADP-FADHOOH)의 생성을 통해 산화시킨다. FMOs의 기질은 질소(N)나 황(S) 같은 친핵성의 헤테로원자(nucleophilic heteroatom)를 가진 물질로, N-dimethylaniline 같은 3차 아민(tertiary amines)이나 N-methylaniline 같은 2차 아민(secondary amines)에서 질소산화(nitrogen oxidation)반응, dithiothreitol 같은 thiols 및 dimethylsulfide 같은 sulfides 등에서 황산화(sulfur oxidation)반응이 있을 수 있다.

탈수소효소(dehydrogenases)는 화학물질의 산화를 위해 탈수소반응 기전을 이용하는데, 주요 효소는 alcohol dehydrogenases (ADHs)와 aldehyde dehydrogenases (ALDHs)다. 탈수소효소에 의한 산화는 직접적으로 산소분자가 관여하는 것이 아니라 피리딘 뉴클레오타이드 (pyridine nucleotide-보통 NAD+)로의 전자 전달을 통해 일어난다. ADHs는 세포질에 존재하는 반면, ALDHs 미토콘드리아, 소포체, 세포질에서 발견된다. 이 두 효소가 alcohol 대사에 같이 관여하게 되는데, ADHs에 의해 alcohol이 aldehydes로 변환되고, ALDHs에 의해 최종적으로 carboxylic acids로 변환이 된다. 에탄올의 경우 acetaldehyde를 거쳐 acetate가 되는데, acetaldehyde가 더 독성효과를 나타낸다.

Monoamine Oxidases (MAOs)는 산화성 탈아미노기 반응(oxidative deamination reaction)을 촉매하는데, 이 반응은 flavin group (FAD, flavin adenine dinuclotide)으로 전자 전달을 통해 진행된다. MAOs의 억제는 신경전달물질(neurotransmitters)의 대사를 방해하고 축적을 가능하게 한다. MAO-A와 MAO-B가 있는데, 둘 다 미토콘드리아에 발현되며, 각각에 대한 기질과 억제제는 다소 차이 있다. MAO-A는 5-hydroxytryptamine (serotonin)과 norepinephrine을 대사하고 chlorgyline에 의해 비가역적으로 억제되며, MAO-B는 β-phenethylamine, benzylamine, 1-methyl-4-phenyl-1,2,5,6-tetrahydropyridine (MPTP)을 대사하며 selegiline (l-deprenyl)에 의해 비가역적으로 억제된다. Dopamine, epinephrine, norepinephrine 같은 catecholamine들도 MAOs의 기질이 된다.

2) 1상 가수분해

가수분해 반응(hydrolysis reactions)은 carboxyl/cholinesterases (CCEs)에 의해 촉매된다. CCEs는 organophosphates에 의해 억제되는데, 이는 CCEs의 촉매 부위(catalytic site)인 serine residue에서 phosphorous-oxygen결합이 형성되어 물에 의한 분해를 저해하기 때문이다. 하지만 pralidoxime (2-PAM)에 의해 탈인산화가 되면, 효소 활성이 회복될 수 있다. Esters에 대한 가수분해 반응은 RCOOR → RCOOH + ROH로, amides에 대한 반응은 RCONHR → RCOOH + RNH_2로 요약될 수 있다. 가수분해반응은 포합(conjugation)에 적합한 반응성 작용기(reactive functional group)를 가진 두 개의 대사체를 생성한다. 다양한 분류의 기질(약물)들이 가수분해 되는데, 국소 마취제(lidocaine, procaine), 마약 및 진통제(aspirin, heroin, indomethacin, meperidine), 부교감 신경제(parasympatholytics), 근육이완제 및 혈관확장제(pancuronium, succinylcholine), 신경근차단제(atracurium), 항부정맥제(lidocaine, procainamide), 항생제(chloramphenicol), 중추신경자극제(methylphenidate) 등을 포함한다.

주요 carboxylesterase로 CES1, CES2가 있으며, pseudocholinesterase (butyrylcholinesterase)의 경우는 혈장에 있는 비특이적 cholinesterase 효소로 succinylcholine, procaine, heroin, cocaine 등이 기질에 해당한다.

3) 1상 환원

환원반응(reduction reaction)은 여러 다른 효소 군에 의해 촉매될 수 있는데, CYPs와 같이 정상적으로 산화반응과 관계된 효소도 일부 포함된다. Cytochrome P450에 의한 carbon tetrachloride와 halothane의 환원성 탈할로겐화(reductive dehalogenation)가 예인데, cytochrome P450에 의한 일전자 환원(one-electron reduction)은 잠재적으로 간독성과 관련 있는 지질 과산화와 세포막 손상을 일으키는 탄소중심 유리기(carbon-centered radical)를 생성한다. 몇몇의 물질에 대해서는 cytochrome P450과 FMO에 의해 생성된 산화물이 환원될 수 있으며, dehydrogenases의해 생성된 aldehydes도 환원될 수 있다.

많은 경우에서 환원반응은 저산소 환경에서 이루어지는데, chloramphenicol 같은 nitro 화합물이나 prontosil 같은 azo 화합물은 위장관(intestinal tract) 하부에서 보통 세균 효소(bacterial enzyme)에 의해 아민으로 환원된다. Azo 화합물의 환원반응은 RN = NR′ → RNH_2+ $R'NH_2$로 요약될 수 있다.

4) 에폭시드가수분해효소

Epoxide Hydrolase (EHs)에 의한 대사는 대부분의 예에서, cytochrome P450의 1상 산화에 의해 aromatic hydrocarbons이나 aliphatic alkenes에서 epoxide가 생성되는 반응을 뒤따르며, epoxide hydrolases는 이들을 가수분해하여 해독한다. EHs는 소포체(endoplasmic reticulum)에 존재하는 mEH (microsomes)와 세포기질에 존재하는 sEH (soluble)가 잘 알려져 있으며, 기능적으로는 아직 잘 알려져 있지 않지만 EH3와 EH4가 동종효소(isozyme)로 알려져 있다. EHs에 의한 대사는 CYPs에 의한 1상 산화반응에 이어 일어나지만 2상 반응과는 구분된다.

5) 2상 포합

포합(conjugation)반응에는 전이효소로 특징지어지는 효소가 관여하며, 활성화된 보조기질(activated cosubstrate)이 참여한다. 화학물질 대사에서 주로 이루어지는 포합반응으로는 glucuronidation, sulfation, glutathione conjugation이 있으며, 이외에 acetylation (N-acetyltransferases), methylation (methyltransferases), amino acid conjugation도 있다.

Glucuronidation은 UDP-glucuronosyltransferases (UGTs)에 의해 촉매되는데, 이 효소는 보조기질인 uridine 5′-diphospho-glucuronic acid (UDPGA)로부터 glucuronic acid 부위를, 화학물질이나 1상 대사체에 전달하여 glucuronide를 형성한다. 하이드록시기(hydroxyl) 그룹은 ether glucuronide, 카복실기(carboxyl) 그룹은 ester glucuronide, 아민(amine) 그룹은 N-glucuronide를 생성한다. 생성된 glucuronide는 glucuronic acid의 산성 작용기(acidic functional group)를 가지고 있기 때문에, 생리적인 pH에서 광범위하게 이온화가 되어 수용성이 증가하여 배출이 용이하게 된다. 또한, glucuronide (anions)는 수송체(transporter)에 의해 능동적으로 담즙이나 소변으로 분비되기도 한다.

Sulfation은 보조기질인 3′-phosphoadenosine-5′-phosphosulfate (PAPS)와 sulfotransferases (SULTs)의 촉매에 의해 이루어지는데, 하이드록시기(hydroxyl)를 포함하는 물질이나 1상 대사체의 포합반응에 관여한다. Sulfate 포합체(conjugate)도 glucuronide와 마찬가지로 생리적인 pH에서 광범위하게 이온화가 이루어져 배출이 쉬워지며, 신세뇨관 근위부에서 능동수

표 2-1 주요 1상 대사(Phase I metabolism)와 2상 포합(Phase II conjugation)반응

Phase I metabolism				
반응	기질	효소		1상 대사산물
Oxidation	Various	CYPs, FMOs	+ NADPH + O_2	-OH, $-NH_2$, electrophiles
	Alcohols	Dehydrogenases (ADHs/ALDHs)	+ NAD+	-COOH
Hydrolysis	Esters, amides	CCEs	+ H_2O	-OH, $-NH_2$, -COOH
Reduction	Nitro/azo group	Azoreductases	+ NADH	-NH2
Epoxide hydrolases	Epoxides	EHs	+ H_2O	Diols
Phase II conjugation				
반응	기질	효소	보조기질	2상 포합체
Glucuronidation	-OH, $-NH_2$, -COOH	UGTs	+ UDPGA	Glucuronides
Sulfation	-OH	SULTs	+ PAPS	Sulfate conjugates
Glutathione conjugation	Electrophiles (Epoxides)	GSTs	+ GSH	Glutathione conjugates

는 일산화납이 필수 원자재로서 고급 크리스털 용기의 경우 24%의 납이 함유된다. TV 브라운관에도 납유리가 사용된다. 과거에는 4-에틸 납은 자동차 연료의 녹킹 방지제로서 첨가되었으나 현재는 일부 소수국가를 제외하고는 전 세계적으로 납이 없는 연료를 사용하고 있다.

직업적으로 고농도 납 노출의 가장 위험한 작업으로는 납이 함유된 도료가 칠해진 구조물을 고온으로 용접 혹은 절단하는 작업이다. 이때의 작업온도는 1000~3000℃이기 때문에 다량의 납 흄이 발생한다. 일차 및 2차 제련작업도 고온작업이므로 납 흄이 많이 발생한다. 일차제련은 원광을 제련하는 과정으로 규모가 큰 반면 2차 제련은 폐축전지나 기타 폐물에서 납을 다시 제련하는 것으로서 규모가 대부분 작고 일차제련에는 없는 폐축전지 등을 절단하는 과정이 있어 일산화납의 분진이 작업장 내에 함께 존재한다.

축전지 제조 공장도 납 노출의 가능성이 높은 업종이다. 연분 제조, 연도, 주조, 그리고 용접 과정 등에서 납 흄이나 분진이 발생된다. 방청도료의 원료인 광명단을 제조하는 공정과 방청도료를 칠하는 과정도 이 범주에 속한다. 이외에도 크리스털 유리 제조과정에서 일산화납을 유리와 섞는 성형과정이 이 범주에 속한다. 납을 작업공정에서 직접 다루거나 작업장 내에 납이 있기 때문에 납 노출로 인한 납 과다 흡수의 가능성을 배제할 수 없는 작업공정으로는 납 광산의 광부, 납땜 작업, 자동차 수리작업 및 광명단을 사용하는 도자기 작업을 들 수 있다. 직업적으로 납을 취급하지만 납 노출의 가능성이 적은 작업, 즉 일반사람들보다 납 노출의 가능성은 다소 높으나 정상범위의 상한을 벗어나지 않는 범주의 노출인 경우이다. 이에 속하는 직업은 교통경찰, 택시 운전기사, 주유소 근무자, 납을 필요시 취급하는 보석상, 전자제품 수리 등을 들 수 있다.

3) 흡수, 대사 및 배설

(1) 흡수

무기 납은 호흡기와 위장관 계통을 통하여 체내에 흡수되며 피부를 통한 흡수는 거의 없다. 반면에 유기납의 경우는 피부를 통한 흡수도 가능하다.

① 호흡기를 통한 흡수

납의 호흡기를 통한 흡수에 영향을 주는 요소는 납 흄이나 분진의 입자 크기, 용해도, 호흡량, 개인 감수성 차 등을 들 수 있다. 입자의 크기가 5㎛ 이하의 호흡성 분진이나 흄만이 체내에 흡수되어 호흡기로 들어온 납은 약 30~40% 정도가 폐의 혈액을 통해 체내에 흡수된다.

② 위장관을 통한 흡수

직업적인 노출에서는 위장관을 통한 납 흡수가 호흡기를 통한 흡수보다 적다. 호흡기를 통해서 들어온 납 분진이나 흄의 입자가 크면 기관지의 섬모운동에 의해 상기도로 나와 침 연하작용에 의해 위장관으로 들어가고 또한 구강을 통해 바로 위장관으로 들어갈 수 있다. 위장관에 들어온 납은 약 5~15% 정도 체내에 흡수된다. 철분이나 칼슘이 부족한 경우 납의 위장관 흡수율이 높아진다는 보고가 있다. 직업적 납 노출이 없는 일반인들은 음용수나 음식물 섭취를 통해 체내에 납이 흡수된다. 요즘은 통조림 캔이 대부분 알루미늄이나 과거에는 주석을 사용한 납땜을 한 용기가 많았다. 이런 경우에 용기에 우러난 납으로 인하여 납 흡수가 될 수 있다. 또한 과거 상수도관에는 납관을 많이 사용했다. 최근에는 납이 함유된 수도관의 사용이 엄격히 규제되고 있으나 과거의 납관이 남아 있는 지역의 경우 수도관을 통한 납 노출이 가능하다. 미국이나 유럽에서는 과거 납이 함유된 실내 페인트를 실내에 사용하였으나 현재는 엄격히 규제되고 있다. 그러나 1970년대 이전 과거에 지어진 오래된 집에 살고 있는 가정의 아이들은 집안의 납 노출로 인한 소아 납 중독은 아직도 중요한 사회문제가 되고 있으나 한국에서는 이와 같은 실내 페인트의 납 노출 가능성이 거의 없다.

(2) 대사

납은 적혈구에 친화성이 아주 높아 순환혈액 내에 있는 납의 95%는 적혈구에 결합되어 있다. 납은 혈류를 통해 해당 장기에 이동된다. 체내에 남아 있는 총 납량을 체내부

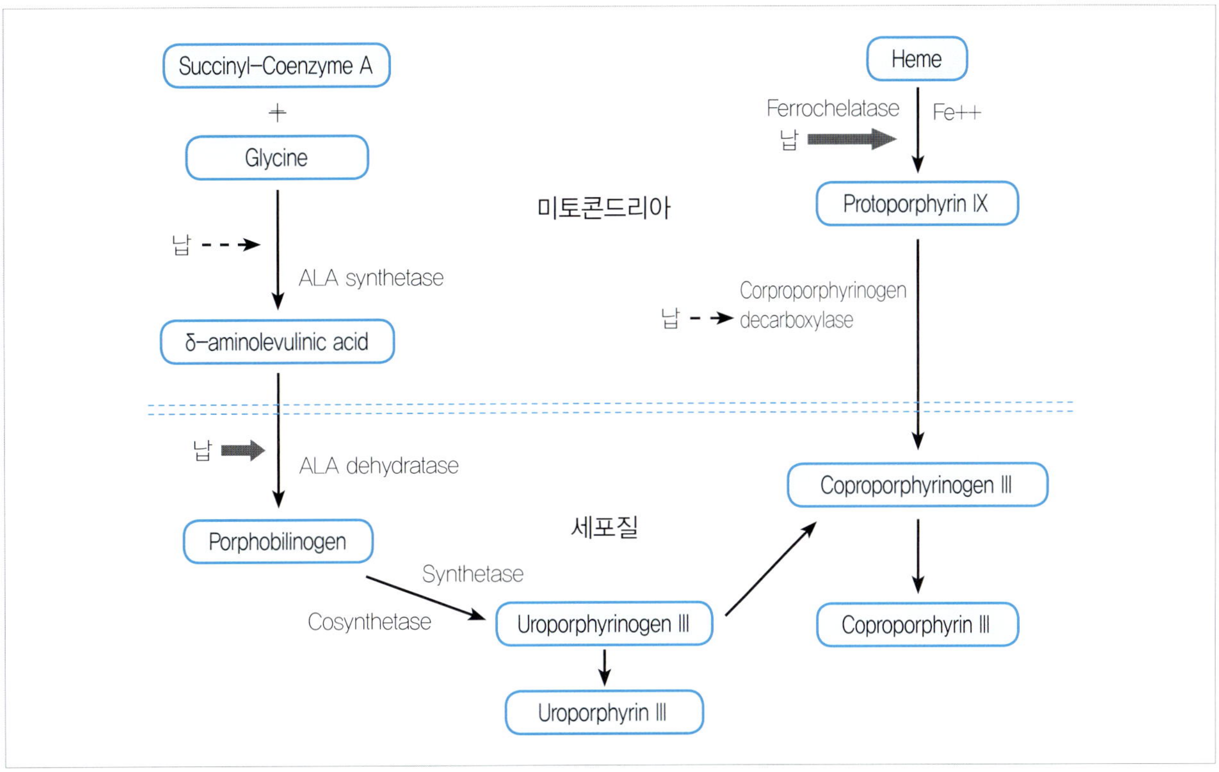

그림 2-2 혈색소 합성에 미치는 납의 영향

담(body burden)이라고 칭한다. 납은 장기별로 분포가 달라 납의 강한 친화성 때문에 약 90% 체내부담의 납이 뼈 조직에 결합되어 있다. 편편한 뼈(flat bone)보다 장골(long bone)이 더 많은 납을 함유하고 장골에서도 중간 부분 보다 양끝부분에 더 많은 납이 존재한다. 납이 골 조직에 침착되는 기전은 완전히 알려져 있지 않다. 많은 연구에서 밝혀진 바루는 납의 작용이 칼슘이 골 조직에서 나타내는 대사 과성과 유사하다는 섯이다. 납이 태반을 통과함으로 산모의 혈액에 납 농도가 높으면 태아의 납 농도가 높아질 수 있다.

(3) 배설

납은 여러 기관을 통해 배설되나 실제적으로 중요한 것은 신장을 통한 배설과 위장관을 통한 배설이다. 일반적으로 납은 체내에서 아주 느리게 배설된다. 납의 정확한 반감기는 알려져 있지 않으나 최소 10년 이상은 될 것으로 추정하고 있다. 배설이 느리기 때문에 체내 축적은 쉽게 나타날 수 있다. 체내에 납이 존재하는 장소로는 크게 4가지로 나누어 설명되기도 한다.

첫째는 혈액이나 연부조직 같은 곳으로 이곳에서도 납의 체내 교환이 빠르다.

둘째는 피부나 근육 같은 곳으로 전자보다도 느리게 교환하나 그래도 비교적 빠른 교환을 하는 곳이다.

셋째는 지주 골(trabecular bone)과 같은 골 조직에서 납이 쉽게 교환될 수 있는 부분이다.

넷째는 피실 골(cortical bone)과 같은 골 소식에서 아주 늦게 교환되는 부분이다. 납이 이와 같은 4가지 부위에서 상호 역동학적 작용에 의해 납이 체외로 배설된다.

4) 납 중독의 병태생리

(1) Heme 합성의 장해

납 중독의 중요증상 중의 하나인 빈혈증은 heme의 생합성 과정에 장해가 생겨 혈색소량이 감소하고 적혈구의 생존기간이 단축되어 파괴가 촉진되기 때문이다. 납은 heme 합성의 초기단계인 δ-aminolevulinic acid

(ALA)에서 porphobilinogen으로 전환시키는데 필요한 ALA dehydratase 효소의 작용을 억제하고 혈중의 ALA 농도를 증가시키며, 또한 heme 합성의 중간단계인 coproporphyrinogen III에서 protoporphyrin IX으로 전환되는데 필요한 coproporphyrinogen decarboxylase 효소의 작용도 억제시킨다. 그 결과 heme의 합성은 감소되고 전구물질이 증가하게 된다. 한편 혈색소합성 말기단계에서 납이 heme synthetase (ferochelatase) 효소의 작용을 억제하여 혈중에 유리철분이 증가하고 protoporphyrin이 증가하게 된다.

(2) 적혈구에 미치는 작용

혈액 중에 납 농도가 높아지면 K^+와 수분의 손실을 가져와서 삼투압이 증가함으로 적혈구가 위축된다. 그 결과 적혈구내의 전해질이 감소되어 적혈구의 생존기간이 짧아지고 골수에서도 조혈기능이 항진되어 미숙 적혈구, 즉 망상적혈구와 호염기성 점적혈구가 증가한다. 혈중의 납 농도가 80㎍/dL 이상일 때는 적혈구의 생존기간이 105일로 감소된다고 한다(정상 생존기간 120일). 심한 납 중독 환자에서는 용혈성 빈혈이 나타나기도 한다.

(3) 콩팥 기능의 장애

조직학적으로는 심한 납 중독의 경우 핵 안에 봉입체(inclusion body)가 생긴다. 이것은 세포질 내의 납 농도를 감소시키기 위한 기전으로 알려져 있다. 납에 의한 신기능 장해가 있을 때는 납독성 통풍 증후가 나타난다. 납은 신장의 세뇨관에서 요산염이 배설되는 것을 방해하기 때문에 대사성 통풍증과는 달리 요산이 과량 축적되지는 않지만 체내에 축적되는 양이 많아지면 전형적인 통풍발작을 일으키는 경우도 있다.

(4) 신경조직의 변화

납에 의한 신경조직의 변화는 소뇌와 모세관내의 세포에 가장 심하게 나타난다. 최근 전자현미경으로 관찰한 바에 의하면 비교적 고농도의 납에 장기간 노출될 경우 말초신경조직에 이상이 생기고 Schwann cell과 mitochondria에 손상을 입히고 이어서 조직의 재생이 일어나 마침내 신경섬유에 반흔을 형성한다.

5) 건강영향

납 중독의 임상증상을 크게 대별하면 세 가지로 나눌 수 있다. 첫째, 납 산통(lead colic)을 포함하는 위장계통 장해, 둘째로 말초신경염이나 손 처짐 등을 포함한 신경근육계통의 장해, 그리고 셋째로 중추신경계통의 장해 등으로 구분할 수 있다. 그러나 대부분의 납에 노출된 사람들의 임상증상은 비교적 경한 복합된(mixed type) 증상을 나타내며 중추신경계통의 장애인 납 뇌 증상을 아주 드물게 나타낸다고 한다. 예외적으로 유기 납인 4-에틸 납(tetra-ethyl lead)에 노출된 경우에는 중추신경계통의 장해를 가져오는 수가 많다.

(1) 위장 장애(gastrointestinal disturbance)

초기에 나타나는 증상은 식욕부진, 변비, 복부팽만감 등이며 더 진행되면 급성 복부 산통이 나타난다. 이런 증상들과 더불어 권태감과 전반적인 쇠약증상, 불면증 그리고 근육과 관절통 및 두통 등의 증상이 동반될 수 있다. 외관상으로는 영양상태가 나쁘고 특징적인 납창백(lead pallor)이 나타난다. 손가락과 안검 등에 경련이나 신경계통의 불안정 등을 동반하기도 한다. 그리고 잇몸에 특징적인 납선(lead line)이 나타나는 수가 많은데 이는 단순히 납의 흡수상태 만을 나타내 줄 뿐 실제로 납 중독의 증거가 되는 것은 아니며 구강상태가 나쁜 사람에서 잘 나타난다. 과거에는 일부 납 근로자들의 일반적인 영양상태가 불량하여 납 노출로 인한 위장장해가 많이 나타났으나 최근에는 납 근로자들의 일반적인 영양상태가 양호하고 납 노출의 정도가 과거보다 상대적으로 낮아져서 특이적인 위장장해 증상이 감소하였다.

(2) 신경근육계통의 장애 (neuromuscular disturbance)

주로 신근(extensor muscle)의 쇠약이나 마비가 나타나는데 특히 손처짐을 동반하는 팔과 손의 마비가 특징적이다. 이외에 관절통, 근육통 그리고 다른 근육들의 경직도 드물게 나타난다. 한편 두통, 현기증 및 불면증의 증상이 위장계통 장해 때보다 빈번히 동반된다. 신장근의 쇠약은 마비에 앞서 2~3주 전에 나타나므로 조기진단으로 예방할 수도 있다. 일단 마비가 나타나면 근육의 위축은 진행성이며 퇴화성 변화를 일으킨다. 전기 자극에 의한 반응이 감소되거나 소실되고 온도감각이나 촉각 및 진동감각 등이 장해를 받는다. 신경반사는 불규칙해지고 신장근은 보통 반사작용이 소실된다. 과거에는 납 사업장에서 고농도 납 노출 근로자들에서 손처짐 같은 신경근육계통의 증상의 발현을 볼 수 있었으나, 최근에는 거의 볼 수 없다.

(3) 중추신경계통 장애(disturbance of central nervous system)

중추신경계통에서는 주로 급성 뇌병증(acute encephalopathy)으로 알려진 심한 뇌중독증상을 나타낸다. 중추신경계통의 증상은 비교적 드물게 나타나나 유기 납에 폭로된 경우에는 특징적으로 나타나는 수도 있다. 뇌 증상이 발현할 때는 심한 흥분과 정신착란 그리고 깊은 혼수상태 등의 증상이 나타나며 발작을 동반할 때도 있다. 심한 조증(mania)이나 허탈 상태가 혼수상태 전에 나타나며 계속되면 치명적인 경우도 있다. 경우에 따라서는 완전 회복이 가능하지만 정신적 우울증은 오래 계속된다. 비교적 경한 경우에는 두통, 어지러움증, 정신착란, 불면증 혹은 졸림 상태가 계속되고 회복되거나 정신장해를 일으키게 된다. 납 근로자들의 납 노출로 인한 중추신경계통 장해는 요즈음은 거의 볼 수 없으며, 납이 함유된 불량 환약이나 먹거리 등을 취식 후 급성 납중독이 발생할 경우 나타날 수 있다.

6) 노출평가

납 노출평가에는 혈중 납의 측정이 가장 많이 이용된다. 혈중 납은 최근 3~4개월의 노출의 정도를 평가하는 가장 좋은 지표로 알려져 있으나, 누적 노출에 의한 납의 체내부담(lead body burden)을 평가하는 데는 제한이 있다. 반면에 뼛속납(bone lead)은 체내부담의 측정에 좋은 지표로 알려져 있으나 검사방법이 시간을 요하고 저농도의 측정에 제한이 있어 아직까지 임상적으로 활용되지 못하고 있다. 이외에 노출평가의 지표로는 요중 납의 측정이나, 혈중 zinc protoporphyrin (ZPP)의 측정, 요중 δ-aminolevulinic acid (ALA) 측정이 이용된다.

7) 진단

납에 의한 건강장해를 알기 위해서는 직업력, 병력 및 임상검사 그리고 여러 가지 검사실 소견 등이 종합되어야 한다.

(1) 직업력 조사

노출기간과 노출정도를 정확하게 파악하는 것이 제일 중요하다. 이와 아울러서 피검자가 근무하는 직장의 작업환경(공기 중 납 농도 등)을 측정하는 것도 환자의 진단에 큰 도움을 준다. 현재의 직력은 물론 과거에 종사했던 직종도 조사하여 납에 노출 여부를 확인해야 하며 또한 비직업성으로 납에 노출되었을 가능성도 규명해야 한다.

(2) 병력 조사

납은 체내에 흡수되어 혈류를 통하여 체내에 모든 부분에 운반되므로 이로 인한 증상이 다양하게 나타날 수 있으며 침범된 장기나 기관에 따라 증상을 달리할 수도 있다. 그러므로 좀 더 자세하고 정확한 병력을 조사하여 다른 기관의 질환들과 감별하여야 하며 납에 의한 중독 증상 유무를 면밀히 김도해야 한다.

(3) 임상증상

앞서 말한 세 가지의 납 중독의 대표적인 증상들이 나타날 수 있으며, 대량의 납에 장기간 노출한 경우를 제외하고는 대개의 증상들이 경미하고 일반질환과 감별하기 어려운 경우가 많고 세 가지의 대표적인 증상들이 복합적으로 나타나므로 이를 유념해야 할 것이며, 검사실 소견을 가지고 진단에 도움을 얻어야 한다.

(4) 검사실 소견

① 혈액 검사

주로 혈색소량을 측정한다. 납에 노출되면 heme 합성에 장해가 와서 혈색소량이 감소하기 때문이다. 그리고 적혈구를 측정하는 경우도 있다. 이밖에 일차검사로서 빈혈 유무를 확인하기 위하여 전혈 비중을 측정하기도 한다.

② 혈중 납

납 흡수의 정도를 나타내는 가장 민감한 지표의 하나이며 정상에서도 미량(평균 5㎍/dL 이하) 검출되나 납에 노출되면 혈중 납량이 증가한다. 급성 납 중독 환자에서는 100㎍/dL 이상으로 증가하는 경우도 있다.

③ 혈중 zinc protoporphyrin

휴대용 hematofluorometer를 이용하여 소량의 정맥혈이나 손가락 끝에서 한 방울의 피를 가지고 쉽게 측정할 수 있어 최근에 일차검사로 많이 이용된다.

④ 요중 납

혈중 납량보다는 신빙도가 다소 떨어지지만 가검물 채취에 편리한 점이 있어 많이 사용하는 검사방법의 하나이다. 원칙적으로 일일 변동을 배제하기 위하여 24시간 요를 사용해야 하지만, 경우에 따라서는 일회요로 측정하여 요비중으로 보정하는 수도 있다.

⑤ δ-aminolevulinic acid (ALA)

요중 이나 혈중에서 Heme의 전구물질인 ALA 농도를 측정하기로 하는데 납 흡수를 잘 나타내는 지표로 알려졌으며 비교적 측정이 간편하여 혈중 납량이나 요중 납량을 측정하지 않고도 어느 정도 납 노출의 정도를 알 수 있는 이점 때문에 많은 집단을 선별 검사할 때에 도움을 준다.

8) 치료 및 예방

납 중독이 확인되면 납 노출을 중단하는 것이 가장 중요하고, 치료제로는 BAL, 혹은 $CaNa_2EDTA$와 penicillamine이 주로 사용되고 있으며 소아 납 중독의 치료약으로 개발된 DMSA (dimercaptosuccinic acid)가 성인들의 납 중독 치료에도 이용되고 있다. 특히 DMSA는 주사제가 아닌 경구약이므로 병원에 입원하지 않고도 치료할 수 있는 장점이 있다.

예방대책으로는 첫째, 작업 배치 전 건강진단과 정기건강진단 및 생물학적 모니터링 등을 포함하는 건강관리와 둘째로는 작업공정의 개선 및 자동화로 작업환경을 개선하고 유해물질 발생장소에는 국소배기장치를 설치하여 작업자의 유해물질 노출을 억제하는 작업환경관리가 있다. 이외에도 보호구 착용이 필요한 지역에서는 보호구 착용을 의무화하고 적절한 보호구 착용 방법과 관리에 대한 교육을 받도록 하여야 하며, 납 작업장 내에서는 금연 및 금식토록 하며, 작업장 내 작업복 착용 엄수하고, 회사 내에 세탁시설을 갖추고 납 작업자의 작업복을 정기적으로 세탁하여 착용토록 하여 작업복을 집으로 가지고 가서 세탁하지 않도록 한다. 또한 작업 종료 후 샤워 혹은 목욕을 한 후 평상복으로 갈아입은 후 퇴근하도록 하는 조치가 필요하다.

더 읽을거리

Agency for Toxic Substances and Disease Registry. Toxicological profile for lead. U.S. Department of health and human services USA, 2007.

Hernberg S. Lead. In Zenz C, editor : Occupational Medicine: principles and practical applications, Chicago, 1988, Mosby.

2.2 카드뮴

1) 일반적 특성

카드뮴은 1817년 Strohmeyer에 의해 발견된 은백색, 연질의 금속물질로서 부식에 매우 강하여 산업장에서 널리 사용되고 있으나, 인체의 물질대사에는 전혀 필요 없는 독성 금속물질(non-essential and toxic metal)이다. 카드뮴 광석의 황화카드뮴은 매우 드물지만 아연, 연 및 구리광석에 흔히 존재하여 이들 광석의 채광과 제련과정에서 부산물로 생성되며 환경 중 카드뮴 오염의 원인이 된다. 카드뮴과 카드뮴 화합물은 국제암연구소(International Agency for Research on Cancer, IARC)에서 인체에 대한 발암성이 충분히 인정된 Group 1의 인간발암물질(human carcinogen)에 해당되나, 미국 산업위생가협회(American Conference of Governmental Industrial Hygienist, ACGIH)는 인체발암성 의심물질(suspected human carcinogen)인 A2로 분류하고 있다.

2) 노출

(1) 직업적 노출

산업장에서의 카드뮴 노출은 주로 카드뮴 흄과 분진을 통한 호흡기계이다. 카드뮴은 배터리 특히, 니켈-카드뮴 배터리 제조에 가장 많이 사용되며, 페인트, 플라스틱, 세라믹, 유리 등의 색소 및 도금과 합금 등에 이용된다. 직업적으로는 아연, 연광석 채광 또는 제련, 카드뮴 분말 생산 또는 취급, 카드뮴이 처리된 금속의 용접과 합금 및 가공작업 등에 종사하는 경우 카드뮴 흄과 분진에 노출된다. 작업장에서 오염된 손으로 음식을 먹거나 흡연도 카드뮴 노출의 원인이다.

(2) 환경 노출

일반인구집단에서 카드뮴의 주된 노출원은 식품으로서 구강을 통해 노출된다. 토양이 오염된 금속광산이나 제련소 등 공업지역 또는 오염된 물이 공급되는 지역에서 재배된 농작물과 인근의 어패류 및 동물 등에서는 카드뮴이 축적된다. 특히 많은 종류의 식물은 토양으로부터 카드뮴이 쉽게 축적되며, 동물의 경우 간과 콩팥에서 카드뮴 농도가 높다. 흡연도 만성적인 카드뮴 노출의 중요한 원인이다. 이타이이타이 병은 일본의 아연광산에서 배출된 카드뮴이 오염된 쌀에 의해 인근 지역주민들에서 골연화증, 단백뇨, 당뇨 등을 동반한 만성카드뮴중독이 집단적으로 발생한 환경오염사건이다. 국내에서도 일부 폐금속 광산 및 제련소 인근 지역주민들에 있어서 카드뮴에 과다 노출되고 있는 것으로 보고되고 있다.

3) 대사

카드뮴은 주로 흡입과 경구섭취를 통해 노출된 후 인체에 흡수된다. 피부를 통한 흡수는 거의 없다. 경구섭취로 노출된 카드뮴은 위장관에서 5~10%가 흡수된다. 칼슘, 철, 아연, 단백질 등이 결핍 시 위장관에서의 카드뮴 흡수가 증가된다. 일반인구집단에서 혈중 카드뮴 농도는 여자에서 남자보다 높은 경향이 있다. 이는 가임연령 여성에서의 체내 철 수준이 상대적으로 낮기 때문에 경구로 노출된 카드뮴의 흡수가 증가한 것으로 설명되고 있다. 동물실험에서도 철 결핍 식이는 카드뮴의 흡수를 증가시켰으며, 동시에 철과 카드뮴의 이동에 모두 관여하는 철이동 단백질(divalent metal transporter, DMT)의 발현도 증가하였다. 흡입으로 노출된 카드뮴의 호흡기에서의 흡수는 5~35%로 상대적으로 높으며, 흡수정도는 화학적 성분과 침착부위 및 분진의 크기 등에 의해 영향을 받는다.

흡수된 카드뮴은 혈액에서 단백질과 결합하여 각 조직으로 운반된다. 간에서 카드뮴은 메탈로티오네인(metallothionein, MT)의 합성을 유도한다. 메탈로티오네인은 금속류와 높은 친화력을 가진 저분자량 단백질로서 카드뮴의 운반과 저장에 관여하며, 카드뮴과 결합함으로써 카드뮴의 독성을 예방한다. 카드뮴은 카드뮴-MT 복합체 형태로 일차적으로 간에서 저장되고, 카드뮴-MT 복합체는 간에서 유리되어 혈액을 통하여 신장으로 운반되어 신세뇨관에서 재흡수된다. 신장에서 재흡수된 카드

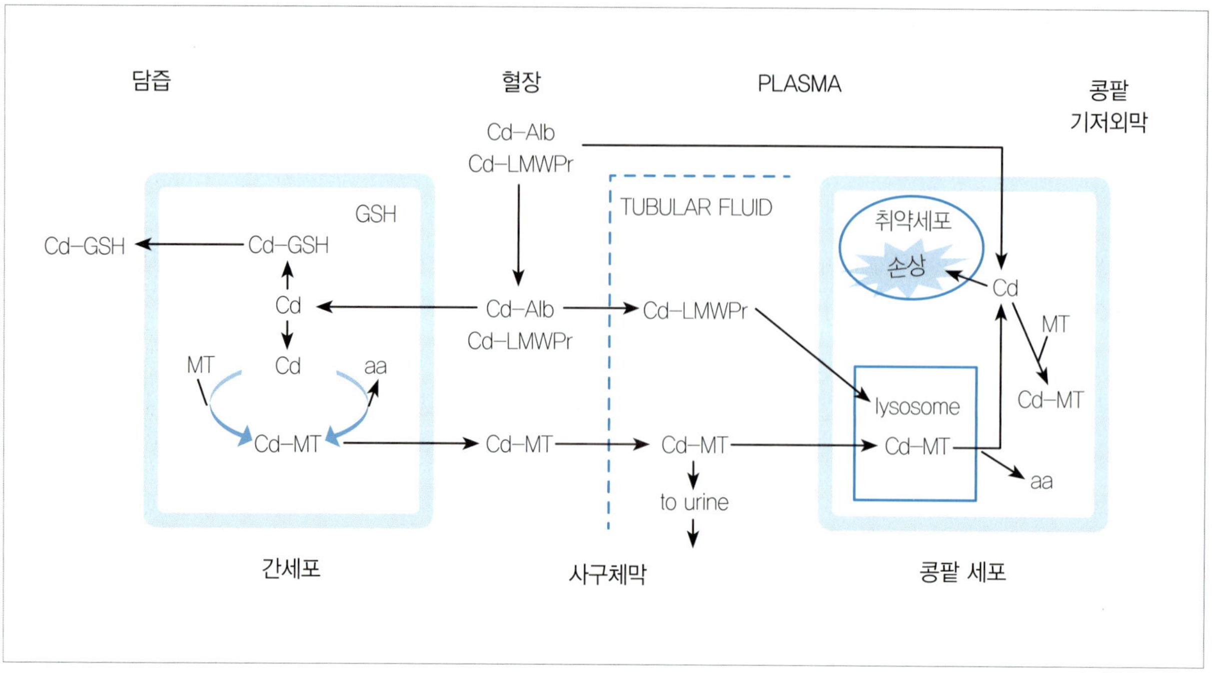

그림 2-3 카드뮴의 대사와 독성기전

GSH, glutathione; MT, metallothionein; aa, amino acids; Cd-Alb, Cd-albumin; Cd-LMWPr, Cd associated with low molecular weight proteins

뮴-MT 복합체는 신세뇨관의 리소좀에서 분해되고, 그 결과 유리된 카드뮴은 신장에서 MT 합성의 유도 또는 신장 독성을 초래한다(그림 2-3). 카드뮴에 노출된 후 시간이 지남에 따라 신장에서의 카드뮴 축적량이 증가된다. 체내 카드뮴의 약 50~75%는 간과 신장에 축적된다. 인체 내 카드뮴 축적량은 연령이 증가함에 따라 증가하여 약 50~60세에서 정점을 이룬 후 다소 감소하는 양상을 나타낸다. 카드뮴은 주로 신장을 통해 소변으로 배설되며, 일부 분변으로도 배설된다. 카드뮴의 소화기계로의 배설은 간에서 글루타치온(glutathione, GSH)과 결합된 복합체(Cd-GSH) 형태로 담즙을 통해 일어난다. 요중 카드뮴 배설량은 체내 카드뮴 축적량에 비례적으로 증가한다. 그러나 만성적인 카드뮴 노출에 의해 신장 독성이 초래되면 근위 신세뇨관에서의 재흡수 장애를 일으켜 카드뮴의 요중 배설이 증가한다. 사람에서 카드뮴의 반감기는 약 10~30년이다.

4) 건강영향

(1) 증상 및 증후

① 급성 중독

고농도 카드뮴의 급성 흡입은 금속열 유사증상에 이어 폐부종을 동반하는 급성 폐실질염을 일으키며, 호흡부전으로 사망을 초래할 수 있다. 다량의 카드뮴 화합물을 섭취하면 소화기계 자극으로 인한 오심, 구토, 복통, 두통 및 간 손상과 급성 신부전 등이 초래될 수 있다.

② 만성 중독

경구 또는 흡입을 통한 카드뮴 만성 노출 시 표적 장기는 신장이며, 가장 흔한 증상은 효소뇨와 단백뇨이다. 초기에는 신세뇨관 세포 효소인 N-acetyl-β-D-glucosaminidase(NAG)의 활성도와 β_2-

microglobulin, metallothionein, retinol binding protein 등과 같은 저분자량 단백질의 배설량이 증가되나, 계속적으로 노출되면 아미노산뇨, 당뇨, 고칼슘뇨증, 인산뇨 등의 Fanconi씨 증후군과 신사구체 여과율(glomerular filtration rate, GFR)의 감소로 발전한다. 만성적인 신기능 저하는 신결석과 골연화증을 초래할 수 있다. 뼈의 통증과 병적 골절이 칼슘과 인의 소실 및 비타민 D의 합성장애에 의해 초래될 수 있다. 뼈의 통증과 골연화증 및 병적 골절이 동반된 이타이이타이 병은 다산(multiparous)이며 영양결핍의 여성들에서 다수 발생한 바 있다. 카드뮴 분진과 흄의 만성적인 노출은 만성기관지염과 점진적인 폐섬유화와 폐기종 등의 만성 폐쇄성 폐질환을 초래할 수 있다. 카드뮴은 폐암과 전립선암의 발생 위험이 있다.

(2) 검사소견

① 급성 중독

과량의 산화카드뮴에 급성 흡입노출 시 저산소혈증, 범발성 폐침윤, FEV1과 FVC의 감소, 일산화탄소의 확산능 감소 및 호흡부전 등이 초래되며, 신장과 간장 독성이 나타날 수 있다. 급성 중독 시 혈액과 요중 카드뮴량의 급격한 증가는 유용한 소견이다.

② 만성 중독

저농도 카드뮴에 만성 노출되는 경우 정기적인 생물학적 감시가 필요하다. 즉, 요와 혈중 카드뮴 농도, 신세뇨관 손상을 조기 반영하는 지표(NAG활성도와 저분자량단백질 배설량) 및 알부민과 총단백질 배설량 등을 검사한다. 혈청 BUN과 creatinine의 증가와 헤모글로빈의 감소, 기도폐쇄와 일산화탄소의 확산능 감소 등이 나타날 수 있다. 골 X-선상 무기질 침착 장애와 병적 골절이 관찰될 수 있다.

③ 노출평가

카드뮴 노출지표로서 혈중 카드뮴은 최근 수주에서 수개월 동안의 노출을 주로 반영한다. 요중 카드뮴은 과량의 카드뮴에 노출된 경우 최근 노출을 반영하나, 미량 노출되는 경우 비교적 과거 노출량 및 체내 카드뮴 축적량을 반영한다. ACGIH는 카드뮴에 대한 생물학적 노출기준(BEI)으로 혈중 카드뮴 5㎍/L, 요중 카드뮴 5㎍/g creatinine을 제시하고 있다.

5) 치료 및 예방

과잉의 산화카드뮴 흄에 급성으로 노출된 경우 급성 폐손상 여부를 확인하여야 한다. 현재로서 카드뮴 중독에 대한 효율적인 임상적 치료방법은 없다. 일반적으로 카드뮴 중독에 대한 착화요법은 신장에 대한 독성작용이 더 심해지는 심각한 부작용을 초래할 수 있으므로 사용하지 않는다. 만성 카드뮴 중독증상을 나타내는 사람은 더 이상 노출되지 않도록 해야 한다.

산화카드뮴 흄이 생산되는 모든 공정은 밀폐되어야 하고, 국소배기장치와 개인보호구를 사용하여야 한다. 작업장과 개인위생에 대한 엄격한 주의가 만성노출 예방에 가장 중요하며 작업장에서는 반드시 금연해야 한다. 생물학적 감시는 단백뇨를 예방하기 위해 카드뮴에 대한 노출을 최소화하는데 초점을 맞추어야 한다. 만성 신장손상을 예방하기 위하여 요중 카드뮴 3㎍/g creatinine 이하의 유지를 권장하고 있다.

2.3 크롬

1) 서론

크롬은 산이나 염기에 잘 견디는 특성 때문에 도금업, 피혁가공업, 염료제조업 등 산업장에서 많이 이용되고 있다. 크롬의 인체 침범 경로는 호흡기를 통한 것이 많다. 피부와 점막을 강하게 자극하며, 궤양을 일으키고 더욱 진행되면 비중격의 연골부위에 천공을 일으키거나 장기간 노출되었을 때는 비강, 폐, 위장 점막의 병변, 결막염, 결막궤양, 피부발적, 피부염, 피부궤양, 폐암 등과 같은 다양한 국소적 혹은 전신적 반응을 일으킨다.

크롬금속은 자연에서 원소상태로 발견되지 않으며, 크롬 철광(chromite, $FeOCr_2O_3$), 첨정석 광석, 크롬산 광석 등으로 다른 물질들을 함유하는 형태로 존재하고 있다.

40% 이상 산화크롬(Cr_2O_3)을 포함하는 광석만이 상업적으로 사용된다. 크롬의 매장량이 많은 나라는 러시아 연방, 남아프리카, 짐바브웨, 터키, 필리핀, 인도이고 크롬철광을 주로 소비하는 나라는 미국, 러시아 연방, 독일, 일본, 프랑스, 영국이다. 크롬철광은 지하와 노출광에서 얻어진다. 순수 크롬의 주된 사용처는 자동차 부품, 전기제품 등의 전기도금이다. 크롬은 주로 철, 니켈과 합금하여 스테인리스 강철로 광범위하게 사용되며 또한 니켈, 티타늄, 니오비움, 코발트, 구리 등과 특별한 목적의 합금형성에 사용되기도 한다.

2) 크롬 화합물

크롬은 여러 가지 산화 상태의 화합물을 형성하여 주로 +2, +3, +6가의 형태의 원자로 존재한다. 2가 크롬 화합물은 불안정하여 쉽게 3가 크롬 화합물로 산화된다. 이런 불안정성은 2가 크롬 사용에 제한을 준다. 3가 크롬은 매우 안정되어 있어 상업적으로 사용되는 여러 가지 화합물 즉, 산화크롬 및 황산 크롬 염을 형성한다. 또한 3가 크롬은 인체에서 당 대사에 중요한 역할을 하는 필수금속으로 알려져 있다. 6가 크롬은 산성이며 산화제로서 작용하고 색깔을 내며 불용성 염을 형성하는 능력이 있어 산업에 크게 사용된다.

6가 크롬을 함유한 화합물로 중요한 것은 중크롬산나트륨(sodium dichromate), 중크롬산칼륨(potassium dichromate), 무수크롬산(chromium trioxide) 등이다. 6가 크롬의 공급원으로 이크롬산염(dichromate)을 산업에 사용하여 대부분의 크롬산염(chromate) 화합물을 생산한다.

(1) 생산

크롬철광을 부수고 건조하여 작은 입자로 부순 후에 소다제 혹은 라임을 첨가하여 혼합한 다음 1,100℃의 회전용광로에서 구워 산화과정을 거쳐 6가 크롬으로 만든다. 이렇게 용광로에서 녹은 것을 식힌 후에 물에 담가 우리고 용액으로부터 크롬산칼륨이나 중크롬산칼륨을 분리해 내며 이것들로부터 대부분의 크롬 화합물들을 제조한다.

(2) 3가 크롬 화합물

산화크롬은 숯 또는 황을 사용하여 환원시켜 만든다. 산화크롬을 색소로 사용할 때 주로 황을 환원제로 사용하고, 야금학적 목적을 위해서는 탄소를 환원제로 사용한다. 상업적으로는 황산크롬이 많이 쓰이는데 황산을 이용하여 탄수화물을 환원하며 중크롬산나트륨에서 제조한다. 다른 제조방법으로는 중크롬산나트륨 용액을 이산화황 환원으로 하여 황산크롬을 제조한다. 이것은 가죽 태닝에 사용되는데 산화크롬 함유량을 20.5~25%로 하여 판매된다.

(3) 6가 크롬 화합물

중크롬산나트륨은 무수염으로 바꿀 수 있고 크롬 화합물 제조를 위한 기본 출발점이 된다. 무수크롬산은 강한 황산과다로 농축된 이크롬산 용액을 처리하여 제조된다. 이것은 강력한 산화제로 무수크롬산 용액은 크롬도금의 주요 요소이다.

(4) 비용해 크롬

약한 염기의 크롬산염은 색소로 사용된다. 크롬산납은 노란색을 띄게 된다.

(5) 주요 노출 직종

6가 크롬을 함유한 화합물들은 많은 산업장에서 사용되는데 목재 보존, 부식방지, 색유리, 유약 등 중요한 무기물 색소들의 제조에 쓰인다. 섬유염색, 촉매제, 석판인쇄 등에도 이용된다. 크롬산은 장식용 크롬도금에 사용되고 두꺼운 층으로 침착하면 매우 단단한 표면이 된다. 산화크롬은 고열합금에 이용되며, 내화성의 산화제로서 순수 크롬금속의 제조에 사용된다.

그러므로 국내외 주요노출 직종은 도금업, 피혁가공업, 스테인리스 생산업, 염료제조업 등이 될 것이다.

3) 건강영향

3가 크롬 화합물은 6가 크롬 화합물보다 덜 유해하다. 3가 크롬 화합물은 위장관으로 잘 흡수되지 않으며, 피부의 표피에서 단백질과 결합하여 안정된 화합물을 형성하고 피부에 만성궤양을 일으키지 않는다. 또한 과거에 6가 크롬 화합물에 감작되지 않았다면 대부분 알레르기 피부염을 일으키지 않는다.

6가 크롬 화합물은 호흡기로 흡수되지만 위장관으로도 쉽게 흡수될 수 있다. 온전한 피부로의 흡수는 밝혀져 있지 않다. 6가 크롬이 점막을 통해 흡수된 후 자극 및 부식은 쉽게 이루어진다. 작업과 관련되어 6가 크롬 화합물에 노출되면 피부와 점막을 자극하거나 부식하여 알러지성 피부반응 또는 피부궤양을 일으킨다.

크롬 화합물로 인한 건강장해는 6가 크롬과 관련 있는 작업장 근로자에서 발생한다. 크롬철광에서 이크롬산염, 크롬산납 및 크롬산아연 제조를 할 때, 혹은 전기도금 금속표면처리 중에 발생하는 크롬산 미스트를 흡입하면서 피부나 호흡기 증상이 발생할 수 있다. 6가 크롬 화합물의 제조 및 사용 중 피부접촉이 될 수 있으며, 스테인리스 용접 중에도 6가 크롬을 함유한 흄에 노출될 수 있다.

(1) 크롬 궤양

크롬 궤양은 작업과 관련하여 6가 크롬의 노출 후 흔하게 나다난다. 궤양은 6가 크롬의 부식작용의 결과로서 피부가 베이거나 벗겨진 곳을 통해 발생한다. 병변은 대부분 손, 팔의 전박부, 발에 무통성 구진(papule)으로 시작되는데 통증이 없고 깊고 둥근 부식성의 궤양(chrome holes)이 특징이다. 궤양은 연부조직으로 침투할 수 있고 그 아래에 있는 뼈까지 도달할 수 있다. 치유는 초기에 궤양을 치료하지 않으면 천천히 나으며 위축성 흉터가 남는다. 궤양은 피부암으로 진행되지는 않는다.

(2) 피부염

6가 크롬 화합물은 원발성 피부자극 및 감작을 일으킬 수 있다. 크롬산염 생산업에서 일부 작업자는 일을 시작하자마자 목 또는 손목에 피부자극이 생겼으나 대부분의 환자에서 빠르게 회복되었고 재발하지도 않았다. 알러지가 보고되어 해당 근로자를 0.5% 이크롬산염으로 패치검사를 한 결과 양성을 보였다.

6가 크롬은 땀샘을 통해 피부로 침투하기 때문에 병변이 땀샘주위로 집중되는데, 이는 아주 소량의 이크롬산염이 감작을 일으킬 수 있는 이유를 설명해 준다. 피부염이 오랫동안 낫지 않는 것은 표피에서 일어난 항원-항체 복합체가 천천히 제거되기 때문이다.

(3) 급성 호흡기 영향

6가 크롬을 함유한 먼지나 미스트를 흡입하면 점막을 자극하게 된다. 고농도의 크롬 함유 먼지는 재채기, 콧물, 비중격 병변, 목구멍에 발적을 일으킨다. 전형적인 천식 발작을 일으키는 감작이 있을 수 있으며 차후 노출로 재발할 수 있다. 수일간 20~3㎎/m^{3}의 크롬산 미스트에 노출되면 기침, 두통, 호흡곤란, 흉골하 통증이 유발된다. 크롬산염 작업장 근로자에서 폐에 화학적 자극에 대한 기관지경련을 일으키는 경우가 있다.

(4) 비중격 궤양

6가 크롬 화합물에 노출된 근로자에서 비중격 궤양이 많이 보고되고 있다. 기전은 6가 크롬을 함유한 입자 또는 미스트, 비말이 비중격에 침착한 후 연골부위에 궤양을 초래한다. 잦은 코 후비기는 천공을 일으킨다. 키셀바흐(Kiesselbach) 혈관총으로 알려진 비중격의 전방아래부위를 덮는 점막은 비교적 혈관분포가 적고 그 아래의 연골에 밀착되어 있다. 비중격 연골로부터 궤사된 산해가 함유된 딱지가 형성되고 1~2주 후 비중격은 천공된다. 궤양 주변은 수개월간 낫지 않은 채로 있고 그동안 구멍은 더 커진다. 흉터에 혈관이 형성되면서 치유된다. 냄새를 맡는 감각은 거의 손상되지 않는데 증상이 없어 본인이 잘 모르는 경우가 많다.

(5) 기타 장기 영향

대량으로 노출이 되었을 때는 콩팥손상이나 간손상이 초래될 수 있다. 단백뇨와 혈뇨에 이어 무뇨증이나 요독증에 빠질 수 있다.

(6) 발암성

다양한 6가 크롬 화합물에 오랜 기간 동안 노출이 될 경우 폐암의 위험이 높아진다. 국제암연구소에 따르면 크롬산염 생산업, 크롬산염 안료 생산업, 크롬 도금 산업에서의 6가 크롬 화합물의 인간에 대한 발암성은 충분한 근거가 있다고 하였다(IARC, Group 1; ACGIH; 고용노동부, A1). 그러나 최근 제조공정이 변화함에 따라 노출수준이 낮아지고 일반 인구 대비 폐암위험이 감소되었다고 한다.

4) 예방

6가 크롬에의 노출을 줄이면 호흡기 및 비강 합병증을 감소시킬 수 있다. 비강 자극이나 비중격 천공에 대한 감시는 고위험작업에서 직접 노출되는 것을 조절함으로써 이루어질 수 있다. 피부 접촉, 특히 손상되거나 염증이 있는 피부인 경우 접촉을 피하게 하면 크롬으로 인한 궤양이나 피부 감작의 발생을 감소시킬 수 있다. 피부 감작에 대한 신속한 평가는 심하거나 만성적인 피부염 발생을 예방할 수 있을 것이다. 폐암의 위험을 감소시키기 위해서는 낮은 적정 수준으로 6가 크롬에의 노출을 감소시켜야 한다. 크롬 작업자는 또한 금연하여야 한다. 요중 크롬 수준에 대한 생물학적 모니터링은 최근 노출을 평가하는데 유용하다. 공기중 6가 크롬 0.05㎎/m^3 정도의 노출은 주간 작업 종료 시점에서 30~50㎍/g 크레아티닌에 해당될 것이다.

5) 치료

급성 흡입 손상을 입은 사람은 병원에 입원시켜서 환자상태를 관찰하여야 한다. 산소공급과 기관지 확장제의 사용이 필요할 수 있다. 급성 신손상이 초래되었을 경우에는 주의 깊게 수액과 전해질 균형을 맞추어야 한다. 크롬에 기인한 비강과 피부의 궤양은 10% $CaNa_2EDTA$ 연고로서 치료를 하는데 자주 연고를 바르고 불침투성의 패치를 대서 불용성 3가 크롬의 형성을 막는다. 크롬으로 인한 호흡기나 피부 알러지가 발생한 사람은 적절히 보호될 수 없을 때는 추가노출이 안되도록 작업전환이 필요하다.

더 읽을거리

김형렬. 생물학적 노출평가기준 및 분석방법연구 III - 납 등 중금속 10종. 가톨릭대학교; 2010. p.86-113.

ATSDR. Toxicological Profiles for Chromium. Atlanta: ATSDR; 2012. p.2-6.

Cohen MD, Costa M. Chromium compound. In: Rom WN, Markowitz SB. Environmental and Occupational Medicine. 4th ed. Philadelphia: Lippincott Williams & Williams; 2007. p.1047-1058.

Langard S and Costa M. Chromium. In: Nordberg GE, Fowler BA, Nordberg M, Friberg LT. Handbook on the Toxicology of Metals (II-II). 3rd ed. New York: Elsevier; 2007. p.487-510.

Lewis R. Metals In: Ladou J. Occupational and Environmental Medicine. 4th ed. New York: McGraw-Hill Companies; 2007. p.420-421.

2.4 수은

1) 개괄

수은은 상온에서 유일한 액체상 금속으로 은백색의 금속광을 띠며 상온에서도 표면에서 증기를 발생한다. 수은은 3000년 전부터 인류에 사용되어 왔고 현재에도 다양한 산업분야에서 널리 사용되고 있다. 일반 환경에 존재하는 수은은 자연 환경적으로 발생하는 부분과 인위적인 발생에 의한 부분으로 나누어 볼 수 있는데, 지난 100년간 방출된 수은의 70%는 인위적인 요인에 의한다. 자연발생적으로 발생하는 수은은 지각 또는 화산폭발, 바다와 토양의 증발 등의 과정을 거쳐 환경에 배출될 수 있으며, 인위적으로는 금속광산, 석탄사용, 소각로, 화력발전소, 염소알카리 공장 등의 배출에 의해 방출되어 환경에 축적되기도 한다. 수은의 생태계 순환, 축적과 인체 노출, 생물학적 효과 및 독성은 수은의 성상에 따라 달라지며, 성상은 크게 금속수은, 무기수은, 유기수은의 형태로 존재한다.

2) 인체흡수, 대사, 분포 및 배출

(1) 금속수은

금속수은은 주로 호흡기로 흡수되며, 소구(globule)를 형성하기 때문에 위장관으로 거의 흡수되지 않아 경구 섭취하였을 경우에는 무해하다. 지방에 잘 용해되므로 폐포 세포막을 쉽게 통과하여 체내로 들어가 곧 무기수은으로 산화되고, 단백질에 결합하여 누적효과를 나타낸다. 체내로 흡수된 수은은 주로 신장과 뇌에 분포하게 되며 체내 반감기는 약 70일이다.

(2) 무기수은

무기수은은 주로 호흡기로 흡수되지만 피부(3~4%)나 위장관(2~10%)에서도 일부 흡수가 이루어진다. 무기수은은 금속수은과 달리 혈액뇌장벽을 통과하지 못하여 주로 신장에 축적되므로 신장이 표적장기가 된다. 주된 배설경로는 요와 대변이며 반감기는 약 2개월이다.

(3) 유기수은

유기수은 중 대표적인 메틸수은은 인체에 치명적인 독성효과를 나타내며, 자연환경에서는 모노메틸수은과 디메틸수은이 쉽게 발견될 수 있다. 메틸수은은 위장관으로 쉽게 흡수되고(95% 이상), 호흡기로 노출된다면 80% 정도 흡수된다. 메틸수은의 90%는 쓸개즙을 통해 대변으로 배설되고, 10% 미만이 요중으로 배설된다. 흡수된 수은은 30시간 이내 모든 조직에 분포하게 되며 반감기는 45~70일이다. 금속수은과 유기수은은 모두 혈액뇌장벽, 태반 등을 쉽게 통과하기 때문에 모유로도 배설될 수 있다.

3) 생태계 순환 및 분포

일반 대기환경에서는 무기수은이 대부분을 차지하고 있는데, 이는 과거 및 최근의 인간 활동에 의해 누적되었거나, 지각 또는 화산폭발, 바다와 토양에서의 증발 등의 자연적인 원인으로 발생한다. 환경에 배출된 무기수은은 바다, 강, 하천 등으로 흘러들어가 수중에서 박테리아와 플랑크톤에 의해 메틸수은으로 변환되며, 어패류를 포함한 수중 생물의 생체 내에 축적이 되고, 어패류 섭취를 통해 메틸수은이 인체 내로 들어간다. 인체 내 수은의 80~90%는 어패류 섭취를 통해 유입되고, 체내에 존재하는 혈중 수은의 75% 정도는 과거 30일 이상의 어패류 섭취를 통한 메틸수은의 체내 유입에 의한다. 어류를 제외한 대부분 식품의 총 수은 농도는 0.01㎍/g 이하로 매우 낮으며 무기수은 형태로 존재하지만, 어패류 및 해산물에서는 일반 식품보다 높은 수은 함량을 보이며 90% 이상이 메틸수은 형태로 존재한다. 대부분의 어류 내 메틸수은 농도는 0.4㎍/g 이하로 낮게 보고되고 있으나, 황새치, 상어 등과 같이 먹이사슬의 상위계층에 속하는 어류에서는 수~수십㎍/g의 높은 메틸수은 농도가 보고되었다. 대기로부터 일반인이 섭취하는 메틸수은의 평균량은 0.04㎍/day 미만이므로 대기는 메틸수은의 주요 노출원은 아니다. 메틸수은이 인체에 유입되면 단백질 중 설프히드릴기(sulfhydryl group)와의 높은 친화력으로 만들어진 이황화물(disulfide)이 단백질 구조와 효소 기능을 비특이적으로 만들어 독성효과를 나타낸다.

4) 직업적 수은 노출

(1) 주요 노출 업종

직업장에서의 수은 노출은 일반 환경에서의 노출과 다소 차이가 있고 주로 금속수은과 무기수은으로 노출이 이루어진다. 따라서 직업적 노출의 경우는 대부분 수은증기의 흡입에 의한 것이다. 1차적으로 수은의 생산과 추출과 관련해서 수은증기에 노출될 위험성이 큰데, 수은의 생산은 수은 광산에서 채광하여 생산하기도 하지만 금이나 보크사이트 채광에서 부산물에 의해서도 생산되며 이 과정에 노출된다. 작업장에서의 수은 노출을 살펴보면 수은을 추출하고 재생하는 근로자들은 수은 증기에 노출될 위험성이 매우 높다. 특히 용광로와 굴뚝, 증류기를 유지 관리하는 작업에서 주로 많이 노출된다. 염소공장에서는 모든 공정이 밀폐되어

표 2-2 국내 수은 노출 관련시설을 통한 수은 노출 업종

대분류	중분류	소분류
의도적 사용과 배출시설	산업공정상 수은사용시설	염소 생산시설
		염화비닐 생산시설
		아세트알데히드 생산시설
		기타 화학물질과 폴리머 생산시설
	수은 함유제품	온도계
		스위치
		형광등
		전지
		농약
		페인트
	기타 생산제품	화장품
		치과용 아말감
		압력계와 계량기
		실험용 화학물질과 장치
		종교의식과 민간치료용품
		기타 제품
비의도적 사용과 배출시설	연료, 에너지관련시설	석탄 발전시설
		석탄 연소시설
		석유 발전시설
		석유 추출, 정제, 사용시설
		기타 화석연료 추출 사용시설
		바이오매스 화력발전, 열 생산시설
		지열발전

출처 : 국내의 수은유통 및 배출현황기초조사(환경부, 2009)

있더라도 항상 노출될 가능성이 있다. 수은이 함유되는 전기 장비(예, 형광등)를 제조하는 근로자들은 수은을 취급하는 도중에 사고로 노출되는 경우가 많다. 금속 재생 작업을 하는 근로자는 수은뿐만 아니라 다른 금속에도 노출될 가능성이 매우 높다.

수은은 전체 액상 온도 범위에서 온도에 따른 부피 팽창률이 일정하기 때문에 온도계, 압력계, 기압계, 게이지, 밸브 등에 사용되고 있으며, 건식 배터리, 램프, 배선·스위칭 장치, 전자장비뿐 아니라 염소와 가성소다 생산에도 널리 사용되어 왔다.

수은을 촉매제로 사용하는 작업장에서는 수은의 저장, 취급, 관리과정 중에 노출될 수 있으며 치과의사, 치기공사, 그 밖의 실험실에서 수은을 취급하는 연구자들도 취급 실수로 인해 노출될 수 있다. 유기수은 살충제를 생산하거나 살포하는 경우 알킬수은 화합물에 노출될 수 있다.

국내의 수은유통 및 배출현황기초조사를 통해 수은 노출 업종을 파악해 볼 수 있는데, 국내 수은 유통시설은 산업공정상 수은 사용시설, 수은 함유제품 취급시설, 기타 생산제품 및 연료, 에너지 관련시설로 나누어 파악해 볼 수 있다. 수은은 염소, 염화비닐, 아세트알데히드, 기타 화학물질과 폴리머 생산의 산업공정에 이용되며, 구체적인 수은 함유제품과 생산제품은 온도계, 스위치, 형광

표 2-3 수은 취급 사업장의 산업분류별 취급 노동자수와 연간 취급량

산업분류	사업장수	연간취급량(kg)	취급 노동자수
총합	39	137,025	154
전구 및 램프 제조업	18	4,251	75
광고용 조명장치 제조업	2	4	3
일반용 조명장치 제조업	2	55	6
간판 및 광고물 제조업	1	400	2
강주물 주조업	1	3,000	1
그 외 기타 분류 안 된 특수목적용 기계 제조	1	3	1
기타 기초 무기화합물 제조업	1	1	9
기타 발전기 및 전기변환장치 제조업	1	36	16
기타 인쇄업	1	80	2
다이오드, 트랜지스터 및 유사반도체 제조	1	5	2
물질검사, 측정 및 분석기구 제조업	1	1	2
방송 및 무선통신기기 제조업	1	16,000	1
액체 펌프 제조업	1	1	1
의약용 화합물 및 항생물질 제조업	1	1	2
인쇄회로판 제조업	1	81,000	9
재생용 금속가공원료 생산업	1	60	1
재생용 비금속가공원료 생산업	1	250	3
전자관 제조업	1	1,876	5
절연 금속선 및 케이블 제조업	1	1	1
합성수지 및 기타 플라스틱물질 제조업	1	30,000	12

출처 : 제조업체 작업환경실태조사(2004)

등, 전지, 농약, 페인트, 화장품, 치과용 아말감, 압력계, 실험용 화학물질, 종교의식과 민간치료용품 등이 있다(표 2-2). 2004년 고용노동부와 한국산업안전보건공단의 제조업체 작업환경실태조사의 결과 수은을 취급하는 사업장은 총 39개 사업장이었으며 이중 가장 많이 취급하는 업종은 인쇄회로판 제조업이며 연간 81톤의 수은을 사용하였고, 두 번째는 연간 30톤을 사용하는 합성수지 및 기타 플라스틱물질 제조업이었다. 세 번째는 방송 및 무선통신기 제조업, 네 번째는 전구 및 램프 제조업, 다섯 번째는 강주물 주조업으로 나타났다(표 2-3).

(2) 주요 노출직종

수은에 노출되는 직종은 수은을 광산에서 추출하거나 재생하는 근로자들에게서 노출의 위험성이 크지만, 수은을 필요로 하는 전기장비(형광등)의 제조과정에 참여하는 근로자들에서도 많은 노출이 이루어진다. 치과에서 사용하는 아말감에 의해서 치과 의사, 치과 기공사 등에서 노출이 될 수 있고, 수은을 촉매제로 사용하는 작업장에서 저장, 취급, 또는 관리하는 과정에서 노출될 수 있다. 유기수은인 메틸수은 및 에틸수은이 곡물훈증제로 사용되어 왔고, 최근에는 이들 물질의 강한 독성으로 인해 사용을 금지하고 있으나 여전히 이를 취급할 수 있는 농부 등에서 노출의 가능성이 있다.

우리나라에서 수은을 취급 혹은 사용하는 사업장에 대한 2004년과 2009년의 한국산업안전보건공단의 조사자료를 통해서 볼 때 50개 미만의 사업장에 실제 노출되는

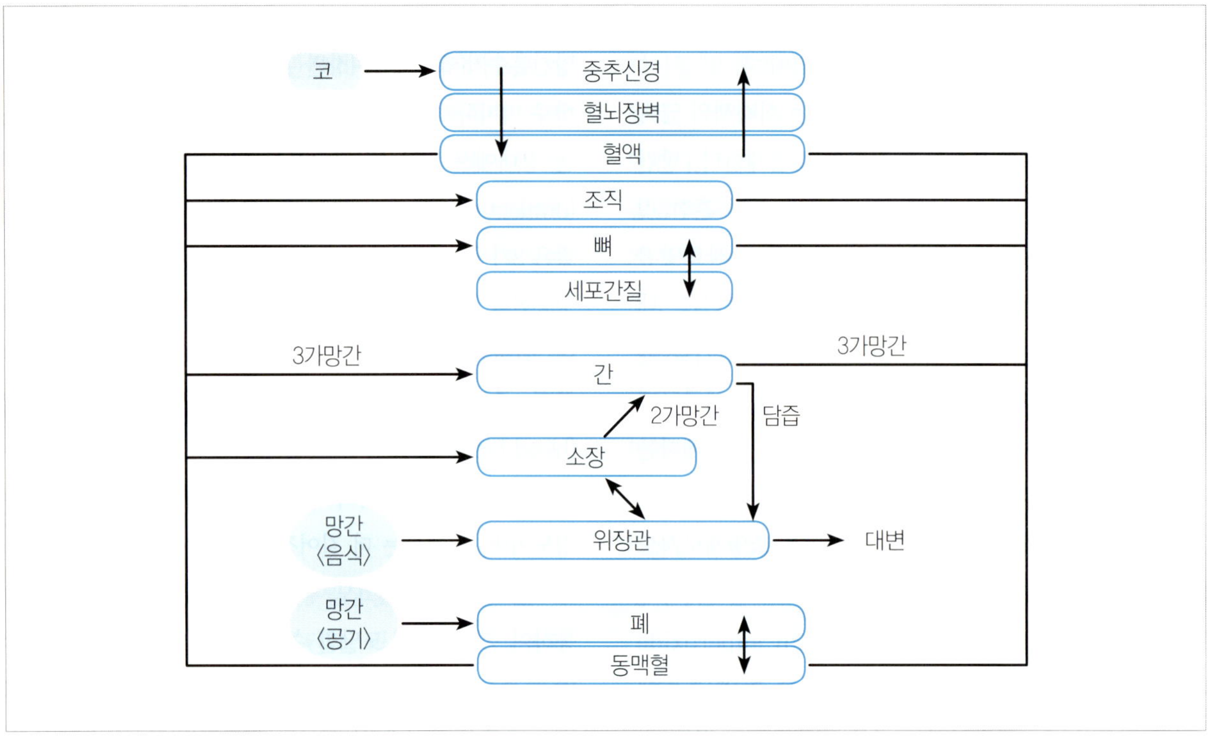

그림 2-5 망간의 생체내 동태

표 2-4 망간 중독과 파킨슨병과의 차이점

	망간 중독	원발성파킨슨증후군(파킨슨병)
노출력	+	−
MRI (T1WI)	고신호강도 출현, 오래 전에 노출되었으면 없을 수도	기본적으로 나타나지 않으나 노출이 병합되면 나타날 수도
PET	^{18}F dopa 섭취 정상	^{18}F dopa 섭취 감소
SPECT	도파민 운반체 섭취 정상	도파민 운반체 섭취 감소
양측성	많다	적다
정신증상의 선행	선행할 수 있다	없다
L-dopa에의 반응	지속적 효과 없음	효과 있음
떨림	운동 떨림(action tremor)이 흔하다	안정 떨림(resting tremor)이 흔하다
경직	+	+
운동완만	+	+
자세 불안정	두드러진다	거의 영향 없음
뒷걸음질(backward gait)	서툴러 잘 넘어짐	거의 영향 없음
이긴장증(dystonia)	자주 관찰됨	드물다

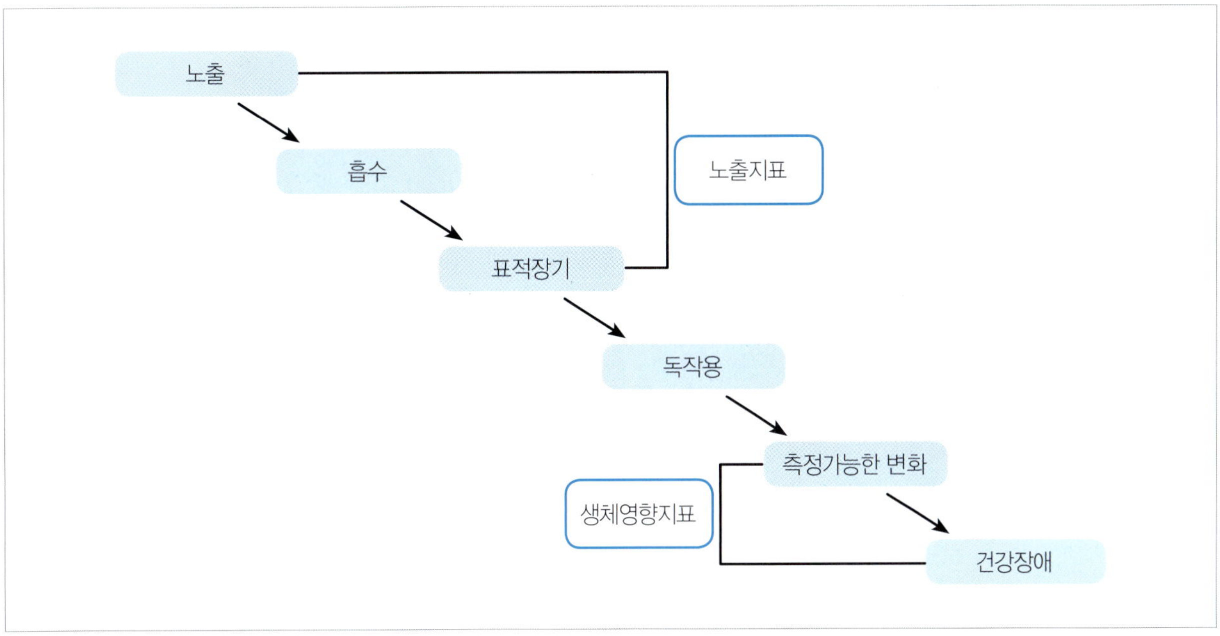

그림 2-6 망간 노출과 망간 중독의 스펙트럼

준임상(subclinical) 증상은 운동기능저하 뿐만 아니라 다양한 인지기능저하가 나타난다.

망간 중독의 진단은 망간 노출력이 있어야 하고, 파킨슨병과 유사한 증상이 나타나야 하고, 다른 원인을 감별진단하여야 하며 영상의학적 소견이 도움이 된다.

망간의 환경노출로 인한 건강영향의 보고는 많지 않으나 망간농도가 높은 지하수를 음용하는 지역 주민에서 신경학적 이상소견이 대조 지역의 주민에 비하여 더 높은 것으로 보고되었다. 또한 망간에 과노출되는 어린이에서는 주의력결핍-과잉행동장애(ADHD) 유병률이 더 높다는 보고가 있다. 임신 중 망간 노출수준이 높을 경우 성장발달장애와 인지기능장애의 가능성이 제기되고 있다.

5) 노출평가

망간 노출과 망간 중독의 관계는 6가지의 연속적인 과정으로 이해하여 볼 수가 있으며, 망간과 관련된 생물학적 지표들은 [그림 2-6]과 같이 분류될 수 있다.

요중 망간이나 혈중 망간 등 체내에 흡수된 양은 집단적으로는 망간 노출정도를 잘 반영하지만, 개인별로는 노출정도와는 상관관계가 적다. 혈중망간농도는 일반 인구집단에서 여성이 남성보다 철결핍이 흔히 생기므로 여성의 평균 농도가 남성보다 높으며, 여성이 폐경이 되면 폐경전보다 평균 혈중망간농도가 감소한다. 망간은 상자성(paramagnetic) 물질로 뇌내 축적시 뇌자기공명촬영(MRI) 소견상 T1강조영상(T1WI)에서 고신호강도가 창백핵을 중심으로 대칭적으로 나타나는 것이 보고되고 있나(그림 2-7). 이러한 고신호강도는 망간의 표적장기인 창백핵을 중심으로 침착한 것을 반영하는 노출지표로서 주목을 받고 있으나, 반드시 망간 중독을 의미하는 것은 아니다. 또한 중추신경계장애의 조기발견에 있어서 신경행동 검사(measurable change)는 임상적인 파킨슨증상이 나타나기 전에 인지장애 및 운동장애 등 준임상적(subclinical)인 측정가능한 변화를 민감하게 반영하는 것으로 보고되고 있다. 건강장애는 만성 망간 중독으로 대표된다.

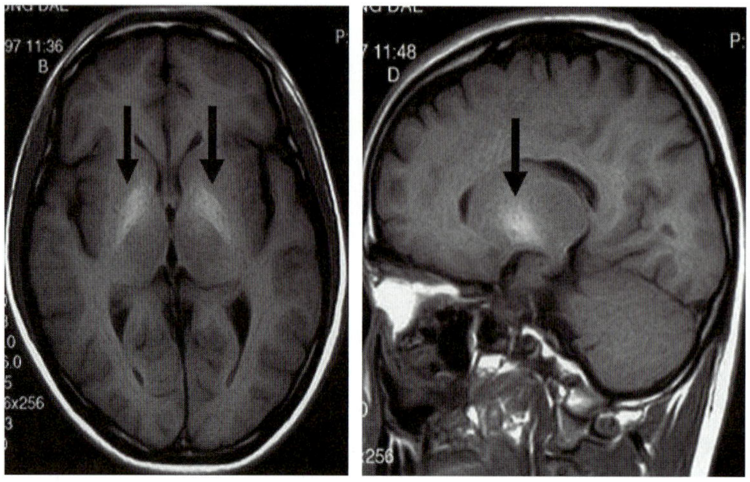

그림 2-7 망간에 장기간 노출된 용접공의 MRI 소견(T1강조영상에서 창백핵에서 고신호강도가 관찰)

6) 치료 및 예방

노출을 중단하는 것이 가장 중요하고, 치료제로서는 CaEDTA가 있으나 큰 효과는 없다. 항 파킨슨병약도 지속적인 효과는 없다. 망간 노출을 줄이기 위하여 작업공정을 밀폐하고, 국소배기 장치를 설치하며, 호흡용 보호구를 착용한다.

의학적 감시로서는 혈중망간농도가 집단적인 노출평가에서 유용하게 활용될 수 있으며, 신경행동 검사도 조기발견에서 중요한 의미를 갖는다. 경우에 따라서는 뇌 MRI를 활용할 수도 있다.

2.7 니켈

니켈은 지구상에서 5번째로 흔한 원소이자 지각에서는 24번째로 널리 분포되어 있으며, 광석은 주로 산화광과 황화광으로 발견된다. 전 세계적으로 매년 백만 톤이 새로이 생산되는 1차 니켈은 페로니켈(ferro-Ni), 산화니켈과 기타 화학물질의 형태로 생산·사용되며 대부분 스테인리스강의 생산에 이용된다. 또한 상당량의 니켈은 쉽게 재생되어 재사용된다.

전 세계적으로 니켈의 수요량은 경제 성장과 비례하여 지속적으로 증가되어 왔다. 니켈에 대한 수요는 2001년 백십만 톤에서 2011년 백오십칠만 톤으로 증가하였으며 연평균 4.2%의 성장률을 나타내었다. 우리나라에서 니켈광은 6대 전략광물로 동향이 관리되고 있다. 국내 니켈괴의 2013년도 수급량은 94,766톤으로 2012년도에 비해 12.3% 증가하였는데, 우리나라는 일차니켈 전량을 수입하고 있으며 주요 수입국은 일본, 중국, 러시아, 캐나다, 호주 등이다.

니켈은 소비재, 산업, 군대, 수송, 항공, 해양 및 농업용으로 다양한 산업분야에서 30만 종 이상의 생산품에 사용된다. 스테인리스강, 비철합금, 전기도금, 고온과 전기에 잘 견디는 합금, 주철, 니켈-카드뮴 배터리, 촉매와 색소를 만드는데 주로 사용된다. 니켈은 진공관과 트랜지스터 같은 전자부품을 만드는데도 쓰이고, 무기와 연장을 포함한 금속 제품을 생산하는데도 쓰인다. 또한 비공업적인 용도로 동전, 보석, 시계, 안경테, 단추, 스터드, 가정용품 및 주방기구, 치과교정기구, 치과도구, 정형외과 보형물, 그리고 심혈관 스텐트에도 이용된다.

근대 산업화 이후 대기와 수자원, 토양에서 니켈의 농도가 증가하였다. 대기 중 니켈의 40~50%는 토양 또는 화산 등 자연 오염원으로부터 기인하지만, 환경적 니켈 노출의 주요 원천은 화석연료의 연소와 니켈산업에서 나오는 오염이다. 주요 배출원은 석탄과 석유의 연소, 쓰레기와 하수 슬러지 소각, 광산과 제철산업, 전기도금 등이다. 수자원에서 니켈 함량은 미국의 경우 음용수의 평균적인 총 니켈 농도가 3~7㎍/L 정도이다. 니켈은 유제품이나 콩류, 시금치, 양상추, 견과류와 같은 음식물 섭취를 통해서도 노출된다. 베이킹 파우더, 코코아, 산성 음료는 니켈의 함량이 상대적으로 높은 편이다. 니켈의 식이 섭취량은 대략 하루에 200~300㎍ 정도로 추정되며 주방기구나 수도관의 침출을 통해 추가적인 니켈 섭취가 이루어지므로 총 섭취량은 하루 1mg까지도 올라갈 수 있다. 흡연자의 경우 니켈의 일일 노출이 훨씬 더 큰데 이는 담배가 니켈을 상당량 함유하고 있기 때문이다. 니켈은 동물에서는 필수미량원소로 생각되지만, 인간에서 필수적인지는 아직 증명되지 않았다.

1) 개요

니켈(Ni, 원자량 58.71, 원자번호 28)은 은백색의 광택이 있는 단단한 금속이다. 용융점 1,453℃로 상대적으로 낮은 열 · 전기전도성, 대기나 수중에서 철보다 안정적이며, 쉽게 산화되지 않고 알칼리에 강한 내식성을 가지며, 상승 온도에서도 강도와 연성을 가지며 상온에서 자성을 띠고 있다. 이러한 고유의 물리 · 화학적인 특성 때문에 니켈은 산업장에서 널리 사용된다.

종류로는 금속 니켈과, 불용성 니켈화합물로서의 산화니켈, 아황화니켈, 수산화니켈과 탄산니켈이 있고, 수용성 니켈화합물로서의 육수화질산화니켈, 육수화황산화니켈, 초산니겔, 염화니켈 등이 있나. 사업상에서는 금속니켈, 산화니켈, 황화니켈류, 염화니켈을 주로 취급한다. 니켈을 정제하는 과정(Mond process)에서 독성이 강한 니켈카르보닐[$Ni(CO)_4$] 가스가 발생한다.

2) 주요 노출 업종

전 세계적으로 니켈의 65%는 스테인리스강의 제조에 사용되며 약 20%가 고도로 특수화된 산업이나 항공산업을 위한 합금에, 9%는 도금업, 나머지 6%는 동전이나 다양한 종류의 니켈 화학물질에 사용된다.

우리나라 니켈 및 니켈화합물은 니켈합금 및 스테인리스 제조를 위한 페로니켈 및 니켈 분말, 산화니켈 등이 가장 많이 유통되며, 주요 취급 사업장의 업종은 도금업과 기타 전자부품 제조업, 강주물주조업 등의 순이다. 특히 도금업은 타업종 중에 도금공정이 있는 것을 고려한다면 도금업이 국내 사업장의 절반을 넘을 것으로 예상된다.

니켈은 사용목적에 따라 순도가 높은 금속니켈과 순도가 낮은(18~28%) 페로니켈의 형태로 제련된다. 금속니켈은 화학공업용장치, 진공관재료, 도금의 양극 등에 순수한 형태로 사용되거나 특수한 금속 및 합금으로 사용되는 반면 페로니켈은 내식강, 기타 특수강 등에 첨가되어 사용된다.

(1) 일차 니켈 소비량의 약 70%를 차지하는 스테인리스강에서 일반적인 니켈함유량은 4~22%(평균 7%) 사이이며, 널리 사용되고 있는 분야는 주방용품 및 외식산업, 장치산업, 수송, 용접, 이음매 없는 파이프 및 강관, 건설용 등이다.

(2) 니켈합금은 동, 크롬, 코발트, 철, 아연 등의 금속들과 합금으로 이루어진다. 고성능합금은 항공우주산업분야와 육상가스터빈, 고온사용 설비에 사용되며, 특수성능합금은 자동온도조절기의 유리와 세라믹봉합용, 절연선의 제료, 권선지항기로 사용된다. 일반기술합금은 내식용과 내열용 합금으로 나누어지며 대부분 니켈함량이 90% 이상이다. 니켈-동합금은 내식성이 좋아 화학장치, 식품산업장치, 해양설비, 핵발전소설비 등에 이용되며 일부 국가에서는 동전으로도 사용되고 있다. 니켈-동-아연합금은 니켈함량이 10~30% 정도이며, 고급도금접시, 나이프, 포크 등 주방 및 식탁용품, 금속기구, 건축용, 연결부분 및 스프링을 포함한 전기기구 등에 사용된다.

(3) 니켈 소비량 중 5~6% 정도를 차지하는 니켈도금은 황산니켈과 염화니켈이 많이 사용되며, 일반적

인 용도는 전기도금, 비전도금(자가 촉매도금), 선택적 도금 및 침수코팅 등의 네 가지 방법이 있다. 니켈도금은 내식성, 내마모성, 장식미 등의 특성으로 인해 기계 · 기구제조 및 반도체부품, 생활용품 등에 많이 사용되고 있다.

(4) 용접은 현대 산업화된 국가의 제조공정에서 80% 이상이 용접공정을 포함하고 있으며, 특히 피복아크용접이 스테인리스강의 용접에 가장 널리 이용되고 있다.

(5) 기타 니켈사용으로 ① 니켈전지, ② 니켈촉매제로 탄화수소의 고온 수증기 개질(改質)에 의하여 연료가스 또는 합성가스를 제조할 때에 니켈을 사용하는 경우가 많다. ③ 금속도료로 자동차, 선박 등의 방청을 위한 금속도료의 성분으로 또 비금속제품의 표면을 금속표면과 같은 연출을 위해 사용되어진다.

3) 주요 노출 직종

니켈 및 니켈화합물을 취급 · 사용하는 사업장은 전국에 널리 분포하고 있고 제품의 생산을 위한 공정 또한 매우 다양한 형태로 많은 양을 취급 · 사용하고 있다. 니켈에 노출이 되는 공정은 주로 용접, 도금, 배합, 주조, 분말야금 등이며 그 노출수준은 용접, 도금, 배합, 주조공정에서 높다. 산업보건학적인 접근으로 니켈 및 니켈화합물에 대한 직업병유발 가능성이 이들 공정에서 높다.

4) 노출수준의 시대적 변화

(1) 공기 중의 니켈 및 니켈 화합물의 노출기준

현재 작업장의 니켈의 노출수준은 과거에 비해 현저히 낮다. 과거 불용성의 니켈황화물과 니켈산화물은 >10mg/m³, 수용성 니켈화합물은 >1mg/m³ 수준에서 호흡기암의 초과발생과 밀접한 관련이 관찰될 정도로 사업장의 노출수준이 높았다.

현재 각 국가마다 기준치를 정할 때 고려하는 요인은 다양하나 니켈 및 니켈화합물의 경우 발암성 유무에 큰 비중을 둔다. 우리나라는 1988년에 금속 및 불용성 니켈화합물은 1mg/m³, 수용성 니켈화합물은 0.1mg/m³으로 노출기준을 채택하였다. 현재는 불용성 니켈화합물의 노출기준이 0.2mg/m³으로 강화되었다.

니켈 및 니켈화합물에 대한 미국 OSHA의 PEL은 1mg/m³이다. ACGIH는 아황화니켈과 수용성 무기니켈화합물의 TLV-TWA를 0.1mg/m³으로 규정하고 있으나 아황화니켈은 확인된 인간발암물질(A1)로, 반면 수용성 무기니켈화합물은 인간발암물질로 분류될 수 없는 물질(A4)로 분류하였다. 또 불용성 무기니켈화합물의 TLV-TWA는 0.2mg/m³이면서 A1으로, 금속니켈의 TLV-TWA는 1.5mg/m³이면서 인간발암물질로 고려하지 않는 A5로 분류하였다. NIOSH의 REL은 금속 니켈 및 불용성 니켈화합물의 노출기준으로 0.015mg/m³ 및 유력한 직업성 발암물질로 분류하고 있다. 니켈카르보닐의 노출기준 및 발암성에 대한 기준은 미국 OSHA의 PEL과 NIOSH의 REL은 0.001ppm이며, ACGIH에서는 TLV-TWA로 0.05ppm으로 규정하고 있다. 우리나라는 0.001ppm을 노출기준으로 채택하고 있다.

(2) 니켈 및 니켈화합물의 생물학적 노출지표

일반 인구집단에서 노출경로는 흡입, 섭취, 피부를 통해서 가능하지만, 직업적 환경에서는 흡입과 피부접촉이 주된 경로이다. 동물 연구에서 섭취된 니켈의 대략 90%가 대변으로 배설되고 10% 이하가 흡수된다. 인간에서는 그보다 적은 양의 니켈(약 1%)이 장을 통해 흡수된다. 식이를 통한 니켈 섭취보다 물을 마시는 것이 훨씬 더 잘 흡수된다. 호흡기를 통한 노출의 경우 약 30%가 폐에 도달하고 흡입 니켈의 약 20~35%가 혈류로 흡수된다. 흡수된 니켈은 일차적으로 소변을 통해 배설된다. 수용성 화합물은 폐와 위장관에서 빠른 속도로 흡수되고 1~2일 사이에 소변에서 배설된다. 비록 니켈이 효율적인 배설 덕분에 조직에는 대체로 축적되지 않지만, 높은 수준의 니켈에 노출되었을 때 신장, 폐, 뇌, 췌장은 니켈 저류의 일차적 표적 기관이다.

혈액과 소변을 통한 니켈 측정은 환경적 혹은 직업적 노출을 모니터링 하는데 부분적으로 유용한 방법이다.

표 2-5 니켈 및 니켈화합물의 노출기준

	화학식	노출기준				비고
		TLV-TWA		TLV-STEL		
		ppm	㎎/㎥	ppm	㎎/㎥	
니켈(가용성화합물)	Ni	-	0.1	-	-	발암성 1A
니켈(불용성 무기화합물)	Ni	-	0.2	-	-	발암성 1A
니켈(금속)	Ni	-	1	-	-	발암성 2
아황화니켈	Ni_3S_2	-	0.1	-	-	발암성 1A, 생식세포 변이원성 2, 흡입성
황화니켈(흄 및 분진)	NiS	-	1	-	-	발암성 1A, 생식세포 변이원성 2
니켈 카르보닐	$Ni(CO_4)$	0.001		-	-	발암성 1A, 생식독성 1B

전혀 노출되지 않은 성인의 니켈 수준은 혈장 1L당 0.05~0.1㎍, 소변 크레아티닌 1g당 0.5~4.0mg으로 보고되고 있다. 작업 후 채취한 요중의 니켈농도는 수용성 니켈에 흡입 노출되는 경우 최근 노출을 반영한다. 현재 우리나라의 근로자건강진단 실무지침에서는 주말 작업 종료 시에 채취한 요중 니켈 농도가 니켈 및 황화니켈에 대한 생물학적 노출지표검사 선택항목으로 지정되어 있으며, 노출기준은 80µg/L이다.

니켈 카르보닐에 노출된 근로자를 평가할 때, 요중 니켈 농도가 100㎍/L 이상이면 중증도 노출, 500㎍/L 이상이면 고농도 노출로 간주한다. 직업적으로 니켈 카르보닐에 노출되지 않은 사람의 요중 농도는 50㎍/L 이하로 알려져 있다. 요중 니켈 배설량은 니켈 카르보닐 증기를 흡입한 첫 24시간 동안 증가하며 그 후 급속히 감소한다.

5) 독성

니켈에 의한 독성은 노출 경로와 물질의 용해도에 달려있다. 니켈 흡수의 주된 경로는 폐를 통한 흡수이다. 니켈노출에 의한 건강영향으로 일관되게 보고되는 것은 접촉성 피부염 및 암을 포함한 호흡기계 영향이다. 신장과 폐는 니켈 축적의 일차 표적기관이다. 흡수된 니켈은 혈액에서 주로 단백질과 결합된 상태로 발견되며, 사구체 기저막의 음이온 글라이코아미노글라이칸 부위에 부착함으로써 신기능에 영향을 준다.

(1) 호흡기계

니켈화합물에 노출시 호흡기계에 대한 비발암성 및 발암성 영향은 인간과 동물 모두에서 관찰이 되었으며, 니켈용접공과 주물공장 근로자에서 만성기관지염, 폐기종, 폐섬유증과 폐기능의 감소가 관찰되었다. 그러나 이러한 영향은 모든 연구에서 일관성 있게 나타난 것은 아니며 다른 독성 금속물질에 동시에 노출되는 문제가 있다. 인간에서 비발암성 호흡기계 건강영향에 대한 자료는 제한적이지만, 동물연구에서는 니켈이 호흡기독성 물질로서 폐염증을 유발한다. 황산니켈, 아황화니켈, 산화니켈은 급만성 노출시 폐염증을 유발하며 그 중 황산니켈의 독성이 가장 크고, 이는 호흡기계에 대한 니켈 독성이 니켈화합물의 용해도와 관련되기 때문이다. 또한 황산니켈과 아황화니켈에 노출시 코의 후각상피 손상이 발생한다.

휘발성 니켈 테트라카르보닐은 매우 독성이 강하고 죽음에까지 이르는 전신적인 독성을 일으킨다. 폐와 뇌 조직은 니켈 테트라카르보닐 중독의 감수성 높은 표적기관이다.

(2) 피부

니켈은 알레르기성 접촉성피부염의 가장 빈번한 원인으로 알려져 있다. 일반 인구집단의 10~20%가 니켈에 감작된 것으로 추정된다. 니켈의 피부 접촉은 두드러기, 습진, 홍반, 소양증 등의 피부 반응을 유발하는 면역 반응을 활성화한다. 일부 사람들에서 니켈 과민성이 두드러지기 때문에 유전적 감수성이 예상된다.

(3) 생식계

니켈은 태반을 통과할 수 있고, 태아의 니켈 수준은 성인과 비슷하다. 니켈화합물은 동물실험에서 배아 독성과 기형 유발 효과 및 생식계 독성을 가진다는 보고들이 있으나 아직까지 명확하지는 않다. 일부 동물연구에서 황산니켈이나 염화니켈에 노출 시 수컷 정자의 운동성이 감소하거나, 교배나 임신기간에 앞서 니켈에 폭로된 동물의 후손에서 생존감소, 염색체이상에 대한 보고도 있다. 현재까지 인간에서 니켈의 생식기계나 기형 유발 효과는 분명하지 않다.

(4) 발암성

인간과 동물 연구자료에서 일부 니켈화합물 흡입노출은 폐암을 유발한다. 아황화니켈이나 산화니켈에 흡입노출시 발암성이 관찰된 반면, 다른 황산니켈은 발암성물질이 동반되지 않는 경우에는 흡입노출에 의한 발암성이 관찰되지 않았다.

니켈의 발암성은 직업적으로 폭로된 근로자에서 잘 관찰되었다. 니켈제련공장 근로자를 대상으로 하는 일부 코호트연구에서 폐암이나 비강암으로 인한 사망률이 유의하게 증가하였다. 그러나 니켈 농도가 낮은 스테인리스강 생산이나 용접, 합금과 같은 다른 니켈 산업에 근무하는 근로자들은 암발생이 유의하게 증가하지는 않았다. 더욱이 대다수 근로자들이 여러 가지 종류의 니켈에 동시 노출되어 각각의 발암성을 평가하기는 어렵다. 니켈황화물은 고농도에서 폐암위험이 증가하였으나, 고농도의 산화니켈은 발암성의 근거가 약하였고, 특히 수용성 니켈과 동시에 노출되었을 때는 발암성이 관찰되었다. 수용성 니켈은 다른 발암성물질이 함께 존재하지 않을 때는 그 자체로 발암성을 나타내지는 않았다. 또한 인간에서 저농도의 니켈이 발암성이라는 증거는 아직 없다. 동물 흡입연구에서는 아황화니켈 또는 산화니켈에 만성적으로 노출 시 폐암 발생률이 유의하게 증가하였다. 지속적인 조직손상은 발암성을 촉진하기 때문에 다양한 물질에 노출된 근로자 대상의 독성에 관한 역학적인 연구는 불용성 니켈화합물의 발암성과 수용성 니켈화합물의 독성농도의 촉진능력을 서로 구별하기는 매우 어렵다. 이러한 이유로 IARC는 니켈화합물은 그룹 1, 금속니켈은 그룹 2B로 분류하고 있다. EPA는 니켈정련분진과 아황화니켈은 그룹 A(human carcinogen)로, 니켈카르보닐은 그룹 B2로 분류한다. 사업장에서의 니켈 노출은 흡연, 다양한 종류의 니켈에 동시 노출되거나 다른 물질과 복합적으로 발생하기 때문에 니켈 종류에 따른 발암성을 정확하게 평가하기는 매우 어려운 실정이다.

6) 임상소견

급성 니켈 중독은 두통, 어지럼증, 구역, 구토를 일으킨다. 만성 니켈 노출에 의해 비염, 부비동염, 비중격 천공, 후각소실, 천식이 생길 수 있다. 니켈화합물 노출의 가장 흔한 징후는 피부소견이다. 니켈은 알레르기성 접촉피부염의 흔한 원인 중 하나다. 니켈 카르보닐 노출은 두통, 피로, 오심, 구토를 야기한다. 심한 경우 12~36시간의 지연기 이후 발열, 오한, 기침, 흉통, 호흡곤란 등을 동반한 미만성 간질성 폐렴이 생길 수 있다. 섬망, 발작, 혼수가 사망에 앞서 발생할 수 있다.

니켈 피부 알레르기의 진단은 첩포 검사, 림프구 전환시험(lymphocyte transformation test)으로 진단할 수 있다. 니켈 유발성 천식 때는 호산구(eosinophil) 수가 증가한다. 니켈 카르보닐 노출 후에는 급성 폐렴의 일환으로 중등도의 백혈구 증가증, 저산소증, 폐 용적과 일산화탄소 확산능의 감소가 있을 수 있다. 간 효소도 증가될 수 있다.

7) 치료

오염원으로부터 즉시 격리하는 것이 중요하며, 니켈 피부염은 국소 스테로이드제제로 치료하고 더 이상 노출되지 않도록 한다. 니켈 감작성은 영구적이며, 천식은 노출을 피하면 해소된다. 니켈 카르보닐에 노출된 사람은 폐합병증과 전신적 독성이 나타나는지 잘 관찰되어야 한다. 만약 과도한 노출이 발견되면(요중 니켈 100 ug/L 이상) 킬레이트 치료가 필요하다. 킬레이트제로 sodium diethyldithiocarbamate (Dithiocarb)가 니켈 카르보닐

중독에 효과적이라고 알려져 있고, 다른 킬레이트제는 덜 효과적이거나 오히려 악화시키기도 한다. Disulfiram (Antabuse)의 사용은 dithiocarb 치료가 가능하지 않을 때의 대안적인 치료로 사용될 수 있으나 논란이 많다.

8) 예방대책

작업환경의 농도를 노출기준 이하가 되도록 관리한다. 정기적으로 요중 니켈량을 측정한다. 특히, 호흡기계의 악성종양을 조기에 발견하는 것이 중요하다. 흡연자는 니켈에 의한 발암작용과 상가작용이 있으므로 금연을 하도록 한다.

니켈 분진, 흄, 수용성 니켈 입자나 액체 등에 노출될 가능성이 있는 곳에서는 피부와 호흡기 보호구가 사용되어야 한다. 니켈 카르보닐을 취급할 때에는 극도의 주의를 요한다. 피부 또는 호흡기계 알레르기가 나타난 사람들에 대해서는 즉시 노출원에서 제거하고 피부와 호흡기계의 의학적 감시에 집중하여야 한다. 아토피 피부염의 병력이 있는 근로자는 니켈노출 작업을 가급적 하지 말고, 부득이한 경우에는 적절한 피부 보호구를 반드시 착용해야 한다.

더 읽을거리

American Conference of Governmental Industrial Hygienists TLVs and BEIs. Threshold Limit Values for Chemical Substances and Physical Agents and Biological Exposure Indices. Cincinnati, OH, p.42 (2005)

Catherine K, Max C. Handbook on the toxicology of metals: Nickel. Academic press. 2007

Dirk Schaumlöffel. Nickel species: Analysis and toxic effects. 2012: 26;1-6 Journal of Trace Elements in Medicine and Biology

Marks, J.G. Jr., DeLeo V.A., Contact and Occupational Dermatology. St. Louis, MO: Mosby Year Book, p. 83 (1992)

U.S. Environmental Protection Agency. IRIS Database for Risk Assessment. http://www.epa.gov/iris/. Accessed September 25, 2006.

제3절 유해가스

이상윤

3.1 서론

유해가스는 호흡기의 노출로 염증반응을 일으켜 자극을 통한 여러 증상을 유발하거나 기존 질환의 악화를 일으킬 수 있는 자극제와 산소의 이용을 방해하여 질식을 유발하는 질식제로 크게 분류할 수 있다.

호흡기를 자극하는 가스들은 수분으로 덮여 있는 호흡기점막과의 반응성에 따라 수용성이 높은 물질들은 쉽게 녹아 코나 상기도를 자극할 수도 있고, 수용성이 높지 않은 물질들은 폐포 말단까지 침투하여 폐부종이나 폐쇄성 세기관지염의 심한 손상을 야기할 수 있다. 공기 중 산소를 대체하여 폐포의 산소분압을 떨어뜨리는 모든 가스는 단순 질식제가 될 수 있지만, 일산화탄소, 시안화물, 황화수소는 산소를 인체에서 이용되는 것을 방해하는 화학적 질식제로 분류된다.

3.2 자극제

1) 암모니아

수용성이며 무색의 가스로 독특한 냄새의 자극성 가스이다. 점막표면의 물과 반응하여 강한 알칼리의 수산화암모늄(ammonium hydroxide)을 생성하여 액화성괴사(liquefactive necrosis)를 일으키며, 물과 접촉하는 범위가 점점 넓어질 수 있다.

흔한 노출로는 가정에서 세척제의 흄을 통하거나, 냉동시설, 플라스틱, 폭약, 비료공장에서 사고에 의해 발생될 수 있는데, 눈, 피부, 및 상기도점막을 자극하고 후두부에 심한 부종을 통하여 상기도폐색을 가져올 수 있고, 고농도에서는 상기도점막이 탈피되어 심한 부종이 올 수 있다. 화학적 기관지염, 기관지경련, 비심인성 폐부종이 발생되기도 하며, 저농도의 노출에서는 보통 완전히 회복되지만, 고농도에 지속적인 노출인 경우 반응성기도이상증후군(reactive airways dysfunction), 이차감염에 의한 기관지폐렴, 기관지확장증, 기도협착, 폐쇄성기관지염(bronchiolitis obliterans)이 발생할 수 있다.

2) 불화수소

불화수소(hydrogen fluoride) 또는 액상의 불산(hydrofluoric acid)은 무색으로 강한 자극성 냄새를 가지며 부식제로 적은 농도에 소량 노출되어도 강한 독성을 나타낸다.

고옥탄가 연료제조를 위한 석유화학산업, 유리의 식각(etching), 금속의 세척 및 광택, 알루미늄 제조, 반도체 산업 등 여러 분야에서 사용되며, 노출기준농도는 눈, 피부, 호흡기 자극을 최소화하는 수준에서 정하고 있다(표 2-6).

고농도 불산의 피부 접촉 시 불소이온은 피부를 쉽게 침투하여 지속적으로 깊은 조직까지 파괴하며 피부손상이 넓으면 저칼슘혈증, 저마그네슘혈증 및 부정맥 등의 전신적이 독성을 유발할 수 있고, 치료하지 않는 경우 뼈에 도달하여 탈염화(demineralization)와 심한 통증을 유발할 수 있다. 흡입을 통해 노출되는 경우 강한 자극성으로 보통 피하게 되지만, 고농도로 노출되는 경우 기관지연축, 화학적 폐렴, 폐부종을 유발할 수 있다.

불산의 피부 노출 시 즉시 물로 충분히 씻은 후에 2.5% 칼슘글루코네이트(calcium gluconate) 젤(gel)을 국소 도포(구비되어 있지 않은 경우 25mL의 10% 칼슘글루코네이트앰플과 150mL의 멸균된 수용성윤활제를 섞어서 사용가능)하거나 멸균된 장갑에 채운 후 손을 넣게 하는 방법이 있고, 위의 방법에도 충분하지 않다면 5% 칼슘글루코네이트 용액(solution)을 $1cm^2$ 당 0.5mL 넘지 않게 피하 주사함으로써 불산의 불소이온을 칼슘과 결합시켜 중화할 수 있지만 주사액에 의한 조직의 손상을 유의하여야 한다. 전신적인 독성 시 동맥혈관을 통하여 10mL의 10% 칼슘글루코네이트를 40mL의 D5W (dextrose 5% in water)에 첨가하여 투여하거나, 0.9% sodium chloride solution을 4시간 동안 연속적으로 투여한다. 눈에 노출 시 1% 칼슘글루코네이트 용액을 점안하며, 흡입을 통한 손상에는 4mL의 2.5% 칼슘글루코네이트 용액을 네뷸라이저 형태로 흡입시키면 자극증상이 완화된다.

3) 염소

섬유 및 종이 제조 등 많은 산업공정에서 사용되는 염소는 녹황색의 가스로 염소의 제조, 운반, 가공과정에서 노출될 수 있고, 표백제(sodium hypochlorite)와 청소 작업에 사용되는 인산(phosphoric acid)이 포함된 가루가 섞이면서 염소가스가 발생될 수 있다. 또한 수영장 및 하수처리시설에서 염소가 사용되며, 노출기준농도는 [표 2-6]과 같다.

염소는 강한 냄새와 자극반응으로 1~3ppm에서도 경한 자극이 있을 수 있고, 3~6ppm에 잠시 노출되어도 자극반응이 쉽게 관찰된다. 수용성은 중간정도이며 눈, 코, 후두, 상기도의 자극 및 오심 구토 등의 경한 증상에서 급성 기관기관지염(tracheobronchitis), 기관지연축, 비심인성 폐기종의 증상까지 다양하게 나타날 수 있고, 고농도로 노출된 경우 반응성 기도이상증후군이 발생할 수 있다.

표 2-6 강한 호흡기 자극제들

물질	화학식	수용성	냄새 역치 (ppm)	치사 농도 (ppm)	노출원	노출기준† (ppm)		
						ACGIH (2021)	OSHA (2020)	고용노동부 (2018)
암모니아	NH_3	높음	50	500	냉동, 비료, 농업, 화학산업	25 (ST) 35	50	25 (ST) 35
이산화염소	ClO_2	높음	–	5	펄프공장	(C) 0.1	0.1	0.1 (ST) 0.3
염화수소	HCl	높음	5	50	화학산업	(C) 2	(C) 5	1 (ST) 2
불화수소	HF	높음	3	30	유리에칭, 석유화학산업, 반도체제조	0.5 (ST) 2	3	0.5 C) 3
염소	Cl_2	중간	3	10	펄프공장, 물소독, 화학산업	0.1 (ST) 0.4	(C) 1	0.5 (ST) 1
황화수소	H_2S	중간	0.13	300	유전, 금속정제, 퇴비저장소, 하수구	1 (ST) 5	(C) 20 50 (10min)	10 (ST) 15
아황산가스 (이산화황)	SO_2	중간	1	100	화학산업, 황연소, 제련	(ST) 0.25	5	2 (ST) 5
이산화질소	NO_2	낮음	5	20	화학산업, 고온연소, 질산흄, 농장	0.2	(C) 5	3 (ST) 5
오존	O_3	낮음	1	5	알루미늄용접, 물처리	0.05~ 0.2	0.1	0.08 (ST) 0.2
포스겐	$COCl_2$	낮음	0.5	2	화학산업, 플라스틱 연소, 염소성분물질의 용접	0.1	0.1	0.1

† ACGIH(American Conference of Governmental Industrial Hygienists): Recommended limits OSHA(Occupational Safety and Health Administration): Regulatory limits

(C): Ceiling, (ST): Short-term Exposure Limit

4) 아황산가스

석탄이나 석유를 이용한 화력발전이나 석유정제, 금속 광석의 제련 등의 과정에서 발생되고, 섬유나 종이펄프, 모직의 표백이나 곡식의 훈증제로서 사용되기도 하며, 대기오염으로 인한 환경적 노출이 있을 수 있다.

OSHA는 TWA는 5ppm으로 정하고 있고, ACGIH는 폐기능저하와 하기도 자극반응을 최소화하는 수준에서 TLV-STEL을 0.25ppm으로 정하고 있다.

수용성이고 강한 점막자극제로서 노출 시 즉각적인 눈, 비강, 상기도의 자극증상을 유발하며, 만성적으로 노출 시 감각이 무뎌질 수 있다. 노출에 의해 작은 기도 점막의 정화능력이 떨어지고, 천식환자에서는 기관지수축이 더 잘 일어나며, 반응성기도이상증후군 발생이 보고되있고, 심한 노출 시에 급성폐손상과 이차적 폐렴이 야기될 수 있다.

5) 질소산화물

고온에서 연소 시 산소는 질소와 반응하여 질소산화물을 만든다. 이산화질소는 작업장에서 호흡기 질환의 주요 물질로 산화적 손상을 통해 질환을 발생시킨다.

흔한 노출 경로는 사일로에 저장된 건초나 곡식의 발효(silo filler's disease), 금속을 질산으로 세척하거나 에칭, 용접아크의 연료의 연소, 광산에서 폭파의 부산물, 화재현장에서 질소 포함 물질 연소로 인한 소방관의 노출 등이 있고, 그 외 환경적으로 자동차 배출가스와 실내에서 가스를 이용한 조리나 석유난방기구 등에 의해 노출된다.

상대적으로 경한 냄새와 점막자극반응으로 경고효과가 크지 않아 하기도 및 폐포에 손상을 줄 수 있고, 급성 노출 후 1~30시간 후 가역적 기관지염을 포함하여 비가역적 폐쇄세기관지염(bronchiolitis obliterans) 또는 기질화폐렴(BOOP)과 비심인성 폐부종의 지연된 증상이 특징적이다. 또한 질소 산화물의 독성은 질산염(nitrate)이나 아질산염(nitrite)의 흡수에 의한 저혈압과 메트헤모글로빈혈증이 동반될 수 있다.

고농도로 급성 노출되었을 때 심한 지연성 호흡기반응이 있을 수 있기에 노출 후 24~48시간 동안 주의 깊게 관찰하여야 하고, 밀폐된 공간에서 용접작업을 하는 경우 국소배기와 더불어 적절한 호흡보호구가 필요하다.

6) 오존

오존은 물에 대한 용해도가 낮기 때문에 하기도 및 폐포에 주로 영향을 주는데, 자유유리기(free radical)의 발생과 불포화지방의 과산화(peroxygenation)를 통해 세포독성을 주게 된다.

물을 소독하기 위한 용도로 사용되기도 하지만, 자외선에 의해 생성되는 부산물로 발생한다. 아크용접 및 복사기의 오작동, 자동차의 배기가스의 광화학적 반응을 통한 대기 생성 등이 주요 발생원이다.

민감한 사람은 운동 시 0.2ppm의 농도에 수 분간 노출되어도 기침, 가슴 답답함, 심호흡 등의 증상과 가역적 폐쇄성호흡기 장애가 발생할 수 있으며, 고농도로 노출 시 급성 폐손상과 비심인성 폐부종을 통한 기도협착과 호흡곤란이 올 수 있다. 실험적으로 오존에 만성적 노출 시 폐기능의 가역적 감소를 야기하였다.

7) 포스겐

카보닐 염화물(carbonyl chloride), 탄산 이염화물(carbonic acid dichloride)등 다양한 동의어의 포스겐은 무색의 산화제(oxidant)로, 물에 용해도가 낮으며 갓 벤 건초냄새가 나며, 사전 경고 증상이 없어 강한 독성을 나타낸다.

이소시아네이트, 요소, 콜타르, 염료, 제약 및 살충제 등의 제조산업의 합성제로 사용되며, 염소화 탄화수소(chlorinated hydrocarbon)의 연소나 뜨거운 금속과의 접촉으로 발생되어 흡입을 통하여 급성으로 노출될 수 있는데 산업적으로 유기용제(trichloroethylene, 1,1,1,-trichloroethane)로 탈지 된 금속에 용접을 할 경우나 환기가 잘 안 되는 곳에서 사염화탄소(carbon tetrachloride)를 화재진압 시 사용할 경우를 예로 들 수 있다.

급성 반응으로는 눈과 상기도의 자극이 있을 수 있지만, 낮은 용해도로 치사량에 이르도록 심각함을 못 느끼고 계속 흡입할 수 있으며, 직접적인 폐포손상을 통하여 급성폐렴 및 비심인성 폐부종을 야기하여 사망에 이를 수 있다. 질소 산화물과 마찬가지로 노출 후 수 시간 후 비심인성 폐부종의 지연반응이 있을 수 있다.

3.3 질식제

질식제로 작용하는 가스는 크게 단순 질식제와 화학적 질식제로 나눌 수 있는데, 단순 질식제는 생리학적으로 불활성이고, 심장의 기능이나 헤모글로빈에 영향을 주지 않지만 농도가 높아지면서 상대적으로 산소결핍을 통해 조직에서 산소 이용을 어렵게 만드는 물질로 흔히 밀폐된 공간에서 저산소증을 유발하는 메탄, 에탄, 이산화탄소, 질소, 일산화질소, 프로판, 아르곤, 수소, 헬륨 등이 있다. 화학적 질식제에 해당하는 일산화탄소, 시안화물, 황화수소는 대사적인 과정과 산소이동의 특정 요소를 방해함으로써 산소이용을 방해한다.

1) 일산화탄소

일산화탄소(carbon monoxide)는 무색무취의 가스로 노출 시 경고증상이 없어 가스중독에 의한 흔한 사망 원인이며, 석 연료 및 나무, 등유, 가솔린, 천연가스, 프로판 등 탄소를 포함한 모든 유기물의 연소과정에서 발생할 수 있고, 불완전연소나 밀폐된 공간에서 환기가 불충분한 경우 더욱 잘 발생된다. 철강산업 근로자, 광부, 자동차 정비공, 소방관 및 내연기관을 실내에서 이용하는 창고업 등에서 고농도의 일산화탄소에 노출될 수 있으며, 흡연을 통해서도 노출될 수 있다. 염화메틸렌(methylene chloride)의 대사를 통해서도 발생할 수 있는데 페인트신너, 초강력접착제, 스프레이페인트 등을 흡입하면서 노출될 수 있고, 25~34%는 일산화탄소로 70%는 이산화탄소로 대사된다.

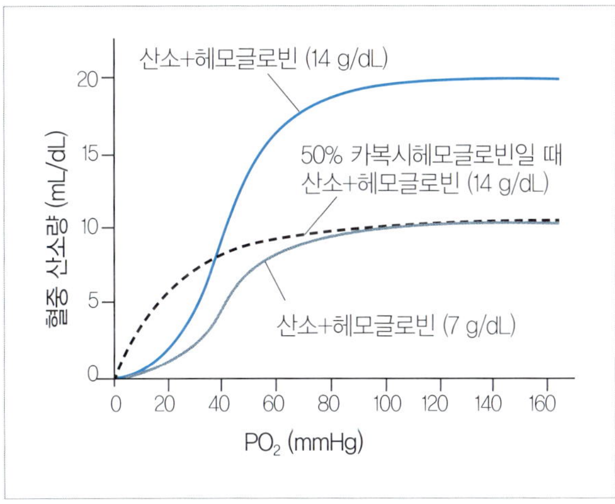

그림 2-8 정상 산소-헤모글로빈 해리곡선(맨위)과 50% 카복시헤모글로빈 농도(점선)에서와 빈혈(7g/dL)에서 산소-헤모글로빈 해리곡선

카복시헤모글로빈의 증가는 빈혈일 때 보다 곡선을 왼쪽으로 이동하게 하여 그 결과 조직에서 산소의 유리를 떨이뜨려 산소 운반능력을 감소하게 한다.

출처 : Park, S., & Flanagan, H. Carbon monoxide and cyanide poisoning. In: Essential Clinical Anesthesia, Cambridge: Cambridge University Press. 2011.

일산화탄소는 호흡기를 통해 폐포를 통과하여 적혈구에 빠르게 이동하며 산소에 비해 220배 결합력이 높아 헤모글로빈에 강하게 결합해서 카복시헤모글로빈(COHb)을 형성함으로써 헤모글로빈이 산소와의 결합을 어렵게 한다. 또한, 일산화탄소의 농도가 올라가면 산소분압에 따른 산소헤모글로빈 결합관계를 변화시켜 헤모글로빈이 산소에 대한 친화도를 더욱 증가하게 하여 산소해리곡선은 왼쪽으로 이동하게 되고 말초조직에서 산소의 유리가 더욱 어려워지게 된다(그림 2-8).

정상인에서 헤모글로빈의 대사과정에서 발생하는 일산화탄소의 혈중 COHb는 0.4~0.7%이지만, 실제적으로 환경에 의한 노출로 이보다는 조금 높으며(약 0.5~1.5%), 일반흡연자에서는 혈중 COHb이 3~8% 정도이고, 심한 흡연자에서는 15% 이상 수치를 보이기도 한다.

OSHA에서는 permissible exposure limit (PEL)을 50ppm으로 정하였는데, 이는 안정된 상태에서 8시간 노출 시 카복시헤모글로빈이 6%를 넘고, 16시간 후에 약 8%에 이르게 되는 정도이다. ACGIH의 8시간 가중평균치의 허용기준(TLV-TWA)을 25ppm으로 하였는데, 혈중 카복시헤모글로빈농도를 3.5% 이하로 유지하여 신경행동학적 이상 소견이 나타나는 것을 최소화하고, 심혈관계의 운동수행능력이 영향을 받지 않기 위한 정도로 정하였다. 혈중 카복시헤모글로빈농도 5%에서도 심혈관계질환자, 호흡기계 질환자, 임신부 또는 고도의 정신집중이 필요로 하는 작업이 필요로 하는 작업을 하는 경우 일산화탄소에 의한 영향이 나타날 가능성이 있는 것으로 보고되고 있다. 100ppm에 8 시간 노출 시 혈중 COHb는 10%를 넘을 수 있고, 1,000ppm에 노출 시 한 시간 안에 혈중 COHb는 25%를 초과하게 되며, 1,200ppm에서 30분 정도 노출된다면 건강한 성인에서도 사망에 이를 수 있다(표 2-7).

일산화탄소중독 시 신체에서 산소를 가장 많이 필요로 하는 장기인 뇌와 심상이 번저 영향을 받게 되는데 뇌에 산소가 부족해짐으로써 두통, 위약감, 어지러움, 오심, 시력저하 등이 있을 수 있고, 조직의 저산소증에 대해 말초혈관확장으로 인한 뇌의 산소부족으로 실신이 일어날 수 있고, 더 높은 농도에 노출 시 과호흡, 호흡곤란, 젖산산증, 협심증, 부정맥, 경련 및 혼수에 빠지게 된다. 급성 중독 후 생존자에서 산소결핍으로 인한 영구적인 신경학적 및 기관의 손상이 일어나기도 하지만, 초기에

표 2-7 일산화탄소(CO)농도에 따른 혈중 카복시헤모글로빈(COHb) 수치와 증상

CO (ppm)	COHb (%)	증상
< 10	< 2	일 수행능력의 경미한 저하
30	5	산소 흡수 및 운동능력 감소, 신경행동학적 기능 저하
70	10	격렬한 운동에서 숨참, 이마주위 뻑뻑함, 피부혈관의 확장
120	20	중등도 운동에서 숨참, 관자놀이에 욱신거림을 동반한 간헐적 두통
220	30	심한 두통, 초조, 쉽게 피로함, 판단력 저하, 어지러움 가능성, 시각의 흐릿함
250~520	40~50	의식의 혼돈(confusion), 허탈(collapse), 힘든 운동에서 실신(fainting)
800~1220	60~70	무의식(Unconsciousness), 간헐적 발작(convulsion), 호흡부전, 오래 지속 시 사망
1950	80	급격한 사망

완전히 회복된 것으로 보였던 사람들에서 무관심, 지남력상실, 기억상실, 기분장애, 평소와는 다른 행동, 비이성적 언어, 걸음 및 운동의 이상, 파킨슨양 결함 및 국소적 신경학적 변화 등의 지연된 신경행동심리학적 증상이 노출 후 2~40일 후 발생될 수 있고 CT상 약 50%에서 창백핵(globus pallidus)에 이상소견을 보인다. 장기간 경과관찰 하였을 때 이러한 지연된 후유증은 일부를 제외한 대부분의 사람들에서 회복되었다.

치료는 일단 노출로부터 격리시키고 100% 산소를 공급함으로써 조직에 산소를 공급하고 혈중 COHb의 반감기를 320분에서 80분으로 감소시키고, 3기압의 고압산소요법은 23분으로 줄일 수 있다.

2) 시안화물

청산(prussic acid)으로도 알려진 시안화물(cyanide)은 해충이나 설치류 제거를 위한 훈증제, 전기도금, 금속정련 및 나일론제조에 사용되고, 화재 시 합성물질의 열분해에 의해 생성되어 소방관에 자주 노출되며 삼키거나 흡입 또는 피부를 통한 흡수를 통해 노출될 수 있다. 카사바(cassava), 일부 과일의 씨, 리마콩(lima bean) 등에도 시안화물의 전구물질이 포함되어 있다.

OSHA의 8시간 가중평균치의 PEL은 10ppm이고, ACGIH에서는 TLV-C(ceiling) 농도를 4.7ppm으로 하고 있는데 이는 두통, 오심 및 비강, 인후, 상기도 자극증상 그리고 갑상선 비대 가능성을 최소화할 수 있는 수준을 설정근거로 정하였고, 50ppm의 노출은 생명에 영향을 줄 수 있다.

시안화물은 미토콘드리아 내의 산소대사효소인 시토크롬산화효소(cytochrome oxidase)에 빠르게 결합해 산소이용을 방해하여 세포 및 기관의 기능부전을 야기하게 된다.

경한 급성 노출 시 쓴 아몬드 맛, 점막의 자극, 호흡곤란, 두통, 어지러움, 구역, 구토, 초조가 있고, 좀 더 심한 경우 저혈압, 부정맥, 폐부종, 젖산산증, 경련 및 혼수 등이 나타날 수 있고 저농도로 만성적 노출 시 피부의 궤양과 결막염 그리고 특히 섭취를 하는 경우 갑상선 비대를 일으키는 것으로 보고된다.

해독제는 시안화물과 직간접적으로 결합하여 저독성 또는 비독성의 화합물을 생성하여 독성작용을 차단하거나 간에서 제독 속도를 최대화하는데, 작용기전에 따라 몇 가지로 나눌 수 있다. 시안화물은 미토콘드리아의 사이토크롬 산화효소보다 메트헤모글로빈에 더 친화력이 강하기 때문에 amyl nitrite의 흡입을 통하거나 sodium nitrite를 정맥주사하여 메트헤모글로빈을 생성하여 이를 시안화물과 결합하여 시안-메트헤모글로빈을 형성하도록 유도하고, 티오황산 나트륨(sodium thiosulfate)은 황을 세포 내 효소인 로다네즈(rodanese)에 공급하여 시안-메트헤모글로빈을 독성이 덜한 티오시안화물(thiocyanate)로 변화시켜 소변으로 배출시킨다(그림

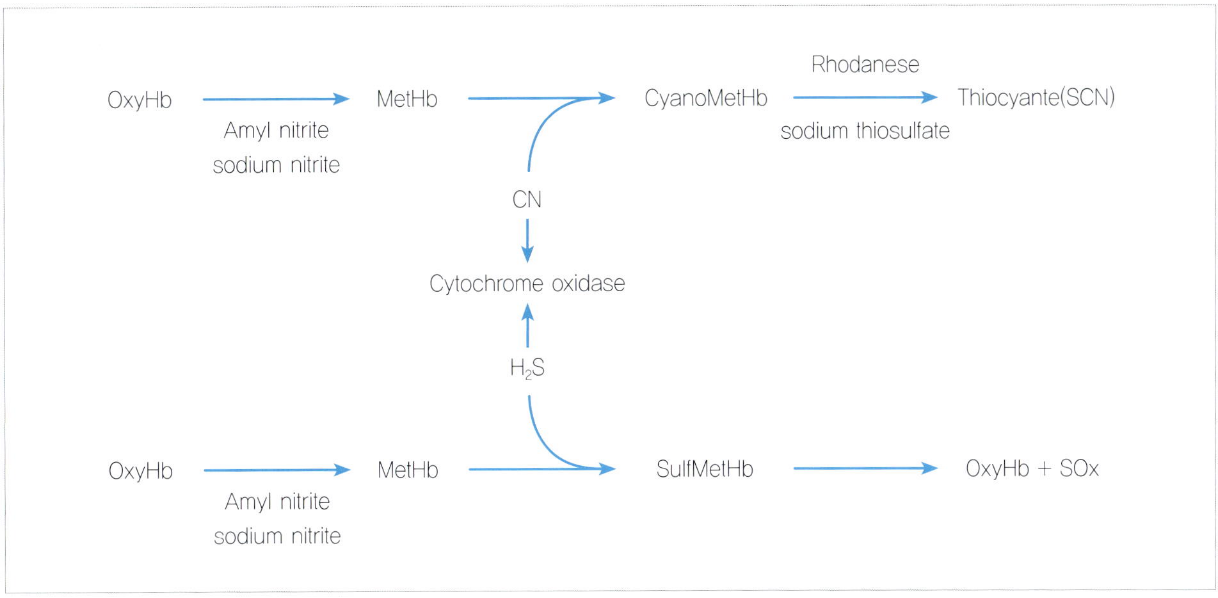

그림 2-9 시안화물(CN)과 황화수소(H_2S)의 독성 및 해독과정
OxyHb: oxyhemoglobin, MetHb: methemoglobin, SulfMetHb: sulfmethemoglobin.

2-9).

그 외 히드록소코발아민(hydroxocobalamin, vitamin B12)은 시안화물과 빠르게 결합하여 시안코발라민을 형성하고 신장에서의 대사과정 없이 소변을 통해 배설된다.

3) 황화수소

황화수소(hydrogen sulfide)도 시안화물과 마찬가지로 세포수준에서 시토크롬산화효소(cytochrome oxidase)를 비활성화시켜 질식제로 작용한다. 그리고 썩은 달걀냄새의 강한 자극반응도 있지만, 높은 농도에서는 후각신경을 마비시킬 수 있다.

황을 포함하는 유기물의 분해에 의해 자연적으로 발생하기에 석유 및 천연가스 추출 및 가공과정, 시하 석탄광산, 가축의 사육을 통한 퇴비의 저장 및 가공, 하수관 및 하수처리장치, 어선을 포함하여 생선 가공을 위한 저장소에서 부패를 통해서 발생할 수 있고, 동물의 부산품을 이용한 접착제 공장, 펠트가공 및 핵반응을 위한 중수(heavy water) 생산과 비스코스레이온, 가죽가공, 펄프 공장 등에서 발생되고 공기보다 무거워 아래에 깔린다.

급성 중독으로 세포수준에서 산소를 이용하지 못하면서 중추신경계에 영향을 줘 급격한 의식소실(knock down)이 올 수 있고, 초기의 심계항진과 과호흡이 심혈관허탈 및 사망에 이르게 한다. 또한 가스의 직접적인 자극으로 점막자극반응에서 폐부종의 다양한 증상이 나타난다. 저농도로 만성적 노출 시 결막의 자극, 후각이 떨어지거나 무취증을 유발할 수 있고, 더 높은 농도로 지속적 노출 시 중추신경계 손상, 경련, 심혈관계 불안정, 호흡근육 기능저하, 혼수 및 사망에 이를 수 있다. 노출 후 생존자에서 신경학적 및 신경심리학적 장애가 보고되었다.

100% 산소 공급 외에 시안화물 치료와 마찬가지로 sodium nitrite를 투여함으로써 메트헤모글로빈이 생성되며 황화수소는 시토크롬산화효소에 비해 메트헤모글로빈에 친화력이 높아 결합하여 sulfmethhemoglobin을 형성하게 되고 시토크롬산화효소는 기능을 유지할 수 있게 된다(그림 2-9).

더 읽을거리

Akshay S. Toxic gases. In: Rosenstock L, Cullen M, Brodkin C, Redlich C. Textbook of clinical occupational and environmental medicine. 2nd ed. Philadelphia: Elsevier Saunders. 2004. p.1087-98.

Christopher PH, Holstege, Mark. AK. In: Flomenbaum N. Goldfrank's toxicologic emergencies. 11th ed. New York: McGraw-Hill; 2019. p.1684-93.

Park, S., & Flanagan, H. Carbon monoxide and cyanide poisoning. In: Essential Clinical Anesthesia. Cambridge: Cambridge University Press. 2011. p.1066-69.

Raub, J, World Health Organization & International Programme on Chemical Safety. Carbon monoxide. 2nd ed. World Health Organization; 1999. p.330

William S. Chemical asphyxiants. In: Rom WN, Markowitz SB, editors. Environmental and occupational medicine. 4th ed. Philadelphia: Wolters Kluwer Health; 2007. p.543-69.

제4절 유기화합물

김종은

4.1 일반적 특성

1) 유기용제의 정의

유기용제는 용제로 쓰이는 탄소와 수소를 함유하고 있는 유기화합물을 말한다. 유기용제는 피용해 물질의 성질을 변화시키지 않고 다른 물질을 용해시킬 수 있는 물질로 지방질을 녹이고 스며드는 성질이 있으며, 실온에서는 액체이고 휘발하기 쉬운 특성을 가지고 있다. 산업안전보건기준에 관한 규칙은 "유기화합물"이란 상온·상압에서 휘발성이 있는 액체로서 다른 물질을 녹이는 성질이 있는 유기용제를 포함한 별표 12 제1호에 따른 물질(유기화합물 117종)로 정의하고 있다.

2) 종류

유기화합물은 탄화수소류, 알코올류, 알데히드류, 케톤류, 에테르류, 질소함유 탄화수소, 페놀류, 에폭사이드류, 고리산무수물류(Cyclic acid anhydrides), 이소시아네이트류, 할로겐화 탄화수소류, 황함유물질류로 분류할 수 있다. 산업안전보건법에서 정한 작업환경측정 대상 유기화합물은 114종, 특수건강진단 대상 유기화합물은 109종에 달한다.

3) 대사

유기용제는 휘발성이 강한 액체이므로 흡수는 호흡기를 통해서 흡수되는 경우가 가장 많고, 지용성이 강해서 지방 성분이 많은 지방조직, 신경계, 간 등에 분포한다. 배설은 호흡기를 통해서 그대로 배설되거나, 체내에서 대사되어 주로 소변으로 배설된다.

(1) 흡수와 분포

유기용제는 상온에서 쉽게 휘발하는 성질이 있기 때문에 공기 중에 고농도로 존재할 수가 있어서 주된 흡수 경로는 주로 호흡기이며 지방을 녹이는 성질 때문에 피부흡수가 용이하며 소화기도 흡수가 가능하다. 흡수되는 정도는 공기중 유기용제의 농도와 해당 화학물질의 혈액/공기의 분배계수, 호흡률, 폐의 혈액관류정도 및 노출기간에 따라 달라진다. 흡수된 유기용제의 대부분은 혈류를 따라 체내의 각 조직으로 분포되어 대사되거나 축적된다.

(2) 대사

체내로 들어온 유기용제는 두 단계의 대사과정을 거친다. 두 단계의 대사과정을 거침으로서 지용성인 유기물질이 수용성 물질로 전환되어 배설이 용이하게 된다. 산화, 환원, 가수분해로 이루어지는 생전환과, 그리고 생체내 전환된 물질이 체내의 글루쿠론산, 황산염, mercapturic acid, 글루타치온, 글라이신, 글루타민, 타우린 등과 포합체를 형성하는 포합반응으로 이루어진다. 제1단계 대사에 관여하는 효소가 여러 가지이지만 cytochrome P450의 여러 isozyme이 대표적이며 그 중에서도 CYP2E1을 비롯하여 1A1, 1A2, 2C9, 2C19, 2D6 및 3A4 등이 주로 생체이물(xenobiotics)을 대사 시킨다. 제2단계는 glutathione-S-transferases (GST)가 주로 관여하며 주로 mu (GSTM) 및 theta (GSTT) 두 isozyme의 유전자적 표현형이 관여한다.

4.2 유기용제에 의한 건강영향

유기용제의 중독증상은 공통적으로 나타나는 일반적 독성과 개별 유기용제가 가지고 있는 특이적 독성으로 나눌 수 있다. 증상은 유기용제의 구조, 노출정도와 기간, 다른 유기용제와의 복합노출, 작업의 강도 및 개인의 감수성 등에 따라 다르게 나타난다.

1) 급성 중독

유기용제는 급성영향은 저농도나 중등도의 유기용제 노출 시 이상행복감(euphoria), 과민성(irritability), 두통(headache), 어지러움(dizziness), 조화운동불능(ataxia), 졸림(sleepiness) 등의 증상을 유발할 수 있다. 고농도 유기용제 노출 시 의식저하나 호흡기계와 순환기계 영향으로 생명을 위협할 수 있다. 그 외 피부염 피부염이나 피부질환(건조, 갈라짐, 발적, 수포) 등을 유발할 수 있다.

2) 주요 만성 건강영향

만성 독성은 자극에 의한 피부염, 결막염, 각막염, 비염이 나타날 수 있으며(급성 증상도 가능) 신경계, 피부, 간, 조혈기계, 신장, 생식기계, 순환기계, 발암, 유전독성 등 다양한 증상과 질환을 유발할 수 있다.

(1) 신경계장해

만성 중독성 뇌증(chronic toxic encephalopathy), 만성 용제 증후군(chronic solvent intoxication), 도장공증후군(painter's syndrome), 초로성 치매(presenile dementia), 신경쇠약증후군(neurasthenic syndrome)이라고 한다.

유기용제의 만성적인 신경계 영향은 장시간 규칙적으로 저농도의 유기용제 노출 시 점진적으로 발생한다. 점진적인 증상의 발현은 일반적으로 피곤함이나 두통부터 시작하여 이후 집중력 저하, 기억력 저하 등의 증상이 나타난다. 그 외 무관심, 초조, 이상감각, 수면장애, 현기증, 협조운동 저하 및 떨림 등의 증상과 우울, 수면장애 및 다양한 불안 등의 정신신경과적 기능 변화도 동반될 수 있다. 가벼운 치매와 비슷한 증상이 나타날 수 있으며 질병 통찰력 상실, 추상적인 사고 능력 상실, 실어증, 과민증, 망상 등의 심각한 치매 증상은 매우 드물다.

유기용제에 만성 노출되어 발생하는 만성 신경행동장해로서 성격과 정서변화(우울증, 근심, 걱정 등), 지적기능장애, 기억력 및 정신운동기능이 단기간 떨어지는 증상을 보이고, 병리학적 변화로 대뇌 피질의 위축 등의 이상 소견이 나타날 수 있다.

세계보건기구(WHO/ Nordic Council of Ministers)와 국제유기용제연구회(International Solvent Workshop)에서 유기용제에 의한 중추신경계의 만성장애는 다음과 같이 분류하였다.

첫 번째 단계인 기질적 정동 증후군(WHO)은 국제유기용제연구회의 Type 1에 해당하며 두 번째의 단계인 만성독성 뇌병증(WHO)은 국제유기용제연구회의 제2A형(정서불안, 충돌조절과 동기의 저하 같은 성격과 정서

표 2-8 유기용제로 인한 중추신경계장애의 분류(만성 독성 뇌병증의 분류)

<table>
<tr><th>세계보건기구
(WHO, 1985)</th><th>국제유기용제연구회
(International Solvent Workshop, 1987)</th></tr>
<tr><td>기질성 정동 증후군(Organic affective syndrome):
수일에서 수주동안 지속되며 후유증 없음.
우울, 불안정, 일상활동에 대한 흥미저하</td><td>Type 1: 증상만 나타남
피곤, 기억력저하, 집중력저하, 의욕상실 등 비특이 증상.
노출 중단시 회복되고, 인지장애 없음</td></tr>
<tr><td rowspan="2">경증 만성독성뇌병증(Mild chronic toxic encephaopathy):
서서히 발생하며 수주에서 수개월 이상 지속되며, 회복여부는 불확실함. 피곤, 감정장애, 기억력감소, 주의력 결핍, 정신운동기능 저하와 단기기억력 감소</td><td>Type 2A: 지속적인 기분 장애, 인격장애
지속적인 현저한 성격 변화와 동반된 피곤, 감정적 불안정, 충동조절장애, 의욕저하, 정동장애</td></tr>
<tr><td>Type 2B: 인지기능장애
집중력 장애, 기억력 손상, 학습능력 감소 증상과 객관적 검사에서 인지기능 손상이 발견됨. 경미한 신경학적 손상이 있을 수 있으며, 회복 여부는 불확실함</td></tr>
<tr><td>중증 만성독성뇌병증(Severe chronic toxic encephalopathy):
서서히 발생하며 비가역적 손상이고, 사회적, 직업적 기능에 영향을 줄 정도의 심한 지능 저하, 기억력 저하, 추상적 사고장애, 판단력 등 뇌피질 장애</td><td>Type 3: 치매
현저한 전반적인 기능저하와 기억력장애가 있고, 회복되기 힘들지만 노출 중단시 일반적으로 더 진행되지는 않음</td></tr>
</table>

표 2-9 유기용제로 인한 신경계 건강영향

유해인자	건강장해
노말헥산, 헵탄, 2-헵타논	다발성신경병증
메틸부틸케톤	다발성(말초)신경병증
메틸에틸케톤	말초신경염
1-브로모프로판	중추말초신경감각저하
브롬화메틸	중추신경증, 말초신경염
스티렌	신경행동학적기능저하
아크릴아미드	말초신경염
트리클로로에틸렌	삼차신경염, 말초신경염
o-프탈로디니트릴(o-phthalodinitrile)	간질
이황화탄소	중추신경계, 말초신경염, 정신증

의 지속적인 변화)과 제2B형(집중력, 기억력 및 학습능력의 저하 같은 지적기능의 장애)으로 구분하였으며 세 번째 단계는 중증의 만성독성 뇌병증(WHO)은 국제유기용제연구회의 Type 3(치매)에 해당하며 기질적 정서 증후군과 경증의 만성독성 뇌병증이 유기용제에 노출된 근로자들에게서 나타나는 증상의 대부분을 차지한다.

유기화합물은 중추신경계 및 말초신경계에 질환을 유발할 수 있다. 신경계 특수검진에서 주의해야 할 유해인자와 건강장해는 다음과 같다(표 2-9). 노말헥산, 헵탄, 2-헵타논은 다발성신경병증, 메틸부틸케톤은 다발성(말초)신경병증, 메틸에틸케톤 및 아크릴아미드는 말초신경염, 1-브로모프로판은 중추말초신경감각저하, 브롬화메틸은 중추신경증, 말초신경염, 스티렌은 신경행동학적기능저하, 트리클로로에틸렌은 삼차신경염, 말초신경염, o-프탈로디니트릴(o-phthalodinitrile)은 간질, 이황화탄소는 중추신경계, 말초신경염, 정신증을 유발할 수 있다.

표 2-10 유기용제로 인한 간, 담도 건강영향

유해인자	건강장해
1. 간암 : 염화비닐(Vinyl chloride), 트리클로로에틸렌(TCE) 2. 담관암 : 1,2-디클로로프로판(1,2-Dichloropropane), 디클로로메탄(Dichloromethane (Methylene chloride)), 트리클로로에틸렌(Trichloroethylene)	간, 담관종양
니트로메탄, 니트로벤젠, p-니트로아닐린(p-아미노니트로벤젠), 디메틸포름아미드(N,N-디메틸포름아미드, DMF), o-디클로로벤젠, 메틸 클로라이드(클로로메탄), 사염화탄소, 크레졸, 크실렌, 1,1,2,2-테트라클로로에탄(사염화아세틸렌), 1,1,2-트리클로로에탄, 퍼클로로에틸렌(테트라클로로에틸렌), 황산디메틸	간독성 및 괴사
디메틸아닐린(아미노디메틸벤젠), N,N-디메틸아세트아미드, 아닐린(아미노벤젠)과 그 동족체, 이황화탄소, 클로로벤젠, 트리클로로메탄(클로로포름), 페놀, 펜타클로로페놀	간기능 이상, 간비대, 간염, 황달
p-니트로클로로벤젠, 메틸 시클로헥사놀, 메틸 클로로포름(1,1,1-트리클로로에탄), 벤지딘과 그 염, 스티렌, 에틸렌 클로로하이드린(2-클로로에탄올), 피리딘	동물실험에서 간기능 이상 및 기타 건강 영향
4,4-디아미노-3,3-디클로로디페닐메탄,o-메틸시클로헥사논, 2-부톡시에탄올(부틸셀로솔브), 2-부톡시에탄올아세테이트(에틸렌 글리콜 모노부틸 에테르 아세테이트), 시클로헥사논, 아세토니트릴, 아크릴로니트릴, 2-에톡시에탄올(에틸렌글리콜 모노에틸 에테르), 에틸렌 글리콜 디니트레이트(니트로글리콜), 에피클로로하이드린, 톨루엔	간에 대해 정확한 건강 영향 모름
산화에틸렌	간 손상
디클로로벤지딘과 그 염, 크롬산 아연, o-톨리딘과 그 염, 디아니시딘과 그 염, 염화비닐	간기능 이상, 간경변증, 간비대, 섬유화, 혈관육종

(2) 간장질환

유기용제 중 간담도계 건강장해를 유발하는 직업환경적 유해인자는 다음과 같다. 유기용제 중 발암성 물질로 염화비닐(Vinyl chloride), 트리클로로에틸렌(TCE)은 간암, 1,2-디클로로프로판(1,2-Dichloropropane), 디클로로메탄(Dichloromethane (Methylene chloride)), 트리클로로에틸렌(Trichloroethylene)은 담관암을 유발할 수 있다. 그리고 니트로메탄, 니트로벤젠, p-니트로아닐린(p-아미노니트로벤젠), 디메틸포름아미드(N,N-디메틸포름아미드, DMF), o-디클로로벤젠, 메틸 클로라이드(클로로메탄), 사염화탄소, 크레졸, 크실렌, 1,1,2,2-테트라클로로에탄(사염화아세틸렌), 1,1,2-트리클로로에탄, 퍼클로로에틸렌(테트라클로로에틸렌), 황산디메틸은 간독성 및 간괴사 그리고 디메틸아닐린(아미노디메틸벤젠), N,N-디메틸아세트아미드, 아닐린(아미노벤젠)과 그 동족체, 이황화탄소, 클로로벤젠, 트리클로로메탄(클로로포름), 페놀, 펜타클로로페놀은 간기능 이상, 간비대, 간염, 황달을 유발할 수 있다(표 2-10).

(3) 발암성

세계보건기구(WHO) 산하 국제암연구소(IARC)에서 Group 1(carcinogenic to human) 또는 Group 2(probably carcinogenic to humans)로 분류하고 있는 유기화합물은 [표 2-11]과 같다.

Group 1은 벤젠(Benzene), 벤지딘(Benzidine), 벤조에이피렌(Benzo[a]pyrene=3,4-벤조피렌), 1,3-부타디엔(1,3-Butadiene), 오르토-톨루딘(ortho-Toluidine), 1,2-디클로로프로판(1,2-Dichloropropane), 트리클로로에틸렌(Trichloroethylene), 포름알데히드(Formaldehyde), 산화 에틸렌(Ethylene oxide), 염화비닐(Vinyl chloride), 비스클로로메틸에테르(Bis (chloromethyl) ether), 4-아미노비페닐(4- Aminobiphenyl) 등이 있다.

Group 2A는 스티렌(Styrene), 스티렌-7,8-옥사이드(Styrene-7,8-oxide), N,N-디메틸포름아미드(N,N-Dimethylformamide), 퍼클로로에틸렌(Tetrachloroethylene (Perchloroethylene)), 디클로로메탄(Dichloromethane (Methylene chloride)), 3,3′,4,4′-

테트라클로로아조벤젠(3,3′,4,4′−Tetrachloroazobenzene), 1,2,3−트리클로로프로판(1,2,3−Trichloropropane), 1,1,1−트리클로로에탄(1,1,1−Trichloroethane), 디벤조[a,l]피렌(Dibenzo[a,l]pyrene), 4−클로로−오르토−톨루딘(4−Chloro−ortho−toluidine), 하이드라진(Hydrazine) 등이 있다.

세계보건기구(WHO) 산하 국제암연구소(IARC)에서 제안한 유기화합물 중 암을 유발하거나 유발할 가능성이 있는 유해인자와 표적장기는 다음과 같다(표 2−12). 인간대상 발암성 증거 충분(Carcinogenic agents with sufficient evidence in humans)한 경우는 다음과 같다.

포름알데히드(formaldehyde)는 비인두암(pharynx: nasopharynx), 급성 골수성 백혈병(acute myeloid leukaemia)과 급성비림프성백혈병(other acute non−lymphocytic leukaemia), 만성 골수성 백혈병(chronic myeloid leukaemia), 염화비닐(vinyl chloride)은 간암(liver), 1,2−디클로로프로판(1,2−dichloropropane)은 담관암(Bile duct), 비스클로로메틸에테르(Bis

표 2−11 유기화합물의 발암성 분류

발암인자(Agent)
Group 1(carcinogenic to humans, 사람에게 대한 발암성이 있는 물질)
벤젠(Benzene)
벤지딘(Benzidine, dyes metabolized to)
벤조에이피렌(Benzo[a]pyrene= 3,4−벤조피렌)
1,3−부타디엔(1,3−Butadiene)
오르토−톨루딘(ortho−Toluidine)
1,2−디클로로프로판(1,2−Dichloropropane)
트리클로로에틸렌(Trichloroethylene)
포름알데히드(Formaldehyde)
산화 에틸렌(Ethylene oxide)
염화비닐(Vinyl chloride)
비스클로로메틸에테르(Bis(chloromethyl)ether)
4−아미노비페닐(4−Aminobiphenyl)
Group 2A(probably carcinogenic to humans, 사람에 대한 발암성이 충분히 가능성이 있는 물질)
스티렌(Styrene)
스티렌−7,8−옥사이드(Styrene−7,8−oxide)
N,N−디메틸포름아미드(N,N−Dimethylformamide)
퍼클로로에틸렌(Tetrachloroethylene(Perchloroethylene))
디클로로메탄(Dichloromethane(Methylene chloride))
3,3′,4,4′−테트라클로로아조벤젠(3,3′,4,4′−Tetrachloroazobenzene)
1,2,3−트리클로로프로판(1,2,3−Trichloropropane)
1,1,1−트리클로로에탄(1,1,1−Trichloroethane)
디벤조[a,l]피렌(Dibenzo[a,l]pyrene)
4−클로로−오르토−톨루딘(4−Chloro−ortho−toluidine)
하이드라진(Hydrazine)

* 2021년 12월 10일 업데이트 기준

표 2-12 신체 부위에 따른 유기화합물의 발암성 분류

암표적장기 (Cancer site)	인간대상 발암성 증거 충분 (Carcinogenic agents with sufficient evidence in humans)	인간대상 발암성 증거 제한적 (Agents with limited evidence in humans)
비인두(Pharynx: nasopharynx)	포름알데히드(Formaldehyde)	
비강과 부비동(Nasal cavity and paranasal sinus)		포름알데히드(Formaldehyde)
간(Liver)	염화비닐(Vinyl chloride)	트리클로로에틸렌(Trichloroethylene)
담관(Bile duct)	1,2-디클로로프로판 (1,2-Dichloropropane)	디클로로메탄(Dichloromethane(Methylene chloride)), 트리클로로에틸렌(Trichloroethylene)
폐(Lung)	비스클로로메틸에테르(Bis(chloromethyl)ether), 클로로메틸에테르(chloromethyl methyl ether (technical grade))	벤젠(Benzene), 알파-염화톨루엔과 염화벤조일 복합노출(alpha-Chlorinated toluenes (benzal chloride, benzotrichloride, benzyl chloride) and benzoyl chloride (combined exposures)), 하이드라진(Hydrazine)
유방(Breast)		산화 에틸렌(Ethylene oxide)
고환(Testis)		N,N-디메틸포름아미드 (N,N-Dimethylformamide)
신장(Kidney)	트리클로로에틸렌(Trichloroethylene)	
방광(Urinary bladder)	4-아미노비페닐(4-Aminobiphenyl), 벤지딘(Benzidine)	4-염화-오르토-톨루딘(4-Chloro-ortho-toluidine), 퍼클로로에틸렌(Tetrachloroethylene(Perchloroethylene))
백혈병(Leukaemia)		
급성 골수성 백혈병(Acute myeloid leukaemia)	벤젠(Benzene), 포름알데히드(Formaldehyde)	
급성비림프성백혈병(Other acute non-lymphocytic leukaemia)	벤젠(Benzene), 포름알데히드(Formaldehyde)	
만성 골수성 백혈병(Chronic myeloid leukaemia)	포름알데히드(Formaldehyde)	벤젠(Benzene)
만성 림프구성 백혈병(Chronic lymphocytic leukaemia)		벤젠(Benzene), 산화 에틸렌(Ethylene oxide)
백혈병(Leukaemia: all combined)	1,3-부타디엔(1,3-Butadiene)	스티렌(Styrene)
비호지킨림프종(Non-Hodgkin lymphoma: all combined)		벤젠(Benzene), 산화 에틸렌(Ethylene oxide), 트리클로로에틸렌(Trichloroethylene)
림프종(Lymphoma: all combined)	1,3-부타디엔(1,3-Butadiene)	
다발골수종(Multiple myeloma)	1,3-부타디엔(1,3-Butadiene)	벤젠(Benzene), 산화 에틸렌(Ethylene oxide), 스티렌(Styrene), 1,1,1-트리클로로에탄 (1,1,1-Trichloroethane)

* 2021년 12월 8일 업데이트 기준

(chloromethyl)ether), 클로로메틸에테르(chloromethyl methyl ether (technical grade))는 폐암(lung), 트리클로로에틸렌(trichloroethylene)은 신장암(kidney), 4-아미노비페닐(4-aminobiphenyl), 벤지딘(benzidine)은 방광암(urinary bladder), 벤젠(benzene)은 급성 골수성 백혈병(acute myeloid leukaemia)과 급성비림프성 백혈병(other acute non-lymphocytic leukaemia), 1,3-부타디엔(1,3-Butadiene)은 백혈병(leukaemia:

all combined), 림프종(lymphoma: all combined), 다발골수종(Multiple myeloma)을 유발할 수 있다.

4.3 주요 유기화합물

1) 발암성, 생식세포 변이원성 및 생식독성

주요 유기화합물은 발암성이나 생식세포 변이원성 및 생식독성(화학물질의 분류 · 표시 및 물질안전보건자료에 관한 기준), 신경계, 간독성 등과 주요한 건강장해를 유발할 수 있는 물질들을 중심으로 기술하였다.

(1) 발암성

발암성은 국제암연구소(International Agency for Research on Cancer, IARC)의 기준으로 Group 1은 사람에게 대한 발암성이 있는 물질(The agent (mixture) is carcinogenic to humans) 그리고 Group 2A는 사람에 대한 발암성이 충분히 가능성이 있는 물질(The agent (mixture) is probably carcinogenic to humans)로 분류하였다.

(2) 생식세포 변이원성 및 생식독성

「유럽연합의 분류 · 표시에 관한 규칙(European Regulation on the Classification, Labelling and Packaging of chemical substances and mixtures, EU CLP)」을 기준으로 하였다.

① 생식세포 변이원성 정보물질의 표기

생식세포 변이원성 정보물질의 표기는 「화학물질의 분류 · 표시 및 물질안전보건자료에 관한 기준」에 따라 다음과 같이 표기함

㉠ 1A: 사람에게서의 역학조사 연구결과 양성의 증거가 있는 물질

㉡ 1B: 다음 어느 하나에 해당하는 물질

ⓐ 포유류를 이용한 생체 내(in vivo) 유전성 생식세포 변이원성 시험에서 양성

ⓑ 포유류를 이용한 생체 내(in vivo) 체세포 변이원성 시험에서 양성이고, 생식세포에 돌연변이를 일으킬 수 있다는 증거가 있음

ⓒ 노출된 사람의 정자 세포에서 이수체 발생빈도의 증가와 같이 사람의 생식세포 변이원성 시험에서 양성

㉢ 2: 다음 어느 하나에 해당되어 생식세포에 유전성 돌연변이를 일으킬 가능성이 있는 물질

ⓐ 포유류를 이용한 생체 내(in vivo) 체세포 변이원성 시험에서 양성

ⓑ 그밖에 시험동물을 이용한 생체 내(in vivo) 체세포 유전독성 시험에서 양성이고, 시험관내(in vitro) 변이원성 시험에서 추가로 입증된 경우

ⓒ 포유류 세포를 이용한 변이원성시험에서 양성이며, 알려진 생식세포 변이원성 물질과 화학적 구조 활성 관계를 가지는 경우

② 생식독성 정보물질의 표기

생식독성 정보물질의 표기는 「화학물질의 분류 · 표시 및 물질안전보건자료에 관한 기준」에 따라 다음과 같이 표기함

㉠ 1A: 사람에게 성적기능, 생식능력이나 발육에 악영향을 주는 것으로 판단할 정도의 사람에서의 증거가 있는 물질

㉡ 1B: 사람에게 성적기능, 생식능력이나 발육에 악영향을 주는 것으로 추정할 정도의 동물시험 증거가 있는 물질

㉢ 2: 사람에게 성적기능, 생식능력이나 발육에 악영향을 주는 것으로 의심할 정도의 사람 또는 동물시험 증거가 있는 물질

2) 주요 유기화합물 분류 및 특성

(1) 탄화수소류(Hydrocarbons)

① 지방족 탄화수소류(aliphatic hydrocarbons)

㉠ 노말헥산(n-hexane, C6H14)

ⓐ 일반적 특성(물리 · 화학적 성질)

무색의 휘발유(석유) 냄새가 나는 휘발성이 강한 액체로, 대부분의 유기용제에 잘 용해되며, 증기는 폭발력이 강하다.

ⓑ 용도 및 직업적 노출

발생원 및 용도는 페인트, 코팅, 접착제의 용제, 종자의 기름 추출용 용제, 에탄올 변성제, 섬유나 가구, 가죽 산업의 세척제, 실험실 시약, 저온 측정용 온도계 제조 등이며, 직업적 노출은 폴리올레핀과 탄성중합체의 제조, 식물성 기름, 페인트, 접착제 제조, 섬유나 가구 제조 공정, 저온 측정용 온도계 제조 공정 등에서 사용한다.

ⓒ 대사(흡수, 대사 및 배설)

인체 흡수는 주로 호흡기이며 피부 흡수와 소화관을 통한 흡수도 일어난다. 흡수된 양의 50~60%는 그대로 호기를 통해서 나가고 흡수량의 1/3은 대사과정을 거쳐서 소변으로 배설된다. 동물실험에서 노말헥산과 메틸부틸케톤(methyl-n-butyl)의 말초 신경 독성은 공통적인 체내 대사산물인 헥산디온(2,5-hexanedione)의 대사성 활성화에 의한 것이다.

ⓓ 건강영향(독성) 및 임상소견

i) 일반적 건강영향

노말헥산의 주요 주요 건강장해는 말초신경염(다발성신경염), 중추신경계, 피부점막자극을 유발할 수 있다. 노말헥산은 알케인(alkane)류 중에서 가장 독성이 강한 물질로 말초신경독성을 가지는 대표적인 유기용제이다. 그 외 피부 독성 및 중추신경계 장해도 발생할 수 있다. 신경계의 증상은 근육의 위축, 근육 장력의 감소, 발의 신근 마비, 팔, 다리의 지각마비가 발생할 수 있으며 말초신경계 장해의 초기증상은 근무력증, 사지의 지각상실, 심부건반사의 감퇴, 양측 발의 동통 등이 생기며, 노출을 중지하면 회복된다. 말초신경 손상은 운동신경보다는 감각신경을, 상지보다 하지를 먼저 침범하며, 운동신경의 전도도가 떨어지고 근전도에서 신경장해 소견이 나타난다. 말초신경의 조직검사에서 신경 수초가 비후해진 신경부종을 볼 수 있다. 노말헥산의 노출을 중단한 후에도 기능장해가 2~3개월 지속된다. 보통 1년 내에 회복되지만, 때로는 2년 이상 다발성 신경장해가 남는 수도 있다.

ii) 발암성 및 생식세포 변이원성과 생식독성

국제암연구소(IARC)에서 발암성 규정은 없으며, 유럽연합의 분류 · 표시에 관한 규칙(EU CLP)에 의한 생식독성은 2로 분류하였다.

ⓔ 노출기준

우리나라의 TWA와 미국 ACGIH TWA는 50ppm(기준설정의 근거는 신경독성, 마취증상, 눈과 점막 자극 증상을 최소화하기 위해 설정)으로 규정하고 있다.

ⓕ 생물학적 노출지표(노출평가, 의학적 감시)

생물학적 노출지표의 기준은 작업 종료 후 채취한 소변 중 헥산디온(hexanedione)은 5 ㎎/g creatinine 미만으로 설정하였다.

㉡ 1,3-부타디엔(1,3 butadiene, C_4H_6)

ⓐ 일반적 특성(물리 · 화학적 성질)

경미한 아로마 또는 가솔린과 비슷한 냄새가 나는 기체로 표준온도와 기압에서 매우 인화성이 강하며 과산화물을 형성하므로 공기 중에서 폭발 가능성이 있다.

ⓑ 용도 및 직업적 노출

발생원 및 직업적 노출은 스티렌과 부타디엔의 중합체로 합성 고무 생산용으로 주로 만들어졌으며, 수지, 플라스틱(ABS 등)의 제조, 코팅을 위한 코폴리머 라텍스, 곰팡이 제거제 등으로 사용하며, 단량체의 중합 및 생산 과정에서 직업적 노출이 가장 흔하다.

ⓒ 대사(흡수, 대사 및 배설)

인체 흡수는 호흡기, 눈 또는 경피 흡수, 섭취로 가능하다. 흡입 후 빠르게 대사되어 부타디엔은 3,4-에폭시부텐을 거쳐 3-부텐-1,2-디올과 1,2:3,4-디에폭시부탄으로 대사되며, 3-부텐-1,2-디올은 이후 3,4-에폭시-1,2-부타네디올로 대사 되었다가 최종적으로 산화되어 이산화탄소가 된다. 3,4-에폭시부텐과 디에폭시부탄은 1,3-부타디엔의 유전독성과 발암 활성의 원인으로 간주되며 두 물질은 그 자체로 돌연변이원성이 있다.

ⓓ 건강영향(독성) 및 임상소견

i) 일반적 건강영향

눈과 점막의 영향으로는 피부염, 냉동화상, 시야의 장애, 피부, 눈, 코, 목 점막의 자극증상과 상기도에 자극 증상이 나타날 수 있다.

ii) 발암성 및 생식세포 변이원성과 생식독성

국제암연구소(IARC)에서 발암성은 group 1 (Carcinogenic to humans)으로 백혈병(Leukaemia: all combined), 림프종(Lymphoma: all combined) 그리고 다발골수종(Multiple myeloma)을 유발할 수 있다. 유럽연합의 분류·표시에 관한 규칙(EU CLP)에 의한 생식세포 변이원성은 1B로 분류하고 있다.

ⓔ 노출기준

노출기준은 우리나라 TWA는 2ppm, 미국 ACGIH (2010)의 TWA는 2ppm(기준설정의 근거는 발암 가능성을 최소화하기 위해 설정)으로 규정하고 있다.

ⓕ 생물학적 노출지표(노출평가, 의학적 감시)

특수건강진단 항목에는 1차, 2차 지표 물질로 규정되어 있지는 않지만, 미국 ACGIH (BEI; ACGIH, 2010) 기준은 다음과 같다.

② 방향족 탄화수소류(Aromatic hydrocarbons)

㉠ 벤젠(benzene, C_6H_6)

ⓐ 일반적 특성(물리·화학적 성질)

벤젠은 방향족 탄화수소(aromatic hydrocarbons)로 상온에서 독특한 향료냄새(방향족 냄새)가 나는 무색의 투명한 액체로 휘발성이 강하다. 벤젠은 대기 중에서 2.5~5ppm의 농도에서 대부분의 사람이 독특한 냄새로 쉽게 감지할 수 있다.

ⓑ 용도 및 직업적 노출

벤젠은 스티렌 생산, 페놀, 시클로헥산 및 니트로벤젠과 같은 방향족 탄화수소 화합물과 의약품, 농약, 방부제, 잉크 제조, 고무접착제, 광택제, 페인트 제거용 등 광범위한 화학공업 제품의 원료로 사용되고 있다. 직업적 노출은 화학, 페인트, 고무, 인쇄, 석유산업 등에서 발생되며 특히 보수 유지, 세척, 시료 추출, 대량 운송 공정에서 고농도의 노출이 발생할 수 있으며, 담배, 자동차 배기가스, 대기 오염 등의 환경적인 노출도 고려를 해야 한다.

ⓒ 대사(흡수, 대사 및 배설)

인체 흡수는 호흡기, 소화기, 피부를 통해 흡수되며, 호흡기를 통해 벤젠 증기가 흡입되면 그중 50~60%는 체내로 흡수되고, 나머지는 호기로 배출된다. 벤젠은 체내에서 매우 빠른 속도로 간에서 대사되어, 흡수 후 48시간 내에 소변에서 수용성 대사산물이 배설된다. 체내에 흡수된 벤젠은 산화작용에 의한 대사과정을 거쳐 페놀 이외에 카테콜(catechol), 퀴놀(quinol), 하이드록시퀴논(hydroxyquinone) 등이 생성되나, 이는 페놀의 2차 대사산물로 나타나며, S-phenylmercapturic acid (SPMA), t,t-muconic acid (MA)는 벤젠에서 단독으로 유도된 대사산물이므로 벤젠 노출을 직접 평가할 수 있는 장점이 있다. 일반적으로 흡입된 벤젠의 약 0.11%가 이 물질의 형태로 소변으로 배설되며, 반감기는 9시간이고 0.5ppm 이상의 벤젠노출에서는 체내에 축적되는 것으로 알려져 있다. t,t-MA의 경우 흡입된 벤젠의 4% 정도가 이를 통해 배설되며 체내 반감기는 5시간이다.

ⓓ 건강영향(독성) 및 임상소견

i) 일반적 건강영향

벤젠의 주요 건강장해는 조혈기장해, 중추신경계 장해, 피부점막자극, 간독성을 유발할 수 있다. 급성 노출시에는 중추신경을 억제하고, 만성 노출시에는 조혈기계를 억제하여 다양한 조혈기계 질환을 유발할 수 있다.

급성 노출 시에 벤젠은 혈액뇌장벽(blood brain barrier)을 통과하여, 저농도 노출에서는 두통, 오심, 어지럼증을 일으키며, 고농도 노출에서는 시야곤란, 의식변화, 혼수, 호흡정지 등을 일으킬 수 있다. 또한, 혈청 간기능 효소, 빌리루빈, 크레아티닌의 증가가 관찰된다. 피부 노출 시에는 직접 접촉 시 발적, 수포발생, 장기적으로 접촉 시에 건조한 각질형의 피부염을 유발한다. 급성 국소적 자극으로는, 소화기를 통해 마셨을 때 구강, 후두, 식도, 위장을 자극하며 고농도의 벤젠 기제는 눈, 코, 호흡기의 점막을 자극한다.

ii) 발암성 및 생식세포 변이원성과 생식독성

국제암연구소(IARC)에서 발암성은 group 1 (Carcinogenic to humans)로 인간대상 발암성 증거 충분(Carcinogenic agents with sufficient evidence in humans)으로 급성 골수성 백혈병(Acute myeloid leukaemia), 급성비림프성백혈병(Other acute non-lymphocytic leukaemia) 그리고 인간대상 발암성 증거 제한적(Agents with limited evidence in humans)인 질환은 만성 골수성 백혈병(Chronic myeloid leukaemia), 만성 림프구성 백혈병(Chronic lymphocytic leukaemia), 비호지킨림프종(Non-Hodgkin lymphoma: all combined), 다발골수종(Multiple myeloma)을 유발할 수 있다. 유럽연합의 분류·표시에 관한 규칙(EU CLP)에 의한 생식세포 변이원성은 1B로 분류하고 있다.

ⓔ 노출기준

우리나라의 TWA는 0.5ppm, 미국 ACGIH TWA는 0.5ppm(기준설정의 근거는 백혈병 발생을 최소화할 수 있는 수준)으로 규정하고 있다.

ⓕ 생물학적 노출지표(노출평가, 의학적 감시)

생물학적 노출지표의 기준은 2차 건강검진에서 1ppm 기준에서 작업 종료 후 채취한 소변 중 뮤콘산은 500ug/g creatinine, 혈액 중 벤젠은 5㎍/L, 10ppm 기준에서 소변 중 페놀은 50mg/g creatinine 미만으로 권고사항에서 1ppm 기준 당일 소변에서 S-페닐머캅토산 25㎍/g creatinine 미만으로 설정하였다. 2차 검사에서 작업 종료 시 혈중 벤젠·소변 중 페놀·소변 중 뮤콘산 중 하나를 선택한다. 배치 후 첫 번째 특수 건강진단은 2개월 이내이며 주기는 6개월이다.

ⓛ **스티렌(styrene, C_8H_8)**

ⓐ 일반적 특성(물리·화학적 성질)

스티렌은 상온에서 무색의 달콤한 냄새가 나는 휘발성 액체이며, 냄새는 1ppm 이하에서도 감지가 되므로 경고의 신호가 될 수 있다. 여러 가지 유기용제 중에서 지용성이 높아서 흡수 후 지방조직에 축적되고 이러한 지용성으로 인해 중추신경계에 영향이 나타난다.

ⓑ 용도 및 직업적 노출

스티렌은 주로 스티렌으로 생산된 플라스틱 제품, 라텍스 페인트와 코팅, 합성고무, 폴리에스테르 및 스티렌-알키드 코팅, 인공 고무 제조 등에 사용되며, 건설, 포장, 자동차 및 가정용품에 광범위하게 사용된다. 스티렌에 열을 가하면 높은 절연성을 보이는 투명한 플라스틱인 폴리스티렌으로 중합된다. 직업적 노출로는 폴리스티렌과 강화플라스틱을 제조, 스티렌 단량체 제조, 액체 스티렌 운반, 취급, 플라스틱 조립, 라텍스 페인트나 폴리에스테르 창유리접합제 사용, 스티렌 플라스틱의 열분해 결과로 노출될 수 있다. 비직업성으로 대기, 실내공기, 식수에 포함된 저농도 스티렌에 노출될 수 있다. 저농도 스티렌이 과일, 채소, 견과류, 음료, 고기 같은 각가지 음식에서 자연적으로 발생하며, 건축 재료, 담배 연기, 소비재로 인한 스티렌 증기에 오염된 실내공기 흡입으로 발생할 수 있다.

ⓒ 대사(흡수, 대사 및 배설)

인체 흡수는 주로 호흡기이며 피부를 통한 흡수도 일어난다. 흡수된 스티렌은 혈액과 지방조직에 분포되고, 간에서 만델산(mandelic acid)과 페닐글리옥실산(phenylglyoxylic acid)으로 대사되어 소변으로 배설된다. 생물학적 반감기는 급성 노출 시에는 스티렌 40분, 만델산 4시간, 페닐글리옥실산 8시간 정도이며, 만성 노출 시에는 만델산의 반감기는 6~9시간이다. 만델산이 사람에서 스티렌의 주요 대사산물이며, 8시간 노출 중 흡수된 스티렌의 85% 정도가 만델산으로 소변으로 배설되며, 10%가 페닐글리옥실산으로 소변으로 배설된다.

ⓓ 건강영향(독성) 및 임상소견

i) 일반적 건강영향

스티렌의 주요 건강장해는 조혈기장해, 말초신경계장애, 중추신경계장해, 피부점막자극, 호흡기계 장해를 유발할 수 있다.

만성 스티렌 노출 시 신경계가 가장 민감한 기관은 조혈기계와 신경계이다. 조혈기계 장해는 백혈병과 다발골수종과 관계있다. 만성 노출 근로자에서는 전정기능 이상, 청력저하, 색각이상, 신경행동검사 이상, 수면뇌파 이상, 신경전도 검사 이상 등이 나타나며, 스티렌에 의한 말초신경병증은 사지의 증가된 통증 및 저린 감각이 나타난다. 만성 노출 시 천명, 빈 호흡, 비정상 폐기능 검사 등의 호흡기계 장해가 나타날 수 있으며, 허용 농도 이상의 스티렌에 노출 시 혈청 담즙산과 γ-GTP 농도가 상승하였지만, 작업장 노출로 인한 간독성은 보고된 바 없다.

ii) 발암성 및 생식세포 변이원성과 생식독성

국제암연구소(IARC)에서 발암성은 Group 2A(사람에 대한 발암성이 충분히 가능성이 있는 물질, probably carcinogenic to humans)로 인간대상 발암성 증거 제한적(Agents with limited evidence in humans)으로는 백혈병(Leukaemia: all combined), 다발골수종(Multiple myeloma)을 유발할 수 있다. 유럽연합의 분류 · 표시에 관한 규칙(EU CLP)에 의한 생식독성은 2, 생식세포 변이원성은 2로 분류하였다.

표 2-13 벤젠의 생물학적 노출지표

유해물질		시료채취		지표물질명	검사값	표시단위
		종류	시기		노출기준	
벤젠(2차)	1ppm 기준	소변	당일	뮤콘산	500	㎍/g creatinine
		혈액	당일	벤젠	5	㎍/L
	10ppm 기준	소변	당일	페놀	50	mg/g creatinine
벤젠(권장)	1ppm 기준	소변	당일	S-페닐머캅토산	25	㎍/g creatinine

ⓔ 노출기준

우리나라의 TWA는 20ppm, 미국 ACGIH TWA는 2ppm(기준설정의 근거는 중추신경계, 말초신경계 건강장해와 점막, 호흡기계 자극을 최소화하기 위해 설정)으로 규정하고 있다.

ⓕ 생물학적 노출지표(노출평가, 의학적 감시)

생물학적 노출지표의 기준은 작업 종료 후 채취한 소변 중 만델산(mandelic acid) + 페닐글리옥실산(phenylglyoxylic acid) 600mg/g creatinine 미만, 작업 종료 후 채취한 소변 중 스티렌 40㎍/L 미만으로 설정하였다.

㉢ **톨루엔**(toluene, $C_6H_5CH_3$)

ⓐ 일반적 특성(물리 · 화학적 성질)

톨루엔은 방향족 탄화수소로 무색의 달콤하고 자극적인 냄새가 나는 액체이며 지방에 잘 녹는 유기용제이다. 비슷한 특성이 있는 벤젠에 비해 조혈장해는 유발하지 않지만, 벤젠보다 지용성이 높고 중추신경계에 미치는 일반 독성도 강한 특성이 있고 가격이 저렴하여 용매로 폭넓게 사용된다.

ⓑ 용도 및 직업적 노출

톨루엔은 석유 정제 과정에서 생산된다. 유기화합물의 열분해과정에서 발생되며, 담배연기에도 소량 포함되어 있다. 톨루엔은 화학, 고무, 페인트, 제약 산업 등 분야에서 광범위하게 사용되는데, 희석제(thinner), 잉크, 향수, 염료, 온도계 등에 용제 또는 원료로 사용된다. 직업적 노출로는 오일, 합성수지, 페인트 등의 용제로 이용될 뿐 아니라 페놀, 톨루엔 디이소시아네이트(TDI), 트리니트로톨루엔, 염료, 약품, 사카린 같은 화합물 제조에도 사용되는 등 사업장에서 가장 널리 사용되는 유기용제 중의 하나이다. 따라서 용제 취급 공정(페인트, 광택제, 코팅, 염료, 페인트 제거제, 살충제 등), 화학물질 제조, 인조 고무제조, 직물 및 종이 코팅, 자동차 및 항공기 연료 취급 등 공정에서 노출된다.

ⓒ 대사(흡수, 대사 및 배설)

인체 흡수는 주로 호흡기이며 액체나 가스 상태의 경우에는 피부로도 흡수된다. 체내에 흡수된 톨루엔의 20%는 호기로 그대로 배출되며, 80%는 간에서 cytochrome P-450의 촉매 반응에 의해 벤질알코올(benzyl alcohol)로 변환되고 산화 대사를 거쳐서 안식향산(benzoic acid)으로 되며, 글리신과 결합하여 마뇨산(hippuric acid)으로 되어 소변으로 배설되며, 흡수된 톨루엔의 1% 미만이 o-, m-, p-cresol로 대사된다. 마뇨산의 반감기는 1~2시간이며, 완전히 배설되는 데는 24시간 정도 걸린다.

ⓓ 건강영향(독성) 및 임상소견

i) 일반적 건강영향

톨루엔의 주요 주요 건강장해는 중추신경계장해, 피부점막자극, 간독성, 신장독성 장해를 유발할 수 있다.

만성 노출 시 진전, 운동실조, 기억 장애 등이 가장 흔히 발생하는 증상이지만 부정맥, 후각 감소, 시신경 위축, 청력 감퇴 및 말초 신경계 장애 또한 일어날 수 있다.

장기간 톨루엔을 남용하였을 때 신경정신학적 장애가 일어나지만, 대부분 가역적이며 몇몇 장기 남용자에게서 비가역적이고 기질적인 중추신경계 장애를 일으킨 바 있다. 톨루엔에 장기간 반복적으로 노출되었을 때 피부 건조와 지방 감소로 인해 탈지방성 피부염을 일으킨다. 톨루엔 증기에 의한 눈에 대한 자극 증상 및 직접 눈에 들어갔을 때는 타는 듯한 통증, 각막 손상, 각막상피의 박리를 일으킨다. 만성적인 용제 남용자들에게서 대사성 산증, 저칼륨혈증, 혈뇨, 단백뇨, 원위 신세뇨관성 산증, 세균뇨 등이 있었으나,

이러한 영향은 가역적인 것으로 추정된다. 접착제 흡입자에서 간독성이 나타났으나, 만성적으로 노출된 근로자들에게서는 간독성이 관찰되지 않거나 아주 미미한 것으로 나타난다.

ii) 발암성 및 생식세포 변이원성과 생식독성

국제암연구소(IARC)에서 발암성은 group 3, 유럽연합의 분류 · 표시에 관한 규칙(EU CLP)에 의한 생식독성은 2로 분류하였다.

ⓔ 노출기준

우리나라의 TWA는 50ppm이며, 미국 ACGIH TWA는 20ppm(기준설정의 근거는 장기간에 걸쳐 나타날 수 있는 청-황 시야, 유산 등을 방지하는 수준에서 설정)으로 규정하고 있다.

ⓕ 생물학적 노출지표(노출평가, 의학적 감시)

생물학적 노출지표의 기준은 작업 종료 후 채취한 소변의 작업 종료 후 소변 중 o-크레졸이 0.8mg/g creatinine 미만으로 설정하였다. 과거에는 톨루엔의 소변 중 대사산물 중 마뇨산이 주된 생물학적 노출지표로 사용되어 왔으나, 최근에는 o-cresol을 새로운 노출지표로 사용한다.

㉣ 크실렌(xylene, $C_6H_4(CH_3)_2$, 자일렌)

ⓐ 일반적 특성(물리 · 화학적 성질)

'크실렌'은 다른 명칭으로 '자일렌'으로도 명명하며, 상온에서 무색, 투명한 액체로 방향족의 달콤한 냄새가 나며, 휘발성과 인화성이 큰 특징을 가지고 있다. 또한, 작업장 공기 중에서는 증기로 존재하며 o-, m-, p-xylene 이성질체 혼합물로 주로 m-크실렌 이성질체로 구성되어 있고, 에틸벤젠이 10~50%가 존재한다.

ⓑ 용도 및 직업적 노출

크실렌은 페인트, 광택제, 니스, 잉크, 염료, 접착제, 세척제의 용제, 화학합성제 및 플라스틱 제조, 합성섬유, 석영 크리스털 오실레이터, 과산화수소, 향료, 구충제, 에폭시수지, 의약품, 가죽 제조, 항공기 연료에 이용되며, 직업적 노출은 페인트, 광택제, 코팅, 염료, 페인트 제거제, 살충제 등의 용제 취급 공정, 화학물질 제조, 인조 고무 제조, 직물 및 종이 코팅, 자동차 및 항공기 연료 주입 및 취급 등에서 일어난다.

ⓒ 대사(흡수, 대사 및 배설)

인체 흡수는 주로 호흡기며 피부를 통해서도 흡수된다. 크실렌은 지방친화성 때문에 모든 노출경로로 빠르게 흡수되어 분포되며, 대사되지 않은 것은 흡수량의 3~6% 정도로 변화 없이 빠르게 호기로 배출된다. 흡수된 크실렌은 체내에서 글리신과 결합하여 메틸마뇨산(methylhippuric acid)으로 대사되어 배설된다. 생물학적 반감기는 대략 3시간 정도이며, 메틸마뇨산의 소변 중 배설은 크실렌 흡수량의 95% 정도이고, 3.6시간과 30시간의 두 단계 반감기로 배설이 된다.

ⓓ 건강영향(독성) 및 임상소견

i) 일반적 건강영향

크실렌의 주요 건강장해는 중추신경계장해, 피부점막자극, 간독성, 신장독성 장해를 유발할 수 있다.

크실렌은 눈과 호흡기, 피부를 자극하고, 다량의 크실렌은 중추신경계의 기능을 저하시키며, 카테콜아민의 부정맥 유발 효과에 대한 심근의 감수성을 증가시킨다. 주된 영향은 중추신경계, 호흡기계이며, 더 높은 노출 수준에서는 간이 영향을 받는다.

중추신경계에 대한 영향으로 고농도의 크실렌 노출 이후 나타날 수 있다. 호흡기계에 대한 영향으로 급성 노출 시 점막 자극, 다량 노출 시 폐부종, 호흡부전이 오며, 흡입 시에는 화학적 폐렴을 일으킨다. 다량의 크실렌은 심장 기능의 이상을 일으키며, 노출 직후 심한 육체 운동을 했을 경우 부정맥으로 인한 심정지가 상습적인 접착제 흡인 중독자에게서 나타났다. 신장에 대한 영향으로 다량 흡입 후 혈뇨와 단백뇨가 나타날 수 있으며 노출 중지 후에는 가역적이다. 간장에 대한 영향으로 간 종대를 일으킬 수 있으며 간독성이 있다. 피부에 수포, 발적, 피부 건조증이 생기며 장기간 반복적으로 노출되었을 때 상당한 피부자극을 일으키며 탈지방성 피부염을 일으킨다.

ii) 발암성 및 생식세포 변이원성과 생식독성

국제암연구소(IARC)에서 발암성은 group 3으로 분류하였다.

ⓔ 노출기준

우리나라의 TWA는 100ppm, 미국 ACGIH TWA는 100ppm(기준설정의 근거는 눈과 호흡기 자극 증상이 나타나지 않는 수준에서 설정)으로 규정하고 있다.

ⓕ 생물학적 노출지표(노출평가, 의학적 감시)

생물학적 노출지표의 기준은 작업 종료 직후 채취한 소변 중 메틸마뇨산(methyl hippuric acid) 1.5g/g creatinine 미만으로 설정하였다. 또한 메틸마뇨산 농도는 소변 배설량에 의존하므로 동일한 시료의 크레아티닌 측정이 필수적이다.

(2) 알콜류(Alcohols)

① 메탄올(methanol, methylalcohol, CH_3OH, 메틸알코올)

㉠ 일반적 특성(물리 · 화학적 성질)

메탄올은 무색의 특징적인 자극적인 알코올 냄새가 나는 인화성 액체로 연소시에는 일산화탄소와 포름알데히드 같은 유독가스와 증기가 발생한다.

㉡ 용도 및 직업적 노출

발생원 및 용도는 식품, 제약, 화학 합성, 포름알데히드 제조, 페인트, 바니시, 시멘트, 잉크 및 색소 제조 공정 등에서 안정화제, 용제, 연료, 유압유 및 첨가제로 사용한다.

㉢ 대사(흡수, 대사 및 배설)

인체 흡수는 호흡기, 섭취, 피부로 빠르게 흡수되며 간에서 주로 대사되며 대사 과정은 메틸알코올에서 알데히드탈수소 효소에 의해 포름알데히드가 산화되어 포름산(formic acid, 개미산)이 생성된다. 포름산은 엽산에 의존적인 경로에 의해 이산화탄소로 해독된다(메틸알코올 → 포름알데히드 → 개미산(formic acid) → 이산화탄소).

㉣ 건강영향(독성) 및 임상소견

ⓐ 일반적 건강영향

메탄올의 주요 건강장해는 중추신경계장해, 시신경장해, 피부점막자극, 간독성, 신장독성을 유발할 수 있다.

메탄올 증기에 장기간 노출될 경우 지속적이고 반복적인 두통, 시야 흐려짐, 두통, 메스꺼움, 어지러움 등의 중추신경의 억제작용이 나타날 수 있다. 포름산은 메탄올과 관련한 시신경 손상에 관여하여 '실명'도 발생할 수 있다. 메탄올을 섭취 후 간에서 미세 소포성 지방증, 거대 수포성 지방증, 국소 간세포 괴사, 경미한 간세포 간 담즙 정체, 수포 변성 등의 간 손상이 발생할 수 있다.

ⓑ 발암성 및 생식세포 변이원성과 생식독성

국제암연구소(IARC)에서 발암성 규정은 없으며, 유럽연합의 분류 · 표시에 관한 규칙(EU CLP)에 의한 생식독성은 1B, 생식세포 변이원성은 1B로 분류하였다.

㉤ 노출기준

우리나라의 TWA는 200ppm, 미국 ACGIH TWA

는 200ppm(기준설정의 근거는 실명 등 눈의 손상 가능성을 최소화는 수준으로 설정)으로 규정하고 있다.

ⓗ 생물학적 노출지표(노출평가, 의학적 감시)
생물학적 노출지표의 기준은 작업 종료 후 채취한 소변 중 메탄올(methanol)은 15mg/L 미만으로 설정하였다.

(3) 알데히드류(Aldehydes)

① 포름알데히드(formaldehyde, CH_2O)

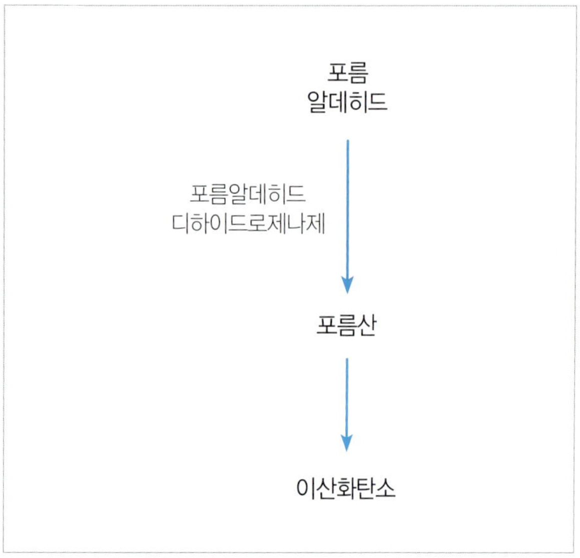

그림 2-10 포름알데히드의 대사경로

㉠ 일반적 특성(물리 · 화학적 성질)
심한 자극성 냄새가 나는 무색의 기체로 녹는점은 −92℃, 끓는점은 −21.0℃로 실온에서 매우 반응성이 큰 기체로 기화하며(상온에서 강한 휘발성) 물에 매우 잘 녹고 에테르, 알코올에도 잘 녹는다.

㉡ 용도 및 직업적 노출
발생원 및 직업적 노출은 페놀수지, 요소 멜라민수지의 생산, 베니아 합판, 가구용 접착제, 인조실크, 가죽, 매염 탈색 방지제, 폭약, 비료, 오수처리, 발포제, 절연제 등의 원료 및 화학반응 중간체로 사용되며, 건축자재, 단열재와 아교, 보존제 등과 같이 건축물을 보호할 때도 사용된다. 주물공정, 플라스틱 몰딩 과정에서 고농도로 노출된다. 또한, 살충제, 살균제, 곰팡이 제거제, 제초제, 소독제로 사용되며, 화장품 및 가정용 가구와 같은 소비재의 방부제 및 식품 가공 과정에서 항균제와 방부제로 사용된다. 환경에서의 노출은 자동차 배기가스나 나무를 태울 때, 대기오염, 담배연기에도 포함되어 있으며, 흡연자 또는 간접흡연자가 많이 노출된다.

㉢ 대사(흡수, 대사 및 배설)
인체흡수는 주로 호흡기를 통해 빠르게 흡수되고 피부 접촉에 의한 노출은 극히 적다. 대사는 대부분 간에서 알코올 분해효소의 촉매로 빠르게 포름산으로 대사되고 포름산은 엽산 의존성 효소 경로를 통해 이산화탄소와 물로 대사되어 이산화탄소로 되어 호기를 통해 배출된다. 포름산으로 전환이 매우 빨라서 추정 반감기는 1.5분이다.

㉣ 건강영향(독성) 및 임상소견
ⓐ 일반적 건강영향
건강영향은 눈과 호흡기에 대한 강한 자극제이며, 일차적 자극성 및 알러지성 피부염을 유발하고 고농도에서 암을 유발할 가능성이 있는 물질이다. 만성적으로 폐쇄성 기도 혹은 만성기관지염을 유발할 수 있으며, 반복 노출 시 또는 3ppm 이하의 노출에서도 천식 유사 증상을 유발할 수 있다. 눈에 들어간 경우 각막손상이 발생한다. 피부질환으로는 자극성 접촉성 피부염 및 알러지성 접촉성 피부염을 유발한다.

ⓑ 발암성 및 생식세포 변이원성과 생식독성
국제암연구소(IARC)에서 발암성은 group 1 (Carcinogenic to humans)로 인간대상 발암성

증거 충분(Carcinogenic agents with sufficient evidence in humans)로 비인두(Pharynx: nasopharynx), 급성 골수성 백혈병(Acute myeloid leukaemia), 급성비림프성백혈병(Other acute non-lymphocytic leukaemia), 만성 골수성 백혈병(Chronic myeloid leukaemia), 인간대상 발암성 증거 제한적(Agents with limited evidence in humans)으로 비강과 부비동(Nasal cavity and paranasal sinus)의 암을 유발할 수 있다. 유럽연합의 분류 · 표시에 관한 규칙(EU CLP)에 의한 생식세포 변이원성은 2로 분류하고 있다.

㉤ 노출기준 및 생물학적 노출지표(노출평가, 의학적 감시)

우리나라의 TWA는 0.3ppm, 미국 ACGIH의 TWA는 0.1ppm(기준설정의 근거는 자극증상이 나타나지 않는 농도 수준)으로 규정하고 있다. 생물학적 모니터링은 대사 시간이 짧아 특별한 생체지표가 존재하지 않는다.

(4) 케톤류(Ketones)

① 메틸에틸케톤(methyl ethyl ketone, MEK, C_4H_8O, 부타논)

㉠ 일반적 특성(물리 · 화학적 성질)

메틸에틸케톤(MEK, 부타논)은 아세톤과 유사하게 달콤하고 톡 쏘는 향이 나는 무색이 인화성 액체이다.

㉡ 용도 및 직업적 노출

발생원 및 용도는 훈증제, 멸균제, 진균 살균제, 유기합성의 시약, 보건 의료품 생산, 1,2-에탄올 부동액, 테레프탈산, 병제조용 폴리에틸렌, 비전리성 표면장력제, 글리콜에스테르, 메탄올아민류 및 콜린 등에 사용한다.

㉢ 대사(흡수, 대사 및 배설)

인체 흡수는 호흡기, 경구, 피부, 눈 접촉을 통해 흡수되며, 흡수된 MEK는 전체에 골고루 분포하게 되며 소변과 호흡으로 3-hydroxy-2-butanon의 형태로서 배출하게 된다.

㉣ 건강영향(독성) 및 임상소견

ⓐ 일반적 건강영향

메틸에틸케톤에 고농도, 장기간 노출 시 눈과 코, 목에 자극을 유발하며 지속적인 노출은 중추신경계 억제 및 두통, 식욕 부진과 체중 감소, 위장관 장애, 어지럼증, 피부염, 근육 발육 부전 또는 임상적으로 알 수 없는 신경병증 같은 영구적인 신경손상을 유발할 수도 있다.

ⓑ 발암성 및 생식세포 변이원성과 생식독성

발암성, 생식독성 및 생식세포 변이원성은 규정은 없다.

㉤ 노출기준

우리나라의 TWA는 200ppm, 미국 ACGIH TWA는 200ppm(기준설정의 근거는 상기도 자극 및 중추, 말초신경 손상을 최소화하는 수준으로 설정)으로 규정하고 있다.

㉥ 생물학적 노출지표(노출평가, 의학적 감시)

생물학적 노출지표의 기준은 작업 종료 후 채취한 소변 중 메틸에틸케톤(methyl ethyl ketone)은 2mg/L 미만으로 설정하였다.

② 메틸 이소부틸 케톤(methyl isobutyl ketone, MIBK, $C_6H_{12}O$)

㉠ 일반적 특성(물리 · 화학적 성질)

메틸 이소부틸 케톤(methyl isobutyl ketone)은 무색의 케톤 및 장뇌 비슷한 특유의 향긋한 냄새가 나는 인화성 액체이다.

㉡ 용도 및 직업적 노출

발생원 및 용도는 고무류, 수지류 및 니트로셀룰로스, 폴리우레탄 라커 및 페인트의 용제로서 쓰이고 식품향미료, 메틸알코올의 제조, 중비점 용제(니트로셀룰로오스, 천연 혹은 합성수지), 탈납제, 제약산업 등에 사용한다.

㉢ 대사(흡수, 대사 및 배설)

인체 흡수는 호흡기, 경구, 피부로 흡수되며 주로 폐를 통해 60% 흡수되며, MIBK의 4시간 증기 노출 후 대부분의 양이 90분 만에 체내에서 제거가 된다. 동물실험에서 혈중 대사물로 4-hydroxy-4-methyl-2-pentanone과 4-methyl-2-pentanone이 있다. 호기나 소변, 모체혈액, 제대혈액으로는 미량이 배설된다.

㉣ 건강영향(독성) 및 임상소견

ⓐ 일반적 건강영향

사람에게 두통과 메스꺼움을 유발하며 눈, 피부 및 호흡기의 자극이 발생할 수 있다. 만성건강영향으로 중추신경계의 인지장애 또는 우울증을 유발할 수 있다. 또한, 간담도계 영향으로 간 비대 소견이 있었다.

ⓑ 발암성 및 생식세포 변이원성과 생식독성

국제암연구소(IARC)에서 발암성은 2B이다.

㉤ 노출기준

우리나라의 TWA는 50ppm, 미국 ACGIH TWA는 20ppm(기준설정의 근거는 중추신경계 증상과 자극증상을 일으키지 않을 수 있는 정도로 설정)으로 규정하고 있다.

㉥ 생물학적 노출지표(노출평가, 의학적 감시)

생물학적 노출지표의 기준은 작업 종료 후 채취한 소변 중 메틸 이소부틸 케톤(methyl isobutyl ketone)은 2mg/g creatinine 미만으로 설정하였다.

③ 메틸 n-부틸 케톤(methyl n-butyl ketone, 2-hexanone, MBK, $C_6H_{12}O$)

㉠ 일반적 특성(물리 · 화학적 성질)

메틸 n-부틸 케톤(methyl n-butyl ketone)은 무색의 아세톤과 비슷한 특유의 냄새가 나는 휘발성 액체이다.

㉡ 용도 및 직업적 노출

발생원 및 용도는 페인트, 락커, 잉크 희석제, 니트로셀룰로스, 수지, 기름, 지방, 왁스, 비닐 등의 생산, 목재 펄프 제조, 석탄기화, 혈암유(oil-shale) 가공 공정, 접착제 사용, 가구의 락커 처리 공정 등에 사용한다(현재 미국에서는 MBK의 독성으로 인하여 상업적으로 사용되지 않고 있다).

㉢ 대사(흡수, 대사 및 배설)

인체 흡수는 주로 호흡기이며 피부, 경구로도 흡수가능하다. 대사는 MBK는 체내에서 복합기능 산화효소계(mixed function oxidase system)에 의해서 산화되어 이차 알코올인 2-헥산올, 2,5-헥산디올, 5-히드록시-2-헥산온과 감마-디케톤, 2,5-헥산디온(2,5-hexanedione)이 생성된다. MBK는 호기 및 소변으로 배설된다. 주요 대사산물은 2,5-헥산디온(2,5-hexanedione)이며, 이것은 직접적인 신경독성 물질이다. 주요한 신경독성 대사산물인 2,5-헥산디온은 체내로부터 천천히 제거가 되고 따라서 표적장기에 축적이 가능하다. 이러한 느린 배설(경구 투여량의 65%가 8일 만에 배설)은 심지어 낮은 농도에서도 체내에 신경독성 물질이 축적되게 한다.

㉣ 건강영향(독성) 및 임상소견

ⓐ 일반적 건강영향

만성적으로 고농도에 노출된 경우 감각운동성 다발성신경병증이 발생한다. 주로 운동신경의 장해가 있지만, 진동감각의 감소를 포함한 지각이상도 발생하였다. 다리를 심하게 침범하는 원위부의 대칭적 감각변화와 쇠약감이 있으며, MBK의 대체로부터 신경병증이 발생하는 시점까지 걸린 시간은 대략 7개월이었다. 눈, 피부, 비강, 인두 등 피부에 계속하여 반복 접촉하면 탈지작용과 자극증상이 나타난다.

ⓑ 발암성 및 생식세포 변이원성과 생식독성

국제암연구소(IARC)에서 발암성 여부에 대한 규정은 없으며, 유럽연합의 분류 · 표시에 관한 규칙(EU CLP)에 의한 생식독성은 2로 분류하였다.

㉤ 노출기준

우리나라의 TWA는 5ppm, 미국 ACGIH TWA는 5ppm(기준설정의 근거는 잠재적인 원위부 말초신경독성(신경전도, 손과 발의 약화, 협동능력 소실)을 최소화하기 위해 설정)으로 규정하고 있다.

㉥ 생물학적 노출지표(노출평가, 의학적 감시)

생물학적 노출지표의 기준은 작업 종료 후 채취한 소변 중 2,5-헥산디온(2,5-hexanedione)은 5mg/g creatinine 미만으로 설정하였다.

(5) 질소-함유 탄화수소류(Nitrogen-containing hydrocarbons)

① 아미드류(Amides)

㉠ 디메틸포름아미드(dimethylformamide, [DMF], N,N-Dimethyl-formamide, C_3H_7NO)

ⓐ 일반적 특성(물리 · 화학적 성질)

디메틸포름아미드[DMF]는 무색의 희미한, 아민과 같은 향을 가지는 무색 또는 매우 옅은 황색의 액체이다.

ⓑ 용도 및 직업적 노출

용도는 보호코팅, 접착제, 필름과 인쇄용 잉크의 보조용제 및 합성피혁 제조 등에 널리 사용되며, 특히 합성피혁 제조 시 다량 사용된다. 또한, 화학 산업에서 극성 중합체와 수지의 용제, 중간물질, 첨가제로 사용되며, 작업장에서는 인조피혁 제조, 필름이나 표면 코팅, 합성섬유제조, 석유화학공업의 셀룰로오스의 아세틸화 촉매, 부타디엔 및 아세틸렌 등의 가스흡수제 등에서 많이 사용되며, 디메틸포름아미드 취급공정 중 근로자 노출이 많은 것으로 추정되는 합성섬유, 합성피혁, 섬유 코팅업이 고위험 업종이며, 중합, 방사, 배합, 코팅, 텐터, 인쇄 공정 등이 주요 유해공정이다. 주요 배출업종은 고무와 플라스틱제품 제조업, 섬유제품 제조업, 봉제의복 및 모피제품 제조업 등이고, 대부분 대기 중으로 배출된다.

ⓒ 대사(흡수, 대사 및 배설)

흡입, 피부, 눈, 경구 등을 통해 흡수가 되어 체내에 균일하게 분포하고, 주로 간에서 대사되어 소변 중 대사산물의 형태로 비교적 빨리 배설이 된다. 디메틸포름아미드의 반감기는 1~2시간, N-메틸포름아미드(N-methylformamide, NMF)는 4~5시간으로 짧은 편이며 반복 노출에 따라 누적되지도 않는다. 인체에 흡수된 디메틸포름아미드는 간에서 cytochrome P-450에 의해 대시되이 대부분이 N-(hydroxylmethyl)-N-methylformaide (HMMF)로 변환된 후 탈메틸화반응에 의해 N-메틸포름아미드로 전환되어 소변으로 배설되며, 이외에도 포름아미드(formamide) 13%, N-아세틸시스테인(N-acetyl-S-(N-methylcarbamoyl)cysteine) 등으로 대사된다.

ⓓ 건강영향(독성) 및 임상소견

i) 일반적 건강영향

디메틸포름아미드의 주요 건강장해는 간독성, 피부점막자극, 신독성을 유발할 수 있다.

국내에서는 디메틸포름아미드의 사용으로 인한

독성간염이 1993년 처음으로 발생한 후 2000년대 들어서 사용량의 증가로 인해 독성 간염 사례가 더욱 증가하였다.

디메틸포름아미드의 주요 표적장기는 간(liver)이며, 노출 후 오심, 구토, 복통, 어지럼증, 두통, 식욕 상실, 알코올 불내성, 혈청 간효소치의 상승, 복통 및 소화기 장애가 나타나며 피부에도 소양감, 수포, 습진 등을 유발한다. 급성이나 반복적인 노출 시에 디메틸포름아미드는 일관적인 간독성을 지니며, 매우 낮은 농도에서도 간에 영향을 미칠 수 있다. 또한 디메틸포름아미드는 B형 간염 바이러스 항원(HBsAg) 양성이거나 알코올에 의해 간 손상을 받은 근로자에서 더욱 민감하게 작용할 수 있다. 국제 화학물질 분류에 의하면, 피부와 접촉 시 증상을 일으키며, 눈에 심한 자극을 일으킨다.

ii) 발암성 및 생식세포 변이원성과 생식독성

N,N-Dimethylformamide에 대한 국제암연구소(IARC)에서 발암성은 group 2A(probably carcinogenic to humans, 사람에 대한 발암성이 충분히 가능성이 있는 물질)로 고환암(Testicular cancer)을 유발할 수 있다. 유럽연합의 분류 · 표시에 관한 규칙(EU CLP)에 의한 생식독성은 1B로 분류하고 있다.

ⓔ 노출기준

우리나라의 TWA는 10ppm, 미국 ACGIH의 TWA는 10ppm으로 규정하고 있다.

ⓕ 생물학적 노출지표(노출평가, 의학적 감시)

근로자에서 생물학적 노출지표의 기준은 작업 종료 직후 채취한 소변의 N-메틸포름아미드 15mg/L 미만으로 설정하였다. 배치 후 첫 번째 특수 건강진단은 1개월 이내이며 주기는 6개월이다.

② 방향족 아민류(Aromatic amines)

㉠ 벤지딘(benzidine, $C_{12}H_{12}N_2$)

ⓐ 일반적 특성(물리 · 화학적 성질)

백색 혹은 약간 붉은색의 결정성 분말이다.

ⓑ 용도 및 직업적 노출

발생원 및 직업적 노출은 염료의 합성에 사용되는 전구물질이며, 과거에는 나염, 고무경화제, 플라스틱제조, 인쇄용 잉크, 페인트, 가죽 가공, 등등의 염색, 발색과정에서 널리 사용되었으나, 최근에는 사용이 현저히 감소하였다. 색소, 고무경화제 제조, 실험용시약 제조공정, 실험실, 혈색소의 검사를 위한 검사시약, 시안화산, 니코틴, 당류 등을 검출하기 위한 실험실의 시약, 과산화수소 검색 반응 등에서 제한적으로 사용되고 있다.

ⓒ 대사(흡수, 대사 및 배설)

인체 흡수는 주로 호흡기계와 피부를 통해 흡수된다. 벤지딘은 대사활성화를 통해 반응성 있는 중간대사산물(intermediates) 형성하여 DNA와 공유결합(DNA adducts)을 한다. 벤지딘 대사와 관련된 주된 화학반응은 N-acetylation, N-oxidation, and N-glucuronidation이며 종간 특이성을 보인다. 이것은 장기 특이적 암 발생과 밀접한 관련이 있다.

ⓓ 건강영향(독성) 및 임상소견

i) 일반적 건강영향

만성적인 노출 시 접촉성 피부염, 비뇨기계는 소변에서 혈뇨, 단백뇨, 염증세포 등의 증가가 있었다.

ii) 발암성 및 생식세포 변이원성과 생식독성

국제암연구소(IARC)에서 발암성은 group 1 (Carcinogenic to humans)이며 인간대상 발암성 증거 충분(Carcinogenic agents with sufficient evidence in humans)으로 벤지딘(Benzidine, dyes metabolized to)은 방광암(Bladder cancer)을 유발할 수 있다. 유럽연합의 분류 · 표시에 관한 규칙(EU CLP)에 의한 생식독성은 2로 분류하였다.

ⓔ 노출기준

우리나라 및 미국 ACGIH TWA는 규정하고 있지 않다.

ⓕ 생물학적 노출지표(노출평가, 의학적 감시)

생물학적 모니터링은 특별한 생체지표는 없지만, 소변 내 벤지딘 농도가 0.010㎍/㎥ 정도 검출되는 경우에는 과도하게 노출되었다고 보아야 한다.

(6) 에폭사이드류(Epoxides)

① 산화에틸렌(ethylene oxide, C_2H_4O)

㉠ 일반적 특성(물리 · 화학적 성질)

산화에틸렌은 무색의 달콤한 냄새가 나는 무채색 가스이며 인화성이 높아 폭발할 수 있다.

㉡ 용도 및 직업적 노출

발생원 및 직업적 노출은 훈증제, 멸균제, 진균살균제, 유기합성의 시약, 보건 의료품 생산, 1,2-에탄올 부동액, 테레프탈산, 병제조용 폴리에틸렌, 비전리성 표면장력제, 글리콜에스테르, 메탄올아민류 및 콜린, 폴리에스테르 등에 주로 사용된다.

㉢ 대사(흡수, 대사 및 배설)

흡수는 호흡기계와 소화기계를 통해 흡수된다. 혈액에 잘 녹기 때문에 폐로 흡수된 것은 급속히 퍼진다. 간, 신장, 폐, 고환, 비장, 뇌 등에서 대사되며 2가지 가능한 경로는 글리콜 에틸렌으로 가수분해하는 것과 글루타티온 포합에 의해 메르캅터르산과 메르티오 대사물로 변환하는 것이다. 주로 소변으로 배설된다.

㉣ 건강영향(독성) 및 임상소견

ⓐ 일반적 건강영향

만성적 노출 시 하지의 감각저하 및 걸음걸이 이상을 호소, 하지에서 진동각에 대해 둔해지며 점차 상지나 다른 부위로 퍼지는 다발성 신경증 같은 신경계 장해가 발생할 수 있으며 눈, 피부, 비강, 인두에 감작되어 과민반응을 일으킬 수 있다.

ⓑ 발암성 및 생식세포 변이원성과 생식독성

국제암연구소(IARC)에서 발암성은 group 1 (Carcinogenic to humans)이며 인간대상 발암성 증거 제한적(Agents with limited evidence in humans)으로 유방암(Breast cancer), 만성 림프구성 백혈병(Chronic lymphocytic leukaemia), 비호지킨림프종(Non-Hodgkin lymphoma: all combined), 다발골수종(Multiple myeloma)을 유발할 수 있으며, 유럽연합의 분류 · 표시에 관한 규칙(EU CLP)에 의한 생식세포 변이원성은 1B로 분류하고 있다.

㉤ 노출기준

우리나라의 TWA는 1ppm이며, 미국 ACGIH TWA는 1ppm(기준설정의 근거는 눈, 피부, 점막 그리고 상기도 자극의 가능성을 취소화할 수 있는 수준)으로 규정하고 있다.

㉥ 생물학적 노출지표(노출평가, 의학적 감시)

생물학적 모니터링은 특별한 생체지표가 존재하지 않는다.

(7) 할로겐화 탄화수소류 (halogenated hydrocarbons)

① 트리클로로에틸렌(trichloroethylene [TCE], C_2HCl_3, 트리클로로에틸렌)

㉠ 일반적 특성(물리 · 화학적 성질)

에테르 냄새, 달콤한 냄새가 나며 지방에는 잘 녹는 무색의 액체이다.

㉡ 용도 및 직업적 노출

금속의 탈지 용제, 신나 등 다양한 용도의 용제, 식품가공업의 추출제, 화학생산품의 중간산물, 염색약 용제, 지방, 왁스, 송진, 기름, 고무, 페인트 및 니스에 대한 용매, 식품가공업의 추출제로 사용되며, 직업적으로는 드라이클리닝, 윤활유, 금속 탈지 및 세척작업(degreasing), 살충제, 접착제, 왁스, 수지, 타르, 페인트, 고무, 니스, 클로르아세트산 제조의 화학적 중간 공정, 도장 작업, 섬유공업, 제약산업에 사용된다. 주로 금속가공 공장에서 기계 세척용이나 금속부품들의 증기 탈지작업과 냉각세척을 위한 용매제(다수 사업장에서 기체나 냉각상태의 TCE를 기름제거 작업에 사용)로 사용된다.

㉢ 대사(흡수, 대사 및 배설)

인체 흡수는 주로 호흡기이며 피부 흡수는 드물다. 흡수된 TCE는 주로 간에서 cytochrome P450에 의하여 삼염화초산(trichloroacetate)과 삼염화에탄올(trichloroehanol)로 대사되어 소변으로 되는데, 이러한 활성대사 중간체는 간 및 신장 독성을 유발할 수 있으며, 심장에 대한 영향은 에피네프린에 대한 심근의 감작이 증가하여 발생하는 것으로 추정한다. 두 번째는 glutathione과 포합되어 S-(1,2-dichlorovinyl)glutathione (DCVG) 등을 형성한다.

㉣ 건강영향(독성) 및 임상소견

ⓐ 일반적 건강영향

트리클로로에틸렌은 신경계, 간, 신장, 심혈관계 및 피부에 영향을 미친다. 신경계장해는 중추신경계 및 말초신경기능의 장해, 삼차신경통, 신경염의 지속, 일시적인 촉각의 소실 등이 나타날 수 있으며 간담도계는 간염, 황달, 간 비대 및 간 조직의 괴사 등의 급성 간독성과 전격성 간 부전으로 사망할 수 있다. 심혈관계영향으로는 고농도로 노출되는 경우에 부정맥과 심장마비로 인해 사망할 수 있으며 그외 심비대, 심부전이 발생한다는 보고도 있다. 비뇨기계는 신기능의 장해가 발생할 수 있다. 피부 중독형태는 붉은 반점(다형홍반)처럼 임상적으로는 스티븐스-존슨 증후군(stevens johnson syndrome)과 비슷하게 나타날 수 있다. 호흡기계 영향으로는 폐부종이 발생한 예가 있다.

ⓑ 발암성 및 생식세포 변이원성과 생식독성

국제암연구소(IARC)에서 발암성은 group 1 (Carcinogenic to humans)으로 인간대상 발암성 증거 충분(Carcinogenic agents with sufficient evidence in humans)으로 표적장기는 신장(Kidney)이며 인간대상 발암성 증거 제한적 (Agents with limited evidence in humans)으로 간(Liver), 담관(Bile duct) 그리고 비호지킨림프종(Non-Hodgkin lymphoma: all combined)이다. 유럽연합의 분류 · 표시에 관한 규칙(EU CLP)에 의한 생식세포 변이원성은 2로 분류하고 있다.

㉤ 노출기준

우리나라의 TWA는 10ppm이며, 미국 ACGIH TWA는 10ppm (54㎎/㎥)(기준설정의 근거는 중추신경계 억제 증상, 두통, 간 독성이 나타나지 않는 수준에서 설정)으로 규정하고 있다.

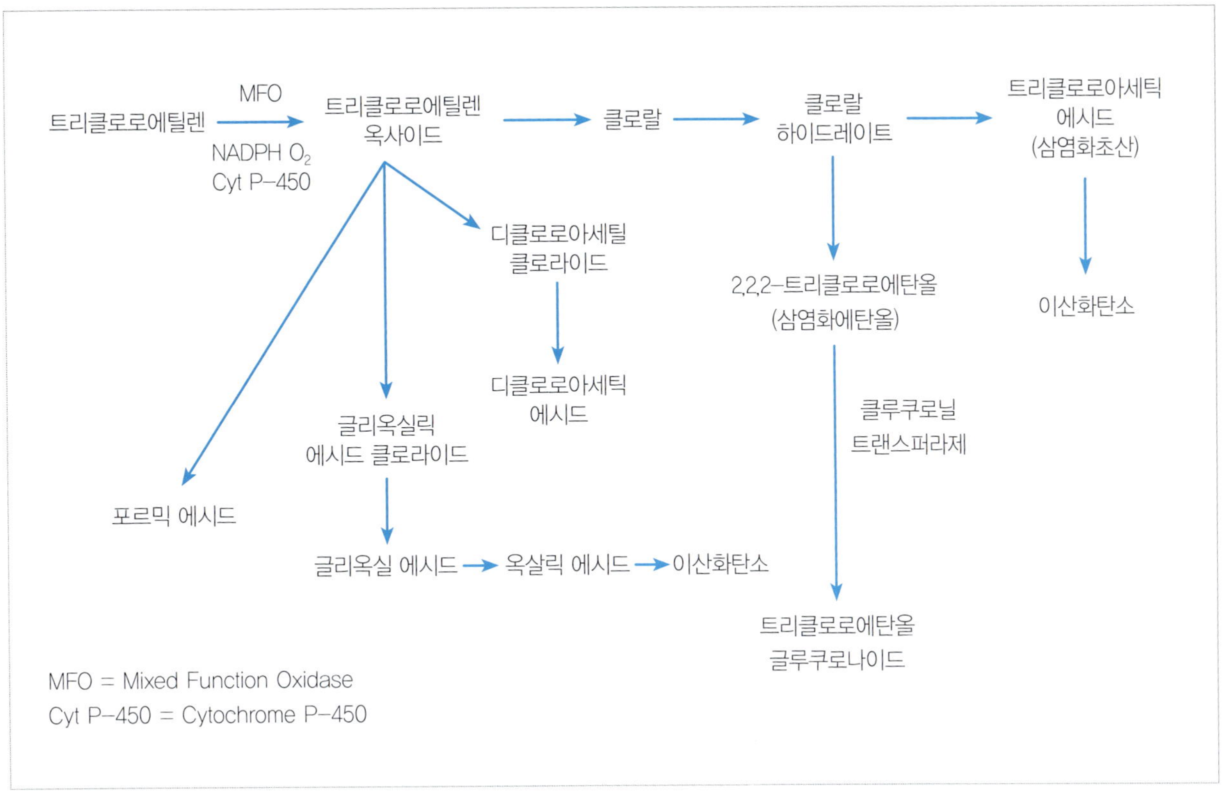

그림 2-11 삼염화에틸렌의 대사경로

ⓑ 생물학적 노출지표(노출평가, 의학적 감시)
우리나라에서 생물학적 노출지표의 기준은 주말 작업종료 시점에 채취한 소변 중 총삼염화물은 300mg/g creatinine과 삼염화초산(trichloro-acetate)은 15mg/L 미만으로 설정하였다.

② **메틸 클로로포름**(methylchloroform, CH_3CCl_3, 트리클로로에탄)(1,1,1-트리클로로에탄, 1,1,1-삼염화에탄, 1,1,1-Trichloroethane [TCA])

㉠ 일반적 특성(물리 · 화학적 성질)
무색투명한 연한 클로로포름 비슷한 냄새가 나는 액체로 산, 강염기류, 그리고 화학적 활성 금속과 접촉하면 불이 나고 폭발한다.

㉡ 용도 및 직업적 노출
발생원은 대부분 접착제, 금속 탈지제 등의 용제로 사용되고 1,1-dichloroethane을 얻기 위하여 염화비닐(from 1,2-dichloroethane)과 염산반응을 할 때 사용되었다. 이전에는 hydrochlorofluorocarbon의 중긴제(60%), 탈지하거나 세척공정(24%), 접착제(5%) 그 외 코팅이나 잉크에 사용하였으며, 가정에서는 접착제, 오븐 클리너, 이물세거 등에 사용하였으나, 가정에서는 더 이상 사용하지 않는다. 성층권의 오존층을 파괴시킬 위험이 있다.

㉢ 대사(흡수, 대사 및 배설)
인체 흡수는 호흡기이며 피부나 경구로의 흡수도 가능하다. 흡입으로 체내에 들어오면 약 2시간 후에 혈액에 도달하며, 지방조직에 높은 농도로 존재한다. 메틸 클로로포름은 간에서 microsomal P-450에 의해 총삼염화에탄올(trichloroethanol)로 대사되어, 소변에서 검출된다. 총삼염화에탄올(trichloroethanol)은 삼염화초산(trichloroacetic

acid)으로 산화되어 소변에서 나타날 수 있다. 체내에서 거의 대사가 이루어지지 않고 대부분이 호기를 통해서 배출되며 소변으로 배설되는 것은 1% 미만인 것으로 알려져 있다.

㉣ 건강영향(독성) 및 임상소견

ⓐ 일반적 건강영향

메틸 클로로포름은 주로 중추신경계, 말초신경계 그리고 심혈관계 및 간, 신장 그리고 피부자극 증상 등의 건강영향을 미친다. 중추신경계영향은 신경행동학적 장애 및 일반적인 중추신경계 억제 작용이며, 심혈관계 영향으로는 에피네프린의 감작으로 인해 부정맥을 유발할 수 있으며 호흡의 저하 및 혈압의 저하가 발생할 수 있다. 그 외 말초신경염, 신경전달속도의 감소 등 말초신경 병변을 일으킬 수 있으며 만성 급성 간독성을 유발할 수도 있다. 피부는 급성 수부 습진이 발생할 수 있다. 동물실험에서 경미한 간과 신장의 가역적인 변화가 관찰되었다.

ⓑ 발암성 및 생식세포 변이원성과 생식독성

1,1,1-트리클로로에탄(1,1,1-Trichloroethane)은 국제암연구소(IARC)에서 발암성은 group 2A(Cprobably carcinogenic to humans), 인간 대상 발암성 증거 제한적(Agents with limited evidence in humans)으로 다발골수종(Multiple myeloma)을 유발할 수 있다. 생식세포 변이원성과 생식독성은 규정하고 있지 않다.

㉤ 노출기준

우리나라의 TWA는 350ppm, 미국 ACGIH (2010)의 TWA는 350ppm(기준설정의 근거는 마취작용의 위험을 최소화하고, 피부자극 및 피부염의 위험을 최소화 하는 수준)으로 규정하고 있다.

㉥ 생물학적 노출지표(노출평가, 의학적 감시)

우리나라에서 생물학적 노출지표의 기준은 주말 작업종료 시점에 채취한 소변 중 삼염화초산(trichloroacetic acid) 10mg/L과 총삼염화에탄올(trichloroethanol) 30mg/L 미만으로 설정하였다.

③ 염화비닐(vinyl Chloride, chloroethylene, C_2H_3Cl)

㉠ 일반적 특성(물리 · 화학적 성질)

향긋한 냄새가 나는 무색의 가연성 기체이며, 가압 상태에서는 액체 상태이다. 증기와 공기가 섞인 것은 폭발성이 있다.

㉡ 용도 및 직업적 노출

발생원 및 직업적 노출은 플라스틱, 접착제 제조의 원료물질로 비닐 및 비닐 아세테이트 혼성 중합체 생산, 에어로솔 추진제, 유기약품과 화장품의 제조, 냉각제, 스프레이의 분사체 등에도 사용되었으나, 대부분의 염화비닐은 염화비닐(VCM) 합성공정, 폴리염화비닐(PVC) 수지의 제조, PVC 가공 공장의 레진 혼합 공정 등의 폴리염화비닐(PVC)을 제조 시 사용하는 화학물질이다. 폴리염화비닐(PVC)은 자동차, 가구, 포장재, 파이프, 벽지 등에 사용된다.

㉢ 대사(흡수, 대사 및 배설)

인체 흡수는 주로 호흡기이며 흡입으로 빠르게 흡수된다. 간에서 독성 및 발암성이 있는 대사물질로 대사된다. 흡수된 염화비닐은 주로 간에서 cytochrome P-450 mono-oxygenase에 의하여 복합기능 산화효소계(mixed-function oxidase)에 의하여 산화되어 산화클로로에틸렌(2-chloroethylene oxide)이 되고, 저절로 클로로아세트알데히드(2-chloroacetaldehyde)로 변화하여 모노클로로아세트산(고농도에서만)으로 산화되거나 클로로에탄올로 전환된다. 염화비닐 및 활성 대사체는 간의 글루타티온에 결합하고 가수분해된다. 2-chloroacetaldehyde는 glutathione

S-transferase에 의하여 glutathione과 결합하여 독성을 잃게 된다. Glutathione 결합체는 glutamic acid와 glycine 부분이 잘려 나간 다음 남는 염화비닐의 cysteine 결합체가 아세틸화하거나, 더 산화된 후 티오디글리콜산(thiodiglycolic acid), S-formyl-methylcysteine, N-acetyl-S-(2-hydroxyethyl)cysteine 등의 형태로 소변으로 배설된다. 저농도 노출 시에는 alcohol dehydrogenase에 의하여 일부 대사되어 2-chloroethanol, 2-chloroacetaldehyde, 2-chloroacetic acid 등을 형성한다. 주로 소변을 통하여 배설되며(전체 흡수량의 70%), 호기를 통한 배설은 종료되는데 3~4시간이 소요되지만, 소변을 통한 배설은 수일이 걸릴 수 있다. 염화비닐 및 활성 대사체는 요 중으로 S-(2-하이드록시에틸)시스테인을 포함하는 시스테인 포합체로 배설되고 티오디글리콜산(Thiodiglycolic acid)은 주요 요 대사체이다. 또한 배설은 급성 노출 시 약 20시간 후에 최고점에 이른다.

㉣ **건강영향(독성) 및 임상소견**

ⓐ 일반적 건강영향

건강영향은 간담도계, 신경계, 호흡기계, 근골격계 및 피부증상과 관련이 있다.

만성적으로 간담도계는 간 비대나 간 기능 이상 소견이 흔히 발견된다. 신경계는 감각-운동 다발성 신경병, 감각성 삼차신경병증, 경미한 추체로 징후, 소뇌 및 추체외로계 장애 같은 중추 및 말초신경계 증상과 정신 장애는 신경 쇠약 및 우울증 증후군이 발생할 수 있다. 호흡기계는 폐기능의 저하나 호흡곤란 및 간질성폐렴 등의 호흡기계증상이 나타날 수 있다. 근골격계나 피부에서 발생하는 질환은 말단뼈용해증(acro-osteolysis), 피부경화증, 레이노현상(Raynaud's phenomenon), 손가락이 창백해지거나 청색증이 있다.

ⓑ 발암성 및 생식세포 변이원성과 생식독성

간독성으로는 간의 혈관육종(잠복기는 15년에서

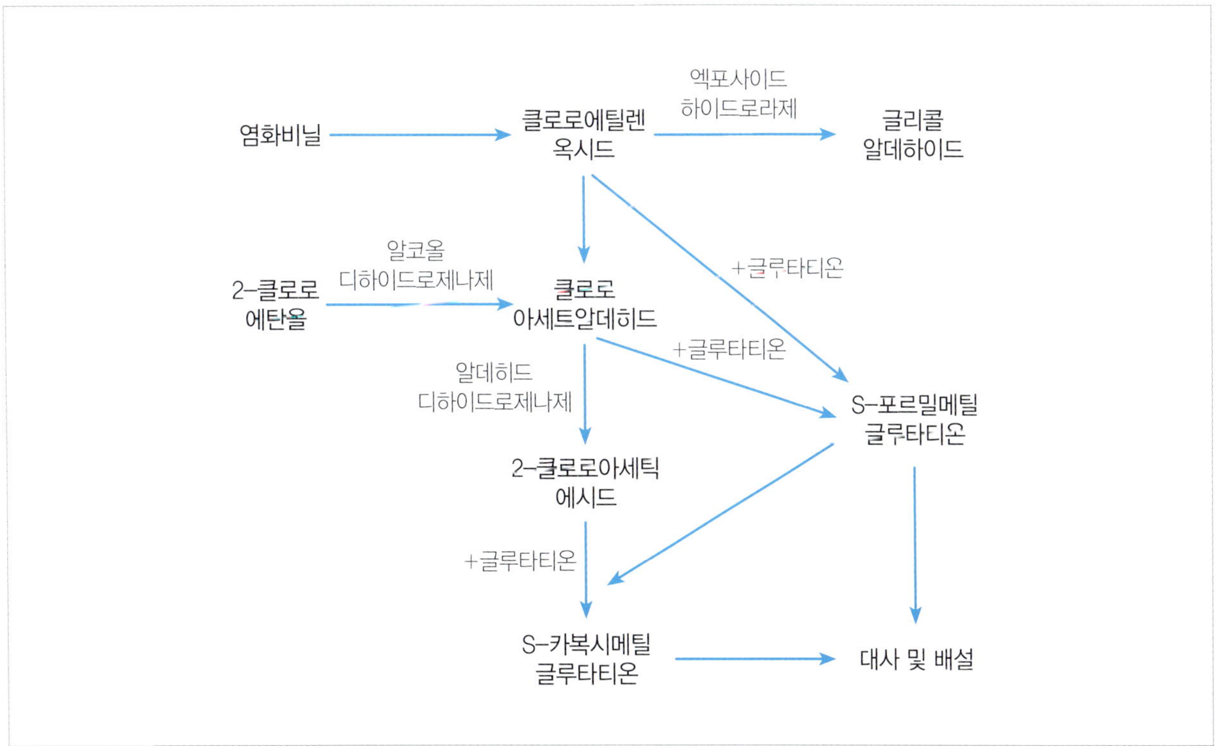

그림 2-12 염화비닐의 대사경로

29년(또는 10~15년), 평균노출기간은 18.3년)이 발생할 수 있으며 간 섬유화, 간비대 및 비장 비대가 나타날 수 있다. 국제암연구소(IARC)에서 발암성은 group 1(Carcinogenic to humans)으로 간의 혈관육종(angiosarcoma)을 유발할 수 있으며, 유럽연합의 분류 · 표시에 관한 규칙(EU CLP)에 의한 변이원성은 2로 분류하고 있다.

ⓜ 노출기준 및 생물학적 노출지표(노출평가, 의학적 감시)

우리나라의 TWA는 1ppm, 미국 ACGIH의 TWA는 1ppm으로 규정하고 있다. 생물학적 모니터링은 특별한 생체지표가 존재하지 않는다.
배치 후 첫 번째 특수 건강진단은 3개월 이내이며 주기는 6개월이다.

④ 사염화탄소(carbon tetrachloride, Tetrachloromethane, CCl_4, 테트라클로로메탄)

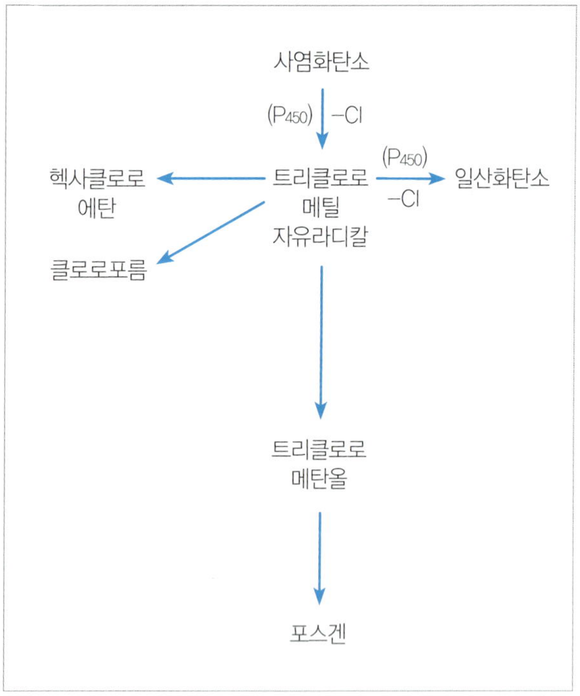

그림 2–13 사염화탄소의 대사과정

㉠ 일반적 특성(물리 · 화학적 성질)

무색투명한 달콤한 향기가 나는 액체로 공기 중에서는 기체로 발견된다.

㉡ 용도 및 직업적 노출

발생원 및 직업적 노출은 금속의 불순물 제거와 윤활유제거용 용매, 한때 드라이클리닝제, 소화기 및 곡물 훈증제로 널리 사용되었으며 곡물의 훈증제는 1985년 사용 금지되었고 냉동제인 플루오로카본(fluorocarbon) 냉매의 제조는 1996년 사용 금지되었다.

㉢ 대사(흡수, 대사 및 배설)

호흡기를 통한 흡입이 주 노출원이며, 그 외 피부나 위장관으로 흡수될 수 있는데, 피부를 통한 노출의 경우 빠르고 쉽게 흡수된다. 간에서 치토크롬(cytochrome) P–450에 의해 트리클로로메틸 자유라디칼[trichloromethyl radical (CCl3–)]이 형성되며 이 자유라디칼(CCl3–)이 세포 내 지질이나 단백질과 작용하여 간 및 신장 독성을 나타내는 것으로 추정되고, 트리클로로메틸 자유라디칼은 트리클로로메탄올이 된 후 질식성 독가스인 포스겐을 형성하는데 포스겐이 간독성을 매개하는 중요한 역할을 한다. 대부분은 호기를 통하여 배출되며, 그 외 소변과 대변(1% 미만)으로 배설된다.

㉣ 건강영향(독성) 및 임상소견

ⓐ 일반적 건강영향

사염화탄소는 간, 신장독성 물질이며, 급성 또는 만성 중추신경계에 독성 작용을 나타낸다. 시신경염, 시신경위축의 원인으로 의심되는 임상적 근거도 있으며 만성노출의 경우 시야협착 등의 소견도 관찰된다. 간독성은 노출 후 24~48시간에서 독성이 나타나지만, 신장독성은 대개 노출 후 2~3주(7~10일) 후에 독성 증상이 나타난다. 급성노출의 경우 간독성으로는 황달, 간비대, 간괴사, 복수, 급성 간부전으로 사망할 수 있다. 급성 신장독성으로는 핍뇨, 무뇨, 요독증이 나타날 수 있다. 만성노출의 경우 시야협착 등의 소견도 관찰될 수 있다. 저 농도에 장시간 노출된 경우 간 및 신장독성을 보인다.

ⓑ 발암성 및 생식세포 변이원성과 생식독성

국제암연구소(IARC)에서 발암성은 group 2B (possibly carcinogenic to humans, 사람에 대한 발암 가능성이 있는 물질)로 표적장기는 간(Liver)이다. 유럽연합의 분류 · 표시에 관한 규칙(EU CLP)에 의한 생식독성은 2로 분류하였다.

㉤ 노출기준

우리나라의 TWA는 5ppm (6.4mg/m³), 미국 ACGIH TWA는 2ppm(기준설정의 근거는 간 독성 가능성을 최소화 하기 위해 설정)으로 규정하고 있다. 배치 후 첫 번째 특수 건강진단은 3개월 이내이며 주기는 6개월이다.

㉥ 생물학적 노출지표(노출평가, 의학적 감시)

생물학적 모니터링은 특수건강진단 항목에는 1차, 2차 지표물질로 규정하고 있지는 않지만, 독일의 DFG (BAT 1999)의 혈중 사염화탄소 농도를 측정하는데 측정시간은 노출 1시간 후 : 70㎍/L 종말 호기 중 사염화탄소 농도 – 작업종료 시 장기간 노출 후 측정 : 1.6㎖/m³로 규정하였다. 특수건강진단의 시기 및 주기는 배치 후 첫 번째 특수건강진단은 3개월 이내이며 주기는 6개월이다.

⑤ 1–브로모프로판(1–bromopropane, C_3H_7Br)

㉠ 일반적 특성(물리 · 화학적 성질)

무색의 달콤한 냄새가 나는 무색의 액체이다.

㉡ 용도 및 직업적 노출

발생원 및 직업적 노출은 세척용매, 에어로졸, 지물, 접착제, 잉크 그리고 코팅에서 용매 사용, 제약의 합성, 유기화합물(살균제, 암모니움화합물, 향료, 방향제)로 사용하며 그 외에 지방, 왁스, 수지에 대한 용매 그리고 금속의 용제 세정제로 사용된다.

㉢ 대사(흡수, 대사 및 배설)

인체 흡수는 흡입, 피부를 통해 흡수될 수 있으며, 배설은 호기로 빠르게 배설되거나 대사물질이 머캅투루산(mercapturic acids)으로 무독화되는 대사를 거친 후 소변으로 배설(소변 중 배설 대사산물은 n–propylmercapturic acid, 2–hydroxypropylmercapturic acid, n– propylmercapturic acid sulfoxide) 된다. 대사는 복합기능산화효소(mixed function oxidase system, MFO)에 의해 글루타티온과의 포합(glutathione conjugation)을 거치면서 대사된다.

㉣ 건강영향(독성) 및 임상소견

ⓐ 일반적 건강영향

1–브로모프로판의 주요 건강장해는 중추신경계 장해, 피부점막자극, 생식기계 장해를 유발할 수 있다. 피부자극증상과 신경계는 코, 목, 눈 자극 또는 권태감, 두통을 호소하여 점막 자극 증상과 발성장애, 어지럼증, 지각이상, 운동실조증 등의 중추신경계 영향이 있었다.

생식기계 영향으로는 여성에서는 난소 낭포성 낭종 증가, 월경 장애 및 중단을 유발할 수 있으며, 남성에서는 정자의 질 및 수에 영향을 미치는 것으로 보고되었다.

ⓑ 발암성 및 생식세포 변이원성과 생식독성

국제암연구소(IARC)에서 발암성은 group 2B (possibly carcinogenic to humans)이며 유럽연합의 분류 · 표시에 관한 규칙(EU CLP)에 의한

생식독성은 1B로 분류하고 있다.

ⓜ 노출기준 및 생물학적 노출지표(노출평가, 의학적 감시)

우리나라의 TWA는 25ppm, 미국 ACGIH의 TWA는 0.1ppm(기준설정의 근거는 신경독성, 간독성, 생식·발생독성 가능성에 대한 보호하는 수준)으로 규정하고 있다. 생물학적 모니터링은 특별한 생체지표가 존재하지 않으나, 소변 중 1-bromopropane이 노출 표지자로 사용될 수도 있다.

⑥ 2-브로모프로판(2-bromopropane, $(CH_3)_2CHBr$)

㉠ 일반적 특성(물리·화학적 성질)

무색의 에테르와 유사한 냄새가 나는 액체로 물에는 용해성이 약하고 알코올, 벤젠, 클로로포름, 에테르 등과 섞인다. 휘발성이 매우 강하다.

㉡ 용도 및 직업적 노출

발생원 및 직업적 노출은 오존층 보호를 위한 오존 파괴 용매 대안으로 세척 및 스프레이 접착제 용도로 국제협약에 따라 사용되다가 1994년 4월 국내 모 전자부품제조회사에서 세척제 작업을 수행한 여성 근로자들에게 생리중단, 불임, 빈혈 그리고 남성 근로자들에서는 정자수 감소 등의 생식 및 조혈기계 계통의 질환이 세계 최초로 집단 발병하였다.

㉢ 대사(흡수, 대사 및 배설)

인체 흡수는 호흡기와 피부를 통해 인체에 흡수된다. 지용성이 강한 물질이기 때문에 체내 분포도 지방조직에 분포하는 것으로 예상되며, n-propylmercapturic acid sulphoxide, n-propylmercapturic acid 및 2- hydroxypropylmercapturic acid로 변환되고 propyl alcohol로 배설된다. 동물실험에서 쥐의 소변을 통한 중간 대사산물의 배설량이 극히 적은 것으로 보아 변환과정이 보다 느리게 진행되거나 다른 대사경로를 거치는 것으로 추정하고 있다.

㉣ 건강영향(독성) 및 임상소견

ⓐ 일반적 건강영향

건강영향은 생식기계 및 눈, 피부에 영향을 준다. 급성건강영향은 피부, 점막, 안구 자극 증상을 유발할 수 있으며, 만성 건강영향은 생식기관 및 조혈기관 질환을 유발할 가능성이 있다. 여성에서는 불규칙한 월경 주기, 무월경증, 난소기능부전, 빈혈, 혈구 감소증 그리고 남성에서는 정자의 운동성 감소, 정자부족 그리고 무정자증 등이 발생하는 등 생식기계에 영향을 준다.

ⓑ 발암성 및 생식세포 변이원성과 생식독성

국제암연구소(IARC)에서 발암성 여부에 대한 규정은 없으며, 유럽연합의 분류·표시에 관한 규칙(EU CLP)에 의한 생식독성은 1A로 분류하고 있다.

ⓜ 노출기준 및 생물학적 노출지표(노출평가, 의학적 감시)

우리나라의 TWA는 1ppm(기준설정의 근거는 한국 근로자에서 조혈기계, 생식기계 질환 집단 발병 후, 건강 영향을 최소화하기 위해 설정)으로 규정하고 있다. 생물학적 모니터링은 특별한 생체지표가 존재하지 않는다.

(8) 황 함유 물질류 (Sulphur-containing substances)

① 이황화탄소(carbon disulfide, CS_2)

㉠ 일반적 특성(물리·화학적 성질)

이황화탄소는 순수한 것은 무색의 액체이며, 달콤하고 기분 좋은 냄새가 난다. 공업적으로 이용되는 시약에서는 불쾌한 냄새가 난다.

㉡ 용도 및 직업적 노출

이황화탄소는 석탄과 원유에 소량이 섞여 있으며, 비스코스레이온 섬유 및 셀로판 제조공장에서 알칼리성 셀룰로오스의 용제(약 45%)로, 사염화탄소 제조(약 30%)와 고무 화학물질의 제조에 주로 사용된다. 특히, 비스코스레이온 제조공정에서 밀폐된 방사기계를 열 때와 절단 및 건조작업을 할 때 고농도의 이황화탄소에 노출된다.

㉢ 대사(흡수, 대사 및 배설)

인체 흡수는 주로 호흡기이며 그 외 피부나 경구를 통해 광범위하게 흡수되어 혈류를 통해 전신적으로 분포한다. 흡수된 이황화탄소의 2/3 정도(50~90%)가 체내에서 대사된다. 아미노기와 반응해서 dithiocarbamic acid를, mercapto기와 반응해서 trithiocarbamic acid를, 그리고 수산기와 반응해서 xanthic acid를 만든다. 혈중 반감기는 1시간 이내이다. 대사된 이황화탄소는 무기황산염, thiourea, 2-mercapto-2-thiazolin, 2-thiothiazolidine-4-carbosylic acid(TTCA)로서 요에 나타난다. 이황화탄소에 노출된 근로자의 소변에서 2-thiothiazolidine-4-carboxylic acid(TTCA)가 검출된다. TTCA는 이황화탄소에 의한 신경독싱의 원인이 되며, 산화에 의해서 간독성 대사산물인 황화카르보닐이 생긴다. 신장이 대사된 이황화탄소의 주된 배설 경로이지만, 폐는 대사되지 않은 이황화탄소의 주된 배설 경로이다.

㉣ 건강영향(독성) 및 임상소견

ⓐ 일반적 건강영향

이황화탄소는 1981년 원진레이온(주)에서 최초의 중독환자 발생이후 2021년까지 사망자 274명을 포함하여 910명(원진산업재해자협회 기준, 2021)이 이황화탄소 중독으로 진단되었다.

이황화탄소는 중추 및 말초 신경, 심혈관, 소화기, 내분비, 신장, 생식기, 눈, 귀 등 다양한 기관에 장해를 초래한다. 중추신경계장해는 뇌경색, 뇌증, 파킨슨 증후군, 신경행동장애, 말초신경병으로 감각 및 운동신경 모두 침범하며 만성 이황화탄소 중독으로 인한 중추신경계 및 말초신경계 장애는 비가역적이다. 심혈관계 장해로 죽상동맥경화증, 관상동맥질환, 고혈압이 나타난다. 간담도계는 간기능장해 및 간세포의 지방변성, 신장에는 만성 사구체염과 같은 신장해, 눈은 망막의 미세 동맥류, 망막 삼출 및 출혈이 발생할 수 있다. 생식기계에 대한 영향으로 정자수 감소 및 정자 형태 이상, 여성 호르몬 변화 및 불규칙 월경, 유산, 조산이 나타나며, 조혈기계는 적혈구 감소, 혈색소량 감소, 망상적혈구 증가 기타 장애로 당뇨병 유사소견, 갑상선 장해, 고음역 청력저하, 소화기능 장애 등이 나타날 수 있다. 심한 경우 심한 불안과 분노, 자살 성향, 정신병, 악몽, 보행 장애가 나타날 수 있다.

ⓑ 발암성 및 생식세포 변이원성과 생식독성

국제암연구소(IARC)에서 발암성 여부에 대한 규정은 없으며, 유럽연합의 분류 · 표시에 관한 규칙(EU CLP)에 의한 생식독성은 2로 분류하고 있다.

㉤ 노출기준

우리나라의 TWA는 1ppm, 미국 ACGIH의 TWA는 1ppm(기준설정의 근거는 심혈관계, 신경계, 생식기계 증상 및 장애가 나타나지 않는 수준에서 설정)으로 규정하고 있다.

㉥ 생물학적 노출지표(노출평가, 의학적 감시)

생물학적 노출지표의 기준은 작업 종료 직후 채취한 소변 중 2-Thiothiazolidine-4-carboxylic acid(TTCA)가 0.5mg/g creatinine 미만으로 설정하였다.

더 읽을거리

김은아. 직업환경과 신경질환. 안전보건연구원. 2021.

식품의약품안전평가원 독성정보 https://www.nifds.go.kr/toxinfo/Retrieved from (accessed on 22 February 2022).

안전보건공단. 화학물질정보 http://msds.kosha.or.kr/MSDSInfo/#n Retrieved from (accessed on 22 February 2022).

American Conference of Governmental Industrial Hygienists(ACGIH). https://www.worksafebc.com/en/law-policy/occupational-health-safety/searchable-ohs-regulation/ohs-guidelines/guidelines-part-05#EL_Table Retrieved from (accessed on 22 February 2022).

제3장

분진

김정일

제1절 분진의 종류와 건강영향

1.1 정의

분진(먼지)은 자연 상태에서 항상 존재해 왔지만, 산업 발달과 문화는 인공 분진을 추가로 만들었으며 인간의 일상 활동과 건강에 영향을 주고 있다. 분진은 거의 모든 장소로 이동이 가능하므로 인체는 항상 흡입할 위험에 노출되어 있다.

분진이 건강에 중요한 역할을 한다는 것은 19세기 후반 직업의학이 출발하면서 알려지기 시작하였고, 분진에 의한 질병을 '진폐증'이라는 단어로 표현하였으며, 분진의 종류에 따라 신폐증을 여러 가지 이름으로 명명하였다. 19세기 후반 영국의 물리학자인 John Tyndall은 깨끗해 보이는 공기에도 미세한 부유 입자들이 함유되어 있다고 하였으며, 공기로부터 모든 부유 입자를 걸러내는 필터장치를 고안하였다. 프랑스의 의학자인 Louis Pasteur는 부유 입자가 병을 전염시킬 것으로 추측하였다.

우리나라 대기오염방지법에서는 분진을 대기 중에 부유하거나 비산, 강하하는 미세한 고체상의 입자상 물질로 정의하였다. 산업안전보건법에서는 근로자가 작업하는 장소에서 발생하거나 흩날리는 미세한 분말상의 물질이라고 정의하였으며 광물성 분진, 곡물 분진, 면 분진, 목재 분진, 용접 흄, 유리섬유 분진 등 6가지의 분진을 특수건강진단 대상 유해물질로 선정하여 관리하고 있다.

미국 산업위생사협회(ACIGH)에서는 호흡기에 미치는 영향에 따라 모든 입자상 물질을 분류하는데 호흡기의 어느 부위에 침착하더라도 영향을 미치는 지름 0~100㎛인 흡입성 입자상 물질(inhalable particulate mass, IPM), 기도가 폐포에 침착할 때 영향을 미치는 평균지름 10㎛인 흉곽성 입자상 물질(thoracic particulate mass, TPM), 가스 교환 부위인 폐포에 침착하여 독성을 나타내는 평균지름 4㎛인 호흡성 입자상 물질(respirable particulate mass, RPM)로 구분하였다. 대기 중에 50㎛ 이하의 모든 분진을 총부유분진이라고 하며, 입자의 크기가 10㎛ 이하인 것을 PM_{10}, 2.5㎛ 이하인 것을 $PM_{2.5}$라고 한다. 미국 환경청(EPA)에서는 입자의 크기에 따라 지름이 2.5㎛ 이상인 것을 조대입자(coarse particles), 그 이하인 것을 미세입자(fine particles)라고 하며, 그중 0.1㎛ 이하인 것을 초미세입자(ultrafine particles)라고 분류하였고 이는 나노물질 영역에 속한다.

1.2 호흡기 내 침착 및 병태생리

분진을 비롯한 입자상 물질의 호흡기내 침착은 충돌

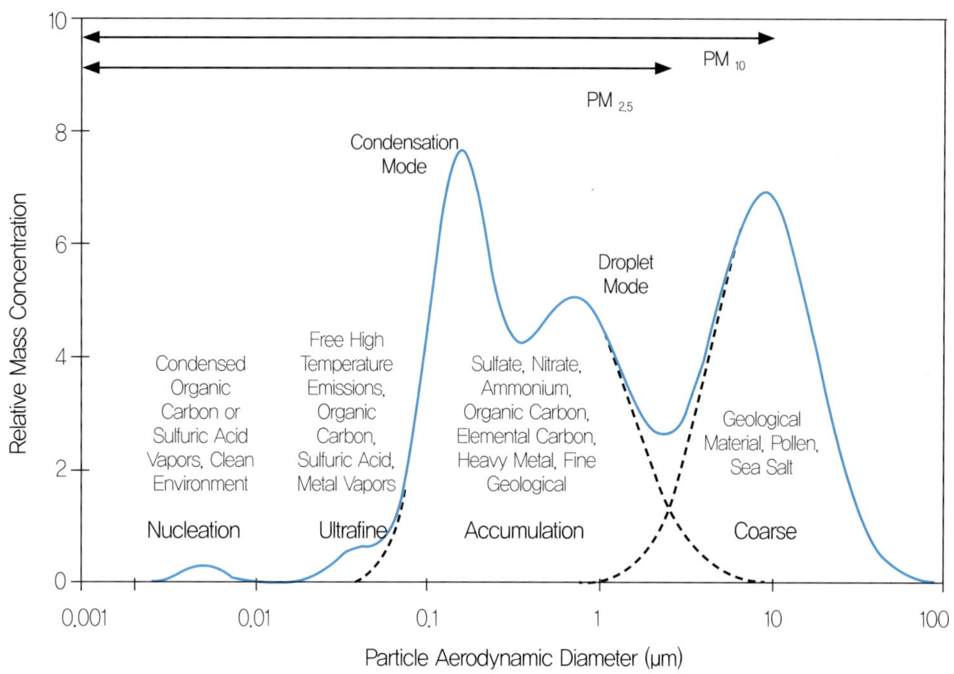

그림 3-1 분진의 크기별 침착 부위

출처 : Watson 2011

(impaction), 중력 침강(gravitational deposition), 확산(diffusion), 간섭(interception), 그리고 정전기 침강(electrostatic deposition)의 기전에 의해 이루어지며, 중요한 기전은 충돌, 중력 침강, 확산을 들 수 있다. 먼지는 충돌로 상기도에 침착될 수 있으며, 크기가 클수록 침착이 잘 되어 10㎛ 이상의 입자는 후두 이하로는 통과하기 어렵다. 충돌은 기류의 방향이 바뀌는 부위에서 잘 발생하여 호흡기가 갈라지는 부위에 먼지가 가장 많이 침착된다. 중력 침강은 운동속도가 낮은 미세기관지나 폐포에서 중요한 역할을 하며, 0.5㎛ 이하의 매우 미세한 먼지는 주로 브라운 운동에 의한 확산 기전으로 침착된다. 섬유성 분진은 주로 간섭의 기전이 발생하며, 섬유의 한쪽 끝이 호흡기 표면에 가까워져 접촉하면 침착이 용이하게 된다. 섬유성 분진의 간섭 현상은 섬유의 길이에 영향을 받는다. 흡입된 분진은 점액의 섬모운동에 의해 기도로 올라간 후 소화기 또는 객담을 통해 배출된다. 세기관지 또는 폐포에 침착된 분진은 폐포대식세포(alveolar macrophage)에 의해 포위되어 일부는 점액섬모운동에 의해 정화된다. 대식세포가 탐식된 분진으로 인해 사멸하면 다양한 염증인자들이 분비되고 이 과정이 반복되면서 섬유화가 진행되어 진폐증이 발생한다. 긴 섬유상의 물질들은 대식세포에 의해 제거되지 못하고 지속적으로 폐에 남아 있으면서 만성 염증 반응을 일으킨다. 진폐증 발생에는 여러 요인이 작용하는데 체외적인 요인과 체내적인 요인으로 구별할 수 있다. 체외적 요인은 분진의 크기(입자상은 직경이 0.5~5㎛, 섬유상은 길이가 5㎛ 이상이고 너비가 1.5㎛보다 얇으면서 길이와 너비의 비가 3:1보다 큰 섬유가 진폐증을 일으키기 쉽다), 분진의 농도, 직력, 작업강도, 연령, 환경관리시설 및 개인보호구 등이다. 체내적 요인에는 분진의 종류에 따른 반응, 숙주의 능력, 입자의 침착, 분진의 정화 등이 있다.

1.3 건강영향

1) 광물성 분진

1971년 루마니아에서 개최된 제5회 국제진폐회의에서 진폐증을 '분진흡입에 동반한 폐 내의 분진축적과 그에 의한 폐의 조직반응'으로 정의하였다. 진폐증을 발생시키는 광물성 분진으로는 유리규산, 규산화합물, 탄소, 알루미늄 및 그 화합물, 철 및 그 화합물, 베릴륨, 바륨, 주석 등이 있다. 탄광부 진폐증은 탄분진 흡입에 의하여 발생된다.

유리규산의 주된 결정형 광물은 석영, tridymite, cristobolite 등이 대표적이며, 규폐증의 주요 발생원인이다. 유리규산분진이 발생하는 업종은 금속광과 탄광, 채석과 석공, 내화벽돌, 초자제조, 요업, 주물업, 지하철, 터널, 댐 등의 토건업 등이고 규산화합물 분진이 발생하는 업종은 석면을 취급하는 업종, 활석취급업, 고무, 유리 또는 제지제조업, 규조토의 채굴 및 취급업 등이고, 알루미늄 분진이 발생하는 업종은 금박제조, 알루미늄 제조 및 재생업 등이다. 철화합물 분진은 용접업, 소광운반과 처리업, 유황광산, 황산암모늄 취급업 등에서, 베릴륨 분진은 흑연공장, 전극공장, 흑연의 채굴, 제묵, 카본블랙제조, 활성탄제조, 채탄 등에서 발생하며 탄광, 활석규조토 또는 용접에 종사하는 근로자들은 순수한 단일분진보다도 대부분 혼합분진에 노출된다.

규폐증은 만성질환으로 대략 노출된 지 15~20년이 지나야 흉부방사선검사에서 의미 있는 이상소견이 나타난다. 그러나 결핵, 자가면역질환, 유전적인 소인이 있는 경우는 더 빨리 진행될 수 있다. 초기에는 대부분 증상이 없으며, 흉부방사선검사에서 단순한 결절이 발견되더라도 기능성 장해가 나타나지 않을 수 있다. 만성 규폐증은 주로 폐상엽에 결절성 병변을 보인다. 이때 결절은 5㎜ 이하 크기를 보이며, 폐기능 장해는 거의 없다. 주로 폐상엽에 진행성 괴상성 섬유화증(progreesive massive fibrosis)을 동반하여 풍부한 교원질의 동심원성 섬유화가 진행된다. 가중 규폐증(accelerated silicosis)은 5~15년간 40~80%의 석영이 함유된 분진을 흡입하여 발생하는데, 주로 양폐중엽에 폐섬유화와 폐결절성 병변을 보인다. 급성 규폐증은 고농도의 규산에 노출되어 1~3년 만에 호흡부전으로 사망할 정도로 빠르게 진행하는 질환으로, 심한 경우 무호흡과 마른 기침이 노출 수 주만에 나타난다. 흉부압박감과 작업량의 감소가 수개월 내에 나타나고, 호흡부전 혹은 폐성심으로 인한 사망은 1~3년 이내에 일어난다. 폐운동의 감소, 청색증, 흡기성 수포음(천명)이 제한성 폐환기 장해와 감소된 가스교환과 함께 나타난다. 흉부방사선검사에서 솜털같은 음영이 폐 주위에 나타나며 이는 점차 단단해지며 선상이 된다. 교원질성 조직으로 된 소용돌이 모양의 결절은 분진이 모여 있는 부위에서 발생하며, 이웃하는 혈관과 림프관, 작은 기도를 수축시켜 폐장에 허혈성 손상을 주며 이차적인 반흔을 만든다. 이는 주로 폐의 상엽과 중엽에서 일어나며, 흉부방사선검사에서 섬유화와 석회화를 동반한 불규칙한 음영이 나타난다. 또한 폐문 림프절의 거대한 석회화는 흔하다.

규폐증은 진폐증 중에서 결핵을 일으키는 유일한 소인이다. 광물성 분진으로 인한 진폐증의 합병증에는 폐결핵, 기흉, 폐기종, 결핵성 늑막염, 폐성심, 만성 속발성 기관지확장증, 만성 속발성 기관지염을 들 수 있다. 또한 광물성 분진에 의한 진폐증과 감별해야 할 질병은 속립성 폐결핵, 다발성 석회침착, 미만성 폐섬유화증, 폐포난백실증, 전이성 폐암, 유육종(sarcoidosis), 육아종, 특발성 폐섬유증 등이다. 규소에 노출되거나 규폐증을 앓은 근로자에게서 폐암이 빌생할 수 있으며, 흡연자에게서 특히 심하다고 보고되고 있다.

석면은 크게 백석면(Chrysotile)과 각섬석(amphibole) 석면류로 구분할 수 있으며, 각심석 석면뷰에는 갈석면(Amosite), 청석면(Crocidolite), 안토피라이트(Anthophyllite), 투각섬석(Tremolite), 그리고 양기석(Actinolite) 들이 포함된다. 악성중피종, 폐암, 후두암, 난소암 등을 일으킬 수 있으며 발암물질이 확실한 국제발암연구소 Group 1에 속한다. 석면은 방화제, 단열제, 마찰제, 장력보호제, 내마모제, 항부식제, 여과제, 응집제, 충진제 등의 용도로 쓰인다. 석면의 제조 시 석면을 다른 원료와 혼합하는 과정, 그리고 만들어진 석면제품을 규격에 맞게 자르거나 구멍을 내는 과정, 석면제품을 설치하는 과정, 설치된 것을 떼어내거나 부수는 과정에서 노출될 수 있다. 석면제품을 직접 다루지 않으면서 일반인들이 노출될 수 있는데, 석면천정제, 타일, 스프레이 등이 사용된 건물에 거주하는 사람, 석면브레이크를 사용하는 지하철 운행공간에서 근무하는 근로자, 석면이 사용된 지하참호에 근무하는 군인, 철도주변, 특히 철도정비창 근처에서 거주하는 사람, 선박을 건조, 수리하는 사업장 근처에서 거주하는 사람, 석면을 사용한 선박의 선원, 자동차 수리, 정비업 근처에 거주하는 사람, 석면 함유 광산 근처에 거주하는 사람, 기타 석면 관련 산업장 근처에 거주하는 사람, 그리고 석면사업장에서 근무하는 가족을 둔 사람 등 다양하게 노출될 가능성이 있다. 우리나라에서는 이러한 노출을 인정하여 2011년부터 환경성 석면노출로 인한 피해를 구제하는 제도가 시행되고 있다.

주된 노출경로는 호흡기를 통해서 이루어진다. 석면분진이 유해성을 나타내는 크기는 직경의 길이가 5㎛ 이상이고, 직경과 길이의 비가 3:1 이상인 석면으로, 이런 호흡성 분진이 섬모세포가 없는 말단 기관지에 침착되면, 몸에서 방어기전에 의해 쉽게 몸 밖으로 제거되지 않는다. 폐포에 침착된 분진을 제거하기 위해서 폐조직의 대식세포가 분진을 소화 분해시키거나 혹은 섬모가 있는 점막이나 림프관까지 이동하여 다른 장소로 옮기는 일을 한다. 분진이 폐포내 흡입 시 방어기전에 의해 어느 정도 정화될 수 있으나, 석면과 같은 광물들은 그 분진표면의 높은 산화력 때문에 세포막에 접촉하는 경우 손상을 준다. 결과적으로 대식세포가 먼지를 소화 분해하는 것이 아니라, 손상을 받아 부작용이 일어난다. 석면은 그 모양이 기다란 섬유형태이기 때문에, 하나의 대식세포가 제거하는 것이 어렵다. 이런 과정에서 대식세포는 석면으로부터 손상 받게 된다. 또한 석면은 산이나 알칼리 등에도 부식되지 않고 매우 내구성이 높기 때문에, 제거되지 않는 한 몸에 남아 있으면서 손상을 주게 된다. 석면은 피부나 점막과 접촉하여 접촉성 피부염을 일으키기도 하며, 호흡기를 통하여 폐에 침입함으로써 유발되는 석면폐증, 폐암, 그리고 중피종을 일으킬 수 있다.

2) 곡물 분진

곡물 분진은 유기물질(60~75%)과 무기물질(25~40%)로 되어 있으며 곡물, 씨앗, 콩류의 파쇄물, 흙 및 미량 화학물질 등의 무기물, 미생물, 식물의 파쇄물, 털, 깃털, 설치류 및 조류의 배설물, 곤충, 진드기, 농약, 비료, 제초제 등의 화학물질, 기타 수확, 처리 및 저장 등의 과정에서 혼입된 금속, 윤활유 또는 페인트 등 다양한 성분을 함유하고 있다. 곡물 분진은 곡물의 수확, 운송, 저장 및 가공과정 등 여러 경로에서 발생하며 제분된 곡물은 사료, 식품 등의 제조에 이용되며, 가장 위험이 큰 인구집단은 농업에 관련된 사람들이다. 수확부터, 운송, 저장 및 가공과정에서 모두 노출될 수 있다. 특히 저장 창고 혹은 싸이로를 청소하거나 비울 때 부패하였거나 곰팡이를 포함한 곡물 분진에 노출될 수 있다. 또한 싸이로의 부패된 곡물에서 발생한 질소 산화물에 노출될 수 있다. 곡물에 함유된 항생제와 이황화탄소와 메틸브로마이드 등의 훈증제는 또 다른 건강 위험 요인이다. 곡물 분진에 의한 주요 건강 영향은 호흡기 장해이다. 곡물 취급자의 6~32%에서 곡물 열 증상을 보이고, 직업성 천식, 과민성 폐장염, 급성 열 증후군(acute febrile syndromes), 비특이적 기도 폐쇄(nonspecific airway obstruction), 만성 기관지염 및 비염 등이 발생할 수 있다.

3) 면 분진

면 분진은 생물학적 작용이 있는 다양한 물질의 혼합체로, 면을 취급 또는 가공하는 동안 공기 중에 존재하는 분진으로, 섬유, 박테리아, 곰팡이, 토양, 농약, 기타 오염물질을 포함한다고 정의하고 있다. 면, 아마, 대마를 흡입하면 일시적인 흉부압박감과 작업을 시작하는 월요일에 뚜렷이 나타나는 호흡곤란을 특징으로 한다. 이러한 증상은 수 시간에 걸쳐 점진적으로 나타나며, 종종 영구적인 환기기능의 장해를 초래하기도 한다. 그람 음성균의 내독소가 급성기도 반응의 주요 원인으로 생각된다. 공기 중 떠다니는 내독소의 농도와 면폐증, 만성기관지염, 폐기능 이상 등과 관련이 있다. 내독소에 오염된 순모의 경우에도 면폐증과 구별하기 힘든 질환을 유발할 수 있다. 부유물에는 수용성이 있고, 열에 내성이 강한 저분자량의 독소가 있어 히스타민이나 타닌(tannin) 또는 다른 매개체의 분비를 유도하여 기도협착을 유발한다. 분진의 생물학적 활성도는 독소의 농도에 달려 있다. 과거력에서 기도의 아토피가 있거나, 기도의 과민반응 등이 면 분진에 의한 환기장해를 더욱 악화시켜 비가역적인 기도폐쇄를 일으킨다. 면폐증은 노출기간이 짧더라도 발병할 수 있으며, 분진의 노출기간이 길수록 반드시 폐기능 장해가 심해지는 것은 아니다. 면, 아마, 대마, 사이잘마 재배 시 발생하며 면의 가공과정에서 노출된다. 임상진찰에서 체온은 약간 증가하며 말초혈액검사상 백혈구가 20~30% 증가한다. 폐기능 검사에서 노력성 폐활량(FVC) 감소, 일초량(FEV1)도 감소된다.

4) 목재 분진

목재 분진은 목재를 가공하거나 다루는 과정에서 발생하는 목재의 입자를 말한다. 나무에는 글루코시드류(glycosides), 퀴논류(quinones), 탄닌류(tannins), 테르펜류(terpenes), 알데히드류(aldehydes), 쿠마린류(courmarin) 등 여러 가지 유기화합물과 함께 각종 용제, 접착제, 살충제, 항진균제, 비생물 등이 함유될 수 있다. 주로 노출되는 직종은 톱질 작업자, 목수, 캐비닛 제조자, 가구 제조 근로자, 목재 가공 근로자 등이다. 인체 노출은 흡입 또는 피부 접촉을 통해 일어난다. 수백 가지 종류의 목재가 피부염과 천식을 유발한다고 알려져 있으며, 목재 분진에 의한 일차적인 자극성 피부염은 홍반, 수포형성으로 시작하고 이어서 미란이 생기고 이차 감염증을 일으킬 수 있다. 알레르기 피부염은 발적, 박피, 소양감으로 시작하여 반복해서 노출되면 수포성 피부염을 일으키는 것이 특징적이다. 호발부위는 손, 팔, 눈꺼풀, 얼굴, 목 및 외음부이다. 알레르기 피부염은 여러 해 노출된 후에 발생하기도 하지만 대개는 수일 내지는 수주 이내에 발생한다. 벌목자 습진(woodcutters' eczema)은 목재 분진 자체보다는 기생하는 미생물 등에 접촉되어 발생하는 것이다. 목재 분진에 의해서 호흡기 자극증상, 기관지염, 코의 점액섬모운동의 정체, 폐환기능장해 및 천식이 유발될 수 있다. 역학적인 연구에서도 목재 근로자들에서 유의한 기도폐쇄와 폐기능 감소가 관찰되었다. 노출된 근로자의 약 5%가 감작되는 것으로 추정하며, 천식반응은 목재 종류에 따라 특이적이다. 목재 분진에 의해 비암(nasal cancer)이 발생된다고 알려져 있는데, 기전은 아직까지 확실치 않다.

5) 용접 흄

용접 흄이란 용접 시 열에 의해 증발된 물질이 냉각되어 생기는 미세한 소립자를 말하며, 대부분은 원형의 미세한 입자 상태이나 금속특유의 결정 형태를 가진 것도 있다. 크기도 다양하여 0.02~10㎛까지 분포되어 있으나 평균 0.3~0.4㎛이다. 흄 중에 가장 많이 발생하는 주성분은 철(Fe)이며, 다음으로는 망간, 니켈, 규소, 칼륨, 크롬, 티타늄, 칼슘, 나트륨 등이 발생한다. 들이마신 흄의 53%가 흡입되고, 호기를 통해서 47%가 배출된다. 흡입된 흄은 시간의 경과에 따라 비인두(10%), 기관지(8%), 폐(35%) 등을 거쳐 가래 또는 변으로 44.2%가 배출되고 혈류, 임파선 등에 각각 7.05%, 1.75%씩 흡수된다는 보고가 있다. 용접작업 종류에 따라 건강장해는 다소 다르게 나타날 수 있으나, 용접공폐증, 폐기종, 천식, 만성기관지염, 진폐증, 폐암 등의 호흡기 질환과 피용접물에 피막된 도료의 성분에 따라 납, 크롬, 카드뮴, 망간 등의 중금속 중독 질환을 유발할 수 있다. 용접공폐증은 과거에는 양성 진폐증으로 알려졌으나 흄에 포함된 복합적인 유해가스와 유해 중금속들이 폐의 섬유화를 초래한다는 사실이 밝혀지고 있다. 따라서 용접공폐증을 단순히 양성 진폐증으로만 분류할 수 없다. 또한 흉부 X-선 소견이 정상임에도 불구하고 폐기능의 장애가 발생할 수 있음이 보고되었다.

6) 유리섬유

유리섬유는 유리체 인조섬유(man-made vitreous

fibers, MMVF)의 한 종류로 분류할 수 있으며 유리 직물(glass wool), 연속 유리 필라멘트(continous glass filament), 특수 목적 유리섬유(special purpose glass fiber) 등을 포함한다. 유리섬유는 이산화규소(SiO_2)에 알루미늄, 아연, 티타늄과 같은 안정제와 나트륨, 칼륨, 칼슘, 바륨, 마그네슘 등의 플럭스를 혼합하여 만든다. 모양은 무정형 또는 비결정형 섬유로 횡으로 갈라져 있다. 섬유의 평균 직경은 용도에 따라 다르며, 단열재로 쓰이는 것은 대략 5~15㎛, 플라스틱 보강제로 쓰이는 것은 9~11㎛, 장식용 섬유용은 4~6㎛, 여과용 섬유 또는 전기 케이블 충전제로 쓰이는 것은 6~9㎛이다. 유리섬유에는 용도에 따라서 접착제와 윤활제로 코팅되어 있다. 단열재와 방음제로 사용되는 것은 페놀-포름알데히드 수지로 만든 접착제를 사용한다. 이밖에도 녹말, 광물유 등을 사용한다. 유리섬유에 노출되는 공정은 단열재, 방음제, 플라스틱 보강제, 장식용 섬유, 여과용 섬유, 전기 케이블 충전제 등을 제조하거나 이들을 취급하는 엔지니어, 전기기술자, 화학기술자, 관리 감독자, 중장비 기술자, 기계 수리공, 목수, 페인트공, 배관공, 보일러 제조공, 기계 장치 조작자, 분쇄공, 오븐 조작자, 조립업자, 트럭 운전수, 크레인 조작자, 원료 운반공, 차량 세척자, 건축 관련 종사자, 유리섬유 제조업 근로자 등 매우 다양한 직종에서 잠재적으로 노출될 가능성이 있다. 급성 호흡기 및 피부 자극 증상이 발생할 수 있으며, 특히 새롭게 노출된 근로자들에서 발생되기 쉽다. 이러한 자극증상은 저절로 호전되나 증상을 경험한 근로자들은 보통 작업을 떠나게 된다. 직경이 4~5㎛ 이상되는 섬유에 노출되면 피부자극이 있을 수 있으며, 주로 피부가 겹쳐지는 부위, 목 주위, 옷과 피부가 꼭 조이는 전박부 등에 따가움과 가려움증이 발생한다. 일부 연구들에서 유리체 인조섬유(man-made vitreous fibers, MMVF)를 제조하는 일부 근로자들에서 폐암의 발생이 증가하는 것을 확인하였다. 합성 섬유는 물리 화학적 성질이 물질마다 매우 다양한데, 일반적으로 석면과 같이 오래 잔존하면서 내구성이 클수록 위험성은 증가한다. 이에 따라 IARC는 불응성 도자 섬유(refractory ceramic fiber)를 Group 2B로, 그 외의 유리체 섬유 유리(vitreous fiber glass)를 Group 3으로 분류하였다. 역학적 연구결과 일부 근로자들에서 광물 섬유와 관련하여 진폐증이 발생한 것을 확인하였다. 또한 광물 섬유의 노출이 만성 기관지염의 발생 증가와 관련이 있음이 알려져 있다.

더 읽을거리

옌스 죈트겐. 먼지 보고서. 먼지의 문화사. 자연과 생태. 2012. p.22-42.

제2절 분진의 노출기준과 관리방안

2.1 노출기준

노출기준은 고용노동부고시 제 2020-48호에 나와 있으며 주요 분진의 노출기준은 [표 3-1]과 같다.

이 기준은 「산업안전보건법 시행규칙」 제144조에 따라 유해인자 대한 작업환경평가와 근로자의 보건상 유해하지 아니한 기준을 정함으로써 유해인자로부터 근로자의 건강을 보호하는데 기여함을 목적으로 하며 "노출기준"이란 근로자가 유해인자에 노출되는 경우 노출기준 이하 수준에서는 거의 모든 근로자에게 건강상 나쁜 영향을 미치지 아니하는 기준을 말하며, 1일 작업시간동안의 시간가중평균노출기준(Time Weighted Average, TWA), 단시간노출기준(Short Term Exposure Limit, STEL) 또는 최고노출기준(Ceiling, C)으로 표시한다. 노출기준은 대기오염의 평가 또는 관리상의 지표로 사용하여서는 아니 된다. 노출기준은 작업장의 유해인자에 대한 작업

표 3-1 분진의 노출기준(개정 2018.7.30.)

유해물질의 명칭		화학식	노출기준			
			TWA		STEL	
국문표기	영문표기		ppm	㎎/㎥	ppm	㎎/㎥
곡물분진	Grain dust	-	-	4	-	-
곡분분진	Flour dust(Inhalable fraction)	-	-	0.5	-	-
구리(분진 및 미스트)	Copper(Dust & mist, as Cu)	Cu	-	1	-	2
구리(흄)	Copper(Fume)	Cu	-	0.1	-	-
규산칼슘	Calcium silicate	$CaSiO_3$	-	10	-	-
규조토	Diatomaceous earth	-	-	10	-	-
대리석	Marble	-	-	10	-	-
망간(흄)	Manganese(Fume)	Mn	-	1	-	3
목재분진(적삼목)	Wood dust(Western red cedar, Inhalable fraction)	-	-	0.5	-	-
목재분진 (적삼목외 기타 모든 종)	Wood dust(All other species, Inhalable fraction)	-	-	1	-	-
산화규소(결정체 석영)	Silica(Crystalline quartz)(Respirable fraction)	SiO_2	-	0.05	-	-
산화규소 (결정체 크리스토바라이트)	Silica(Crystalline cristobalite)(Respirable fraction)	SiO_2	-	0.05	-	-
산화규소(결정체 트리디마이트)	Silica(Crystalline tridymite)(Respirable fraction)	SiO_2	-	0.05	-	-
산화규소(결정체 트리폴리)	Silica(Crystalline tripoli)(Respirable fraction)	SiO_2	-	0.1	-	-
산화규소 (비결정체 규소, 용융된)	Silica(Amorphous silica, fused)(Respirable fraction)	SiO_2	-	0.1	-	-
산화규소(비결정체 규조토)	Silica(Amorphous diatomaceous earth)	SiO_2	-	10	-	-
산화규소(비결정체 침전된 규소)	Silica(Amorphous precipitated silica)	SiO_2	-	10	-	-
산화규소(비결정체 실리카겔)	Silica(Amorphous silicagel)	SiO_2	-	10	-	-
산화마그네슘	Magnesium oxide	MgO	-	10	-	-
산화아연 분진	Zinc oxide(Respirable fraction)	ZnO	-	2	-	-
산화주석 및 무기화합물	Tin oxide & Inorganic compounds except SnH_4, as Sn	$Sn/SnCl_2/SnCl_4/SnSO_4/K_2SnO_3 \cdot 3H_2O$	-	2	-	-
산화철	Iron oxide, as Fe	Fe_2O_3	-	5	-	-
산화철(흄)	Iron oxide(Fume, as Fe)	Fe_2O_3	-	5	-	-
산화칼슘	Calcium oxide	CaO	-	2	-	-
석고	Gypsum(Inhalable fraction)	$CaSO_4 \cdot 2H_2O$	-	10	-	-
석면(모든 형태)	Asbestos(All forms)	-	-	0.1개/cm^3	-	-

유해물질의 명칭		화학식	노출기준			
			TWA		STEL	
국문표기	영문표기		ppm	mg/㎥	ppm	mg/㎥
석탄분진	Coal dust(Respirable fraction)	–	–	1	–	–
석회석	Lime stone	–	–	10	–	–
소석고	Plaster of Pariss(Inhalable fraction)	–	–	10	–	–
알루미늄(금속분진)	Aluminum(Metal dust)	Al	–	10	–	–
알루미늄(용접 흄)	Aluminum(Welding fumes)	Al	–	5	–	–
알루미늄(피로파우더)	Aluminum(Pyropowders)	Al	–	5	–	–
용접 흄 및 분진	Welding fumes and dust	–	–	5	–	–
운모	Mica(Respirable fraction)	–	–	3	–	–
유리 섬유 분진	Fibrous glass dust	–	–	5	–	–
철바나듐 분진	Ferrovanadium dust	FeV	–	1	–	3
카본블랙	Carbon black(Inhalable fraction)	C	–	3.5	–	–
활석(석면 불포함)	Talc(Containing no asbestos fibers)	–	–	2	–	–
활성탄	Activated carbon	–	–	5	–	–
황화니켈(흄 및 분진)	Nickel sulfide roasting(Fume & dust, as Ni)	NiS	–	1	–	–
흑연 (천연 및 합성, Graphite 섬유제 외)	Graphite(Natural & Synthetic, Except Graphite fibers, Respirable fraction)	C	–	2	–	–
기타 분진 (산화규소 결정체 1% 이하)	Particulates not otherwise regulated(no more than 1% crystalline silica)	–	–	10	–	–

환경개선기준과 작업환경측정 결과의 평가기준으로 사용할 수 있다. 이 고시에 유해인자의 노출기준이 규정되지 아니하였다는 이유로 법, 영, 규칙 및 안전보건규칙의 적용이 배제되지 아니하며, 이와 같은 유해인자의 노출기준은 미국산업위생전문가협회(American Conference of Governmental Industrial Hygienists, ACGIH)에서 매년 채택하는 노출기준(TLVs)을 준용한다.

2.2 관리체계

분진을 포함한 유해물질의 제거(elimination) 및 대체(substitution)는 위험을 줄이는 데 가장 효과적이지만 기존 공정에서 구현하기 어렵다. 공정이 설계 또는 개발 단계에 있는 경우 위험 요소의 제거 및 대체가 저렴하고 구현이 간단할 수 있으며, 기존 공정의 경우 장비 및 절차의 주요 변경이 필요할 수 있다. 작업장에서 작업자 노출을 관리하기 위해 행정적 관리(administrative control) 및 개인보호장비(PPE)보다 공학적 관리(engineering control)가 선호되는데 이는 작업자와 접촉하기 전에 위험을 근원에서 제거하도록 설계되었기 때문이다. 잘 설계된 공학적 관리는 작업자를 보호하는 데 매우 효과적일 수 있으며 높은 수준으로 보호할 수 있다.

공학적 제어 접근 방법은 분진의 환기를 통해 흡입 노출을 줄이며 마지막 수단으로 관리해야 하는 개인 보호장비에 대한 의존도를 줄일 수 있다.

환기 시스템은 국소 배기 환기와 전체 배기 환기가 있다. 국소 배기 환기(LEV)는 오염원 또는 그 근처에서 배기 시스템을 적용하는 것으로 적절하게 설계된 경우, 희석 환기보다 오염 물질을 제거하는 데 훨씬 더 효율적이며, 적은 배기량, 적은 보충 공기가 필요하여 비용이 적다. 오염 물질이 일반 작업 환경에 들어가기 전에 제거된다. 국소배기 시스템의 예로는 흄 후드, 통기형 균형 인클로저 및 생물안전 캐비닛이 있다. 희석 환기라고도 하는 전체 배기 환기(GEV)는 오염 물질을 작업장 공기로 배출한 다음 허용 가능한 수준으로 오염 물질의 농도로 희석하기 때문에 국소 배기 환기와 다르다. 국소 배기 환기에 비해 비효율적이고 비용이 많이 들어 노출 관리에 권장되지 않는다.

2.3 근로자 건강관리

우리나라는 진폐의 예방과 진폐근로자의 보호 등에 관한 법률에서 진폐의 예방과 분진작업에 종사하는 근로자에 대한 건강관리를 강화하는 규정을 두고 있다. 이 법에서 노동부장관은 진폐를 예방하고 진폐근로자를 위한 계획을 세워야 하며 노동부장관의 자문에 응하기 위하여 노동부에 진폐심의위원회를 둔다. 사업주는 작업환경측정을 실시하여야 하며 상시 분진작업에 종사하는 근로자에게 진폐의 예방 및 건강관리를 위하여 필요한 교육을 실시하여야 한다. 사업주는 분진작업에 종사할 근로자를 채용할 때에는 그 근로자가 취업하기 전에 건강진단을 실시하여야 하며 분진작업에 종사하는 근로자에 대하여 매년 1회 이상 정기 건강진단을 실시하여야 하며 필요한 경우 임시 건강진단을 실시하여야 한다.

진폐 근로자를 보호하기 위해 노동부장관은 흉부 엑스선 사진 및 개인별 건강진단 결과표와 노동부령으로 정하는 서류를 받으면 건강진단을 받은 자에 대해 "진폐관리구분판정"을 하고 그 결과를 건강진단기관과 사업주에게 알려야 하며, 사업주는 그 사실을 지체 없이 해당 근로자에게 알려야 한다. 노동부장관은 이직자 건강진단을 받은 근로자에게 건강관리수첩을 발급하여야 한다. 사업주는 합병증이 있거나 별표에 따른 진폐관리구분의 제3종 또는 제4종에 해당하고 건강진단기관이 대통령령으로 정하는 기준에 해당한다고 인정하는 자를 분진작업에 종사하게 하려고 채용하여서는 아니 된다. 노동부장관은 진폐근로자 중 노동부령으로 정하는 기준에 해당하는 자를 분진작업이 아닌 작업에 종사하도록 조치(작업전환조치)할 것을 사업주에게 권고하거나 지시할 수 있으며 사업주는 노동부령으로 정하는 바에 따라 진폐근로자의 작업장소 변경, 근로시간의 단축, 그 밖에 필요한 조치를 하여야 한다. 정부는 진폐로 퇴직한 근로자에 대한 직업훈련 실시 등 직업안정에 필요한 시책을 강구하여야 한다. 작업전환조치가 된 자가 작업전환조치 전에 근무한 기간에 대한 퇴직금 지급을 청구하면 퇴직금을 지급하여야 한다. 또한 퇴직금의 지급을 이유로 해당 근로자를 해고하여서는 아니 된다.

더 읽을거리

노동부. 화학물질 및 물리적인자의 노출기준. 노동부고시 제2020-48호

"Current Strategies for Engineering Controls in Nanomaterial Production and Downstream Handling Processes". U.S. National Institute for Occupational Safety and Health. November 2013. doi:10.26616/NIOSHPUB2014102. Retrieved 2017-03-05.

"Hierarchy of Controls". U.S. National Institute for Occupational Safety and Health. Retrieved 2017-01-30.

제4장

생물학적 요인

박재범

산업보건 현장에서 전통적으로 유해인자의 종류를 화학적 인자, 물리적 인자, 생물학적 인자로 분류한다. 이 중 생물학적 인자는 현재까지 체계적인 관리가 이루어지지 못했는데 이는 물리적, 화학적 인자와 달리 생물학적 인자는 작업환경측정이나 특수건강진단의 대상에 포함되지 않으며, 노출로 인한 질환의 고위험 직종이 농업, 어업, 군인 등 산업안전보건법의 사각지대에 해당된다.

생물학적 노출에 의한 직업병 및 업무상 질병은 매년 꾸준히 발생하고 있고, 생물관련 산업과 보건의료 종사자의 증가, 기후 변화 등의 요인 등으로 더욱 증가할 가능성이 높다. 따라서, 향후 생물학적 인자의 노출평가, 건강관리, 취급 방법에 관한 제도 정비와 연구가 요구된다.

4.1 생물학적 인자의 분류

1) 기질적 분류

생물학적 유해인자는 살아있는 유기체뿐만 아니라 사체로부터 배출되는 일부(fragments), 배설물, 독소(toxin), 휘발성 유기화합물(volatile organic compounds, VOC) 등을 포함한다. 생물학적 유해인자는 생물학적 특성을 가진 유기체가 근원이 되어 발생하는 것으로 정의된다. 사람에게 질병을 일으킬 수 있는 생물학적 인자의 기질적 분류는 다음과 같다.

(1) **유기체 그 자체** : 박테리아, 곰팡이, 바이러스, 집진드기, 바퀴벌레, 원생동물 등

(2) **유기체로부터 떨어져 나오는 부분** : 동물의 털, 피부껍질, 타액(saliva), 배설물, 유관속 식물의 꽃가루 등

(3) **독소** : 그람음성박테리아가 생성하는 엔도톡신(endotoxin), 곰팡이의 대사 부산물인 마이코톡신(mycotoxin)

(4) **휘발성 유기화합물** : 미생물이 유기물을 분해할 때 발생하는 가스(microbial volatile organic compounds, MVOC)

생물학적 유해인자 중 고체(유기체자체, 생물학적 부분 등)를 바이오에어로솔(bioaerosol)이라고 하며, 생물학적 인자의 대부분이 바이오에어로솔에 해당된다.

2) 매개 인자에 따른 분류

생물학적 인자가 사람에게 질병을 전파하려면 공기, 혈액, 토양, 식수 등 매개인자가 필요하다. 산업안전보건법 시행규칙 별표 18에서는 생물학적 인자를 감염인자에 따라 아래와 같이 분류하고 있다.

(1) **혈액매개 감염인자** : 인간면역결핍바이러스, B형·C형간염바이러스, 매독바이러스 등 혈액을 매개로 다른 사람에게 전염되어 질병을 유발하는 인자

(2) **공기매개 감염인자** : 결핵 · 수두 · 홍역 등 공기 또는 비말감염 등을 매개로 호흡기를 통하여 전염되는 인자

(3) **곤충 및 동물매개 감염인자** : 쯔쯔가무시증, 렙토스피라증, 유행성출혈열 등 동물의 배설물 등에 의하여 전염되는 인자 및 탄저병, 브루셀라병 등 가축 또는 야생동물로부터 사람에게 감염되는 인자

3) 위험 등급에 따른 분류

영국의 보건안전위원회(Health and safety Executive, HSE)에서는 직업적인 감염원이 될 위험이 있는 병원체들을 4개의 위험그룹(hazard group, HG) 나누어 제시하는데, 2021년 SARS-CoV-2 (COVID-19)를 포함하여 Fourth edition을 발표하였다(표 4-1). HG 1은 사람에게 질병을 일으키지 않는 요인, HG 2는 사람에게 질병을 야기할 수 있고 근로자에게 위협이 되는 생물학적 인자로서 지역사회에 파급되지 않고 효과적인 예방책이나 치료가 유용한 경우, HG 3은 인간에게 심한 질병을 유발할 수 있고 노동자에게도 심한 위협이 되는 생물학적 인자로 지역사회로 전파될 위험이 있지만 효과적인 예방책이나 치료가 유용한 경우, HG 4는 HG 3의 정의에 더해 통상적인 예방이나 치료법이 없는 경우이다. 이중 직업병의 위험이 큰 병원체로서 주요 관리대상은 위험그룹 2, 3, 4에 해당하는 병원체이다.

이 분류는 연구, 개발, 교육, 진단 검사 분야에서 생물학적 인자를 다루는 작업자들과 생물학적 인자에 감염되었거나 감염이 의심되는 사람이나 동물을 다루는 사람을 대상으로 한다. 이러한 위험등급의 분류는 생물학적 인자를 다루는 작업의 위험도 평가(risk assessment)와 적절한 관리방법(control measure) 적용에 이용되는데, 건강유해물질 관리시행규칙(Control of Substances Hazardous to Health 2002, COSHH)에 의거하여 HG 2, 3, 4에 해당하는 생물학적 인자를 다루는 작업자들은 노출 위험도 평가를 받아야 한다. 또한 생물학적 인자를 다루는 작업의 4가지 밀폐 수준(containment level)을 규정하여 위험등급에 따라 적용하여야 한다. 예를 들면 HG 2에 해당하는 미생물은 containment level 2에 의거하여 다루어져야 한다.

표 4-1 생물학적 인자 위험그룹의 정의와 해당 미생물

위험그룹	정의	병원체
위험그룹 1	사람에게 질병을 일으키지 않는 경우	E. coli (non-pathogenic)
위험그룹 2	사람에게 질병을 야기할 수 있고, 근로자에게 위협이 되는 생물학적 인자로서 지역사회에 파급되지 않고 효과적인 예방책이나 치료가 유용한 경우	Rubella Hepatitis A Mumps Varicella zoster Staphylococcus aureus Clostridium difficile
위험그룹 3	사람에게 심한 질병을 유발할 수 있고, 노동자에게도 심한 위협이 되는 생물학적 인자로 지역사회로 전파될 위험이 있지만 효과적인 예방책이나 치료가 유용한 경우	Mycobacterium tuberculosis Mycobacterium bovis Hepatitis B Hepatitis C HIV SARS-related coronavirus SARS-CoV-2* Salmonella typhi
위험그룹 4	위험그룹 3의 정의에 더해 통상적인 예방이나 치료법이 없는 경우	Ebola virus Marburg virus Lassa fever virus Hendra virus

4.2 건강장해

생물학적 인자 노출로 인한 대표적인 건강장해는 감염성 질환(infectious disease), 호흡기계 과민성질환(hypersensitivity), 호흡성열병(inhalation fever) 등이다. 이 외에도 유기물이 발생하는 독소에 의해서도 여러 건강장해를 일으킬 수 있다. 생물학적 유해인자에 대한 목록 및 유해성, 위험성 정보는 산업안전보건연구원 "사업장의 생물학적 유해인자 편람 개발 연구"에서 확인할 수 있다. 생물학적 인자에 의한 건강장해는 본 편과 3편 제10장 감염성질환에 기술되어 있다.

4.3 주요 노출 직종, 업종 및 업무

2020년 업무상 질병 통계에 집계된 생물학적 인자 노출로 인한 감염성 질환 240건을 작업내용별로 구분하면 전문 · 보건 · 교육 · 여가관련 등 서비스 직업이 123건, 국가 및 지방자치단체의 사업 관련업이 33건, 시설관리 및 사업지원 서비스업이 32건, 운수 · 창고 및 통신업이 15건, 도소매 · 음식 · 숙박업이 15건, 제조업이 13건으로 나타났다.

1) 보건의료 종사자

보건의료 종사자, 특히 병원에서 일하는 근로자는 병원균을 보유한 환자들과 가까이에서 일하며, 수술칼, 주사바늘 등 피부에 손상을 입힐 수 있는 기구들을 다루어 생물학적 유해인자의 노출 위험이 있는 대표적인 직종이다. 의료 현장에서 의사, 치과의사, 한의사, 조산사, 간호사 등의 의료인은 물론 간호조무사, 약사, 의료기사, 위생사, 사무직원 등 병원에 근무하는 전 직원이 병원균에 노출될 수 있으며, 병원 이외의 장소에서 환자와 접하는 응급구조사, 방문간호사, 산후조리원 종사자 등도 직업성 감염병에 이환될 수 있다.

(1) 감염 경로

보건의료종사자의 감염 경로는 다양하여 환자와 직접적 신체 접촉에 의한 전파, 기구 등 오염된 물체를 통한 간접접촉에 의한 전파, 감염된 환자의 눈물, 콧물 및 객담 등 비말에 의한 전파, 비말핵이나 오염된 먼지 등에 의한 공기전파, 또는 음식물이나 물 또는 장비 등에 의한 공동매개물 전파 등으로 나눌 수 있다. 이 중 가장 심각한 감염병을 일으키는 전파 경로는 혈액매개감염(blood-borne infection)과 공기매개감염(air-borne infection)을 들 수 있다.

① 혈액 및 체액 매개 감염

병원 환경에서 혈액을 통해 전파될 수 있는 병원균을 포함한 매개체는 환자의 혈액을 비롯하여 조직, 체액 등 다양하다. 병원균에 오염된 매개체가 점막, 손상된 피부, 주사침 자상 및 수술칼 등 날카로운 기구에 의해 손상된 피부를 통하여 병원균이 전파된다.

경피 손상을 유발한 의료 기구는 일반주사기 70%, 봉합용 바늘 10%이며, 직종으로는 간호사(조무사와 보조원 포함)가 39~63%, 의사는 27~45% 순이었다. 의사는 대부분 전공의, 인턴이었다.

혈액/체액을 통해 전파될 수 있는 병원균은 20종 이상으로, B형 간염바이러스 (Hepatitis B virus, HBV), C형 간염바이러스(Hepatitis C virus, HCV), 그리고 인간면역결핍바이러스(human immunodeficiency virus, HIV) 등이 중요한 감염균이다(표 4-2).

② 공기매개 감염

공기매개성 감염은 대부분 공기 중으로 전파되는데 일부 병원체는 비말을 통해 전파된다. 보건의료 종사자의 가장 흔한 공기매개 감염질환은 결핵이다. 결핵 감염을 예방하기 위해서는 혈액환자 격리실 및 결핵균 검사실 등에 음압시설 등 공조시설이 있어야 한다. 공기매개 감염에는 결핵 외에도 수두, 홍역, 풍진, 인플루엔자 등 바이러스성 질환이 포함된다.

표 4-2 보건의료종사자에게서 전파되기 쉬운 감염성 인자

Blood-borne (Sharp injuries)	Airborne/Droplet	Contact
Ebola virus	Blastomycosis	Clostridium difficile
Hepatitis B	Chlamydia psittaci	Conjunctivitis (Adenovirus)
Hepatitis C	Cryptococcosis	Cytomegalovirus
Human immunodeficiency virus	Diphtheria	Diarrhea (virus, bacteria)
Human T-lymphotropic virus	Ebola virus	Ebola virus
Legionella	Varicella (Chickenpox)	E. coli, pathogenic
Leptospirosis	Measles	Gonorrhea
Malaria	Neisseria meningitides	Hepatitis A
Parvovirus	Mumps	Herpes virus
Syphilis	Parvovirus	Leptospirosis
	Pertussis	Poliomyelitis
	Rubella	Rabies
	Tuberculosis	Scabies and pediculosis
	Respiratory viruses	Staphylococcus aureus
		Streptococcuspyogenes

(3) 보건의료 종사자의 감염 예방 대책

① 건강진단

의료인은 환자와 접촉하기 이전에 건강진단을 완료해야 한다. 채용 시 건강진단은 생물학적 인자 노출 사고가 발생하였을 때 적절한 조치를 위한 기본 자료가 된다. 건강진단의 내용에는 백신으로 예방이 가능한 B형 간염, 홍역, 볼거리, 풍진, 수두에 관한 예방접종상태, 전염병과 관련된 과거력 등 건강에 관한 상세한 정보를 포함해야 한다. 또한 매년 정기적으로 건강진단을 실시하여야 하고, 감염 위험이 높은 직무(결핵 병동 근무 등)에 종사하는 작업자는 건강진단 주기를 단축해야 한다.

② 예방접종

병원은 감염의 위험성이 높은 곳이므로 백신으로 예방이 가능한 감염병에 대해 면역능력을 가지고 있는지를 확인하는 것은 근로자들의 건강관리에서 중요한 요소이다. 병원에서 근무하는 근로자들은 B형 간염, 수두, MMR, 인플루엔자, 백일해, 파상풍, 디프테리아, A형 간염 등에 대한 예방접종이 권유된다.

③ 감염 예방지침

환자의 진료 과정에서 혈액이나 체액은 위험한 것으로 간주하고 취급시 노출 방지를 위한 조치를 취하게 한다. 이러한 지침은 병원 정책, 안내서 등의 형식으로 문서화되어 있어야 하며, 정기적인 교육을 통하여 직원들이 습득하도록 한다. 생물학적 인자의 직업적 노출로 인한 질병이 발생하였을 때에는 법과 기관 내부의 규정에 따라 보고하고 적절한 조치를 신속하게 취해야 한다. 질병의 종류와 경과에 따라 직무 제한, 업무 복귀에 관한 내용도 규정에 따라 이루어져야 하며, 해당 작업자의 건강관리 기록의 유지, 보존도 중요하다. 주사침에 찔렸을 경우 필요한 조치는 [표 4-3]에 정리하였다.

2) 실험실 근무자

미생물 등 생물체를 다루는 실험실은 대부분 실험 내용이 병원체와 관련이 있으며 이에 따라 실험실 감염 사고 등 생물 안전에 대한 각별한 주의가 필요하다. 실험실 근무자의 주요 생물학적 인자 노출 위험 작업은 주사바늘에 의한 상해가 가장 흔하고, 미생물 오염, 취급 인자의 에어로졸화와 이와 관련한 작업, 생물학적으로 위

표 4-3 주사침 손상 후 처치내용

환자상태 \ 직원상태		B형 간염 예방접종(−)	B형 간염 예방접종(+) B형 간염 항체(+)	B형 간염 예방접종(+)+ 항체형성 안 됨	B형 간염 예방접종 (+) 항체여부 모름
직원검사		Anti-HCV, Anti-HIV			Anti-HCV, Anti-HIV, Anti-HBs
환자 파악 가능	환자검사***	HBsAg, Anti-HCV, Anti-HIV	Anti-HCV, Anti-HIV	HBsAg, Anti-HCV, Anti-HIV	HBsAg, Anti-HCV, Anti-HIV
환자 파악 가능 / 환자 상태	HBsAg(−)	B형 간염 예방접종 시작 접종 후 검사****	필요 없음	필요 없음	직원 anti-HBs(−): B형 간염 예방 접종 시작 접종 후 검사**** 직원 anti-HBs(+): 필요 없음
환자 파악 가능 / 환자 상태	HBsAg(+) 또는 모름	HBIG주사 1회** B형 간염 예방접종 시작 추적검사*	필요 없음	HBIG주사 2회** 추적검사*	직원 anti-HBs(−): HBIG주사 1회** B형 간염 예방접종 시작 추적검사* 및 접종 후 검사**** 직원 anti-HBs(+): 필요 없음
환자 파악 가능 / 환자 상태	Anti-HIV(+)	• 전파 가능성에 대한 평가 • 보고할 증상과 증후, 예방적 투약의 부작용 및 효과에 대한 설명 • 예방적 투약시행 여부 결정 및 시작 • 추적검사*			

+B형간염 백신 3회 접종을 2차례 완료한 경우
*추적검사 : HBs Ag : 노출 후 6개월 anti-HCV : 노출 1개월, 2개월 anti-HIV : 노출 후 6주, 3개월, 6개월
**HBIG : 0.06mg/kg IM 노출 후 24시간 이내 시행
두 번째 주사는 첫 주사 후 4주 후
*** 환자검사 : 노출 후 24~28시간 이내 시행
****접종 후 검사 : B형 간염 예방접종 완료 후 1~2개월 뒤 anti-HBs 검사 시행

힘힌 물질의 엎지름, 폐기물 치리, 운송, DNA 조작, 배양, 생물학적 위험성 있는 동물의 폐기, 동물병원균 취급 등이다.

취급하는 생물체와 실험실의 위험 수준과 관계없이 실험실 근무자들이 지켜야 하는 실험실 생물안전 기본수칙은 질병관리본부 국립보건연구원의 실험실생물안전지침에서 확인할 수 있다.

3) 야외 작업 종사자

비의료인 중에서 직업성 감염질환에 많이 이환되는 근로자는 야외작업자들이다. 농부, 군인 등 주로 야외에서 활동하는 근로자들은 여러 병원체에 노출되어 감염성질환이 발생할 수 있다. 이 중에서도 가을철에 호발하는 발열성 질환들이 대표적인데, 쯔쯔가무시증, 렙토스피라증과 신증후군출혈열이 그 예이다. 야외작업지의 감염질환은 주로 농부와 군인에게서 많이 발생하였는데 우리나라에서는 숲가꾸기 사업 등 공공근로에 참여하는 일용근로자에게도 많이 발생하고 있다. 이러한 질병은 야외 작업을 할 때 곤충에 물리거나 쥐의 배설물에 노출되어 감염된다.

야외 작업 시 질병을 예방하기 위해서는 들쥐, 모기의 구제 등 환경위생 개선이 중요하다. 개인적 예방방법으로는 렙토스피라증 유행지에서 논, 하천, 연못 등에 들

어가는 상황에는 장화나 장갑의 착용이 필요하며 특히 가을철 추수기 논에서 일할 경우 보호구 착용이 발열성 질환 예방에 필수적이다. 신증후군출혈열 예방을 위해서는 야외활동 시에 들쥐 배설물과의 접촉을 최대한 피하고 고위험군의 경우 백신접종을 통해 예방할 수 있다. 말라리아를 예방하기 위해서는 말라리아 유행 국가에 가는 경우 chloroquine 등 예방약제 복용이 효과적이며, 휴전선 인근과 같은 말라리아 발생 지역에서는 모기가 많이 활동하는 6~9월 개인보호 장비 없이 풀숲에 장시간 머물지 않는 것이 중요하다. 모기에 물리지 않도록 기피제, 옥외 살충제, 흡혈방지 의복(두꺼운 옷, 긴소매 옷, 토시, 장화, 모자, 망사두건 등)을 사용하고, 야외나 모기가 침입할 가능성이 있는 장소에서 취침할 경우 모기장 및 방충망을 설치하여 취침하는 것이 바람직하다.

4) 폐기물 취급자

최근 환경 오염을 줄이고 부족한 자원을 재순환하고자 하는 정책의 영향으로 폐기물 처리 종사 근로자 수가 증가하고 있다. 폐기물 처리 작업 중 다양한 오염 물질에 노출되며, 생물학적 유해인자는 작업자들의 건강을 위협하는 주요인자이다. 국내 폐기물은 크게 생활폐기물, 사업장폐기물, 건설폐기물로 구분되어 매립(16.4%), 소각(5.9%), 재활용 등으로 처리된다.

생물학적 인자 노출로 인한 폐기물 취급 종사자의 대표적인 직업적 건강 문제는 피부, 기도 및 눈의 자극, 호흡기 및 소화기계 영향 등이다.

폐기물 처리장 작업자들의 생물학적 인자 노출 위험성을 감소시키기 위해서는 작업장 내의 오염물질의 발생원에 대해서는 국소배기장치를 통해 오염물질이 작업장으로 확산되지 않도록 하고, 출입구 및 창문을 넓게 설치하여 전체 환기를 촉진시켜야 한다. 또한 작업장 내부에 쌓여있는 먼지 등의 부패를 막기 위하여 작업 전, 후 청소가 필요하다. 작업자들의 건강관리도 중요한데 작업 후 샤워를 할 수 있는 시설을 마련하고, 필요시 보호구를 착용할 수 있도록 교육 및 홍보가 필요하다.

더 읽을거리

산업안전보건연구원. 사업장의 생물학적 유해인자 편람 개발 연구. 2013.
질병관리본부 국립보건연구원. 실험실생물안전지침. 2019.
질병관리청. 말라리아 관리지침. 2021.
Advisory Committee on Dangerous Pathogens. The Approved List of biological agents. 2021. Available from: URL: http://www.hse.gov.uk/pubns/misc208.pdf
Schillie S, Vellozzi C, Reingold A, Harris A, Haber P, Ward JW, Nelson NP. Prevention of Hepatitis B Virus Infection in the United States: Recommendations of the Advisory Committee on Immunization Practices. MMWR Recomm Rep 2018;67(1):1-31.

제5장

발암물질

김은아

5.1 발암 기전

암을 일으키는 물질에 노출되어 정상세포가 암세포로 변형되는 과정을 발암현상(carcinogenesis)이라 하며, 이를 일으키는 물질을 발암물질(carcinogen)이라 한다. 암의 원인과 발생 기전에 대한 이해는 예방의 전략을 수립하는 데에 합리적인 근거를 제공하게 되므로 매우 중요한 연구분야의 하나이다.

어떻게 암이 발생되는가는 아직까지도 완벽하게 풀리지는 않은 문제이다. 그러나 화학물질에 의한 발암현상은 다단계 발암모델(multistage model of carcinogenesis)을 거친다고 보는 것이 현재로서 가장 동의를 얻고 있다. 이 모델에서는 발암물질로 인해 형성된 친전자성 대사물에 의해 돌연변이가 처음 일어난다고 가정한다. 이 단계가 개시단계(initation)이다. 이어서 촉진단계(pomotion)에서는 개시된 세포군이 어떠한 세포를 증식시키는 자극에 의해 확장되어 국소 부위에 전암단계의 세포무리를 형성하게 한다. 마지막으로 증식단계(proliferation)에서는 이 부위에 추가적인 유전적 변형이 일어나게 되어 침습적이고 결국은 전이성을 갖는 신생물을 발달시키게 된다.

1) 개시단계

다단계 발암모델의 첫 번째 단계인 개시단계(initiation)에서는 친전자성 발암물질 노출, DNA의 산화성 손상, DNA 가닥의 끊어짐 등의 DNA 손상으로 인하여 DNA 돌연변이가 일어난다. 돌연변이는 줄기세포에서 일어나고 그 딸세포로 유전된다고 여겨지고 있다. 발암성을 가진 화학물질은 친전자성의 중간물을 활성화시켜 이러한 중간물이 단백질, RNA, DNA와 공유결합을 하게 되어 돌연변이를 일으킨다. 대표적인 예로 발암성 PAH와 DNA의 공유결합 정도와 발암 강도의 상관성을 들 수 있다.

개시단계는 비가역적이고(irreversible) 누적효과(cumulative)를 띤다. 즉, 발암물질 노출이 여러 번에 걸쳐서 일어났든 한 번에 노출되었든지 상관없이 개시가 시작되기 위한 일정용량에 도달하게 되면 개시가 유발된다. 개시자(initiator)의 발암에 대한 특성 중 하나는 용량-반응 관계의 비역치 패턴을 보이는 점이다. 암 발생 위험이 아무리 작은 노출이라 하더라도 노출 용량에 직접적으로 비례한다는 의미이다. 이러한 모델은 이론적으로 암 위험이 증가하지 않는 문턱(threshold) 용량이 없으므로 보건학적으로 매우 중요한 의미를 가진다.

2) 촉진단계

발암현상의 촉진단계(promotion)에서는 성장촉진인자 등의 요소에 의하여 개시된 세포의 무리가 커지는 과정이 나타난다. 이 단계는 유전자 표현의 변화와 개시된 세포의 증식이 특징이며 개시된 세포는 줄기세포와 비슷한 성격을 가진다. 대부분의 암 촉진제는 세포의 수용체 또는 세포 성장, 분화, 세포자멸사(apoptosis) 신호체계, 염증매개체 등을 통하여 발암 효과를 나타낸다. 개시자와 달리 촉진자는 발암성의 용량-반응 관계를 설명하는데 역치 모델을 따르는 것으로 알려져 있다. 즉, 일정 용량 이하에서는 암을 발생시키는 영향을 주지 않는다는 것이다. 암 촉진자는 많은 동물실험을 통해 증명되었다. 그 사례로는 2,3, 7,8-tetrachlorodibenzo-p-dioxin (TCDD) (간), butylated hydroxyanisole (BHA) (폐), sodium saccharin (방광) 등을 들 수 있으며 담배연기의 일부 성분들도 암 촉진자로 작용할 수 있다.

3) 증식단계

발암현상의 마지막 단계는 증식단계(progression)이다. 원래의 종양은 크기가 커지고, 주변조직으로 침습, 먼 장기로의 전이를 보인다. 종양은 추가적인 돌연변이가 발생하기도 하는데, 생쥐 피부에서의 2단계 모델에서 전암성 유두종 (premalignant papilloma)은 편평세포암으로 바뀌는 사례와 같이 비정배수(aneuploidy) 형태의 추가적 유전적 변형이 발생하기도 한다.

4) 인간에서 발암기전의 핵심적 특징

2015년에 세계보건기구의 국제암연구소(International Agency for Research on Cancer)는 인간의 발암물질에 대한 광범위한 문헌검토를 통해, 화학물질에 의한 발암기전의 대표적인 특징을 10가지로 요약하였다(표 5-1).

5.2 발암물질의 분류

암의 원인을 파악하는 것은 암 예방 활동의 첫 번째 단계이다. 따라서 환경적으로 노출될 수 있는 화학물질의 발암성을 평가하여 이에 대한 목록을 정하는 것은 암 예방 활동에 있어서 가장 기초적이면서도 중요한 일이다. 본 목적을 달성하기 위하여, 국제기구 또는 국가, 전문가 단체는 발암물질 분류를 제시하였다. 예를 들어 미국의 National Toxicology Program (NTP), IARC, 미국 환경보호청(U.S. EPA) 등에서 저마다의 발암물질 목록을 발표하고 있다. 각 기관들은 독립적으로 화학물질, 화학물질 혼합물, 직업적 노출, 물리적 인자, 생물학적 인자, 생활습관요인 등에 대하여 발암성을 평가하여 제공한다.

발암물질을 분류하는 가장 일반적인 형태는 사람에 있

표 5-1 IARC Group1 발암물질이 보여주는 10가지 특징*

특징	관련 증거
1. 친전자성 또는 대사적 활성화	epoxide, quinone 등에서 DNA와 protein adduct의 형성
2. 유전독성	DNA 손상, 삽입, 유전자 돌연변이, 세포유전학적 변화
3. DNA복구의 손상이나 게놈의 불안정 유발	DNA 복제 또는 복구의 변성
4. 후성유전학적 변화 유도	DNA methylation, histone 변성, microRNA 출현
5. 산화스트레스	산소라디칼, 거대분자에 산화손상
6. 만성염증 유도	백혈구증가, myeloperoxidase 활성, 변경된 사이토카인 및/또는 케모카인 생성
7. 면역억제	면역체계의 감시기능 저하, 면역기능 이상
8. 수용체 매개 효과 조절	수용체의 활성화 또는 비 활성화
9. 불멸화 초래	노화 억제, 세포 형질전환
10. 세포증식, 세포사망, 영양공급의 변화	증식 증가, 세포 사멸 감소, 성장 인자의 변화, 세포 복제 또는 세포 주기 조절과 관련된 에너지 및 신호 전달 경로, 혈관신생

*Table 1 of Smith MT, Guyton KZ, Gibbons CF, et al. Key characteristics of carcinogens as a basis for organizing data on mechanisms of carcinogenesis. Environ Health Perspect 2016;124:713-721

어서 '발암성의 근거'에 기반한 것으로 발암성의 근거가 높은 물질과 낮은 물질을 분류하는 방법으로 대표적인 분류가 국제암연구소의 발암물질 분류이다. 이에 비하여 발암물질의 잠재력(potency)을 더 고려한 분류체계도 찾아볼 수 있는데 이 경우 인간 또는 동물에서 발암성의 근거가 충분한 물질들에 대해 그 잠재력(potency)까지 추가로 평가한 것이다. 예를 들면 용량-반응 관계나 중독량(TD, Toxic Dose)에 기반하여 잠재력을 상(High), 중(Medium), 하(Low)로 구분하는 체계로 노르웨이나 스웨덴에서 사용되기도 하였다. 본 장에서는 발암물질 분류로서 가장 많이 이용되는 데이터베이스인 국제암연구소의 분류를 위주로 발암물질을 분류하였다.

1) 국제암연구소(IARC)의 발암물질 분류

발암물질을 확인하고 과학적으로 평가하는 일은 1965년 국제암연구소가 설립된 이래로 가장 중요한 활동 중의 하나였다. 1971년부터 화학물질의 발암성을 평가한 보고서인 Monograph를 발간한 이래 현재까지 다양한 물질과 직업적 및 환경적 노출, 식이와 생활습관 등에 대한 발암성 평가 모노그래프를 발간하고 있다. 국제암연구소는 (1) 발암 가능성이 있고, (2) 사람에게 노출이 되고 있는 물질을 기준으로 평가할 물질을 선정하며 인구집단을 대상으로 한 역학연구, 동물실험 결과, 그 외의 기전과 관련된 자료 등을 이용하여 발암성의 근거에 대해 평가를 내린다. 사용하는 자료와 마찬가지로 사람에서의 발암성, 실험동물에서의 발암성, 기전과 관련된 자료에서 각각 발암성에 대한 근거가 충분한지 여부를 판단하게 된다. 2019년에 IARC는 최근 발암물질분류의 목적과 기준을 보완하였다. IARC의 발암물질 선정은 hazard에 대한 평가이며, 노출수준이나 용량반응을 고려한 risk 평가는 아니라는 점을 분명히 하였다. 또 사람에서 발암성이 없을 가능성이 높은 Group 4 분류를 삭제하였다. 인구집단과 노출상황에 따라 발암성이 없는 경우를 정의하는 것이 불가능하다는 것이 삭제 이유였다. 사람에서의 발암성, 실험동물에서의 발암성, 기전과 관련된 자료의 증거 수준에 따라 IARC는 [표 5-2]와 같이 발암물질을 분류한다.

이러한 분류체계에 따라 2022년 4월 현재 Group 1에 121개 물질, Group 2A에 93개 물질, Group 2B에 320개 물질, Group 3에 501개 물질이 분류되어 있다.

이러한 발암물질의 분류는 개별 국가 또는 국제기구에서 위험성평가, 암 예방과 관련된 정책 결정, 암 예방 프로그램의 개발 등을 위하여 제정된 것이다. 그러나 각 나라별로 사회경제적 상황이나 보건학적 우선순위가 다양한 만큼 국제암연구소의 발암물질 분류는 규제와 관련

표 5-2 IARC의 발암물질 분류체계

사람에서 발암성 증거	실험동물의 발암성 증거	기전 관련 증거	분류
충분			Group 1 : 인체에 발암성이 있는 물질
	충분	강력(사람에 노출)	
제한적	충분		Group 2A : 인체에 발암 가능성이 높은(probably) 물질
제한적		강력	
	충분	강력(사람의 세포나 조직)	
		강력(기전)	
제한적			Group 2B : 인체에 발암 가능성이 있는(possible) 물질
	충분		
		강력(실험시스템)	
	충분	강력(인체 실험 외 실험들)	Group 3 : 인체에 발암물질로 분류되지 않는 물질
그 외 위에 나열되지 않은 모든 상황들			

된 부분을 포함하지 않고 있으며 이를 사용하는 개별 국가나 국제단체에서 이를 참고로 하여 각자의 규제를 정할 것을 권고하고 있다.

2) 우리나라의 발암물질 분류

대부분의 개별 국가에서는 발암물질임이 의심되는 화학물질에 대한 독자적인 등록자료를 개발하고 평가하기 위한 전문적 지식과 행정적 구조가 부족하므로 대개 국제기구나 선진국에서 편찬된 목록을 차용하게 된다. 2022년 현재 우리나라의 경우 단일한 발암물질 목록과 분류를 규제에 이용하고 있지는 않으며 각각의 법마다 조금씩 상이한 목록과 체계를 가지고 있다.

(1) 산업안전보건법

산업안전보건법 상의 발암물질은 시행규칙 별표 18 제1호 나목 6항에 암을 일으키거나 발생을 증가시키는 물질로 정의되어 있다. 2019년에 개정된 산업안전보건기준에 관한 규칙 별표 12에 관리대상 화학물질 리스트에는 특별관리물질로 표기되어 있는 물질들이 있는데, 발암성 물질, 생식세포 변이원성 물질, 생식독성(生殖毒性) 물질 등 근로자에게 중대한 건강장해를 일으킬 우려가 있는 물질들에 해당한다.

2018년 7월 30일 개정된 화학물질 및 물리적 인자의 노출기준(고용노동부고시 제2020-48호)에서 발암성물질은 1A, 1B, 2로 명확히 규정하고 있다. 고시 원문에 따르면, "발암성, 생식세포 변이원성 및 생식독성 정보는 법상 규제 목적이 아닌 정보제공 목적으로 표시하는 것으로서 국제암연구소(International Agency for Research on Cancer, IARC), 미국산업위생전문가협회(American Conference of Governmental Industrial Hygienists, ACGIH), 미국독성프로그램(National Toxicology Program, NTP), 「EU의 분류·표시에 관한 규칙(European Regulation on the Classification, Labelling and Packaging of substances and mixtures, EU CLP)」 또는 미국산업안전보건청(American Occupational Safety & Health Administration, OSHA)의 분류를 기준으로, 생식세포 변이원성 및 생식독성은 EU의 분류·표시에 관한 규칙(European Regulation on the Classification, Labelling and Packaging of substances and mixtures, EU CLP)을 기준으로 「화학물질의 분류·표시 및 물질안전보건자료에 관한 기준」에 따라 분류한다."로 규정되어 있다.

(2) 유해화학물질 관리법

환경부에서 발암성물질을 포함하는 유해화학물질이란 유독물, 관찰물질, 취급제한물질 및 취급금지물질, 사고대비물질, 그 밖에 유해성 또는 위해성이 있거나 그러할 우려가 있는 화학물질을 말한다. 이 법은 화학물질에 의한 국민건강 및 환경상 위해를 예방하기 위한 방안으로서 신규화학물질의 유해성심사, 화학물질의 배출량조사 및 유통량 조사 등의 제도를 두고 있다. 유해화학물질관리법에서 개별물질의 발암성 여부는 산업안전보건법의 화학물질 및 물리적 인자의 노출기준과 같이 GHS 분류에 따라 표기하고 있으며 「유독물 등의 분류기준 및 표시방법에 관한 규정」(국립환경과학원고시 제2013-20호)의 별표 4 분류·표시 목록에서 표기하고 있다.

더 읽을거리

Abel EL, DiGiovanni J. Multistage carcinogenesis. In: Penning TM, ed. Chemical Carcinogenesis. New York, NY: Springer; 2011:27-52.

Jonathan M Samet, et al. The IARC Monographs: Updated Procedures for Modern and Transparent Evidence Synthesis in Cancer Hazard Identification, JNCI: Journal of the National Cancer Institute, Volume 112, Issue 1, January 2020, Pages 30-37, https://doi.org/10.1093/jnci/djz169

제6장

인간공학적 위험요인

강모열

제1절 개요

1.1 개념

인간공학(人間工學)은 인간과 기계(또는 도구)와의 상호작용(interaction) 및 그 상호작용에 영향을 미치는 여러 요인들을 연구하는 분야로서, 인간의 육체적, 심리적, 사회적 특성과 한계를 파악하여 인간이 사용하는 시스템의 설계와 운영에 응용하는 학문이다. 즉, 인간과 시스템이 서로 부합하는 양립성(compatibility)을 확보하는 원칙과 기술이라 하겠다.

인간공학은 영어로는 'ergonomics' 또는 'human factors'라고 한다. ergonomics라는 명칭은 그리스어 ergon(작업, 일이라는 뜻)과 nomos(법칙이라는 뜻), ics(학문을 뜻하는 접미어)가 합성된 것으로, 1857년도에 폴란드의 자스트러제보스키(Wojciech Jastrzebowski)가 처음 언급하였으며, 1950년대부터 영국의 머렐(K. F. H. Murrell)에 의하여 널리 쓰이기 시작하였다. 미국에서는 보다 심리적인 측면을 강조하는 human factors라는 용어를 1950년대 중반부터 사용하고 있다. 현재 두 용어는 같은 의미로 사용되고 있다.

인간공학은 인간과 작업, 기기, 환경, 업무 사이의 관계를 과학적으로 연구하는 학문으로서 ① 인간의 특성; 능력, 반응시간, 지각, 의사결정, 학습, 피로, 내성, 개인의 기호, ② 기계와 작업공간의 설계; 신체의 치수(길이), 운동의 강도와 범위, 기기의 정보 흐름, 힘의 지원, 단순 또는 복잡한 제어계, 디스플레이와 제어의 레이아웃, 작업자세, ③ 환경조건; 조명, 소음, 온도, 습도, 진동, 분진, 배기가스, ④ 조직과 체계; 사고, 안전, 개인의 선택과 훈련, 검사, 자동화, 완전한 인간-기계 시스템의 분석과 설계 등의 영역을 포함하고 있다. 인간공학은 하나의 종합적인 과학이므로 생리학, 심리학, 기계 · 전기 · 항공 공학, 디자인, 체육학, 인류학, 수학, 물리학 등 각 분야의 협력으로 이루어진다.

국제인간공학협회(International Ergonomics Association)에서는 인간공학의 여러 분야를 다음의 세 가지로 구분하고 있다.

신체 인간공학(physical ergonomics)은 신체적 활동 시의 해부학적, 인체측정학적, 생리학적, 생체역학적인 특성에 관한 분야이다. 작업자세, 중량물 취급작업, 반복동작, 작업관련성 근골격계 질환, 작업장 설계, 산업안전 · 보건 등의 세부 분야가 이에 포함된다.

인지 인간공학(cognitive ergonomics)은 작업 시의 정신적인 과정, 즉 지각(perception), 기억, 추론과 동작반응을 다루는 분야이다. 심리적 부하, 의사결정, 숙련과정, 인간-컴퓨터 상호작용, 인간 신뢰도, 작업스트레스,

작업자 교육 · 훈련이 이에 해당된다.

조직 인간공학(organizational ergonomics)은 조직의 구조, 정책, 처리과정 등을 포함한 사회기술적인 (sociotechnical) 시스템의 최적화를 연구한다. 관련 주제로는 의사소통, 인적 자원관리, 작업설계, 팀워크, 참여적 설계, 협업작업, 신기술 도입, 품질경영 등이 있다.

1.2 목적 및 필요성

산업화와 함께 다양한 기계, 도구, 제품, 작업환경 등이 도입되었으나 인간에게 적합하게 만들어진 것이 아니어서 오히려 인간이 그에 맞게 적응해야 했다(fitting the human to the machine/task). 그 결과 불편함, 비능률, 사고 등 부적절한 결과들이 발생하였고, 제품이나 환경의 설계 시에 인간의 특성을 고려하는 사용자 중심적인 개념이 필요하게 되었다(fitting the machine/task to the human). 이에 인간공학은 안전하고 생산적인 작업장을 보장하기 위한 작업의 신체적, 인지적 요구를 충족하기 위해 발전하였다. 인간공학 전문가의 역할은 개인 및 조직 목표를 효율적으로 달성하면서 피로, 불편 및 부상을 최소화하도록 작업자의 일터, 작업장, 도구, 장비 및 절차를 설계하거나 개선하는 것으로, 해당 직무를 수행하는 사람들의 신체적, 인지적 능력 내에서 직무의 요구를 유지하는 것을 목표로 한다. 결론적으로 인간공학의 목적은 인간-기계 간 상호작용을 개선함으로써 인간-기계 시스템의 성능을 높이는 데 있다. 이러한 성능의 지표로는 생산성, 효율성, 편리성, 인적 오류 및 안정성, 작업자 만족 및 동기부여, 건강보호, 삶의 질 등이 있다.

직업보건 분야에서 인간공학 프로그램의 목적은 시설, 기구, 기계, 도구를 비롯하여 신체 크기, 강도, 유산소능력, 정보처리 능력 등 근로자의 속성에 적합한 직무요구도를 반영하여 설계함으로써 안전한 작업환경을 유지하는 것이다. 성공적인 인간공학 프로그램은 건강을 개선하는 동시에 생산성을 향상해야 한다. 반대로, 작업환경 및 직무의 설계 시에 인간공학적 요인을 고려하지 못한다면, 급성 손상과 만성적인 근골격계 질환을 포함한 다양한 건강장해의 위험을 초래할 수 있다.

1.3 작업생리와 생체역학

작업장에서의 육체적 작업은 근로자에게 이동, 운반, 걷기, 오르내리기, 들기, 잡기 등 다양한 형태로 나타나는데 이것은 모두 근육 수축의 결과이다. 이러한 활동을 통해 업무 중 원하는 작업을 수행하게 되는 것 외에도, 근로자에게 생리적 및 생체역학적 반응이 생길 수 있다.

생리적 반응은 근육의 수축을 시작하기 위한 이온의 방출로 시작되는데, 이때 에너지를 소비하고 대사산물을 생성하게 된다. 근육의 수축은 내부 혈관을 압박하기 때문에, 일하고 있는 근육에 혈액 공급이 감소한다. 주기적 이완이 없다면 대사 영양분과 산소에 대한 수요가 공급을 초과하고 대사 노폐물이 축적된다. 에너지가 고갈되거나, 대사산물의 과다 축적 및 이온 불균형이 오게 되면, 근력과 운동조절 능력의 저하를 가져와 일시적인 피로 반응이 생기게 한다. 국소 근육 피로는 일반적으로 몇 분 또는 몇 시간 내에 발생한 후 회복되는 일시적인 반응이다. 회복은 작업 중단과 함께 시작되는데, 심각도에 따라 몇 초에서 몇 시간이 소요될 수 있다. 국소 근육 피로는 지속적인 정적인 작업, 고강도 작업, 또는 반복성이 높은 작업을 수행하기 위해 인체 분절을 필요로 하는 작업 활동에 의해 생길 수 있다. 또한 기관실에서 작업하는 동안 몸통을 숙이거나, 전선을 설치하기 위해 장시간 팔을 머리 위로 올린 채로 일할 때와 같이 부자연스러운 자세를 유지함으로써 발생할 수도 있다. 국소 근육 피로로 인해 단기적으로 통증, 떨림, 근력의 감소가 발생하는데, 이러한 피로가 장기화되면 허혈과 자유 라디칼 생성으로 인한 조직 손상이 진행될 수 있다. 추가적인 손상이 없다면 손상된 조직이 복구되는 데에는 몇 주가 소요된다.

생체역학(Biomechanics)이란 인간의 몸을 비롯한 생체의 구조와 기능을 역학적 원리를 이용하여 이해하고 설명하는 것을 말한다. 생체역학적 모형(model)은 인체의 기계적 특성을 수학적으로 표현한다. 이를 통하여 근골격계의 특정 요소에 부여되는 부하를 추정할 수 있으며, 자세의 불균형 또는 상해를 유발하는 위험한 상황을 예방하는 작업을 설계하는 데 도움이 된다. 생체역학적 모형수립의 기본이 되는 것은 뉴턴의 3법칙(관성의 법칙, 가속도의 법칙, 작용 반작용의 법칙)이다.

신체의 전체 또는 일부가 움직이지 않을 때를 정적 균형(static equilibrium) 상태에 있다고 한다. 물체가 정적 균형 상태에 있으려면 물체에 가해지는 외부의 힘의 합계가 0이 되어야 하며, 외부에서 가해지는 모멘트의 합계도 0이 되어야 한다. 정역학(statics)의 원리는 근골격계의 여러 관절과 근육 속에 관계하고 있는 힘의 성질과 크기를 분석하기 위해 적용되어 왔다. 한편, 동역학(dynamics)의 원리는 운동 기술 분석, 보행 분석 및 분절 동작 분석에 활용한 운동역학에서 많이 응용되고 있다.

정적 작업은 근육이 수축한 상태가 지속되는 작업을 일컫는데, 자동차 엔진을 고치는 작업과 같이 몸을 계속 굽히고 있어야 하는 부자연스러운 자세가 지속되는 작업, 이삿짐을 옮기는 작업과 같이 힘이 많이 요구되는 작업은 심각한 정적 작업의 예로 볼 수 있다. 근육이 수축하게 되면 인근 조직에 의하여 혈관이 눌리고, 근육의 긴장도가 증가함에 따라 혈관의 압박이 증가하여 결국 근육에 혈류 장애가 유발된다. 만약 근육이 주기적으로 이완되지 않으면 대사에 필요한 영양의 수요보다 공급이 부족해져서 근육에 젖산 등 대사폐기물이 축적된다. 이러한 상태가 장기적으로 유지되면 허혈 통증, 진전, 근육 긴장도 저하를 유발하고, 작업능력을 떨어뜨린다.

동적 작업은 정적 작업과 달리 근육의 수축과 이완이 반복된다. 평지를 걷거나, 자전거를 타거나, 계단을 오르는 등의 작업은 전신 근육의 수축과 이완을 반복하게 하는 동적 작업이다. 이러한 전신 동적 작업은 근육에 산소와 당이 적절히 공급되고 대사된 폐기물도 적절히 배출되어야 하는데, 이는 심폐기능에 의하여 영향을 받는다. 전신 피로는 작업을 하는 활동 근육에 이러한 영양 공급과 대사물 배출이 적절히 이루어지지 못할 때 발생한다. 이때 빈호흡, 전신적인 근육 쇠약감, 근육통 등의 증상이 발생하게 되는데, 이러한 증상은 작업이 중단되거나 작업강도가 감소될 때까지 지속되거나 악화된다.

1.4 인간공학과 근골격계 질환

생체역학적 스트레스는 근육과 외부 작업 대상(예: 장비 제어, 부품 및 재료, 작업 대상에 도달, 파악 및 이동을 위한 신체 움직임) 간의 힘 전달로 인해 발생한다. 일정 한도 내에서 신체는 스트레스에 적응하지만, 적응에는 한계가 있다. 근골격계 질환에 대한 감수성은 사람마다 다르므로, 생체역학적 스트레스와 근골격계 장애 사이의 '용량-반응' 관계는 확률적으로 나타난다. 따라서 업무관련성을 평가할 때는 근골격계 질환에 대한 인간공학적 위험요인들을 검토하여 신중하게 접근할 필요가 있다.

한편, 근골격계 질환 예방을 위해 업무환경에서 인간공학적 위험요인을 완전히 제거하는 것은 현실적으로 쉬운 일이 아니다. 이는 특정 업무를 수행하기 위해서는 인간공학적 신체부담이 불가피한 경우가 많고, 인간공학적 위험요인들이 서로 긴밀하게 연관되어 있기 때문이기도 하다. 만약 어떠한 작업에서 사용되는 힘을 감소시키고자 개선책을 도입할 경우 반복성도 증가시키지 않고 작업시간도 늘리지 않게 하는 것을 동시에 달성하는 것은 매우 어려울 수 있다.

제2절 인간공학적 위험요인

근골격계 질환의 예방과 관리를 위해서는 작업장 내외의 위험요인을 파악하고 최소화하는 것이 필수적이다. 근골격계 질환의 위험요인은 작업과 관련된 생체역학적 요인, 사회심리적 요인 및 개인적 요인 등 매우 다양하며, 이러한 요인들이 복합적으로 작용한다. 주지할 점은 근골격계 질환은 장기간에 걸쳐 발생하며, 유발하는 요인이 다양하고 상호 관련성이 높아서 서로 분리될 수 없는 경우가 많으므로 요인의 파악 및 관리, 질환의 예방이 다른 직업병보다 무척 어렵다는 것이다. 그리고 위험요인의 특성상 위험요인의 근원을 완전히 제거하기가 힘들기 때문에 종합적이고 체계적이며 지속적인 접근이 필요하다.

2.1 생체역학적 위험요인

직업과 관련된 근골격계 장애는 종종 과도한 생체역학적 스트레스(biomechanical stress)로부터 초래된다. 이러한 스트레스는 작업장 설계 및 작업방식으로 인하여 발생하는 요인들로, 일반적인 근골격계 질환의 인간공학적 위험요인인 반복적인 동작, 부적절한 작업자세, 무리한 힘의 사용, 날카로운 면과의 신체접촉, 진동 및 온도 등 근골격계 질환의 발생 위험성이 있는 요인을 말한다.

각각의 위험요인을 작업 내용과 관련하여 살펴보면, 과도한 힘과 관련된 요인으로는 드는 작업(lifting), 미는 작업(push), 끄는 작업(pull), 공구를 이용한 조립작업 등이 있고, 접촉관련 요인으로는 작업대, 키보드, 작업공구 및 가위 사용으로 인한 손목, 손바닥 또는 상완 등의 국소적인 신체 압박이 있으며, 작업자세와 관련된 요인으로는 집는 작업(pinch), 쥐는 작업(power grip), 팔을 드는 작업(abduction), 팔을 머리 위로 뻗거나 몸통 뒤로 뻗어 도달케 하는 작업(reaching overhead or behind the torso), 손목이 비틀리는 작업(deviation), 손목을 굽히거나 젖히는 작업(flextion/hyper-extension), 과도하게 팔꿈치를 펴는 작업(extreme elbow flextion), 팔을 비트는 작업(forearm rotation) 등이 있다.

작업수행과 관련한 물리적 스트레스는 근골격계 질환의 직접적인 발병요인임이 입증되어 왔다. 미국의 산업안전보건연구원(National Institute for Occupational Safety and Health, NIOSH)과 국립과학원(National Academy of Sciences)에서는 인간공학적 위험요인들과 근골격계 질환 발생과의 관련성에 관하여 2,000개 이상의 연구들을 분석한 결과를 정리한 바 있다(NIOSH, 1997). 근골격계 질환의 인간공학적 위험요인과의 인과관계를 각 인체 부위별로 살펴보면, 팔, 손목/손은 반복동작, 힘, 작업자세 등이 복합적으로 영향을 미치고, 목과 어깨 부위는 작업자세, 요부(등)는 들어올리기/힘든 육체작업과 전신진동이 큰 영향을 주는 위험요인이다. [표 6-1]은 신체부위별 근골격계 질환과 인간공학적(생체역학적) 유해인자의 원인적 연관성의 정도를 나타낸 것이다.

1) 과도한 힘과 중량물 취급

NIOSH에서 정의하는 육체적으로 힘든 일(Heavy manual labour)이란, 신체의 힘을 필요로 하는 일로 높은 에너지가 요구되는 것을 뜻한다. 힘은 몸을 움직이거나 작업 물체를 잡거나 이동시키기 위해 가해지는데, 과도한 힘을 요구하는 일은 근육, 건, 인대, 관절에 더 큰 부담을 주게 된다. 힘이 들수록 증가된 힘을 유지하기 위해 다른 심리적 요구 및 더 많은 근육의 사용과 같은 신체적 요구 또한 높아지게 된다. 이러한 형태의 경험이 지속되고, 또한 회복에 필요한 시간이 충분히 확보되지 않았을 때는 피로감뿐만 아니라 근골격계 질환을 유발할 수도 있다. 대부분의 상지 부위에서 과도한 힘과 관련한 근골격계 질환에 대한 역학적 인과관계가 성립되었으며, 특히 반복작업 및 부자연스러운 자세와 함께 복합노출

표 6-1 근골격계 질환과 인간공학적 위험요인과의 관련성(NIOSH, 1997)

신체부위		위험요인	관련성 높음	관련성 있음	관련성 불충분
목 목/어깨		반복		V	
		힘		V	
		자세	V		
		진동			V
어깨		반복		V	
		힘			V
		자세		V	
		진동			V
팔꿈치		반복			V
		힘		V	
		자세			V
		위험요인 복합	V		
손/ 손목	손목터널 증후군	반복		V	
		힘		V	
		자세			V
		진동		V	
		위험요인 복합	V		
	힘줄염	반복		V	
		힘		V	
		자세		V	
		위험요인복합			
	수지 진동증후군	진동	V		
허리		들기/이동	V		
		불편한 자세		V	
		힘겨운 작업		V	
		전신진동	V		
		정적인 자세			V

될 경우, 근골격계 질환에 대한 위험이 더욱 상승하는 효과를 나타낼 수 있다. 그러므로 작업관련 근골격계 질환에 대한 위험인자로서 과도한 힘은 역학적 기여 정도가 높은 것으로 간주된다.

중량물 작업은 일정한 중량 이상의 중량물을 한 장소에서 지지하거나(혹은 잡고 있거나) 다른 장소로 옮기기 위해 행해지는 일련의 동작을 말하며, 보통 들기, 내리기, 운반, 밀기, 당기기 작업으로 구분되고 있다. 이때 중량에 대한 기준은 약간씩 차이가 있으나, 보통 4.5kg 이상을 기준으로 제시하고 있으며, 연구기관에 따라 3kg 이상을 대상으로 하는 경우도 있다(ISO 12288-1). 우리나라는 산업안전보건법에서 5kg 이상의 중량물을 취급할 때는 중량물 표시 등 중량물 작업에 대한 특별조치를 취하도록 하고 있다. 중량물 취급작업은 특히 요추부 질환의 발생과 관련성이 매우 높다. 객관적인 측정방법을 이용하여 특정 들기 작업에 대해 평가할 때, 평가결과가 나쁠수록 요추부 질환 발생의 위험은 증가하게 된다. 중량물 취급 시에 척추에 미치는 영향은 취급물의 크기, 모양, 무게, 움직이는 수평/수직거리, 척추의 굽힘/비틀림, 횟수에 따라 달라진다.

2) 부자연스러운 자세

모든 자세는 오래 유지되면 스트레스를 유발하며, 신체의 어떤 관절이라도 부자연스러운 자세에 의해 불편함이나 피로가 발생한다. 예를 들어, 침대에 눕거나 안락의자에 앉는 것은 처음에는 편하게 느껴지지만, 시간이 오래 지나면 결국 불편해진다. 반대로 팔을 머리 위로 쭉 뻗는 등 스트레스가 심한 자세도 잠시 동안은 이완감을 줄 수 있다. 따라서 다음과 같은 질문이 가능하다. 특정 자세가 다른 자세보다 스트레스를 더 많이 주는 것은 무엇 때문인가? 첫째, 어떤 자세는 다른 자세보다 더 많은 힘과 에너지의 사용이 필요하다. 예를 들어, 팔을 몸에 가까이하거나, 파워 그립 자세보다 팔을 뻗거나, 핀치 그립으로 동일한 힘을 생성할 때 더 많은 신체부담이 발생하게 된다. 둘째, 어떤 자세는 다른 자세보다 더 큰 내부 스트레스를 유발한다. 이러한 스트레스에 취약한 부위는 관절 주변의 힘줄, 신경 및 혈관이다. 예를 들어, 손목을 구부린 상태에서 손을 사용하면 굴근의 힘줄이 정중신경을 누르게 된다.

부자연스러운 자세는 일반적으로 신체에 부담을 주거나 혈행을 막는 수준을 말하는데, 예를 들어 목 부위에서는 너무 상방향을 주시할 때 이러한 자세가 생길 수 있다. 또한 키보드 작업을 하는 경우 손을 내회전(pronation)시킨 상태를 유지해야 하는데 이때 전완근육의 부담이 증가하게 된다. 손목을 굴곡시키고 작업하면 수지 굴건의 정중신경의 압박에 의한 수근관증후군의 위험성이 증가된다.

중력을 거스르거나 모멘트를 유발하는 외력이 신체부위에 가해지는 경우에도 부자연스러운 자세가 초래된다. 몸통과 어깨의 부자연스러운 자세는 예를 들어, 통 속으로 허리를 굽혀야 하거나, 몸 뒤로 물건을 두거나, 머리 위 선반이나 컨베이어로 팔을 뻗거나, 장비를 조종하기 위하여 팔을 뻗어야 하는 거리가 먼 경우에 발생한다. 특히, 어깨에 있어서 자세 스트레스는 가장 중요한 인간공학적 위험요인이다. 팔꿈치를 어깨 위로 들어 올려서 오랫동안 작업하는 경우, 어깨에서 극상건이 견봉과 상완골두에 포착될 수 있다. 무릎을 꿇는다거나 쪼그린 자세로 작업하는 경우에도 압박으로 인해 무릎의 근골격계 질환을 유발할 수 있다.

이는 허리부위에서도 마찬가지인데, 작업자세와 관련하여 허리부위 신체부담의 핵심적인 요소는 허리를 얼마나 앞으로 숙이느냐(bending)와 옆으로 비트느냐(twisting)이다. 물론 허리를 뒤로 젖히는 자세(extension)도 지적되고 있으나 이는 비교적 문제가 되는 경우는 드물다. 허리를 숙이거나 옆으로 비트는 자세의 위험도는 각도에 따라 달라지는데, 많은 연구들에서 대체로 각도가 20도 미만일 때는 별다른 위험성에 대한 언급이 없으며, 20~45도 사이일 때는 부적절한 자세, 그리고 45도 이상일 때는 매우 부적절한 자세로 분류하고 있다. 요통 발생과 관련한 위험도 측면에서 부적절한 작업자세는 독립적으로 문제되는 경우보다는, 대부분 힘, 반복성과 함께 허리의 손상에 복합적인 위험요인으로 작용한다. 그러므로 근골격계 질환 예방과 업무관련성 평가 시에는 부적절한 작업자세와 노출시간, 중량물 작업, 전신진동과의 노출 특성을 동시에 고려할 필요가 있다.

3) 반복작업

반복작업은 업무수행과 관련한 신체 동작의 시간적 특성을 반영한다. 유사한 동작이 8시간 작업 기간 동안 빈번하게 반복된다면(예: 매 몇 초마다), 피로와 근육-건에 대한 부하가 축적될 수 있다. 오랜 휴식을 취하는 것보다는 작업 중 짧더라도 자주 쉬는 것이 건과 근육의 피로에서 더 빨리 회복될 수 있다. 같은 작업을 수행하는데 반복적인 동작에 부자연스러운 자세와 힘이 동반될 경우에 근골격계 질환의 위험이 더욱 증가된다. 반복적인 동작이 많은 직종에서 업무의 사이클이 더 짧아지면

(분당 반복횟수가 증가하면) 근로자들은 더 높은 상해 위험에 처하게 된다. 업무 사이클이 짧은 곳에서는 같은 근육이 지속적으로 사용되며, 근육은 업무 사이클을 수행하는 데 필요한 힘을 회복하기 위한 충분한 휴식을 갖지 못하게 된다. 즉, 업무 사이클이 짧은 곳에서는 어떤 근육은 사용되는 한편 다른 근육은 거의 사용하지 않게 된다. 따라서, 사용되는 근육의 피로는 계속해서 누적되어 근육과 건의 과로로 이어진다.

특정 근육 사용의 반복성을 평가하기 위해서는 사용되는 근육이나 관절, 사이클 당 소요 시간, 시간당 움직임 횟수가 고려되어야 한다. 팔 부위와 관련하여서는, 대부분의 연구에서 고도의 반복성을 1분에 2~4회 이상 또는 30초 이하의 주기로 행동을 수행하는 것으로 정의하고 있다. 하지만 운동의 반복성이 이러한 지침을 초과하지 않는다 하더라도, 기간(duration)이 중요한 역할을 할 수 있는데, 총 4시간 이상 연속적으로 특정 작업을 수행하는 경우에는 신체부담이 어느 정도 있는 것으로 간주된다. 일반적으로 작업 사이클과 관련해서 상지의 반복적 움직임으로 작업 사이클(cycle time)이 30초 이내이거나 이러한 사이클 이내에 동일한 동작이 50% 이상을 차지할 경우에 고반복으로 정의된다. 그리고 관절 움직임이 분당 20회를 초과할 경우에도 고반복으로 정의된다. 한편, 조립라인에서의 반복성은 라인의 속도의 함수나 작업의 한 단위를 완성하기 위한 시간으로 표현되고, 은행이나 보험회사의 사무원의 반복성은 하루에 처리되는 양식의 수에 의하여 결정된다. 슈퍼마켓 계산원의 경우 반복성은 업무시간 동안 상품을 스캔한 수가 될 것이다. 컴퓨터 자판에서 하루에 수 만개의 글자를 입력하거나 수 천 개의 나사를 조립하는 것도 심각한 반복작업으로 간주할 수 있다.

기본 작업 사이클이 30초 이하이거나 작업의 50% 이상 손의 운동이 유사한 경우는 상지의 근골격계 장애가 증가한다. 조립라인 등 제조업 근로자들에 대한 코호트 연구에 의하면 반복작업은 어깨 증상과 관련이 있으며, 전완부에서도 위험요인으로 간주된다. 수근관증후군 등 상지의 근골격계 질환에서 반복성이 매우 중요한 위험요인이지만, 반복성이 상지에만 국한된 근골격계 위험요인은 아니다. 반복되는 들기 작업과 중량물 취급도 요통을 증가시킨다. 반복적으로 무릎관절을 사용하는 것은 무릎의 퇴행성 질환을 유발하는데, 예를 들어, 계단을 반복적으로 자주 오르내리는 일이 무릎관절과 고관절의 골관절염 발생과 관련되어 있다.

4) 접촉 스트레스

접촉 스트레스는 신체의 일부에 가해지는 국소적인 힘으로 정의된다. 이는 주로 신체의 조직이 딱딱하거나 날카로운 물건이나 장비 및 도구와 접촉에 의해 압박이 가해져서 발생한다. 예를 들어, 작업 중에 딱딱한 면이나 기계와 접촉하는 부위, 도구 손잡이, 공작대 모서리, 기계 모서리, 그리고 심지어 불편한 의자처럼 날카로운 모서리들은 인체의 작은 부분에 힘을 집중시켜서 높고 국소적인 압력을 가한다. 이런 압력은 피부에 가까이 있는 신경, 혈관, 그리고 다른 연부조직에 압박을 가해서 조직 특이적인 손상(즉, 신경 전도의 감소, 혈류 감소, 그리고 건과 건초에 기계적인 손상)을 유발한다. 이러한 부위로는 손가락, 손바닥, 손목과 팔뚝, 팔꿈치 및 무릎 등이 해당된다. 접촉 스트레스에 의한 국소적인 압력은 스스로 질환을 유발하거나 다른 조직이 손상을 받도록 소인을 제공할 수 있다.

5) 진동

국소적이건 전신적이건 진동은 인체에 다양한 영향을 미치는데 근골격계에도 영향을 줄 수 있다. 국소진동은 특히 손이나 상지부위의 근골격계 질환 위험을 높이는 반면, 전신진동은 척추부위의 근골격계 질환 위험을 높인다.

일반적으로 0.1~500Hz 범위가 인지 가능한 진동주파수 범위이며 이 중에서 인체에 심한 영향을 미치는 진동주파수 범위는 1~90Hz 범위이다. ISO 2631(ISO 1985)은 진동수 40Hz 이상을 전신진동 노출한계로 정하고 있는데 그 이상의 진동에 오랜 기간 노출되면, 신경계, 평형기관 및 청력을 포함한 중추신경계에 손상을 주기 때문이다. 업무와 관련하여 근골격계 질환의 위험이 가장 큰 전신진동 유형은 차량(예: 버스, 지게차 및 건설 중장비) 작동 및 기계 작동(예: 대형 펀치 프레스, 컨베이어 및 용광로)과 관련된 유형이다. 특히, 의자의 쿠션이 충분하지 않은 상태로 거친 노면을 운전하면 진동에 노출된다. 동력 프레스를 사용하는 공장이나 주물공장에서도 바닥으로부터 오는 전신진동에 노출된다. 전신진동에 오랜 기간 노출될 경우 계속적인 수동적 움직임으로 인한 근육, 건, 관절 등에 생리적 기능의 변화가 초래될 수 있다. 장기적인 영향으로 전신진동에 수년간 노출 시 요통 및 척추질환이 증가되는데 특히 추체와 디스크의 원발성 퇴행이 수반되어 일어난다.

국소진동은 보다 국소적인 부위에 스트레스 요인으로 작용하는데, 주로 손가락과 손을 포함한 상지에 영향을 미친다. 대부분의 동력 수공구는 작업자에게 영향을 줄 수 있는데, 자동톱, 공기해머, 전동기, 연마기 등의 진동기구를 사용할 때 국소의 혈관, 신경, 골, 관절, 근육, 지각 등의 이상을 초래하게 된다. 국소진동으로 인한 건강영향은 ① 말초신경기능, 말초순환기능, 말초운동기능장해에 연유된 증상, ② 중추신경성 기능장해에 연유된 증상, ③ 그 외에 근골격계 장해에 연유된 증상으로 나눌 수 있다. 해머, 연마기, 그라인더, 임팩트렌치 등과 같은 전동 수공구에 의한 진동은 수완진동증후군(Hand-Arm-Vibration Syndrome, HAVS)을 일으킬 수 있는데, 이는 근골격계, 혈관, 신경 장애가 혼합되어 발생한다. 수완진동증후군은 많은 경우에 국소진동뿐만 아니라 다른 인간공학적 위험요인과 함께 노출되어 발생한다. 작업자는 진동하는 수공구를 잡고 업무를 수행하기 때문에, 이러한 활동에는 높은 힘, 국부적인 접촉스트레스, 부자연스러운 자세에 동시 노출될 수 있다. 특히 한랭환경에서 업무가 이루어질 경우, 수완진동증후군에서 특징적인 레이노드현상이 일어날 위험이 더욱 높아진다.

6) 온도 스트레스

높은 온도에서는 지속적으로 많은 노력(예, 반복적인 자재 취급)이 필요한 작업에서 심혈관 부하가 증가하는 반면, 낮은 온도에서는 손가락의 유연성과 정확성이 상당히 감소할 수 있다. 손의 힘, 민첩성, 민감도는 18도 이하의 피부 온도에서 크게 영향을 받는다. 사람들은 일반적으로 물건이 손에서 미끄러지지 않도록 하는 데 필요한 것보다 충분하거나 약간 더 많은 힘을 가하는데, 피부의 체온이 낮으면 감각 기능이 감소하여 과도한 힘이 가해진다. 저온 노출의 원인에는 외기(ambient air), 작업 자재(work materials) 및 도구의 배기 공기 등이 있다. 압축공기를 이용한 도구를 사용할 때 압축공기가 손으로 배출되면 국소적으로 손이 차갑게 되거나 손의 기민성 및 촉감이 떨어질 수 있기에 누출을 막거나 압축공기의 배기를 손에서 멀리하여야 한다. 여러 연구에서 한랭 노출은 근육 활성도를 증가시키고, 허리, 무릎, 목, 어깨 부위의 통증과 수근관증후군 등의 위험을 높이는 것으로 보고되었다.

7) 기타 요인

근골격계 질환에 대한 위험에 영향을 줄 수 있는 기타 작업요인에는 소음, 조명, 수공구(hand tool) 디자인 등이 있다. 소음은 통상 원치 않는 음향(unwanted sound)이라고 정의되는데, 청력손실이 가장 중요한 생체영향이지만, 그 외에도 이명, 대화방해, 경고음 감지의 방해, 작업방해, 성가심 등 청각 외 영향이 있다. 소음에 대한 생리반응으로 혈압, 발한 및 맥박이 증가하고, 호흡이 변하며, 전신근육이 긴장된다. 이것은 생체의 적응반응의 일종이지만, 오래 계속되면 오히려 필요한 다른 신체활동을 하는 것을 방해하고, 근육활동의 증가를 요구하게 한다. 한편, 수공구 디자인도 작업에 드는 힘을 변형시킬 수 있다. 핀치그립은 파워그립보다 5배 정도 힘이 더 소요된다. 손을 보호하기 위하여 장갑을 낀 채로 작업을 하는 경우에도 손에 부하가 증가하고 악력이 감소할 수 있다.

2.2 사회심리적 요인

근골격계 질환과 관련하여 사회심리적 요인은 최근 직

업안전보건 분야에서 많은 관심을 받고 있다. 사회심리적 요인이 근골격계 질환의 직접적인 요인은 아니라고 할지라도 다른 생체역학적 요인과 심리사회적인 요인이 동시에 작용할 때 어느 한 요인이 독립적으로 작용하는 것보다 근골격계 질환 발생에 미치는 영향이 훨씬 크다. 그러므로 기존의 물리적이고 기계적인 접근에 추가하여 다양한 사회심리적 요인에 대한 파악 및 관리가 이루어져야 효과적인 근골격계 질환 예방이 가능하다.

근골격계 질환을 악화시키는 사회심리적 요인은 크게 작업조직과 관련된 요인, 작업특성과 관련된 요인, 그리고 직무스트레스 등으로 나눌 수 있다. 작업조직 관련 요인은 교대근무와 같은 근무형태, 의사소통, 성과급제도, 조직문화 등이 중요한 요소이다. 특히 조직 내 의사소통의 문제는 초기 질환자 보고에 부정적인 영향을 줄 수 있어 예방활동에 있어 반드시 고려해야 하는 중요한 요소이다. 작업특성 요인 중에는 부적절한 휴식시간, 작업속도, 작업시간, 시간외 근무, 비숙련 작업, 다양성이 없는 단순작업, 기계 의존적인 작업속도 등이 근골격계 질환 발생과 밀접한 관련이 있는 것으로 보고되었다. 직무스트레스로는 업무재량권, 직무요구도, 작업통제, 성과에 대한 부담, 대인관계 특성, 업무만족도 등이 근골격계 질환 발생위험과 밀접한 관련이 있다. 특히 업무재량권이 적으면서 직무요구도가 높을 때 근골격계 질환의 발병위험이 높은 것으로 알려져 있다. 또한 직무만족도가 떨어지거나 동료 및 상사와의 대인관계가 좋지 않은 경우도 부정적인 요인으로 작용한다.

2.3 개인적 요인

근골격계 질환과 관련된 근로자의 개인적 요인으로는 과거병력 및 사고력, 연령, 성별 등이 있다. 특히 류마티스 관절염이나 알코올 중독, 당뇨병, 악성종양, 통풍, 루프스 등과 같은 기존 질환이 있거나, 교통사고 또는 추락과 같은 사고경력이 있는 경우는 작업요인에 의해 증상을 더 악화시킬 수 있다. 그 외에 비만, 흡연, 근력, 일에 대한 수용능력 등도 근골격계에 영향을 미칠 가능성이 있는 요인으로 간주되고 있다. 그리고 숙련도가 떨어질 때는 무리한 작업 자세나 불필요한 힘의 소요 정도가 더 커지게 되어 근골격계 질환의 발생 위험도가 더욱 높아질 수 있다. 또한 생활 및 취미습관 등의 요인에 의해서도 영향을 받는다. 예를 들어, 규칙적인 운동습관이 있는 경우에는 근육이 발달하고 근력이 신장되어 그렇지 않은 사람들에 비하여 근골격계 질환 유병률이 낮은 것으로 보고되고 있다. 그에 반해 손목을 자주 쓰는 취미활동(악기 연주 등)을 많이 하면 작업요인에 의해 그 증상이 더 심해질 수 있다.

2.4 인간공학적 위험평가

1) 인간공학적 위험평가 개요

인간공학적 평가의 목적은 부적절한 작업장의 구조와 부적합한 작업자세 등 근골격계 질환 발생 요인에 대한 분석을 통하여 작업환경의 위험요인을 파악하고 이를 제거 및 개선함으로써 근골격계 질환의 예방을 위한 자료로 활용하기 위함이다. 이러한 목적이 결과적으로는 작업자의 근골격계 질환을 예방하는데 기여할 것이나, 주의해야 할 점은 이러한 평가결과 자체가 근골격계 질환과의 관련성을 직접 입증하는 것은 아니며 직업성 질환의 진단에 보조적인 역할을 할 뿐이다. 일반적으로 산업장의 작업환경에서 화학적 · 물리적 · 생물학적 유해위험요인에 대한 평가는 작업환경측정을 통해 정량적으로 평가되고 있으나, 근골격계 위험성에 대한 측정 평가로서 이와 같은 작업자의 작업공간/시간상의 인간공학적 위험에 대한 정량적인 측정 평가기법은 아직 확립되어 있지 않다.

2) 인간공학적 평가방법

근골격계 질환의 위험요인 평가는 직종과 질환 코드(Job Title/SIC code)분석, 작업자에 의한 자가평가(worker self report), 전문가의 관찰(systematic observation), 비디오분석, 기구를 이용한 직접 측정

(instrument-based direct measurement), 그리고 실험적 평가와 같은 다양한 방법을 이용한다. 평가방법에 따른 결과의 타당도와 편리성은 상반된다. 즉, 자가 평가 방법과 전문가의 관찰은 타당성이 떨어지고, 기구를 이용한 직접 측정과 실험적 평가는 현장 적용이 어려운 경우가 많다. 이러한 문제점으로 인해 체크리스트를 이용하면서 비디오 분석을 병행하는 것이 세계적인 추세다.

흔히 사용되는 평가도구로는 NLE (NIOSH lifting equation), OWAS (Ovako Working posture Analysing System), RULA (Rapid Upper Limb Assessment), REBA (Rapid Entire Body Assessment), QEC (Quick Exposure Check), MAC (Manual handing Assessment Chart), JSI (Job Strain Index) 등이 있다. 각각의 평가기법은 작업자의 생체역학적 측면의 위험요인들 외에 작업자의 심리적 측면과 작업장의 온·습도 등 다양한 요인들이 복합적으로 작용하는 것을 모두 통합하여 고려한 기법은 거의 없고, 대개 생체역학적 측면 등 몇 가지 요인들에 국한하여 개발된 모형들이다.

유해요인을 평가할 때는 아래 사항들을 고려하여 가장 적절한 기법을 선택하여야 한다.

■ 평가하고자 하는 신체부위

신체 전반 또는 허리, 손/손목과 같이 특정한 부위만을 평가해야 하는지를 고려하여 조사기법을 선택한다.

■ 작업특성

어떤 평가방법은 비정형적인 특성의 작업에 적합하게 개발되었다. 따라서 평가하고자 하는 작업특성을 사전에 파악한 후 적절한 기법을 사용해야 한다. 경우에 따라서는 한 작업장 내에서 여러 기법을 사용해야 하는 상황도 흔히 있다.

■ 평가자의 훈련 정도

평가과정이 복잡하여 반복적인 실습을 필요로 하거나 사전지식을 필요로 하는 경우가 있다. 따라서 적절한 사전교육을 반드시 받고 충분한 실습을 거친 후 평가해야 한다. 그리고 동일한 작업을 여러 사람이 함께 평가하여 비교하는 등의 과정을 거치면 좀 더 정확한 평가가 이루어질 수 있다.

■ 평가결과를 절대적 기준으로 적용하지 말 것

평가결과는 작업개선 대상을 선정하거나 향후 근골격계 질환의 발생 가능성이 높은 관리대상을 파악하는 데 참고자료로 사용되어야 한다. 왜냐하면 근골격계 질환을 일으키는 요인들은 평가대상이 되는 소수 요인이 독립적으로 문제되는 것이 아니라 다양한 요인들이 복합적으로 작용하기 때문이다.

표 6-2 인간공학적 평가기법 선택 시 고려사항

구분	세부내용	조사기법
신체부위를 고려할 때	신체 전반적으로 문제되는 작업	REBA
	손/손목 부위가 문제되는 작업	JSI
	상지가 문제되는 작업	QEC
	허리 부위가 문제되는 작업	OWAS NLE, MAC
작업특성을 고려할 때	조립작업과 같이 일정한 작업주기로 수행되는 작업	REBA, QEC
	조선업, 서비스업과 같이 비정형화적인 작업	REBA, OWAS
	검사, 자료입력 작업과 같이 고정된 자세(앉은 자세 등)에서 주로 손/손목을 사용하는 작업	JSI
평가자를 고려할 때	기초교육을 받은 자	OWAS, QEC, MAC
	전문교육을 받은 자	REBA, JSI

(1) OWAS

OWAS (Ovako Working-posture Analysis System)는 핀란드의 철강회사인 Ovako사와 핀란드 산업안전보건연구원(Finland institute of Occupational Health, FIOH)이 공동 개발한 자세평가 기법으로서, 신체부위별로 정의된 기준에 따라 자세를 코드화하는 기법이다. 평가절차가 간단하여 배우기 쉽고 현장에 적용하기 쉬운 장점 때문에 제철소, 기계, 정비, 의료 등 다양한 작업장에서 많이 이용되고 있다. 여러 작업 중에서 개선이 필요한 작업을 우선적으로 선정하는 용도로는 무리가 없으나, 자세분류를 너무 단순화했기 때문에 정확도가 떨어지는 단점이 있다. 즉, 자세분류의 크기가 크기 때문에 하나의 코드에 여러 자세가 포함될 수 있다. 그리고 힘, 반복성과 지속시간을 고려할 수 없다. 따라서 1차적인 분석도구로 사용되는 것이 바람직하며, 문제점이 발견된 작업에 대해서는 보다 정밀한 기법을 사용한 추가적인 분석이 필요하다.

(2) RULA

RULA (Rapid Upper Limb Assessment)는 1993년 영국 노팅엄대학의 McAtamney와 Corlett이 상지 중심으로 개발한 기법이다. 이 방법은 조립라인 및 VDT 작업을 반복적으로 수행할 경우 주로 상지의 작업 자세의 위험성을 평가한다. 여기서는 자세와 부하수준을 함께 분석하므로 OWAS보다 합리적이라 할 수 있다. RULA는 상체를 주로 사용하는 작업자에서 구체적이고 정량적으로 분석할 수 있는 장점이 있는 반면에 분석체계가 복잡하여 현장에서 많은 자세를 수시로 분석하기에 무리가 있다. 따라서 OWAS로 1차적인 분석을 실시하고 난 뒤 문제점을 더욱 세밀히 분석하는 데에 적합하다고 하겠다.

RULA 기법에서는 신체를 두 그룹으로 나누어 자세와 근육사용의 정도, 힘 정도를 평가하여 합하여 그 결과를 총괄하여 최종 평가한다.

① A: 팔과 손목

② B: 목, 몸통, 다리

(3) REBA

REBA (Rapid Entire Body Assessment)는 Hignett & McAtamney(2000)에 의해 RULA를 보완하여 개발한 평가법이다. REBA는 RULA가 인간공학적 위험요인 평가를 상지에 국한한 것을 하지까지 확장한 기법으로 볼 수 있다. 전체적으로는 RULA 평가방법과 유사하며, 간호사와 같이 예측하기 힘든 다양한 자세에서 이루어지는 전신작업의 부담 정도를 평가하는데 적합하다. RULA와 마찬가지로 평가과정이 복잡하여 전문적인 교육이 필요하다는 단점이 있다. 평가방법은 신체부위별로 A와 B 그룹으로 나누어지며, RULA와 반대로 그룹 A는 목, 몸통, 하지, 그리고 그룹 B는 위팔, 아래팔, 손목 부위로 구성된다. RULA와 마찬가지로 자세점수를 부여한 다음, 근육/힘/손잡이에 대한 점수를 더해준다. 그룹별로 평가된 점수를 가지고 종합점수를 부여하고 행동점수를 더해 최종점수를 계산한다.

(4) QEC

QEC (Quick Exposure Check)는 주로 작업시간, 부자연스러운 자세, 무리한 힘, 반복동작 등의 위험요인을 평가하기 위하여 영국의 Surrey 대학에서 개발한 도구이다. 평가자의 분석결과와 작업자의 설문결과를 조합하여 평가를 한다. 신체부위별 자세와 다른 요인 간의 교차분석을 통하여 점수를 부여하고 신체부위별 위험도를 4단계로 평가하는 방법이다. 평가자용과 작업자용 평가표로 구성되어 있으며, 각각 평가한 요소를 서로 교차하여 점수를 구한다. 평가자용 체크리스트는 허리, 어깨/팔, 손/손목, 목 부위의 자세와 반복성 및 정적인 특성을 평가한다. 작업자용 평가표는 이들 위험요인에 대한 노출시간과 빈도, 무게 등을 평가하며, 운전, 진동, 스트레스 등을 추가하여 평가한다.

(5) NLE

1981년에 미국 산업안전보건연구원(National Institute for Occupational Safety and Health, NIOSH)에서는 인력을 이용한 들기 작업의 작업지침(Work practices guide for manual lifting)을 발표하였다. 이는 인력 운

반 작업 시 특히 들기 작업에서 요통 발생을 예방하는 것을 고려하여 안전하게 작업할 수 있는 작업물의 중량을 계산하기 위한 지침이다. 이 지침에서는 양손을 사용하여 신체의 정중면에서 이루어지는 대칭적인 들기 작업의 적정하중을 구하는 공식이 제시되었다(NIOSH lifting equation). 이는 생리학적(physiological), 생체역학적(biomechanical), 심리육체적(psychophysical), 역학적(epidemiological)인 연구의 결과를 종합하여 만든 것으로, 1991년에 개정되었다. 개정된 공식은 중량물에 대하여 몸통이 비틀어지는 경우의 비대칭적인 작업과 손잡이의 특성을 추가적으로 반영하여 보다 다양한 상황에 적합하도록 개발되었다(NOISH, 1994). 그리고 개정된 공식의 적정하중은 하향 책정되어 작업자의 안전을 더욱 중요시했다고 할 수 있다.

주지할 점은 이 공식은 제한적인 경우의 들기 작업에만 국한되어 적용될 수 있는 도구로서, 공식에서 고려하고 있는 중량물의 위치, 인양거리, 인체의 비틀림 등 여러 요인에 따라 보다 정밀한 작업평가 및 작업설계에 활용할 수 있다. 그러나 직업성 요통은 들기 작업뿐만 아니라 밀기, 당기기, 운반하기 등의 작업과 그 외 다양한 요인(정적인 자세, 지속적인 들기, 전신진동 등)에 의하여 발생할 수 있고, 적절한 의학적 관리를 포함한 종합적 관리에 의하여 급성 상해가 만성으로 전이되는 것을 최소화할 수 있으므로 적정하중을 구하여 적용하는 것만이 요통예방을 위한 능사가 아님을 명확히 이해하여야 한다. 그리고 우리나라 작업자와는 근력 등 신체조건이 다른 집단을 대상으로 개발된 공식임을 유의해야 하겠다.

(6) MAC

MAC (Manual handing Assessment Chart)은 영국에서 개발된 것으로서, 중량물의 들기 작업, 운반 작업과 2인 이상이 공동으로 수행하는 공동 들기 작업의 위험성을 평가하는데 도움이 되는 도구이다. NOISH 공식에 비해서는 정성적인 분석기법으로 적정하중 값을 수치로 제시하지는 않는다. 따라서 정확성이 낮다고 할 수 있지만, 실무에서는 오히려 적용이 더 용이하다. 또한 색상을 이용하여 위험수준을 표현하기 때문에 시각적으로 평가하기가 쉬운 면이 있다. MAC에서는 밀기와 당기기 작업은 포함하지 않으며, 물리적 위험요인 이외의 개인적, 사회심리적 요인은 분석에 고려하지 않는다.

(7) JSI

JSI (Job Strain Index)는 미국의 위스콘신대학교에서 개발된 기법으로 생리학 및 생체역학의 과학적 근거를 바탕으로 개발되었으며, 의학적인 진단결과와 매우 유의한 관련성이 인정되었다는 장점이 있다. 이 방법은 상지작업 특히 손과 손목을 중심으로 이루어지는 작업을 적용 대상으로 한다. 주의할 점은, 조립작업에서의 손과 손목의 동작과 위치는 육안으로 판단하기에는 어려운 점이 많으므로 비디오 촬영을 통하여 의심되는 작업과 움직임을 면밀히 분석하여야 한다. 이 기법은 손목의 위험성만을 평가한다는 제한점과 손/손목 부위에서 중요한 진동에 대한 고려가 배제되었다는 단점이 있다.

더 읽을거리

박희석, 이윤근, 임상혁. 산업인간공학. 형설출판사. 2012.

차봉석. 직업병학. 계축문화사. 2007.

Khan, M. I. (2021). Industrial Ergonomics, 1/e. PHI Learning Pvt. Ltd..

Putz-Anderson, V., Bernard, B. P., Burt, S. E., Cole, L. L., Fairfield-Estill, C., Fine, L. J., ... & Hurrell Jr, J. J. (1997). Musculoskeletal disorders and workplace factors. National Institute for Occupational Safety and Health (NIOSH), 104.

Thomas J Armstrong. Ch. 32 Mechanical Stressors. In: Rosenstock, L., Cullen, M. R., Brodkin, C., & Redlich, C. (2004). Textbook of clinical occupational and environmental medicine.

제7장

사회심리적 요인

제1절 직무스트레스와 관리

고상백

1.1 직무스트레스

1) 개념

직무스트레스란 직무의 수행과정에서 발생하게 되는 스트레스로 일상생활에서 겪는 개인스트레스와 구별된다. 직무스트레스를 구성하는 내용은 직무 수행과정에서 경험하게 되는 위험한 작업조건 및 환경, 복잡한 직무 내용, 업무 과중 및 과소, 직장 내에서의 대인관계 갈등, 역할 모호성, 직무 불안정, 비합리적이고 권위적인 조직문화, 보상체계의 비직절성, 가족-일 영역 간의 부조화 또는 갈등 등으로 인하여 구성원들이 느끼는 불편함, 압박감, 긴장, 갈등의 유발 요인으로 표현될 수 있다.

최근 해외에서 수행된 조사연구에 의하면, 작게는 25%에서 크게는 40%가량이 직장에서 심각한 수준의 스트레스를 경험하고 있다고 호소하고 있다. 우리나라도 예외는 아니어서 급격한 사회적 변화 속에 고용불안정, 노동의 유연화 등으로 인해 직장인들의 직무스트레스의 증가와 그로 인한 부정적인 건강영향이 사회적인 문제가 되고 있다.

2) 원인

직무스트레스는 근로자와 직무조건과의 상호작용으로부터 발생하게 된다. 그러나 근로자의 개인적 특성과 직무 조건 중 어느 것이 직무스트레스의 일차적인 원인으로 더 중요하게 작용하는가에 대해서는 논란의 여지가 있다. 성격(personality)이나 대응(coping)의 중요성을 강조하는 입장에서는 스트레스의 발생에 영향을 주는 예측인자로 개인적 특성을 강조한다. 동일한 스트레스의 상황 하에서 어떤 사람은 스트레스로 인한 심각한 증상을 호소하지만 이떤 사람은 그렇지 않은 경우를 경험하게 되는데 이는 개인적 특성의 중요성을 잘 반영하는 것이라 할 수 있다.

개인적 특수성의 중요성을 무시하지는 않지만, 특정의 직무환경(조건)이 대부분의 사람들에게 스트레스가 된다는 것을 강조하는 입장에서는 직무스트레스의 주원인으로서 조직적 특성, 과도한 업무량의 요구와 기대의 상충 등이 주 스트레스원(stressor)이 된다는 점을 강조한다.

미국 NIOSH에서는 직무 조건이 직무스트레스에 일차적인 원인임을 강조하고 있다. 물론 개인적 특성의 중요성을 완전히 무시하는 것은 아니지만, 스트레스가 많은 근무 환경에서 근무하는 것 그 자체가 근로자의 안전과 건강에 직접적인 영향을 미칠 수 있음을 강조하였다.

직무스트레스를 유발시키는 원인은 직업에 따라 상이한 양상을 보이나 보편적으로 다음과 같은 요인으로 설명될 수 있다고 하였다.

① 만족할 수준의 직무 수행을 위해 필요한 시간적 여유의 부족
② 직무 기술(job description) 명령, 지시체계의 불명료성
③ 성공적인 직무 수행에 대한 보상체계의 부족
④ 자신의 의사표출 기회제공 부적절성
⑤ 책임은 많으나 권한이 적음
⑥ 목적과 가치에 대한 근본적인 차이로 인해 발생하는 상사, 동료, 부하 직원 과의 갈등
⑦ 자신이 수행한 업적이나 성과에 대한 자신감 부족
⑧ 자신이 몸담고 있는 직장이 다른 곳으로 넘어가거나 합병될 위험성에 따른 불안정성
⑨ 연령, 성, 인종, 종교 등으로 인한 편견

1.2 설명모델

그동안 직무스트레스의 원인을 밝히기 위해 제시되었던 연구모델로는 직업성 긴장 모델(Job Strain Model), 인간-환경 적응 모델(Person-Environment Fit Model), 노력-보상 불일치 모델(Effect-Reward Imbalance Model) 등이 있다.

1) 인간-환경 적합 모델

인간-환경 적합 모델(person-environment fit model)에서는 긴장이란 직업에 대한 개인의 동기(motives)와 환경이 제공해 주는 여러 여건들(공급, supply)이 조화를 이루지 못할 때, 혹은 직장에서의 요구(demands)와 그 요구에 대처할 수 있는 인간의 능력(ability)에 차이가 존재할 때 발생하게 된다고 본다. 동기란 수입, 정책결정에 참여 등과 같은 내용을 의미하고, 요구란 직무과중이나 일의 복잡성 등을 뜻한다. 이 모델에서는 주관적 인간과 객관적 환경사이의 적합 여부에 의해 긴장의 수준이 결정된다고 본다.

2) 직업성 긴장 모델

직업성 긴장 모델은 직무요구도와 직무자율성이 어떻게 조합되느냐에 따라 스트레스 수준이 달리 나타난다고 본다. 직무요구란 일에 영향을 주는 모든 스트레스 인자를 포함하는데, 예를 들면 직무과중, 시간을 다투는 단순공정작업 등으로 인해 발생하게 되는 부담을 말하며, 직무자율성이란 숙련기술의 사용여부, 시간분배조절 능력, 조직 정책결정에의 참여 등과 같은 직무내용을 뜻한다. 이 모델에서는 직무요구도와 직무자율성이라고 하는

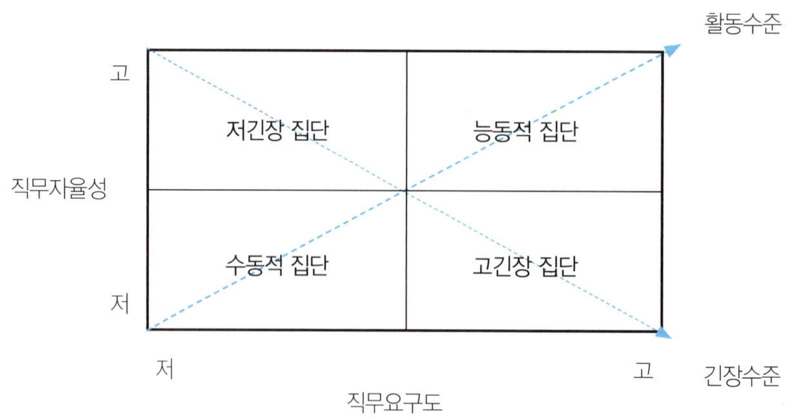

그림 7-1 직업적 긴장 모델(Job strain model)

두 가지 차원의 직무특성의 수준에 따라 긴장수준이 달라진다고 하였으며, 각 차원을 두 개의 항목으로 나누어 4개의 집단으로 구분하였다(그림 7-1).

첫 번째 집단은 저긴장 집단(low strain group)으로 직무요구도가 낮고 직무자율성이 높은 직업적 특성을 갖는다. 두 번째는 수동적 집단(passive group)으로 직무요구도와 직무자율성 모두가 낮은 집단이다. 세 번째 집단은 직무요구도와 직무자율성 모두 높은 집단인 능동적 집단(active group)이다. 마지막으로 고긴장 집단(high strain group)으로 높은 직무요구도와 낮은 직무자율성을 갖는 직종에 속하는 사람들이다. 고긴장 집단은 다른 세 집단보다 많은 스트레스를 경험하며 심혈관질환 등의 위험도가 높음을 보고하였다.

3) 노력-보상 불일치 모델

노력-보상 불일치 모델(effort-reward imbalance model, ERI)은 높은 업무부담에 비해 적절한 보상이 주어지지 않는 부적절한 균형이 스트레스를 유발하는 중요한 조건으로 파악하는 개념이다. 연구결과 낮은 보상, 특히 낮은 직업 안정성이나 낮은 진급의 전망 속에서 높은 업무 노력을 하고 있는 노동자들이 심혈관계 질환의 위험도가 3-4배 높은 것으로 나타나고 있다.

4) NIOSH의 직무스트레스 모델

미국의 국립산업안전보건연구원(NIOSH)에서 개발한 직무스트레스 모델은 기존의 문헌들을 폭넓게 분석하여 구체적인 스트레스 요인과 스트레스 과정에서 작용하는 중재변수에 대한 영향을 중요하게 취급하였다는 점에서 다른 모형과는 다소 대조를 이룬다.

NIOSH 모델에 의하면, 직무스트레스란 직무스트레스를 유발하게 되는 외적 조건 즉, 직무스트레스 요인과 근로자 개인의 인구학적 특성의 상호작용에 의해 정신적(psychological) 반응, 신체적(physiological) 반응, 행동적(behavioral) 반응이 나타나게 되고, 이런 반응들이 지속되고 장기화될 경우 다양한 질병으로 발전되게 된다고 간주하고 있다. 또한 이 모델의 중요한 개념은 직무스트레스 요인과 그로 인한 반응 사이에는 개인적 요인과 직업 외 요인(non-work factor)(가족 문제 등), 완충 요인(buffer factor)(사회적 지지, 인성 등) 등이 중재요인으로 작용하여 직무스트레스로 인한 부정적 효과를 감소시키거나 혹은 증폭시키는 것으로 본다(그림 7-3).

5) 한국인 직무스트레스 모형

기존의 직무스트레스 평가도구가 외국의 직무 환경을 배경으로 만들어져 있어, 우리나라의 사회문화적 환경과 조직구조를 적절하게 반영하고 있다고 볼 수 없었다. 따라서 무엇보다도 우리나라의 직장인에 맞는 측정도구를 개발하여 현황과 원인을 파악하고, 설명모델을 개발하는 연구의 필요성이 무엇보다 중요하게 대두되었다.

그 결과 한국인 직무스트레스 측정도구의 개발 및 표준화 연구를 수행하였고, 첫째, 우리나라 근로자의 직무

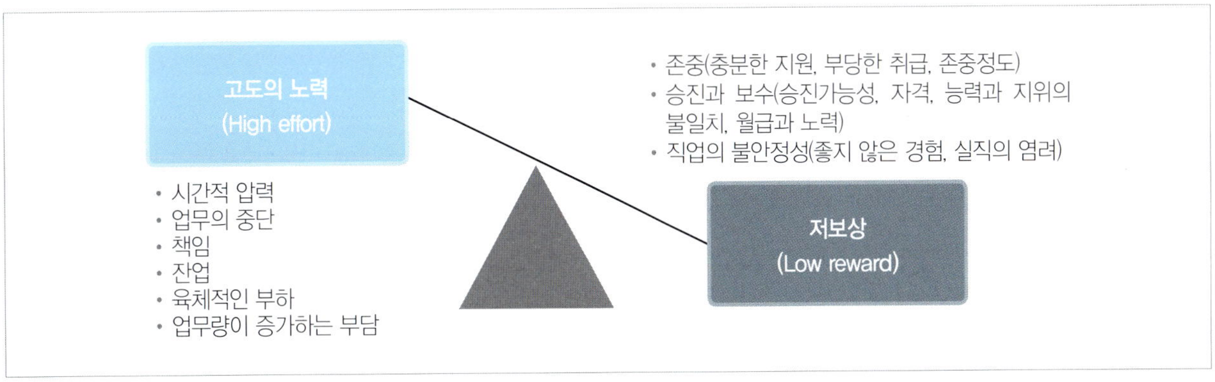

그림 7-2 노력-보상 불일치 모델

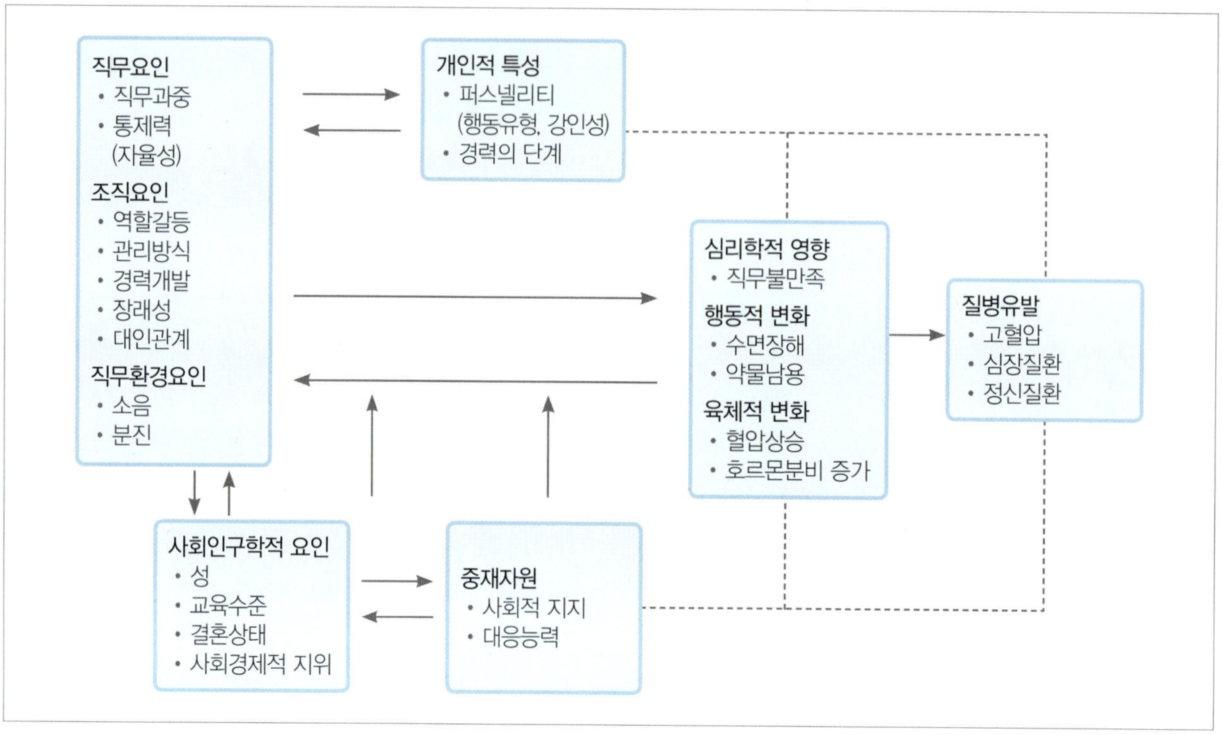

그림 7-3 스트레스 과정의 분석틀

스트레스의 내용 및 수준, 특성에 관한 실태조사 및 요인 분석, 둘째, 직무스트레스 측정도구 개발을 위한 측정 항목 선정 및 규준마련, 셋째, 이를 통하여 향후 수행되어야 할 전국적인 한국인 직무스트레스와 건강영향 및 이상적인 직무스트레스 관리시스템 마련에 관한 구체적인 전략과 내용, 그리고 마스터플랜을 수립하였다.

한국인 직무스트레스의 측정도구는 8개의 하부영역의 총 43개 항목의 설문으로 구성되었으며, 일반적이고 보편적인 의미에서의 직무스트레스 요인을 평가하기 위한 문항들로 구성되어 있다. 구체적으로는 물리환경, 직무요구, 직무자율, 직무불안정, 관계갈등, 조직체계, 보상부적절, 직장문화로 구성되어 있다.

1.3 건강영향

심혈관계질환, 암 등과 같은 만성질병이 과다한 스트레스와 밀접하게 연관되어 있는 것으로 밝혀지고 있다. 직무스트레스는 혈압의 상승, 혈중 지질 증가, 그리고 요산 증가 등의 만성질환의 위험요인이나 뇌심혈관계질환, 암 등과 같은 신체적 질병의 위험도를 증가시키는 것으로 알려져 있다. 직무스트레스는 부정적 건강행태와도 관련성이 높은 것으로 알려져 있다. 흡연, 음주, 카페인 등과 같은 약물남용의 부정적인 행동을 야기한다.

개인이 경험하는 직무스트레스는 조직 영역에서도 부정적 영향을 주는데, 사고, 이직이나 질병 결근 등과 같은 업무 장해(work disability)를 유발해 건강증진의 장해 및 삶의 질 악화의 직접적 요인으로 작용하게 된다.

1.4 감소방안

1) 직무스트레스 감소방안의 두 흐름

직장 내에서 발생하는 직무스트레스를 감소하는 방향은 스트레스를 야기시키는 스트레스 원(stressors)이나 개인의 대응의지 중 어느 한 곳에 주목하여 수행되는 것이 전형적이다. 스트레스 인자에 초점을 두는 연구에서는 직무스트레스는 스트레스의 근원을 제거함으로써 예방될 수 있다는 점에 초점을 두게 되는데 그러한 일차적 예방은 개인의 대응의지를 부수적인 것으로 간주한다.

개인의 대응전략에 초점을 두는 연구에서는 2차 예방의 개입(예를 들면, 직장 내에서의 스트레스 요인의 대처방법을 교육시키는 것) 등이 포함된다. 3차 예방은 스트레스에 효과적으로 대응하지 못하는 개인들에게 도움을 제공해 주는 것(예: 질병치료)을 뜻한다. 2차 예방 및 3차 예방의 개입연구는 가장 빈번하게 사용되는 개입연구이다.

그러나 무엇보다도 사업장에서 필수 불가결하게 직장인들이 경험하게 되는 스트레스와 싸울 수 있고 대처할 수 있는 가장 좋은 접근방법은 위의 3가지 전략을 잘 조화시켜 접목시키는 것이다. 외국에서는 스트레스 극복을 위한 프로그램의 개발도 바로 1, 2, 3차 예방을 통합시켜 건강한 조직의 변화를 꾀하는 프로그램이 적용되고 있다.

2) 직무스트레스 감소 프로그램의 추진 전략 및 내용

오늘날 사업장에서 스트레스로 인한 문제의 심각도가 증가하고 있다는 데에 전적으로 합의하고 있지만, 스트레스에 대한 통제나 감소를 위한 적절한 전략 모색에 대해선 합의된 결론이 도출되지 못하고 있다는 점은 주목할 부분이다. 조직생활은 스트레스를 수반한다. 근로자들이 스트레스를 많이 경험하면 할수록 근로자, 그들의 가족, 조직, 그리고 넓게는 사회가 겪게 되는 문제들은 많아지게 될 수밖에 없다.

직무스트레스로 인한 위해한 효과를 감소시키기 위한 많은 시도들은 일반적으로 첫째, 직장 내에서의 스트레스 원인을 줄이기 위해 설계된 조직적 차원에서의 개입, 둘째, 스트레스 원에 노출됨으로 인해 나타나게 되는 부정적

표 7-1 직무스트레스 관리 프로그램의 개입내용과 효과

개입의 내용	효 과
개인적 측면	
이완기법 인지적 대응전략 생체자기제어 기법 명상법 운동 근로자 지원 프로그램(EAP) 시간관리 프로그램	감정상태(예: 우울, 불안) 신체화 스트레스의 주관적 경험 생리학적 지표(예 : 혈압, 카테콜라민, 근육긴장) 수면장애 삶의 만족도
개인-조직 통합적 측면	
직무관계 개인-환경 적합 역할 문제 의사결정에의 참여 및 자율성 부여	직무스트레스 직무 만족도 탈진 생산성, 수행능력 결근 이직 의료이용 및 보상청구
조직적 측면	
조직구조 선발 및 배치 교육훈련 직무의 육체적 환경적 특성 보건에 대한 관심과 지원 직무 순환	생산성 이직 의료이용청구 성공적인 채용/유지관리

출처 : DeFrank & Cooper. Worksite stress management interventions: Their effectiveness and conceptualization. J Manage Psychol. 1987;2:4-10

인 결과를 최소화하기 위한 개인적 차원에서의 개입, 셋째, 개인-조직의 통합적 개입(individual-organizational interface)의 세 가지 유형으로 구분할 수 있다.

개인에 초점을 둔 개입은 근로자들로 하여금 스트레스에 보다 효과적으로 대처할 수 있는 방안에 대해 관심을 갖는다. 보건 및 스트레스 교육 그리고 시간 관리 기법 훈련, 자기주장 훈련 등이 좋은 보기가 된다.

이와는 대조적으로 조직적 측면에서의 개입은 거시적 규모에서 영향을 미칠 수 있는 요인들을 다룸으로써 사업장에서의 스트레스를 감소시키는 데에 주목한다. 이러한 유형의 개입으로는 조직구조의 변화, 선발 및 훈련과정의 재검토, 보다 융통성 있고 '근로자에게 친근감을 줄 수 있는 체계(employee-friendly system)' 그리고 노동의 요구사항이나 욕구에 부응할 수 있는 인사관리 정책을 들 수 있다(표 7-1).

1.5 구체적인 직무스트레스 관리방안

1) 개인적 스트레스 관리 기법

개인적 차원에서의 스트레스 감소 기법은 여러 가지로 분류될 수 있지만, 문제 중심의 대응(problem-focused coping)과 감정중심의 대응(emotion-focused coping)이 가장 보편적으로 받아들여지고 있다. 문제 중심의 대응이란 문제해결 기법이나 환경적인 변화와 같이 스트레스 원을 제거하거나 감소시키기 위한 전략이라고 할 수 있으며, 감정중심의 대응은 이와 반대로 스트레스로 인한 증상을 제거하거나 감소시키려는 시도(예 : 이완훈련, 생체자기제어 기법)라고 볼 수 있다. 그리고 위의 두 가지 대응전략은 각각 신체적 관리 방법(somatic management method)과 인지적 관리 방법(cognitive management method)으로 다시 구별되는데, 신체적 관리 방법이란 스트레스를 받을 때 각성수치(arousal level)를 감소시키기 위한 전략(예: 혈압저하)이며, 인지적 관리 방법이란 사고방식이나 스트레스 평가 과정을 변경시켜주는 대응방안이라고 할 수 있다. 가장 보편적으로 사용되는 스트레스 관리 기법으로는 점진적 근육이완법(progressive muscle relaxation), 생체 자기제어기법(biofeedback), 명상법(meditation), 그리고 인지-행동기법(cognitive-behavioral skill) 등이 있다.

(1) 점진적 근육 이완법

점진적 근육 이완법은 신체가 반응하는 스트레스로 인한 증상을 완화시켜주기 위한 방법이다. 점진적 근육이완 기법은 신체의 주요 부위의 근육을 긴장시켰다가 이완시키는 것인데 규칙적으로 이를 시행하면 근육을 이완시키는 방법을 터득하게 되어 스트레스로 인해 근육이 긴장될 때 의식적으로 근육을 이완시켜 스트레스로 인한 증상을 감소시켜주게 된다.

(2) 생체 자기제어 기법

생체 자기제어 기법은 학습 기초 원리(fundamental principle of learning)에 그 기반을 두고 있는데 즉, 사람들은 자신이 수행한 것에 대해 피드백을 받을 때 가장 잘 인식하게 된다는 것이다. 예를 들어, 컴퓨터 화면을 이용한 생체 자기제어 기법은 여러 가지 생리적 기능(근육긴장도, 체온, 위장의 수축, 혈압, 심박동수, 뇌파)을 그대로 비추어 주는 거울과 같은 역할을 하는데, 이를 보면서 사람들은 스스로 자신의 신체변화를 느끼고 조절하게 된다.

(3) 명상법

명상은 원래 동양의 정신문명 또는 종교 의식에 그 뿌리를 두고 있으며, 깊은 이완을 통해 뇌의 전기적 특성 즉, 뇌파를 전환시켜 줌으로써 스트레스를 극복하는 방법이다. 여러 가지의 명상 기법이 있지만, 가장 널리 알려진 것은 초월명상(Transcendental Meditation: TM)이다. 이것은 요가(yoga)의 한 형태에서 발전되었는데, 아주 조용한 공간에서 편안한 자세로 똑바로 앉은 상태에서 눈을 감고 주문을 정신적으로 반복하면서 수동적인 태도를 유지하도록 한다. 이러한 명상은 하루에 반드시 2회 실시되어야 한다. 일반적으로 명상은 여러 사람에 의해 다양한 명상법이 개발되어 있다. 명상으로 인한 이완 반응은 스트레스로 인한 생리적이고 심리학적인 증상들을 완화시켜주고, 이완의 느낌을 증가시켰다고 보고하였다.

(4) 인지-행동기법 훈련

인지-행동기법은 훈련 참가자가 경험하는 상황에서 받는 스트레스를 결정해주는 평가과정(appraisal process)을 수정할 수 있도록 그리고 스트레스 원을 관리하기 위한 행동 기술을 개발할 수 있도록 고안된 기법이다. 인지-행동기법은 사람들의 사고방식을 재조정해 주려고 하기 때문에 인지 재조정 기법(cognitive restructuring technique)으로 불리기도 한다. 인지-행동기법의 한 형태인 '스트레스 주입(stress inoculation)'은 세 가지 단계를 통해 이루어진다. 첫 번째 단계는 교육(education)의 단계로, 이 단계에서 사람들이 과거에 경험한 스트레스에 대해 어떻게 반응하였는가를 배우게 된다. 두 번째 단계는 예행연습(rehearsal)으로, 이 단계에서는 문제해결, 이완, 인지 대응과 같은 대응기법을 학습한다. 세 번째 단계는 적용(application)으로, 이 단계에서는 치료사에 의해 인위적으로 만들어진 자극 상황하에서 위에 학습한 기술들을 실행한다. 스트레스 주입 훈련은 인지적 요인에만 국한하는 것이 아니라, 근육 이완이나 탈감작(desensitization)과 같은 기술도 부가적으로 실시한다. 그 외 인지치료에서 보편적으로 사용되는 훈련으로 첫째, 비합리적인 사고(예: "모든 사람들은 나와 같은 생각을 갖고 있거나 똑같아야 한다." "내가 하고 있는 모든 것은 완벽해야 한다")를 수정할 수 있는 사고방식의 검사, 둘째, 부정적 자기대화(negative self-talk)로부터 긍정적 자기대화로의 대체, 셋째, 융통성 있는 문제해결 기술의 개발 등이 활용되고 있다.

위에 기술한 네 가지의 스트레스 감소 기법을 앞서 설명한 대응기법의 유형에 따라 분류하면 [표 7-2]와 같다. 점진적 근육 이완법, 명상법, 생체 자기제어 기법은 문제해결 중심의 대응이라기보다는 감정적 성향을 띠기 때문에 감정 중심 대응기법으로 볼 수 있으며, 인지 행동기법은 스트레스를 야기시킬 수 있는 사고방식을 강조하고, 훈련 참여자에게 직접 문제에 접근할 수 있는 방법을 가르쳐 주기 때문에 문제 중심의 대응 전략이라고 볼 수 있다. 한편, 구체적 대응방법에 있어서 점진적 근육 이완법과 생체 자기제어 기법은 신체 관리방법의 성격을 띠는 반면, 명상법과 인지-행동기법은 인지적 방법에 속한다고 할 수 있다.

표 7-2 스트레스 감소 훈련기법의 유형

프로그램	관리방법(신체/인지)
점진적 근육 이완법	신체적 방법
명상법	인지적 방법
생체 자기제어 기법	신체적 방법
인지-행동기법	인지적 방법

2) 조직적 관리방안

조직적 측면에서의 개입은 거시적 규모에서 영향을 미칠 수 있는 요인들을 다룸으로써 사업장에서의 스트레스를 감소시키는 데에 주목한다. 이러한 유형의 개입으로는 직무 재배치, 조직구조의 변화, 참여, 선발 및 훈련과정의 재검토, 보다 융통성 있고 '근로자에게 친근감을 줄 수 있는 체계' 그리고 노동의 요구사항이나 욕구에 부응할 수 있는 인사관리 정책을 들 수 있다.

사업장에서의 스트레스 감소 프로그램의 운영에 3가지 유형의 조직적 개입이 활용될 수 있는데, 첫째는 스트레스원(stressors)의 정도와 수를 감소시킴으로써 잠재적으로 발생 가능한 상황을 변화시키는 것이고, 둘째는 근로자들로 하여금 그들의 스트레스 상황과 그 상황에 의해 연출되는 위협에 대한 인식을 변화시킬 수 있도록 도와주는 것, 셋째로는 스트레스 반응에 대해 근로자들이 보다 적절하고 효과적으로 대처할 수 있도록 도와주는 것 등이다.

스트레스를 줄일 수 있는 조직차원의 전략으로 ① 직무 재설계, ② 작업환경의 재설계, ③ 융통성 있는 직무 스케줄의 확립, ④ 참여 경영의 조성, ⑤ 근로자들의 경력 개발 유도, ⑥ 직무 역할 분석 및 목표 설정, ⑦ 사회적 지지 및 되먹임 부여, ⑧ 단결력 있는 팀 구성, ⑨ 공정한 고용정책의 확립, 그리고 ⑩ 보상의 공유 등의 10가지 영역으로 요약할 수 있다.

스트레스 감소 프로그램은 1차와 2차, 3차 예방 모두가 고려되고 이들이 통합되어 정착될 때 평가받을 수 있을 것이며, 장기적으로 스트레스를 보다 효율적으로 예방하고 근로자 개인뿐만 아니라 조직적 요인을 함께 다룰 수 있어야 한다. 즉, 근로자들에게 참여할 수 있는 기회를 제공해 줌으로써 근로자의 조직에 대한 몰입의 향상을 꾀할 수 있으며, 궁극적으로는 스트레스 감소를 실현할 수 있다. 스트레스 감소를 위한 조직적 관리의 성공 여부에 대해 근로자의 참여, 관리에 대한 동조, 호의적인 조직 문화의 3가지 요소에 달려 있다.

더 읽을거리

장세진, 고상백, 강동묵, 김성아, 강명근, 이철갑 등. 한국인 직무스트레스 측정도구의 개발 및 표준화. 대한산업의학회지 2005;17:297-317.

Harrington R. Stress, Health, and Well-being: Thriving in the 21th Century. Wadsworth, Cengage Learning; 2013.

Murphy LR. Workplace interventions for stress reduction and prevention, In Cooper CL & Payne RL, editors. Causes, Coping and Consequences of stress at work. Chichester: Wiley; 1988.

Sarafino EP. Health Psychology. 6th Edition. New York: John Wiley & Sons INC; 2008.

Schafer. Stress Management for Wellness. 4th ed. Harcourt College Publishers.: Fort Worth; 2000.

Seaward BL. Managing Stress: Principles and strategies for health and well-being. Sudbury: Jones & Barlett Publishers; 2004.

제2절 직장 내 폭력

이무식

2.1 정의 및 개념

직장 내 폭력은 근로자의 건강과 업무성과에 심각한 영향을 미치는 요인이며 이는 전 세계적인 현상 중의 하나이다.

직장 내 폭력은 직업과 관련된 상황 또는 환경 그리고 사업주 및 상급자, 동료 근로자, 고객 등 업무와 밀접한 관련이 있는 사람에 의해 발생하는 물리적 공격, 욕설, 위협 등을 의미하는 것으로 직업관련 상황에서 학대, 위협, 공격받는 사건 등으로 근로자들의 안전과 안녕, 건강에 영향을 미치는 요인으로 정의된다(홍기명 등, 2019).

그러나 직장 내 폭력의 개념과 유형은 세계 각 국의 사회, 문화 등에 따라 다르며 이를 지칭하는 용어 또한 다르다. 영미 국가에서는 '직장 괴롭힘(workplace bullying)'이라는 용어를 사용하고 있으며, 프랑스는 '정신적 괴롭힘(moral harassment/harcèlement moral)'이라고 표현하고 있다. 독일과 스칸디나비안 국가는 '집단적 괴롭힘(mobbing)'이라고 표현한다. 최근 유럽에서는 'workplace bullying' 대신에 'workplace harassment'를 사용하는 경향을 보이고 있는데, 특히 유럽산업안전보건청(EU-OSHA)은 'workplace harassment'를 직장 괴롭힘을 지칭하는 용어로 사용하고 있다(장다혜, 2018).

국제노동기구(ILO)는 직장 내 폭력의 범위를 신체적 폭력, 정신적 폭력, 그리고 학대와 따돌림(왕따), 성희롱 등으로 하였다. 직장 폭력은 물리적 폭력과 정신적 폭력을 모두 포괄하는 개념으로 스펙트럼이 매우 넓고 다양하며, 신체적인 폭행 뿐만 아니라 괴롭힘, 성희롱, 폭언 등이 포함될 수 있다. 직장폭력의 범위는 과거 직장 내 상하간 또는 동료 간에 신체적 · 물리적 폭력행위의 협의의 정의보다는 광의로 보는 것이 지배적인 견해이다.

미국 캘리포니아주 작업안전위생관리국(OSHA)은 직장 내 폭력 사건의 유형을 가해자와 피해자의 관계를 기준으로 하여, 첫째, 테러리스트, 편의점 강도, 해적 등 작업과 전혀 상관없는 범죄행위, 둘째, 고객, 손님, 환자에 의한 폭력 행위, 셋째, 고용관계에서 비롯된 선후배 근로자간, 사업주와 근로자간 폭력 행위 혹은 개인적 친분관계에서 비롯된 폭력 행위 등 세 가지 유형으로 구분한 바 있다.

일반적으로 직장 괴롭힘은 직장 내에서 한 명 혹은 다수의 근로자를 대상으로 이루어지는 체계적이고 반복적인 괴롭힘 행동을 포괄적으로 지칭하는 것으로 사용되고 있으나, 그 개념과 유형은 각 나라의 문화적 · 사회적 맥락에 따라 다르며 이를 지칭하는 용어 역시 차이가 있다(표 7-3).

괴롭힘 정의에 따른 유형은 크게 두 가지로 대별될 수 있다. 첫째, 공격적, 모욕적, 적대적, 비하적인 행위가 하나의 유형으로, 그 방식은 신체적이거나 언어적인 것을 포괄하며 직접적인 방식뿐 아니라 간접적인 방식으로 이루어지는 것도 해당한다. 이에는 주로 원치 않거나 부당한 비판, 근거 없는 비난, 욕설, 고함 또는 수치심 주기, 부적절한 농담, 개인에 대한 공격, 공개적으로 수치심을 주거나 폄하하기, 비난, 비하, 조롱, 위협, 또는 공격하는 말이나 농담, 빈정거림이 여기에 포함된다. 둘째로는 고립 또는 배제 등 차별행위의 유형으로, 이러한 행위는 업무상 또는 사회적 관계에서 이루어지며, 구체적으로는 직장 내 다른 사람과 차별적으로 대우하기, 배제 또는 사회적 고립, 업무 수행에 필요한 정보에서 배제하기, 불공정한 업무 배치 등이 해당된다.

영국은 2010년 평등법(Equality Act)에서 직장 괴롭힘을 "다른 근로자의 존엄성을 해칠 목적으로 모욕적, 비하적, 위협적, 불쾌한 분위기를 조성하여 피해자의 보호 특성(연령, 장애, 성별, 인종, 종교 또는 신념, 성전환, 성적 지향)과 관련하여 원치 않는 취급을 하는 행위"로 정의하고 있다. 또한 미국도 차별의 일종으로 법률상 규정하고 있으며, 직장 괴롭힘을 "인종, 피부색, 종교, 성(임신 포함), 국적, 연령(40세 이상), 장애 또는 유전 정보에 기반한 부적절한(unwelcome) 행위"로 정의하고, 그로 인해 "공격적인 행위를 참는 것이 계속되는 고용 상태가 되거나, 그 행위가 합리적인 사람이라면 위협적, 적대적 또는 모욕적이라고 판단할 작업 환경을 조성하기에 충분히 심각하거나 만연한 경우"라면 불법적인 괴롭힘이라고 규정하고 있다.

2019년 우리나라 근로기준법(제6장의 2)에 신설된 '직장 내 괴롭힘'은 법적으로 '직장에서의 지위 또는 관계 등의 우위를 이용하여 업무상 적정 범위를 넘어 다른 근로자에게 신체적, 정신적 고통을 주거나 근무환경을 악화시키는 행위'로 정의된다.

우리나라에서의 직장 괴롭힘을 구성하는 주된 개념적 요소는 노동환경의 악화와 개인의 신체적 · 정신적 건강의 악화 등 침해적 영향과 직장 내 우월적 지위로 매우 독특한 특성으로 이해되기도 한다. 직장내 괴롭힘 관련 법 및 규정은 다음의 [표 7-4]와 같다.

2.2 피해 및 건강영향

직장 내 폭력은 당사자에게 직 · 간접적으로 신체적 · 정신적 · 사회경제적인 피해를 줄 뿐만 아니라 더 나아가 피해자의 직장 내 조직과 고객 간의 부정적 관계를 초래할 수 있으며, 그들이 속한 공동체 조직의 일상적 생활과 사회적 관계에 영향을 미친다.

또한, 피해자의 비생산적 업무행동의 증가로 인하여 조직 내에 경제적 손해를 일으킬 수 있다는 점에서도 매우 중요한 의미를 가진다. 즉, 민 · 형사 소송과 징계 행정절차 등에 의한 재정적, 시간적 손실뿐만 아니라 구성원들의 직무만족도 저하, 이식률 증가, 생산성 감소 등의 부작용 등도 가져온다. 가끔 가해자나 조직에 대한 피해자의 분노나 불만이 2차적인 일탈과 폭력, 극단적인 경우에는 자살에 이르는 사례도 있다.

그리고 직장 내 폭력은 근로자의 인격을 직접적으로 침해하는 행위일 뿐만 아니라, 더 나아가 근로자에게 직접적인 상해를 발생시키거나 외상 후 스트레스 장애나 정신적 폭력으로 인한 우울증, 불안장애 등 정신질환을 유발할 수 있다.

표 7-3 괴롭힘의 행위 속성, 유형 그리고 내용

행위 속성	유형	내용
물리적 폭력 내지 폭력위협 행위	물리적 폭력행위	• 신체적 폭행 • 얼굴 앞에서 주먹을 흔드는 등 위협적 행동 • 사람 앞에서 물건을 던지거나 차는 행동
업무수행 관련 내지 업무이용 행위	업무수행 과정에서 따돌림	• 업무상 무시 또는 소외 • 업무지원 지연 및 방해 • 업무 관련 접근 시 무시 • 업무 정보 배제/거짓 정보 • 회식, 동호회 활동 배제 • 업무상 타인과 달리 대하기
	업무 관련 모욕 또는 비하 발언	• 업무 관련 공개적으로 고함 및 욕설 • 업무 관련 굴욕감 형성(비웃음 등) • 업무능력에 관한 지속적인 비난 • 업무에 대한 과도한 비난 • 업무 관련 욕설(일대일) • 사소한 실수에 대한 반복 지적 • 모든 사람 참조 부정적 이메일 보내기
	직무 외 업무 지시 및 업무 관련 없는 부당대우	• 심부름 등 상사의 개인 용무 지시 • 복지혜택 (휴가, 교육 등)을 못 쓰도록 막음
	부당한 업무 지시 및 관리	• 책임전가 및 업무 떠넘기기 • 기피하는 업무를 배당 • 과도한 업무 감시 • 조직 내 평균 대비 과도한 업무량/목표 부과 • 고의적으로 업무를 주지 않음 • 본래업무 이외 잡무 부과
업무 관련 없는 따돌림	일상생활에서 따돌림	• 험담 및 안 좋은 소문을 퍼트림 • 사적 자리에서 무시하는 태도 또는 냉담한 반응 • 투명인간 취급하며 대놓고 흉보기 • 모멸감을 주기 위한 의도적 약 올리기 • 공개적인 거짓 음해
사생활, 인격에 대한 모욕 또는 비하 발언	사생활, 인격에 대한 모욕 또는 비하 발언	• 사생활 비난/비하/조롱 • 인격 모욕/비하/조롱 • 외모(옷차림, 표정, 몸매 등) 지적/비하
사생활 침해	사생활 침해	• 사생활에 대한 반복적이고 집요한 질문 • 개인 사생활에 대한 지나친 간섭
차별적 행위	차별적 표현	• 차별적 발언(성별, 나이, 학벌, 장애 등) • 차별적이고 부적절한 호칭(아가씨, 미쓰김 등)
권한 남용	인사권 남용	• 임금 관련 부당 행위 • 강제적인 전근 또는 부서 배치 • 강제적인 야근 또는 주말근무 • 반복적 인사 누락 • 임용, 승진 노동법 위반 행위(차별, 배제)
성적 속성	성적 괴롭힘	• 불편하고 반복적인 구애 • 업무 외 시간 함께 보내기 집요하게 요구 • 술시중 강요 • 신체적 접촉(시도) • 성적인 시선 • 음담패설

표 7-4 직장 내 괴롭힘 관련법 및 규정

법	사안	관련규정
근로기준법	사용자가 근로자를 폭행	제8조 (폭행의 금지)
	괴롭힘 발생사실 신고 주장으로 불이익 조치	제76조의3제6항 (벌칙)
민법	직장 내 괴롭힘 행위 전반	제750조 (불법행위의 내용) 제751조 (재상 이외의 손해의 배상) 제756조 (사용자의 배상책임)
	괴롭힘 행위를 방조하거나 이를 방조한 사용자에 대한 책임	제756조 (사용자의 배상책임) 제760조 (공동불법행위자의 책임)
형법	폭행, 상해	제57조 (상해, 존속상해) 제258조 (중상해, 존속중상해) 제261조 (특수폭행)
	협박, 강요	제283조 (협박, 존속협박) 제284조 (특수협박) 제324조 (강요)
	모욕, 명예 훼손	제311조 (모욕) 제307조 (명예훼손) 제309조 (출판물 등에 의한 명예훼손)
	성폭행, 성추행	제297조 (강간) 제297조의2 (유사강간) 제298조 (강제추행)

최근 서비스 산업의 급증에 따라 사회심리적 요인이 근골격계 질환을 유발하는 역학 연구가 활발히 이루어졌다. 직장 내 직무요구와 직무통제, 노력-보상 불균형, 그리고 직장 내 차별경험 등이 근골격계 질환을 유발할 수 있다고 보고된 바 있다.

2.3 관련요인

직장 내 폭력은 관련된 사람 즉, 가해자나 피해자의 인구사회학적 특성이나 근무형대 등 직업적 특성과 관련되어 있음을 추정할 수 있으나, 직장 내 폭력이 다양한 스펙트럼을 가지고 있고, 직업별로 특성이 다르며, 관련된 사람의 연령, 외모, 성별이나 대화법 등 피해자 요인, 가해자의 피해자의 제공 서비스에 대한 불만 정도, 서비스 기관에 대한 불만 등의 가해자 요인, 그리고 가해자와 피해자의 관계, 직장의 조직적인 풍토나 도덕성 등의 조직 관련요인이 복합적으로 작용하여 나타나므로 직장 내 폭력과의 관련된 요인을 규명하기는 쉽지 않다(그림 7-4).

우리나라에서 현재까지의 연구결과를 간략히 요약해 보면 다음과 같다. 첫째, 성희롱의 경우는 여성에서, 둘째, 신체적 폭력의 경우는 남성에서 더 높으며, 셋째, 초과근무 또는 근무시간이 길어질수록 신체 및 정신적 폭력이 높고, 넷째, 고객에 의한 폭력은 고객 응대의 빈도가 많을수록 더 높았다. 기타 그 밖의 개인 또는 직업관련 특성에 대해서는 일관성 있는 결과가 관찰되지는 않는데 예를 들어, 2013년 1,045명의 감정노동자에서 교대근무를 할 경우, 신체적 폭력은 교대근무를 할 때 그 수준이 유의하게 높았으나, 고객에 의한 정신적 폭력은 빈대로 교대근무를 하지 않을 경우에 유의하게 더 높았으며의 연구에서는 나이, 학력, 근무기간 등의 특성과 직장 폭력 간의 연관성에 대한 결과 또한 직장 폭력의 유형별로 다른 결과를 보고한 바 있다.

2.4 법적 처리원칙과 절차

현재 우리나라는 산업안전보건법에 직장 내 괴롭힘 예

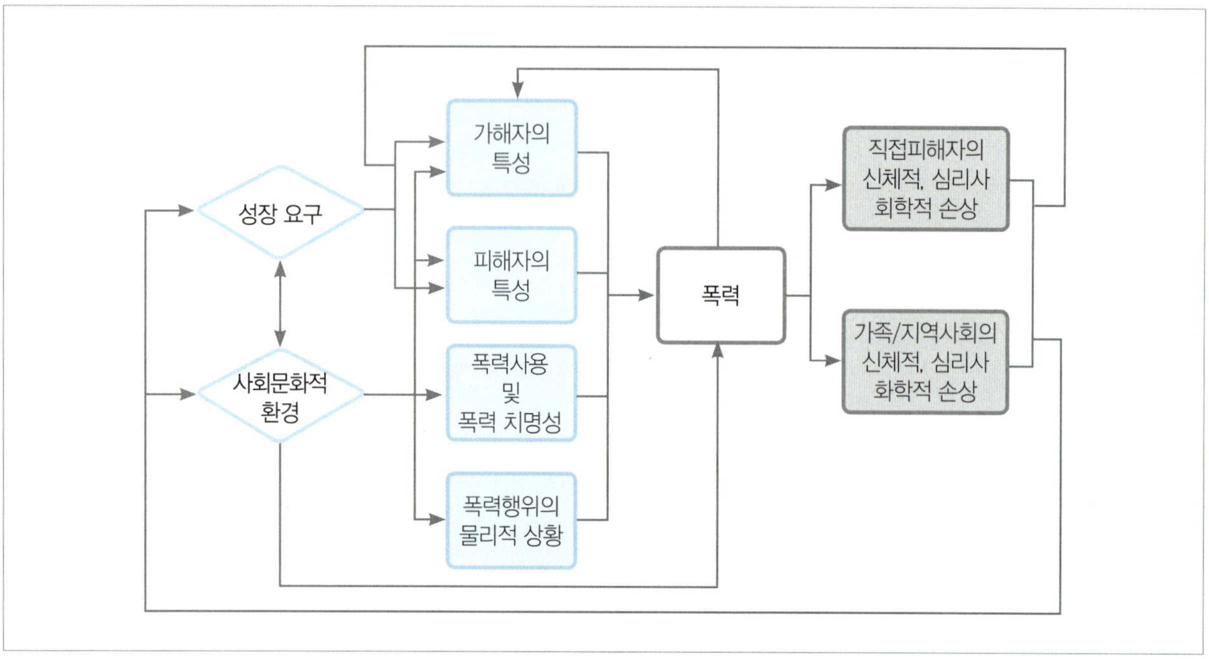

그림 7-4 폭력 검토를 위한 개념적 접근의 논리적 구조

방교육 의무화[산업안전보건법 시행규칙 제26조(교육시간 및 교육내용)]를 명문화하여 시행하고 있으며, 노동부는 관련 교육 콘텐츠를 개발 · 보급하여 지원하고 있다.

직장폭력을 지속적으로 감소시키기 위해서는, 직장폭력에 대한 예방과 대처 매뉴얼 등 관련정보를 임금 근로자에게 제공하고, 직장폭력이 발생할 경우 이를 신고할 수 있는 법적, 제도적 장치를 제공할 필요가 있으며, 사회적, 정서적 지지도 강화될 필요가 있을 것이다(표 7-5, 7-6).

표 7-5 직장 내 괴롭힘의 사건 처리 원칙

원칙	주요내용
접근	• 피해자가 건강한 직장생활을 할 수 있도록 회복시키는 방향으로 접근
피해자 중심	• 피해자 요구를 바탕으로 1차적 해결방식을 결정 • 조사된 행위가 사업장의 규제대상에 해당되지 않더라도 피해자의 신체적, 정신적 고충에 관심을 갖고 관리
처리절차	• 기존 직장 내 성희롱 처리 시스템을 활용(고충처리위원회 및 관리부)
2차 피해예방	• 상담자, 조사자는 피해자와 관련자의 신원에 대해 비밀을 유지해야 함
담당기구	• 직원 대상 : 고충처리위원, 관리부 • 임원 이상 : 인사위원회
공정성 확보	• 사건이 공정하게 처리되도록 상담자는 고충처리 위원, 조사자는 관리부로 구분

출처 : 직장 내 괴롭힘 판단 및 예방대응가이드. 고용노동부. 2019.

표 7-6 직장내 괴롭힘의 사건 처리 절차

절차	주요내용		
사건접수	• 신고 (전화, 이메일, 그룹웨어 게시판 등) → 인지		
상담(고충처리위원)	• 신고인 및 피해자 고충처리 상담을 통해 사건개요 및 피해자 요구 파악 → 피해자 요구를 바탕으로 1차적 해결 방식 결정		
	행위자로부터 분리만을 원하는 경우	행위자의 사과 등 당사자 간 합의를 원하는 경우	회사 차원의 조사를 통한 해결을 원하는 경우
	↓	↓	↓
조사(관리부)	(조사 생략)	약식조사 후 고충처리 위임 진행	인사위원회 회부
	↓	↓	↓
괴롭힘 사실 확인 및 조치	고충상담 보고서 작성 및 사업주에게 보고하여 적절하게 조치	행위자에게 피해자 요구 전달 및 합의 도출 "합의 결렬 시 피해자 재상담 후 정식조사 의뢰"	행위자에 대한 징계 등 조치
모니터링	• 합의사항 이행여부, 피해자에 대한 후속적인 괴롭힘 피해 여부 등 재발방지에 초점		

출처 : 직장 내 괴롭힘 판단 및 예방대응가이드, 고용노동부, 2019.

더 읽을거리

구미영, 서유정, 천재영. 여성근로자에 대한 직장 내 괴롭힘의 실태와 보호방안. 한국여성정책연구원. 2015.
이윤호. 현대사회와 범죄. 서울, 박영사. 2011.
한국산업안전보건공단. 한국형 감정노동 및 폭력 (2013년도 연구) 조사도구 적용연구. 울산, 2014.

제3절 장시간 근무 및 교대근무

김인아

3.1 근로시간 관련 개념과 현황

1) 근로시간의 길이와 배치

한국에서 근로시간은 사회적으로 중요한 이슈이다. 연간 평균 근로시간은 경제협력개발기구(OECD)의 통계가 발표된 이래 계속 1~3위를 차지하고 있으며, 주당 근로시간을 제한하고 있는 근로기준법을 둘러싼 사회적 갈등도 여전하다. 근로시간의 건강 영향을 파악하기 위해서는 길이와 함께 근로시간의 배치(working time arrangement)를 고려해야 하는데, 이를 위해서는 먼저 표준근로시간(standard working week)의 개념을 이해해야 한다.

국가에 따라 차이가 있을 수는 있지만, 표준근로시간이란 주로 오전 7~8시에 근무를 시작해서 오후 5~6시까지 근무를 하고, 대개 점심시간을 기준으로 오전과 오후로 나누는 근무 형태로서, 월요일부터 금요일까지, 주 40시간 이내의 근무를 하는 것을 의미한다. 이에 해당하지 않는 모든 경우에 대하여 불규칙(irregular) 또는 비표준적 근로시간(nonstandard working hour)이라고 하며 여기에는 교대근무를 포함하여 야간근무, 주말근무, 분할근무(split shift), 대기(on-call) 근무, 압축근무주(compressed week), 원격근무, 시간제 근무, 주문형 근무(on-demand work), 연장근무(extended duty period) 등 다양한 근무 형태가 포함된다. 근로시간이 다양해지면서 유럽의 경우 근무형태가 표준근로시간에 해당하는 경우는 임금근로자의 사분의 일, 자가고용

(self-employed)의 십분의 일에 불과하다.

한국에서는 교대작업과 야간작업에 대해서 근로자보건관리 측면에서 정의를 하고 있다. 안전보건공단의 보건관리지침에 따르면 '교대작업'은 "작업자들을 2개 반 이상으로 나누어 각각 다른 시간대에 근무하도록 함으로써 사업장의 전체 작업시간을 늘리는 근로자 작업일정이나 작업조직 방법"으로 정의하고, 야간작업은 "오후 10시부터 익일 오전 6시까지 사이의 시간이 포함된 교대작업"으로 '야간작업자'는 "야간 작업시간마다 적어도 3시간 이상 정상적 업무를 하는 근로자"로 정의하고 있다.

2) 한국의 장시간 노동과 교대근무

이러한 정의가 있음에도 불구하고, 조사에 따라 사용하는 문항이나 정의가 다르기 때문에 공식적으로 한국의 교대근무자 비율을 확인할 수 있는 통계는 없는 상황이다. 다만 근로환경조사 결과 등을 통해 대략적인 경향을 파악하고 유럽의 실태와 비교를 하는 것은 가능하다. 제1~5차 근로환경조사 자료를 분석한 결과에 따르면 본인의 근무형태에 대해 '교대근무'라고 답한 응답자는 1차(2006년) 7.8%, 2차(2010년) 7.7%, 3차(2011년) 7.1%, 4차(2014년) 8.1%, 5차(2017년) 9.7%로 증가하는 경향이었다. 조사 대상자 수가 안정화가 된 3차~5차의 결과를 보면 교대근무군 비율이 2.6% 증가하였고, 여성에서의 증가폭이 컸다. 한편 6차 조사에서는 교대근무를 한다는 응답이 9% 정도로 2017년에 비해 소폭 감소하였으나 판데믹(pandemic) 시기임을 고려하여 해석에 주의할 필요가 있다.

주당 52시간을 초과하여 근무하는 근로자의 비율은 2017년 20.5%에서 2020년 13%로 전체적으로 감소하는 경향이었다. 2017년 52시간을 초과하는 경우는 고용원이 없는 자영업자의 46.7%, 고용원이 있는 자영업자와 사업주에서 41.7%였고, 임금근로자에서는 12.9%였다. 한국에서 장시간 근로의 문제는 임금근로자보다 자영업자에서 더 심각한 문제라고 볼 수 있다. 특히 '고용원이 없는 자영업자'에는 특수고용직 근로자, 플랫폼 근로자 등이 포함되어 있다. 한편, 근로기준법상 주당 근로시간이 52시간을 초과할 수 없도록 규정하면서 임금근로자에서 52시간 초과하여 근무하는 경우는 2017년 13%에서 2020년 6%로 크게 감소하였다.

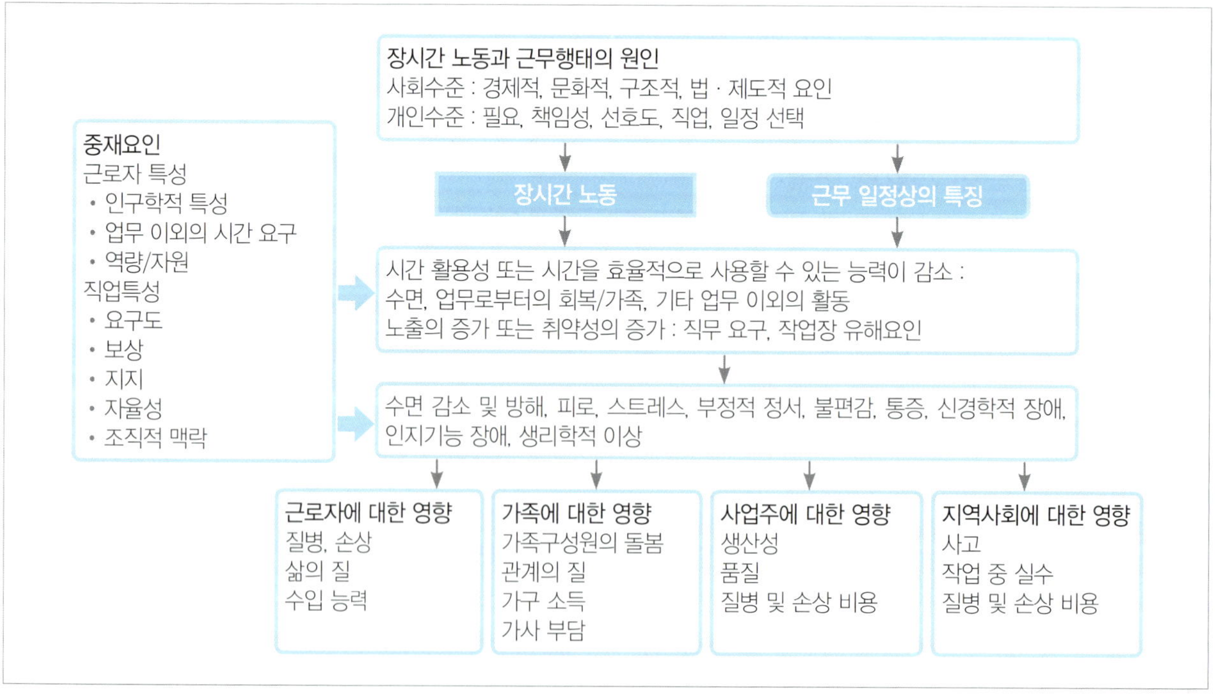

그림 7-5 장시간 근로 연구의 개념적 틀

한편 한국의 5차 근로환경조사와 유럽의 6차 근로환경조사를 비교한 연구에 따르면 주당 48시간 이상의 장시간 노동 근로자의 비율은 한국(39%)이 유럽(16%)에 비해 높은 반면에 교대근무를 한다는 응답은 유럽(21%)이 한국(10%)에 비해 많았다.

3.2 근로시간의 변화와 건강

근로시간과 건강과의 관련성에 대한 연구는 크게 근무시간의 길이에 따른 건강영향을 살피는 연구와 야간근무 등 근로시간의 배치의 건강영향을 보는 연구로 나눌 수 있다. 이중 근로시간의 길이와 관련해서는 절대적 길이의 증가(extensification)와 업무 밀도의 증가(intensification)로 나누어 연구를 하고 있다.

먼저 근무시간의 길이와 배치의 영향과 관련해서는 미국 국립산업안전보건연구원에서 제시한 틀이 가장 대표적이고 포괄적인 연구 틀이다. 장시간 근무와 부적절한 근로시간의 배치는 시간의 효율적 활용 가능성을 저하시키고, 회복시간 또는 수면시간의 부족, 업무 이외의 여가 활동 부족과 함께 직무스트레스와 작업장 유해요인에의 노출을 증가시킨다. 이로 인해 수면 문제, 스트레스, 부정적 정서와 생리학적 이상이 발생하여 근로자, 가족, 사업주 및 지역사회에 영향을 주게 된다. 이러한 근무시간과 관련한 요소가 근로자의 사회적, 정신적, 생물학적 건강에 영향을 주는 정도는 근로자 개인의 특성과 직업 특성에 의해 달라진다.

한편, 근로시간의 연장은 작업속도의 증가(intensification)와 근무시간의 증가(extensification)의 두 가지 양상으로 나타난다. 전 세계적으로 기업 간 경쟁이 격화되면서 사업장의 생산성 향상에 대한 압박은 해야 하는 일의 양과 주어져 있는 시간 사이의 불일치를 유발하게 되는데, 이러한 불일치는 절대적인 근무시간의 길이 증가나 업무 속도 및 밀도의 증가를 통해 해결을 모색하게 된다. 이러한 근무시간은 업무에 있어서의 양적 요구도의 절대적 양과 밀도를 높이게 되며, 이로 인해 공식적 근무시간과 실제 근무시간 모두가 증가하게 된다(그림 7-6).

작업속도의 증가는 직무스트레스의 직무 요구도 및 자율성 등에서 반영이 가능한 요인이므로 직무스트레스의 조직적 요인이기는 하지만 개별적 측정이 가능하며, 주관적 인식에 따른 부담이 크게 작용할 수 있는 요인이다.

3.3 교대근무의 건강영향

교대근무는 일주기 리듬(circadian rhythm), 수면, 개인(가족 및 사회) 생활에 문제를 일으켜 인간에게 부정적 영향을 주게 된다. 일주기 리듬은 약 하루를 주기로 변

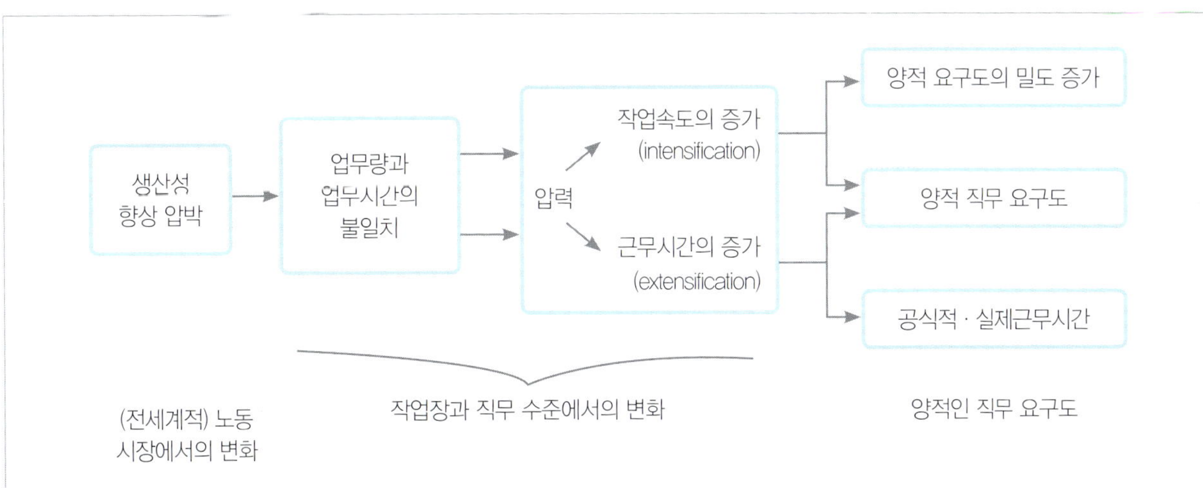

그림 7-6 노동시간의 질적 및 양적 변화

화하면서 외부의 명암, 온도, 식이, 활동도 등의 환경적 주기에 따라 인간의 몸이 적응을 하도록 뇌의 조율기(pacemaker) 역할을 하는 생물학적 리듬인데 이러한 리듬의 파괴는 다양한 생리학적 현상에 영향을 줄 수 있다. 인간에 있어서 이러한 조율기는 낮 동안의 각성과 밤의 수면 및 졸음에 영향을 주게 된다. 일주기 리듬의 재조정은 느리게 이루어지기 때문에 리듬의 파괴 이후에 수면이나 활동도가 다시 적응을 하는 데는 수 일이 걸리게 된다.

일주기 리듬의 파괴는 수면의 양과 질을 감소시키게 되고 부정적 정서와 소화기계 증상을 증가시킨다. 또한 일반적이지 않은 시간에 근무를 하는 것은 가족 관계나 다른 사회적 관계에 악영향을 미친다. 결국 이러한 야간 근무 일정과 조응하기 어려운 생리적, 심리적, 사회적 과정에 있어서의 중재가 필요함을 의미한다. 결론적으로 교대근무는 잠재적으로 근로자의 건강, 효율, 그리고 안녕의 다양한 측면에 영향을 주게 된다.

교대근무를 수행하는 근로자에서 나타날 수 있는 구체적 건강영향을 다음과 같이 크게 여섯 가지로 제시하였다. 먼저, 수면장애의 경우 비교적 일관되게 수면 부족, 불면증, 근무 중 졸음이 발생하며, 교대근무를 중단하면 회복되는 것으로 알려져 있다. 또한 교대근무를 장기간 수행할 경우 심혈관 질환의 위험성이 높아지며, 대사증후군, 고혈압, 당뇨 등 심혈관계 질환의 전구 질환과의 관련성도 일관되게 보고가 되고 있다. 한편 우울증이나 유방암의 발생과도 관련성이 있었으며, 소화성 궤양의 발생도 증가하였고, 재해 발생 위험도 높아진다. 물론 이러한 질병의 발생과 관련한 연구를 해석하는 데 있어서는 주의가 필요한데 특히, 야간근무의 일정과 지속 기간, 근무시간의 길이, 휴식시간 사이 근무시간 등 다양한 관련 요인을 고려해야 한다. 또한 대부분의 연구에서 주간 근무자가 교대 근무자에 비해 연령과 교육수준이 낮으며 수입이 적고 근무 경력이 짧은 경향이 있다는 점을 감안하면 건강근로자 효과를 반드시 고려해야 한다.

1) 수면장애

국제수면장애분류(International Classification of Sleep Disorders)에서는 야간작업으로 인한 수면장애(shift work sleep disorder, SWSD)를 별도로 구분하고 있으며 "야간근무 중 과도한 졸림이나 불면증을 일차 증상으로 하며, 다른 의학적 상태나 수면장애에 의한 것이 아니어야 한다"고 정의한다. 야간작업으로 인한 수면장애는 일주기 리듬의 교란 여부를 파악하기 위해 최소 2주 이상의 수면일지와 수면기록이 필요하다.

야간작업과 수면장애의 관련성에 대한 다양한 단면 연구 및 코호트 연구 결과들은 비교적 일관되게 위험이 증가하였다. 야간 작업자의 14.1%, 순환 교대근무자의 26%가 만성적인 불면증과 과도한 졸림을 겪으며 이러한 교대 형태에서는 적절한 적응이 불가능하다고 하였다. 증상이 있는 주간 근무자와 비교를 할 때 이러한 수면장애를 가진 근로자의 수는 교대근무를 하는 경우 10% 정도 증가하였다. 한편, Akerstedt T 등(2010)은 전향적 연구인 "WOLF" 자료를 이용하여 스웨덴 3,637명 남녀를 대상으로 5년 동안 추적 관찰하여 교대근무 상태 변화와 수면 및 졸림 간의 연관성을 조사한 연구를 수행하여 의미 있는 결과를 보고하였다. 연구 결과 교대근무를 시작하게 되면 수면 입면 및 작업 중 졸음의 위험이 1.7~2.9배 높아졌으며, 교대근무 및 야간작업을 지속하는 경우 졸음의 위험은 1.6배 정도 높아졌다. 반면 교대근무를 중단하면 수면장애에서 회복되었다.

2) 심혈관계 질환

야간작업을 포함한 교대근무가 심혈관질환을 유발하는 생물학적 기전에 대해서는 다양한 설명이 있는데, 공통적으로 일주기 리듬의 교란으로 교감신경의 항진, 시상하부-뇌하수체-부신피질 축의 기능 항진, 염증, 혈액응고, 혈압 등의 변화가 관여한다. 최근까지 다양한 연구에서 심혈관계 질환의 위험은 증가하였다. 주간 근무자에 비하여 교대근무자에서의 관상동맥질환의 위험은 20~40%가 증가한다. 캐나다에서는 급성심근경색과 관상동맥성 사건(coronary event)에 있어서 교대근무의 인구집단기여위험분율(population attributable fraction)을 각각 7.0%와 7.3%로 추정하기도 하였다. 심혈관계 질환과 야간근무의 원인적 관련성을 설명하는데 있어서는 다음의 직 · 간접적 병태생리학적 기전이 작용하는 것으로 알려져 있다.

① **생리학적 스트레스** : 염증반응 및 혈액 응고 증가(호모시스테인(homocysteine), 피브리노겐(fibrinogen), 심박동수변이와 같은 자율신경의 심장 조절 변화, 호르몬 변화(시상하부-뇌하수체-부신 축)로 인한
② **심리적 스트레스** : 스트레스 수준이 높은 근로조건, 일-생활 불균형, 불충분한 휴식으로 인한
③ **행동적 스트레스** : 수면 부족과 불건강한 생활 습관(흡연, 영양 불균형, 신체활동의 저하) 으로 인한

한편, 최근에는 심혈관계 질환의 전구 질환으로서 혈압과의 관련성에 대한 연구도 이루어지고 있는데 야간작업을 하는 경우 일관되게 혈압이 상승하였다. 특히 야간작업을 하면 근무하는 동안 수축기 및 확장기 혈압이 상승하고, 휴식 시 회복도 주간 근무자에 비해 어렵다. 특히, 야간작업 후 수면을 취할 때 정상적으로 나타나야 할 혈압하강(dipping)이 나타나지 않으며, 이러한 현상이 심혈관계 질환의 발생에 영향을 줄 수 있다.

3) 암

국제암연구소(IARC)는 교대근무와 관련하여 2007년과 2019년 두 번에 걸쳐 검토를 진행한 바 있다. 2007년 검토에서는 "일주기 리듬에 장애를 일으키는 교대근무"가 두 번째 검토에서는 "야간교대근무(night shift work)"를 인간에게 발암 가능성이 있는(probably carcinogenic to human) 위험요인(2A)으로 분류하였다. 워킹그룹에서는 유방암, 전립선암, 대장암과 직장암에 대해서 인간에 있어서의 역학적 근거가 제한적으로 있다고 판단하였다. 국제암연구소의 전문가 그룹에서는 환자-대조군 연구에서는 야간교대근무와 유방암, 전립선암, 대장암, 직장암이 관련성이 있는 것으로 나타나는 반면에 코호트 연구에서는 연구결과 간의 일관성이 떨어진다고 하여 '제한적' 근거가 있는 것으로 판단하였다.

야간교대근무로 인한 일주기 리듬의 장애는 세포주기 조절에 손상을 주어서 악성 종양의 유도(induction)나 촉진(promotion)을 용이하게 만들고, 야간의 빛 노출에 의한 멜라토닌 분비의 억제로 인한 다양한 수준에서의 호르몬 변화를 일으키고, 생물학적 기능의 시기를 조절하는 시계 유전자(clock gene)의 후성학적 변화를 가져온다. 또한 만성적인 수면 부족은 면역학적 기능이상을 유발하기도 한다.

여성에서의 유방암이 가장 대표적인 관련성을 보이는 암종인데, 특히 야간교대근무를 20년 넘게 장기간 수행한 경우에 위험이 증가하는 것으로 알려져 있다. Megdal 등(2005)이 수행한 메타분석은 총 13편의 논문을 대상으로 하였는데, 이중 7편은 비행기 승무원들을 대상으로 한 연구였다. 모든 연구들을 종합하여 구해진 위험도는 1.48(95% 신뢰구간 1.36-1.61)이었으며, 여성 승무원들에서의 표준화발생비(SIR)는 1.44(95% 신뢰구간 1.26-1.65)였으며, 여성 야간작업자들에서의 상대위험비는 1.51(95% 신뢰구간 1.36-1.68)이었다. 이후 발표된 세 편의 역학 리뷰논문에서도 야간작업과 유방암과의 관련성을 지지하는 결과가 발표되었다.

3.4 장시간 근무의 건강영향

장시간 근무의 건강영향에 대한 연구는 유럽과 일본을 중심으로 지속되어 왔으나 장시간 근무를 정의하는 방식도 주당 근무시간, 하루 근무시간, 시간 외 근무시간 등으로 다양하고, 각각에 대해서 다른 기준을 사용하고 있어 일관된 노출 평가가 이루어져 있다고 보기 어렵다. 그러나 일정 시간을 초과하는 근무시간의 건강영향에 대해서는 지속적으로 의미 있는 결과들이 발표되었다. Caruso 등(2004)은 그동안의 연구를 통합한 검토를 실시하였는데 그 결과 22개의 검토 대상 논문 중 16개 논문에서 초과 근무가 일반적 건강수준에 대한 인식에 악

영향을 주고, 손상률을 높이며, 질병의 위험을 증가시키고, 사망률에 영향을 준다고 하였다. 2016년 WHO와 ILO는 직업적 요인의 질병 및 손상 부담에 대한 공동평가를 수행하였고, 2019년부터는 직업적 요인에 대한 질병 및 손상부담 연구를 규칙적으로 수행을 하기로 하였는데, 이 연구 과정에서 전통적인 물리적, 화학적 위험요인 이외에 주당 55시간 초과하는 장시간 노동의 질병부담 산출을 위한 연구가 이루어지고 있다. 해당 연구 과정에서 건강영향에 대한 다양한 연구결과 등이 제시되고 있다.

장시간 근로와 건강영향에 대해 현재까지의 증거를 놓고 볼 때 비교적 일관되게 위험이 증가하는 것으로 알려져 있는 것은 심혈관질환과 작업관련 손상이다. 그 외에도 당뇨, 고혈압, 장애로 인한 퇴직, 주관적 건강 수준, 피로, 심박동수 변이, 코티졸과 같은 스트레스 호르몬, 수면시간의 감소와 같은 생활양식의 변화에 대한 연구결과들이 발표되고 있는데, 일관되게 위험이 증가한다고 보기에는 아직 그 근거가 충분하지 않다. 수면장애 및 정신장애도 장시간 근로와 관련이 있는 것으로 보이나 이는 교대근무와의 교호작용 등을 고려하면 아직 연구가 충분하지 않은 상황이다.

일반적으로 장시간 근로는 회복을 위한 휴식시간의 부족과 작업장에서의 직무스트레스나 유해요인 등에 노출되는 시간이 길어짐으로 인해서 건강에 부정적인 영향을 일으킨다고 할 수 있다. 그러나 현재 발표되는 연구들을 가지고 건강 위험이 증가하는 근무시간의 기준을 정하는 것은 불가능하다. 왜냐하면 각 연구들에서 정의하고 있는 장시간 노동의 기준, 평가 방법, 야간 근무와의 병행 여부, 직무 부담, 업무에 대한 책임, 휴식과 회복을 위한 기회의 제공 등 노출 평가 방법과 과정에서 고려하고 있는 관련 변수들이 매우 다양하기 때문에 일관된 시간 기준을 제시하는 것은 불가능하다.

1) 뇌심혈관계 질환

장시간 근로와 심혈관 질환의 관련성에 대한 연구는 주로 일본과 영국을 중심으로 이루어져 왔다. 비교적 최근에 수행된 코호트 연구들에서는 장시간 근로가 심혈관질환을 유발한다는 증거들이 계속 보고되고 있다. 영국의 Whitehall II 코호트를 분석한 연구결과들은 하루 초과근로시간을 기준으로 평가를 하였는데 그 결과 관상동맥질환의 발생이 50% 이상 증가하였다. 한국 응급실 방문자를 대상으로 한 환자-대조군 연구에서는 질병 발생 이전 3개월간의 평균 근무시간이 52시간을 넘는 경우 심혈관질환의 위험이 약 3.5배 증가하였다는 보고도 있다. 특히, 관상동맥질환의 발생위험은 체력이 가장 낮은 5분위에 속하는 집단에서 허혈성 심장질환(ischemic heart disease)으로 인한 사망이 증가한다는 연구도 있다.

최근 세계보건기구(WHO)와 국제노동기구(ILO)에서는 장시간 근무가 허혈성 심장질환과 뇌졸중의 위험요인임을 밝힌 바 있다. 지금까지 발표된 장시간 근무와 허혈성 심장질환 또는 뇌졸중(stroke)과의 관련성에 대한 연구결과들을 종합적으로 분석하여 결론 내린 것으로, 1주일에 55시간 이상 근무하는 경우에는 1주일에 40시간 이하로 근무하는 경우보다 허혈성 심장질환의 위험이 1.17배 높아지고, 뇌졸중의 위험은 1.35배 높아지며, 이것은 통계적으로 유의한 결과였다(표 7-7).

2) 업무관련 손상

장시간 근로와 손상과의 관련성에 대한 연구들은 일관되게 장시간 근로가 업무관련 손상의 위험요인임을 시사한다. 다수의 단면연구들뿐 아니라 환자-대조군 연구, 환자-교차 연구, 코호트 연구와 같은 대부분의 연구설계에서 일관되게 위험성이 증가한다. Dembe 등(2005)은 근무시간과 손상률 사이의 양-반응 관계를 제시하기도 하였다. 같은 코호트를 활용하여 발표한 코호트 연구에서는 주당 60시간이 넘어가는 경우 손상의 발생 가능성이 2배까지 상승하였다(Dembe 등, 2009). 통계적 연관성의 강도는 연구에 따라 조금씩 다르기는 하지만 주당 60시간을 넘어가는 근무시간일 경우 손상의 발생 가능성이 1.23~2.02배 증가하였다.

3) 우울증과 문제음주

장시간 노동과 우울증의 관련성에 대한 연구도 꾸준히 이루어지고 있다. 이는 장시간 노동으로 인한 일-생활 불균형, 탈진, 정서적 디스트레스(emotional distress), 건강행태의 변화(육체활동의 부족, 음주량 증가, 수면시간의 감소), 정신생리적 변화(시상하부-뇌하수체-부신축 활성화, 염증 반응 과정, 일주기 리듬 변화, 수면장애 등)가 우울증의 유발에 영향을 줄 수 있다는 가설하에 연구를 진행하고 있는 것이다. WHO/ILO 공동위원회에서는 32개국의 22개 코호트 연구에 포함된 109,906명에 대한 메타분석을 실시하였는데 주당 근로시간이 35~40시간인 집단에 비해 41~48시간인 경우와 49~54시간인 경우, 55시간 이상인 경우 모두에서 통계적으로 유의미한 증가를 확인할 수 없었다. 공동위원회에서는 지역, 성별, 연령, 사회경제적 수준, 결과 측정 방법, 바이어스의 위험 등에 따른 민감도 분석을 수행하였는데 모든 경우에서 유의미한 관련성을 찾을 수가 없었다. 이 결과, 공동위원회에서는 "위험성을 평가할 수 있는 근거가 부적절하다(inadequate evidence for harmfulness)"고 결론 내렸다.

한편, 14개 코호트 104,599명에 대해 실시한 메타분석 결과 주당 근로시간이 35~40시간인 경우에 비하여 41~48시간인 경우, 49~54시간인 경우, 55시간 이상인 경우 각각에서 주당 알코올 섭취량이 각각 10.4g, 17.7g, 16.3g 증가하였다. 그러나 문제음주의 위험은 통계적으로 유의한 증가를 확인할 수 없었다. 공동위원회에서는 알코올 섭취량의 증가를 확인할 수는 있으나 문제음주의 위험에 대해서는 결론을 내리기 어렵다고 하였다. 또한 음주량의 증가가 알코올사용장애와 관련성이 있는지 여부 역시 아직 확인이 어려운 상황이라고 하였다.

3.5 관리 방안 및 대책

교대근무와 장시간 근로에 대한 적응을 도와주고, 대처 방안을 마련하기 위한 방법에는 사업주와 근로자 개인에 대한 전략이 있다. 현재까지 대부분의 권고사항은 교대근무자를 대상으로 한 것이며, 장시간 근로에 대한 타당한 대처 방안은 아직까지 부족한 상황이다. 외국의 다양한 권고 지침 들은 일반적으로 작업 중 휴식을 도입할 수 있는 근무 일정 설계, 수면에 대한 대책 마련, 밝은빛 또는 푸른빛을 이용한 일주기 리듬의 변화, 적절한 시점의 신체 활동과 직무 요구, 육체적 건강상태의 개선, 적절한 약물의 사용, 식사 조절, 스트레스 감소 기술의 적용, 사회적 지지를 위한 집단을 조직, 가족 상담 제공 등을 포함하고 있다. 이러한 개입의 효과에 대한 연구는 아직 부족한 상황이며 전체 근로자에게 쉽게 적용하기 위한 연구가 지속적으로 이루어져야 한다. 또한 직무 설계, 작업 관리, 작업 환경 관리 및 의학적 관리와 관련해서는 교대근무와 근로시간으로 인한 건강문제가 다른 사회적, 인구학적, 개인적 특성에 큰 영향을 받기 때문에 하나의 지침을 제시하는 것이 어려우며, 근로자의 참여 속에서 다양한 필요를 감안한 관리 방안을 마련해야 한다는 점을 고려해야 한다.

표 7-7 장시간 근무가 허혈성 심장질환 및 뇌졸중에 미치는 영향

질병	1주당 근무시간	메타분석에 포함된 연구의 규모	상대위험비 (95% 신뢰구간)
허혈성 심장질환	주당 41~48시간	20개(312,209명)	0.99 (0.88-1.12)
	주당 49~54시간	18개(308,405명)	1.01 (0.82-1.25)
	주당 55시간 이상	22개(339,680명)	1.17 (1.05-1.31)
뇌졸중	주당 41~48시간	12개(265,937명)	1.04 (0.94-1.14)
	주당 49~54시간	17개(275,181명)	1.13 (1.00-1.28)
	주당 55시간 이상	7개(162,644명)	1.35 (1.13-1.61)

1) 직무 설계 및 작업 관리

근무 일정의 설계와 관련해서는 순환 근무에 비해 고정 교대의 상대적 장점에 대한 논란이 지속되고 있으며, 몇 일간의 빠른 교대근무와 2주 이상의 느린 교대를 비교할 때 가장 좋은 교대의 주기, 교대 시점, 압축 근무주(compressed workweek)의 활용 등에 대한 논란도 지속되고 있다. 하루 10시간에서 12시간을 근무하는 압축 근무 주는 주당 근무시간을 채우기 위한 근무일이 적기 때문에 근무를 안 하는 날짜가 많아 인기 있는 교대 형태이기는 하나 근무하는 날의 지나친 피로 누적에 대한 문제 제기가 지속적으로 있는 상황이다. 국내에서는 교대근무자의 작업 설계와 관련하여 모든 형태의 교대 작업에 적용할 수 있는 일반적인 권고는 없다는 것을 전제로 하여 [표 7-8]과 같은 권장 사항을 제시하고 있다.

표 7-8 국내 교대근무 작업 설계 시 권장 사항

작업 설계 시 권장 사항
• 야간작업은 연속하여 3일을 넘기지 않음 • 야간 근무 종료 후 다음 아침 근무까지 최소 24시간의 휴식시간 확보 • 가급적 주말에 연달아 이틀간 휴식이 가능하도록 배치 • 연간 쉬는 날이 주간 작업자 보다 더 많도록 배치 • 교대방향은 아침반→저녁반→야간반으로 정방향 순환이 되게 함 • 아침반 작업은 너무 일찍 시작하지 않도록 함 • 야간반은 수면 시간을 고려해 가능한 일찍 작업을 끝냄 • 교대작업 일정의 계획시 가급적 근로자 개인이 원하는 바를 고려 • 교대작업 일정은 근로자에게 미리 통보되어 예측되도록 할 것

근로시간과 관련하여 세계노동기구와 유럽연합 등에서는 지침의 형태로 제도적 접근을 취하고 있다. 이러한 근무시간의 설계가 실제 근로자 건강보호에 효과가 있는지에 대한 연구는 앞으로 지속적으로 수행될 필요가 있다. 그러나 근로시간의 문제가 가장 기본적인 노동조건 중 하나로 임금, 노동조건을 포함한 다양한 문제가 연루되어 있고, 사회적 합의가 필요하다는 점을 감안하면 외국의 제도적 지침을 살피는 것 역시 의의가 있다. 주요 외국과 국내의 근로시간 관련 지침은 [표 7-9]와 같다.

앞서 제시한 근로환경조사 결과에서 확인한 바와 같이 한국에서는 근로기준법의 개정을 통해 근로시간을 줄일 수 있었다는 점을 고려하면 큰 틀의 정책적 접근은 지속적으로 이루어져야 한다.

2) 작업환경 관리

교대근무와 장시간 근로에 대한 국내 지침에서 작업환경 관리는 중복되거나 겹치는 내용이 많다. 이는 장시간 근로가 교대근무와 함께 발생하기 때문이며, 외국의 지침 상에도 비슷한 권고 사항이 제시되고 있다. 이러한 권고 사항에는 적절한 휴식 공간의 제공, 야간작업 시 사고 예방을 위한 조도, 소음, 온도 관리, 야간작업 시 적절한 음식과 음료의 제공, 야간작업 동안의 사이잠 및 수면실의 제공 등이 공통적으로 제시되는 내용이다.

3) 의학적 관리

교대근무자의 건강문제와 관련하여 핵심적으로 논의되고 있는 것은 수면 위생과 관련한 것이다. 편안하고 충분한 수면을 위한 수면 환경의 조성(예. 빛, 소음 등의 차단, 방해 금지), 최소 6시간 이상의 수면 시간 확보, 간단한 간식 섭취, 과식이나 음주 과격한 운동의 금지, 적절한 규칙적 운동, 이완요법 및 명상 등이 모두 수면 위생의 측면에서 강조되는 것이다. 일주기 리듬의 적응을 도와주기 위해 교대 주기 변경 시에 광선 요법(밝은 또는 푸른 빛 사용), 집중적인 육체적 활동 시행, 약물의 사용 등은 일부 연구에서는 유용성을 확인할 수 있으나 근거의 축적과 확인이 더 필요하다.

한편, 원칙적으로 야간작업의 절대적, 또는 상대적 금기가 되는 질병으로서 주간작업으로의 일시적 또는 영구적인 배치전환을 고려해야 하는 질환이 있는 경우에는 신중한 접근이 필요하다. 만성 수면 장애, 심각한 소화기 질환, 허혈성 심질환과 심각한 고혈압, 인슐린 의존성 당뇨, 갑상선 및 부신 질환, 간질, 만성적 불안장애 및 우울장애, 만성 신부전, 악성 종양, 임신의 경우 야간근무를 제한하는 것을 고려할 수 있다. 그러나 특정 근

표 7-9 근로시간 관련한 국내외 지침 내용 요약

ILO	EU	국내 지침
24시간의 기간 중 8시간을 넘지 말 것	24시간을 단위로 최소 연속 11시간의 일일 휴식	11시간 이상의 연장 근로와 야간 근로는 최소화
연장 근무 피하기	하루 6시간 이상 근무하는 경우 휴식시간 제공	근무시간 종료 후 최소 11시간 이상의 휴식
특정 위험이 있거나 신체적 · 정신적 긴장이 과도한 작업은 연장 근무 금지	7일 단위로 최소 35시간의 방해받지 않는 휴식	이틀간의 휴식을 한 달에 두 번 제공
전일제 근무(full-time shift)를 연달아 하지 말 것	일주일에 최대 48시간 근무	근무 중 휴식시간 제공
근무 사이에 최소 11시간의 휴식시간 보장	일년에 최소 4주의 유급휴가	정기적이며 예측 가능한 일정
		주당 52시간이 넘어가는 경우 보건관리자 면접지도

로형태의 제한은 노동권의 제한, 임금의 감소, 동료 근로자와의 갈등 증가 등 예상하지 못한 문제를 유발할 수 있기 때문에 직업환경의학 전문의는 다양한 상황을 종합적으로 고려하여 근로자의 포괄적 건강을 보호할 수 있도록 노력을 해야 한다. 실제로 야간작업을 금지하는 것 자체로 근로자의 건강이 자동적으로 좋아지거나 완전히 좋아지는 것은 아니다.

왜냐하면, 교대근무자의 이러한 문제들은 정신신체(psychosomatic) 영역의 문제이거나 가족 구성, 생활습관, 일반적인 사회적 조건이나 다른 직업 관련 위험이 반영된 다양한 요인에 의해 영향을 받기 때문이다. 결과적으로 교대근무나 야간작업에 있어서의 부적응은 복잡한 상호작용에 의해서 나타나게 되며 직업력 전체를 볼 때 증상이 나타나는 시기나 심각도가 근로자의 상황에 따라 다를 수 있다는 점을 반드시 고려해야 한다. 근로자의 건강보호를 위한 의학적 접근에서 다양한 개인적 또는 사회적 조건을 고려해야 하는 것은 장시간 근로자에 대해서도 마찬가지이다.

마지막으로, 좁은 의미의 의학적 관리는 장시간 노동과 야간작업으로 인한 주된 결과인 뇌심혈관계 질환을 위해 필수적이다. 21개국의 코호트 자료를 바탕으로 심혈관계 질환의 조절 가능한 위험요인에 대한 인구집단기여위험분율을 산출한 연구에 따르면 급성심근경색에 대해서는 이상지질혈증이, 심혈관질환과 뇌졸중에 대해서는 고혈압의 PAF가 가장 컸다. 선진국에서의 심혈관질환에 대한 PAF는 이상지질혈증 20.7%, 흡연 15.7%, 고혈압 14.6%, 당뇨 7.8%, 복부비만 6.8%, 낮은 교육 수준 2.0%, 우울증상 1.1% 순이었다. 인구고령화가 급속하게 진행되면서 고령노동자가 증가하고 있고, 장시간 노동의 심혈관계 질환에 대한 영향이 개인적 체력수준이 낮은 경우 더 증가한다는 연구결과 등을 감안할 때 전통적 요인에 대한 의학적 관리는 매우 중요하다. 보건관리자 제도나 산업보건의 제도의 확대는 뇌심혈관계 질환 예방에 있어서 사각지대를 줄여 나간다는 점에서 그 의미가 있다.

더 읽을거리

Boulin J-Y, Lallement M, Messenger JC, Michon F. Decent Working Time: New Trend, New Issue. ILO publications. Geneva. 2006.

Caruso CC, Rosa RR. Shift Work and Long Working Hours. In: Rom (Ed) Environmental and Occupational Health. 4th ed. Lippincott Willians & Wilkins, a Wolters Kluwer business. Philadelphia.

2007.
ILO. Night Work Recommendation, 1990 (No. 178). [http://www.ilo.org/dyn/normlex/en/f?p=NORMLEXPUB:12100:0::NO:12100:P12100_INSTRUMENT_ID:312516:NO]
Night Shift Work. IARC Monograph. Vol 124. WHO. 2020.
WHO/ILO Joint Estimates of the Work-related Burden of Disease and Injury. WHO. [https://www.who.int/teams/environment-climate-change-and-health/monitoring/who-ilo-joint-estimates]

제4절 감정노동

이완형

4.1 감정노동 개념의 탄생 및 흐름

감정노동(emotional labor)은 조직에서 정의한 규칙과 지침에 따라 근로자가 자신의 감정을 관리하는 근로 행태를 의미하며, 미국의 사회학자 앨리 러셀 혹실드(Arlie Russell Hochshild)가 처음으로 사용하였으며, Managed Heart(1983)라는 책에서 구체화하였다. 혹실드는 감정노동을 상대방이 우호적이고 안정된 장소에서 보살핌을 받고 있다는 느낌을 창출할 수 있도록 외모와 표정을 유지하기 위해, 감정을 억압하거나 표현하는 방식으로 감정을 조절하고 관리하는 노동으로 정의하였다. 고객 혹은 소비자를 대상으로 하는 대면 과정에서 감정노동의 개념이 대두된다는 점에 주목하였고, 감정노동을 통해 만들어지는 서비스가 상대방에게 보여지고 느껴져야 한다는 점을 강조하였다. 개인의 감정이라는 것은 본질적으로는 철저하게 사적인 영역의 것이다. 따라서 개인이 감정적으로 느끼고 표현하기에 적절한 것인지에 대한 판단은 사회문화적 규범의 영향을 받을 수는 있지만, 다른 사람이나 조직에 의해 직접 규제되는 것은 가능하지 않다고 여겨져 왔다. 하지만 감정노동이 정의됨에 따라, 감정을 관리하는 노력 즉, 자신의 감정을 적극적으로 변형하거나 형성하는 노력도 노동에 포함될 수 있었다. 특정 상황에서 경험해야 하는 적절한 유형과 감정의 양에 대한 사회적 조직적 규범을 설명하기 위해 "감정 규칙" 또는 "표현 규칙"이라는 일종의 규칙이 형성되었다. 즉, 감정 관리를 통한 노동의 표현이란 "공개적으로 관찰할 수 있는 얼굴 및 신체 표현을 만들기 위한 감정 관리"를 의미하며, 이는 반드시 외부(고객)에서 관찰이 가능하도록 조직적으로 관리되었던 것이다. 현재에는 감정노동을 단순히 고객 또는 타인을 업무적으로 대하는 과정에서 근로자에게 요구되는 정서적 노동에 그치지 않고, 모든 형태의 상호작용 즉, 업무와 관련된 감정의 표시를 포함하여 타인과의 교류가 필요한 직업에서의 모든 언어적 및 비언어적 의사소통을 아우르는 개념까지 감정노동에 포함해야 한다는 주장도 있다.

4.2 특성 및 요소

감정노동의 속성은 주로 심층행위(내면행위 또는 진심행위, deep acting)와 표면행위(surface acting)로 표현된다. 심층행위는 자신이 표현해야 하는 감정을 실제로 느끼거나 경험하려고 노력하는 행위를 의미하며, 악성민원인을 '개인적인 손님'처럼 생각하며 화를 참는 것 등이 예가 될 수 있다. 심층행위는 두 가지로 구체화될 수 있다. 하나는 직접적으로 감정을 바꿔버리는 것이고, 다른 하나는 훈련을 통해 감정 기억을 충분히 저장했다가, 필요한 감정을 이용하는 것이다. 감정 기억을 필요할 때에 사용하려면, 경험하는 감정마다 이후 용도를 정해놓고 저장하는 모양이 된다. 감정을 어떤 사물처럼 필요에 따라 꺼내 쓸 수 있는 속성을 지니는 대상으로 바라보는 것이다. 표면행위는 자신이 느끼는 감정이 아닌 실제로 느껴

지지 않는 감정을 꾸며내어 거짓으로 표현하는 행위를 의미하며, 개인의 기분과 다르게 일부러 미소를 지으며 기분이 좋은 것처럼 행동하는 것 등이 예가 될 수 있다.

표준화된 감정규범들은 대면 노동자들이 항상 동일하고 예측가능한 형태의 서비스를 표현해야 하는 것을 규정하고 있으며, 이는 크게 4가지 구성요소로 나누어 접근해 볼 수 있다. 빈도, 다양성, 부조화, 주의성이 여기에 해당한다. 감정노동의 빈도는 감정노동 근로자와 고객과의 상호작용하는 횟수를 대표적으로 꼽을 수 있다. 빈도가 증가할수록 해당 근로자의 감정적 요구도는 증가한다. 감정노동에서의 다양성은 상황에 맞추어 감정을 자주 바꾸는 정서적 행위를 의미하며, 다양성이 높을수록 더 많은 계획과 예측이 필요할 수 있다는 점을 강조한다. 감정노동에서의 부조화는 근로자가 실제 느끼는 감정과 조직에서 요구하는 감정이 충돌할 때 주로 발생하며, 이로 인해 근로안정성이 떨어지며 특히 직무 만족도가 크게 감소한다. 감정노동의 주의성은 감정표현의 기간과 강도를 의미한다. 주의성이 클수록 더 많은 근로자의 정신적 신체적 노력을 요구한다.

4.3 건강영향

감정적인 측면에서의 감정노동은 소진(burnout), 감정고갈(emotional exhaustion)과 이직의사, 직무 불만족 등과 같은 부정적 감정 또는 행동과 연관성이 높은 것으로 알려져 있다. 우울증, 불안장애, 수면장애와 같은 정신건강 의학적 문제와 연관성이 높다는 보고가 많다. 통증, 신체 이형장애, 신체형 장애와도 연관성이 높다는 보고가 있으며, 두통, 탈모, 과호흡, 위경련, 고혈압, 탈진, 뇌심혈관계 질환 등도 연관성이 보고되고 있다. 뿐만 아니라 과식, 과음, 흡연, 운동 부족 등 부적절한 생활습관의 위험이 높아진다는 보고가 있으며, 직장에서의 관계 뿐 아니라 가족 관계, 종교 및 취미 활동 등 사회전반의 활동 위축으로 나타나 인간관계 전반의 약화와 고립감 증가 등의 위험도 높은 것으로 알려져 있다. 하지만 아직 의학적인 근거 수준이 명확한 질환이나 증상에 대한 보고는 적은 편이며, 활발한 연구와 관심이 필요한 분야이다.

4.4 우리나라 감정노동 현황 및 관리

우리나라의 경우, 조직의 생산성이나 목적 실현을 위해 조직의 고객응대 감시가 외국에 비해 훨씬 치밀하며, 근로자들에게 고객에 대한 무조건적인 친절이나 무제한적인 고객응대를 강요하는 등의 분위기가 지배적이라 보는 의견이 높은 편이다. 이에 우리나라에서는 감정노동을 '고객을 직접 대면하거나 일대일로 대화하면서 고객에게 편안함과 만족감을 주어 소비활동을 돕는 업무'라고 정의하고 관리 노력을 꾀하고 있다. 우리나라의 감정노동 주요 직종은 마트, 백화점, 승무원 등과 같은 고객 대면 서비스업종 뿐 아니라 콜센터, 고객센터, 온라인 판대 등의 비대면 서비스업종도 포함한다. 또한 경찰, 소방관, 민원 안내와 같은 공공서비스와 간호사, 보육교사, 요양보호사와 같은 돌봄 업무도 포함한다. 최근에는 1인 감정노동직군을 새롭게 정의하여, 편의점, 방문간호, 가사서비스, 가전제품 설치 및 수리, 대여제품 점검, 수도가스 검침원 등도 감정노동 직종으로 포함하고 있다.

감정노동 종사자 규모는 많게는 약 1,330만 명으로 추정된다[제5차 근로 환경실태조사를 통한 수정치(2017)]. 이는 제3차 근로환경실태조사(2011) 기준 추정치 약 740만 명에서 크게 증가한 수치이다. 같은 자료에서 전체 임금근로자 중에서는 약 31~41%인 560~740만 명으로 추산된다. 통계청 서비스업 조사(2017년) 결과에 따르면, 서비스업 종사자 월평균 급여는 247만 원으로 상용직의 328만 원 대비 71.6% 수준으로 낮은 편이다. 고용노동부 고용형태별 근로실태조사(2018) 결과에 의하면, 여성의 비율이 72.4%로 대부분을 차지하였다. 또한 운영형태에 대해서는 서울노동권익센터(2015), 행정안전부(2018) 조사 결과에 의하면, 64~72%가 위탁 또는 협력사의 형태로 운영되었다. 우리나라의 감정노동 종사자는 주로 여성, 비정규직, 저임금 등을 특징으로 하며, 이는 곧 취약 계층 노동 집단과 일치한다.

2018년 10월 18일부터 일명 '감정노동자 보호법'(산업안전보건법 제41조)으로 전국의 감정노동자 보호를 시행하고 있다. 해당 법에는 고객응대 근로자에 대하여 고객의 폭언, 폭행, 그 밖에 적정 범위를 벗어난 신체적 · 정신적 고통을 유발하는 행위로 인한 건강장해를 예방할 것을 사업주의 의무로 두고 있으며, 고객응대업무 매뉴얼 마련, 건강장해 예방 관련 교육 실시, 업무의 일시적 중단 또는 전환, 휴게시간의 연장, 건강장해 관련 치료 및 상담 지원 등의 구체적인 조치를 포함하고 있다.

고객응대업무 종사자 건강보호 매뉴얼에는 고객응대업무 종사자 건강보호 매뉴얼의 목적, 고객응대업무 종사자 건강보호 매뉴얼의 목적, 고객응대업무를 관리해야 할 근거, 고객응대업무 종사자 건강보호에 대한 경영방침 제시, 고객응대업무 종사자 건강보호 매뉴얼 적용범위, 문제유발 고객의 유형 분류, 상황별 응대 멘트, 폭언, 폭력 발생 시 대응절차, 고객응대업무 종사자의 권리 보장, 직장 내 지원체계, 고객응대업무로 인한 감정손상 예방 대책, 도움 요청기관 등에 대한 내용을 반드시 포함하도록 제시하고 있다.

4.5 감정노동의 평가

우리나라에서는 한국의 조직문화와 서비스 산업의 특수성을 반영한 한국형 감정노동 종사자 직무환경 평가도구를 개발하기 위해 노력하였으며, 한국형 직무스트레스 평가도구와 한국형 감정노동 평가도구, 한국형 작업장폭력 평가도구를 종합적으로 활용할 것을 권고하고 있다. 한국형 감정노동 평가도구는 감정노동을 5개의 영역인 감정조절의 노력 및 다양성, 고객응대의 과부하 및 갈등, 감정부조화 및 손상, 조직 감시 및 모니터링, 조직의 지지 및 보호체계로 나누어져 있다. 한국형 작업장폭력 평가도구는 고객의 정신적 성적 폭력, 직장 내 정신적 성적 폭력, 직장/고객 신체적 폭행, 조직의 폭력보호체계로 구성되어 있다. 기본형으로는 한국형 감정노동 평가도구 14문항, 한국형 작업장폭력 평가도구 10문항이며, 선택형으로는 각각 24문항으로 구성되어 있다.

세 가지 평가도구를 함께 사용할 것을 권장하지만, 단일 감정노동 혹은 직장폭력 노출 평가를 위해선 해당 평가도구만을 사용할 수도 있다. 해당 평가도구를 해석하기 위한 성별 참고치가 제시되어 있으며, 정신건강에 대한 영향을 우울증 선별검사(PHQ-9)를 활용하여 함께 파악하여 제시하고 있다. 이를 통해 감정노동의 수준 및 주요원인, 현황에 대한 파악이 가능하며, 작업장 폭력, 폭언 등의 현황을 함께 고려하여 사업장 보건관리에 적용할 수 있다.

하지만 한국형 감정노동자 직무환경 평가도구는 업무수행과정에서 경험하는 직무스트레스, 감정노동이나 작업장 폭력으로 인한 스트레스 반응을 평가하는 것이 아니고 ① 스트레스 요인의 노출 빈도 및 강도, ② 반응을 감소 또는 악화시킬 수 있는 조직 보호 체계, ③ 이로 인한 감정적 심리적 손상 및 부조화의 정도를 평가하는 것으로 감정적으로 취약하거나 감정노동 그 자체에 취약한 개인을 평가하기 위한 목적이 아니다. 따라서 정신과적 개입이 시급히 필요한 고위험군 선별을 위해서는 추가 설문이나 평가를 통해 접근해야 할 필요가 있으며, 사업장의 특성에 따라 정신건강뿐 아니라 다양한 건강영향을 함께 평가하고 관리하려는 노력이 병행되어야 한다.

4.6 관리

감정노동으로 인해 건강장해로부터 근로자를 보호하기 위한 노력이 필요하다. 감정노동으로 인한 건강장해를 예방하기 위해서 개인의 노력을 강요하는 것은 또 다른 감정노동의 강요일 수 있다. 가장 중요한 것은 사업장에서의 근로자 보호를 위한 체계와 제도가 마련되어야 한다는 점이다. 대표적으로 사내 심리상담 프로그램 운영, 정신건강증진 프로그램, 고위험 노출 상황에 대한 대응방안, 근로조건의 개선, 근로자의 참여 보장 등이 이에 해당한다. 사내 심리상담 프로그램 운영의 경우, 심리상담사와 같은 전문 인력을 활용하여 직무스트레스와 감정노동 문제를 종합적으로 상담할 수 있는 센터를 운영하는 것을 포함한다. 개인정보의 보호를 기반으로 한 개인 및 집단 상담 프로그램이 마련되어야 한다. 정신건강증진 프로그램은 감정노동과 연관되어 발생할 수 있는 정신건강 문제는 우울증상과 소진, 직무 만족도의 감소 등이 있다. 정신건강 문제가 대두된 이후의 접근은 한계가 있으므로 모든 근로자를 대상으로 한 전문가 의뢰 시스템을 포함한 정신건강 보호를 위한 프로그램을 마련해야 한다. 고위험 노출 상황에 대한 대응방안은 감정노동 근로자 보호를 위한 가장 중요한 대책 중 하나이다. 고객의 폭언, 폭력, 성추행 등 상황에 따라 사업장의 자체 규정과 체계를 만들어야 한다. 고객에게 무조건적인 친절을 주문하는 것이 아니라, 문제가 있는 고객에게 어떻게 대응을 하고 어떠한 사업장내 절차를 따라 문제를 해결할 수 있는지에 대한 고객 응대 매뉴얼을 개발해야 한며, 특히 악성 고객에 대해서는 자체 제제방안을 마련하고 사업장이 주체가 되어 법적 조치를 취할 수 있도록 해야 한다. 근로조건의 개선 또한 중요하다. 적절한 휴식을 위한 시간과 공간이 제공되어야 한다. 감정노동 종사자 집단이 대부분 불안정 고용형태를 나타내고 있으므로, 고용 안정성 증가, 전문성의 증가 등은 장기적으로 효과적인 근로자 보호 대책이 될 수 있다. 근로자의 참여를 보장하는 것도 매우 중요하다. 감정노동과 작업장 폭력의 문제에 있어서 사업장에 대한 신뢰는 매우 중요한 요소이므로 근로자를 참여시켜 사업장이 감정노동의 현황과 정도에 대해 이해하고 있고 이를 개선하기 위해 노력하고 있다는 공감을 이끌어 내야 한다. 고객과의 갈등이나 분쟁이 인사나 급여에 반영되거나 불이익을 주지 않도록 하고, 고충이나 애로사항을 전달할 수 있는 의사소통 채널을 마련해야 한다.

4.7 결론

감정노동은 사회학에서 제시된 개념으로 아직 의학 및 보건학과의 연관성을 명확하게 확인하는 것은 어려운 일이다. 하지만 감정노동의 종사자 규모는 급격하게 증가하고 있으며, 감정노동의 개념도 고객 대면 업무에서 노동과정에서 발생하는 대부분의 언어적 비언어적 의사소통을 아우르는 개념으로 확대되고 있다. 정신건강(수면, 우울, 불안, 번아웃 등) 뿐 아니라 신체화 장애, 주관적 건강상태, 심혈관계 질환, 높은 이직 의도, 산재발생 등과의 연관성에 대한 보고도 계속되고 있다. 우리나라의 경우, 감정노동에 대한 정책적, 사회적 이해 노력이 더디지만 꾸준히 이루어지고 있다. 감정노동에 대한 의학 및 보건학에서의 학문적 이해 노력이 함께 병행되어야 할 것이다.

더 읽을거리

장세진, 강희태, 고상백, 김인아, 심형렬, 오성수 외. 감정노동 종사자의 스트레스 평가도구 개선 및 활용방안 마련 연구. 산업안전보건공단 연구원. 2018.

Hochshild, A. R. The managed heart: commercialization of human feeling 1st ed. Berkeley(CA): University of California Press; 1983.

제3편

직업성질환

편집위원

고동희 · 류현철 · 김세영

OCCUPATIONAL AND ENVIRONMENTAL MEDICINE

제1장

호흡기계질환

제1절 서론

박소영

1) 화학물질 흡입 노출의 건강영향

호흡기를 통해 흡입 노출된 화학물질은 비강에서부터 후두, 기도, 기관지, 세기관지, 폐포에 이르기까지 호흡기계 전체에 영향을 미쳐 다양한 종류의 호흡기계 질환을 유발할 수 있다. 크기가 큰 입자들은 코, 인두, 후두에 침착해서 비염과 후두염을 일으킬 수 있다. 이황화탄소와 같이 용해도가 높은 가스상 물질은 상기도 점막을 통해 흡수되어 부종과 점액 과분비를 일으킨다. 공기역학적 직경이 10㎛보다 큰 입자들은 기관에 침착되어 기관염을 일으킬 수 있으나 섬모운동을 통해 제거된다. 더 작은 입자들은 기관지와 폐포관으로의 분지에 침착되어 기관지염이나 세기관지염을 일으킨다. 용해도가 낮은 가스상 물질은 깊은 소기도까지 침투한다. 알레르겐과 자극성 물질은 기도 내 와류에 의해 침착되며 만성적인 염증성 변화를 일으켜서 천식이나 만성 폐쇄성 폐질환과 같은 기도질환을 유발할 수 있다. 공기역학적 직경이 10㎛보다 작은 입자들과 일부 섬유상 물질은 종말기관지, 폐포관 및 폐포에 침착된다. 이러한 물질들은 사이질(간질) 부위로 투과되어 섬유화와 육아종성 병변을 유발한다. 발암물질이 기관지 상피세포와 맞닿게 되면 암유발유전자와 종양억제유전자의 돌연변이를 일으켜 악성 변이로 진행될 수 있다.

2) 호흡기계질환에 영향을 미치는 요인

화학물질 노출에 의한 건강영향은 노출된 화학물질의 물리 · 화학적 특성과 노출 특성(노출량, 노출 농도, 노출기간 등) 뿐만 아니라 개인적 감수성과도 관련이 있다.

같은 물질에 같은 양만큼 노출되었더라도 하루 중 노출시간, 노출 빈도 등 조선의 자이에 의해 개인별 건강영향이 달라질 수 있다. 또한 동일한 물질에 대한 동일한 형태의 노출이라도 개인별 취약성 및 감수성에 따라 건강영향이 달라질 수 있다.

화학물질 노출에 의한 건강영향을 이해하기 위해 고려해야 할 사항은 다음과 같다.

(1) 단일물질에 의한 다양한 질병의 발생

하나의 물질이 다양한 질병을 유발할 수 있다. 예를 들면, 석면은 경미한 질병인 흉막반이나 흉수 뿐만 아니라 중증 질환인 악성 중피종, 폐암, 후두암, 난소암, 석면폐증을 유발할 수 있다. 흡연으로 발생할 수 있는 암 또한 폐암, 후두암, 구강암, 방광암, 췌장암, 신장암 등으로 매우 다양하다. 이처럼 하나의 물질이 유발할 수 있는

진폐증 ILO(2000) 분류 판독지

영상의 질 — 1 2 3 4

(가장 적합한 곳에 체크 하시오)

폐실질의 이상여부

소음영

Profusion (12 point scale)

0/– 0/0 0/1 1/0 1/1 1/2 2/1 2/2 2/3 3/2 3/3 3/+

0/–	0/0	0/1
1/0	1/1	1/2
2/1	2/2	2/3
3/2	3/3	3/+

Affected zones

	좌	우
상		
중		
하		

Shape and size: p, q, r, s, t, u

일차		이차	
p	s	p	s
q	t	q	t
r	u	r	u

대음영

(대음영이 없다면 0에 체크) — 0 A B C

흉막 이상여부 — 있음 □ 없음 □

(0=없음, R=우측, L=좌측) (없음에 체크하였다면 symbol로 넘어가세요)

흉막반

위치		석회화여부	정도		너비	
			외측벽의 < ¼ = 1 외측벽의 ¼~½ = 2 외측벽의 > ½ = 3		3~5 mm = a 5~10 mm = b >10 mm = c	
흉벽						
In-profile	0 R L	0 R L	0 R	0 L	R	L
On face	0 R L	0 R L	1 2 3	1 2 3	a b c	a b c
횡격막	0 R L	0 R L				
기타 부위	0 R L	0 R L				

갈비가로막각 침범 — 0 R L

광범위 가슴막 비대		석회화여부	정도		너비	
			외측벽의 < ¼ = 1 외측벽의 ¼~½ = 2 외측벽의 > ½ = 3		3~5 mm = a 5~10 mm = b >10 mm = c	
흉벽						
In-profile	0 R L	0 R L	0 R	0 L	R	L
On face	0 R L	0 R L	1 2 3	1 2 3	a b c	a b c

Symbol — 있음 □ 없음 □

aa at ax bu ca cg cn co cp cv di ef em es
fr hi ho id ih kl me pa pb pi px ra rp tb od

그림 1-3 진폐증 분류판독지(ILO, 2000)

이 대표적이다. 또한 단순흉부방사선검사에서 짧은 시간 동안 빠르게 자라는 대음영은 폐암과도 감별해야 한다. 석면 노출로 인한 석면폐증, 유리규산 노출로 인한 폐섬유화증은 미만성 폐섬유화증과도 감별해야 하는데 직업력을 파악하는 것이 매우 중요하다.

8) 예방대책

진폐증은 완치되는 질병이 아니므로, 노출 단계에서부터 관리하는 것이 매우 중요하다. 분진 노출기준을 강화하고, 작업장내 분진 노출 수준을 낮추기 위한 공학적 관리를 수행해야 한다. 분진 노출 수준을 줄이는 노력과 함께 호흡보호구를 제대로 사용하도록 지도해야 하며, 위험물질에 노출되는 작업시간을 제한하는 것 역시 중요한 예방대책이다.

9) 건강관리

분진에 노출된 근로자들의 건강관리를 위해서 주기적인 건강검진이 필요하다. 특히 분진 작업자들은 퇴직 이후에도 유사 작업장에 재취업하는 경우가 많아 업무배치 전에 건강상태를 정확히 파악하여 작업환경으로 인해 건강이 악화되는 것을 막기 위한 방안이 마련되어야 한다.

10) 진폐증 환자의 작업전환조치

진폐건강진단을 통해 건강진단을 받은 근로자에 대하여 우리나라에서는 진폐관리구분 판정 기준을 통해 적질한 조치를 취하고 있다(진폐의 예방과 진폐근로자의 보호 등에 관한 법률 시행규칙 제33조 작업전환조치).

11) 진폐증의 종류

(1) 규폐증(Silicosis)

규폐증은 암석과 모래의 성분인 결정형 유리규산(free silica, SiO_2)에 노출되어 발생하는 간질성 폐질환이다. 일반적으로 유리규산은 구성과 화학적 성분의 차이에 따라 결정형과 비결정형으로 나눈다. 다른 물질과 결합하지 않은 이산화규소를 유리규산이라고 부른다. 유리규산을 많이 함유한 암석이 석영이며 가장 흔하다. 특히 결정형 유리규산은 진폐증을 일으키는 주요 물질이자, 국제암연구소에서 규정한 폐암을 유발하는 확실한 발암물질이다. 결정형 유리규산 노출로 인해 규폐증이 호발하는 직종으로는 광부, 터널 굴착공, 석공, 채석공, 주물공, 모래 분사공, 도자기공, 연마/할석공, 보석연마공 등이 있다.

① 규폐증의 임상적 분류

㉠ 급성 규폐증

고농도의 결정형 유리규산에 수개월 동안 노출되어 발생한다. 터널 굴착공, 모래분사공 등에서 보고되는데, 고농도 노출이 이루어지는 분진작업을 수행하면서 호흡보호구를 착용하지 않거나, 적절하지 않은 호흡보호구를 착용한 상황에서 호발하는 것으로 알려져 있다. 특히, 암석으로부터 유리된지 얼마되지 않은 유리규산(freshly fractured silica)은 반응성 산소유리기를 많이 포함하여, 폐포 자극을 일으켜 직접적인 폐포 손상을 일으킨다. 따라서, 유리규산으로 인해 만성적인 염증 반응이 일어나지 않으므로 규폐 결절이 관찰되지 않으며, 특징적으로 폐포단백증과 유사한 임상소견을 보인다. 기침, 체중감소, 피로감, 드물게 흉통도 호소하는데, 일반적인 자극성 물질에 의한 호흡기계 증상과 유사하다. 다만 주로 급속도로 진행하는 호흡곤란, 청색증이 뒤따르게 되는데, 심한 경우 폐성심, 호흡부전에까지 이른다. 기관지 내시경 검사에서 우유빛 액체들이 기관지 내부를 가득 채운 것을 확인할 수 있는데, 기관지 세척술 등을 통해 제거하는 것이 치료지만 예후는 좋지 않다.

㉡ 만성 규폐증

가장 흔한 규폐증의 임상 양상이다. 분진작업 종사 후 10~30년 경과 후에 규폐증에 이환된다고 하지만, 결정형 유리규산의 노출이 상대적으로 낮은 업무에 종사할 경우 질병발생까지 경과 시간이 길고, 터널 굴착, 모래분사 작업 시 고농도 분진에 노출될 경우 더 짧은 시간에도 질병이 발생할 수 있다. 분진의 노출량과 노출된 분진의 조성(결정형 유리규산의 함량) 등이 질병의 발생에 영향을 준다.

② 병리소견

㉠ 급성 규폐증

급성 규폐증의 형태학적인 소견은 폐포단백증의 소견과 거의 같다.

㉡ 만성 규폐증

만성 결절성 규폐증은 작은 아교질(콜라겐) 결절이 폐 상부에 다수 생기는 것이 특징이다. 모래를 만지는 느낌이며 조직을 절단할 때도 동일한 소견을 보인다. 폐 실질 침범시 초기에는 폐 상엽과 폐문주위에서 관찰되지만, 병의 진행과 더불어 규폐 결절이 폐실질과 늑막에 광범위하게 퍼진다. 결절의 현미경 소견은 원형 또는 타원형으로 중심부는 옅게, 주변부는 강한 색소 침착을 보이는 층판구조를 보인다. 심할 경우 결절끼리 서로 융합하기도 한다. 림프절 내에서 아교질 결절이 형성되면 전형적인 석회화를 보이며 난각 석회화(eggshell calcification) 결절이 발생하기도 한다. 규소에 의한 림프절의 비대 소견은 폐내 뿐만 아니라 경부 림프절과 같은 폐외 부위에서도 관찰되기도 한다.

③ 임상증상

규폐증 환자들은 기침, 객담, 운동시 호흡곤란, 청진시 질환의 초기에는 특이소견이 보이지 않으나 중등도로 진행하거나 대음영이 생길 경우 천명음(wheezing)이 들리기도 한다. 대부분의 기침 및 객담은 분진 흡인으로 인해 발생한 기관지염이 병발되어 발생한 것인지는 감별하기 힘들다.

④ 영상의학적 소견

영상의학적으로 규폐 결절들은 폐 상부에 소원형의 형태로 나타난다. 이러한 영상의학적인 소견은 탄광부 진폐증과 감별하기 힘들다. 다만, 폐문 부근의 림프절이 커지면서, 달걀껍질 모양의 석회화(eggshell calcification)가 동반되는 것이 관찰되기도 하지만 흔한 소견은 아니다. 규폐증 환자의 단순흉부방사선검사

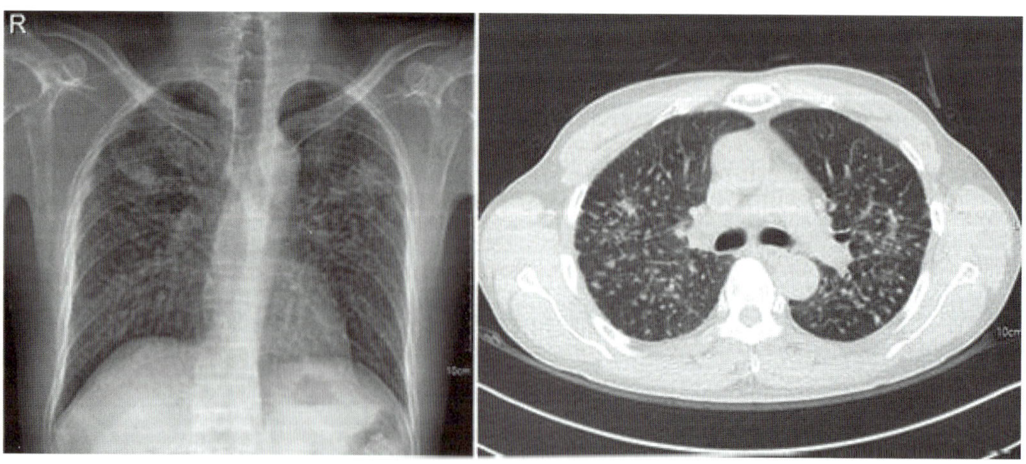

그림 1-4 19년 동안 주물공장에서 그라인더 탈사 작업을 수행한 규폐증 환자의 흉부 방사선과 전산화단층촬영

에서 1cm 이상 크기의 대음영이 관찰되면 복잡규폐증(complicated silicosis)이라고 하고, 진행성 거대 섬유화(progressive massive fibrosis, PMF)가 있다고 한다. 소원형 음영이 융합하여 (conglomeration) 진행성 괴사성 섬유화를 형성하며, 폐의 다양한 부위에서 관찰된다. 분진 노출 후 장시간이 지난 후에 서서히 관찰되기도 하는데, 폐암이나 폐결핵으로 오인하는 경우도 생긴다. 시간이 지나면서 대음영 주변에 폐기종(paracicatricial emphysema)이 발생하고, 기낭(bulla)을 형성하기도 하며, 기흉의 위험성도 높다. 규폐증 환자의 CT 소견에서 흉막의 비후가 관찰되기도 하는데, 석면폐증의 흉막반과 유사한 양상을 보이기도 하여, 이를 가성 흉막반(pseudoplaque)이라고 한다. 규폐증은 단순하게 소원형 결절모양으로 나타나기도 하지만, 미만성 간질성 섬유화 양상으로 단순흉부방사선 검사에서 관찰되기도 한다. 결정형 유리규산의 노출과 폐섬유화증간의 관련성이 파악되고 있는데, 다수의 특발성 간질성 폐렴에 대한 직업력을 추적조사할 필요가 있다.

⑤ 폐기능

섬유증식을 보이는 질환인 규폐증은 폐기능 검사에서 제한성 폐질환이 발생할 것으로 추정되지만, 실제로는 제한성 폐질환을 관찰하기는 쉽지 않다. 일반적으로 규폐 결절은 세기관지 이차소엽 부근에서 발생하는데 규폐 결절이 기도를 폐쇄하는 양상이 발생하게 되어 소기도 폐색 형태의 폐기능 장해가 발생한다. 이는 흡연과도 관련성이 있을 것으로 추정되는데, 추가적인 연구가 필요하다. 영상의학적인 진폐 병형은 폐기능과 상관성이 없으며, 장해정도를 예측할 수 없다. 다만 대음영이 관찰될 때 FEV_1이 낮아지는 경향이 있다.

(2) 탄광부 진폐증 (Coal workers' pneumoconiosis, CWP)

탄광부 진폐증 유병률에 대한 역학조사의 결과에 의하면, 채탄, 굴진작업을 수행한 근로자 중 각각 14.4%, 17.2%가 진폐증에 이환되었으며, 채탄이나 굴진 등 작업 내용을 불문하고, 20년 이상 작업자의 경우 50%가 넘는 진폐 유병률을 보였다. 국외의 경우 지역에 따라, 채탄하는 탄의 종류에 따라서 탄광부 진폐증의 유병률에 차이가 있다.

① 탄광부 진폐증의 원인과 병인

규폐증은 일반적인 진폐증 병인으로 설명이 가능하다. 하지만 탄광부 진폐증의 발병원인을 설명하는데는 명확한 기전을 규정짓지는 못하고 있다. 몇 가지 탄광부 진폐증의 발생에 대한 가설들과 역학적 근거를 통해 탄광부 진폐증의 원인과 병인을 설명하고자 한다. 이에 앞서 탄의 종류와 성분에 대한 이해가 필요하다. 탄은 그 성분에 따라서 지역별, 광구별 채탄된 탄의 성질과 조성이 다르다.

탄광부 진폐증은 광산 내에서 탄과 함께 노출된 규산을 포함한 탄분에 과도하게 노출되어 발생한다는 설이 지배적이었다. 하지만, 석탄 하역부, 연탄공장 작업자들은 이미 임식이 분리되어 산화규소를 포함하는 함량이 매우 적음에도 불구하고 진폐증이 발생하였다는 보고와 탄소 노출이 있는 흑연 노출 작업자의 진폐증 사례를 통해서 규산 노출이 아닌 탄소 노출로 인한

표 1-2 탄의 종류에 따른 성분 특성

	탄의 종류	발열량 (Kcal/kg)	탄소함량	휘발성분	수분함량
유연탄	아탄(lignite)	1,500~4,000	~60%	53% 이상	35~75%
	갈탄(sub-bituminous, brown coal)	4,000~6,000	60~77%	49~53%	10~35%
	역청탄(bituminous coal)	6,000 이상	77~87%	22~45%	10% 미만
무연탄	무연탄(anthracite)	8,000 이상	86~98%	2~10%	3% 미만

여서도 진폐증이 발생할 수 있음을 확인할 수 있다. 석탄 등급(coal rank)은 탄광부 진폐증의 발생 원인을 설명하는 또 하나의 가설이다. 영국 및 미국의 탄광부 진폐증에 대한 대규모 역학조사 결과 무연탄 광산에서 일하였던 작업자들이 역청탄 광산 작업자들보다 진폐증 유병률이 더 높은 사실은 탄소함량이 높은 탄일수록 탄광부 진폐증의 발생과 관련이 있을 것이라는 사실을 지지한다. 생물학적으로 활성화된 철 이온(bioactive iron, BAI)을 포함한 탄분진은 활성산소기를 발생시켜 지속적인 염증반응을 일으킬 수 있다는 것은 석탄등급에 따른 탄광부 진폐증의 발생기전을 뒷받침해주는 근거가 된다. 따라서, 탄분진 자체가 탄광부 진폐증 발생에 중요한 원인임을 알 수 있다.

② 병리소견

1~5mm 정도의 석탄반점(coal macule)이 초기에 발생하는 것이 특징이다. 기도 전체에 걸쳐 폐포 대식세포가 제거할 수 없을 정도의 많은 탄분진이 축적되어 발생한다. 일반적인 분진 축적이 호발하는 부위인 폐 상엽에서 먼저 관찰된다. 진폐 결절 주위에 국소적인 폐기종(focal emphysema)이 확인된다.

③ 임상증상

규폐증과 유사함

④ 영상의학적 소견

유리규산 노출이 없거나 적어서, 폐문부 림프절의 석회화가 규폐증에 비해 관찰되는 빈도가 낮다. ILO classification에 따른 p형의 진폐증은 높은 등급의 석탄등급과 관련이 있고, q, r 형은 노출된 재의 무게(ash contents)와 관련이 있다. PMF는 때때로 내부에 무혈성괴사(avascular necrosis)가 생기기도 하는데, 어떤 이유에서인지 기도와 통하게 되면, 탄분진이 섞인 다량의 검은 객담(melanoptysis)를 보이며, 대음영의 내부가 빈 공동(cavitary lesion)을 형성하게 되기도 한다. 이 경우 공동만 남게 된다. 카플란 증후군은 류마티스 관절염의 폐 침범 소견과 탄광부 진폐증이 병발하는 것을 정의한다. 다만, 빠른 경과를 특징으로 하는 것을 참고해야 한다.

⑤ 폐기능

규폐증과 유사함

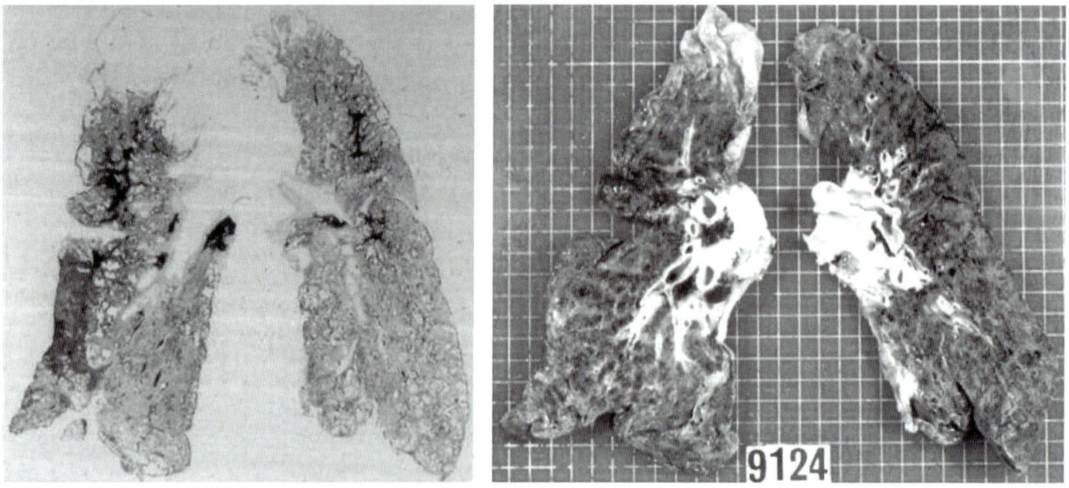

그림 1-5 탄광부 진폐증 육안 조직 병리 소견

제3절 석면관련질환

곽경민

3.1 석면의 정의

석면(asbestos)은 천연자연계에 존재하는 사문석 및 각섬석의 광물에서 채취된 섬유모양의 규산화합물이다. 위상차 현미경으로 관찰할 때 길이가 5μm 이상이고, 길이 대 폭의 비(aspect ratio)가 3:1 이상인 물질이며, 직경이 약 0.02~0.03μm 정도(머리카락의 1/5,000)로 매우 가늘다. 또한 다른 유기 또는 무기섬유에 비해 훨씬 섬세하고 부드럽고, 광택을 갖고 있는 극세섬유상의 천연광물의 일종이다. 석면(asbestos)이라는 이름은 그리스어의 A(not)와 sbestos(quenchable, 끌다, 멸하다)에서 유래한 것으로 '불멸의, 끌 수 없는'이라는 의미를 갖는데, 이는 석면의 특성을 잘 나타낸다. 석면의 대표적인 특성은 내화성, 단열성, 절연성, 고인장성, 내마모성, 방부성으로, 이러한 산업적으로 유용한 특성으로 인해 광범위하게 사용되었다.

3.2 석면의 종류

석면은 크게 사문석계(serpentine) 석면과 각섬석계(amphibole) 석면으로 나뉜다. 사문석계 석면은 백석면(chrysotile)이 있으며, 가장 많은 용도로 사용된 석면섬유로 전세계 석면 사용량의 93% 이상을 차지했던 석면으로 유연하며 강도가 강하며, 색은 담녹색 또는 백색을 띤다. 유리규산과 마그네슘이 주성분으로, 꼬인 물결모양의 섬유다발로 그 끝은 분산형태를 띠었으며, 전기가 통하는 것을 막는 성질이 뛰어나고, 건축자재, 마찰재 등으로 널리 사용되었다.

각섬석계 석면은 갈석면과 청석면을 포함하여 5가지의 석면으로 구성되어 있다. 갈석면(amosite)은 유리규산과 산화철이 주성분으로, 내열성이 강한 바늘 모양의 곧은 섬유이다. 다발 끝은 빗자루 모양이고 가열하면 무색에서 갈색의 색상을 띠며, 강도가 강하고 탄력이 있어 휘어도 원상태로 복귀하는 성질이 있으며, 보온재, 단열

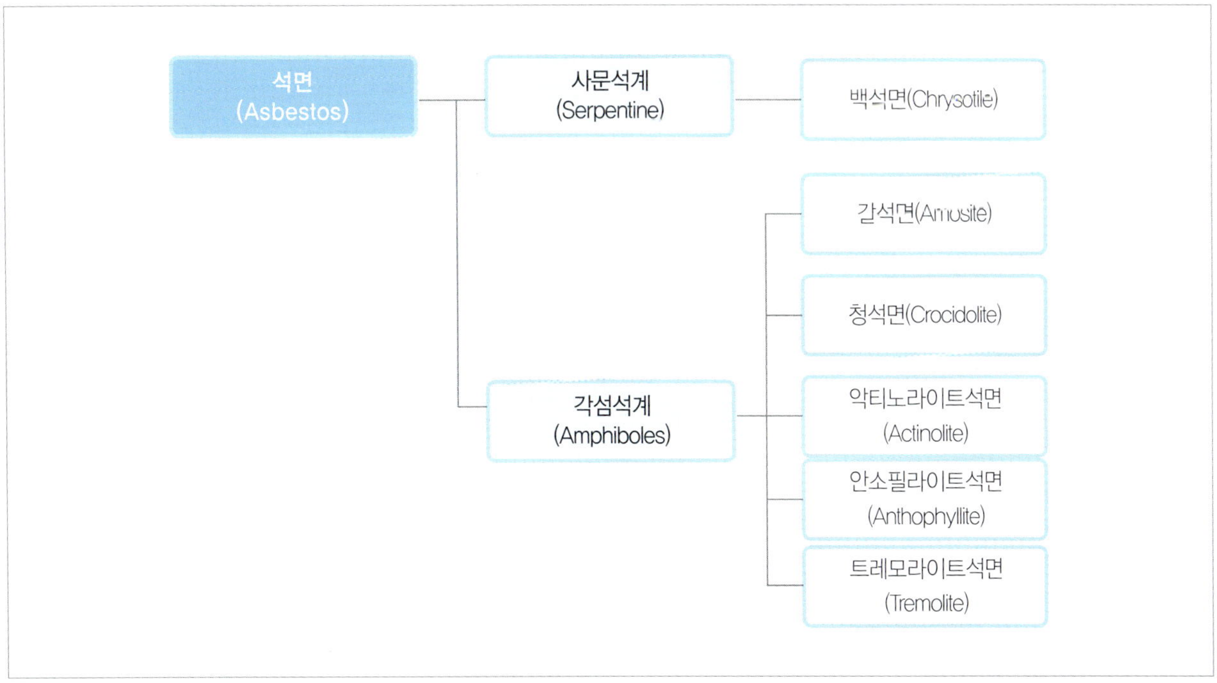

그림 1-6 석면의 종류

재로 과거에 많이 사용되었다. 청석면(crocidolite)은 갈석면처럼 유리규산과 산화철이 주성분이며, 철분 함유량이 많아 청색을 띠고 있다. 석면 광물 중 강도가 가장 강하고 곧은 섬유다발로 이루어졌으며, 내산성이 매우 강하여 내산성 패킹 재료로 사용되었다.

각섬석계 석면이 사문석계 석면보다 더 독성과 발암성이 강하며, 각섬석계 석면 중에서도 청석면의 독성이 가장 강하다. 독성이 각섬석계 석면에 비해 약할 뿐이지 백석면 역시 발암성을 일으킬 수 있으며 단독으로 악성중피종, 폐암 등 석면관련 암을 일으킨다.

3.3 석면의 용도

국내에서는 1930년대 중반부터 충청남도 홍성지역을 중심으로 석면광산이 개발되어 지속적으로 석면을 생산하였다. 1970년대 연간 약 10,000~15,000톤 정도로 생산량이 최대를 나타냈고, 1980년대 이후 생산량이 급격히 줄어들어, 1993년 완전히 생산이 중단되었다. 국외수입의 경우 주로 캐나다산 백석면을 수입하였으며, 1992년 95,000톤의 석면을 수입해 수입량이 최대를 나타냈다. 청석면과 갈석면의 사용이 금지된 1997년 이후 석면 수입량이 급격히 줄어들었다. 석면함유제품 수입량은 2005년까지 지속적으로 증가하는 것처럼 보이지만, 이것은 관세 품목분류 코드에 의한 오분류 영향이 크다. 즉, 2007년 이전에는 석면함유제품과 미함유제품이 하나의 코드로 되어 있어서 모두 석면함유제품으로 분류되었기 때문에 통계수치 해석에 주의해야 한다. 2007년부터는 석면함유 여부에 따라 코드를 구분하였다. 2009년부터는 모든 종류의 석면과 석면함유제품의 생산과 사용, 수입이 금지되었다. 국내 석면은 건축자재로 가장 많이 사용이 되었는데, 방수 및 단열 목적의 지붕재, 슬레이트, 시멘트판(석고보드), 칸막이(밤라이트), 석면 함유 텍스, 뿜칠, 베이스패널(벽면재, 칸막이, 차음판), 아스타일(바닥마감재) 등에 사용되었다. 또한, 마찰재로 자동차 브레이크 패드와 라이닝, 조인트시트에도 사용되었다. 석면은 광물이면서 섬유의 특성을 가지고 있어서 방직재로도 사용이 되었는데, 석면실, 석면포(불티방지

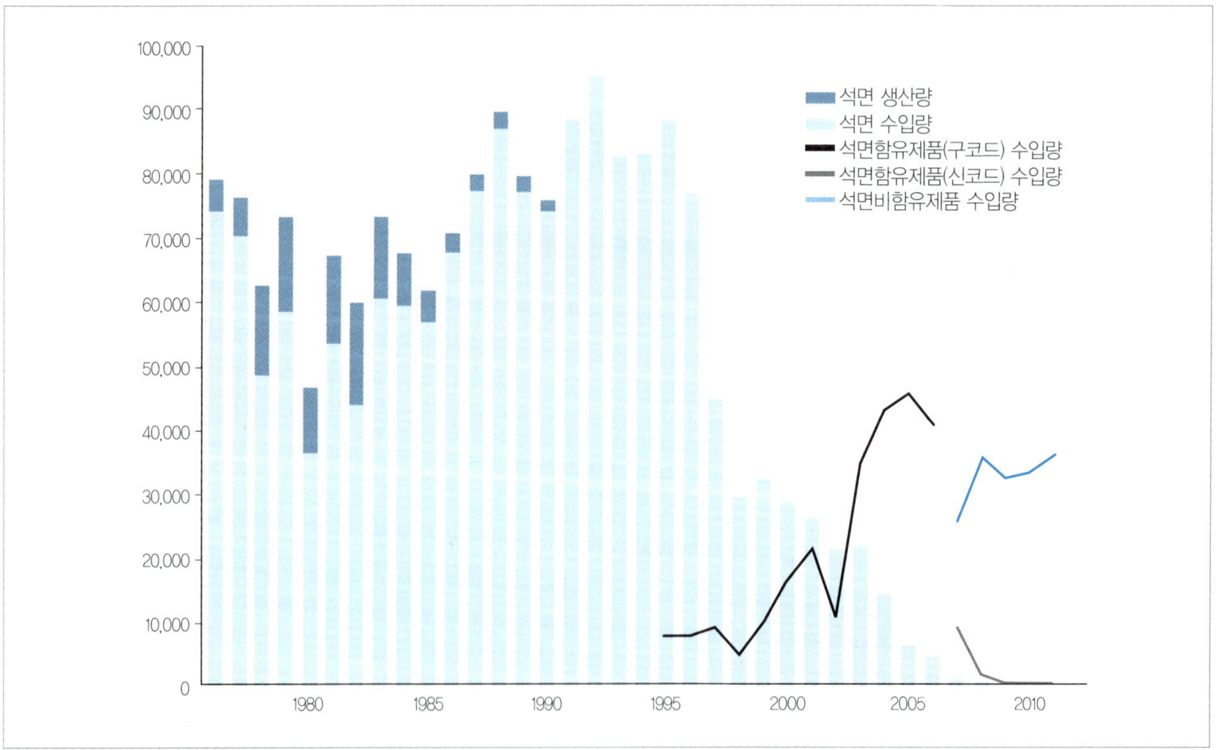

그림 1-7 한국의 석면 수입과 생산량(단위: ton)

포), 로프, 석면테이프 등으로 사용되었다.

직업적으로 석면에 노출되는 근로자들은 건축업 종사자들이 있다. 과거에는 석면이 함유되어 있는 건축자재를 만드는 제조업체에서 노출이 되거나, 건축 공사를 할 때 석면 함유 제품을 사용하면서 노출되었다. 현재는 더 이상 건축자재로 석면함유 제품을 사용하지 않지만, 석면함유 건축물을 개축, 보수, 제거하는 과정에서 석면에 노출될 수 있다. 석면 마찰재를 취급하는 경우에도 석면에 노출될 수 있는데 석면을 재료로 한 자동차 브레이크 라이닝을 제조하는 근로자뿐 아니라 자동차 정비업에서 과거 석면을 사용한 브레이크 라이닝을 교체하는 근로자에서도 석면에 노출될 수 있다. 석면 방직업 역시 대표적으로 석면에 노출되는 직업군으로 한국의 석면공장 근로자에서 석면관련 질환이 가장 많이 발생한 곳이 석면 방직업이다. 또한 조선업도 과거 석면을 많이 사용하였는데, 선박을 건조하고 수리하는 과정에서 석면에 노출될 수 있다. 또한 사문석, 활석 등 석면을 함유한 광물을 채굴하고 취급하는 근로자들도 석면에 노출되는 직업군이다.

3.4 석면의 노출 경로와 체내 작용

석면 섬유는 바늘 모양으로 날카롭게 생겨 주로 호흡기를 통해 흡입하여 폐 깊숙이 폐포까지 침투하여 지속적으로 조직을 자극하여 염증반응을 유발한다. 흡입된 석면 섬유는 대식세포(macrophage)에 의해 탐식되어 오랜 기간 동안 철을 함유한 뮤코다당류 간질에 흡착하여 곤봉 모양의 석면소체(asbestos body)를 형성하기도 한다. 석면 섬유 노출 초기에 대식세포에 불완전하게 탐식되고, 활성화한 대식세포는 사이토카인(cytokines) 뿐만 아니라 세포독성 산소기를 방출한다. 이와 동시에 리소자임(lysozyme), 인터루킨(interleukin), 섬유아세포 성장인자(fibroblast growth factor)와 같은 염증 매개체가 지속적으로 분비되어 섬유화를 일으킨다. 석면 섬유는 내산성이 강하여 용해되지 않고 체내에 장기간 남아 지속적으로 자극과 화학반응을 유발하여 질병을 유발한다. 석면 섬유는 주로 호흡기를 통해서 노출되나, 물이나 식품 등을 통해서 소화기를 통한 흡수도 가능하다. 소화기를 통해서 흡수된 경우에는 대부분 대변으로 배설되나 위장점막을 통해서 혈액, 림프, 소변이나 조직으로 이동할 수 있다.

3.5 석면관련질환

1) 석면폐증

석면폐증(asbestosis)은 석면섬유를 흡입함으로써 폐포 내 대식세포를 자극시켜, 염증세포를 활성화시킴으로써 폐실질에 미만성 섬유화가 초래되는 진폐증의 일종이다. 호흡곤란, 마른 기침, 흉통이 주요 증상으로 석면 노출이 중단된 이후 여러 해에 걸쳐서 서서히 호흡곤란이 진행되는 특징을 가지고 있다. 청진시 양폐 기저부에 수포음(rale)과 염발음(crepitation)이 들리며, 많은 환자들이 곤봉지를 특징적으로 보이는데 이는 다른 진폐증에서는 없는 소견이다. 석면폐증은 폐기능 검사에서 제한성 환기장애를 특징으로 한다.

2) 악성 중피종

악성 중피종(malignant mesothelioma)은 흉막과 복막 등에 생기는 발생이 아주 드문 희귀한 악성종양으로, 석면의 기여위험도가 80~90%이다. Simian 바이러스 40(SV40)과 방사선, 제올라이트(zeolite) 등이 또 다른 원인으로 설명되고 있지만, 관련성이 뚜렷하지 않다. 악성 흉막중피종이 75% 정도, 복막중피종이 20% 정도이며, 매우 드물게 심막 중피종이 발생한다. 평균 생존기간이 12개월일 정도로 예후가 좋지 않다. 석면 관련 폐암에 비해 적은 양의 석면에 노출되거나, 단기간 노출되어도 발생할 수 있는 것으로 알려져 있다. 복막중피종의 경우 흉막중피종보다 더 높은 농도의 석면 노출에 의해 발생하며, 폐암과 달리 흡연과는 무관하다. 석면 노출 이후 30~40년 이상의 잠복기를 거쳐 발생하는 질환으로, 석면 관련 질환 중에서 잠복기가 가장 길다.

악성 흉막중피종의 경우 일반적으로 흉통과 호흡곤란을 초기 증상으로 나타내며, 악성 복막중피종은 복부팽만감이나 복통을 호소한다. 그 외 피로감, 식욕감퇴, 체중감소 등의 증상을 동반한다. 악성 흉막중피종의 진단은 흉부 엑스선 사진상 비정상 음영이 있을 경우 흉부 컴퓨터단층촬영을 하며, 흉막삼출액이 있을 경우 흉강 천자를 통해 세포검사를 실시하기도 한다. 영상의학적으로 흉막중피종이 의심스러운 경우 흉강경하 흉막생검을 실시하여 병리학적 진단으로 확진을 하지만, 병리학적 검사만으로 중피종과 전이성 선암을 감별하기 쉽지 않아, 생검의 대상을 특수 염색하는 면역조직화학검사가 감별에 유용하게 활용되고 있다. 복막중피종은 복부 컴퓨터단층촬영만으로 진단하기 어려워 복강경이나 개복수술을 통한 조직생검으로 확진할 수 있으며, 흉막중피종과 마찬가지로 복막전이와 감별하기 위해 면역조직화학검사를 실시한다.

3) 석면관련 폐암

석면은 폐암의 원인으로 흡연, 라돈 다음으로 높은 기여위험도를 보이고 있으며, 전체 폐암의 4%는 석면에 의해 발생하는 것으로 알려져 있다. 백석면을 포함한 모든 종류의 석면섬유가 폐암을 일으킬 수 있으며, 모든 조직형태의 폐암을 유발할 수 있다. 폐하부에 많이 발생하지만, 폐암의 위치나 조직형태로 석면과의 관련성을 밝힐 수는 없다. 용량-반응관계가 확인되어 석면 노출 기간과 노출량이 중요하다. 매 1년 노출마다 폐암 발생 위험이 4%가 증가하며, 폐암 발생 위험을 2배로 증가시키는 누적 노출량은 25fibers/mL · year로 알려져 있다. 일반적으로 석면 노출 후 15~35년 후 폐암이 발생하며, 석면에 노출된 사람이 흡연을 하면 상승작용이 나타나 폐암 발생 위험이 50~84배까지 높아진다.

4) 흉막반과 미만성 흉막비후

석면에 의한 흉막 이상은 흉막반(pleural plaque), 미만성 비후미만성 비후(diffuse pleural thickening), 흉막삼출 등이 있다. 흉막의 이상은 석면폐가 없이도 나타날 수 있으며, 저농도 석면 노출에서는 주로 흉막반이 유발되고, 고농도 노출에서는 미만성 흉막비후가 나타난다.

흉막반은 타원형의 무세포 교원질이 쌓인 덩어리로 벽측 흉막에 양측성으로 나타나며 증상은 없다. 흉막반이 있으면 폐암과 악성 중피종이 많이 발생하지만, 암의 전구병변은 아니다. 흉막반이 있더라도 폐실질에 병변에 없으면 폐기능장애가 발생하지는 않으며, 석면에 노출되었다는 증거로서 의미가 있다. 흉막반은 석면에 노출된 양

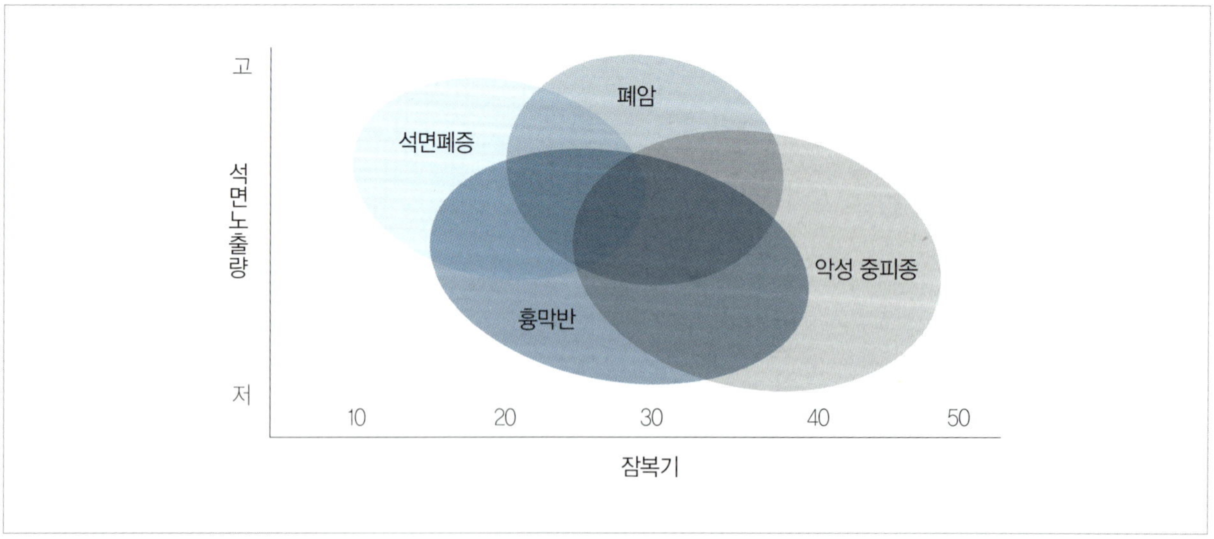

그림 1-8 석면노출과 석면질환의 잠복기 비교

이 증가할수록 많이 발생하는데, 첫 노출 후 15년 이내에는 잘 나타나지 않으며, 대개 잠복기가 20년 이상이다.

미만성 흉막비후는 다양한 상태를 보이는 경계가 불분명한 섬유상 비후이다. 벽측에서도 발견되지만 주로 장측에서 발견되며, 석면 노출 후 흉막 삼출의 결과로 생긴다. 미만성 흉막비후를 동반하면 폐기능 검사에서 경증 또는 중등도의 제한성 폐기능 장애가 나타날 수 있다.

5) 호흡기 외 석면관련질환

석면은 폐암, 악성 중피종 외에도 난소암과 후두암을 일으킬 수 있는 것으로 알려져 있다. 국제암연구소(IARC)에서는 2012년 석면에 의해 난소암과 후두암 발생 위험 증가에 충분한 근거(sufficient evidence)가 있는 것으로 결론을 내렸으며, 산재보상보험법에서도 폐암과 악성 중피종, 석면폐증 외에도 석면에 의한 난소암과 후두암을 업무상질환으로 인정하고 있다.

그 외 인두암, 위암, 대장암, 직장암이 석면 노출과 관련이 있는 것으로 보고되고 있으나, 역학연구 결과가 일관적이지 않으며, 국제암연구소의 인체발암성 분류에서도 제한적 근거(limited evidence) 수준으로 아직은 석면과의 연관성이 명확하지는 않다.

더 읽을거리

International Agency for Research on Cancer (IARC). A review of human carcinogens. Part C: arsenic, metals, fibres, and dust. Lyon, France: IARC Monographs Evaluation of Carcinogenic Risks to Humans, 2012;100:219-309.

Smith DD. The health effects of asbestos: an evidence-based approach. Boca Raton, FL: CRC Press, 2015: 146-63.

제4절 직업성 천식

오성수

4.1 정의와 개념

직업성 질환 중에서 가장 많은 비중을 차지하는 것이 직업성 호흡기 질환이며, 그 중에서도 대표적인 질환이 직업성 천식이다. 직업성 천식은 넓은 의미로는 작업관련 천식(work-related asthma, WRA)으로 혼용하여 쓰인다. 작업관련 천식은 작업 중 발생 또는 악화되는 모든 상황을 포괄하여 일컫는 개념으로, 그 안에는 좁은 의미의 직업성 천식, 즉, 작업 중 원인에 의해서 새로 발생하는 천식(occupational asthma, OA)과 보다 넓은 의미인 작업 악화성 천식, 즉, 사업장 내 어떤 원인에 의해서 기존의 천식이 악화되는 천식(work-exacerbated asthma, WEA)으로 구분할 수 있다. 좁은 의미의 직업성 천식은 그 기전에 따라서 다시 감작성 천식(sensitizer-induced OA)과 자극성 천식(irritant-induced OA)으로 구분할 수 있다. 감작성 천식과 자극성 천식의 구분은 그 병리기전이 면역학적 또는 알러지성 기전이냐 아니냐에 따라서 구분된다. 즉, 면역학적 기전에 의하여 잠복기가 있는 천식이 감작성 천식이며, 잠복기가 없이 바로 직접적인 자극에 의하여 발생하는 것이 자극성 천식이다. 따라서 자극성 천식의 경우 비교적 고농도의 노출(일반적으로 가스, 흄, 증기 등의 형태)로 인하여 노출 후 수 시간 안에 발생한다. 따라서 자극성 천식에는 높은 고농도의 자극에 의해 발생하는 반응성 기도과민 증후군(reactive airways dysfunction syndrome, RADS)을 포함한다. 감작성 천식은 저농도 또는 고농도 노출 모두에서 발생할 수 있으며, 감수성이 있는 사람에 대해서는 매우 낮은 농도에서도 발생할 수 있다. 직업성 천식이라고 하면 일반적으로

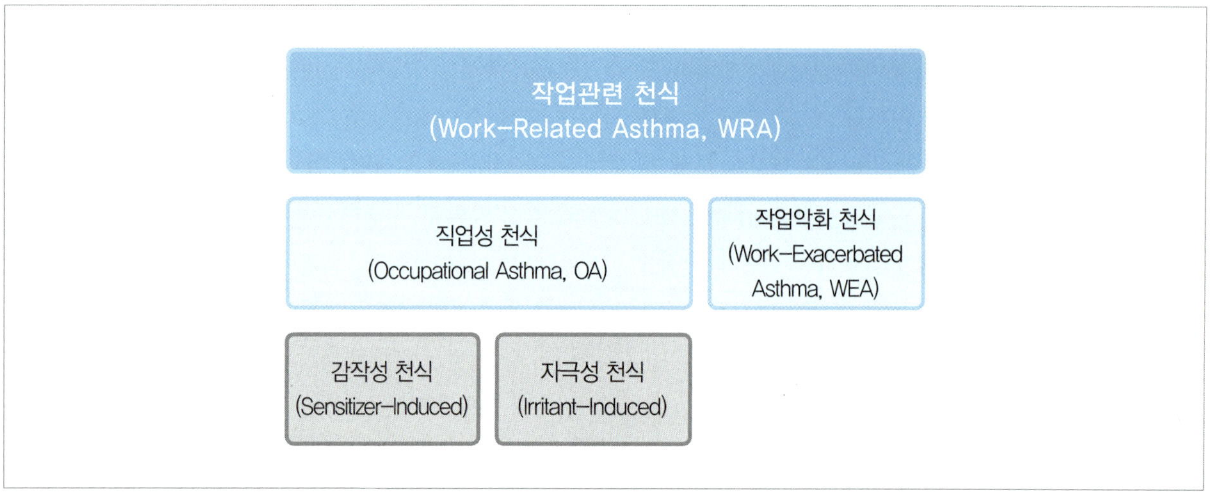

그림 1-9 직업성 천식의 분류

는 감작성 천식을 의미하며 따라서 본 장에서는 주로 감작성 천식에 대해서 기술하고자 한다.

4.2 원인물질

직업성 천식의 원인물질은 일반적으로 고분자 물질과 저분자 물질(분자량 1kDa 미만)로 구분한다. 고분자 물질에는 식물이나 동물에서 기인한 것이 많다. 즉, 동물의 털이나 곡식의 가루, 효소 등이 고분자 물질에 속하고, 반응성 화학물질, 금속류, 목분진 등은 저분자 물질에 속한다. 현재까지 알려진 직업성 천식의 원인물질은 수 천 가지가 넘지만, 그 중에서 가장 많이 발생하여 잘 알려진 원인물질은 곡물의 가루(flour)와 이소시아네이트(isocyanate)이다. 잘 알려진 고위험 작업으로는 제빵공, 스프레이도장, 미용사(헤어드레서), 목재작업자, 의료종사자, 청소노동자, 농부, 실험실근무자, 용접공 등이다. 원인물질과 위험작업 등은 산업과 그 작업내용의

표 1-3 국내에 보고된 직업성 천식의 고분자량 원인물질

원인물질	관련 직업
식물성	
곡물분진	사료공장 근로자
꽃가루	정원사, 화훼 종사자
밀가루	제분공장, 제과점 근로자
메밀가루	국수공장 근로자
쌀겨	쌀가게 근로자
한약제: 반하, 산약, 마	한약도매상, 한약재 취급자
동물성	
귤응애	귤 과수원 농부
점박이응애	과수원 농부
우렁쉥이	굴가공공장 종업원, 양식업자
사슴털	사슴목장 근무자
토끼털	모직물 직공, 동물실험실
누에고치	누에고치 검사원
약물	
바이오디아스타제	제약회사 근로자

표 1-4 국내에 보고된 직업성 천식의 저분자량 원인물질

원인물질	관련 직업
금속	
니켈	도금공장 작업자
크롬	도금, 건축노동자, 시멘트공장 작업자
코발트	유리 가공 공장 작업자
용접	
용접용제	가스용접공
송진연무	시계 유리 접착공
Acid anhydride	
Methyltetrahydrophthalic anhydride	Epoxy resin 생산 공장 작업자
Phthalic anhydride	페인트 제조 공장 작업자
화학물질	
TDI	가구, 악기, 폴리우레탄 페인트
MDI	페인트 제조 공장 작업자
반응성 염료	반응성 염료 제조 공장 작업자
Formaldehyde	의료인, 실험연구자, 접착작업
Azodicarbonaimde	발포제 제조 공장 작업자
약물	
항생제	제약회사 종업원
Bisulfite	염색공장 종업원
목재 분진	
미삼나무 분진	제재소종업원, 취급자
일본삼나무 분진	표구제작자

차이로 인해 시대나 나라, 지역에 따라 다를 수 있다.

4.3 병리 기전

직업성 천식의 발생 기전은 원인물질에 따라서 다르며 다양하고 아직도 잘 모르는 부분이 많다. 고분자 물질과 일부 저분자 물질의 경우 IgE 매개 빈응과 도움 T세포(T-helper cell) type 2 면역반응을 통해서 발생한다는 것이 알려져 있다. 그러나 그 외 대부분의 많은 저분자 물질의 면역학적 반응에 대해서는 잘 모른다. 이소시아네이트(N=C=O), 아민(NH_2), 카르보닐(C=O)그룹이 감작력과 연관이 된다고 제시되고 있으며 한 분자 안에 위 그룹들이 2개 이상 존재할 때 위험성이 더 높아지는 것으로 알려져 있다.

4.4 역학

직업성 천식의 발생 빈도와 분포 등에 대해서 정확히 알기 어렵고, 수행된 연구는 대부분 단면연구로서 제한점이 많은 편이다. 종단적 연구(longitudinal study)는 흔하지 않은데 알려진 발생률은 100인-년(person-year)당 1.8~4.1명으로 알려져 있다. 과거 외국의 다양힌 감시체계를 통힌 결과를 보면 연당 백만명당 발생률이 17명에서 174명까지 보고된 바가 있다. 나라마다 감시체계의 형태와 직업성 천식의 환례정의가 다르다는 점을 고려해야 하지만, 이러한 통계가 가치가 있는 것은 각 나라에서 추세를 살펴볼 수 있다는 것이다. 벨기에, 영국, 프랑스 등은 1990년대 후반 이후로 직업성 천식 발생이 감소하는 추세이다. 개발도상국에서는 오히려 발생률이나 유병률이 높지 않은데 실제로 적게 발생한다기보다는 저평가 되었을 가능성이 있다.

성인이 되어 발생하는 천식 중에서 직업성 천식이 차지하는 비율은 약 16~18% 정도로 알려져 있다. 천식의 질병부담 중 직업성 천식이 차지하는 부분이 크다는 것을 알 수 있지만, 여전히 직업성 천식으로 확진되는 사례는 많지 않다. 우리나라에서 직업성 천식으로 산재보상을 신청하는 사례 자체가 적고, 따라서 보상되는 경우도 1년에 10~20건 내외 정도이다. 산재보상이 아닌 감시체계를 통해서 보고된 건은 20~40건 정도이다.

직업성 천식은 개인적 감수성과 환경적 요인이 상호작용해서 발생한다. 일부 환경적 요인과 개인적 요인 중 직업성 천식과의 관련성이 알려진 것은 다음 표와 같다(표 1-5). 고분자 물질이든 저분자 물질이든 우선 노출수준이 중요한 요인이므로 작업환경 관리가 중요하고, 아토피는 고분자 물질로 인한 천식의 중요한 위험요인이므로 기존에 아토피가 있는 사람이 고분자 물질에 노출될 수 있는 작업을 하게 될 때는 주의가 필요하다.

4.5 진단

직업성 천식은 조기에 진단하고 치료하면 호전을 기대할 수 있지만, 진단이 늦어지면 비가역적인 악화를 초래하며, 사회경제적 파급효과도 크기 때문에 진단이 매우 중요하다. 그러나, 직업성 요인에 대한 인지도가 낮아서 조기 진단이 잘 되지 않는 편이다. 근로자 스스로도 증상이 직업에 의한 것인지 인지하기 어려운 특성이 있고, 의심을 하더라도 고용상 불이익을 우려하여 적극적으로 진료를 받지 않는 경향도 있다. 임상의사도 직업성 천식을 적극적으로 의심하는 경우가 흔하지 않고, 확진을 위한 검사를 시행하기 어려운 여건도 있다.

직업성 천식 진단의 기본 원칙은 먼저 기관지 천식이 있음을 객관적인 방법으로 증명한 다음, 작업시 노출되는 의심 물질과의 연관성을 증명하는 것이다. 직업성 천식을 진단하는 구체적인 방법은 다음과 같다.

첫째, 직업력 문진이다. 전형적인 직업성 천식의 증상은 작업 중에 나타나고 작업을 떠나면, 즉, 퇴근 후나 휴일이나 주말이 되면 증상이 사라지거나 약해지는 것이다. 그러나 질병이 진행되면 이러한 증상의 호전이 지연되는 수가 있고, 작업 요인이 아닌 자극에 의해서도 증상이 악화될 수 있다. 직업성 천식의 전형적인 양상이 사라지는 것인데, 사실 이것은 기관지 과민성이 생겼다는 증거이기도 하다. 문진은 특이도가 낮은 편이지만, 고분자 물질의 경우에는 작업 중 천명음이나 비염, 결막염과 같은 증상을 함께 고려하면 특이도가 높아진다.

둘째, 비특이 기관지유발검사 및 기도염증지표 검사이다. 문진을 통해서 천식이 의심되면 객관적으로 천식이 있는지 확인해야 한다. 천식을 진단하는 가장 대표적인 검사가 비특이 기관지유발검사이다. 천식이 의심되는 근

표 1-5 직업성 천식의 위험요인

위험요인	역학적 근거의 강도	원인물질
환경적 요인		
노출수준	강함(Strong)	고분자 물질
	중간(Moderate)	저분자 물질
흡연	중간(Moderate)	IgE 감작 물질
	약함(Weak)	실험실동물, 효소
피부노출	약함(Weak)	이소시아네이트
개인적 요인		
아토피	강함(Strong)	고분자 물질
	약함(Weak)	저분자 물질
작업관련 비염	강함(Strong)	실험실동물
기관지과민성(이전)	중간(Moderate)	고분자 물질

로자가 업무를 떠나지 않고 해당 업무를 하고 있는 경우에는 민감도와 음성예측도가 높은 편이다. 즉, 의심이 가는 상황에서 시행했을 때 양성이 나오면 직업성 천식일 확률이 높고, 음성이 나오면 아닐 확률이 높다. 그럼에도 불구하고 특이유발검사에서 확진된 직업성 천식 환자의 6~10% 정도는 비특이유발검사 결과가 정상이었다고 한다. 기도염증지표 검사로는 호기산화질소(FeNO) 검사와 객담 내 호산구수 검사가 있다. 호기산화질소가 25 ppb 이상이거나 객담 내 호산구수가 1% 이상인 경우 비특이 기관지유발검사를 함께 시행하면 민감도가 95%까지 높아진다. 다만, 호기산화질소 검사는 아토피나 흡연에 의해 영향을 받는다는 한계가 있다.

셋째, 면역학적 검사로 피부반응검사(skin-prick test, SPT)와 특이면역글로블린 E항체(specific IgE Ab)검사가 있다. 대부분의 고분자 물질과 일부 저분자 물질에서 유용할 수 있지만 작업장에서 의심되는 다양한 원인물질에 대해서 표준시약을 만들기 어렵다는 한계가 있다.

넷째, 연속적인 폐활량검사가 있다. 작업 전후의 노력성 1초간 호기량(FEV_1)과 최대호기유속(PEF)의 변화는 민감도가 낮지만 특이도는 높다. 최대호기유속 검사는 객관적으로 시간적인 선후관계를 확인할 수 있는 간단하면서 비용도 저렴한 검사방법이다. 다만 그 결과는 전문가 또는 특별한 프로그램(OASYS-2)을 활용해서 평가하여야 한다.

다섯째, 특이유발검사가 있다. 특이유발검사는 직업성 천식을 진단하고 원인물질을 확정하는 가장 정확한 검사이지만 천식 발작을 유발할 수 있는 위험이 있고, 특이유발검사를 위한 시약을 만드는 과정이 어려운 경우가 많다. 다른 검사 방법으로 진단하기 어렵거나, 의심되는 원인이 여러 가지여서 그중 정확한 원인을 찾아야 할 때 또는 이전에 알려져 있지 않은 새로운 원인을 확인하기 위해서 시행할 수 있다.

4.6 치료 및 예후

직업성 천식 환자를 추적조사를 한 결과, 원인물질에 지속적으로 노출되면 천식은 더욱 악화되었으며, 완전히 회피한 경우 대체로 호전되었으나, 완전히 회복된 경우는 소수에 불과하였다. 주목할 점은 노출을 중단하면 비특이 기관지유발검사 결과가 호전되고 수년 동안 지속된다는 것이다. 특히 첫 2~3년 동안 급격하게 호전된다. 진단 시점에 기도 폐쇄가 높을수록, 비특이 기관지유발검사의 정도가 심할수록, 증상 노출기간이 더 길수록, 고령일수록 예후가 좋지 않은 것으로 알려져 있다. 반대로, 성별, 아토피 유무 그리고 흡연상태는 예후에 영향을 주지 않았다.

직업성 천식의 가장 성공적인 치료는 원인물질에 대해서 완전히 회피하는 것이다. 노출을 줄이는 방식은 차선책이지만 널 효과적이다. 호흡기 보호구는 일부 근로자에게서 천식 증상을 호전시키고 예방할 수 있지만, 장기적 관점에서, 그리고 심한 천식환자에게서는 안전한 방법이

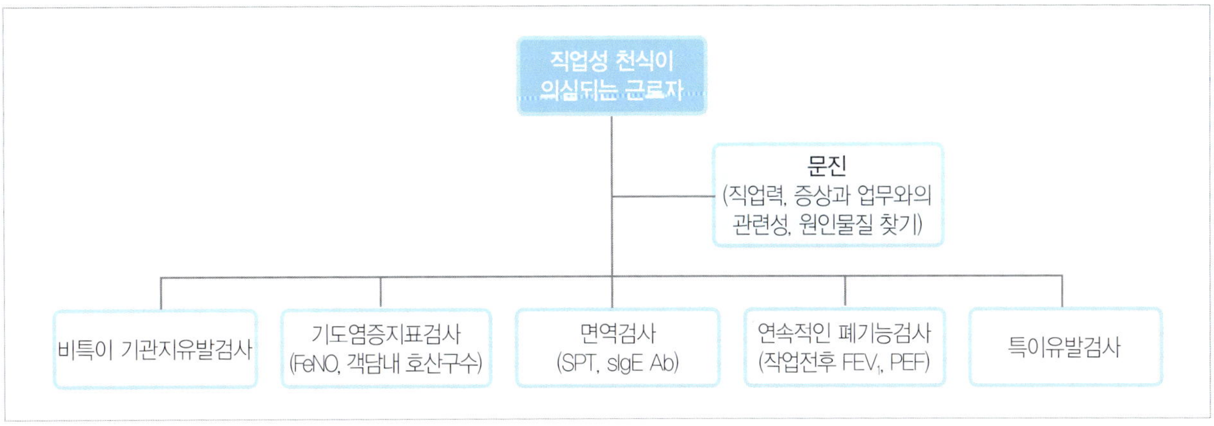

그림 1-10 직업성 천식의 진단 과정과 검사 방법들

아니다. 흡입성 스테로이드와 지속성 베타작용제(beta-agonist)가 사업장에서 원인물질에 계속해서 노출되는 상태의 근로자들의 천식 악화를 예방한다는 증거는 없다. 최근 연구에서 Anti-IgE monoclonal antibody (omalizumab)가 원인물질에 노출되는 근로자에게서도 악화를 막고 조절할 수 있다는 보고가 있으나 전향적인 관찰이 필요한 상태이다. 특정 알레르기의 원인(라텍스, 식물성 가루 등)에 대한 면역치료가 시행되고 있으나, 아직 표준화된 시약제조가 어렵고, 장기적으로 직업성 천식의 진행을 조절할 수 있는지에 대해서는 추가적인 연구가 필요하다.

4.7 사회경제적 영향

직업성 천식은 일반 천식보다 조절하기가 쉽지 않고, 더 심각하다. 간접비용에 있어서도 비직업성 천식보다 큰 비용이 들게 되는데, 이는 사업장에서 노출을 중단하고 회피시켜야 한다면 사업장 인사 개입이나 직무 변화를 유발하기 때문이다. 예를 들면 해고 등으로 인한 비고용률이 14%에서 69%로 높아지고, 소득이 감소하기도 한다. 이러한 재정적인 결과는 원인물질에 대해서 완전히 회피된 근로자들에게서 더 두드러지게 나타났다. 다음 네 가지 요인, 즉, 1) 같은 회사내 원인물질이 노출되지 않는 업무로 전환배치할 여지가 없는 경우, 2) 효과적인 잔류 등 업무복귀 프로그램이 부족할 때, 3) 고령일수록, 4) 교육수준이 낮은 경우 부정적인 사회경제적 영향이 더 크게 나타난다.

직업성 천식은 물질적으로 평가할 수 없는 삶의 질이나 정신적 스트레스, 그리고 불안장애 같은 정신사회학적 결과와도 관련이 있으므로 이러한 부분도 사회경제적 부담을 평가할 때 반드시 고려되어야 한다.

4.8 예방

1) 1차 예방

1차 예방은 사업장 노출 조절과 감수성 있는 근로자들은 찾아내어 개입하는 것이다. 먼저 사업장 노출 원인에 대한 조절이 중요하다. 노출 수준과 천식 사이에는 용량-반응 관계가 있고, 노출 정도는 근거의 수준이 높기 때문에 위계적 개입을 통하여 1차 예방을 할 수 있다. 구체적인 방법으로는 강한 천식원으로 알려진 새로운 물질

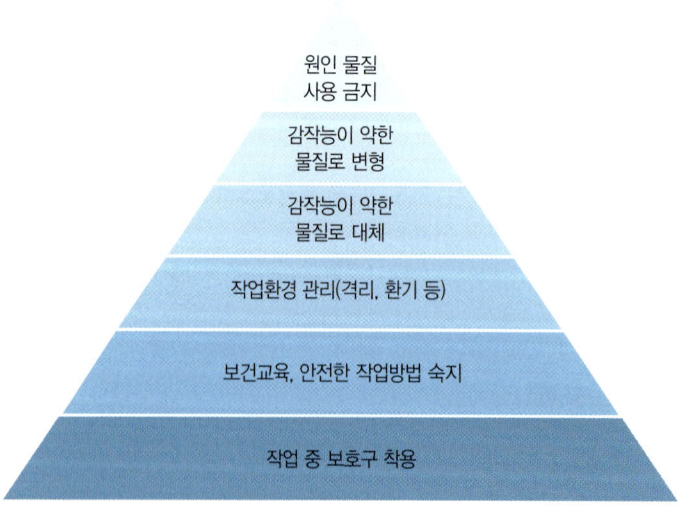

그림 1-11 1차 예방(노출 관리를 위한 위계적 개입)

의 도입을 피하는 것, 감작능이 약한 형태로 바꾸는 것(예, 세척제 효소 성분을 캡슐화하는 것), 다른 물질로 대체하는 것(예, 라텍스 장갑에 분진을 일으키지 않는 파우더를 사용하여 단백질 함량이 낮게 되도록 하는 것), 공정 개선(예, 유해 공정 격리 및 환기 개선), 근로자 교육 및 안전한 작업행태 유도, 고농도로 노출되는 작업에 대해서 보호구를 잘 사용하도록 하는 것 등이 있다.

감수성 있는 근로자를 미리 확인하여 고위험 작업에 배치가 되지 않도록 하는 것이 필요하다. 아토피가 있는 근로자를 고분자 원인물질이 노출되는 사업장에 배치할 경우에는 직업성 천식에 대한 정보를 근로자에게 알리고 상담해야 한다. 그러나 배치전 건강진단이 취업을 제한하거나 차별로 작용하지 않도록 주의해야 한다.

2) 2차 예방

2차 예방이란 증상 초기에 천식이 더 악화되지 않도록 조기에 발견하는 것이다. 조기에 진단하여 개입할수록 예후가 좋기 때문에 2차 예방 프로그램은 가장 비용-효과적인 방법이다. 하지만 적절한 2차 예방의 방법은 아직 명확하지 않다. 현재 널리 활용하는 방법은 작업 관련 호흡기 또는 비염 증상을 발견하기 위한 설문조사이다. 고분자 물질에 노출되는 근로자에 대해서는 특이 IgE 또는 피부반응검사를 하여 감작 여부를 검사하는 것이 좋다. 폐기능 검사는 효율적이지 않다.

더 읽을거리

Susan M. Tarlo, Moira Chan-Yeung. Occupational asthma. In: Linda Rosenstock eds. Textbook of Clinical Occupational and Environmental Medicine(2nd edition), 2005

Vandenplas O, Lemiere C. Sensitiser-induced occupational asthma. In: Feary J, Suojalehto H, Cullinan P, eds. Occupational and environmental lung disease[ERS Monograph]. Sheffield, European Respiratory Society, 2020

제5절 만성 폐쇄성 폐질환

박소영

5.1 정의

만성 폐쇄성 폐질환(chronic obstructive pulmonary disease, COPD)은 완전히 회복되지 않는 기류제한을 특징으로 하는 폐질환이다. 흡연, 직업적 노출, 실내 오염, 감염 등에 의한 기도와 폐 실질의 이상에 의해 발생하며 예방과 치료가 가능하다. 매우 흔한 질환이기 때문에 전 세계적으로 심각한 사회경제적 영향을 미친다. 급성 악화가 자주 발생하고 정상인에 비해 동반질환이 흔하여 중증도와 예후에 영향을 미친다.

5.2 원인

COPD의 위험인자로 가장 중요하고 잘 알려진 것은 흡연이다. 이외에 직업성 분진이나 화학물질, 대기오염, 낮은 사회경제적 수준, 만성기관지염이나 호흡기 감염 등에 의해서도 발생한다. 이러한 다양한 위험인자로 인해 비흡연자에서도 만성 기류폐쇄가 발생할 수 있다. 개개인의 질환에 대한 감수성이 다르고, 외부인자와 숙주인자 간의 상호작용 또한 개체마다 다르기 때문에 질환의 발생과 임상 양상은 다양하게 나타날 수 있다.

흡연은 전 세계적으로 가장 흔한 위험인자이다. 흡연자는 호흡기 증상이 더 흔하게 동반되며, 연간 노력성 1

표 1-6 만성 폐쇄성 폐질환의 고위험 산업과 직업

구분	위험 산업과 직업
복합 노출	아스팔트 작업, 유리/세라믹 생산, 광업/건설업, 교통/물류, 종이 생산, 석유화학제품 생산 및 정제, 터널작업
금속류	카드뮴 생산, 용접, 바나듐 추출 및 생산
화학물질	살균소독, 청소, 이소시아네이트 생산, 스프레이 도장
광물	코크스 오븐 작업자, 광부, 쿼츠 추출 및 생산
유기분진 및 가스	면 생산, 농업, 가축 사료 생산, 곡물 제분 및 제빵, 고무 생산, 황마(jute) 생산, 목제품 생산, 가구 산업

초간 호기량(FEV_1) 감소도 더 심하고, 사망률도 비흡연자에 비해 높다. 간접 흡연도 호흡기 증상과 COPD를 초래할 수 있다. 임신 중 흡연도 태아의 폐 성장과 면역계에 영향을 주어 태아에게 위험인자가 될 수 있다.

직업성 노출 물질들(유기물, 무기물, 화학물질, 가스나 매연 등)도 위험인자이다. 현재까지 알려진 만성 폐쇄성 폐질환의 직업적 위험인자는 탄분진, 결정형 유리규산(silica), 용접 흄, 섬유분진(textile dust), 유기성 분진(agricultural dust), 카드뮴 흄 등이다. 만성 폐쇄성 폐질환 발생 위험을 높인다고 알려진 산업과 직업은 [표 1-6]과 같다.

나무, 동물 배설물, 석탄 등을 요리나 난방용 땔감으로 사용하는 경우 실내 공기 오염이 발생한다. 이러한 실내 공기 오염도 COPD의 중요한 위험인자로 작용할 수 있다. 도시의 높은 공기 오염 물질들도 폐질환자에게 악영향을 초래할 수 있다. 자동차 매연과 같은 석유 연소 물질에 의한 공기 오염은 폐기능 감소를 초래할 수 있다. 그러나 이외의 다른 실외 대기오염이 COPD를 일으키는지는 명확하지 않다.

5.3 진단

COPD는 흡연 등 위험인자 노출력이 있는 40세 이상의 성인에서 호흡곤란, 기침, 가래가 만성적으로 있는 경우 의심해야 하며, 폐활량측정법으로 진단한다. 폐활량측정 결과 1초율(FEV_1/FVC)이 0.7 미만이면 기류제한이 있다고 할 수 있다. COPD는 기류제한을 보이는 대표적인 질환이지만, 천식, 결핵성 파괴폐, 기관지확장증 등의 질환도 기류제한을 보일 수 있다. COPD 환자의 정확한 진단을 위해서는 기관지확장제를 투여한 후에 폐활량을 측정하여 기류제한 유무를 확인한다. 기관지확장제 투여 후 가역성 정도는 천식과의 감별 진단 및 치료반응의 예측에 큰 도움이 되지 않는다. 기류제한의 정의는 1초율 0.7 미만 또는 정상하한치(lower limits of normal, LLN) 미만인 경우이며, 1초율 0.7 미만이라는 기준을 적용하면 정상하한치를 이용하는 기준을 적용할 때에 비해 노인에서는 COPD를 더 많이 진단하게 되며 45세 이하에서는 COPD를 덜 진단하게 된다.

표 1-7 최근 5년간 만성 폐쇄성 폐질환 산재 신청 현황 (단위 : 건)

구분	광업			광업 외		
	신청	승인	불승인	신청	승인	불승인
2017년	1,411	445	966	250	96	154
2018년	1,194	360	834	294	111	183
2019년	1,477	323	1,154	425	114	311
2020년	1,082	217	865	376	90	286
2021년	1,235	227	1,008	687	171	516

5.4 업무관련성 평가

2013년 7월부터 산업재해보상보험법 시행령에 따른 업무상질병에 만성 폐쇄성 폐질환이 추가되었다. 이후 분진에 노출되었던 근로자들이 만성 폐쇄성 폐질환으로 산재 신청을 하는 사례가 증가하였다.

장기간 · 고농도에 대한 판단은 석탄 · 암석 분진, 흄, 가스, 증기 등에 20년 이상 노출된 경우, 석탄 · 암석 분진, 흄, 가스, 증기 등에 노출된 기간이 20년 미만이더라도 지하공간이나 밀폐된 공간 등에서 작업을 수행하여 만성 폐쇄성 폐질환이 발생하였다고 볼 수 있는 경우에는 업무관련성을 인정하고 있으며, 천식의 악화나 기관지확장증 등 폐쇄성 폐환기능 장애를 유발할 수 있는 다른 원인으로 발생한 기류 제한은 제외한다.

5.5 장해판정

장해등급은 속효성 기관지확장제 투여 후 노력성 1초간 호기량(FEV_1)에 따라 폐기능을 판정한다. 급성 악화 등이 없는 안정된 상태에서 1개월 이상 간격으로 2회 이상 실시한 폐활량 검사 중 더 양호한 결과를 적용한다.

장해등급은 산재보험법 시행령 제53조 제1항 [별표6]에 따른 장해등급의 기준 중 흉복부장기의 장해등급 기준을 적용한다. 진폐는 단순방사선영상 소견에 따른 병형과 심폐기능의 정도에 따라 장해등급을 결정하고 만성 폐쇄성 폐질환은 심폐기능의 정도만으로 중증도를 구분하고 있어 만성 폐쇄성 폐질환의 장해등급은 심폐기능 구분에 따른 진폐 장해의 최저 등급을 적용하고 있다.

표 1-8 진폐 심폐기능 장해 및 만성 폐쇄성 폐질환 중증도 구분에 따른 심폐기능 장해

장해등급	진폐		만성 폐쇄성 폐질환
	병형	심폐기능	
제1급	제1형 이상	고도 장해 (FEV_1 < 45%)	30% < FEV_1 (요양대상)
제3급	제1형 이상	중등도 장해 (45% ≤ FEV_1 < 55%)	30% ≤ FEV_1 < 55%
제5급	제4형	경도 장해 (55% ≤ FEV_1 < 70%)	
제7급	제1형, 제2형 또는 제3형	경도 장해 (55% ≤ FEV_1 < 70%)	55% ≤ FEV_1 < 70%
제9급	제3형 또는 제4형	경미 장해 (70% ≤ FEV_1 < 80%)	
제11급	제1형 또는 제2형 (제2형, 제3형, 제4형은 폐기능 무장해도 해당)	경미 장해 (70% ≤ FEV_1 < 80%)	70% ≤ FEV_1 < 80%
제13급	제1형		

더 읽을거리

COPD 진료지침, 대한결핵 및 호흡기학회
Occupational and environmental lung disease, ERS monograph

제6절 과민성 폐장염

명준표

6.1 정의 및 임상적 특징

과민성 폐장염은 외인성 알레르기성 폐포염(extrinsic allergic alveolitis)이라고도 하는데, 제3형 혹은 4형의 면역학적 과민반응에 의해 말초세기관지 및 폐포에 육아종이 발생하고, 만성화되면 섬유화로 진행되는 질환이다. 질병발생의 기전이나 임상적 특징이 잘 알려져 있는 질환이지만, 이 질환으로 의심하는 경우가 많지 않아, 반복적인 증상이 발생한 이후나 비가역적인 손상이 남은 후에 진단되는 사례가 많다. 다른 감염성 호흡기 질환과 유사한 양상을 보이거나, 원인물질이 다양하다는 점도 진단을 어렵게 하는 또 다른 이유이다.

급성 과민성 폐장염은 원인물질에 노출된 지 4-8시간 이후에 열감, 호흡곤란, 흉통, 오한 등을 동반한 양상으로 발생한다. 증상이 발생하는 시간을 통해 노출된 시간을 추정할 수 있다. 주로 저녁에 증상이 발생한 경우 당일 아침에 노출된 물질을 생각해야 한다. 보통 이러한 증상은 며칠 안에 사라지는 경우가 많지만, 다시 노출되면 증상이 다시 나타난다. 아급성 과민성 폐장염은 수주 내지 수개월에 걸쳐 급성 과민성 폐장염보다는 경미한 양상의 증상이 반복적으로 발생하는 경우가 많다. 과민성 폐장염을 급성, 아급성, 만성으로 구분하는 것이 일반적이나, 이러한 구분이 상당히 임의적이고, 임상적 양상이 중복되는 경우도 많다. 이와 같은 문제점을 극복하기 위하여 2020년 국제호흡기 학술위원회에서 과민성 폐장염에 대한 진단 및 진료 지침을 내놓았으며, 환자의 임상적 예후를 바탕으로 비섬유상(nonfibrotic) 과민성 폐장염과 섬유상(fibrotic) 과민성 폐장염으로 구분하여 진단하는 방법을 제시하였다.

만성 과민성 폐장염은 진단의 시기를 놓치는 경우가 아주 흔하다. 일단 과민성 폐장염이 의심되면 증상 발생의 경위와 노출물질에 대한 확인이 무엇보다 중요하다.

6.2 진단

과민성 폐장염의 진단기준이 다양하게 제시되고 있지만, 타당성이 제대로 검증되지는 못하였다. 한 연구에 의하면 과민성 폐장염 진단에 도움이 되는 6가지 예측인자로 ① 유발 가능한 항원에 노출된 병력, ② 침강항체 양성, ③ 반복적 임상 발현, ④ 청진상 흡기성 악설음(inspiratory crackles), ⑤ 항원 노출 4~8시간 후 증상 발현, ⑥ 체중 감소를 보고하였고, 6가지 모두 있을 경우 98%의 진단율을 보이며 가장 중요한 인자는 항원 노출이라고 하였다. 과민성 폐장염이 임상적으로 의심되는 경우 ① 병력 및 임상 양상의 확인, ② 원인 항원 노출력 조사, ③ 침강항체 규명, ④ 항원 노출과 증상 발현의 연관성, ⑤ 폐기능 장애의 정도, ⑥ 방사선학적 이상 소견의 정도, ⑦ 기관지폐포세척액 검사 및 폐생검의 필요성 검토, ⑧ 자연적 또는 검사실 유발시험의 필요성 검토, ⑨ 다른 질환의 배제 등의 단계적 접근을 추천하기도 한다. 2020년 업데이트된 과민성 폐장염 진단에 대한 ATS/JRS/ALAT 임상진료가이드라인에 비섬유상 및 섬유상 과민성 폐장염에 대한 진단기준을 조직학적 진단, 영상의학적 진단 영역으로 구체화하여 제시하였다. 기관지내시경 검사소견(높은 림프구소견), 영상 및 조직검사결과 소견과 노출력에 대한 심층 역학조사는 진단을 더욱 명확하게 하는데 도움이 된다.

고열, 호흡곤란 등의 증상, 발생 시기, 환자의 직업 및 환경적인 노출 등의 임상경과에 대해 파악해야 한다. 그러나 열이 발생하는 시기가 지나 이학적 검사를 할 경우, 고열이 확인되지 않을 수도 있고, 흡기시 악설음은 다양한 양상이거나 비특이적 양상을 보이기도 한다. 곤봉수지는 만성환자에서만 나타난다.

흉부 방사선검사에서는 간유리음영(ground glass infiltrates)이 확인되기도 하지만, 급성 과민성 폐장염의 대부분은 정상 소견을 보인다. 고해상도 전산화단층촬영(HRCT)는 진단을 위해 유용한 정보를 제공하지만, 섬유상 과민성 폐장염의 경우 특발성 간질성 폐렴과 감별이 어려울 수 있으므로, 기관지내시경 및 조직검사 결과를 조합하여 진단에 활용하는 것이 필요하고, pneumocystis carinii에 의한 폐렴, BOOP, 폐포단백증, 폐포출혈, 기관지폐포암 등과의 감별이 필요하다. 또한 과민성 폐장염의 만성적인 경과로 발생하는 폐기종과 폐섬유화를 확인하는데 활용되기도 한다. 폐기능검사에서는 대부분 정상 소견을 보이지만, 제한성 혹은 폐쇄성 양상을 보이는 경우도 있다. 농부폐증은 폐기종 양상으로 진행하는 경우가 많고, 조류사육가(Pigeon breeders)에서 발생하는 과민성 폐장염은 폐섬유화 양상으로 진행하여 제한성 양상의 소견을 보일 수 있다. 특이 침강항체의 확인, 기관지폐포세척액(BAL) 검사에서 림프구 증가의 확인(림프구 수가 전체 세포의 20% 이상을 차지), 만성 과민성 폐장염에서 조직검사 등도 진단을 위해 활용될 수 있다.

6.3 병태생리와 발병기전

과민성 폐장염의 병태생리는 복합적인 면역반응이 관여하는 것으로 보고 있지만, 그 과정이 완전히 규명되지는 않았다. 면역반응 기전에는 제3형과 4형 과민반응이 작용하는 것으로 알려져 있다. 과민성 폐장염 초기에는 제3형 과민반응에 의해 흡입된 항원에 대하여 형질세포(plasma cell)가 침강 항체를 만들어내며 이러한 침강 항체(주로 IgG이지만 IgM과 IgA도 가능)가 항원과 결합하여 면역복합체(immune complex)를 형성한다. 수 시간 내에 면역복합체는 보체(complement)와 결합하고 폐포대식세포(alveolar macrophage)를 자극하여 중성구화학주성인자(neutrophilic chemotactic factors), 단백분해효소(proteases), 활성산소중간체(reactive oxygen intermediates) 등을 포함하는 염증성 매개체를 분비하게 한다. 이러한 매개체들은 급성 염증 반응을 유발하여 중성구들을 폐로 모여 들게 하며, 단백분해효소 와 활성산소 중간체들은 기관지폐포 상피세포를 직접적으로 손상시키는 것으로 보고 있다.

아급성 및 만성 과민성 폐장염 환자에서 림프구 침윤과 육아종의 형성을 확인할 수 있어, 제4형 과민반응도 관여하는 것으로 생각된다. 활성화된 대식세포에서 인터루킨-12(interleukin-12, IL-12)가 분비되어 CD4+ Th0 림프구를 Th1 표현형의 T세포로 분화시키며, 과민성 폐장염의 증상 발현에 중요한 역할을 하는 것으로 알려져 있다. 만성 과민성 폐장염에 의한 폐섬유화의 발생과 진행에 대해서는 아직 잘 알려져 있지는 않으나 형질전환인자(transforming growth factor-β, TGF-β)와 TNF-a가 관여하는 것으로 알려져 있다.

6.4 역학

국내에 정확한 과민성 폐장염의 유병률/발생률은 알려진 바는 없으나, 미국에서 과민성 폐장염의 1년간 유병률은 10만명당 1.67~2.71명으로 보고될 정도로 드물기는 하지만, 각 나라에 따라 산업, 농업종사자 정도, 기후 등에 따라 발생률의 차이가 있을 것으로 보고 있다. 성별에 따른 발생에 차이를 보이는데, 이는 원인 항원에 노출되는 인구집단에 성별 차이가 있기 때문으로 보인다. 국내에서는 사례 보고 수준에서 연구가 이루어져 연간 발생률이나 규모를 확인하기 어렵다.

6.5 직업적 위험요인

현재까지 200여종 이상의 과민성 폐장염을 일으키는 원인 항원이 규명되었고, 진균 포자, 부패균, 동식물의 유기물질, 화학물질, 독성 가스 등이 이에 해당될 것으로 보고 있다. 주로 3μm 이하의 미세 분진이 흡인되어 과민성 폐장염을 유발한다고 알려져 있다. 가장 흔한 것은 곰팡이(thermophilic actinomycetes)와 조류단백(avian proteins)이며 주로 직업, 주거지 및 취미활동 중 노출로 인해 발병한다. 가정이나 사무실에서 사용하는 가습기, 에어컨, 냉난방 온도조절기 등이 오염되어 발병하기도 하며 직업 활동을 통해 무기물질이 흡인되어 발병하기도 하는데, 대표적인 경우가 isocyanates, anhydrides 등이다. 과민성 폐장염의 발병률은 항원의 농도, 노출 횟수, 노출 기간, 용해도, 미세분진의 크기, 작업 환경과 같은 위험 환경요인과 개인의 감수성(susceptibility)에 따라 다르게 나타날 수 있다. 직업적인 과민성 폐장염 발생 원인물질을 [표 1-9]에 제시하였다

표 1-9 과민성 폐장염의 직업군별 원인물질

직업	원인물질	항원	질환
농업	건초	Thermophilic actinomycetes Lichtheimia corymbifera (France) Eurotium amstelodami Wallemia sebi (Finland)	Farmer's lung
	곡물	Aspergillus fumigatus	
	곰팡이 낀 사탕수수	Thermoactinomyces sacchari	Bagassosis
	담배	Aspergillus	Tobacco workers' disease
	곰팡이 낀 포도	Botrytis cinerea	Wine grower's lung
	토탄 이끼(peat moss)	Penicillium sp, Monocillium	peat moss processor's lung
	곰팡이 낀 양파, 감자	Fusarium, Penicillium sp	
	버섯	Penicillium citrinum	Mushroom picker's lung
동물, 새 사육	소사육, 새의 깃털, 분비물	Phytase enzyme soybean hulls pheasant	Pheasant rearer's lung
소시지 생산	건조한 소시지에 핀 곰팡이	Penicillium camembertii	
치즈 생산	치즈 곰팡이	Penicillium roqueforti	Cheese worker's lung
방앗간	밀가루	Sitophilus	wheat weevil disease
맥주 생산	몰트		Malt worker's lung
실험실 근무자	실험동물	Pauli reagent Rat	Pauli HP Gerbil keeper's lung
섬유산업	나일론, 실크, 털가죽, 단추	Cytophaga producing endotoxin silkworm larvae cocoon fluff proteins in animal fur dust Mollusk/oyster shell dust	Sericulturist's lung disease, Furrier's lung
기계 조작	금속가공유	Mycobacterium immunogenum Pseudomonas	Machine operator's lung
세제 산업	Enzyme dust	Bacillus subtilis	Enzyme worker's lung
음악가	트롬본	Mycobacterium chelonae of Fusarium	Trombone player's lung
치과의사	Dental prosthesis production	Thermophillic or Aspergillus	Stipatosis
폴리우레탄	폴리우레탄 폼	이소시아네이트	
목재 산업	목분진	Cabreuva, pine sawdust	wood worker's lung
	Moldy wood planks	Paecilomyces	woodman's disease
	cork dust	Cork protein	suberosis
	Moldy maple bark	Crypstosroma corticale	Maple bark strippers disease
	moldy wood dust	Alternaria, Rhizopus, Mucor	Wood trimmer's disease
	moldy redwood dust	Pullaria	Sequoiosis

6.6 국내 사례

국내에서는 안병민(1983), 최진명(1986), 김남호(1987), 이문우(1998), 도윤경(2003) 등에 의해 가습기, 버섯 포자, 금, 약제 등에 의한 과민성 폐장염 사례들이 보고되었다. 직업적으로는 1995년에 김경아 등이 금속 제련업 종사자에서, 2008년에는 이선웅 등에 의해 금속 가공유에 노출된 작업자에서 발생한 과민성 폐장염을 보고하였다. 최근 들어 이소시아네이트, 금속분진 등에 의한 과민성 폐장염이 다수 직업병으로 승인되고 있다.

더 읽을거리

Park M. Diagnosis and treatment of hypersensitivity pneumonitis. J Korean Med Assoc 2009;52:49–58.
Zacharisen MC, Fink JN. Hypersensitivity pneumonitis and related conditions in the work environment.. Immunol Allergy Clin N Am 2011; 31:769–86.

제7절 특발성 간질성 폐렴

명준표

7.1 정의 및 진단

특발성 간질성 폐렴(Idiopathic interstitial pneumonia)은 미만성 폐실질 질환(diffuse parenchymal lung diseases, DPLDs)에 속하는 질환군으로 간질성 폐질환이라고 표현하기도 한다. 이 질환군은 다양한 형태의 염증 반응과 섬유화로 폐실질에 손상을 입히는 여러 비종양성 질환의 집합인데, 이 그룹 내에서도 각각의 질환은 성격과 예후가 매우 이질적이다.

폐 상피세포와 내피세포 기저막 사이의 공간을 포함하는 간질이 특발성 간질성 폐렴의 가장 중요한 손상 부위가 된다. 그러나 특발성 간질성 폐렴은 흔히 간질뿐 아

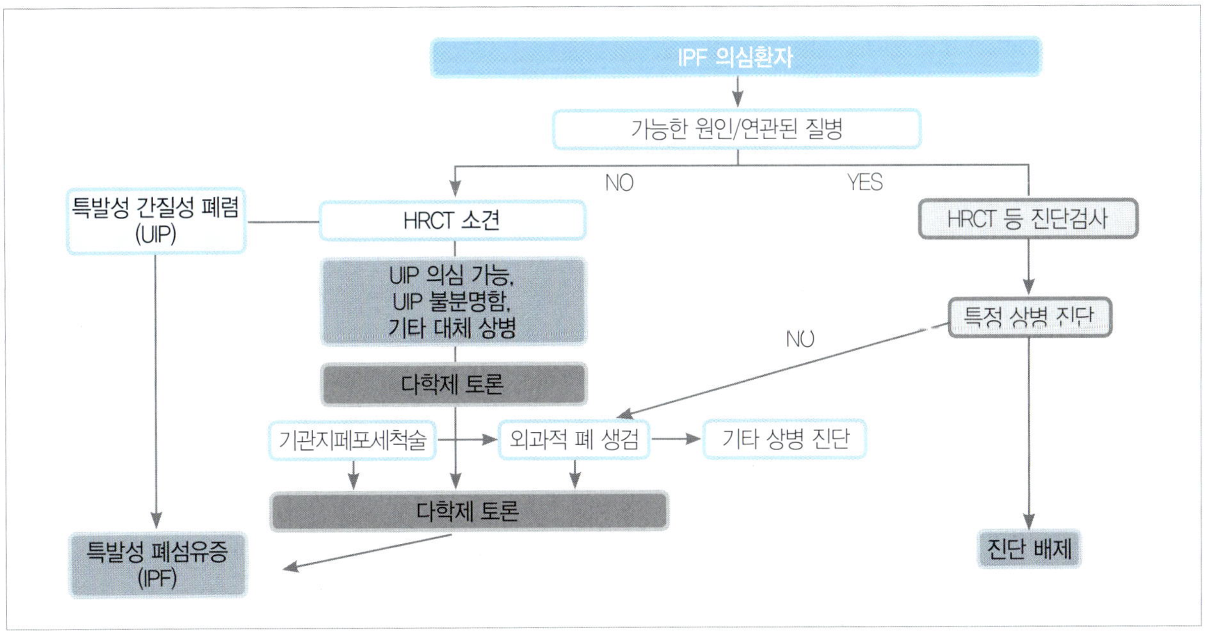

그림 1-12 특발성 간질성 폐렴(IPF)의 진단 흐름도(미국 흉부학회와 유럽 호흡기학회, ATS/ERS)

IFP: Idiopathic interstitial pneumonia; UIP: Usual interstitial pneumonia

니라, 상피 세포나 내피 세포를 따라 말초기도, 혈관, 기실(air space)에도 손상을 입힌다. 역사적으로 조직검사를 통해 조직학적 진단을 내리는 것이 진단의 기준이 되어 왔으나 미국 흉부학회와 유럽 호흡기학회(ATS/ERS)의 2002년 지침에서부터 다학제 토론을 통한 "역동적 통합 접근(dynamic integrated approach)"이 조직학적 진단을 대체하게 되었다. 특발성 간질성 폐렴 중 특발성 폐섬유증(Idiopathic pulmonary fibrosis, IPF)은 조직검사 없이, 간질성 폐질환을 일으킬만한 알려진 원인이 없는 환자에서 고해상도 CT에서 전형적인 통상성 간질성 폐렴(usual interstitial pneumonia, UIP)을 보이면 진단할 수 있다. 현재는 세계적으로 ATS/ERS 지침에서 제안한 정의와 분류가 통용되고 있다. 구체적인 진단 흐름도는 다음과 같다(그림 1-12).

7.2 분류

특발성 간질성 폐렴의 분류는 각 질환의 병인 및 예후 등 임상증상이 밝혀짐에 따라 변화하였으며, 현재는 ATS/ERS의 지침을 따른다. ATS/ERS는 국제적인 다학제 협의를 통해 특발성 간질성 폐렴의 분류체계를 제안해왔는데, 2002년의 합의에서 먼저 미만성 폐실질 질환을 알려진 원인에 의한 미만성 폐실질 질환, 특발성 간질성 폐렴, 육아종성 미만성 폐실질 질환, 기타 드문 미만성 폐실질 질환으로 분류하였다. 이 중 특발성 간질성 폐렴의 분류체계도 변화해왔는데, 2013년 ATS/ERS의 지침을 재개정하면서, 임상적인 질병 경과에 의한 분류가 추가로 제안되어 8개의 질환과 분류되지 않는 특발성 간질성 폐렴으로 새로운 분류체계를 제안하였다.

특발성 간질성 폐렴에 포함되는 8개의 질환은 주요 질환으로 특발성 폐 섬유화증(Idiopathic pulmonary fibrosis, IPF), 특발성 비특이적 간질성 폐렴(Nonspecific interstitial pneumonia, NSIP), 호흡성 세기관지염-간질성 폐질환 (Respiratory bronchiolitis-interstitial lung disease, RB-ILD), 박리 간질 폐렴(Desquamative interstitial pneumonia, DIP), 특발성 기질화 폐렴(Cryptogenic organizing pneumonia, COP), 급성 간질성 폐렴(Acute interstitial pneumonia, AIP)이 있고, 드문 특발성 간질성 폐렴으로 특발성 림프양 간질성 폐렴(Idiopathic lymphoid interstitial pneumonia), 특발성 늑막실질 탄력섬유증(Idiopathic pleuroparenchymal fibroelastosis)이 포함된다.

7.3 병인과 질병 기전

현재까지 특발성 간질성 폐렴의 원인은 정확히 밝혀지지 않았다. 가장 전통적인 설명은 어떤 이유든 유전적 혹은 후생학적인 질병의 요인이 있는 사람에게 원인물질에 노출 시 폐포상피세포(alveolar epithelial cells, AEC) 혹은 섬유아세포에서 transforming growth factor-β (TGF-β)를 활성화시키고, 이로 인하여 폐의 간질에 섬유화가 일어난다는 것이다. 그러나 이 설명만으로는 특발성 간질성 폐렴, 특히 진행성인 IPF 등의 질환에서의 폐 섬유화를 설명하기는 한계가 있어 최근에는 아마도 조절되지 않는 면역 기전(deregulated immune mechanism)과 계속해서 일어나는 염증성 반응에 의해서 섬유화가 진행될 것으로 판단된다.

여기에는 폐포 상피세포의 활성화와 이로 인한 부적절한 세포 내 신호전달체계, 응고반응, epithelialmesenchymal transition 등의 반응, 근육섬유모세포 활성화 등 분자생물학적 기전과 섬유화 억제 유전자 부위의 DNA methylation 등의 후생유전학적 기전이 함께 작용할 것으로 생각된다.

7.4 역학

유럽 연구에서는 전체 간질성 폐질환(Interstitial lung disease) 중 직업 및 환경 요인에 의한 질병이 26%, 유육종증(사르코이드증)이 10%, 결합조직질환이 9%, 약물이나 방사선에 의한 질환이 1%를 차지할 것으로 추정하고 있으며, 특발성 간질성 폐렴이 전체 ILD의 40%를 차지할 것으로 예측하였다.

특발성 간질성 폐렴 가운데에는 IPF가 55%, NSIP가 25%, RB-ILD와 DIP가 15%, COP 3%, AIP 1% 미만을 차지하며, 그 외에 드문 특발성 간질성 폐렴 및 분류되지 않는 특발성 간질성 폐렴이 소수를 차지할 것으로 생각되었다.

국내에서는 특발성 간질성 폐렴 중 각각의 질환이 얼마만큼 차지하고 있으며, 그 유병률 및 빈도가 얼마나 되는지에 대한 연구가 매우 제한적이었다. 질환의 빈도가 낮아 대단위 조사가 필요하고, 질병 분류와 정의가 변화함에 따라 최근 기준에 따른 연구가 없었다. 특발성 간질성 폐렴을 포함한 미만성 침윤성 폐질환 대상으로 한 조사가 1990년대 초반에 있던 이후, 전국적인 질병 분포와 빈도에 대한 연구가 부족하던 중 2008년 대한 결핵 및 호흡기 학회가 2003년 1월 1일부터 2007년 12월 1일 사이에 ATS/ERS 2002년 기준에 따라 특발성 간질성 폐렴으로 진단된 환자들을 대상으로 분포를 조사하여 결과를 발표하였다. 총 2,186명의 환자 가운데 IPF 1,685명(77.1%), NSIP 261명(11.9%), COP 186명(8.5%), AIP 24명(1.1%), DIP 19명(0.9%), RB-ILD 9명(0.4%), LIP 2명(0.1%)이었다. 전체 환자의 평균나이는 65세였으며, IPF 67.8세, COP 57.7세, NSIP 57.1세로 IPF 환자의 나이가 가장 많았다. IPF의 5년 생존율은 50%였고, NSIP와 COP의 5년 생존율은 각각 85%였다.

7.5 직업적 요인

특발성 간질성 폐렴은 원인 불명으로 발생하는 질병으로, 미만성 폐실질 질환 중 직업적, 환경적 노출에 의한 미만성 폐실질 질환은 특발성 간질성 폐렴의 범주에 포함되지 않는 것으로 분류되어 왔다. 그리고, 미만성 폐실질 질환을 일으킬 수 있는 알려진 원인으로 결체조직병, 감염, 약물손상 등이 있으며, 직업환경적 유해요인으로 석면, 흄이나 가스, 방사선 등이 있다. 따라서, 특발성 간질성 폐렴과 직업적 노출 관련성에 대한 연구는 많지 않은 편이다. 그러나, 미만성 폐실질 질환의 원인물질로 알려지지 않았던 유해요인에 노출된 경우에도 특발성 간질성 폐렴이 발생한 경우가 보고되면서 특발성 간질성 폐렴의 직업적 원인을 규명하기 위한 노력이 진행되었다. 특발성 간질성 폐렴 중에서도 IPF에 대한 연구가 주를 이뤄왔으나, 보고된 연구들에 따르면, 직업적 유해요인 노출에 의한 특발성 간질성 폐렴의 위험이 상당히 증가함을 알 수 있다.

ATS/ERS의 호흡기 질환의 직업적 부담에 대한 연구 중 기존 11편의 환자대조군 연구를 기반으로 폐섬유증의 직업적 요인을 평가 분석한 결과 VGDF (vapors, gas, dust or fume)과 금속의 특발성 폐섬유화에 대한 pooled OR 값은 모두 2.0, 목분진은 1.7, 유리규산은 1.7로 모두 통계적으로 유의함을 보였다(표 1-10).

그 동안 직업적, 환경적 원인에 의한 미만성 폐실질 질환을 배제한 정의에 기초했던 특발성 간질성 폐렴 중 IPF의 경우에서도 직업적 또는 환경적으로 노출된 VDGF의 경우, IPF의 기여위험분율이 26%에 달하는 점을 고려해볼 때, 국내에서도 그 기전을 밝혀 질병 부담을 줄이기 위한 노력이 필요하다.

표 1-10 특발성 폐섬유화의 위험요인

노출원	위험평가 논문수	통합 오즈비 (95% 신뢰구간)	통합 인구집단기여위험분율(%) (95% 신뢰구간)
증기, 가스, 분진, 흄	6	2.0 (1.2 - 3.2)	26 (10 - 41)
금속분진	9	2.0 (1.3 - 3.0)	8 (4 - 13)
나무분진	11	1.7 (1.3 - 2.2)	4 (2 - 6)
유기성 분진	5	1.6 (0.8 - 3.0)	4 (0 - 12)
유리규산	8	1.7 (1.2 - 2.4)	3 (2 - 5)

7.6 국내 최근 이슈

국내에서는 특발성 간질성 폐렴과 직업적 노출 관련성에 대한 연구가 더욱 부족했다. 그러나 최근 직업적 인듐 노출에 의한 폐 섬유화 사례가 보고되면서 국내에서도 그 동안 알려지지 않았던 특발성 간질성 폐렴과 직업적 노출의 관련성에 대한 관심이 증가하고 있다.

인듐 노출로 인한 폐 섬유화 사례를 간략히 살펴보면 다음과 같다. 인듐은 아연정광 등에 일부 불순물로 혼합되어 있는 물질로 특별한 목적을 가지고 별도 생산을 하지 않는 한 그 생산량이 극히 적은 희귀금속의 일종이다. 2차 세계대전에서 항공기 엔진 베어링의 경도를 높이기 위해 사용되기 시작한 인듐은, 다양한 분야로 그 이용범위가 확대되다가 1990년 중반 이후부터 시작된 반도체 산업과 평판 TV, 컴퓨터, 휴대폰의 디스플레이 산업의 활황으로 생산량이 빠르게 증가하게 되었다.

2003년 일본 근로자의 간질성 폐렴이 처음으로 보고된 이후 일본 7건, 중국 1건, 미국 2건 등 총 10건의 사례가 보고된 바 있으며, 세부 질환으로는 폐 섬유화, 폐기종, 폐포단백증 등이 있었다.

우리나라는 과거부터 LCD, LED, OLED 이용한 컴퓨터, TV, 휴대폰 등을 많이 생산하면서 전세계에서 인듐을 가장 많이 사용하는 나라 중 하나가 되었다. 인듐은 반감기가 15년에 이르고 폐에 침착하여 체외 배설이 잘 되지 않는 특성을 가져 급성독성보다는 만성독성의 영향이 클 것으로 예상된다.

제8절 흡입 손상

이종인

8.1 정의

흡입 손상(inhalation injury)은 독성 물질의 흡입으로 인한 폐손상 또는 전신질환을 일컬으며, 흡입 손상을 일으킬 수 있는 물질의 물리화학적 형태는 가스, 분진, 연기(smoke), 증기, 흄, 미스트, 에어로졸 등으로 다양하다. 현재 우리나라에서의 흡입 손상은 주로 화재 현장에서 연소에 의해 발생하는 호흡기 독성 물질에 의해 발생하며, 산업 현장에서 사용되는 물질에 의한 흡입 손상 또한 발생한다. 그 외에도 의도를 가진 독성 물질의 살포(테러) 또는 전쟁 무기의 사용, 사회 환경에서 발생하는 사고에 의해서도 흡입 손상 사건이 일어날 수 있다.

8.2 기전

1) 노출 경로와 손상 기전

공기 중에 혼합된 독성 물질이 인체의 호흡 작용에 의해 호흡기계로 유입된다. 유입된 독성 물질은 호흡기계

표 1-11 독성 물질 흡입에 따른 폐손상의 형태와 원인물질

손상 형태	원인물질
미만성 폐포손상	자극성 가스, 가열된 중합체, 파라콰트, 염화아연 등
비심인성 폐부종	자극성 가스, 가열된 중합체, 파라콰트, 금속흄 등
괴사성 기관지염과 세기관지염	자극성 가스, 염화아연, 석유제품 등
기질화 폐렴	폴리아미드아민, 질소산화물, 염소, 코카인, 카드뮴 등
호산구성 폐렴	연소물질, 담배, 코카인, 헤로인, 발수제, 니켈, 아세틸렌 등
육아종성 폐장염과 알러지성 폐포염	코발트, 티타늄, 알루미늄, 구리, 탈크, 유리섬유, 이소시아네이트 등
미만성 폐출혈	트라이멜리트산 무수화물(가소제), 이소시아네이트 등

그 자체가 표적 기관(target organ)이 될 수 있으며, 또는 호흡기계를 통하여 전신 각 기관에 영향이 미칠 수 있다. 반대로, 다른 경로를 통해 노출된 물질이 폐를 표적 기관으로 하여 손상을 유발할 수도 있다.

흡입한 독성 물질에 의한 폐손상의 유형은 손상된 조직의 형태에 따라 미만성 폐포손상(diffuse alveolar damage), 비심인성 폐부종(non-cardiogenic pulmonary edema), 괴사성 기관지염과 세기관지염(necrotizing bronchitis and bronchiolitis), 기질화 폐렴(organizing pneumonia), 호산구성 폐렴(eosinophilic pneumonia), 육아종성 폐장염과 알러지성 폐포염(granulomatous pneumonitis and extrinsic allergic alveolitis), 미만성 폐출혈(diffuse pulmonary hemorrhage) 등으로 나눌 수 있으며 이를 유발하는 원인물질은 다음 [표 1-11]과 같다.

호흡기를 통한 독성 물질의 일차 도달 범위는 물질의 수용성(water solubility)에 의해 결정된다. 수용성이 높은 물질은 호흡기 점막을 통해 상부 호흡기에서 쉽게 흡수되며, 수용성이 낮은 물질은 상부 호흡기에서 흡수되지 못하고 폐포까지 도달할 수 있다. 염소와 같이 중간 정도의 수용성을 가지는 물질은 상부 호흡기와 하부 호흡기에 걸쳐 광범위한 영향을 미칠 수 있다.

입자상 독성물질의 경우 직경이 2.5~10㎛인 호흡성 분진은 기도-기관 전 구역에서 침전이 가능하며, 3㎛ 미만인 물질은 폐포에 침전되나 극단적으로 작은 미립자는 공기역학적 이유로 침전되지 못하고 호기로 배출될 수 있다. 10㎛를 넘는 직경을 가지는 분진은 코와 인두 점막에 침전된다.

2) 반응성 기도과민 증후군

Brooks 등 신시내티 대학의 연구자들은 1985년에 호흡기를 통한 급성 독성물질 노출 이후에 발생하는 천식과 유사한 양상의 질환을 반응성 기도과민 증후군(Reactive airways dysfunction syndrome: RADS)으로 명명하였다. 다음 표의 진단 기준을 모두 만족할 때 RADS로 진단할 수 있다.

이 기준에 추가로 아토피 소인, 호산구 증가증, 흡연력(10년)이 없어야 하며 중등도-중증 정도의 기관지 과민성, 최소한의 림프구 침윤을 보이는 조직학적 또는 기관지세척액 검사결과를 부 진단기준(minor criteria)으로 제시되기도 하였다. 주로 염소 또는 염소 화합물, TDI, 오존, 질소산화물 등과 관련된 사례가 보고되어 있으며 화재 연소물질에 의한 연구도 보고되어 있다.

8.3 주요 물질

1) 화재 연소물

화재로 인하여 불완전 연소 혼합물이 연기(smoke) 형태로 발생하여 이를 흡입하는 경우 후두(larynx) 또는 기관(trachea)에 손상이 발생할 수 있다. 화상 환자의 대부분은 후두 손상을 동반하지는 않으나, 안면부에 화상이 있거나 입과 코 주위 그을음이 관찰되는 경우에는 후두 또는 기관의 부종 및 협착이 발생할 위험에 대해 고려해야 한다. 협착이 발생하는 경우 기관삽관이 매우 어려워질 수 있으며 응급 후두내시경이 필요하다. 화재 연소물

표 1-12 반응성 기도과민 증후군의 진단 기준

1. 발병 이전에 보고된 호흡기 증상이 없었다.
2. 특정 노출 사건 이후에 증상이 시작되었다.
3. 노출 사건은 가스, 연기, 흄, 또는 증기의 고농도 노출 및 호흡기 자극성 사건이다.
4. 증상은 노출 후 24시간 이내에 발생하여 최소 3개월 이상 지속된다.
5. 기침, 천명음, 호흡곤란과 같은 천식양 증상이 발생하였다.
6. 폐기능검사에서 폐쇄성 기류장애가 나타날 수 있다.
7. 메타콜린 유발검사에서 양성을 보인다.
8. 다른 호흡기 질환은 배제되어야 한다.

질은 혼합물을 구성하는 각각의 물질을 알 수 없기 때문에 호흡기 손상의 형태는 매우 다양하게 나타날 수 있다.

2) 암모니아

암모니아는 질소와 수소로 이루어진 화합물로 상온에서는 무색의 기체로 존재하나 특유의 자극성 냄새를 가지고 있다. 따라서 누출 발생시 암모니아의 존재를 알아차릴 수 있지만, 단시간에 고농도에 노출되는 경우 높은 반응성으로 인하여 손상이 일어날 수 있다.

암모니아는 수용성이 높아 고농도 노출시에 호흡기 뿐 아니라 눈과 인두 점막의 광범위한 손상과 함께 피부의 화학적 화상이 동반된다. 노출 후 흉부 단순 방사선에서는 폐부종 양상이 나타나며, 흉부 CT에서는 중심성 분포를 보이는 간유리음영이 폐실질 일부 구역을 보존한 채 나타날 수 있다. 노출 후 일부는 완전히 회복할 수도 있으나 기관지확장증, 폐쇄성 세기관지염(bronchiolitis obliterans) 및 그에 따른 폐쇄성 기류장애가 영구 후유증으로 남을 수 있다.

3) 염소

염소(chlorine)는 할로겐족에 속하는 원소로, 매우 큰 반응성을 가지고 있어 자연계에서는 대부분 화합물의 형태로 존재한다. 기체 상태의 염소를 정제하는 방법이 개발되고, 이는 제1차 세계대전에서 화학 무기로 이용되었다. 염소는 제지 산업에서의 표백제, 제약 산업에서의 원료로 사용되며, 금속 가공, 드라이클리닝, 전자제품에서 이용되는 용제에 포함될 수 있다. 섬유나 펄프의 표백공정, 정수작업, 수영장 소독, 가정에서 사용하는 청정제의 부산물로 생성되어 노출될 수 있다.

가스상 염소에 노출되면 중간 정도의 수용성으로 인해 상기도와 하기도 모두 손상될 수 있다. 염소는 인체 내의 수분과 결합하여 염산(HCl)과 차아염소산(HOCl)을 생성하며, 생성된 두 가지 물질 모두 호흡기 점막에 손상을 초래한다. 고농도에 노출될 경우 기관지염, 세기관지염과 폐부종이 발생할 수 있으며 폐포-모세혈관 구조의 파괴를 초래한다. 이러한 구조적 손상과 동반하여 기침, 객혈, 흉부압박감 등 호흡기 증상이 동반된다.

4) 질소산화물

질소에 산소가 결합한 화합물로, 일산화질소(NO), 이산화질소(NO_2), 아산화질소(N_2O) 등의 형태로 존재할 수 있다. 대부분 질산, 황산, 폭약, 비료, 염료 등 특정 질소 화합물을 제조할 때 유기물과 접촉하면서 부산물로 생성되며 용접시 고온에 의해 발생하기도 한다. 자동차 배기가스에도 질소산화물이 함유되어 있으며, 유기물이 분해되면서 질소산화물이 생성되기도 하여 건초 저장 창고에서 일하는 농부에게 발생하는 Silo filler's disease의 원인물질이기도 하다.

질소산화물은 수용성이 낮기 때문에 호흡기 하부구역에서 손상을 일으킬 수 있으며, 안면부 및 상부 호흡기의 자극 증상이 적다. Silo filler's disease는 첫 노출 이후 수 시간에서 수 일 이내에 급성 폐손상이 진행하여 미만성 폐포손상과 폐부종으로 진행한다. 진행하는 증상으로는 발열감, 기침, 천명음, 호흡곤란이 있으며 청진에서 염발음이 들린다. 폐부종으로 인하여 급성호흡부전증후군(ARDS)으로 진행할 수 있다. 세기관지염의 병발 유무를 감시하여야 하고, 이는 급성 노출 이후 통상 2~6주 내에 시작되며 이 경우 스테로이드의 사용이 도움이 될 수 있다.

5) 무수화물과 이소시아네이트

트라이멜리트산 무수화물은 가소제 및 레진으로 사용되어, 에폭시 수지 가루에 포함되어 있으며 도장 작업자들에게 노출될 수 있다. 디이소시아네이트는 산업용 폴리우레탄의 원료물질로, 접착제나 고무 생산에 사용되며 자동차, 가구 등의 재료로 널리 이용된다. 이들 물질은 천식 발병과 관련이 있는 것으로 잘 알려져 있으나 출혈성 폐렴을 유발한 사례들이 보고되어 있다.

트라이멜리트산 무수화물 및 디이소시아네이트 흡입과 관련된 출혈성 폐렴에 대한 여러 사례들이 보고되어 있다. 이들이 함유된 분말이나 가스를 흡입한 후 급성 폐출혈과 부종이 발생하였으며, 기침, 객혈, 호흡곤란, 발열, 쇠약, 구역 및 구토 등의 증상이 있었다. 저산소혈증과 동맥-폐포 분압차의 증가를 보였다. 장기간에 걸친 추적에서 대부분의 환자는 회복되었다.

6) 브롬화 메틸

브롬화 메틸(methyl bromide)은 훈증제로 잘 알려져 있는 물질이다. 무색, 무취의 기체로서 곰팡이, 잡초, 해충 등 다양한 구제 목적으로 농업 및 해운 분야에서 주로 이용된다. 인체 독성 뿐 아니라 오존층 파괴와도 관련된 것으로 알려져 있어 사용 허가 범위가 점차 줄어들고 있으며, 훈증 목적으로는 대체용법이 권장된다.

훈증장에서 브롬화 메틸에 노출된 근로자의 폐부종 및 폐출혈이 보고되었다. 호흡기 독성 뿐 아니라 신경독성을 가지는 것으로 알려져 있는데, 세포 내에서 메틸 인산염이 생성되어 콜린에스테라제를 억제하기 때문인 것으로 알려져 있다.

7) 가습기살균제

유공 가습기메이트가 1994년에 클로로메틸이소티아졸리논과 메틸이소티아졸리논의 혼합물(Chloromethyl isothiazolinone [CMIT], Methyl isothiazolinone [MIT])을 주성분으로 하는 가습기살균제를 출시하였다. 이후 옥시를 비롯한 여러 제조사에서 폴리헥사메틸렌 구아니딘(Polyhexamethylene guanidine, PHMG)을 주성분으로 하는 가습기살균제를 제조하여 유통하였으며 PHMG에 의한 폐손상이 대표적인 피해로 가장 잘 알려져 있다. 이외에도 염화올리고에톡시에틸 구아니딘(Oligo-ethoxyethyl guanidine chloride, PGH), 염화벤잘코늄(Benzalkonium chloride, BKC), 이염화이소시아누르산 나트륨(Sodium dichloroisocyanurate, NaDCC) 등이 가습기살균제의 주성분으로 사용되었다.

국내에서 매년 봄 폐섬유화를 동반하는 원인 미상의 간질성 폐렴이 유행하였고, 2011년 당시 질병관리본부에서 시행한 환자-대조군 연구 및 동물 대상 독성시험에서 가습기살균제 노출과 관련한 폐손상이 뚜렷하게 관찰되었으며, 이를 가습기살균제 관련 폐손상(humidifier disinfectant associated lung injury, HDLI)으로 정의하였다. HDLI는 급성 또는 아급성으로 진행하는 중심소엽성 결절 및 간유리음영과 함께, 흔히 동반되는 기흉 또는 기종격동과 같은 압력손상과 상대적인 흉막 하부구역의 보존을 특징으로 한다. 가습기살균제로 인한 건강영향은 HDLI에 그치지 않으며 간질성 폐질환, 천식, 폐렴 등의 발병과 관련하여 역학적 상관관계를 보이고 있다.

표 1-13 주요 물질의 급성 호흡기 손상과 예상되는 후유증

물질명	급성 효과	예상되는 후유증
메틸 이소시아네이트	질식, 폐장염, ARDS	기관지염, 기관지확장증, 간질성폐질환
암모니아	점막 자극, 후두 부종, 천식, 폐장염, ARDS	천식, 기관지확장증, 간질성폐질환
호흡기 화상	후두부종, 폐장염, ARDS	천식, 기관지확장증
염소	점막 자극, 천식, 폐장염, ARDS	천식
브롬화 메틸	급성 기관지염, 폐장염, ARDS, 출혈성 흉막삼출	신경학적 후유증
질소산화물	질식, 폐장염, ARDS, 세기관지염	폐쇄성 세기관지염
파라콰트	폐출혈, ARDS	간질성폐질환

7) 파라콰트

파라콰트는 제초제의 일종으로, 상품명은 그라목손이다. 상품의 목적대로 분사제로 사용할 경우 호흡기 문제는 보통 발생하지 않으나, 음독 사고를 통한 노출의 경우 폐에 심각한 손상을 유발할 수 있다. 음독한 파라콰트는 위벽을 통해 흡수되어 폐순환을 통해 폐로 유입되며 수 일간의 지연기를 거쳐 폐출혈을 유발하여 ARDS로 진행, 사망에 이른다. 2012년 11월 이후 국내에서는 파라콰트의 생산 및 판매가 전면 금지되었다.

8.4 결론

유해요인 편에서 다룬 질식제와 함께, 급성 흡입 독성 물질의 노출은 폐포손상, 폐부종, 기관지염 및 RADS를 일으킬 수 있으며, 물질에 따른 예후는 다양할 수 있다. 또한, 급성 노출 이후에 장기간의 후유증이 남을 수 있다. 급성 독성이 보고된 물질들의 주된 손상 양태와 후유증은 [표 1-13]과 같다.

더 읽을거리

역학적 상관관계 검토위원회. 가습기살균제 노출과 질환 간 역학적 상관관계 검토보고서. 환경부 국립환경과학원 2021. p.301-315.

Sherwood Burge. Acute inhalation injury. In: European Respiratory Society. Occupational and environmental lung disease. p.70-85.

제2장

피부질환

제1절 서론

서춘희

직업성 피부질환은 흔히 발생하지만, 실제 발생 규모를 파악하기가 힘들다. 고용노동부의 산업재해현황에 의하면, 2005년부터 2019년까지 연간 15~37건 발생하였고 전체 업무상질병에서 0.16~0.38%를 차지한다. 2019년에 발생한 26건의 직업성 피부질환 발생 업종을 살펴보면, 제조업 12건(기계기구, 비금속광물 및 금속제품제조업 6건), 건설업 5건 순이었다. 집계되지 않는 직업성 피부질환의 비중이 상당할 것으로 추정된다. 산업현장에서 화학물질의 사용량과 종류가 증가하고 있고, 신규 물질에 대한 피부 유해성이나 공정 중간산물의 유해성 등은 완전히 밝혀지지 않았으므로 주의를 요한다. 산업재해보상보험법 시행령에는 업무상 피부질병의 종류와 관련된 유해인자가 구체적으로 제시되어 있다. 이 목록에 명시되지 않은 물질이라도 대부분의 화학물질은 피부자극 또는 감작물질로 작용할 수 있다는 점을 항상 염두에 두어야 한다.

1.1 직업성 피부질환의 원인

직업성 피부질환을 유발하는 유해요인에는 화학적, 물리적, 생물학적 요인이 있다. 화학물질은 매년 새로운 물질이 도입되고 있고, 피부자극 또는 알레르기 감작물질로 작용할 수 있다.

유기용제나 세척제는 피부의 지방질을 녹여 각질층이 탈수되고, 보습 물질 제거로 세포막 장애를 일으킬 수 있다. 유기용제는 대부분 피부점막을 자극하므로, 만성 염증성 피부질환을 항상 고려해야 한다. 개별 물질에 따른 차이는 있지만, 방향족, 지방족, 테레빈유, 에틸렌, 케톤 순으로 자극이 강하다.

산은 난백실과 결합하여 피부를 응고시키고 건조성 괴사를 일으킨다. 저농도에서는 부식성이 강하지 않고 홍반이 흔하지만, 반복 접촉하면 피부 변성이 가능하다. 고농도에서는 부종, 수포, 조직괴사가 일어날 수 있다. 알칼리는 지질을 비누화하여 각질층의 보습 물질을 용해하고 교차결합을 절단하여 세포를 괭회시킨다. 단백질과 결합하여 괴사 용해를 일으킨다. 저농도에 장기간 접촉하면 피부각화, 균열, 손톱의 연화나 변성을 일으킬 수 있다.

금속가공유는 광물유, 기유, 유화제, 부식방지제, 살생물제, 분산제, 습윤제, 윤활제 등 여러 성분으로 구성된다. 수용성은 피부를 건조하게 하여 자극 반응을 일으킨다. 지용성은 피부에 묻으면 잘 씻기지 않아 세정제를 사용하게 되어 피부자극 기회가 많아지고, 모낭의 각화로 여드름을 유발할 수 있다. 금속가공유에 의한 피부염은 직접 닿는 손과 팔, 젖은 의복이 닿는 다리에 호발하지만, 공기 중의 미스트에 의해 발생할 수도 있다.

물리적 요인으로 온열, 한랭, 전기, 자외선, 방사선 등은 피부의 방어 기능을 변화시키고 땀띠, 화상, 수포, 궤양, 조직손상, 동상, 광화학 손상 등을 일으킬 수 있다. 마찰, 압력, 압박, 찰과상 같은 기계적 자극은 수포를 생성하거나 과각질화 혹은 피부 균열로 인한 통증을 유발할 수 있다.

생물학적 요인으로 미생물에 노출되면 피부의 감염이 생길 수 있으며, 동물관련업, 농업, 식품 가공업 작업자에서 노출 가능성이 크다. 특히 열상이나 찰과상, 수포가 발생하여 피부 장벽이 손상되면, 미생물에 의한 2차 감염을 주의해야 한다.

특수건강진단 대상 유해인자 중에서 피부 독성이 있는 물질은 [표 2-1]과 같다.

안전보건공단 홈페이지에서 약 20,545종의 물질안전보건자료를 제공하고 있다(http://msds.kosha.or.kr/MSDSInfo; 2022년 2월 기준). 물질명이나 CAS 번호로 검색하면 유해성 · 위험성 분류에 피부 부식성/자극성 및 피부 과민성 여부를 확인할 수 있다. 고용노동부 고시 제2020-48호, 화학물질 및 물리적 인자의 노출기준 별표 1, 비고의 Skin 표기는 '점막과 눈 그리고 경피로 흡수되어 전신 영향을 일으킬 수 있는 물질'을 의미하며, 피부자극성이나 감작 여부가 아니므로 주의해야 한다.

1.2 문진과 임상 진찰

피부병변의 발생일, 기간, 부위, 병변 지속 여부, 경과, 재발, 악화요인, 피부 외 다른 증상을 확인한다. 과거 병력이나 과거 치료에 대한 반응, 발병 전 약물 사용 여부를 확인한다. 가족 중에 피부질환, 알레르기 질환, 유전 질환이 있는지 확인한다. 대한직업환경의학회 특수건강진단 문진표에는 피부 증상 문항으로 다음 네 가지, 즉, "① 피부가 가렵거나 염증이 생긴다. ② 피부에 반점이 생긴다. ③ 피부가 거칠어지거나 갈라진다. ④ 체모나 손톱, 발톱에 변화가 있다."가 제시되어 있다.

시진은 주간 광량과 일치하는 정도의 밝기에서, 가능하다면 환자가 옷을 완전히 벗은 상태에서 시행하도록 한다. 피부 전체 상태를 먼저 관찰하고, 병변의 색, 배열, 분포, 전개 및 퇴행 등을 관찰한다. 피부 징후에는 피부질환의 초기 병변인 원발진과 이것이 진행하거나 외적 요인에 의해 변화한 속발진이 있다.

촉진으로 피부의 감촉(texture), 일관성(consistency), 두께, 압통, 온도를 알 수 있다. 감촉을 알기 위한 단순 촉진과 부종과 모세혈관 혈행 파악을 위한 무딘 압력(blunt pressure) 촉진, 피부묘기증과 니콜스키징후를 파악하기 위한 전단 압력(shearing pressure) 촉진, 압착(squeezing, pinching) 촉진, 마찰 촉진, 소파(scratching) 촉진 등이 있다.

표 2-1 특수건강진단 대상물질에 대한 피부 독성 분류

분류	물질명
유기화합물	Diethylene triamine, 1,2-Dichloroethylene, o-Dichlorobenzene, Tetrahydrofuran, Methyl butyl ketone, Methyl isobutyl-ketone, Glutaraldehyde, N,N-Dimethyl-formamide, Cresol, Maleic anhydride, Mehylene bisphenyl-isocyanate
금속	베릴륨, 크롬, 삼산화비소, 구리, 니켈, 안티몬, 알루미늄, 요오드, 주석, 지르코늄, 코발트, 비소, 황화니켈, 크롬산아연
분진, 가스 및 물리적 인자	목분진, 유리섬유, 오일미스트, 이산화질소, 전리방사선, 자외선, 적외선
피부 알레르기 유발물질	Turpentine, Hydroquinone, p-Dimethylaminoazobenzene, 니켈, 코발트, 목분진
피부암 유발물질	비소

1) 병변의 특징

(1) **색(color)** : 전체적인 색조와 색소 침착, 붉은색, 갈색 등
(2) **배열(configuration)** : 환상(annular), 동전모양(nummular), 원반모양(discoid), 활모양(arcuate), 선상(linear), 망모양(reticular, retiform), 표적모양(targetoid), 소용돌이모양(whorled), 군집모양(grouped)
(3) **분포(distribution)** : 국소적, 전신적, 대칭적, 편측성, 유해물질이나 일광 노출 부위
(4) **전개(evolution) 및 퇴행(involution)** : 병변의 변화 또는 진행 속도, 모양 지속 시기
(5) **기타** : 병변 호발 부위, 피부 온도, 습도 감촉(texture), 긴장도(turgor)

2) 피부 징후

(1) **원발진** : 반점(macule), 반(patch), 구진(papule), 판(plaque), 결절(nodule), 종양(tumor), 소수포(vesicle), 수포(bulla), 농포(pustule), 까짐(erosion), 궤양(ulcer), 팽진(wheal)
(2) **속발진** : 인설(scale), 딱지(crust), 태선화(lichenification), 위축(atrophy), 열창(fissure)

1.3 진단적 검사

진단 보조기구, 영상의학적 진단기기를 이용한 직접 혹은 화상을 이용한 피부검사(압시경 검사, 우드등 검사, 피부확대경[dermoscope] 검사)와 미생물학적 검사(KOH 검사, 그람염색검사, 배양검사 등), 과민반응검사(즉시형 피부반응검사, 첩포검사, 광검사와 광피부첩포검사, 혈액 면역글로불린 정량 등), 피부기능 측정검사가 있다. 피부와 관련된 특수건강진단 1차 검사항목으로 눈 · 피부 · 비강 · 인두 검사가 있고, 2차 검사항목으로 피부첩포시험, 피부단자시험, KOH 검사, 면역글로불린 정량(IgE) 검사가 포함되어 있다. 특수건강진단 1차 검사에서 간단한 도구로 수행할 수 있는 압시경검사 또는 크기가 작아 휴대성이 좋은 10배 확대율 피부확대경을 이용한 검사를 시행할 수 있다. 2차 검사로 피부첩포시험이나 피부단자시험 등은 직업환경의학과 외래에서 시행할 수 있다.

1) 압시경 검사

압시경 검사(diascopy)는 피부를 투명하고 단단한 판으로 눌러서, 혈액 순환이 감소할 때 나타나는 색 변화를 관찰한다. 붉은색 반점이나 구진이 혈관 확장에 의한 것인지(홍반) 혈액의 혈관외유출에 의한 것이지(자반증) 감별하는 데 유용하다.

2) 피부확대경검사

피부확대경(dermoscope)은 병변을 확대하고(돋보기), 명도를 높인다(플래시). 피부확대경을 이용하면 각질층에서 빛의 산란을 막아주므로 표피 하부와 상부 진피까지 빛의 투과성이 증가되어 육안보다 피부 병변에서 더 많은 정보를 얻을 수 있다. 초기에는 색소성 피부질환, 종양성 질환에 주로 적용되었지만, 감염성 질환, 염증성 질환, 모발질환에서도 유용성이 보고되고 있다.

3) 피부첩포시험

알레르기접촉피부염 환자에서 원인 항원에 대한 제4형 지연과민반응을 찾아내기 위해서 시행한다. 정상인에서는 반응을 일으키지 않고, 감작된 사람에게만 반응하는 농도의 알레르겐을 밀폐 첩포로 피부에 붙이고, 48시간 후에 첩포를 제거한다. 최소 30분 후에 피부 반응을 관찰한다. 첩포를 붙인 후 96시간 이후에 발생하는 지연과민반응을 확인한다. 접촉두드러기의 경우, 첩포를 붙이고 30분 후에 떼어서 관찰한다. 알레르기 접촉피부염 진단에 중요한 검사지만, 항원의 양, 흡수, 발현 과정에서 여러 변수가 있으므로 위양성, 위음성의 가능성을 염두하고 해석에 주의해야 한다. 첩포검사가 양성이라고

해서 해당 알레르기 항원이 반드시 피부염의 원인이 아닐 수도 있으므로, 임상적 증상과 관련성, 환자의 병력, 병변 부위, 형태 등을 고려해서 종합적으로 판단한다. 결과가 양성인 경우 다음 사항, 즉 ① 현재 피부염과 검사 반응 간에 직접 관계가 있는지 또는 과거의 감작을 나타내는 것인지, ② 현재 물질에 노출되고 있는지, ③ 구조가 유사해서 교차 반응을 나타낼 수 있는 물질에 알레르기가 있는지 등을 고려해야 한다.

상품화된 첩포검사 세트에 없는 물질은 직접 제작하여 사용할 수 있는데, 환자가 업무 중에 노출되는 물질을 패치로 제작하는 것이 가능한지(pH 4–8), 어느 정도의 농도로 희석하여 어떤 용매와 혼합할 것인지 조사하여 사전에 시료를 제작한다. 자극 반응이 일어나지 않는 농도 이하에서 다양한 농도로 제작하는데, 용매로는 바셀린을 흔히 사용하며 물질에 따라서 물, 알코올, 아세톤, 올리브유를 사용하기도 한다.

피부첩포시험은 패치를 붙이고 48시간, 96시간 후 병변 확인이 필요하므로, 월, 수, 금요일 등 일정한 간격을 두고 외래 방문 일정을 잡는다. 피부에 염증이 없는 상태에 검사하는 것이 좋으며, 급성기 병변이 있는 경우 검사를 늦추는 것을 고려한다.

4) 피부단자시험

두드러기 환자에서 IgE 매개, 제1형 즉시형 알레르기 반응의 원인 항원을 찾기 위해서 시행한다. 소량의 용액을 피부에 떨어뜨리고, 날카로운 바늘로 표재성으로 피부를 찌른다. 시험용액 외에 음성 대조액(saline)과 양성 대조액(histamine)을 같이 검사한다. 팽진과 홍반의 크기는 15~30분 후에 측정하는데, 직경의 최대치와 최소치의 평균을 낸다. 일반적으로 등이나 아래팔의 굽힘 쪽에 시행한다. 아나필락시스에 대한 응급 처치가 가능한 곳에서 시행한다.

5) KOH 검사

곰팡이에 의한 피부질환을 감별하거나 유리섬유를 검출하는 목적으로 이용한다. 진단이 내려지지 않는 비늘 병변을 긁어 KOH 표본을 만든다. 의심되는 모발, 손톱, 발톱, 피부의 인설, 수포의 상층을 긁어서 슬라이드에 놓고 10~30% KOH 용액을 떨어뜨린 후 20~30분간 방치한다. 각질이 녹으면 현미경으로 균사와 포자 유무를 관찰할 수 있다. 표본에 균사가 적으면 현미경으로 보이지 않을 수 있으므로, 진균 병변이 강하게 의심될 때는 세밀하게 균사를 찾아보고, 여러 개의 표본을 검사하거나 반복 검사가 필요할 수 있다.

6) 면역글로불린 정량(IgE)

아토피피부염, 두드러기, 고초열, 천식에 관여하는 혈액 내 특이 IgE 항체를 찾아내는 검사이다. 피부 검사 결과와 비교적 잘 일치하므로 단자 검사를 하기 위험한 알레르겐 검사에 시행할 수 있다.

1.4 업무관련성 평가

접촉피부염이 진단되면 해당 작업공정 및 취급물질 중 피부자극이나 감작물질이 있는지 물질안전보건정보를 검토한다. 업무관련성 평가를 위해 피부병변, 직업력, 보호구, 질병력 등을 조사하고 마티어스의 접근법에 따라 평가한다. 동일 공정 작업자에게 유사 피부병변이 발생했는지 확인한다. 다만 알레르기 접촉피부염의 경우, 피부 감작물질이 대부분의 작업자에게 병을 일으키지 않고 감작된 일부 작업자에게 피부염을 일으키거나 악화시킬 수 있으므로, 동일 공정 작업자에게 병변이 없다고 해서 업무관련성을 배재할 수 없다.

1) 업무관련성 평가를 위한 조사 내용

(1) **피부병변** : 증상, 병변 부위, 형태, 분포, 임상 경과
(2) **직업력** : 과거력 포함, 직종, 공정, 취급 유해물질의 종류와 양, 사용 빈도
(3) **보호구** : 피부 보호구의 종류, 착용방법, 관리상태,

보호크림, 세척제 사용 유무, 종류, 횟수

(4) **질병력** : 피부질환, 전신질환, 약물복용력

(5) **기타** : 취미, 반려동물, 장신구 등

2) 직업성 접촉피부염 진단을 위한 마티어스의 접근법

(1) 임상 양상이 접촉피부염에 합당한가?

(2) 작업장에서 알레르겐과 원발성 자극 물질에 노출되는가?

(3) 피부염이 작업과 관련 있는 피부 부위에 일치하여 발생하는가?

(4) 노출과 질병 발생에 시간적 선후관계가 있는가?

(5) 비직업성 요인이 배제되었는가?

(6) 추정되는 원인물질 제거 후 피부염의 호전이 있는가?

(7) 피부첩포시험이나 유발시험에서 원인물질을 확인하였는가?

접촉피부염은 노출 부위와 일치하여 발생하는 것이 일반적이지만, 알레르기 접촉피부염은 그렇지 않은 경우도 있다. 시간적 선후관계는 업무 이전 해당 피부 병변이 존재하지 않아야 한다. 그러나 기존 병변이 업무 후 악화되거나 다른 신체 부위에 발생하는 경우도 있다. 비직업적 요인을 배제하기 위해 취미나 여가활동, 기타 환경에서 노출된 물질에 의한 접촉피부염에 대한 자세한 문진이 필요하다. 작업부서나 공정의 전환, 취급 물질의 대체 등으로 의심되는 원인 물질 노출을 제거한 후 피부 병변이 사라지거나 호전되는 경우 업무관련성이 있다고 판단한다. 동일 공정에 지속적으로 근무하는 중이라도 휴가나 주말에 병변이 호전된다면 일시적 원인물질 제거가 병변에 미치는지 영향을 추정할 수 있다. 피부첩포시험이나 유발시험은 자극접촉피부염과 알레르기접촉피부염을 감별하는데 유용하지만, 위양성이나 위음성을 고려해야 하므로 결과 해석에 주의한다.

1.5 업무적합성 평가

피부질환이 있더라도 개별적인 질병상태, 노출정도(기간, 농도, 빈도, 형태 등)를 감안하여 업무적합성 평가를 한다. 알레르기 접촉피부염은 자극 접촉피부염에 비해 발생률은 낮지만, 한 번 감작되면 낮은 농도에서도 질병 발생이 가능하고 재발이 흔해서 만성화 가능성이 높으므로 작업자를 보호하기 위해 휴직이나 업무 전환을 고려할 수 있다. 이 때 해당 물질 노출을 회피하는 것이 가장 이상적이지만 공정이 달라졌거나 적합한 작업이 없다면 동일 직업에 종사할 수도 있다. 단, 사업장 건강관리 의사가 작업 복귀 후 1주일 내에 초기 건강진단을 실시하고, 추적 검사 시기를 정하는 것이 필요하다. 추적 검사에서 지속적인 피부 증상을 호소하면 작업자와 협의하여 업무 전환을 실시할 수 있다. 소규모 사업장에서 업무 전환은 고용 문제와 직결될 수 있으므로 작업자의 의견을 충분히 반영하여 업무 전환 여부를 결정한다.

아토피 피부염의 과거력이 있는 경우 알레르기 접촉피부염의 발생에 영향을 주는지에 대해서는 아직 합의된 의견이 없다. 따라서 아토피 과거력자에 대한 업무 제한은 권고하지 않는다. 광알레르기성 피부질환의 과거력이 있거나 백반증이 있다면 햇빛에 노출되는 외부 작업을 하는 데 업무 제한을 고려할 수 있다.

1.6 관리

피부염이 발생가능한 공정이나 물질을 확인하고, 공학적 관리나 보호구를 통해 노출을 저감한다. 피부 자극감작물질에 노출될 가능성이 높은 고위험군에게 발생 가능한 피부질환과 피부 관리, 보호구 사용에 대한 교육과 훈련을 한다. 물질안전보건자료를 제공하고, 적절한 피부 보호구를 선택하여 지급한다. 피부 유해물질 노출 근로자는 배치전 건강진단, 특수건강진단 필요시 수시건강진단을 받도록 한다.

손을 자주 씻게 되면, 피부의 자연보습인자가 물에 녹아 유출될 수 있다. 유기용제나 세제는 피부 표면의 지

방층을 제거한다. 물 속의 염소나 경수에 포함된 탄산칼슘, 탄산마그네슘, 철분이 피부를 자극할 수 있다. 따라서 잦은 손 씻기는 피부장해를 유발할 수 있으므로 필요 이상의 손 씻기를 지양하고 보습에 주의한다. 의료종사자는 자주 손을 씻는 것보다 알코올을 이용한 손위생이 낫다.

1) 1차 예방

(1) 제거

반드시 필요하지 않은 물질은 제거한다(예, 연마제를 포함한 피부 세정제).

(2) 대체

피부 유해한 물질은 보다 안전한 물질로 바꾼다(예, 파우더가 없거나 라텍스를 포함하지 않은 장갑).

(3) 공학적 저감

피부 유해물질을 밀폐하거나 차단할 수 있는 공학적 방법을 찾는다(예, 스프레이 도장 부스 이용, 건식 샌딩용 국소배기장치 사용).

(4) 행정적, 공정 관리

직접 손으로 만지지 않을 수 있는 도구나 장비를 제공한다. 물질이 유출되었을 때 관리 절차를 마련한다. 취급자, 취급장소와 시간을 제한하여 불필요한 노출을 최소화한다. 공정 교육이나 물질안전보건정보, 피부 관리에 대한 교육을 실시한다.

(5) 보호장구 및 보호크림

보호 장갑, 팔보호구, 앞치마, 얼굴막이, 장화, 보호복은 자극물질로부터 피부를 보호한다. 올바른 착용과 탈의, 보관과 교체는 피부 오염과 전이 예방에 중요하다. 잘못된 사용은 자극감작물질에 피부 노출을 증가시킬 수 있고, 드물게 보호구가 자극이나 감작의 원인이 되는 경우도 있다. 장갑은 노출될 수 있는 물질에 대한 보호 기능이 있는 재질을 선택한다. 접촉의 유형(사고성 튐, 직접 노출, 침수, 퇴적), 접촉 시간(간헐적 접촉, 지속 접촉), 장갑의 크기와 착용감, 업무의 내용(건조/젖은 상태, 기름 묻은 상태, 잡기 유형, 기민성) 등도 함께 고려한다.

혼합 화학물질을 취급할 때는 혼합물 중 투과시간이 가장 짧은 성분을 기준으로 장갑을 선택한다. 일을 하다가 손에 온도가 올라가고 땀이 나서 과도하게 습기가 차면, 투과시간이 단축되어 화학물질 침투 가능성이 높아진다. 휴식 시간에 장갑을 벗어 환기를 하거나 보호장갑 안에 따로 면장갑을 끼면 땀을 흡수하는데 도움이 된다. 장갑을 착용하고 일을 할 때는 유해물질의 침투나 투과를 알기 어려우므로, 장갑 유형별 투과시간, 침투율, 분해 등을 고려하여 사용 시간을 지킨다.

자외선 방지 크림, 동물 및 벌레 손상에 대한 방지 크림 등 보호크림을 이용할 수 있다. 자외선 노출자는 적절한 의복과 자외선차단제를 사용한다. 보호크림은 장갑을 대체할 수 없으며, 사용 중 발생할 수 있는 자극 접촉 피부염 같은 의인성 손상에 주의한다.

2) 2차 예방

피부 유해물질을 취급하는 공정에 작업자를 배치하거나 물질 추가 혹은 공정이 변화한 경우에는 작업 개시 1주일 내에 작업자의 눈, 점막, 피부의 증상을 확인한다. 증상이나 징후 지속시, 수시건강진단을 실시할 수 있다.

직업성 피부질환이 발생하면 보건관리자는 해당 근로자가 취급하는 물질의 안전보건자료를 검토하고 피부염 발생 시기, 장소, 업무 내용, 보호구 착용 상태를 확인한다. 업무관련성이 의심되면 피부첩포시험 등 추가 진단검사를 포함하여 업무관련성 및 업무적합성 평가를 의뢰한다. 사전 조사 내용, 물질안전보건자료와 취급 시료를 함께 보낸다.

3) 3차 예방

이미 발생한 직업성 피부질환으로 인한 장해를 예방하고 최소화한다. 해당 작업자의 의학적 치료와 함께 재발 방지를 위한 사업장 관리가 필요하다. 직업성 피부질환으로 휴직 후 복직하는 작업자에 대해 업무적합성 평가를 참고하여 업무에 배치하고, 피부 병변을 추적 관찰한다.

제2절 접촉피부염

예병진

접촉피부염은 자극성 물질이나 알레르기 항원에 노출된 결과로 발생하는 피부질환으로 크게 자극 접촉피부염(광독성 자극접촉피부염 포함)과 알레르기 접촉피부염으로 분류할 수 있다. 직업성 피부질환의 90% 이상을 차지하며, 그 중 자극 접촉피부염의 빈도가 가장 높다. 흔한 증상 호소 부위는 손이며 아토피는 접촉피부염의 가장 중요한 내인적 요인이다. 자극 접촉피부염과 알레르기 접촉피부염의 특징은 [표 2-2]와 같다.

2.1 자극 접촉피부염

자극 접촉피부염(irritant contact dermatitis)은 일정한 농도 이상의 물질에 노출되면 거의 모든 사람에게 발생하는 피부염이다. 원인물질이 피부에 접촉하여 직접 세포에 독성(cytotoxic effect)을 일으켜 발생하는 비알레르기반응에 의한 피부염이다. 병변의 종류에 따라 수포가 발생한 급성기에는 습포요법과 스테로이드의 전신 투여가 필요한 경우도 있다. 홍반이 주된 병변인 경우는 스테로이드 연고의 국소 도포로 치료할 수 있다. 그러나 원인이 되는 물질을 확인하고 그 물질을 피하는 예방이 가장 중요하다. 자극 접촉피부염의 흔한 원인 물질은 산, 알칼리, 유기용제, 물, 비누, 소독제 등이 있으며 이러한 물질에 많이 노출되는 직업인 요리사, 병의원 근로자, 미용사, 제빵사나 자동차나 기계제작업 등에 종사하는 근로자에게 발생한다. 자극 접촉피부염을 일으킬 수 있는 흔한 물질 및 직업은 [표 2-3]과 같다.

1) 급성 자극 접촉피부염

급성 자극 접촉피부염은 강한 피부 자극물질에 노출된 후 접촉된 위치에 피부 손상이 일어나고, 손상 부위와 손상되지 않은 피부와의 뚜렷한 경계, 손상 부위의 홍반과 수포를 특징으로 한다. 화상의 임상 양상을 보이는 경우에는 화학 화상이라고 한다. 자극에 노출 후 즉시 병변이 발생하므로 진단이 용이할 수 있으나 자극물질에 노출된 것을 인지하지 못할 경우, 알레르기 접촉피부염과 같은 병변을 보이므로 감별이 필요하다.

표 2-2 자극 접촉피부염 및 알레르기 접촉피부염의 특징

	자극 접촉피부염	알레르기 접촉피부염
발병 기전	직접적인 세포독성 효과 (Direct cytotoxic effect)	지연형 세포 면역 (Delayed-type cellular immunity)
잠재적 피해자	모두	소수의 개인
발병시기	반복 또는 장기간 노출 이후, 점진적으로	민감한 개인에서 12-48시간 이내, 신속하게
징후	홍반, 박리 및 균열을 동반한 아급성 및 만성 습진	홍반, 부종, 소수포 및 수포를 동반한 급성 및 아급성 습진
증상	통증 및 작열감	가려움증
접촉물질의 농도	높음	낮음

표 2-3 자극 접촉피부염 및 알레르기 접촉피부염을 일으킬 수 있는 흔한 물질 및 직업

직업	물질
농업인	인공 비료, 소독제, 살충제, 세제, 가솔린, 디젤유, 식물 및 곡물
아티스트	용제, 점토, 석고
제과점	밀가루, 세제
바텐더	세제, 습식 작업
제본업 종사자	용제, 접착제
정육점	세제, 고기, 폐기물
고급가구 제작자, 목수	접착제, 세제, 희석제, 용제, 목재 방부제
청소부 및 빌딩 관리인	세제, 용제, 습식 작업
광부	먼지(석탄, 석재), 습한 조건
건설 노동자	시멘트
요리사 및 요식업자	세제, 야채 주스, 습식 작업
치과 의사 및 치과 기공사	세제, 손 세정제, 습식 작업
세탁업 종사자	용제
전기 기사	납땜 용제
전기도금공	산, 알칼리
마루 설치원	용제
화초재배자 및 정원사	거름, 인공 비료, 살충제, 습식 작업
미용사	퍼머넌트 용액, 샴푸, 표백제, 습식 작업
의료종사자	세제, 소독제, 식품, 습식 작업
가사도우미	세제, 식품, 습식 작업
보석가공업자	세제, 용제
기계공, 자동차 및 항공기산업 노동자	용제, 절삭유, 페인트, 손 세정제
정비공	오일, 그리스, 가솔린, 디젤 연료, 세제, 용제
금속 취급 작업자	절삭유, 용제, 손 세정제
사무직	용제(복사기, 접착제)
도장공	용제, 시너, 벽지 접착제, 손 세정제
사진 산업 종사자	용제, 습식 작업
플라스틱 취급 작업자	용제, 산, 산화제
인쇄공	용제
고무 취급 작업자	용제, 활석, 스테아르산 아연, 미경화 고무
제화공	용제, 왁스
피혁공	산, 알칼리, 환원제 및 산화제, 습식 작업
섬유 취급 노동자	섬유, 표백제, 용제
수의사, 농부 및 도살장 노동자	소독제, 습식 작업, 동물의 내장 및 분비물

2) 만성 자극 접촉피부염

만성 자극 접촉피부염(cumulative irritant contact dermatitis)은 약한 피부 자극물질에 수주 혹은 수 년 동안 반복적으로 노출된 후에 피부의 자극성 변화를 보이며 종종 점진적으로 발생한다. 수포나 부종과 같은 급성 피부염의 양상은 보이지 않고 홍반, 피부건조, 두꺼워짐, 소양감을 동반하는 각화증과 균열이 생긴다. 개개인의 자극에 대한 역치나 피부장벽기능이 회복되는 능력이 달라 개인차가 심하며 아토피와 같은 과민한 피부를 가진 경우 더 약한 자극이나 짧은 노출 시간에도 피부염이 발생할 수 있다. 마찰, 가벼운 찰과상, 과도한 고열 및 한랭, 낮은 습도 등이 중요한 악화 인자이다.

만성 자극 접촉피부염에서는 알레르기 접촉피부염이 동반되는 경우가 많고 질환이 장기화될수록 피부병변의 양상만으로 알레르기 접촉피부염과 구분하기 어려워진다. 자극물질의 노출 수준에 비해 증상이 심하다면 알레르기 접촉피부염의 가능성을 고려할 수 있다.

3) 광독성 자극 접촉피부염

(1) 임상증상

광독성 자극 접촉피부염(photocontact dermatitis)은 광독성 반응에 의해 발생한다. 광독성 반응은 충분한 양의 광독성 물질과 적정한 파장의 광선에 의해 생기는 직접적인 조직손상으로 누구에게나 발생할 수 있는 비면역반응이다. 광독성 물질에 노출된 후 태양광선에 노출되면 수 시간 후 피부 반응이 생기며 광알레르기 반응에 비하여 대량의 광독성 물질이 필요하고 이전에 그 약물에 노출된 적 없이 처음 노출로도 피부 반응이 생긴다. 광독성 물질의 피부 접촉 후 태양광선에 노출되면 일광화상과 유사하게 노출 부위에 홍반, 부종 등이 나타나며 심하면 물집이 발생할 수 있다. 발진은 48~72시간이면 사라지지만 때로는 수개월에서 수년까지 계속되는 갈색의 피부변색(염증 후 색소 침착)을 남기기도 한다.

(2) 직업성 노출

타르, 크레오소트, 셀러리, 방풍나물, 감귤, 솔라렌(psoralen), 설폰아미드, 베르못(bergamon) 향유 등이 대표적인 물질로 건설근로자, 기와공, 철도근로자, 농부, 과일장수, 제약 및 화장품제조 근로자에서 호발한다.

2.2 알레르기 접촉피부염

알레르기 접촉피부염(allergic contact dermatitis)은 대부분의 사람에게는 발생하지 않으나 특수한 물질에 감작된 사람에게만 재감작시 발생하는 피부염으로 알레르기 항원의 노출에 의한 지연성 알레르기 반응(type 4 hypersensitivity)이다. 이러한 반응은 감작을 일으키는 물질에 노출 후 일정 기간(약 48~72 시간)의 잠복기 이후에 발생하는 지연성 세포면역반응(delayed-type cellular immunity)에 의해 일어난다. 알레르기 접촉피부염은 알레르기 항원에 노출되어 발생하는 경우와 과거에 광과민물질에 감작된 사람에게서 이후에 태양광선(자외선 또는 가시광선)을 쪼이게 되면 병변이 생기는 광알레르기 접촉피부염으로 나누어진다. 알레르기 접촉피부염은 첩포검사(patch test)를 통해 진단되고 광알레르기 접촉피부염은 첩포검사와 함께 자외선을 조사하는 광첩포검사(photopatch test)로 확인할 수 있다. 알레르기 접촉피부염의 치료는 원인물질이 무엇인지 파악하고 그것을 피하는 것이 가장 중요하며 증상이 심한 경우 스테로이드 제제를 복용하거나 가려움증에 대한 항히스타민제를 복용하기도 한다.

1) 알레르기 접촉피부염

(1) 임상증상

절대적인 기준은 없으나 심한 가려움, 소수포와 물집은 알레르기성 접촉피부염을 더 시사하는 임상소견이다. 또한, 접촉 부위 이외 부위로 증상이 확산되어 발현될 수 있다. 호발 부위는 손등과 팔뚝이며 임상 양상은 알레르기 반응의 정도에 따라 홍반, 구진, 수포 등의 일반적인 습진의 임상 양상이 대부분이며 드물게 태선화, 다형홍반, 백색피부증, 자색반과 같은 비습진 양상을 보일 수 있다.

(2) 직업성 노출

금속가공유나 크롬, 니켈 등의 금속, 머리염색약, 항생제, 수술장갑의 라텍스가 흔한 원인물질로 보고되었으며 포름알데히드, 포름알데히드 레진, 에폭시 레진 등에 의해 발생한 알레르기 접촉피부염도 보고되었다.

2) 광알레르기 접촉피부염

(1) 임상증상

광알레르기 접촉피부염(photoallergic contact dermatitis)은 광독성 반응과 비교하면 발생 빈도가 더 낮으며 화학물질과 자외선의 노출량과 무관하게 발생한다. 물질 접촉부위에 빛(파장이 320nm 이상)이 노출되어 발생하며 알레르겐과 빛이 상승작용을 일으킨다. 임상양상은 알레르기 접촉피부염과 유사하여 구진상 수포, 습진양 혹은 삼출액이 있는 피부염으로 노출 부위에 주로 나타난다. 윗눈썹과 턱밑(빛에 덜 노출되는 부위)을 남겨두는 것이 특징이다. 그러나 광독성 반응과 달리 노출 부위 이외에도 발생할 수 있다.

(2) 직업성 노출

할로겐화살리실아닐리드류(haolgenated salicylanilide) 화합물, 설포닐아미드(sulfanilamide), 페노다이아진(phenothiazine), 4,6-디클로로페놀페놀, 방향제, 광학용광택제, 일광차단제, 국화과식물, 6가크롬 등이 대표적인 광알레르겐이다.

2.3 접촉 두드러기

1) 임상증상

접촉 두드러기(contact dermatitis)는특정 물질에 접촉 후 짧은 시간(수초 내지 수분 내에 피부반응이 시작하여 1시간 이내에 발생) 내에 특이 알레르겐 또는 약물 반응에 의해 소양감을 동반한 발적, 구진, 부종이 발생하는 피부질환이다. 병변은 수분에서 수시간 지속되며 계속된 혹은 반복되는 노출이 없으면 병변은 소실된다. 주요 발생 부위는 손이며, 얼굴과 팔에도 빈번하게 발생한다. 두드러기에 동반될 수 있는 혈관부종은 자외선(태양 두드러기, 다형 광선 발진) 혹은 열에너지(냉 두드러기, 온 두드러기)와 같은 물리적 요인에 폭로되어 생겨날 수도 있다. 물리적 요인에 의한 두드러기는 물리적 요인에 적당히 노출되고 난 후 반응이 일어나는 것으로 화학물질에 의한 접촉 두드러기와 감별할 수 있다.

2) 발생기전

특이 IgE 매개 면역학적 기전과 비만세포 관련 비면역학적 기전 모두 가능하다. 면역학적 기전에 의한 반응은 수주에서 수년의 잠복기가 필요하며, 비면학적 기전에 의한 반응은 잠복기가 필요 없고 노출이 충분하면 거의 모든 노출자에서 나타난다.

3) 직업성 노출

접촉 두드러기를 자주 일으키는 직업은 동물 취급자(동물의 비듬, 침, 소변), 음식 취급자(특히 조개), 백금 취급 근로자(백금염), 제약회사 근로자(페니실린, 세팔로스포린, 네오마이신, 스트렙토마이신 및 기타 항생제) 등이다.

제3절 기타 직업성 피부질환

예병진

3.1 백피증

직업성 백피증(leukoderma)은 직업적으로 화학물질에 반복적으로 노출되어 후천적으로 발생하는 것으로 접촉 부위에 피부 탈색이 일어나는 피부질환이다. 탈색은 멜라닌 생합성의 방해로 생겨나는데 조직학적 소견상 멜라닌세포(melanocytes)가 사라지고 염증세포가 침착된다. 대부분의 경우 화학물질의 노출이 중지되면 서서히 재색소침착이 이루어진다. 증상이 심할 경우 알레르기 감작에 의해 최초 접촉부위를 넘어 지속적인 탈색이 진행되기도 한다. 원인 불명의 백반증과 직업성 백피증은 임상적, 조직학적으로 구분되지 않는다.

직업성 백피증은 하이드로퀴논 등 알려진 화학물질에 직업적으로 노출된 과거력, 노출 중단 후 증상의 호전, 유사한 소견을 가진 다른 동료의 존재로 진단할 수 있다. 발진이 계속되는 것은 탈색 요소에 대한 알레르기 감작과 관련되어 있을 수 있다. 염증 후 과소 색소침착(postinflammatory hypopigmentation) 및 전풍, 백색비강진과 같은 과소 색소침착의 특징을 보이는 다른 피부질환이 감별되어야 하지만, 이들은 탈색 피부질환이라기보다는 과소 색소친착이므로 우드 광선 검사로 감별할 수 있다.

하이드로퀴논, 하이드로퀴논 모노벤질 에테르, 하이드로퀴논 모노메틸 에테르, p-이소프로필카테콜, p-3가-부틸페놀, p-3가-아밀페놀 등이 원인물질이다.

3.2 직업성 여드름

여드름이 정상적인 나이에 발생한 것이 아닌 경우나 정상적인 부위에 발생하지 않았거나 비정상적으로 많은 면포(comedone)를 가질 경우 직업성 여드름을 의심해야 한다. 직업성 여드름은 원인물질에 따라 오일 여드름, 염소 여드름 그리고 기타 여드름으로 나눌 수 있는데 가장 흔한 오일 여드름은 절삭유 특히 비수용성 절삭유에 의해 흔하게 발생한다. 염소 여드름은 염화나프탈렌, 클로로페놀과 같은 염소 함유 물질에 노출된 경우에 발생되며 이러한 화학물질에 의한 간 중독을 포함한 전신 중독의 지표로 의미가 있다. 기타 여드름으로는 타르, 화장품 또는 국소 스테로이드제에 의한 여드름이 포함된다.

1) 오일 여드름

오일 여드름(oil acne)은 다량의 오일에 접촉되거나 오일에 젖은 옷을 입었을 때 생기는 모낭염으로 절삭유에 젖은 작업복에 접촉되는 부위인 팔과 허벅지에 생기기도 하지만 공기 중의 유증기에 노출되어 발생하기도 한다. 임상적으로 검은 면포, 농포, 절종(fruncle)과 옹종(carbuncle)이 생기기도 한다. 불용성 절삭유, 구리스와 윤활유를 취급하는 기계공, 콜타르 증류물 및 콜타르피치 취급 근로자에서 발생한다.

2) 염소 여드름

염소 여드름(chloracne)은 염화탄화수소류(염화나프탈렌, 아조벤젠, 디벤조피렌, 다이옥신, 다염화디페닐 등)에 접촉 후 3-4주 경과 후 발생하는 피부질환이다. 일반적으로 피부를 통해서 발생하나 공기흡입이나 섭취로도 발생될 수 있다. 여드름, 딸기모양의 낭, 미립종, 구진이 얼굴, 목, 귀, 어깨, 복부, 외음부, 다리에서 관찰할 수 있다. 눈썹 모서리로부터 과립 분비물을 가진 안검염이 특징적이다. 간독성 변화, 만발피부포르피린증(porphyria cutanea tarda), 말초성 신경염, 고지혈증과 연조직 육종이나 비호지킨림프종 같은 전신적 증상이 관찰되기도 한다. 노출은 대개 직업성이며, 사고성 환경오염으로 인해 지역사회에서도 발생할 수 있다. 염화나프탈렌과 디페닐은 전선공업, 전기산업에서 전선의 절연

목적으로 사용되며 염화페놀은 살충제, 살진균제, 제초제 등으로 사용되고 있다. 심상성 여드름과의 감별진단이 필요하다.

3.3 화학적 화상

급성 자극성 접촉피부염의 한 형태인 화학적 화상은 부식성 물질, 강산과 강염기 등에 노출된 후 급성 자극성 반응으로 인해 피부괴사(necrosis)가 유발되는 질환이다. 그러나 화학적 화상의 중증도는 해당물질의 농도, 산성도(pH), 지질용해도, 노출기간, 기존의 피부 상태, 밀폐 여부, 다른 물질과의 상호작용 등에 의해 좌우된다. 따라서 약산이나 약알칼리물질에서도 화학적 화상이 발생할 수 있다. 대부분의 화학적 화상은 예상치 못한 누출, 엎지름과 같은 사고에 의해 발생한다. 눈에 튀었을 경우 각막손상으로 실명할 수 있다.

화학적 화상에서 가장 중요한 대처는 노출의 중단과 노출된 화학물질의 제거이다. 구체적으로 오염된 조각은 제거하고 말라붙은 화학물질은 솔(브러쉬)을 이용해서 털어낸다. 다량의 흐르는 수돗물로 20~30분간 씻어내되 물이 튀게 하거나 물에 담그지는 말아야 한다. 물에 잘 녹지 않는 부식성 물질은 비눗물로 씻어낸다. 옷, 시계, 반지, 신발 등 오염가능한 피부 접촉물을 모두 제거해야 한다. 중화용액을 사용하는 것은 일반적으로 권장되지 않는다.

1) 산에 의한 화상

강산에 의해 피부단백질이 응고되어 장벽을 형성한다. 이를 통해 화학물질의 침투를 억제시키는 경향이 있다. 강산은 단백질의 아미드(amide), 지방의 에스터(ester)와 가수분해되고, 2차적으로 열을 발생시켜 화상과 탈수를 유발한다. 최종적으로 응고된 괴사성 가피(eschar)를 형성한다. 화학적 화상의 대표적인 산은 황산, 질산, 염산, 포름산, 클로로아세트산, 불산 등이다. 불산(hydrofluoric acid)은 산에 해당하지만, 독성의 양태는 산보다는 알칼리에 가깝다. 일반적인 강산에 의한 응고성 괴사가 아닌 액화성 괴사(liquefaction necrosis)를 유발하기 때문에 수일에 걸쳐 침투가 지속될 수 있다. 그러므로 전체 체표면의 1%만 영향을 받았어도 전신효과를 유발할 수 있다. 흡수된 불산이온은 인체 내 칼슘, 마그네슘과 반응하여 저칼륨혈증과 저마그네슘혈증을 유발한다. 또한 나트륨펌프(Na^+/K^+ ATPase)를 방해하여 칼륨을 유출시켜 고칼륨혈증을 유발할 수 있다. 불소이온의 이러한 작용은 신경말단에서도 나타나 극심한 통증을 유발한다. 불산은 뼈까지 이르러 탈칼슘화를 유발할 수도 있다. QT간격 연장과 같은 부정맥 발생 가능성을 고려하여 심전도 모니터링을 해야 한다. 비슷한 피부독성기전을 보이는 물질로 플루오르화물(fluorides), 플루오르규산(fluorosilicic acid)이 있다.

2) 알칼리에 의한 화상

강알칼리는 알칼리 물질이 피부 깊숙이 들어가기 때문에 강산보다 더 심한 손상을 유발한다. 괴사된 피부는 짙은 갈색에서 검은색으로 변하며 딱딱하고 건조해지면서 갈라진다. 수포가 없는 것도 특징적이다. 알칼리화상의 대표적인 예는 시멘트 화상으로 젖은 시멘트에 노출된 후 수 시간 후에 발생한다. 시멘트 내 산화칼슘의 수산화이온이 화학적 화상을 유발한다. 시멘트 노출은 화학적 화상뿐 아니라 6가 크롬이온에 의해 알레르기성 피부염을 유발할 수 있고 마찰로 인한 찰과상이 동반되어 있을 수 있다. 수산화나트륨, 수산화칼륨과 같은 염기성 물질은 하수관, 오븐, 의치 세척제로 널리 사용된다. 희석된 차아염소산칼슘/나트륨, 암모니아 등은 가정용 표백제로 사용되는데 노출시간이 길거나 첩포되었을 때 화학적 화상이 유발될 수 있다.

3) 페놀계 화합물에 의한 화상

페놀, 크레졸, 클로로크레졸과 같은 페놀계 화합물(phenolic compound)은 부식성 물질이면서 쉽게 피부를 통과하여 신경을 손상시키고 혈관을 수축시켜 감각저하와 괴사를 촉발시킬 수 있다.

3.4 스티븐스-존슨 증후군과 독성표피괴사융해

스티븐스-존슨 증후군(Stevens-Johnson syndrome)과 독성표피괴사융해(toxic epidermal necrolysis)는 지연성 세포독성 면역반응으로 피부세포의 세포자멸사가 광범위하게 일어나는 자가면역질환의 일종이다. 두 질환의 일반적인 증상으로는 구강점막, 입술, 안결막의 삼출성 다형홍반과 수포 및 궤양 그리고 표피박리가 있다. 스티븐스-존슨 증후군은 신체 표면의 10% 미만에 증상이 나타나지만 독성표피괴사융해는 신체 표면의 30%를 초과하여 증상이 나타난다. 손상된 노출 조직의 감염이 가장 흔한 사망 원인이 된다. 두 질환은 응급질환이며 유발요인에 의한 노출이 지속된다면 치명적이므로 해당 물질에 노출되는 업무로부터 철저하게 격리되어야 한다. 표피박탈이 심한 경우 전신화상에 준하는 치료가 필요하며 체액주입, 비위영양공급, 통증조절을 해주어야 한다.

스티븐스-존슨 증후군은 일반적으로 약물에 의한 부작용에 의한 것이 대부분이며 대표적인 약제로는 항경련제인 페니토인, 카바마제핀, 페노바비탈, 비스테로이드성 소염진통제의 일종인 옥시캄 유도체, 알로퓨리놀 등이 있다. 화학물질 노출에 의한 직업성 스티븐스-존슨 증후군의 대표적인 원인물질은 탈지제나 용매로 광범위하게 사용되고 있는 트리클로로에틸렌이다. 트리클로로에틸렌 노출 이후 2~3주 내에 증상이 발생하여 독성감염을 동반하고 사망에 이를 수 있다. 트리클로로에틸렌 또는 그 대사산물에 특이성을 갖는 사람에게만 발생한다.

더 읽을거리

Niu S, Colosio C, Carugno M, Adisesh A. Diagnostic and exposure criteria for occupational diseases. Skin diseases. International Labour Organization. 2022. p.487-499.

Salako KB, Chowdhury MMU. Occupational Skin Disorders. In: LaDou J, Harrison RJ, editors. Current occupational & environmental medicine. 5th ed. USA: McGraw-Hill Education; 2014. p.324-47.

제3장 근골격계질환

제1절 척추의 근골격계질환

김영기

척추는 인체의 축으로서 척수와 척수에서 나오는 신경뿌리를 보호하고 머리와 어깨를 받쳐주는 역할을 하는 중요한 부위이다. 척추는 경추(cervical vertebrae)와 흉추(thoracic vertebrae), 요추(lumbar vertebrae) 및 천골(sacrum), 미골(coccyx)로 구성이 된다. 경추는 7개, 흉추는 12개, 요추는 5개로 이루어져 있고 경추 1, 2번과 천골과 미골을 제외하고는 공통적인 구조로 되어 있다. 즉, 척추체(vertebral body), 척추경(pedicle), V자 모양의 후궁(lamina)이 척주관(vertebral canal)을 구성하며, 그 외에 후관절돌기(facet), 횡돌기(trasverse process), 극돌기(spinous process)가 있다. 경추와 흉추, 요추 사이에는 완충 역할을 하는 추간판(intervertebral disc)이 있는데, 추간판 중심의 수핵(nucleus pulposus)과 바깥의 섬유륜(annulus fibrosus)으로 구성이 되어 있다. 이 장에서는 경추와 요추의 질환을 중심으로 설명하도록 한다.

1.1 대표적 척추질환과 업무관련성

1) 요통

요통(back pain)은 요부에 발생하는 통증 및 질병을 의미하는 포괄적인 개념으로 요통을 일으키는 원인과 질환은 다양하고 급성 요통과 만성 요통으로 구분될 수 있지만 여기서는 급성 요통을 중심으로 설명한다. 급성 요통은 흔히 요추부 염좌 및 긴장으로도 불리며, 허리의 근육이나 인대에 무리가 가거나 손상이 있어서 발생한다. 대개 무거운 물건을 갑자기 들거나 또는 좋지 않은 자세에서 갑자기 허리에 힘을 주거나 비트는 경우에 잘 발생한다.

영상의학적 검사에서는 이상을 발견하기 어려운 경우가 많으나 일반 X-ray 사진에서 요추 만곡이 소실되는 등의 현상이 나타나기도 한다. 증상은 요추부 통증에서부터 엉덩이 혹은 하지 방사통까지 다양하며, 증상의 정도도 가벼운 통증에서 보행이 힘들 정도의 심한 통증까지 있어 추간판탈출증과 증상감별이 어려운 경우도 있다.

2) 후종인대골화증

후종인대골화증(ossification of posterior longitudinal ligament)은 척추체의 뒤에 있는 후종인대가 뼈처럼 골화되어 단단하게 굳어지고 두꺼워지는 변화가 발생하면서 후방의 척수를 압박함으로써 신경장애가 발생하는 질환을 말한다. 약 70%는 경추에서 발생하며, 남성이 여성보다 2배 이상, 서양보다는 아시아에서 유병률이 더 높은 것으로 알려져 있다. 원인은 아직 확실하게 알려지지 않았으나 유전적 요인과 식이, 비만, 연령, 당뇨병 등 비유전적 요인이 관련되어 있는 것으로 생각하고 있다.

직업적 노출과 후종인대골화증과의 관련성에 대한 연구는 거의 없으며, 젊은 연령에서도 발생하거나 물리적 노출이 적은 사람에서도 발생하는 등 직업적 노출에 대한 근거는 부족하다.

3) 추간판탈출증

추간판은 섬유성 연골복합체로서 성인이 되면 혈관이 존재하지 않아 퇴행성 변화를 초래하게 되며, 추간판의 수핵을 둘러싼 섬유륜도 퇴행성 변화가 진행되면서 탄성을 잃게 되고 느슨해진다. 이때, 퇴행성 변화가 일어난 추간판이 척추체를 넘어서서 대칭적으로 불룩해지는 현상이 발생하면, 이를 추간판 팽윤(disc bulging)이라고 한다. 추간판 돌출(disc protrusion)은 추간판이 국소적 혹은 비대칭적으로 돌출되는 것으로 섬유륜과 후종인대 복합체는 손상이 없는 경우를 말한다.

영상의학적으로는 섬유륜의 파열 유무가 명확치 않은 경우가 있어 돌출된 추간판의 기저부 길이가 돌출된 추간판의 높이보다도 긴 경우를 추간판 돌출로 정의한다. 추간판 탈출(disc extrusion)은 파열된 섬유륜을 통해 추간판 수핵이 완전히 빠져나온 상태를 말하며, 탈출된 수핵은 추간판 모체와는 연결이 되어 있다. 영상의학적으로는 탈출된 디스크의 기저부 길이보다도 탈출된 디스크의 높이가 클 때를 말한다. 탈출된 수핵이 모체와 단절되어 떨어져 나간 상태를 추간판 격리(disc sequestration)라고 부른다.

경추 추간판탈출증은 경추 5-6, 6-7번간, 요추 추간판 탈출증은 요추 4-5, 5-천추1번간에 가장 많이 발생하는데, 이 부위들이 경추와 요추의 굽힘과 폄, 비틀림 등의 운동시 가장 많이 움직여지면서 부하를 받기 때문이다.

추간판 팽윤은 대표적인 퇴행성 추간판 질환으로서 현재 업무상 질병 보상에서는 개인 질환으로 간주된다. 추간판의 퇴행도 업무적 노출로 인해 가중될 수 있으나 연령 증가에 따른 추간판 퇴행의 정도와 직업적 노출에 의한 추간판 퇴행의 정도를 비교할 수 있는 객관적 기준과 증거가 부족한 상황이다.

4) 척추협착증

척추협착증(spinal stenosis)은 척주관(vertebral canal), 신경근관(nerve root canal), 추간공(inter-vertebral foramen) 등이 좁아져서 신경근이나 신경총을 압박하여 하지 방사통, 보행장애, 배뇨 및 배변 장애 등을 초래하는 질환이다. 따라서 척추협착증을 유발할 수 있는 원인은 후관절증(arthritis of facet joint), 황색인대골화증(ossification of ligamentum flavum), 추간판 팽윤 등 다양하며, 이런 요인들이 단독 혹은 복합적으로 척추협착증의 원인을 이룬다. 척추협착증은 과거에는 대표적인 척추의 퇴행성 질환으로 개인 질환으로 간주되어 직업성 근골격계 질환으로 인정되지 못하였으나 최근에는 조금씩 인정이 되고 있는 추세에 있다. 척추협착증은 추간판 팽윤과 마찬가지로 연령과 직업적 노출간에 퇴행성 정도를 비교할 수 있는 객관적 기준이 부족하여 산재보상에서 일관된 결과가 나오고 있지 못하다. 그러나 50대 이전에 발생하는 척추협착증은 조기에 발생한 것으로 볼 수 있으므로 업무관련성이 높다고 할 수 있으며, 50~60대의 경우는 동일 연령대의 사무직의 척추 상태와 비교할 때 척추 및 추간판의 퇴행성 변화 정도가 심한 경우에는 업무관련성이 높다고 고려할 수 있다. 또한 건설업이나 조선업, 물류 및 하역 작업에 장기간 종사한 작업자들은 허리 부담이 매우 높은 작업들이므로 척추협착증에 대해 업무관련성을 적극적으로 고려할 수 있다.

5) 척추분리증과 척추전방전위증

척추분리증(spondylolysis)은 척추후궁(neural arch) 협부(pars interarticularis)에 결손이 있는 것을 말하며, 단측 혹은 양측으로 발생할 수 있다. 발생부위는 제5번 요추에서 가장 흔하며, 그 다음으로 제4번 요추에서 발생한다. 대부분 성인기 이전에 이미 척추분리증이 형성되고, 성인 이후 후천적으로 발생한다고 보지 않는다. 따라서 척추분리증 자체는 현재 직업성 근골격계질환으로 간주되지 않는다.

척추전방전위증(spondylolisthesis)은 하나의 척추체가 아래의 추체에 비해 전방으로 전위된 상태를 말한다. Wiltse와 Rothman은 선천형(congenital or dysplastic), 협부형(isthmic), 퇴행형(degenerative), 외상형(traumatic), 병적형(pathologic), 수술후형(postsurgical)으로 구분하였는데, 업무상 질병 보상에서 주로 확인되는 형태는 협부형과 퇴행형이다. 협부형은 척추분리형(spondylolytic)이라고도 하며, 협부 결손이 존재한다. 협부형은 결국 척추분리증이 척추전방전위증으로 진행되었다는 것을 의미하며 따라서 척추분리증 자체는 업무상 질병이 아니지만 허리 부담작업에 의해 척추전방전위증으로 악화될 가능성은 생각할 수 있다.

퇴행형 척추전방전위증은 선천성이 아니라 후천적으로 발생하는 질병이다. 퇴행형은 협부의 결손없이 추간판의 퇴행성 변화와 후관절염으로 인해 척추체가 밀리면서 전방전위되는 것으로서 다른 척추 퇴행성 질환처럼 업무관련성을 충분히 고려할 수 있다. 따라서 척추전방전위증은 협부형과 퇴행형을 구분하여 업무관련성을 판단하는 것이 중요하다.

1.2 척추 근골격계질환의 직업적 위험요인

다른 근골격계질환과 마찬가지로 척추의 근골격계질환도 퇴행성 질환의 형태로 나타난다. 추간판과 척추의 퇴행성 변화는 자연적으로도 연령 증가에 따라 퇴행성 변화가 발생하며, 그 외에도 비만, 흡연 등의 개인적 요인도 있지만 직업적 요인도 존재한다. 특히 추간판의 퇴행이나 척추의 퇴행과 직업적 노출과 관련이 있다는 결과는 퇴행성 척추질환의 업무관련성을 판단하는데 중요한 근거가 된다.

1) 목의 직업적 위험요인

목의 직업적 요인에 대해서 NIOSH 연구에서는 목의 자세와 반복성, 힘, 진동 등 4가지 요인을 중심으로 평가한 바가 있다(표 3-1). 여기에서 목의 자세 요인은 증거가 충분히 있다고 평가하였으며, 반복성과 힘은 증거가 있으며, 진동 요인은 증거가 불충분하다고 평가하였다.

최근까지도 목의 직업적 요인으로는 여전히 목의 자세 요인이 가장 중요한 요인으로 평가되고 있으며, 따라서 덴마크의 목 질환 인정기준에서도 목의 굽힘 자세와 목의 정적 자세를 제시하고 있다. 반면 최근 진동과 경추 질환의 업무관련성에 대한 연구결과가 제시되고 있으나, 단면 연구나 실험 연구에 그치고 있어 아직까지는 전신 진동은 경추 질환에 대해서는 업무관련성의 증거가 충분하지 않은 것으로 판단된다.

2) 허리의 직업적 위험요인

허리의 직업적 위험요인에 대해 NIOSH 연구에서는 들기 및 힘든 동작(밀기, 당기기 등 물체를 움직이는 동작 등 포함됨)과 전신 진동 요인은 강력한 증거가 있으며, 과도한 육체 작업, 부적절한 자세 요인은 증거가 있으며, 정적 작업자세는 증거가 불충분하다고 제시하고 있다(표 3-2).

들기 등의 중량물 취급 요인은 허리의 근골격계질환에

표 3-1 목의 근골격계질환과 작업장 위험요인의 관련성

위험요인	관련성 높음	관련성 있음	관련성 불충분함
반복성		○	
힘		○	
자세	○		
진동			○

표 3-2 허리 근골격계질환과 작업장 위험요인의 관련성

위험요인	관련성 높음	관련성 있음	관련성 불충분
과도한 육체 작업		○	
들기/힘든 동작	○		
부적절한 작업자세		○	
전신 진동	○		
정적 작업자세			○

서 가장 중요한 위험요인으로 여전히 일관된 증거를 보여주고 있는 반면, 전신 진동은 최근의 리뷰 논문에서 기존의 결론을 확정하기에는 연구의 질이 낮거나 부족하다는 견해가 제시되고 있다. 따라서 전신 진동과 요추 질환의 업무관련성 판단에 있어서 좀 더 신중한 접근이 필요하다. 허리의 부적절한 자세 또한 중요한 요인이며, 허리를 더 굽힐수록 추간판에 가해지는 압력은 증가하며, 허리를 굽힌 상태에서 들기나 비틀기 등의 작업이 병행된다면 그만큼 요추 부담은 더욱 증가한다. 그리고 쪼그리고 앉은 자세 또한 허리를 상당히 많이 굽힌 자세이므로 요추부담 자세로 분류된다.

한편 직무스트레스 등 사회심리적 요인이 근골격계 증상과 관련이 있다는 보고가 많은데, 사회심리적 요인은 직접적으로 척추의 근골격계질환을 발생시키는 요인이라기보다는 근골격계질환으로 인한 통증과 자각증상의 악화에 기여한다고 보는 것이 타당하다.

1.3 척추질환의 신체진찰과 진단

1) 목 부위의 신체 진찰

경추 질환에서 문제가 되는 상태는 결국 추간판탈출증, 협착증, 후골인대골화증 등으로 인한 신경근 압박 문제이다. 따라서 신경근 압박으로 인한 징후들에 대해 알 필요가 있으며, [표 3-3]에 정리를 하였다.

경추 신체 진찰에서 흔히 시행되는 방법은 여러 가지가 있는데 먼저 axial cervical compression test는 피검자 뒤에서 두 손을 깍지끼고 머리를 누르고 돌릴 때, 증상이 발생하는지를 보는 검사이다. Spurling's test는 피검자 뒷에서 아픈 쪽으로 목을 돌린 다음, 머리를 눌러주는 경우 신경학적 증상이 발생하는지를 보는 검사이다. 목을 빠르게 굴곡하거나 신전하는 경우 상지를 포함한 저림 증상이 발생하는 것을 L'hermitte's sign이라고 하며, 척수 이상을 의심할 수 있다.

2) 허리 부위의 신체 진찰

요추의 주요 신경근 이상도 [표 3-4]와 같이 정리하였다. 신경학적 진찰 외에도 요추의 신체 진찰에서 가장 많이 사용되는 방법은 하지직거상 검사(Straight leg raising test, SLRT)이다. 이 검사는 환자를 침대에 눕힌 후 증상이 있는 다리의 무릎이 똑바로 펴지게 누르면서 다른 손으로 발목을 잡고 올리면서 허리, 엉덩이, 다리 쪽으로 저리거나 당기는 증상이 생기는 다리의 각도를 측정하는 방법이다. 대퇴 신경 신장검사(Femoral nerve stretching test, FNST)는 Reverse SLRT라고도 불리우며, 환자를 엎드리게 한 후 증상이 있는 다리를 잡고 들어올리는 경우 앞쪽 허벅지에 증상이 유발되는가를 보는 검사이다. 그 외에도 삼각대 징후(Tripod sign), 활줄검사(Bowstring test) 등을 시행할 수 있다.

3) 척추질환의 진단

척추에 대한 신체진찰과 함께 각종 영상검사를 통해 척추질환의 진단을 실시할 수 있다. 척추를 포함한 근골격계질환의 진단은 영상의학과나 정형외과 혹은 신경외과 전문의들에게 의존할 것이 아니라 자신의 판단이 매

우 중요한데 왜냐하면 진단에 대한 판단이 업무관련성과 관련이 있는 경우가 많기 때문이다. 예를 들면, 추간판 팽윤과 돌출을 구분하는 것은 현실적으로 업무관련성 및 산재보상에 대한 판단을 하는데 있어서 매우 중요하다.

표 3-3 경추의 부위별 신경뿌리병증의 진찰소견

주요 신경근 부위	심부건 반사 저하	근력 약화	감각 이상
C5	이두근 인대 Biceps tendon	삼각근 (Deltoid) 어깨 내전 (shoulder abduction)	상완 외부
C6	상완요골근 인대 Brachio-radialis tendon	손목 신전 근육 (Wrist extension group) 손목 신전 (wrist extension)	전완 요골측, 무지
C7	삼두근 인대 Triceps tendon	손목 굴곡 근육, 손가락 신전 근육 (Wrist flexion group, finger extensors) 손목 굴곡, 손가락 신전 (wrist flexion, finger extension)	2-3 수지
C8	없음	손가락 굴곡, 내전 근육, 손 내재근 (Finger flexion, abductors group, intrinsic hand muscle) 손가락 굴곡 (finger flexion)	4-5 수지

표 3-4 요추의 부위별 신경뿌리병증의 진찰소견

주요 신경근 부위	심부건 반사 저하	근력 약화	감각 이상
L4	슬개 인대 Patellar tendon	대퇴 사두근(무릎 신전, 허벅지 내전) Quadriceps(knee extension, thigh abduction), 전경골근(발목 배측굴곡) Tibialis anterior(ankle dorsiflexion)	허벅시 내측
L5	없음	비골근(발 외번) Peroneii(foot eversion), 중둔근(엉덩이 내전) Gluteus medius(hip abduction), 무지신근(발가락 신전) Extensor hallucis (toe extension)	종아리 외측, 무족지 사이
S1	발꿈치 인대 Achilles tendon	장비골근 및 단비골근(발목 복측굴곡, 외번) Peroneus longus & brevius (ankle plantar flexion, eversion), 족무지외전근(발가락 굴곡) Abductor hallucis(toe flexor)	종아리 뒤쪽, 발과 발목외측

일반 방사선 사진은 척추의 퇴행성 변화, 추체 간격, 척추 만곡, 인대 석회화 등과 관련한 중요한 정보를 제공하며, 특히 척추분리증 및 전방전위증의 진단은 산재보상뿐만 아니라 채용검진 등에서 널리 활용이 되므로 반드시 익혀야 할 진단내용이다. 그리고 CT/MRI 검사가 매우 유용한데 CT보다는 MRI가 신경근, 추간판 등의 연부 조직 관찰이 훨씬 용이하므로 CT보다는 MRI 촬영이 더 선호된다. MRI 검사에서는 추간판 병변에 대한 감별진단은 직업환경의학 의사가 필수적으로 가져야 할 진단능력이다. 근전도 검사는 신경근 이상과 관련하여 요통을 감별하고 신경 손상의 정도, 위치를 확인할 수 있는 유용한 검사이다. 그러나 환자가 검사가 진행하는 동안 느끼는 통증의 강도가 다른 검사에 비해 강하기 때문에 정확한 적응증에 대한 판단이 필요하다. 대개 말초신경이상이 의심되며, 4주 이상의 보존적 치료에도 불구하고 증상이 지속되고, CT/MRI에서 정확한 병변이 확인되지 않을 때 실시하는 것을 추천하고 있다.

더 읽을거리

Marcedo LG, Noguchi KS, de Oliveira LA, Bakaa N, Di Pelino S, Battie MC. The association between whole body vibration exposure and spine degeneration on imaging: a systematic review. J Back Musculoskelet Rehabil 2121. doi: 10.3233/BMR-181350. Online ahead of print.

제2절 어깨 및 상지의 근골격계질환

이영일

2.1 어깨 질환

어깨 관절은 우리 몸에서 가장 넓은 운동 범위를 가지고 있으나, 상완골 골두와 관절와(glenoid)의 접촉 면적은 약 25%로 안정도(stability)가 매우 낮은 관절이므로 어깨의 많은 질환은 생체역학적 과부하나 손상에 의해 발생될 수 있다. 따라서 세밀한 직업력 및 병력 청취를 통해 생체역학적 원인이 될 수 있는 동작이나 외상 등을 찾아내는 것이 중요하다. 또한, 증상을 일으키지 않는 영상의학적 이상 소견도 많으므로 영상의학 소견만을 보고 진단해서는 안되며 환자의 증상과 이학적 검사 결과를 고려해서 판단해야 의미있는 진단이 될 수 있다.

1) 회전근개 증후군

회전근개 증후군(rotator cuff syndrome)은 어깨에서 발생하는 만성 통증의 흔한 원인으로 해부학적 변형, 어깨 통증의 증상과 징후를 모두 포함하는 증후군이다. 여기에는 충돌 증후근(impingement syndrome), 윤활낭염(bursitis), 뚜렷한 파열이 보이지 않고 건의 두께만 증가하는 건증(tendinosis), 부분층 파열(partial thickness tear), 전층 파열(full thickness tear), 건의 전체 두께와 넓이에 걸쳐 파열되는 완전 파열(rupture) 등을 포함한다. 견봉하 충돌은 견봉하 구조, 견갑골의 이상운동, 어깨관절 불안정성, 근력약화, 흉벽의 변형 등으로 발생할 수 있다. 견관절이 내전 및 내회전 상태에서 외전 또는 scapular plane elevation시 극상근 건이 오구견봉 인대와 충돌하면 인대성 충돌, 견봉과 충돌하면 골성 충돌이 발생할 수 있다. 회전근개에서 극상근 건 파열이 95% 이상으로 가장 흔하게 발생하고 그 다음으로 극하근 건, 견갑하근 건 파열이 생기며 소원근 건 파열은 가장 드물다. 극상근 건을 제외한 다른 회전근개 건의 단독 파열은 퇴행성으로 발생하는 경우는 드물고 외상으로 인해 발생할 수 있다.

회전근개 질환은 내인성 요인인 노화로 인한 퇴행성 변화와 외인성 요인인 견봉하 충돌, 관절와 상완 관절의 불안정성, 급성 외상 혹은 반복적인 미세 외상과 같은 다양한 원인에 의하여 복합적으로 발생하는 것으로 알려져 있다. 40대 이상에서 주로 발병하고 어깨와 팔의 외측으로 둔탁한 통증이 발생한다. 강한 힘에 의한 손상, 광범위한 파열, 손상이 많이 진행된 경우 어깨관절을 외전하는 근력의 약화를 보일 수 있다. 직업적으로는 조리사, 용접공, 사상공 등과 같이 어깨를 많이 사용하는 경우에 나타날 수 있으며, 반복적으로 어깨 손상을 일으키는 머리위 활동(overhead activity) 이외의 동작에서도 발생할 수 있다.

증상이 오래된 경우는 극상근과 극하근의 위축을 보일 수 있고, 손상을 받은 회전근개에 압통이 나타날 수 있다. 극상근 건 손상의 경우 내회전 자세(Crass position)에서 통증을 일으키는 경우가 많다. 견봉하 충돌을 보기 위해서 Neer test, Hawkins test를 해볼 수 있으며, 견봉하 충돌 없이도 회전근개 질환이 발생할 수 있으므로 Jobe test(empty can test)를 시행하는 것이 도움이 된다. 회전근개 질환의 영상의학 검사로는 관절 조영술, 초음파, CT arthrography, MRI 등이 있다. 회전근개의 초음파 검사는 정적 및 동적인 검사가 가능하고, 상대적으로 저비용이면서 간편하게 비침습적인 검사를 할 수 있다는 장점이 있다. 정적 초음파 검사상 극상근 건의 건증, 석회화, 대결절의 변형이 관찰되거나, 오구견봉인대가 2cm 미만으로 짧아져 있거나 두꺼워져 있는 경우 견봉하 충돌 증후군을 의심해 볼 수 있다. 그러나 정적 검사보다는 동적 검사가 훨씬 중요한 의미를 가질 수 있나. 회전근개 부분층 파열에 대한 초음파 진단검사는 민감도 94%, 특이도 93%로 보고되었으나, 검사자의 숙련도나 경험도에 따라 달라질 수 있다. MRI 검사에서는 건의 비후, 위축, 불연속, 부재 등 외형의 변화가 나타날 수 있고 T1, T2 혹은 프로톤 강조영상에서 신호강도가 변화된다. T2 강조영상에서 건의 내부 신호가 증강되어 관절액의 존재로 파열을 알 수 있으며, 견봉하 삼각근하 윤활낭의 지방신호선(fat stripe)이 없어지며 관절액이 차는 것으로 확인할 수도 있다.

2) 동결견 혹은 유착성 관절낭염

동결견(frozen shoulder)은 어깨의 통증과 함께 수동적 및 능동적 관절가동범위가 제한되는 상태를 말하며, 유착성 관절낭염(adhesive capsulitis)은 관절막 활액막 하층의 만성염증, 관절막 비후, 섬유화로 인해 관절막과 상완골 경부가 유착된 상태를 말한다. 전체 인구의 2~5%에서 발생하며, 40~50대가 주된 발병 연령으로 알려져 있고, 여성에게서 더 많이 발생하고, 비우세(non-dominant)쪽에 호발하며, 양측성으로 발병하는 경우는 20~30%이다.

아직 명확한 원인이 밝혀지지 않은 상태이며, 이러한 동결견을 일차성(primary) 또는 특발성(idiopathic) 동결견이라 한다. 동결견을 유발할 수 있는 특정한 상태나 질환이 동반된 경우 이차성(secondary) 동결견이라 한다. 이차성 동결견은 내인성 요인과 외인성 요인으로 발생할 수 있고, 내인성 요인은 회전근개 질환, 상완 이두건염, 석회성 건염 등과 같이 어깨관절의 직접적인 질환이 있는 경우를 말하며, 외인성 요인은 외상으로 인한 상완골, 견갑골 및 쇄골의 골절 및 염좌, 어깨부위 수술 등이 있다. 또한 당뇨병, 갑상선질환, 심뇌혈관질환 등도 동결견의 유병률을 높이는 것으로 보고되고 있다.

진단에 있어 가장 중요한 것은 특징적인 임상 양상에 대한 환자의 병력과 이학적 검사이다. 서서히 통증이 시작되고 시간이 지날수록 관절의 구축이 진행되어 심해지면 많은 통증과 장애를 초래한다. 1개월 이상의 견관절 통증이 있고, 여러 방향으로 능동적/수동적 관절가동범위 장애가 있으나, 단순방사선 소견은 대부분 정상이다.

3) 이두근 힘줄염

이두근의 장두(long head) 건의 이상은 장두 건의 상태에 따라 건염 또는 건초염, 탈구, 파열로 구분할 수 있다. 원인으로는 일차적으로 염증성, 퇴행성, 과사용, 외상 등에 의해 발생할 수 있으나 이두근 힘줄염(bicipital tendinitis) 단독으로 발생하는 경우는 흔하지 않으며, 대부분의 경우 회전근개 질환과 동반되는 이차성 건염으로 윤활낭염, 견쇄관절 병변, 어깨 관절염, SLAP 병변 등과 함께 나타날 수 있다. 견관절 전방 근위부에 만성 통증과 점진적인 어깨관절 기능 저하를 호소한다. 통증은 상완이두근을 따라 하방으로 방사통이 나타나기도 하며 충돌증후군과 유사하게 삼각근을 따라 방사통이 나타나기도 한다. 그러나 상완이두 건염에 의한 방사통은 목이나 상완이두근을 지나서 나타나지는 않는다. 통증은 팔을 사용할 때 악화되었다가 휴식을 취하면 완화되며, 야간통이 동반될 수 있다. 상완이두 건의 병변을 감별하기 위해서는 압통의 유무가 가장 중요하다. 상완이두 건의 이상을 보기 위한 이학적 검사로는 Speed test, Yergason test 등이 있다. 상완이두 장두 건 파열시에는 상완이두근의 중간 근육이 국소적으로 볼록하게 되는 변형(Popeye sign)이 나타날 수 있다. 영상의학적 진단은 단순방사선, 초음파, MRI 검사가 이용된다.

4) 상부 관절와순 전후 병변

상부 관절와순 전후 병변(superior labrum anterior to posterior lesion, SLAP lesion)은 관절오목의 가장자리를 따라 주행하는 섬유연골 연(fibrocartilage rim)의 손상으로 상부 관절와순의 후방부에서 시작하여 관절와순에서 기시하는 상완이두 장두건을 포함하여 전방 관절와절흔(glenoid notch) 바로 전 부위까지 파열되는 병변을 말한다. SLAP 병변의 명확한 원인은 알려져 있지 않으나, 급성 외상 또는 만성적인 반복 손상으로 발생하는 것으로 추정된다.

임상증상은 다양하며, 어깨 관절의 깊은 곳에서 통증이 발생하는 경우가 많다. 통증은 상완이두 병변, 전방 및 후방 관절와순 파열 또는 견봉쇄골 관절 질환의 증상과 유사하게 어깨의 전방 또는 후방으로 국소화되거나 퍼져나갈 수 있다. 무거운 물건을 들어올리거나 미는 동작, 머리위 활동(overhead activity)으로 증상이 악화될 수 있다. 근력 약화, 염발음(clicking), 걸림(locking), 활동시 악화되는 심한 통증이 발생할 수 있다. 회전근개 파열, 불안정성, 압박 신경병증이나 내적 충돌과 같은 다른 병변을 동반하는 경우가 많아 SLAP 병변의 진단을 어렵게 한다. 이학적 검사로는 speed test, Yergason test 등이 있으며, 민감도나 특이도에 관한 표준 이학적 검사는 확립되어 있지 않다. 진단영상검사의 경우 단순 전후방, 측면, 견갑 출구상, stryker notch view 등의 단순 방사선 검사에서 다른 골성 병변을 배제할 수 있고, CT arthrography도 비용 효과적인 검사이며, MRI는 SLAP 병변이 의심되는 경우 관절와순의 상태를 확인할 수 있는 가장 좋은 방법이다.

2.2 주관절, 전완, 손목관절 및 수부의 질환

주관절은 요골과 상완골, 척골과 상완골, 요골과 척골 사이의 관절로 구성되며, 경첩관절로써 전완부를 움직이게 하는 기능을 갖고 있다. 전완과 연결된 손목관절과 수부는 해부학적으로 매우 복잡한 구조물로써, 이와 관련된 힘줄과 인대의 손상이 흔하다. 수부의 질환은 작업 중 움직임 동작과 밀접한 관련성을 갖고 있기 때문에 정확한 직업력 청취와 인간공학적 요인을 고려한 진단과 치료가 필요하다.

1) 외측 상과염

외측 상과염(lateral epicondylitis, tennis elbow)은 주관절 통증의 가장 흔한 원인 중 하나로, 수근 관절 신전근의 외상과 기시부에서 발생되는 건증으로 정의할 수 있다. 호발 나이는 30~50세로, 성별에 따른 발병률의 차이는 거의 없으며, 우세 팔에서 호발한다. 일반 성인의 발병률은 0.6%이나 테니스 선수의 경우 9%까지 발병률이 보고되고 있다. 원인에 대해서는 아직 논란이 되고 있지만, 최근에는 근육의 편심성 수축에 의해 부하가 많이 걸리는 상황에서 건에 미세 파열이 일어나고, 이에 대한 치유 과정에서 반복적인 부하에 계속 노출됨으로써 불완전한 치유가 일어나 건증이 발생하는 것으로 생각되고 있다. 또한 미세 파열에 대한 세포 반응으로 섬유원세포와 미세혈관 증식이 일어나고 많은 통각 수용체가 분포하여 통증을 유발하게 된다.

단요측수근신근(extensor carpi radialis brevis)의 기시부에서 가장 흔하게 발생하지만, 30%에서는 수지공통신근(extensor digitorum communis)의 기시부에서 발생한다. 드물게 장요측수근신근(extensor carpi radialis longus)과 척측수근신근(extensor carpi ulnaris)에서 발생하기도 한다. 대부분 주관절 외측부에서 서서히 진행되는 통증을 호소하는데, 통증은 전완부 외측으로 방사되고, 주먹을 강하게 쥐거나 손목 관절을 신전시키는 동작에서 악화된다. 대부분에서 관절 변형은 관찰되지 않고, 관절가동범위도 거의 정상이다. 외상과 부위에 압통점이 있으며, Cozen's test에서 양성 반응이 나타난다. 요골신경의 후골간신경(posterior interosseous nerve)이 압박되는 경우 외측 상과염과 유사한 통증이 나타날 수 있지만, 이런 경우 압통점의 위치가 외상과의 원위부에 있다. 단순 방사선 검사는 대부분 정상이나 유리체, 관절염, 박리성 골연골염 등을 감별하는데 도움이 되며 사위(oblique view)에서는 신전건 기시부에 석회화 침착이 보일 수 있다. 이환된 건의 구조적 변화를 보는데 유용한 초음파 검사를 통하여 부분적인 저에코성 병변을 확인하여 건 섬유 패턴(fibrillar pattern)의 소실, 신전건의 비후, 건 실질 내 파열, 퇴행성 변화 및 석회화 등을 확인할 수 있으며, 도플러 기능을 통해 혈관과다(hypervascularity) 여부를 확인할 수 있다. MRI 검사를 통해 외측 상과염과 동반된 관절 내 병변 및 건의 연속성 등을 확인할 수 있다.

2) 내측 상과염

내측 상과염(medial epicondylitis, golfer's elbow)은 외측 상과염과 동일하게 힘줄의 퇴행성 병변이 주된 소견이다. 외측 상과염에 비해서는 발생 빈도가 낮으며, 원회내근(pronator teres)과 요측수근굴근(flexor carpi radialis)의 기시부인 공통 굴곡건(common flexor tendon)에서 주로 발생한다. 대부분의 경우 관절가동범위 제한은 없으며 주관절 내측의 통증은 손목 관절을 굴곡시키거나 전완부를 회내전 시킬 때 악화된다. 척골신경의 압박을 야기하는 주관 증후군(cubital tunnel syndrome)이 동반되는 경우도 있으니, 제 4, 5 수지 감각이상이나 수근 내재근의 약화를 확인해야 하며, 내측 상과염 자체로는 대부분 감각이나 운동신경의 이상소견은 없다.

이학적 검사로는 golfer's elbow test, reverse Cozen's test가 진단에 도움을 줄 수 있다. 단순 방사선 검사는 대부분 정상이며, 때때로 석회성 병변이 내측 곁인대나 관절면의 내측에서 관찰되는 경우도 있다. 초음파 검사에서는 외측 상과염에서와 같이 저 에코성 병변을 확인하여 굴곡건 주변부의 부종 및 건 내 부종으로 인한 고신호 강도를 확인할 수 있다.

3) 손목터널 증후군

손목터널 증후군(carpal tunnel syndrome)은 정중 신경이 손목주름에서 원위부로 1~2cm 지난 곳에서 압박되어 저림증 등의 이상 감각이나 감각 소실 및 무지구근의 근력 감소 또는 근위축 등이 발생하는 증후군을 말하며 상지에서 발생하는 가장 흔한 신경 압박 질환이다. 직업적으로 손목과 수지의 반복적인 사용이나 진동기구 사용 등과 관련이 있으며, 당뇨병, 갑상선기능저하증, 류마티스관절염, 임신 등도 관련이 있으나 대부분의 경우 원인이나 유발 인자를 찾을 수 없는 특발성이다. 초기 증상은 주로 수부 통증이며 손을 많이 사용하는 작업 시 심해진다. 좀더 진행된 경우에는 밤에 손이 저려 잠에서 깨는 증상을 보이기도 하며 정중신경의 지배 영역인 무지, 시지, 중지 및 환지의 요측부 감각이상이나 감각저하를 호소한다. 장기간동안 정중신경 압박이 심한 경우에는 단무지외전근(abductor pollicis brevis)과 무지대립근(opponens pollicis)의 약화나 위축소견을 보인다. 손목터널 증후군의 이학적 검사로는 Tinel's sign, Phalen's test 등이 있다. 전기생리학적 검사는 탈수초와 축색 변성 정도를 평가할 수 있어 손목터널 증후군을 진단할 수 있는 가장 객관적이고 특이도가 높은 검사이다. 초음파검사는 78% 민감도와 87% 특이도를 보이며, 수근관 내의 구조적인 원인을 파악하는데 도움을 줄 수 있다. 횡수근 인대 근위부에서 건측과 환측의 정중 신경

단면적을 비교해서 2mm^2 이상 차이가 있는 경우 의미가 있는 것으로 여겨진다. 또한 횡수근 인대보다 근위부에서 측정한 정중 신경의 횡상 단면적의 증가가 중요한 초음파 소견이다.

4) 방아쇠 손가락증

방아쇠 손가락증(trigger finger)이란 굴곡된 수지를 신전시킬 때 힘줄이 활차에 걸려 펴지지 않다가 더 큰 힘이 작용하면 갑자기 풀리면서 펴지는 현상을 보이는데, 이러한 현상이 방아쇠 격발과 비슷하다하여 명명되는 질환이다. 이는 수지의 굴곡건과 중수지(metacarpophalangeal) 골두 부위의 A1 활차 사이의 크기 불균형에서 오는 현상으로 가장 흔한 수부 질환 중 하나이다. 수지 운동장애와 통증이 주증상이며, 많은 경우에 조조강직이나 방아쇠 현상을 느끼며, 장기간 지속되면 이차적으로 수지 관절, 특히 근위지간(proximal interphalangeal) 관절의 경직이 발생하여 더 많은 장애를 초래하기도 한다.

5) 드퀘르뱅 병

드퀘르뱅 병(De Quervain's disease)은 무지(엄지)의 반복적인 사용으로 인하여 상대적으로 좁은 첫 번째 구획내에서 건의 마찰이 발생하고, 이차적으로 힘줄이나 힘줄윤활막의 비후가 진행되어 발생한다. 이학적 검사상 수근의 요측, 배측면에 국소적 부종과 첫 번째 배측 구획 촉진 시 압통이 생길 수 있다. Finkelstein test가 진단에 특징적이다. 주사 치료 요법을 할 경우 약물은 병변 건과 건초 사이에 투여해야 한다.

2.3 어깨 및 상지질환의 직업적 위험요인

미국 국립산업안전보건연구원(NIOSH)에서는 어깨부위 질환의 위험요인으로 자세, 힘, 반복성, 진동 네 가지 물리적 요인을 제시하였다. 역학적 근거가 있음(Evidence)에 해당하는 위험요인은 불편한 자세와 집중

표 3-5 회전근개 질환의 위험요인

견관절 회전근개건염(병증), 충돌증후군, 파열 등		위험요인	
		연구의 축적 정도	통계적 관련성의 크기
직업적 요인	복합적 위험요인(힘, 자세, 반복)	+	+
	진동	±	+
	집중적인 반복작업	+	+
	강한 힘의 작용	±	±
	불편한 자세	++	++(60도 거상)
	키보드 작업	±	–
	한냉노출 작업	±	
	정신적 스트레스(직무만족도)	±	±
	근무기간	±	
비직업적 요인	연령	+++	++
	성별	±	±
	비만도	++	+
	당뇨	+	+
	우세 손	±	
	흡연	+	+
	유전적 요인	±	±
	해부학적 구조이상	±	+

적인 반복작업이며, 역학적 근거는 불충분하나(Insufficient evidence) 고려해야 할 요인에는 힘과 진동이 있다. 반복작업에 대한 정의는 주기적인 견관절의 굴곡, 신전, 외전 혹은 회전을 포함하는 작업이며, 힘의 경우 중량물을 취급하거나 부하가 높은 작업을 수행하는 경우를 의미한다. 작업 자세는 견관절의 굴곡이나 외전이 60도 이상 발생하는 경우를 직업적 위험요인으로 분류된다(표 3-5).

내, 외측 상과염의 위험요인 중에서 복합적 요인(힘, 자세, 반복성), 강한 힘의 작용, 불편한 자세 등이 역학적 근거가 있고 불충분하나 고려해야 하는 요인에는 국소 진동, 한랭노출 작업, 정신적 스트레스 등이 있다(표 3-6).

표 3-6 주관절 내/외측 상과염의 위험요인

주관절 내/외측 상과염		위험요인	
		연구의 축적 정도	통계적 관련성의 크기
직업적 요인	복합적 위험요인(힘, 자세, 반복)	++	+
	진동	±	+
	집중적인 반복작업	±	±
	강한 힘의 작용	+	+
	불편한 자세	+	+
	키보드 작업	±	
	한냉노출 작업	±	+
	정신적 스트레스	±	+
	근무기간	±	
비직업적 요인	연령	±	
	성별	±	
	비만도	±	
	당뇨	±	
	우세 손	±	
	흡연	±	
	유전적 요인	±	±

더 읽을거리

Melhorn JM, Talmage JB, Ackerman WE, Hyman MH. AMA Guides to the Evaluation of Disease and Injury Causation. 2nd Ed. American Medical Association Press; 2014.

제3절 기타 근골격계질환

이영일

3.1 무릎 관절염

고령, 여성, 외상, 유전, 반복적인 관절 사용, 비만 등이 무릎 퇴행성 관절염(knee osteoarthritis)의 위험 인자로 알려져 있으며 다양한 요인과 기전이 복합적으로 작용하여 발생한다. 인대 불안정성, 반달연골 손상, 하지 부정정렬 등과 같은 병적 상태와도 관련이 있다. 관절염이 진행되면 관절 표면의 변화와 함께 연골 기질의 연속성이 상실되면서 연골의 생역학적인 특성이 변화되고, 염증 인자의 생성과 분비가 증가되어 연골 분해가 촉진된다. 주 증상은 통증이며, 통증은 무릎에 하중 부하를 주는 활동 후에 나타나며 초기에는 휴식을 취하면 사라진다. 관절염이 진행되면 휴식을 취해도 통증이 쉽게 사라지지 않으며, 관절 파괴가 심한 경우나 급성 염증을 동반한 경우는 휴식시와 야간에도 통증이 지속될 수 있다. 관절을 움직일 때 염발음이 들릴 수 있고 관절면의 압통이 특징적인 증상이다. 무릎 관절염이 심해지면 내반 또는 외반 변형과 굴곡 또는 신전 구축이 생길 수 있다.

미국 류마티스학회에서 제시한 무릎 관절염 진단기준은 임상적으로 무릎 통증이 있으면서 50세 이상의 연령, 30분 미만의 관절 경직, 염발음, 골압통, 무릎 부종, 열감 없음 중에서 세 가지 이상을 포함해야 한다. 단순 방사선 사진에서 내, 외측 및 슬개대퇴 구획에서 전형적인 관절 간격의 협소가 나타나며, 연골하골(subcondral bone)의 경화, 연골하골 낭과 관절면의 가장 자리에 골극이 관찰되며 관절면이 불규칙해진다. 방사선 사진으로 무릎 관절염을 평가하는 Kellgren-Lawrence grading scale에서는 이상이 전혀 없는 0등급부터 관절강의 뚜렷한 협착, 큰 골극, 연골하골 경화 및 골단(epiphysis)의 변형이 모두 확인되는 4등급까지 나누어서 등급을 평가할 수 있다. MRI는 국소성 연골 손상의 진단에 유용하며, 관절염의 초기 변화를 찾아낼 수 있고, 관절연골(articular cartilage) 이외에도 연골하골, 반월연골판 및 기타 연부 조직 이상을 확인할 수 있다.

3.2 무릎 인대 손상

1) 전십자인대 손상

전십자인대(anterior cruciate ligament)는 반월상 연골을 보호하고 경골이 앞으로 전이하거나 내회전하는 것을 방지하여 무릎의 안정성에 중요한 역할을 한다. 전십자인대 손상은 무릎의 인대 손상에서 빈도가 가장 많으며 발을 접지한 상태로 회전(pivot)을 하거나 점프를 한 후 착지할 때 발생한다. 급성기에는 무릎의 통증뿐 아니라 혈종도 동반할 수 있으며, 서서히 진행하다가 생긴 경우는 부종없이 염발음이 들릴 수 있고, 다리를 비틀 때 무릎이 불안정하다고 느낄 수 있다. 반월연골판이나 관절연골 손상과 동반되어 발생할 수 있으며, 이학적 검사로는 anterior drawer test와 Lachman test, 축 이동 검사 등이 있다. 단순방사선 검사에서 Segond 골절이나 대퇴부의 deep sulcus sign이 보이는 경우 진단에 도움이 될 수 있으나 발견하기는 쉽지 않다. MRI는 확진에 사용되고, 주변 구조물의 동반 손상을 확인하는데 유용하다.

2) 후십자인대 손상

후십자인대 손상(posterior cruciate ligament injury)은 전십자인대 손상만큼 흔하지는 않으며 주로 근위부 경골에 직접 충격을 받거나 발바닥 굴곡자세 또는 무릎 과신전 상태에서 무릎 위로 낙상이 있을 때 발생할 수 있다. 이학적 검사는 posterior drawer test, reverse Lachman test, posterior sag test, quadriceps active test, reverse pivot shift test 등이 있다. 단순방사선 검사에서 견열 골절, 경골 고평부 골절 유무를 확인할 수 있다. 후방 부하 측면 사진에서는 후방 전위 여부와 근위 경골의 후방경사 측정도 가능하다. MRI는 동반 손상 유무를 판별할 수 있으며, 후십자인대 실질부의 높은 신호 강도, 폭이 넓어짐, 주행의 변화 등을 관찰할 수 있다.

3) 내측결인대 손상

내측결인대(medial collateral ligament)는 무릎 인대 중 가장 흔히 손상되는 구조물이다. 내측결인대 손상은 대부분 단독으로 발생하며, 운동 중 갑작스런 방향 전환, 비틀림에 의한 원위 대퇴골 또는 근위 경골 외측에 가해지는 외반력 및 외전력에 의해 발생한다. 피하 출혈, 인대 부착부의 국소 통증, 주위 조직의 부종, 관절 종창 등이 나타날 수 있다. 삼출액이 많을 경우 십자인대 또는 반월연골판 손상이 동반된 것을 의미할 수 있다. 이학적 검사는 valgus stress test를 시행한다. 단순 방사선 검사에서 경골 고평부 골절, 내측 대퇴상과의 견열 골편 등을 관찰할 수 있으며, MRI는 동반된 손상 여부를 평가하기 위해 시행할 수 있다.

4) 외측곁인대 손상

외측곁인대(lateral collateral ligament)는 단독 손상은 드물지만 무릎의 다인대 손상이나 탈구시에 찢어질 수 있다. 오토바이 사고, 낙상, 스포츠 손상 등이 가장 흔한 원인이다. 피하 출혈, 부종, 후외측 구조물 부위의 압통, 비골두 주변의 압통 등이 나타날 수 있다. 이학적 검사로는 varus stress test, Dial test, posterolateral drawer test, external rotation recurvatum test, reverse pivot shift test 등이 있다. 단순 방사선 사진에서 관절낭 외측부 음영이 비정상적으로 넓어져 있거나, Segond 골절을 관찰할 수 있다. MRI는 급성기에 후외측 구조물의 손상 정도를 관찰할 때 유용하다.

3.3 반달연골 손상

반달연골 손상(tear of meniscus)은 연 평균 10만명당 60~70명 정도로 발생하며, 남성에서 2.5~4배 많이 발생한다. 외상성과 퇴행성으로 분류할 수 있으며 외상성의 경우 20대 진후의 젊은 연령에서 흔하고 1/3에서 전십자인대 손상과 동반된다. 급성 전십자인대 손상에서는 외측 반달연골 손상이 흔히 동반되고, 만성 전십자인대 손상에서는 내측 반달연골 손상을 동반하는 경우가 많다. 퇴행성의 경우 40~50대 이후에서 흔하고 일상생활이나 경미한 부상에 의해서도 발생할 수 있으며, 2/3 이상에서 반복적이고 과도한 활동 및 하중 부하와 관련이 있다. 수평 파열은 주로 퇴행성 원인으로 발생한 파열로 간주된다. 뒤틀림이나 과굴곡에 의한 외상성 반달연골파열은 급성통증 및 부종 소견을 보이며, 퇴행성 파열은 특별한 외상없이 만성적인 관절 부종 및 통증 등의 증상을 보일 수 있다.

불안정한 파열편이 관절 운동 중에 관절면 사이로 감입되면서 덜컹거림, 무릎이 따로 움직이는 느낌, 잠김 등의 증상을 호소할 수 있다. 관절선을 촉진할 때 통증이나 관절 삼출물을 확인할 수 있으며, 이학적 검사로는 McMurray test, Apley test 등이 있다. 단순 방사선 검사는 반달연골파열 자체를 진단하기보다는 유사한 증상을 보일수 있는 유리체, 박리성 골연골염, 그 밖의 다른 원인들을 배제하기 위해 필요하다. MRI는 반달연골파열을 진단하는데 있어 90%의 민감도와 특이도를 보인다. 관절경 검사는 반달연골파열의 확진 검사로 사용될 수 있다. 퇴행성 파열은 뚜렷한 외상 병력이 없는 경우가 많고 MRI 검사에서 외상성 파열에서 볼 수 있는 주변 연부 조직의 고신호 강도, 골좌상, 급성 인대 손상 등의 소견이 관찰되지 않으며, 반월연골판의 퇴행성 변화, 변형, 마모 등 진구성 소견이 동반된다.

3.4 무릎 윤활낭염

윤활낭(bursa)은 활막과 유사한 막으로 싸여있는 주머니이며, 대부분은 관절 주위나 골의 돌출 부위를 지나는 피부, 건, 근육 주변에 위치한다. 윤활낭은 마찰을 감소시키고, 조직을 압박으로부터 보호하는 역할을 한다. 무릎 주위에는 11개 이상의 윤활낭이 있으며 슬개상윤활낭(suprapatellar bursa), 슬개전윤활낭(prepatellar bursa), 표층 및 심층 슬개하윤활낭(superficial and deep infrapatellar bursa), 슬와낭종(popliteal cyst, Baker cyst), 거위발윤활낭(pes anserine bursa) 및 내, 외곁인대 윤활낭(medial lateral collateral ligament bursa) 등이 있다.

윤활낭염(bursitis)은 윤활낭의 염증성 변화에 따라 통증, 종창 등이 나타나며 원인에 따라 외상성, 급성 감염성, 만성 감염성으로 분류할 수 있다. 외상성 윤활낭염은 직접적인 급성 외상으로 윤활낭의 출혈 또는 반복적인 만성 외상이 원인으로 슬개전윤활낭에서 빈발하며, 특히 무릎을 꿇고 일을 많이 하는 사람에서 발생하여 가정부 무릎(Housemaid's knee)이라 부른다. 급성 감염성 윤활낭염은 화농성 염증으로 심한 통증, 종창, 발열, 관절 운동 제한이 나타난다. 만성 감염성 윤활낭염은 결핵, 류마티스 관절염, 매독, 통풍 등으로 발생한다. 단순 방사선 검사는 흔히 시행하지는 않지만 무릎의 이상 유뮤, 피로 골절, 반월상 연골의 손상을 확인하기 위해 시행하기도 한다. 초음파나 MRI 검사에서 무릎 건 부착 부위에 있는 윤활낭의 부종을 관찰할 수 있다.

3.5 슬개대퇴부 통증 증후군

무릎 앞쪽의 통증은 그 양상이 애매모호한 경우가 많아 진단을 내리기가 어렵지만 전체 무릎 질환의 25% 정도로 알려져 있으며, 젊고 활동적인 사람에서는 아주 흔한 증상이다. 과도한 운동, 근력 약화, 연부조직의 단단함, 비정상적인 하지 생역학 등의 다양한 원인으로 연골 및 연골하 골의 응력, 슬개골의 비정상 주행이 슬개대퇴부 통증(patellofemoral pain)을 일으킨다. 전체적인 신전기전의 병변, 슬개대퇴관절 병변, 슬개골 자체의 병변, Hoffa's fat pad의 염증 또는 충돌, 내측 반월상 연골 전방부의 병변, 슬개전 또는 슬개하 윤활낭염, 거위발건 윤활낭염 등의 원인이 될 수 있으며, 하지염전, 하지근육 불균형 등의 요소가 관여한다. 환자는 특징적으로 오래 앉아 있거나 활동에 의하여 광범위한 통증을 나타내며, 염발음, 부종, 가성 잠김과 무력감이 나타날 수 있다.

3.6 발바닥 근막염

발바닥 근막염(plantar fasciitis)의 정확한 원인은 밝혀져 있지 않으나, 발바닥(족저) 근막 부착부 주위의 미세손상으로 인한 것으로 생각된다. 비만, 중년, 편평족, 요족(pes cavus) 등에서 호발하는 것으로 알려져 있다. 종골(calcaneus) 돌기가 통증을 일으키는지에 대해서는 많은 논란이 있어 왔으나 확실히 입증된 바는 없다. 종골 돌기는 종골하(succalcaneal) 통증 증후군 환자의 약 50%에서 나타난다고 알려져 있다. 대개 뒤꿈치 내측에서 통증이 시작되며, 발 뒤꿈치의 바닥에서 족부의 내연을 따라 통증이 나타난다. 특징적으로 통증은 아침에 일어났을 때 처음 몇 걸음 동안 더 심하게 느끼며, 수 분이 지나면 약간 경감되나 활동을 지속하게 되면 통증이 더 악화될 수 있다. 통증이 아주 심하면 환자는 걸을 때 뒤꿈치로 체중부하를 할 수 없게 되며, 족저부의 감각 저하는 대부분 나타나지 않는다. 이학적 검사상 종골의 내측 조면(medial calcaneal tuberosity)에 압통이 있으며, 족지를 신전시켜서 족저 근막을 긴장시키면 압통을 쉽게 느낄 수 있다.

3.7 무릎 질환의 직업적 원인

무릎 질환의 직업적 원인으로는 작업 자세(무릎 꿇기, 쪼그려 앉기), 계단 오르내리기, 중량물 들기, 장시간 운전 등이 있다. 무릎 꿇기와 쪼그려 앉기 등의 작업 자세는 무릎의 근골격계 질환의 가장 큰 위험요인이다. 무릎을 꿇는 자세가 하루에 1시간 이상일 경우와 쪼그려 앉는 자세가 하루에 1시간 이상일 경우는 무릎 부위의 근골격계 질환과 연관성이 있다. 하루에 10층 이상의 계단을 오르내리는 것은 무릎의 골관절염이나 슬개대퇴 통증 증후군과 관련성이 있으며, 30층 이상의 계단을 오르내리는 것이 무릎의 반달연골 손상과 관계가 있다. 10kg 이상의 중량물을 1주일에 10회 이상 들거나 하루에 1.6시간 이상의 중량물 작업을 하는 것은 무릎 부위 근골격계 질환과 관련이 있다. 하루에 4시간 이상 운전을 하는 것은 무릎의 반달연골 손상의 위험요인으로 알려져 있다. 무릎 퇴행성 관절염과 반월상 연골 손상의 위험요인은 다음과 같다(표 3-7, 표 3-8).

표 3-7 무릎 퇴행성 관절염의 위험요인

무릎 퇴행성관절염		위험요인	
		연구의 축적 정도	통계적 관련성의 크기
직업적 요인	점핑(JUMPING)	±	+
	무릎 꿇기	+	++
	중량물 들기	±	+
	앉기	±	
	쪼그리기 또는 무릎 굴곡	+	++
	서있기 또는 걷기	±	
	여러 요인의 결합	+	+
비직업적 요인	연령	+++	++
	비만도	+++	++
	과거 사고력	++	++
	수술력(연골절제)	++	++
	가족력	++	+
	성별	+	여성>남성
	신체 활동	±	
	흡연	±	
	해부학적이상(무릎 정렬이상)	+	+

표 3-8 반달연골 손상의 위험요인

무릎 반달연골 파열(손상), 퇴행성변화		위험요인	
		연구의 축적 정도	통계적 관련성의 크기
직업적 요인	오르기(Climbing)	±	+
	무릎 꿇기	+	+
	운전	±	+(>4시간)
	중량물 들기	±	+
	앉기	±	
	쪼그리기 또는 무릎 굴곡	+	+(>1시간)
	서있기	+	–
	걷기	+	+
비직업적 요인	연령	+++	++
	비만도	+++	++
	신체 활동	±	

제4장

신경계질환

제1절 서론

이정배

1.1 정의

World Health Organization에 의하면 신경계 질환은 전 세계적으로 10억 명 이상이 앓고 있고, 2015년 기준으로 전 세계 사망 원인 중 14%를 차지한다고 알려졌다. 신경계 질환은 증상이 발현되는 부위에 따라서 중추신경계 질환과 말초신경계 질환으로 나눌 수가 있다. 손목터널 증후군이나, 추간판탈출증 같이 반복 작업에 의해 발생하는 신경계 질환의 경우는 근골격계 질환에서 다루고, 뇌출혈이나 뇌경색과 같은 질환은 순환기계 질환에서 다룬다. 소음성 난청은 귀의 질환에서 다룬다. 직업성 신경계 질환에서는 주로 신경독성물질에 의해 발생하는 질환을 주로 다룬다(표 4-1).

중추신경계 질환은 두통, 인식 저하, 정신 혼란, 시력 손상, 간질, 운동 실조, 진전, 강직, 감각 이상 등의 증상으로 볼 수 있고, 말초신경계 질환은 통증, 약화, 마비, 감각 둔화 등의 증상으로 볼 수 있다.

1.2 원인

신경독성물질은 크게 납, 수은, 망간, 알루미늄 같은 금속류, n-헥산, 톨루엔, 메틸부틸케톤, 메탄올 같은 유기용제류, 피레스로이드, 메틸 브로마이드, 유기인계, 유기염소계 농약류, 일산화 탄소, 이황화 탄소 같은 가스류로 나눌 수 있다(표 4-2).

표 4-1 직업과 연관된 주요 신경계질환

신경계질환	원인 요인/물질
뇌증(Encephalopathy)	독성물질(Toxins), 두부 외상(head trauma)
경련(Seizures)	독성물질(Toxins), 외상(trauma)
수면 장애(Sleep disorders)	교대작업(Shift work)
운동 장애(Movement disorder)	독성물질(Toxins), 두부 외상(head trauma), 누적 외상(cumulative trauma)
척수병증(Myelopathy)	독성물질(Toxins), 척추 외상(spinal trauma)
말초신경병증(Peripheral neuropathy)	독성물질(Toxins), 누적 외상(cumulative trauma), 국소 외상(focal trauma)
근골격계 질환(Musculoskeletal injuries)	독성물질(Toxins), 누적 외상(cumulative trauma)

표 4-2 독성 기전 및 세포 표적에 기초한 신경독성 분류

1. 신경세포에 대한 일차성 대사 효과(Primary metabolic effects on neurons)
  가. 신경세포 세포막 Neuronal membrane
    1) 세포막-채널 차단제 : 테트라에틸암모늄, 아미노피리딘 Membrane-channel blockers: tetraethylammonium, aminopyridine
    2) 세포막-채널 개방제 : DDT, 피레트로이드계 살충제 Membrane-channel openers: DDT, pyrethroid insecticides
  나. 신경전달물질 Neurotransmitters
    1) 콜린계 Cholinergic System
      가) 콜린 길항제 Cholinergic agonist
      나) 항콜린에스테라아제 : 유기인산, 카바메이트 Anticholinesterases: organophosphate, carbamates
      다) 항콜린성 Anticholinergic
      라) 시냅스 전 및 시냅스 후 콜린 차단 Presynaptic and postsynaptic cholinergic blockade
    2) 카테콜아민계 Catecholaminergic system
      가) 콜린성/아드레날린성 효과 : 유기인산, 카바메이트 Cholinergic/adrenergic effects: organophosphates, carbametes
      나) 카테콜아민성 Catecholaminergic
      다) 카테콜아민 결핍 : 망간 Depletion of catecholamines: manganese
    3) 세로토닌성 경로 Serotonergic pathways
    4) GABA성 독성 GABAergic toxicity
    5) 글루타민성 경로 Glutaminergic pathways
  다. 신경세포의 구조적 정합성 Structural integrity of the neuron
    1) 신경세포 퇴행 Neuronal degeneration
      가) 중추신경계 : 탈륨, 유기수은 Central nervous system : thallium, organic mercury
      나) 말초신경계 : Peripheral nervous system
      다) 특수 감각 : 메탄올(시각) Special senses : methanol (vision)
    2) 축삭 퇴행 Axonal degeneration
      가) 중추-말초 원위 신경병증 : 노말헥산, 메틸부틸케톤, 아크릴아미드, 유기인산, 이황화탄소, 탈륨 Central-peripheral distal neuropathy : n-hexane, methy butyl ketone (MBK), acrylamide, organophosphates, carbon disulfide, thallium
      나) 중추 원위 축삭병증 : 클리오퀴놀 Central distal axonopathy: clioquinol
2. 수초에 대한 일차성 대사 효과(Primary metabolic effects on myelin)
  가. 금속 : 납, 삼에틸주석, 탈륨, 구리 Metals: lead, triethyltin, thallium, copper
  나. 유기용제 : 톨루엔 (물질로 사용했을 때만) Solvents : toluene (substance abuse only)
  다. 기타 : 암모니아, 헥사클로로펜 Others : ammonia, hexachlorophene
3. 혈관에 대한 일차성 대사 효과 : 납, 카드뮴, 인듐, 터븀, 탈륨, 수은, 유기 주석, 비스무트 Primary metabolic effects on blood vessels : lead, cadmium, indium, terbium, thallium, mercury, organotins, bismuth
4. 신경-근육 접합에 대한 일차성 대사 효과 : 유기염소계 살충제, 피레트린, 납 Primary metabolic effects on neuromuscular junction : organochlorine insecticides, pyrethrins, lead
5. 근육에 대한 일차성 대사 효과 : 디메틸 설폭사이드(DMSO), 바륨 Primary metabolic effects on muscle: dimethyl sulfoxide (DMSO), barium
6. 저산소증 또는 경색증에 의한 이차성 효과(Secondary effects due to hypoxia/ischemia)
  가. 산소결핍성 산소결핍증 Anoxic anoxia
    1) 일산화탄소(카복시헤모글로빈증) Carbon monoxide (carboxyhemoglobinemia)
    2) 아질산염 (메트헤모글로빈증) Nitrites (methemoglobinemia)
  나. 경색증성 산소결핍증 : 심정지에 의한 이차성 효과 Ischemic anoxia: secondary to cardiac arrest
    1) 용제, 농약 Solvents, Pesticides
    2) 금속 Metals
    3) 가스 Gases
  다. 세포독성 산소결핍증 Cytotoxic anoxia
    1) 시안화물 Cyanide
    2) 아자이드화물 Azide
    3) 다이나이트로페놀 Dinitrophenol
    4) 말로노니트릴 Malononitrile
    5) 메티오닌 설폭시민 Methionine sulfoximine

신경독성물질은 일반적으로 용량-반응관계를 보인다. 신경학적 증상은 노출 농도가 역치 이상일 때 나타난다. 하지만 개인적 감수성에 따라 다양한 농도에서도 증상이 발현되기도 하고, 드물게는 특이반응이 나타나기도 한다. 신경독성물질은 국소적인 반응 보다는 양측성 신경계 증후군으로 발현된다. 몸의 한측에서만 나타나는 신경학적 증상은 다른 원인인 경우가 많다. 또한 노출과 반응 사이에는 강한 시간적인 연관성이 있다. 신경계독성물질은 화학구조식에 따라서 독성을 예측하기 어렵다. 유사한 구조를 가지고 있는 화학물질이라도 독성은 다르다. 예를 들면 톨루엔(메틸벤젠)의 경우 만성 노출시 치매, 후각상실증, 소뇌성운동실조를 유발하나 메틸기를 제거한 벤젠의 경우 신경독성은 명확하지 않고, 백혈병 등의 암을 유발하는 것으로 알려져 있다. 그리고 신경독성물질은 하나의 독성물질이 여러 증후군을 유발하기도 한다. 노출 농도와 노출기간에 따라서 신경학적 증후군이 다양하게 발현된다. 노말헥산의 경우 급성 고농도 노출시에는 고양감, 지남력 상실, 소뇌성운동실조 등을 유발하나, 만성 저농도 노출시에는 말초신경병증과 중추신경계 장애 등을 유발한다.

1.3 역학

직업성 신경계질환의 경우 감시체계에 의해서 그 발생을 모니터링하고 있지 않다. 급성화학물질 노출로 인해서 집단적으로 발생 시 알려지게 되고, 그렇지 않으면 개개인이 산업재해를 신청하게 되는 경우에만 보고가 된다. 때문에 정확한 발생 통계는 현재 없다. 직업성 신경계 질환의 발생 현황을 간접적인 자료로 추정해 볼 수 있는데, 고용노동부에서 발간한 2020년 산업재해현황분석 보고서를 보면 업무상 질병 발생 현황에서 금속 및 중금속의 경우 12명, 유기화합물 6명, 기타화학물질 65명이다. 83명 중 일부가 직업성 신경계 질환일 가능성이 있다. 산업안전보건연구원이 실행한 역학조사 보고서를 보면 2020년에 근위축성측삭경화증, 파킨슨병, 알츠하이머, 만성독성뇌병증 4건을 조사하였고 모두 업무관련성은 근거 부족으로 판단하였다. 2018-2019 보고서를 보면, 다계통위축증, 뇌병증, 파킨슨병 4명 등 총 6명을 조사하였고, 파킨슨병 1명만 업무관련성관련 근거 충분으로 판단하였다. 2017-2018 보고서에서는 말초신경병증, 뇌병증, 시신경척수염 3건을 조사하였고, 2건이 근거가 충분한 것으로 판단하였다. 고용노동부 통계와 산업안전보건연구원의 보고 자료를 통해 추정해 보면 직업성 신경계 질환의 보고 건수는 연간 몇 건 되지 않을 것으로 판단된다.

산업재해보상보험법 시행령 별표 3에서 업무상질병에 대한 구체적 인정기준을 제시하고 있는데, 신경정신계 질병으로 분류하고 있다. 유기용제 노출로 인한 중추신경계 장애, 유기용제 및 비소, 카드뮴 노출로 인한 말초신경병증, 납 및 수은 노출로 인한 중추 및 말초신경병증, 망간 노출로 인한 파킨슨증, 망간정신병 만 인정하고 있다.

결론적으로 우리나라에서 직업성 신경계 질환의 정확한 발생 건 수 등은 알기 어렵고, 그 수가 많지 않은 것으로 추정은 하고 있다. 하지만, 2004년 세척제로 사용된 노말헥산으로 인해 8명이 말초신경 장애가 발생하였고, 2016년 전자부품 세척제로 사용한 메탄올에 의해서 4명이 시신경 손상이 발생하는 등 계속적으로 집단 발생하고 있다. 한국산업안전보건공단에서 발표하는 유기용제의 경우 고농도의 노출 사망 사고가 거의 매년 발생하는 점으로 미루어 보면, 유기용제 노출로 인한 직업성 신경계 질환의 발생이 적지 않을 것으로 추정할 수 있고, 더욱이 가벼운 신경계 증상이 발생했을 경우 보고 없이 누락되는 경우가 많을 수 있을 것으로 추측할 수 있다.

더 읽을거리

LaDou J, Harrison R. CURRENT Diagnosis & Treatment Occupational & Environmental Medicine, 6th Edition: McGraw-Hill Education; 2021. p358-371.

Lotti M, Bleecker ML. Occupational neurology: Elsevier; 2015. p3-42.

Rosenberg NL. Occupational and environmental neurology: Elsevier Health Sciences; 2015. p1-46.

제2절 중추신경계질환

민영선

2.1 중추신경계의 구성

중추신경계는 뇌와 척수로 구성된다. 대뇌의 구성요소 중 대뇌 피질은 감각영역의 정보를 받아들이고 사고, 기억, 의식과 같은 연합영역 기능을 담당하고, 변연계는 다양한 감정, 행동, 동기부여 등의 기능에 관여한다. 간뇌는 시상과 시상하부로 구성되는데, 시상핵과 기저신경절은 내장 기능의 조절을 나타낸다. 시상하부는 자율신경계 활동 통합영역이며, 체온, 갈증, 피로, 중간 대사, 혈압이나 일주기 생체리듬, 여러 신경호르몬을 합성하고 분비하거나 조절한다. 중뇌와 뇌간은 척수로의 신경 신호전달역할과 안구 운동 조절 등을 담당한다. 소뇌는 자세 유지, 내장기관 기능 조절 등 근육 제어 역할 뿐만 아니라 감각 인지 통합 등 학습과 기억에 중요한 역할을 한다. 척수는 말초신경계로부터의 감각정보를 뇌로 운반하고 뇌로부터의 운동정보를 다양한 신체기관에 전달한다. 척수의 각 분절 내에서 자율신경 반사가 일어날 수 있다.

2.2 중추신경계 독성학

유해인자들이 중추신경계로 들어가기 위해서는 복잡한 방어막을 통과해야 한다. 혈액과 신경계 사이의 해부학적 방어막 혈액뇌장벽, 혈액뇌척수액장벽에 의해 많은 유해인자로부터 중추신경계를 보호한다. 그러나 혈액뇌장벽은 선택적 투과성을 가지고 있어 혈류로부터 대뇌로 가는 세균이나 독성물질을 여과하고 격리시키는 역할을 하지만 모든 유해인자를 차단할 수 있는 것은 아니다. 전하를 띤 친수성, 고분자 화합물의 이동은 잘 차단하지만, 지용성의 저분자 화합물은 잘 차단하지 못한다. 또한, 혈액뇌장벽에 의해 완전히 보호받지 못하는 영역들이 있는데 구토작용을 담당하는 것으로 알려진 맨아래구역(area postrema), 시상하부, 송과체와 같은 신경호르몬 담당 구역 등이 있다.

신경세포는 고에너지를 요구하는 세포로 산소나 포도당 공급에 민감하게 반응한다. 시안화물과 같은 호기성 호흡을 억제하는 독성 물질 또는 일산화탄소와 같이 저산소증을 유발하는 조건에 노출되면 신경세포의 기능 장애의 초기 징후가 나타나고, 중추신경계 손상으로 이어진다.

신경독성 유해인자들은 신경세포의 시냅스 전후 표면에 있는 말단 축삭, 수상돌기, 신경섬유, 수용체 또는 특정 대사 활동을 표적으로 삼을 수 있다. 신경계 손상 중 축삭손상은 물리적, 유전적 또는 독성 유해인자 등으로 발생할 수 있다. 신경 세포체가 치명적인 손상을 입으면 신경병증 과정에서 퇴화하지만, 손상이 축삭 수준에 있을 때 축삭은 퇴화하는 반면 신경 세포체는 계속해서 유지할 수 있으며 이를 축삭병증이라고 한다. 축삭병증에서 유해인자 독성에 의한 손상으로부터 재생 및 회복의 가능성이 있다. 그런데 말초신경계에서는 축삭 변성 후에 재생과정을 통해 부분 회복 또는 경미한 경우 완전한 회복이 발생할 수 있지만 중추신경계에서는 동일한 손상 시 재생 가능성이 낮다.

말이집(수초)은 중추신경계에서는 희소돌기아교세포에 의해 생성되고, 말초신경계에서는 슈반세포에 의해 형성된다. 일부 유해인자들은 말이집 유지 과정을 방해하여 수초병증을 유발한다. 축삭이 보존된 상태로 수초가 소실되는 것을 일차 탈수초라 하고, 축삭 손실로 인해 수초가 제거되면서 수초가 퇴화하는 것을 이차 탈수초라 한다.

그 외에 신경독성을 일으키는 유해인자 독성 화합물은 시냅스 전달을 차단하거나 강조하는 방식으로 방해하고, 신경전달물질 또는 전구체의 재흡수를 차단하거나, 2차 전달자 체계를 방해함으로써 신경전달에 영향을 미친다.

신경독소에 대한 노출은 호흡, 음식이나 물 섭취, 피부 접촉 등 다양한 경로로 일어난다. 중추신경계의 독성학적 효과는 대뇌 부위, 세포 유형, 체류시간에 따라 다양하다. 뇌로 능동적으로 전달되지 않는 경우 독성 물질 또는 그 대사산물의 침투는 지질 용해도와 혈액뇌장벽 등을 구성하는 세포의 세포막을 통과하는 능력에 달려있다. 지용성 물질이나 특수한 운송 기전을 가진 물질들이 중추신경계에 영향을 줄 수 있으므로, 적은 수의 유해인자만이 전체적인 신경독성을 나타낸다. 디니트로벤젠과 같이 내피세포에 손상을 주는 화합물은 혈액뇌장벽의 불능을 야기할 수 있고, 중추신경계로 독소의 유입을 유발할 수 있다.

노출의 기간 측면에서, 가역적인 혹은 비가역적인 효과를 보이는 급성과 만성 독성은 구별이 필요하다. 유기용제의 경우 급성 노출은 가역적인 중추신경계 억제를 유발하지만, 적은 양의 만성 노출에서는 말초신경퇴행을 유발할 수 있다.

주요 중추신경계 독성기전은 아래와 같이 정리할 수 있다.

1) 신경세포병증

일부 유해인자는 신경세포에 특이적인 손상이나 세포사멸을 일으킨다. 이런 신경세포 손상은 손실은 비가역적이며 세포질 확장, 수상돌기 및 축삭, 축삭을 둘러싸고 있는 말이집의 변성들도 포함한다. 이런 손상은 신경세포의 높은 대사율, 빠르게 탈분극 및 재분극되는 흥분성 세포막 등에 의한다. 신경세포손상은 기능 장애를 동반한 미만성 뇌병증으로 나타난다.

2) 축삭병증

독성의 주요 부위가 축삭인 신경독성 장애를 축삭병증이라 한다. 수초를 포함하여 축삭은 퇴화하였으나 신경세포체는 손상되지 않은 상태이다. 축삭이 퇴화함에 따라 감각과 운동 강도는 축삭 돌기의 가장 원위부인 발과 손에서 먼저 손상된다. 손상이 계속되면 기능손실은 신체에 더 가까운 근위부와 척수의 긴 축삭을 포함하여 진행된다.

3) 탈수초병증

말이집은 신경 과정의 전기 절연을 제공하며, 말이집이 없으면 인접한 과정 사이의 신경전도가 느려지거나 비정상적으로 전달되는데, 이를 전기연접전달(ephaptic transmission)이라 한다. 말이집 층의 분리와 말이집의 선택적 손실, 즉 탈수초를 일으키는 유해인자들이 있다. 중추신경계에서 말이집의 손상 후 재수초화는 제한적이거나 일어나지 않는다. 탈수초화의 기능적 결과는 탈수초화의 정도와 탈수초화의 발생 범위의 확산 여부에 달려 있다.

4) 기타 중추신경계 독성 기전

별아교세포는 중추신경계에서 전반적인 생리적 기능을 수행하고 조절한다. 별아교세포는 신경독성물질에 노출된 후 중추신경계의 주요 방어 수단으로 삼투압 활성화 이온에 대한 공간 완충 작용과 내인성 분자/생체이물의 격리 및 대사과정을 위한 저장소로 사용된다.

특수한 기전으로 신경전달에 영향을 미치는 다양한 합성화합물과 자연발생독소들도 있다. 신경독성 유해인자가 도파민, 세로토닌, 노르에피네프린, 아세틸콜린 및 기타 카테콜아민과 같은 신경전달물질의 형성, 저장, 방출, 흡수, 이화작용 및 재합성 등 특정 단계에서 신경정신 치료약물과 동일하게 작용하는 경우도 있다.

2.3 주요 유해인자

1) 중추신경계 증상이나 질환

유기용제에 의해 주로 나타난다. 톨루엔은 지방질이 많은 백색질에 손상을 주어 말이집탈락뇌병증, 회색질에도 영향을 주어 단기기억력이나 신체 반응력이 감퇴하고 신체부조화, 보행장해 발생, 만성적으로 장기간 노출되면 치매와 유사한 증상이 발생한다. 톨루엔을 만성적으로 흡입하면 중증의 비가역적인 떨림 및 소뇌 운동실조를 유발할 수 있으며, 이는 눈(안구 운동 이상) 및 사지의 움직임에 영향을 미칠 수 있다. 자세와 걸음걸이 이상, 인지 장애는 자주 나타나고, 일부 환자에서는 피질척수로 징후, 진행성 시신경병증, 감각신경성 난청이 발생한다. 전신 대뇌 위축과 특히 소뇌 위축도 관찰된다. 스티렌은 소뇌의 손상을 초래하여 균형감각의 상실, 트리클로로에틸렌은 삼차신경에 영향을 미칠 수 있다.

2) 메틸수은의 독성 기전

메틸수은(methyl mercury)은 가장 잘 알려진 신경독소 중 하나이다. 메틸수은의 주요 중추신경계 손상 부위는 시각 피질의 뉴런과 소뇌 피질의 작은 내부 과립 세포 뉴런이며, 이로 인해 실명과 현저한 운동실조를 일으킨다. 소아에서는 발달 장애, 지체 및 인지 결손이 발생할 수 있다. 메틸수은에 노출되면 광범위한 신경 손상이 발생하고 이후 확산성 뇌병증이 발생한다. 사지, 혀, 입술의 떨림을 포함하여 노출 후 며칠 또는 몇 주 동안 지속되는 신경학적 증상이 나타난다. 정신적 혼란, 보행 및 팔의 운동 실조, 의도 떨림 및 구음 장애를 동반한 진행성 소뇌 증후군과 나중에는 극도의 우울증과 무기력감이 과민성과 번갈아 나타난다.

3) 망간 중독

망간 입자의 만성 흡입 및 섭취로 인해 발생하며 망간 광석 광부 및 다른 광석에서 망간을 분리하는 작업자에게서 발생한다. 중독의 초기 단계는 장기간의 착란-환각 상태로 나타날 수 있고, 나중의 증상은 주로 추체외로이다. 망간은 모든 조직에서 발견되는 필수 금속으로 아미노산, 단백질, 지질 및 탄수화물의 정상적인 대사에 필요하다. 망간의 과도한 노출로 망간은 기저핵에 축적되고 신경독성을 유발한다. 근로자의 망간 독성 수준에 대한 직업적 노출은 망상, 환각, 우울증, 균형 장애, 강박적 또는 폭력적 행동, 쇠약 및 무관심을 포함한 심리적 및 신경학적 장애를 초래하고 떨림, 근육 강직, 운동실조, 운동완서, 근긴장이상증 등이 있다. 망간은 흑질, 창백구 및 선조체에 축적되어 미토콘드리아 억제제 또는 허혈에서 나타나는 효과와 유사하게 ATP 합성을 방해한다. 선조체에 망간이 축적되면 흑질이 손상된다. 파킨슨병과 및 망간에 의한 신경 퇴행은 미토콘드리아 기능 장애, 비정상적인 신호 전달, 산화 스트레스, 세포사멸 활성화와 같은 여러 방식에서 유사하다.

4) 기타 중추신경계 유해인자

비소의 중추신경계에 대한 영향은 뇌병증이다. 뇌병증의 증상(두통, 졸음, 정신 착란, 섬망, 경련성 발작)은 급성 또는 만성 중독의 일부로 나타날 수도 있다. 노출을 중단하고 신경과적 치료를 하면 점진적으로 회복한다고 알려져 있다. 이황화탄소는 n-헥산에 비슷한 말단 축삭병증을 유발하지만, 이 외에도 기분의 이상과 미만성 뇌병증 질환의 징후를 유발할 수 있다. 이황화탄소에 만성적으로 노출되면 추체외로 증상이 발생할 수 있다. 1,3-디니트로벤젠은 뇌간과 소뇌 핵의 수도관주위회색질에 있는 별아교세포에 특이적 영향을 미쳐 신경교혈관 병변을 만든다. 헥사클로로펜은 피부 흡수 후 신경계에 들어가 수초 내 부종을 일으켜 중추신경계와 말초신경계 모두에서 말이집의 주기내선(intraperiod line)을 분할한다. 말이집내의 부종은 뇌의 해면증을 일으키기도 한다. 말이집내 부종은 초기 단계에서 가역적이지만 헥사클로로펜 노출이 증가함에 따라 분절 탈수초화를 유발한다. 헥사클로로펜에 급성으로 노출된 사람은 전신 쇠약, 혼란 및 발작을 일으킬 수 있다. 암모니아는 높은 중추신경계 농도에서 세포막에 대한 탈분극 작용으로 인해 발작을 일으키는 반면, 낮은 농도에서 과분극 효과와 일치하는 혼미와 혼수상태를 유발한다. 암모니아의 독성은 별아교세포의 부종과 형태학적 변화와 관련이 있다. 1-methyl-4-phenyl-1,2,3,6-tetrahydropyridine(MPTP)는 뇌내 신경세포를 손상시키고 파킨슨증후군(parkinsonism)과 비슷한 비가역적인 신경퇴행 증후군을 일으킨다. MPTP의 활성 대사물인 methylphenylpyridinium(MPP+)은 운동협조에 있어 중요한 뇌의 영역인 흑색질의 도파민성 뉴런의 신경병증을 선택적으로 유도한다. 니코틴은 신경절, 신경근 접합부, 중추신경계 내에 위치한 니코틴 수용체에 결합하여 영향을 나타낸다. 순환하는 니코틴 수준의 급격한 증가는 니코틴 수용체의 과도한 자극으로 이어지며, 신경절 마비로 이어진다. 졸음과 혼돈이 발생할 수 있으며 혼수상태가 뒤따를 수 있다.

2.4 증상과 평가

중추신경계의 질환은 다양한 임상 양상으로 나타나는데, 두통, 인지/정신 장애, 시각 이상, 경련, 운동 실조, 진전, 경직, 쇠약, 감각 상실 등이 흔하게 나타난다. 직업성 중추신경계 질환의 진단은 산업현장에서 의사들이 증상과 문진을 통해 이상 근로자를 빨리 선별해내는 것이 중요하다. 보행불안정, 어지러움 혹은 현훈 등이 있는 환자는 뇌신경 혹은 소뇌 장애에 대해 평가해야 한다. 보행불안정을 확인할 수 있는 쉬운 자가진단방법은 앞꿈치와 뒤꿈치 이어 붙여 걷기 통해 걸음 수, 안정감을 점검해볼 수 있는 '발잇기 일자보행'이 있다. 10걸음 이상 가능하면 정상이다. 외안근 운동 및 안구진탕의 유무, 청력소실, 사지운동실조, 감각이상, 진전 등도 필요시 확인하여야 한다. 운동 실조, 진전의 자가검사로 손가락 코 검사(finger to nose test)가 있다. 거울 앞에 서서 본인의 코와 거울에 비춰진 얼굴의 타부위(귀나 입)를 번갈아 맞대도록 한다. 동작이 정확성 및 떨림의 유무를 확인하여, 운동실조 및 진전을 평가해볼 수 있다. 인지기능 문제의 평가는 간이정신상태검사 등을 통해 평가할 수 있다. 문진과 신체검사를 통해 발견된 중추신경계 질환이 의심되는 근로자들은 객관적인 상태 평가를 위해 신경과, 정신건강의학과, 재활의학과 등 전문가에게 의뢰하고, MRI, 신경전도검사, 뇌파검사, 요추천자 검사 등 다양한 진단도구들을 이용하여 명확한 진단을 받도록 한다.

2.5 업무관련성 평가

중추신경계 질환 진단을 받은 근로자 중 수행 업무에 의한 발병 가능성이 되면 업무관련성 평가로 직업병 여부를 확인해야 한다. 이를 위해 취급 또는 노출 중추신경계 유해인자 파악, 노출경력(노출량 및 노출기간), 노출강도, 추정되는 유해인자의 신경계 영향과의 일치, 증상의 시간적 경과의 적합성, 비슷한 증상을 일으킬 수 있는 다른 신경학적 질환의 배제 등 자세한 기록을 검토해야 한다. 또한, 작업장 노출 수준을 위해 작업환경측정결과 신경계 유해인자의 평균 노출 수준, 노출의 최고치도 검토해야 한다. 직업성 발생가능성을 배제하기 위해 유전적 요인, 사회인구학적 평가를 위해 음주, 흡연, 정신사회적 문제 등도 고려한다.

더 읽을거리

Moser VC, Aschner M, Richardson JR, Bowman AB, Richardson RJ. Toxic Responses of the Nervous System. In: Klaassen CD, Watkins III JB. editors. Casarett & Doull's Essentials Of Toxicology, 4th ed. New York. McGraw Hill; 2021. p.298-308.

Ropper AH, Samuels MA, Klein JP, Prasad S. Adams and Victor's Principles of Neurology. 11th ed. New York. McGraw Hill; 2019.

제3절 말초신경계질환

김민기

3.1 평가에 대한 접근

말초신경계는 척수에서 연질막(pia membrane)을 통과하여 나오는 모든 신경세포성 구조물만이 아니라 뇌의 특수한 확장 부위에 해당되는 시신경과 후각 신경을 제외하고 뇌간에서 출발하는 여러 뇌신경을 포함한다. 따라서 척수의 복측 및 배측에서 출발하는 신경, 즉 '척수 신경근(spinal nerve root)'과 뇌간에서 출발하는 뇌신경인 '뇌신경 신경근(crainal nerve root)'도 포함한다. 말초신경병은 그 자체가 하나의 독립된 질환으로, 혹은 여러 질환의 합병증으로 발생한다. 대략 전 인구의 3% 내외로 보고되며, 연령이 증가할수록 그 비율도 증가하는 것으로 알려져 있다. 자세한 문진, 신경학적 진찰과 혈액 검사, 전기진단 검사를 시행하더라도 약 30% 환자에서는 원인이 밝혀지지 않는다. 이들 환자에서는 말초신경병에 동반된 통증과 이상감각을 조절해 주며 정기적으로 진단검사를 반복하는 것이 필요하다.

3.2 분류와 원인

1) 병태생리학적 분류

말초신경병증은 병태생리학적 기전에 따라 아래와 같이 구분할 수 있다.

(1) 대칭적 전신화 신경병증
(2) 탈수초성 신경병증
(3) 신경근 병증
(4) 초점성 단신경병증과 다발성신경병증

2) 임상의학적 분류

말초신경병증은 임상의학적 양상에 따라 아래와 같이 구분할 수 있다.

(1) 다발신경병(polyneruopathy)
(2) 단발신경병(mononeuropathy)
(3) Multiple polyneruoapthy
(4) 신경뿌리병(radculopathy)
(5) 가는 신경병(small fiber neuropathy)

3.3 임상증상

다발신경병의 증상은 길이가 긴 신경일수록 먼저 침범되는 특성에 의해 대부분 발끝에 먼저 침범되는 특성을 갖고 있다. 일반적으로 다리가 팔보다 길기 때문에, 자세히 병력을 청취하거나 질문을 해보면 발목 위까지 증상이 진행되면 손끝마디가, 무릎까지 진행되면 손목까지 올라오는 "stocking-and-glove" 형태를 보인다. 감각 증상은 음성증상과 양성증상으로 나누어 생각할 수 있다. 음성증상은 무감각, 무겁거나 먹먹한 느낌의 호소가 있으며, 양성증상은 저린감, 찌르는 통증, 뜨겁거나 시린감 등이 있다. 신경병 통증이 다른 통증과 구분되는 증상은 이질통(allodynia)과 통각과민(hyperalgesia)이다. 통각과민은 정상적으로 통증을 유발하는 자극에 대한 역치가 낮은 상태를 이야기하며, 이질통은 전혀 유해하지 않은 자극, 즉 옷깃에 스치거나 가볍게 누르거나 혹은 차가운 물에 닿았을 때도 심한 통증을 느끼는 상태를 이야기한다. 운동 증상은 사지 말단부의 근력이 떨어져 병마개를 따거나 손톱깎기 사용, 단추 잠그기에 어려움을 호소하는 증상이나 걸을 때 발가락 끝이 자꾸 땅에 끌리거나 걸리는 증상이 있다. 진행하면 손발 근육의 위축으로 관절의 변형이 올 수 있다. 근육에 쥐가 나는 증상을 호소하기도 하는데, 눈 주위, 손, 종아리 근육에서는 정상에서도 나타날 수 있다.

3.4 진단

1) 병력청취

말초신경병증을 감별하기 위한 첫 단계이자 가장 중요한 단계이다. 증상이 팔과 다리 중 어디부터 시작되었는지, 증상이 대칭적인지 아니면 다초점성인지, 감각 증상과 운동 증상 중 어떤 것이 먼저 나타났는지 자세히 물어보아야 한다. 증상의 시작에서 진행 양상과 속도는 병리기전을 유추하는데 중요한 단서를 제공한다. 독성 말초신경병증을 확인하는 판별원칙들은 아래와 같이 제안되어 있다(표 4-3).

2) 신경계 진찰

우선 사지 말단부의 근위축이 있는지 관절의 변형이 있는지 확인한다. 이학적 검사에서 나타나는 소견으로는 근 위축, 건반사의 소실이나 감소, 감각소실 등이 있다. 다발성신경병증에서 가장 흔히 보는 감각이상은 대칭적인 stocking-glove distribution의 통증과 진동감각이다. 온도감각도 연관되나 진찰에서 알아내기 힘들다. 원위부 대칭성 감각운동 신경증에서는 감각검사에서 light touch, pinprick, 온도에 대한 민감도가 감소하며, 팔보다는 다리의 원위부에서 먼저 진동과 위치 감각이 감소된다. 쇠약은 흔히 원위부에서 일어나며 발의 내재근(intrinsic muscle)이 많이 연관된다(발가락을 잘 벌리지 못하거나 울퉁불퉁한 곳을 잘 걷지 못한다). 다리 앞쪽의 근육이 위축되므로 정강이가 튀어나와 보일 수도 있다. 고유감각(proprioception)의 소실이 진행되면 자세가 불안정하거나 보행실조가 올 수도 있다. 단발신경병증이나 다발성 단발 신경병증의 원인이 되는 것은 비교적 많지 않은데 비해 다발성신경병증을 일으키는 원인은 다양하다. 다발성신경병증의 감별진단을 위해서는 철저한 병력청취가 필요하며 신경병증의 시간경과나 관련된 기능, 분포를 확인하는 것이 도움이 된다.

3) 근전도와 신경전도 검사

말초신경병증의 진단에는 신경전도 검사와 근전도 검사가 중요한 역할을 한다. 전형적인 축삭성 다발신경병의 양상이 아닌 경우에는 원인 질환을 찾아가는데 중요한 단서를 제공해 주기도 한다. 기본적으로 상하지 운동신경(정중신경, 자신경, 정강신경, 종아리신경)과 감각신경(정중신경, 자신경, 얕은 종아리신경, 장딴지신경)을 검사하지만 환자의 증상에 따라 침범이 예상되는 신경을 선택적으로 검사할 수도 있다. 단발성 신경병증의 경우 신경이 손상된 곳이나 눌리는 곳을 찾기 위해 신경전도검사가 아주 유용하다.

4) 신경독성 질환을 암시하는 특이적인 신체적 특징

산업장과 한경에서 흔하게 독성 신경병증을 일으키는 물질의 예들은 다음과 같이 정리할 수 있으며(표 4-4)

표 4-3 독성 말초신경병증의 확인(Identification of toxic peripheral neuropathy)

1. 병력 청취를 통하여 독성 말초신경병증을 의심하고 그에 상응하는 소견을 신체 진찰을 통하여 확인함
(Suspicion raised by history and reinforced by compatible findings on physical examination)
2. 질병을 독성이 아닌 자연적으로 발생할 수 있는 다른 원인으로 설명하기 어려움
(Lack of naturally occuring alternative explanation)
3. 질병이 신경독성의 기본 원리에 부합함
(Consistency with basic principals of neuro-toxic disease)
4. 신경전도 검사 결과가 일치하거나(Compatible electro-diagnostic studies; or)
5. 신체에 부담이 증가한 것이 적절하게 확인되거나, 노출이 제거된 상황에서 신체의 부담 감소됨(Confirmation by demonstration of elevated body burdens if appropriate, or resolution of condition with removal of potential exposure)

그 외에 독성 신경질환을 암시하는 특이한 신체적 특징은 아래와 같다(표 4-5).

5) 특성독성 신경병증

(1) 중금속

① 비소(Arsenic)

살충제, 페인트, 에나멜, 금속생산, 도금, 땜납 등에 사용하고 현재까지 국소 크림의 성분으로 사용하고 있다. 무기비소가 유기비소에 비해 독성이 더 강하며, 3가 형태가 5가 형태보다 독성이 더 강하다.

급성 고농도 노출은 보통 자살 목적으로 한 음독에 의해 발생한다. 만성 저농도 노출과 급성 노출은 사업장 환경에서 발생할 수 있다. 급성 고농도 노출에서 복통, 설사, 구토가 유발되며, 심혈관계 영향으로 빈맥, 저혈압이 발생하며 사망에 이를 수 있다. 급성 고농도 노출 후에 생존한 경우 신경계 질환이 일주일 안에 발생하며, 통증을 동반한 사지의 마비와 무감각증상이 하지에 이어 상지에 침범한다. 이 기간 동안 치료를 제대로 받지 못하면, 호흡근을 침범하여 길랑-바레 증후군(Guillian-Barre Syndrome)과 유사한 증상이 나타난다. 만성 저농도 노출에서 피부 증상 발생 이후 신경계 증상이 발현한다. 피부증상으로는 Mees' line, 과각화증, 과색소증이 있다. 이후 급성과 유사한 감각운동성 말초신경병증이 생긴다. 노출을 끊은 이후에도 신경병증이 지속되어 심각한 후유증을 남기는 경우도 있다.

표 4-4 산업 및 환경 독성에 의한 독성 신경병증

발생하는 신경병증의 종류 Type of Neuropathy	예 Examples
주로 감각신경에 다발성신경병증을 일으키거나 감각운동신경에는 작은 영향을 주거나 거의 영향을 주지 않는 경우 Mostly sensory or sensorimotor poly-neuropathy (little or no weakness)	아크릴아미드 Acrylamide 이황화탄소 Carbon disulfide 에틸렌 옥사이드 Ethylene oxide 금속 : 비소, 납, 수은, 탈륨 Metals: Arsenic, lead, mercury, thallium 메틸 브로마이드 Methyl bromide 폴리염화 비페닐류 Polychlorinated biphenyls (PCBs)
거의 대부분 운동신경에 다발성신경병증을 일으키거나 현저한 근력 약화를 동반한 감각운동신경 다발성신경병증을 일으키는 경우 Predominantly motor poly neuropathy or sensorimotor poly-neuropathy with significant weakness	6탄소 화합물 : 노말헥산, 메틸 노말 부틸 케톤 Hexacarbons : n-Hexane, methyl n-butyl ketone 금속 : 납, 비소, 수은 Metals : lead, arsenic, mercury 유기인산계 Organophospahtes
완전히 감각신견에만 신경병증을 일으키는 경우 (근력 약화 없이 감각을 상실함) "Purely" sensory neuropathy (disabling sensory loss with no weakness)	시스-플래티넘 cis-Platinum 피리독신 오용 Pyridoxine abuse 뇌신경병증 Cranial neruopathy 탈륨 Thallium TCE(삼차신경병증) Trichloroethylene(trigeminal neuropathy)
주로 자율신경 기능 이상을 일으킴 Predominant autonomic dysfunction	아크릴아미드, 노말헥산(접착제 흡입), Acrylamide, n-Hexane(glue-sniffer) Thallium Vacor (PNU) 베이커 쥐약(피리미닐)
신경병증과 연관성이 있을 것으로 보이는 경우 (사례가 있는 경우) Possible association with neuropathies (mostly anecdotal)	벤젠 Benzene 일산화탄소 Carbon monoxide 다이옥신 Dioxin 메틸 메타아크릴레이트 Methyl methacrylate 피레트린 Pyrethrins

표 4-5 말초 신경의 독성신경질환을 동반하는 물질들의 특이한 신체적 특징

독성신경질환 유발물질	특이한 신체적 특징
아크릴아미드	피부접촉과 관련을 보이는 접촉성 피부염 또는 손과 발의 과다발한
이산화황	만성 저농도 노출에서 발생하는 다양한 신체적 정신적 이상 소견과 말초신경병증
에틸렌옥사이드	지속적인 저농도 노출에서 인지장애와 신경병증
헥사카본	급성, 고농도에서 급성 염증성 탈수초성 다발성 신경염과 유사한 자율신경계 증상
납	Mees' line, 혈액학적 이상(basophillic stippling anemia), 위장관계 이상, 두드러진 운동신경 이상
수은	진전 및 운동실조 및 두드러진 감각신경 이상
에틸렌 브로마이드	축삭의 신경증을 동반한 피질척수(cortico-spinal)와 소뇌의 기능 이상
유기인계 중독	초기에는 콜린성 중독 증상이 생기며(Type I 유기인제 중독증후군), 이후에는 Type II 유기인제 중독이 발생할 수 있다. 말초신경병증이 해소되며 피질척수로의 이상이 발생할 수 있음
폴리염화비페닐(PCBs)	갈색의 여드름 양상의 피부병변과 갈색의 손톱 및 대칭정인 감각신경 이상
탈륨	고농도에서 위장장애, 지속 노출시 대머리, Mees' line, 과각화증 및 감각신경의 장애

② 납(Lead)

급성 중독은 어른보다 어린이에게 호발하며, 두통, 착란상태, 혼미, 혼수, 경련 등을 보일 수 있다. 말초신경병증은 성인 만성 납 중독의 잘 알려진 합병증으로 알려져 있다. 신경전도 검사의 이상 소견이 40μg/dL 이상에서 증상 없이 관찰될 수 있다.

잘 알려진 임상 증상은 운동신경의 이상이며, 감각신경 손상은 없거나 경미하게 동반될 수 있다. 전형적인 증상은 양측성 손목하수(wrist drop)와 족하수(foot drop)이다. 원위부 및 근위부의 근력 약화와 근반사의 소실이 특징이다. 고농도 노출 후 아급성기에 비대칭적으로 손가락과 손목 관절의 운동성 신경을 침범하여, 양쪽 손목의 처짐(wrist drop)이 호발하며 족하수(foot drop)만을 보일 때도 있다. 반사가 보전되어 있고 감각 증상이 전혀 없으며 근육의 위축만 관찰되는 경우 근위축성 측삭 경화증(amyotrophic lateral sclerosis)에 대한 감별진단을 염두해야 한다. 저농도 만성 노출은 근력약화를 동반하지 않으며 자율신경계만을 침범하는 원위부 감각운동성 말초신경병증을 일으키기도 한다.

③ 수은(Mercury)

무기(원소성 수은, 제1 수은염, 제2 수은염) 및 유기 화합물 형태로 존재하며, 각각 특징적인 독성을 나타낸다. 유기수은 노출은 특징적으로 중추신경계의 손상을 일으키나, 말초신경계에는 거의 영향을 끼치지 않는다. 신경병증은 대개 무기수은 노출과 일차적으로 관련이 있다. 운동신경계 손상은 금속 수은 또는 수은 증기 노출 후에 발생한다. 급성으로 발생한 경우 길랑-바레 증후군(Guillain-Barre syndrome)과 유사하게 나타나며, 아급성으로 발생 시에는 근위축성 측삭경화증(amyotrophic lateral sclerosis)과 유사하게 나타난다. 신경 진도속도 검사와 신경 생검(nerve biopsy)에서는 원발성 축삭 소실(primary axonal loss)이 관찰된다.

④ 탈륨(Thallium)

살서제와 해충 구제에 사용된다. 다량에 노출되는 급성 중독 2~3주 후에 탈모라는 전형적인 임상 증상이 나타나고, 말초신경계에 통증을 동반하는 급성 감각신경성 신경병증의 임상소견을 보인다. 저농도에 장기간 노출되는 만성중독에서는 하지에서 서서히 저린 증상과 바늘로 찌르는 통증으로 시작하면서 피부염을 동반하는 특징이 있다. 축삭변성이 손상의 중요 기전이다.

⑤ 금(Gold)

Organic gold salts는 류마티스 관절염의 치료제로 사용되고 있다. 금에 의한 신경병증은 손과 발의 감각 저하 및 쇠약과 손바닥 표면의 통각과민을 특징으로 한다. 혈관염의 유무를 확인하여 류마티스 관절염과 전신홍반루푸스를 감별할 수 있다. 치료로는 금 노출을 피하고 dimercaprol를 사용할 수 있다. 치료 반응은 느리나 일반적으로 완치가 가능하다.

⑥ 백금(Platinum)

백금화합물인 cisplatin, oxaliplatin이 항암제로 사용되고 있다. 백금화합물에 의한 신경 병변은 주로 후근 신경절(dorsal root ganglia)을 표적으로 하여 비교적 초기에 발목반사가 소실되거나 발가락의 진동 감각(vibration sense)의 저하를 보인다. 용량 증가에 따라서 손가락의 저림(numbness, tingling), 감각 이상(paresthesia)이 나타나고, 하지와 상지에 양말과 장갑을 착용한 듯한 stocking-glove 양상으로 진행한다. 또한 관절 위치 감각(joint position sense)과 온도 감각, 가벼운 촉각의 장애가 관찰될 수 있다. 척수의 후주로(spinal dorsal column)를 침범하므로 심한 경우에는 실조 보행(ataxic gait)으로 인해 활동에 심한 장애를 일으킬 수 있으며, 레미떼 징후(Lhermitte sign)를 보이기도 한다.

(2) 농약류

① 유기인제(Organophosphates)

유기인제는 항콜린에스터레이스(anticholinesterase)의 작용을 통해 특징적인 급성기 증상인 콜린성 위기(cholinergic crisis)를 나타내는 것 이외에도 중간 증후군(intermediate syndrome)이나, 지연성 다발성 말초신경병증(delayed organophosphate induced polyneuropathy:OIDP)과 만성적인 신경정신학적 장애(neuropsychiatric disorder)를 초래한다. 중간증후군은 지연성 다발성 말초신경병증과는 달리 유기인제의 급성 중독 증상 후 24~96시간에 발생한다. 초기 증상은 목 근육의 약화로 인해 침상에서 머리를 들지 못하는 것으로 입원 초기부터 검사를 해 보는 것이 도움이 된다. 이외에도 근위부 사지마비, 안면신경마비 등이 나타나며 호흡근에도 영향을 주기 때문에 기계호흡이 필요한 경우도 있다. 이러한 증상은 대개 2~3주 내에 회복된다.

지연성 다발성 말초신경병증(OIDP)은 유기인제 노출 2~3주 정도 후 발생하는 특징적인 임상증상을 갖는 질환으로 때로 증세가 심하고 비가역적일 수 있다. 지연성 다발성 말초신경병증은 주로 하지의 작열감(burning sensation)과 저린 증상을 호소하는 경우가 많고 보행실조증(ataxia)과 사지약화를 주 증상으로 하는 감각-운동신경성 말초신경병증(sensori-motor mixed polyneuropathy)이다. 심한 경우 이완성 마비(flaccid paralysis)로 진행하기도 하고 상지 약화가 나타나는 수도 있다.

② 베코(Vacor: Pyriminiol, PNU)

살서제로 사용되며 니코틴아미드와 비슷한 화학 구조식을 가지고 있다. 섭취 시 매우 빠르게 원위부 신경 축삭에 심각한 손상을 일으키고 자율신경계 이상을 동반한다. 췌장의 베타 세포를 파괴시켜 급성 당뇨병을 일으키고 급성 중독에서 회복되어도 당뇨병과 자율신경병증을 앓게 된다.

(3) 유기용제류

① 이황화탄소(Carbon disulfide)

국내에서는 원진레이온의 유발물질로 유명하다. 저농도에 지속적으로 노출될 경우 몇 년이 지나서 다발성 말초신경염을 일으키며, 신경염은 하지의 지각신경부터 변화가 시작하여 상지에 도달한다. 주 증상은 하지의 이상감각과 지각 감퇴, 손과 장딴지 부위의 통증과 이상감각 등이고 일반적으로 대칭적으로 발생한다. 국내 연구에서는 자각증상 이전에 신경전도 검사의 이상이 관찰되었다. 검사에서는 원위부 축색 부위의 병변이 관찰되며, 초기에는 손발의 감각신경 전도 속도의 지연이 관찰된다. 신경전도 검사는 조기에 발견할 수 있는 방법이다.

② n-헥산 및 메틸 n-부틸케톤(n-Hexane and methyl-n-butyl ketone)

n-헥산과 메틸 n-부틸케톤은 가정과 공장에서 유기용제 및 접착제로 널리 사용되고 있다. 이들 물질의 신경독성은 중간대사물질인 γ-diketone 2,5-hexanedione 때문이다. 축삭 전도 장해를 일으키기 때문에 '접착제 흡입자의 신경병증(glue-sniffer's neuropathy)'이라고 하는 지각 운동성 다발성 신경병증이 원위부에 대칭적으로 발생한다. 초기 징후는 대칭적인 이상감각과 쇠약감이며 대개 하지에 먼저 침범한다. 두통, 식욕부진, 현기증 등이 선행되거나 동반된다. 손과 발의 감각, 통각, 진동감각, 온도감각에 대한 장애가 사지 근육의 쇠약 및 위축과 함께 발생한다. 체중감소와 반사기능 저하 및 소실, 감각 및 운동 신경전달 속도가 감소한다. 근전도 검사 소견 상 세동전위(fibrilliation potential), 양성예파(positive sharp waves), 다발성 전위(polyphasic potentials), 간섭양식(interference pattern)의 감소 등의 신경병증을 보인다.

③ 트리클로로에틸렌(Trichloroethylene)

가공이 끝난 제품의 증기 세척 작업에 세척용제로 주로 사용한나. 급성 노출은 삼차신경의 기능 이상을 초래한다. 삼차신경이 지배하는 전체 부위의 감각 이상을 동반하며, 저작근의 약화를 가져온다. 기타 안면신경에도 손상을 준다고 알려져 있다. 말초신경의 손상을 유발하는지에 대해서는 이론이 많다.

④ 톨루엔(Toluene; 메틸벤젠 Methylbenzene)

뇌신경 이상(cranial nerve dysfunction)을 초래하는 물질이다. 시신경이 위축되어 시력을 잃을 수도 있다.

⑤ 알릴클로라이드(Allyl chloride)

상온에서 휘발성 액체인 탄화수소이다. 알릴클로라이드 노출 근로자들에서 초기에는 눈물과 재채기를 호소하였다. 이후 2달 후에 증상이 소실하였으며, 이후 근력약화, 저린감, 경련성 통증, 사지의 무감각증이 발생하였다. 2/3의 근로자에서 원위부에서 통증, 촉각(light touch), 진동감각의 저하를 동반한 장갑과 양말은 신은(stocking-glove) 양상의 감각신경 소실이 생겼으며 근력약화(57%), 발목반사의 소실(42%)에서 관찰되었다. 근위축은 관찰되지 않았다.

(4) 플라스틱(Plastics)

① 아크릴아미드(Acrylamide)

신경병증은 급성 노출 후에는 2~3주 지나서, 만성 노출 시에는 서서히 나타난다. 지각신경과 운동신경이 다 같이 침해되어 지각상실, 무력증, 운동실조, 건반사의 소실을 초래한다. 원위부의 반사만 소실되는 다른 중독성 신경병증과는 달리, 전신의 건반사가 소실된다. 발한증, 소변의 저류와 같은 자율신경계 증상도 동반된다. 신경병증은 축삭의 신경세사(neurofilaments)에 많이 축적됨으로써, 6탄화수소(hexacarbon)에 비슷한 증상이 발현한다. 6탄화수소(hexacarbon)와 다른 것은 2차적인 탈수초화가 일어나지 않는 것이다.

② DMAPN (Dimethylaminopropionitrile)

폴리우레탄 폼 생산 공장에서 신경인성 방광 증상(hesitancy, need to strain, decreased stream, and increased duration of urination)들을 호소하는 미국 근로자가 1978년 발생하였다. 증상은 생산부서 166명의 근로자 중 104명(63%)에서 발생하였다. DMAPN을 촉매제로 사용하는 공정에서 발생하였으며, 사용량이 늘수록 증상 호소자도 증가하였다. 증상의 발생은 사용을 멈추자 급속도로 멈추었다. 회복기 동안 신경학적 검사를 받은 근로자 중에서 7명은 배뇨반사 또는 방광 충만(bladder filling)을 느끼는 감각의 이상이 관찰되었다. 8명 중 7명에서 무증상의 감각이상이 발견되었다. 3명은 천골유발반응의 연장과 두 명에서는 사지의 운동신경병증이 관찰되었다. DMAPN은 사지의 신경이상 보다는 비뇨기 증상을 유발하는 특이한 신경 독성 물질이다. 현재는 더 이상 사용되고 있지 않다.

(5) 가스류

① 브롬화 메틸(Methyl bromide)

훈증 소독제, 살충제, 소화제로 사용되며 다른 화합물과 혼합하여 구서제로도 이용한다. 급성 중독 시 노출 30분 이내에 의식장애, 호흡장애 등이 나타나 사망에 이를 수 있다. 만성중독에서는 증상이 경미하고 서서히 진행하며 노출을 중지하면 대부분 수 개월 내에 자연히 호전되는 경향이 있다. 말초신경병증으로 축삭 병변을 유발하며, 중독의 진단을 위해서는 혈액과 소변 내의 농도 측정이 필요하다.

② 산화에틸렌(Ethylene oxide)

무색의 에테르 같은 냄새가 가연성 기체로 고압에서는 휘발성 액체가 된다. 에틸렌 글리콜, 세제, 폴리에스테르, 유기안료, 로케트추진체, 향유화제와 병원 등에 살균 소독제로 사용된다. 급성 노출 시 폐부종을 동반한 뇌증이 생기지만 만성 노출시 감각운동성 원위부 축삭변성 말초신경병증을 유발한다. 증상은 노출을 피할 경우 개선되었다.

③ 폴리염화비페닐(Polychlorinated biphenyl, PCBs)

전기절연체와 가소제로 사용되었다. 1970년에 사용이 금지되었다. 현재의 노출은 PCB가 사용되었던 제품 등을 제거하다가 노출된다. 말초신경 손상으로는 원위부의 양측성 감각운동신경병증이 뇌병증과 같이 동반된다. 노출을 중지해도 증상이 악화되는 것으로 알려져 있다.

더 읽을거리

Pulley M, Berger AR. Disorders of the peripheral nervous system. In: Roenstack L, Cullen MR; Brodkin CA; Redlich CA. Textbook of clinical occupational and environmental medicine. 2nd ed.Philadelphia:Elseveir Sanuders 2005. p661-685.

So YT. Neurotoxicology: In: Ladou J. editor. Current occauptional and enviromental medicine 4th ed. New York: McGraw-Hill 2007:373-383.

제5장 눈질환

이준형

5.1 역학

시각은 인간의 가장 중요한 감각이며, 사람이 인지하는 외부 정보의 약 80%는 시각을 통해 얻어진다. 국가보상법 시행령에서는 양안 실명의 노동력 상실률을 100%로 규정하고 있다. 대다수 직업에 종사하는 근로자에게 눈은 작업수행 능력과 삶의 질 측면에서 가장 중요한 기관이라고 할 수 있다.

미국 국민건강영양조사 결과를 기반으로 한 2013년 연구에서는 40세 미만 미국 인구의 실명과 안질환으로 인한 사회의 경제적 부담은 275억 달러, 삶의 질 보정 생존년수(Quality-adjusted life year) 손실은 215,000년으로 추정하였다.

미국 질병통제예방센터(Centers for Disease Control and Prevention, CDC)의 지원으로 2017년의 데이터를 기반으로 2022년 발표된 조사에서는 시력손실(Vision loss)로 인한 미국의 총 경제적 부담을 1,342억 달러로 추산하였다. 국가건강보험 지출로 인한 비용이 418억 달러로 가장 많고, 그 외 건강보험 지출이 309억 달러, 결근으로 인한 사회적 손실이 162억 달러 수준이었고, 안경, 콘택트렌즈, 시력손실로 인한 가정방문 서비스 등으로 지출되는 비용이 전체 비용 부담의 23%에 달했다.

2013년 연구에 따르면 직업성 안질환 중 가장 흔한 것은 눈의 외상이며, 우리나라 전체 안과 환자 중 눈의 외상이 차지하는 비율은 약 0.8~8.1%로 다양하게 보고된다. 눈의 외상의 원인으로 산업재해가 차지하는 비율은 2.5~12.4%였고, 눈의 외상으로 안과에 입원한 환자들 중 산업재해가 원인인 경우는 25~59%로 연구마다 차이는 있었지만, 상당히 높은 비율을 차지하는 것을 알 수 있다.

2013년 미 노동통계국(US Bureau of Labor Statistics)의 발표에 따르면 매년 미국에서 눈의 외상으로 응급실을 방문하는 인원은 약 300,000명으로, 결근 관련 머리 외상의 45%를 차지하며 관련 의료비, 산재보상 및 휴가로 인한 손실은 약 3억 달러로 추정하였다. 건설업 종사자가 가장 흔했으며 전체의 40%는 건설업, 제조업, 광업 종사자였다.

5.2 눈의 해부학과 질환

눈은 구조에 따라 공막(Sclera), 포도막(Uvea), 망막(Retina)의 세 층으로 분류할 수 있다. 공막은 안구를 보호하고 눈의 형체를 유지하는 역할을 하는데, 전방 1/6은 각막(Cornea)으로 빛이 통과하고 굴절하는 부위이다. 포도막은 빛의 양을 조절하는 홍채(Iris), 빛의 분산을 막는 맥락막(Choroid), 홍채를 조절하는 섬모체(Ciliary body)로 구성된다. 망막은 시세포가 존재하며 빛을 인지하고 시신경과 연결되는 부위이다. 수정체(Lense)는 안구 전방에서 초점을 조절하는 역할을 하고, 안구 내부는 유리체(Vitreous body)로 채워져 있다.

각막에는 세균과 바이러스에 의한 각막염이 발생할 수 있고, 안압 상승 등의 원인으로 시신경이 손상되면 녹내장, 노화, 수정체가 혼탁해지면 백내장이 발생한다. 한편 망막에는 당뇨병성 망막병증, 망막박리, 황반변성 등이 발생할 수 있다.

5.3 외상

눈의 외상은 남성이 약 90%를 차지하며 20~40대가 가장 많다. 이는 눈의 외상과 산업재해와의 연관성을 지지한다. 눈의 외상은 여러 가지 방식으로 분류할 수 있으나 일반적으로 안구 전층의 열상성 손상 여부에 따라 천공성과 비천공성으로 나눌 수 있다. 천공성 외상은 대부분 시력에 치명적인 결과를 불러일으키며, 비천공성 눈의 외상의 경우 외상의 기전과 손상 부위, 손상 정도에 따라 그 예후가 다양하다. 눈의 외상의 약 70% 이상이 날아든 이물질(foreign body)에 의한 각막과 결막의 손상으로 알려져 있으며, 흔히 빠른 시일 내로 치유되지만 적절한 조치를 받지 않으면 원인이 되는 물질에 따라 2차적인 감염 등에 의한 합병증으로 시력 손실이 발생할 수 있다.

이물질에 의한 손상일 경우, 눈의 외상의 원인이 된 물질은 치료방식과 예후에 중요한 단서가 되므로 문진이 매우 중요하다. 철이나 구리와 같이 용해성이 높은 금속염의 경우 홍채 및 수정체뿐만 아니라 망막에 비가역적인 손상을 줄 수 있으므로 즉시 제거하여야 한다. 알루미늄, 플라스틱, 유리 등은 상대적으로 예후가 양호하다. 한편, 나뭇조각이나 식물의 가시 등은 안구 내 감염을 일으킬 수 있어 예후가 가장 좋지 않다.

안구 각막 혹은 결막에 찰과상(abrasion)이 의심되면 각막 혹은 결막에 이물질이 남아 있는지 확인해야 하며, 플루오레세인 염색이 도움이 된다. 안구를 보호하기 위해 솜으로 감싸여 있는 도구로 제거하는 것이 좋으나 상황에 따라 핀셋을 사용하는 것이 나을 수도 있다. 12~24시간 뒤 회복이 시작되면 각막 상처 부위에 흰색이나 회색 혼탁 여부로 각막 감염을 감별해야 한다.

각막 상피의 손상은 이물질, 화학 물질, 먼지, 연기, 그 외에 자외선 노출에 의해서도 발생할 수 있다. 용접아크에 의한 광각결막염(Photokeratoconjunctivitis)이 흔한 예이다. 보호구를 착용하지 않은 상태에서 용접아크에 노출되면 6~8시간 뒤 증상을 호소하며, 눈에 뜨거운 모래를 뿌리는 것 같은 통증과 과도한 눈물, 광원 회피(photophobia), 안면 경련(blepharospasm) 등의 증상이 나타난다. 광각결막염이 의심되면 안구 국소 점안 마취제 사용 후 검진이 필요하다. 눈꺼풀의 부종, 결막의 충혈, 심한 경우 각막의 혼탁이 확인되며, 플루오레세인 염색 후 세극등현미경(Slit lamp)의 청색광을 사용하면 자외선에 노출된 안구 부위에 따라 밝은 녹색으로 빛나는 결막을 확인할 수 있다. 치료는 일반적인 각막 및 결막 찰과상 치료와 같다.

페인트와 같은 에어로졸, 세정제, 계면활성제, 먼지, 연기, 증기에 의한 각막 손상이 의심될 때도 치료는 동일하다. 낮은 농도의 자극제에 만성 노출될 경우 눈물반사의 피로로 안구에 타는 듯한 통증과 건조감이 발생할 수 있는데, 진찰 시 세척을 충분히 하는 것이 해당 증상 예방에 도움이 된다.

해머 등 강한 물리력을 사용하는 작업장에서 튀어 오른 작은 금속 조각들이 가끔 안구 내부에 파고들어 육안으로 이물질이 확인되지 않는, 안구 내 이물질이 되는 경우가 있다. 이런 경우 환자는 안구 자극을 호소하지만, 시력은 정상이다. 방사선검사가 도움이 되며, 방사선검사로 확인되지 않는 유리나 플라스틱이 의심되면 초음파검사로 확인할 수 있다. 철이나 구리 이물질을 인지하지 못해 제거하지 못한 경우 수개월 이상의 시간 동안 용해되어 생성된 금속염은 망막에 비가역적인 손상으로 이어져 실명으로 이어질 수 있다. 자성을 지닌 물질일 경우 자석을 통해 제거할 수 있으며, 비자성 물질인 경우 이물질 적출에 미세수술이 필요할 수 있다.

5.4 화학 손상

도금작업 및 금속 세척에 사용되는 강산, 청소용으로 사용되는 수산화나트륨, 수산화칼륨 등의 강염기는 안구에 중대한 화학 손상을 유발할 수 있다. 특히 염기성 물질은 세포막 지질의 비누화를 유발함으로써 심부 조직까지 침투하며, 자연적으로 제거되지 않기 때문에 수 시간에 걸쳐 지속적인 손상을 유발하므로 즉시 안구의 세척이 필요하다. 한편 산은 조직 단백질에 의한 완충작용에 의해 중성화되므로 상대적으로 안구의 심부 조직까지는 침투하지 않는다. 안구 화학 물질은 각막상피 외에 다른 구조에도 영향을 주는데, 눈물 배출에 장애가 생기면 녹내장을 유발할 수 있고, 혈관 괴사로 이어지면 홍채, 섬모체의 허혈이 발생해 예후가 좋지 않다.

화학 손상의 중증도는 주로 각막의 혼탁도를 통해 평가하며, 홍채를 침범하면 중등도, 동공 외부선을 침범하면 중증으로 평가한다. 잔류 산과 염기를 평가하기 위해 pH 시험지를 사용할 수 있다. 안구에 화학 물질이 있는 경우 1L 이상의 생리식염수로 세척한 뒤 젖은 솜으로 안구를 조심스럽게 닦아낸 후 가능하다면 산동제를 투여한다. 전문적인 안과 진료 및 점안 항생제가 필요하며, 스테로이드 사용은 2차 감염을 유발할 수 있으므로 주의가 필요하다. 수정체에 손상이 있는 경우에 제거가 필요할 수 있다. 결막 괴사 정도가 섬모체나 각막상피, 눈물샘 손상과 관련이 있어 가장 중요한 예후인자이다.

톨루엔, 스티렌, 노말헥산 등의 일부 유기용제는 노출량이 적어도 색각에 영향을 줄 수 있으며, 주로 파랑노랑축(blue-yellow axis)이 영향을 받는다. 메탄올은 인체 내에서 개미산으로 대사되어 실명에 이를 수 있고, 경구 노출뿐만 아니라 높은 농도의 호흡기 노출에 의해서도 발생할 수 있다. 이황화탄소는 망막 모세혈관의 미세동맥류 유발 등의 구조적 변화를 일으켜 망막변성을 유발한다.

또한, 안구로 흡수된 화학 물질은 간을 통한 1차 대사 과정을 거치지 않으므로 전신독성을 유발할 수 있으므로 주의가 필요하다.

5.5 유해광선과 눈질환

1) 자외선

자외선은 100~400nm 파장으로 X선보다는 길고, 가시광선보다는 짧다. 구체적으로 UV-A(315~400nm), UV-B(280~315nm), UV-C(100~280nm)로 분류되는데, UV-C는 오존층에 대부분 흡수되어 일반적으로 태양광 등에서 노출되는 것은 UV-B가 가장 많다. 대부분의 UV-B와 UV-C는 각막과 수정체에 흡수되어 망막까지 도달하지 않는다. 자외선 노출량 및 기간과 백내장, 익상편(Pterygium), 망막변성 유병률과의 연관성이 입증되어 있다.

2) 가시광선

가시광선은 400~700nm 파장을 가지며, 이 중 450nm 이하인 가시광선에 급성으로 노출되면 일광망막병증(Solar retinopathy)이 유발될 수 있다.

3) 적외선

적외선은 가시광선보다 길고 전파보다는 짧은 주파수를 가지며, 온도 상승과 관련이 있다. 홍채에 흡수된 적외선에 의해 수정체에 백내장성 변화를 유발하며, 관련 질환으로는 유리공에게 발생하는 초자공백내장(Glassblower's cataract)이 있다. 이 변화에는 수십 년 이상의 노출이 필요하다고 알려져 있다.

4) 레이저

레이저는 헬륨-네온 레이저, 아르곤 이온 레이저, CO_2 레이저, 엔디야그(Nd:YAG) 레이저 등이 있다. CO_2 레이저는 각막과 결막 등 눈의 외부에, 엔디야그 레이저는 눈의 전 층에 손상을 줄 수 있다고 알려져 있으며, 아르곤-이온 레이저는 망막에 손상을 줄 수 있다. 국제전기기술위원회는 IEC 60825-1을 레이저 제품 관련 규격으로 채택하고 있으며, 보호구 착용 및 노출 시간, 확산 반사 위험도에 따라 1, 1M, 2, 2M, 3R, 3B, 4등급(등급이 높을수록 안구 장해 위험도가 높음)으로 분류한다.

5.6 안구건조증

장시간 전자기기를 사용하는 사무직 등의 근로자들 중 일부는 안구건조증을 호소할 수 있다. 안구건조증은 눈물이 필요량 이상 증발하거나 눈물의 결핍으로 인한 눈물막의 장애로 안구 표면의 손상이 발생해 눈의 불편감이 발생하는 것을 말한다. 안구건조증은 눈물이상증후군(Dysfunctional tear syndrome)으로 불리기도 하는데, 안구건조증의 최근 정의(Tear Film and Ocular Society International Dry Eye-Workshop, TFOS DEWS)에서는 눈물막의 항상성 상실, 불안정, 눈물의 높은 삼투압, 안구 표면의 염증 및 손상, 신경감각 이상이 원인이 된다고 보았다.

안구건조증의 원인으로는 크게 수성눈물 생성이 부족하거나, 눈물막 증발이 증가해 건성안이 발생하는 경우로 나눌 수 있다. 수성눈물 생성 부족의 경우에는 쇼그렌증후군과 같은 전신 자가면역질환이 원인이 될 수 있기에 감별이 필요하며, 눈물관의 폐쇄 및 눈물 반사로 인한 눈물의 분비 저하, 노화 등이 원인이 된다. 눈물막의 증발이 증가하는 경우는 마이봄샘의 기능장애, 눈꺼풀 형태 이상 및 눈 깜빡임 횟수의 감소, 비타민 A 결핍이나 염화벤잘코늄 노출에 의한 안구 표면의 질환, 콘텍트렌즈 착용 등이 원인이 된다.

안구건조증 환자는 눈의 이물감, 작열감, 찌르는 느낌, 가려움, 뻑뻑함, 안구 피로감, 과도한 눈물흘림 등의 증상을 호소할 수 있다. 약물 복용력, 폐경 및 호르몬 치료력 등을 문진하여야 하며 구강 내 건조 상태와 치과 병력을 조사하는 것이 쇼그렌증후군 감별에 도움이 될 수 있다. 이학적 검사로 눈꺼풀의 해부학적 이상이나 눈깜빡임 시간, 눈꺼풀 부종 등을 확인하고, 세극등 현미경 검사, 플루레신 안저촬영, 마이봄샘 검사(비접촉 적외선 마이보그래피), 눈물막 파괴 시간 검사, 각막 지각 검사 등을 통해 진단한다.

더 읽을거리

Kulshrestha V and Mishra AK. Occupational Eye Diseases and Injuries – A Cause for Concern. International Journal of Medical Science and Clinical Invention 2021;8(5):5414–20.

Kyriakaki ED, Symvoulakis EK, Chlouverakis G, Detorakis ET. Causes, occupational risk and socio-economic determinants of eye injuries: a literature review. Medicine and pharmacy reports 2021;94(2):131–144.

Zamanian A, Hardiman C. Electromagnetic radiation and human health: a review of sources and effects. High Freq Electron 2005;4(3):16–26.

제6장 코, 귀, 인후질환

제1절 코, 인후질환(상기도 질환)

채창호

1.1 코, 인후의 해부 및 생리

1) 상기도의 기능

코에서 후두에 이르는 상기도는 몇 가지 중요한 생리적 기능을 가진다. 첫째는 흡입한 공기를 상기도를 통과하는 동안 체온과 비슷한 온도로 변화시키며, 습도도 75~80%까지 올리게 된다. 둘째는 직경이 5~10μm 이상 되는 입상물질을 비갑개(nasal turbinate)에서 점액분비로 포집하고 섬모운동을 통해 비인두(nasopharynx)로 운반하는 청소작용이 이루어진다. 또한 코의 분비물에는 lysozyme과 lactoferrin 등 비특이적 항균요소와 IgA 등이 들어 있어서 공기중 바이러스와 세균 등의 미생물 감염에 대한 방어작용을 한다.

그리고 상기도에는 2가지 감각기능이 있는데, 그 하나는 후각이고 다른 하나는 자극의 지각이다. 후각은 제1 뇌신경인 후각신경에 의해서 이루어지며, 자극감지는 제5 뇌신경인 삼차신경(trigeminal nerve)에 의해 이루어진다. 후각은 음식의 풍미를 느끼게 하여 식욕을 돋우는 역할을 할 뿐 아니라 안전을 지켜주는 기능도 하고 있다. 냄새를 맡지 못하는 사람(무후각증, anosmia)은 상한 식품을 구별하지 못하고 부엌의 가스레인지에서 가스가 누출되는 것을 인지하지 못한다. 또한 사업장에서는 호흡기 보호구의 여과장치가 유해 가스로 포화된 상태인 것을 느끼지 못해 건강유해가 생길 수 있다. 그리고 삼차신경에 의해 전달되는 상부 호흡기관 자극은 폐에 화학적 부상이 발생하기 전에 탈출 행동을 촉발하는 보호작용을 할 수 있다.

2) 상기도의 급성반응기전

(1) 알레르기 반응

알레르겐에 반복적으로 노출되면 알레르겐 특이항체 IgE가 생성되며, 비만세포나 호염기구의 막에 있는 Fc-분절(fragment)에 붙어 있다가 동일한 알레르겐에 노출되면 교차반응을 일으켜서 비만세포내의 물질들이 세포 밖으로 나오게 된다. 이중 대표적인 물질이 히스타민과 류코트리엔이며, 이들 물질에 의해 혈관확장 및 투과성 증가, 점막 비후 등을 통해 증상을 유발시킨다.

(2) 신경반사

각종 화학물질에 의한 자극으로 여러 가지 신경반사가 일어난다. 낮은 pH, bradykinin과 같은 내인성 염증매체 및 화학적 자극에 의해서 삼차신경의 구심섬유가 자극되면 2가지형의 신경반사가 일어난다. 그 하나는 안면신경(제7 뇌신경)의 부교감 반사이고, 다른 하나는 삼차신경의 구심섬유에서 유리되는 신경펩티드(neuropeptides)에 의해 생기는 축삭반사(axon reflex)이다. 이들 신경반사는 비즙 분비와 혈관확장을 일으키고 신경성 염증이라는 국소염증반응을 증폭시킨다.

1.2 작업장 환경조건과 관련된 상기도 질환

1) 직업성 알레르기성 비염

(1) 원인

직업성 알레르기성 비염은 직업성 천식과 마찬가지로 업무상 노출된 물질에 감작되어(work-induced) 발생하거나 업무에 의해서 악화(work-exacerbated)되는 경우도 포함된다. 직업성 알레르기성 비염을 일으키는 대표적인 물질은 [표 6-1]과 같다. 이들 물질에 의해서 직업성 천식이 생길 수도 있다.

(2) 진단

알레르기성 비염의 특징은 재채기, 소양감, 비루, 코막힘이 동반되며, 눈 및 호흡기 증상이 함께 생기는 때도 있다. 비직업적으로 먼지 진드기(dust mite), 고양이 비듬, 바퀴벌레 또는 곰팡이 아포 등 실내에 있는 알레르겐에 의해서 일 년 내내 증상이 나타나는 통년 알레르기성 비염과 꽃가루 등에 의해 발생하는 계절적 알레르기성 비염이 있다. 직업성 알레르기성 비염은 관련된 알레르겐의 노출 정도에 따라 증상의 변동이 있다. 직업성 알레르기성 비염 환자는 작업장과 비작업장 항원에 모두 감작될 수도 있고, 자극 물질에 반응하기도 하므로 진단하기 어려운 경우가 많다.

진단은 문진, 진찰소견 및 임상검사로 진단한다. 혈구계수, 비점막의 도말검사로 호산구 증가 확인, 혈청 총 IgE 및 특이 IgE 항체검사, 피부단자검사(skin prick test) 등의 알레르기 검사로 진단할 수 있다. 또한 비후두경검사로 점막의 부종, 수양성 비루 등을 확인할 수 있다.

흡기시의 비강내 최고기류속도(nasal inspiratory peak flow)를 측정하면 교차증상(cross-shift symptoms)을 객관적으로 가려낼 수 있으며, 알레르겐에 노출되지 않을 때와 알레르겐에 노출되는 작업을 할 때에 측정하면 직업성 여부를 가려내는데 도움이 된다.

(3) 치료

특정 알레르겐에 노출되지 않는 것이 증상의 호전과 진행을 예방하는 가장 좋은 치료법이다. 특히 흉부증상

표 6-1 직업성 알레르기성 비염과 관련이 있는 물질 및 주요직종

원인물질	주요직종
고분자량 물질(단백질) :	
동물성 항원	동물취급자, 농부, 수의사
커피원두 및 피마자콩	부두노동자(dock workers)
단백질 분해효소	세척제 제조공, 화장품 제조공
곡물/오염물질	제과공, 농부, 곡물취급자
곤충항원	각종 직종
아라비아 고무/아카시아 고무	인쇄공
차전자(psyllium)	보건요원
라텍스(Latex)	보건요원
저분자량 물질 :	
이소시아네이트	폴리우레탄류 → 도장공, 조선공 등
산류의 무수물(acid anhydrides)	플라스틱류 → 도장공, 조립공(fabricators) 등
수지(colophony)	땜납 → 전자제품 제조공
Plicatic acid	서양 적삼 → 제재공
항생제	보건요원

이 함께 나타나는 경우에는 작업 전환이 필요하다.

알레르기성 비염의 치료는 주로 항히스타민제의 전신 투여, 스테로이드제제의 비강내 도포 및 비만세포의 안정제인 cromolyn sodium을 사용한다. 항히스타민제로는 1세대와 2세대가 있으며 H1 수용체에 대한 결합능력이 좋아 약효 지속 시간이 길고 졸음이 덜한 2세대가 일차약으로 추천된다. 국소용 스테로이드는 성인의 중등도 이상의 비염에서 1차 약제로 사용되며 특히 비루에 효과적이다. 사용 1년까지는 안전하나 이후의 사용은 권고하지 않는다. cromolyn sodium은 효과가 1주일 이내 나타나며 전신적 흡수가 거의 없지만 스테로이드보다 치료효과가 적다. 비강에 국소 비충혈제거제를 사용하면 급성 증상을 잠시 멎게 하는 효과는 있으나 10일 이상의 사용은 주의를 요한다.

일반 알레르기비염은 꽃가루, 집먼지진드기, 동물털, 일부 곰팡이에 한정되어 원인이 되는 항원을 점진적으로 증가하여 피하주사하는 면역요법이 있으나 직업성 알레르기비염은 문제가 되는 직업성 알레르겐을 빨리 인지하고 노출을 회피하는 것이 최선의 치료이며 직업성 알레르겐으로 면역요법을 시도하는 치료는 아직 그 안전성이 확립되어 있지 않다.

2) 직업성 자극성 비염

(1) 원인

눈, 코 및 목은 화학적 자극제(가스, 증기, 먼지 및 연기 포함)에 민감하며 문제가 있는 작업 환경에서 가장 일반적으로 발생하는 질환이 자극성 비염이다. 사무실이나 가정에서는 담배 연기, 연소의 부산물 그리고 세제 또는 사무용 기기 및 건축자재와 장식물 등에서 발생하는 휘발성 유기화합물이 문제가 된다.

산업 환경은 근로자에게 광범위한 공기 자극제를 제공하며, 허용되는 노출 수준(PEL)의 대부분은 해당 화합물의 자극에 기초한다. 극한 형태의 산업성 자극성 비염은 크롬도금 등 크롬산 취급작업자에서 볼 수 있는 부식성 비염 즉, 비강 점막 궤양 또는 비중격의 천공을 일으키기는 형태이다. 자극성 비염을 일으키는 대표적인 직업성 물질은 [표 6-2]와 같다.

작업장에서 일회성 높은 수준의 자극성 물질 노출 후 지속적인 비염 증상을 보이는 경우 반응성 상부기도 기

표 6-2 직업성 자극성 비염과 관련이 있는 물질

직종	자극제
농장 근로자	암모니아, 이산화질소, 황화수소
관리인	암모니아, 표백제(차아염소산염), 클로라민
소방수	연기, 유해 물질 방출
외식업 종사자	담배, 요리 시 발생하는 증기
건강 전문가	글루타르알데히드, 포름알데히드
실험실 근로자	유기용매 증기, 무기산 증기/분무
군인	염화 아연 연기
발전소 및 정유 공장 근로자	이산화황
인쇄업자, 도장공	유기용매 증기
펄프 공장 근로자	염소, 이산화염소, 황화수소
철도 직원, 광부, 트럭 운전사	디젤 배기가스
냉동 관련 근로자(상업적)	암모니아
지붕 수리, 포장 인부	아스팔트 증기, PAHs
수영장 근로자	염소, 염화수소, 삼염화질소
폐수 처리원	염소, 황화수소
용접공	금속 산화물 흄, 질소산화물, 오존
목세공인	나무 분진

능장애 증후군(Reactive Upper airways Dysfuncion Sydrome, RUDS)이라고 한다. 이 진단은 하부기도에서 일회성 높은 수준의 자극성 물질 노출 후 발생하는 자극성 천식 또는 반응성기도 기능장애 증후군(Reactive Airways Dysfuncion Sydrome, RADS)의 발생기전과 유사하다.

(2) 진단

소양감이나 재채기보다도 자극증상(건조함, 찌르거나 타는 느낌)을 더 많이 호소하고, 동료 근로자들 중에 같은 증상을 호소하는 사람이 많으며, 증상이 밤 또는 주말에 극적으로 호전되는 경우가 많다. 비점막에 홍반 또는 점상 미란이 생겼을 때는 자극성 변화일 경우가 많다. 검사소견상, 자극성 비염일 때에는 순환혈액 중에 호산구증대증이 없고 총혈청 IgE가 정상이며, 비점막 도말검사에서 중성백혈구증대증을 볼 수 있고, 피부검사에서 작업장 내의 알레르겐을 증명할 만한 반응이 나타나지 않는다.

비강내 최고기류속도 측정을 이용하여 노출에 따른 비강내 개방 정도의 변화를 확인할 수 있으며 필요한 경우 비후두경검사를 시행할 수 있다.

(3) 치료

직업성 자극성 비염의 치료는 원인물질에 노출되지 않도록 하고, 비특이적 보조요법(식염수 비강세척)을 하고 때로는 비강에 스테로이드제제를 도포한다. 반사증상(비충혈과 비루)이 심한 환자에게는 콜린성 차단제인 ipratropium bromide를 국소에 사용하면 효과가 있다. 아토피 환자의 경우, 동반된 알레르기성 비염을 치료하면 화학물질에 대한 반응성이 감소하기도 한다.

3) 직업성 혈관운동성 비염

(1) 원인

혈관운동성 비염은 병리학적으로 비점막에 대한 과도한 부교감신경의 자극 때문이다. 이로 인한 주요증상으로는 혈관확장, 부종, 검액의 과다분비, 코막힘, 심한 비루 등이 있다. 이러한 증상을 악화시키는 비특이적인 요인으로는 담배연기, 향수, 심한 악취 등의 자극물질이나 너무 높거나 낮은 체온, 습도, 심한 공기움직임 등의 물리적 요인이 있으며 스트레스, 불안감, 피로와 같은 심리적인 요인도 증상을 악화시킬 수 있다.

(2) 진단과 치료

알레르기 검사는 음성이며 작업장 또는 환경 노출에 대한 반응으로 주관적 정체가 두드러지면 코의 흡기 유량계를 사용하여 코 개통의 노출 관련 변화를 관찰할 수 있다. 혈관운동성 비염의 진단은 다른 종류의 비염을 배제함으로써 이루어진다.

혈관운동성 비염의 치료는 환경을 개선하고, 비특이적인 국소요법(식염수 세척)을 시행한다. 약물로는 스테로이드, 항히스타민제 또는 항콜린성제제인 ipratropium bromide를 국소적으로 사용한다. 특히 비폐색에는 국소 스테로이드가 효과적이라는 보고가 있다.

4) 직업성 부비동염

(1) 원인

부비동염은 매우 흔한 질환의 하나로 상기도 감염시 87%에서 부비동이 침범되며 이 중 0.5~2%는 급성 부비동염으로 진행된다. 또한 만성 부비동염의 발생빈도는 도시인구의 5~15%에 이르며 증가 추세에 있다.

직업성 부비동염은 직업적 요인 단독으로 발생한다기보다 부가적이고 보조적인 요인으로 작용하여 부비동염을 발생, 악화시킨다. 부비동이 정상적 기능을 하는 데에는 자연공의 개방, 섬모의 정상적 움직임, 정상적인 분비물의 생성이 중요한데 자연공의 폐쇄, 섬모수의 감소와 기능장애, 분비물의 과다 생산과 점도의 변화가 생겨 부비동 내에 분비물이 저류되면 부비동염이 잘 발생하게 되는데 환경적 요인은 이런 분비물의 저류조건을 조장한다. 예컨대 흡연자는 비흡연자에 비해서 부비동염에 잘 걸리는 것으로 알려져 있으며 직업적으로 모피업자, 조미료 취급자, 야채 절이는 사람, 대마작업자, 곡물 및 곡분 취급자들은 비염이나 부비동염을 많이 호소하는 것으로 보고되고 있다. 그리고 직업성 알레르기 비염 또는 자극성 비염이 있으면 섬모운동이 둔해지고 점막에 부종이 생겨서 부비동염이 잘 발생하게 된다. 덧붙여, 여러 가지 직종에서 유해물질에 노출되면 직업성 부비동염 뿐만 아니라 부비동의 악성 신생물도 잘 발생한다.

(2) 치료

직업성 요인에 의한 부비동염은 항생제를 투여하여도 잘 낫지 않는 경우가 많다. 직업성 부비동염의 치료에 있어 일차적으로 적절한 항생제를 충분한 기간 투여하고 부비동 내의 염증성 분비물의 배액과 환기가 필요하지만 반드시 직업성 부비동염의 발생요인이 되는 알레르겐이나 자극물질을 확인하고 이에 노출되지 않게 최대한 주의를 기울일 필요가 있다.

5) 직업성 비중격 궤양 및 천공

비중격 궤양 및 천공의 원인은 비중격의 외상, 비중격 수술의 합병증, 국소적 부신피질제 사용, 매독, 결핵, 코카인의 비강흡입 등이며, 직업적으로는 크롬, 니켈, 비소 및 산화칼슘(calcium oxide) 노출 근로자에게 발생될 수 있다. 특징적으로 무통이며 비괴사성 병변은 크롬노출을 시사한다. 정기적인 의학적 선별이 요구되며 크롬 먼지 노출 근로자들은 한 달에 한 번 비중격 관찰을 해야 한다. 대부분의 경우가 크롬 취급 근로자에게서 발생되었고, 주로 6가 크롬에 의해서 유발된다. 국내에서는 용접공 근로자에게도 비중격 천공이 보고된 바 있었다.

6) 직업성 후두의 병변

상기도의 제일 하단에 위치하는 후두는 발성과 관계된 기관으로 후두에 이상이 생기면 일반적으로 쉰 목소리 증상으로 나타나는데 일시적이고 가역적인 쉰 목소리는 흡입된 화학 자극제에 노출되거나 음성을 과도하게 사용하여 발생할 수 있다. 음성의 과도한 사용은 강사와 가수에게 가장 널리 인정되지만 시끄러운 환경에서 의사소통하기 위해 소리를 지르는 소음사업장의 직원들 사이에서도 발생한다.

쉰 목소리 증상의 가장 불길한 상태는 후두암이 발생하는 것이며 관련 발생요인으로 흡연이 가장 중요하며 에탄올 소비(음주)도 관련 요인이다. 후두암의 직업적인 위험인자로 석면, 유리규산, 목재분진, 다환방향족탄화수소, 크롬산염, 니켈 등 중금속, 포름알데히드 등이 알려진 위험물질이며 이들 물질에 직업적으로 노출되는 직업군들은 주의를 요한다.

(1) 후두염과 기침

비염을 일으킬 수 있는 물질들과 유사한 상황이나 원인을 가지고 있으며 성대 과다 사용 및 역류성 식도염을 반드시 감별해야 한다. 지속적인 발작성 비-감염성 기침은 천식, 후비루, 역류성 식도염을 고려해야 한다.

(2) 발성 질환

남자는 여자보다 50% 정도 낮은 진동수를 갖고 있다. 이러한 이유로 여자교사가 발성 질환이 더 많고 심각한 발성 문제를 갖게 된다. 성대 결절도 거의 여자들에게 나타난다.

(3) 상기도 폐쇄

고온화상, 연기흡입, 자극화합물 등은 생명을 위협하는 후두부종을 일으킬 수 있으며, 상기도 폐쇄는 손상 후 48시간 후에 생길 수 있으므로 입원 후 관찰이 필요하다.

7) 직업성 후각기능 이상

(1) 개요

후각기능은 유전적 성향, 성별, 연령, 거주지역, 업무환경 등에 영향을 받으며 일반인구의 약 4.5%에서 후각장애가 발생하는 것으로 보고되고 있다.

후각장애는 크게 전도성(전달성) 및 감각신경성 두 가지로 분류할 수 있다. 전도성은 비강내 기류 폐쇄가 발생하여 후각신경상피에 냄새입자가 도달하지 못해서 생기는 경우이며 감각신경성은 후각 수용체부터 뇌의 중추에 이르는 과정에 장애가 발생하는 경우이다. 직업성 후각기능 이상은 주로 화학적 노출에 의한 감각신경성 후각 이상이다. 직업성 후각기능 이상은 화학물질에 노출된 노동자들에서 일시적 또는 지속성 후각기능의 변화가 다양하게 나타나는데 후각감퇴(hyposmia)와 후각소실(anosmia)로 나타나는 정량적 결함(quantitative defects)과 이상후각(dysosmia) 또는 후각 인식불능증(olfactory agnosia)과 같은 정성적 결함(qualitative defects)이 있을 수 있다.

(2) 후각평가 방법 (Psychophysical olfactory assessment)

후각장애의 존재 및 정도를 평가하기 위해서는 임상적 병력청취가 중요하며, 진단적 기술도 함께 병행되어야 한다. 후각평가에 있어서 문화적 차이의 중요성이 강조되어왔는데 이는 냄새를 풍기는 항목과의 친근함이 매우 중요하기 때문이다. 따라서 후각기능(후각역치, 식별, 인지)의 정량적 측정을 위해서 여러 나라에서 다양한 후각평가 방법들이 사용되어 왔다. 비교적 널리 쓰이거나 알려진 검사들을 정리하면 [표 6-3]과 같다.

펜실베니아 대학 냄새확인검사(UPSIT)는 1984년 이래로 널리 사용된 냄새확인검사법이다. 검사는 10~15분 정도 소요되며, 대부분의 후각장애(후각상실, 후각저하증, 착취증)를 탐지할 수 있다. 40개의 미세캡슐에 담긴 냄새를 펜으로 긁어서(scratch and sniff) 4가지 중 하나의 냄새를 알아 맞히는 방법이며, Cross-Cultural Smell Identification Test(CC-SIT)는 UPSIT을 보완하여 여러 민족에게 익숙한 냄새 12가지를 사용한 방법이다. 특별히 검사자의 감시가 필요 없다는 장점이 있는 반면, 검사 비용이 비교적 많이 드는 편이다. 그리고 독일에서 개발된 Sniffin Sticks (SS)검사는 1단계(Sniffin Sticks Screening Test) 및 2단계(Sniffin Sticks Extended Test) 검사로 구성된다. 2단계 검사는 냄새역치, 냄새분별력, 냄새확인을 평가한다. SS검사는 UPSIT와 마찬가지로 재현성이 좋으며, 펜 형태로 후각원을 사용하도록 하여 재사용이 가능한 대신 피검자에 대한 검사자의 감시가 필요하다. 한편, 국내에서는 Sniffin' Sticks test를 변형한 KVSS-II를 가장 많이 사용하고 있다. 역치검사, 식별검사, 인지검사로 구성되어 있으며 이 세 검사에서 얻은 점수(TDI 점수)를 합산하여 후각을 평가한다. 그리고 최근에 한국에서 개발된 YSK Olfactory Function Test는 12개의 후각 역치, 식별, 인지 검사를 합산하여 평가하는 검사이다. T&T Olfactometer는 일본에서 일본인에게 익숙한 5가지 후각원을 7~8개의 농도로 나누어 후각 인지 역치와 감지 역치를 측정하는 검사이다. 이러한 후각선별검사법들은 많은 신경퇴행성질환에서 선별검사로 유용하게 사용될 수 있지만, 검사가 있기 전에 이비인후과적, 신경학적 평가가 필요할 수 있음을 잊지 말아야 한다.

(3) 후각기능에 영향을 미치는 직업과 관련된 물질들

직업성 노출과 관련된 후각질환의 유병률은 잘 알려져 있지 않다. 화학물질에 대한 노출과 약물이용 모두를 고려했을 때, 모든 후각기능 이상의 0.5~5%는 직업적 요인으로 추정된다. 이들 직업성 후각질환과 관련된 금속

표 6-3 현재 여러 국가에서 이용되고 있는 후각기능검사 및 검사범위

Olfactory test	Olfactory function tested
University of Pennsylvania Smell Identification Test	Identification
Cross-Cultural Smell Identification Test (CC-SIT)	Identification
Sniffin' Sticks test	Identification, discrimination, threshold
Korea Version of Sniffin' Sticks test (KVSS)	Identification, discrimination, threshold
YSK Olfactory Function Test (YOF)	Identification, discrimination, threshold
T&T Olfactometer	Threshold

및 화학물질들의 목록은 아래와 같다.

① 금속

㉠ 카드뮴

카드뮴 노출과 관련된 후각기능장해가 알칼리 전지 근로자들, 제련업자들, 용접공들, 납땜 근로자들에서 주로 관찰된다. 후각장해가 있는 피험자들의 혈중 카드뮴과 요중 카드뮴 농도는 후각장해가 없는 전지 근로자들에 비해서 유의하게 상승해 있었다.

㉡ 크롬

크롬 취급 근로자의 연구에서 후각역치는 증가하며, 그들 중 절반이 비중격 천공을 가진 것을 보여주었다. 직업성 크롬노출이 후각기능에 영향을 줄 수 있고, 비중격 천공 또는 궤양이 없더라도 인지역치에 영향을 줄 수 있다.

㉢ 망간

과거 연구에서 후각역치는 요중 망간과 음의 관계가 있었으며, 망간의 체내 축적량 증가는 후각인지 증가와 관련 있는 것처럼 보였다. 이러한 인지에서의 강화가 초기 망간중독의 흥분기로 인한 일시적인 역설효과로 설명될 수 있다.

㉣ 비소와 수은

근로시간 동안 비소에 심하게 노출되었던 은퇴 광부들에서 후각감소와 후각상실이 관찰된 경우가 있었다. 미나마타병을 가진 환자들에서 유기수은중독의 임상증상들 중 하나로 후각감소가 관찰되었다.

② 화학물질

㉠ 아크릴레이트(Acrylates)

후각기능 이상과 아크릴레이트에 대한 누적노출 사이에 용량-반응관계가 있었으며, 노출이후 시간이 지남에 따라 후각기능이 점차 회복되었다는 보고가 있었다.

㉡ 스티렌(Styrene)

스티렌에 높은 환경적 수준에 만성적으로 노출되면 근로자들의 후각기능에 유의한 장해가 유발될 수 있다는 가설이 있으나 추가적 연구가 필요하다.

㉢ 혼합유기용제

혼합유기용제에 장기노출될 경우 후각기능 이상에 용량-반응관계가 있다는 가설이 있으나 추가적 연구가 더 필요한 상태이다.

더 읽을거리

Ladou J. Current Occupational & Environmental Medicine. 6th ed. Chapter 18. Upper Respiratory Tract Disorders. McGrow Hill companies, Inc. 2021.

Rosenstock L, Cullen MR, Brodkin CA, Redlich CA. Textbook of clincal occupational and environmental medicine. 2nd ed. p439-452. Elsevier Inc. 2005.

제2절 귀질환

이지호

2.1 개요

난청으로 인한 질병부담연구에서 전 세계적으로 약 15억 7,000만 명이 청력 손실을 가지고 있으며, 이는 20.3%에 해당한다(GBD, 2019). 이 중 약 4억 330만 명의 청력 손실은 보청기로 보정한 후 중등도 이상이고, 보청기로 보정하지 않은 경우 4억 3,040만이 중등도에서 고도이상의 청력 손실로 추정된다.

청력 장애가 있는 모든 사람의 62.1%가 50세 이상의 고령자이고, 2050년까지 2,450억명이 청력 손실 장애를 겪을 것으로 예상되며, 이는 안정적인 연령 표준화 유병률이 2019년에 비해 56.1%(47.3~65.2%) 증가한다는

표 6-4 난청 단계의 설명, 순음청력 검사에 대한 역치 및 손상가중치

구분	설명	범위	손상가중치 (95% UI)
정상	정상 청력	0~19dB	0
경증	시끄러운 장소(예: 도시의 거리)에서 다른 사람이 말하는 것을 듣고 이해하는 데 큰 어려움이 있다.	20~34dB	0.010 (0.004–0.019)
이명을 동반한 경증	시끄러운 장소(예: 도시의 거리)에서 다른 사람이 말하는 것을 듣고 이해하는 데 큰 어려움이 있고, 종종 이명을 느낀다.	20~34dB	0.021 (0.012–0.036)
중등증	시끄러운 장소(예: 도시의 거리)에서 다른 사람이 말하는 것을 듣고 이해할 수 없으며, 조용한 장소 혹은 전화로 다른 사람이 말하는 것을 듣는 데 어려움이 있다.	35~49dB	0.027 (0.015–0.042)
이명을 동반한 중등증	시끄러운 장소(예: 도시의 거리)에서 다른 사람이 말하는 것을 듣고 이해할 수 없으며, 조용한 장소에서 혹은 전화로 다른 사람이 말하는 것을 듣는 데 어려움이 있고, 5분 이상 지속되는 이명이 거의 매일 발생한다.	35~49dB	0.074 (0.048–0.107)
중등도 중증	설명 없음	50~64dB	0.092 (0.064–0.129)
이명을 동반한 중등도 중증	설명 없음	50~64dB	0.167 (0.114–0.231)
중증	조용한 장소에서 혹은 전화로 다른 사람이 말하는 것을 듣고 이해할 수 없으며, 다른 사람과 소통의 어려움과 관련해 감정적인 영향(예: 걱정, 우울)을 가끔 느낀다.	65~79dB	0.158 (0.104–0.227)
이명을 동반한 중증	조용한 장소에서 혹은 전화로 다른 사람이 말하는 것을 듣고 이해할 수 없으며, 5분 이상 지속되는 이명이 거의 매일 발생하며, 다른 사람과 소통의 어려움과 관련해 감정적인 영향(예: 걱정, 우울)을 가끔 느낀다.	65~79dB	0.261 (0.174–0.361)
심증	조용한 장소에서 혹은 전화로 다른 사람이 말하는 것을 듣고 이해할 수 없으며, 어떤 상황에서도 듣는 데 큰 어려움이 있다; 다른 사람과 소통의 어려움으로 걱정, 우울, 외로움을 종종 느낀다.	80~94dB	0.204 (0.134–0.288)
이명을 동반한 심증	조용한 장소에서 혹은 전화로 다른 사람이 말하는 것을 듣고 이해할 수 없으며, 어떤 상황에서도 듣는 데 큰 어려움이 있고, 5분 이상 지속되는 이명이 하루에도 몇 번씩 발생한다; 다른 사람과 소통의 어려움으로 걱정, 우울, 외로움을 종종 느낀다.	80~94dB	0.277 (0.182–0.388)
농	어떤 상황에서도 아주 큰 소리를 포함하여 아무것도 듣지 못하고, 언어적 의사소통을 하지 못한다; 다른 사람과 소통의 어려움으로 걱정, 우울, 외로움을 종종 느낀다.	95+dB	0.215 (0.143–0.307)
이명을 동반한 농	어떤 상황에서도 아주 큰 소리를 포함하여 아무것도 듣지 못하고, 언어적 의사소통을 하지 못하고, 아주 심한 이명이 하루에 절반 이상의 시간동안 발생한다; 다른 사람과 소통의 어려움으로 걱정, 우울, 외로움을 종종 느낀다.	95+dB	0.316 (0.211–0.436)

설명은 전세계 질병부담 연구 손상가중치 조사에서 사용된 내용입니다. UI=uncertainty interval

것을 의미한다.

난청은 귀 질환에서 가장 중요한 증상이며, 외이부터 대뇌 피질까지 청각전도로의 어느 부분의 장해에 의해서도 발생할 수 있다. 난청은 발생 부위에 따라 전음성 난청과 신경감음성 난청으로 대별하며, 신경감음성 난청은 내이성 난청, 신경성 난청, 중추성 난청으로 분류된다. 또한, 청력저하 수준에 따라 [표 6-4]와 같이 정상, 경도, 중등도, 중등고도, 고도, 농으로 분류되며, 그 원인도 중이염, 내이염, 약물 중독, 소음성 난청 등 매우 다양하다.

2.2 진단

난청을 호소하는 환자에서 가장 기본적인 것은 고막과 외이도의 국소소견 검사와 임피던스 청력검사, 순음청력검사이며, 이들을 해석하여 종합적으로 판정해야 한다.

1) 순음청력검사

청력검사 중 가장 많은 정보를 얻을 수 있는 검사로서 청력 손실의 정도, 유형, 양상을 알 수 있다. 해당 주파수의 청력 역치는 피검자가 들려준 횟수의 50% 정도를 들을 수 있는 최소한의 강도이다.

청력검사는 기도와 골도를 측정하며 정확한 역치를 위해 차폐를 시행해야 한다. 차폐의 원칙은 (1) 기도 측정에서는 검사귀의 기도가 비검사귀의 골도보다 40dB 이상 차이가 있을 때 비검사귀를, (2) 골도는 검사 귀의 기도골도차가 10dB 이상 있을 때 비검사귀를 차폐하여 검사한다.

기도 역치는 이개부터 뇌간까지의 청력을, 골도는 외이와 중이를 우회(bypass)하여 와우부터 뇌간까지의 청력을 반응하며, 골도는 유양동 혹은 이마의 골도 진동자를 장착하여 검사한다. 전음성 난청은 기도만 나빠져 있는 경우로 외이와 중이의 병변을 나타내며, 감각신경성 난청은 기도와 골도가 비슷한 정도로 나빠져 있으며 와

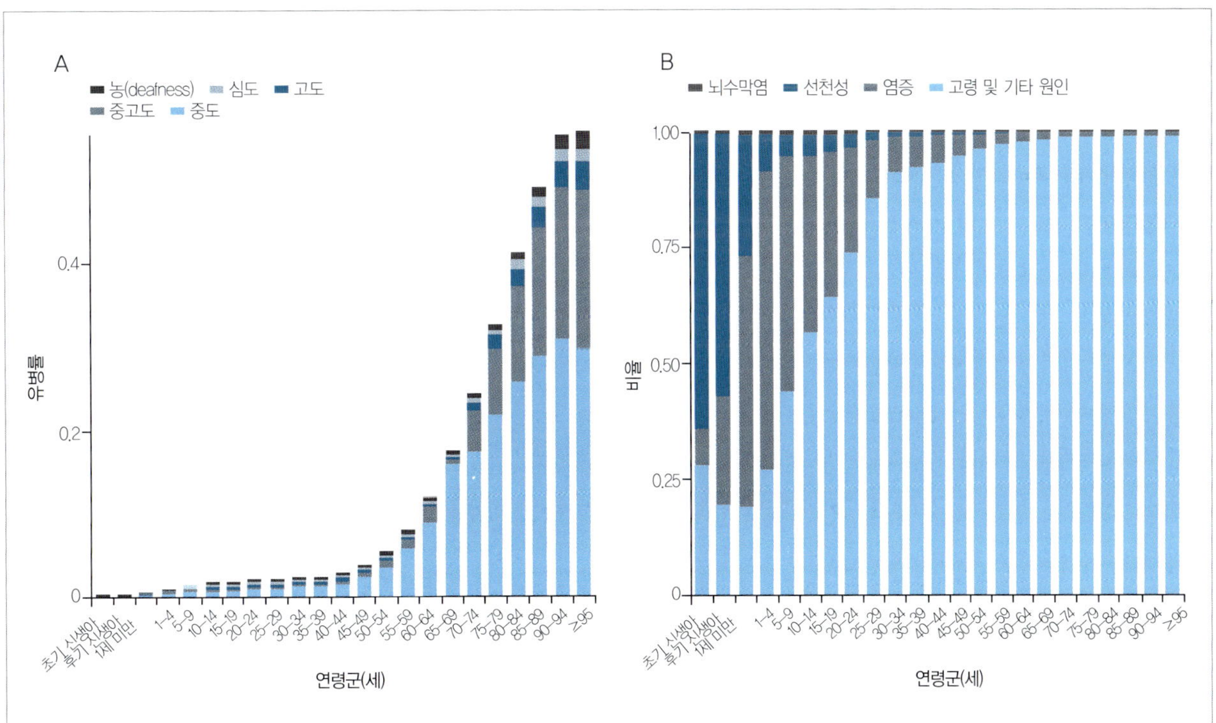

그림 6-1 연령별, 중등도별, 원인별 35dB 이상의 난청 유병률
연령 및 중등도별 35dB 이상의 난청 유병률(A), 모든 중등도에 대한 연령별 및 원인별 난청 비율(B)

우성 혹은 신경성 난청이다. 혼합성 난청은 기도와 골도가 같이 나빠져 있으나 골도에 비해 기도가 더 많이 나빠져 있는 경우이다.

순수한 전음성 난청에서 난청은 60dB을 초과하지 않는다. 청력도는 전음성 난청은 대개 상승형을 보이고, 감각신경성 난청은 하강형, 혼합성 난청은 대체로 수평형에 가깝다. 삼출성 중이염과 같이 중이의 stiffness를 증가시키는 경우는 주로 저음역에 영향을 주며, ossicular disruption 같이 stiffness를 감소시키는 경우는 수평형의 청력도를 보인다. 그러나 부분적인 ossicular disruption인 경우는 예외적으로 고음역 난청을 보인다. mass만을 변화시키는 경우는 드물지만 고음역 난청을 보인다. stiffness와 mass lesion을 같이 보이는 심한 삼출액은 저음역과 고음역의 청력 손실로 2,000Hz에서 peak 형을 보인다. 이경화증의 초기는 2,000Hz에서 절흔형(notch)을, 소음성 난청의 초기에는 4,000Hz에서 절흔형을 보인다. 메니에르병의 초기에는 특징적으로 저음이 저하된 상승형을 보이지만 점차 수평형으로 변한다.

2) 어음청력검사

어음을 자극음으로 사용하여 어음에 대한 청취와 이해 정도를 직접적으로 측정하는 검사로 어음청취역치(speech reception threshold, SRT)와 어음명료도(discrimination score) 등을 측정한다. 어음청취역치는 발성학적으로 양 음절의 음압이 비슷한 2 음절어인 spondee word를 사용하여 50%를 알아들을 수 있는 역치를 dB로 나타낸다. 이는 순음평균역치와 비슷하며 10dB 이내의 차를 보인다.

어음명료도는 발성시 강도가 동일한 단음절어인 phonetically balanced word (PB word)를 사용하며 피검자가 가장 편안하게 들을 수 있는 최적안정역치(most comportable level)에서 측정한다. 알아들을 수 있는 단어를 백분율(%)로 표시하여 가장 좋은 명료도(최대명료도, maximum discrimination score)를 구한다. 대개는 어음청취역치보다 30~40dB에서 최대명료도를 구할 수 있다. 정상청력이나 전음성 난청에서는 어음 강도를 높여주면 100%의 명료도를 보이며, 감각신경성 난청에서는 100%에 이르지 못하거나 어음 강도를 높여주면 최대명료도를 보이다가 명료도가 떨어지는 roll-over phenomenon이 나타난다. 특히 이 roll-over phenomenon은 신경성 난청에서 많이 나타난다. 순음역치로 예견되는 것보다 어음명료도가 떨어지는 phonemic regression 현상도 감각신경성 난청에서 나타난다.

3) 임피던스 청력검사

중이에 의해 반사되는 에너지(impedance), 혹은 중이에 의해 받아들이는 에너지(admittance)에 의해 중이 기능을 측정한다. 일반적으로 tympanometry와 acoustic reflex를 측정한다. tympanometry는 외이도에 가해진 압력에 의해 변화하는 중이의 고막의 움직임(loosely termed compliance)을 측정하며 다음과 같이 나눌 수 있다(그림 6-2).

등골반사는 강한 소리가 들어왔을 때 내이를 보호하기 위해 등골근이 수축하는 반사로 2,000Hz 이하의 음역대를 차단한다. 정상은 70~100dBHL에서 나타나며, 감각신경성 난청은 정상보다 낮은 65dBHL에서 나타나고 청력 손실이 60dBHL보다 높으면 나타나지 않는다. 이 반사는 전음성 난청에서는 나타나지 않는다.

등골반사의 교차, 비교차 반사를 조합하여 난청의 유형을 판별하기도 한다. 등골반사피로 검사(acoustic reflex decay test)를 이용하여 후미로성 병변의 판정에 응용하기도 한다.

2.3 난청 종류에 따른 오디오그램

1) 전음성 난청의 오디오그램

전음성 난청은 중이병변에 따른 이경소견상 이상을 동반하는 경우가 많으나, 고막이상 이상 소견을 동반하지 않는 경우도 존재하므로 중이의 건전성을 확인하기 위해 임피던스(고막가동성) 검사로 확인하거나 이비인후과 의

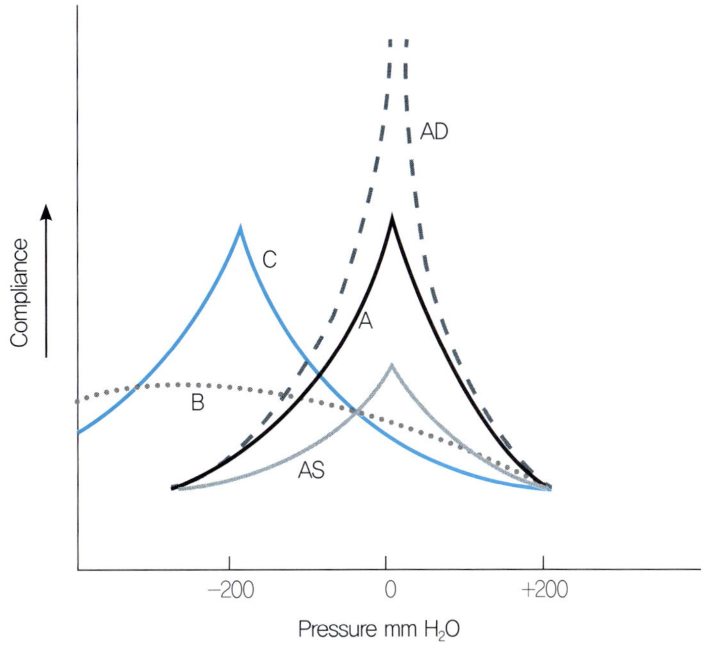

그림 6-2 Basic 5 types of tympanogram

A형 : compliance의 peak가 −100~100mmHg에서 관찰되며 정상이다. **As형** : A형과 같은 범위내에 peak가 있으나 compliance가 감소된 것. 중이강의 부피가 감소되어 있거나 강직성이 증가된 형으로 고막유착, 이소골의 유착, 이경화증에서 나타난다. **Ad형** : peak는 A형과 같은 범위 내에 있으나 compliance가 증가된 것으로 치유성 고막이나 이소골 단절에서 볼 수 있다.
B형 : peak를 보이지 않는 형으로 고막의 비후, 액체의 저류 등에서 볼 수 있다.
C형 : peak가 −100mmHg 보다 낮은 것으로 액체의 저류, 이관 폐쇄 등에서 보인다

뢰가 필요하다. 이경 검사상 외이도, 고막 및 중이가 정상으로 관찰되는 전음성 난청의 원인은 선천성 및 후천성 이소골 결손, 이경화증, 고실경화증, 파젯병, 판데르 후에브(van der Hoeve's) 증후군, 보이지 않는 중이삼출액, 유스타키오관의 오작동 등이 있다.

2) 감각신경성 난청의 오디오그램

감각신경성 난청은 이경소견이 정상이거나 과거 고막천공흔적이 있더라도 치유된 경우로 정상적이다. 오디오그램에서 기도 및 골도청력의 손실이 있지만 기도와 골도의 차이는 없다. 시끄러운 환경에서 어음명료도가 감소하며, 큰소리에 대한 불쾌감의 역치가 낮다. 강렬한 소음에 노출될 경우 이명을 동반하는 경우가 많으나 모두 있는 것은 아니며, 이명이 메니에르병을 암시하는 경우도 있으므로 다른 증상의 동반 여부와 유전성을 확인할 필요가 있다. 또한 감각신경성 난청은 소음뿐만 아니라 이독성 물질에 의해 유발이 가능하므로 직업력 및 과거병력을 확인해보아야 한다.

청력 손실의 진행정도에 따라 서서히 발생하는 난청과 갑자기 발생하는 난청으로 구분할 수 있으며, 소음노출, 이독성약물, 청신경 종양 처럼 원인을 알 수 있는 경우도 있으나 모르는 경우도 종종 존재하므로 타과적 의뢰가 필요하다. 난청의 진행정도에 따른 분류는 [표 6-5]와 같다.

감각신경성 난청의 원인은 다양하며, 소음에 의한 소음성 난청, 연령증가에 의한 노인성 난청이 대표적이며, 드물지만 청신경종, 중이염의 진행으로 인한 내이 손상, 취미활동 등에 의한 충격음 노출 등이 있을 수 있다. 아래의 오디오그램은 상기 예시를 나타낸 것이다. 그러나

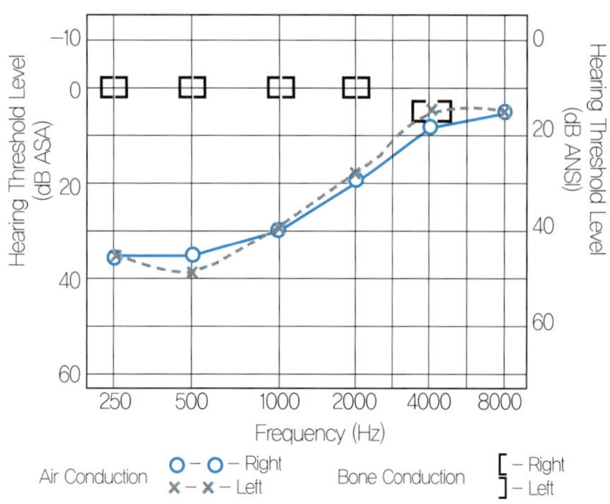

- 병력 : 24세 여성. 잠행성의 청력저하 및 10년간 윙윙거리는 난청. 보청기 사용. 작은 목소리 청취 어려움 있으나 큰 목소리는 명확히 이해함. 칵테일 파티 같은 시끄러운 장소에서 잘 알아들음. 목소리는 작아서 겨우 들을 수 있음
- 이과적: 정상
- 청각적 : 순음청력검사상 불분명한 반응 및 청력수준에 변동이 있음. 양측 기도 골도 차이 있음. 골도 청력검사 동안 반대측에 차폐
- 어음청취역치 : 우/좌 30dB/35dB. 어음명료도검사: 우/좌 100%/ 100%.
- 진단 : 이경화증

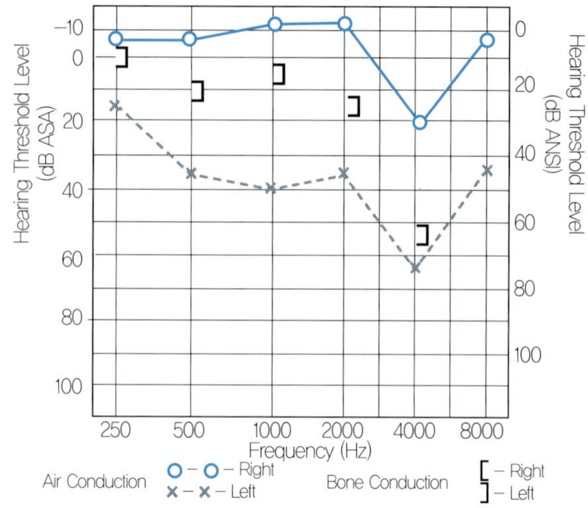

- 병력 : 좌측 귀 옆에서의 폭죽 폭발에 노출된 35세 남자. 간헐적인 울림 양상의 이명. 이전 군복무로 간헐적인 총격음에 노출
- 이과적 : 우측정상. 좌측은 감염소견 없는 큰 크기의 파열 소견
- 청각적 : 우측 귀는 4,000Hz에서 20dB 감소(C-5 dip)를 제외하고 정상 역치를 보임. 좌측 귀는 중도의 기도 손실과 65dB C-5 dip을 보임. 좌측 귀의 차폐된 골도값은 양호한 정도의 기도-골도 차이를 보임
- 진단 : 고막 파열을 동반한 음향 외상. 고막성형술 후 우측 귀와 비슷한 수준으로 청력 회복. 이소골은 정상적으로 기능을 하는 것으로 확인됨

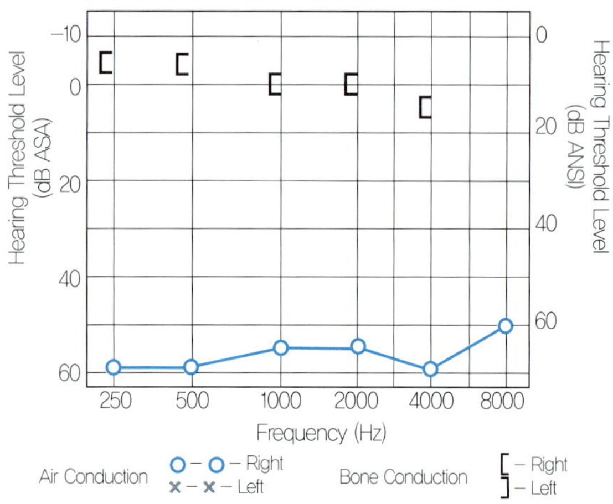

- 병력 : 용접공으로 근무하는 환자로 불똥이 우측 귀로 날아들어가 타는 듯한 심한 통증과 그로 인한 청력 손실이 유발됨
- 이과적 : 사고 24시간 후 진료받음. 우측 고막은 염증 소견없이 완전히 파괴됨. 망치뼈손잡이뿐만 아니라 incudostapedial joint 부분이 관찰됨. 외이도에는 눈에 띄는 영향은 관찰되지 않음
- 청각적 : 정상 골전도를 보이는 Flat한 60dB 손실(좌측 귀 차폐) 및 우측 편향
- 진단 : 용접 불똥으로 인한 고막 손상

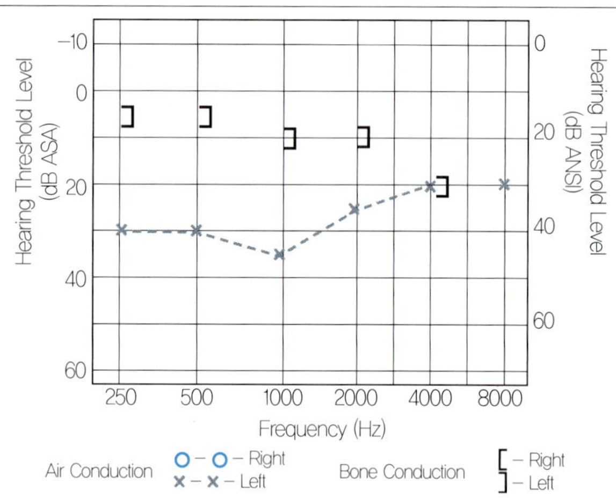

- 병력 : 수년간 좌측 귀의 이루를 보이는 환자. 방사선 검사상 진주종소견
- 이과적 : 후부 가장자리의 커다란 천공. 이소골 연결은 달리 손상되지 않았으며 청력 손실은 50dB을 초과. 이소골연속성은 수술에서 확인됨
- 청각적 : 좌측 귀의 순음청력 역치는 고주파에서 기도-골도 차이가 점차적으로 감소하는 약한 기도 청력 손실을 나타냄. (우측 귀 차폐)
- 임피던스 : Type B: 일반적인 시험 압력에서 어려움없이 압력 유지
- 진단 : 천공을 동반한 진주종

표 6-5 감각신경성 난청의 원인 분류

감각신경성 난청의 원인
서서히 발생하는 감각신경성 난청의 원인들
1. 노인성 난청 2. 직업성 난청 3. 이경화증 및 만성 중이염의 감각신경성 양상 4. 파제트병 및 판데르호에브병의 감각신경성 양상 5. 보청기 증폭 효과 6. 만성 전신 질환(당뇨병 등)으로 인한 청각 손상 7. 알 수 없는 원인
갑자기 양측성으로 발생하는 감각신경성 난청의 원인들
1. 수막염 2. 감염 3. 기능성 난청 4. 독성 약물 5. 다발성 경화증 6. 매독 7. 자가면역 질환 8. 알 수 없는 원인
갑자기 양측성으로 발생하는 감각신경성 난청의 원인들
1. 볼거리 2. 두부 외상 및 음향 외상 3. 메니에르병 4. 바이러스 감염 5. 와우창막 또는 내이막의 파열 6. 혈관 장애 7. 귀 수술 후 8. 난원창의 누공 9. 전신마취 수술 및 마취 후 10. 매독

오디오그램 하나로 진단을 하는 것은 불가능하며, 과거 병력, 역치의 시간상 변화(추적검사 결과), 어음명료도 및 임피던스 검사를 포함한 다른 검사결과를 통해 도움을 받을 수 있다. 소음성 난청의 경우 소음노출 이력이 충분하며, 검사상 다른 원인을 밝히지 못하고, 청력도상 소음성 난청을 시사하는 소견이 있을 경우 소음성 난청으로 진단하는 것이 합리적이다.

2.4 고음역 청력 저하의 다른 원인들

1) 바이러스 감염

바이러스성 호흡기 감염은 청력 손상, 이명 및 이충만감과 관련될 수 있음은 잘 알려져 있다. 이충만감은 종종 중이의 기능이상보다는 내이 침범으로 인해 발생한다.

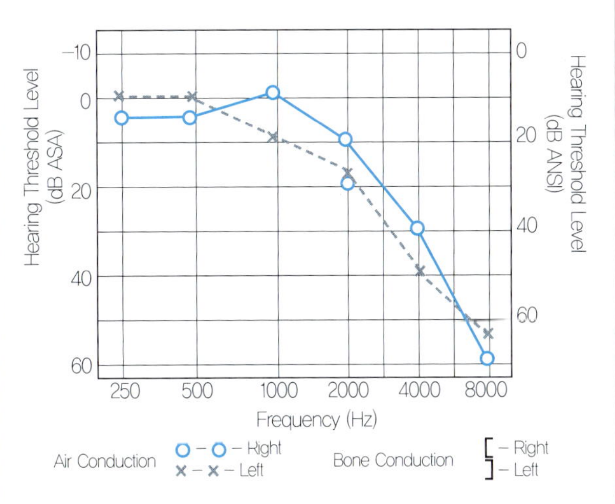

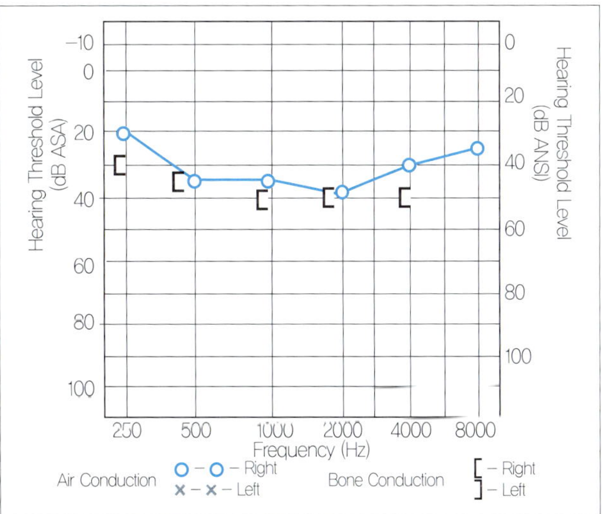

- 병력 : 중요한 회의에서 말을 이해하는데 어려움을 겪고 있다고 불평하는 64세의 사업가. 청력 장애와 개인적인 스트레스 때문에 대기업 이사회 의장직 사임을 고려중
- 이과적 : 정상
- 청각적 : 노인성 난청의 전형적인 고주파수난청을 보임
- 어음명료도검사 : 86%. 그러나 배경 소음 환경에서 어려움이 더 심해짐
- 진단 : 노인성 난청(2년 후 순음청력역치는 약간 더 떨어졌으나, 어음명료도점수는 65%로 낮아졌는데, 신경 손상이 더 진행된 것으로 판단됨)

- 병력 : 가끔씩 균형이상과 피로감을 호소하는 40세 여성. 이명이나 회전성 현훈은 없음. 2년 간 우측 귀의 특징적인 진행성 난청 소견 보임
- 청각적 : 정상소견. Vestibular study는 우측 귀에 반응이 없었고 좌측 귀의 수직 수관의 비정상적 반응을 보임. 누가현상은 없으나 현저한 tone의 감퇴를 보임. 순음청력검사상 기도-골도 차이는 보이지 않음
- 어음명료도검사 : 우측 42%
- 진단 : 우측의 청신경종

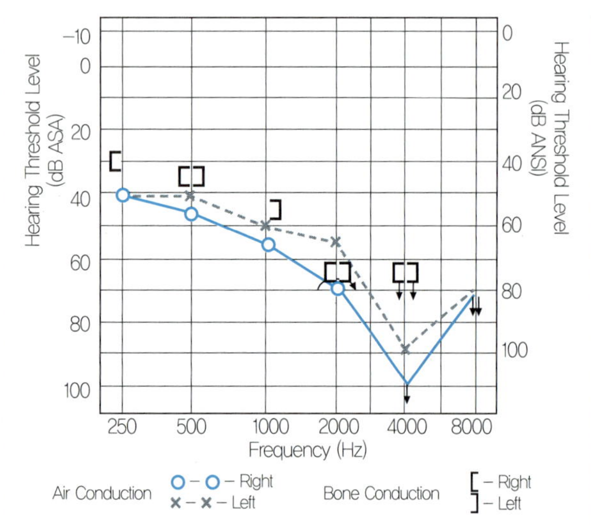

- 병력 : 성홍열에 이어 6세 이후 양측성 중이염 및 이루를 보이는 48세 남자. 일부 울리는 양상의 이명이 있지만 현기증은 없음. 보청기를 사용하지만 이루로 인한 문제를 겪음
- 이과적 : 양 고막 모두 미란 소견 보이며 이소골이 보이지 않음. 양측 중이 모두 고막부식성 삼출액 관찰됨. 방사선 소견상 경화성유양돌기 보이나 진주종은 없음
- 청각적 : 기도–골도 차이가 없는 중등도~중증 난청 소견
- 진단 : 와우를 침범한 성홍열로 인한 만성 중이염과 미로염

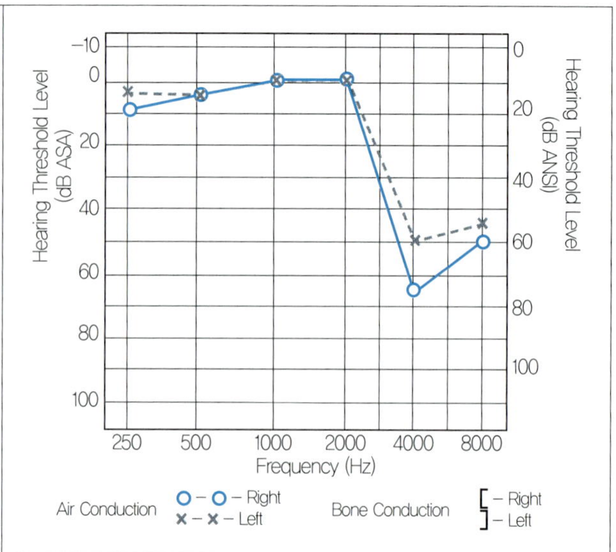

- 병력 : 약간의 이명이 있으며 소음환경에서의 대화적 이해에 어려움을 느낀 16세 남성. 전형적 고주파 난청 소견과 같이, 어려움은 여러 사람이 동시에 말할 때 더 크게 느끼며, 통화에서도 어려움을 느낌. 6살 때, 그의 귀 가까이에서 권총 발화하는 노출력 있으며, 이후 그는 벨이 울리는 듯한 이명과 청력 감소를 느낌. 10살 때, 권총 소음에 가까이 노출되며 증상은 더 심해짐
- 이과적 : 정상
- 청각적 : 양측성 8,000Hz에서의 역치 감소와 함께 c–5 dip소견. 이는 특정 공명음, 특히 치음을 구별하는데 어려움을 유발함. 주위 소음 환경에서 어려움은 더 심화
- 진단 : 음향 외상 청각상해

바이러스성 달팽이염은 4,000Hz dip을 포함한 다양한 청각 패턴을 보일 수 있으며 일시적 또는 영구적인 감각신경성 난청을 유발할 수 있다. 바이러스성 호흡기 감염 외에도 풍진, 홍역, 유행성 이하선염, 거대세포 봉입체병, 헤르페스, 기타 바이러스 감염도 포함되어 있다.

2) 두개골 외상

심각한 두부 외상은 달팽이관의 골절을 유발하여 심각한 혹은 완전한 농을 유발할 수 있다. 하지만 내이의 손상이 적으면 뇌진탕 타입의 손상이 발생할 수 있으며, 이는 청력도에서 4,000Hz dip으로 나타날 수 있다.

더 읽을거리

J Sataloff and RT Sataloff. Occupational Hearing Loss. Broca Raton(FL) 3rd ed. CRC press 2006.
J Katz. Handbook of clinical audiology. Baltimore(Maryland) 7th ed. Wolters Kluwer company 2022.

제7장 구강 및 치아질환

한동헌

제1절 직업성 구강질환

구강은 호흡기관과 소화기관으로 통하는 입구이기에 질병을 일으키는 많은 위험요인들이 구강을 거쳐서 질병을 일으킬 뿐만 아니라 전신적으로 영향을 미치는 위험요인들이 구강 구조물의 질병을 일으키기도 한다. 구강 구조물은 직업과 관련된 질병이 발생하기 쉬운 특성을 지닌다. 음식을 씹거나, 말하거나, 웃는 등의 활동을 할 때 입술이 열려 있기 때문에, 마스크를 일상적으로 착용하지 않는다면 구강은 신체의 다른 어떤 부위나 장기보다 작업 환경의 위험물질에 노출될 가능성이 높기 때문이다.

그러나 의사나 치과의사 모두 환자의 명확한 증상 호소나 불만 있는 경우를 제외하고는 직업과 관련된 구강질환에 대해 충분히 인식하지 못하거나 적극적으로 인식하는데 관심이 부족하다.

구강을 통해 섭취, 흡입, 혹은 저류하는 이물질은 치아와 치아 주위 치은 조직에 화학적, 물리적, 세균적 자극을 일으킨다. 일반적으로 직업과 관련된 구강 및 치아질환은 작업환경에서 기인한 외부 유해 물질에 구강과 구강의 해부학적 구조물이 노출된 후에 나타나는 국소 혹은 전신 반응을 의미한다. 구강은 풍부한 혈관과 림프관을 통한 혈액과 림프 공급 및 타액 기능으로 보호받지만, 몸의 저항이 낮아지면 염증이나 궤양 등이 발생하기도 한다. 이것은 노출된 치아가 국소적 요인에 의해서 영향을 받는 것과 대조적이다.

직업과 관련된 위험요인으로 인한 구강 질병은 1) 마모, 2) 부식, 3) 치아우식, 4) 법랑질 착색과 치은 착색, 5) 염증 및 궤양, 6) 종양을 들 수 있다.

1) 마모

법랑질과 상아질의 마모는 장기간 연마 작용에 의해 발생한다. 국소적인 치아 마모는 다양한 물체를 치아로 물어 고정하는 직업에서 발견된다. 작업 중 실이나 바늘을 무는 재봉사, 압정이나 못을 무는 목수, 제화공 및 실내 인테리어 노동자의 전치부 절단면 가장자리에서 마모를 볼 수 있다. 관악기를 연주하는 연주자, 호루라기를 장기간 불었던 직업에서도 특징적인 치아 마모를 관찰할 수 있다. 시멘트나 모래와 같은 연마제 역할을 하는 입자는 치아의 교합면에서 마모를 일으킨다. 이를 닦을 때 사용하는 치약도 마모를 일으킬 수 있지만, 나이가 들면서 저작에 의해 생리적으로 닳는 교모와 다양한 물체에 닿아 닳는 마모는 구분해야 한다.

2) 부식

치아 부식은 신체 외부의 산화합물이나 체내에서 분비된 산화합물이 치아표면에 접촉하여 탈회시키고, 결과적으로 치아의 경조직 손실이 일어나는 현상이다. 산화합물에 장기간 노출되어 탈회된 치아 표면에 연마력이 작용하여 치아 경조직 손실이 일어나기도 한다. 산취급사업장에서 작업하는 노동자의 전치부 입술쪽 표면은 공기 중 산 증기에 노출되기 쉬운 부위이다.

3) 우식

치아 부식이 산에 의한 표면의 경조직 손실인데 반해, 치아 우식은 치아 표면에 부착된 세균막에 의해 구강 내 당이 분해되면, 이로 인해 발생하는 산이 치아 탈회를 시키고 치질 내부로 침투한 세균과 산이 치아 경조직 손실을 일으켜 와동이 형성되는 구강병이다. 제과업과 같은 설탕취급사업장에서 작업하는 노동자는 공기 중 설탕 먼지에 노출되기 쉽고, 설탕먼지가 치아의 순측 치은연을 따라 침착되는 경향이 있어 해당 부위에 치아 우식이 호발하는 경향이 있다.

4) 법랑질 및 치은 착색

금속 먼지에 노출되기 쉬운 금속 가공업 종사 노동자의 치아 법랑질에 금속의 종류에 따라 다른 색의 착색이 발생할 수 있다. 전신 노출 후 혈류를 통해 순환하는 납, 수은, 비스무스 등의 중금속은 치은 주위에 선으로 보일 수 있다. 석탄이나 금속 먼지에 직접 노출되면 치은 표면에 축적되거나 하방 조직까지 침투하여 착색을 보일 수 있다.

5) 염증 및 궤양

작업환경에서 노출되는 중금속, 산, 화학용제에 의해 구강점막의 염증과 궤양이 악화될 수 있다. 수은은 인체 노출의 증상이 널리 알려진 중금속으로 어패류 등의 식품 섭취나 수은취급사업장 근무로 노출될 수 있다. 수은 중독의 구강 증상은 치은염, 구강점막의 이끼무늬 병소, 과도한 타액 분비, 금속 맛 느낌이다. 벤젠 노출로 치은의 출혈 및 궤양이 발생할 수 있다. 치은염이 이미 있는 노동자가 대기압이 변화하는 작업환경에서 일한다면 치은의 출혈이 일어날 수 있다. 일산화탄소 중독의 경우 헤모글로빈과 결합하여 입술의 청색증을 보인다. 치아와 치은 사이의 틈에 세균으로 인한 염증 반응이 진행되어 발생하는 치아 주변 치조골 소실을 치주병이라 하는데, 최근 소음, 스트레스 등의 작업환경이 치주병 발생의 위험요인 가능성을 밝힌 연구들이 보고되고 있지만 대부분 단면조사 결과라 더 연구가 필요하다.

6) 종양

방사선에 노출되는 노동자는 치은염, 치주염, 골수염, 골괴사 및 구강건조증이 발생할 수 있다. 태양 자외선은 피부암의 가장 잘 알려진 위험요인이며, 태양 자외선은 80~85%의 피부암 발생에 기여한다고 알려져 있다. 태양 자외선에 직접 노출되는 야외 노동자는 입술암의 발병 위험이 높다. 특히 직사광선에 더 많이 노출되는 아랫입술이 윗입술보다 더 많은 입술암 발생을 보인다.

제2절 직업성 구강질환의 원인

직업성 구강질환의 근본 원인을 이해하려면 일하는 조건을 형성하는 더 넓은 힘과 구조의 집합, 즉 구강 건강의 사회적 결정요인을 알아야 한다. 이러한 힘과 구조에는 작업환경, 노동 · 경제 · 보건 · 복지 정책 및 제도, 사회 규범 및 정치 시스템이 포함된다. 산취급사업장의 공기 중 산 농도 기준, 치과 진료 및 적정 농도의 불소 음용수 및 제품에 대한 접근성, 담배와 우식 유발 과자류에 대한 접근성이 구강질환의 사회적 결정요인의 예이다. 구강 건강의 사회적 결정요인은 구강 내 세균, 인체 내 방어기전인 염증 및 면역반응과 같은 생물학적 경로에 영향을 미쳐 구강질환 발생에 관여한다(그림 7-1).

구강 내에는 무수히 많은 세균이 존재하고 있으며, 대부분의 세균은 구강 내 상주균으로서 구강 내에서는 무해하다. 구강 내 세균의 증식과 세균으로부터 분비되는 산물 및 인체의 방어기전 간의 균형은 구강 내의 건강에 필수적이다. 구강 내 방어기전에는 면역반응 이외에도 타액이 중요한 역할을 한다. 구강 내에는 타액선으로부터 타액이 항상 분비되는데, 하루 분비량은 0.5~1L에 달한다. 타액의 양과 질은 개인에 따라 또는 자극의 여부 등에 따라 각각 다르다. 타액은 소화 기능, 윤활 기능, 용매로써의 작용, 방어 작용, 완충 작용을 할 수 있으며, 구강 내 환경의 균형 유지에 중요한 역할을 한다. 타액 내의 항균 물질은 유해한 세균의 침입에 대한 방어기전으로 작용하며 타액의 완충 능력은 구강 내에서 급격한 산도의 변화를 완충한다. 또한 구강 내로 유입된 물질을 생리학적으로 희석한 후 연화를 통하여 제거하기도 한다.

구강질환 원인 물질의 존재만으로 구강질환을 유발하기에 충분하지 않다. 노동자를 둘러싼 작업환경과 생활환경, 노동자의 구강 환경 및 건강 수준, 음식 섭취 등을 다층적, 포괄적으로 고려해야 구강질환 발생을 이해하고 예방할 수 있다. 적절한 작업 조건 관리와 구강 건강 행동 변화 및 적절한 구강 건강 관리를 통해 직업 관련 구강 질환을 예방할 수 있다. 구강 건강 행동 변화와 구강 건강 관리는 특정 직업의 직무를 시작하기 전부터 고용 기간 내내 계속되어야 한다.

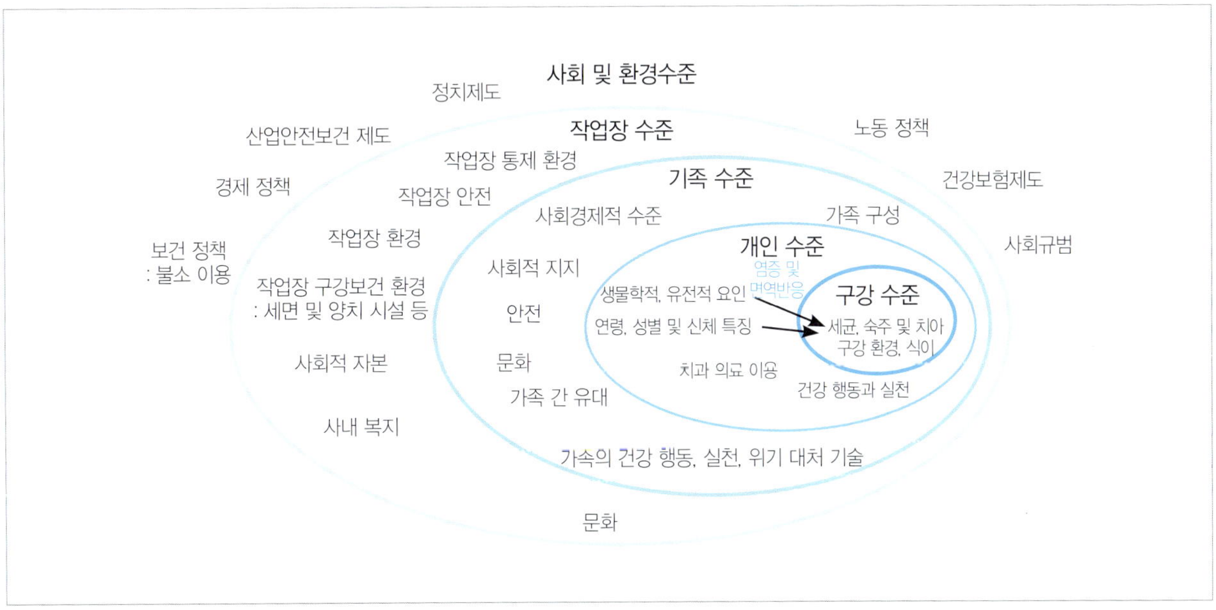

그림 7-1 구강질환에 영향을 미치는 다양한 요인

제3절 우리나라의 산업구강보건제도와 직업성 치아부식증 실태 및 관리 방안

3.1 우리나라의 산업구강보건제도

노동자의 구강건강을 증진하고 관리하기 위한 산업구강보건제도는 1992년, 산업안전보건법 시행규칙 개정으로 노동자의 채용건강검진에 구강검진이 포함되고, 특수건강진단에 불화수소, 염화수소, 염소, 질산 및 황산 취급 노동자에 대한 치과의사에 의한 구강검사가 포함되면서 시작했다. 이후 1994년부터 직업성 치아부식증을 법정 직업병으로 관리하고 있다. 1995년에는 노동자 일반검진에 구강검진이 추가되어 전체 노동자를 대상으로 한 법정 구강검진제도가 마련되었다. 이후 채용건강검진이 간소화되면서 채용건강검진의 구강검진은 제외되어, 현재 우리나라 노동자의 구강건강을 보호하기 위한 개입으로는 산업안전보건법 제43조(건강진단)의 규정에 의한 일반 건강진단과 특수 건강진단의 일환으로 제공되는 구강검진이 있다.

3.2 우리나라의 산 취급 노동자 실태와 산 취급 노동자 치아부식증 유병률

우리나라에서 1993년에는 산취급사업장이 888개이었고, 산 취급 노동자는 약 9,456명이었으며, 치아부식증 유병률은 25.2%, 상아질파괴이상 치아부식증 유병률은 8.4%이었다(김현덕 & 김종배, 1994). 2002년 조사에서 산취급사업장이 2,246개이었고, 산 취급 노동자는 약 26,046명이었으며, 치아부식증 유병률은 55.2%, 상아질파괴이상 치아부식증 유병률은 11.2%이었다. 2013년에는 산취급사업장이 7,151개이었고, 산 취급 노동자는 약 127,710명이었으며, 치아부식증 유병률은 54.6%, 상아질파괴이상 치아부식증 유병률은 17.4%이었다. 우리나라의 산취급사업장과 산 취급 노동자는 빠르게 늘고 있으며 상아질파괴이상 치아부식증 유병률도 가파른 증가추세를 보이고 있다.

3.3 치아부식증 유소견자의 관리 및 보상

2013~2016년 특수구강검진 수검자 중 직업성 치아부식증으로 판정될 가능성이 있는 상아질파괴이상의 치아부식증으로 판정받은 노동자는 2013년 77명(0.1%), 2014년 247명(0.1%), 2015년 281명(0.1%), 2016년 298명(0.1%)으로 매우 적었으며, 치아부식증으로 판정받은 노동자 중 직업성 질병의 소견을 보여 사후관리가 필요한 직업병 유소견자는 2013년 1명, 2015년 2명이었다. 거의 대부분의 노동자가 건강관리상 사후관리가 필요없고, 업무수행 적합 판정을 받았다. 또한 직업성 치아부식증으로 보상을 받은 사례도 존재하지 않았다.

제4절 치아부식증

일생 동안 다양한 물리적 및 화학적 손상에 노출되는 치아의 경조직은 손상을 입게 된다. 이러한 과정은 (1) 칫솔질이나 도구를 치아로 물어 고정하는 중 발생하는 신체 외부 물질과 마찰로 인한 마모, (2) 대합 치아와의 물리적 마찰로 인한 마모, (3) 치아에 작용하는 인장력 및 압축력으로 인한 파절, (4) 치아를 구성하는 미네랄의 화학적 용해를 포함한다. 치아 부식은 치아를 둘러싼 타액이 치아 미네랄에 비해 불포화되었을 때 산에 의해서 치아가 용해되는 것이다. 산이 충분히 오래 치아 표면에 작용하면 임상적으로 눈에 띄는 치질의 손실이 발생한다. 원래 매끄럽던 치아 표면의 광택이 사라지고 볼록했던 부분이 평평해지거나 움푹 패이는 부분이 나타난다. 특히 치아 순설면에서는 양파껍질이 벗겨지는 것처럼 치질이 손상되는 모습을 볼 수 있다. 교합면에서는 교두가 둥글게 되거나 패임이 나타나서 상아질의 노란색이 보이기도 한다. 수복물 가장자리 치질이 산에 의해 패이면 수복물이 올라오는 것처럼 보인다. 부식이 심한 경우 전체 치아 형태는 사라지고 치관 높이가 크게 감소할 수 있다.

지속적인 산 노출의 결과 발생하는 탈회로 인해 치아의 미세경도는 감소한다. 이렇게 연화된 치아 표면은 물리적 자극에 더 쉽게 손상이 일어나게 된다. 따라서 산에 의한 치아 부식으로 직접적인 치질 손상이 일어나기도 하지만 물리적 자극과 연계되어 다른 형태의 마모로 연결되기도 한다. 치아 부식 및 물리적 치아 마모는 일생 동안 발생하는 치아 조직의 생리학적 손실이지만 특정 환경에서 특정 요인에 지속적으로 노출될 경우 병리적 손실이 일어나게 된다. 화학적 산에 의한 치아 부식은 치경부의 치질이 날카로운 경계를 가지면서 쐐기 모양으로 파괴된 치경부 마모, 대합치의 교합에 의한 치아 교모와 감별진단이 요구된다.

산취급사업장에서 발생하는 치아부식증은 20세기 초부터 문헌에 보고되기 시작했다. 2차세계대전 기간 전쟁에 필요한 생산시설이 늘어나면서 산취급사업장과 산 취급 노동자도 증가했기 때문에 직업과 관련된 구강질환에 대한 관심이 증가했다.

서구 사회에서 직업성 치아부식은 작업환경 기준이 상화되고 기존의 산취급 산업이 변화하면서 중요도가 낮아졌지만 여전히 축전지 공장과 도금 사업장에서 일하는 노동자에서 발생한다. 그 외에도 와인 소믈리에로 일하는 사람이나 반도체, 화학, 제약, 생명공학 연구소 또는 기업에서 일하는 노동자는 정기적으로 산에 노출될 수 있으므로 치아부식 발생 위험이 높다. 그러나 직업성 치아부식을 다룬 대부분의 연구는 축전지 및 아연도금 공장의 노동자를 대상으로 이루어졌다.

납축전지를 제조할 때, 전해액으로 황산을 사용하며 전해액이 주입된 납축전지에 초기 충전을 하는 공정에서 작은 기포가 황산 표면에서 끓어 올라 미세한 산 안개가 발생하는데 이 과정에서 노동자의 치아 표면에 산이 노출된다. 도금 사업장에서는 도금을 하기 전 금속 표면의 산화피막을 산 처리를 통해 제거하는 과정에서 산이 첨가된 수용액에 금속을 오랜 시간 넣어두기 때문에 발생하는 산 안개 역시 치아 부식을 일으킨다. 와인은 pH 3~4의 산도로 치아를 부식시키지만, 와인 시음자의 시음 습관 역시 치아부식의 위험을 높이는 요인이다. 한 모금의 와인을 몇 초 동안 입에 머금고 굴리는 습관 뿐만 아니라, 몇 시간동안 20~40개의 다른 와인을 테스트하는 시음 과정으로 치아 법랑질의 부식이 빠르게 진행된다.

최근 수십 년 동안 생활 방식이 바뀌면서 산성 음식과 음료의 섭취 행태도 변화했다. 중고등학생의 76.4%가 탄산음료를 주 1회 이상 섭취하며, 12~29세는 3명 중 1명, 30~49세는 5명 중 1명이 탄산음료를 하루에 1회 이상 마시는 것으로 나타났다. 한국 탄산음료 시장은 2015년 10억5천800만L에서 2020년 12억7천300만L까지 성장했으며, 2025년에는 14억800만L에 이를 것으로 추산된다. 2007년 전세계 탄산음료의 연간 소비량은 5,520억L였으며, 이는 연간 1인당 83L에 해당한다. 2012년에는 1인당 연간 95L였다. 국가별 탄산음료 1인당 연간 소비량 추세는 미국이 2012년 165L에서 2017년 191L로, 멕시코가 2012년 146L에서 2017년 150L로, 영국은 2007년 94.4L에서 2012년 102.6L, 2017년 109L로 증가했다. 전국적인 치아부식 실태조사가 이루어진 국가는 거의 없지만 영국 구강건강실태조사에서 치아부식의 유병률은 1993년부터 1996/1997년까지 증가했으며 한국도 1993년 이후 꾸준히 치아부식 유병률이 증가하고 있다.

산성 음식과 음료의 전세계적인 소비 증가와 일부 연구에서 관찰된 부식성 치아 마모의 유병률 증가로 인해 치아 부식에 대한 인식이 변화하고 있다. 이에 따라 지난 수십 년 동안 임상 치과 진료, 공중구강보건 및 치의학 연구에서 치아 부식에 대한 관심이 점점 더 커지고 있다.

표 7-1 발생 원인에 따른 치아 부식의 분류

직업성 치아 부식	작업 과정에서 사용하는 각종 산에 노동자의 치아가 노출되어 발생
식이성 치아 부식	산성 식음료를 섭취하는 과정에서 치아에 산이 노출되어 발생. 섭식 장애를 앓는 경우 제한적인 식이요법 혹은 채식주의 식단으로 인해 부식이 발생할 수 있음
위산성 치아 부식	아세틸릭살리위의 내용물이 규칙적으로 식도와 구강에 역류하는 위식도 역류 질환(Gastro Esophageal Reflux Disease)이나 섭식 장애로 구토를 동반하는 경우
약물성 치아 부식	위산에 치아가 노출되어 발생실산, 철분 정제, 흡입 에어로졸 형태의 천식 약물, 비타민 보충제와 같은 산성 약물 복용으로 발생하는 부식
알코올성 치아 부식	알코올 음료의 직접적인 영향 혹은 음주 후 규칙적인 구토, 알코올 유발 위식도 역류의 영향으로 발생하는 부식
기타 원인불명 치아 부식	산의 원천을 알지 못하는 치아 부식

치아 부식이 발생하는 원인에 따라 [표 7-1]과 같이 치아 부식을 분류한다.

pH가 치아 법랑질과 상아질의 용해에 영향을 미치는 중요한 요인인 것은 분명한 사실이지만 치아 부식의 명확한 임계 pH 값은 없다. 산에 잦은 빈도로 장기간 노출될 경우 치아 부식의 위험이 높아지지만, 타액 분비량과 속도 및 완충능, 산의 종류와 온도, 산의 치아 표면 접착력, 킬레이트화 특성, 칼슘과 인산염 함량, 불소 함량 등의 요인에 따라 부식의 진행은 다르게 나타난다. 따라서 부식 위험요인이 치아 경조직에 미치는 영향을 설명하거나 어느 정도 예측하려면 위의 모든 요인을 고려해야 한다.

1961년 처음으로 치아부식증 분류 기준이 제안되었고 1968년에는 직업성 치아부식증 분류 기준이(Cate, 1968), 1974년에는 식이성 치아부식증 분류 기준이, 1979년에는 비직업성 치아부식증의 분류 기준이(Eccles, 1979), 2008년에는 기본 부식성 마모 검사(Basic Erosive Wear Examination) (Bartlett, 2008)가 제시되었다.

김 등(1994)은 치아부식증 진단 기준을 제안했으며 한국의 특수건강검진의 치아검사 및 치주조직검사표에 사용하고 있는 부식증 진단 기준은 김 등(1994)의 기준을 사용하고 있다. 치아부식증은 치질의 파괴 정도에 따라 개별 치아의 부식 정도를 판정한 후, 부식 치아 중에서 최고도 부식치아의 부식정도를 개인별 치아부식 정도로 진단한다(표 7-2).

표 7-2 치아부식증 진단기준

정상(E0)	형태가 변화되지 않고 법랑질의 표면에 광택이 있으며 융선이 존재하는 치아
법랑질표면부식(E1)	형태가 변화되지 않고, 법랑질 표면에서 융선이 소실되어, 광택이 없는 젖빛 유리 모양이거나 치경부의 법랑질 표면에 흰색의 부식선이 있는 치아
법랑질파괴부식(E2)	법랑질이 파괴되어, 법랑질의 형태가 부분적으로 변화되고, 파괴되지 않은 상아질이 노출되기도 하나, 상아질이 파괴되지 않은 치아. 단 치경부의 법랑질이 쐐기 모양으로 파괴된 증상은 마모증으로 판정
상아질파괴부식(E3)	절치의 절단우각에 나타나는 톱날모양의 법랑질파괴증상 중에서 치아부식증의 경계부는 동그랗고 부드러우나, 파절부위의 경계부는 날카로우며, 불량습관성마모 부위는 표면이 활택하고, 교모부위는 매끄러운 면에 각이 있으며, 함몰부가 없음
이차상아질파괴부식(E4)	상아질이 파괴되어, 매끈하게 함몰되어 있으나, 이차상아질이 파괴되지 않은 치아. 교합면에 상아질파괴부식증이 교모증과 함께 나타나는 경우가 많음. 전치 순면 치경부의 상아질이 파괴된 부위가 쐐기 모양이면 마모증으로 판정하고, 경계 부위에 함몰이 존재하면 마모증과 부식증이 병발했다고 판정
치수노출부식(E5)	이차상아질이 파괴되어 치아의 형태가 심하게 변화되고, 이차상아질이 파괴된 부위가 반짝이며 갈색을 띠고 절단부위의 이차상아질이 끌과 같은 모양으로 파괴된 치아 부식으로 치수가 노출된 치아

치아부식증 관리는 산의 노출을 최소화하고, 산의 부식력에 저항할 수 있는 타액 분비량과 속도 및 완충능, 킬레이트화 특성, 칼슘과 인산염 함량, 불소 함량 등의 요인을 조절하여 탈회와 재광화의 균형을 유지하는 것이다.

산취급작업장에서 마스크 착용으로 직업성 산 노출을 최소화하고, 식이 조절과 금주로 식이성 산 노출을 줄이며, 전신건강관리로 위산이나 약물로 인한 산의 노출을 막는 것이 치아부식을 예방하는 길이지만, 이미 발병한 치아부식은 부식 정도에 따라 불소 도포로 재광화를 촉진하거나 파괴된 치질의 수복 치료를 하고, 치관 파괴가 심한 경우 보철 치료 및 필요한 경우 근관치료를 병행해야 한다.

제8장

혈액질환

권순찬

8.1 혈액질환의 특징

직업성 혈액질환은 현재까지도 꾸준히 발생하고 있다. 역사적으로는 화학산업의 발전과 2차례의 세계 전쟁과 관련이 있다. 새로운 화학물질의 도입과 함께 근로자들이 적절한 교육이나 보호 장치 없이 이들 물질에 노출되었다. 어떠한 화학물질이 혈액질환을 일으키는지 알려지면서 해당 물질에 대한 규제와 근로자들에 대한 적절한 조치가 취해졌지만 아직도 납, 벤젠, 비소와 같은 물질은 사용되고 있으며 근로자들에 대한 조치도 완벽히 이루어지지 않고 있다. 혈액질환을 일으키는 독성 화학물질에 대한 연구를 통해서 근로자 개개인의 감수성에 따라 그 미치는 영향이 다를 수 있다는 것을 알게 되었다. 중요한 것은 독성 화학물질에 대한 감수성이 있는 근로자를 확인하여 그 근로자는 독성 물질에 대한 노출이 적은 곳에서 근무할 수 있도록 해 주는 것이다.

8.2 메트헤모글로빈혈증

메트헤모글로빈이란 헤모글로빈 내의 Fe^{2+} 이온이 이 Fe^{3+} 이온으로 산화된 상태의 헤모글로빈이다. 일반적인 헤모글로빈과 달리, 메트헤모글로빈은 산소 운반 능력이 없다. 정상인의 메트헤모글로빈은 전체 혈색소의 약 1% 정도로 알려져 있다. 메트헤모글로빈이 과다한 경우, 메트헤모글로빈혈증이 나타날 수 있는데, 선천적으로는 체내 산화환원계의 효소 결여로, 후천적으로는 헤모글로빈을 메트헤모글로빈으로 산화시키는 화학물질 등에 의해 발생할 수 있다. 광범위한 유기화합물, 특히 대부분의 방향족 니트로 화합물과 아미노 화합물은 임상적으로 의미가 있는 메트헤모글로빈의 형성을 유발할 수 있다(표 8-1). 우리나라에서 직업적인 노출에 의한 메트헤모글로빈혈증은 최근까지도 보고되고 있다. 보고된 노출 경로는 사고로 인한 흡입, 피부 노출, 물로 오인한 섭취 등이다.

1) 발병기전

헤모글로빈 내의 철은 정상적으로 환원된 상태인 제1철(ferrous, Fe^{2+})의 형태로 유지되며 산소와 직접 결합할 수 있는 특성을 가지고 있지만, 다른 산화제들도 산소의 결합 없이 제2철(ferric, Fe^{3+}) 상태로 직접 산화시킬 수 있다. 이렇게 되면 조직으로의 산소 전달이 제한되며 헤모글로빈의 변성으로 적혈구막이 불안정하게 되어 용혈을 유발할 수 있는 하인즈 소체(Heinz body)라 불리는 내포물이 발생한다. Fe^{3+} 상태의 헤모글로빈 비율이 증가하면 메트헤모글로빈이 산소를 운반하기 때문에 혈액의 총 산소 운반 능력도 직접적으로 감소한다.

정상인의 경우 헤모글로빈이 메트헤모글로빈으로 산화되는 것을 방해할 수 있는 몇 가지 효소 시스템이 존재한

표 8-1 메트헤모글로빈혈증과 산화제에 의한 용혈의 원인물질과 노출환경

화학물질	노출환경
방향족 니트로화합물과 아민화합물	
아미노페놀	모피제조
아닐린	염료, 의약품제조
클로로아닐린	플라스틱
디니트로벤젠	염료, 화약제조
디니트로톨루엔	염료, 화약제조
나프틸아민	염료, 화약제조
니트로아닐린	염료
니트로벤젠	염료, 화약제조
니트로톨루엔	염료, 화약제조
페닐프로판올아민	의약품제조
트리니트로톨루엔	화약제조
톨루이딘	염료, 의약품제조
지방족 니트로화합물과 질산염, 아질산염	
에틸렌글리콜디니트레이트	화약제조
니트로글리세린	화약제조, 의약품제조
니트로프로판	화학약품제조, 도료
유기와 무기 질산염	의약품, 화학약품제조
기타	
항말라리아제	의약품제조
클로람페니콜	의약품제조
설파제	의약품제조
나프탈렌	방충제
니트로푸란토인	의약품제조

다. 인삼탄당탈수효소(phosphotriose dehydrogenase)에 의한 인삼탄당(phosphotriose)의 탈수소 과정에 의해 생성된 $NADH_2$(니코틴아미드 아데닌 디뉴클레오티드[환원된 형태])에 의해 메트헤모글로빈이 환원된다. 이 반응은 NADH 메트헤모글로빈 환원효소(NADH 시토크롬 b5 환원효소)에 의해 촉매된다. 이는 헤모글로빈의 자동산화에 의해 매일 생성되는 메트헤모글로빈의 95%를 제거한다. NADH 메트헤모글로빈 환원효소의 드문 선천적 결핍은 메트헤모글로빈혈증으로 인한 선천적 청색증을 초래한다. NADH 메트헤모글로빈 환원효소 시스템이 과부화되면 대체 포도당 대사 경로(Embden-Meyerhof 경로 또는 6탄당 일인산 션트)에 의해 생성된 NADPH가 메트헤모글로빈을 감소시킬 수 있다. 그러나 양적으로 효율적이기 위해서는 추가적인 산화환원 전달 인자(redox transfer factor)가 필요하다. 메틸렌 블루는 이 역할을 수행하기 위한 일반적인 치료제이다. 그러나 일단 메틸렌 블루가 산화되면 NADPH에 의해 빠르게 감소되지 않는 한 추가적인 산화제 스트레스로 작용할 수 있기 때문에 션트(shunt)는 작동하기 위해 손상되지 않아야 한다. 이 경로의 속도 제한 효소는 G6PD이며 높은 비율의 흑인과 중동 인구에서 선천적으로 결핍되어 있다. 메트헤모글로빈을 환원시키는 다른 2개의 경로가 있지만 이들은 소량의 메트헤모글로빈만을 환원시킨다. 글루타치온(Glutathione)은 7~10% 이하의 제2철혈색소(ferri-Hb)를 제1철혈색소(ferro-Hb)로 전환시킬 수 있고, 약리학적 용량의 아스코르빈산(ascorbic acid)은 산화된 혈색소를 환원시킬 수 있다. 그러나 아스코르빈산은 높은 산화환원능력을 가지고 있음에도 불구하고 환원속도가 매우 느리기 때문에 치료에는 덜 효과적이다.

2) 임상양상과 진단

메트헤모글로빈 농도가 증가하면 말단 청색증 및 질식을 유발한다. 원인물질에 대한 노출이 피부를 통하거나 또는 며칠에 걸쳐 점진적인 축적을 통해 발생할 수 있기 때문에 메트헤모글로빈혈증은 종종 모르는 사이에 진행될 수 있다. 피로, 호흡곤란, 심계항진, 두통 또는 복부 통증이 청색증을 인지하기 전에 나타날 수 있다. 진단을 위한 특징적인 소견은 말단 부위(acral area)에서 시작되는 청색증이다. 동맥이나 정맥에서 채취한 혈액은 매우 어둡고 공기에 노출되어도 붉어지지 않는데, 이는 저산소혈증으로 인한 청색증의 특징이다. 동맥혈 가스는 메트헤모글로빈의 양이 전체 헤모글로빈의 30%를 초과하기 시작할 때에도 정상적인 PO_2를 나타낼 수 있으며, 이는 건강한 개인에서 주요 장기 손상이 발생할 가능성이 높은 수준이다. 가장 중요한 검사는 메트헤모글로빈을 직접 측정하는 것이다. 용혈의 증거를 찾기 위해 CBC와 그물적혈구 도말검사를 실시하는 것이 필요하다. 명확한 노출 이력이 없거나 작업 환경에 여러 가지 가능한 인자가 존재하는 경우 혈액 및 소변 검체 및 위 흡인물이 도움이 될 수 있다. 위 흡인물은 사고에 의한 섭취를 밝히는데 도움이 된다.

3) 치료

치료 원칙은 간단하다. 먼저 검사 결과가 나오기 전 100% 산소를 공급해야 한다. 다음으로, 피부 접촉이 작업 환경에서 중요한 노출 경로이기 때문에 환자의 전신을 철저히 씻기고 피부 오염을 제거해야 한다. 섭취가 의심되는 경우 위세척 후 숯(charcoal)과 하제를 투여하는 것이 적절하다. 메트헤모글로빈 수치가 20%를 초과하거나 환자가 현저한 증상을 보이는 경우, 메틸렌 블루 1% 용액을 약 10~15분에 걸쳐 1~2mg/kg의 용량으로 정주해야 한다. 이때 G6PD 결핍인 경우 메트헤모글로빈이 추가로 생성되거나 추가적인 용혈을 유발할 수 있으므로 주의해야 한다. 1시간 이내에 효과는 최고조에 이르며 이 시점에서 경구 또는 정맥내로 반복 투여할 수 있다. 메트헤모글로빈 수치가 20% 미만이 될 때까지 면밀히 관찰해야 하며 메틸렌 블루를 중단한 후 반동 효과가 발생하지 않았는지 확인해야 한다. 적절한 헤모글로빈 수치와 신장 기능을 유지하는 것이 중요하다. 메트헤모글로빈혈증과 용혈이 동반된 경우 교환 수혈을 고려해야 한다.

4) 예방

예방의 핵심은 일차적인 전략을 사용하는 것이다. 즉, 아닐린과 같은 많은 화학물질이 손상되지 않은 피부를 통해 빠르게 흡수되기 때문에 공기 중의 유해 물질 농도를 엄격히 관리하고 피부 접촉을 피하도록 해야 한다. CBC, 그물적혈구 수 및 메트헤모글로빈 수치를 주기적으로 측정하는 것이 필요하다.

8.3 빈혈

1) 용혈성 빈혈

(1) 혈관 내 용혈

① arsine(AsH_3)과 stibine(SbH_3)에 의한 용혈

㉠ 병인

이 가스상의 금속하합물들(AsH_3, SbH_3)은 반응성이 높으며 세포막, 산소혈색소(oxyhemoglobin) 및 거의 모든 유리 설프히드릴(sulfhydryl)기를 포함하는 적혈구의 여러 부위에 결합한다. 적혈구막의 완전성은 소듐-포타슘(sodium-potassium) 펌프 채널의 파괴와 글루타치온의 고갈에 의해 손상되어 세포의 삼투압 균형 상실, 팽윤, 혈관 내 용혈이 일어난다.

㉡ 임상양상과 진단

이러한 가스들은 특별히 자극적이지 않아서 사고로 인한 노출 후 수 시간 동안은 급성 반응을 보

이지 않을 수 있다. 용혈이 발생하기 전 두통, 현기증, 메스꺼움 및 복부 또는 옆구리 통증과 같은 비특이적 위장관 및 신경학적 증상이 나타날 수 있다. 얼마 후 소변이 검게 변하고 피부에 황달이 나타나는 급성 혈관 내 용혈의 전형적인 임상 양상을 보인다.

초기 실험실 검사 결과는 낮은 적혈구용적률, 혈장 및 소변 내 유리 헤모글로빈, 젖산 탈수소효소(LDH)의 급격한 증가를 보인다. 말초혈액도말검사는 초기에 세포 분절, 적혈구부동증(anisocytosis) 및 변형적혈구증가증(poikilocytosis)을 보일 수 있다. 질병의 빠른 경과로 인해 질병 초기에 뚜렷한 그물적혈구증가증은 없을 수 있다. 백혈구증가증이 흔히 관찰되지만 혈소판 수치는 낮을 수 있다.

혈액학적 소견 이외에 가장 뚜렷하고 임상적으로 중요한 징후와 검사실 소견은 일반적으로 혈장의 헤모글로빈에 의해 초기에 영향을 받는 신장 기능과 관련이 있다. 초기 급성 세뇨관 괴사는 혈액 요소 질소(BUN) 또는 혈청 크레아티닌의 상승과 소듐을 적절하게 보존하지 못함으로써 나타날 수 있다. 핍뇨 또는 심할 경우 무뇨가 대개 하루 이내에 나타난다. 신장 손상 외에 간효소의 경미한 상승과 간비대, 정신 상태의 변화를 포함한 미만성 중추신경계 기능 장애가 있을 수 있다. 때때로 급성 근육병증이 근육 압통과 크레아틴 포스포키나제(CPK) 상승과 함께 나타난다.

㉢ 임상진행과 치료

치료의 주안점은 적절한 적혈구용적률을 유지하고 신장 기능을 보존하는 것이다. 빠른 산소 투여와 알칼리성 이뇨가 필요하다. 핍뇨성 신부전이 발생하면 용혈 반응 자체가 단일 급성 노출 후 최대 4일 동안 지속될 수 있기 때문에 교환 수혈이 최선의 치료로 고려될 수 있다. BAL (British Anti-Lewisite)과 같은 킬레이트제는 arsine이나 stibine을 의미 있는 정도로 결합할 수 없기 때문에 급성 중독 관리에는 소용이 없다. 이러한 단계를 거친 후 치료는 임상 경과에 따른다.

㉣ 예방

arsine과 stibine가스의 주요 위험은 사고로 인한 과다 노출이기 때문에 1차 예방이 중요하다. 가스가 사용되는 곳에서의 누출에 대한 실시간의 지속적 모니터링과 미량의 금속이 발견될 수 있는 탱크에 산을 추가하는 것과 같은 잘못된 작업 습관으로 인해 arsine 또는 stibine이 생성될 수 있는 공정에 대한 적절한 교육이 필요하다.

② 기타 원인에 의한 용혈

급성 납 중독에 의해서도 혈관 내 용혈이 일어날 수 있다. 수일에서 여러 달에 걸쳐 급속히 납이 축적된 사람들의 경우 복통 혹은 혈관 내 용혈, 말초 혹은 중추신경 증상이나 징후가 나타날 수 있다. 그러나 실제적으로는 즉각적인 반응을 일으킬 정도로 빨리 납이 충분히 흡수되는 것은 불가능하기 때문에, 급성이라고 불릴만한 급성 납 중독은 없다. 납으로 인한 용혈의 발병기전은 피리미딘-5 뉴클레오타이드분해효소(pyrimidine 5′ nucleotidase)의 현저한 억제와 관련이 있다고 제안되어 왔다.

(2) 혈관 외 용혈

어떤 환경적 노출은 적혈구를 변화시켜 비장파괴를 증가시켜 적혈구의 수명을 단축시킬 수 있다. 거의 대부분의 경우 외부 환경적 요인과 숙주 요인의 조합이 원인이다. 가장 중요한 노출원은 강력한 산화제들이다. G6PD와 같은 체내 효소의 결핍은 질병 발생의 중요한 보조 요인이다. 그 외에 환경적 노출이 면역 매개 반응을 통해 감수성 있는 개인의 용혈을 유발하거나 유전적 변이를 가진 헤모글로빈 구조를 가진 개인의 용혈 과정을 가속시키거나 악화시킬 수 있다.

① 산화제에 의한 용혈

㉠ 병인

플라스틱, 폭발물 및 염료에 사용되는 약품 및 반응성 화합물을 포함하여 크고 다소 다양한 화학 작용제 그룹은 강력한 화학적 산화제이다. 중요한 환경 인자는 [표 8-1]에 전술하였다. 이러한 화합물은 헴 철을 직접 산화시켜 메트헤모글로빈을 형성하거나 일반적으로 헤모글로빈의 단백질 부분인 설프히드릴기에 결합할 수 있다. 이 결합이 환원된 글루타치온에 의해 반전되지 않으면 헤모글로빈이 침전되어 하인즈 소체(Heinz body)를 형성할 수 있다. 하인즈 소체는 비장에서 파괴된다.

㉡ 임상양상과 진단

발병은 일반적으로 급격하고 원인물질과 처음 접촉한 후 수 시간에서 수일 사이에 일어난다. 발열, 전신 증상 및 종종 색소뇨가 나타난다. 이학적 검사 상 창백, 빈맥, 발열 및 때로는 경미한 황달을 보인다. 비장 및 간장 비대와 압통을 동반할 수 있다. 혈액검사 상 그물적혈구증가증을 동반한 낮은 적혈구용적률을 보인다. 혈액 도말 검사 상 하인즈 소체를 볼 수 있고 소변검사에서 적혈구가 없는 잠혈이 특징이다. 일반적인 산화성 용혈의 신난의 가장 중요한 짐은 의심되는 산화제에 대한 노출의 새로운 또는 매우 최근 노출 이력이다. 그러나 용혈이 반드시 과다 노출이 아닌 감수성 있는 사람에서도 나타날 수 있기 때문에 노출의 강도는 현저하지 않을 수 있다는 것을 기억하는 것이 특히 중요하다.

㉢ 치료, 임상진행, 예방

산화제는 빠르게 결합되거나 대사되고 보호 효소의 수준이 새로 만들어진 세포에서 더 높기 때문에 산화제로 인한 용혈 위기는 일반적으로 자연 회복된다. 용혈에서 회복된 후에는 근로자를 유사한 노출이 될 수 있는 곳으로 복귀시키지 않도록 한다. 노출을 급격히 줄일 수 없는 경우 완전한 작업전환이 필요하다. CBC, 메트헤모글로빈 수치, 그물적혈구 수의 정기적인 측정은 과도한 노출이나 감수성 높은 개인을 발견하는 데 도움이 될 수 있다.

2) 납 중독에 의한 빈혈

납으로 인한 헴 합성 장애로 나타나는 빈혈은 저증식성 빈혈로서 이것은 납 중독 편에서 기술하였다.

8.4 재생 불량성 빈혈(골수무형성증)

재생 불량성 빈혈(aplastic anemia) 또는 골수무형성증(medullary aplasia)은 범혈구감소증(빈혈, 호중구감소증 및 혈소판감소증)을 초래하는 다능성 조혈모세포(HSCs, hematopoietic stem cells)의 후천적 이상이다. 많은 경우 관련 염색체 이상과 함께 혈액 세포의 이형성 변화 후에 발생한다. 진단 후 2년 동안 생존한 재생 불량성 빈혈 환자에서 급성 비림프구성 백혈병(ANLL)의 발병률은 대략 5~10%인데 이전 이형성증(dysplasia)이 있는 환자의 경우 발병률이 더 높을 수 있다. 재생 불량성 빈혈의 연간 평균 발생률은 미국, 유럽, 이스라엘에서 100만 명당 약 2명이며 태국과 중국에서는 백만 명당 5~7명이다. 남성과 여성은 동일한 빈도로 영향을 받지만 연령 분포는 10대와 20대에서 주요 정점을 이루고 노인에서 두 번째로 증가한다.

1) 원인 및 발병기전

북미와 서유럽에서 환례의 약 50%는 특발성이며 나머지 대부분은 속발성 재생 불량성 빈혈로 약물, 화학 물질, 방사선, 감염 및 면역학적 기전에 의해 유발된다. 소수의 경우는 유전적 소인에 의해 발병한다. 이차 재생 불량성 빈혈의 가장 큰 원인 범주는 치료약물이며

chloramphenicol, acetazolamide, phenylbutazone, phenytoin, sulfonamide 등에 의한다. 재생 불량성 빈혈의 직업 환경적 원인은 아직까지 확실하게 밝혀진 것이 많지 않은데 벤젠, 전리 방사선 및 세포독성 약물(항대사제, 알킬화제) 등이 확실히 확인이 되었다.

벤젠은 1897년에 재생 불량성 빈혈의 원인으로 처음 기술되었다. 벤젠은 규제되지 않은 시기의 노출로 인해 많은 급성 및 만성 독성을 유발했다. 1950년 이전에는 벤젠이 독성 재생 불량성 빈혈의 가장 흔한 단일 원인이었다. 재생 불량성 빈혈의 발병 위험은 종종 노출의 양 및 기간과 관련이 있지만 여러 과학 기관 및 조직에서 혈액 질환의 위험이 없는 벤젠의 수준을 확인하지 못했다.

전리방사선은 재생 불량성 빈혈과 용량 의존적인 관계가 있다. 재생 불량성 빈혈과 관련된 흡수된 알파 입자에 대한 내부 노출은 페인트 브러시를 혀에 적셔 라듐을 섭취한 라듐 시계 다이얼 작업자에서 보고되었으며 방사선에 대한 외부 피폭은 원자력 사고나 치료용 방사선과 같은 다량의 전신 피폭이거나 영상의학과 술기와 같은 의료행위에서 발생할 수 있는 소량의 장기간 피폭의 형태일 수 있다. 강직성 척추염 치료를 위해 방사선 조사를 받은 환자들과 히로시마와 나가사키 원폭 투하 생존자들의 데이터에 따르면, 재생 불량성 빈혈의 위험은 노출 후 3~5년까지 증가하고 그 이후에는 발병률이 현저하게 감소한다. 그러나 현재는 배지로 노출 및 모니터링을 엄격하게 규제하여 사고에 의한 과다 노출의 경우를 제외하고 방사선으로 인한 재생 불량성 빈혈을 사실상 없앴다.

[표 8-2]에 열거된 다양한 다른 화학물질에 노출된 후 재생 불량성 빈혈이 보고되었다. 트리니트로톨루엔과 관련된 재생 불량성 빈혈은 메트헤모글로빈혈증, 산화성 용혈, 간 손상 및 피부염을 동반할 수 있다. 비소에 대한 과다 노출은 최근 수십 년 동안 사용량이 감소하고 통제가 잘됨에 따라 감소했다. 심한 노출의 원인을 즉시 제거하면 완전한 자발적인 혈액학적 회복이 일반적으로 나타난다.

2) 증상과 진단

재생 불량성 빈혈의 진단은 임상 증상이 있거나 없는 개인의 말초혈액도말에서 2개 이상의 세포주의 감소된 수를 발견함으로써 제안된다. 일반적으로 이학적 소견에서는 발열, 창백, 점상 출혈과 같은 낮은 세포 수의 영향을 제외하고는 정상이다. 특히, 림프절병증과 비장종대는 일반적으로 없으며 있다면 다른 진단을 고려해야 한다. 재생 불량성 빈혈은 골수검사로 진단되는데 전형적인 소견은 정상 또는 거의 정상에 가까운 세포 형태를 갖는 저세포성 및 침윤성 세포 또는 섬유증의 부재이다. 특정 감염(정형 또는 비정형 결핵, HIV, 거대세포바이러스[CMV] 감염)과 모세포(blasts)없이 발생하는 백혈병(무백혈성 백혈병, 골수형성 증후군으로 불림)을 포함하여 이와 유사한 질병은 제외해야 한다.

3) 임상양상과 치료

재생 불량성 빈혈의 매우 경미한 경우를 제외한 모든

표 8-2 직업적 노출로 재생 불량성 빈혈을 유발하는 것으로 보고된 화학물질들

화학물질	용도
벤젠	직물, 살충제, 고무 합성의 중간체; 접착제, 바니시, 잉크, 페인트 용 용제; 가솔린용 옥탄 부스터
트리니트로톨루엔	폭발물 제조
헥사클로로시클로헥산(린단) 펜타클로로페놀 클로로페노탄(DDT)	살충제
비소	안경, 페인트, 에나멜, 제초제, 태닝제, 살충제 제조
에틸렌 글리콜 모노메틸 또는 모노부틸 에테르	페인트, 래커, 염료, 잉크, 세척제 생산

경우에 대한 치료는 특정 원인과 무관하므로 모든 환자는 골수 독성 물질에 대한 노출을 피해야 한다.

벤젠 관련 재생 불량성 빈혈의 초기 예후는 특발성 재생 불량성 빈혈보다 낫다. 환자의 최대 40%는 노출원을 제거한 후 완전히 회복될 수 있다. 저세포성이 몇 개월 이상 지속되면 회복이 일어나지 않을 가능성이 높다. 치료는 지지적이다(즉, 수혈 및 적혈구형성호르몬, 과립구 집락 자극 인자 및 과립구-대식세포 집락 자극 인자와 같은 성장 인자). 조혈을 자극하는 안드로겐과 같은 약물은 벤젠 유발 재생 불량성 빈혈에서 광범위하게 사용되지 않지만 다른 치료 선택(예: 골수 이식 또는 집락 자극 인자)이 없을 때 시도해야 한다. 동종 골수 이식은 비가역 재생 불량성 빈혈에 대해 알려진 유일한 치료법이지만 기증자 이용 가능성, 환자 연령 증가에 따른 사망률 위험 증가, 이식 요법의 독성으로 인해 제한적이다. 방사선 노출 관련 재생 불량성 빈혈의 치료도 일차적으로 지지적 치료이다. 회복은 재생 불량성 빈혈이 3~6주 동안 지속된 후에 나타날 수 있으며 알려진 총 방사선량으로 예측할 수 있다. 회복되지 않으면 줄기 세포 집단에 대한 영구적인 손상으로 만성 세포 형성저하(hypoplasia) 또는 이형성(dysplasia) 또는 백혈병이 발생할 수 있다. 기증자가 있는 경우 골수 이식을 포함하여 치료할 수 있다.

4) 예방

골수 독성 물질에 의한 아급성 손상은 심각한 손상보다 훨씬 더 나은 예후를 보일 가능성이 높기 때문에 골수 독성 물질에 노출될 위험이 있는 작업자는 적극적인 혈액학적 감시를 받아야 한다. CBC, 혈소판 수, 백혈구 분획검사 및 그물적혈구 수에 대한 배치 전 검사가 포함되어야 하며 최소한 매년 반복되어야 한다. 노출이 있는 근로자가 예상치 못한 변화가 있는 경우 작업 환경으로 돌아가기 전에 과도한 노출이 발생하는지 여부를 판단하기 위해 완전한 진단 검사 및 평가를 받아야 한다.

더 읽을거리

Almashat S, Harrison R. Occupational hematology. In: Ladou J, Harroson R. Current occupational and environmental medicine, 6th ed. New York: McGraw Hill; 2021. p.372-88.

Mobo Jr BHP, Cullen MR. Disorders of blood and blood-forming organs. In: Rosenstock L, Cullen MR, Brodkin C, Redlich C. Textbook of clinical occupational and environmental medicine, 2nd ed. Philadelphia: W.B. Saunders Co.; 2004. p.453-68.

Young NS. Bone Marrow Failure Syndromes Including Aplastic Anemia and Myelodysplasia. In: Loscalzo J, Fauci AS, Kasper DL, Hauser S, Longo D, Jameson JL. Harrison's Principles of Internal Medicine, 21st ed. New York:McGraw Hill; 2021. p.e1-23.

제9장 순환기계질환

제1절 직업성 뇌혈관질환

조성식

1.1 개요

뇌는 쉼 없이 심장으로부터 혈액을 공급받아야 한다. 뇌에 혈액을 공급하는 뇌혈관이 막히거나, 뇌혈관이 터지면서 출혈이 발생하여 뇌에 손상이 생기며 이로 인해 발생하는 언어 장애, 편측마비, 의식 장애 등의 신경학적 이상이 생기는 질환을 뇌혈관 질환이라고 한다.

1) 허혈성 뇌혈관질환(뇌경색)

허혈성 뇌혈관 질환은 출혈성 뇌혈관 질환보다 흔히며 뇌에 혈액을 공급하는 혈관이 막혀서 뇌에 혈액 공급이 되지 않아 뇌세포의 손상이나 괴사가 생김으로 생기는 허혈성 뇌혈관 질환(뇌경색)이며, 크게 뇌혈전증과 뇌색전증으로 분류된다.

(1) 뇌혈전증

뇌혈관에 동맥경화증이 발생하고 뇌혈관이 점차 좁아지고 혈관 내피가 상처받기 쉽게 되고 이곳에 혈액이 응고되어 혈전을 형성하게 되어 심해질 경우 뇌혈관이 완전하게 막힐 수 있다. 이로 인해 뇌로 가는 혈액 공급이 대폭 줄어들거나 완전히 막히게 되는데, 뇌세포의 손상이나 괴사가 생기고 이 결과 여러 신경학적 증상이 나타날 수 있다.

(2) 뇌색전증

심방세동과 같은 부정맥 혹은 심장판막질환과 같은 질환이 있을 때 심장이나 대동맥 주위에 혈전이 잘 생길 수 있으며 이렇게 생긴 혈전이 심장이나 심장에 가까운 대동맥 혈관벽에서 떨어져 나가 혈류를 타고 흘러가서 뇌혈관에 도달하여 혈전이 뇌혈관을 막아 뇌로 가는 혈액의 흐름을 차단시키는 것을 뇌색전증이라고 한다. 이처럼 심장에서 기원하는 색전성 뇌졸중은 전체 허혈성 뇌혈관 질환의 약 20% 정도인 것으로 알려져 있다.

2) 출혈성 뇌혈관질환(뇌출혈)

뇌혈관이 터짐으로써 뇌안에 피가 고이게 됨으로 뇌세포나 뇌조직에 손상을 입는 것을 출혈성 뇌혈관 질환(뇌졸중)이라고 한다. 뇌출혈은 자발성 뇌출혈과 외상에 의해 발생할 수 있으며 이 중에서 자발적 뇌출혈이 출혈성 뇌혈관 질환이라고 할 수 있다. 출혈성 뇌혈관 질환에는 뇌내 출혈(intracerebral hemorrhage)과 지주막하 출혈(subarachnoid hemorrhage) 두 가지로 분류된다. 출혈성 뇌졸중은 전체 뇌혈관 질환의 15% 정도를 차지한다고 알려져 있다.

(1) 뇌내 출혈

뇌내 출혈의 가장 흔한 원인은 고혈압으로 인해 혈관이 파열되어 뇌 실질내에 혈액이 고이게 되는 뇌혈관성 병변이다. 이 외에도 선천성 혈관 이상, 뇌동맥류, 동정맥 기형, 외상, 종양, 혈관염, 출혈성 질환 및 항응고제 사용 등이 그 원인이 되기도 한다.

(2) 지주막하 출혈

지주막하 공간에 자발적인 출혈이 발생하는 경우를 지주막하 출혈이라고 할 수 있다. 지주막하 출혈의 가장 흔한 원인은 지주막 공간에 있는 동맥에 위치한 동맥류의 급작스러운 파열에 의해 발생하는 경우가 가장 흔하다.

1.2 뇌혈관질환의 위험요인

연구가 비교적 많이 이루어진 비직업적 위험 요인에 비하여 직업적 노출로 인한 뇌혈관 질환의 발생에 관한 양질의 연구가 아직도 부족한 실정이다. 직업적 요인에 대한 정확한 노출 평가와 정확한 진단을 바탕으로 전향적 코호트 형태의 연구를 통해서 여러 직업적 요인 노출에 의한 뇌혈관 질환의 위험 요인에 대한 체계적인 추가 조사가 필요하다고 할 수 있다.

1) 비직업적 위험요인

고혈압, 당뇨, 이상지질혈증, 흡연, 과도한 음주, 비만, 운동부족, 혈관염, 심장질환(심장판막질환, 심장세동 등), 우울증 등은 허혈성 뇌혈관과 출혈성 질환의 중요한 위험 요인이 되며 혈관염, 동정맥 기형, 항응고제 복용, 뇌동맥류 등은 출혈성 뇌혈관 질환의 주요 위험요인이다.

2) 직업적 위험요인

직업성 뇌혈관 질환은 앞에서 언급한 만성질환이나 개인의 생활습관과는 독립적으로 뇌혈관 질환을 유발할 수 있는 직업적 위험요인이라고 할 수 있다. 뇌혈관 질환의 위험을 높이는 직업적 요인에는 장시간 노동, 야간 및 교대근무, 여러 직무스트레스 요인, 작업장에서의 화학

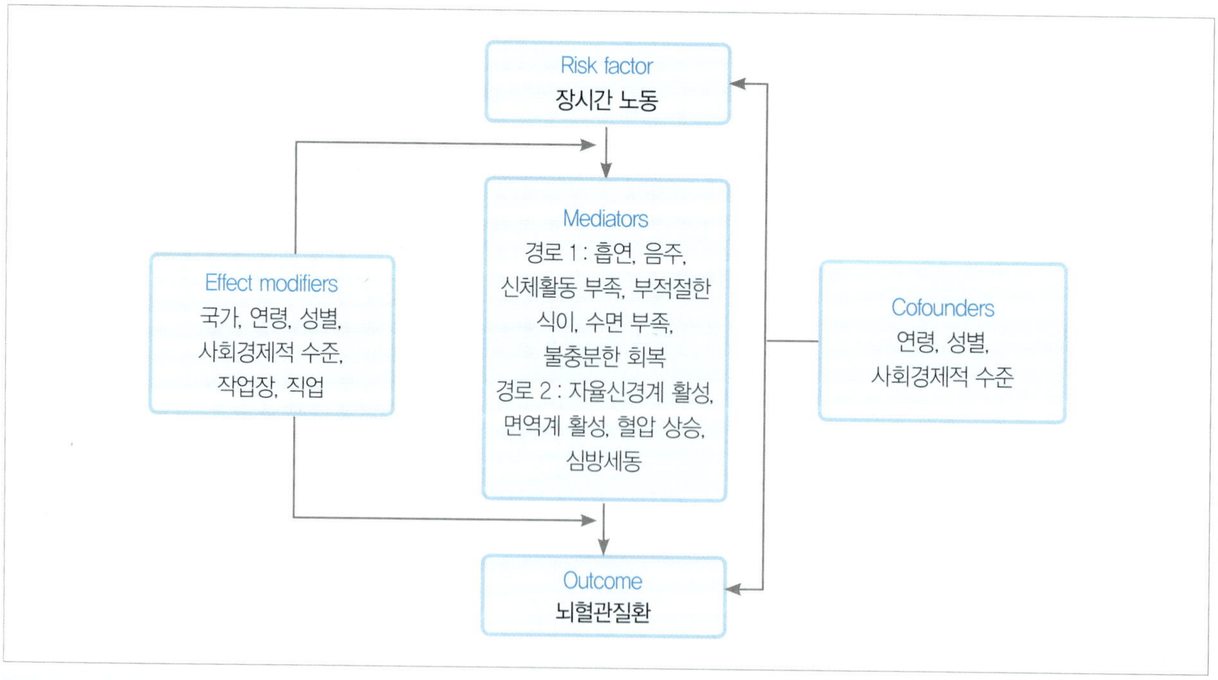

그림 9-1 장시간 노동과 뇌혈관질환의 인과 모형

물질, 미세분진 노출 작업장의 물리 환경 등이 뇌혈관 질환의 위험 요인이 될 수 있다.

(1) 장시간 노동, 교대근무 및 뇌혈관질환

[그림 9-1]은 세계보건기구와 국제노동기구에서 제시한 장시간 노동과 뇌졸중의 위험에 관한 이론적 경로를 도식화 한 것이다. 장시간 노동은 흡연, 음주, 신체활동 부족, 부적절한 식이와 같은 행태 변화로 이어질 수 있고 수면 부족, 그리고 불충분한 회복을 유발하고, 이로 인해 뇌혈관 질환 위험이 증가한다. 또한 장시간 노동은 자율신경계와 면역계 활성화, 혈압 상승, 심방세동과 같은 신체의 생리적 변화를 통해서도 뇌혈관 질환의 위험을 증가시킬 수 있다.

(2) 직무스트레스와 뇌혈관질환

주요한 직무스트레스 모형에는 낮은 직무통제, 낮은 직무통제 업무부담이 동반된 직무긴장, 노력보상 불균형 모형, 조직정의 모형 등이 존재한다. 뇌혈관 질환을 증가시키는 직무스트레스 요인에는 직무긴장, 노력-보상 불균형, 작업장 내 갈등 등이 조사된 바 있다. 이 중에서 특히 직무긴장 모형은 뇌혈관 질환과의 연관성이 메타분석에서도 관찰된 바 있다.

(3) 물리 · 화학적 요인

저온이나 고온 작업, 방사선 노출, 이황화탄소, 납, 미세분진 노출 등이 뇌혈관 질환의 위험을 높일 수 있다.

더 읽을거리

Swedish Council on Health Technology Assessment. Occupational Health and Safety -- Chemical Exposure: A Systematic Review and Assessment of the Social, Medical and Ethical Aspects. Stockholm: Swedish Council on Health Technology Assessment (SBU); March 28, 2017.

제2절 심장질환

한복순

2.1 개요

심장은 주기적으로 수축과 이완을 반복하여 선신에 혈액을 공급하는 순환기계의 중추기관으로, 대표적인 심장 질환에는 허혈성 심장질환, 부정맥, 심부전, 판막질환, 선천성 심장질환 등이 있다. 심장질환은 질병부담이 높은 질환으로, 건강보험공단 건강보험통계에 의하면 2019년도에 172만 명이 진료를 받았으며 진료비는 2조 9천억 원에 이른다. 심장질환으로 인한 사망자 31,030명 중 13,699명이 허혈성 심장질환으로 사망하였다. 통계청 사망통계에 의하면 심장질환은 암에 이어 주요 사망원인으로서, 2019년 사망원인의 10.5%를 차지하였다. 최근 10년간 심장질환으로 인한 사망은 인구 10만 명당 2009년 45.1명에서 2019년 60.4명으로 증가하였으며 지속적으로 증가하는 추세를 보이고 있다.

1) 심근경색증

심장근육에 혈액을 공급하는 관상동맥이 동맥경화 등으로 좁아지면 허혈성 심장질환이 발생한다. 심근경색증은 동맥 내벽의 죽상경화반 파열로 인한 혈전과 혈관의 수축 등으로 관상동맥이 막혀 심장근육이 괴사되는 질환으로, 돌연사의 가장 많은 원인을 차지한다. 약 70% 이상 막혔을 때 증상이 발생하며, 그 이전 상태에서도 증상이 발생할 수 있다. 흉골 중앙부에 심한 압박감, 통증이 일반적으로 30분 이상 지속되며 식은 땀, 오심, 왼팔 · 턱 아래로 방사통이 동반되기도 한다. 혈관을 확장하는 약물로 증상이 호전되지 않으며 고령, 당뇨병 환자는 흉통 없이 호흡곤란이나 어지러움 등이 나타나기도 한다.

2) 협심증

협심증은 관상동맥이 좁아진 상태에서 심장근육이 필요로 하는 만큼의 산소 공급을 받지 못할 경우 발생한다. 안정형 협심증은 가장 일반적인 형태의 협심증으로서, 신체활동이나 감정적 스트레스를 받는 상황에서 흉통, 흉부 불편감이 나타나며 대개 예측이 가능하고 안정을 취하거나 혈관확장제 투약으로 증상이 호전된다.

불안정형 협심증은 동맥경화반이 파열되면서 혈전이 생성되고, 이것이 관상동맥을 막아 발생하는 질환이다. 안정 시에도 증상이 발생하며 예측하기 힘들고 안정형 협심증에 비해 증상이 더 심하고 오래 지속된다. 심근경색, 심실세동 등으로 급사의 위험이 높아 즉각적으로 치료를 받아야 한다. 변이형 협심증은 관상동맥의 경련으로 심근으로 가는 혈류의 흐름이 일시적으로 방해를 받아 발생하는 질환으로 일반적인 협심증과 달리 비교적 젊은 연령에서 동맥경화 없이도 발생한다. 새벽이나 아침에 주로 발생하며 휴식 중에도 발생한다. 흡연, 과음, 추운 날씨가 주요 원인이며 급사의 위험이 높다.

3) 부정맥

심장은 동방결절에서 만들어지는 전기 신호에 의해 분당 60~100회 속도로 수축과 이완을 반복한다. 부정맥은 전기 신호의 생성이나 전달 과정에 문제가 있어 심박동이 비정상적으로 빠르거나 느리거나 또는 불규칙적인 경우를 말한다. 흡연, 심한 운동, 음주, 커피로 인해 일시적으로 발생할 수 있으며, 부정맥이 있어도 인지하지 못하기도 한다. 심장의 기계적인 수축 효율을 떨어뜨리는 부정맥은 치료가 필요하다. 심근의 급성 허혈상태는 전기생리적인 변화를 가져와 치명적인 부정맥이 발생할 수 있다. 돌연사의 90%는 심실빈맥, 심실세동, 심한 서맥, 심실 무수축 등 치명적인 부정맥에 의해 발생한다.

4) 심근병증(심근증)

심근병증은 심장 근육에 이상이 생겨서 심근이 두꺼워지거나 늘어나서 전신에 혈액을 보내는 기능이 감소하는 질환이다. 심비대가 심해지면 내부 구조 변화로 심장판막 폐쇄부전증이 나타난다. 심장기능 저하로 맥박이 빨라지며 호흡곤란, 피로감, 부종 등의 증상이 나타나며, 심실 부정맥으로 급성심장사의 위험이 있다.

확장성 심근병증은 심장 근육이 비정상적으로 늘어나 좌심실이 커져 수축기능에 문제가 발생한다. 심근의 수축력이 떨어져서 심부전으로 발전하면 호흡곤란과 부종이 나타나며 혈전증, 색전증, 부정맥이 발생할 수 있다. 좌심실 일부 또는 전체가 두꺼워지는 비후성 심근병증은 삼첨부에 흔히 발생하며 뚜렷한 원인 없이 발생하는 가족성 유전질환이다. 증상이 없는 경우가 많으나 부정맥으로 급성 심장사의 위험이 있다. 제한성 심근병증은 심근이 늘어나지 않는 질환으로, 좌심실 벽이 두꺼워져 심실의 혈류 유입에 장해가 나타난다.

2.2 비직업적 위험요인

심혈관질환의 발병에는 여러 요인들이 복합적으로 영향을 미친다. 비직업적 위험요인에는 고혈압, 이상지질혈증, 당뇨병, 흡연, 연령(남성≥45세, 여성≥55세), 뇌심혈관질환의 가족력(남성<55세, 여성<65세), 비만, 복부비만 등이 있다.

우리나라에서 심혈관질환의 위험요인이 질병발생에 기여하는 정도를 인구집단 기여위험도(population attributable risk, PAR)로 산출한 결과, 남자는 흡연, 고혈압, 이상지질혈증, 당뇨병 순으로 기여위험도가 64% 이었으며, 여자는 고혈압, 이상지질혈증, 흡연, 당뇨병 순으로 기여도가 높았다.

2.3 직업적 위험요인

1) 사회심리적 요인

(1) 장시간 노동

장시간 노동과 심혈관질환의 관련성은 비교적 많은 연구에서 일관된 결과를 보였다. 평소 이상증상을 느끼지 못하던 사람이 갑자기 의식을 잃고 1~2시간 내에 사망하는 돌연사는 장시간 노동과 관련된 경우가 많다. 우리나라에서는 업무상 과로로 인하여 발생한 심근경색증과 해리성 대동맥자루 등은 업무상 질병으로 인정될 수 있다.

장시간 노동과 심혈관질환 발생의 관련성을 분석한 메타분석에서, 주 55시간 이상의 근무는 주 35~40시간에 비해 관상동맥질환 발생 위험이 1.13배 높았다. 한국보건사회연구원이 과로가 질병 · 사망에 미치는 영향의 정도를 파악하기 위해 뇌심혈관질환에 대한 인구집단 기여위험도를 산출한 결과, 남성은 위험도가 가장 높은 40대에서 약 16%, 여성은 60대에서 약 16.8%가 장시간 노동이 뇌 · 심혈관질환 발병에 기여한 것으로 나타났으며, 장시간 노동으로 인한 사망의 인구집단 기여위험도는 연령에 따라 남성은 0.2~2.1%, 여성은 0.5~3.4% 이었다.

(2) 교대근무

교대근무는 심혈관질환의 발생 위험을 높인다. 일주기리듬의 교란은 수면 · 각성장애 등의 생리학적 스트레스와 식이 · 흡연 · 운동 등의 행동학적 스트레스, 활동시간의 변화로 사회생활이 충족되지 않는데서 오는 정신사회적 스트레스를 유발하여 심혈관질환을 높일 수 있다. 또한 일주기리듬의 교란은 교감신경을 항진시켜 혈압과 맥박이 상승하고, 시상하부-뇌하수체-부신피질 축(HPA 축)의 기능이 항진되며, 수면부족으로 렙틴 분비가 감소되어 혈당과 지방대사에 영향을 주고, 신체활동량 감소 등으로 비만, 고혈압, 당뇨병, 수면무호흡증 등이 유발되어 심혈관질환의 위험을 증가시킨다.

(3) 스트레스

스트레스는 다양한 신체반응을 유도하여 심혈관질환의 발생을 촉진하고 부정맥을 유발할 수 있어 심근경색증과 돌연사의 원인이 된다. 급성 스트레스는 교감신경을 활성화하고, 부신에서 카테콜아민 분비를 촉진시켜 혈압 상승, 빈맥, 말초혈관 저항 증가, 불안, 발한, 근 긴장을 초래하여 심근허혈, 부정맥, 혈전 형성을 유발한다. 격렬한 운동과 감정적 스트레스, 분노, 심한 흥분 같은 유발요인은 심혈관질환의 발생을 증가시키고, 혈전은 스트레스를 받거나 격렬한 신체활동을 하고 있는 당시보다 직후에 발생하였다. 변이형 협심증도 스트레스 영향을 많이 받는 질환이다.

만성 스트레스는 HPA 축의 과잉자극이나 행동변화를 일으켜 심혈관질환을 유발하거나 악화시킬 수 있다. 만성 스트레스는 부교감신경을 억제하여 심박수 변이를 감소시키고, 교감신경이 항진되면 심박출량, 혈관 저항성, 인슐린 저항성이 증가하고 혈압이 상승하며 혈관이 비후되어 심혈관질환의 위험을 증가시킨다. 또한 스트레스에 지속적으로 노출되면 교감신경과 HPA 축이 자극되어 카테콜아민의 상승과 자율신경계 부전, 맥박 증가 등 다양한 기전을 통해 심혈관질환을 유발할 수 있고, 우울증이나 불안장애 등을 유발하여 이차적으로 HPA 축에 영향을 주거나, 과음 또는 흡연량 증가 등 좋지 않은 생활습관과 만성질환의 치료에 소홀하여 심혈관질환의 위험이 증가한다.

2) 물리적 요인

(1) 고온과 저온

폭염과 한파 등 극한의 날씨는 심혈관질환의 고위험군(관상동맥질환자, 고령자 등)에서 심혈관질환의 발생과 사망 위험을 높인다. 한국인 심근경색증 등록연구(Korea Acute Myocardial Infarction Registry, KAMIR)에 2005년부터 6년간 등록된 심근경색증 환자 28,577명은 평균온도 28.5℃ 이상, 최고온도 31.5℃ 이상, 최저온도 -13.5℃ 이하에서 응급실 방문이 증가하였다. 2018년 특수건강진단을 받은 근로자를 대상으로 폭염관련 기상인자와 순환기질환과의 연관성을 살펴본 연구결과, 폭염이 연속 12.7일 이상 지속되면 순환기질환이 증가하고,

폭염이 1일 증가할 때마다 근로자 10만 명당 6,175명의 순환기질환이 증가하는 것으로 추정되었다.

고온에서는 땀을 많이 흘리고 탈수로 혈액이 농축되며 혈전위험이 증가한다. 특히 육체적으로 강도가 높은 작업을 하는 경우 열 스트레스(heat stress)가 지속되면 심혈관질환 발생 위험이 높아진다. 한랭 환경에서는 맥박, 혈압, 혈소판 점도, 혈장 섬유소원 등의 증가, 말초혈관 수축 등으로 심혈관질환을 악화시킬 수 있다. 일교차는 혈관의 반복적인 수축과 이완을 유발하여 혈관에 부담이 되며, 봄철에 협심증 환자가 증가한다.

(2) 소음

강렬한 소음에 노출되면 일시적으로 심박수와 혈압이 상승하며, 만성적인 소음 노출에도 고혈압과 관상동맥질환 위험이 증가한다. 소음 노출과 고혈압의 연관성을 살펴본 연구에서, 소음 노출군에서 고혈압 위험이 1.94배 증가하였고, 청력이 정상인 군에 비해 소음 노출로 인한 고음력 청력저하를 보인 군은 고혈압 위험이 1.34~3.81배 증가하였다. 공항 주변에 거주하는 주민들의 심혈관질환에 미치는 영향은 여러 코호트에서 일관된 결과를 보여주었다. 미국의 89개 공항 주변에 사는 600만 명 주민에서 소음이 10dB 높아질 때마다 심혈관질환으로 병원을 찾는 비율이 3.5% 증가하였고, 런던 히드로 공항 주변의 360만 명 주민의 의무기록을 분석한 결과 55dB 이상의 소음에 노출된 경우 심혈관질환으로 병원을 방문하는 경우가 많았다. 독일에서 도시에 사는 1,700명을 대상으로 소음 수준과 고혈압과의 관련성을 살펴본 연구에서는 야간 소음 55dB 이상 지역의 주민들이 50dB 이하 지역에 비해 고혈압 위험이 두 배 가까이 높았다.

(3) 미세먼지

미세먼지는 심근경색증과 부정맥, 심부전의 위험을 증가시킬 수 있다. 미세먼지에 노출되면 심혈관질환에 의한 사망 위험이 68% 상승하고, 특히 초미세먼지($PM_{2.5}$)에 장기간 노출되면 허혈성 심장질환에 의한 사망률이 증가한다.

미세먼지는 호흡기에서 활성산소종(ROS), 염증물질의 생성 등 폐 염증반응을 통한 염증성, 산화성 매개체의 순환기계 유입, 기도 감각신경 활성화에 따른 자율신경의 부조화, 심혈관계 조직에 직접적으로 반응하는 기전으로 죽상동맥경화증, 혈전 생성, 부정맥 등이 유발되고 허혈성심질환, 심부전, 뇌졸중 등의 유발·악화로 조기사망에 이를 수 있다. 미세먼지 농도가 증가할수록 혈장의 점도가 올라가 국소적 급성염증반응으로 심혈관의 내피가 손상되어 죽상동맥경화증이 진행되고 허혈성 심장질환도 증가한다.

(4) 기타 물리적 요인

진동으로 인한 혈압 상승, 좌심비대, 불완전 방실전도 장해 등이 보고되었고, 불규칙적으로 힘을 많이 쓰거나 갑자기 심한 힘을 쓰면 관상동맥질환이 있는 근로자는 급성 허혈 발작의 위험이 증가할 수 있다.

3) 화학적 요인

우리나라에서는 인쇄공의 톨루엔에 의한 부정맥, 보일

표 9-1 작업관련성 심장질환의 화학적 요인

심장질환	화학적 요인
부정맥	비소, 탄화염소불소 추진제, 1,1,1- trichloroethane, TCE, 유기인계 농약, 카바메이트계 농약
관상동맥질환	일산화탄소, 이황화탄소, 공기오염
고혈압	카드뮴, 이황화탄소, 납
심근질식	일산화탄소, 시안화물, 황화수소
심근손상	안티몬, 비소, 아르신가스, 일산화탄소, 납
비동맥경화성 허혈성 심장질환	유기질산(니트로글리세린, ethylene glycol dinitrate)
말초동맥폐쇄성질환	비소, 카드뮴, 납

러공의 일산화탄소에 의한 불안정형 협심증, 주물주조 작업자의 일산화탄소에 의한 확장성 심근염, 소각작업자의 일산화탄소에 의한 울혈성 심근염, 숯불을 사용하던 식당 종업원의 급성 일산화탄소 중독에 의한 심근병증, 화약류 취급자의 니트로글리세린에 의한 심근경색증 등 화학적 요인에 의한 작업관련성 심장질환이 확인되었다. 심장질환 발생에 영향을 미치는 화학물질은 [표 9-1]과 같다.

(1) 일산화탄소

일산화탄소는 화석연료를 사용하는 모든 작업에서 발생한다. 일산화탄소는 혈색소와 친화력이 높고 골격근에 비해 심근과의 친화력이 3배 높다. 고농도에 노출되면 저산소증으로 협심증, 부정맥 등이 발생하여 급사에 이를 수 있으며, 만성적으로 노출되면 울혈성 심근병증이 발생할 수 있다. 디클로로메탄은 체내에서 일산화탄소로 대사되며 간접흡연은 일산화탄소의 또 다른 흔한 노출원이며 혈소판 응집을 촉진한다.

(2) 이황화탄소

이황화탄소는 비스코스 레이온 섬유와 셀로판 생산 공정, 사염화탄소 제조 공정에 주로 사용된다. 이황화탄소 중독은 독일 고무공장에서 처음 발생하였고, 우리나라에서는 1981년 원진레이온에서 첫 중독 환자가 발생하여 1987년부터 이황화탄소에 의한 직업병으로 인성되었다. 이황화탄소는 혈당, 중성지방 상승, 지단백 감소, 혈액응고 변화를 일으켜 죽상동맥경화증, 관상동맥질환, 고혈압 등 심혈관질환 발생에 영향을 미친다. 10~30ppm 농도에 노출 시 관상동맥질환으로 인한 사망위험이 2~3배 증가하고, 20ppm 농도에 15~20년간 노출 시 혈관장해가 오는 것으로 알려져 있다. 특히 비스코스 레이온 작업자에서 관상동맥질환 발생 위험이 높았다. 유럽에서는 이황화탄소 중독자에서 허혈성 심장질환이 많았으나 우리나라에서는 고혈압과 뇌졸중이 더 많이 발생하였다.

(3) 유기질산염

니트로글리세린은 혈관확장제로서 협심증의 치료제로 사용되며, 제조, 폭약 제조 공정에서 노출될 수 있다. 유기질산염 취급자가 수일간 작업장을 떠나 있는 상태에서 급성심근경색증, 급성 심장사가 발생하는 경우가 있는데, 이는 질산염에 노출이 중단됨으로써 보상작용으로 발생한 혈관 수축에 의한 것으로 추정된다.

(4) 할로겐화 탄화수소

유기용제로 인한 부정맥, 돌연사는 산업장이나 세탁소, 병원 병리실험실, 살충제 살포 작업에서 보고되었다. 불화탄화수소, 염화탄화수소와 같은 할로겐화 탄화수소는 정상적인 작업환경에서는 문제가 되지 않으나 밀폐공간과 같이 고농도로 노출되기 쉬운 상황에서 관상동맥질환 등 질병이 있는 근로자는 부정맥이 초래될 수 있다.

(5) 중금속

비소와 코발트에 오염된 맥주를 마신 사람들이 수개월 후 심근병증을 일으킨 사례가 보고되었다. 사탕수수에서 사탕을 추출하는 과정에서 비소가 불순물로 함유된 황산이 사용되어 이 맥주 원료가 공급된 100개 맥주공장에서 생산된 맥주를 마신 사람들 사이에 문제가 되었다. 1960년대에는 캐나다 퀘벡에서 맥주를 마신 사람들 중에서 수개월 후 심근병증이 발생하여 사망률이 22%에 달하였는데, 맥주거품 안정제로 1.2ppm의 코발트가 첨가되어 발생한 것으로 밝혀졌다.

2.4 심장질환의 예방 및 관리

심혈관질환은 예방이 중요하며, 이를 위해서는 심혈관질환의 위험요인을 파악하고 관리해야 한다. 사업장에서는 건강진단결과에 따른 사후관리를 통해 고혈압, 이상지질혈증, 당뇨병이 있는 근로자는 혈압과 콜레스테롤, 혈당을 잘 조절하도록 하고 건강한 생활습관을 유지하도록 하여야 한다. 또한 금연, 절주, 적정 체중 유지, 규칙적인 운동, 싱겁게 먹는 습관, 충분한 수면, 스트레스 관리 등 건강한 생활습관 유지로 심혈관질환을 예방하거나 발생을 늦출 수 있다. 흡연자는 비흡연자에 비해 심근경색증 발생위험이 2배 가까이 높으며 간접흡연도 심혈관

질환 위험을 높인다.

과도한 부담과 책임이 요구되는 업무를 수행하면서 심혈관질환 위험이 높은 근로자는 스트레스 감소를 위한 이완요법 등 행동요법과 생활습관 개선이 권고된다. 사업장에서는 한국인 직무스트레스 측정도구를 활용하여 조직적 관리에도 관심을 기울이도록 하며 심장질환 발생에 영향을 미치는 물리적 · 화학적 유해인자를 관리하여 노출을 최소화하도록 한다.

2.5 업무적합성 평가

심혈관질환 발병 고위험군 근로자가 주당 60시간 이상의 장시간 노동, 고정적인 야간작업, 고열 또는 한랭작업, 산소가 부족한 장소에서 작업, 부정맥 환자가 운전 또는 고소작업, 심한 소음, 심혈관에 영향을 미치는 화학물질에 노출되는 업무 등을 하는 경우에는 돌연사를 예방하고 작업전환 필요여부를 판단하기 위해 업무적합성 평가가 필요하다. 심혈관질환 발병 위험군 분류는 KOSHA GUIDE H-200-2018(직장에서의 뇌 · 심혈관계질환 예방을 위한 발병위험도 평가 및 사후관리지침)을 참고한다. 업무적합성 평가에는 건강상태 평가, 장애 평가, 장애의 정도에 따른 업무수행능력 평가, 심혈관질환을 악화시킬 수 있는 업무부담 가중요인, 업무의 특성(작업조건, 작업환경)이 고려되어야 한다.

2.6 업무상 질병 인정기준

산업재해보상보험법 시행령 별표 3과 뇌혈관 질병 또는 심장 질병 및 근골격계 질병의 업무상 질병 인정 여부 결정에 필요한 사항(고용노동부고시 제2022-40호)에서는 뇌심혈관질환의 업무상 질병 인정기준을 규정하고 있다. 즉, 발병 전 24시간 이내에 업무와 관련한 돌발적이고 예측 곤란한 사건 또는 급격한 업무 환경의 변화가 있었던 경우, 발병 전 1주일 이내의 업무의 양이나 시간이 이전 12주의 1주 평균보다 30% 이상 증가한 경우, 그리고 발병 전 12주 동안 업무시간이 1주 평균 60시간을 초과한 경우 또는 52시간을 초과하면서 업무부담 가중요인 중 하나 이상이 있었던 경우 업무상 질병으로 인정될 수 있다. 업무부담 가중요인에는 근무일정 예측이 어려운 업무, 교대제, 휴일 부족, 유해한 작업환경(한랭, 온도변화, 소음), 육체적 강도가 높은 업무, 시차가 큰 출장이 잦은 업무, 정신적 긴장이 큰 업무 등 7가지가 있다.

OCCUPATIONAL AND ENVIRONMENTAL MEDICINE

제10장

감염성질환

이원철

10.1 감염병

1) 법정 감염병의 분류

감염(infection)은 병원체가 숙주에 침범하여 숙주 내에서 증식하여 세포와 조직에 병리 변화를 일으켜 증상과 징후를 나타내거나 면역 반응을 야기하는 상태이다. 감염의 원인은 병원체로서 세균, 바이러스, 리케차, 진균류 등의 미생물과 원충생물, 기생충 등의 각종 기생생물이 모두 포함된다.

감염병의 예방 및 관리에 관한 법률에 따라 법정 감염병 분류체계가 2020년에 개편되있다. 긴급히기나 심각한 정도에 따라 감염병을 제1급부터 제4급까지 구분하였으며, 제1급 감염병은 생물테러감염병 또는 치명률이 높거나 집단 발생의 우려가 커서 발생 또는 유행 즉시 신고해야 하고, 음압격리와 같은 높은 수준의 격리가 필요하며, 국내에 잘 알려진 것으로는 중동호흡기증후군(MERS) 및 신종인플루엔자 등이 있다. 제2급 감염병은 격리가 필요한 감염병을, 제3급 감염병은 발생을 감시할 필요가 있는 감염병을, 그리고 유행 판단을 위해 표본감시 활동이 필요가 있는 감염병을 제4급으로 분류하였다.

2) 직업성 감염질환의 특성

직업성 감염질환은 다음과 같이 두 가지 상황으로 구분할 수 있다. 특정 감염원 또는 병원체가 작업장 또는 직업 환경과 관련 있거나, 또는 특정 작업 활동이 근로자를 감염에 취약하게 하여 직업성 감염질환을 유발할 수 있다(표 7-1). 직업성 감염질환은 비직업성 감염과 비교할 때 흔하지 않을 수 있다. 하지만 직업성 감염이 의심되는 경우에는 환자 및 의심환자의 역학조사를 즉시 실시하는 것이 중요하며, 작업장을 방문하여 감염과 관련된 위험요인을 파악할 필요가 있다. 만약 작업장 내에 위험요인이 여전히 존재한다면 다른 작업자에게도 계속적인 감염이 있을 수 있고, 이미 감염된 개인이 직장으로 복귀할 때 재감염의 위험도 있을 수 있다.

모든 감염과 마찬가지로 직업성 감염질환이 유행하지 않기 위해서는 감염원과 전파 경로를 통제하고 감염 가능성이 있는(susceptible) 사람을 보호하여야 한다. B형 간염과 같이 백신을 활용할 수 있는 감염병이라면 예방이 더 쉬울 수 있다. 또한 직장에서의 건강 교육 및 예방 프로그램은 직업 감염 위험을 줄이는 데 도움이 된다.

10.2 직업성 감염질환의 예방접종

업무 활동이나 직장에서 감염될 수 있는 직업성 감염질환은 다양하며, 감염 관리와 예방을 위해서는 이들의 전파에 있어 직업적 요인을 중요한 요소로 인식하여야 한다. 우선 직업성 감염질환의 역학, 임상적 특징, 병원

표 10-1 직업별 주요 감염성질환

직업	감염성질환 종류
도축장, 정육점 및 육류유통종사자	Anthrax, brucellosis, cryptosporidiosis, erysipeloid, infectious diarrhea, leptospirosis, *Mycobacterium bovis*, Newcastle disease, orf, ornithosis, Q fever, *Streptococcus suis* meningitis, toxoplasmosis, tularemia, vesicular stomatitis
동물취급자	
소	Babesiosis, bovine papular stomatitis, brucellosis, cryptosporidiosis, erysipeloid, *Mycobacterium bovis*, pseudocowpox, Q fever, ringworm, vesicular stomatitis
어류/갑각류	Erysipeloid, leptospirosis, *Mycobacterium marinum*, nanophyetiasis
애완동물	Bite wound, *Mycobacterium marinum*, Newcastle disease, ornithosis, ringworm, toxoplasmosis
가금류	Campylobacteriosis, erysipeloid, histoplasmosis, infectious diarrhea, Newcastle disease, ornithosis, ringworm
양/염소류	Brucellosis, cryptosporidiosis, echinococcosis, erysipeloid, louping-ill, orf, ornithosis, Q fever, tularemia
돼지	Erysipeloid, influenza, ringworm, *Streptococcus suis* meningitis
수의사	Anthrax, bite wounds, brucellosis, cryptosporidiosis, echinococcosis, herpes simiae, leptospirosis, *Mycobacterium bovis*, Newcastle disease, orf, ornithosis, Q fever, rabies, ringworm, toxoplasmosis, tularemia, vesicular stomatitis
동물원직원	Bite wounds, herpes simiae, *Mycobacterium marinum*, ringworm, sealpox
건설노동자	Coccidioidomycosis, histoplasmosis, tetanus
농부	Anthrax, brucellosis, campylobacteriosis, cryptosporidiosis, histoplasmosis, hypersensitivity pneumonitis, orf, ornithosis, Q fever, ringworm, sporotrichosis, tetanus, toxoplasmosis, tularemia, vesicular stomatitis
보건의료 종사자	*Clostridium difficile*, hepatitis A, B, C, D, herpes simplex virus, human immunodeficiency virus, influenza, lice, measles, *Mycobacterium tuberculosis*, *Neisseria meningitidis*, parvovirus, respiratory syncytial virus, *Salmonella*, scabies, varicella-zoster virus
피혁가공자	Anthrax, tularemia
실험실근무자	Brucellosis, campylobacteriosis, coccidioidomycosis, filoviruses, hepatitis A, herpes simiae, influenza, leptospirosis, lymphocytic choriomeningitis, ornithosis, Q fever, rate-bite fever, ringworm, *Salmonella*, toxoplasmosis, tularemia
군근무자	Adenovirus, coccidioidomycosis, hepatitis A, leptospirosis, *Neisseria meningitidis*, ringworm, tetanus, upper respiratory tract infections
사무실근무자	Influenza, legionellosis
야외/교외근무자	Babesiosis, leptospirosis, Lyme disease, Q fever
농장노동자	Hypersensitivity pneumonitis, sporotrichosis

소(숙주), 전파경로 및 잠복기 등에 대한 자세한 지식이 필요하다. 비직업성 감염질환과 마찬가지로 구체적인 예방 방법에는 감염원의 제거, 전파경로의 차단, 감염 가능성이 있는 근로자들에게 마스크와 장갑과 같은 개인 보호 장비 제공 및 예방접종을 통한 면역 획득 등이 있다.

1) 보건의료 종사자의 예방접종

모든 근로자는 국가예방접종의 일정에 따라 백신 접종을 하여야 하지만 일부 감염병의 경우에는 위험이 높은 근로자에 대해 선택적 예방접종을 권장할 수도 있다(표 10-2).

보건의료 종사자 및 병원 근로자에게 선택적 예방접종을 실시해야 하는 두 가지 목적이 있다. 첫째, 보건의료 종사자 등을 보호하기 위하여 예방접종을 통해 다양한 감염병에 대한 면역을 형성하기 위함이다. 둘째, 병원과 의료기관을 방문한 환자와 보호자들에게 감염병이 전파되지 않도록 함이다.

보건의료 종사자의 예방접종 대상 감염병은 B형간염, 수두, 인플루엔자, 파상풍, 디프테리아, 백일해, 홍역,

표 10-2 보건의료 종사자의 예방접종

예방접종 종류	접종대상	접종일정
I. 의료직 시작 시 면역의 증거[1]가 없는 경우 항체검사 후 음성일 때 접종		
① B형간염	혈액 및 체액에 노출될 위험이 있는 모든 의료인	3회(0, 1, 6개월) 접종 → 1~2개월 후 항체검사, 음성이면 3회 재접종 → 1~2개월 후 항체검사시에도 음성이면 재접종 불필요
② 수두	1970년 이후 출생한 의료인	2회(4~8주 간격) 접종
II. 의료직 시작 시 항체검사 없이 접종		
① 인플루엔자	모든 의료인	1회 접종(매년)
② 파상풍 · 디프테리아 · 백일해(Tdap)	모든 의료인	1회 접종
③ 홍역 · 유행성이하선염 · 풍진 (MMR)	(홍역) 1967년 이후 출생한 의료인 (유행성이하선염, 풍진) 모든 의료인	2회(4주 간격) 접종[2]

1) 면역의 증거: 해당질환 진단, 항체 양성, 해당 백신 접종력 중 1가지 이상
2) 면역의 증거가 있는 경우 접종 불필요, 면역의 증거가 없다면 항체검사 없이 2회 접종

유행성 이하선염, 풍진 등이다. 예방접종의 대상자 범위는 의사, 간호사 등 환자 진료에 참여하는 종사자뿐만 아니라 직접 환자를 진료하지 않는 모든 직원을 포함하여야 한다.

2) 그 외 직업군의 예방접종

인수공통감염병은 동물과 사람간에 서로 전파되는 병원체에 의하여 발생되는 감염병을 의미하며 현재, 새롭게 나타나는 감염병질환(emerging infections)의 상당수가 인수공통감염병으로 알려지고 있다. 제1급 감염병에는 탄저, 중증급성호흡기증후군(SARS), 동물인플루엔자감염증이 있고, 제2급 감염병에는 결핵, 장출혈성대장균감염증, 일본뇌염, 브루셀라증, 공수병이 있으며, 제3급 감염병에는 변종크로이츠펠트-야콥병, 큐열, 중증열성혈소판감소증후군(SFTS)이 있다. 이러한 인수공통감염병은 특히 농업, 축산업이나 관련 업무에 종사하는 근로자에서 감염의 위험이 높으므로 특별히 주의가 필요하다. 인수공통감염병의 고위험군에는 가축 관련 작업 시 예방 수칙을 안내하도록 하고, 질병의 전파 경로, 임상적 특성, 예방법 및 증상 발현 시 조치사항과 같은 기본 교육을 하여야 한다(표 10-3).

집단 및 다중이용시설의 종사자는 시설의 특성에 따라 권고되는 예방접종의 종류가 다양하다. 보육시설 종사자는 소아 · 청소년의 감염위험이 있는 수두, 파상풍 · 디프테리아 · 백일해(Tdap), 홍역 · 유행성이하선염 · 풍진(MMR)과 같은 감염병의 예방접종이 필요하다.

신증후군출혈열은 발열, 고열, 신부전, 출혈을 특징으로 하는 급성 발열질환으로 한타바이러스(Hantavirus) 속에 속하는 여러 종의 바이러스에 의해 발생하는 질환이며, 흔히 '유행성 출혈열', '한국형 출혈열'이라는 이름으로 알려져 있으며, 국내에서는 주로 늦가을에 유행한다. 신증후군출혈열을 예방하기 위해서는 설치류와 설치류의 서식지에 접촉하지 않는 것이 중요하다. 예방접종의 효능에 대한 논란은 있으나, 신증후군출혈열 다발지역에서 야외 활동이 많은 군인이나 농부, 직업적으로 한탄바이러스에 오염된 환경에 자주 노출되는 사람에게는 예방접종이 권고된다.

A형간염은 오염된 물이나 식품으로 전파되는 감염병으로, 예방을 위해서는 손씻기와 음식을 익혀 먹는 등의 위생적인 조리과정이 중요하다. 하지만 수인성 식품매개 감염병의 경우 일단 병원체에 오염된 음식이 식당이나 집단급식시설을 통해 다수의 사람들에게 노출되면 매우 큰 규모의 동시 감염자를 발생시켜 지역사회 유행으로

표 10-3 그 외 직업군의 예방접종

직업군	예방접종 종류
사스 · 조류인플루엔자 대응기관 종사자 닭 · 오리 · 돼지농장 및 관련업계 종사자	인플루엔자
보육시설 종사자	인플루엔자, 수두, Tdap, MMR, A형간염
외식업 종사자	A형간염
수용시설의 수용자 및 근무자	인플루엔자, B형간염
지체장애인과 이들을 보호하는 직원	인플루엔자, B형간염
학교 및 유치원 교사 등 소아 · 청소년들과 함께 생활하는 직종	수두, 인플루엔자, Tdap, MMR
논 농사 종사자	신증후군출혈열, 일본뇌염
돼지 사육 종사자	일본뇌염
공수병 감염 고위험 직업군*	공수병
실험실 요원	공수병, 수막구균, 신증후군출혈열, 일본뇌염, 장티푸스, 콜레라, 폴리오, 황열

* 수의사, 동물병원 근무자, 사냥터 관리인, 사냥꾼, 삼림감시원, 도살자, 동물탐험가, 박제사 등
Tdap: 파상풍 · 디프테리아 · 백일해, MMR: 홍역 · 유행성이하선염 · 풍진

이어질 수 있으므로 개인 위생수칙 준수만으로는 예방에 한계가 있다. 또한 A형간염은 국내에서 매년 수 천 명의 환자가 발생하고 있어 다중이용시설의 종사자들에게는 개인 위생수칙 뿐만 아니라 예방접종이 권장된다.

마지막으로 실험실 종사자는 업무에 따라 공수병, 수막구균, 신증후군출혈열, 일본뇌염, 장티푸스, 콜레라, 폴리오, 황열 등의 백신이 권장된다.

10.3 주요 직업성 감염질환의 예방

1) 결핵

결핵균에 의한 병원감염의 위험성은 낮지만 보건의료 종사자에게는 중요한 문제로 남아있다. 의료기관에서는 결핵으로 의심되지 않는 환자가 가래 혹은 기도분비물 중에 균을 배출하거나 기침이나 재채기를 하고 있을 때 감염이 일어나기 쉽다. 전염성이 있는 도말 양성 폐결핵 환자와 접촉을 한다고 모두 결핵에 감염되지는 않으며 환자와 가까이 접촉한 사람 중 약 25~30% 정도가 감염된다고 한다. 또한 결핵에 감염되었다고 하여 모두 병으로 발전하는 것은 아니며 감염된 사람의 약 10% 정도가 결핵 환자가 된다.

투베르쿨린 피부반응검사(TST), 인터페론감마분비검사(IGRA) 등으로 잠복결핵이 진단이 되면 전염성 결핵 환자와 접촉한 자 중 잠복결핵감염으로 진단받은 자, 면역저하자 등 결핵발병 고위험군, 결핵 발병 시 파급력이 큰 집단시설 종사자 중 잠복결핵감염으로 진단받은 자들에게는 잠복결핵 치료가 권고된다.

2) 인간면역결핍바이러스

인간면역결핍바이러스(HIV)는 보건의료 종사자로부터 환자에게는 아주 드물게 전파될 수 있으나, 환자로부터 보건의료 종사자에게는 대부분 주사침 상해를 통해 감염될 수 있다. 주사침 상해 후 예방적 조치가 취해지지 않을 경우 인간면역결핍바이러스에 감염될 확률은 약 0.3%이며, 점막에 노출될 경우에는 약 0.09%이다. 감염경로뿐 아니라 노출된 혈액의 양, 노출을 일으킨 기구가 감염자의 동맥이나 정맥에 직접 사용되었는지 여부, 손상의 깊이, 원인 제공자의 혈중 바이러스 역가 등에 의하여 감염률이 달라질 수 있다.

감염원인 환자가 인간면역결핍바이러스에 감염되어 있는지를 혈청학적으로 확인하여야 한다. 만약 감염원 환자의 혈청검사 결과를 알 수 없거나 인간면역결핍바이러스 감염의 의심이 있을 때는 노출된 사람의 혈청학적 검사를 즉시 하여 인간면역결핍바이러스의 감염 여부를 조사한다. 검사결과가 음성인 때는 3~6개월 후에 다시 검사한다. 검사결과가 음성이고, 후천성면역결핍증후군의 위험요소가 없고, 인간면역결핍바이러스 감염의 다른 증거가 없을 때는 감염의 위험성은 0.01% 이하이며, 추적검사를 할 필요가 있다.

혈액매개 감염은 노출 전 예방이 매우 중요하나, 일단 오염된 혈액이나 체액이 노출되었다면 즉각 노출 부위를 흐르는 물과 비누로 씻고 손소독제로 소독을 한다. 예방적 약물치료가 가능하다면 감염내과 전문의 등의 진료에 따라 항바이러스제 등을 복용하여야 한다.

3) B형간염

주사침 상해 등에 의하여 B형간염 환자의 혈액에 노출되면, B형간염에 감염될 확률은 3~10%로 상당히 높으며, 감염원이 e항원 음성인 경우 감염 위험은 1~6%이고, e항원 양성인 경우는 22~31% 수준으로 알려져 있다. 인체면역결핍바이러스 및 C형간염 바이러스와 달리 B형간염 바이러스는 건소, 실온 및 알고올에 강해서 환경에서 일주일까지 생존할 수 있으므로 감염 환자의 체액에 오염된 의료기구는 수일 동안 감염원이 될 수 있다.

보건의료 종사자는 B형간염 항체가 음성인 경우 B형간염 예방접종을 반드시 시행해야 한다. 주사침 상해 등의 노출 후에는 즉시 감염관리실에 보고하고 감염내과 전문의 등의 진료를 받도록 한다. 예방적 B형간염 면역글로불린 치료를 24시간 이내에 시행하고, 항체 여부에 따라 백신접종을 재시도한다. 또한 노출 후 3개월 및 6개월에 B형간염 표면항원을 검사하여 감염여부를 추적 확인해야 한다.

4) C형간염

B형간염과 비교하여, C형간염의 직업적 전파에 대한 보고는 드물다. B형간염에 대해서는 효과적인 선별검사와 예방접종이 이루어지는데 C형간염의 경우는 그렇지 않다. C형간염은 보건의료 종사자에게 침습적 시술과정에서 환자에게 전파될 수 있지만 아직까지 C형간염에 대한 효과적인 예방접종 방법은 없다. B형간염과 마찬가지로 주사침 상해 등의 노출 후에는 즉시 감염관리실에 보고하고 Anti-HCV 항체 검사 및 감염내과 전문의 등의 진료를 받도록 한다. 노출 후 3개월 및 6개월에 Anti-HCV 항체 추적검사를 시행한다.

더 읽을거리

2018 성인 예방접종 안내서(Guidelines for Adult Immunization) 제2판. 질병관리청. Available from: URL: https://www.ksid.or.kr/rang_board/list.html?num=3059&code=pds

2022 국가결핵관리지침. 질병관리청. Available from: URL: https://tbzero.kdca.go.kr/tbzero/board/boardView.do

감염병포털. 질병관리청. Available from: URL: https://www.kdca.go.kr/npt/biz/npp/nppMain.do

제11장

신장 및 비뇨기계질환

김세영

제1절 신장질환

1.1 역학과 생리

1) 정의와 역학

신장의 주요 기능 중 하나는 독성물질을 제거하는 것이며, 이러한 정상 제거 과정 중에 신장은 고농도의 독성물질에 노출될 수 있다. 직업성 신장 손상은 급성 신장 손상(acute kidney injury)과 만성 신장 질환(chronic kidney disease)으로 크게 나뉠 수 있다. 급성 신장 손상은 Kidney Disease: Improving Global Outcomes (KDIGO) 임상 진료지침(2012)에 따르면 48시간 내 혈청 크레아티닌이 0.3mg/dL 이상 상승, 혈청 크레아티닌이 기저치 또는 이전 일주일 내의 값보다 1.5배 이상 상승, 또는 요량이 6시간 동안 0.5mL/kg/h 미만으로 나오는 경우로 정의한다. 만성 신장 질환은 신장 손상 혹은 신기능 저하가 3개월 이상 존재하는 것을 의미한다. 신장 손상은 병리학적 혹은 영상학적 이상, 알부민뇨 증가, 요침전물(urinary sediment) 이상, 신장이식 과거력 등을 의미하고, 신기능 저하는 사구체여과율(GFR, glomerular filtration rate)이 60mL/min/1.73m² 미만을 의미한다.

미국 국민건강영양조사에 의하면 만성 신장 질환의 유병률은 2015-2018년 기준 14.9%였다. 반면 한국의 경우 국민건강영양조사에 따르면 2019년 기준 만성 신장 질환 유병률(중등도 이상)은 9.3%였나. 우리나라 말기신

표 11-1 만성 신장질환의 단계

단계	정의	사구체여과율 (mL/min/1.73m²)
G1	혈뇨, 단백뇨 등 신장 손상은 존재하나, 사구체여과율은 정상 또는 증가	> 90
G2	신장장해가 존재하고, 사구체여과율이 경도 저하 (Mild)	60~89
G3a	사구체여과율 경도에서 중등도 저하 사이 (Mild to moderate)	45~59
G3b	사구체여과율 중등도에서 중증 저하 사이 (Moderate to severe)	30~44
G4	사구체여과율 중증 저하 (Severe)	15~29
G5	말기 신부전 (Kidney failure)	< 15

부전의 유병률은 꾸준히 증가하고 있는데, 대한신장학회의 2021년 우리나라 신대체요법의 현황 보고에 따르면 2020년 혈액투석 또는 복막투석을 받는 환자수는 123,122명이며, 신장이식을 받은 사람은 21,884명이다. 말기신장질환 발생의 원인 질환은 당뇨병 49.8%, 고혈압 20.5%, 사구체신염 8.5%의 순이며 이들 3대 원인 질환이 약 78.8%에 해당한다.

2) 직업성 신장질환의 생리

신장은 독성물질 노출에 취약하다. 심장에서 박출되는 혈액의 약 20%가 신장으로 유입되어 여과가 일어난다. 사구체여과율은 신장의 여과 기능을 나타내며, 정상 사구체여과율은 125mL/min 혹은 180L/d이다. 콩팥 단위(nephron)에서 여과된 체액은 세뇨관에서 재흡수되고 농축되어 산성화된다. 따라서 독성물질은 농축되고 pH가 변화함에 따라 일부 독소는 특정 이온 형태로 존재하게 된다. 예를 들어 납과 카드뮴은 근위세뇨관(proximal tubule)에서 2/3 정도 재흡수가 일어나며 근위세뇨관에 손상을 일으킨다.

성인에서는 사구체여과율이 30mL/min 정도로 떨어졌을 때에야 비로소 증상이 나타므로, 근로자가 지속적으로 신장 손상을 받고 있어도 초기에는 증상이 없고 또한 이를 조기에 발견할 만한 검사가 없기 때문에 장기간에 걸쳐 질환이 만성으로 진행하기 쉽다. 따라서 사업장에서 독성 노출에 의한 신장질환의 발생을 예방하는 것이 중요하다.

신장 손상에 대한 민감성과 특이성이 높은 검사 방법이 없기 때문에 신장 독성물질 노출에 의한 영향을 평가하는 것은 쉽지 않다. 크레아티닌(creatinine)이나 혈액요소질소(BUN) 검사가 신장 기능 검사로 많이 이용되지만, 신장 손상이 광범위하게 발생하기 전까지는 이 수치는 정상에 머물기 때문에 조기 진단에는 도움이 되지 않는다. 따라서 다른 조기 손상 지표들이 연구되고 있는데, 사구체 손상은 소변 알부민, 근위세뇨관 손상은 retinol-binding protein(RBP), N-acetyl-β-D-glucosaminidase(NAG), β2-microglobulin(B2M), alanine aminopetidase(AAP) 등, 원위세뇨관 손상은 삼투질농도(osmorality) 등이 손상의 지표로 제시되었다. 그러나 이런 지표들은 개인 간 차이가 크고, 신장손상 이후 조기에 정상화되거나 소변 pH에 따라 불안정한 특성 등으로 활용에 제한점이 있다.

정상적으로 하루 150mg 미만의 단백질이 소변으로 배출되는데, 이중 저분자량 단백질이 20% 정도를 차지하고 이들 중 B2M, RBP는 대부분 재흡수된다. 알부민 등의 고분자량 단백질은 하루 소변 단백질 배출의 40% 정도를 차지하며, 신장에서 기원하는 당단백질(glycoprotein)은 소변 단백질의 나머지 40% 정도를 차지한다. 고분자 단백질에는 알부민, 트랜스페린(transferrin) 등이 있으며 단백질뇨는 주로 알부민뇨증을 의미하고 소변 딥스틱(dipstick) 검사에서 발견된다. RBP, B2M은 근위세뇨관의 손상시에 재흡수가 억제되어 소변으로 배출이 증가하며, NAG는 신장 세포 내 효소로 신장이 손상되면 소변 배출이 증가한다.

급성 신장 손상에서는 요침사(urine sediment)가 급성세뇨관손상을 나타내는 지표 중 하나이다. 요검사에서는 세뇨관 세포(renal tubular cells), 갈색의 과립원주(muddy brown granular casts)가 관찰되고, 단백질은 거의 발견되지 않는다. 또한, 사구체신염을 나타내는 적혈구, 백혈구 원주 등 다른 타입의 원주는 발견되지 않는다. 납이나 카드뮴 등의 노출에 의해 발생하는 만성 신장 질환에서는 세뇨관성 단백뇨(2g/24hr 미만)가 나오지만 소변침사에서는 아무것도 나타나지 않는다. 사구체신염성 침사는 증식성신장질환(proliferative renal lesion)을 나타내며 유기용제 노출에 의한 것이 대표적이다. 수은 중독은 24시간 동안 3.5g 이상의 단백뇨를 특징으로 하는 신증후군(nephrotic syndrome)을 유발할 수 있다. 고용량의 유기용제, 중금속, 농약 등에 노출된 후 수 시간 내에 급성 신장 손상이 발생하는데, 신장 손상의 조직 형태는 급성세뇨관괴사(acute tubular necrosis)이다. 만성 신장 질환이나 말기신부전은 장기간의 노출 후 발생하며 신장손상의 형태는 만성간질성신장염(chronic interstitial nephritis) 형태를 띤다. 대표적인 예가 납에 의한 신장병증이다. 사구체의 손상은 드물기는 하지만 유기용제 노출이나 규폐증이 있는 경우 발견되기도 한다.

1.2 급성 신장손상

독성물질에 고농도로 노출되면 급성 신장손상이 생길 수 있다. 노출 후 수시간에서 수일 내 대부분 급성 세뇨관 괴사가 발생하고 소변량이 감소한다. 증상 발생 1~2주 후 이뇨가 다시 시작되면 급성세뇨관 괴사가 회복되는 것을 예측할 수 있다. 혈액투석(hemodialysis)이나 혈액관류(hemoperfusion)는 대체적으로 직업환경적 독성물질을 제거하기에 효과적이지 않다. 체내 분포량이 명백히 적거나 혈장단백질 친화성이 낮고, 체내 조직 결합도가 낮아야 이런 치료가 효과적이지만 대부분의 독성물질이 그렇지 않다.

1) 중금속

(1) 납

납은 주로 호흡기나 소화기로 흡수될 수 있으며, 소화기로 섭취되는 경우 성인은 약 10%, 소아에서는 약 50%가 흡수된다. 납은 체내 반감기가 7년에서 수십 년이며, 장에서 흡수된 납은 1시간 이내에 약 90%가 뼈에 저장되고 그 외 신장에도 축적된다. 어린이에서 특히 혈중 60㎍/dL를 초과하는 심각한 납 중독은 급성 뇌병증과 함께 일시적 독성 신병증(transient toxic nephropathy)을 동반한다. 급성 납 노출에 의해 신장의 첫 번째 기능 이상으로 근위세뇨관 재흡수 장애가 발생하며, 이로 인해 소변에 아미노산, 인, 당 등 배출이 증가하는 판코니 증후군(Fanconi syndrome) 형태를 보인다. 치료로는 EDTA(ethylene diamine tetraacetic acid) 정맥 투여가 사용된다. 그러나 신장기능의 이상이 있는 경우 EDTA 투여가 이를 더욱 악화시킬 가능성이 있어서 주의를 기울여야 한다. 경구용으로는 킬레이팅 제제인 DMSA (meso-2,3-dimercapto-succinic acid, succimer)를 쓸 수 있는데, 미국에서는 소아용 킬레이팅 제제로 사용이 승인되었다.

(2) 카드뮴

카드뮴은 주로 금속 흄 등을 통해 호흡기로 노출된다. 음식으로 섭취한 경우 25% 정도가 흡수되며, 흡연에 의해서도 인체 내에 유입된다. 체내로 들어온 카드뮴의 40~80%는 간과 신장에 저장되는데, 1/3은 신장에 저장되며 체내 반감기는 10년을 넘는다. 흡수된 카드뮴은 저분자량 폴리펩타이드인 메탈로티오닌(metallothionein)과 결합하여, 카드뮴-메탈로티오닌 복합체(cadmium-metallothionein complex)를 형성하고, 이는 사구체에서 여과되고 근위세뇨관에서 세포내섭취를 거친 후 리소좀에서 분해된다. 카드뮴의 근위세뇨관 독성은 분리된 카드뮴(unbound cadmium)에 의해 매개되는 것으로 추정된다. 카드뮴 노출에 의한 신장 세뇨관 손상은 저분자량 단백질의 재흡수를 방해하여 소변 중 RBP, B2M 등의 배설을 증가시키는데, 이러한 저분자량 단백질은 카드뮴 노출에 의한 신장 세뇨관 손상의 조기 지표로 사용될 수 있다. 정상 RBP, B2M 수치는 300μg/g creatinine 미만이며, 10,000μg/g creatinine을 넘는 경우는 명확한 신장 손상이 발생했음을 가리킨다.

급성 카드뮴 중독 시 신기능을 면밀하게 감시해야 하고 증상에 대한 대증적인 요법(supportive treatment)을 시행한다. 카드뮴은 메탈로티오닌과 강하게 결합하여 있기 때문에 킬레이팅 치료가 쉽지 않다. British anti-Lewisite (BAL)는 사용 금기인데, BAL의 사용이 카드뮴의 신장 농축을 증가시킬 수 있고, 카드뮴-BAL 복합체(cadmium-BAL complex)가 카드뮴 단독보다 독성이 크기 때문이다. 급성 중독증상이 심한 경우 calcium disodium edetate ($CaNa_2EDTA$)을 사용시 카드뮴 배설을 증가시킬 수는 있지만, 사용에 유의하여야 한다.

(3) 수은

수은은 금속수은, 무기수은, 유기수은 형태로 노출이 일어나며 모두 신장 독성을 일으킨다. 생물학적 반감기는 무기수은은 신장에서 40일 정도이고, 유기수은 중 메틸수은은 혈액에서 평균 50일 정도이다. 2가 수은은 섭취 시 상당한 신장 독성이 있다. 염화수은($HgCl_2$) 투여 후 급성 세뇨관 괴사가 발생할 수 있지만, 이러한 노출은 직업적 위험에서는 매우 드물다. 유기수은은 설프히드릴기(sulfhydryl) 그룹에 반응성이 높으며 근위세뇨관 세포에 독성을 유발한다. 급성 세뇨관 괴사 환자의 임상 증상은 보통 수은 독성의 신장 외 증상(extrarenal manifestations)이 더 뚜렷하다.

치료의 기본은 수은 노출원을 제거하는 것이다. 소변 또는 전혈 수은 농도가 100μg/L 이상의 증상 있는 환자의 경우, 비경구 제제인 British anti-Lewisite (dimercaprol, BAL) 또는 경구 DMSA (succimer)를 이용한 킬레이트 치료를 고려해야 한다. BAL은 초기 용량으로 48시간 동안 4시간마다 5mg/kg/용량, 다음 48시간 동안 6시간마다 2.5mg/kg/용량, 이후 7일 동안 12시간마다 2.5mg/kg/용량으로 투여한다. DMSA는 10mg/kg의 용량으로 5일 동안 매일 3회 경구 투여한 다음 14일 동안 매일 2회 투여한다.

(4) 기타 중금속

크롬(특히 중크롬산 칼륨, potassium dichromate)은 동물 실험에서 다른 중금속들처럼 근위세뇨관에서 재흡수되며 급성 세뇨관 괴사를 유발하는 것이 보고되었고, 사람에서는 6가 크롬을 의도적으로 섭취한 경우와 크롬산에 신체의 10%가 화상을 입고 급성 신장 손상이 발생한 사례 보고가 있다. 급성 크롬 중독에 효과적으로 입증된 킬레이션 제제는 없고 크롬은 투석이 가능한 금속으로 투석(dialysis) 치료가 추천된다. 소변 중 크롬 10μg/g creatinine이 신독성이 발생하는 지표로 제안되었다.

급성 비소 중독은 섭취나 분진 혹은 흄의 흡입으로 발생 가능하며 심각한 다기관 장애(multisystem disorder)를 일으킨다. 비소는 5가 비소가 3가 비소보다 독성이 크며, 둘 다 급성 중독 시 급성 세뇨관 괴사와 신장 피질 괴사를 유발 가능하다.

우라늄은 신체 내 반감기가 1주일 정도이며 근위세뇨관에 손상을 유발한다. 동물 실험에서 우라늄은 급성신부전을 유발하는 데 쓰이기도 하였는데, 유발되는 손상의 형태는 급성 세뇨관 괴사이다. 인간에서는 우라늄에 의한 급성 신부전은 고농도 노출군에서의 사례 이외 매우 드물다.

2) 유기용제

(1) 할로겐화 탄화수소 (Halogenated hydrocarbons)

사염화탄소는 급성으로 노출되었을 때 구역감, 구토, 혼돈, 졸림이 발생하며, 눈의 작열감 등 점막 자극증상을 보인다. 중독 증상 발생 후 7~10일 후 소변량이 감소하여 무뇨증에 이르기도 한다. 대개 소변 중 나트륨 배설이 감소하는 콩팥전질소혈증(prerenal azotemia) 양상을 보인다.

다른 지방족 할로겐화 탄화수소도 급성 신장 손상을 유발할 수 있는데, 대표적으로 클로로포름(Chloroform), 에틸렌디클로라이드(Ethylene dichloride), 삼염화에틸렌(Trichloroethylene), 사염화에탄(Tetrachloroethane), 에틸렌클로로하이드린(Ethylene chlorohydrin), 염화비닐리덴(Vinylidene chloride)이 여기에 속한다.

(2) 비할로겐화 탄화수소 (Nonhalogenated hydrocarbons)

본드 흡입 후 톨루엔(toluene)에 의한 급성 신장 손상이 발생했다는 보고가 다수 있다. 대부분은 가역적인 급성 세뇨관 괴사 형태였고, 일부 급성 간질성 신장염 사례가 있다. 톨루엔 오남용에서 대사성 산증의 독성기전은 마뇨산(hippuric acid)의 과다생산과 산(주로 NH_4^+)의 배출감소로 설명된다.

페놀(phenol)은 주로 폐와 피부를 통해 흡수되고 국소 화상을 유발할 수 있다. 심한 중독의 경우 소변에 알부민 배출이 증가하며, 적혈구 원주가 소변에서 발견된다. 페놀은 히드로퀴논으로 대사되며, 이는 산화제로 작용해 소변 색깔이 녹색 또는 갈색으로 나온다.

펜타클로로페놀은 피부를 통해 빠르게 흡수될 수 있는데 독성 농도 이하로 노출된 근로자들에서 가역적인 근위세뇨관 기능 이상이 발견되었고, 이들이 21일 이후 다시 검사받았을 때는 사구체여과율과 근위세뇨관 기능이 회복된 사례가 보고되었다.

디옥산(dioxane) 중독은 노출 후 수 시간 내에 식욕부진, 구역감, 구토 증상이 발생하고, 중독으로부터 3일 후 소변량이 감소한다.

(3) 기타 석유계 제품

다양한 석유계 제품에 단기간 노출된 후 급성세뇨관괴사가 발생 가능하다. 디젤유(diesel oil)에 자주 손을 닦은 근로자에서 수주 후에 급성세뇨관괴사가 발생했다는 보고가 있다. 그 외 터펜틴(turpentine), 가솔린, 나프타(naphtha) 노출에 의해 급성 신장 손상이 발생했다는 보고가 있다.

3) 농약

우리나라는 1980년 농약관리법 개정 전까지 유기수은계 농약이 항진균제로 사용되었는데, methoxymethyl mercury silicate 노출에 의해 신증후군이 발생한 사례가 있으며, phenyl mercury 노출에 의해 직접 독성을 의미하는 γ-glutamyl transpeptidase의 소변 배출이 증가했다는 보고가 있다. 유기인계 농약의 경우도 일부 농부에서 사구체여과율과 세뇨관 재흡수의 감소가 발견되었는데, 이는 혈청의 콜린에스터라제(cholinesterase)의 억제와 관련이 있다. 비피리딜(bipyridyl)계 제초제인 파라쿼트 등도 급성 신장 손상을 유발한다. 파라쿼트를 고의로 섭취할 경우 급성 폐 손상이 발생하는데, 그 후 2~6일 후 급성 신장 손상이 나타난다.

4) 횡문근융해증

횡문근융해증(rhabdomyolysis)은 횡문근의 손상으로 근육세포내 구성성분들이 세포밖과 혈액내로 배설되는 것을 말한다. 근육세포내 구성성분 중 가장 중요한 성분이 미오글로빈(myoglobin)이다. 횡문근융해증에서 급성 신장 손상의 발병기전을 살펴보면 미오글로빈의 신세뇨관 내 농도가 높아지고 결정화되어 Tamm-Horsfall 단백과 결합하여 cast가 형성된다. 또한 요산 배설의 증가도 요산에 의한 cast 형성이 촉진되어 세뇨관 폐쇄가 일어난다. 세뇨관내에서 미오글로빈의 분해산물로 철분이 유리되며 철분은 유리기(free radical) 생성 또는 지방의 과산화를 촉진시켜 허혈성 손상을 악화시킨다. 횡문근융해는 화학물질보다는 전기 쇼크나 개방성 손상시에 발생하는 경우가 흔하다. 화학물질로는 삼산화비소, 일산화탄소, 황화구리, 디니트로페놀, 에탄올, 이소프로필알콜 등이 관련이 있다고 보고되고 있다. 야외 작업자의 경우 열사병 또는 뱀에 물렸을 때도 발생할 수 있으며, 잭해머 등의 기구를 사용할 때 발생하는 반복적인 충격으로도 발생할 수 있다고 한다.

5) 혈관성 용혈

아르신(arsine)은 가스 형태로 발생하며 공기보다 무겁다. 아르신은 용혈성빈혈을 유발하는데, 용혈성빈혈에 의한 혈색소뇨증에 의해 이차적으로 급성 세뇨관 괴사가 발생한다. 급성 신장 손상은 완전히 회복되지 않는 경우가 있으며, 이 경우 간질성 신장염으로 진행되기도 한다. 그 외 아닐린 등도 메트헤모글로빈을 유발하여 드물게 이차적으로 혈관성 용혈을 유발하는 경우가 있다.

6) 글리콜류

에틸렌글리콜(ethylene glycol)은 부동액 성분으로 사용되며, 흡입이나 피부 노출은 대부분 피부 점막 자극증상과 급성 중추신경계 독성으로 한정되어 있어 주로 우연히 혹은 고의로 섭취하는 경우에 급성 신장 손상이 발생한다. 에틸렌글리콜이 신체 내로 유입되면 알코올 분해효소에 의해 옥살산염과 수산칼슘(calcium oxalate)으로 분해된다. 조직검사에서는 수산칼슘 결정이 세뇨관에 축적되어 급성세뇨관손상과 만성 염증 소견을 보인다.

7) 인

소량의 황린(yellow phosphorus) 섭취에 의해서도 급성 간부전과 신장괴사가 발생할 수 있다. 황린에 만성 노출되는 경우 단백뇨증을 유발한다.

8) 방사선신장병증

방사선신장병증(radiation nephropathy)은 방사선 치료를 받은 환자에서 보고되었다. 치료용 방사선을 23Gy 받은 환자에서 6-12개월 후 급성방사선신장병증 발생이 보고되었다. 골수이식을 받고 전신 방사선 조사를 받은 환자의 5-20%에서 서서히 진행하는 신부전이 발생했다는 보고도 있다. 또한, 급성방사선신장병증 발생 없이 노출 몇 년 후에 만성방사선신장병증으로 진행했다는 보고가 있다.

1.3 만성 신장질환

1) 중금속

(1) 납

과거 페인트의 내구성 강화를 위해 대량의 납이 첨가되어 사용되었었는데 이로 인해 호주 퀸즈랜드에서는 1870~1920년대 어린이들에서 급성 납 중독이 흔했다. 당시 납 중독으로 입원 치료를 받았던 어린이를 20년 후 추적 관찰한 결과 30% 이상에서 만성 신장염, 고혈압, 단백뇨가 관찰되었다. 납에 노출되면 체내로 들어온 납이 뼈에 축적되고, 노출이 없어지면 천천히 다시 혈액으로 유출된다. 이렇게 납이 장기간에 걸쳐 혈액 내로 유출되기 때문에 노출 중단 후에도 지연성으로 만성 신장 질환이 발생할 수 있다. 혈중 납 농도 70~80μg/dL 이상에서 납 신장병증 위험이 증가하는데, 이 이하의 농도에 노출되는 경우에도 만성 신장 질환의 위험이 증가할 수 있다.

납 신장병증은 만성 신장 질환과 고혈압, 통풍을 동반한다. 소변검사에서는 대개 단백뇨가 관찰되지만 정상일 수도 있으며, 세포나 세포 원주는 보이지 않는다. 24시간 소변검사에서는 단백질이 1~2g 정도로 배출되며 초음파 검사에서는 전형적으로 작고 위축된 신장 소견을 보인다. 납 노출 6개월 후에는 국소 세뇨관 위축과 간질성 섬유화가 나타나고, 12개월 후에는 비대하고 확장된 세뇨관이 관찰된다.

납 신장병증이 킬레이트 요법에 의해 호전되는지는 아직 논란이 있지만, 일부 환자에서 사구체여과율이 증가하였고 만성 신장 질환의 진행 속도가 완화되었다는 보고가 있다. 명백한 납 신장병증이 있는 환자의 치료로는 소변 중 납 킬레이트 수치 정상을 목표로 칼슘 EDTA를 매주 3회 계속 주사하는 것으로 구성된다. 만성 신장 질환과 저농도 납 노출(소변 납 킬레이트 배설 20~599μg)이 있는 환자의 경우 소변 납 킬레이트가 20μg 미만으로 감소할 때까지 1g의 칼슘 EDTA를 매주 정맥 주입하는 것을 계속하여 치료한다. 그러나 중등도에서 중증의 신부전증 환자에 대한 칼슘 EDTA의 안전성과 유효성은 연구가 잘 되어있지 않아 이러한 환자에서 사용에 주의해야 한다.

(2) 카드뮴

카드뮴의 체내 반감기는 10년 이상으로 노출 중단 후에도 단백뇨와 만성신장손상이 진행할 수 있다. 카드뮴의 만성 저농도 노출에 의한 주요 표적 기관은 신장과 폐다. 신장 피질에서의 농도가 200μg/g 이상이면 판코니 증후군과 같은 신독성이 나타나는데, 이때 정상칼슘혈증을 동반한 고칼슘뇨증, 고인산뇨증 및 원위신세뇨관산을 보이며 골연화증, 가성골절 및 신장결석증을 유발한다. 이러한 대부분의 증상은 일반적으로 신세뇨관 기능장애를 동반하는 칼슘 배설의 증가에서 비롯한다. 결석으로 인한 요관 통증은 산업적으로 카드뮴에 노출된 환자의 최대 40%까지 나타난다. 골연화증은 뼈에 대한 카드뮴의 직접적인 영향, 신세뇨관의 칼슘과 인산염 재흡수 감소, 부갑상선 호르몬 증가 및 이에 따른 비타민 D의 수산화 감소 등을 원인으로 볼 수 있다.

다량의 카드뮴 노출에 의한 손상에 의해 말기신장질환으로 진행한 사례 보고들이 있으나 만성 간질성 신염 및 저농도 만성 노출에 의한 만성 신장 질환 발생과의 인과성에 대하여는 아직까지 논란이 존재한다. 카드뮴 노출 근로자 중 저분자량 단백뇨가 증가하거나, 요로결석, 다발성 세뇨관 이상이 있거나, 소변 중 카드뮴 농도가 10μg/g creatinine 이상인 경우는 카드뮴 독성을 의심해야 한다. 킬레이트제는 체내에서 카드뮴을 제거하는 데 효과적이지 않기 때문에 확실한 치료법은 없다. 골연화증이 있는 경우 노출원을 제거하고 증상에 대한 보조적인 치료를 시작해야 한다.

(3) 수은

다량의 수은 노출에 의한 급성 신장 손상은 만성적인 신장질환으로 이어질 수 있다. 수은 노출에 의한 신장 독성은 급성 세뇨관 괴사와 신증후군의 두 가지 형태로 나타난다. 금속수은 및 유기수은 노출에 의한 신증후군은 특이 반응(idiosyncratic reactions)으로 발생하는 것으로 생각되며 환례들이 보고된 바 있다. 일부 환자에서는 면역반응을 유발하는데 막성신장병증같은 사구체성 질환으로 나타나며, 혈액에서 항사구체기저막항체(anti-GBM)가 발견되기도 한다. 수은에 $50\mu g/m^3$ 이상으로 노출된 근로자에서 가역적인 단백뇨가 발생했다는 보고가 있다. 수은 노출력을 확인할 수 있으면 수은 독성으로 인한 급성 세뇨관 괴사의 진단은 어렵지 않지만 막성신장병증(membranous nephropathy)과 같은 사구체 질환을 수은 노출에 의한 것으로 진단하는 것은 어렵다. 일반적으로 혈중 및 요중 수은은 노출과는 연관성이 높으나 신장 손상과는 상관성이 높지 않다. 수은 노출원을 제거했을 때 단백뇨가 자발적으로 호전된다면 사구체 질환을 수은에 의한 것으로 진단할 수 있다.

(4) 기타 중금속

크롬 노출에 의한 만성 신장 질환 발생은 보고되지 않았지만, 만성적 노출에 의해 소변 중 RBP와 B2M 배출 증가가 보고되었다. 베릴륨증(berylliosis)은 주로 폐를 침범하는 육아종성 질환으로, 신장에도 침범하여 육아종과 간질성 섬유화를 일으킨다. 우라늄이 만성 신장 질환을 유발할 수 있는지 여부는 여전히 논란의 여지가 있으며, 그 외 비스무스, 구리, 가돌리늄, 은도 신장손상을 유발하였다는 보고가 있다.

2) 유기용제

유기용제 노출에 의해 Goodpasture 증후군 등이 발생한 환례에 대한 보고가 있는데 실제 유기용제 노출과 이러한 질환 발생과의 인과관계는 아직까지 불분명하다. 혼합 유기용제에 장기간 노출된 이후 발생한 막성 신장병증에 대한 보고 및 유기용제 노출과 IgA 신증 등 사구체 질환과의 관련성을 보인 사례들이 다수 있다.

이황화탄소는 비스코스 레이온, 네오프렌 타이어 생산에 사용되었는데, 장기간의 이황화탄소 노출에 의해 죽상동맥경화의 발생과 함께 신장질환 환례가 보고된 바 있다. 죽상동맥경화가 신장 혈액 순환에 영향을 미쳐 신장기능 이상, 고혈압, 단백뇨 등을 유발할 수 있다. 2017년 최근 보고된 이황화탄소에 10년 이상 노출된 노동자 10명의 신장 병리 연구를 보면 대부분의 환자는 단백뇨가 있었고 절반은 만성 신장 질환이 있었다.

3) 유리규산

유리규산의 독성기전은 면역반응을 통한 독성과 직접 독성으로 구분된다. 유리규산에 노출되어 규폐증이 있는 경우 루푸스 같은 자가면역질환이 동반될 수 있다. 실제 민감성이 있는 사람이 규폐증이 있는 경우 ANA (anti-nuclear antibody), ANCA (antineutrophil cytoplasmic antibody) 같은 자가 항체가 유발되고, 이러한 자가면역질환 기전으로 알부민뇨증, 신기능 감소, 사구체 이상을 보이게 된다. 직접 독성기전으로는 유리규산이 신장에 축적되어 산화적 스트레스(oxidative stress)를 유발하여 염증반응을 일으켜 손상을 유발하는 것으로 설명되고 있다. 유리규산에 의한 만성 신장질환은 노출 후 잠복기가 3~27년으로 다양하게 보고되고 있다. 유리규산 관련 사구체질환으로 보고된 사례에는 사구체 증식, 내피 및 막 침착(subendothelial and membranous deposits), 세뇨관 변성(tubular degeneration)과 같은 특징들이 포함된다.

제2절 비뇨기계질환

dimethylaminoproprionitrile (DMAPN)은 연질 폴리우레탄 발포체 제조에 사용되는 촉매로 사용되었다. 1978년 NIOSH는 DMAPN을 사용하는 공장의 노동자들에서 비뇨기계 기능장애와 신경학적 증상이 있다는 것을 보고했다. 폴리우레탄 제조공장에서 DMAPN을 함유한 촉매를 사용하기 시작한 후 노동자들에게 신경성 방광기능장애(neurogenic bladder)가 생겼다. 해당 노동자들은 요정체, 요주저, 요점적 같은 증상들이 있었다. 또한, 하부 천골 피부분절에 국한된 감각 감소, 정맥신우조영촬영(intravenous pyelogram)에서 비정상적인 조영제의 잔류, 비정상적인 방광 내압 곡선측정(cystometrograms)과 같은 검사소견을 보였다. 노출 중지 후 근로자들의 요저류 증상은 1~2주일 내 소실했으며, 거의 모든 증상이 2년 내에 회복되었다.

급성 출혈성방광염(acute hemorrhagic cystitis)과 요로자극증상은 formamidine 살충제, 톨루이딘(toluidine), 클로로톨루이딘(chloro-toluidine)에 노출된 사람에게서 발생했다는 보고가 있다. 노출이 중단되면 완전히 회복되는 것으로 보고되었다. 카드뮴, 베릴륨에 노출이 있는 경우 요로결석 발생이 증가할 수 있는데, 한 연구에서는 요로결석 환자 중 63%가 고온의 금속을 다루는 작업(hot-metal process)과 관련이 있었다고 보고한 바 있다.

더 읽을거리

German T. Hernandez, Rudolph A. Rodriguez Renal toxicology. In:Ladou J. Current occupational and environmental medicine. 6th ed. New York: McGrow Hill; 2021. e-book

Kidney Disease: Improving Global Outcomes(KDIGO), Summary of recommendation statements. Kidney Int 2013; 3 (Suppl):5

Roads CS, Daniell WE. Renal and bladder disorders. In: Rosenstock L. Textbook of clinical occupational and environmental medicine. 2nd ed. Philadephia: Elsevier Saunders; 2005. p.565-586.

제12장

생식기계질환

류지아

제1절 서론

1.1 정의

생식독성이란 생식기능 및 생식능력에 대해 유해한 영향을 일으키거나 태아의 발생 및 발육에 유해한 영향을 주는 성질을 뜻한다. 생식기능 및 생식능력에 대한 유해영향이란 생식기능 및 생식능력에 대한 모든 영향 즉, 생식기관의 변화, 생식가능 시기의 변화, 생식체의 생성 및 이동, 생식주기, 성적 행동, 수태나 분만, 수태결과, 생식기능의 조기노화, 생식계에 영향을 받는 기타 기능들의 변화 등을 포함한다. 또한 출생 전 또는 출생 후에 태아의 정상적인 발생을 방해할 수 있는 모든 영향 역시 생식기능의 유해영향으로 볼 수 있다.

따라서 생식독성물질은 생식기능, 생식능력 또는 태아의 발생 및 발육에 유해한 영향을 주는 물질을 뜻한다. '화학물질의 분류표시 및 물질안전보건자료에 관한 기준'에 따르면 생식독성물질은 생식독성1A, 생식독성1B, 생식독성2, 수유독성으로 분류되고 있으며 분류기준은 [표 12-1]과 같다. 또한 고용노동부의 고시(제2020-48호, '화학물질 및 물리적 인자의 노출기준')에 따르면 현재 생식독성물질은 43개, 수유독성물질 1개로 세부 목록은 [표 12-1]에 함께 제시하였다.

1.2 위험요인

국내에서 근로자들을 대상으로 생식독성에 관해 조사된 연구는 그리 많지 않으며, 비교적 많은 연구가 수행된 생식독성 건강결과로는 자연유산이 있다. 국내의 여성 근로자들은 경제활동을 하지 않는 여성에 비해 자연유산의 위험이 높은 것으로 알려져 있으며 세부적인 직업적 위험요인으로는 제조업 종사, 전자산업 종사, 보건업 종사, 교대근무 수행, 5kg를 초과하는 중량물 취급 등이 있다. 외국의 경우에는 국내의 경우보다 상대적으로 많은 연구가 이루어졌다. 연구되고 있는 대표적인 생식독성 건강영향으로는 자연유산 이외에도 조산, 생리불순, 난임 등이 있다. 연구를 통해 교대근무 수행, 화학물질 노출, 장시간 노동, 입식 작업, 중량물 취급 등이 생식 건강에 있어 직업적 위험요인이 될 수 있음을 확인하였다. 생식 건강에 영향을 줄 수 있는 대표적인 개인적 요인 및 직업, 환경적 요인은 [표 12-2]와 같다.

미국직업환경의학회의 생식독성 위험의 관리 매뉴얼에 의하면, 생식독성에 노출될 가능성이 있는 직업으로 예술가(카드뮴, 수은, 납, 톨루엔), 목수(포름알데히드, 비소), 다이버(질소, 감압 효과), 농부(살충제, 디젤연소가스), 소방관(일산화탄소, 연소부산물), 미용종사자(유

표 12-1 생식독성물질의 분류기준 및 종류

분류	분류 기준	종류
1A	사람에게 성적기능, 생식능력이나 발육에 악영향을 주는 것으로 판단할 정도의 사람에게서의 증거가 있는 물질	납 및 그 무기화합물, 2-브로모프로판, 아세네이트 연, 와파린, 일산화탄소, 크롬산 연
1B	사람에게 성적기능, 생식능력이나 발육에 악영향을 주는 것으로 추정할 정도의 동물시험 증거가 있는 물질	니켈 카르보닐, 니트로벤젠, N,N-디메틸아세트아미드, 디메틸포름아미드, 디부틸프탈레이트, 디(2-에틸헥실)프탈레이트, 2-메톡시에탄올, 2-메톡시에틸아세테이트, 배노밀, 벤조피렌, 붕소산사나트륨염(무수물), 붕소산사나트륨염(오수화물), 붕소산사나트륨염(십수화물), 1-브로모프로판, 산화 붕소, 수은 및 무기형태(아릴 및 알킬 화합물 제외), 2-에톡시에탄올, 2-에톡시에틸아세테이트, 에틸렌 글리콜메틸에테르 아세테이트, 2,3-에폭시-1-프로판올, 1,2,3-트리클로로프로판, 포름아미드, 휘발성 콜타르피치
2	사람에게 성적기능, 생식능력이나 발육에 악영향을 주는 것으로 의심할 정도의 사람 또는 동물시험 증거가 있는 물질	노말헥산, 니트로톨루엔(오쏘, 메타, 파라-이성체), 디니트로톨루엔, 메틸 노말-부틸케톤, 메틸 이소시아네이트, 스티렌, 시클로헥실아민, 3-아미노-1,2,4-트리아졸(또는 아미트롤), 아크릴아미드, 알릴글리시딜에테르, 오산화바나듐, 이황화탄소, 카드뮴 및 그 화합물, 톨루엔, 트리클로로메탄, 피페라진 디하이드로클로라이드
수유독성	다음 어느 하나에 해당하는 물질 ① 흡수, 대사, 분포 및 배설에 대한 연구에서, 해당 물질이 잠재적으로 유독한 수준으로 모유에 존재할 가능성을 보임 ② 동물에 대한 1세대 또는 2세대 연구결과에서 모유를 통해 전이되어 자손에게 유해영향을 주거나, 모유의 질에 유해영향을 준다는 명확한 증거가 있음 ③ 수유 기간 동안 아기에게 유해성을 유발한다는 사람에 대한 증거가 있음	린데인

표 12-2 생식건강에 영향을 주는 위험요인

구분	위험요인
개인적 요인	연령 흡연, 음주, 약물복용 산부인과적 기왕력(임신 횟수, 유산, 생리불순 등) 내과적 기왕력(당뇨병, 대사질환 등) 감염(세균성질염, 마이코플라즈마, 단순포진바이러스, 톡소플라즈마, 렙토스피라, 리스테리아, 브루셀라, 지카바이러스, 클라미디아, 사람면역결핍바이러스, 매독, 임질, 풍진, 거대세포바이러스 등) 생식기의 해부학적 구조 이상 스트레스
직업적 요인	물리적 인자 : 고열, 한랭, 전리방사선 화학적 인자 : 납, 수은, 2-브로모프로판, 일산화탄소, 이황화탄소, 톨루엔, 노말 헥산, 항암제, 마취제 등 근무환경 : 스트레스, 장시간 노동, 중량물 취급, 입식 작업, 교대근무, 고온 등 직종 : 인쇄업, 제련업, 전지 제조업, 화학 약품 제조업, 보건의료업, 미용업, 가구제조업, 조선업, 반도체 및 전자산업 종사자, 농약취급 근로자, 소방관, 항공기 승무원, 장의사 등
환경적 요인	전자파, 전리방사선, 간접흡연, 농약, 대기오염

기용제, 염색약), 의료종사자(마취용 가스, 전리방사선, 산화에틸렌, 항암제), 군인(납, 질산염), 인쇄업(톨루엔, 글리콜에테르), 도로 보수작업자(일산화탄소, 다환방향족탄화수소), 반도체종사자(글리콜에테르, 비소화합물), 조선업 종사자(납, 스티렌, 글리콜에테르), 제화공(유기용제) 등이 제시되어 있다. 또한 인간면역결핍바이러스, 브루셀라 등에 의해서 조산과 자궁 내 성장지연의 위험이 높아질 수 있으며 사이토메갈로바이러스, 루벨라, 톡소플라즈마, 지카바이러스 등은 주산기 사망과 조산, 자궁 내 성장지연과 관련이 있는 것으로 알려져 있다.

1.3 발생현황

현재 국내에서는 생식독성물질로 인한 업무상 질병을 별도로 파악하고 있지는 않다. 생식기능의 이상이나 생식기계 질병의 경우 지극히 개인적인 문제로 여겨져 외부로 알리기가 쉽지 않은 탓에 다른 질병에 비해 진단하기가 어려우며, 질병을 앓고 있는 근로자가 업무와의 관련성을 인지하기는 더더욱 어렵다.

생식독성물질에 노출되는 근로자 및 사업장 현황에 대해서는 2014년 작업환경실태조사 자료를 분석한 연구가 있다. 연구에서 노출 실태를 파악한 결과 생식독성물질을 사용하는 사업장은 생식독성1A 물질을 기준으로 1,284개소에서 근로자 15,449명(남성 9,231명, 여성 6,218명), 생식독성1B의 경우 1,153개의 사업장에서 157,294명(남성 12,554명, 여성 6,596명)이 노출되는 것으로 확인되었다. 노출 수준은 노출기준을 초과한 경우가 측정 건수를 기준으로 납 및 그 무기화합물이 32건, 1-브로모프로판이 8건 있었으며 측정건수 대비 초과건수의 비율이 높은 것은 1-브로모프로판(0.89%), 에틸렌 글리콜메틸에테르 아세테이트(0.34%), 디메틸포름아미드(0.20%) 순이었다. 생식독성물질에 노출되는 근로자 수로는 니트로벤젠에 노출되는 근로자수가 가장 많은 것으로 확인되었고 다음으로는 일산화탄소, N,N-디메틸아세트아미드 등의 순이었다. 생식독성물질을 취급하는 사업장은 5인 이상 제조업 100,773개소 중 17,371개소(약 17%)였으며 5인 미만 제조업에서는 16,073개소 중 1,349개소(약 8%) 가량이었다. 사업장에서 취급하는 물질의 종류는 톨루엔이 가장 많았고 그 뒤로 노말-헥산, 납, 2-에톡시에틸아세테이트 등의 순서였다.

국내에서 직업적 요인으로 인해 생식독성 문제가 발생한 대표적인 사례는 아래와 같다.

1) 2-브로모프로판 생식독성 집단 발생

1994년 한 전자업체에서 발생한 사건으로 해당 사업장은 근로자수 1,300여명 규모의 회사였다. 전자제품의 부품으로 들어가는 스위치를 조립하는 부서에서 여성의 월경 이상과 난임, 남성의 정자감소증 등의 문제가 발생하였다. 해당 부서에서는 부품의 먼지와 불순물을 제거하기 위해 SOLVENT 5200 (2-Bromopropane 99.9%)를 사용하여 침지세척을 실시하였다. 해당 공정을 실시하는 자는 33명(남자 8명, 여자 25명)이었으며 조사 결과 이들 중 여자 17명은 난소기능저하증, 남자 6명은 정자생성기능저하로 나타났다. 세척액에 노출되기 시작한 후 월경이상증상이 나타나기까지는 최단 4개월, 최장 16개월로 평균 10개월가량이었으며 근로자들은 작업 중 침지조 내에 상체를 넣고 1~2분간 일부 부품 연결 등 여러 가지 조작을 하는 작업을 통해 고농도로 노출이 가능했다.

2) 간호사의 유산 및 선천성 질환 태아 출산

한 의료기관에서 근무하며 2009년~2010년 사이 집단으로 유산한 4명의 간호사가 역학조사 후 업무상 질병으로 인정되었다. 4명의 간호사는 모두 3교대 형태로 5년 이상 병동에서 간호업무를 수행하였으며 업무 중 입원환자들을 위해 정제의 약물을 빻는 업무를 수행하며 약물 분진에 노출되었다. 또한 소속 기관의 경영 문제로 인한 고용 불안, 임금 미지급 등 업무 스트레스에 노출되기도 하였다. 유산과 관련성이 의심되는 약물에의 노출은 소량으로 추정되긴 하였으나 노출과 건강 결과 발생의 시간적 선후관계를 볼 때 업무 관련성이 있는 것으로 판단되었다.

1.4 예방

작업장에서 사용하는 모든 화학물질에 대하여 목록을 작성하고, 사용 중인 화학물질의 물질안전보건자료(MSDS)를 확인 후 생식독성물질로 확인된 것에 대해서는 보관 용기나 사용하는 장소 등에서 해당 화학물질의 표지를 부착해야 한다. 또한 생식독성물질별로 그 유해성을 정리하여 근로자를 교육하고 건강진단 등에서 활용할 수 있으며, 해당 물질이 작업환경측정 대상 물질인 경우 산업안전보건법에 따라 작업환경측정을 실시하여야 한다.

생식독성물질을 취급하는 작업에 대해서는 작업계획 수립 및 표준작업관리지침이 작성되어 작업자가 준수할 수 있도록 해야 하며 사업주는 근로자가 생식독성물질을 취급하는 경우에는 그 물질이 생식독성물질이라는 사실을 게시판 등을 통해 근로자에게 알려야 한다. 또한 사업주는 생식독성물질을 취급하는 근로자에게 건강장해를 예방하기 위해 호흡용 보호구, 피부 보호구 등 적절한 보호구를 지급하여 착용하도록 하여야 한다. 또한 사업주는 생식독성물질에 대해서는 산업안전보건법에 의해 적절한 건강진단을 실시해야 한다. 건강진단 시에는 생식기계의 발육 이상, 월경 이상, 부정 출혈, 유산 등에 대해 문진을 통해 확인하여야 한다. 생식독성물질을 취급하는 근로자에 대한 건강진단 결과의 서류 또는 전산자료는 30년간 보존되어야 한다.

제2절 각론

2.1 생식독성 건강영향

1) 난임

세계보건기구에 의하면 난임이란 피임을 시행하지 않은 부부가 정상적인 부부관계에도 불구하고 1년 이내에 임신에 도달하지 못한 경우를 뜻한다. 난임의 원인으로는 여성과 남성 측 요인이 각각 30~40%, 뚜렷한 원인을 모르는 경우가 약 10~30% 가량으로 보고되고 있다. 남성의 영향으로는 남성호르몬이 저하되어 있거나 정관 기능부전 등이 난임의 대표적인 원인이며 여성의 경우에는 난소의 기능저하, 배란 장애, 난관 손상, 자궁내막증, 자궁 경관의 이상 등이 주된 요인이다. 최근 들어 과거에 비해 증가된 임신 연령은 난임에 있어 주된 원인으로 거론된다. 그러나 직업적 또는 환경적 위험요인으로부터 생식독성 물질에의 노출에 의한 난임에도 지속적으로 관심을 가질 필요가 있다.

2) 자연유산

임신 초기에 발생하는 가장 흔한 이상이다. 일반적으로 임신주수가 증가함에 따라 그 빈도는 감소한다. 임상적으로 확인된 임신 중 약 10~15% 가량에서 자연유산이 발생하는 것으로 알려져 있으며 이 중 대부분은 임신 8주 이전에 발생한다. 자연유산의 알려진 위험요인으로는 산모의 연령, 자연유산 기왕력, 임신횟수, 흡연, 음주, 약물복용, 생식기의 해부학적 이상, 감염 등이 있다. 임신 기간 중 생식독성 물질에의 노출로 인해서도 자연유산의 위험이 증가한다.

3) 선천성 기형

분만 이전의 태아에 기능적, 형태적 이상이 발생한 상태를 의미한다. 기형 발생은 수정란이 착상하여 분화가 일어나며 인체의 장기 및 조직이 형성되는 과정에서 기형을 유발시킬 수 있는 요인에 노출될 시 나타날 수 있다. 기관이 형성되기 이전이나 이후에는 기형발생이 나타날 확률은 낮다. 납, 수은, 담배 연기 등의 물질에 노출될 경우 기관의 구조적 이상이나 태아의 인지발달이 저하될 수 있는 것으로 알려져 있으며 유기용제에의 노출에 의해서도 태아의 선천성 심장기형이 발생 가능하다.

4) 저체중과 조산

출생 시 체중이 2,500g 미만인 경우 저체중, 1,500g 미만인 경우에는 극소저체중, 1,000g 미만인 경우에는 초극소저체중 출생아라 한다. 조산은 임신 37주 이전의 출산을 의미한다. 조산은 주로 20세 미만이거나 35세를 초과하는 산모에서 발생률이 높다. 알려진 유해인자로는 흡연, 일산화탄소, 중금속, 유기용제, 농약 등이 있다.

5) 생리불순

생리주기는 난포자극호르몬(FSH), 황체형성호르몬(LH), 에스트로겐, 프로게스테론과 같은 호르몬의 증가 및 감소에 의해 조절된다. 생리불순은 초경 전후 및 폐경 전후에 흔하게 발생 가능하다. 예측되지 않았던 시기에 부정 출혈이 발생하거나 그 형태나 양상이 정상 범위와 다른 경우에는 비정상적인 상태라 볼 수 있다. 생식독성물질에 노출될 경우 생리주기를 조절하는 호르몬의 합성과 분비에 영향을 줄 수 있으며 배란 장애를 유발시킬 수 있다. 일부 화학물질은 인체에서 분비되는 호르몬의 형태와 유사하여 인체 내에서 호르몬 유사 작용을 일으키며 생식 및 발달에 부정적 영향을 발생시킨다. 납, 카드뮴 등의 중금속에 노출되는 여성, 농업 종사자, 항암제 취급 의료인, 교대근무자, 미용사 등의 군에서 생리불순이 흔한 것으로 알려져 있다.

2.2 여성 생식기계질환

생식독성물질로 인한 여성의 건강영향은 난임, 생리불순, 자연유산, 저출생체중아 출산, 사산, 태아 기형 등이 있다. 여성은 남성과는 달리 태어날 때부터 생식세포를 가지고 태어나게 된다. 따라서 일생 동안의 직업적, 환경적 유해인자 노출이 난모세포에 영향을 미칠 수 있다. 이렇게 누적된 손상은 수정이나 착상에 영향을 미칠 수 있으며 결국은 난임, 태아 사망 등의 결과로 이어지게 된다. 또한 난포세포의 성장과 발달에 영향을 주는 난포자극호르몬(FSH), 황체호르몬(LH)과 착상에 영향을 주는 프로게스테론 등의 주기적인 분비와 음성 피드백 역시 외부적 요인으로부터 영향을 받을 수 있다.

태아의 경우 수정 1주~2주차에 관련된 위험 요인에 노출되는 경우 조기유산이 발생할 수 있다. 이 시기는 임신으로 진단되기 이전인 경우가 많으므로 개인은 월경이상으로 인지될 수 있다. 3주~8주는 배아기로 인체의 기관이 형성되는 시기이다. 이 때 독성물질에 노출이 되면 기형이 발생하게 된다. 대표적인 기형유발물질로 알려져 있는 항암제, 탈리도마이드(디에틸스틸베스트롤), 납, 전리방사선 등은 이 시기에 민감하게 작용하여 태아의 기형을 유발시킬 수 있으며 배아기는 유산이 가장 많이 발생하는 시기이기도 하다. 임신 후 첫 3개월 이후에 발생하는 노출은 이전 시기의 노출에 비해서는 덜 심각한 기형이나 성장 결함을 유발시킬 수 있다. 그러나 이 시기 또한 내분비계, 중추신경계 등이 지속적으로 발달하는 시기이므로 각 시기별 생식독성물질에의 노출은 해당 시기에 주되게 발달하는 계통별 장기의 발달 및 기능에 영향을 미친다. 여성의 생식기계 건강에 영향을 미치는 대표적인 유해요인과 해당 건강영향은 [표 12-3]과 같다.

생식독성물질 노출로 인한 여성의 건강문제 확인을 위해서는 먼저 문진을 통해 연령 등 인구학적 기본 특성을 파악하고 일반적인 과거력 및 산부인과적 병력(2차 성징 발현 연령, 월경력, 산부인과 수술력, 임산과 출산 경력, 성병, 피임법, 가족력 등)을 확인해야 한다. 그 외 흡연, 음주, 운동, 스트레스 등 개인적 요인 또한 확인되어져야 하며 직업환경적 노출력(간접흡연, 통근방법, 거주지, 취미 등) 역시 확보되어져야 한다. 진찰을 통해 생식기계의 해부학적 이상이나 종양 등을 파악하고 임상병리학적 검사로 hCG, LH, FSH, 프로게스테론, 에스트로겐 등을 확인해야 한다.

표 12-3 여성의 생식기계 유해요인과 건강영향

유해요인	건강영향
가스마취제	난임, 자연유산, 출생아의 선천성 결손
항암제	자연유산, 출생아의 선천성 결손
비소	자연유산, 저체중출생아
카드뮴	저체중출생아
납	난임, 자연유산, 조산, 출생아의 신경행동계 이상
수은	생리불순, 자연유산, 저체중출생아, 중추신경계 기형
이황화탄소	자연유산, 생리불순
일산화탄소	자연유산, 저체중출생아
디클로로디페닐트리클로로에탄(DDT)	생리불순, 자연유산, 조산
다이옥신	생리불순, 자연유산, 출생아의 선천성 결손
프탈레이트	조산
에틸렌글리콜에테르	자연유산
산화에틸렌	자연유산
전리방사선	난임, 생리불순, 자연유산, 출생아의 선천성 결손, 소아암
소음(>90dBA)	자연유산, 저체중출생아, 조산
흡연	유산, 저체중출생아, 영아돌연사증후군, 출생아의 선천성 결손

2.3 남성 생식기계질환

여성과 달리 남성은 시상하부, 뇌하수체, 정소로 이어지는 축(HPG axis)의 기능에 의해 정자가 형성되고 사멸되는 과정을 거친다. 정자 형성은 생식세포로부터 정원세포, 정모세포, 정세포로 발달을 하며 이러한 과정은 일반적으로 약 70일 가량이 소요된다. 이후 약 2주간 부고환을 돌아다니다가 사정을 통해 체외로 배출된다. 따라서 정자가 성숙하여 이동하고 사멸하는 과정은 대략 3개월 정도이다. 이 사이의 시기에 생식독성물질에 노출이 될 경우 해당 단계별로 영향을 받을 수 있다. 생식독성물질은 남성의 중추신경계, 내분비계에 영향을 미칠 뿐만 아니라 직접적으로 고환에 독성물질로 작용하여 정자의 형성이나 생식세포의 형태학적 변화를 유발시킬 수 있다. 또한 정액에 존재하는 독성물질로 인해서도 정자 운동성에 이상이 생길 수 있다. 이러한 영향은 결국 난임, 태아 손실, 저체중출생아 출산, 선천성 기형 등의 결과로 이어진다.

생식독성물질로 인한 남성의 건강문제를 확인하기 위해서도 여성의 경우와 유사하다. 문진을 통해 연령 등 인구학적 기본정보, 과거력, 비뇨생식계의 구조적 기형, 약물 복용력, 생활습관 및 직업력, 임신(생식)이력 등이 확인되어져야 하며 생식계통에 대한 신체적 진찰이 이루어져야 한다. 또한 호르몬 검사로 FSH, LH, 테스토스테론, 인히빈B 등의 검사를 시행할 수 있으며 정액 검사를 통해 사정액의 부피, 정자의 수, 정자의 농도, 정자 운동성 및 운동속도, 정자의 형태 등을 파악해야 한다.

표 12-4 남성의 생식기계 유해요인과 건강영향

유해요인	건강영향
알코올	무정자증, 고환위축
브롬	정자과소증, 기형정자
2-브로모프로판	무정자증
이황화탄소	정자과소증, 기형정자, 정자무력증, 성기능장애
에틸렌글리콜에테르	정자과소증, 기형정자
스티렌	정자과소증
톨루엔디아민	정자과소증
비스페놀 A	정자과소증, 정자무력증, 성욕감퇴, 발기부전
농약	정자과소증, 기형정자, 정자무력증
납	정자과소증, 기형정자, 정자무력증, 성기능장애
망간	성기능장애
수은	정자과소증, 기형정자, 정자무력증, 성기능장애
전리방사선	정자과소증, 기형정자, 정자무력증, 성기능장애
고열	정자과소증, 정자무력증

더 읽을거리

김숙영, 김수근. 생식독성물질 취급근로자의 직업건강가이드라인. 안전보건공단. 2017.

김인아, 공정옥, 김명희, 김현주, 이혜은, 임신예 등. 생식독성물질 취급 근로자 인권상황 실태조사. 국가인권위원회. 2016.

Sarah Janssen, Chapter 28~29. Female and Male reproductive toxicology. In: LaDou, Joseph, and Robert Harrison, eds. Current occupational & environmental medicine. New York: McGraw-Hill, 2014.

제13장

소화기계질환

이완형

제1절 간질환

1.1 역학 및 주요 사례

우리나라 국가통계포털에 제시된 사망원인에 따르면, 간질환 사망률은 2020년 기준 전체 인구 십만명당 13.6명(남자 20.3명, 여자 6.9명)으로 나타났다. 경제활동인구 연령대(만 15세부터 64세)의 경우, 인구 십만명당 8.4명(남자 13.7명, 여자 2.9명)으로 나타났다. 건강보험심사평가원의 건강보험통계에 의하면, 2020년 기준 알콜성 간질환의 환자 수는 115,580명으로 남성이 84.2%, 여성이 15.8%이었고 진료비 총액은 약 1,119억 원이었다. 기타 간질환은 환자수 1,458,775명에 연간 진료비 약 2,504억 원으로 보고되었다.

2015년부터 2019년까지 근로복지공단에 산업재해로 신청된 간질환은 전체 33건으로 이 중 28건이 승인되었다. 신청 상병을 구체적으로 살펴보면, 알코올성 간질환 6건, 독성 간질환 2건, 달리 분류되지 않은 간부전 4건, 달리 분류되지 않은 만성 간염 1건, 간의 섬유증 및 경변증 13건, 기타 염증성 간질환 4건, 간의 기타 질환 3건이었다.

1.2 간의 생리학적 기능과 건강영향

간은 크게 대사와 합성, 해독 기능을 담당한다. 간의 대사 기능은 탄수화물과 단백질, 지방의 대사와 담즙을 생성하고 배출하는 것이며, 합성 기능은 혈장단백질, 비타민과 무기질, 호르몬의 대사 기능이다. 해독 기능은 체내 암모니아를 요소로 전환하는 해독 작용, 쿠퍼세포에 의한 이물질 처리, 혈액의 저장기능, 약물 및 알콜의 대사 등의 기능을 수행한다. 특히 해독 작용을 통해 외부의 유해인자를 독성이 약한 물질로 전환시켜 배출하게 되는데 이 기능에 문제가 생기거나 지나치게 독성이 강한 유해인자에 노출될 경우 간의 염증 및 기타 다양한 건강영향이 나타나게 된다.

1.3 직업성 간질환의 특징

직업성 간질환은 사망을 포함한 급성 중독과 관련된 사례 보고가 지속되고 있으며, 우리나라도 예외가 아니다. 1990년대에는 N,N-디메틸포름아미드(DMF)와 트리클로로에틸렌 등 노출로 인한 급성 간염 및 사망 사례가 있었고, 2000년대에는 세척제로 트리클로로에틸렌(TCE)에 노출된 후 간부전으로 사망한 사례가 대표적이다. 최근에는 소화기 제조업체에서 소화약제(HCFC-123) 노출에 의한 독성간염으로 사망한 사례가 보고되었다.

직업성 간질환을 진단하고 평가하는데 가장 큰 어려운 점은 간독성 물질에 대한 특이 검사가 부족하다는 것이다. 임상적으로 간질환을 평가하고 판단하는 주요 지표인 조직병리학적 검사 결과가 직업성 간질환의 경우 도움이 되지 않는 경우가 많다. 또한 인체에 노출되었을 것으로 의심되는 독성 물질이나 해당 물질의 대사 산물을 측정하는 접근방식은 제한이 많다. 결과적으로 직업성 간질환은 감별 진단을 통해 다른 진단을 배제하면서 찾아가는 경우가 대부분이다.

몇몇 잘 알려진 직업성 유해인자의 경우, 병리학적으로 구분되는 간의 특이적 이상 소견이 나타날 수 있다. 이러한 물질이 확인된다면 유해인자의 노출을 의심하고 평가하는 주요 참고지표로 삼을 수 있다. 주요 직업성 간질환 관련 유해인자와 주요 병리학적 특성은 다음 [표 13-1]과 같다.

1.4 직업성 간질환의 의학적 접근

직업성 간질환이 의심되면 먼저 간질환의 종류를 구분해야 한다. 간질환의 구분체계는 다양하지만 근로자의 경우 주로 급성 소견인 간손상(liver injury), 독극물 연관 지방간(Toxicant-associated Steatohepatitis, TASH)과 간섬유 또는 간경변(fibrosis/cirrhosis), 간혈관질환(Vascular diseaes), 암(neoplasm) 등의 감별이 중요하다. 이후 직업력, 직업성 유해인자, 그리고 노출기간과 수준에 대한 평가를 시행한다. 이때 사업장에 관련 정보(작업환경측정, 특수건강진단, 사업장 보건관리

표 13-1 직업성 간질환의 주요 유해인자와 병리학적 특성

구분		주요 결과	직업성 유해인자
급성	간세포	간세포 괴사 및 소엽 염증	CCl4, chloroform, toluene, TNT, PCBs, chloronaphthalene, DMF, hydrazine, 2-nitropropane, phosphorus, DMA, halothane, TCE, tetrachloroethane, 1,4-dichlorobenzene
		미세수포성 지방증	DMF
	담즙 정체/혼합성	담즙 정체, 담관염 및 혼합 특성	Methylenedianiline Nitrobenzene, paraquat, methylenedianiline
	독성물질 관련 지방간 질환	지방증(거시/미세소포성), 지방간염(지방증, 소엽 염증, 간세포 팽창)	Chloroalkenes (PCE, TCE), VCM, chloroform, CCl4, volatile organic compounds (benzene, toluene, styrene, xylene), dioxins, chlordecone, DMF, hydrazine, arsenic, mercury, POPs, pesticides, some nitro-organic compounds
	혈관	굴혈관폐쇄증후군, 간자반증	VCM, dioxin, pyrrolizidine alkaloids, arsenic, copper sulfate, VCM
만성	간섬유화	문맥주위 섬유증, 광범위한 섬유증/간경변	VCM, PCBs, chloronaphthalene, Tetrachloroethane, VCM
	혈관암	간문맥 경화증	VCM, sprays containing copper sulfate and lime
	상피 간세포 암		Arsenic, dimethylnitrosamine
	담관암		1,2-Dichloropropane, dichloromethane
	혈관성 혈관육종		VCM, arsenic
	상피양 혈관내피종		VCM

디메틸포름아미드(DMF, dimethylformamide), 폴리염화 바이페닐(PCBs, polychlorinated biphenyls), 잔류성 유기 오염 물질(POPs, persistent organic pollutants), 염화 비닐 단량체(VCM, vinyl chloride monomer)

자료 등)를 요청하며, 산업위생분야 전문가, 독성학 전문가 등과의 협업이 필요하다. 대부분의 간독성 유발 유해인자의 경우 작업환경측정 등 환경 평가로는 확인이 어려운 경우가 많으므로 유해인자의 대사 산물 등을 포함한 소변과 혈액 등을 통한 개인의 노출 여부를 평가하는 것이 도움이 된다.

임상적 접근 및 평가 단계에서는 감별 진단을 시행한다. 바이러스성 또는 감염성 간염, 담도 폐쇄, 알콜성 간염, 자가면역성 간염, 허혈성 손상, 약물 유발성 간손상이 대표적으로 감별진단해야 할 질환들이다. 감별진단을 어렵게 하는 요인으로 비알코올성 지방간질환, 알콜 남용, 간질환 과거력, 그리고 비직업성 요인 등이 있다.

효과적인 감별진단을 위해 추가검사를 시행할 수 있다. 가장 확실한 표준 진단법으로 간생검이 있으나 침습적 방법에 따른 합병증의 위험이 상대적으로 높다. 비침습적 방법으로 간섬유화스캔이 도입되었으나 가격이 비싸고 환자의 신체상태에 많은 영향을 받아 해석에 있어서 정확성이 떨어진다. 혈청 표지자 검사를 이용하는 방법은 검사법이 간편하여 임상에서 쉽게 사용할 수 있으며, 검사실 간 검사 결과 오차가 적고 재현성이 높다는 장점이 있다. 반면에 간섬유화 단계를 구분하기가 어려우며, 간섬유화에 특이적인 혈청 표지자가 없으므로 간 이외 다른 장기나 질환에 의해 결과값의 간섭이 나타날 수 있으므로 해석에 주의해야 한다. 간 손상을 평가하는 데 활용할 수 있는 주요 혈청 표지자들은 다음과 같다.

1) AST/ALT ratio

AST, ALT는 간세포 내에 존재하는 효소로 간세포 괴사 정도를 반영하는 검사로 널리 사용되고 있다. 대부분의 만성 간염에서 AST/ALT ratio는 1 이하를 나타내며, 1 이상을 보이는 경우 간 손상을 시사하는 소견으로 의심할 수 있다.

2) AST to platelet ratio index (APRI)

혈청 AST값과 혈소판 결과를 이용하여 심한 간손상을 진단할 수 있는 효과적인 방법이다. 계산 방법은 APRI=AST (IU/L)/혈소판(10^9/L)으로 표현된다. 간의 기저질환이 있는 경우, APRI score 1.0 이상에 대해 간손상을 의심할 수 있으며, 그 외의 경우 0.7 이상인 경우에도 간손상을 의심할 수 있다. APRI 검사는 임상에서 쉽게 검사할 수 있는 혈소판, AST를 이용한다는 장점이 있으나, 다른 혈청 표지자에 비해 진단 및 예후 예측도는 낮은 편이다.

3) Fibrosis-4 (FIB-4)

FIB-4 지표는 혈청 AST, ALT, 나이, 혈소판을 이용하여 계산한다. 정확도는 높은 편이나 기저 질환의 영향을 상대적으로 많이 받는 검사이기도 한다.

4) 기타

2개의 임상지표(나이, 성별)와 5개의 생화학적 표지자(alpha-2-macroglobulin, apolipoprotein A1, haptoglobin, total bilirubin, gamma-glutamyl transpeptidase)를 이용하여 계산하는 Fibrotest, 당뇨병, 나이, 성병, AST, ALT, 혈소판, 체질량지수, 혈청 알부민을 이용하는 비알코올성 지방간질환 섬유화 점수(Non alcoholic fatty liver disease fibrosis score, NAFLD NFS), 세포외액기질 재형성에 관여하는 물질인 YKL-40, 히알루론산(Hyaluronic acid, HA), 콜라겐대사 반영 산물인 N-terminal pro-peptide of collagen type III (P3NP)이나 Tissue inhibitor of metalloprotease-1 (TIMP-1), 그리고 HA, TIMP-1, P3NP값과 나이를 조합한 혈청 간섬유화 검사(Enhanced liver fibrosis, ELF) 등이 다양한 임상 분야에서 간손상을 평가하는 비침습적 지표로 활용되고 있다.

간질환을 진단하기 위한 영상의학 검사에는 다음과 같은 것들이 있다.

초음파 검사는 간편하고 피험자에게 방사능 피폭 등의 해가 없으며 실시간 관찰이 가능하다는 점에서 선별진단으로 널리 활용된다. 그러나 초음파 검사는 검사자 간 진단의 일치도가 낮고 초기 간섬유화 진단에 한계를 보인다.

FibroScan이라고도 불리는 간탄성영상검사(Transient elastography, TE)는 낮은 주파수의 기계적 진동파가 간을 통과하는 속도를 3.5MHz의 m-mode 탐촉자로 측정하여 간의 탄성도를 검사하는 방식이다. TE는 간을 통과하는 진동파의 속도를 kPa 단위로 나타내주며 간생검과 비교하여 간섬유화의 정도를 진단하기 위해 많이 시행된다.

음향 복사력 임펄스 영상(Acoustic radiation force imaging, ARFI) 검사는 고식적인 초음파를 이용하여 조직 내 일정부위에 높은 강도의 초음파를 집중시켜 전단파를 발생시키고 그 전단파를 다른 탐지펄스를 이용하여 탐지하는 방법을 이용한다. 이 측정법은 특정 모델의 초음파 장비에 장착되어 있으며 원하는 부위에서 탄성을 측정할 수 있고 검사 시간이 빠르고 TE와 다르게 복수나 비만 환자에서도 측정이 가능하다는 장점이 있다.

자기공명영상검사(MR elastography)는 환자의 우상복부에 40~120Hz의 음파를 발생시키는 유도장치를 부착시키고 간에 전단파를 보내, 간에서 발생하는 기계적 파동을 영상으로 얻는다. 나이, 성별, 체질량지수, 염증, 간질환의 원인 등에 상관없이 진행된 섬유화 진단의 정확도가 높은 것으로 알려져 있다. 검사 시간이 길고 검사비가 비싸며 간 내 철 농도, 담즙 정체, 문맥 고혈압 등에 영향을 받는다는 단점이 있다.

1.5 결론

직업성 간질환은 다른 질환과 임상양상이 겹쳐서 나타나는 경우가 대부분이며, 노출 수준과 증상의 발현 정도가 반드시 일치하지 않는 경우가 많이 있으므로 의심하는 것이 가장 중요하다. 직업성 간질환의 진단 및 관리를 위해서는 다학제적 접근과 이를 통한 광범위한 간관련 질환의 감별 진단이 필요하다. 다양한 간기능 평가 검사들 중, 상황과 여건에 맞는 가용한 검사를 확인하고 적절히 시행하며, 이와 함께 현재의 건강진단결과뿐 아니라 과거의 건강진단결과 정보를 함께 갈무리하여 진단 및 판단에 적극 활용해야 한다. 아직까지는 직업성 간질환에 특이적인 검사나 임상적 합의가 매우 부족하므로 이에 대한 연구 및 개발 관심이 필요하다. 또한 직업성 간질환이 확인될 경우, 근로자를 직업성 유해인자의 노출을 즉시 중단시켜야 하며, 해당 사업장의 동일 부서 또는 유사업무 수행 근로자를 추가 검사하여 숨겨진 직업성 간질환을 선별하는 노력이 필요하다.

제2절 기타 소화기계질환

2.1 직업 관련 소화기계질환

야간작업은 신체적 피로 및 스트레스가 높아 수면장애, 심혈관질환 등 다양한 건강문제를 야기하는 것으로 알려져 있다. 그중에서도 소화기 질환과의 연관성이 지속적으로 보고되었으며, 야간작업이 소화성궤양 발생과 관계된 가스트린 및 펩시노겐 분비를 촉진시키는 것으로 확인되었다. 또한 기능성 위장장애와 소화불량증, 배변장애 등 다양한 소화기계 불편감 호소율이 높다. 따라서 야간작업 근로자를 대상으로 1차 검사에서는 소화기계 불편감 및 관련 증상 문진이 포함되었고, 2차 검사항목으로 위내시경을 권고하게 되었다.

2.2 기능성 위장장애 정의 및 현황

기능성 위장장애(functional gastrointestinal disorder)는 크게 기능성 소화불량증(functional dyspepsia) 또는

과민성 장 증후군까지 포함하는 개념이다. 기능성 소화불량증은 6개월 전부터 시작되었고 3개월간 다음 조건을 만족하면 진단된다.

1) 불편함 식후 포만감(bothersome postprandial fullness)
2) 조기 만복감(early satiation)
3) 상복부 통증(epigastric pain)
4) 상복부 쓰림(epigastric burning)

그리고, (상부 위장관내시경 포함) 상기 증상을 설명할 만한 기질적 질환이 없는 경우

기능성 소화불량증은 두 가지 아형인 식후통증증후군(postprandial distress syndrome, PDS)과 명치통증증후군(epigastric pain syndrome, EPS)으로 나뉜다. 위에 제시된 1)과 2) 증상을 일주일에 3일 이상 호소하는 경우에는 식후통증증후군으로 진단가능하며, 3)과 4) 증상을 일주일에 1일 이상 주로 호소하는 경우는 명치통증증후군으로 진단할 수 있다.

과민성 장 증후군은 반복적인 복통을 1주일에 최소 1회 이상 호소하며, 다음 기준 중 두 가지 이상에 해당하면 진단할 수 있다.

1) 배변과 연관(related to defecation)
2) 배변 횟수의 변화와 연관(associated with a change in frequency of stool)
3) 대변 형태의 변화와 연관(associated with a change in form of stool)

기능성 위장장애는 2020년 기준으로 전체 환자 수가 약 134만명에 이르며, 이 중 남성이 33.9%, 여성이 66.1%로 여성이 약 2배 더 높았다. 진료비는 총액 약 998억이었다. 특이한 점은 일반적인 질환과 다르게 경제활동인구 연령인 20대부터 50대까지가 전체 환자의 약 67% 이상 나타나 상대적으로 근로 가능성이 높은 인구집단에서 호발한다는 것이다.

2.3 기능성 위장장애의 주요 원인

기능성 위장장애의 원인은 아직 명확하게 밝혀지지 않았다. 위산 과다 또는 헬리코박터 감염으로 인한 위염이 주요 원인으로 보고되고 있다. 위에 자극 증상을 나타내는 흡연, 음주, 커피, 탄산음료, 항생제, 강심제, 고혈압 치료제 등도 증상을 악화시킬 수 있는 것으로 알려져 있다. 위장관의 연동운동 저하나 자율신경계의 과민 반응도 기능성 위장장애를 일으킬 수 있다. 특히 직업적 요인으로 업무로 인한 스트레스, 야간작업 등이 원인으로 보고되고 있다. 야간작업이나 스트레스의 경우, 세로토닌의 경로 이상 및 작용에 영향을 주고, 이것이 장-뇌 상호연관(gut-brain interaction), 장내 세균총의 변화 등을 유발하여 기능성 위장장애의 주요 원인이 될 수 있다는 보고가 있다.

2.4 결론

기능성 위장장애는 유병률이 높고 진단과 치료가 쉽지 않다는 점, 반면에 환자가 느끼는 불편감이 매우 그다는 점에서 관심을 가질 필요가 있다. 우리나라의 경우, 경세활동인구 집단에서 유난히 높은 유병률을 보인다는 특징이 있다. 야간근로 집단에서 특이한 소화기계 과거력이 없으면서 주관적 위장관계 불편감을 호소하는 근로자가 매우 높다는 것은 기능성 위장장애와의 높은 연관성을 시사한다. 아직까지 기능성 위장장애에 대한 진단 및 치료의 임상적 연구나 특히, 직업성 또는 환경성 요인과의 연관성에 대한 보고가 매우 드문 만큼 관심을 가져야 한다.

제14장

내분비계질환

박철용

내분비계는 신체 내 분비기관에서 분비되는 호르몬과 혈류를 통해 멀리 떨어져 있는 표적기관의 수용체 또는 인접세포에 결합하여 작용하는 신체 시스템으로, 신체의 주요 내분비계는 뇌하수체, 갑상선, 생식기계, 췌장 등이 있다. 이들 기관은 여러 가지 호르몬을 생산, 분비하여 혈액을 통해 체내를 순환하며 표적세포 또는 기관에 생화학적 신호를 보내고 신경계와의 협력을 통해 체내의 항상성 유지, 외부 자극에 대한 반응, 성장, 발육, 생식에 대한 조절 및 체내에너지 생산과 이용, 저장을 주관한다.

내분비계의 대표적 질환은 당뇨병, 갑상선 질환, 뇌하수체 질환, 골대사 질환, 부신질환 등이 있으며 직업환경성 질환으로서 내분비계 질환에는 내분비계 교란물질(Endocrine disruptor)로 인해 발생하는 경우가 있다.

14.1 임상적 평가

1) 문진 및 진찰

직업 · 환경적 요인에 의한 내분비 질환의 증상은 비특이적인 경우가 많기 때문에 이에 대한 의학적 문진에는 다음과 같은 사항이 포함된다.

① 수면장애 혹은 체력 및 기분의 변화
② 체중, 식욕, 배변의 변화
③ 성욕이나 성기능, 여성의 경우 생리 관련 변화
④ 온도지각(덥다, 춥다 등의 주관적 인지), 발한, 홍조 등의 변화
⑤ 신장, 모발, 피부의 변화

이러한 기본적인 문진에 더하여 의심되는 유해물질의 다른 독성작용에 대한 문진이 필요하다. 종종 이러한 독성영향은 미세한 내분비 증상 뿐만 아니라 중추신경계, 소화기계, 생식기계 등의 증상들이 동반되어 나타난다. 예를 들어, 2-브로모프로판의 경우 생식기계 영향뿐만 아니라 조혈기계에도 영향이 있을 수 있으므로 관련 증상의 문진, 이학적검사를 통해 진찰할 필요가 있다.

진찰시에도 이학적 검사를 통하여 갑상선비대나 이차성징이상 등의 특이적인 내분비계 이상변화를 알아내는 것도 중요하지만 납에 의한 미즈라인(Mees' Line)이나 유기용제, 유기인, 유기염소 등에 의해 나타나는 신경학적 증상을 찾아내는 것도 중요하다. 또한 종양처럼 내분비병변을 유발할 수 있는 비환경적인 질환을 감별하는 것도 이학적 검사의 중요한 역할이다.

2) 실험실 검사

환경적 요인에 의한 내분비적 질환은 문진과 이학적 검사의 단서가 비특이적이기 때문에, 적절한 검사실 검사가 필수적이며 다음의 4가지 특수한 목적을 가진다.

① 경미하거나 혹은 잠재적인 기능 변화의 감지
② 내분비적 기능 축에서 이상이 나타난 장기 수준의 감별(예, 시상하부-뇌하수체-말단기관 축에서 이상 장기의 감별)
③ 비환경적 요인에 의한 종양이나 다른 원발성 내분비 기관 장애의 배제
④ 특정 물질에 대한 노출 지표나 다른 장기 장애의 증거 확보

14.2 당뇨병

1) 당뇨병의 역학과 원인

우리나라의 당뇨병 유병률은 2019년 기준 10.4%, 공복혈당장애는 33.8%이다. 일반인구에서도 주요한 만성 질환으로서 지속적 관리가 필요한 당뇨는 근로자 건강검진에서도 중요하게 평가되어야 하는 대표적인 내분비계 질환이다. 근로자 건강검진이 직업병을 조기발견하고, 예방하는 목적과 함께 만성질환의 사후관리와 업무적합성 평가의 근거로 활용되는 측면에서 당뇨병과 같은 만성질환의 관리도 직업환경의학에서 매우 중요하다.

당뇨병의 원인으로 유전적 요인, 환경적 요인 등 여러 위험요인이 있으나 췌장의 인슐린 분비 저하, 글루카곤의 과다 분비, 지방세포의 과다분해, 간에서 당신생 증가, 근육의 인슐린 저항성 증가, 신장에서 당의 재흡수 증가, 뇌의 신경전달물질의 이상, 인크레틴 호르몬 분비 장애의 8가지 원인(Ominous octet)이 당뇨병의 병태생리로 언급되고 있다.

당뇨병은 그 자체로는 증상이 뚜렷하지 않는 경우가 많아서 치료가 필요한 데도 인지하지 못하고 있거나, 인지를 하더라도 치료의 필요성을 못 느끼는 근로자들이 많다. 2019년 질병관리청의 국민건강통계에 따르면 30세 이상 국민의 당뇨병 인지율은 60.8%, 치료율은 65.2%로 나타났다. 특히, 당화혈색소 6.5% 미만으로 관리되는 혈당 조절률은 26% 수준으로 당뇨병의 생활습관 개선, 동반질환 관리를 통한 혈당조절 개선이 보건관리 업무에서 중요한 과업으로 남아 있다. 근로자 건강검진과 사업장 보건관리에서 아래의 당뇨병 진단기준에 따라 근로자의 당뇨병에 대한 평가가 필요하다.

2) 당뇨병의 진단기준

당화혈색소는 검사 시점으로부터 과거의 약 3개월의 혈당 평균치를 반영하는데, 혈당조절지표로 활용되어 진료, 환자 교육, 약 조절 등에 활용된다(표 14-1). 그러나 3개월 보다 짧은 기간의 혈당 조절 상태를 파악하는 데에는 한계가 있고, 당화혈색소가 적절한 범위에 있다 하더라도 혈당의 변동폭이 큰 환자에서는 감별에 한계가

표 14-1 당뇨병의 진단기준(대한당뇨병학회, 2019)

1. 정상 혈당은 최소 8시간 이상 음식을 섭취하지 않은 상태에서 공복혈장 포도당 100mg/dL 미만, 75g 경구당부하 후 2시간 혈장포도당 140mg/dL 미만으로 한다.
2. 당뇨병의 진단기준
   1) 당화혈색소 6.5% 이상 또는
   2) 8시간 이상 공복혈장포도당 126mg/dL 이상 또는
   3) 75g 경구당부하 후 2시간 혈장포도당 200mg/dL 이상 또는
   4) 당뇨병의 전형적인 증상(다뇨, 다음, 설명되지 않는 체중감소)이 있으면서 무작위 혈장포도당 200mg/dL 이상
3. 당뇨병전단계(당뇨병 고위험군)
   1) 공복혈당장애는 공복혈장포도당 100~125mg/dL로 정의한다.
   2) 내당능장애는 75g 경구당부하 후 2시간 혈장포도당 140~199mg/dL로 정의한다.
   3) 당화혈색소 5.7~6.4%에 해당하는 경우 당뇨병전단계(당뇨병 고위험군)로 정의한다.
   당화혈색소는 표준화된 방법으로 측정해야 한다.

* 2-1), 2), 3)의 경우, 서로 다른 날 검사를 반복해서 확진해야 하지만 같은 날 동시에 두 가지 이상 기준을 만족한다면 바로 확진할 수 있다.

있을 수 있다. 당화혈색소와 평균 혈당의 대략적인 관계는 아래 [표 14-2]와 같다.

표 14-2 당화혈색소와 평균 혈당의 관계

HbA1c(당화혈색소) (%)	평균 혈당(mg/dL)
6	126
7	154
8	183
9	212
10	240
11	269
12	298

3) 야간교대근무와 당뇨병

특수건강진단의 유해요인 중 당뇨병과 관련있는 유해요인은 야간작업이다. 교대근무와 당뇨와의 관련성을 연구한 여러 역학 연구에서 결과가 일관되지는 않았으나, 여러 역학 연구를 통합하여 분석한 메타분석에서 당뇨병과 교대근무와의 통합 비차비는 1.06(95% 신뢰구간 1.03-1.09)로 나타났다. 하위분석에서 교대근무 형태에 따라 순환교대, 불규칙 또는 미분류, 야간 교대그룹에서 통계적으로 당뇨병의 위험도가 증가하였으며, 순환 교대근무에서 비차비가 1.42(95% 신뢰구간 1.19-1.69)로 가장 높게 나타났고, 남성보다 여성에서 더 높았다.

교대근무가 당뇨병의 원인이라고 뒷받침할 수 있는 그 생물학적 기전이나, 병태생리에 대한 연구는 아직 부족하다. 그러나, 여러 연구에서 언급되고 있는 몇가지 원인 중 대표적인 것은 일주기 리듬의 변화이다. 이는 근로자의 수면과 식사형태를 변화시키고, 수면의 질 저하는 인슐린 저항성의 증가로 이어진다는 연구가 있었다. 또한, 교대근무로 인해 체중증가, 식욕증가, 지방축적이 진행된다는 역학 연구가 있는데, 이 결과들은 모두 당뇨병의 위험요인이다. 교대근무로 인한 스트레스가 혈압, 콜레스테롤 등의 영향을 미쳐 대사증후군, 당뇨병으로 이어진다는 설명도 있다.

당뇨병을 진단받은 교대근무자의 혈당 조절, 약물 복용순응도, 전신 건강상태는 해당근로자의 야간작업에 대한 업무적합성 평가와 뇌심혈관질환 발병 위험도 평가에 매우 중요하다. 당뇨 조절이 잘 되지 않는 근로자는 합병증의 위험도 증가, 뇌심혈관 질환 발병 위험 증가 뿐만 아니라 당뇨병케톤산증(Diabetic ketoacidosis, DKA)이나 고삼투압성 고혈당상태(Hyperosmolar hyperglycemic state, HHS)같은 급성대사합병증의 위험이 있기 때문에 직업환경의학과 의사는 검사 결과에 따라 해당 근로자의 교대작업에 대한 업무적합성평가를 실시해야 한다.

14.3 갑상선 기능 장애

갑상선은 갑상선 호르몬을 생산 분비하는 내분비계 기관으로 뇌하수체에서 분비되는 자극 호르몬과 음성 피드백의 상호작용을 통해 조절되고 있다. 이러한 뇌하수체-갑상선 축에 이상이 생기면 갑상선 질환으로 이어지는데, 갑상선종(goiter)의 유발물질로 요오드 운반을 방해하는 과염소산염 및 티오시안산염과 요오드의 유기화를 방해하는 코발트, 치환된 페놀이 알려져 있다. 금속도금 근로자에서 시안화물 노출로 인해 혈청 T4, T3 감소와 TSH 증가가 된 보고가 있으며, 식수에 포함된 과염소산염으로 인해 T4의 증가 TSH의 감소를 가져온 보고도 있다.

갑상선은 특히 전리방사선에 취약하고 민감한 내분비계 장기이다. 전리방사선은 IARC에서 Group 1 carcinogen으로 갑상선암을 유발하는 인자로 충분한 역학적 근거가 있다. 우리나라에서는 원전 주변 지역 주민의 갑상선암 발생률이 높게 나타난 사례가 있었으나, 측정된 방사선량과 갑상선암과의 인과관계는 명확하게 밝혀지지 않았다.

갑상선 기능저하와 관련된 인자로 납, 이황화탄소, 폴리브롬화 비페닐(polybrominated biphenyl, PBBs), 폴리염화 비페닐(polychlorinated biphenyls, PCBs), 다이옥신, 퓨란 등이 알려졌는데, 이중 PCBs, DDT, 클로로아세타닐라이드(chloroacetanilide)는 실험실 연구에서 T4의 포합과정을 강화하는 것으로 나타났고, 메톡시클로르(methoxychlor)는 말초에서 T4의 탈요오드화를 방해하는 작용을 하였다. 만성적으로 다량의 납에 노출된 성인에서 경도의 갑상선 기능 저하가 발생함이 알려졌으나 낮은 농도에서는 주목할 만한 영향은 없었다. 납 취급 근로자에서 노출을 중단하였을 때 감소된 T4 농도가 점진적으로 개선됨이 관찰되었다.

일부 연구에서 다이옥신도 갑상선 호르몬 분비에 전임상적인 변화를 가져오는 것으로 보고되었다. 과거 TCDD (Tetra-chloro-dibenzo-dioxin)에 노출된 근로자에서 혈청 2,3,7,8-TCDD 농도와 T4 및 free T4 index간에 양의 상관관계가 있었으나, TSH 농도나 갑상선 질환과는 연관성을 보이지 않았다. 이와 유사한 결과로 화학약품 제조 근로자에서 혈청 TCDD 농도와 T4 간에 양의 상관관계가 있었으나 TSH와는 유의한 연관성이 없었다. 이와 대조적으로 고엽제에 노출되었던 베트남 참전 용사에서는 free T4 index에 대조군과 유의한 차이를 보이지 않았다.

다이옥신이나 퓨란과 같이 PCBs는 체내 잔류가 매우 지속적이고 친지질성의 오염물질로서 인체 노출은 육류, 생선 및 유제품과 같은 음식의 경구 섭취로 인한 것이 90% 이상이다. 모유수유는 PCB 및 다이옥신 섭취의 중요한 원인 중 하나로, 한 연구에서 PCB 및 다이옥신 총 섭취의 12%에서 14%가 모유수유로 인한 것이라 하였다. 태아기 및 출산전후에 PCB 노출은 갑상선 호르몬 항상성을 저해하여 신경학적 결손을 야기함이 여러 연구들에서 증명되었다. 이러한 연구결과에서 PCB에 대한 노출지표와 운동기능, 주의력, 지능 및 기억력 저하가 연관성이 있었다.

코발트가 포함된 페인트에 노출된 여성에서의 갑상선 기능도 연구되었다. 혈액검사에서 T4, free T4 및 T4/T3 비가 용량반응 관계의 상승을 보였으나 TSH 농도나 뇌하수체 기능의 변화는 없었다. 이러한 결과로 말초에서 일어나는 T4에서 T3로의 탈요오드화가 감소됨을 알 수 있으나 이의 임상적 의미는 불명확하다. 위에 열거한 인간에서 보고된 영향들 이외에 동물실험에서는 다양한 화학물질들이 갑상선에 잠재적인 손상을 야기한다는 수많은 보고가 있다. 이러한 물질들에는 유기인제, 카바메이트계 및 유기염소계 제초제, 식품 착색제 및 수은 등이 있다.

14.4 부신 기능 장애

사람의 부신피질 및 수질에 대한 환경적인 영향은 납과 폴리염화비페닐(PCB)의 노출이 대표적이다. 납에 노출된 근로자들에 대한 연구는 인슐린 유도성 저혈당이나 바소프레신의 반응으로 코티코스테로이드(corticosteroid)의 분비가 감소함을 보여주었다. 부신피질자극호르몬(ACTH)의 투여시 반응이 정상적이었기 때문에, 병변은 시상하부나 뇌하수체 수준으로 생각되었지만, 부신 자체의 원발성 독성일 가능성도 배제할 수 없다.

PCBs에 노출된 근로자들을 대상으로 한 연구에서, 요중 17-하이드록시코티손은 코티솔보다 더 적은 양으로 나타났으며 지방조직의 PCBs농도와는 역의 상관관계를 보였다. 요중 17-하이드로코티손의 감소는 부신의 글루코코티코이드의 분비나 합성에 있어 PCBs의 억제 효과를 반영하는 것이며, 결국 혈중 글루코코티코이드도 낮아진다.

일반적으로 동물의 부신은 사람보다 환경요인에 대하여 더욱 민감하게 반응하는 것으로 알려져 있다. 유기염소, 유기인, 카바메이트계 살충제 등이 광범위하게 조사되었고 부신피질에서 조직학적인 변화의 증거들이 관찰되었으며 황산암모늄 비료에서도 비슷한 결과를 보였다. 파라쿼트 또한 스피로놀락톤이나 메티라폰 같은 약제들처럼 부신의 알도스테론 합성 억제 효과가 있음이 동물실험에서 증명되었다. 말라티논과 다이아지논 같은 몇몇 유기인들은 에피네프린과 노르에피네프린 분비를 증진시켜 부신수질의 기능을 억제함으로써 고혈당, 간의 글리코겐 축적, 부신에 저장중인 아민들의 고갈을 유발한다.

14.5 뇌하수체 장애

납, 스티렌, 베릴륨은 뇌하수체에 영향을 주는 대표적인 요인이다. 납은 앞서 언급된 갑상선과 부신 외에 뇌하수체-성선 축에 대해서도 영향을 미친다는 연구들이 보고되었다. 스티렌은 갑상선 호르몬이나 성선자극호르몬에는 영향을 주지 않으나 유선자극호르몬(prolactin)

이나 성장호르몬과는 용량 반응 관계를 보였다. 특히, 갑상선자극호르몬 방출호르몬(TRH)의 반응에 의하여 유즙분비호르몬의 용량반응적인 증가를 보였는데, 이는 시상하부 도파민에 의해 조절되는 유즙분비호르몬의 정상인 역제지(Counter-regulation)가 스티렌에 의해 억제되었음을 시사한다. 이론적으로 스티렌은 유즙분비호르몬의 증가를 통해 2차성 불임을 야기할 수 있다.

베릴륨 노출에 의한 만성 베릴륨병 환자는 유육종증 환자처럼 뇌하수체에 육아종을 보일 수 있다. 일반적으로 육아종은 장기 기능의 결손을 의미하며 유육종증 환자에게서 흔히 뇌하수체 전엽과 후엽의 기능장애가 있으나 만성 베릴륨병 환자에서는 나타나지 않았다.

동물실험 외에 생식호르몬에 대한 제한적인 인간 대상의 연구들이 있으며 톨루엔과 제초제에 직업적으로 노출되었을 때 황체화호르몬과 난포자극호르몬이 억제될 수 있고 이황화탄소의 직업적 노출시 더욱 심해질 수 있음이 제시되었다.

14.6 칼슘과 골대사 장애

칼슘의 항상성과 골대사는 부갑상선 호르몬과 간과 신장의 비타민D 대사물들에 의하여 조절된다. 소화기관, 뼈, 신장은 이러한 호르몬들의 전신 영향을 결정하는 중요한 표적장기들이다. 납에 중독된 아이들에서 나타나는 성장부전 및 비정상적인 뼈 구조 때문에 비타민 D 대사가 연구되었다. 현재까지 가장 명확하게 증명된 기전은 25-하이드록시 콜레칼시페롤(25-hydroxycholecalciferol)을 더 활성화된 형태인 1,25-디하이드록시 콜레칼시페롤(1,25-dihydroxycholecalciferol)로 변환시키는 신장의 정상적인 과정이 납에 의해 억제된다는 것이다. 소수의 베릴륨병 환자들도 고칼슘혈증과 연관되어 있다. 베릴륨병 자체가 비타민 D 대사에 특이한 변화를 가져오는지의 여부는 확실치 않지만 육아종내의 수산화효소(hydroxylase) 부분의 활성화로 인해 25-하이드록시 콜레칼시페롤의 전환이 증가되는 다른 육아종성 질환과 비슷한 기전을 가지는 것으로 추측되고 있다. 일반적으로 치료를 위해 코티코스테로이드가 사용된다.

칼슘대사와 관련된 다른 직업성 질환은 만성 카드뮴 중독이다. 일정 수준이상 진행된 경우 골감소증(Osteopenia)과 골연화증(Osteomalacia)으로 이어질 수 있는데 이는 이타이이타이 병의 첫 임상증상이기도 하다. 장기간의 카드뮴 노출에 의한 신장 세뇨관 손상에 따른 대사성 산증, 칼슘 소실, 뼈의 무기질제거 등의 과정을 통하여 발생한다. 열교환기 및 배터리 생산 근로자들 대상으로 한 연구에 따르면 저농도의 카드뮴 노출도 뼈의 무기질 농도 저하와 골다공증과 연관되어 있었다. 유기염소계 살충제인 DDT의 대사물인 p,p′-DDE가 폐경기 여성의 골감소증과 연관되어 있다는 보고가 있으며, 이는 p,p′-DDE가 안드로겐 수용체와 길항작용을 하기 때문인 것으로 알려졌다.

14.7 내분비계 교란물질

내분비계 교란물질은 일상생활에 쓰이는 생활용품, 플라스틱, 고무제품, 전자기기, 농약 등에 포함되어 내분비계에 다양한 영향을 끼치는 것으로 알려져 있다(표 14-3). 대부분은 자연물질이 아닌 화학물질로 신체내의 호르몬의 역할을 방해하거나 흉내내는 기전으로 내분비계에 영향을 준다.

내분비계에 대한 영향으로 정자수, 질의 영향을 주어 수태능력의 저하를 가져오는 생식독성, 생식기계의 발달 저하, 조기 사춘기 발현, 면역계, 비만 등의 영향을 가져온다. 내분비계 교란물질의 노출은 호흡, 식품, 물 등을 통해서 신체 내로 유입될 수 있고, 피부를 통해 들어올 수도 있다. 여성의 신체내의 내분비계 교란물질의 일부는 태반을 통해 태아에게 전해질 수 있고, 출생후 모유를 통해 영아에게 전달되기도 한다. 내분비계 교란물질의 종류에는 bisphenol A (BPA), 프탈레이트(phthalates), 살충제(pesticides), 다이옥신과 polychlorinated biphenyls (PCBs) 등이 있다(표 14-3).

표 14-3 노출원에 따른 내분비계 교란물질의 종류

노출원	내분비계 교란물질
살충제	DDT, Chlorpyrifos, Atrzine
유아용품	Phthalates
산업용제, 윤활제, 소각로	PCB, Dioxins
플라스틱, 식품용기	BPA, Phthalates, Phenol
일회용품, 의료기기	Phthalates, Prabens
항생제	Triclosan
섬유, 의류	Perflurochemicals

제15장

직업성 암

제1절 서론

이상길

직업성 암은 직업적으로 발암인자에 노출되거나 현재까지 확실한 발암인자를 특정하지는 못하였지만 특정 직업군이나 산업에서 증가하는 암을 일컫는다. 작업환경에 의한 노출이 암 발병에 영향을 주었다는 개념으로 암을 유발시키는 요인을 제거하거나 노출을 감소시킴으로 예방이 가능한 질환으로 간주되고 있다. 인간 대상 발암유발물질로 분류되고 있는 인자의 절반 정도가 직업적 노출이라는 것에서 알 수 있듯이 직업성 암은 일반 인구에서 발생하는 암과 비교하여 상대적으로 원인이 잘 알려져 있어 예방가능성이 상대적으로 높다고 여겨진다. 그럼에도 불구하고 직업성 암은 임상적 질환으로 발현하기까지 잠재기간이 다양하게 존재하며, 과거 직업상 발암물질 노출을 입증하기가 쉽지 않기 때문에 암 발병과 업무관련성을 평가하고 직업성 질환으로 분류하는 과정은 쉽지 않다.

직업성 암에 대한 최초 보고는 1775년 런던의 외과의사인 포트(Pott P)가 굴뚝 청소부에서 음낭암이 많다고 기술한 것이 최초이다. 당시 포트는 음낭의 주름에 검댕이 쌓여서 암이 발생했다고 원인을 설명하였다. 영국의 1875년 볼크만(Volkmann R)은 콜타르 및 파라핀 작업자 집단에서 발생하는 질환이 굴뚝청소부에서 발생하는 음낭암과 동일한 질환으로 설명하였고 1907년까지 피치 및 타르 성분에 대한 발암성이 널리 알려졌다. 이에 영국에서는 피치 및 타르에 노출되어 발생한 근로자의 피부암에 대한 보상을 공식적으로 인정하였다.

우리나라에서는 1993년에 55세 여성에서 석면 노출로 인하여 발생한 악성 중피종이 공식적으로 보고된 첫 번째 직업성 암 사례이다. 이 여성은 18년간 석면사 제조공장에서 일하다가 가슴의 통증과 물이 차는 현상이 일어났는데, 처음에는 결핵성 늑막염으로 오진하였다가 이후 석면에 의한 악성 중피종으로 확인되어 보상을 받았다. 석면에 의한 직업성 암은 호흡기계암과 악성 중피종이 대표적이며 어느 나라를 막론하고 가장 흔한 직업성 암으로 보고되고 있다.

1.1 직업성 암 발생현황

1980년대 이후로는 직업적 노출로 인한 전체 암 부담 즉, 직업적 노출이 없었다면 발생하지 않았을 사례의 추정 비율은 전체 암의 2~5% 사이로 추정되고 있다. 2016년 세계보건기구(WHO)에서는 비교위험평가(Comparative Risk Assessment, CRA) 프로젝트를 통하여 직업적 노출에 기인한 전 세계 수준에서의 암 부담 규모를 산출한 결과, 과거 11개 발암물질의 직업적 노출에 따른 알려진 암(폐암, 악성 중피종, 백혈병) 사망 규모는 2000년 기준 대략 150,000명으로 추계되었다.

국내 직업성 암의 산재신청 규모는 2015년에 177건에서 2018년에 279건으로 점차 증가하고 있고, 승인율 역시 2015년 46.9%에서 2018년 73.5%로 증가하였다. 산재 신청 상병에 따라서는 '기관지 및 폐의 악성신생물(C34)'이 56.2%로 가장 많았고, '골수성백혈병(C92)' 5.1%(48건), '악성 중피종(C45)' 3.3%(31건), '간 및 담관의 악성신생물(C22)' 2.7%(26건) 순으로 많았다. 산재 승인율은 국외 통계결과와 유사하게 '악성 중피종(C45)'이 80.7%로 가장 높았고, 뒤를 이어 '기관지 및 폐의 악성신생물(C34)'이 80.5%, '골수형성이상증후군(D46)'이 80.0% 순으로 높았다(표 15-1).

표 15-1 우리나라 직업성 암 유형별 산재 승인 현황(2015년~2018년)

상병 코드	상병명	승인	불승인	전체	
				건	승인율(%)
C11	비인두의 악성신생물	3	3	6	(0.6)
C16	위의 악성신생물	1	11	12	(1.3)
C18	결장의 악성신생물	0	6	6	(0.6)
C22	간 및 간내 담관의 악성신생물	0	26	26	(2.7)
C24	담도의 기타 및 상세불명 부분의 악성신생물	0	5	5	(0.5)
C25	췌장의 악성신생물	0	6	6	(0.6)
C32	후두의 악성신생물	3	3	6	(0.6)
C34	기관지 및 폐의 악성신생물	430	104	534	(56.2)
C45	악성 중피종	25	6	31	(3.3)
C50	유방의 악성신생물	2	14	16	(1.7)
C64	신우를 제외한 신장의 악성신생물	1	4	5	(0.5)
C67	방광의 악성신생물	3	3	6	(0.6)
C71	뇌의 악성신생물	2	12	14	(1.5)
C73	갑상선의 악성신생물	0	9	9	(1.0)
C78	호흡 및 소화기관의 이차성 악성신생물	13	4	17	(1.8)
C83	비소포성 림프종	3	8	11	(1.2)
C85	기타 및 상세불명 유형의 비호지킨림프종	6	7	13	(1.4)
C88	악성 면역증식성 질환	2	3	5	(0.5)
C90	다발골수종 및 악성 형질세포신생물	3	6	9	(1.0)
C91	림프성 백혈병	9	6	15	(1.6)
C92	골수성 백혈병	21	27	48	(5.1)
C95	상세불명 세포형의 백혈병	2	6	8	(0.8)
D05	유방의 제자리 암종	0	5	5	(0.5)
D46	골수형성이상증후군	8	2	10	(1.1)
D61	기타 무형성 빈혈	3	4	7	(0.7)
기타 악성신생물*		38	83	121	(31.4)
합계		578	373	951	(60.5)

* 합계 기준 5건 미만, 출처: 근로복지공단, 2019

1.2 직업성 발암물질

발암과정(carcinogenesis)은 매우 복잡하며 여러 단계의 과정으로 구성되며 유전적 혹은 후천적 변화에 의해 세포의 성장이 점차적으로 통제에서 벗어나 악성 혹은 침습성이 되는 과정에 이르러 생존 및 성장에 영향을 주는 모든 과정을 포함한다. 이러한 유전적 및 후천적 변화를 유발할 수 있는 노출원에는 내인성 요인과 함께 직업적 노출을 포함하는 외인성(물리적, 화학적, 생물학적) 요인이 있다. 다양한 노출원에 의한 DNA의 손상은 대부분 신체의 다양한 복구기전에 의해 회복되지만 잠재적으로 DNA의 손상 및 후천적 변화의 위험요소로 작용한다. 따라서 발암물질의 직업적 노출의 규명은 노출된 근로자 집단의 보상과 예방 측면에서 매우 중요할 뿐 아니라 일반 인구집단에서 발암 위험요인의 인식에도 중요하게 작용한다.

각종 물질의 발암성은 역학적 연구와 동물실험 등의 결과를 토대로 판정하게 되나 직업성 발암물질 분류에 명확한 기준이 있는 것은 아니다. 세계보건기구 산하기구인 국제암연구소(IARC)에서는 1971년부터 화학물질, 산업, 공정, 혼합물, 물리적 요인, 생물학적 요인 등에 대한 발암성 관련 역학 및 실험 정보를 검토하여 인체에 미치는 위험도를 평가하여 발간하고 있으며 IARC의 직업성 발암물질 분류기준이 가장 널리 쓰이고 있다.

[표 15-2]는 IARC에서 인간 대상 역학연구, 동물 실험 및 그 외의 근거를 종합하여 인자에 대한 발암성을 평가 분류하는 체계를 나타낸다. 그룹 1~3까지 분류하여 발암물질을 분류하고 있으나 이러한 알고리즘은 분류체계의 한 예시일 뿐이며, 엄격한 알고리즘의 해석에서 벗어나 직업성 물질의 발암평가를 내리기도 한다. 국제암연구소의 발암요인의 개수는 2022년 8월 기준으로 그룹 1이 122건, 그룹 2A가 93건, 그룹 2B가 319건으로 보고되고 있다.

[표 15-3]은 대표적으로 32개의 인체발암물질(Group 1)에 대한 인체 표적기관과 직업적으로 노출될 수 있는 업종이나 직종, 직무 등을 보여준다. 또한 발암 위험이 확인되나 명확한 발암원인이 밝혀지지 않은 11개의 직종 및 산업도 여기에 포함되어 있다.

표 15-2 국제암연구소의 발암물질 분류 평가 근거

분류		인간 대상 역학적 근거	동물실험 근거	그 외 근거
1	인체발암물질	충분한 근거	-	-
		충분한 증거 미약	충분한 근거	강한 긍정적 근거
2A	인체발암 추정/가능 물질	제한적 근거	충분한 근거	강한 긍정적 근거 미약
		불충분한 또는 자료의 부재	충분한 근거	강한 긍정적 근거
2B	인체발암 가능물질	제한적 근거	충분한 증거 미약	
		불충분한 또는 자료의 부재	충분한	강한 긍정적 근거 미약
		불충분한 또는 자료의 부재	제한적 근거	강한 긍정적 근거
3	인체발암성 미분류물질	불충분한 또는 자료의 부재	제한적 근거	강한 긍정적 증거 미약

표 15-3 인체발암물질(Group1)에 따른 주요산업과 인체 표적기관

인자 및 업종, 직종	인체 표적기관	사용되는 주요 산업
황산을 함유하는 무기강산 미스트에 노출되는 환경	후두	화학제품 제조업
4-아미노비페닐	방광	고무제조업
비소 및 무기비소 화합물	폐, 피부, 방광	유리, 금속, 살충제
석면(모든 형태)	후두, 폐, 중피, 난소	단열, 건축, 개보수
벤젠	백혈병	화학 생산의 스타터 및 중간체, 용매
벤지딘	방광	안료
벤조[a]피렌	폐, 피부(의심됨)	석탄 액화 및 가스화, 코크스 생산, 코크스 오븐, 콜타르 증류, 루핑, 포장, 알루미늄 생산
베릴륨 및 베릴륨 화합물	폐	항공우주, 금속
비스(클로로메틸)에테르, 클로로메틸메틸에테르	폐	화학적 인
1,3-부타디엔	백혈병 및/또는 림프종	플라스틱, 고무
카드뮴 및 카드뮴 화합물	폐	안료, 배터리
크롬(VI) 화합물	폐	금속 도금, 안료
콜타르 피치	폐, 피부	건설, 전극
엔진 배기, 디젤	폐	운송, 광업
산화 에틸렌	–	화학약품, 살균제
포름알데히드	비인두, 백혈병	플라스틱, 섬유
전리방사선(라돈-222 자손 포함)	갑상선 백혈병, 침샘, 폐, 뼈, 식도, 위, 결장, 직장, 피부, 유방, 신장, 방광, 뇌	방사선학, 원자력 산업, 지하 광산
가죽 먼지	비강	신발 제조 및 수리
4,4'-메틸렌비스(2-클로로아닐린)(MOCA)	–	고무
미처리 또는 약간 처리된 광유	피부	윤활유
2-나프틸아민	방광	그림 물감
니켈 화합물	비강, 폐	금속 합금
셰일 오일	피부	윤활유, 연료
석영 또는 크리스토발석 형태의 결정질 유리규산 분진	폐	건설, 광업
태양 복사	피부	야외 작업
그을음	폐, 피부	굴뚝 청소부, 석공, 소방관
2,3,7,8-테트라클로로디벤조-파라-다이옥신(TCDD)	–	화학물질 등
담배연기, 간접흡연	폐	바, 레스토랑, 사무실
오르토-톨루이딘	방광	안료
트리클로로에틸렌	신장	솔벤트, 드라이클리닝
염화비닐	간	플라스틱
목재분진	비강	가구
발암요인이 알려져 있지 않은 산업 및 작업		
알루미늄 생산	폐, 방광	–

인자 및 업종, 직종	인체 표적기관	사용되는 주요 산업
아우라민 생산	방광	–
석탄 가스화	폐	–
콜타르 증류	피부	–
코크스 생산	폐	–
적철광 채광(지하)	폐	–
철강 창업	폐	–
강산을 이용한 이소프로필알코올 제조	비강	–
마젠타색 생산	방광	–
도색	방광, 폐, 중피	–
고무 제조	위, 폐, 방광, 백혈병	

더 읽을거리

김은아. 직업성 암의 기준과 보상현황. 노동리뷰. 2013. 26-39.

IARC. IARC Monographs on the evaluation of carcinogenic risks to humans. A review of human carcinogens, part C: arsenic, metals, fibres, and dusts, vol. 100. Lyon: IARC (International Agency for Research on Cancer); 2012.

Siemiatycki. Historical overview of occupational cancer research. Occupational Cancers. 2020.

제2절 호흡기계암

박원주

2.1 폐암

1) 서론

안정상태에서 성인은 하루에 약 2만 번 호흡하며, 1만 리터 이상의 공기를 들이마시므로 공기의 질은 건강에 밀접한 영향을 미친다. 발암성 물질로 오염된 공기는 표적 장기인 호흡기계에 치명적인 영향을 미치며 장기적으로 암 발생률을 높인다. 우리나라에서는 1993년 10월 7일, 석면방직공장에서 1974년부터 19년간 근무하다 폐의 악성 중피종으로 사망한 55세 남성 근로자를 국내 최초의 직업성 호흡기계암으로 인정하였다.

2) 국내통계

국가암정보센터의 사료에 따르면 2019년 한 해 동안 국내 폐암 발생자 수는 10만 명당 조발생률 58.4명으로 29,960명(남성 20,331명, 여성 9,629명)이다. 이는 전체 암 발생의 11.8%로, 갑상선암을 제외하면 남녀 전체에서 발생률 1위의 암이다. 성별로는 남성에서는 발생률 1위, 여성에서는 5위이다. 폐암은 남녀 전체에서는 1999년부터 2019년까지 뚜렷한 증감추세를 보이지는 않으나 남성에서는 2005년부터 연평균 1.4% 감소하였으나, 여성에서는 2015년부터 연평균 3.2%의 증가추세를 보인다. 2019년 폐암의 유병자 수는 103,108명이며 폐암의 사망률은 남녀 모두에서 사망분율 1위의 암으로 2020년 한해 동안 폐암으로 18,673명이 사망하였으며 이는 전체 암 사망자의 22.7%를 차지한다. 폐암의 5년 상대생존율은 2015년~2019년 기간 동안 34.7%로 상대적으로 사망률이 높으나 1993년~1995년의 12.5% 비해서는 많이 향상되었다. 2014년~2019년 국내에서 진단된 폐암을 미국 Surveillance, Epidemiology, and End Results (SEER) 요약병기에 따라 분류하면 국한된 경우 5년 상대생존율은 75.0%, 국소 진행의 경우 44.1%, 원격 전이된 경우 10.0%이다. 사망률은 높으나 조기 진단된 경우 예후가 좋아 효과적인 조기검진이 필요한 암종이다.

3) 조직학적 특성

폐암은 크게 소세포폐암과 비소세포폐암으로 분류한다. 소세포폐암은 전체 폐암의 15~18%를 차지하며 다른 폐암과는 특성, 치료 방침 및 예후가 확연히 달라 별도로 분류한다. 비소세포폐암은 폐선암(전체 폐암의 32~40%), 편평상피세포폐암(25~30%), 대세포폐암(8~16%), 세기관지폐포암(3% 미만)으로 분류된다. 소세포폐암은 다른 폐암에 비해 악성도가 높고 증식 속도가 빨라 예후가 나쁘다. 직업성 폐암은 조직학적으로 모든 종류의 폐암과 관련이 있고 직업 및 환경적 원인으로 인한 폐암과 일반 폐암은 병리적으로 차이가 없다.

4) 증상

폐 안에는 감각신경이 없어 흉벽, 뼈, 신경, 기관지를 침범해야 증상이 발생하며 말기에도 증상이 없을 수 있다. 특별한 증상 없이 건강검진에서 우연히 발견되는 경우가 많다. 폐암의 증상으로는 양상이 변화하는 기침, 가래, 객혈, 호흡곤란, 체중감소, 식욕부진, 쇠약, 전이 부위의 통증, 기도 폐색으로 인한 증상, 흉수, 폐렴, 후두신경 침범으로 인한 목소리 변화, 상대정맥 증후군, 종괴로 인한 교감신경계 손상(호너 증후군) 등이 발생한다. 육체적 작업을 수행하는 근로자에서 폐암으로 인한 견갑골과 등의 방사통을 근골격계 통증으로 오진하는 예도 있으므로 증상이 오래가는 경우 연령과 흡연력을 고려하여 추가 정밀검사를 시행해야 한다.

5) 진단

흉부 엑스레이를 통한 폐암의 조기 선별검사는 유용하지 않다. 엑스레이의 평면 영상은 겹치거나 가려진 부위가 많고 1cm 내외의 작은 경우에는 나타나지 않는다. 국가건강검진의 흉부 엑스레이 검사를 폐암 검진으로 명명하지 않는 이유이다. 폐암의 조기진단은 저선량 흉부 CT를 이용한다. 2017년~2018년 시행한 저선량 흉부 CT 폐암검진 시범사업 결과, 수검자 1만 3,345명 중 69명이 폐암으로 확진되고 이 중 조기발견율 69.6%의 효과를 보여 2019년부터 국가암검진으로 정식 편입되었다. 만 55~74세이고 30갑년 이상의 흡연력을 가진 고위험군을 대상으로 1년에 1회 실시한다. 저선량 흉부 CT 1회 촬영 시 노출되는 유효방사선량은 0.6~1.5mSv로 일반 흉부 CT의 10~20% 수준이다. 다만 매년 검사하는 경우 누적 방사선 노출과 위양성 등의 위해 가능성도 존재한다. 현재는 폐암 관련 사망률을 약 20% 감소시킬 수 있어 편익이 더 높은 것으로 판단하고 있다. 폐암이 의심되는 병변에 대해서는 조직검사를 통해 악성 여부, 조직 형태, 유전자 돌연변이, 면역학적 상태를 확인한다. 조직검사는 경피바늘조직검사, 흉수천자, 흉막조직 검사, 기관지내시경 및 수술적 폐조직 검사를 시행한다. 폐암 확진과 병기를 결정하기 위하여 전이가 잘 이루어지는 부위인 뇌, 뼈, 전신에 대해 스캔, MRI, PET-CT 검사를 시행한다.

6) 고립성 폐결절

폐에서 발견되는 3cm 이하의 결절로 이보다 크면 종괴로 부른다. 폐암 세포가 분열하여 10억 개에 이르면 약 1cm 크기가 된다. 고립성 폐결절은 폐암 검진 과정에서 흔히 관찰되는 소견으로 최근 영상장비의 향상으로 1mm 단위도 발견된다. 최종적으로 악성으로 진단되는 경우는 약 1~3%이다. 35세 미만의 비흡연자는 악성 가능성이 1% 미만이지만, 고연령 특히 50세 이상, 흡연자,

발암물질 노출력, 2cm 이상이거나 부피가 2배되는 배가 시간이 1개월~1년인 경우 악성 가능성이 크다. 악성 위험도에 따라 CT 추적관찰 또는 절제생검을 시행한다.

7) 치료와 예후

폐암의 3대 치료법은 수술, 항암화학치료와 방사선치료이다. 비소세포폐암은 완치를 목적으로 수술을 우선으로 고려하며 병기에 따라 항암화학치료와 방사선치료를 병용하거나 단독으로 시행한다. 소세포폐암은 항암화학치료가 원칙으로 상황에 따라 방사선치료를 병용한다. 수술은 폐부분, 폐엽 또는 전폐 절제술을 시행한다. 항암화학치료 중 표적항암제는 암세포의 특정 단백질 또는 유전자 돌연변이를 표적으로 삼아 암세포만 죽이는 항암제로 정상세포에 영향을 덜 미쳐 기존 항암제보다 부작용이 적다. 암세포는 정상세포와 다르므로 우리 몸의 면역시스템에 의해 제거되어야 하며, 이러한 암세포에 대한 면역력을 증가시키는 것이 면역항암치료이다. 완치 가능한 조기에 폐암이 진단되는 환자는 약 20%이며 수술적 절제 후에도 약 30~40%에서 재발한다. 림프절과 혈관을 통해 뇌, 간, 부신, 뼈 등에 전이가 잘된다. 우리나라의 폐암 5년 상대생존율은 2015년~2019년 기준 34.7%이다.

8) 예방

폐암 예방의 가장 효과적인 전략은 금연이다. 폐암 환자의 85%는 흡연자이며, 흡연자는 비흡연자보다 폐암 발생위험이 10배 이상 증가한다. 금연 후 5년째부터 폐암 발생의 위험이 감소하여 15년 이상 금연하면 약간 높거나 비슷한 수준으로 낮아진다. 전국에는 국가지정 17개의 금연지원센터가 운영 중이다. 사업장 근로자를 대상으로 하는 찾아가는 금연지원서비스와 금연에 계속 실패하는 흡연자를 대상으로 하는 전문치료형 금연캠프 등을 제공한다. 국가폐암검진 대상자는 주기적으로 검진을 시행한다. 사업장에서는 발암물질에 노출되는 근로자를 대상으로 특별관리물질(Carcinogenic, Mutagenic or Reproductive toxic agents, CMR)과 물질안전보건자료(Material Safety Data Sheets, MSDS)를 제공하고 교육한다. 작업환경측정을 주기적으로 실시하고 발암물질 노출 방지를 위한 공학적 대책을 수립한다. 특수건강진단을 시행하고 검진에 따른 사후관리를 철저히 따른다. 근로자는 적절한 보호구를 착용하고 작업 후에도 샤워 및 작업복 등 개인위생관리를 철저히 하며 금연, 식이 등 암 예방 수칙을 생활화한다. 산업안전보건법에 따른 건강관리카드 발급 대상자는 이직 후에도 정기적으로 건강관리를 받는다. 정부는 체계적으로 발암물질을 관리하고 전문가 집단과 함께 직업성암에 대한 감시체계, 피해자 발굴, 역학조사, 배상과 보상 제도화와 관련 연구를 발전시켜 나간다.

2.2 직업성 폐암의 원인

암은 유전적 소인과 살아가면서 노출되는 다양한 발암물질의 환경적 요인이 복합적으로 작용하여 발생하는 다원인성 질환이다. 직업적 노출에 의한 암 발생은 전체의 약 1~5%로 추정된다. 폐암의 경우 직업적 노출에 의한 발생은 미국의 경우 약 6.3~13.0%로 추정되며 우리나라 연구에서 폐암 발생에 있어 직업의 기여율은 7.0%로 보고되었다.

폐암을 발생시키는 1군 발암물질로는 흡연, 간접흡연, 석면, 라돈, 대기오염물질, 디젤엔진 배기가스, 미세먼지, 실내 석탄 연소, 무기비소, 6가 크롬, 니켈화합물, 베릴륨, 카드뮴화합물, 용접흄, 결정형 유리규산, 석탄가스화, 코크스오븐, 도장공, 콜타르 피치, 적철광 지하광산, 알루미늄 제련소, 철강주조, 비스클로로메틸에테르, 고무산업, 엑스선, 감마선, 플루토늄, 애치슨 공법, 검댕, 머스터드 황, MOPP 제조 취급자, 아편이 있다.

1) 결정형 유리규산

모래의 성분인 유리규산은 결정형과 비결정형 유리규산으로 나뉜다. 석탄 분진에는 규산이 4~7% 포함되어 있으며, 화강암에는 20~50%, 석영에는 90% 이상이 포함되어 있다. 석영은 결정형 유리규산의 대표적인 종류로 지구상에서 두 번째로 흔한 광물이다. 결정형 유리규산은 폐암과 진폐증을 일으키는 주요한 원인 물질이다. 결정형 유리규산은 암석과 모래를 사용하는 산업영역에서 널리 사용된다. 채석, 석공, 광업, 건설업, 유리, 주물, 벽돌, 제련, 콘크리트, 분쇄, 요업, 페인트 제조 등에서 노출될 수 있다. 결정형 유리규산 분진은 폐, 기도의 종말부 및 폐포에 침착된 후 대식세포에 의해 탐식되고 염증인자가 분비되는 과정이 반복되면서 폐 손상과 섬유화를 유발하고 이로 인해 규폐증과 폐암이 발생한다. 1997년 국제암연구소(IARC)는 흡입을 통해 노출되는 결정형 유리규산 분진을 폐암에 대한 1군 발암물질로 분류하였다.

2) 니켈

니켈의 어원은 독일 신화 속의 유령에서 유래하였다. 광부들은 구리 광석과 비슷해 보이지만 아무리 제련을 해도 구리가 나오지 않는 이 광석을 유령 같은 구리로 쿠퍼니켈이라고 불렀다. 니켈이라고 부르는 미국의 5센트 동전에는 실제 니켈은 약 25% 정도이며 나머지는 구리이다. 니켈은 다른 물질과 결합하여 광택과 내부식성을 향상시키고 가공이 유용한 다양한 합금과 화합물을 형성한다. 니켈 화합물의 발암성은 니켈 정련산업 근로자를 중심으로 처음 보고되었다. 황화니켈, 황산니켈, 산화니켈 및 니켈정련공정에서 노출되는 니켈 화합물은 폐암과 비부비동암을 유발하는 1군 발암물질로 1990년 분류되었다. 금속 니켈과 니켈 합금은 2B군이다. 니켈과 그 화합물에 노출되는 직종으로는 니켈 광산, 제련 및 정련, 주조, 합금, 전기도금, 용접, 분말야금, 판금 등이 있다.

3) 다핵방향족 탄화수소

다핵방향족 탄화수소는 2개 이상의 벤젠고리를 가지는 방향족 화합물을 일컬으며 불완전 연소과정에서 발생하는 다양한 물질의 복합체 형태이다. 영국의 외과의사 퍼시벌 포트는 1775년 굴뚝 청소부에서 음낭암이 많이 발생함을 관찰하고 다핵방향족 탄화수소의 발암성을 처음 보고하였다. 다핵방향족 탄화수소는 화석연료 연소, 알루미늄 환원, 고무생산, 아스팔트, 제철과 다양한 연소 관련 공정에서 노출된다. 석탄을 코크스오븐에서 고온으로 건류하면 고체의 코크스와 점성 액체의 콜타르로 분리된다. 콜타르를 증류하고 나면 상온에서 고체상의 물질이 남는데 이것이 콜타르피치이다. 콜타르와 콜타르피치는 벤젠, 톨루엔, 석탄산, 나프탈렌, 벤조피렌, 안트라센 등 다양한 방향족 탄화수소의 혼합물로 발암성을 가지며 1989년 1군 발암물질로 분류되었다. 5개의 벤젠고리로 구성된 벤조피렌 중 이성질체인 벤조(a)피렌, 코크스 생산 공정, 실내 석탄 사용, 콜타르피치와 석탄 가스화 공정도 폐암의 1군 발암물질이다.

4) 도장 및 도장 제거

다양한 물질의 혼합체인 도료는 발암물질 성분이 포함될 수 있다. 1989년 국제암연구소는 도장작업 자체를 폐암, 중피종, 방광암의 1군 발암작업으로 분류하였다. 도료의 종류는 매우 다양하여 지방족 및 방향족탄화수소, 케톤류, 에스테르, 염화탄화수소, 크롬, 니켈, 카드뮴, 납, 망간, 코발트 등 매우 다양한 물질이 포함될 수 있다. 작업 중 분진, 결정형 유리규산, 다핵방향족탄화수소와 석면 등에도 추가로 노출될 수 있다. 도장 피막을 제거하는 과정에서도 중금속과 석면에 노출될 수 있다. 도장작업에 종사한 기간이 길어질수록 폐암 발생 위험성이 증가하여 10년 이상 근무 시 약 2배 이상으로 증가하게 된다. 현재는 도료의 발암물질 성분을 철저히 관리하고 있으나 과거에는 높은 수준으로 노출되었을 개연성이 있다.

5) 디젤엔진 배출물질

승용차, 화물차, 버스, 기차, 선박 등 일상생활에서 쉽게 접하게 되는 디젤엔진 배출물질은 질소산화물, 황산화물, 다핵방향족 탄화수소, 일산화탄소, 알데하이드, 케톤, 그을음과 같은 다양한 가스상 물질과 입자상 물질이 혼합되어 있다. 불완전연소와 첨가제 및 윤활제 성분의 동반연소는 오염물질의 배출을 가중시킨다. 화물차 운전사,

철도근로자, 광부들에서 디젤엔진 배출물질에 의한 폐암 증가의 연구결과가 일관되게 확인되어 2012년 1군 발암물질로 분류되었다. 발암성은 주로 그을림과 같은 미립자에 흡착된 다핵방향족 탄화수소의 흡입으로 발생한다.

6) 라돈

라돈은 방사선 기체로 토양, 암석 및 물속에서 라듐이 핵분열하여 발생한다. 암석 및 토양에서 발생한 라돈 기체는 노후화된 건물의 틈을 통해 실내 환경으로 유입된다. 연간 자연방사선 노출량은 약 2.4mSv이며 그중 절반 정도가 라돈에 의한 노출이다. 19세기 말부터 유럽의 우라늄 광산 근로자에서 폐암 발생이 증가함이 보고되었으며 후속 연구에서 우라늄 광산 광부의 사망원인의 약 20%는 호흡기질환으로 조사되었다. 흡입된 라돈은 체내에서 붕괴를 일으키며 알파선을 방출하여 폐조직에서 암 발생위험을 높여 1988년 1군 발암물질로 분류되었다. 라돈은 흡연 다음의 폐암 위험인자로 전체 폐암 환자의 약 10%가 라돈에 의한 것으로 추정된다. 라돈은 폐암 발생과 용량-반응 관계를 보여 노출이 $100Bq/m^3$ 증가할수록 폐암 발생위험이 11% 증가한다. 흡연과 라돈은 상승효과를 일으킨다. 실내공기질 권고기준인 $148Bq/m^3$ 이하의 정상 수준에서 비흡연자는 폐암 추가 발생위험은 확인되지 않았으나 흡연자에서는 유의하게 상승한다. 광산, 지하 공간 및 시설, 노후화된 주택의 저층 등에서 라돈에 노출될 가능성이 있으므로 라돈 측정과 적절한 환기시설이 필요하다. 한국환경공단에서 라돈 측정 및 저감 컨설팅을 받을 수 있다.

7) 머스터드 황

머스터드 황($C_4H_8Cl_2S$)은 하버-보쉬 법으로 노벨화학상을 받은 프리츠 하버에 의해 화학무기로 개발되어 1차 세계대전 참호전에서 사용되었다. 염소계 물질인 머스터드 황은 노출된 피부와 점막에 수포와 화상성 손상을 일으킨다. 노출 후 생존한 군인들과 독가스 공장의 근로자들에서 폐암 발생의 위험성이 증가함이 확인되어 1군 발암물질로 분류되었다. 폐암은 주로 상기도에 발생하며 조직형은 편평상피암 형태가 많다. 머스터드 황은 현재도 3세계 국가들의 주요 군사적 문제 물질이다.

8) 미세먼지, 대기오염물질

미세먼지는 직경이 작아 폐 속으로 쉽게 흡입되고, 폐포에 직접 도달해 물리화학적 손상을 일으킨다. 미세먼지는 그 성분에 따라 다양한 발암물질을 포함할 수 있다. 기존의 연구들에서 미세먼지 농도와 폐암과의 관련성이 일관되게 보고되었다. 미국 하버드의 6개 도시 연구(Harvard six cities study)를 따르면 $PM_{2.5}$가 $10\mu g/m^3$ 증가할수록 폐암 사망의 비교위험도가 1.37배씩 증가하는 것으로 나타났다. 우리나라의 미세먼지 농도는 상대적으로 더 높은 수준이므로 폐암의 발생과 사망에 기여하는 정도가 더 높을 수 있다. 우리나라 수도권 연구에서도 PM_{10}이 $10\mu g/m^3$ 증가할수록 폐암의 발생률이 1.09배씩 증가하는 것으로 분석되었고, 버스 또는 택시 정류장과 같이 교통량이 많은 곳에서 장기간 거주 시 폐암의 발생위험이 증가할 수 있다는 연구결과도 있다. 고속도로 요금징수원, 실외 주차관리원, 교통경찰관, 도로 환경미화원, 실외 건설업 등의 야외근로자는 미세먼지와 대기오염물질의 위험집단이다.

9) 베릴륨

보석인 녹주석(beryl)에 포함되어 베릴륨으로 명칭 되었다. 베릴륨은 은회색으로 강도, 탄성, 내마모성이 좋은데 가벼우며 열전도율과 녹는점이 높고, 금속인데 엑스선을 통과시키는 독특한 성질을 가진다. 미사일 무기, 원자력, 항공우주 부품, 합금, 엑스선관에 사용된다. 2021년 발사된 제임스 웹 우주망원경의 패널을 만드는 데도 사용되었다. 구리에 베릴륨을 3% 정도 넣으면 베릴륨구리 합금이 되는데 강도, 탄성과 내마모성이 매우 좋아 강력 스프링이나 골프채 헤드를 만드는 재료로 사용된다. 치과 보철물 제작 시 베릴륨이 포함된 합금을 이용하면 작업성이 향상되어 치과기공사 직종에서 사용될 수가 있어 기준치 이상(0.02%)이 포함되지 않도록 관리가 필요하다. 베릴륨 공장 및 베릴륨을 처리하는 공정에서 장기간 근무한 근로자에서 폐암으로 인한 사망률 증가가 보고되었으며 국제암연구소는 1993년 베릴륨을 폐암을 유발하는 1군 발암물질로 분류하였다.

10) 비소

비소(arsenic)의 이름은 금색을 의미하는 페르시아어 자르닉에서 유래하였다. 금속과 비금속성 성질을 모두 가진 비소는 유기비소와 무기비소로 분류된다. 해산물 및 어패류 섭취에 의한 유기비소는 체내에서 생물학적 영향 없이 소변으로 바로 배설되어 인체에 무해하다. 무기비소는 급만성 독성이 있으며 그중 3가 무기비소의 독성이 가장 크다. 무기비소는 폐암, 피부암과 방광암의 1군 발암물질로 1987년 분류되었다. 흡입과 섭취에 의한 비소 노출이 모두 폐암의 발생 위험성을 높인다. 무기비소에 의한 폐암의 잠복기는 약 25년으로 용량-반응 관계를 보이며 흡연과 상승효과를 일으킨다. 구리, 니켈, 납, 아연 등의 제련과 정련 과정, 광산업, 합금, 유리류 제조, 안료(패리스 그린), 살충제, 살서제, 반도체와 전자산업 공정, 목재 보존제, 농약 제조와 살포과정에서 노출될 수 있다. 독성이 높아 세계적으로 사용이 금지되고 있으나 환경적으로 광산의 폐석, 화산온천이나 화산재에 오염된 물, 잔류농약과 오염된 한약재 등에서 노출될 수 있다. 물이 부족하거나 오염된 지역에서 깨끗한 물을 퍼 올리기 위해 깊게 우물을 파는 경우 물에 비소가 기준치 이상으로 포함될 수 있다.

11) 석면

석면은 1918년 미국 노동통계국에서 석면 취급 근로자의 조기사망률이 높은 것을 발견한 이후 위험물질로 인식되기 시작하였다. 우리나라에서는 2009년 산업안전보건법에 따라 0.1% 초과의 석면함유제품 제조, 수입, 양도, 제공 또는 사용이 전면 금지되었다. 그러나 전 세계적으로는 아직 매년 백만 톤 이상이 생산되며 석면에 의한 근로자 사망은 매년 10~14만 명으로 추정된다. 석면은 폐암과 악성 중피종을 일으키는 대표적인 1군 발암물질로 1987년 분류되었으며 잠복기는 약 10~40년이다. 특히 길이 8㎛ 이상이고 지름은 0.25㎛ 이하로 섬유가 가늘고 긴 경우가 특히 위험하다. 석면 종류에 따라 청석면, 갈석면, 백석면 순으로 발암성이 높다. 석면 노출은 비흡연자에서 폐암 발생률을 5배 이상 증가시키며 흡연자에서는 발암성의 상승효과를 일으켜 흡연자가 석면에 노출되는 경우 폐암 위험도가 50배 이상 증가한다. 석면으로 인한 폐암 발생 위험직종으로는 석면 관련 산업, 광부, 조선소, 슬레이트 지붕재, 천장재, 단열재, 벽재, 전열재, 방화재, 자동차 브레이크라이닝 등이 있다. 우리나라에서는 직업성 석면질환 외에도 환경성 석면질환 피해자를 구제하기 위한 석면피해구제법을 2011년부터 시행 중이다. 구제대상 질환은 석면에 의한 원발성 악성 중피종, 원발성 폐암, 미만성 흉막비후와 석면폐증이다. 한국환경산업기술원의 석면피해구제시스템을 통해 구제법에 관련된 정보를 얻을 수 있다.

12) 카드뮴

아연과 성질이 비슷한 카드뮴은 주로 아연을 추출하는 과정에서 생산된다. 색깔이 화려한 화합물을 형성하여 과거 모네와 반고흐의 그림에서 노란색과 주홍색 염료로 사용되었다. 내부식성과 광택이 좋은 카드뮴은 도금, 합금, 니켈-카드뮴 전지, 페인트, 플라스틱, 용접봉 등에 사용되었으나 독성이 알려지면서 사용이 감소하고 있다. 금속광산, 제련소 및 공업지역에서 환경적인 노출이 가능하다. 카드뮴은 1993년 폐암의 1군 발암물질로 전립선암과 신장암의 2A군 발암물질로 분류되었다.

13) 크롬

크롬은 그리스어로 색깔을 뜻하는 크로마에서 유래되었다. 크롬은 산화 상태에 따라서 2가, 3가, 6가의 수가를 가지며 2가 크롬은 매우 불안정하여 환경에서는 대부분 금속 크롬, 3가 크롬, 6가 크롬으로 존재한다. 3가 크롬은 인슐린 작용을 강화하고 당대사에 관여하는 체내 필수금속이나 6가 크롬은 강력한 산화제로 높은 화학적 활성에 의해 생체에 악영향을 일으킨다. 6가 크롬은 비점막 궤양, 비중격 천공, 비염, 비출혈을 일으키며 장기간 노출되는 경우 호흡기계와 피부에 암을 발생시킨다. 1990년 폐암의 1군 발암물질로 분류되었으며 잠복기는 20년 이상이며 비부비동암에서는 2A군 발암물질이다. 6가 크롬에 노출되는 직종으로는 크롬산염 생산, 전기도금, 금속가공, 스테인리스 스틸, 스테인리스 용접, 염료 및 안료 제조, 가죽공장, 무두질, 방부 및 살균처리, 시멘트 제조, 화학공장 촉매제, 내화제 산업 등이 있다.

14) 클로로메틸에테르

강력한 호흡기 및 피부 자극제인 클로로메틸에테르는 주로 화학공장과 실험실에서 화학반응의 중간산물로 사용된다. 그 중 비스클로로메틸에테르와 클로로메틸메틸에테르는 만성 노출 시 소세포폐암을 발생시킨다. 소세포폐암은 현미경으로 보면 작고 동그란 형태로 귀리세포폐암이라고도 부른다. 잠복기는 약 5~15년이며 흡연과 상승효과를 일으킨다.

15) 흡연과 간접흡연

폐암의 가장 큰 위험요인은 흡연으로 전체 폐암 원인의 80~90%를 치지한다. 흡연자는 비흡연자보다 폐암에 걸릴 위험이 20배 이상 높다. 간접흡연자도 폐암 발생률이 20~30% 증가하며 국제암연구소는 1986년 직접흡연에 이어 2002년 간접흡연도 1군 발암물질로 분류하였다. 흡연자가 흡인 후 내뿜는 연기인 주류연(mainstream smoke)보다 오히려 담배의 끝에서 타면서 나오는 부류연(sidestream)에서 높은 농도로 존재하는 발암물질도 존재한다. 폐암 환자의 자녀는 폐암의 발생위험도가 2~3배 상승한다. 금연을 통해 전체 암의 약 30%와 폐암의 80~90%를 예방할 수 있다. 흡연은 조직학적으로 모든 형태의 폐암과 연관이 있으며, 폐암 발생 가능성은 흡연기간과 피운 개수와 용량-반응 관계를 보인다. 흡연이 폐암의 주요 원인이지만 전체 폐암의 약 20%는 비흡연자에서 발생한다. 여성 비흡연자의 폐암 발생위험도는 남성 비흡연자의 2.5배로 이에 대한 원인규명이 필요하다. 현재는 간접흡연, 요리 등에서 발생하는 조리 흄(Cooking Oil Fumes, COF), 유전적 감수성, 상피세포성장인자수용체(Epidermal Growth Factor Receptor, EGFR) 유전자 돌연변이 또는 사회적 분위기상 여성이 흡연력을 숨기는 것이 원인일 것으로 추정된다.

2.3 악성 중피종

1) 역학

악성 중피종은 중배엽에서 기원하여 장막강을 덮는 중피세포에서 발생한 악성종양이다. 2019년 우리나라에서 158명이 발생하여 전체 암의 0.1%를 차지하는 매우 희귀한 질환이다. 중피세포는 흉막, 심낭막, 복막, 음낭막에도 존재하나 악성 중피종은 주로 흉막(80%)과 복막(20% 미만)에서 발생한다.

2) 석면과 악성 중피종

악성 중피종 발생이 약 80~90%는 석면 노출이 관련된다. 따라서 악성 중피종이 발생했다면 과거 석면 노출의 증거로 판단할 수 있어 신호종양(sentinel tumor)으로 불린다. 20세기 중반경부터 석면과 악성 중피종과의 관련성을 제기하는 사례보고가 발표되었다. 잠복기는 보통 30년 이상으로 길고 소아 시절의 노출도 위험요인으로 작용하므로 노출력에 대한 정보를 찾기 어려운 사례가 많다. 석면에 장기간 고농도 노출된 경우 발생률이 증가하나, 1년 미만 저농도의 짧은 노출에도 발생한 사례가 있어 안전 역치가 없는 것으로 보인다. 모든 종류의 석면이 악성 중피종을 유발할 수 있으며 석면 외에도 에리오나이트와 전리방사선 노출이 악성 중피종 발생의 위험인자이다.

3) 증상

초기에는 대부분 증상이 없으며 진행 시 폐암과 유사한 증상이 발생한다. 석면이 폐 안으로 들어오면 특성상 몸 밖으로 빠져나가거나 분해되지 않아 장기간 주변 조직에 영향을 미친다. 석면은 림프관을 통해 이동할 수 있다. 폐조직으로는 침범하지 않고 흉막벽을 따라 결절 형태가 두꺼워져 진행 시 2~3cm 두께가 되며 벽을 따라 흉부와 복부로 퍼진다. 흉막삼출이 흔히 발생하고 석회화와 흉막반이 동반되며 늑골 등을 압박하거나 침범하면 흉통이 발생한다.

4) 진단

효과가 확인된 조기진단 방법은 없으며 의심 증상이 있는 경우 CT, MRI, PET, 기관지내시경을 시행할 수 있다. 매우 희귀한 질환으로 흉막염, 감염, 폐암, 육종 또는 다른 암의 전이 등으로 오진될 가능성이 있다. 조직학적으로 상피세포모양, 육종모양, 혼합형으로 분류되며 상피세포모양이 전체 중피종의 약 60%를 차지한다.

5) 치료와 예후

호흡기계암의 일반적인 치료법을 따르나 치료효과는 좋지 않다. 증상과 흉수 조절을 위한 흉막유착술과 같은 보존적 치료를 시행한다. 예후가 좋지 않아 1년 이내 85%의 환자가 사망하며 평균 생존기간은 진단 후 8~10개월로 짧으나 장기 생존하는 사례도 일부 있다. 65세 이하로 연령이 비교적 젊거나, 흉막 안쪽으로 범위가 작거나, 수술이 가능하거나, 조직학적으로 상피세포모양인 경우 상대적으로 예후가 좋다.

6) 위험요인과 예방

석면 노출의 위험직종으로는 석면광산, 건설업, 건축자재, 조선소, 석면 타일공, 용접공, 배관공, 전기기사, 브레이크 라이닝, 보온재, 단열재 등이 있다. 석면 근로자의 작업복을 통해서 가족의 악성 중피종 발생위험이 증가하고 과거 석면 관련 사업장 또는 철거지역 주변에서 생활한 것으로도 발생 위험성이 증가한다. 악성 중피종 예방은 석면 노출을 완벽히 회피하는 것이 유일하다. 현재 국내에서 석면의 사용은 전면 금지되었으나 재개발 등 석면 건축물 철거 시 현장의 근로자와 인근 주민에게 노출될 수 있다. 따라서 석면안전관리법에 따라 절차대로 석면 해체작업을 실시해야 하며 정부는 관리감독을 철저히 해야 한다.

소방관 업무도 석면노출 위험이 있으며, 국제암연구소에서는 악성 중피종을 유발하는 1군 발암물질로 분류하고 있다.

2.4 후두암

1) 역학

후두암은 2019년 우리나라에서 1,222명이 발생하여 전체 암의 0.5%를 차지한다. 우리나라에서 발생률은 감소 추세이며 흡연의 영향으로 여성보다 남성에서 발생률이 매우 높다(1:17). 성문 상부(50%)와 성문(40%)에 주로 발생하며 하부는 발생률이 낮다.

2) 증상

후두는 발성기관으로 암이 발생하는 위치(성문, 성문 상하부)에 따라 증상이 다르나 목소리의 쉬는 듯한 변화가 가장 특징적이다. 목에 뭔가 걸린 듯한 느낌과 연하곤란이 발생할 수 있으며 진행되면 호흡곤란, 천명과 같은 호흡음 이상이 발생할 수 있다.

3) 진단

후두경, 후두 내시경, CT, MRI, PET를 시행할 수 있다. 확진은 조직검사이며 조직 형태는 95% 이상이 편평상피암이다. 성대결절, 후두염과 역류성 위식도염과의 감별이 필요하다.

4) 치료와 예후

수술, 방사선치료, 항암화학치료와 같은 호흡기계암의 일반적인 치료법을 따른다. 치료 후 음성 변화, 연하곤란과 같은 부작용이 있을 수 있어 목소리 보전에 특히 신경 써야 한다. 우리나라 2015년~2019년의 후두암 5년 상대생존율은 80.4%이다.

5) 위험요인과 예방

후두암 환자의 90% 이상은 흡연자이다. 흡연과 후두암은 용량-반응 관계를 보여 10갑년 증가함에 따라 발생위험도는 1.73배 증가한다. 두경부에 방사선치료 경험이 발생위험을 높이며 흡연, 폭음, 석면, 황산과 같은 강한 무기산 분무 노출, 아편이 1군 발암물질로 분류되어 있다. 음주도 후두암과 용량-반응 관계를 보이며 흡연과 상승작용을 일으킨다. 고무생산 공정, 간접흡연, 인유두종 바이러스 16번, 머스터드 황은 2A군 발암물질로 분류되어 있다. 석면 관련 산업, 조선소, 중공업, 건설업, 기계공, 금속 및 가죽 가공, 염색공과 고무공장 근로자에서 발생률이 상승한다. 후두암 예방을 위해서는 금연이 가장 중요하며 유해물질 취급 시 적절한 보호구를 착용해야 한다.

2.5 비강 및 부비동암

1) 역학

코안의 공간에서 발생하는 비강암과 비강 주위의 공간에서 발생하는 부비동암은 우리나라 암 등록 통계상 비부비동암으로 함께 통칭한다. 비부비동암은 2019년 우리나라에서 422명이 발생하여 전체 암의 0.2%를 차지하며 여성보다 남성에서 발생률이 높다(1:2). 상악동(60%), 사골동(15%), 그 외 비강(20%), 접형동과 전두동 및 비전정(5%)에서 주로 발생한다. 상악동암의 70~80%는 부비동염의 과거력이 있어 만성적인 염증이 위험요인으로 작용한다. 우리나라 연구에서 비부비동암 발생에 있어 직업의 기여 위험도는 19.9%로 보고되었다.

2) 증상

초기에는 비부비동염의 일반적인 증상과 비슷하여 감별이 어렵다. 한쪽 얼굴에 발생하는 감각 이상과 통증, 비폐색, 비루, 비출혈, 상악통, 잘 낫지 않는 궤양, 얼굴 부종, 시력 및 청력 이상, 안면마비와 중이염 등의 증상이 있을 수 있다.

3) 진단

비강 구조물에 대한 진찰과 촉진, 안구의 움직임을 주의 깊게 살펴봐야 한다. 비내시경, CT, MRI, PET를 시행할 수 있다. 확진은 조직검사이며 조직 형태는 편평상피암(60%), 선암(10%), 육종, 흑색종과 미분화암 등 다양한 형태를 보인다.

4) 치료와 예후

수술, 방사선치료, 항암화학치료와 같은 호흡기계암의 일반적인 치료법을 따른다. 국내의 비부비동암 5년 상대생존율은 59.5%이다.

5) 위험요인

흡연은 비부비동암의 1군 발암물질이나 다른 호흡기계암에 비해 관련성의 강도는 낮다. 1932년 영국의 니켈 제련소 근로자와 1965년 가구공장 근로자에서 비부비동암 발생이 증가하면서 발암성이 제기되었다. 흡연 외에 이소프로필알코올 생산, 가죽분진, 목재 분진, 니켈 화합물과 라듐 붕괴물질이 1군 발암물질이다. 20세기 초반 미국에서 시계 야광판을 라듐으로 색칠하는 여성 근로자들에서 비부비동암이 증가한 라듐걸 사건이 사회적으로 큰 파장을 일으켰다. 6가 크롬 화합물, 포름알데히드, 목수와 텍스타일 제조는 2A군 발암물질로 분류되어 있다. 가죽공장, 신발공장, 금속 도금, 가구공장과 니켈 및 크롬 정제공장 근로자에서 발생률이 증가한다. 가구공장의 경우 목재의 보존제, 살충제와 태울 때 발생하는 다핵방향족탄화수소의 영향으로 추정되며 목재의 종류에 따라서도 발암성에 차이를 보인다. 목재 분진은 선암과 흡연은 편평상피암과 관련이 있다. 니켈 제련소 근로자의 비부비동암 발생에는 평균 20~30년의 잠복기를 보인다.

6) 예방

금연과 함께 비부비동에 이상 증상이 발생하면 전문과 진료를 받고 위험작업 시에는 적절한 보호구를 착용하고 작업환경측정과 특수건강진단을 주기적으로 실시한다.

2.6 인두 및 비인두암

1) 역학

인두는 구강과 식도 사이의 공간으로 상부에서부터 비인두, 입인두 및 하인두로 분류되는 약 12cm 길이의 기관이다. 2019년 우리나라에서 비인두암이 416명, 입인두암이 132명, 하인두암이 503명 발생하여 합계 1,051명으로 전체 암의 0.4%를 차지하며 여성보다 남성에서 발생률이 모두 높다(비인두 1:3.4, 입인두암 1:5.3, 하인두암 1:15.8). 암의 특성상 비인두암은 입인두 및 하인두암과 임상적으로 차이가 있어 별도로 분류한다.

2) 증상

입인두 및 하인두에 발생하는 경우 목 안쪽의 통증과 이물감, 연하곤란이 발생할 수 있다. 비인두암의 경우 비폐색, 비루, 비출혈, 한쪽 귀가 멍한 증상 및 청력 저하, 뇌신경을 압박하거나 침범하는 경우 관련 뇌신경 증상이 발생할 수 있다. 비인두암은 목의 림프절 및 원격전이가 많이 일어나며 주요 원격전이 부위는 폐, 간, 뼈이다.

3) 진단

병력 청취, 후비경 및 내시경을 통한 이비인후과적 검사와 목 림프절 전이 여부를 확인한다. CT, MRI, PET를 시행할 수 있다. 의심되는 병변의 경우 조직검사를 시행한다. 비인두암은 조직학적으로 대부분 저분화의 편평상피암이다.

4) 치료와 예후

호흡기계암의 일반적인 치료법을 따르나 위치적으로 수술적 제거가 어려워 상대적으로 반응이 좋은 방사선치료를 주로 시행한다. 인두의 구조와 기능상 치료 후 발성과 삼킴에 장애가 발생할 수 있다. 비인두암의 5년 생존율은 약 50%이다.

5) 위험요인

중국 남부와 동남아 지역에서는 비인두암의 발생률이 높은데 중국식 염장 어류의 섭취로 인한 니트로사민에 의한 것으로 판단되며 이 음식문화는 1군 발암물질로 분류되어 있다. 그 외에 흡연, 목분진, 엡스타인 바 바이러스, 포름알데히드가 비인두암의 1군 발암물질이다. 입인두와 하인두의 1군 발암물질로는 흡연, 음주, 빈랑(betel quid), 인유두종 바이러스 16번이 있다. 2A군 발암물질로는 간접흡연, 석면, 인쇄공정 및 아편이 있다. 뜨거운 음식물 섭취와 불결한 위생환경도 관련이 있는 것으로 보인다.

2.7 호흡기계암의 업무관련성

1) 산업재해보상보험법에 따른 직업성 호흡기계암

산업재해보상보험에 따르면 업무수행 과정에서 위험

요인에 노출된 경력이 있고 그 노출량이 질병을 유발할 수 있음이 의학적으로 인정되는 경우 업무상질병으로 본다고 명시되어 있다. 이 법에 따른 직업성 호흡기계암의 인정기준은 [표 15-4]와 같다. 우리나라에서는 업무상질병의 인정에 있어 지정열거방식과 일반정의방식을 모두 수용하는 혼합방식이므로 법령에 기술되지 않았더라도 상당인과관계가 입증되면 된다.

2) 직업성 호흡기계암 사례분석

근로복지공단에 2015년~2018년 4년간 산재요양을 신청한 직업성암 건수는 총 951건이며 그 중 호흡기계암은 총 594건으로 62.5%를 차지한다. 승인율은 중피종(80.7%)이 가장 높았으며, 기관지 및 폐의 악성 신생물(80.5%), 호흡 및 소화기관의 이차성 악성 신생물(76.5%), 비인두의 악성 신생물(50.0%), 후두의 악성 신생물(50.0%) 순이었으며, 호흡기계암의 전체 승인율은 79.8%였다(표 15-5).

2007년 12월부터 2019년 10월까지 직업환경연구원에서 역학조사를 실시하고 업무상질병으로 인정된 폐암 462건을 분석한 결과는 다음과 같다. 남성은 98.1%(453명), 여성은 1.9%(9명)였다. 폐암의 평균 진단 연령은 63.4±9.4세였으며 평균 잠복기는 35.0±10.6년으로 90% 이상이 20년 이상의 잠복기를 가졌다. 조직형으로는 비소세포폐암이 83.3%(선암 42.6%), 소세포폐암이 14.7%, 나머지는 미상이었다. 직종으로는 광업이

표 15-4 산업재해보상보험법 시행령에 따른 직업성 호흡기계암

- 석면에 10년 이상 노출되어 발생한 폐암 또는 후두암으로 흉막반 또는 미만성 가슴막 비후와 동반되거나 조직검사 결과 석면소체 또는 석면섬유가 충분히 발견된 경우
- 석면폐증과 동반된 폐암, 후두암, 악성 중피종
- 직업적으로 석면에 노출된 후 10년 이상 경과하여 발생한 악성 중피종
- 니켈 화합물에 노출되어 발생한 폐암 또는 비부비동암
- 콜타르 찌꺼기(10년 이상 노출된 경우), 라돈-222 또는 그 붕괴물질(지하 등 환기가 잘되지 않는 장소에서 노출된 경우), 카드뮴과 그 화합물, 베릴륨과 그 화합물, 6가 크롬과 그 화합물 및 결정형 유리규산에 노출되어 발생한 폐암
- 검댕에 노출되어 발생한 폐암
- 비소 또는 그 무기화합물에 노출되어 발생한 폐암
- 스프레이나 이와 유사한 형태의 도장 업무에 종사하여 발생한 폐암
- 목재 분진에 노출되어 발생한 비인두암 또는 비부비동암
- 포름알데히드에 노출되어 발생한 비인두암
- 엑스선 또는 감마선 등의 전리방사선에 노출되어 발생한 폐암

표 15-5 직업성 호흡기계암의 업무상질병 요양결정 현황(2015년~2018년)

질병코드 및 질병명		전체		승인		불승인	
		건	(%)	건	(%)	건	(%)
C34	기관지 및 폐의 악성 신생물	534	56.2	430	80.5	104	19.5
C45	중피종	31	3.3	25	80.7	6	19.4
C78	호흡 및 소화기관의 이차성 악성 신생물	17	1.8	13	76.5	4	23.5
C11	비인두의 악성 신생물	6	0.6	3	50.0	3	50.0
C32	후두의 악성 신생물	6	0.6	3	50.0	3	50.0
호흡기계암 전체		594	62.5	474	79.8	120	20.2

출처 : 근로복지공단 근로복지연구원

40.7%로 가장 높았으며, 다음으로는 제조업(37.0%), 서비스업(11.5%), 건설업(8.9%) 순이었다. 광업은 채탄, 채광, 굴진, 암착, 운반, 궤도, 보갱을 수행한 근로자의 비중이 높았으며 서비스업은 지하철과 철도근로자, 환경미화원과 차량정비직의 비중이 높았다. 제조업에서는 용접, 취부, 가우징, 석공 및 석재가공, 도장, 주물, 도금작업 근로자의 비중이 높았다. 단일물질 노출로 추정되는 경우가 34.4%였으며 복합물질 노출로 추정되는 경우가 65.6%였다. 추정된 발암물질은 결정형 유리규산(68.6%), 석면(20.3%), 디젤엔진 배기가스(16.0%), 용접흄(13.2%), 라돈(6.9%), 6가 크롬(4.3%), 도장공(3.7%) 순이었다.

더 읽을거리

김수근, 김원술, 권영준, 정윤경, 박소영. 직업성 암 인정기준 해설 및 업무관련성 평가. 대한의사협회 의료정책연구소. 2016. p.73-252.

ML Fischman, HS Rugo. Occupational cancer. In: Ladou J, Harrison R, editors. Current occupational and environmental medicine. 5th ed. New York: McGrawHill Education; 2014. p.288-96.

제3절 림프조혈기계암

이경은

3.1 정의 및 분류

림프조혈기계암은 전 세계 여성과 남성에서 가장 흔한 상위 5~6위의 암이다. 혈액 및 림프조직의 다양한 세포계열의 클론의 악성변화로부터 발생하며 백혈병, 림프종 및 다발성골수종 등의 이질적이지만 연관된 암 그룹을 포함하는 종양군이다. 각 림프조혈계암은 줄기세포의 어느 단계에서 성장이 억제되느냐와 관련이 있다. 예를 들면, 성장 억제가 원시 조혈모 줄기세포(pluripotent stem cell) 단계에서 일어나면 무형성빈혈(aplastic anemia)이 발생되고, 억제가 이후 단계에서 나타나면 급성거핵구성백혈병(acute megakaryocytic leukemia)을 일으킨다.

림프조혈기계암은 한국표준질병사인분류 6판(KCD6)에 의하면 코드 C81~C96까지의 질환으로 C81 호지킨림프종, C82~C86 림프종, C88 악성면역증식성질환, C90 다발성골수종, C91 림프성백혈병, C92 골수성백혈병, C93 단핵구성백혈병, C94~C95 기타 백혈병, C96 림프, 조혈 및 관련조직의 기타 및 상세불명의 악성 신생물로 분류할 수 있다. 악성 림프조혈기계질환이라 함은 림프조혈기계암에 D46 골수형성이상증후군, D47 림프, 조혈 및 관련조직의 행동양식 불명 및 미상의 기타 신생물 (골수섬유증 등), D61 기타 무형성빈혈을 포함한다. 이 중 비호지킨림프종, 다발성골수종, 백혈병 등의 암과 골수형성이상증후군, 골수섬유화증, 무형성빈혈 등의 악성 림프조혈기계질환은 발암물질 노출에 의한 연관성이 보고되었다.

3.2 역학

1) 우리나라 악성 림프조혈기계질환 발생 현황

2018년 공식 보고된 악성 림프조혈기계암 발생 건수는 14,952건으로 전체 암 243,837건의 6.1%이다. 세부 암 종별로는 비호지킨림프종이 5,216건(34.9%)으로 가장 많았고 다음으로 골수성백혈병 2,425건(16.2%), 다발성골수종 1,719건(11.5%) 순이었다. 골수형성이상증후군과 골수증식성질환이 각각 1,365건(9.1%), 1,548건

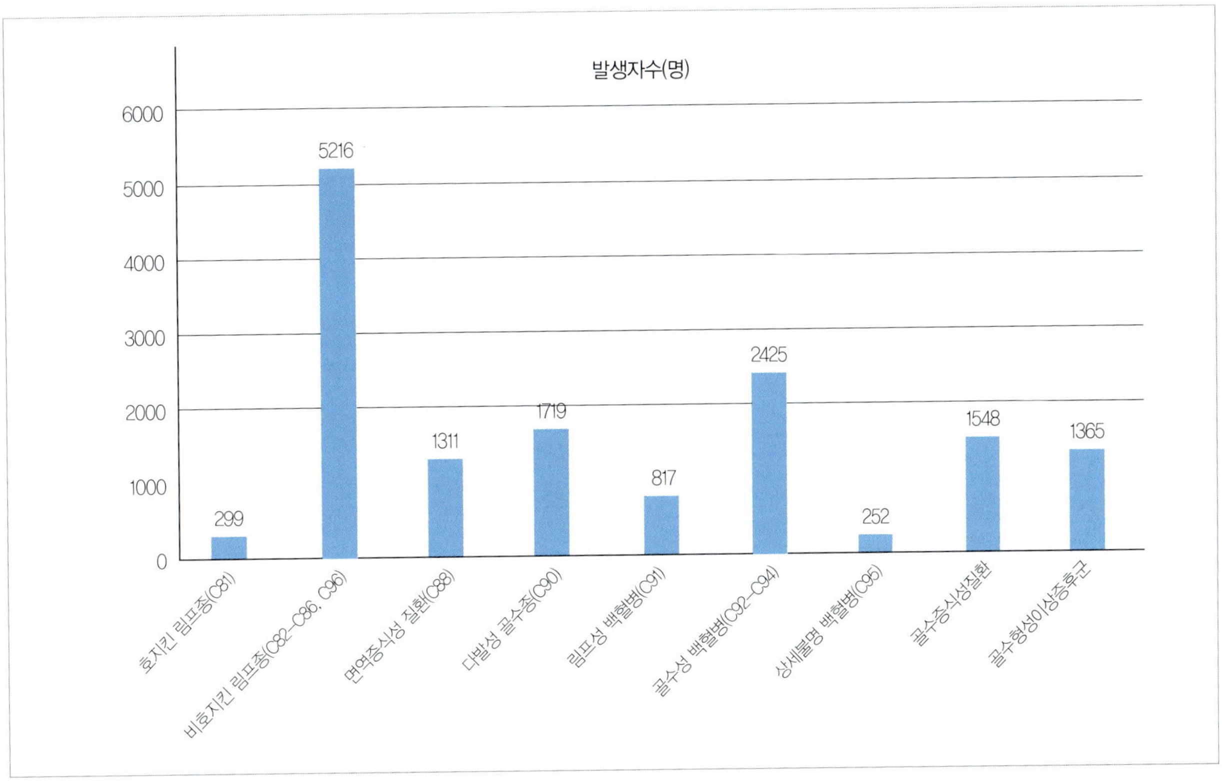

그림 15-1 2018년 악성 림프조혈기계암 발생 건수

출처 : 중앙암등록본부, 2020

(10.3%)으로, 림프성백혈병 817건(5.5%)보다 많이 발생하였다.

2) 업무상 질병으로 승인된 악성 림프조혈기계질환

악성 림프조혈기계질환이 첫 업무상 질병으로 승인된 해는 노동부가 산재보험 사업을 주관하던 1994년으로, 약 6년간 자동차 제조업에서 도장작업을 수행하며 벤젠에 노출된 36세 근로자에게 발생한 급성 골수성 백혈병이 법원의 소송 과정을 통해 승인되었다. 근로복지공단에서 악성 림프조혈기계질환 중에서 업무상 질병으로 처음 승인한 사례는 통신서비스업 정비공에서 벤젠에 노출되어 발생한 만성 골수성 백혈병으로 발생연도는 1995년이었고, 1996년에 승인하였다.

2015년부터 2018년까지 4년간 직업성 림프조혈기계암 신청상병별 요양결정 현황은 [표 15-6]과 같다. 해당 기간 동안 림프조혈기계암의 업무상 질병 신청은 지속적으로 증가하고 있으며, 림프조혈기계암의 업무관련성 인정 사례도 증가되는 경향을 보인다. 상병별 신청 건에서 '골수성백혈병(C92)' 5.1%(48건), '림프성백혈병(C91)' 1.6%(15건), '기타 및 상세불명 유형의 비호지킨림프종(C85)' 1.4%(13건), '비소포성림프종(C83)' 1.2%(11건), '골수형성이상증후군(D46)' 1.1%(10건), '다발성골수종 및 악성 형질세포신생물(C90)' 1.0%(9건), '상세불명 세포형의 백혈병(C95)' 0.8%(8건), '기타 무형성빈혈(D61)' 0.7%(7건) 순 등이었다.

승인율은 '골수형성이상증후군(D46)' 80%(8건)이 가장 높았고, '림프성백혈병(C91)' 60%(9건), '기타 및 상세불명 유형의 비호지킨림프종(C85)' 46.2%(6건), '골수성백혈병(C92)' 43.8%(21건), '기타 무형성빈혈(D61)' 42.9%(3건), '다발성골수종 및 악성 형질세포신생물(C90)' 33.3%(3건), '비소포성림프종(C83)' 27.3%(3건), '상세불명 세포형의 백혈병(C95)' 25.0%(2건) 순

표 15-6 연도별 직업성 림프조혈기계암 요양결정 현황(2015-2018)

	전체		승인		불승인	
	건	(%)	건	(%)	건	(%)
2015	177	(100.0)	83	(46.9)	94	(53.1)
2016	203	(100.0)	113	(55.7)	90	(44.3)
2017	292	(100.0)	178	(61.0)	114	(39.0)
2018	279	(100.0)	205	(73.5)	74	(26.5)
전체	951	(100.0)	578	(60.8)	373	(39.2)

등이었다.

3) 직업성 악성 림프조혈기계질환 발생 현황

전체 림프조혈기계암 중 직업성이 차지하는 분율은 연구결과에 따라 차이가 있다. 직업성암 부담을 처음 추정한 Doll과 Peto는 남성 백혈병의 10%, 여성 백혈병의 5%가 직업성이라고 하였다. 직업성 백혈병의 분율이 미국에서는 전체 암의 0.8~2.8%, 핀란드에서는 남성에서 18%, 여성에서 2%라고 추정한 연구결과가 있다. 세계보건기구와 국제암연구소는 WHO 14개 지역권을 단위로 사망 및 장애보정생존년수(Disability Ajusted Life Years; DALY)를 활용하여 각종 질병에 대한 부담을 측정하였는데, 직업성 백혈병의 분율이 지역에 따라 1%에서 3%이었다. 전 세계적으로 약 7,000 여명이 사망하고 DALYs가 101,000년으로 산출되어 직업성 백혈병은 공중보건학적으로 중요한 질병임을 보여 주었다.

3.3 국제암연구소의 발암요인 분류

국제암연구소의 발암물질 분류에 의하면 림프계, 조혈계 및 관련조직에 암을 일으키는 충분한 근거가 있는 직업성 인자는 화학물질, 방사선 및 동위원소, 작업공정 등으로 대별할 수 있다. 화학물질은 벤젠, 1,3-부타디엔, 포름알데히드 등이고, 방사선 및 동위원소로 인-32, 스트론튬-90을 포함한, 토륨-232 및 그 붕괴물질, 엑스선 및 감마선 등이다. 공정은 고무 제조 산업 공정만이 충분한 근거가 있다. 제한적인 증거를 갖는 물질은 산화에틸렌, 나이트로겐 머스타드, 폴리클로로페놀 및 그 나트륨염, 스티렌, 사염화탄소, 삼염화탄소 및 2,3,7,8-테트라클로로디벤조-파라다이옥신 등이다. 또, 작업 공정에서 도장과 정유공정 이외에 소방관 업무가 제한적 증거를 갖는 인자로 새로이 포함되었으며, 요오드-131을 포함한 요오드동위원소, 라돈-222 및 그 붕괴물질, 극저주파 자기장이 제한적 증거를 갖는 인자로 보고되었다(표 15-7).

3.4 림프조혈기계암의 종류별 특성

1) 백혈병

(1) 급성 골수성 백혈병

급성 골수성 백혈병은 골수성 백혈구의 분화 단계 중 초기 단계에 있는 전구세포(precursor cell) 또는 줄기세포(stem cell)에 암적인 변이가 발생하여 과도한 분열이 일어나고 이것이 골수 내에 축적되어 말초혈액에 골수아세포(myeloblast; 과립 백혈구의 어린 세포 형태이며 이 세포가 성숙하여 골수성 백혈구가 됨)가 나타나게 된다. 각 조직이 침범되고, 정상적인 골수기능의 마비로 심각한 면역기능 저하 및 출혈경향이 나타나며, 치료받지 않는 경우 수개월 이내에 사망하는 급성 질환이다. 비직업적 원인으로 유전, 흡연, 항암제 치료, 바이러스 감염 등이 위험도를 증가시킨다는 보고가 있다.

표 15-7 국제암연구소의 인간 대상 림프조혈기계 및 관련조직 암유발인자 분류 목록

분류		발암물질	충분한 근거	제한적 근거
화학적 인자	1	벤젠	급성비림프구성백혈병(급성골수성)	백혈병(어린이급성골수성, 만성골수성/림프구성), 비호지킨림프종, 다발성골수종
		1,3-부타디엔	백혈병, 림프종, 다발성골수종	
		포름알데히드	급성비림프구성백혈병(급성 및 만성 골수성)	
		산화에틸렌		만성 림프구성 백혈병, 비호지킨림프종, 다발성골수종
		2,3,7,8-테트라클로로디벤조-파라다이옥신	림프상피종성암종	비호지킨림프종
		트리클로로에틸렌		비호지킨림프종
	2A	나이트로겐 머스타드		백혈병
		폴리클로로페놀 사염화탄소		비호지킨림프종
		스티렌		백혈병, 림프종, 다발성골수종
공정 또는 직종	1	고무제조산업	백혈병, 림프종	
		도장		모성노출: 어린이 백혈병
	2A	정유		백혈병
	2B	소방관		비호지킨림프종
방사선	1	토륨-232	성인 T세포 백혈병/림프종, 백혈병(급성 림프구성/비림프구성, 급성 및 만성 골수성)	
		인-32	백혈병(급성 림프구성/비림프구성, 급성골수성)	
		스트론튬-90	백혈병	
		엑스선 및 감마선	백혈병(급성 및 만성 골수성, 급성 림프구성/비림프구성), 성인 T세포 백혈병/림프종	비호지킨림프종, 다발성골수종
		라돈-222, 요오드-131을 포함한 방사성물질		어린이백혈병, 백혈병
	2B	극저주파 자기장		어린이 백혈병

(2) 급성 림프구성 백혈병

주로 림프계세포에서 발생하며 전체 급성백혈병환자 중 급성 골수성 백혈병이 급성 림프구성 백혈병보다 훨씬 많다. 일반적으로 60세 이후에 약간 증가하기도 하지만 2~9세에 최고 발생률을 보이며 주로 20대 이전에 발생하는 질환이다. 백혈병 중 염색체 이상으로 특징지어지는 선천성질환과 가장 밀접한 관련을 갖고 있다. 그러나 급성 림프구성 백혈병이 다운(Down's), 판코니(Fanconi's), 블룸즈(Bloom's) 및 클라인펠터 증후군(Klinefelter's syndrome) 환자의 대다수에서 발생하지는 않기 때문에 발생에 있어 환경적 영향 부분이 여전히 강력히 제기되고 있다. 성인의 급성 림프구성 백혈병의 발생원인은 전리방사선과 벤젠노출을 제외하고는 확실하지 않다. 농약을 포함한 유해화학물질 노출과 흡연 등의 환경적 요인이 성인에서 급성 림프구성 백혈병의 위험도를 증가시킨다고 보고되고 있다.

(3) 만성 골수성 백혈병

과립구와 호중구의 극심한 증가가 특징이며 심한 비장종대와 백혈구 증가를 동반하는 질환이다. 환자의 90% 이상에서 Philadelphia chromosome; ph (ph로 인해 염색체내의 bcr, abl 유전자가 결합하여 bcr/abl을 형성하여 발암성을 나타낸다)가 발견된다. 대개 진단시에 만성기에 있으며 진단 후 처음 2년간은 가속기(accelerated phase) 또는 모구세포성 발증기(blastic phase)로 전환하는 확률이 연간 10%로 높지 않으나, 이후에는 증가하여 골수이식과 같은 치료를 받지 않는 한 연간 15-20%의 빈도로 전환한다. 직업과 관련한 위험인자는 전리방사선은 만성 골수성 백혈병과 분명히 관련 있는 것으로 보고되고 있으며, 벤젠은 관련 있으나 급성 골수성 백혈병 보다는 덜 명확히 관련된 것으로 알려지고 있다.

(4) 만성 림프구성 백혈병

단클론 림프구 증식질환으로 95% 이상에서 면역표현형이 B세포이다. 이 악성 림프구는 골수, 림프절, 간, 비장에 주로 축적되고 때로는 다른 장기에도 축적된다. 한국, 일본, 중국 등 동북아시아에서는 드물게 발생하나 서양에서는 가장 흔한 백혈병이다. 30세 이전에는 드물며 60세 이상에서는 호발하고 나이가 많아질수록 증가한다. 이 질병의 후기는 성숙형 림프구로 보이는 림프구가 말초혈액에 증가하는 것으로 실제로 비호지킨림프종(well-differentiated NHL)의 변종이다. 일반적으로 예후가 좋고 때로 치료를 필요로 하지 않는다.

(5) 백혈병과 직업적 발암요인

역학적 연구에서 네 종의 백혈병을 분류하여 분석한 것은 많지 않은데, 성인에서 급성 골수성 백혈병을 제외하고는 그 발생률이 높지 않기 때문으로 파악된다. 발암인자도 백혈병 종류별로 분류하여 제시된 것은 많지 않다. 따라서 국제암연구소에서 급성 골수성 백혈병의 충분한 근거가 있는 직업성 발암인자로 정확하게 분류한 것은 벤젠뿐이고, 포름알데히드는 골수성이 강조되고 있고, 1,3-부타디엔, 고무생산, 토륨-232, 인-32, 스트론튬-90, 엑스선 및 감마선 등을 포괄적으로 백혈병을 일으키는 충분한 근거가 있는 인자로 분류하였다. 또, 백혈병을 일으키는 제한적 근거가 있는 인자는 나이트로겐 머스타드, 스티렌, 극저주파자기장(어린이 백혈병), 라돈-222와 임신중 도장작업(어린이 백혈병) 및 정유작업 등이다. 백혈병과 관련 있는 직업적 발암요인은 다음과 같다.

① 벤젠

벤젠의 대사산물인 벤조퀴논과 뮤콘알데히드 등은 조혈모세포 뿐 아니라 각 혈구의 조상세포의 자가 재생 및 분화 과정에 영향을 주어 골수부전을 일으킬 수도 있고 백혈병의 원인이 되는 백혈병모세포(leukemic stem cell)를 발생시킬 수도 있다. 혈구 분화의 여러 단계에서 발생되는 벤젠 대사산물의 독성으로 인해 백혈병모세포가 발생하고 백혈병모세포의 비정상 자가증식 및 분화를 통해 각종 백혈병이 발생된다. 따라서 벤젠이 조혈모세포에서 기원한 모든 림프조혈기계암을 일으킬 수 있다는 것은 생물학적 인과성(biological plausibility)이 있다. 즉, 발암기전을 고려할 때 벤젠은 모든 악성 림프조혈기계질환을 일으키는 것이 가능하다.

국제암연구소는 벤젠은 사람에서 급성 비림프구성 백혈병을 일으키는 충분한 증거가 있고, 급성 및 만성 림프구성/골수성 백혈병, 다발성골수종 및 비호지킨 림프종에 대해서는 제한적 증거가 있다고 하였다. 다수의 코호트 연구에서 급성 골수성 백혈병을 제외하고는 벤젠 노출에 의해 발생위험이 유의하게 증가된다는 것을 보이지 못하였는데, 급성 골수성 백혈병에 비해 사례수가 적은 것에 영향을 받는 것으로 보인다. 벤젠 관련 최근 연구동향 중 주목할 만한 것은 누적 노출량과 잠재기간에 관한 것이다. 과거에 근로자들이 고농도의 벤젠에 노출되던 시기의 연구에서는 누적노출량

40ppm-year 이상에서 림프조혈기계암(특히 백혈병)이 증가하는 것으로 분석되었다. 그러나 1990년 이후 이루어진 많은 연구에서 이보다 훨씬 낮은 농도의 벤젠 노출에서도 림프조혈기계암이 발생하는 것으로 밝혀지고 있다. 중국에서 수행된 대규모 코호트 연구결과 누적노출량 10ppm-year 미만 노출자에서도 골수이형성증후군을 포함한 비림프구성백혈병의 발생 및 사망위험도가 3배 이상 높다고 하였다. 호주 석유화학 종사 근로자 코호트에서 수행한 코호트 내 환자-대조군 연구에서는 누적노출량 1ppm-year 미만 근로자에 대하여 2ppm 이상에서 유의미한 증가를 보였다. 또, 0.8ppm 이상의 최대 노출이 있었던 경우 백혈병 위험이 증가하였고, 벤젠 비노출집단에 비하여 노출집단의 백혈병 발생이 유의하게 높았다. 최근의 연구에서는 과거보다 저농도의 벤젠 노출에 의해 백혈병 위험이 증가하는 결과를 보이고 있다.

② 전리방사선

만성 림프구성 백혈병을 제외하고 모든 백혈병이 X선 및 γ-선 노출에 의해 증가하는 것으로 밝혀져 있다. 백혈병 발생위험의 증가 정도는 방사선 피폭량, 피폭기간, 피폭시의 환경조건, 나이 및 성별 등에 따라 다르다. 피폭 후 발병까지 잠재기간은 대략 피폭 후 5-10년 후에 발병위험도가 가장 높고, 25년이 경과하면 위험도는 피폭 이전 수준이 되는 것으로 알려져 있다. 캐나다, 영국 그리고 미국에 있는 9만 5천여 명의 핵산업 종사자들을 대상으로 한 암사망 코호트 연구에서 만성 림프구성 백혈병을 제외한 백혈병의 위험도는 외부 피폭선량과 통계적으로 유의한 관련성을 보였고, 백혈병에 대한 추가 상대 위험도 추정치는 1Sv당 2.2이었다. 1993년부터 WHO/IARC에서 주도하고 있는 '원자력 산업 종사자 암 발생위험도 평가' 국제 공동연구는 저선량 방사선의 장기간 폭로의 인체 영향을 정확하게 추정하고 방사선 폭로의 환경기준과 직업적 폭로기준의 적절성을 평가하는 것을 주된 목적으로 한 후향성 코호트 형태의 역학연구이다. 2001년까지 우리나라를 비롯하여 15개 참여국가로부터 자료를 모아 약 40만건의 자료를 분석하였다. 분석결과 만성 림프구성 백혈병을 제외한 백혈병의 상대위험도 추정치는 1Sv당 1.93이었다.

근로자들의 저선량 방사선 피폭과 백혈병 위험 증가와 관련해서는 과거에는 부정적 결과가 많았으나 비교적 피폭량이 낮은 영상의학과 의사 및 기사, 항공 기장 및 승무원 등에서 백혈병이 증가한다는 연구결과도 보고되고 있다. 원전근로자에 대한 연구결과 1~5rem에 피폭된 원전근로자에서 1rem 이하에 피폭된 원전근로자에 비해 백혈병 위험도가 1.5배가 된다고 하였다. 또, 핵시설 근로자를 대상으로 한 연구에서 10mSv 누적피폭선량에서도 백혈병 사망이 증가한다고 하였다.

③ 1,3-부타디엔

1,3-부타디엔은 주로 합성고무 및 복합체(polymer) 생산에 사용된다. 미국과 캐나다의 8개 스티렌-부타디엔 고무 공장 근로자 약 1만 7천여 명을 대상으로 한 역학적 연구에서 고농도 노출자, 특히 1950년대 이전 고용자 또는 10년 이상 작업자에서 골수성백혈병과 만성 림프구성 백혈병이 증가하였다. 또, 고농도 누적 노출 근로자 및 고농도 노출자에서 백혈병이 증가하였다. 부타디엔 단량체 생산 공정 근로자에서는 백혈병 이외에 비호지킨림프종이 증가하였다. 기전적 자료도 이를 뒷받침하는데 부타디엔은 epoxide로 대사되고, 이것은 사람과 설치류에서 DNA adduct를 형성하고, 생쥐에서 미소핵, 사람 림프구에서 미소핵 및 염색체 변이를 일으킨다. 따라서 1,3-부타디엔을 Group 1 로 분류하였다.

④ 포름알데히드

방부처리 근로자, 장례를 위한 시체처리 근로자, 해부학자 및 병리학자 등 포름알데히드에 노출되는 전문직 근로자를 대상으로 한 7개의 연구 중 6개에서 백혈병의 초과사망이 관찰되었다. 또 메타분석에서도 방부처리 근로자, 해부학자 및 병리학자의 백혈병 상대위험도가 증가되어 있었고, 골수성백혈병이 많았다. 백혈병 초과위험이 산업체 노출 근로자들에서는 관찰되지 않았지만, 포름알데히드에 노출된 약 2만6천여 명 근로자 코호트 연구에서 포름알데히드의 최고노출량, 평균 노출량 및 노출기간이 백혈병의 발생과 관련 있고, 특히 최고 노출량이 강력하게 관련 있음이 밝혀졌다. 노출 근로자에서 골수전구세포(myeloid progenitor cell)의 염색체 변이가 증가하고 말초혈액의 혈액학적 변화가 관찰되어, 국제암연구소는 포름알데히드가 백혈병, 특히 골수성백혈병 발병위험을 증가시키는 충분한 증거가 있다고 하였다.

⑤ 고무생산업

고무생산은 1982년 이후 국제암연구소에서 Group 1로 분류되었고, 표적장기 중 백혈병은 벤젠이 함유된 유기용제 노출에 의해 발생하는 것으로 판단하고 있다. 고무제조업과 암의 메타분석 결과 백혈병 위험이 1.2배 높은 것으로 분석되었다. 미국에서 합성고무 제조근로자 약 1만8천여 명을 대상으로 조사한 결과, 20~29세에 10년 이상 근무한 근로자 및 기계운전원의 백혈병 사망위험이 더 높았다. 국제암연구소 보고서에서 제시한 유기용제 노출 외에도 고무제조업 자체로 백혈병의 위험이 강조되고 있고, 그 원인은 고무 원재료 자체에 함유된 화학물질까지 검토되고 있는 상황이다. 과거에도 미국 고무 제조 노조와 타이어 회사의 공동연구들에 의하면 공정과 원료에 관계없이 타이어 제조자에서의 백혈병 증가가 확인되었다.

⑥ 산화에틸렌

산화에틸렌은 1900년대 초반부터 생산되었고, 에틸렌글리콜, 글리콜에테르, 비이온계면활성제 및 기타 산업용화학물질 생산의 중간체로 사용되어 왔다. 산화에틸렌의 경우 사람에서의 역학적 증거는 제한적이지만, 동물에서 발암성이 충분하고 체외시험 및 동물실험에서 유전자 독성 및 변이원성의 증거가 충분하고, 노출 근로자에서 림프구에 대한 세포유전 효과(cytogenetic effects)가 관찰되어 Group 1로 분류되었다. 사람의 노출은 대부분 의료기기를 소독하는 데서 일어나지만 화학물질 생산 중에도 노출된다. 소독제로 산화에틸렌을 사용하는 미국 14개 사업장 약 18,000여 명 근로자를 대상으로 한 역학연구에서 비호지킨림프종 또는 다발성골수종의 증가는 없었지만, 남성을 대상으로 한 코호트내 분석에서 누적노출량이 증가함에 따라 림프계종양(비호지킨림프종, 다발성골수종 및 만성 림프구성 백혈병)이 증가하였다. 이 연구를 제외한 다른 코호트 연구에서는 중간정도의 위험증가가 보고되기도 했지만, 일관되지 않았다.

⑦ 전자기장

직업적으로 노출된 전자기장의 영향과 관련 있을 것으로 보고된 최초의 종양은 백혈병으로, 자기장에 노출된 직업군을 고려하여 폭로정도를 판단하였다. 몇몇 연구에서 전기, 전자 및 통신 직업과 햄 라디오 조작자 등에서 급성 및 만성, 골수성 및 림프구성 백혈병 4가지가 모두 증가하는 것으로 분석되었지만 그렇지 못한 경우도 많았다. 1998년 미국 국립환경보건연구원은 극저주파 전자기장의 건강영향 평가에 대하여 전력선 주위의 전기장과 자기장을 인체에 발암가능성이 있는 인자로 보고하였는데, 전력선 주변에 거주하는 소아 백혈병 및 직업적으로 노출된 성인의 만성 림프구성 백혈병에 대한 역학적 연구결과를 근거로 한 것이었다. 정리하면 전자기장 노출이 암을 일으키는가에 대해서는 여전히 많은 논쟁이 있지만 노출과 관련된 가장 강하고 일관된 건강영향은 어린이 백혈병이다. 따라서 국제암연구소는 극저주파의 자장을 그룹 2B로 분류하고 나머지 극저주파 전장, 정기 전장 및 자장을 모두 그룹 3으로 분류하고 있다.

⑧ 도장작업

도장작업자는 안료, 확장제, 결합제, 용제 및 첨가제 등 다양한 화학물질과 결정형 유리규산 및 석면 등에도 노출될 수 있다. 도장공에서 림프조혈기계암 발생에 대해서는 일관된 결과를 보이지 않지만, 5건의 환자-대조군 연구 중 4건에서 어머니가 도장작업에 노출된 경우 어린이에서 백혈병이 유의하게 증가하였다. 특히 임신 전이나 임신 중 노출이 임신 후 노출보다 백혈병 위험이 더 컸고, 2건의 연구에서는 노출이 증가함에 따라 발병 위험도가 증가하는 증거를 보여주었다. 결론적으로 도장공 어머니가 임신 전이나 임신 중 도장작업을 한 경우 태어난 어린이에서 백혈병이 증가한다는 제한적 증거가 있다.

2) 비호지킨림프종

악성 림프종은 크게 호지킨림프종(Hodgkin's lymphoma)과 비호지킨림프종(non-Hodgkin's lymphoma)으로 구별된다. 우리나라 중앙암등록본부 발표 자료에 의하면 1999년 이후 악성 림프종의 발생은 해마다 증가하여, 2018년 한해에 비호지킨림프종으로 진단된 환자는 3,001명, 호지킨림프종으로 진단된 환자는 181명이었다. 비호지킨림프종은 2018년 기준으로 5년암 유병 현황에서 16,155명으로 10번째로 흔한 종양이다.

비호지킨림프종은 림프구, 대식구 및 이들의 전구체나 유도세포 증식과 관련있는 단클론성 종양이다. B 및 T세포가 혼합되어 있기도 하지만 B-세포 계열이 많고 T-세포형은 특히 악성이 많다. 전 세계적으로 특히 노년층에서 점차 증가하는 추세에 있는데 여자보다 남자에서 조금 더 많이 발생한다.

미국에서의 가파른 발생률 상승과 남성이 여성에 비하여 약 50% 더 많이 발생하는 점 등을 들어 원인인자로 직업 및 화학적 유해인자 노출이 관여한다는 논란을 일으켜 왔으나 충분한 설명은 어렵다. 아프리카 적도지방에서 호발하는 버킷림프종을 제외하고 림프종은 백인에서 발생률이 더 높으며 사회경제적 수준이 높을수록 발

표 15-8 국제암연구소의 인간 대상 림프종 유발인자 분류 목록

발생 부위		충분한 근거	제한적 근거
림프종, 전체		1,3-부타디엔, 고무생산, 토륨-232, 전리방사선	스티렌
호지킨림프종		엡스타인-바 바이러스 1형 인간면역결핍바이러스	
원발성 삼출성 림프종		카포시육종	
비호지킨림프종	면역억제 관련 림프종	엡스디인-바 바이러스	
	버킷림프종	엡스타이-바 바이러스	말라리아 (전체 풍토병 지역에서 Plasmodium falciparum 감염으로 인해 발생)
	림프절 외 NK/T세포 림프종 (비강형)	엡스타인-바 바이러스	
	저분화 B 세포 점막 관련 림프 조직(MALT) 위 림프종	H.pylori 감염	
	비호지킨림프종 모든 유형	아자티오프린 사이클로스포린 C형 간염 바이러스(만성 감염) 인간 면역 결핍 바이러스 1형(감염) 린다인 펜타클로로페놀	벤젠, 산화에틸렌, 2,3,7,8-TCDD, 트리클로로에틸렌, 엑스선 및 감마선, 폴리염화 바이페닐, 폴리클로로페놀, 사염화탄소, 테트라클로로에틸렌, DDT, 말라티온, 글리포세이트, 디클로로메탄, B형간염 바이러스 소방관(firefighter)

생률이 높다. 사회경제적 상태이외에 알려진 위험인자는 디란틴(dilantin) 치료와 면역억제이다. 면역억제는 일차적인 유전적 결함 및 약물치료(이식거부 예방치료), 감염에 의한 억제(HIV, HTLVs), 자가면역질환(전신성 홍반성낭창, 류마티스관절염) 또는 방사선치료로 인하여 이차적으로 온다. 최근 국제암연구소는 비호지킨림프종과 관련하여 C형간염 바이러스를 충분한 증거가 있는 발암원인으로 B형간염 바이러스를 제한적 증거가 있는 발암원인으로 구분하였다.

국제암연구소에서 림프종을 일으키는 충분한 근거가 있다고 한 직업적 발암요인은 1,3-부타디엔, 고무생산, 토륨-232, 전리방사선이고, 제한적 근거가 있는 발암요인으로 지정한 것은 Group 2A의 스티렌이다. 비호지킨림프종을 일으키는 충분한 근거가 있는 발암요인으로 Group 1의 lindane, 펜타클로로페놀 등이 있으며, 림프종 하위 유형별로 [표 15-8]과 같이 관련 발암인자를 제시하고 있다.

이외에 농업 종사자, 목재 취급자, 합성고무산업 종사자, 육류 및 금속산업 종사자, 수의사 및 석면노출 근로자에서 위험도가 높다고 알려져 있다. 폴리염화바이페닐, 벤젠과 비호지킨림프종간의 관련성은 백혈병에 비해 상대적으로 잘 알려져 있지 않으나 백혈병, 다발성골수종, 비호지킨림프종 모두 골수의 줄기세포가 림프구나 형질세포로 분화하는 과정에서 비정상적으로 특정 세포가 증식하는 질환이라는 점을 감안할 때 벤젠과 비호지킨림프종간의 관련성도 생물학적으로 타당하다. 그러나 많은 역학적 연구에서 벤젠노출에 따른 비호지킨림프종의 위험 증가는 관찰되지 않았다. 그러나 일부연구에서는 유의한 증가가 관찰되었다.

3) 다발성골수종

다발성골수종은 B 림프구의 성숙형태인 형질세포가 증식하는 혈액암이다. 미국에서 매년 새로이 발생하는 암의 1%이고, 혈액종양 중에서는 10%를 약간 상회한다. 40세 미만에서 발생하는 경우는 2% 미만이고 최고치는 70~80세이다. 미국 및 선진국에서 최근 40년 동안 현저히 증가하였는데 몇몇 연구자들은 진단적 오류에 의한 증가라고 주장하기도 하지만 환경적, 직업적 노출과의 관련성에도 기인한다고 보고 있다.

국제암연구소에서 다발성골수종을 일으키는 충분한 근거가 있다고 한 발암요인은 1,3-부타디엔과 펜타클로로페놀이고, 제한적 근거가 있는 발암요인으로 지정한 것은 벤젠, 산화에틸렌, 스티렌, 1,1,1-트리클로로에탄과 엑스선 및 감마선이다. 대부분의 역학적 연구에서 벤젠과 다발성골수종 간의 관련성을 보여주지 못했다. Pliofilm 코호트에서 다발성골수종에 대해 통계적으로 유의한 결과를 보고한 적이 있지만, 2002년 후속연구에서는 유의하지 않았다. 반면, Kirkeleit 등은 노르웨이 연안의 석유산업 근로자들을 대상으로 일반 근로자집단과 비교한 연구에서 석유산출과정(upstream)에 관여하여 원유에 노출되는 근로자들의 다발성골수종 발병위험도가 2.8로 유의하게 증가함을 보였다. Infante는 7개의 잘 정의된 벤젠 코호트 자료에 대한 메타분석에서 다발성골수종에 대한 발병위험도가 2.1로 유의하게 증가함을 보고하였다. 벤젠 이외의 다른 인자로는 1989년에 미국의 암등록 자료와 중국의 예방의학회가 공동으로 실시한 대규모의 환자-대조군 연구에서는 농부와 방사선 노출 경험이 다발성골수종의 위험을 증가시켰다고 보고하였다. 또, 방사선 노출과 관련해서 원폭 생존자와 핵실험 참가자, 방사선 치료를 받은 환자 등 방사선 피폭량이 비교적 높은 집단에서 다발성골수종 발생위험이 보고된 바 있는데, 치료적 방사선 시술의 경우 다발성골수종 위험을 발견하지 못하였다는 연구가 대부분이다.

4) 골수형성이상증후군

골수형성이상증후군은 골수에서 조혈작용이 효과적으로 이루어지지 않아 범혈구감소증과 망상적혈구 수의 감소가 특징적으로 나타나는 질환이다. 환자 중 25~40%는 급성백혈병으로 발전하고, 그 중에서도 급성 골수성백혈병으로 진행하는 것으로 알려져 있다. 예후가 불량하며 때로는 명백한 급성백혈병으로 진전되지 않고 골수장해로 인해 사망하는 경우도 있다. 서구 선진국의 경우 연간 100,000명당 1~10명의 발생률을 보이지만 최근에는 발생률이 상승하고 있는데 진단율의 향상과, 방사선이나 화학요법 치료의 증가 및 화학물질 노출 증가 등이 그 원인으로 지적되고 있다.

원인은 잘 알려져 있지 않으나 다운증후군, 폰 레클링하우젠 병(von Recklinghausen's disease), 판코니 빈혈(Fanconi's anemia) 등 유전질환에서 발생률이 증가하는 것으로 알려져 있으며, 일본인 원폭 생존자와 유방암이나 림프종 치료로 고용량 방사선 치료를 받은 환자에서 발생률이 증가하는 것으로 알려져 있다. 특히 원폭 생존자 연구에서는 20~25배의 발생률 상승이 나타났다. 또한 장기간의 벤젠 노출이나 항암화학요법 치료제를 사용한 경우에도 발생률이 증가하고, 무형성빈혈로 면역억제 치료를 받은 환자의 30~60%에서 수 년 후에 골수형성이상증후군이 발생할 수 있는 것으로 알려져 있다.

벤젠이 잘 알려진 위험인자로 Schnatter 등은 호주, 캐나다, 영국의 석유산업근로자들의 코호트를 분석한 결과, 저농도 벤젠 노출에서 골수형성이상증후군의 발생위험이 유의하게 증가하는 것을 보고하였는데, 누적노출이 2.93ppm · 년 초과 그룹이 0.35ppm · 년 이하인 그룹에 비해 비차비가 4.33, 최고노출이 3ppm을 초과한 집단이 그렇지 않은 집단에 비해 비차비가 6.32로 유의하게 높았다. 그러나 다른 림프조혈기계암종인 급만성 골수성 백혈병, 만성 림프구성 백혈병 및 골수증식이상(myeloproliferative disorders) 등은 유의한 연관성을 보이지 않았다.

더 읽을거리

대한직업환경의학회. 직업성 암 진단 및 판정을 위한 유해물질 노출수준에 관한 연구: In 벤젠. 2013.

IARC (2002) IARC Monographs on the Evaluation of Carcinogenic Risks to Humans, Vol. 80, Non-ionizing radiation, Part1: Static and extremly low-frequency(ELF) electric and magnetic fields, Lyon, IARC

Rosenstock L et al. Textbook of clinical occupational and environmental medicine: Chapter 30, Cancer, 2nd. Elsevier Inc. Philadelphia. 2005.

제4절 신장 및 방광암

이상길

4.1 신장암

신장암이란 신장에 생긴 암으로 정의되므로, 신장암은 신장에서 발생한 원발성암 뿐만 아니라 타 장기에서 신장으로 전이한 암을 모두 포함한다. 신장에서 발생한 종양의 대부분은 원발성 종양이며, 그 중에서 90% 이상은 신세포암으로, 일반적으로 신장암은 신실질에서 발생하는 신세포암을 의미한다. 신세포암의 조직학적 분류는 매우 다양하며, 각각 그 유전적 돌연변이와 임상적인 양상 등에서 차이를 보인다. 조직형이 혼재되어 있는 경우에는 가장 우세한 조직형태로 분류하며 부가적으로 혼재하는 조직형태를 기록한다.

1) 역학

중앙암등록본부 자료에 의하면 2018년 신장암 발생건수는 남녀를 합쳐서 5,456건으로 전체 암 발생의 2.2%로 10위를 차지하였다. 인구 10만 명당 조발생률은 10.6건이다. 발생 남녀의 성비는 2.3 : 1로 남자에게 더 많이 발생했다. 발생 건수는 남자가 3,806건으로 남성의 암 중에서 9위를 차지했고, 여자는 1,650건으로 남성의 암 중에서 13위를 차지하였다. 남녀를 합쳐서 연령대별로 보면 60대가 26.6%로 가장 많았고, 50대가 24.1%, 70대가 19.4%의 순이었다. 조직학적으로는 2018년의 신장암 전체 발생 건수 5,456건 가운데 암종(carcinoma)이 91.9%를 차지하였다. 암종 중에서는 신세포암이 4,932건(90.4%)으로 가장 많았고, 그 다음으로 편평이행세포암이 29건(0.5%)을 차지하였다.

2) 위험요인

신장암의 일반적인 위험인자로는 흡연, 비만, 고혈압 등이 있으며, 다낭종신 같은 신기형이나 신결석, 장기간의 혈액투석 같은 기존 질병이 위험인자로 알려져 있다. 또한 폰 히펠 린다우 증후군(von Hippel-Lindau disease)과 관련된 신세포암 등 몇몇 가족성 신세포암이 발견되어 유전적 요인도 관여하는 것으로 알려져 있다. 최근에는 종양억제 유전자 등의 유전자 이상 및 염색체 이상, 특정 종양유전자 및 성장인자의 발현 등이 신장암의 발생과 관련이 있을 것으로 추정되어 활발한 연구가 이루어지고 있다.

국제암연구소의 발암인자 분류에 의하면 신장암을 일으키는 충분한 근거가 있는 발암인자는 흡연, 트리클로로에틸렌, 전리방사선(엑스선 및 감마선)이 있다. 제한적인 근거를 갖는 발암인자에는 비소 및 비소 무기화합물, 카드뮴 및 카드뮴 화합물, 퍼플루오로옥탄산염, 인쇄작업, 용접 흄을 포함한다(표 15-9). 현재 직업적인 위험요인이 신장세포암의 특정 아형의 위험을 증가시킨다는 근거는 부족하다.

신장 발병과 관련하여 직업적인 발암요인으로 가장 잘 알려진 물질은 트리클로로에틸렌이다. 트리클로로에틸렌은 염화용제로서 1920년부터 상업적으로 생산되었다. 트리클로로에틸렌은 이전에는 마취제, 드라이클리닝 얼룩제거제, 페인트의 구성성분, 접착제, 클리너로 사용되었고, 최근에는 금속부품의 탈지와 염화물질을 생산의 공급원료로 생산된다. 국내에서도 트리클로로에틸렌은 도금, 세척, 탈지 공정을 중심으로 다양한 제조업에서 광범위하게 사용되었다. [표 15-10]은 1990년대에 국내 자동차제조업 연마작업자에서의 TCE노출과 신장암 사례이다.

3) 예방

미국 산업안전보건청의 트리클로로에틸렌 노출 기준은 시간가중평균노출기준(Time-weighted average, TWA) 100ppm, 단시간 노출기준(Short-Term Exposure

표 15-9 국제암연구소의 인간 대상 신장암 유발인자 분류 목록

충분한 근거	제한적 근거
흡연 트리클로로에틸렌 엑스선, 감마선	비소 및 비소 무기화합물 카드뮴 및 카드뮴 화합물 퍼플루오로옥탄산염 인쇄작업 용접 흄

표 15-10 트리클로로에틸렌 노출과 신장암 사례

근로자는 자동차제조업 사업장에 1988년 입사하여 1998년까지 단조된 부품을 연마하는 작업을 수행하였던 근로자는 2003년에 건강검진 상에서 좌측 신장에 낭종이 발견되어 경과 관찰하던 중 2011년에 낭종의 크기가 변화하는 소견이 관찰되어 추가 검사를 통해 신세포암을 확진 받았다.
근로자의 직무는 단조되어 나온 크랭크샤프트의 표면을 선반에서 연마하는 공정으로 크랭크샤프트를 선반에 올려놓고 정해진 공정에 따라 다량의 절삭유와 함께 연마를 하는 작업이었다. 역학조사 당시 자동화된 작업이었으나 연마가공 후 세척액에 제품을 담갔다가 빼서 세척하는 작업을 특별한 보호 장비 없이 근로자는 수동으로 시행하였다.
이에 대하여 역학조사평가위원회에서는 과거작업환경측정 자료와 근로자의 작업 행태 및 경력을 감안할 때 트리클로로에틸렌에 상당량 노출되었을 것으로 추정하여 신장암 발병의 업무관련성에 대한 과학적 근거가 상당하다고 결론을 내었다.

Limit, STEL) 200ppm으로 규정하고 있으며, 다른 선진국들은 8시간 TWA는 보통 10~50ppm, STEL은 20~100ppm으로 규정하고 있다. 우리나라의 경우 '화학물질 및 물리적 인자의 노출기준'에 따르면 8시간 TWA는 10ppm, STEL은 25ppm으로 규정한다. 트리클로로에틸렌은 호흡기와 피부 흡수를 통해 노출된다. 트리클로로에틸렌의 건강영향을 예방하기 위해서는 안전한 대체 물질을 사용하는 것이 가장 효율적이며, 트리클로로에틸렌을 사용하더라도 호흡기와 피부보호구가 필요하다.

건강검진이 활성화되면서 최근에는 조기에 진단되는 신장암이 증가하고 있으나, 많은 경우에 이미 다른 장기로 전이된 상태에서 발견되고, 국소 신장암으로 근치적 신적출술을 시행한 경우에도 병기에 따라서 20~30%에서 재발하는 것으로 알려져 있다. 이렇게 전이되거나 재발한 신장암은 치료가 매우 어려우므로 조기진단 및 예방이 가장 중요하다. 현재 발견되는 신장암의 반 이상은 검진이나 다른 검사 중에 우연히 발견된 암으로, 이러한 경우는 대부분 크기도 작고 병기도 낮아 예후도 좋은 편이다. 그러므로 신세포암의 조기진단을 위해서는 40대 이후에 건강검진 시에 복부 초음파촬영 등의 영상진단법을 적극적으로 도입하고, 신장암 발생과 관련이 있는 장기간의 투석 등의 기존 질환이 있는 환자나 유전적 요인의 폰-히펠린다우 증후군 등의 가족력이 있는 사람은 규칙적인 검진이 필요하다.

4.2 방광암

방광암은 대부분 방광의 상피세포에서 발생한다. 방광의 상피종양에는 세 종류가 있으며 서로 다른 세포 형태를 가지고 있다. 이 중 방광암의 약 90%가 이행상피세포암에 해당하고 나머지는 편평상피세포암(6~8%) 또는 선암(2%)이다. 그 외 방광의 근육에서 유래한 육종, 신경 세포에서 유래한 소세포 암종, 악성 림프종 그리고 타 장기의 암이 방광으로 전이된 방광의 전이성암 등이 있다.

대부분의 직업과 연관된 요로계 종양은 신장의 농축기능으로 인해 고농도의 유해물질이 포함된 소변에 노출되어 발생하는 것으로 추정된다.

1) 역학

방광암은 남성의 발생률이 여성의 약 4배이다. 방광암의 알려진 유발인자 중 가장 중요한 요인은 흡연이다. 흡연자는 비흡연자에 비해 최소 3배 이상의 방광암 위험이 있다. 따라서 남녀 간의 발병률 차이가 남성의 높은 흡연율로 인한 것으로 여겨질 수 있으나, 최근 남녀 간의 흡연율 차이가 감소하고 있는 반면 방광암 발병률 차이가 줄지 않았다.

중앙암등록본부 자료에 의하면 2018년에 우리나라에서 방광암은 남녀를 합쳐서 연 4,577건으로 전체 암 발생의 1.9%를 차지하였다. 인구 10만 명당 조발생률은 8.9건이다. 남녀의 성비는 3.9:1로 남자에게서 더 많이 발생하였다. 발생건수는 남자가 연 3,650건으로 남성의 암 중에서 10위를 차지하였고, 여자는 연 927건이었다. 남녀를 합쳐서 본 연령대별로는 70대가 33.5%로 가장 많고, 60대가 26.2%, 80대 이상이 22.7% 이었다. 조직학적으로는 2018년의 방광암 전체 발생건수 가운데 암종(carcinoma)이 93.5%, 육종(sarcoma)이 0.2%를 차지하었다. 암종 중에서는 이행상피세포암이 80.0%로 가장 많고, 그 다음으로 선암이 2.1%를 차지하였다.

직업성 방광암에 대한 특징한 조식학적 특징은 없다. 하지만 고농도로 노출된 코호트 연구에서 환자군은 일반 인구집단보다 중앙 연령값이 15년 이상 이른 시기에 방광암이 발생하였으며, 연령 증가와 함께 유의하게 발생이 증가하였다. 일반적으로 처음 노출과 증상 발생 사이의 간격은 수십 년에 이르지만, 직업성 방광암의 경우 노출 이후 매우 빨리 발생하며, 이는 잠복기가 수 년 정도로 매우 짧은 환자들은 직업성 암을 의심해야 한다는 주장을 입증하고 있다. 화학물질로 인하여 발생한 방광암의 잠복기는 4~45년 정도 이다.

2) 위험요인

방광암의 가장 큰 위험요인은 흡연이다. 대부분의 이행세포암은 담배연기와 주변의 화학물질 같은 발암물질(암을 유발하는 물질) 때문에 생기는 것으로 추측된다. 비록 방광암 환자 중 흡연경험이 있는 사람은 절반에 불과하지만, 일반적으로 흡연자들은 담배를 피우지 않는 사람보다 2~4배 더 많이 방광암에 걸린다. 일터에서 간접흡연에 노출되는 비흡연자도 위험이 증가된다. 2018년의 14개의 관찰연구들을 메타분석한 결과, 간접흡연은 방광암 위험을 22% 증가시켰다.

방광암의 주된 직업적 요인은 방향족 아민류이다. 대부분은 흡입을 통해 노출되며, 피부를 통해 흡수되기도 한다. 방향족 아민류는 19세기 독일에서 염료 산업에서 처음 대량으로 사용되었다. 미국에서는 1930년, 1940년대에 제1차 세계대전에서 화학물질을 대량 생산하면서 방광암에 대해 보고되었다. 염료를 사용하는 공장 및 화학 공장, 고무 공장, 약품 공장 등에서 취급되는 많은 화학물질의 직업성 노출도 확립된 위험 요인이다. 방광암과 화학 염색물질 노출의 연관성은 1895년에 처음 확립되었다. 1930년대 후반에, 산업용 아릴아민-2아프틸아민을 경구 섭취한 개에서 방광암 발생이 관찰되었다. 1954년 Case 등은 아릴아민 노출된 집단의 방광암 위험이 영국과 웨일즈의 일반 인구집단과 비교하여 20배 이상 증가하였다고 발표하였다. 방광암을 유발하는 발암물질로는 아닐린 염료, 방향족아민(2-naphthylamine, 4-aminobiphenyl 또는 benzidine 같은 것), 다염화이중페닐(polychlorinated biphenyls) 또는 알루미늄 공장에서 쓰이는 화학물질이 포함된다. 이런 화학물질은 드라이클리닝업자, 굴뚝청소부, 미용사, 페인트공, 인쇄업자, 직물작업자, 기계공 그리고 트럭 운전사들이 주로 사용하며 알루미늄, 고무, 화학물질 그리고 가죽공업에 쓰인다. 방향족 아민계열 물질에 노출되는 경우에 방광암 발생의 위험이 증가하게 되는데 암의 발생까지 평균 22년 정도가 걸린다.

국제암연구소가 분류한 방광암, 신우 및 요관암에 대한 충분한 근거를 갖는 발암인자로는 [표 15-11]과 같이 제시하고 있으며 우리나라에서는 산업재해보상보험법

표 15-11 국제암연구소의 인간 대상 방광암, 신우 및 요관암 유발인자 분류 목록

발생 부위	충분한 근거	제한적 근거
방광	알루미늄생산(Aluminum production) 4-아미노비페닐(4-Aminobiphenyl) 비소 및 무기비소화합물 아우라민생산(Auramine production) 벤지딘(Benzidine) 클로나파진(Chlornaphazine) 씨클로포스파미드(Cyclophosphamide) 마젠타 생산 2-나프틸아민(2-Naphthylamine) 도장(Painting) 고무생산산업(Rubber production industry) 주혈흡충증(Schistosoma haematobium) 흡연(Tobacco smoking) 오르소톨루이딘(ortho-Toluidine) X-선(X-radiation) 감마선(gamma-radiation) 소방관(firefighter)	4-염화-오르소톨루이딘 콜타르 피치 드라이 클리닝(Dry cleaning) 디젤연소물질 미용사와 이발사 2-메르캅토벤조티아졸 피오글리타존 인쇄 공정(Printing processes) 검댕(Soot) 테트라클로로에틸렌 섬유 제조(Textile manufacturing)
신우 및 요관	식물에 함유된 아리스토로크산 페나세틴(Phenacetin) 흡연(Tobacco smoking)	아리스토로크산(Aristolochic acid)

시행령 제34조 제3항 [별표 3] 업무상질병에 대한 구체적 인정기준을 통해 비소 또는 그 무기화합물에 노출되어 발생한 방광암, 스프레이나 이와 유사한 형태의 도장 업무에 종사하여 발생한 방광암, 벤지딘, 베타나프틸아민 및 엑스(X)선 또는 감마(γ)선 등의 전리방사선에 노출되어 발생한 방광암 등을 포함하고 있다.

(1) 방향족 아민류 및 관련 니트로 화합물

대표적인 것으로 4-아미노비페닐, 2-나프틸아민, 벤지딘 등이 있으며, 인체의 방광암 발생원인물질로서 주로 색소와 염료 등에 존재하며, 실험동물에 투여하면 방광암과 간암 발생률이 높은 것으로 알려져 있다. 나프틸아민은 α-나프틸아민(1-나프틸아민)과 β-나프틸아민(2-나프틸아민)의 두 이성질체가 있다. 이들은 모두 방광암의 원인이 된다는 사실이 알려져 있다. 특히 β-나프틸아민은 발암성이 강한 물질이다. 벤지딘은 파라아미노디페닐이라고도 한다. 콩고레드 등 직접염료의 합성 중간물로 사용되며, 또 무기이온의 검출, 혈액의 검출반응 등에 사용된다. 벤지딘은 직업성 방광암의 발암물질이며, 증기흡입, 피부로부터의 흡수에 의하여도 장애가 일어나는 예가 많고, 혈액독으로서도 작용한다. 1970년대에 들어와 각국에서는 벤지딘의 제조를 중지하였다.

(2) N-니트로소 화합물

이 계열의 발암물질이 주목되고 있는 이유는 N-니트로소 화합물의 전구체가 아질산염과 각종 2급 아민류에 있고, 이들이 생활환경에 다수 존재하며, 위장 내에서 이들 물질이 반응을 일으켜 N-니트로소 화합물을 생성하고, 또한 대다수의 화합물이 여러 종류의 실험동물에서 발암성 관찰이 쉬우며 발암효과가 크게 나타나는 등 여러 가지 요인에 의해 인간의 암 관찰에서 이정표가 되고 있다. 종류로는 DMN (N-nitrosodimethylamine : 간암), DBN (N-nitroso-di-n-butylamine : 방광암), NMU (nitrosomethylurea : 림프종 · 폐암), ENU (nitroso ethylurea : 신장암 · 신경종양), NBU (nitrosobutylurea : 백혈병), MNNG(N-methyl-N′-nitro-N-nitrosoguanidine : 위암) 등이 있다.

(3) 비소

식수에 들어있는 비소는 방광암과 관련이 있다. 거주지역과 거주 지역의 상수도 시스템이 비소 함유량 권장 기준을 충족하고 있는지에 따라 방광암에 걸릴 가능성은 달라진다.

3) 예방

직업적인 방광암을 예방하는 가장 효율적인 방법은 알려진 발암물질로부터의 노출을 막는 것이다. 스크리닝 검사로 혈뇨를 감별하기 위한 소변검사와 요세포검사를 하고, 필요한 경우 방광경을 시행한다. 직업적 고위험군에 대한 선제적인 검사는 방광암을 초기에 발견하게 할 수 있으나, 여러 연구들에서 생존율 등에 유리한 영향을 미친다는 일관된 결과는 없었다. 방광암의 예방은 금연하는 것이 가장 중요하다. 방광임의 발생 빈도는 금연과 동시에 감소되어 1~4년 내에 방광암의 발생 빈도의 약 40% 가량이 감소되고, 25년 후에는 60% 가량 감소된다.

더 읽을거리

IARC. Chemical Agents and Related Occupations.Volume 100F. IARC. Lyon. 2012.

IARC. Some Aromatic Amines, Organic Dyes, and Related Exposures. Volume 99. IARC. Lyon. 2010.

IARC. Trichloroethylene, Tetrachloroethylene, and Some Other Chlorinated Agents.Volume 106. IARC. Lyon. 2014.

제5절 피부암

이경은

피부에 발생하는 원발성 악성종양인 기저세포암, 편평세포암, 악성흑색종은 백인종에 비해, 동양인이나 흑인에서는 발생빈도가 낮고, 백인종의 경우에는 자외선에 많이 노출되는 지역에 거주하는 사람들에서 발생빈도가 높은 것으로 알려져 있다. 원발성 피부암은 크게 비흑색종 피부암(non-melanoma skin cancer, NMSC)과 악성 흑색종 두 가지로 분류된다. 이같이 분류하는 이유는 악성 흑색종과 나머지 피부암이 생물학적 특성과 예후에 있어 상당한 차이를 보이기 때문이다. 비흑색종 피부암에는 가장 흔한 기저 세포암과 다음으로 흔한 편평세포암이 포함되며, 이들은 대부분 국소적으로만 침윤하고 타 장기로 잘 전이되지 않아 양호한 경과를 보인다. 하지만, 최근 외국에서 편평세포암에 의한 사망률이 점차 증가하여 악성흑색종과 비슷해지고 있다. 악성 흑색종은 비흑색종 피부암과 달리 침윤과 전이가 흔하다.

5.1 임상양상

피부암은 어떤 종류이든 기본적으로 반점으로 시작하여 점점 크기가 커져 종괴가 진행하는 형태로 나타난다.

1) 악성 흑색종

악성 흑색종(malignant melanoma)은멜라닌세포(melanocyte) 또는 모반세포(nevus cell)로부터 기원한 공격적인 피부암종이다. 멜라닌세포는 신경능(neural crest)으로부터 발생한 색소를 만드는 세포로써, 피부, 뇌수막, 점막, 상부 식도, 눈으로 이동한다. 멜라닌세포가 있는 모든 부위는 악성종양이 생길 가능성이 있으나 대부분은 피부에서 발생한다. 가려움증, 통증과 같은 증상이 없어 평범한 검은 반점이나 결절로 보여 자세한 육안관찰이 중요하다. ABCD(E) rule을 통해 악성 흑색종을 의심해 볼 수 있다. 성인에서 점처럼 보이는 색소성 병변의 모양이 ① 비대칭적(asymmetry)이거나, ② 경계가 불규칙(border irregularity)하거나, ③ 색조가 균일하지 않거나(color variegation), ④ 점의 직경(diameter)이 0.6cm 이상인 경우에는 의심을 해야 한다.

2) 기저세포암

기저세포암(basal cell carcinoma)은 상피의 기저세포들로부터 발생한다. 반투명한 양상, 궤양, 혈관확장, 가장자리 말림이 특징적인 양상이나, 세부 형태에 따라 조금씩 다른 양상을 띤다. 한국인에서 발생한 기저세포암은 대부분 색소를 포함하고 있으며 갈색으로 보이는 색소성 기저세포암이 흔하다. 색소성 기저세포암은 멜라닌양에 따라 갈색에서 흑색을 띠어 악성 흑색종과 혼동을 준다.

기저세포암에서 가장 위험한 것은 국소적 침범으로, 주변 조직을 파괴한다. 기저세포암은 배가시간(doubling time)이 6개월에서 1년으로 치료하지 않으면 암조직이 피하, 근육, 심지어는 뼈까지 퍼질 수 있다. 기저세포암의 원격전이는 0.0028~0.55%로 매우 드물다.

3) 편평세포암

편평세포암(squamous cell carcinoma)은 표피의 각질형성세포(keratinocyte)에서 발생하는 악성 종양이다. 기저세포암과 함께 피부암의 대부분을 차지하고 있으며 보통 de novo 발생하기 보다는 광선각화증이나 비소각화증, 보웬병 등의 전구병변에서 발전되어 발생한다.

편평세포암의 발생 위험도는 자외선 노출량에 직접적으로 관련이 있으며 태양광에 노출된 두경부, 몸통, 사지 등에 궤양을 동반한 결절성 홍반 혹은 표피성 미란으로 나타난다. 편평세포암의 전구 병변인 광선각화증은 태양이나 인공광원에 지속적으로 노출되어 발생하는 표피 종양이다. 태양광선에 노출되는 부위인 얼굴, 팔, 손

등에 1cm 이하의 비교적 경계가 명확한 인설성의 홍반성 병변으로 나타난다. 광선각화증은 중년 이후의 연령층에 발생하며 단발성인 경우보다 피부의 여러 부위에 다발하는 수가 많다. 본질적으로는 태양광에 노출정도에 비례하여 증가하여 젊은 나이에도 발생할 수 있다. 한편, 비소 각화증은 비소로 인해 유발되는 질환으로 피부 병리조직은 광선각화증과 동일하다. 비소각화증은 공장 근로자와 농업에 종사하는 사람에게 많이 발생한다. 국내에서는 직업적인 비소 노출뿐만 아니라 한약재에 대한 중금속 함유량 기준치가 모호하여 이를 통해 많이 노출될 가능성이 있다.

산업 의학분야에서 비파괴검사나 방사선을 사용한 진단, 치료법이 증가하는 추세로 방사선에 노출되는 경우가 증가하고 있다. 방사선에 노출된 후 피부변화는 수년에서 30년까지 다양하게 일어난다.

5.2 역학

제8차 한국표준질병사인분류(Korean standard classification of disease and cause of death, KCD)는 피부암을 피부의 악성 흑색종(C43)과 기타 피부의 악성 신생물(C44)로 나누고 있다. 기타 피부의 악성 신생물(C44)에는 비흑색종 피부암의 대부분을 구성하는 기저세포암과 편평세포암을 포함하고 있다.

중앙암등록본부 자료에 의하면 2018년에 피부암(C43~C44)은 남녀를 합쳐서 6,751건으로 전체 암 발생의 2.8%를 차지했다. 남녀의 성비는 0.8 : 1로 여자에게 더 많이 발생했다. 발생 건수는 남자가 2,976건, 여자가 3,775건이었다. 남녀를 합쳐서 연령대별로 보면 80대 이상이 30.6%로 가장 많았고, 70대가 29.6%, 60대가 19.9%의 순이었다. 70대 이상이 60.2%를 차지했다. 그 중 악성 흑색종(C43)은 587건으로 전체 암 발생의 0.2%, 기타 피부암(C44)은 6,164건으로 전체 암 발생의 2.5%를 차지했다. 국립암센터의 자료에 따르면 악성 흑색종은 신규환자가 1992년 121명, 2002년 269명, 2009년에는 444명으로 발생률이 점차 증가되고 있다. 우리나라에서 1970년대에는 피부암 중 기저세포암이 2% 미만으로 차지하여 편평세포암보다 발생률이 낮은 것으로 보고되었다. 이후 발생률이 점차 증가하여 최근에는 기저세포암이 피부암 중 50%를 차지하는 것으로 알려져 있다. 국내에서는 남녀간 발생률이 큰 차이를 보이지 않는다.

5.3 위험요인

국제암연구소에서는 인간에서 피부암과 연관성이 있

표 15-12 국제암연구소의 인간 대상 피부암 유발인자 분류 목록

발생 부위	충분한 근거	제한적 근거
흑색종	태양광(solar radiation) 자외선 태닝기구 폴리염화바이페닐	소방관(firefighter)
흑색종 이외의 다른 피부암	비소와 무기비소제 콜타르 증류 콜타르 피치 아자티오프린 사이클로스포린 자외선 A가 추가된 메톡살렌 광물유(정제 안된 또는 덜 된) 쉐일 유 태양광 검댕 X-선, 감마선	크레오소트 Type 1 인간면역 결핍바이러스 Type 5 인유두종 바이러스 히드로클로로티아지드 나이트로겐 머스타드 석유 정제(직업적 노출) 자외선 태닝기구 Merkel cell polyomavirus (MCV)

는 발암인자를 악성 흑색종과 흑색종 이외의 피부암으로 나누어서 제시하였다. 흑색종에 대하여 충분한 근거가 있는 위험요인은 태양광, 자외선 태닝기구, 폴리염화비페닐이다. 제한적 근거가 있는 인자는 확인되지 않았다. 반면 흑색종 이외의 피부암에 대하여 발암가능성이 충분한 근거를 가지는 인자로는 비소와 무기 비소제, 콜타르 증류, 콜타르 피치, 면역억제제, 태양광, 검댕, 전리방사선 등이 제시되었다. 또한 제한적인 근거를 가지는 인자들도 제시되었는데, 크레오소트, 자외선 태닝, 특정 바이러스 등이 포함되었다(표 15-12).

우리나라의 산업재해보상보험법 시행령 제34조 제3항 [별표 3] 업무상질병에 대한 구체적 인정기준에서는 피부암에 대하여 1) 검댕에 노출되어 발생한 피부암, 2) 콜타르(10년 이상 노출된 경우에 해당한다), 정제되지 않은 광물유에 노출되어 발생한 피부암, 3) 비소 또는 그 무기화합물에 노출되어 발생한 피부암 등을 직업성 인정기준으로 제시하고 있다.

1) 자외선

자외선은 파장의 길이에 따라 자외선 A(315~400nm), 자외선 B(280~315nm), 자외선 C(100~280nm)로 나눌 수 있다. 인간에게 노출되는 대부분의 자외선은 자외선 A이며, 피부의 노화를 유발하는 것으로 알려져 있다. 자외선 B는 태양광으로 노출되는 자외선의 2%만을 차지하는데, 자외선 A에 비해 DNA와 세포에 더 많은 손상을 입힌다. 자외선 C는 자외선 스펙트럼 중에 가장 위험할 수 있으나 대부분 지구표면에 도달하지 못한다. 하지만 아크용접, UVC 살균 등의 과정에서 직업적으로 노출될 수 있다.

흑색종을 포함하는 모든 피부암 및 암 전구증의 발생에 자외선이 가장 큰 원인으로 작용한다. 동물실험을 통해 자외선 B가 종양억제유전자의 변이를 유발하여 피부암 발생과 연관되어 있음을 확인하였지만, 인간 특이적인 스펙트럼은 확인되지 않았다. 각 암종별로 차이를 보이는 부분이 있다. 흑색종의 경우, 자외선에 간헐적으로 짧게 과다하게 노출되는 것이 직업적으로 장기간 노출되는 것보다 더 위험한 것으로 보고된 바 있으며, 기저세포암, 편평세포암은 발생위험도가 자외선 노출량에 직접적으로 관련되어 있다. 여러 연구들에 따르면 누적적인 직업적인 태양광 노출(>20년)이 흑색종의 발생을 증가시킨다고 하였다. 하지만 머리, 얼굴, 목과 같은 두경부에서의 악성흑색종의 발병위험을 증가시키는 것으로 아시아인에서 흔한 말단흑색점흑색종에 대해서는 그 연관성이 확인되지 않았다.

태양광 이외에도 자외선에 노출되는 여러 환경이 있다. 실내 태닝으로 인해 자외선에 노출되는데, 한 번도 실내태닝을 하지 않은 그룹에 비해서 한번이라도 실내태닝을 한 그룹에서 흑색종의 발생이 16~20% 증가하였다. 건선, 습진 등의 피부질환을 치료하기 위해 사용되는 PUVA (Psoralen and ultraviolet A)는 악성 흑색종과 비흑색종 피부암들을 유발할 수 있다고 하였다. 직업적으로는 아크용접을 통해 자외선에 노출될 가능성이 있다. 2012년 국제암연구소는 2012년 자외선을 인간에게 발암성이 있는 물질 Group 1로 분류하였으며, 별도로 아크용접으로부터 노출된 자외선을 안구의 흑색종에 대한 충분한 근거를 바탕으로 2017년에 Group 1로 분류하였다. 따라서 아크용접이 피부암을 유발한다는 주장이 제기되고 있으나 아직 그 근거는 부족하다.

자외선으로 인한 직업성 피부암을 예방하는 가장 중요한 방법은 자외선을 노출을 최소화 하는 것이다. 작업할 때 챙이 넓은 모자를 쓰거나 긴팔, 긴바지를 입는 등의

표 15-13 야외작업 태양광선 노출과 피부암 사례

근로자는 10대 후반 시절인 1970년대 후반부터 2010년 초반까지 건설 현장에서 일용직 근로자로 근무해오던 중 오른쪽 관자놀이 부근에 발생한 종괴를 주소로 병원에서 흑색종을 진단받았다. 근로자는 건설현장에서 주로 목수일(거푸집 제작, 설치 해체 등)과 단순업무를 수행하였고 2000년대 초반부터 우측 눈 옆 부위에 피부 색소병변이 생겼고 2010년경부터 점점 병변이 커져 조직 생검을 수행하여 악성흑생종을 진단받았다. 근로자는 36년간 야외작업을 수행하면서 태양광선에 노출되었으며, 병변의 발생 부위에 과거 모반이나 화상에 의한 반흔은 없었다.

방법으로 효과적으로 자외선으로부터 보호할 수 있다. 자외선 A와 자외선 B를 차단하는 자외선차단제의 비흑색종 피부암과 악성 흑색종을 예방하는 효과는 알려지지 않았으나, 홍반이 발생하는 것을 막는 효과가 있다. [표 15-13]은 옥외작업자에서 발생한 흑색종과 자외선 노출에 대한 사례이다.

2) 흑색종의 위험요인(자외선 제외)

(1) 폴리염화비페닐

2015년 국제암연구소는 흑색종에 대한 역학연구들을 근거로 폴리염화비페닐을 Group 1 발암인자 "인간에게 암을 유발하는 물질"로 분류하였다. 하지만, 이후 연구들 중에 일치하지 않는 결과가 있었으며, 2015년 이후 수행된 2개의 메타분석 연구에서 폴리염화비페닐이 인간의 흑색종을 유발하지 않는다는 결과가 나타나기도 하였다.

3) 비흑색종 피부암의 위험요인(자외선 제외)

(1) 다핵방향족 탄화수소

다핵방향족 탄화수소와 음낭의 편평세포암과의 관계는 과거부터 잘 알려져 있다. 직접흡입하거나 피부 접촉을 통해 노출되어 많이 흡수될수록 피부암의 발생 가능성이 커진다. 정제가 덜된 광물유, 콜타르 피치 및 타르 제품, 그레오소드 기름과 그 밖의 유류에 함유되어 있는 다핵방향족 탄화수소에 의해 피부종양이 생긴다는 것이 밝혀졌다. 처음에는 노출부위에 광감작이 일어나 홍반과 심한 작열감이 반복되다가 특히 얼굴, 목, 손 등 노출부위의 피부에 다형피부변화가 생긴다. 각화성 유두증인 타르 사마귀가 생기고 이것이 편평세포암, 기저세포암 및 각질암으로 변할 수 있다. 다핵방향족 탄화수소는 DNA의 변성을 유발하며 자외선(UV-B)은 악성변화를 일으키는데 상승작용을 한다. 다핵방향족 탄화수소 노출로부터 피부암이 발생하는 잠복기는 20년(콜타르)부터 50년 이상(광물유)까지 다양하다.

(2) 비소

비소는 식수에 포함된 비소를 통해 가장 많이 노출된다. 대만의 한 연구는 고농도의 비소를 함유한 우물을 사용하여 피부암이 유발됨을 보고하였고, 비소와 피부암 발병사이에는 양-반응관계를 보였다. 드물지만 구리와 납의 제련, 금속산업, 농약의 제조와 사용 등을 통해 비소가 직업적으로 노출될 수 있다. 만성 비소증의 주된 특징으로 과색소증, 과각화증, 비흑색종 피부암, 보웬병(Bowen's disease)의 증가가 관찰된다. 비소 복용을 시작한 시기부터 비소 각화증이 발생할 때까지의 기간은 최소 2.5년이며, 피부 악성종양이 발생하기까지 평균 잠복기는 18년으로 보고되고 있다. 오랜 잠복기 후에는 내부 장기암을 초래할 수도 있으며 가장 흔히 발생하는 장소는 기관지와 비뇨 생식기이다.

(3) 전리방사선

X-선 조사에 의한 편평세포암과 기저세포임의 예가 보고되어 있으며 자외선 조사의 경우와 마찬가지로 X-선 조사 후에 발생한 피부 악성종양의 경우에 기저세포암은 얼굴과 목에, 편평세포암은 사지에 주로 발생한 것으로 보고되고 있다. 방사선에 의한 피부암의 잠복기는 노출 방사선량과 반비례하며, 7주부터 56년까지로 매우 넓은 범위를 가진다. 보통 잠복기는 25년에서 30년 사이이다.

더 읽을거리

IARC. Polychlorinated Biphenyls and Polybrominated Biphenyls. Volume 107. IARC. Lyon. 2015.
IARC. Radiation. Volume 100D. IARC. Lyon. 2012.
IARC. Welding, Molybdenum Trioxide, and Indium Tin Oxide. Volume 118. IARC. Lyon. 2018.

제6절 유방암과 난소암

이혜은

6.1 유방암

유방암은 전세계적으로 여성에서 가장 흔한 암이다. 한국의 암등록통계에 의하면 2019년 기준 유방암 발생자 수는 24,820명, 10만명당 96.5명의 발생률로 국내 여성에서 가장 흔한 암종이다. 직업 및 환경적 노출과 관련하여 산화에틸렌, 교대근무, 폴리염화비페닐(PCB) 등의 위험요인이 사람에서의 제한된 발암성 근거를 가지는 것으로 알려져 있다. 몇몇 호르몬 관련 약제와 함께 치료적 전리방사선 노출은 사람에서 충분한 발암성 근거가 있다고 평가되었다. 국내 산업재해보상보험법 시행령 에는 유방암의 인정기준에 엑스(X)선 또는 감마(γ)선 등의 전리방사선에 노출되어 발생한 유방암이 포함되어 있다.

1) 전리방사선

엑스(X)선 또는 감마(γ)선의 발암성에 대한 역학연구는 주로 핵폭발 생존자, 치료용 방사선, 직업 및 환경적 방사선 노출집단에 대해 이루어졌다. 상당수의 역학연구에서 전리방사선 노출시 여성 유방암의 초과발생을 보고하였다. 핵폭발 생존자 연구에서는 방사선 노출과 유방암 발생의 양-반응 관계가 확인되어 전리방사선의 유방암 발암성을 확립하는 데에 결정적인 근거가 되었다. 전리방사선의 변이원성, 발암성은 실험적으로 충분히 증명이 되었다. 여성의 유방조직은 전리방사선의 발암성에 민감성이 높은 조직으로 알려져 있고 특히 어린 시절의 노출은 더 큰 영향을 미칠 수 있다. 국제암연구소에서 엑스(X)선 또는 감마(γ)선은 여성 유방암에 대해 사람에서 충분한(sufficient) 발암성 근거를 가지는 것으로 평가하고 있다.

2) 야간교대근무

야간교대근무에 대한 국제암연구소의 발암성 평가는 2007년에 발표된 IARC monograph vol. 98에서 처음 시행되었다. 당시 "생체리듬 교란과 관련된 교대근무"는 사람에게 발암성이 가능한 요인(group 2A)으로 평가되었고 이 평가는 사람에서의 유방암에 대한 제한적 근거(limited evidence)와 실험동물에서의 충분한 근거(sufficient evidence)에 기반하여 내려진 것이었다. 이후 2020년 업데이트된 IARC monograph vol 124에서는 "야간교대근무(night shift work)"로 명칭이 수정되었는데 이는 노출환경을 더 적절히 표현하고 사람 대상 연구의 근거를 더욱 잘 반영하기 위함이었다. 기존의 평가 이후 새로 발표된 유방암에 대한 역학연구 검토 결과 대부분의 코호트 연구들은 야간노동과 유방암과의 관련성을 찾지 못했다. 그러나 미국의 대규모 코호트연구인 "간호사 건강 연구 Ⅱ (Nurses' Health Study Ⅱ)"에서는 장기간의 야간노동에서 유방암 위험성이 높아지는 것을 발견하였고, 스웨덴의 코호트 연구에서도 같은 결과를 보고하였다. 6,000례 이상의 사례를 포함한 가장 큰 규모의 환자-대조군 연구에서 야간노동의 노출강도와 노출기간을 모두 평가하는 자세한 노출평가를 수행하였고 유방암과 야간노동의 관련성, 특히 폐경 이전 여성에서의 관련성을 보고하였다. 결론적으로 야간교대노동은 2007년 발표와 마찬가지로 유방암에 대해 사람에서의 제한된 근거(limited evidence)를 가지는 것으로 평가되었고 실험동물에서의 충분한 근거(sufficient evidence), 강한 기전적 근거(mechanistic evidence)에 기반하여 group 2A (probable carcinogen to humans)로 분류가 되었다. 최근 우리나라의 환자-대조군 연구결과도 발표되었는데 환자와 대조군 각 1,751명에 대한 분석 결과 비야간노동군에 비해 야간노동군(OR 1.11, 95% CI 0.89-1.40), 야간노동 10년 이상(OR 1.55, 95% CI 0.89-2.69), 누적야간노동 35,000시간 이상(OR 1.42, 95% CI 0.73-2.74)에서 위험도가 증가하는 결과를 보였으나 통계적 유의성은 관찰되지 않았다.

비행기 승무원을 대상으로 수행된 많은 역학연구에서 10년 이상 장기간 근무할 경우 유방암 발생이 높아졌다.

전리방사선인 우주방사선의 중성자가 유방암 위험 증가의 일부를 설명하는 것으로 여겨지며 추가적으로 잦은 타임존 변경으로 인한 생체주기리듬의 교란 역시 위험 증가와 관련 있는 것으로 보고 있다. 멜라토닌은 야간교대노동과 유방암의 관련성에 대한 기전 중 가장 중요한 것으로 제시되고 있다. 야간노동을 하면 수면시 송과선에서 분비되는 호르몬인 멜라토닌의 분비가 저해될 수 있다. 이에 따라 멜라토닌의 직접적인 유전정보 교정 기능에 의한 항암 효과가 억제되고 멜라토닌에서 비롯되어 최종적으로 에스트로겐 수용체에 작용하는 다양한 경로를 통하여 유방암과 같은 특정 암의 발생 가능성을 높일 수 있다고 추정된다. 동물실험에서 멜라토닌이 분비되는 송과선이 제거된 쥐들에서는 발암물질을 투여하였을 경우 DNA 손상이 심해지는 것이 관찰되었다.

3) 산화에틸렌

산화에틸렌(ethylene oxide)은 주로 모노-에틸렌글리콜을 생산하는 원료로 사용되고 일부는 가스형태로 소독제로 사용된다. 병원 노동자 등 산화에틸렌 노출 집단과 관련된 몇몇 코호트 연구가 수행되었으나 그 결과는 일관되지 않았다. 국제암연구소에서는 사람에서의 유방암 발암성에 대한 근거는 제한적인 것으로 평가하였으나 실험동물에서의 충분한 근거와 산화에틸렌이 유전독성을 일으키는 직접적인 알킬화제로 작용하는 점 등 강한 기전적 근거에 기반하여 group 1 (carcinogenic to humans)로 분류하였다.

4) 폴리염화비페닐

폴리염화비페닐(PCB)은 대표적인 잔류성유기오염물질로 자연적으로는 생성되지 않으며 1920년대부터 1980년대에 대부분의 국가에서 금지될 때까지 상업적으로 제조되었다. PCB가 지닌 내분비계 교란 성격으로 유방암과 같은 호르몬 관련 암과의 관련성에 생물학적 개연성이 제시되었다. 따라서 상당히 많은 역학연구가 수행되었고 관련성을 지지하는 연구결과 또한 많았다. 그러나 질 높은 역학연구에서의 결과가 일관되지 않아 국제암연구소에서 사람에서의 발암성 근거는 제한된 것으로 평가했다. PCB의 종류에 따라 약간씩 차이가 있긴 하지만 실험동물과 기전적 증거는 대부분 충분한 것으로 평가되었다.

5) 농약

알드린(Aldrin)과 디엘드린(Dieldrin)은 유기인계 살충제로 잔류성유기오염물질에 해당하며 1970년대부터 규제가 시작되어 1990년대에는 대부분의 국가에서 사용금지되었다. 알드린은 인체나 토양에서 디엘드린으로 빠르게 대사될 수 있는데 이 디엘드린은 국제암연구소에서 group 2A로 평가되었고 이 평가는 사람에서의 유방암에 대한 제한적 근거(limited evidence)와 실험동물에서의 충분한 근거(sufficient evidence)에 기반하여 내려진 것이었다.

6) 국내 업무상질병 사례

교대근무 또는 야간근무 노출은 산업재해보상보험법상 업무상질병 인정기준에 해당되지 않으나 2014년 직업환경의학회의 인정기준 검토회는 국제암연구소의 평가 결과, 관련된 역학연구 결과 및 덴마크의 인정기준 등을 고려하여 주1회 이상 야간작업 25년 이상 수행시 유방암의 업무관련성을 인정할 것으로 제시하였다. 이러한 가이드라인에 따라 반도체 제조업체 노동자 등 장기간 교대근무에 노출되었던 노동자의 유방암이 업무상질병으로 인정된 사례가 있다.

6.2 난소암

난소암은 전세계적으로 여성에서 8번째로 흔한 암이다. 한국의 경우 암등록통계에 의하면 2019년 기준 2,888명에서 발생하였고 10만명당 11.2명의 발생률을 보였다. 직업 및 환경적 유해요인으로는 모든 형태의 석면이 난소암을 일으키며 엑스(X)선 또는 감마(γ)선은 제한된 발암성의 근거를 가지는 것으로 평가되고 있다. 국내 산업재해보상보험법 시행령(별표 3, 개정 2021. 6. 8.)의 업무상질병 인정기준에는 석면에 10년 이상 노출되어 발생한 난소암이 포함되어 있다.

노동자들이 석면에 노출되는 경로는 대부분 흡입을 통한 것이고 일부는 경구로 노출될 수 있다. 석면에 노출되는 주요 산업은 석면 광산, 석면 함유 제품의 제조, 건설업과 자동차 관련업, 석면 철거업종이다. 국제암연구소는 석면 노출과 난소암 발생의 인과관계가 명확히 확인되었다고 평가하였는데 이는 직업적으로 석면에 고노출된 여성을 대상으로 한 5개의 코호트 연구결과에 기반한 것이다. 환경적 노출에 대한 연구에서도 통계적 유의성은 떨어졌으나 이 관련성을 지지하는 결과를 보였다. 석면의 종류 중에서는 청석면이 가장 큰 위험성을 보였다.

석면이 난소암을 일으키는 기전은 완전히 밝혀지지는 않았으나 생체내 잔류성이 그 생물학적 개연성으로 제시되고 있다. 석면이 일단 생체내로 들어오게 되면 흉막강 또는 복막강으로 빠져나가고 난소를 비롯한 다른 많은 조직에 축적되어 오랜 기간 잔류할 수 있다. 석면 노출된 여성의 난소의 조직학적 소견에 대한 연구에 의하면 배우자의 석면 노출이 확인된 여성은 비노출 여성에 비해 난소조직의 석면 개수가 높았다. 국내 사례로 1970년대 석면방직공장에서 석면 정방업무를 수행하였던 노동자의 난소암이 업무상질병으로 인정되었던 사례가 있다.

석면 이외의 유해요인으로는 엑스(X)선 또는 감마(γ)선이 알려져 있고 이는 일본 핵폭발 생존자 연구결과에 근거한 것이다.

제7절 기타암

이상길

7.1 눈

안와의 크기는 작지만, 안와는 발생학적으로 인체를 이루는 모든 조직이 존재하므로 다양한 종양이 발생할 수 있다. 세계보건기구는 안와의 종양을 크게 원발성 종양과 속발성 · 전이성 종양으로 분류한다. 국내의 보고에 따르면 혈관종(hemangioma)이 가장 많고 낭성종양(cystic tumor), 속발성 종양(secondary tumor), 눈물샘종양(lacrimal gland tumor), 림프종(lymphoma) 등의 순으로 발생한다. 국제암연구소에서 보고한 눈에 생기는 암의 원인물질은 [표 15-14]와 같다. 안와에서 발생하는 흑색종은 매우 드물기는 하나 태닝 기구나 아크용접 시 발생하는 자외선 노출이 발병과 연관성이 있다고 알려져 있다. 특히 용접 작업 시 발생한 자외선은 전체 스펙트럼(UVA, UVB, UVC)에 걸쳐 방출되며, 근거리에서 노출되기 때문에 보호구 착용 없이는 단시간에 노출 기준을 초과하기 쉽다.

7.2 구강 및 입술, 침샘암

구강은 입술, 혀의 전방 2/3, 잇몸, 입 천장, 협점막을 포함하는 해부학적 구조로 구강암은 구강 및 주변조직에 발생하는 악성종양을 총칭한다. 일부 동남아시아 국가에서는 구강암이 전체 암 발생률 중 1위로 알려져 있는데, 여러 연구들을 통해 구강암을 유발하는 발암물질로 알려

표 15-14 국제암연구소의 인간 대상 눈 종양 유발인자 분류 목록

발생 부위	충분한 근거	제한적 근거
눈	제1형 인간면역 결핍바이러스 자외선 태닝기구 용접 시 발생하는 자외선	태양광선

표 15-15 국제암연구소의 인간 대상 입술, 구강 및 침샘암 유발인자 분류 목록

발생 부위	충분한 근거	제한적 근거
입술		하이드로클로로티아자이드, 태양 광선
구강	음주와 관련된 아세트알데하이드, 인간 유두종바이러스 16, 알코올 음료, 무연 흡연, 흡연, 베텔(빈랑) 퀴드	역청(매스틱 아스팔트 작업 중 노출 또는 옥상 작업 중 노출), 인간 유두종바이러스 18
침샘	음주와 관련된 아세트알데하이드, 엑스선 및 감마선	전자기장 라디오파(wireless phone 포함)

진 빈랑나무 열매를 자주 씹는 문제와 연관되어 있다고 보고되었다. 건강보험심사평가원은 2014년에서 2018년까지 구강암으로 진료받은 남성은 1,974명에서 2,629명으로 약 33% 증가하였고 여성은 같은기간 1,365명에서 1,689명으로 약 23% 증가하였다고 발표하였다. 중앙암등록본부는 2019년에 발생한 국내 남성의 입술, 구강 및 인두에 생긴 암 발생자수는 19,723명으로 전체 암 중 10위의 발생률을 보인다고 보고하였다.

구강암의 발생원으로는 흡연, 음주, 인유두종 바이러스 감염 등이 알려져 있으며, 아직 명확한 인과관계를 가지는 원인이 밝혀지지는 않았지만 일반적으로 유전보다는 환경적인 요인이 더 크다고 이해되고 있다.

국제암연구소에서 보고한 구강 및 입술, 침샘에 생기는 암의 원인물질은 [표 15-15]와 같다. 국제암연구소에서는 입술에서 발생하는 암과 태양광선 노출과 연관성에 대하여 제한적 근거가 있다고 분류하였으며, 이에 따라 야외작업 및 활동이 입술의 암 발생위험을 증가시킬 수 있다고 보고되고 있다.

7.3 소화기계암

소화기계는 위장관계 및 간남노계로 크게 위장관계암은 입, 구강, 침샘, 편도, 인두, 비인두, 식도, 위, 소장 및 대장으로부터 항문에 발생하는 모든 암을 포함한다. 간담도계는 간실질 및 담도와 담낭에 발생하는 암이다.

1) 식도암

식도암은 국가 간 혹은 국가 내에서 500배 이상의 차이를 보이는, 지역적 차이가 큰 암이다. 많이 발생하는 지역으로는 터키와 북 이란의 카스피안 연해부터 카자흐스탄, 우즈베키스탄, 투르크메니스탄을 통과하여 중국의 북동쪽에 이르는 지역과 동아프리카, 남아프리카, 인도, 스리랑카이다. 발생이 낮은 지역은 대부분의 유럽과 북아메리카이다. 이는 식도암의 원인으로 환경적 요소가 클 것이라는 것을 암시해주고 있다. 비직업적 요인으로 음주, 흡연이 식도암을 일으키는 중요한 원인으로 인식되고 있다. 기타 식이, nitrosamine이 오염된 물, 곰팡이, betel nuts, 뜨거운 음료(편평세포암), high-grain diet, mycotoxin 등이 관련이 있을 것으로 보고 있다. 방사선, 식도이완불능(achalasia), 양잿물에 의한 손상, Plummer-Vinson syndrome, Barrett's esophagus 또한 위험요인이다. 잠재기간과 발생기전에 대해서는 밝혀진 것이 거의 없다.

직업적으로는 국제암연구소는 엑스선 및 감마선을 식도암을 일으키는 충분한 증거가 있다고 하였고, 고무산업과 드라이클리닝은 제한된 증거가 있다고 하였다. 고무산업 근로자들을 대상으로 한 코호트 연구에서 nitrosamine에 노출된 근로자들의 식도암이 7.7배 증가하였고, 또 다른 몇 개의 코호트 연구에서도 고무산업에 종사한 사람들에서 식도암으로 인한 위험이 증가하였고, 특히 재생고무를 사용하는 부서 근로자가 타 부서 근로자보다 식도암의 위험도가 유의하게 높았다.

2) 위암

위암의 90% 이상은 선암으로 알려져 있는데, 일본, 러시아, 중국, 코스타리카 등에서 발생률이 높다. 위암은 한국인에서 가장 흔히 발생하는 암 중 하나인데, 중앙암

등록본부의 보고서에 의하면 2019년 한 해 동안 발생한 위암은 2만 9,493명으로 갑상선암, 폐암 다음으로 많이 발생하였다.

위암의 발생원인과 병리학적 기전은 아직 정확히 파악되지 못하고 있는데, 위 용종, 위궤양, 위장관 절제술 경력, 만성 위축성 위염 등은 위암을 흔히 선행하는 것으로 보고되고 있으므로 위암과의 관련성이 연구되고 있는 중이다. 또, 흡연, 음주, 음식물에 함유되어 있는 발암물질이 위암의 발생률을 증가시킨다는 일련의 연구들이 활발히 진행되고 있는데, 주로 nitrite와 관련된 물질들로 알려져 있다. Nitrate는 음식물과 음용수에서 흔히 발견되며, 일부 치즈나 채소 등의 식품에도 함유되어 있다. 이러한 연구들은 식이습관과 위암의 발생관계를 시사하고 있는데, 말리거나 훈제 또는 소금으로 간한 음식 속에 있는 고농도의 질산염을 장기간 섭취하는 경우 위암 발생이 증가되는 것으로 요약된다. Helicobacter pylori를 포함한 세균이 amine nitrite 결합의 촉매 역할을 함으로써, 질산염을 아질산염으로 환원시켜 발암성을 나타낸다 하며, 이 균이 위점막의 이상증식 및 만성위염을 증가시킨다는 연구가 되었고, 이런 연구들을 바탕으로 국제암연구소는 Helicobacter pylori가 위암을 일으키는 충분한 근거가 있다고 하여 그룹 1로 분류하였다.

직업과 관련하여 유해물질별, 직종별 위암의 위험에 대해서는 연구가 이루어지고 있으나 그 결과는 일관되게 도출되지 않고 있는데 국제암연구소는 엑스선 및 감마선과 고무산업을 발암 증거가 충분한 그룹 1로 분류하였다. 고무산업 대상 연구에서 중국 3개 타이어 생산 공장에 1년 이상 근무한 7천여명 근로자의 위암 발생이 2배 이상 유의하게 높았고, 브라질의 743개 고무제조공장의 9천여명을 관찰하였을 때 대기업 근로자들에 비하여 소기업 근로자의 위암 발생 위험이 3.5배 증가하였다. 중국 고무제조공장에서 1년 이상 근무한 1,598명을 대상으로 한 환자-코호트 연구에서 저소득에 비하여 중등도 및 고소득 근로자의 위암발생 위험이 각각 2.4배, 5.2배 증가한 것을 관찰하였다. 그러나 5개 고무공장에 1년 이상 근무한 근로자 및 폴란드 고무타이어 공장에서 3개월 이상 근무한 1만 7천여명 근로자를 대상으로 한 연구에서 위암의 표준화사망비는 증가하지 않았다. 국제암연구소가 제한적 근거가 있는 물질로 분류한 물질은 무기납 및 석면이다. 고농도 납에 노출된 6개의 직업성 코호트 연구[미국과 영국의 건전지제조 근로자 코호트, 이탈리아, 스웨덴 및 미국(2개의 코호트)의 제련 근로자 코호트]를 검토하였다. 6개 중 스웨덴 코호트를 제외한 나머지 5개의 코호트 분석 결과 4개에서 외부 비교집단에 비하여 위암이 30~50% 증가하였다. 비소 노출은 위암의 원인으로 고려되지 않았고, 흡연에 의한 혼란은 적은 것으로 판단하였다. 그러나 용량-반응에 대한 분석이 가능한 코호트는 없었다. 민족, 식습관, 헬리코박터균 감염 또는 사회경제상태가 위암 초과발생에 혼란변수로 작용할 가능성이 있지만 관련 내용들이 포함된 코호트는 없었다. 따라서 납 노출자에서 위암은 제한적 증거만 갖는 것으로 판단하였다.

기타 물질별로는 절삭유, 유리규산 등의 분진과 에틸렌옥사이드에 노출되는 근로자에서 위암이 증가함을 암시하는 역학적 결과들이 있고, 직업군별로는 시멘트공, 탄광부, 고무취급공, 기계공, 목재취급 근로자에서 위암이 증가한다는 역학적 연구결과도 있으나 반대 결과들도 있다. 따라서 유해물질이나 특정 직업군에 따라 위암발생이 증가한다는 결과는 현재까지는 논란이 있다.

3) 간세포암

2019년 중앙암등록본부 보고에 의하면 간암은 우리나라에서 7번째로 많이 발생하는 암으로 1만 5,605명의 새로운 환자가 발생하였다. 직업적 유해인자 노출과 관련하여서는 직업병으로 인정된 사례가 없으나 과로 및 스트레스, 직업적 음주 등과 관련하여 다수의 사례가 업무상질병으로 인정된 바 있다. 만성 B형 바이러스성 간염의 임상적 경과는 다양한데, 자연 관해, 무증상 보균, 만성간염, 간경변증, 간암 등의 결과를 초래한다. 만성 간염환자는 10년 후 11%에서, 20년 후 35%에서 간암이 발생된다는 보고가 있으며, 만성간염에서 간경화 발병은 10년 뒤 23%, 20년 뒤 48%로 보고되고 있다. 또, 간경화 환자의 10-24%에서 간암이 발생되는 것으로 알려져 있다. B형 만성간염의 경과에는 나이, 음주 등 여러 가지 관련 요인이 있는데, 간효소치 특히 GPT의 증가는 생화학적 활성도를 반영하여 간질환의 중증도를 나타내며, 만성간염의 합병증 발생 정도에 영향을 준다. 일개 대학병원에서 12년 간 조직학적으로 확진된 만성간염환자 188명을 추적 관찰한 결과, 생화학적 활성(GPT)도가 높은 경우 간경화, 간암 발생률이 유의하게 높아지는 것으로 보고되었다.

직업적으로 간암을 유발하는 것으로 알려진 물질로는 국제암연구소가 충분한 근거가 있다고 한 인자는 플루토늄, 토륨-232 등 방사성물질과 염화비닐단량체이고, 제한적 근거가 있다고 한 인자는 엑스선 및 감마선과 비소, 트리클로로에틸렌 등이다.

염화비닐단량체는 간혈관육종을 일으키는 물질로 알려져 있었으나 최근 국제 암연구소는 염화비닐단량체가 간세포암도 일으키는 충분한 근거가 있다고 하여 표적장기에 간세포암을 추가하였다. 이는 8개의 코호트 연구를 대상으로 메타분석을 실시하였을 때 간혈관육종을 제외한 간암의 메타-표준화사망비가 1.35로 유의하게 증가한 것에 근거하였다. 또, 염화비닐이 간경화를 증가시킨다는 결과는 사람에서 염화비닐이 간세포암을 증가시키는 충분한 근거가 된다고 판단되어 염화비닐에 의한 간암을 사람에서 충분한 증거가 있는 것으로 분류하였다.

4) 소화기에 생기는 암의 원인물질

국제암연구소에서 보고한 소화기계에 생기는 암의 원인물질은 [표 15-16]과 같다.

표 15-16 국제암연구소의 인간 대상 소화기계암 유발인자 분류 목록

발생 부위	충분한 근거	제한적 근거
식도	음주와 관련된 아세트알데하이드, 음주, 베텔(빈랑) 퀴드, 무연 흡연, 흡연, 엑스선 및 감마선	역청(매스틱 아스팔트 작업 중 노출 또는 옥상 작업 중 노출), 드라이클리닝, 아편 소비, 절인 야채(전통적 아시아식), 고무생산업, 매우 뜨거운 음료(편평상피세포암)
위	헬리코박터피로리, 고무생산업, 흡연, 엑스선 및 감마선	유리 예술, 유리 용기 및 프레스 제품(생산), 모든 형태의 석면, 엡스타인 바 바이러스, 무기 납화합물, 아편 소비, 절인 야채(전통적 아시아식), 가공육의 소비, 중국 방식의 절인 생선
대장	음주, 가공육의 소비, 흡연, 엑스선 및 감마선	모든 형태의 석면, 교대근무, 적색육의 소비, Schistosoma japonicum의 감염, 소방관(firefighter)
직장	음주, 가공육의 소비, 흡연	모든 형태의 석면, 교대근무, 적색육의 소비, Schistosoma japonicum의 감염, 엑스선 및 감마선
간	아플라톡신, 음주, 에스트로젠-프로게스테론 피임약(혼합제제), B형간염 바이러스(만성), C형간염 바이러스(만성), 플루토늄, 토륨-232, 흡연, 염화비닐	단백동화 스테로이드, 비소 및 무기 비소 화합물, 담배와 상관없는 베텔(빈랑), DDT, Type 1 인간면역 결핍바이러스, Schistosoma japonicum의 감염, 트리클로로에틸렌, 엑스선 및 감마선
담도	Clonorchis sinensis(감염), 1,2-디클로로프로판, Opisthorchis viverrini(감염), 토륨-232, 흡연	단백동화 스테로이드, 비소 및 무기 비소 화합물, 담배와 상관없는 베텔(빈랑), DDT, 디클로로메탄, B형간염 바이러스, C형간염 바이러스, 인간면역 결핍바이러스, Schistosoma japonicum의 감염, 트리클로로에틸렌, 엑스선 및 감마선
담낭	토륨-232	
췌장	무연흡연, 흡연	음주, 아편 소비, 적색육 소비, 토륨-232, 엑스선 및 감마선
소화기, 불특정부위		요오드-131을 포함한 방사성 동위원소

더 읽을거리

IARC Monogrpah on the Evaluation of Carcinogenic Risks to Humans, Vol 100C, Asbestos (chrysotile, amosite, crocidolite, tremoolite, actinolite and anthophylite):2012 Available at: http://monographs.iarc.fr/ENG/Monographs/vol100C/mono100C-11.pdf.

IARC Monogrpah on the Evaluation of Carcinogenic Risks to Humans, Vol 100C, X-and γ-radiation; 2012 Available at: http://monographs.iarc.fr/ENG/Monographs/vol100D/mono100D-7.pdf.

IARC Monogrpah on the Evaluation of Carcinogenic Risks to Humans, Vol 100D. Radiation;2012 2012 Available at: http://monographs.iarc.fr/ENG/Monographs/vol100D/mono100D.pdf.

IARC Monogrpah on the Evaluation of Carcinogenic Risks to Humans, Vol 100f. Ethylene oxide; 2012 Available at: http://monographs.iarc.fr/ENG/Monographs/vol100F/mono100F-28.pdf.

Internation Agency for Reserach on Cnaer, IARC Monogrpah on the Evaluation of Carcinogenic Risks to Humans, Vol 98. Shift work; 2010 Available at: http://monographs.iarc.fr/ENG/Monographs/vol98/mono98-8.pdf.

제16장 정신질환

제1절 직업성 정신질환

박신구

직업성 정신질환은 정신질환이 업무 사유로 인해 발생 혹은 악화된 것으로, 업무를 하지 않았으면 발병하거나 악화되지 않았을 정신질환이 업무로 인해 발생하였거나 악화된 것을 의미한다. 2013년 7월 산업재해보상보험법 시행령의 업무상 질병에 대한 구체적 인정기준에 외상후 스트레스 장애가, 2016년 3월에는 적응장애와 우울병 에피소드가 등록되었다. 그리고 2019년 1월에 근로기준법에 직장내 괴롭히 금지조항이 신설되면서 산업재해보상보험법 제37조(업무상의 재해의 인정기준)에 근로기준법 제76조의2에 따른 직장내 괴롭힘, 고객의 폭언 등으로 인한 업무상 정신적 스트레스가 원인이 되어 발생한 질병이 추가되있다.

1.1 스트레스로 인한 정신질환의 발생

스트레스로 인한 정신질환의 발생은 흔히 스트레스 취약성 모델(stress-diathesis model)로 설명된다. 이 이론은 정신질환에 관한 취약성을 선천적으로 타고 나거나 후천적으로 획득한 사람에게 다양한 스트레스가 가해졌을 때 정신질환이 유발된다고 본다. 이것은 질병에 대한 소인인 개인의 취약성과 환경적 스트레스 간의 상호작용에 초점을 둔 것이다. 환경에서 유래한 스트레스(업무상 또는 업무 외의 심리적 부하)와 개체 측의 반응성, 취약성(개체 측의 요인)과의 관계에서 정신질환의 발생여부가 결정된다는 것이다. 예를 들어, 스트레스가 매우 강하면 개체 측의 취약성이 작더라도 정신질환이 발생할 수 있고, 반대로 개체 측의 취약성이 크고, 스트레스가 작아도 정신질환이 발생할 수 있다는 것이다.

1.2 원인과 위험요인

정신질환은 신경생물학적 요인, 사회심리적요인, 유전적 요인, 개인이 가진 취약성과 치유 회복 능력 등 다양한 원인이 복잡하게 작용하며, 직업성 정신질환은 업무 관련 요인과 개인적 요인이 상호작용하여 발생한다. 업무 관련 요인은 크게 사회심리적 요인, 물리적 요인, 화학적 요인 등으로 구분된다(표 16-1, 표 16-2).

1.3 직업성 정신질환

우리나라에서 빈도가 높은 직업성 정신질환은 우울증,

표 16-1 정신질환의 위험요인

구분	내용
사회심리적 요인	직무스트레스, 높은 직무 요구도, 낮은 업무 재량권, 낮은 사회적 지지, 관계갈등, 일-가정 양립
물리적 요인	소음, 교대근무, 외상
화학적 요인	유기용제, 금속(납, 수은 등), 실내공기오염
개인의 감수성	성별, 사회경제적 수준 등

표 16-2 정신질환의 사회심리적 위험요인

구분	증상	질병
낮은 업무재량권과 높은 직무요구도	희망이 없고 무력감, 민감하고 화를 잘 냄, 감정 고갈, 자아 상실감	우울, 불안
낮은 사회적 지지	결근율 증가, 책임감 결여, 의사결정의 자신감 감소, 가정 내 갈등 증가	우울, 불안
직장-가정 갈등	업무 생산성 감소, 만족감 감소	우울, 불안, 알코올 남용
동료, 직장상사와 관계갈등	질병 결근 증가, 자아존중감 감소, 감정고갈, 자아상실감	우울, 불안

적응장애, 급성스트레스 장애, 외상후 스트레스 장애, 불안장애 등이다. 산재로 인정된 직업성 정신질환(자살 포함)은 2005년에는 27명, 2006년에는 31명이었고, 이후 점차 증가하여 2018년 201명, 2019년 231명으로 늘어나는 경향을 보여주고 있다.

1) 우울 에피소드

우울 에피소드(Depressive episode)는 2016년에 산업재해보상보험법 시행령 별표 3 업무상 질병에 대한 구체적 인정 기준에 명시된 질환으로, DSM-5에 따른 진단명으로는 주요우울장애(Major depressive disorder)에 해당한다.

주요우울장애는 감정, 생각, 신체 상태 그리고 행동 등에 변화를 일으키는 질병으로 일시적인 우울감과는 다르다. 한국인의 우울증은 기분증상보다는 불면, 소화기계, 호흡기계 증상 및 만성 피로감, 두통 등의 신체증상을 주로 호소한다고 알려져 있다. 직장에서 우울증의 증상은 작업 패턴 변화, 기분, 사고 과정, 신체적 기능 및 행동 등을 통해 빈번하게 드러나게 되어 주변 사람들이 인지를 할 수 있다. 특히, 우울한 근로자의 감정은 매우 부정적이고, 슬프고, 민감하고, 방어적이며 분노 발작이 두드러지며 잘 울거나, 쉽게 상처받거나 화를 내고, 피곤해하고, 집중력이 감소되고 신체 조절 기능의 감소를 호소하고, 사고율, 결근율 및 신체 질병률의 증가를 보여 생산성에 영향을 주게 된다. 또한 우울증이 있는 근로자는 거의 대부분 사회적 행동에 손상을 보여, 대화에 덜 참여하고, 다른 사람과 협력하는 마음이 적어져 대인관계에 영향을 주게 되며, 우울증으로 인한 행동 붕괴의 결과로 자살에까지 이를 수도 있다. 우울증의 위험요인으로는 높은 직무긴장, 높은 직무요구도, 낮은 직무재량, 고용불안, 낮은 사회적 지지, 노력-보상불균형, 위협 및 폭력, 불공정, 장시간 근로, 해고 경험, 업무상 사고 경험 등이 관련이 있는 것으로 알려져 있다.

2) 불안장애

다양한 형태의 비정상적, 병적인 불안과 공포로 인하여 일상생활에 장애를 일으키는 정신질환을 통칭하는 것으로, 우리나라에서는 불안장애 중 공황장애와 범불안장애가 직업성 정신질환으로 인정된 사례가 있다. 불안장애의 진단 체계는 DSM-5로 개정되면서 과거 불안장애에 포함되어 있던 강박장애와 외상후 스트레스 장애는 불안장애에서 제외되어 각각 강박 및 관련 장애와 외상 및 스트레스 장애로 독립 질환군이 되었다.

불안장애와 관련된 직업적 요인으로는 낮은 직무 자율성, 높은 직무 요구도, 직무 불안정, 낮은 소득, 장시간 근무, 야간근무 등이 알려져 있다. 사무직 근로자가 생산직 근로자보다 일 관련 불안 증상이 높다고 보고되고 있다.

(1) 공황장애

공황장애는 공황 발작이 반복적으로 일어나고, 공황 발작이 다시 올 것에 대한 두려움 즉 예기불안 등이 있을 때 진단된다. 대부분의 사람이 첫 번째 공황발작 몇달 전에 선행하는 스트레스 요인이 있었다(예: 대인관계 스트레스, 질병, 불법약물이나 처방된 약물, 질병, 가족의 죽음으로 인한 부정적 경험 같은 신체적 안녕과 관련된 스트레스 등). 공황장애의 경우 급성의 스트레스 사건을 경험하는 경우 증상이 악화될 수 있다는 보고들이 있다.

(2) 범불안장애

일상생활의 상황이나 활동들에 대하여 거의 매일 최소한 6개월 이상 과도한 불안과 걱정을 주로 나타내는 질환이다. 이러한 걱정은 조절하기 어렵고, 다양한 신체증상들(초조감, 피로감, 멍한 느낌, 짜증이 잘남, 근육 긴장, 수면장애)이 나타난다. 대개 증상이 일생을 통해 호전과 악화를 반복하면서 장시간 지속되고 만성화되는 양상을 보이고, 완전 관해율은 낮은 편이다.

3) 외상 및 스트레스 장애

진단 체계가 DSM-5로 개정되면서 과거 불안장애에 속해 있던 급성스트레스 장애, 외상 후 스트레스 장애 그리고 과거 다른 독립적 범주에 속해 있던 적응장애의 3개 진단은 DSM-5에서는 외상 및 스트레스 장애로 새롭게 범주화되었다. 외상사건이나 스트레스 사건에 노출된 후에 많은 사람들이 임상적으로 불안이나 공포 증상보다는 무기력감, 불쾌감, 분노, 공격적 증상, 해리 증상 등을 특징적으로 나타내고 있어 불안장애와 구별된 진단 영역으로 따로 구분되었다.

(1) 적응장애

적응장애는 확인 가능한 스트레스 요인에 대한 정서적 반응으로 스트레스 요인에 노출된 후 3개월 이내에 정서 및 행동 증상이 나타나야 하고, 이러한 증상들은 스트레스 요인이 소멸된 후 6개월 이상 지속되지 않는다고 규정하고 있다. 그러나, 스트레스 요인이 지속되는 경우에는 6개월 이상 적응장애 증상이 지속되는 만성상태가 될 수도 있다. 스트레스 요인은 단일의 사건이나 다양한 요인 될 수도 있으며, 일회적일 수도 있고, 반복적, 지속적일 수도 있다. 적응장애는 보통 환자가 다른 정신질환의 기준을 충족할 만큼의 기분 및 행동 문제를 보이지 않는 경우 흔히 쓰이는 진단명이고, 경과적 진단명이므로 증상 시작 이후 6개월 정도 경과후에 증상 지속 여부 평가 및 새로운 진단이 필요한 경우가 있다. 업무와 관련한 다양한 스트레스 요인으로는 급격한 직무변경과 책임의 변화 등이 중요한 요인으로 알려져 있다.

(2) 급성 스트레스 장애

급성 스트레스 장애는 외상 사건후 4주 이내에 외상 후 스트레스 장애 증상에 해당하는 침습 증상, 부정적 기분, 해리증상, 회피 증상, 각성 증상 중 상당 부분의 증상을 보일 경우 진단하기 때문에 외상 후 스트레스 장애의 급성기 진단으로 여겨지고 있고, 외상 후 스트레스 장애와 비교하여 증상 기간만 다르다.

(3) 외상 후 스트레스 장애

외상 후 스트레스 장애의 진단기준을 충족하기 위해서는 반드시 원인이 되는 외상성 사건이 있어야 하며, 다른 정신질환에 비해 업무 관련성 평가가 용이하고, 이런 이유 등으로 2013년에 정신질병 중 최초로 산업재해보상법의 업무상 질병 인정기준에 포함되었다.

외상 후 스트레스 장애는 원인이 되는 대부분의 사람에게 외상으로 작용할 정도의 충격적인 외상성 사건이 있어야 한다. 업무 관련성을 평가할 때도 업무와 관련한 외상성 사건을 구체적으로 살펴보는 것이 중요하다. 외상성 사건의 심각도, 생명위협정도, 개인적 부상유무, 대인관계적 폭력, 가해유무, 잔혹행위의 목격, 작업장

요인 등을 면밀히 살펴야 한다. 외상성 사건 발생 후 증상이 4주 이상 지속되는 경우 외상 후 스트레스 장애로 진단하고, 사건 발생 4주 이내인 경우는 급성 스트레스 장애로 진단하므로, 급성 스트레스 장애의 경우 일정기간 이후 재진단이 필요할 수 있다.

1.4 업무관련성 평가

정신질환의 업무관련성 평가에서 우선 정확한 진단이 중요하다. 근로복지공단에서는 산재요양 신청시 주치의가 DSM-5 기준의 진단명을 확인하여 한국표준질병 · 사인분류(KCD) 코드로 제시하도록 하고 있고, 임상심리검사 결과가 없거나 제출된 검사결과가 정신건강임상심리사1급 자격을 갖춘 전문가를 보유한 의료기관에서 실시한 경우가 아닌 경우 특별진찰을 의뢰할 수 있다.

진단명이 확인되면 발병 전 6개월간의 스트레스 정도를 파악하는 것이 중요하다. 발병 전 6개월 간 노동시간, 업무의 실패 또는 과중한 책임, 업무의 양과 질의 변화, 역할과 입장의 변화, 대인관계, 스트레스 가중요인 등을 확인해야 한다(표 16-3). 또한 외상 및 스트레스 장애(외상 후 스트레스 장애, 급성 스트레스 장애, 적응장애)는 심리적 외상사건이 중요하므로 이에 대한 확인이 필요하다(표 16-4).

표 16-3 정신질환의 업무관련성 평가: 발병 전 스트레스

발병 전 6개월 간의 스트레스	내용
노동시간	증상 발현 이전 연장근로 증가, 휴일 없는 연속근무
업무의 실패, 과중한 책임	업무와 관련한 중대한 인사 사고 경영에 영향을 주는 중대한 업무상의 실수 회사의 사고, 사건에 관한 책임을 물게 됨 자신에게 관계되는 업무로 거액의 손실 발생 업무와 관련하여 위법 행위를 강요당함 달성 곤란한 업무가 부과됨 상사 부재로 대행을 맡게 됨 그 밖의 업무의 실패나 과중한 책임을 지게 된 일
업무의 양과 질의 변화	업무 내용 · 업무량의 큰 폭의 변화 갑작스런 연장근로 증가 근무 형태의 갑작스러운 변화 업무의 속도, 활동의 변화 그 밖의 업무의 양과 질에 관한 사항
역할 · 입장의 변화	퇴직을 강요 받음 여러 명이 담당했던 업무를 1명이 담당 업무상 불이익, 차별을 당함 조기 퇴직 대상 선정 그 밖의 역할 · 입장의 변화에 관한 사항
대인관계	심한 괴롭힘, 따돌림, 폭행 등 상사, 동료, 부하와의 갈등 그 밖의 대인관계에 관한 사항
스트레스 가중요인	사후 대응의 경제적 · 정신적 부담 회사에 손실 발생한 경우 그 금액과 부담 징계, 배상 책임 등의 추가 부담 해당 변화와 관련한 지속적이고 반복적인 스트레스 노출

표 16-4 정신질환의 업무관련성 평가: 심리적 외상사건

심리적 외상사건	내용
사고나 재해의 경험 · 목격	본인 또는 동료의 사고 경험 및 목격
성폭력 · 성희롱	고객, 동료, 상사 등에 의한 성희롱과 성폭력 성희롱 : 상대방에게 성적 굴욕감이나 혐오감을 느끼게 하는 행위 등 성폭력 : 성과 관련된 폭력적 행위, 강간, 성추행 등
폭언	고객, 동료, 상사 등에 의한 협박, 위협, 욕설, 고함, 집단 따돌림 등 학대 : 신체적, 정신적으로 학대하는 행위(협박, 희롱, 집단 괴롭힘 포함) 협박 : 신체적, 성적, 정신적 피해나 다른 부정적인 결과를 두려워하게 하는 불법적인 강제력의 사용 희롱 : 나이, 장애, 성, 언어, 정치색, 노동조합 혹은 다른 견해나 신념 등 개인의 존엄성에 부정적인 영향을 미치는 상태를 기반으로 하는 언어적, 비언어적, 시각적, 정신적, 신체적 행위
폭력	고객, 동료, 상사 등에 의한 폭력 신체적 상해 시도 혹은 신체적 해를 입히려는 공격(신체나 도구 등 물리력을 사용)

1.5 자해와 자살

산업재해보상보험법에 의하면 근로자의 고의, 자해 또는 범죄 행위로 인해 발생한 부상이나 질병, 장해 또는 사망은 업무상 재해로 인정되지 않는다. 다만 예외적으로 인정되는 경우에 대해서는 대통령령으로 정하고 있다. 즉, 업무상의 사유로 발생한 정신질환으로 치료를 받는 사람이 정신적 이상 상태에서 자해 행위를 하였거나, 업무상 재해로 요양 중인 사람이 해당 재해로 인한 정신적 이상 상태에서 자해 행위를 한 경우에는 업무상 재해로 인정될 수 있다.

더 읽을거리

김경하. 업무상 정신질환 요양결정 사례 및 판례분석 연구. 근로복지공단 근로복지연구원. 2019.
김인아 등. 정신질병의 업무관련성 판단 및 요양방안 연구. 연세대학교 산학협력단고용노동부. 2013.

제2절 교대근무와 수면장애

조성식

2.1 일주기 리듬

인체의 대사와 생리는 일주기 리듬(circadian rhythm)에 따라 변동한다. 일주기 리듬유전자는 최초로 시상하부의 시각교차상핵(suprachiasmatic nulceus, SCN)에서 발견되었고 SCN은 내인적 생체시계의 중추적인 역할을 수행한다. 한편 말초 조직세포(피부, 골수, 대장, 지방조직, 모낭조직, 구강점막 등)도 일주기 리듬에 따른 변동이 있으며 SCN과는 서로 되먹임 관계를 보인다. 내인적 생체시계는 외부 자극 없이는 24시보다 약간 긴 주기를 갖지만 하루 동안의 빛과 어둠의 영향으로 24시간 주기에 맞게 동기화된다. 망막의 경절(ganglion) 세포가 중요한 역할을 하며 망막에서 망막시상하부 경로(retinohypothalamic track)를 통해 빛이 일주기 리듬을 동기화하도록 한다. 빛과 어둠 이외에도 식사를 하는 시점도 일주기 리듬에 영향을 준다. 중심 체온은 오후 6~7시경에 가장 높았다가 감소하기 시작하여 새벽 4~6시경에 가장 낮아진다. 멜라토닌은 저녁에 분비되기 시작하고 새벽에 가장 많이 분비되며, 낮에는 분비가 멈추고 코티솔은 아침에 깨어나기 직전에 가장 많이 분

비된다. 그 외에도 혈압 변동, 성장 호르몬 등도 일주기 리듬을 따른다.

2.2 수면 각성 주기

수면과 깨어남은 항상성(Homeostasis) 혹은 S 프로세스와 일주기(Circadian) C 프로세스의 복잡한 상호작용에 의해 조절된다. 깨어난 시간이 늘어나면서 수면 압력이 증가하며, 반대로 수면하는 동안에는 수면 압력이 감소하는 것이 S process이다. 수면 단계 중 Non-REM 수면단계 중 서파 수면의 길이가 S 프로세스에 결정적인 영향을 준다. 반면에 하루의 주기에 맞추어서 수면 성향의 변동에 대응한다. 아침에는 각성의 경향이 증가하고 반면에 저녁에는 수면의 경향이 증가한다. 낮에 활동하는 사람은 일주기 높은 중심체온과 일주기 리듬상의 각성 경향에도 불구하고 아침부터 계속된 수면 부채로 인해서 밤에 잠들 수 있으며 아침에는 낮은 체온과 일주기 리듬상의 수면 경향에도 이미 8시간의 수면을 취했기 때문에 잠에서 깨어날 수 있다. 주로 프로세스 C와 부분적으로 프로세스 S로 인해 하루에 두 번 고수면 경향이 나타난다. 중심 체온이 최저점인 늦은 새벽과 무렵과 점심 식사 후에 졸음이 오는 시기에 높은 수면 경향이 나타난다. 하루 중에는 낮은 수면 경향의 시기가 두 번 있다. 이는 각성 유지 시간이라고 불린다. 이는 아침 3~4시간과 저녁시간이다. 아침의 각성 유지 시간은 야간 근무노동자에서 아침에 입면을 어렵게 하는 요인이다.

2.3 교대근무와 일주기 리듬의 어긋남

교대근무는 일주기 리듬의 어긋남(circadian mis-alignment)으로 이어질 수 있으며 교대근무에 적응하는 정도는 개인별 편차가 존재한다. 유전적 요인, 아침/저녁형(chronotype), 일 중의 빛과 어둠의 형태가 일주기 리듬 생리에 영향을 준다. 일주기 리듬의 어긋남은 수면 각성주기, 호르몬 분비, 혈당 조절, 혈압 변동에 영향을 줄 수 있다. 일주기 리듬 관련 수면장애는 수면시간이 앞으로 당겨지거나(Advanced sleep-wake phase disorder) 뒤로 늦추어 지기도 하며(Delayed sleep-wake phase disorder), 수면시간이 불규칙해지기도 하고(Irregular sleep-wake rhythm disorder), 불면증이 생기기도 한다.

교대근무로 인한 수면장애(shift work disorder)는 일주기 리듬의 어긋남으로 인해 생기는 질환 중에 하나라고 할 수 있다. 교대근무 수면장애의 증상은 피로감, 집중의 어려움, 짜증남과 정서 문제, 주간 졸림증, 사고 위험의 증가와 관련이 있다. 한편 일주기 리듬 수면-각성 장애(Circadian Rhythm Sleep-Wake Disorders)의 국제수면장애 분류는 [표 16-5]와 같다.

2.4 교대근무 수면장애의 진단

불면증이나 과도한 졸림증이 있어야 하고, 증상으로 인해 사회나 직업 활동에 방해가 되며, 증상이 교대근무 일정의 변동과 관련이 있고 1개월 이상 지속되어야 하

표 16-5 일주기 리듬 수면-각성 장애의 분류

- 지연된 수면 – 각성 위상 장애(Delayed sleep-wake phase disorder)
- 전진된 수면 – 각성 위상 장애(Advanced sleep-wake phase disorder)
- 불규칙 수면 – 각성 위상 각성 장애(Irregular sleep-wake rhythm disorder)
- 비 24시간 수면 – 각성 증후군(Non-24-hour sleep-wake rhythm disorder)
- 교대근무 수면장애(Shift work disorder)
- 시차 부적응 장애(Jet lag disorder)
- 기타 일주기 수면 – 각성 장애(Circadian sleep-wake disorder not otherwise specified)

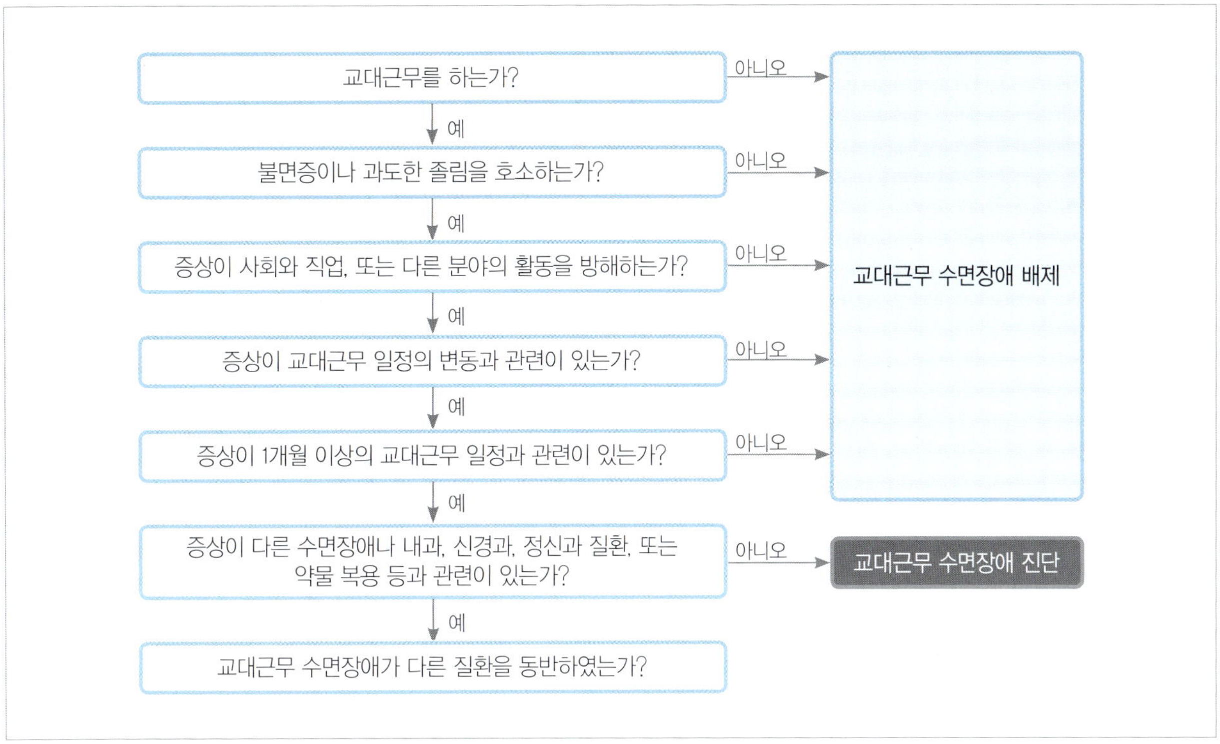

그림 16-1 교대근무 수면장애의 진단

며, 수면장애가 다른 내과나 신경과, 정신과 질환이나 약물 남용 등으로 인한 것이 아닌 경우 교대근무 수면장애로 진단할 수 있다(그림 16-1).

2.5 교대근무 수면장애의 중재 및 치료

교대근무 수면장애에 대한 치료는 집단적 중재로서 교대근무 일정의 개선, 개인적 중재로서 광치료와 멜라토닌 등이 있다. 교대근무 일정의 수립에 근로자들의 참여가 이루어져야 하며, 교대근무 사이에 충분한 휴식과 수면시간이 보장되어야 한다. 일반적으로 야간근무 일수를 최소화하는 것이 좋으며, 연속적인 야간근무는 피하는 것이 좋다. 빠르게 순환하는 교대근무 일정이 느리게 순환하는 일정보다 좋다는 연구결과가 있으나, 반대의 연구결과도 있어 빠른 순환과 느린 순환은 장단점이 있다. 반시계 방향의 후진형 교대근무 주기보다는 시계 방향의 전진형 방향의 교대근무 주기가 더 나은 것으로 알려져 있다.

일반적으로 교대 근무자들이 수면 위생을 실천할 수 있도록 격려하여야 하며, 인지행동치료가 도움이 될 수도 있다. 또 교대근무 수면장애를 위한 치료에는 밝은 빛을 이용한 광치료와 멜라토닌이 이용될 수 있다. 빛과 멜라토닌은 수면 위상을 변화를 줄 수 있으며 빛과 멜라토닌의 이같은 특성을 활용해서 교대근무 수면장애의 완화에 도움을 줄 수 있다. 밝은 빛 노출 시간과 멜라토닌 투여 시간은 개별 근로자의 근무시간에 맞추어서 세심히 조절되어야 한다. 또한 밝은 빛은 시신경을 따라 뇌의 각성 중추에 영향을 줄 수 있어서 야간근무가 끝나고 퇴근하는 중에 햇빛에 직접적으로 노출되지 않도록 하는 것이 좋으며, 이 경우 선글라스나 블루라이트 차단 안경이 도움이 될 수 있다.

업무 중의 졸음을 쫓기 위해서는 야간근무 중 짧은 잠(nap)이나 커피 음료를 통한 카페인 섭취가 도움이 된다. 아주 심한 졸음에는 기면병 치료에 사용되는 각성제(modafinil 등)를 처방할 수 있으나 사용시 주의를 기울여야 한다.

더 읽을거리

Foster, Russell; Kreitzman, Leon. Circadian Rhythms: A Very Short Introduction (Very Short Introductions) OUP Oxford

LaDou, Joseph; Harrison, Robert. CURRENT Diagnosis & Treatment Occupational & Environmental Medicine, 6th Edition

Lockley, Steven W.; Foster, Russell G.. Sleep: A Very Short Introduction (Very Short Introductions) OUP Oxford

제**4**편

환경과 건강

편집위원

정경숙 · 김환철

제1장

환경유해요인

제1절 대기오염과 황사

권호장

공기오염은 대기 또는 실내공기의 자연적 조성이 화학적, 물리적, 생물학적 요인에 의해 변화되어 사람 또는 환경에 해를 끼칠 수 있는 상태를 말한다. 세계보건기구에 따르면 전세계 인구의 99% 이상이 대기환경기준을 초과하는 지역에 살고 있고 매년 700만명이 공기오염으로 목숨을 잃고 있다. 공기오염은 인류의 건강에 가장 큰 위협을 미치는 환경유해요인이라고 할 수 있다.

대기오염물질은 미세먼지(PM_{10})와 같은 입자상 물질과 아황산가스 같은 가스상 물질로 구분할 수 있다. 대기오염물질은 배출원에 따라 산불이나 흙먼지와 같은 자연적 발생원과 인간의 활동에서 비롯되는 인위적 배출원으로 구별된다. 봄철에 경험하는 황사와 같은 자연현상을 제외하면 대기오염 대부분은 인간 활동과 관계가 있고, 특히 석유, 석탄과 같은 화석연료의 사용이 일차적인 원인이다. 과거에는 발전소나 대규모공장과 같은 점오염원(point source)으로 인한 대기오염이 주로 문제가 되었으나 최근에는 자동차와 같은 이동오염원(mobile source)에 인한 대기오염이 문제가 되고 있다.

1.1 주요 대기오염물질

대기오염물질 중에 오염원에서 바로 대기로 배출되는 물질을 일차오염물질이라 하고, 일차오염물질이 대기 중에서 일련의 화학반응을 거쳐 생성하는 물질은 이차오염물질이라고 한다. 황 성분이 포함된 화석연료가 연소할 때 발생하는 아황산가스와 내연기관을 통해 배출되는 일산화탄소가 대표적인 일차오염물질이고 오존이 대표적인 이차오염물질이다. 이산화질소는 자동차 배기가스로 바로 나오기도 하지만 대부분은 배기가스 중에 있는 일산화질소(NO)가 산화반응을 거쳐서 생성되게 된다. 이산화질소의 주요배출원으로는 자동차와 발전소 등에서의 고온 연소과정과 화학물질 제조공정 등이 있다. 미세먼지도 오염원으로부터 바로 나오기도 하지만 아황산가스와 이산화질소가 산화과정을 통해 대기 중에서 황산염이나 질산염으로 변환하는 이차생성과정을 거쳐 만들어지기도 한다. 오존은 이산화질소와 휘발성 유기화합물(volatile organic compounds, VOCs)과 같은 전구물질이 햇빛 속에서 화학반응을 거쳐 만들어진다. 오존의 전구물질인 휘발성 유기화합물은 자동차, 화학공장, 정유공장 등 산업시설과 수목에 의한 자연적 생성 등 다양한 배출원에서 발생한다.

1.2 대기오염의 유해영향

국제질병부담(Global burden of disease, GBD) 연구에서는 대기 및 실내 공기오염을 허혈성심질환, 만성폐쇄성폐질환(COPD), 폐암, 뇌졸중, 그리고 소아 호흡기감염의 유의미한 위험인자로 포함하고 있다. 국제질병부담 연구에는 아직 포함되지 않았지만 대기오염과 관련한 유해한 건강영향의 가능성이 높은 요인으로는 저체중 출생, 폐기능 감소, 심혈관위험 생체지표 등이 있다.

1) 호흡기계 영향

호흡기계는 대기오염물질이 체내로 들어오는 통로이기 때문에 오래전부터 대기오염의 호흡기계 건강영향에 대한 연구가 있었다. 미세먼지, 오존, 블랙카본(black carbon), 이산화질소의 단기 및 장기 노출이 호흡기계 사망을 증가시킨다는 명확한 역학적 증거들이 있으며, 특히 미세먼지의 경우 폐암의 위험을 높이는 것으로 알려져 있다. 다양한 대기오염물질이 천식, 만성폐쇄성폐질환(COPD), 낭성섬유증(cystic fibrosis) 등의 만성호흡기질환을 악화시키고, 자동차 대기오염물질 노출이 천식과 천명 증상 악화를 유발하는 것으로 밝혀졌다. 대기오염이 소아 천식이나 성인에서 천식 또는 COPD 발생 자체를 초래하는지에 대해서는 아직 근거가 충분하지는 않지만, 발생률을 증가시킨다는 결과들이 최근에 발표되고 있다.

대기 질이 개선되면 어린이의 폐 성장에 긍정적인 영향을 미치고 동시에 자동차 대기오염물질에 장기간 노출되면 성인의 폐기능 감소를 초래한다는 근거들이 있다. 건강한 사람에서는 대기오염 단기 노출에 따른 일시적 폐기능 감소 자체는 증상이 없으면 유해한 건강영향으로 간주하지 않지만, 천식 등 현재 폐기능 장애가 있는 사람에서는 작은 폐기능 변화도 유해한 건강영향으로 볼 수 있다.

대기오염물질 노출에 따른 기도과민성(airway hyperresponsiveness)이나 기도염증 지표의 변화가 건강한 사람에서 일시적으로 나타나는 것은 유해한 건강영향으로 보지 않으나, 증상을 동반하거나 질환과 연관된 경우에는 유해한 건강영향으로 간주한다. 인구집단 수준에서 관찰되는 대기오염물질 노출에 따른 기도과민성이나 기도염증 지표 평균값의 변화는 그 크기가 크지 않더라도 민감집단이 포함되어 있다는 사실을 고려하여 평가해야 한다.

2) 심혈관계 영향

심혈관계 질환 중에 대기오염물질과의 연관성이 역학적으로 확인된 것은 심혈관계 질환 사망, 심근경색, 뇌졸중, 혈압상승, 부정맥, 울혈성 심부전으로 인한 입원 등이 있다.

(1) 심근경색

대기오염물질의 단기적 농도 상승이 심근경색을 유발한다는 연구들이 많이 보고된 바 있다. 또한, 대기오염물질의 장기 노출과 심혈관질환 입원이나 사망 간의 연관성 연구도 많이 수행되었다. 유럽에서 수행된 코호트 연구에 따르면 초미세먼지($PM_{2.5}$)가 5μg/m^3 증가하면 관상동맥질환 발생의 위험이 13% 증가하는 것으로 나타났다. 상대위험도 1.13을 기여위험분율로 환산하면 12%인데 이는 인구집단에서 초미세먼지 노출을 5μg/m^3 낮추면 관상동맥질환을 12% 예방할 수 있다는 것을 의미한다.

(2) 심부전, 뇌졸중, 부정맥

대기오염물질의 단기 노출이 심부전 악화와 사망 그리고 뇌졸중(주로 뇌경색)과 관련이 있다는 근거들이 있다. 대기오염물질의 장기 노출과 뇌졸중과의 관련성에 대한 보고들은 있지만 심부전과의 관련성에 대한 연구는 아직까지 거의 없다. 또한, 대기오염물질의 단기 노출이 심실 및 심방 부정맥과 관련이 있다는 보고들이 있으나 연구결과들이 일관되게 나타나지는 않고 있다.

(3) 고혈압

고혈압은 심근경색과 뇌졸중의 가장 중요한 위험인자

이다. 대기오염이 혈압을 높인다는 역학 및 동물실험 결과들이 많이 보고되고 있다. 초미세먼지($PM_{2.5}$) 농도가 단기적으로 상승하면 10ug/m^3 증가 당 5일에 걸쳐 혈압이 1-2mmHg 증가하는 것으로 보고되고 있고 장기 노출의 경우에는 혈압이 5-10mmHg 상승하는 것으로 보고되고 있다. 고혈압이 장기적으로 다양한 심혈관질환의 위험요인이라는 점을 감안할 때 대기오염에 의한 혈압상승 자체가 대기오염의 유해영향이라고 볼 수 있다.

3) 새로운 유해영향

대기오염물질의 유해영향에 대한 연구는 주로 호흡기계와 심혈관계에 집중되어 있었으나, 최근에는 전신 염증, 산화스트레스, 면역변화, 후성유전학적 변화 등 전신 건강영향과 관련이 있다는 연구들이 계속 발표되고 있다. 그 결과로 대기오염물질은 2형 당뇨병 및 비만에 영향을 미치고 임신 중 대기오염물질 노출은 저체중 출생아, 미숙아 출산과 연관이 있는 것으로 알려져 있다.

대기오염물질은 인지기능의 감소를 초래하고 알츠하이머병, 혈관성 치매 등 퇴행성 신경질환과의 연관성이 보고되고 있으며 소아의 인지발달에도 영향을 미치는 것으로 알려져 있다. 대기오염물질이 중추신경계에 도달하는 경로에 관해서는 후각상피를 통한 직접도달과 혈액을 통해 혈-뇌 장벽을 통과하는 경로 등이 제시되고 있다. 최근에는 대기오염과 우울, 불안과 정신적 증상과 자살의 관련성에 대한 연구결과도 발표되고 있다.

1.3 우리나라 대기오염 현황

우리나라 대도시의 대기오염 수준은 오염물질별로 다른 양상을 나타내고 있다. 아황산가스는 저황유 공급, 저공해자동차 보급 등과 같은 대기오염 저감 정책이 가시적인 성과를 나타내고 있는 대표적인 예라고 할 수 있으며, 서울을 포함한 우리나라 주요 도시에서 아황산가스의 농도는 현저하게 개선되어 현재는 모두 대기환경기준을 충족시키고 있다. 미세먼지는 전반적으로 감소하고 있는 양상을 보이고 있고 초미세먼지는 2015년부터 공식적인 측정이 이루어져 장기적인 추세를 보기는 어렵지만 대체로 감소하고 있다. 이산화질소의 농도는 자동차

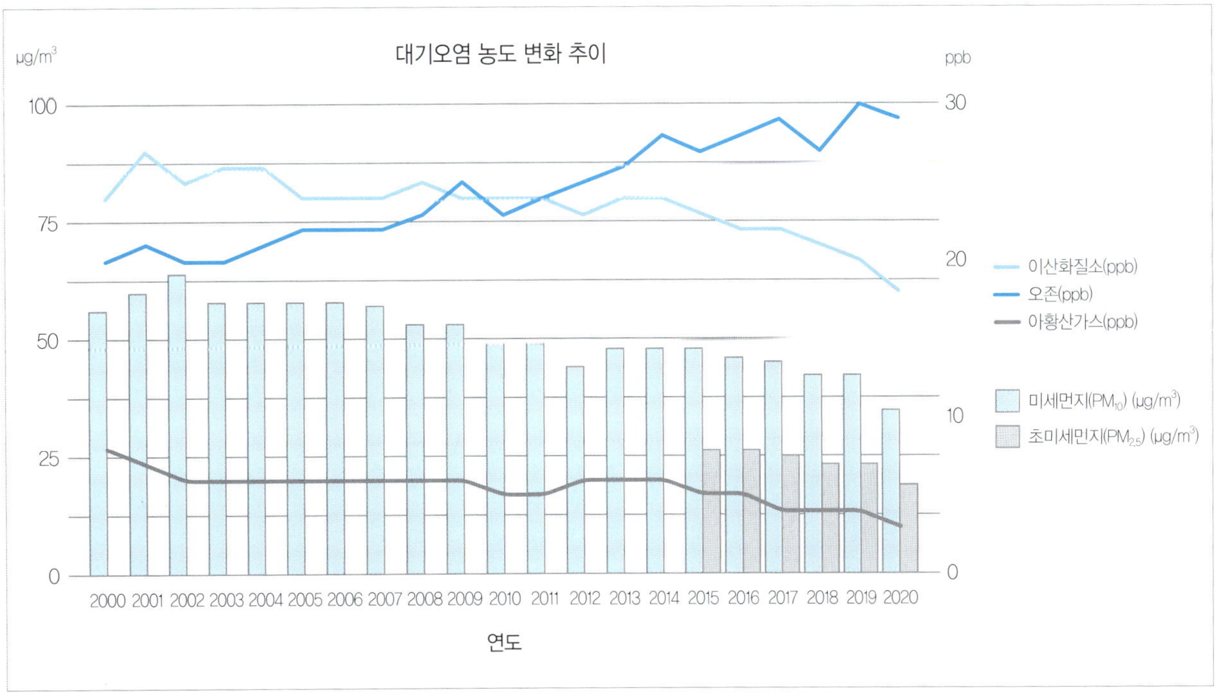

그림 1-1 주요 대기오염 물질의 연간평균농도 변화

배출가스의 영향을 많이 받기 때문에 자동차 등록 및 운행 대수가 많은 수도권 지역이 전국에 비해 높은 농도를 보이는데 전체적인 농도 수준은 감소하는 추세를 보이고 있다. 반면에 오존의 연간 평균치는 꾸준히 높아지는 추세이다(그림 1-1).

1.4 대기환경기준

대기환경기준은 우리나라 대기정책의 행정목표치로서, 환경개선을 위해 오염 정도를 판단 및 예측하고 대책을 강구하는 척도로 사용된다. 대기환경기준 농도는 세계보건기구의 대기질지침(air quality guideline)과 현재의 우리나라 오염도를 고려하여 결정하고 있다. 우리나라에는 미세먼지(PM_{10}), 초미세먼지($PM_{2.5}$), 아황산가스, 일산화탄소, 이산화질소, 오존, 납, 벤젠에 대한 대기환경기준치가 제시되어 있다(표 1-1).

세계보건기구의 대기질지침의 기준치는 대기질 관리를 목적으로 건강에 유해한 영향을 나타내지 않는 건강-기반 농도로 설정하는데 핵심적인 대기오염물질에 대해 단기와 장기 기준으로 구분하여 제시되고 있다. 세계보건기구의 대기질지침은 모든 나라가 법적으로 준수해야 하는 기준은 아니고 각 나라가 자국의 대기환경기준을 설정할 때 활용할 수 있는 지침의 성격을 가지고 있다. 따라서 건강에 영향을 나타내지 않는 농도인 기준치 외에도 중간목표농도를 4단계까지 나누어 제시함으로써 각 나라마다 대기오염 정도를 고려하여 자체 기준치를 설정하고 대기 질이 개선되면 중간목표를 상향하는 방식으로 대기정책을 수립할 수 있도록 하고 있다. 세계보건기구의 대기질지침은 2021년에 개정되었는데 예전의 지침에서 제시한 농도보다 낮은 기준치를 제시하고 있다.

1.5 예보 · 경보제

대기오염으로 인한 국민건강 피해를 줄이기 위해 사전에 정보를 제공하는 국가 대기질 예보제를 미세먼지와 오존을 대상으로 시행하고 있다. 예보제는 미세먼지 및

표 1-1 주요 대기오염물질의 대기환경기준 농도

항목	국내기준*	세계보건기구 기준(2021)
미세먼지 (PM_{10})	• 연간평균치 50μg/m^3 • 24시간 평균치 100μg/m^3	• 연간평균치 15μg/m^3 이하 • 24시간 평균치 45μg/m^3 이하
초미세먼지 ($PM_{2.5}$)	• 연간평균치 15μg/m^3 • 24시간 평균치 35μg/m^3	• 연간평균치 5μg/m^3 이하 • 24시간 평균치 15μg/m^3 이하
오존(O_3)	• 8시간 평균치 0.06ppm • 1시간 평균치 0.1ppm	• 피크시즌 평균치 60 μg/m^3 • 8시간 평균치 100μg/m^3
이산화질소 (NO_2)	• 연간평균치 0.03ppm • 24시간 평균치 0.06ppm • 1시간 평균치 0.1ppm	• 연간평균치 10μg/m^3 • 24시간 평균치 25μg/m^3
아황산가스 (SO_2)	• 연간평균치 0.02ppm • 24시간 평균치 0.05ppm • 1시간 평균치 0.15ppm	• 24시간 평균치 40μg/m^3
일산화탄소 (CO)	• 8시간 평균치 9ppm • 1시간 평균치 25ppm	• 24시간 평균치 4μg/m^3
납(Pb)	• 연간평균치 0.5μg/m^3	
벤젠	• 연간평균치 5μg/m^3	

* 1시간 평균치는 전체 측정수를 1000개로 환산하여 그 999번째의 수의 값이 그 기준을 초과하여서는 아니 되고, 8시간 및 24시간 평균치는 전체 측정수를 100개로 환산하여 그 99번째의 수의 값이 그 기준을 초과하여서는 아니 된다.

표 1-2 미세먼지 및 오존 예보 등급

항목	좋음	보통	나쁨	매우나쁨
PM_{10}(μg/m^3, 일평균)	0~30	31~80	81~150	151 이상
$PM_{2.5}$(μg/m^3, 일평균)	0~15	16~35	36~75	76 이상
오존(ppb, 일최대)	0~30	31~90	91~150	151 이상

오존 농도를 예측하여 사전에 알려 미리 대비할 목적으로 시행하는데 예측되는 농도 수준에 따라 좋음, 보통, 나쁨, 매우나쁨 등 4개 등급으로 나누어 정보를 제공하고 있다(표 1-2).

미세먼지 경보제는 고농도 미세먼지 발생 시에 국민들에게 주의를 환기시키고 지자체별로 시민 건강보호 및 대기오염 개선 노력을 하도록 운영하고 있는데 농도 수준에 따라 주의보 또는 경보가 발령된다. 초미세먼지의 경우 주의보는 시간당 평균농도가 75μg/m^3 이상으로 2시간 넘게 지속하면 발령하고 경보는 시간당 평균농도가 150μg/m^3 이상으로 2시간 이상 지속할 때 발령한다.

오존 경보제는 오존의 시간당 평균치가 0.12ppm 이상일 때 주의보를 발령하고 있고 0.30ppm 이상일 때는 경보, 0.50ppm 이상일 때는 중대경보를 발령하고 있다.

더 읽을거리

대기환경연보 2020. 국립환경과학원 2021. 발간등록번호 11-1480523-001980-10

WHO global air quality guidelines. Particulate matter (PM2.5 and PM10), ozone, nitrogen dioxide, sulfur dioxide and carbon monoxide. Geneva: World Health Organization; 2021.

제2절 디젤연소물질

김용대

지금까지 개발된 내연기관 중에서 디젤엔진은 일반인구가 가장 많이 사용하여 디젤연소물질로 인한 환경과 건강영향에 대한 관심도 매우 높다. 특히, 2012년 6월, 세계보건기구(World Health Organization, WHO) 산하 국제 암연구소(International Agency for Research on Cancer, IARC)가 디젤연소물질(diesel exhaust)이 폐암 발생의 위험을 증가시킨다는 충분한 증거가 확보되었다는 판단 하에 기존의 "probably carcinogenic to humans (Group 2A)"에서 "carcinogenic to humans (Group 1)"으로 변경한다고 발표하면서 건강영향에 대한 관심은 더욱 높아졌다.

2.1 정의 및 구성

디젤엔진은 가솔린엔진과 구분되는 동력발생 장치이며, 사용 장비니 분야에 따라 운송용과 비운송용으로 나뉜다. 운송용 디젤엔진은 기관차와 트럭 등의 대형 차량뿐 아니라 일반 승용차에도 널리 사용되는 반면, 비운송용 디젤엔진은 광업 또는 건설업에서 사용되는 장비에 주로 사용된다.

디젤연소물은 일반적으로, 입자상 물질(diesel exhaust particle, DEP)과 가스, 액상 성분 등으로 이루어진 혼합물의 형태를 띤다. 입자상 물질은 10-30nm 직경의 크기를 갖는 원소탄소(elemental carbon, EC)들이 서로 뭉쳐서 검댕(soot)의 형태를 띠게 되며 이러한 이유로 여과하지 않은 디젤연소물질은 육안상 검은색으로 보인다. EC는 일반적으로 용해성이 낮기 때문에 생체 내에서의 잔류성은 높지만 디젤연소물의 독성을 결정하는 주요성분은 아니다. 생체 내에서의 독성은 EC 표면에 부착된 유기화합물의 종류와 그 크기에 의해 결정된다고 보는 것이 타당하다.

디젤연소물의 입자물질 중 직경이 100nm 이하인 초미세나노입자(ultrafine nanoparticles)는 전체 디젤 연소물의 약 10% 정도를 차지하지만, 작은 크기 때문에 입자수로 환산하면 전체의 약 50~90%를 차지한다. 초미세나노입자는 폐포 등의 하부 호흡기계까지 이동하여 침착될 수 있고, 질량 당 표면적이 매우 큰 특징 때문에 발암성 다환방향족탄화수소(polycyclic aromatic hydrocarbon, PAH)를 포함한 다양한 독성물질이 흡착될 수 있어 보건학적 측면에서 매우 중요한 의미를 갖는다.

디젤연소물 가스 성분의 99% 가량은 질소, 산소, 물 등의 무독성 무기가스가 차지한다. 나머지 1% 가량은 일산화질소(NO), 이산화질소(NO_2), 이산화탄소, 일산화탄소 등의 독성 무기가스와 휘발성유기화합물(VOC), PAH 등의 다양한 유기가스로 구성되는데 특히, 유기가스 성분은 EC 표면에 부착되어 인체 노출시 다양한 건강영향을 유발하게 된다.

그러나 이러한 디젤연소물의 구성성분은 엔진의 종류와 사용되는 디젤 연료 및 윤활유 성분 등에 따라 크게 달라진다. 최근에 개발된 신형엔진은 다양한 필터 기능과 산화촉매 등이 장착되어 구형 엔진에서 배출되던 연소물질의 양이 대폭 감소한 것으로 알려져 있어 근로자나 일반인구집단을 대상으로 한 디젤연소물질의 노출평가에 이러한 부분도 충분히 고려할 필요가 있다.

2.2 노출평가 및 직업적 노출

디젤연소물은 다양한 종류의 화합물질로 구성된 복잡한 혼합물이고 가솔린이나 가스 등의 다른 연소 배출원에서도 유사한 성분이 배출될 수 있어서 공기 중의 디젤연소물 농도를 측정하는 일은 쉽지 않다. 디젤연소물의 구성성분 중 급·만성 건강영향은 주로 입자성물질에 의한 것으로 보고되어 있어, 1990년대 이후부터는 총탄소(total carbon, TC) 또는 원소탄소(elemental carbon, EC), 미세먼지(PM), 이산화질소(NO_2), 다환방향족탄화수소(PAH) 등이 디젤연소물질 노출의 대리지표로 주로 사용되고 있다. 이에 대한 표준화된 국제기준은 없으며 나라마다 노출평가지표나 노출기준이 다양하게 존재하는 상황이다. 최근 우리나라에서는 블랙카본(black carbon, BC)의 경우가 농도에 대한 실시간 측정이 가능하고 원소탄소 농도와 높은 상관관계를 보이기 때문에 디젤연소물 노출에 대한 대리지표로 사용하는 경우도 많다.

미국 환경청의 연구에 따르면 직업과 관련하여 디젤연소물질에 노출되는 인구집단은 일반 환경노출 집단에 비해 평균 5배 정도 노출이 많은 것으로 보고되었다. 직업적으로 디젤연소물에 쉽게 노출되는 근로자는 수하물의 선적 및 적하 작업에 종사하는 노동자와 버스, 트럭, 지게차 등의 운전자, 철도 노동자, 광부 등이 있으며 디젤엔진의 수리와 유지를 위해 차고에서 일하는 노동자, 건설현장, 터널, 교각에서 일하는 노동자, 농기계를 다루는 농작업 종사자(특히, 하우스 시설 내의 작업자), 제품운송이나 주차관리를 하는 서비스업 종사자들이 포함된다(표 1–3).

표 1–3 디젤연소물질 노출이 많은 장소

장소
일반 도로 및 고속도로
화물자동차 휴게소 및 화물 배급소
건설현장
철도차량기지 및 기차 근접장소
버스 및 트럭 운행 도로 주변 도시
주유소
자동차 정비소
터널
톨게이트
교량 주변
자동차 주차장
소방서
공항
버스정거장
항구 및 배 정박시설
광산

2.3 건강영향

디젤연소물질의 건강유해성을 평가하기 위한 많은 수의 역학연구가 폐암발생과의 관련성에 초점을 맞추고 있지만, 폐암 이외의 다른 암 발생이나 비발암성 독성에 대한 연구도 많다. 또한, 사람을 대상으로 한 역학 연구 이외에 동물연구나 시험관 내(in vitro) 연구를 통해서도 디젤연소물질의 독성평가가 많이 진행되었다. 최근 캐나다 환경청에서는 디젤연소물질과 건강영향에 대한 수많은 연구결과를 종합하여 미국 환경청이 제시한 오염물질과 건강영향과의 인과성 결정단계에 따라 디젤연소물질의 건강영향을 요약하였다(표 1-4).

1) 발암성

2012년에 IARC는 디젤연소물질이 사람에서 폐암발생에 대한 충분한 근거가 있다고 결론을 내렸다. 디젤연소물질은 DNA 손상을 유발하는 활성산소(reactive oxygen species)를 생성하여 세포 내에서 산화스트레스를 유발하는 것으로 알려져 있다. 디젤연소물질을 구성하는 다양한 종류의 방향족탄화수소(PAH) 중 일부는 유전독성을 가지고 있어서 PAH-DNA adduct을 쉽게 형성하며 이로 인해 유전자 가닥 손상(DNA strand breakage)과 돌연변이가 유발되기 쉽다. 철도 근로자, 중장비 기사, 트럭 기사 등 디젤연소물 노출이 많은 업종의 근로자들에서 폐암으로 인한 사망자수가 일반인에 비해 현저하게 높다는 연구결과가 있고, 최근, 캐나다의 한 연구에서 디젤연소물질의 직업적 노출이 흡연자와 비흡연자 모두에서 폐암의 위험도를 높인다고 보고되기도 하였다. 상당수의 동물 연구나 시험관 내(in vitro) 독성 연구에서도 디젤연소물질의 노출이 폐조직에 만성염증을 유발하여 종양 발생을 유도한다는 사실이 밝혀져 디젤연소물질에 대한 IARC의 Group 1 지정의 근거가 되었다. 한편 방광암에 대해서는 상당수의 연구들이 인과관계를 뒷받침할 증거를 보였으나 이들 연구가 비뚤림(bias)이나 교란변수 등의 통제가 완전히 이루어지지는 않은 것으로 알려져 있다. 그 외에 디젤연소물질에 노출된 작업자에서 식도암, 난소암의 발생위험을 높이고 골수종의 원인이 될 수 있다는 보고도 있으나 그러한 결과의 일관성이나 재현성은 아직 부족하다.

2) 호흡기계 이상

디젤연소물질에 노출되는 경우에 가장 우선적으로 영향을 받는 부위는 호흡기계이다. 고농도의 디젤연소물질에 노출되는 경우, 질식이 나타날 수 있는데 이는 그을음 입자(soot particles)나 이산화질소, 이산화황에 의해 일어나는 급성 폐 손상이 그 원인이다. 천식이나 만성폐쇄성폐질환(chronic obstructive pulmonary disease, COPD)을 앓고 있는 반응성/폐색성 기도 질환자는 디젤연소물질 노출에 의해 그 증상이 더 악화될 수 있다. 디젤연소물질에 포함된 여러 가지 물질 중 오존은 폐 조직을 손상시킬 수 있다. 오존은 질소산화물로부터 만들어지는데 가솔린 배기물질에 비해 디젤연소물질에 현저하게 많은 양이 포함되어 있다. 디젤연소물질에 다량 포함된 방향족탄화수소도 성분에 따라 폐암을 비롯한 각종 폐질환의 위험요인으로 작용하게 된다.

만성 디젤연소물질 노출에 의한 대표적인 호흡기계 이상으로 천식 발생을 들 수 있다. 광산이나 선박처럼 밀폐된 공간에서 일하는 작업자의 경우, 잦은 기침과 호흡기 감염을 호소한다고 보고되었고, 디젤연소물질이 철도 승무원들에게 천식 유발 가능성을 높인다는 보고도 있다. 또한, 어린이들을 대상으로 한 대규모의 역학연구 결과, 디젤연소물질의 농도가 높은 지역에 거주하는 어린이는 1초간 노력성 호기량(forced expiratory volume in one second, FEV_1) 수치가 디젤연소물질의 농도가 낮은 지역에 거주하는 어린이에 비해 현저하게 낮다고 보고되었다.

3) 심혈관계 이상

디젤연소물질의 급성노출은 관상동맥의 수축, 일시적인 혈전 생성 등을 통해서 급성관상동맥증후군(acute coronary syndrome, ACS)을 유발하는 것으로 알려져 있으며 고농도의 디젤배기물질을 발생시키는 교통수단에 노출된 후 1시간 내에 심근경색의 초기 증상이 나타난다는 보고도 있다. 만성적인 디젤연소물질의 노출은 심혈관질환의 위험도 및 사망률의 증가와 유의한 관련성이 있는 것으로 알려져 있으며 산화스트레스(oxidative stress)에 의한 심근 손상을 통해 심실세동이나 심부정맥을 유발한다는 동물실험 결과도 보고되었다. 따라서, 흉통과 호흡곤란으로 내원한 환자를 진료하는 일차 진료의 또는 직업환경의학 전문의는 반드시 디젤연소물질의 노출력을 확인하는 것이 필요하다. 또한, 실제로 디젤연소물질의 급성 노출에 의해 유발된 급성관상동맥질환자에게는 디젤연소물질에 더 이상 노출되지 않도록 상담을 해주는 것이 중요하다.

4) 생식 및 태아영향

태아에 대한 디젤연소물질 노출은 저체중, 미숙아, 선천적인 이상을 유발하고 영아사망률 또한 증가시키는 것으로 알려져 있다. 사람을 대상으로 진행한 역학 연구는 많지 않으나 디젤연소물질 노출이 정자운동성을 저하시킨다는 연구결과가 있고 디젤연소물질의 구성성분인 4-nitrophenol (PNP)이 생체 내에서 불임을 유발한다는 연구결과도 보고된 바 있다.

5) 중추신경계 영향

디젤연소물질에 부착된 다양한 PAH가 폐를 통해서 중추신경계로 흡수될 수 있다. 특히, 초미세나노입자는 뇌혈관장벽(blood brain barrier, BBB)을 통해서 뇌조직으로의 유입이 가능한 것으로 알려져 있다. 디젤연소물질에 노출된 쥐의 뇌조직에서 도파민 뉴런이 감소되었다는 것이 보고되면서 만성적인 디젤연소물질 노출과 파킨슨병과의 연관성이 활발히 연구되고 있다. 또한, 디젤연소물질 노출에 의해 유도된 염증의 소견이 치매(Alzheimer's disease) 환자들에게서 보이는 조직병리학적 병변과 유사하다는 연구결과도 있다.

만성적으로 디젤연소물질에 노출되면 학습력, 신체 동작의 조절력, 기억력과 판단력 등이 저하된다는 연구 보고도 있으며, 직업적으로 고농도의 디젤연소물질에 노출되는 근로자의 경우, 신경행동학적 손상을 일으켜 반응속도가 느려지고 기억상실과 수면장애를 유발한다는 연구결과도 보고되었으나 만성 노출에 따른 건강영향의 증거는 아직 불충분하다.

표 1-4 디젤연소물 노출에 따른 건강영향 요약

건강영향	급성/만성 노출	인과성 결정단계
발암성	만성	확인(폐암) 시사(방광암) 자료불충분(다른 암)
호흡기계 영향	급성	시사
	만성	높음
심혈관계 영향	급성	높음
	만성	시사
면역계 영향	-	높음
생식 및 태아 영향	-	시사
중추신경계 영향	급성	시사
	만성	자료불충분

확인(인과성 충분함), 높음(인과성 가능성 있음), 시사(인과성을 시사하는 증거 있음), 자료불충분(인과성을 평가할 정보가 부족함)

출처 : Human Health Risk Assessment for Diesel Exhaust, Health Canada, 2016

2.4 맺음말

전 세계적으로 인구가 증가함에 따라 대중교통의 증가는 물론, 거주와 상업에 필요한 새로운 건물의 건설이 지속적으로 필요하게 되었다. 이러한 상황은 새로운 대체 에너지가 만들어지기 전까지 디젤 연료에 대한 의존성을 지속적으로 증가시키는 원인으로 작용할 것이다. 따라서 디젤연소물질에 직업적으로 노출되는 근로자의 수도 계속 증가할 것이고, 직업적 노출로 인해 심폐질환, 신경질환, 암 등에 이환된 근로자의 수도 계속 늘어날 것이다. 직업환경의학 전문의나 일차 진료의는 직업력 청취를 통해서 디젤연소물질의 노출 가능성 여부를 염두에 두고 있어야 하며, 이로 인한 다양한 종류의 건강상 유해영향에 대해서도 숙지하는 것이 필요하다.

더 읽을거리

Brewer K, Egyed M, Huang L, Ling B, Matz C, Rouleau M. Human health risk assessment for diesel exhaust. Health Canada, 2016.

Gilman P. Health assessment document for diesel engine exhaust. EPA/600/8-90/057F. Washington, DC: US Environmental Protection Agency; 2002.

Weitekamp C, Kerr LB, Dishaw L, Nichols J, Lein M, Stewart MJ. A systematic review of the health effects associated with the inhalation of particle-filtered and whole diesel exhaust. Inhal Toxicol 2020;32:1-13.

제3절 내분비계 교란물질

이동욱

3.1 개요

내분비계 교란물질(endocrine disrupting chemicals)은 인간이나 동물의 정상적인 호르몬 균형을 방해하여 건강 이상을 유발할 수 있는 일련의 화학물질을 지칭한다. 내분비계 교란물질을 OECD(1997년)에서는 "동물과 사람의 내분비계에 영향을 주어 생태계 이상을 초래하는 외인성물질"로 정의하였고, EPA (1998년)에서는 "체내 항상성유지와 발달과정을 조절하는 생체내 호르몬의 생산, 방출, 이동, 대사, 결합, 작용, 혹은 배설을 간섭하는 외인성물질"로 정의하였다. 국내식약처(1999년)에서는 "내분비계기능에 변화를 일으켜 생체 또는 그 자손에게 건강상 위해를 나타내는 외인성 물질"로 정의하고 있다. 일반적으로는 '환경호르몬' 또는 '내분비계 장애물질'으로 알려져 있다.

세계야생동물보호기금(WWF)에서는 67종의 물질을 내분비계 교란물질로 규정하고 있다. 여기에는 디클로로디페닐트리클로로에테인(dichloro-diphenyl-trichloroethane, DDT) 등 농약 41종, 쓰레기 소각장에서 발생하는 다이옥신류, 음료수캔 코팅에 쓰이는 비스페놀A 등이 포함되어 있다. 국내에서는 내분비계 교란물질을 통합적으로 관리하거나 특정 물질의 수입, 생산, 유통 및 수용체 측면에서 노출을 통합적으로 관리하는 시스템을 취하고 있지는 않고, 화학물질의 등록 및 평가에 관한 법률과 화학물질관리법 등 여러 법률에 의해 규제를 받는 형태를 취하고 있다.

3.2 특성 및 작용기전

1) 특성

내분비계 교란물질은 에스트로겐과 안드로겐 같은 성

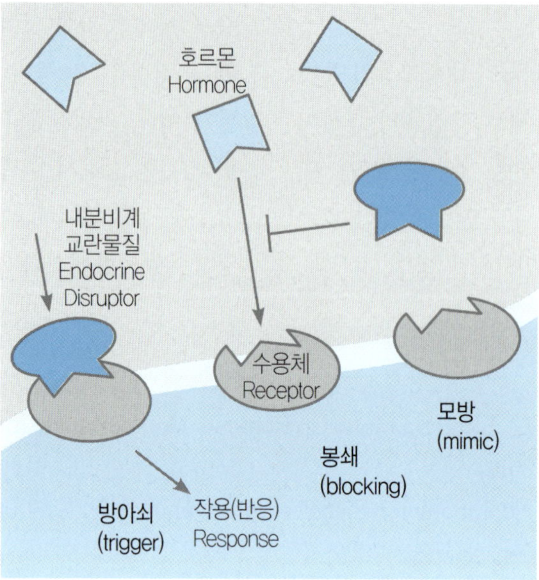

그림 1-2 내분비계 교란물질의 작용기전

호르몬뿐 아니라 갑상선호르몬과 유사한 기능을 하여 수정 및 생식기의 발달, 행동의 항상성을 유지하려는 호르몬의 기능을 방해한다. 이러한 내분비계 교란물질은 동물과 인간의 실험결과에서도 번식, 성장, 발달, 그리고 행동에 큰 영향을 미치는 것으로 나타났다. 하지만 내분비계 교란물질에 의한 내분비 교란기전에 대해서는 아직 잘 모르고 있으며, 다른 호르몬과의 상호작용에 대해서도 잘 알려져 있지 않다.

내분비계 교란물질은 크게 잔류성 화학물질과 비잔류성 화학물질로 분류할 수 있다. 잔류성 화학물질은 환경에서 쉽게 분해되지 않는 물질인 반면, 비잔류성 화학물질은 분해 과정에 더 민감하여 환경에 더 짧은 시간 존재하는 화학물질이다. 내분비계 교란물질 중 잔류성 화학물질로는 염소화합물(chlorinated chemicals), 농약(pesticides), 불소화합물(fluorinated chemicals), 브롬화합물(brominated chemicals) 등이 대표적이고, 비잔류성 화학물질로는 유기인계 난연제류(organophosphate flame retardants, OPFRs), 환경성 페놀류, 프탈레이트류 등이 대표적이다. 내분비계 교란작용이 있는 중금속 또한 내분비계 교란물질의 범주에 포함시키기도 한다.

성인보다 태아, 영유아, 어린이 시기는 내분비계 교란물질에 더 민감하다. 성인의 내분비계 시스템은 어린 시기에 비해 상대적으로 높은 농도의 내인성 호르몬과, 안정적인 호르몬 수준을 조절하는 피드백 루프를 가지고 있다. 하지만 태아, 영유아, 어린이 시기에는 성 호르몬의 생체 내 수준이 훨씬 낮고, 내인성 조절 메커니즘이 완성되지 않은 시기로 내분비계 교란물질에 더 취약하다. 또한 뇌를 포함한 호르몬에 민감한 기관들이 활발하게 발달하는 시기로 내분비계 교란으로 인한 영구적인 발달 손상을 일으킬 수 있다.

2) 작용기전

내분비계 교란물질의 대표적인 작용기전으로는 모방(mimic)과 봉쇄(blocking), 방아쇠(trigger), 호르몬 간접작용이 있다(그림 1-2).

(1) 호르몬 모방(mimic) 작용은 내분비계 교란물질이 마치 정상호르몬과 유사하게(에스트로겐유사체) 호르몬수용체와 결합하여 비정상적인 호르몬작용을 일으키는 것이다. 모방작용을 가진 내분비계 교

란물질로 PCBs, 비스페놀A, 프탈레이트, DES 등을 들 수 있다.

(2) 호르몬 봉쇄(blocking) 작용은 호르몬 수용체 결합 부위를 봉쇄함으로써 정상호르몬이 수용체에 접근하는 것을 막아 내분비계가 정상기능을 발휘하지 못하도록 하는 것이다. 호르몬 봉쇄작용을 하는 내분비계 교란물질로 안드로겐 수용체와 결합하여 안드로겐 호르몬의 작용을 저해하는 디클로로디페닐디클로로에틸렌(dichloro-diphenyl-dichloroethylene, DDE), 빈클로졸린(vinclozolin, 농약의 일종) 등을 들 수 있다. DDE(제초제 DDT의 분해산물)의 경우 남성호르몬인 테스토스테론 수용체의 호르몬을 봉쇄하여 남성 성징이 여성화된다.

(3) 호르몬 방아쇠(trigger)작용은 내분비 장애물질이 수용체와 반응함으로써 생체 내 이상 대사작용, 불필요하거나 해로운 물질의 합성, 암과 같은 비정상적인 생장 등 인체 내 해로운 대사작용을 유발하는 것이다. 대표적인 방아쇠작용을 일으키는 내분비계 교란물질로 유전자 발현 또는 세포분열을 조절하는 DNA 부위에 결합하는 다이옥신이나 폴리염화바이페닐(Polychlorinated biphenyl, PCBs) 등을 들 수 있다.

(4) 호르몬 간접작용은 정상 호르몬의 대사 및 합성을 변화시켜 비정상 반응을 유발하는 것이다. 간접작용을 나타내는 대표적인 내분비계 교란물질로 뇌하수체 호르몬 합성을 저해하는 스티렌 다이머(styrene dimer)와 트리머(trimer), 2차 신호전달물질인 칼슘이온(Ca^{2+})의 이동을 간섭하여 뇌하수체호르몬이 분비를 억제시키는 중금속류를 들 수 있다.

3.3 생태계 영향

1) 파충류 및 양서류

1980년 플로리다주 아폽가 호수에서는 DDT 오염으로 악어수 반감과 수컷 악어의 암컷화 및 수컷 성기 왜소화가 관찰되었고, 폴리염화바이페닐류(PCBs) 오염으로 거북이 알의 부화수 감소 및 성비 불균형(암컷이 많음)이 관찰되었다. 또한 다이옥신류 및 중금속오염으로 양서류의 부화율 감소와 기형증가도 관찰되었다.

2) 어류

1980년대 영국에서는 합성세제와 유화제 성분인 알킬페놀에 의한 하천오염으로 수컷의 암컷화 및 생식능 저하, 정소위축, 암컷에서만 생산되는 난황단백질(vitellogenin)이 수컷에서도 관찰되었다. 1980년도 캐나다 오대호에서는 폴리염화바이페닐류(PCBs), 다이옥신, 농약 오염으로 2~4년생 연어에서 갑상선비대증이 관찰되었다. 1996~1997년 일본 도쿄 쓰미다강에서 알킬페놀 오염에 의해 수컷 잉어의 현저한 감소가 관찰되었다.

3) 조류

폴리염화바이페닐류(PCBs), DDT/DDE, 다이옥신류, 살충제(kepone, 케폰)에 오염된 갈매기, 가마우지, 왜가리, 펠리칸, 매, 독수리 등에서 생식능력 및 성적습성의 변화(암컷끼리 둥지 틀기), 수컷에서 난관의 발달, 알의 부화장애, 면역능력 감소, 갑상선비대, 부리의 기형, 배란 및 산란장애 등이 관찰되었다.

4) 포유류

폴리염화바이페닐류(PCBs)에 오염된 발트해 연안의 바다표범에서는 생식선 스테로이드 합성장애와 갑상선기능저하가 관찰되었다. DDE, 폴리염화바이페닐류에 오염된 플로리다의 아메리카표범 수컷에서는 에스트로젠이 정상보다 높게 나타나면서 발육과 생식기 이상이 관찰되었다.

3.4 주요 내분비계 교란물질

1) 다이옥신류, 퓨란류, 폴리염화바이페닐류

다이옥신류(polychlorinated dibenzo-p-dioxins, PCDDs), 퓨란류(polychlorinated dibenzofurans, PCDFs), 폴리염화바이페닐류(PCBs)는 방향족 고리를 가진 잔류성유기오염물질(persistent organic pollutants, POPs)로, 이 셋을 통칭하여 다이옥신류로 부르기도 한다(그림 1-3). 다이옥신류와 퓨란류는 화학제품의 열분해, 쓰레기 소각, 금속처리 공정, 펄프 및 제지공장 배출수, 자동차 배기가스 등에서 비의도적으로 생성된다. 폴리염화바이페닐류는 화학적으로 안정하여 전자제품, 건축자재, 절연체 등으로 사용되다가 1970년대부터 세계적으로 생산 및 사용을 금지 · 규제하고 있다. 이 물질들은 치환되는 작용기 및 위치에 따라 매우 다양한 동족체를 가지고 있으며, 그 종류가 수백 종 이상에 이른다. 세계보건기구(World Health Organization, WHO)에서는 가장 독성이 강한 2,3,7,8-tetrachlorodibenzo-p-dioxin(TCDD)을 기준물질로 정하여, 각 물질의 상대 독성값을 평가하여 독성등가지수(TEF, toxic equivalency factor)를 설정하여 제시하고 있다. 폴리염화바이페닐류 중 일부는 생식기능 장애, 간질환, 갑상선기능 및 면역기능 장애와 연관성이 알려져 있다. 또한 1968년 일본의 카네미유 사건, 1979년 대만의 유쳉 사건을 통해 다이옥신류에 노출된 여성에게서 태어난 아이가 저체중, 발달 저하가 보고되었다.

2) 농약류

농약류는 유기염소화합물로 신경세포에 작용하여 살충효과와 제초효과를 나타낸다. 농약류는 물에 잘 녹지 않는 잔류성유기오염물질(Persistent Organic Pollutants, POPs)로, 식물에 흡수된 후 먹이사슬을 통해 동물의 체내 지방에 농축되어 에스트로겐처럼 작용하는 내분비계 교란물질이다. 대표적인 농약류로 유기염소제(Organochlorine), 살충제(Insecticides), 제초제(Herbicide), 진균제(Fungicide) 등을 들 수 있다. 이 중 유기염소제 농약인 DDT는 1936년부터 제충제로 사용되었다가 먹이사슬을 통한 잔류성유기오염물질로 밝혀짐에 따라서 스톡홀름협약에서 사용이 금지되었다. 60년 전 동물실험에서 DDT가 생식기발달을 저해한다고 조사되었지만, 최근 연구에서도 여성의 생식기 발달을 억제하고, 남성 불임의 원인으로 추정되고 있다. 태아 때 DDT 노출은 (소아)비만의 위험을 증가시킨다고 한다.

3) 과불화화합물

과불화화합물(perfuloroalkyl substances, PFAS)로 분류되는 화학물질은 약 4천여개 이상으로 알려져 있다. 과불화화합물은 탄화수소 기본 구조에서 수소가 불소로 치환된 화합물로, 극성과 비극성을 동시에 가지고 있어 물과 기름 모두에 친화력이 없고 강한 반발력을 가지고 있어, 프라이팬 코팅이나 기능성 의류 코팅 등에 널리 사용된다. 과불화화합물은 생물농축성이 있으며, 인체에

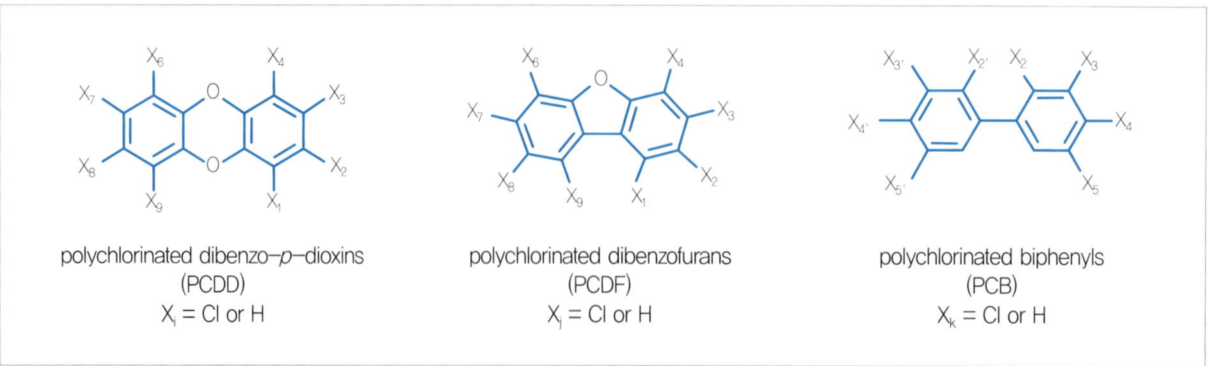

그림 1-3 다이옥신, 퓨란, 폴리염화비닐의 구조

서도 2.4~7.4년 정도의 긴 반감기를 가지고 있다. 대표적인 과불화화합물로 과불화옥탄산(perfulorooctanic acid, PFOA)과 과불화옥탄술폰산(perfulorooctane sulfonic acids, PFOS)이 잘 알려져 있다. 과불화화합물에 오염된 지역에서 고지혈증, 갑상선 장애, 궤양성 대장염, 신장 및 고환암, 영유아의 발달장애(학습 및 행동), 임신성 고혈압, 면역기능 저하, 생식능력 감소 등이 보고된 바 있다. 최근에는 당뇨병 발생의 위험인자로 작용할 수 있음도 보고되고 있다. 최근에는 GenX, 과불화부탄술폰산(perfluorobutane sulfonic acid, PFBS) 등의 기존 과불화화합물(PFAS)의 대체 물질들이 식수, 인체 조직 등에서 존재함이 발견되고 있으며, 이러한 대체 물질들의 독성에 대한 연구가 필요한 상황이다.

4) 환경성 페놀류

환경성 페놀류에는 비스페놀 A(bisphenol A, BPA)와 그 대체재인 비스페놀 F(bisphenol F, BPF)와 비스페놀 S(bisphenol S), 벤조페논(benzophenones), 트리클로산(triclosan), 파라벤류(parabens) 등이 있다.

비스페놀 A는 벤젠 고리에 알코올기가 달린 페놀 2개로 구성된 방향족 화합물이다. 식품용기, 치과재료, 분유 캔의 내부 라이닝과 영수증 감열지 등에 널리 이용된다. 비스페놀 A는 에스트로겐양 작용을 하여 내분비계를 교란하는 것으로 알려져 있다. 비스페놀 A는 생식능력 저하, 호르몬 교란, 당뇨병, 면역기능 저하, 심혈관계 질환, 비만 등과의 연관성이 보고되었다. 또한 출생 전 또는 생애 초기에 비스페놀 A에 노출될 경우 출생 시 체중 저하, 어린이 비만의 위험도 증가, 신경행동 발달 저하 등을 유발할 수 있음이 알려져 있다. 최근에는 비스페놀 A의 대체제로 이용되는 비스페놀 F, S의 건강 영향도 연구되고 있다. 비스페놀 노출은 주로 요중에서 비스페놀 A, F, S를 측정하여 평가를 하고 있다.

2008년 10월, FDA 자문과학위원회는 분유수유아(formula-fed infants)에서 비스페놀 A 사용은 안전하다고 입증할 수 없다고 하였다. 2010년 1월, 미국 심품의약국(FDA)과 국립보건원(NIH) 두 기관의 환경호르몬 연구결과 보고서에서도 태아, 유아, 소아들의 뇌와 행동에 대해 비스페놀 A의 영향은 우려 수준이라고 발표하였다. 2012년 FDA에서는 젖병에서 비스페놀 A의 사용을 금지한다고 하였다. 2010년 캐나다, 2011년 호주와 유럽연합(EU)에서는 플라스틱 젖병제조에 비스페놀 A의 사용을 이미 금지하였다. 우리나라는 비스페놀A를 화학물질등록평가법에 따른 '유독물질'로 지정 · 고시하고 있고 젖병이나 합성수지에 적용되는 용출기준 등을 마련하고 있지만, 감열지에 대해 안전기준이나 규제가 마련되어 있지 않다.

5) 프탈레이트류

프탈레이트류(phthalates)는 프탈산(phthalic acid)에 에스테르(ester) 반응을 통해 합성되는 물질이다. DEHP [di(2-ethylhexyl) phthalate]는 프탈레이트류 중 가장 널리 사용되는 물질로 폴리염화비닐(polyvinylchloride, PVC) 등에 플라스틱의 유연성을 주기 위한 가소제로 널리 사용되어 왔다. DEHP는 부드러운 장난감, 바닥재, 의료기기 등에 널리 이용되어, 생활환경 속에서 인체에 노출된다. 사용된 제품의 제조, 사용, 폐기 등을 거치면서 환경 중으로 많은 양이 배출되고, 이 물질은 다시 그 환경에서 자란 식품원료물질에 축적되어 최종적으로 식품섭취를 통해 인체에 흡수되기도 한다.

프탈레이트류는 남성호르몬 기능을 저해하는 방향(anti-androgenic)으로 내분비계를 교란시키는 것으로 알려져 있다. 프탈레이트 노출은 급성독성을 일으키기보다는, 지속적인 노출을 통해 발달성장 독성, 생식독성, 간독성, 고환독성, 신장독성을 일으키는 것으로 알려져 있으며, 특히 태아 및 영유아에서 프탈레이트의 생식독성이 많이 연구되었다. 최근 역학연구들은 프탈레이트 노출과 어린이의 지능 저하, 주의력 결핍 및 과잉행동장애(ADHD) 등과의 연관성을 보고하고 있다. 이러한 연구들에서 프탈레이트 노출은 대부분 요중 프탈레이트 대사체를 통해 측정하여 평가하고 있다.

더 읽을거리

조태제 등. "환경호르몬물질 관리의 현황과 과제". 법과정책연구. 2018. 18:2. 통권 50호

Kathryn A. Crawford. Jessica R. Shoaff. Megan E. Romano, "Chapter 75: Environmental Endocrine disrupting Chemicals: Common Sources and Health Effect", Maxcy-Rosenau-Last Public Health & Preventive Medicine, 16th Edition., 2022.

제4절 환경소음

4.1 환경소음의 공중보건학적 문제 | 이지호

환경소음이란 작업장 소음을 제외한 모든 소음원에서 방출되는 소음으로 정의할 수 있으며(WHO), 포괄적으로는 환경소음을 도로, 철도, 공항, 작업장을 포함한 인간의 활동에 의해 생성되는 원치 않거나 유해한 외부 소리라고 정의된다(EU Directives, 2002/49/EC). 환경소음은 도시지역에서 유발되는 중요한 환경문제 중의 하나이며 특히, 도로교통 소음은 공중 보건의 측면에서 2번째로 높게 평가된 환경적 스트레스원이다.

다른 환경문제와는 달리 소음공해는 지속적으로 증가되는 경향이 있으며 소음에 노출된 주민들의 고통도 점차 증가하는 양상을 보인다. 유럽의 보고에 따르면 지난 20년간 소음수준의 전반적인 증가 경향은 뚜렷하며, 이전에 조용하였던 지역으로 소음이 확산됨에 따라 일반 대중의 불만 호소가 증가하였던 유일한 환경인자이었다.

우리나라의 경우 환경분쟁의 90%가 소음과 진동문제이고, 88%의 대도시 주민은 소음이 과거에 비해 악화되었다고 생각하고 있다. 실제 우리나라 주요도시에서 자동측정망 측정결과를 요약한 결과는 [그림 1-4]와 같다. 주거지역의 소음기준은 밤 50dBA, 낮 55dBA이지만, 환경소음수준의 분포를 살펴보면 낮동안 99.9%, 밤동안 84.5%가 기준을 초과하고 있다. 평균소음수준은 밤시간 64.6dBA, 낮시간 69.6dBA이며 이와 관련된 문제도 개선되고 있지 않은 상황이다.

소음에 의해서 사회적인 행동에 변화가 나타날 수 있는데, 일상행태의 변화: 창문닫기, 발코니 사용 안하기, 라디오와 TV 볼륨 증가, 진정서 쓰기 등; 사회적 행태 악화: 공격성, 불친절, 이탈, 참여결여 등; 사회적 지표의 악화: 이사, 병원 입원, 약물 사용, 사고율의 증가 등; 감정상의 변화: 행복감 저하, 심한 우울감 등과 같은 변화가 나타나기도 한다.

소음의 부정적인 영향은 소음에 처한 상황에 따라 달라질 수 있다. 즉 소음이 발생할 때 그 장소를 피하거나 소음을 제거할 수 있는 통제력이 있는 상황에서는 소음의 부정적 영향이 최소화될 수 있다. 그러나 소음을 통제할 수 없는 상황에서는 분노가 생기고 스트레스가 급격히 올라간다. 예를 들어 아파트의 옆집에서 음악이나 TV를 너무 크게 틀거나 윗집에서 쿵쿵거리는 등 소음을 내는데, 그 주인에게 항의를 해도 아랑곳하지 않고 계속된다면 울화가 치밀면서 큰 스트레스를 겪을 것이다. 반면 옆집 주인이 금방 항의를 받아들이는 등 상황을 통제할 수 있어 적응하면 별 문제가 되지 않을 수 있다.

소음이 정신건강에 미치는 영향은 일반적으로 대화방해, 수면방해, 스트레스 증가, 지속적 주의집중을 필요로 하거나 복잡한 계산 및 판단 업무능력의 저하, 공격성향, 아동의 학습능력저하, 우울증 등이며 이는 개인성향이나 감수성에 따라 다르게 나타나지만 물리적 노출수준이 증가하면서 스트레스 증상이 증가한다.

소음수준과 신체장애의 관련성에 대해서는 일반적으로, 소음수준이 40dB(A) 이상이면 수면의 단계가 변하기 시작하고, 50dB(A)을 넘으면 호흡, 맥박수가 증가하

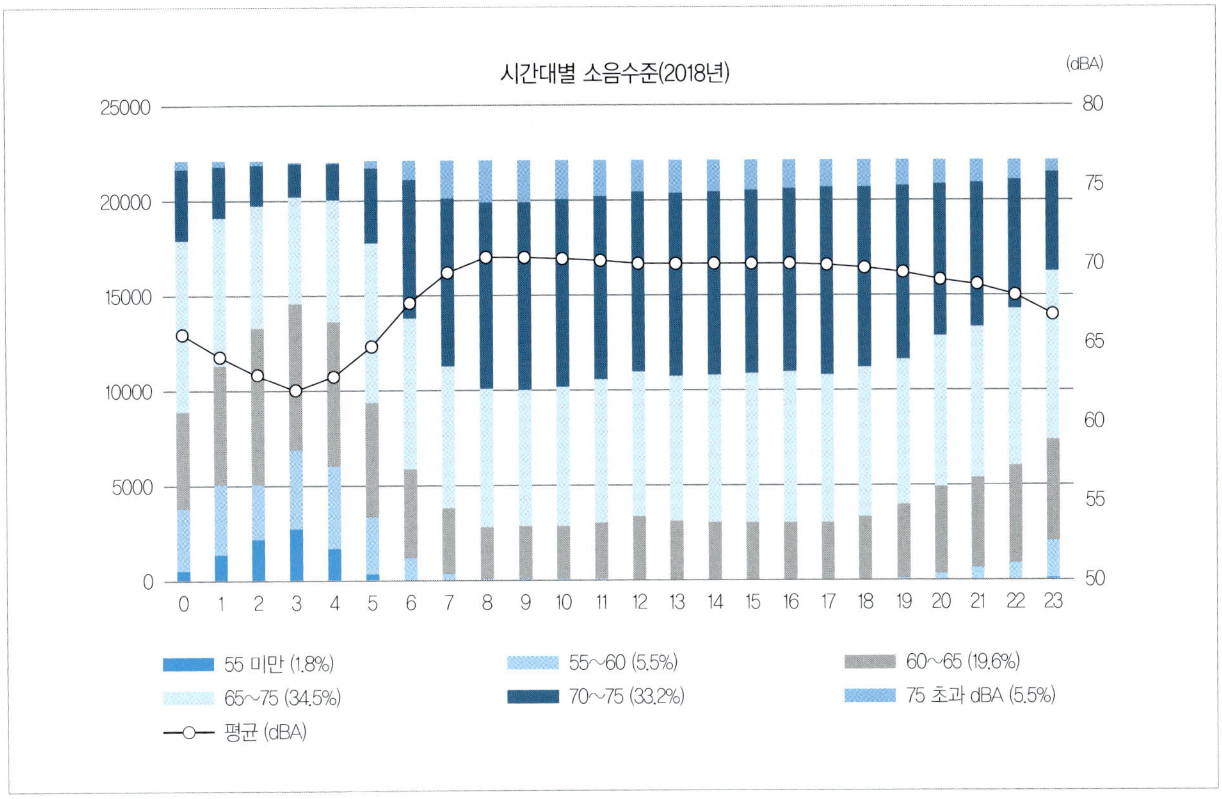

그림 1-4 우리나라 자동측정망에 의한 24시간 동안 소음수준의 분포와 평균소음수준

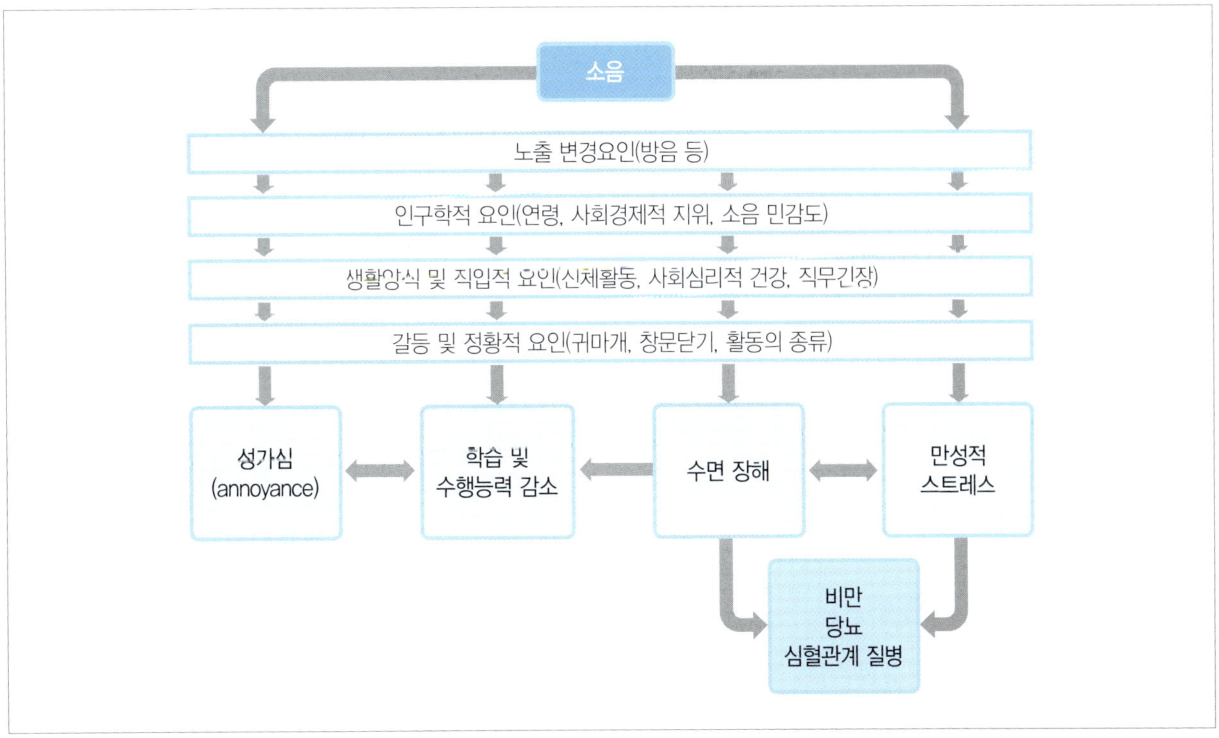

그림 1-5 환경소음과 건강영향 관련요인의 상호 구성체계

기 시작하며, 60dB(A)이 넘으면 수면장애가 시작되고, 70dB(A)이 넘으면 말초혈관이 수축되는 반응을 보이며, 80dB(A)을 넘으면 청력장애가 시작된다고 보고되고 있다(WHO, 1999).

지금까지 환경소음으로 인한 건강영향 문제 중에서 과학적 근거가 있는 것으로 밝혀진 것은 심혈관질환, 인지기능장애, 수행능력저하, 수면장애, 이명, 성가심 등이다. 최근에는 소음에 대한 개인적 감수성이 건강영향의 중요한 영향인자로 다루어지고 있으므로 이에 대한 고려가 요구된다(그림 1-5). 환경소음으로 인한 청력장애도 발생할 수 있지만 여기서는 다루지 않기로 한다.

4.2 환경소음원의 종류 및 평가 | 이지호

지역사회 주민들이 노출되는 환경소음원(sources of environmental noise)에는 여러 종류가 있으며, 대략 다음과 같이 분류된다.

(1) 교통 소음(항공기소음, 도로교통소음, 철도소음 등)
(2) 산업활동과 관련된 소음(공장배출소음, 건설현장 소음 등)
(3) 지역사회 소음(층간 소음, 오디오 및 방송기기 소음, 상업적 활동 등)
(4) 여가 및 사회적 활동에 관련된 소음(음악회, 집회, 소음성 레저활동, 불꽃놀이 및 놀이기구, 집회소음 등)
(5) 기타 공공시설 또는 공공활동에 의한 소음(사격장 소음, 공공행사 소음 등)

환경소음 노출을 평가하는 데는 소음지표(noise indicator)가 사용되며, 소음지표는 매우 다양한 형태가 있다. 이러한 측정지표는 크게 두 가지로 시간과 음압을 사용한 소음노출지표와 건강영향을 예측한 소음노출지표로 나뉠 수 있다. 국제표준규격에 따른 시간과 음압을 사용한 소음노출지표에는 $L_{Aeq,T}$, L_{den}, L_{night}, L_{max}, LAE(SEL), ENEL, EEL 등이 있으며, 건강영향을 예측한 소음노출지표에는 %LA, %HA, %A 등이 있다.

세계보건기구의 소음노출 평가 지침에는 소음의 물리적 강도와 하루 중 노출기간을 적절히 반영하여 평가하는 지표를 권장하였으며, 유럽연합에서는 환경소음의 적절한 평가지표로서 L_{den}(day-evening-night equivalent level)과 L_{night}(night equivalent level)을 제안하고 있다.

L_{den}은 다음과 같은 수식으로 표현할 수 있다.

$$L_{den} = 10 \cdot \lg\frac{1}{24}\cdot\left(12\cdot 10^{\frac{L_{day}}{10}} + 4\cdot 10^{\frac{L_{evening}+5}{10}} + 8\cdot 10^{\frac{L_{night}+10}{10}}\right)$$

그림 1-6 소음노출 평가 수식

L_{day}, $L_{evening}$와 L_{night}는 ISO 1996-2에 따라 각각 하루 중 낮(12시간) 저녁(4시간), 밤(8시간) 시간대의 A-보정 등가소음수준을 반응한 소음지표로 정의된다. 낮, 저녁, 밤 시간대의 정의는 지역마다 조금씩 차이가 있으나 기본적으로는 7:00~19:00(낮), 19:00~23:00(저녁), 23:00~07:00(밤)으로 정의된다(우리나라의 소음 · 진동관리법에서는 아침, 낮, 저녁, 밤으로 세분됨).

소음 노출지표에 대한 정의는 다음과 같다.

(1) 시간과 음압을 사용한 소음 노출지표

① $L_{Aeq,T}$: A보정 등가소음수준(T시간)
② L_{den}: 낮/저녁/밤 시간 등가소음수준
③ L_{night}: 밤 시간 등가소음수준
④ L_{max}: A보정 최대음압수준
⑤ LAE(SEL): 간헐적 소음폭로수준
⑥ ENEL: 야간 소음노출 수준
⑦ EEL: 환경 소음노출 수준

(2) 건강영향을 예측한 노출지표

① %LA(Little Annoyed): 28%의 주민이 약간의 불쾌감을 표시하는 환경소음수준
② %HA(Highly Annoyed): 72%의 주민이 매우 불쾌감을 표시하는 환경소음수준
③ %A(Annoyed): 50%의 주민이 불쾌감을 표시하는 환경소음수준

4.3 건강영향

| 민경복

1) 수면장해

수면장해(Sleep disturbance)는 환경소음에 노출된 인구에서 가장 흔하게 나타나는 건강영향 중 하나이며, 지역주민의 건강과 삶의 질에 중요한 영향을 미칠 수 있다. 환경소음이 수면에 미치는 즉각적인 영향으로는 수면 단계변화, 각성상태 변화, 깨어있는 시간 증가, 자율신경 반응 등이 있다. 소음 노출 후 어느정도 시간이 지나면 졸림, 낮시간 동안 활동능력 변화, 인지능력 변화, 만성 수면장해 등의 건강영향이 나타날 수 있음을 보여주는 많은 연구가 있다.

충분한 수면은 일반적인 건강 뿐만 아니라 낮시간 동안 활동능력을 유지하는데 중요하다. 인간은 잠들어 있는 동안에도 주변의 소리를 인지하고, 분석할 뿐 아니라 반응하기까지 한다. 이러한 반응은 심장박동수의 증가나 수면단계의 변화 등으로 나타나는 생리학적인 반응이기는 하지만, 건강에도 영향을 미치는 것으로 알려져 있다. 또한 환경소음은 수면을 단절시킴으로써 인체의 회복능력을 저해하며, 이러한 수면 단절은 기억, 활동능력, 위험 대처능력 등과 관련 있음이 여러 연구결과 밝혀졌다.

교통소음이 수면을 방해하며, 이를 통하여 깨어있는 동안의 행동장해와 안녕을 저해할 수 있다는 다수의 연구결과가 있다. 임상적인 수면장해(예: 수면무호흡증후군)가 심혈관계질환 발생에 영향을 준다는 사실은 잘 알려져 있으며, 최근의 역학연구들은 야간 환경소음의 노출이 심혈관계에 영향을 미치는 것으로 보고 있다.

세계보건기구에서 발표한 보고서에 따르면 환경소음은 노출수준에 따라 수면장해와 건강장애를 일으키는 것으로 알려져 있으며(표 1-5), 이는 교통소음 등의 수면장해 정도를 평가할 때 사용될 수 있다.

2) 심혈관계질환

세계보건기구에 따르면, 허혈성 심질환이 선진국과 개발도상국에서 최고의 사망원인으로 알려져 있다(각각 총 사망의 22.8%, 9.4%). 고혈압과 높은 혈중지질이 허혈성 심질환의 주요(내인성) 위험인자이며, 내인성 위험인자는 영양, 환경 요인 등과 같은 외인성 위험인자에 의해 영향을 받는다.

소음을 포함한 다양한 청각 정보들은 청각기관을 통해 지속적으로 전달, 분석되어 상응하는 반응을 하게 한다. 소음은 비특이적인 스트레스 요인으로 장기간 노출될 경우 자율신경계와 내분비계의 반복적 각성을 통해 생물학적 반응의 변화를 초래하게 된다. 즉, 만성 소음 스트레스는 조절이상, 불완전한 적응, 생리적인 보상능력의 소진에 의해 항상성에 영향을 주게 된다.

수년간 실험적 환경의 연구를 통해 혈압, 맥박, 심박출량과 혈관수축, 스트레스 호르몬(에피네프린, 노르에피네프린, 코르티코스테로이드)을 포함한 순환기의 단기간 변화가 관찰되었으며, 이러한 생물학적 위험인자가 소음의 높은 수준에 노출된 사람에서 증가되었다. 이러한 연구결과로부터 지속적인 소음 스트레스는 고혈압과 허혈성 심질환을 포함한 심혈관질환의 위험도를 증가시킨다는 가설이 생겨났다.

표 1-5 야간소음의 강도에 따른 건강영향

소음강도	건강영향
< 30dB(A)	일반적인 상황에서는 건강영향 없음
30~40dB(A)	수면 중 신체활동, 각성, 수면장해의 증가. 장해의 강도는 소음원의 종류나 소음의 빈도에 따라 좌우됨
40~55dB(A)	유해한 건강영향이 관찰됨. 많은 사람들이 야간 소음에 대처하기 위해 자신의 생활양식을 변화시킴
> 55dB(A)	공중보건에 위협이 될 정도로 증가한 것으로 간주됨. 유해한 건강영향이 빈번히 관찰되며 상당한 비율의 인구에서 수면장해가 관찰됨. 심혈관질환의 위험이 증가할 수 있음

교통소음과 (특히 도로소음과 항공소음) 심혈관 영향에 대한 역학적 연구에 근거하자면, 일반적으로 소음이 증가하면 평균 혈압, 고혈압과 허혈성 심질환이 증가하게 된다는 것이다. 그 역학적인 근거는 세 가지 사실에 기초한다. 첫째, 실험적 연구를 통해 소음 노출기간 동안에 자율신경과 내분비 반응이 증가하였고, 둘째, 동물실험에서 높은 수준의 소음을 장기간 노출하였을 때 심혈관질환이 나타났고, 셋째, 직업적 연구에서 수년간 소음에 노출된 근로자에서 심혈관질환이 증가하였다.

심혈관계 영향은 소음의 노출 시점, 강도에 따라 다른데, 심혈관 질환과의 관련성은 일반적으로 $L_{day,16h}$ (낮-소음 지표 7:00~23:00)를 주로 사용한다. 일반적으로 $L_{day,16h}$ 60dB(A) 미만에서는 심근경색의 유의한 증가가 없으며, 60dB보다 큰 소음에서는, 심근경색의 위험도가 증가한다(그림 1-7).

건강영향적 측면에서, 실제 낮과 밤 지표 사이를 명확하게 구분하는 것이 보다 합리적인 것으로 받아들여지고 있으며, 심혈관계에 영향을 미칠 수 있는 다양한 사회·인구학적 요인들을 고려하여야 할 필요가 있다.

3) 인지장애

소음이 소아의 학습과 기억력에 부정적인 영향을 주는 것으로 알려져 있다. 역학연구(만성 소음노출의 영향)와 실험적 연구(급성 소음노출 영향)에서 독해력, 기억력, 집중력 같은 중앙 처리과정과 언어와 관련된 기능이 주로 영향을 받으며, 학동기에 소음에 노출되면 잠재적으로 지능적 발달에 손상을 받을 수 있고 학업 성취도에 평생 영향을 받을 수 있다.

인지장애는 "소음에 지속적으로 노출되었을 때 발생하고 소음노출이 중단된 후에 어떤 기간 동안 지속될 학동기 소아에서 인지 능력의 감소"로 정의된다. 그러나 임

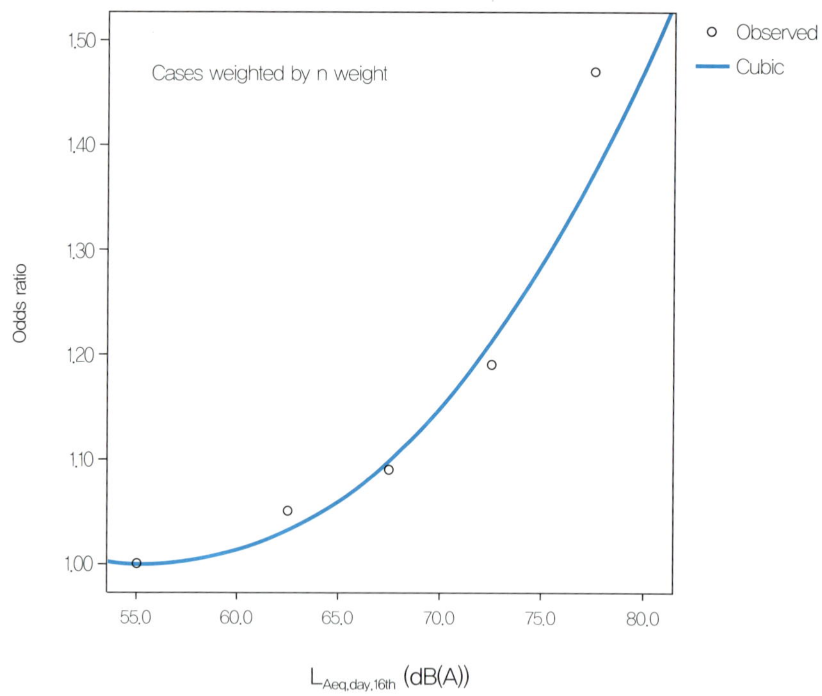

그림 1-7 도로교통소음과 심근경색 발생과의 노출-반응 관계

출처 : Babisch W. Road traffic noise and cardiovascular risk. *Noise & Health*. 2008. 10(38):27-33.

상적 진단의 결과가 아니며, IQ(지능지수)를 결과로 사용하는 것은 많은 문제를 야기할 수 있다.

지금까지 타당성 있는 연구결과는 많지 않지만 인지기능에 대한 소음의 영향을 연구한 결과에 의하면, 첫째, 인지기능의 저하는 노출을 중단하면 회복될 수 있으며, 둘째, 장기간 항공기 소음노출과 독해력과 인지 기억력 손상 사이에는 선형적인 노출-효과 관계가 있으며, 셋째, 장기 소음노출은 소음수준에 따라 의식적인 및 부수적인 기억력 모두 유의하게 저하시키는 것으로 나타났다.

대체로 항공기소음이 도로교통소음보다 인지기능에 더 나쁠 수 있는 것으로 나타났으며, 항공기소음은 L_{Aeq}=60이 경계선일 수도 있고, 도로와 철길도 소음의 경우에 그 영향이 L_{dn}=60부근에서 발생하는 것으로 나타났다.

소음과 인지기능 장애에 대해 추정된 노출-반응곡선에 따르면, 소음수준 95L_{dn}에서는 100%가 인지기능에 영향을 받고, 50L_{dn}미만에서는 영향을 받지 않는다고 가정하여 근사적 자료로 이용한다. 55~65L_{dn} 소음노출에서 약 20%, 65~75L_{dn}에서는 45~50%, 75L_{dn} 이상에서는 70~85%의 인지적 장애가 있는 것으로 나타난다.

4) 성가심

소음에 의한 성가심(Annoyance)은 소음노출 인구에 미치는 영향을 평가하기 위한 기초이자 환경소음 연구의 최종 목표로 널리 인식되고 있으며, 가장 많은 사람들이 호소하는 건강영향이다.

성가심은 소음과 관련된 가장 보편적 건강영향이며, 대인소통방해, 집중력저하, 업무능력저하 등으로 나타나는 불쾌감, 분노, 실망 등과 관련된 부정적 감정이다.

이는 소음으로 유발된 성가심이 건강에 대한 유해한 영향을 미칠 수 있다는 것을 의미한다. 또한 피로감, 복부 불편감 및 스트레스 등과 같은 스트레스 연관 정신사회적 증상도 포함된다. 이미 심각한 형태의 소음 연관 성가심 증세는 환경소음에 노출된 인구의 삶의 질과 안녕에 영향을 미치는 법률적 환경 이슈로 다루어지고 있다.

성가심은 설문조사를 통해 인구 단위로 평가한다. 0에서 100점까지의 성가심 반응 점수를 기록하여, 성가심을 받은 경우를 50점 이상, 심한 성가심을 72점 이상으로 보는 방식이 사용된다. 심한 성가심 백분율, 즉 72를 초과하는 반응을 보이는 사람의 백분율이 인구별 성가심 유병률에 대한 지표로 가장 널리 사용되고 있으나 다른 기준치를 사용하는 백분율이나 평균 성가심 등도 사용될 수 있다.

소음수준에 따라서도 성가심이 달라지는데, 매우 낮은 소음수준은 소음 자료의 신뢰도에 문제가 있을 가능성이 높고, 매우 높은 소음수준은 선택편의(selection of survivors)의 위험성이 높기 때문에 45dB 이하와 75dB(L_{den}) 이상의 자료는 제외하고 사용된다. 그러나 40dB L_{night}가 최소위해수준(LOAEL, the lowest observed adverse effect level)이고, 55dB 이상에서 심혈관계 영향이 나타난다는 점과 심리적 스트레스가 호르몬 및 내분비계변화와 면역계의 영향을 미치는 점을 고려한다면 성가심의 수준만으로 건강영향을 예측하는데는 한계가 있다.

또한, 소음수준에 따른 성가심은 예측하기 어려운 경우가 있는데, 그 이유는 첫째, 동일한 소음노출 수준에 따른 개인의 성가심 반응이 매우 큰 변이를 보인다는 점이며, 둘째, 성가심을 정량화하는 것이 어렵다는 점이다.

성가심은 사회인구학적 요인에 영향을 받으므로 성가심의 정도를 평가할 때 이러한 요인들을 고려하는 것이 필요하다. 또한 소음 이외에도 대기오염물질 및 화학물질, 기후조건 등에 의해서도 성가심의 정도가 달라질 수 있으므로 성가심을 유발할 수 있는 환경요인에 대한 통제도 생각하여야 한다.

5) 기타 건강영향, 동물실험 결과

이명(Tinnitus)은 외부의 소음원에 기인하지 않는 소음이 인지되는 것을 지칭하는 일반적 용어이다. 또는 "정적(silence)을 인지하는 능력의 결여"로 표현될 수도 있다. 경미한 또는 일시적인 이명은 일생동안 대부분의 사람이 경험하는 것으로 알려져 있으며, 대부분의 경우 저절로 소멸된다. 이명의 양상과 원인은 다양한 것으로 알려져 있다.

이명의 발생을 설명하는 단일한 병태생리적인 기전은 없다. 말단에서 중추신경까지 청각기의 거의 모든 구조물이 이명 발생의 원인이 될 수 있는 잠재력을 가지는 것으로 알려져 있으며, 이명의 발생에 대한 많은 해부학, 생리학적, 신경학적 접근이 이루어져 왔다. 이명 발생의 병태생리학적인 기전의 이해에 어려움이 있지만, 소음노출이 이명을 일으킨다는 데는 의심의 여지가 없으며, 소음성 난청과 소음성 이명의 병태생리는 기본적으로 같은 것으로 간주된다.

이명은 극히 일부에서 종양이나 유스타키오 관(Eustachian tube) 이상 등 치료가 가능한 원인에서 기인하나, 대부분의 경우 치료가 어려운 것으로 알려져 있다. 소음에 과다하게 노출된 경우 이명이 발생한다는 것은 널리 알려진 사실이며, 만성적인 소음에 노출된 인구의 15~90%에서 이명이 보고되었으며, 소음성 난청 환자 중 12~50%가 이명을 호소한다는 보고도 있다.

그 외에도 동물실험에서 짧은 시간의 소음노출 후 혈중 cortisol의 증가와 백혈구수의 감소가 일어나는 것이 확인되었다. 다른 실험적 연구에서도 소음에 의해 백혈구의 기능이 변화되는 현상이 확인되었는데, 중성구와 대식세포(macrophage)에서 과산화물음이온(superoxid anion)과 interleukin-1의 분비 감소가 관찰되었다. 이러한 변화는 상처의 회복을 지연시킬수 있다. 또한 임신한 쥐에서 재태 15~21일 간 화재경보기의 소음(LAmax = 85~90dB)에 무작위적으로 노출시킨 결과 새끼 쥐에서 면역글로불린(immunoglobulin G) 등 면역기능을 나타내는 지표가 감소하는 결과가 확인되었다. 그밖에 50~500Hz, 90dB의 저주파의 소음에 하루 8시간씩 3개월간 노출시킨 쥐에서 선천성 기형이 관찰되었으며, 역시 임신한 쥐에 3개월간 연속적으로 76~94dB의 소음을 시간당 6분씩 노출시킨 결과, 태아의 골형성에 영향을 미쳤다는 보고가 있다.

또한 소음에 노출된 쥐에서 심근의 변화가 관찰되었다는 보고가 있다. 이러한 변화는 노르에피네프린 농도의 변화와 동반되었으며, 미토콘드리아 수준에서 칼슘대사의 변화가 생기는 현상이 관찰되었으며, 심근의 미세구조 변화가 동반되었다. 저주파 소음에 노출된 쥐에서 호흡기의 변화가 관찰되었으며, 이러한 변화는 기관지상피의 콜라겐 과증식 또는 퇴행성 변화가 관찰되었다.

이러한 변화는 일반적으로 스트레스 모델로 설명되고 있으며, 주로 스트레스 호르몬으로 알려져 있는 노르에피네프린과 코티졸의 증가에 따른 것으로 알려져 있다.

4.4 환경소음 관리를 통한 건강보호 | 민경복

소음의 관리는 크게 세가지 관점에서 시행될 수 있다.

첫째는 법적, 제도적 수단(legal measure)으로 행해질 수 있으며, 이는 법적으로 소음의 환경기준(noise standard)을 설정하여 제도적으로 시행하는 것이다. 우리나라에서는 소음·진동관리법을 제정하고 환경소음의 기준에 대한 상세한 규제기준을 제시하고 있다(표 1-6). 이 밖에 다양한 형태의 환경소음이 발생하는 추세를 반영하여, 집회 및 시위에 관한 법률에서도 확성기 등을 사용한 시위를 할 때 발생하는 소음의 정도를 제한하는 경우도 있다. 다음으로 소음의 전파(noise transmission)를 차단하는 것이다. 이는 방음벽 등 소음 차단시설의 건축을 유도하는 정책을 실시하는 등의 예가 있다. 소음의 발생과 영향을 받는 인구집단을 정확히 파악히기 위한 소음지도(noise map)의 작성과 소음발생시설의 영향권에 있는 지역을 지정(zoning)하는 것도 필요하다. 또한 도로소음을 줄이기 위하여 속도제한 등 교통소음과 관련된 법적 규제도 시행할 수 있으며, 건물내에서 거주하는 인구의 소음의 건강영향을 감소하기 위하여 소음차폐를 위한 건축물에 관한 규정도 정비할 필요가 있다.

둘째는 공학적 수단을 통하여 소음을 관리할 수 있다. 구체적으로 교통소음을 줄이기 위하여 저소음 차량의 개발 및 도입을 유도하고, 도로표면이나 타이어를 개선하여 도로에서 발생하는 소음을 줄이는 방법이 있다. 또한 소음의 발생원을 적절히 봉입(enclosure)함으로써 소음의 전파를 차단하거나, 소음이 많이 발생하는 부분에 적절한 완충제를 시공하여 소음의 발생을 줄일 수 있다.

또한 소음 자체를 줄이지 못하더라도 양적 제어를 사용하여 소음 배출원을 시간적, 공간적으로 분산하는 방법도 사용될 수 있는데, 예를 들어 교통혼잡을 줄이기 위하여 교통관리 시스템을 사용하여 교통량을 분산함으로써 도로교통소음을 줄이는 방법을 사용할 수 있다. 토지 이용계획 또는 도시계획을 사용하여 소음원으로부터 지역사회 주민을 보호하는 방법도 사용될 수 있다. 주거지역을 조성하는데 있어 공장, 공항, 간선도로 등 소음배출 시설로부터 최소한의 거리를 유지하게 함으로써 주거지의 소음노출 인구를 줄이거나, 병원이나 학교 등 소음으로부터 특별히 보호할 필요가 있는 인구집단을 위한 저소음 구역(quiet area)을 설정하는 방법이 있다. 소극적이지만 효과적인 방법으로는 귀마개나 귀덮개 등 소음 보호구를 사용하여 소음노출을 줄이거나 주택에 흡음재를 사용하는 방법을 들 수 있다.

셋째는 환경소음에 관한 교육 및 정보의 전파를 들 수 있는데, 소음의 건강영향에 관한 교육프로그램 또는 캠페인을 시행함으로써 환경소음에 관한 대중의 관심을 촉발하고 환경공해로써 소음에 관한 인식을 제고할 필요가 있다. 정규교육기관의 교과과정에 소음의 피해에 관한 환경교육을 시행하여 환경을 보호하는 규범을 어릴 때부터 습득하고 이를 실천할 수 있는 교육적인 기반을 갖출 필요가 있다. 이를 통하여 스스로 불필요한 소음배출을 억제하고 자동차 주행 중에 스스로 속도를 관리하고 자동차 경적을 자제하는 등 행동변화를 꾀할 수 있다.

환경소음으로 인한 건강보호의 목적은 환경소음의 영향을 줄이기 위하여 환경소음 발생의 빈도를 줄이거나 강도를 낮추는데 기초하고 있다. 환경소음을 성공적으로 관리함으로써 소음노출을 낮추고 지역사회 주민의 건강과 안녕을 보전할 수 있을 것이다.

표 1-6 생활소음 규제기준(소음 · 진동관리법 시행규칙) [단위 : dB(A)]

대상 지역	소음원 \ 시간대별		아침, 저녁 (05:00~07:00, 18:00~22:00)	주간 (07:00~18:00)	야간 (22:00~05:00)
가. 주거지역, 녹지지역, 관리지역 중 취락지구 · 주거개발진흥지구 및 관광 · 휴양개발진흥지구, 자연환경보전지역, 그 밖의 지역에 있는 학교 · 종합병원 · 공공도서관	확성기	옥외설치	60이하	65 이하	60 이하
		옥내에서 옥외로 소음이 나오는 경우	50 이하	55 이하	45 이하
	공장		50 이하	55 이하	45 이하
	사업장	동일 건물	45 이하	50 이하	40 이하
		기타	50 이하	55 이하	45 이하
	공사장		60 이하	65 이하	50 이하
나. 그 밖의 지역	확성기	옥외설치	65 이하	70 이하	60 이하
		옥내에서 옥외로 소음이 나오는 경우	60 이하	65 이하	55 이하
	공장		60 이하	65 이하	55 이하
	사업장	동일 건물	50 이하	55 이하	45 이하
		기타	60 이하	65 이하	55 이하
	공사장		65 이하	70 이하	50 이하

더 읽을거리

환경부. 소음·진동관리법 시행규칙. 생활소음·진동의 규제기준. 2019.

European Environment Agency. Good practice guide on noise exposure and potential health effects. European Environment Agency. 2010.

WHO European Centre for Environment and Health. Burden of disease from environmental noise. World Health Organization. 2011.

World Health Organization. Night noise guidelines for europe. World Health Organization. 2009.

제5절 환경과 생활방사선

하미나

5.1 방사선 스펙트럼

방사선(radiation)은 특정 발생원으로 방출되어 빛의 속도로 공간에 퍼져나가는 에너지이다. 방사선 에너지는 전기장(electric field)과 자기장(magnetic field) 에너지로 구성되며, 파동의 특성을 가지므로 전자기파(electro-magnetic wave)로 부르기도 한다. 방사선은 넓은 범위의 주파수를 보이며, 높은 주파수일수록(파장이 짧을수록) 높은 에너지를 가진다(그림 1-8).

이중 주파수가 매우 높고 에너지가 커 방사선이 퍼져나가는 진행로에 있는 원자 혹은 분자와 충돌하여 이온과 유리기(free radical)를 생성할 수 있는 전자기파가 전리방사선(ionizing radiation)이다. 광자(photon)로 구성된 방사선 에너지는 electron volts(eV)의 단위로 표현하며, 12.4eV 이상에서 전리(ionization) 능력이 있다.

한편, 비전리방사선(non-ionizing radiation)은 파장이 길고 주로 전파(radio wave)로 활용되는 전자기파(300GHz 이하)와 짧은 파장의 가시광선이 포함된 광학방사선(optical radiation)으로 나눌 수 있다.

5.2 전리방사선

우리나라 사람이 한해에 노출되는 전리방사선의 평균량(치료용 의료방사선은 제외)은 7.29mSv이다. 이 중 자연방사선이 72%(5.24mSv)를 차지하며, 특히 라돈과 토론에 의한 흡입피폭이 3.62mSv로 전체 자연방사선의 70%를 차지한다(표 1-7).

2009년에 추정된 3.82mSv와 비교하면 자연방사선은 1.7배, 인공방사선은 2.7배 증가한 것이다. 자연방사선 피폭량의 증가는 주로 국제방사선방호협회가 2009년에 새로 제시한 라돈과 토론의 선량환산계수가 2배 증가하였기 때문이며 인공방사선은 대부분 의료방사선 사용의 증가에 의한다.

1) 라돈

라돈은 실내에서 발견되는 자연방사능 가스로 전체 폐암의 3~14%에 기여하여 흡연 다음으로 중요한 폐암의 원인이다. 라돈은 토양과 암석에 자연적으로 존재하는 우라늄(^{238}U)과 토륨(^{232}Th)이 방사성 붕괴를 하는 과정에서 생성, 공기 중에 방출된다. 흡입을 통해 호흡기내로 들어온 라돈(^{222}Rn), 토론(^{220}Rn), 그리고 알파선을 방출하는 자핵종들이 방사선 손상을 유발한다(그림 1-9).

실내 라돈의 주 유입원은 건물 하부의 토양 및 암석이나, 라듐이나 우라늄 함량이 높은 건축자재에서 라돈이 방출될 수 있다. 우리나라는 화강암 지대가 많은 지질학

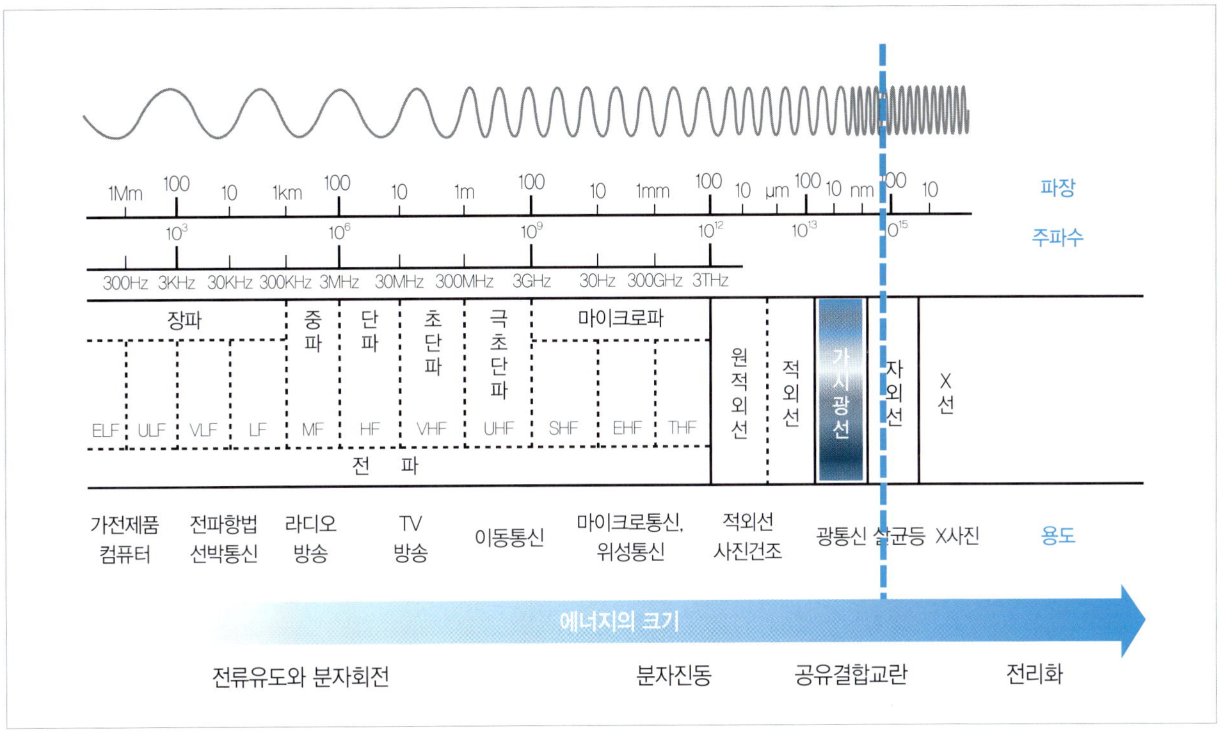

그림 1-8 방사선의 스펙트럼

적 특성으로 실내 라돈 평균농도가 $53Bq/m^3$로 세계평균($35Bq/m^3$)에 비하여 높은 편이다. 특히 환기가 잘 이루어지지 않는 겨울철에 실내농도가 높아지는데, 우리나라 겨울철 주택의 실내라돈 평균농도는 $99.1Bq/m^3$이며, 16%에서 권고기준인 $148Bq/m^3$을 초과하였다.

실내 라돈 관리에는 적절한 환기가 필수적이며, 기존 건축물에 라돈저감공법 등을 시행할 수 있다. 최근 건축물의 기밀성이 높아지면서 건축자재의 천연방사능물질 함량을 사전에 관리하는 등의 예방적 관리가 더욱 중요하게 되었다. 「실내공기질관리법」에서는 정부와 지자체가 라돈 관리계획을 수립 · 시행하도록 하고, 공동주택의 시공자는 라돈 등 실내공기오염물질을 측정하여 입주 전에 입주민들이 볼 수 있도록 고시할 의무를 부여하고 있다. 라돈은 자연방사선 물질이라는 점에서 기본적으로 권고 등 자율성에 기반하여 관리되고 있다.

2) 의료방사선

의료방사선은 인공방사선 피폭의 대부분을 차지하며, 보건의료수준이 높은 나라일수록 피폭 비중이 크며, 의료방사선 사용이 증가하면서 피폭량이 많아지고 있다. 2019년 기준 우리나라 국민 1인당 연간 의료방사선 피폭은 2.5mSv이며 전산화단층촬영(38%)과 일반촬영(28%), 중재시술(25%) 순으로 그 비중이 크다(표 1-8). 일반촬영 중에는 요추 전산화단층촬영은 복부 및 골반 투시촬영은 소화기계, 혈관촬영은 복부, 심장 및 두부, 치과 촬영은 파노라마가 가장 큰 피폭 비중을 차지한다.

진단용 의료방사선 피폭은 우리나라 전체 암 발생과 사망의 0.9%에 기여하는 것으로 추정되었다. 의료방사선은 질병의 진단과 치료에서 동일한 효과를 얻으면서도 최소 선량을 사용할 수 있도록 하는 최적화(optimization)의 원칙[1]을 적용하는 것이 무엇보다도 중요하다. 의료기기의 방사선량을 낮추는 기술개발뿐 아니라, 특히 방사

1 최적화의 원칙이란 국제방사선보호기구(International Commission of Radiation Protection, ICRP)가 제시하는 방사선방호의 3대 원칙(정당화, 최적화, 선량한도의 원칙) 중 하나로, 경제적, 사회적 인자를 고려해 합리적으로 달성할 수 있는 한 피폭선량을 낮게 유지해야 한다는 원칙을 말하며, 종종 ALARA(as low as reasonably achievable)원칙으로 표현하기도 한다.

표 1-7 대한민국 국민의 전리방사선 연간 평균 피폭량

피폭원				연간 유효선량(mSv) 2020년	연간 유효선량(mSv) 2009년
자연방사선 (72%)	외부 피폭	우주 방사선	지상	0.24	0.248
			항공여행	0.016	0.007
			부분합계	0.256	0.255
		지각 감마선	실외	0.13	0.11
			실내	0.74	0.93
			부분합계	0.87	1.04
	내부 피폭	섭취	^{40}K	0.237	0.17
			우라늄과 토륨계열	0.256	0.12
			기타*	0.01	0.01
			부분합계	0.493	0.29
		흡입	우라늄과 토륨계열	0.006	0.006
			라돈	3.11	1.27
			토론	0.51	0.129
			부분합계	3.62	1.41
	합계			5.24	3.08
인공방사선 (28%)	의료 피폭			2.05**	0.74
	직업 피폭			0.001	0.002
	합계			2.05	0.74
전체 합계				7.29	3.82

* 우주방사선에 의해 생성된 핵종으로 인한 피폭 포함. **2017년 의료방사선 사용자료 기준

출처 : 대한민국 국민의 자연 및 인공 방사선 피폭량 조사. 원자력안전위원회 방사선안전규제기술개발 연구최종보고서. 2020.

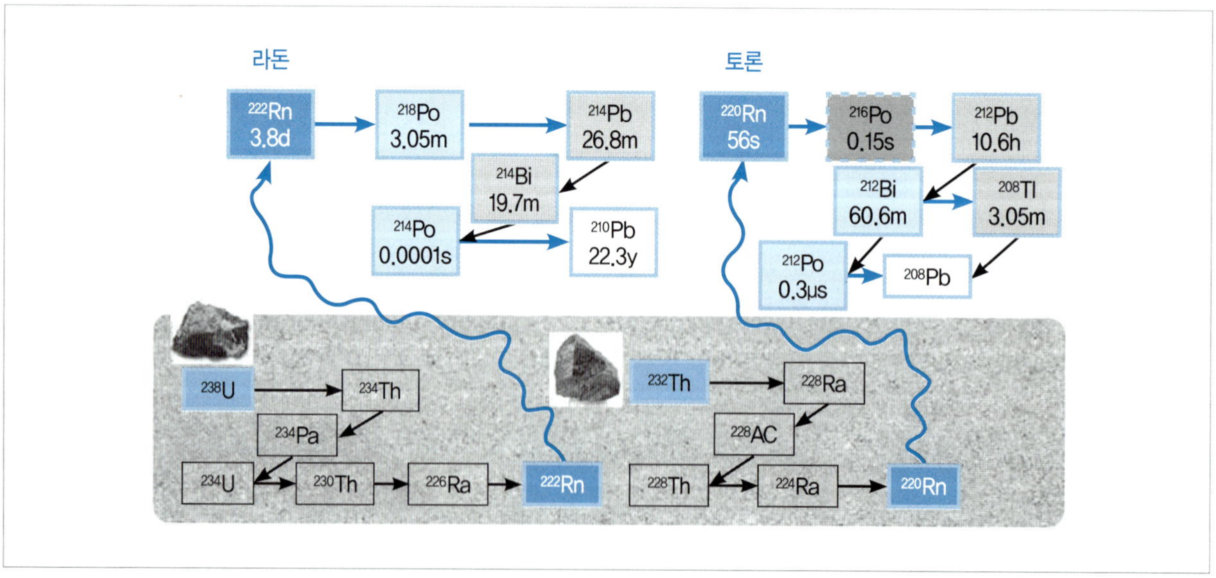

그림 1-9 라돈과 토론의 생성과정

왼쪽에서 오른쪽 방향의 빨간색 화살표는 알파붕괴, 오른쪽에서 왼쪽 아래쪽 방향의 검은색 화살표는 베타붕괴를 의미함. 각 핵종의 아래쪽 수치는 반감기

출처 : 라돈 바로알기. 한국원자력학회 및 대한방사선방어학회. 2020.

표 1-8 대한민국 국민의 의료방사선 검사종류별 연간 일인당 유효선량

구분	검사종류	사용량 (건)	집단선량 (man.Sv)	일인당 유효선량 (mSv)
진단용 방사선(72%)	일반촬영	267,805,176	35,900	0.69
	전산화단층촬영	11,920,561	48,600	0.94
	투시촬영	1,932,721	3,170	0.061
	혈관촬영	513,506	3,080	0.059
	치과촬영	37,072,789	730	0.014
	유방촬영	19,872,470	1,900	0.037
중재 시술(25%)		35,031,145	32000	0.62
합계		374,148,368	125,380	2.42
진단용 핵의학*(3%)	SPECT	689,383	3,709	0.07
	PET 및 PET-CT	186,947	718	0.01
총 합계		375,024,698	129,807	2.50

출처 : 국민 의료방사선 방사선량 평가. 주간건강과 질병 2021;14(23): 1614-1624.(2019년 사용자료 기준). 진단용 핵의학은 대한민국 국민의 자연 및 인공 방사선 피폭량 조사. 원자력안전위원회 방사선안전규제기술개발 연구최종보고서. 2020(2017년 사용자료 기준). 치료용 핵의학 및 치료용 방사선은 제외됨

선 노출에 생물학적으로 민감한 어린이에서 의료방사선 피폭을 줄일 수 있도록 엄격한 진료지침을 만들 필요가 있다.

3) 원자력발전소와 삼중수소

최근 일본 후쿠시마 원자력발전소 사고로 인한 오염수의 해양 방출과 우리나라 원자력발전소 등 주변 주민의 소변에서 삼중수소가 검출되는 등 원자력 시설에서 배출되는 삼중수소의 건강영향에 대한 우려가 높아지고 있다. 삼중수소(tritium, T, ^{3}H)는 수소의 방사성 동위원소로 자연적으로 생성되거나 원자력시설, 특히 중수로에서 부산물로 발생된다. 중수로인 월성원전에서는 연간 200~400TBq의 삼중수소가 배출되고 있다. 이것은 원전에서 배출되는 전체 핵종에 의한 방사선량의 10~20%에 해당한다. 자연에서 삼중수소는 수소 중 극히 일부($1/10^{8}$)를 차지하며 최고 18.6keV의 베타선을 방출하는 약한 방사능물질로(^{14}C의 경우 최고 156keV) 물리적 반감기는 12.3년이다.

삼중수소는 주로 공기 중 산소와 반응하여 물(H_2O가 아닌 HTO)이 된다. 베타선은 투과력이 나빠(0.56~6μm) 외부피폭보다는 내부피폭이 문제가 된다. 삼중수소물(HTO)이 생체내로 들어가면 전신에 균일하게 분포하고, 이 중 대부분(94~95%)은 소변, 대변, 호기 등으로 바로 배설된다(반감기 10일). 그러나 5~6%의 HTO는 생체내 단백질, 탄수화물 등과 결합하여 유기결합 삼중수소(Organically bound tritium, OBT)가 되어 상대적으로 긴 기간 동안 생체 내에 머무르면서(반김기 40일~1년), 인접조직에 방사선 손상을 유발할 수 있다(그림 1-10).

현재까지 삼중수소와 관련한 역학연구는 없다. 그러나 고선량의 삼중수소에 노출시킨 동물에서 암발생, 수명단축 및 임신 중 노출시 태아에서 신경인지발달 장애가 관찰되었다. 한편, OBT의 30%는 조직 외 환경 중 HTO와 자유로이 교환하여 평형을 이루지만, 70%는 조직 외 HTO와 교환되지 않고 오랜 기간 생체내에 머문다. 따라서 인공삼중수소가 한꺼번에 유입되는 경우(예, 핵무기 실험, 사고 등), 다량으로 만들어진 OBT의 70%는 생태계 먹이사슬내에서 순환하며 지속적인 저장소 역할을 하게 된다. 따라서 지구환경에서 삼중수소농도를 낮게 유

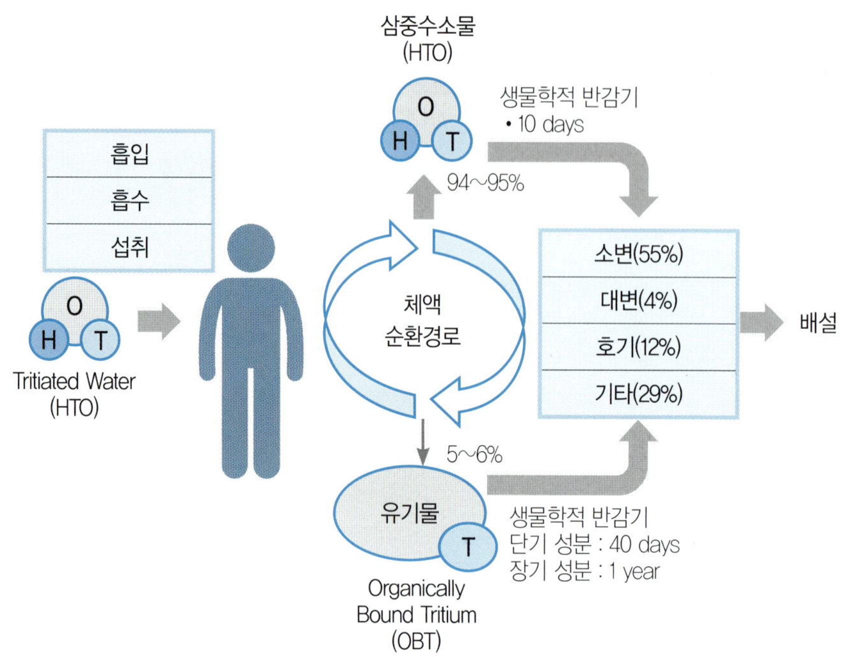

그림 1-10 인체 내 삼중수소물(tritiated water)의 대사

출처 : Matsumoto et al. Health effects triggered by tritium: how do we get public understanding based on scientifically supported evidence? J Radiat Res. 2021;62(4):557-63.

지하는 것이 중요하다.

5.3 비전리방사선

1) 광학방사선

광학방사선(Optical radiation)은 비전리방사선 중에서는 에너지가 크지만 전리능력은 없으며, 분자의 에너지 수준을 높여 화학적인 변화를 초래한다(열에너지 전달). 이 중 자외선은 피부암 유발과 피부 발적, 노화, 화상 등을 초래할 수 있고, 눈에서 백내장, 망막손상을 유발할 수 있다(표 1-9).

자외선과 적외선에 직업적으로 노출되는 집단에 대해서는 다양한 수준과 방법에서 보호책을 마련하는 것이 필요하다(표 1-10).

2) 전자기파

전자기파(Long-wave length radiation)는 전기장(Electric fields)과 자기장(Magnetic fields)으로 구성된다(표 1-11). 전기장은 전압의 차이가 존재할 때, 자기장은 전류가 흐를 때 발생하며, 둘 다 발생원으로부터 거리가 멀어질수록 급격히 감소한다.

주파수가 낮을수록 자기장이, 주파수가 높을수록 전기장의 영향이 더 중요하다. 주파수가 낮고 파장이 길수록 조직을 더 잘 투과하며, 열에너지 전달, 유도 전기장 및 전류의 형성을 통해 생물학적 효과를 나타낸다(표 1-12).

극저주파(ELF, Extremely Low Frequency, 0~300Hz)는 고압 송전선로와 송전탑, 변전시설 및 전기제품을 작동시킬 때 발생한다. 극저주파는 국제암연구소(IARC)의 발암물질 분류에서 Group 2B이다(Possibly carcinogenic to humans). 역학연구에서 3~4mG 이상의 극저주파 노출 시에 소아 백혈병 위험 증가가 일관되게 관찰되었으나 실험연구에서는 극저주파의 발암 기전에 대해 뚜렷한 근거를 얻지 못하였다.

무선주파수(RF, Radiofrequency, 10kHz~300GHz)의 중요한 노출원은 휴대전화와 기지국이다. TV와 라디오 방송국, 레이다와 인공위성도 무선주파수의 노출원이 된다. 측정단위는 mW/cm^2, 혹은 W/m^{2}이고, 조직에 전달하는 에너지양을 표현하는 전자파흡수율(SAR, specific absorption rate)의 단위는 W/kg이다. TV 및 라디오 송신탑의 무선주파수 노출과 암 발생 간의 관련성은 확인되지 못하였으나, 2011년 국제암연구소(IARC)는 휴대전화 전자파와 뇌종양에 관한 국제공동연구 결과에 근거하여 머리에 직접 대고 사용하는 휴대전화의 전자파를 발암가능물질(Group 2B)로 분류하였다.

우리나라 「전파법」에서는 '전자파인체보호기준'을 설정하고 있으며, 기지국 등 무선국과 방송국의 경우 전자파 강도를 측정하여 보고하도록 하고, 휴대용무선설비는 전자파흡수율을 측정하여 기준을 준수하도록 하고 있다. 또한 무선기지국과 휴대전화에 대하여 전자파 강도에 따른 등급을 부여하여 소비자에게 정보를 제공하고 있다.

표 1-9 광학방사선의 종류와 생물학적 효과

스펙트럼 구분		파장	생물학적 효과	
			눈	피부
자외선	UVC	100nm~280nm	광각막염	
	UVB	280nm~315nm		홍반, 색소침착, 피부암
	UVA	315nm~400nm	광화학 백내장, 수정체 황변	피부노화, 피부암
가시광선		400nm~770nm	망막손상	화상
적외선	IRA	77nm~1.4um	적외선 백내장, 망막손상(수정체 손상)	
	IRB	1.4um~3um	각막 화상	
	IRC	3um~1mm		

표 1-10 자외선과 적외선에 노출되는 직업군

	노출 직업군		
자외선	항공기 근로자 이발사 목욕실 도우미 건설근로자 약물 제조자 농부 어부 식품 조사원(irradiators)	금속 주조 감독관 유전(oil field) 근로자 철도 근로자 목장경영지 선원 담배 조사자(irradiators) Vitamin D 제조자	유리공 제강공장 근로자 용접공 주조공 전기공
적외선	제빵사 제철공 화학자	요리사 군인	

표 1-11 전기장과 자기장 비교

구 분	전기장(Electric Fields)	자기장(Magnetic Fields)
발생원	전압(Voltage)에 의해 발생 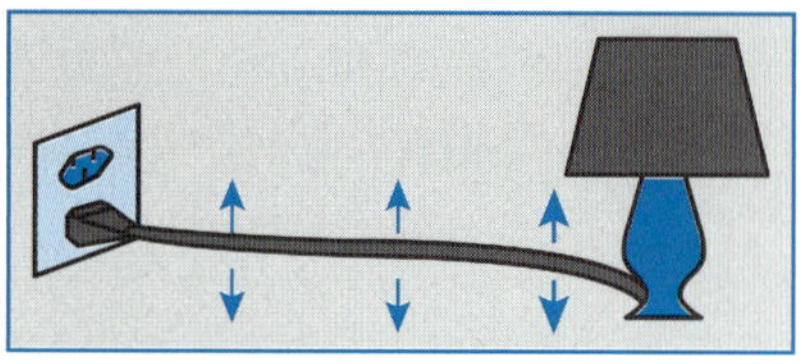	전류(Current)에 의해 발생 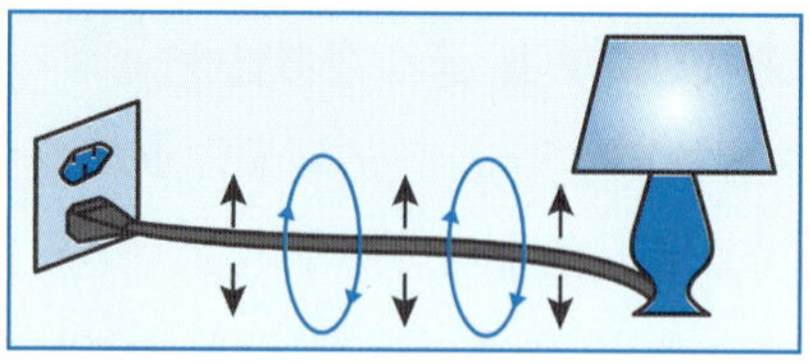
측정 단위	단위길이당 전압 : V/m, kV/m (1kV=1000V)	가우스(Gauss, G) 또는 테슬라(Tesla, T) 단위 길이당 전류 : mA/m 1mG = 0.1μT = 80mA/m
정의	1kV/m: 10cm 떨어진 두개의 평행금속판에 100V가 가해졌을 때 형성된 전기장	1G는 500A가 흐르는 전선으로부터 1m 떨어진 지점에 형성된 자기장
차폐 물질	나무나 건물 같은 물체에 의해 쉽게 차폐되거나 약해짐	어떤 물체라도 쉽게 차폐시키거나 약화시키기 어려움

표 1-12 전자파의 인체 영향 종류

구분		결과	노출 척도	측정시간	비고
직접영향	열적 영향 (thermal)	세포의 가열, 체온상승, 열응력(thermal stress)	SAR, 온도 상승	단기(6분)	고주파 효과
	자극 영향 (irritation)	전류에 의한 신경 및 근육 자극	유도 전류밀도	단기(1초)	저주파 효과
	비열 영향 (non-thermal)	암, 치매, 신경행동발달영향 등 의심	전자기장 강도, SAR	장기(수개월 이상)	연구중
간접 영향		전기적 쇼크 화상	접촉 전류	단기(1초)	

더 읽을거리

대한민국 국민의 자연 및 인공 방사선 피폭량 조사. 원자력안전위원회. 방사선안전규제기술개발 연구최종보고서. 2020.

라돈 바로알기. 한국원자력학회 및 대한방사선방어학회. 2020.

질병관리청. 국민 의료방사선 방사선량 평가. 주간건강과 질병 2021;14(23): 1614-1624.

하미나, 정선화. 환경보건정책입문. 단국대학교출판부. 2022.

Arthur L.Frank. Ch.36. Nonionizing radiation. in Maxy-Rosenau-Last's Public Health and Preventive Medicine. 15th ed. 2008. McGraw Hill.

제6절 폐광산

박원주

6.1 개요

광산은 인간이 필요로 하는 광물을 생산하는 산업 또는 사업장이다. 인류의 역사는 광물과 불을 사용할 수 있게 되면서 획기적으로 발전하였지만, 그 과정에서 많은 유해물질에 노출되어 다양한 건강문제가 발생하게 되었다. 직업의학 또한, 역사적으로 광산에서 일하는 광부들과 채굴된 광석을 다루는 근로자들의 건강이 주요 관심 분야였다. 하지만 광산은 그곳에서 일하는 근로자뿐 아니라 광산 주변에서 생활하는 주민들에게도 건강영향을 미친다는 것이 알려지면서 현재는 중요한 환경의학 문제로 인식되고 있다.

6.2 광산의 종류

광산의 분류법은 다양하나 주로 그 생산물에 따라 금속광산과 비금속광산으로 분류된다. 일반적으로 석탄을 생산하는 석탄광산은 별도로 분류한다. 광산에 의한 환경오염 문제는 주로 금속광산의 중금속에 의해 발생한다. 금속광산에서는 금, 은, 동, 납, 아연, 철 등을 생산하며, 비금속광산에서는 흑연, 활석, 고령토, 석회석, 수정, 연옥 등이 생산된다. 광산은 생산물의 종류에 따라 금광, 은광, 철광, 탄광으로 불리기도 하며 금속광산은 단일 광물보다 여러 광물을 함께 채굴하는 경우가 많다. 광산은 또한 생산물의 위치에 따라 지표면에서 채굴이 이루어지는 노천 광산, 갱도에서 갱내 굴진 등을 통해 채굴이 이루어지는 갱도 광산으로 분류할 수 있으며 우리나라는 대부분 갱도 광산이다. 2015년 광해 실태조사에 따르면 우리나라에는 총 5,544개의 광산이 있으며, 현재 운영 중인 광산은, 금속광산 78개소, 비금속광산 617개소, 석탄광산 6개소(삼척시 도계광업소, 삼척시 상덕광업소, 연천군 은복광업소, 태백시 장성광업소, 태백시 태백광업소, 화순군 화순광업소)로 총 701개이다. 휴폐광산은 금속광산 2,106개소, 비금속광산 2,343개소, 석탄광산 394개소로 총 4,843개소이다. 휴폐광산을 전부 포함하여 금속광산은 금·은 광산이 전체의 80.0%로 주를 이루며 다음으로 철·망간(7.9%), 중석·몰리브덴(4.1%), 납·아연(3.5%), 동(2.6%) 순이다. 비금속광산은 고령토·규조토(28.5%), 장석·규석(24.1%), 석회석(17.9%), 규사(6.5%), 납석(6.1%), 형석(3.8%), 활석(3.3%), 흑연(2.5%), 운모(2.2%), 석면(1.3%), 사문석(0.6%) 순이다.

6.3 광산의 환경오염 과정

광물자원은 지질조사와 탐사를 통해 채산성 여부를 평가한 후 광석을 캐는 채광(mining)과 채굴된 광석을 파분쇄(comminution) 처리하는 선광(ore dressing), 광석에서 필요로 하는 금속을 추출하는 제련(smelting), 제련으로 만들어진 금속의 불순물을 걸러 순도를 높이는 정련(refining)의 과정을 거친다. 선광장에서는 필요한 정광만 회수되고 유용 성분이 낮아 불필요한 광미(tailing)는 광산 주변 광미댐(tailings dam)에 적치된다. 금광석에서 금의 비율은 약 0.03%이며 아연석에서 아연의 비율은 약 5%로 채굴한 광석의 대부분은 광산 주변에 적치된다. 적절한 오염방지시설 없이 방치된 폐석과 광미는 유실되어 주변과 하류 지역으로 운반되고 토양, 지하수와 하천으로 유입되어 광산 주변 지역을 오염시킨다. 오염된 물이 생활 또는 농업용수로 사용되면 농작물과 음식물을 통해 유해 중금속이 주민의 체내에 축적되고 일정 농도 이상이 되면 건강영향이 발생한다. 이러한 중금속 노출은 장마, 홍수, 태풍 또는 광해방지시설의 불량 등으로 인해 가속화될 수 있다. 중금속은 환경에서 안정적이어서 광산 안에서는 지속해서 갱내수가 생성되어 배출되고 광미에서는 산성광산배수(acid mine drainage, AMD)가 녹아 나와 주변 지역을 오염시킨다.

산성광산배수는 철과 같은 중금속과 황산염, pH 5.0 이하의 산성 성질로 인해 하천바닥을 붉게 변하게 한다. 광산에서는 중금속 외에도 선광, 제련 및 정련 과정에서 사용하는 수은과 시안화물, 아민류와 같은 화학약품이 추가적인 오염원이 된다. 토양환경보전법에 따라 사람의 건강, 재산이나 동식물의 생육에 지장을 줄 우려가 있는 수준을 토양오염 우려기준으로 정하였고, 우려기준을 초과하여 사람의 건강, 재산이나 동식물의 생육에 지장을 주어서 대책이 필요한 기준을 토양오염 대책기준으로 정하였다. 우려기준을 넘는 오염 토양에 대해서는 정화조치를 명할 수 있다.

6.4 국내외 광산 오염사건

1) 해외 사례

일본 도야마현의 진즈강 인근에서 거주하는 주민들은 어업과 벼농사를 주업으로 생활하였다. 19세기 말부터 벼의 생육에 문제가 생기고 전신에 통증이 생기는 질환이 주로 중년 이상의 여성에서 발생하였다. 20세기 초부터 농업과 어업단체에서 진즈강 상류에 있는 아연광산의 폐수로 인해 이러한 문제가 발생한 것으로 주장하며 개선을 요구하였다. 1932년 어업 피해에 관한 기사가 지역신문에 보도되었으며, 1955년 하기로 노보루 의사가 신문에 환자들의 증상을 기고하였으며 그 내용을 요약하면 다음과 같다. “주로 아이를 둘 이상 낳았으며 이 지역에 장기간 거주한 폐경 이후 여성들에서 문제가 주로 발생하였다. 환자들의 뼈는 너무 약해 툭하면 부러지고, 심한 경우 조금만 움직여도 뼈가 부러졌다. 아픔은 너무 심해서 아야-아야(일본어로 이타이-이타이) 하는 울음을 참을 수 없을 정도였다.” 1961년 이러한 병의 원인이 카드뮴에 의한 것이라는 내용이 의학회에서 발표되었으며, 1971년 도야마 법정에서 카드뮴과 질병과의 관련성을 인정하고 보상에 대한 책임이 광산에 있음을 판결하였다. 진즈강 상류의 아연광산의 폐석에서 카드뮴이 물에 녹아 들어가 농업용수로 사용되고 농작물을 통해 주민들에게 축적된 것이다. 축적된 카드뮴은 신장의 근위세뇨관을 손상해 칼슘 재흡수를 감소시키는 판코니증후군(Fanconi syndrome)을 유발하고 이로 인해 심한 골다공증이 발생하였다. 또한 출산경험이 많은 갱년기의 여성들과 전쟁 전후의 식량부족으로 인한 영양결핍으로 인해 질병에 대한 건강피해가 증가하였다.

2) 국내 사례

우리나라는 다양한 광물자원이 풍부하여 일본 강점기부터 많은 광산이 개발되었으나 채산성이 맞지 않아 대부분 폐광산 상태로 사람들의 관심 밖에 있었다. 일본 이타이이타이 병의 충격적인 내용이 국내에 전해지면서, 국내의 폐금속광산 주변 지역의 위험성에 관한 관심이 높아졌다. 1996년 광명시 가학광산 주변 주민 중 지역에서 생산된 쌀과 채소를 장기간 섭취한 경우 체내 카드뮴이 대조군보다 유의하게 증가함이 확인되었다. 2004년에는 경상남도 고성군 삼산면에서 이타이이타이 병 의심 환자가 언론에 보도되어 사회적 관심을 끌었으며 이후 여러 지역에서 비슷한 건강 피해 의심 사례들이 주민, 시민단체와 언론을 통해 추가로 제기되었다. 문제가 제기된 지역을 대상으로 민관 합동 역학조사가 이루어졌고 중금속 노출로 인한 명백한 건강 피해는 확인하지 못했지만, 폐금속광산 지역 주민의 체내 중금속 농도가 대조군에 비해 높은 수준임은 객관적으로 확인되었다. 따라서 전국의 폐금속 광산지역에 대한 조사 필요성이 제기되었고 전국 단위의 체계적인 주민건강영향조사가 시작되었다.

6.5 폐금속광산 지역 주민건강영향조사

1) 조사 개요

환경부와 국립환경과학원에서는 토양오염실태 정밀조사와 함께 2007년부터 토양오염 우려가 있는 폐금속광산에 대해서 주민건강영향조사를 연차별로 실시하였다.

전국의 936개의 폐금속광산 중 기초환경조사를 통해 토양오염 우려 광산이 418개 지정되었으며 명칭중복 등으로 인한 43개소를 제외하고 최종 358개 폐금속광산이 건강영향조사 대상으로 선정되었다. 2007년 358개 폐금속광산의 약 1만 5천 명에 대해 건강영향 예비조사를 시행하였으며, 그 결과를 근거로 정밀조사 필요 광산(39개소, 10.9%, A그룹), 관찰대상 광산(108개소, 30.2%, B그룹), 기타 비특이적 광산(211개소, 58.9%, C그룹)으로 분류하였다. 2008년부터 2011년까지 A그룹 광산, 2013년부터 2017년까지 B그룹 광산 주변의 거주 주민에 대한 건강영향조사를 끝마쳤으며, 2019년부터 2024년까지 C그룹 광산에 대한 건강영향조사와 재검사가 필요한 지역과 권고기준 초과 주민에 대한 추적조사를 시행하고 있다.

2) 조사 지표

폐금속광산 주민건강영향조사에서 노출의 가장 중요한 지표는 체내 중금속 수준이다. 이 지역의 주민을 대상으로 혈중 카드뮴과 납, 요중 카드뮴과 비소, 필요시 수은 등 기타 중금속 노출 수준을 측정하였다. 일반적으로 건강영향조사는 기본적인 건강상태와 여러 중금속의 체내 노출 수준을 선별 평가하는 1차검사와 높게 측정된 중금속에 대한 2차검사, 그리고 이후 추적조사와 사후관리로 진행된다. 우리나라에서는 어패류, 생선과 해산물의 섭취가 많아 종 비소의 체내 수치가 비교적 높다. 따라서 총 비소가 높게 나오면 종 분리 분석을 통해 유해비소(3가 및 5가 무기비소, monomethyl-arsonic acid)와 무해비소(dimethyl-arsonic acid, arsenobetamine)의 노출 수준을 추가로 확인해야 한다. 건강장해 여부를 판단하기 위해서는 각 중금속의 표적기관에 대한 건강검진을 진행해야 한다. 중금속으로 인한 신장장해 여부를 확인하기 위해서는 미세단백뇨, 크레아티닌, β2-마이크로글로불린, N-아세틸-β-D-글루코사미니다아제 등의 검사를 시행해야 한다. 체내의 극미량 원소를 측정하기 위한 중금속 분석은 철저한 정도관리가 반드시 뒷받침되어야 한다. 노출지표 검사와 함께 구조화된 설문지 조사를 통해 거주력, 직업력, 흡연 및 음주, 약물, 식습관, 건강 수준 등 중금속 노출과 건강에 영향을 미칠 수 있는 정보를 추가로 얻어야 한다.

3) 조사 결과

유사해 보이는 광산이라고 하더라도 채굴하던 금속의 종류, 오염의 정도, 오염경로, 상수도 공급, 농업용수 활용, 거주지와의 거리, 주변의 다른 오염원, 객토 및 복토 사업 여부, 연령, 성별, 흡연 및 음주 여부 등에 따라 체내의 중금속 노출 수준은 달라진다. 조사 결과 폐금속광산이 주변 지역의 토양, 수질, 농작물 오염에 영향을 미치는 것이 확인되었다. 지역 주민의 혈중 카드뮴과 납, 요중 카드뮴 및 비소의 경우 일반 국민 또는 대조군에 비해 높았고, 국내외의 권고기준을 초과한 주민도 일부 발견되었다. 권고기준을 초과했다고 하더라도 반드시 건강영향이 발생하는 것은 아니다. 중금속 노출로 인한 건강영향이 뚜렷이 발생한 주민은 발견하지 못하였고 전체적으로 중금속 노출이 심각한 수준은 아닌 것으로 나타나 지역 주민들의 막연한 불안감은 어느 정도 해소할 수 있었다. 권고기준 초과 주민에 대해서는 주기적으로 추적 건강영향조사를 실시하여 건강장해 여부를 확인하고 있다.

6.6 폐광산 관리를 위한 기관별 역할

폐광산 문제는 여러 기관이 관여되어 있으므로 이들의 유기적인 연계와 협력이 필요하다. 각 기관이 조사한 정보의 공유와 데이터베이스 구축, 그리고 이를 통해 환경매체와 주민을 체계적으로 관리하는 시스템을 발전시켜 나가야 한다. 폐광산 피해방지를 위한 각 기관의 역할을 요약하면 다음과 같다. 산업통상자원부는 광산피해의 방지 및 복구에 관한 법률에 따라 광해방지 기본계획을 수립하고 추진한다. 한국광해관리공단은 광미 및 폐석의 유실 방지, 지반침하방지, 오염 수질 개선, 광산의 유해 물질(소음, 진동, 먼지 날림 등)의 주민 피해방지, 토양 오염 개량과 복원 및 광해방지시설의 정기점검과 관리운영을 시행한다. 환경부는 토양환경보전법에 따라 오염현황에 대한 조사계획을 수립하고 토양오염실태 정밀조사를 시행한다. 환경부는 2012년 동아대학교를 중금속노출 환경보건센터로 지정하여 국민의 중금속 피해를 최소화하기 위해 노력하고 있다. 국립환경과학원은 광산 주변 지역 주민을 대상으로 정밀 건강영향조사에 대한 계획을 수립하고 추진한다. 식품의약품안전처는 농산물의 중금속에 대한 모니터링을 시행한다. 지방자치단체는 기준치 초과자의 추적관찰, 사후관리 등의 주민 관련 보건위생사업을 시행하며 농수산물 품질관리법에 따라 오염 농산물을 수매, 폐기 및 휴경을 유도할 수 있다. 그리고 오염 원인 제공자에게 토양오염에 대한 정밀조사 및 정화조치를 명할 수 있다. 농림축산식품부는 농림법에 따라 오염농지에 대한 토양개량사업을 수립하며 산림청은 산림훼손지역에 대한 복구사업을 시행한다.

6.7 제언

폐금속광산 지역 대부분은 접근 취약지의 인구 소멸지역에 있으며 거주하는 주민들도 초고령화되어 다른 환경오염문제에 비해서 관심이 상대적으로 크지 않다. 이러한 특성으로 인해 현재 주민건강영향조사를 체계적으로 실시하고 있음에도 불구하고 사각지대에서 피해를 받는 주민들이 있을 수 있다. 또한, 최근 시골의 전원주택 건설과 함께 폐광산에 대한 정보를 모르는 신규 외지인들이 새로운 위험집단이 될 수 있으므로 개인위생에 관한 주민 보건교육(폐광산 위험성 인지, 오염된 물과 토양에서 나온 농산물 사용 금지)과 주기적인 모니터링이 필요하다. 2007년 이후 시행된 폐금속광산 지역 주민건강영향조사를 통해 건강영향평가와 사후관리에 대한 국내 경험이 축적되었다. 따라서 축적된 경험을 통해 향후 광산 주변의 주민, 시민단체, 언론, 지방자치단체와 정부 간에 발생 가능한 불필요한 의심과 오해, 소모적인 논란을 미리 방지할 수 있을 것이며 연계기관의 협력을 통해 효과적인 관리가 가능해질 것으로 기대된다.

더 읽을거리

노리에 허들, 마이클 리치. 꿈의 섬, 일본의 환경 비극. 이화여자대학교 출판부 2001. p. 159-60.

박정덕, 김헌, 김영훈, 김용대, 김정진, 사공준, 등. 토양오염우려 폐금속광산지역 주민건강영향조사(I). 국립환경과학원 2019.

한국광해관리공단. 2020년 한국광해관리공단 연보 2020. p.86.

제7절 농약

송재석

7.1 정의

우리나라에서 농약은 농약관리법에 의하면 농작물(수목 및 농, 임산물을 포함)을 해하는 균, 곤충, 응애, 선충, 바이러스, 기타 농림수산부령이 정하는 동, 식물(병해충)의 방제에 사용하는 살균제, 살충제, 제초제와 농작물의 생리기능을 증진, 또는 억제하는데 사용되는 생장 조정제 및 약효를 증진시키는 자재를 말한다. 전세계적으로 기후이상 및 최근의 감염병 증가 등의 원인으로 농약의 사용은 증가하고 있으며, 이로 인해 사람들의 농약에 대한 관심은 증가하고 있지만, 이에 대한 정확한 정보는 많이 알려지지 않고 있는 것이 현실이다.

7.2 분류와 건강장해

농약은 사용형태와 사용목적에 따라서 분류할 수 있다. 사용형태에 따라 수화제, 입제, 유제, 유탁제, 훈증제 등으로 분류할 수 있다. 사용 목적에 따라서는 크게 살충제, 제초제, 살균제 등으로 분류할 수 있다. 건강장해에 대한 이해를 위해서는 사용목적에 따른 분류를 이용하는 것이 유용하다. 단, 사용목적에 따른 분류가 다르더라도 화학적 분류가 동일한 경우에는 유사한 건강장해를 일으킬 수 있다.

1) 살충제

살충제는 해충을 구제하여 작물의 성장에 영향을 미치는 물질이다. 살충제의 종류는 매우 많으나 대표적인 것으로는 유기인계, 카바메이트계, 피레스로이드계, Neonicotinoid계, 유기염소계 등을 들 수 있다(표 1-13).

표 1-13 살충제의 종류와 대표적인 농약

계통명	농약명
유기인계	chlorpyrifos(2021년 국내 판매금지) diazinon dichlorvos(2012년 국내 판매금지) fenitrothion
피레스로이드계	ethofenprox deltamethrin cypermethrin bifenthrin
카바메이트계	carbosulfan methomyl carbaryl
Neonicotinoid계	imidacloprid

(1) 유기인계 살충제

유기인계 살충제는 다음과 같은 기본적인 구조를 가지고 있는 화합물의 통칭으로, R1과 R2에 따라 매우 다양한 살충제의 종류가 있다.

유기인계 살충제는 2차 세계대전 당시 독일군에 의해 독가스로 개발되어 사용되었으나, 이후 살충제로 사용되었다. 그 역사가 오래되어 대부분 로열티가 끝났기 때문에 가격이 저렴하다는 장점이 있으나 그와 동시에 병해충의 저항성 역시 많이 발생하여 최근에는 그 사용량이 줄고 있다.

유기인계 살충제는 신경근 접합부에서 아세틸콜린 분해효소와 비가역적으로 결합, 아세틸콜린 분해효소의 활성도를 저하시켜서 독성을 나타낸다. 중추신경계 증상인 불안, 진전, 두통, 현훈, 섬망, 환각, 경련, 혼수 등이 있고, 호흡 중추를 마비시켜 호흡성 심정지를 유발할 수 있다. 무스카린 수용체 연관 증상으로는 타액분비 과다, 발한, 요실금, 설사, 복통, 구역과 서맥을 유발한다. 기관지 경축이나 과도한 기관 분비물에 의한 호흡부전을 유발하고, 축동과 시야 흐림이 나타난다. 니코틴 수용체 연관 증상으로는 산동, 빈맥, 고혈압을 유발하고, 골격근의 속상수축이나 경련, 근무력을 동반한다.

유기인계 살충제 노출에 의한 만성적인 건강장해로는 만성 신경계 독성을 들 수 있는데, 주로 운동신경의 축색에 영향을 미치는 말초신경병증을 일으킨다. 이외의 만성 건강장애로는 발암성(diazinon, chloropyrifos), 파킨슨씨 병 등이 보고되어 있으나 아직 논란의 여지가 있다.

치료는 아세틸콜린의 효과를 길항하기 위하여 아트로핀을 정주하며, 이때 동공의 크기와 전체적인 증상을 보며 용량을 조절한다. 또 다른 치료제인 pralidoxime (2-PAM)은 유기인계 화합물과 아세틸콜린 분해효소의 비가역성 결합을 분리시키는 역할을 한다. 그러나, 경구투여는 효과가 없으며 정맥투여만 효과를 보인다. 2-PAM의 사용은 중추신경계 증상이 동반된 경우에만 사용하는데, 그 이유는 유기인계 화합물과 유리된 아세틸콜린 분해효소의 활성도가 낮으며 소아에서는 간독성이 보고되었기 때문이다.

(2) 카바메이트계 살충제

카바메이트계 살충제는 서아프리카산 칼라바콩에서 유래한 살충제로 유기인계 살충제와 유사한 독성 효과를 갖지만 아세틸콜린 분해효소와의 결합이 가역적이라는 특성이 있어서 인체에 좀 더 안전한 것으로 알려져 있다. 중독증상은 유기인계 살충제와 유사하지만, 치료에서 2-PAM의 사용은 권고되지 않는다.

(3) 피레스로이드계 살충제

피레스로이드계 살충제는 제충국이라는 국화의 일종에서 추출된 피레트린(pyrethrin)에서 유래된 살충제이다. 피레트린의 경우에는 가장 오래전부터 사용되어진 살충제이지만, 자외선 하에서 분해가 신속히 이루어진다는 단점 때문에 사용이 제한적이었다. 이 단점을 극복하기 위하여 합성한 물질이 피레스로이드계 살충제이다.

피레스로이드계 살충제는 다음과 같은 기본적인 구조를 가지고 있다. 피레스로이드계 살충제는 벤조산(benzoic acid)과 카르복시산(carboxylic acid)이 에스터(ester) 결합을 이루고 있는데, 포유류에서는 에스터라아제(esterase)가 있어서 독성이 적고, 곤충에서는 독성이 높다는 장점이 있어서 많이 사용되고 있다. 현재 농업용으로도 많이 사용되지만 방역용, 특히 가정에서 사용되는 살충제의 대부분이 피레스로이드계 살충제이다.

피레스로이드계 살충제는 뉴런 세포막에 바로 작용하는 신경독성을 나타낸다. 활동 전위의 흥분기 동안에 나트륨 이온(Na+)의 막 투과를 지속시켜, 감각 신경과 운동 신경을 반복적으로 흥분시킨다. 독성작용은 대부분 신경독성으로 과민반응, 전율, 운동 장애, 경련 그리고 마비 등을 일으킨다. 기본적으로 인체의 독작용은 신경의 과흥분에 의해서 유발된다. 중독 후, 신경계에 해부학적인 변동은 관찰되지 않는다. 중독증세의 특징에 따라서 1형과 2형으로 나누어질 수 있는데, 1형의 경우에는 중추신경계가 자극되어 나타나는 증세로 전신을 떨고 깜짝 놀라며 근육이 꼬이거나 쉽게 흥분하는 증세를 보인다. 결과적으로 근육의 대사를 항진시켜 열이 오르고 과잉 대사에 따른 말초의 대사적인 소모와 에너지의 고갈로 인하여 사망에 이르게 된다. 2형의 경우에는 1형의 경우보다 더 광범위한 조직에 작용하여 중추신경계 이외에 말초신경이나 근육계에도 작용한다. 갑작스러운 소리에 깜짝 깜짝 놀라는 1형과 달리 오히려 둔한 반응을 보이며, 환자는 대개 입을 벌리고 침을 흘리는 증상을 보인다. 치료는 증상에 따른 보존적인 치료가 대부분이며 해독제는 없다.

(4) 네오니코티노이드계(Neonicotinoid) 살충제

동물에서는 다양한 니코틴 수용체가 존재한다. 네오니코티노이드계 살충제는 곤충에만 존재하는 N9 수용체를 차단하여 살충효과를 나타낸다. 때문에 독성의 선택성이 높아지고, 포유류, 특히 인체의 독성은 매우 낮아 최근 사용량이 급격히 증가하고 있다. 꿀벌의 집단 떼죽음과 연관되어 있다는 보고가 있으며, 유럽연합(EU)에서는 2018년 말부터 일부 네오니코티노이드 살충제의 사용을 금지하고 있다.

(5) 유기염소계 살충제

유기염소계 살충제는 과거 해충구제의 목적으로 매우 광범위하게 사용되었던 물질이다. 그러나, 자연계에서 생분해되지 않고 높은 잔류성을 보여 1970년대 스톡홀름 협약에 의해 사용이 금지되었다. 그 중 비교적 잔류성이 낮은 디코폴(dicofol) 등은 최근까지 사용되었으나 이들도 2012년 이후 판매 금지되었다.

그러나 체내 잔류성이 높아 아직도 인체내에서 검출이 되고 있으며, 해양계에서는 생축적이 이루어지기 때문에 해산물 섭취에 의한 노출이 가능하다. 최근에는 수입농산품에서 검출이 되어 사회적 문제를 일으키기도 하였다.

2) 제초제

(1) 파라콰트(Gramoxon®)

파라콰트는 비선택성 제초제로 체내에 흡수되는 경우 산소라디컬을 만들어 폐섬유증을 유발하여 사망에 이르게 한다. 아주 적은 양의 노출만으로도 사망에 이르게 되기 때문에 2012년 이후 국내에서는 판매금지가 되었다.

파라콰트는 토양에 들어가면 토양과 단단한 이온결합을 일으켜서 자연계에서는 유리형태로는 존재하지 않는다. 또한, 이러한 이유로 잡초의 뿌리까지 죽이지는 못하는데, 이런 특성 때문에 논, 밭 이랑이 무너지지 않으며, 효과가 빠르다는 장점과 함께 지금도 농민들이 파라콰트의 사용을 선호하는 이유가 되고 있다. 농민들의 선호도에 따라 최근들어 파라콰트가 아닌 디콰트 형태의 제초제를 수입, 사용하려는 움직임도 있다.

(2) 글리포세이트

글리포세이트는 유기인계 제초제로 파라콰트와 함께 전세계 제초제 시장을 양분하고 있다. 그러나 2015년 국제암연구소에서 2A로 분류하였다. 현재 우리나라에서는 파라콰트 판매금지 이후 대체제가 없어서 아직도 사용제한 농약으로 사용되고 있다. 중독증상은 유기인계 살충제와 비슷하다.

(3) 기타 제초제

제초제는 종류가 매우 많으며 이에 대한 연구는 부족한 현실이다. 단, 베트남 전쟁 당시 사용되어진 에이전트 오렌지(agent orange)는 유기염소계 제초제인 2,4-D와 2,4,5-T의 복합제로 2,4-D는 국내에서도 사용되었지만 현재는 모두 판매금지되었다. 유기염소계 제초제 역시 유기염소계 살충제와 유사한 잔류성과 건강장해를 보인다.

3) 살균제

(1) 디티오카바메이트(dithiocabamate)계 살균제

디티오카바메이트(dithiocabamate)계 살균제로는 망간을 사용하는 만코제브(Mancozeb)라는 제품이 사용된다. 만코제브는 단일 제품으로 현재 국내에서 가장 많이 사용되는 살균제이다. 그러나 만코제브는 갑상선종양을 일으키는 것이 알려지면서, 현재는 사용량을 규제하고 있다. 만코제브 노출이 갑상선 독성을 일으키는 것은 잘 알려져 있으나 이에 대한 역학연구는 많지 않다.

(2) 기타 살균제

기타 살균제는 매우 종류가 많으며, 그중에는 스트로빌루빈(strobilurin)계 살균제가 가장 많이 사용되고 있으나 아직 독성학적, 역학적 연구는 부족한 형편이다.

7.3 발암성

국제암연구소에서는 많은 종류의 농약을 Group 1 또는 2A로 분류하고 있다.

Group	Agent
1	Lindane (see also Hexachlorocyclohexanes)
2A	Non-arsenical insecticides (occupational exposures in spraying and application of), Glyphosate, Malathion, Captafol, Diazinon, DDT (4,4'-dichlorodiphenyltrichloroethane), Dieldrin and aldrin metabolized to dieldrin

그러나 여기에는 몇 가지 고려해야 할 부분이 있다. 농약은 대부분 지용성이다. 때문에 이를 살포하기 위해서 유기용제와 수화제를 섞어서 사용한다. 이때 주로 많이 사용하는 유기용제는 자일렌(xylene)인데, 이 때 부산물로 벤젠이 포함되는 경우가 있다. 이러한 이유로 농약의 발암성은 농약자체 보다는 농약 살포 작업이 가지고 있는 발암성이라고 할 수도 있다.

더욱이 농약의 발암성을 언급하는데 있어서 중요한 것은 농약은 여러 가지 이유로 한 가지 물질만 계속 사용하지 않기 때문에 역학연구가 사실상 불가능하다는 점이다. 이러한 이유로 농약의 발암성에 대한 역학연구 역시 제한적일 수 밖에 없다는 것도 고려해야 한다.

7.4 잔류성과 노출

농약의 잔류성에 대해서 많은 사람들이 관심을 가진다. 그러나 유기염소계 화합물 이외의 농약은 잔류성이 거의 없다. 반면 유기염소계 화합물의 잔류성은 매우 길기 때문에 전세계적으로 유기염소계 살충제나 제초제는 사용을 금지하고 있으나, 아직 농약에 대한 관리가 부실한 일부 나라에서 수입되는 농작물의 경우에는 유기염소계 농약이 검출되기도 한다. 그러나 유기염소계 농약이 검출되는 농작물은 검역과정에서 대부분 걸러지고 있다. 또한 대부분의 농약은 조리과정에서 다 증발되기 때문에, 식품을 통한 농약 노출은 거의 없다고 봐도 큰 무리는 없다. 또한 노출된 후에도 체내에 잔류되는 반감기는 매우 짧다.

농약의 경구노출은 오용, 자살 등의 목적 외에는 거의

무시할만하며, 대부분의 농약 노출은 작업자들의 피부를 통하여 이루어진다.

농약으로 인한 건강장해를 평가하기 위해서는 외적 부담과 내적 부담의 평가 방법을 생각할 수 있다.

1) 외적 부담

외적 부담(External burden)은 농약 살포자의 외적 노출을 평가하는 것으로 전형적인 호흡기 노출 평가와 피부노출 평가 두 가지로 나누어 볼 수 있다.

호흡기 노출 평가는 일반 작업환경측정법과 동일하게 가스상의 농약이 호흡기 부위로 노출되는 양을 개인시료 포집 방법을 이용하여 평가하는 것으로 이 때에는 OVS-2라는 흡착관을 이용한다. 그러나 대부분의 농약은 끓는 점이 200℃ 이상이어서 가스상으로 포집되는 양은 매우 적다. 더욱이 이 방법을 이용하여 노출량을 구한다고 하더라도 단기간 노출이기 때문에 주 40시간 노출을 기본으로 하는 유해화학물질 허용농도(Threshold limit value, TLV)와는 비교할 수 없다.

피부노출 평가는 피부 패치를 이용하는 방법과 전신복장법(whole body dosimetry)을 이용한 노출량을 평가하는 방법이 있다. 그러나 각각 장비의 가격이 비싸기 때문에 대규모 역학연구에 적용하기는 어렵다.

반면, 이를 보완하기 위하여 작업조건을 간단한 공식에 적용하면 노출량을 추산할 수 있는 농약노출량산정모델(Korean predicted operator exposure Model, KoPOEM)이 개발되어 사용되어지고 있다. 이는 농약 조제, 살포시 보호장비에 따른 농약 노출량을 평가하는 것이지만, 아직 타당성이 완전히 입증되지는 않았으며, 이를 이용한 역학연구 역시 수행된 적이 없다.

2) 내적 부담

내적 부담(Internal burden)은 노출 경로와 상관없이 체내에 들어온 농약의 양을 그 자체, 또는 대사체를 정량하여 노출량을 평가하는 방법이다.

체내에 들어온 농약 자체를 직접 정량하는 것은 농약의 반감기가 너무 짧아서 유기염소계 화합물을 제외하면 별로 추천되지 않는다.

대사물질을 분석하는 것은 특이적 대사물질과 반특이적 대사물질로 나누어 생각할 수 있다. 예를 들어 유기인계 살충제인 마라치온(malathion)의 경우, 체내에서 말라옥손(malaoxone)을 거쳐 유기인계 살충제의 공통 대사물질인 dialkylphosphate (DAP)로 대사되어 배출된다. 말라옥손의 경우는 마라치온의 특이적 대사물질인 것에 반해서 DAP는 다른 유기인계 살충제도 이 물질로 대사되기 때문에 반특이적 대사물질로 볼 수 있다.

이와 같이 내적 부담을 평가하는 방법은 노출경로와 상관없이 전체 노출량을 평가할 수 있다는 장점이 있지만, 농약의 경우, 반감기가 짧기 때문에 시료 채취 시기를 맞추기 어렵고, 생물학적 노출지표(Biological Exposure Index, BEI)가 없기 때문에 평가 기준이 애매하다는 문제가 있다. 또한, 유기인계 살충제나 피레스로이드계 살충제처럼 반특이적 대물질이 있는 경우가 아니면 개별 농약 노출을 평가하기 어렵다는 단점이 있다.

유기인계 살충제의 경우 이용할 수 있는 생체지표로 혈중 아세틸콜린 분해효소의 활성도를 측정한다. 그러나 이는 치료목적으로 임상경과를 보기 위한 것이다. 만약 노출 직전의 아세틸콜린 분해효소 활성도를 측정하였다면 노출량을 평가할 수도 있지만, 그렇지 않은 경우 노출량 평가를 할 수는 없다.

7.5 유통과 관리

우리나라에서 농약의 유통과 관리는 매우 엄격한 편이다. 농약회사에서 농약을 유통시키기 위해서는 농업과학원 산하의 독성위해평가과에서 독성 시험 성적을 검토한 후, 농약전문위원회의 심의를 거쳐야 한다. 만약 등록이 허가되었다고 하더라도 나중에 다른 독성이 알려지면 등록을 취소하고 판매금지를 시킨다.

등록이 허가된 경우에는 농약 제조 회사들로 이루어진 작물보호협회에서 다음 해에 사용할 물량을 전하고 이를 회원사들에게 일정량씩 배분을 하여 정해진 양만 생산한다. 때문에 농약제조회사에서 일하는 노동자라고 하더라도 한 종류의 농약에 지속적으로 노출되는 경우는 없다.

한편 소매시장의 경우는 농협에서 운영하는 농약 판매와 개별 농약상으로 나누어 볼 수 있는데, 현재 우리나라의 경우, 농작업자가 고령인 경우가 많아서 농약의 개별성분을 알고 이를 지속적으로 구매, 사용하는 것이 아니라 농약상의 권유로 구입하는 경우가 많다.

이러한 여러 가지 이유로 단일 농약 노출로 인한 건강장해에 대한 역학 연구는 거의 불가능하다고 할 수 있다.

더 읽을거리

PubChem [Internet]. Bethesda (MD): National Library of Medicine (US), National Center for Biotechnology Information; 2004–. PubChem Compound Summary for CID 73555266, Pyrethrins and Pyrethroids; [cited 2022 Jan. 11]. Available from: https://pubchem.ncbi.nlm.nih.gov/compound/Pyrethrins-and-Pyrethroids

제8절 잔류성유기오염물질

이덕희

8.1 정의와 특성

잔류성유기오염물질, 일명 POPs (Persistent Organic Pollutants)는 환경 내에서 쉽게 분해되지 않고 먹이사슬 농축이 발생하며 대기나 해류를 통한 장거리 이동에 의하여 전지구적 환경오염을 야기하는 유기화학물질을 통칭하는 용어다. POPs는 상한 지용성을 가지고 있어서 지방조직에 축적되는 성질이 있으며, 특히 먹이사슬 상위단계인 동물과 사람의 지방조직에 높은 농도로 존재한다.

POPs는 매우 다양한 화학물질들을 포함한다. 가장 잘 알려진 POPs는 염소가 포함된 유기화학물질 종류이며, 최근 브롬이나 불소가 포함된 유기화학물질들도 신규 POPs로 분류하고 있다. POPs의 인체 반감기는 개별 화학물질에 따라 다양하나 보통 수 개월에서 수십 년에 이른다. 일찍부터 POPs의 잔류성과 독성이 보고되면서 많은 POPs들이 생산과 판매가 금지되거나 그 배출이 엄격하게 규제되고 있다. 그러나 최근 환경을 통한 저농도 POPs에 대한 만성노출의 건강위해 가능성이 제기됨으로서 새롭게 주목을 받고 있다.

8.2 종류와 작용기전

1) 염소화 잔류성유기오염물질

POPs 중 특히 염소가 붙은 종류들은 특히 환경내 잔류성이 큰 화학물질로 생태계와 인체 유해 가능성이 1960, 70년대부터 알려져 왔다. 따라서 대부분 선진국에서는 일찍부터 생산과 사용을 금지했으며 세계적인 생산과 사용에 관한 금지 · 제한을 다룬 스톡홀름협약이 2001년 채택된 바 있다. 스톡홀름 협약에 포함된 염소화 POPs는 총 12종으로 다이옥신, 퓨란, PCBs, DDT, Chlor-dane, Aldrin, Dieldrin, Endrin, Heptachlor, Mirex, Toxaphene, Hexachlorobenzene 이 여기에 속한다. 현재 염소화 POPs에 대한 고농도 노출은 매우 제한된 경우에만 발생하고 있으며 과거 수십년간 염소화 POPs에 대한 인체노출수준은 지속적으로 감소하였다. 그러나 일반인구집단에서 저농도 환경노출은 계속되고 있으며, 현재 노출의 약 90%는 오염된 동물성 식품의 섭취를 통하여 이루어지는 것으로 알려져 있다.

(1) 다이옥신

전통적으로 염소화 POPs 중 가장 잘 알려진 물질은 다이옥신류이다. 다이옥신류는 단일화학물질이 아니라 유사한 화학적 구조와 독성작용을 갖는 200여개 화학물질의 통칭으로 PCDD (polychlorinated dibenzo-p-dioxins)로 불려지는 다이옥신류, PCDF (polychlorinated bidenzofurans)로 불려지는 퓨란류, PCBs 중 다이옥신과 유사한 독성을 가진 일부 동종체를 포함한다. 다이옥신은 폐기물 소각, 석탄, 석유, 나무 등 연료의 연소, 산불 등에 의하여 발생하며 철강산업의 금속제련과 정련과정, 펄프산업에서 염소표백을 사용하는 경우, 염소화합물 제조과정에서도 발생한다.

다이옥신은 환경 중에서 개별 화학물질로 존재하는 것이 아니고 여러 동종체가 함께 혼합되어 있기 때문에 누적독성을 평가하기 위한 방법으로 독성등가계수(toxicity equivalency, TEQ)가 개발되었다. TEQ는 다이옥신류 중 독성이 높은 것으로 알려진 종류를 선별하여 이들 동종체의 상대독성값(toxicity equivalency factor, TEF)에 실제 농도를 곱하여 더한 값으로 다이옥신류의 독성을 종합적으로 나타내는 지표로 널리 사용된다.

TEF는 다이옥신 종류 중 독성이 가장 강하다고 알려진 물질인 2,3,7,8-tetrachlorodibenzo-p-dioxin (TCDD)의 독성값을 1로 두고 이에 대한 각 다이옥신 동종체의 상대독성값으로 정의된다. TCDD는 세포질내에 존재하는 aryl hydrocarbon receptor (AhR)과 결합하여 세포핵내로 이동한 후 AhR nuclear translocator (ARNT)단백질과 함께 특정 유전자에 결합하여 CYP1A1 등의 효소를 발현하게 됨으로써 독성을 일으키게 된다. TEF값은 AhR에 결합하는 강도를 나타내는 값을 의미한다.

다이옥신은 동물실험에서 생식독성, 신경독성, 면역독성, 발암작용 등 다양한 생물학적 영향을 미치는 것으로 보고되고 있다. 그러나 다이옥신에 대한 민감도는 종(species)에 따라 다양하며 인간은 다른 동물에 비하여 민감도가 낮은 것으로 알려져 있다. 그럼에도 불구하고 다이옥신은 인체에도 피부질환, 면역이상, 대사이상, 생식이상, 기형아 출생, 암 유발 등을 야기하는 것으로 보고되었으며, TCDD는 IARC의 발암물질 분류기준에서 인체 발암물질인 Group 1으로 분류된다.

(2) PCBs

PCBs는 전기절연성이 뛰어나며 열, 산 및 알카리에 강한 화합물이다. 1929년 미국에서 상업적으로 생산이 시작된 이래, 1970년대 사용이 중지될 때까지 변압기, 축전지의 절연유, 윤활유, 가소제, 도료, 복사지 등의 다양한 용도로 사용되었다. 그 유해성이 알려진 후 세계적으로 생산과 사용이 금지되었으나 최근 PCBs를 포함하고 있는 기존 제품을 처리하는 과정에서 다시 환경 중으로 배출되고 있다.

PCBs는 치환된 염소의 숫자와 위치에 따라서 209개의 동종체가 존재하며 이 중 12개는 다이옥신과 유사한 독성을 가지고 있다고 "Dioxin-like PCBs'로 부르고 나머지는 "Non-dioxin-like PCBs'라고 부른다. 또한 일반적으로 염소수가 증가할수록 분해가 되기 어려우며 잔류성이 증가한다. PCBs에 고농도로 노출될 경우 인체 면역체계, 신경계, 내분비계 및 생식능력에 영향을 미치는 것으로 알려져 있다.

(3) 유기염소계 농약

유기염소계 농약은 1940년대 이후로 전 세계적으로 광범위하게 사용되다가 환경잔류성과 생태계 독성의 가능성으로 인하여 대부분 선진국에서는 사용이 금지되었다. 대표적인 유기염소계 농약으로는 DDT, Chlordane, Aldrin, Dieldrin, Endrin, Heptachlor, Mirex, Toxaphene 등이 있다.

그러나 유기염소계 농약 중 DDT는 현재 예외적으로 사용이 인정되고 있다. DDT는 말라리아를 전파하는 모기를 퇴치하는데 효과적인 살충제로 알려져 있으며 DDT로 인한 위험보다 말라리아 예방으로 인한 이점이 더 큰 것으로 평가되어 말라리아 유행지역인 아프리카, 동남아시아 등에서 사용할 수 있도록 WHO에서도 허가하고 있다.

2) 브롬화난연제

브롬화난연제는 각종 전자제품, 직물류, 건축자재 등에 화재위험을 방지하기 위하여 첨가되는 물질로 polybrominated biphenyls (PBBs), polybrominated diphenylether (PBDEs)등이 이에 속한다. PBBs와 PBDEs 모두 치환된 브롬원자의 숫자와 위치에 따라 209종의 동종체가 존재하며 2009년 스톡홀름 협약에 추가된 신규 POPs물질 중 하나이다. 또한 브롬화난연제 제조과정, 브롬화난연제를 함유하고 있는 폐플라스틱의 재활용 과정 및 폐가전제품의 소각 등에서 비의도적인 이차부산물로 염소화 다이옥신류와 유사한 독성기전을 가진 브롬화 다이옥신류가 생성되는 것으로 알려져 있다.

대표적인 브롬화난연제인 PBBs는 1970년대에 위해성이 확인되어 전 세계적으로 사용이 중지된 상태이다. PBDEs의 경우 1990년대부터 위해성이 밝혀지면서 현재 국가별로 다양한 관리기준을 가지고 penta-BDE, octa-BDE, deca-BDE의 사용 및 판매를 금지하거나 규제하고 있다. 그러나 난연제의 경제성 및 성능면에서 PBDEs를 대체할 수 있는 물질을 찾기 어려워 PBDEs는 여전히 사용되고 있으며 염소화 POPs와는 달리 최근 수 십년간 브롬화난연제에 대한 인체노출수준은 지속적으로 증가하였다. 일반인구집단에서 브롬화난연제에 대한 노출은 주로 실내공기와 식품섭취를 통하여 이루어지고 있다.

3) 과불화화합물

과불화화합물(Perfluorinated compound)도 2009년 스톡홀름 협약에 추가된 신규 POPs물질 중 하나이다. 이에 속하는 대표적인 화학물질은 PFOS (perfluorooctane sulfonic acid)와 PFOA (perfluorooctanoic acid) 등으로 일회용품, 코팅용기, 테플론용기, 방수제 등 생활용품에 광범위하게 이용되고 있다. 과불화화합물은 소수성(hydrophobicity)과 소유성(lipophobicity)을 동시에 가지고 있다는 점에서 소수성과 친유성(lipophilicity)을 가진 염소 혹은 브롬이 붙은 기존의 POPs물질과는 그 화학적 특성에서 차이가 있다. 동물실험에서 PFOS와 PFOA에 대한 고농도 노출은 발달독성, 발암성 등을 가지는 것으로 알려져 있다.

8.3 저농도 만성노출로 인한 건강영향

앞서 기술한 개개 POPs물질에 대한 건강영향은 대부분 직업적 혹은 사고로 인한 고농도 노출과 관련되어 있다. 그러나 최근 중요한 이슈가 된 것은 저농도 POPs에 대한 만성노출의 유해성이다. POPs는 환경내에서 분해가 잘 되지 않는다는 특성으로 인하여 광범위한 환경 및 먹이사슬 오염이 발생하였으며, 그로 인하여 현재 일반 인구집단도 저농도 POPs물질에 대한 노출이 지속적으로 발생하고 있다.

환경 중 POPs에 대한 노출은 개별 물질의 농도는 매우 낮으나 수백가지 화학물질의 복합체 형태로 발생하고 있으며 전 생애를 통하여 이루어진다는 특성이 있다. POPs물질은 태반을 잘 통과하는 것으로 알려져 임산부 체내에 존재하는 POPs물질들은 태아에게 전달되며 출생 후에는 모유 및 음식, 특히 동물성 식품을 통하여 지속적으로 노출된다. POPs가 인체내로 유입되면 일차적으로 지방조직에 축적되는데, 지질 분해시 지속적으로 혈액으로 유리되어 나와 각종 장기에 지속적인 영향을 미칠 수 있다.

저농도 POPs에 대한 만성 노출은 대사계, 면역계, 신경계, 내분비계 등에 광범위한 영향을 미칠 수 있다. 특히 지방조직에 서상된 POPs는 비만과 관련된 각종 질환의 발생 기전에 직간접적으로 연관되어 있을 것으로 추정되고 있다. 저농도 POPs의 만성 노출로 인한 건강영향은 개별 POPs가 고농도에서 보였던 독성 기전과는 달리 미토콘드리아 기능 장애, 만성 염증, 혹은 내분비교란 등이 관여하는 것으로 보고된다.

더 읽을거리

David O. Carpenter. Effects of persistent and bioactive organic pollutants on human health. Wiley 2013.
Stuart Harrad. Persistent organic pollutants. Wiley 2009.

제9절 실내오염 요인

김환철

9.1 실내오염의 중요성

실외 대기오염의 건강영향은 일찍부터 잘 알려져 왔으나, 최근에는 실내 공기오염 노출로 인한 위험에 대한 관심이 높아지고 있다. WHO 보고서에 따르면 실내 연소나 난로에서 발생하는 연소 분진이 연간 약 백오십만 명의 사망에 기여하고 있어 실내 바이오연료(biofuel)로 인한 실내 공기오염을 전 세계가 직면한 가장 큰 환경 위험 중 하나라고 언급하고 있다.

대기오염물질은 크게 발생원에 따라서 실외에서 주로 발생하는 것, 실외와 실내에서 발생하는 것, 실내에서 주로 발생하는 것으로 나눌 수 있다. 실외에서 주로 발생하는 대기오염물질로는 황산화물, 오존, 꽃가루 등이 있고, 실내와 실외에서 모두 발생하는 대기오염물질로는 부유입자상물질, 질소산화물, 휘발성유기화합물, 일산화탄소, 이산화탄소, 납, 농약 등이며, 주로 실내에서 발생하는 대기오염물질로는 라돈, 석면, 암모니아, 수은, 생물학적 오염물질, 담배연기 등이다(그림 1-11).

이 장에서는 실내와 실외에서 주로 발생하거나 실내에서 발생하는 오염물질에 대하여 언급할 것이다.

9.2 실내오염물질의 종류와 영향

1) 입자상 물질

실내 입자상 물질(Particulate matter) 중 입자가 큰 부유분진은 주로 옷이나 카펫을 터는 것과 같은 행위를 할 때 재부유로 인해 주로 발생한다. 실내에서는 담배연기가 초미세먼지의 주요한 발생원이다. 일부 연구에서 흡연으로 인한 실내 초미세먼지 농도를 추정하였을 때 흡연자가 있는 집에서 대략 30㎍/㎥가 높은 것을 확인하였다. 뿐만 아니라 담배연기에는 벤조-a-피렌과 같은 발암성분을 부착한 분진을 함유하고 있기 때문에 대표적인 발암물질로 규정되었다.

한편, 요리과정이나 양초, 향을 태우는 과정에서도 분진이 발생한다. 여러 연구에서 흡연을 하지 않더라도 튀김 등 요리를 하는 것이 가정 내 분진의 주요 발생원이라는 것을 확인하였다. 최근에는 극미세먼지(ultrafines)가 가스난로나 전기난로, 의류 건조기 등에서 생성되는 것이 확인되었다.

대부분의 개발도상국에서는 나무, 농작물 쓰레기, 건조한 동물 배설물을 요리와 난방의 연료로 사용하기 때문에 부유분진에 더 노출되고 있다. 개발도상국에서 실내 공기오염의 건강 부담은 대기오염의 건강 부담을 크게 상회한다. 건강보호를 위해서는 보다 양질의 연료를 사용하고 실외로의 배기시설을 잘 하는 것이 필요하다.

2) 질소산화물

질소산화물(Nitrogen oxides)은 연료가 고온에서 연소될 때 주로 생성되는 물질로서 주로 자동차 배기가스나 연료 연소가 주요 배출원이다.

질소산화물의 실내 배출원은 등유 난로, 가스 난로, 담배연기 등이다. 이러한 실내 배출원이 없는 가정 실내에서의 질소산화물 농도는 보통 실외의 절반 수준이지만

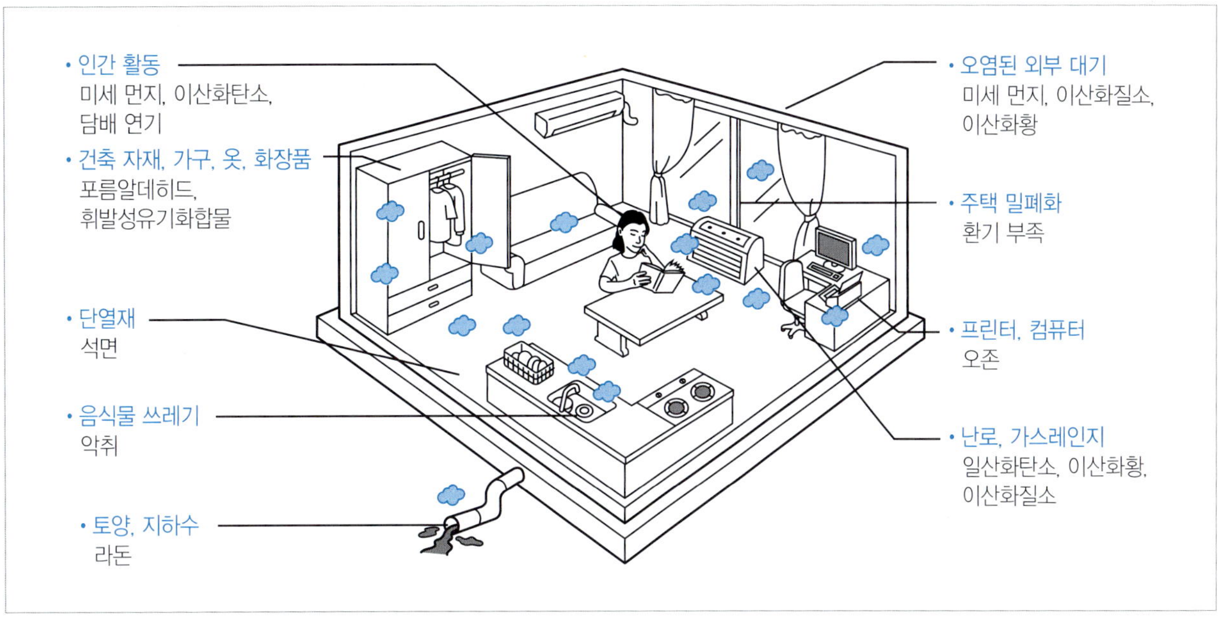

그림 1-11 실내공기오염의 발생원

출처 : 환경부, 케미스토리(http://www.chemistory.go.kr)

있는 경우에는 실외보다 더 높은 농도를 보이는 경우가 많다.

3) 휘발성 유기화합물

다수의 휘발성 유기화합물(Volatile organic compounds, VOCs)은 독성 대기오염물질로 분류되어 있다. 이러한 대기 독성물질들은 자동차와 같은 이동 오염원, 공장, 정유시설, 발전소 등 고정 오염원, 그리고 건축 소재나 청소 용제와 같은 실내 오염원에서 발생하게 된다.

휘발성 유기화합물은 생활 속에서 널리 이용하는 공산품에서 배출이 되는데 페인트, 라커, 페인트 제거제, 칭소용제, 살충제, 건축 소재, 가구, 복사기나 프린터 같은 사무기기, 수정액, 본드나 접착제, 유성매직, 사진 현상액 등 다양하다. 가정에서도 페인트, 왁스, 청소용품, 살균제, 화장품, 취미용 완구 등에서 노출된다. 실내에서의 휘발성 유기화합물의 주요 발생원은 소비제품, 건축 소재인 것으로 알려져 있다.

한편, 대표적인 발암물질인 벤젠(Benzene)은 주로 자동차의 가솔린 연소로 발생하지만 담배 연소과정에서도 생성이 된다. 비흡연자에 비해 흡연자에서 혈중 벤젠 농도가 6~10배 가량 높은 것을 확인하였고, 흡연자가 없는 가정에 비해 흡연자가 있는 가정의 실내공기 중 벤젠의 농도가 50% 가량 더 높은 것을 확인하였다.

클로로포름(Chloroform)은 물을 염소로 처리할 때 생성되는 데 화장실, 식기세척기, 욕조 등에서 기화된다. 따라서 처리된 물을 마실 때 뿐만 아니라 실내에서 호흡할 때도 인체에 노출된다. 역학연구에서는 염소 처리된 음용수와 방광암 증가와의 관련성을 확인하였다.

테트라클로로에틸렌(Tetrachloroethylene)은 드라이클리닝을 하는 세탁소에서 광범위하게 사용되는 데 세탁물에 남아 있다가 집으로 이동하여 옷장 보관 시 노출되게 된다. 세탁소에서의 배출량은 관리가 되지만 테트라클로로에틸렌 노출의 약 75%에 해당하는 세탁 의류에서의 잔류량에 관해서는 아무런 통제가 없는 실정이다.

포름알데히드(Formaldehyde)는 비강암과 관련이 있는데, 실내 건축재료로 광범위하게 사용되는 합판 제조 시 접착제로 사용되며 건물의 단열재나 바닥재로 사용되는 합성수지를 만들 때도 사용된다. 포름알데히드는 수년 동안 천천히 기화하면서 노출되는 데 포름알데히드 실내 노출의 80%에 해당한다.

앞서 언급한 대표적인 휘발성유기화합물 이외에도 수천 종의 휘발성유기화합물이 실내 공기 중에 존재하며 혈액, 호흡, 모유 등을 통해서 유입되어 영향을 주고 있다. 한 예로 *p*–DCB(*para*–dichlorobenzene)의 경우 동물실험에서 발암성이 확인되고 인체에 발암가능성이 높은 것으로 알려져 있는데, 98% 가량이 노출이 모기살충제와 공기청정제로 인해 유발된다는 것을 확인하고 미국 캘리포니아주에서는 2006년부터 *p*–DCB의 공기청정제 사용금지를 결정하였다.

4) 일산화탄소

일산화탄소(CO)는 무색, 무취의 가스로 연료 중 탄소가 불완전 연소할 때 발생한다. 일산화탄소는 적혈구의 헴(heme)과 결합하는 산소와 경쟁적으로 결합하기 때문에 혈액의 산소 운반 능력을 저해함으로써 독성을 나타낸다. 실외에서의 일산화탄소 배출원은 주로 도로상 자동차 배기가스이며 나머지는 도로가 아닌 곳에서의 건설장비나 선박에서 배출되는 것이다. 실내에서의 주요 배출원은 나무나 가스를 이용한 난로, 담배연기, 배기장치가 없이 가스나 등유를 사용하는 히터 등이다.

5) 이산화탄소

이산화탄소(CO_2)는 탄소의 완전 연소로 방출되는 무취, 무미, 무색의 기체이다. 일반적으로 석탄, 석유, 천연가스와 같은 화석연료 연소 과정에서 배출된다. 독성으로 문제가 되는 정도의 고농도는 일반 실내 환경에서 존재하지 않으므로, 이산화탄소는 일반적으로 인체에 무해한 것으로 본다. 하지만 실내공기 중 오염물질이 이산화탄소와 비례하여 증가한다고 보기 때문에, 실내공기의 환기상태를 평가하는데 지표로 널리 이용한다. 고농도의 이산화탄소에 노출되면 화상, 동상 등을 일으킬 수 있으며, 고농도에서 흡입하는 경우 빈호흡, 의식상실, 사망을 유발할 수 있다. 화석연료의 사용 증가로 인하여 대기 중 이산화탄소량이 증가하게 되면 이는 대표적인 온실 가스로 여겨진다.

6) 납과 기타 중금속

대기 중 배출되는 납의 대부분은 옥탄가를 높이기 위해 납이 첨가된 휘발유에서 기인하였으나, 1980년대 중반 미국에서 납이 포함된 휘발유가 사라졌으며 현재는 우리나라를 포함한 거의 모든 나라에서 납을 포함한 휘발유는 판매되지 않고 있다. 이로 인해 실외보다도 실내에서의 납 노출이 더 중요하게 여겨지고 있다. 가정 내 먼지가 납의 주요 노출원으로 지목되며 실외의 토양도 과거 자동차 배기가스나 페인트에 포함된 납이 포함되어 있기 때문에 신발에 묻은 상태로 실내에 유입되고 집 먼지로 변할 수 있다. 오래된 집에 사용된 실내 페인트, 장난감, 바닥 먼지 등이 어린이의 손에 묻어 입을 통해 체내로 유입될 수 있다.

그 외 농약이나 목재 방부 처리에 사용되었던 비소(As), 담배연기에 포함된 카드뮴(Cd), 석탄 등 화석연료 연소 시 발생되는 수은(Hg)이나 크롬(Cr), 일부 나라에서 가솔린 첨가제로 포함된 망간(Mn) 등도 실내에서 노출 가능한 중금속이다.

7) 농약

실내에서 살충제 등 농약을 사용하는 경우 대부분 노출이 발생되며, 집 주변에서 사용되더라도 토양 등을 통해 실내에 유입되어 실내 농도를 높이게 된다. 집 먼지는 농약의 주요한 저장소가 되며 영유아의 손이나 입을 통해서 체내에 유입되게 된다. 가정에서 사용되는 농약은 어린이가 손대지 않도록 반드시 잠금장치가 있는 보관소에 보관되어야 하지만, 바퀴벌레약, 주방과 변기 소독제, 해충약, 애완동물용 진드기 제거 샴푸 등은 화장실이나 주방에 흔히 있게 되어 어린이가 노출되는 경우가 빈번하게 발생하므로 주의가 필요하다.

8) 라돈

자연 방사선에 의한 내부 피폭선량에 가장 많이 기여하는 것이 주거 공간의 공기 중 라돈(Radon) 및 그 자핵종을 흡입하는 것이다. 라돈은 토양이나 암석 등에 포함되어 있는 우라늄(Uranium) 또는 토륨(Thorium)의 방사성 붕괴로 인해 생성되는 토양가스이다. 라돈-222의 반감기는 4일 정도이지만, 폴로니움(Polonium)-218이나 폴로니움-214 같은 알파(Alpha) 붕괴 생성물의 반감기는 수분에서 수초로 매우 짧아 폐로 흡입될 때 호흡기의 점막 및 폐포 세포에 도달하여 방출된 알파선(α-ray)에 의해 폐암 발생의 위험을 증가시키는 것으로 알려져 있다. 실외 공기에 존재하는 라돈은 농도가 낮아 문제가 되지 않으나 실내로 유입되는 라돈은 문제를 일으킨다. 실내 라돈의 80~90% 이상이 건물 지반의 토양 또는 암석에서 기인하는데, 특히 건물 바닥이나 벽에 균열 틈새가 있거나 환기가 부족한 건물에서 농도가 높다. 또한 건축자재에 포함되어 있는 라듐(Radium) 등으로부터 라돈이 발생할 수 있으며 라돈이 녹아있는 지하수를 사용하는 경우 실내로 유입될 수 있다. 그 외 배수구, 하수정화통, 공기정화시설 등을 통해 실내로 유입된다. 토양가스의 실내 유입에 주로 영향을 주는 요인으로는 건물 하부의 라돈 가스 농도와 실내 라돈 가스 농도 사이의 압력차이다. 실내/실외 공기 교환율도 중요한 변수이다.

우리나라 국민의 라돈 등 흡입에 의한 피폭량은 1.35mSv/y로 전체 방사선 피폭량의 36% 가량을 차지하는 것으로 보고되었다. 해외의 경우 30개국 이상에서 거주지의 라돈 농도를 조사한 결과 평균 약 1pCi/L 수준으로 평가되었다. 미국 EPA에서는 4pCi/L (148Bq/m^3)를 가정에서의 노출 상한으로 정하고 있으며 이 기준을 상회하는 미국 국민은 약 5% 정도로 추정하고 있다.

기존에는 광부와 같은 직업적인 라돈 노출로 인한 폐암이 관심을 받았으나, 최근 고농도의 실내 라돈 농도에 노출되는 가구 거주자에 대한 역학연구 결과들이 발표됨에 따라 일반 인구에서도 라돈에 의한 폐암 발생 증가가 확인되었다.

실내로 유입된 라돈을 저감하는 가장 효과적인 방법은 주기적으로 창문을 열어주거나 환기설비를 이용하여 환기시키는 것이다. 건물의 바닥 틈새를 메우고 보강재로 막아 라돈 유입을 차단하거나 토양 중 라돈 농도가 높은 지역에서는 건축 시 건물 하부에 라돈 차단막을 설치하는 것도 방법이다. 건물 바닥에 라돈 가스를 포집하는 설비를 갖추거나 외부 공기 유입장치를 설치하여 실내공기 압력을 높이는 것도 라돈의 유입을 줄일 수 있는 방법이다.

9) 석면

석면(Asbestos)은 방열, 방음, 화학적 안정성, 인장력 등이 뛰어나 다양한 용도로 사용되었으며 건축 재료로도 많이 이용되었다. 우리나라는 1970년대 초부터 석면을 수입하였고, 1992년 최대 수입량을 기록한 이후 지속적인 감소를 보였다. 1997년 청석면(Crocidolite)과 갈석면(Amosite)의 사용이 금지된 이래 2003년에는 석면 함유 제동장치를 장착한 자동차의 등록을 금지하였으며, 2009년에는 특수한 경우를 제외한 모든 석면 제품의 사용을 금지하였다. 그러나 석면을 함유한 건축재는 가정, 사무실, 학교 등에 여전히 존재하고 있다. 한편, 2003년부터 석면 함유 건축물의 해체 및 제거에 대한 허가 제도가 시행되었다. 석면소체가 폐에 유입될 때 석면폐증이나 악성중피종 등의 해로운 건강영향을 나타내기 때문에, 건물 내 석면 재료 사용 유무 자체보다는, 공기를 통해 석면소체에 정말 노출되었는지에 따라 석면으로 인한 거주자의 위해도가 결정된다.

10) 암모니아

암모니아(Ammonia)는 특유의 자극적인 냄새가 나는 무색의 가스로서 피부, 눈, 목, 폐를 자극한다. 암모니아는 가정 내 청소 세제를 사용하거나 농업 시설에서 화학비료를 사용하는 경우 발생할 수 있으며 가축이나 가금류를 키우는 경우 주로 노출될 수 있다. 암모니아는 경미한 수준의 노출이더라도 폐와 눈 등을 자극한다. 또한 암모니아를 포함한 세제와 다른 청소용 제품이 혼합되는 경우, 염소 표백제가 포함된 청소 세제와 섞이면 염소가스가 생성되어 호흡곤란으로 인한 사망에 이를 수도 있다.

11) 수은

실온에서 원소 수은은 증발하기 때문에 원소 수은이 포함된 제품(수은 온도계, 수은 혈압계)이 파손되거나 방치되는 경우 인체에 노출될 수 있다. 실내 환경 중 원소 수은의 노출로 인한 중추신경계의 영향이 나타날 수 있다. 대형 어류나 오염된 토양에서 재배된 채소류 섭취를 통해 메틸수은(Methylmercury)이 체내로 들어올 수 있다. 석탄에도 수은이 존재하기 때문에 석탄 연소 과정에서도 수은이 배출되어 인체에 노출될 수 있다. 실내에서 행해지는 황화수은을 주성분으로 하는 천연광물인 주사를 이용하여 제작한 부적 등을 태우는 문화적, 종교적 의식을 통해서 고농도의 수은 증기에 노출될 수 있다.

12) 미생물성 오염물질

생물학적 공기 오염물은 크게 곰팡이, 박테리아, 바이러스와 같이 적절한 조건에서 증식하거나 생존 가능한 것과 항원 및 동물의 비듬이나 배설물과 같이 증식하지 못하는 것으로 분류할 수 있다. 발생원으로는 바이러스나 박테리아를 퍼뜨리는 인체, 항원을 퍼뜨리는 동물, 곰팡이나 박테리아를 번식시킬 수 있는 가습기와 같은 물 보관 용기 등이 있다. 습도가 높은 경우 집먼지진드기 개체를 증가시키고 곰팡이 등의 성장을 유발시킬 수 있다. 또한 진드기, 박테리아, 곰팡이 등은 집이 침수되거나 바닥재가 젖어 있는 경우, 화장실 환기가 불충분한 경우, 가습기, 제습기, 에어컨 등 물이 상존하는 장치 등을 사용하는 경우 증식할 수 있다.

생물학적 오염물질이 질병을 유발하는 방식으로는 인체 내 병원체 침입을 통한 감염, 특이 면역체계 활성이 일어나는 과민성 질환(hypersensitivity diseases), 직접적인 독성이 있는 화학적 독소를 생성하는 중독 등이 있다. 또한 습기나 침수와 같이 생물학적 오염을 유발할 수 있는 조건에 노출되는 경우 빌딩증후군(sick building syndrome)과 같이 상기도와 하기도의 비특이적 증상을 유발할 수도 있다. 여러 연구를 통해 실내 공기 흡입에 의하여 다양한 감염성 질환이 전염된다는 것을 확인하였다. 예를 들어 과민성폐렴과 가습기열(humidifier fever)은 가습기, 오염된 냉난방 시스템, 습기가 있는 건축 재료, 자동차 공기정화 시스템 등과 관련이 있다. 1976년 미국 필라델피아에서 처음 유행된 레지오넬라병(Legionellosis)은 오염된 냉각수로부터 기인한 급성 박테리아 감염으로 인해 발생하였다.

13) 간접흡연

간접흡연(Environmental tobacco smoke, ETS)을 통해 벤조a-피렌, 벤젠을 포함한 100가지 이상의 독성, 발암성 물질에 노출될 수 있으며 많은 단체에서 간접흡연을 인체 발암물질로 정의하였다. 담배 한 개비의 부류연(sidestream smoke)에서 약 14,000㎍의 미세입자가 발생하며, 흡연자가 있는 가정에서의 미세먼지 평균 농도는 약 30㎍/㎥ 수준으로 높게 측정되었다.

음식점 종업원 등은 매우 높은 농도의 간접흡연에 노출되고 있다. 우리나라를 포함하여 여러 국가에서 비흡연자의 간접흡연 노출을 억제하는 규제를 시행하고 있다. 우리나라는 국민건강증진법에 따라 2014년 1월 1일부터 100㎡ 이상 일반음식점, 휴게음식점, 제과점, PC방 등이 전면 금연구역으로 지정되었으며, 2015년부터는 면적에 관계없이 모든 영업소가 금연구역으로 지정되었다.

9.3 실내공기오염의 관리대책

환경부에서는 다중이용시설 등의 실내공기질관리법에

서 실내 공간 오염물질로 미세먼지(PM_{10}), 이산화탄소(CO_2), 포름알데히드(Formaldehyde), 총부유세균, 일산화탄소(CO), 이산화질소(NO_2), 라돈(Rn), 휘발성유기화합물(VOCs), 석면(Asbestos), 오존(O_3), 초미세먼지($PM_{2.5}$), 곰팡이(Mold), 벤젠(Benzene), 톨루엔(Toluene), 에틸벤젠(Ethylbenzene), 자일렌(Xylene), 스티렌(Styrene)을 규정하고, 각각 유지기준(표 1-14)과 권고기준(표 1-15)을 제시하여 해당 측정항목에 대해 각각 연 1회, 2년에 1회씩 측정하여 시 · 도지사에게 보고하도록 하고 있다.

실내공기를 쾌적하게 유지하는 가장 좋은 방법은 환기를 주기적으로 하는 것이다. 특히 새로 짓거나 리모델링(Remodeling)을 한 집에서는 실내 공기 온도를 높여 유해오염물질의 방출량을 일시적으로 증가시킨 후 환기를 하여 오염물질을 제거하는 베이크아웃(Bake out) 방법이 효과적이다. 베이크아웃 방법은 옷장, 서랍 등을 모두 열고 창문을 밀폐, 실내 온도를 30~40℃로 설정, 5~6시간 동안 유지, 모든 문을 개방하여 환기하는 순으로 3회 이상 실시하는 것이다. 정기적인 청소와 세탁을 하고 청소기, 가습기, 에어컨 등은 주기적으로 필터 교체와 내부 청소를 해주어야 한다. 또한 실내에서 금연을 하고 난방 기구를 사용하는 경우 창문을 자주 열고 드라이크리닝(Dry cleaning)한 옷은 베란다 등에 널어서 유기용제가 제거된 후 옷장에 보관해야 한다. 살충제, 스프레이, 세척제 등 화학제품 용기는 잘 밀봉하고 안전한 곳에 보관하며 적정량만 사용하도록 한다.

표 1-14 다중이용시설의 실내공기질 유지기준

<table>
<tr><th>오염물질 항목
다중이용시설</th><th>미세먼지(PM_{10})(㎍/㎥)</th><th>미세먼지($PM_{2.5}$)(㎍/㎥)</th><th>이산화탄소(ppm)</th><th>폼알데하이드(㎍/㎥)</th><th>총부유세균(CFU/㎥)</th><th>일산화탄소(ppm)</th></tr>
<tr><td>가. 지하역사, 지하도상가, 철도역사의 대합실, 여객자동차터미널의 대합실, 항만시설 중 대합실, 공항시설 중 여객터미널, 도서관 · 박물관 및 미술관, 대규모 점포, 장례식장, 영화 상영관, 학원, 전시시설, 인터넷컴퓨터게임시설제공업의 영업시설, 목욕장업의 영업시설</td><td>100 이하</td><td>50 이하</td><td rowspan="3">1,000 이하</td><td>100 이하</td><td>–</td><td rowspan="2">10 이하</td></tr>
<tr><td>나. 의료기관, 산후조리원, 노인요양시설, 어린이집, 실내 어린이 놀이시설</td><td>75 이하</td><td>35 이하</td><td>80 이하</td><td>800 이하</td></tr>
<tr><td>다. 실내주차장</td><td>200 이하</td><td></td><td>100 이하</td><td>–</td><td>25 이하</td></tr>
<tr><td>라. 실내 체육시설, 실내 공연장, 업무시설, 둘 이상의 용도에 사용되는 건축물</td><td>200 이하</td><td>–</td><td>–</td><td>–</td><td>–</td><td>–</td></tr>
</table>

비고

1. 도서관, 영화상영관, 학원, 인터넷컴퓨터게임시설제공업 영업시설 중 자연환기가 불가능하여 자연환기설비 또는 기계환기설비를 이용하는 경우에는 이산화탄소의 기준을 1,500 ppm 이하로 한다.
2. 실내 체육시설, 실내 공연장, 업무시설 또는 둘 이상의 용도에 사용되는 건축물로서 실내 미세먼지(PM-10)의 농도가 200㎍/㎥에 근접하여 기준을 초과할 우려가 있는 경우에는 실내공기질의 유지를 위하여 다음 각 목의 실내공기정화시설(덕트) 및 설비를 교체 또는 청소하여야 한다.
   가. 공기정화기와 이에 연결된 급 · 배기관(급 · 배기구를 포함한다)
   나. 중앙집중식 냉 · 난방시설의 급 · 배기구
   다. 실내공기의 단순배기관
   라. 화장실용 배기관
   마. 조리용 배기관

표 1-15 다중이용시설의 실내공기질 권고기준

다중이용시설 \ 오염물질 항목	이산화질소 (ppm)	라돈 (Bq/㎥)	총휘발성 유기화합물 (㎍/㎥)	곰팡이 (CFU/㎥)
가. 지하역사, 지하도상가, 철도역사의 대합실, 여객자동차터미널의 대합실, 항만시설 중 대합실, 공항시설 중 여객터미널, 도서관·박물관 및 미술관, 대규모 점포, 장례식장, 영화 상영관, 학원, 전시시설, 인터넷컴퓨터게임시설제공업의 영업시설, 목욕장업의 영업시설	0.1 이하	148 이하	500 이하	–
나. 의료기관, 산후조리원, 노인요양시설, 어린이집, 실내 어린이 놀이시설	0.05 이하		400 이하	500 이하
다. 실내주차장	0.30 이하		1,000 이하	–

더 읽을거리

환경부. 다중이용시설 등의 실내공기질관리법. 2021.

Sheldon LS, Zelon HS, Sickles I, et al. Indoor Air Quality in Public Buildings. Vol. 2. Washington, DC: U.S. Environmental Protection Agency; 1988.

World Health Organization. World health report: comparing risks. Geneva: WHO; 2002.

제2장

환경성질환

제1절 고전적 환경성질환

김양호

1.1 서론

환경은 크게 자연환경과 생활환경으로 분류할 수 있다. 자연환경은 지하 · 지표(해양포함) 및 지상의 모든 생물과 이들을 둘러싸고 있는 비생물적인 것을 포함한 자연의 상태(생태계 및 자연경관 포함)를 말한다. 생활환경은 대기, 물, 토양, 폐기물, 소음 · 진동, 악취, 일조(日照) 등 사람의 일상생활과 관계되는 환경을 말한다. 환경오염은 사업활동 및 그 밖의 사람의 활동에 의하여 환경이 환경위해인자로 오염된 상태로 발생하는 대기오염, 수질오염, 토양오염, 해양오염, 방사능오염, 소음 · 진동, 악취, 일조 방해 등으로서 사람의 건강이나 환경에 피해를 주는 상태를 말한다. 환경성질환은 역학조사(疫學調査) 등을 통하여 환경유해인자와 상관성이 있다고 인정되는 질환을 의미한다.

환경성질환의 등장은 산업혁명과 관련이 있다. 18세기 산업혁명은 생산 활동을 증대시켰고 도시 인구가 급격히 증가하였고 위생 상태는 악화되었다. 공장을 가동하면서 석탄의 연소로 대기가 오염되고, 가정에서 배출되는 생활하수로 하천이 오염되었다. 인도의 풍토병인 콜레라가 유럽으로 전파되어 유럽의 도시에서 콜레라의 팬데믹이 발생하였다. 영국에서 스노(Snow J, 1813-1858)는 런던에 콜레라가 유행하였을 때 유행의 원인을 조사하여 '콜레라 발생의 전파양식에 대하여(On the Mode of Communication of Cholera, 1855)'를 기술하였다. 그는 사망자의 발생 장소를 지도에 표시하여 사망자가 브로드가를 중심으로 발생하고 있으며, 공동펌프물에 의한다고 조사하고 펌프 손잡이를 제거하여 유행을 종식시켰다. 즉, 상수가 오염되었다고 과학적으로 추론하여 과학적 역학연구의 초석이 되었다. 또한 환경성질환을 최초로 과학적으로 밝힌 쾌거를 이룩하였다.

본격적으로 대기환경오염에 의한 건강문제가 사회적 이슈로 된 것은 20세기 후반부터이다. 1952년 12월 중 5~9일간에 걸친 런던의 대기오염으로 평년보다 4,000여 명이나 많은 사망이 초래하는 사건이 발생하여 대기오염으로 각종 호흡기 질환인 환경성질환이 발생한다는 사실을 알게 되었다.

환경성질환의 특성은 다음과 같다.

첫째, 광범위한 사람이 피해를 입으나 초기에는 일부에서만 증상의 발현을 보인다. 만일 1명의 사망자가 발생하였다면 대개 10여 명의 질병 이환자가 있게 되며, 그 하부에는 자신들이 인지하지 못하는 신체적 이상자가 다수 있으리라 추측할 수 있으며, 이 신체적 이상자 밑에는 생리적 변화만을 보이는 사람들이 더 많이 있다고 생각할 수 있다. 그뿐 아니라 일단 노출된 사람들에게는 정도의 차이는 있으나 오염물질이 축적되어 있다고 보아야 할 것이다. 즉 어떤 환경오염에 의한 질병 이환이나 사망이 극히 일부분에서 나타나고 있을지라도 더 많은 사람들이 실제로 피해를 받고 있으면서도 다만 인지하지 못할 뿐인 경우가 많다. 실례로 연탄공장 주변에서 살고 있는 사람들 중 일부에서 진폐증 환자가 발견되었을 때는 많은 사람들의 폐에 탄가루가 축적되어 있으며 그 중 일부는 진폐증으로 진행되고 있고, 장기간 노출되거나 시간이 지나면 진폐증 환자는 증가될 것이라는 것을 유추할 수 있다.

둘째, 생물학적 약자 및 사회적 약자부터 피해를 입는다. 환경오염에 의한 인체의 피해는 생물학적 약자인 노인, 병약자, 어린아이들에게서 먼저 나타난다는 것이다.

셋째, 용량반응의 관계를 보인다. 환경오염의 증가에 따라 인체의 피해도 증가한다. 용량반응의 관계를 보인다는 것은 많은 사람에게 증명이 되고 있으며, 이는 현재에 있어서는 질병이 나타나지 않는 사람도 장기간 노출 시는 언젠가는 그 질병이 발현될 것이라는 것을 의미한다. 그러나 연령, 성별, 직업, 계절, 생활조건에 따라서 용량반응의 관계가 다르게 나타날 수 있다.

넷째, 과학적인 근거에 의한 환경성 질환 진단이 어렵다. 그 이유는 현대 과학으로도 증명이 불가능한 영역이 있으며, 잠복기가 길어 노출된 후에 금방 질병이 나타나지 않고 수십 년에 걸쳐서 나타나는 경우가 많다. 또한 한 가지 요인이 아니라 복합요인에 의하여 발생되므로 이를 증명하기는 매우 힘들며 건강피해를 측정하는 도구가 미비하며 이의 정확성에도 문제가 있다. 뿐만 아니라 측정한 결과를 학문적으로 판단하는 데 어려움이 있는데, 현대 과학으로 완벽한 조사 후 결론을 내리기까지에는 시간도 오래 걸리는 등, 과학기술의 한계도 있다. 이와 같이 과학적인 근거에 의한 진단이 어렵기 때문에 과학적 근거로 원인이 밝혀지지 않은 질병에 대해서도, 환경오염에 의한 피해의 개연성이 있다면, 우선 사회적 대책을 세우면서, 그것의 원인 규명을 위해 계속 노력해야 할 것이다.

다섯째, 개인적인 예방은 효과가 거의 없고 효과적인 치료방법도 없으며 대개는 불가역적이다.

1.2 환경매체별 환경성질환

1) 대기오염에 의한 환경성질환

대기오염에 의한 건강피해는 오염 지역 주민의 사망률을 증가시키고, 급 · 만성 폐질환 환자발생률의 증가, 기존 폐질환의 악화, 폐암 발생률의 증가, 심장혈관질환 및 신경계질환의 증가 등의 유해한 영향을 미치고 있으며 분석, 평가방법이 개선되면 더 많은 피해를 파악할 수 있을 것으로 생각되고 있다.

대기오염과 직접적인 인과관계가 있는 중요 폐질환은 급성 비특이성 상기도 질환, 만성 기관지염, 만성 폐쇄성 폐질환, 폐기종, 기관지 천식, 폐암이 있고 그 외 심혈관질환이 직접, 간접적으로 대기오염과 관계있는 질환으로 주목되고 있다. 특히 개발도상국 농촌 지역에서의 생물연료 연소로 인한 배출물질에 의하여 만성 폐질환과 인후염의 유발이 확인되었다.

대기오염에 의한 피해사례 중 대표적인 사례를 열거하면, 1930년 12월 벨기에의 뮤즈에서 발생한 대기오염에 의한 집단 환자 발생사건은 63명의 초과 사망자를 내었고, 1948년 10월 미국 펜실바니아주 도노라, 1952년 12월 영국 런던, 1966년 뉴욕, 로스앤젤레스 등에서 수천 명의 집단 환자 발생사건 등이 유명한 역사적 기록으로 전해 오고 있다.

1959년 일본의 욧카이치시(市) 소재 석유화학공업단지에서 인근 주민들이 천식, 만성 기관지염 등의 고통을 호소하여 사회적 문제가 되었으며, 아황산가스, 이산화질소, 포름알데히드 등이 원인물질로 밝혀졌다. 욧카이치 지역에서 인정된 환자 수는 1975년 1,231명에 이르고 약 80명의 사망자가 발생하였다.

지금까지 알려진 역사적인 대기오염사건에 공통하고 있는 것은 대기 중에 포함된 오염물질의 확산을 방해한 무풍 및 기온역전과 같은 기상조건이 수일간 계속되었기 때문에 대기오염물질의 농도가 지표면에서 상승하여 건

표 2-1 역사적인 대기오염사건

사건	특징
뮤즈 계곡 사건 (1930년 벨기에 뮤즈강 유역의 계곡)	① 발생원 : 코크스 연소로, 화력발전소, 제련소, 황산공장, 비료공장 ② 기상조건 : 짙은 안개 발생, 지상 80m 전후의 복사역전층 발생 ③ 피해 : 수천 명의 호흡기 환자 발생, 심장 및 폐질환을 가진 노약자 63명 사망 ④ 원인물질 : 아황산가스(SO_2), 황산미스트, 불화수소, 질소산화물, 염산
도노라 (1948년, 미국의 피츠버그시의 도노라 공업지구)	① 발생원 : 아연제련소, 제철소 ② 기상조건 : 고기압, 역전층 발생, 바람이 없고 안정, 안개 발생과 가시도 나쁨 ③ 피해 : 호흡기질환자의 급증, 전 주민의 43%가 호흡기, 눈, 목 등에 피해 ④ 원인물질 : 아황산가스, 황산미스트, 먼지
런던 스모그 (1952년, 영국의 템즈강 유역)	① 발생원 : 가정의 유연탄 난방, 화력발전소, 아연제련소, 제철소 ② 기상조건 : 기온역전, 안개발생 ③ 피해 : 모든 연령층에 피해가 발생, 주로 45세 이상이 압도적으로 많았고 유아의 피해도 큼, 만성기관지염이나 천식질환자 등 총 사망자 약 4,000명 ④ 원임물질 : 아황산가스, 황산미스트, 매연
로스엔젤레스 스모그 (1954년, 미국의 서부해안 분지도시)	① 발생원 : 약 400만대의 자동차에서 배출되는 질소산화물과 탄화수소 ② 기상조건 : 고기압, 침강역전층, 해안성 안개 발생 ③ 피해 : 눈, 코, 목의 점막 자극, 기관지 계통에 피해, 어린이 감기환자수의 증가 ④ 원인물질 : 자동차에서 배출되는 질소산화물과 탄화수소의 광화학반응에 의한 오존 등의 광화학 스모그

강피해가 급증된 것이다. 역사적인 대기오염사건은 [표 2-1]과 같다(인도 보팔시의 유독가스 누출가스 사건 등은 여기서 다루지 않는다).

한국에서는 위와 같은 대기오염으로 인한 전형적인 건강문제로 규명되지는 못했지만, 온산병이라고 불리우는 울산의 온산국가산업단지 부근 주민들이 겪은 건강문제가 있었다. 1978년부터 비철금속제련, 석유화학, 펄프 등의 공장들이 온산국가산업단지에 들어서기 시작하였고, 1985년부터 공단인근 주민들이 말초신경 증상, 호흡기 증상, 안질, 피부질환 등 비특이적 증상을 호소하였다. 이타이이타이병과 유사하다는 언론의 보도가 있었고, 당시 수행된 역학조사에서는 이타이이타이병은 아닌 것으로 판명되었지만, 그 질환(온산병)을 제대로 규명하지 못했다. 결국 1986년부터 지역주민 수천명을 다른 지역으로 이주시켰다.

2) 수질오염에 의한 환경성질환

지구상에서 물은 해양, 하천, 호수의 형태로 있고, 토양, 대기 등에도 분포되어 있고 생태계에 중요한 역할을 담당하고 있다. 수질오염이라 함은 산업화에 따라 인구의 급격한 증가와 더불어 도시가 형성되고, 많은 공장이 건설됨으로써 가정 · 도시 · 공장폐수와 농약, 폐기물 등이 하천수 또는 지하수에 흘러 들어가서 물의 자정작용 능력을 넘은 것을 말한다. 수질오염은 주로 생활하수, 공장폐수 등에 의해서 발생되는데, 그 중 생활하수의 경우 대부분 유기물로 구성되어 있고, 그 양이 많아 수질오염의 가장 큰 비중을 차지하고 있다. 생활하수라 함은 분뇨와 일상생활에서 배출되는 부엌, 세탁, 목욕탕 등의 하수를 말한다.

각종 생산 활동의 부산물로 배출되는 공장폐수의 수질오염은 중대한 문세로서 폐수에 함유된 각종 중금속, 화학물질 등 유해물질에 의해서 농수산물에 직접 영향을 줄 뿐 아니라, 토양에 작용하여 물리적 성질과 화학적 성질을 악화시켜서 미생물의 활동을 저해함으로써 발생하는 간접 피해도 일으킨다. 일반적으로 공장에서 배출되는 폐수 중 유해물질은 그 양이나 질이 시간 및 제조공정에 따라 다양화하며 인체에도 큰 영향을 끼친다.

수질오염에 의한 환경성질환은 대개 만성적으로 일어나며, 환경오염에 의한 건강장해가 대부분 그러하듯이 그 원인과 증세가 다양하고 비특이적이다. 인간은 오염된 하천에 의해 각종 전염병에 걸리기 쉬울 뿐만 아니라 피부병, 안질 등의 접촉성 질환으로 고통을 겪게 되고 오염된 물을 음용함으로써 직접적으로 또는 먹이연쇄를 통하여 간접적으로 각종 중금속 중독 등의 질환에 걸리게 된다. 수질오염에 의한 건강 피해는 과거에는 주로 수원의 오염에서 오는 세균성 질환들이 주로 문제시되어 왔으나, 근래에 와서는 오염원들이 매우 다양해지고 그 피해 규모도 커지고 있다.

물이 중금속 등의 유해물질로 오염되었을 때에는 오염물의 체내축적, 오염작물과 어패류 등의 섭식과 먹이 연쇄에 의해 건강상의 피해를 일으킬 수 있다. 특히 금속 성분들의 이용이 증가됨에 따라 이들이 일으키는 피해는 매우 심각하며 이들은 체내에서 축적되기 때문에 만성중독 현상을 일으킨다.

유해물질이 일단 어떤 경로를 통하여 체내로 들어오면 생명체 내에 축적이 일어나는데, 일정량은 체외로 배설되기 때문에 극히 미량일 경우는 생명체에 영향을 주지 않는 평형상태에 달하나 계속하여 섭취하게 되면 섭취와 배설의 균형이 깨어져 주요 장기의 조직세포에 장해를 일으키게 된다.

예를 들면, 1948년 개발로 노벨상까지 받았던 DDT (dichloro diphenyl trichloroethane)는 살충제로서는 좋은 성과를 냈으나 분해되기 어려운 염소계 탄화수소로서 조류(algae)에서 대형동물까지 먹이사슬을 거쳐 자연계나 생명체에 농축되었다. 그 예로 미국의 크리어 호수에 1957년 DDT를 5,000만 분의 1의 비율로 말라리아 등의 질병을 퇴치하기 위하여 살포했는데 다음해 겨울철에 약 100여 마리의 물새가 죽는 등 계속하여 사건이 발생하였다. DDT는 지방에 용해되기 쉽기 때문에 인체에 들어오면 부신, 고환, 갑상선에 대량으로 축적되며, 심장근육의 중요한 효소를 손상시켜 만성중독을 일으킬 가능성이 높다고 밝혀져 미국에서는 1969년 사용을 전면 금지했으며, 우리나라도 1976년 생산을 금지한 바 있다.

수질오염의 대표적 사례로는 1945년 일본에서 광산촌에서 배출된 카드뮴에 오염된 농작물을 장기간 섭식하여 발생한 이타이이타이병, 1956년 화학공장에 배출된 메틸수은에 오염된 바다의 어패류를 섭식하여 발생한 미나마타병, 1950년대 합성세제의 사용으로 인한 스위스 레만호의 오염, 1950년대 유럽과 미국 등지에서 질산성 질소에 오염된 지하수에 의해 발생한 블루베이비(blue baby)병, 1973년 일본의 토로쿠 광산지역에서 비소에 의해 오염된 식수 음용으로 인한 주민들의 비소중독 사고, 1975년 살충제의 무단 방류에 의한 미국의 제임스강 오염, 1986년 스위스 바젤 지역에 있는 화학약품 공장에서 유출된 화학약품에 의한 라인강의 오염 등이 있고, 우리나라에서는 1991년 낙동강 페놀 오염 사건, 1994년 인천 고잔동의 유리섬유 폐기물에 의한 지하수 오염, 1995년 씨프린스호 기름 유출 사건, 1990년대 후반 시화호 오염, 2007년 12월 발생한 태안 허베이스피리트호 기름유출 사고 등이 있다.

3) 식품오염에 의한 환경성질환

식품오염물질(food contaminant)을 한마디로 정의하기는 어려우나, 세계식량기구(FAO)와 세계보건기구(WHO)의 식품오염물위원회에 의하면 "식품 중에 어떤 양 이상 존재하면 부적당하다고 생각되는 물질이며, 일반적 상태로 동·식물체에서 자연히 만들어진 것과 의도적인 식품첨가물은 제외하나, 미량으로 사람의 영양상 필수적인 물질, 예를 들면 셀레늄과 같은 것이라도 고농도로 식품 중에 존재하면 식품오염물질"이다. 협의의 식품오염은 식품과 관련되어 급성 증상을 유발하는 식중독으로, 일상생활에서 자주 접하게 된다. 최근 급속한 경제발전으로 인하여 우리 국민들의 생활수준이 향상되어 고급화하고 다양한 식품을 요구하게 되고 풍요한 식생활 시대를 맞이하게 되면서 세계 각국에서 여러 종류의 식품을 대량으로 수입하고 있어 식품오염의 주요한 원인이 되고 있다.

한편, 광산폐수와 공장폐수 등의 오염물, 생활폐기물에서 유래되는 오염물질, 농약, 방사선물질, 기타 환경오염물질 등도 식품오염물질이며, 이들은 직접적으로, 또는 식물연쇄를 통하여 점차로 농축되어, 인체에 고도로 축적되어 건강장애, 특히 만성중독을 일으킬 가능성이 크다.

이로 인한 대표적 사례로 유기수은에 의한 미나마타병과 카드뮴에 의한 이타이이타이병이 있다. 미나마타병은 공장폐수에 의한 식품오염의 전형적인 예의 하나이다. 1953년경부터 일본의 구마모토현 미나마타만 주변의 어촌에서 원인불명의 중추신경계질환이 발생하여 수년간에 걸쳐 많은 환자가 속출하였고 사망률도 상당히 높았다. 이 질병은 주로 미나마타만 주변에서 잡힌 어패류를 오랜 기간에 걸쳐 많이 먹은 주민에게 발생하였다. 처음에는 수족 말단부나 입 주위, 입술, 혀 등이 저리고 현기증, 보행 장애 등의 증상이 나타나고 더 진행되면 지각이상, 난청, 언어장해, 떨림, 가벼운 정신장애 등의 신경증상이 나타났다. 오염된 어패류를 오랜 기간에 걸쳐 많이 먹은 모체에서 태어난 아기는 태아성 미나마타병이 되고 뇌성마비 같은 증상이 나타났다. 이 병은 유기수은이 원인물질로 지목되어 종합적으로 연구한 끝에 공장폐수 중의 메틸수은화합물 등에 의한 급 · 만성중독인 것으로 판명되었다.

이타이이타이병은 공장폐수에 의하여 근처에서 생산되는 농작물이 오염된 결과로 일어난 질환으로 광산에서 배출된 폐수 중 카드뮴이 농작물을 통하여 장시간 체내에 흡수 축적됨으로써 발생한 만성중독이다. 이타이이타이병은 일본의 도미야마현 진츠천 유역에서 상당히 오래 전부터 발생되어 온 질병으로 증상은 허리, 어깨, 무릎 등의 통증에서 시작하여, 차차 통증의 정도와 범위가 확대되면서, 결국에는 보행이 불가능해진다. 또 이 병은 대부분 여성에서만 발견되고 그것도 모두 임신횟수가 많은 여성이라는 점이 특징이다. 이 병은 카드뮴의 장기섭취에서 오는 만성중독에 의해서 콩팥의 세뇨관에 이상이 생겨서 단백뇨 등의 증상이 나타나고, 이어서 재흡수 기능이 저해되어 이차적으로 칼슘이나 인 등이 요중으로 새어나가고 체내 칼슘의 불균형을 초래하여 골연화증을 일으키는 것으로 생각한다. 이때 임신이나 수유, 갱년기에 의한 내분비의 부조화로 칼슘의 균형을 깨트리고, 또 영양소로서 칼슘 등의 부족이 뼈의 이상을 더욱 악화시키는 요인으로 작용하게 된다. 즉, 만성 카드뮴 중독에 여러 가지 다른 요인들이 겹쳐져서 생긴 특이한 환경성 질환으로 이해할 수 있다.

1.3 물리적 요인에 의한 환경성질환

1) 전리방사선

전리방사선(ionizing radiation)이란 방사선이 어떤 물질을 통과할 때 그 물질에 전리를 일으키는 방사선을 말하며, 알파선, 베타선, 감마선, 엑스선 등이 있다.

방사선 사고는 방사선 또는 방사성물질이 누출되어, 피폭되는 경우로서 인체에 피해를 줄 뿐만 아니라 환경을 오염시켜 생태계를 파괴할 수 있다. 방사선 사고는 발전소 및 핵연료제조 등의 원자력시설, 동위원소 생산, 비파괴 검사, 공업적 방사선 조사, 방사선 치료시설, 방사성물질의 운송 과정 등에서 발생할 수 있다.

대표적 방사선 사고로 1948-1958년 사이에 마샬군도에 위치한 비키니 환초에서 진행된 핵무기 실험, 1957년 영국 Windscale 원자로의 화재사고, [표 2-2]와 같이 1979년 미국 스리마일섬 원자력발전소 사고, 1986년 구소련의 체르노빌 원자력발전소 사고, 2011년 후쿠시마 원자력발전소 사고 등이 있었다. 2011년 3월 일본 동북부 지방을 강타한 대규모 지진과 쓰나미로 인해 후쿠시마현에 위치해 있던 원자력발전소의 전기시설이 손상되면서 원자로 냉각을 위한 냉각수 펌프가동을 할 수 없게 되었다. 노심의 온도가 섭씨 1200도까지 상승하여, 결국 3차례에 걸친 콘크리트 외벽 폭발, 연료봉 노출에 의한 노심용융으로 주변환경으로 방사능물질이 대량으로 누출되는 사고가 발생하였다. 주민들이 피폭된 주요 방사능물질은 iodine-131과 caesium-137이었다. 방사능물질 누출로 인하여 16만명의 인근 주민이 안전지역으로 피난하였고, 3만여명이 10년이 지난 후에도 돌아오지 못하고 있다. WHO와 UN의 방사선영향에 대한 과학위원회(UNSCEAR)는 후쿠시마현의 성인에서 피폭된 방사선 수준은 일생평균유효선량(average lifetime effective doses)으로 약 10mSv 정도 또는 그 이하로 추정하였고, 1세 영아에서는 성인의 2배로 추정하였다. 후쿠시마현에

표 2-2 주요 원자력발전소 사고

사고 일시	사고 장소	사고 원인	특징
1957년 10월	영국 Windscale 핵연료처리공장	핵연료 탄소를 가열 냉각하기 시작한 다음날 저장된 에너지가 다 방출되기 전에 재가열하여 화재	1호 원자로에 화재가 발생하여, 영국 전역과 일부 북유럽 지역에 연기가 전파
1979년 3월	미국 스리마일섬 원자력발전소	기기의 고장 및 오조작으로 원자로 내부 구조물의 일부가 용융하는 사고	주변에 방사성물질이 방출되어 주민 일부가 대피하였으나, 원자로 격납 용기의 차폐기능으로 방사성물질이 환경으로 대량방출되지는 않았으며, 주변 주민의 방사선 피해는 없음
1986년 4월	구소련 체르노빌 원자력발전소	터빈의 관성에 의한 전기 생산을 실험하는 과정에서 원자로와 건물이 파손되고 방사성물질이 외부로 방출되는 사고	초기 사망자는 31명에 불과했지만, 사고발생 4년 후에는 사망자가 300명 정도로 증가. 방사능 영향지역에서 갑상선 질환, 암, 백혈병 등의 발생률이 50% 이상 증가. 유산, 사산, 유전적 기형아 발생률도 크게 증가하였다.
2011년 3월	일본 후쿠시마 원자력발전소	대규모 지진과 쓰나미로 인한 발전소 전기시설의 손상으로 원자로 냉각수 펌프가동이 중지됨. 노심의 온도의 급속한 상승으로 콘크리트 외벽 폭발, 노심용융으로 주변환경으로 방사능물질이 대량으로 누출됨	16만 인근 주민이 안전지역으로 대피함. 후쿠시마현의 성인에서 피폭된 일생평균유효선량이 약 10mSv 정도, 1세 영아에서는 성인의 2배로 추정됨. 후쿠시마현에 사는 어린이에게서 갑상선암이 증가하였다는 보고도 있었으나, 고해상스캔을 사용한 검진자 수가 늘었기 때문인 것으로 판단되었다.

사는 어린이에게서 갑상선암이 증가하였다는 보고도 있었으나, UNSCEAR는 방사선에 의한 건강영향의 가능성은 적고, 고해상스캐너를 사용한 검진 수가 늘었기 때문인 것으로 판단하였다. 아직까지는 주민들의 누출방사선으로 인한 건강피해는 공식적으로 확인되고 있지 않으나 향후 추적조사가 필요하다. 또한, 노동자들의 피해도 컸는데, 약 160명의 노동자가 전신유효선량 100mSv를 넘는 방사능에 피폭되었고, 12명은 갑상선선량 2~12Gy에 피폭된 것으로 추정되었다. 현재도 계속적으로 원자로에서 방사능 물질이 공기 중으로 누출되고 있으며, 빗물과 원자로 밑을 흐르는 지하수에 의해 방사능에 오염된 방사능 오염수가 바다로 계속적으로 누출되고 있다.

2) 소음

소음이란, 일반적으로 인간의 건강생활에 유해한 작용을 나타내는 음향을 말한다. 소음에 의한 건강영향은 크게 청력 손실, 심리적 영향, 생리적 영향, 사회적 영향 등 크게 4가지로 나눌 수 있다. 가장 흔한 건강영향은 일시적 또는 영구적 청력 손실이다. 심리적인 영향은 두 가지로 분류되는데, 그 하나는 소음 그 자체를 시끄럽게 느끼는 직접적인 영향이고, 다른 하나는 소음으로 인해 수면, 사고, 대화 등의 생활에 방해를 받아 느끼는 간접적인 심리적 영향이다. 소음에 의한 심리적인 영향이 클 경우나 영향을 받는 사람의 감수성이 큰 경우에는 신경증과 같은 정신적 영향으로까지 발전하는 일도 있다. 생리적 영향으로는, 혈관의 수축에 의한 맥박의 증가나 혈압상승, 침이나 위액분비의 불량, 호르몬의 이상분비를 가져올 수 있다. 이러한 생리적 영향은 소음이 사라지고 정신적 긴장이 풀리면 결국 나타나지 않게 되지만, 이러한 생리적 영향이 장시간 계속되거나 되풀이하여 생기면 신체적 영향이라는 단계로 발전할 수 있다. 그러나 소음의 이러한 효과에는 생체의 적응 현상이 커서 습관화되면 없어지는 경향이 있다. 사회적 영향으로 소음공해가 많은 지역은 가축의 산란율, 부하율, 우유생산량 저하 등의 영향을 미치기도 한다.

우리나라의 경우 환경오염의 피해 진정 가운데 가장 많은 비율을 차지하고 있는 것이 소음에 의한 피해 진정

임을 볼 때, 다른 환경 피해와 비교하여 실생활과 밀접한 관계에 있음을 알 수 있다.

우리나라 경기도 화성시 우정읍 매향리 일대에서 1951년 8월부터 미국 공군의 사격훈련과 비행기를 이용한 폭격 훈련이 계속되면서 대규모 환경 및 연안 어장 파괴 등 경제적 어려움뿐만 아니라 장기간 소음 노출에 의한 소음성난청, 심혈관계질환, 정신질환 등의 건강문제가 제기되었다. 그 후 1998년 지역주민 14명이 미국 공군 사격장의 폭격 소음으로 인해 피해를 입었다며 처음으로 국가를 상대로 손해배상 청구소송을 제기하였다. 법정 소송의 결과로 2005년 8월 30일 매향리 국제폭격연습장은 완전 폐쇄되어 54년 만에 극심한 폭격 소음과 오폭의 위험에서 벗어난 사례가 있다. 그 외에도 항공기 소음에 의한 건강장해 등 소음에 의한 건강피해가 다양한 지역에서 다양하게 제기되었다.

최근, 아파트 등의 집단 주거형태가 급격하게 증가함에 따라, 국민들이 가장 우선적으로 불편함을 호소하는 환경소음 문제로서 층간소음 문제가 대두되었다. 층간소음 문제는 소음의 객관적인 물리적 크기(dB)뿐만 아니라, 이를 받아들이는 개인들의 심리적 측면이 크다. 따라서, 소음수준을 저감하더라도 이를 받아들이는 사람의 주관적 판단에 따라 납득하거나 만족하는 정도가 달라 문제가 해결되기도 하지만, 그대로 문제로 남기도 하는 어려움이 있다.

더 읽을거리

장창곡, 임현술. 환경보건역학. 서울 : 한국방송통신대학교출판부. 2005.
하라다 마사즈미. 끝나지 않은 아픔 미나마타병(김양호 옮김). 한울. 2006.
World Health Organization. Radiation: Health consequences of the Fukushima nuclear accident. 2016. Available from: URL: https://www.who.int/news-room/questions-and-answers/item/health-consequences-of-fukushima-nuclear-accident

제2절 새로운 환경성질환

민경복

환경성 요인으로 인하여 질병의 발병이 영향 받을 수 있다는 개념은 근대의학 이전부터 있었다. 그리스 의학자 히포크라테스는 납 제련공의 격렬한 복통에 대해 언급하였으며, 로미시대의 시인이자 의사인 니칸더는 납중독으로 인한 증상(변비, 안면마비, 복통, 신경마비 등)에 대해 상세히 기술한 바 있다. 그러나 환경성질환에 대한 본격적인 인식과 체계적인 연구가 시작된 것은 산업혁명 이후부터라고 볼 수 있다. 이는 산업화와 과학의 발전이 급속히 진행되고, 인구의 증가 및 도시의 집중화로 인해 자연환경의 오염이 진행되어 이로 인한 건강영향이 부각되고 공간적으로 한정되면서 고농도의 환경오염물질에 의한 환경성질환이 부각되기 때문이나.

고전적 환경성질환이 이와 같은 근대 산업화의 산물이라면, 새로운 환경성질환은 고전적 환경질환의 연장선에서 새로운 환경유해요인의 출현에 의한 질환을 포함함과 동시에, 같은 유해물질이라도 이전에는 환경성질환의 유해요인으로 인정받지 못하던 저농도의 노출에 의한 건강영향과 단순히 만성질환으로 여겨지던 질병이 환경유해요인과의 연관성이 규명되면서 환경성질환의 성격을 일부 포함하는 등 보다 복합적인 양상으로 전개되었다고 할 수 있다.

이와 같은 변화에 기초하여 새로운 환경성 질환을 1) 새로운 유해요인에 의한 환경성질환, 2) 주거요인 등 생활양식 변경에 따른 환경성질환, 3) 고농도 직업적 폭로에서 저농도 환경적 폭로에 의한 건강영향으로 범위가 확장된 환경성질환, 4) 전 지구적 문제에 의한 환경성질환 등으로 구분하여 설명하고자 한다.

2.1 새로운 유해요인에 의한 환경성질환

1962년 미국의 레이철 카슨은 "New Yorker" 지에 연재한 내용을 편집하여 "침묵의 봄"이라는 제목의 단행본으로 출판하였다. 이 책은 DDT와 같은 유기염소계 농약에 대한 생물학적 피해(특히 조류에 대한)를 설명해놓은 책으로서, 이런 유독물질의 사용을 줄여야 된다고 주장하고 있다. 당시로서는 정확한 과학적 규명이 이루어진 내용이 아니었고, 이에 대한 반박과 논쟁이 많이 일어났다. 그러나 이러한 주장은 광범위한 관심과 호응을 일으켰으며, 환경운동이 서양에서 시작하게 되는 계기로 널리 인정받고 있다. 이 책으로 인하여 촉발된 사회적 논의는 1963년 미국의 케네디 대통령으로 하여금 환경문제를 다룬 자문위원회를 구성하게 하였고, 1969년 미국 의회는 DDT가 암을 유발할 수도 있다는 증거를 발표하였으며, 1972년 미국 EPA는 DDT의 사용을 금지하게 되었다.

이후로 산업적 목적으로 환경에 대량으로 의도적 살포가 이루어진 물질에 대한 사회적 관심이 촉발되었다. 비교적 저농도에서도 건강영향을 일으키는 이유에 대한 관심이 증폭되었으며, 이러한 물질이 잘 분해되지 않아 환경적으로 지속되며, 지방조직을 비롯한 생물의 조직에 축적되며, 환경적으로 저농도로 분포되더라도 먹이사슬을 따라 고농도로 농축될 수 있다는 사실이 밝혀졌다. 이러한 물질의 작용기전이 주로 내분비계를 가진 모든 생물체 내에서 생식, 발생, 대사, 면역 등에 관여하는 각종 생체호르몬의 합성, 저장, 분비, 체내 수송, 결합 및 대사 과정에 개입함으로써 나타나는 것이라는 사실이 많은 연구에서 규명됨으로써 1990년대에는 내분비계 교란물질(Endocrine disrupting chemicals, EDC)이라는 용어가 보편적으로 사용되게 되었다.

생태계를 따라 농축된다는 사실은 생태계 최상위 포식자인 인간이 가장 큰 피해를 받는다는 것을 의미하였으며, 이에 따라 내분비계 교란물질의 인체의 건강영향에 관한 연구로의 이행을 촉진하게 되었다. 한편 이러한 농축 과정과는 별도로 신기술에 의해 합성되고 상업화된 다양한 물질들이 유사한 기전에 의하여 건강영향을 촉발한다는 주장이 제기되었다. 최초로 문제 제기된 살충제 및 제초제 등의 농약류를 비롯하여 중금속류, 플라스틱 원료물질, 식품포장재, 계면활성제 등으로 그 물리적 화학적 특성이 매우 다양하다. 현재까지 인간이 사용하였거나 끊임없이 새로 합성, 시판되고 있는 수만 종 이상의 화학물질 중 명확하게 내분비교란물질로 분류하고 있는 것은 극히 일부에 불과하지만, 잠재적으로 많은 화학물질이 일정 정도의 건강영향을 가졌을 것으로 추측된다는 주장이 제기되고 있다.

널리 알려진 EDCs 외에도 새로운 합성물질은 예측하지 못한 건강영향을 유발하고 있다. 다중화학물질과민증(Multiple chemical sensitivity, MCS)은 흔하게 사용되는 화학물질의 낮은 농도 노출에 의해 불편감이나 증상이 나타나는 비특이적 증후군으로서 다수의 화학물질이 초래하는 질환으로 가장 널리 알려져 있다. 특정 화학물질이 유발하는 질환 중 가장 최근의 예로 우리나라에서는 가습기살균제 사건이 있다. 가습기살균제로 인하여 호흡기계 건강영향이 발생되었다는 주장이 제기되어 2011년 질병관리본부에서 관련제품 수거명령이 내려졌으며, 2013년에는 환경부가 '가습기 살균제에 사용된 화학물질로 인한 폐질환'을 환경성 질환의 종류에 추가하는 내용의 환경보건법 시행규칙 개정안을 입법예고하였다.

이처럼 새로 합성되는 화학물질은 화학공업이 빠른 속도로 발전하고 시장의 요구에 따라 단 시간 내에 광범위하게 사용되는 관계로, 과거와는 달리 건강영향에 대한 충분한 검증을 마친 상태로 시장에 배포되기가 어려워 새로운 환경성질환의 발생에 위협적인 요인으로 작용하고 있다.

2.2 주거요인 등 생활양식 변경에 따른 환경성질환

1976년 미국 필라델피아의 전국 재향군인회 행사장에 참석하기 위해 참석한 재향군인들 중 두통과 마른기침을 동반하는 원인불명의 고열성 질환이 발병하였다. 4,000여명의 참석자 중 182명이 병원치료를 요하는 발병을 보였으며, 이 중 24명이 사망하였다. 미국 질병관리본부의 역학조사에 의하여 병원균이 그람음성 호기 박테리아에 의한 폐렴이라는 사실이 밝혀졌으나, 질병의 발생에 결정적인 기여를 한 것은 호텔의 공조장치(air-conditioning system)였다. 즉, 호텔의 에어컨의 냉각수가 세균의 번식에 알맞은 조건을 형성하였으며, 공조장치를 통하여 공기 중으로 세균이 퍼졌다는 사실이 규명되었다. 당시로서는 효율적인 최신식 냉난방시스템을 적용한 공조장치가 오히려 질병발생의 원인이 되었다는 사실은 1970년대부터 시작된 두 번의 에너지위기(oil shock)로 인하여 냉난방비를 절감하기 위한 건축물의 설계가 보편화된 결과로 여겨졌으며, 이는 건축설계의 양식이 바뀜으로써 실내공기 질이 건강에 영향을 줄 수 있다는 새로운 보건학적 과제가 대두되었다.

1970년대 말 경에는 새로 건축된 주거용 또는 사무용 건축물의 입주자들에게 비특이적인 증상을 가진 일련의 질환이 보고되었다. "빌딩증후군(Sick building syndrome)"으로 알려진 이 질환군은 WHO에 의하여 1986년에 명명되었으며, 다양한 이유로 실내공기질이 저하된 건축물의 실내에서 많은 시간을 보내는 사람에게 발병하는 것으로 알려졌다.

이러한 실내공기질에 관한 관심은 단순히 건축양식의 변화에서만 유래된 것이 아니라 현대사회의 생활양식이 실내위주로 바뀜에 따라 점점 더 많은 시간을 실내에 보내게 됨으로써 과거에 강조되었던 대기오염 못지 않게 실내공기오염이 환경보건학적 중요성이 커졌고, 앞으로도 이런 경향은 더욱 확대될 것이라는 인식에 기초하고 있다.

이후로 새집증후군(Sick house syndrome), 새학교증후군(Sick school syndrome) 등 다양한 명칭으로 등장한 실내공기오염의 건강영향에 대한 논의가 이어져 오고 있다. 한편 WHO는 실내공기를 UN헌장에서 명시하고 있는 '인간의 기본권' 차원에서 다룰 것을 요구하며 '건강한 실내공기에 대한 권리(The Right of Healthy Indoor Air)'라는 선언문을 채택(2000.5)하였다.

이처럼 새로운 생활양식이나 사회적 요인에 의하여 인간의 행동방식이 변하는 것으로도 새로운 환경성질환이 나타날 수 있으며, 이에 대한 관심과 대처가 환경보건의 중요한 영역으로 강조되고 있다.

2.3 고농도 직업적 노출에서 저농도 환경적 노출에 의한 건강영향으로 범위가 확장된 환경성질환

석면으로 인한 폐질환은 20세기 초부터 알려져 있었으나, 최근까지는 석면이 고농도로 폭로되는 산업보건의 영역으로 여겨져 왔다. 그러나 직업적으로 노출되지 않은 일반인구에서도 석면의 보건학적 위험이 나타날 수 있다는 주장이 계속 제기되어 1964년에 개최된 석면의 생리학적 작용에 대한 국제회의에서 이 문제를 논의한 결과 환경성 석면노출로 인한 악성중피종의 발생이 세계적인 환경문제임을 확인하게 된다.

전세계적으로 석면과 관련된 건강영향 출현의 역사적인 양상은 일련의 파장(waves)으로 나타난다고 알려져 있다. 첫 번째 파장은 석면의 채굴과 가공으로 19세기 초에 나타났으며, 이어서 석면의 산업적인 사용이 조선, 건축, 가공 산업에서 나타났다. 이것이 두 번째 파장이며 이 부분의 파괴적인 영향은 오늘날까지 잘 알려져 있다. 세 번째 파장은, 단열제, 시멘트, 브레이크 라이닝 등 석면제품의 사용에 의해 일반인구가 노출됨으로써 나타나는 영향이다

이후로 환경성 석면폭로에 대한 관심이 증대되었고 일본 등지에서 환경성 석면피해에 관한 제도가 마련되는 계기가 되었다. 우리나라에서도 2011년부터 기존의 직업적 노출에 대한 산업재해보상보험에 의한 보상 외에도 환경성 석면 노출로 인한 질환 등에 대해 구제하는 제도

가 시행되었다.

또한 1950년대부터 진폐증의 원인으로 잘 알려진 시멘트 분진의 경우, 최근에는 직업적 노출뿐만 아니라 분진이 발생하는 작업장 주변에 거주하는 주민들에게도 발생할 수 있다는 역학조사 결과가 제시되고 있으며, 2010년 영월의 시멘트공장 밀집지역에서도 직업적 분진 폭로가 없었던 지역주민들에게서 2010년 3건의 진폐증이 발병되었다. 또한 시멘트 분진에는 피부알러지와 염증질환 등을 유발할수 있는 성분(니켈, 크롬 등)이 함유되어 있어 장기간 노출시 아토피 등의 질환을 유발할 수 있는 것으로 알려져 있다.

석면과 시멘트 분진의 예에서 보듯이 산업적으로 광범위하게 쓰인 물질 중 일부는 오랜기간에 걸쳐 환경적인 노출로 이행될 가능성이 있으며, 비록 현재에는 고농도 직업적 폭로에 보건학적 관심이 집중될 지라도 미래에는 저농도의 환경적 폭로로 이행될 가능성이 있다는 사실을 항상 염두에 두는 것이 필요하다.

2.4 전 지구적인 문제에 의한 환경성질환

우리나라의 기상 및 대기관측 기록을 분석하여 보면 주기적으로 토양에서 유래한 분진의 대기중 농도가 높아지는 현상을 관찰할 수 있다. 이 현상은 몽골과 중국의 건조지역으로부터 편서풍에 의해 먼지가 날아오는 것이며, 이를 황사(asian dust)라고 부른다. 고대로부터 황사현상이 기록되어 왔으나 정확한 기록이 남아있는 것은 근대 기상관측기록이 행해진 이후 부터이다. 이 기상기록을 분석해 보면 중국 황하이북 지역이 고온현상과 관련있는 것으로 추정되며, 고온현상은 중국 북부지역의 사막화를 일으킴으로써 황사발생이 증가되는 것으로 알려져 있다.

중국의 빠른 산업화는 황사분진의 성분에 산업활동으로 인한 유해물질이 추가되는 결과를 초래하였으며, 우리나라의 경우 공업지역이 밀집해 있는 중국의 동부 해안지대를 황사가 통과한 뒤 유입되는 경로를 가짐으로써 황사의 건강영향을 증폭시킬 수 있다는 우려가 제기되고 있다. 황사로 인한 건강피해는 피부자극 및 알러지증상과 호흡기증상, 안구자극증상이 있을 수 있다.

위에서 언급한대로 황사는 근대 이전부터 있던 주기적 자연현상이었으나, 건강영향을 증폭시킨 것은 인접국가의 공업화와 지구온난화의 영향이라고 할 수 있다. 지구온난화는 홍수, 가뭄, 사막화, 해수면 감소 등의 현상을 초래하며 이로 인해 전지구적인 공중보건의 위협을 가져온다. 한국에서도 이에 따라 말라리아 등의 전염성 질환의 증가와 극한 기상에 의한 사망 증가 등이 일어나고 있으며 기후변화의 원인이 되는 온실가스배출 감소에 국제적인 노력이 경주되고 있다.

2.5 세계보건기구의 환경성질환 정의

최근 환경성질환을 정의하고 이해하는데 질병부담(burden of disease)의 개념을 사용하려는 움직임이 보편화되고 있다. 2006년 WHO는 "건강한 환경을 통한 질병예방(preventing disease through healthy environments)"이라는 보고서를 통하여 건강에 영향을 미치는 주요 건강 위험 요인을 분류하고 기여도를 제시하였다. 이 보고서에 따르면, 전 세계적으로 모든 질병의 원인 중 환경적 위험요인이 기여하는 비율은 24%(신뢰구간 21-27%)로 추정되며, 모든 사망에 환경적 요인이 기여하는 비율은 23%에 이른다고 하였다.

WHO는 질병부담에 대한 예측을 통합하여 유해인자와 질병을 선정하였으며, 기존에 발표했던 CRA (Comparative Risk Assessment) 보고서에 26가지 위험요인에 추가하여 전문가 자문을 거친 뒤, 주요 102가지 질환 중 환경과 관련한 85가지에 대한 분석을 하였다. [표 2-3]은 그에 대한 분석표이다.

표 2-3 환경위험요인 및 질병별 환경기여분율

Risk factor / Disease or risk	water, sanitation and hygiene	Indoor air pollution	Outdoor air pollution	Noise	Other housing risks	Chemicals	Recreational environment	Water resources management	Land uses and built environment	Other community risks	Radiation	Occupation	Climate change
Lower respiratory		●	○		○								
Upper respiratory		◑	○		○								
Diarrhoeal diseases	●						○						○
Malaria								●		◑		○	○
Intestinal n emateode Infections	●												
Trachoma	●												
Schistosomiasis	●											◑	
Chagas disease					●								
Lymphatic filariasis	●							◑					
Onchocerclasis								◑					
Leishmaniasis					◑								
Dengue					●								○
Japanese encephalitis								●					
STDs[b]												◑	
HIV[b]												◑	
Hepatitis B and C												○	
Tuberculosis		○			◑							◑	
Perinatal conditions	○	○	○			○						○	
Congenital anomalies			○			○					○	○	
Malnutrtion	●									○			○
Cancer	○	○	○			○				○	○	◑	
Neuropsychiatric disorders				○	○	○						◑	
Cataracts											◑	○	
Deafness												◑	
Cardiovascular diseases	○	○	○	○		○	○		○			◑	○
COPD		◑	○									◑	
Asthma		◑	○		○							◑	
Musculoskeletal diseases												◑	
Physical inactivity									◑				
Road traffic accidents									●			◑	
Falls					◑		○		○	◑		◑	
Drowning							●			◑		○	○
Fires					◑							○	
Poisonings					○	●						○	
Other unintentional injuries					○		○		◑	○	○	○	○
Vilolence					◑	○			◑				
Suicide					○	◑			○			○	

Fraction attributable to the environment: ○: <5%; ◑: 5–25%; ●: >25%

출처 : WHO. Preventing disease through healthy environments: Towards an estimate of the environmental burden of disease. 2006

더 읽을거리

Carson R. Silent Spring. ; Anniversary ed. Albany (NY): Houghton Mifflin Company; 2002.
World Health Organization. Preventing disease through healthy environments: Towards an estimate of the environmental burden of disease. 2006. [cited 2022 Jan 1] Available from: URL: https://apps.who.int/iris/handle/10665/43457
World Health Organization. The Right of Healthy Indoor Air. 2000. [cited 2022 Jan 1] Available from: URL: https://www.euro.who.int/__data/assets/pdf_file/0019/117316/E69828.pdf

제3절 아토피피부염

유영

3.1 정의

아토피피부염은 가려움증을 동반한 피부의 만성 염증성질환으로 유전적 소인과 더불어 환경, 면역학적 요인의 상호작용에 의해 발생한다. 아토피피부염 환자는 적응면역체계의 이상으로 전신 및 피부면역반응의 이상이 발생하고 지속된다. 대부분의 아토피피부염 환자에서 말초혈액 호산구 수와 면역글로불린 E (IgE)가 증가되어 있으며, 그 외에도 IL-4, IL-5, IL-13, IL-31 등 사이토카인과 thymic stromal lymphopoietin (TSLP) 와 같은 케모카인 등도 증가되어 있다. 뿐만 아니라 필라그린 유전자(*FLG*) 변이나 피부장벽 이상도 아토피피부염 발병에 중요하게 작용한다.

3.2 유발 원인

아토피피부염의 유발 원인은 인종이나 환경에 따라 매우 다양한데, *FLG* 유전자변이 등 유전적 소인과 음식, 환경 등 알레르겐 자극이 상호 복합적으로 작용하고 여기에 피부장벽 이상에 의한 손상 등을 들 수 있다(그림 2-1). 아토피피부염의 다양한 표현형은 발병에 관여하는 원인들이 다양하며 인종과 나이에 따라 서로 다른 활성화로 인한 것으로 보인다.

1) 유전적 요인

아토피피부염에서 피부장벽의 구조와 기능 이상으로 인해 피부 손상, 경피수분손실, 환경유해물질 침투 증가 및 피부 감염 등이 초래된다. 피부장벽을 구성하는 중요

그림 2-1 아토피피부염: 분자, 세포, 임상적 측면

한 요소는 각질세포막이고 필라그린은 각질세포막 구성의 주요 단백질이다. 따라서 선천적으로 필라그린의 생성이 비정상적으로 이루어진다면 피부장벽 기능의 이상을 초래하고, 아토피피부염이 발생하게 된다. 필라그린 유전자의 돌연변이 빈도는 서양인에 비해 우리나라에서는 매우 적으나, 돌연변이가 없는 경우에 비해 어린 나이에 아토피피부염이 발병하여 심한 경과를 가지면서 성인까지 지속되는 경향을 보인다. 또한 필라그린 단백질 발현 유전자 돌연변이 환자에서는 식품알레르기나 천식의 발병 위험이 높다고 하며, 이는 피부면역 상태의 변화와 관련이 있다.

필라그린 유전자 돌연변이 이외에도 아토피피부염 발생 원인과 관련된 또 다른 유전적 요인으로는 IL-4, IL-13 등 Th2 면역체계에 관련된 유전자, TSLP, 피부의 지질대사에 관여하는 유전자의 발현 이상 등을 들 수 있다. 피부의 각질세포간 지질막을 구성하는 콜레스테롤, 세라마이드 등 지질대사에 관여하는 유전자의 발현 이상도 관찰된다. 기타 각질형성 세포막의 밀착연접 구성 단백질의 주요 성분인 claudin-1 유전자의 돌연변이도 아토피피부염 발병과 관련이 있다.

2) 환경적 요인

(1) 알레르겐 노출

알레르겐 노출은 민감한 개체에서 감작을 증가시켜 아토피피부염의 원인으로 작용한다. 실제 중등도 및 중증 소아 아토피피부염 환자의 약 40%까지도 식품알레르기가 동반되어 있으며, 해당 식품 섭취 시 피부에 습진성 병변을 유빌하기도 한다. 흡입알레르겐 노출과 감작도 아토피피부염의 원인으로 작용하는데, 많은 수의 아토피피부염 환자에서 집먼지진드기 특이 IgE가 발견되고, 실제 집먼지진드기 노출 시 피부 증상의 악화를 경험하기도 하는데, 노출 시기와 양, 본인의 감수성에 따라 아토피피부염 발생 위험에 서로 다르게 작용하기도 한다. 근래 반려동물을 키우는 가정이 늘어나면서 반려동물로부터 유래하는 알레르겐의 노출과 아토피피부염 발생과의 연관성도 관찰된다.

(2) 감염

아토피피부염 환자에서 세균, 바이러스, 진균 등에 의한 이차 피부 감염이 흔히 나타난다. 세균 감염 중에서 특히 정상인에서는 약 5% 정도에서 발견되는 황색포도상구균은 아토피피부염 환자의 약 90%에서 발견되고 있다. 아토피피부염 환자의 손상된 피부장벽을 통해 균주가 집락을 형성하고 황색포도상구균에서 분비되는 초항원은 피부 증상을 악화시킨다. 바이러스 감염증에는 단순포진, 전염성 연속종, 인체유두종 바이러스 감염이 흔하다. 단순포진은 어느 연령층에서나 감염될 수 있는데, 감염되면 카포시수두양 발진이나 포진상 습진을 일으켜 심한 가려움증을 동반한 습진이 농포와 가피를 형성하고 출혈성 찰상을 보이기도 한다. 진균에 의한 감염도 아토피피부염 피부병변의 병태생리에 관여한다.

(3) 대기오염물질

대기오염물질은 직접 또는 알레르겐과 함께 작용하여 아토피피부염의 발생 및 악화에 관여한다. 미세먼지, 질소산화물, 일산화탄소 등에 대한 장기적인 노출은 아토피피부염의 위험요인으로 작용한다. 고농도 미세먼지에 많이 노출되는 임신부의 경우 출생아에서 아토피피부염의 발생 위험도가 높게 나타나고, 이미 아토피피부염이 있는 환자에서는 악화의 요인이 되기도 한다.

(4) 실내환경요인

사회경제적 발전에 따라 실내환경 유해물질의 인위적 배출은 증가하는 반면, 건축시공기술과 건축자재의 발전으로 건물은 더욱 고기밀화 및 고단열화되어 환기가 충분히지 않고 실내공기질은 악화되고 있다. 이러한 상황은 건강 취약계층인 어린이, 노인 및 알레르기질환과 같은 기저질환을 가지고 있는 환자들이 각종 실내환경 유해물질 노출로 인해 건강에 영향을 받을 수 있음을 의미한다. 실내에서 벤젠, 톨루엔 등 휘발성 유기화합물의 노출이 아토피피부염의 증상 발현과 상관성이 있다. 실내 리모델링(페인트칠, 바닥재교체, 새가구 구입 등)으로 인해 휘발성 유기화합물 농도가 증가하는 경우 고노출군은 저노출군에 비해 아토피피부염 발생 위험이 약

2~3배 증가한다. 생활용품에 흔히 사용되고 있는 플라스틱 제품을 만들 때 함께 사용되는 프탈레이트나 비스페놀-A 등과 같은 성분은 알레르겐 노출 후 면역세포의 활성화를 유도하여 감작에 이르는 과정에서 adjuvant로 작용하여 알레르기 질환 발생에 촉매 역할을 하는 것은 실내 유해 환경요인의 노출과 아토피피부염 사이의 연관성을 잘 보여준다. 흡연도 아토피피부염 발생과 연관이 있는 것으로 알려져 있는데, 대만의 출생코호트 연구에서 특정 유전형에서 임신 기간 중 간접흡연 노출로 제대혈 니코틴 농도가 높은 경우 출생아의 아토피피부염 위험이 커지는 것을 관찰하였다.

3.3 역학

국민건강보험공단자료 분석에 의하면 근래 아토피피부염 유병률은 2003년 4.0%에서 2018년 4.5% 정도로 큰 변화는 없으나 약간 증가하는 경향을 보이고, 4세 이하에서 가장 높고 나이가 듦에 따라 점차 감소한다. 그러나 소아기에 시작된 아토피피부염이 성인기까지 지속되거나, 성인기에 처음으로 발병하는 경우도 있어 후천적인 환경적 영향을 주목할 필요가 있다. 이는 한반도 전체의 이산화탄소 증가 등 온실가스 효과와 연관지어 생각할 수 있다. 기후변화에 따른 평균기온 상승, 습도의 증가로 집먼지진드기, 꽃가루 항원의 양이 많아지고 따라서 노출 기간이 길어지게 된다. 실내에서 생활하는 시간이 길어지면서 휘발성 유기화합물 등 실내환경 유해인자의 노출이 증가하는 것도 아토피피부염 유병률 증가의 한 원인으로 생각할 수 있다.

3.4 진단

1) 진단기준

아토피피부염은 1980년 Hanifin과 Rajka가 제시한 진단기준을 많이 사용하고 있다. 이는 임상증상, 악화요인, 병인 등 많은 항목이 포함되어 있는데, 4개의 주증상 중 3개 이상, 23개의 부증상 중 3개 이상을 만족하면 아토피피부염으로 진단할 수 있다.

표 2-4 아토피피부염의 진단기준(Hanifin과 Rajka의 진단기준)

구분	항목
주증상	가려움증 특징적인 발진 모양과 호발 부위 만성, 재발성 경과 알레르기 질환의 동반 또는 가족력
부증상	피부건조증 비늘증, 두드러진 손금, 털각화증 즉시형 피부과민반응 혈청 IgE 상승 소견 조기발병 잦은 피부감염 손이나 발의 비특이적 습진 유두습진 입술염 재발성 결막염 Dennie-Morgan 주름 원추각막 전낭하백내장 눈가 색소침착 안면 창백/홍조 백색 비강진 목주름 땀 흘릴 때 가려움증 양털과 유기용제에 대한 민감성 모공주위 도드라짐 Food intolerance 환경/정서적 자극에 대한 민감성 백색 피부묘기증

2) 중증도 평가

아토피피부염의 중증도를 객관화하기 위해 사용되는 척도로는 SCORAD (SCORing Atopic Dermatitis) index, EASI (Eczema Area and Severity Index) score 등이 있다. SCORAD index는 피부병변의 범위, 병변의 심한 정도, 주관적 증상의 세가지 항목으로 나누어 평가하고, <25점이면 경증, 25~50점이면 중등증, >50점이면 중증으로 해석한다. EASI score는 쉽고 간편하고 신뢰성 있는 검사이며, 0점은 병변 없음, 0.1~

1.0점 병변 거의 없음, 1.1~7.0점 경증, 7.1~21.0점 중등증, 21.1~50.0점 중증, 50.1~72.0점은 심한 중증으로 평가한다.

3.5 치료 및 예방대책

아토피피부염은 유전적인 소인과 함께 다양한 환경적 요인에 의해 발병하여 악화와 호전을 반복하기 때문에 한 가지 치료로만은 만족스러운 효과를 기대하기 어렵다. 기본적으로 손상된 피부장벽을 보수하고 청결하게 유지하는 것이 중요한데, 피부에 적절한 수분을 공급하기 위해 미지근한 물로 목욕 후 보습제를 발라서 피부를 통한 수분손실을 막아야 한다. 만일 세균이나 바이러스 등에 의한 감염이 의심되는 경우에는 적절한 항균제를 사용한다. 원인이 되는 물질에 노출을 줄이는 것도 치료에 도움이 되는데, 명확하게 인과관계가 있는 원인 식품이 있는 경우 제한식이가 필요할 수도 있으며, 환경적으로 자극물질이나 흡입알레르겐 등에 노출을 최소화하도록 노력한다. 이외의 약물 치료는 다음과 같다.

1) 약물치료

아토피피부염에서 가장 흔히 사용되는 약물은 면역조절제로서 국소 및 전신 스테로이드제, 면역억제제 등이 있다.

(1) 스테로이드제

국소 스테로이드제는 항염증효과로 아토피피부염을 호전시킬 수 있는데, 피부 부위에 따라 흡수율의 차이를 고려하여 용량과 강도를 달리해서 발라야 하고, 피부위축, 모세혈관확장 등 부작용을 주의해야 한다. 특히, 전신 스테로이드제 사용은 치료 효과는 있으나 부작용이 빈번히 나타날 수 있고, 투약 중단 후 반동현상이 있을 수 있어 중증 아토피피부염에서 단기간으로 사용할 것을 권장한다.

(2) 면역억제제

Topical calcineurin inhibitor 등 국소면역억제제는 T 세포의 활성과 비만세포 탈과립을 억제하고 호산구 활성 억제, 가려움증 관련 사이토카인 분비 억제 등의 효과가 있어 장기간 유지치료로 사용할 수 있다. 경구용 cyclosporin A와 같은 전신면역조절제는 간기능, 신기능 등을 주의하면서 사용할 수 있다.

(3) 생물학적 제제

근래 아토피피부염의 병인이 되는 사이토카인을 억제하는 생물학적 제제가 사용된다. 아토피피부염과 관련 있는 대표적인 사이토카인인 IL-4/IL-13 억제제 Dupilumab, IL-13 억제제인 Lebrikizumab 또는 Tralokinumab, IL-31 억제제 Nemolizumab 등이 사용 가능한 표적치료로 중증 아토피피부염에서 치료 가능성을 제시하였다.

2) 환경관리

아토피피부염의 예방과 치료를 위해 유전적 소인을 바꾸기는 어렵지만 적절한 환경관리는 단기적인 증상의 악화뿐 아니라 장기적인 알레르기 행진과도 같은 합병증 발생을 예방한다는 면에서 중요하다. 현대인들은 주로 실내에서 보내는 시간이 많아지고 여러가지 환경요인에 복합적으로 노출되어 아토피피부염의 발생과 악화를 예방하기 위해서는 실내외 환경관리가 무엇보다 중요하다. 실제로 우리나라 성인 이십만명 이상을 대상으로 녹지 면적과 아토피피부염의 상관관계를 분석한 연구에 따르면, 거주지 인근의 녹지 면적이 넓을수록 아토피피부염의 유병률이 반비례하여 감소하였다. 이는 녹지가 대기오염을 감소시키고 결과적으로 아토피피부염의 유병률을 낮추는 환경관리의 중요성을 다시 한번 입증해 준 것이다. 아토피피부염은 발생에 여러 요인이 작용하고, 경과가 만성적이고 악화와 호전을 반복하는 특성으로 인해 치료가 쉽지 않을 수 있으나 기본적인 피부관리와 함께 유해한 환경인자의 조절로 증상의 개선을 보일 수 있다.

더 읽을거리

Salimian J, Salehi Z, Ahmadi A, Emamvirdizadeh A, Davoudi SM, Karimi M, et al. Atopic dermatitis: molecular, cellular, and clinical aspects. Mol Biol Rep 2022. doi: 10.1007/s11033-021-07081-7.

Severity scoring of atopic dermatitis: the SCORAD index. Consensus report of the european task force on atopic dermatitis. Dermatology 1993;186:23-31. https://doi.org/10.1159/0002472983.

제4절 천식

정경숙

4.1 정의

천식은 가역적이고 재발하는 기도폐쇄, 기도염증, 및 기도 과반응성의 특징을 가진 폐의 만성적 면역학적 장애이다. 천식의 생리학적 변화는 염증세포, 특히 호산구가 축적되고, 점액을 분비하는 폐 표피의 술잔세포가 화생(metaplasia)된다.

다양한 자극제 흡입 후 기도가 과다하게 좁아지는 기도 과반응성이 천식의 주요 특징이고, 연구에서 천식의 객관적 측정을 위해 기도반응검사를 포함하는 것은 매우 어렵기 때문에 대부분 연구에서 설문지를 통해 장기간 유병률을 파악하는 것이 낫다. 인구집단을 대상으로 한 연구에서는 천식 증상과 진단의 유병률은 천식에 대한 인지도에 달려있다. 천식의 진단 유병률 보다 천식 증상 유병률의 변화가 훨씬 큰데, 1990년 때까지 대부분의 국가에서 천식 증상의 유병률이 증가했지만 그 이후에는 시계열적 양상이 명확하지 않다. 이는 쌕쌕거림, 호흡곤란 및 천식발작 같은 천식 증상의 정의의 차이도 일부 원인이 된다.

역학연구에서는 천식 증상이 있거나 의사로부터 천식을 진단 받은 적이 있는지를 확인하기 위해 설문지를 사용하고, 1990년대 중반 이후에는 천식 유병률 조사에는 어린이 청소년 알레르기질환 국제역학조사(International Study of Asthma and Allergies in Childhood, ISAAC)의 설문지를 주로 사용하고 있다.

4.2 역학

천식은 세계적인 공중보건 문제이고, 세계질병부담 연구팀은 전세계에서 2016년에 약 420,000명이 사망하고 하루 1,000명 이상 사망하는 것으로 추정하였다. 천식에 의한 사망은 10만명당 6.48(95%신뢰구간 4.43-8.39), 모든 사망의 0.88%를 차지하고 10만명당 297.9 DALYs (Disability adjusted life years)이었다.

천식 세계부담보고팀은 오존과 초미세먼지로 인해 각각 약 9~23백만, 5~10백만명이 천식과 관련되어 응급실 치료를 받는 것으로 추정하였다. 이는 천식의 응급실 방문 수의 약 8~20%, 4~9%이다.

천식의 유병률은 전세계적으로 고밀도 산업화된 도시지역에서 증가하고 있고, 단면연구와 시계열연구에도 천식과 대기오염 노출의 관련성이 있었다. 유럽의 5개 출생 코호트로 이루어진 ESCAPE (European Study of Cohorts for Air Pollution Effects) 연구에서 초미세먼지와 이산화질소 노출이 천식 발생 위험을 더 높이는 것으로 나타났다.

국민건강보험자료를 분석한 결과 2003년~2019년까지 천식의 발병률은 4.84%에서 7.50%까지 증가하였고(그림 2-2), 소아에서 특히 발병률이 증가하는 것으로 나타났다(그림 2-3). 2019년 기준으로 4세 미만에서는 48.5%, 5~9세 23.6%로 소아에서 매우 높고, 이후 급격히 감소하고 65세 이상에서 증가한다. 계절별로 보면 가을, 겨울이 높고 여름이 가장 낮은 것으로 나타났다.

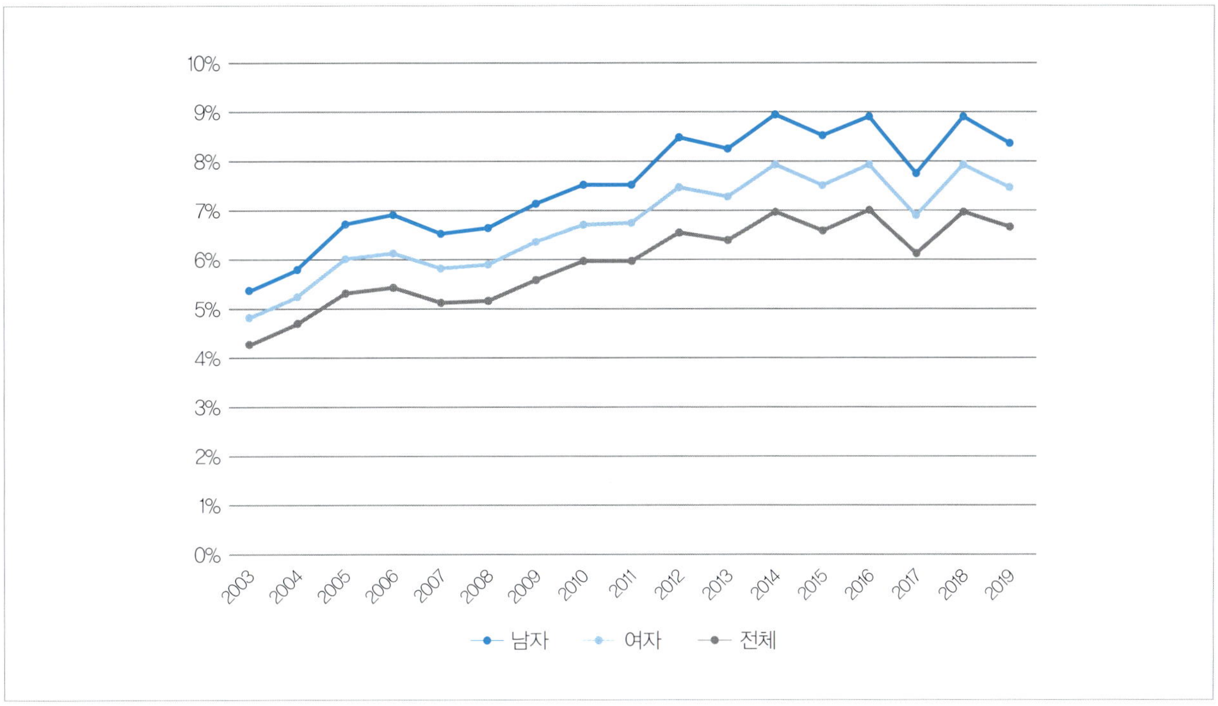

그림 2-2 2003~2019년 성별 천식 발병률 변화

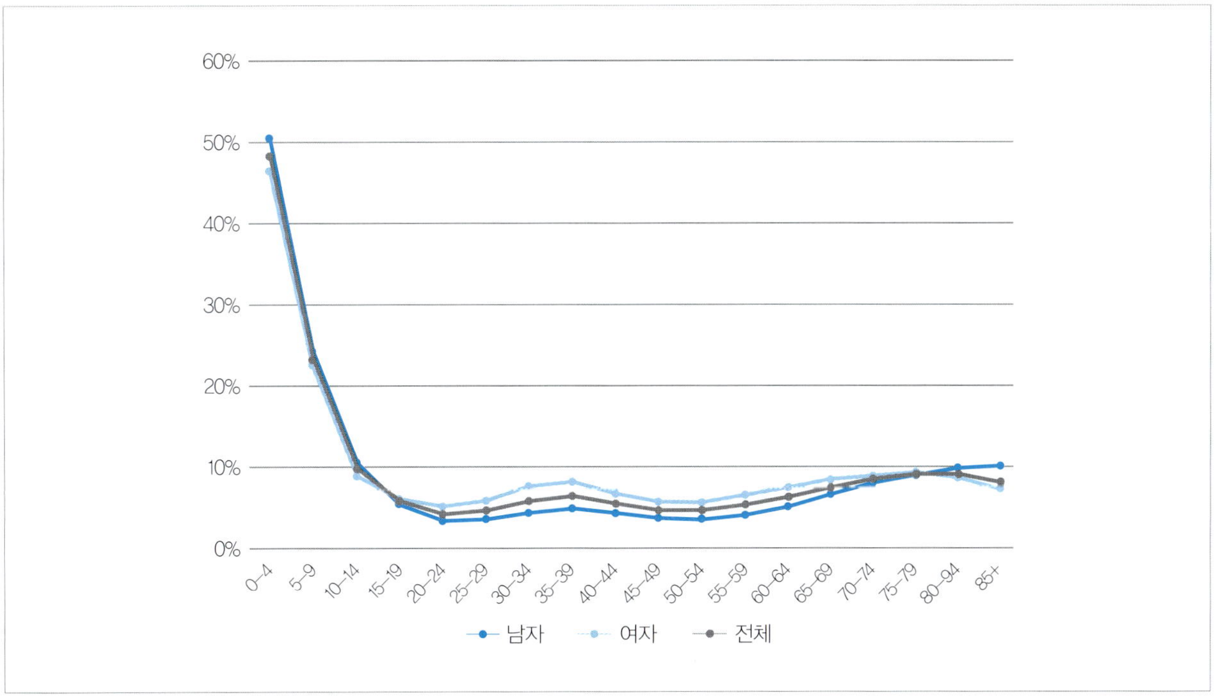

그림 2-3 2019년 우리나라 성별 연령군별 천식 발병률

4.3 원인

천식 유병률 증가를 유병률의 변화가 너무 빨라 인구 집단의 유전자 변화로 설명하기가 어렵다. 환경노출에 의한 천식 위험에 대한 정보는 대부분 단면연구로 알려져 있지만 시간적 변화를 설명하지는 못한다. 환경노출의 변화가 질병 유병률에 즉시 영향을 주지 않을 수 있지만, 임신 중이나 영유아기 노출은 천식 유병률 변화를 더 빨리 가져올 수도 있다.

1) 흡연

환경노출 가운데 가장 일관되게 천식 발생률에 영향을 주는 것으로 나타난 것이 간접 혹은 직접흡연이다. 철저한 메타분석에서 부모의 흡연이 영아에서 급성 하기도질환과 어린이에서 천식 및 천명과 인과관계가 있는 것으로 나타났다. 또한 많은 연구에서 흡연이 청소년과 성인에서 천식 발생과 관련이 있는 것으로 나타났다.

2) 대기오염

대기오염은 천식의 잘 알려진 위험 요인이다. 미세먼지, 산화질소(NOx), 오존같은 지역과 도로주변의 대기오염물질은 천식 발생과 악화의 위험을 증가와 관련이 있었다. 대기오염물질은 기도염증, 기도과민성, 산화스트레스를 증가시켜 천식에 영향을 준다.

오존, 이산화질소, 미세먼지(particulate matter)같은 대기오염물질이 폐기능을 떨어뜨리고 천식의 악화를 유발하고, 천식으로 인한 입원율을 증가시킨다. 독일의 탄소연소물에 고농도로 노출되는 지역에서 천식과 아토피의 발생률이 오염도가 낮은 지역에 비해 훨씬 더 낮은 것으로 나타났고, 도로로부터 50~90m 혹은 100~400m 이내에 사는 어린이에서 천명의 위험이 높았다.

스웨덴 출생 코호트연구인 Barn Allergi Milieu Stockholm Epidemiologi (BAMSE) 에서 생애 첫 1년간 노출이 알레르기 과민반응의 발생에 중요한 것으로 나타났고, 독일 영아영양중개연구(Germany Infanct Nutritional Intervention study, GINI)와 독일 천식 및 진드기 알레르기 예방 및 발생 연구(Prevention and incidence of asthma and mite allergy, PIAMA) 및 동부 및 서부 독일에서 면역체계에서 생활습관 요인의 영향과 알레르기질환 발생 연구(Influences of Lifestyle-related Fractors on the Immune system and the Development of allergies in East and West Germany, LISA)에서 학동전기 어린이에서 대기오염과 흔한 알레르겐에 대한 감작이 양의 상관관계가 있는 것으로 나타났다. 천식을 유발할 때, 교통과 관련된 대기오염과 알레르겐 사이의 중요한 상호작용이 있는 것으로 나타났지만, 비알레르기성 천식과 알레르기성 천식을 구분하는 것은 여전히 어렵다.

Sousa 등은 어린이 천식에 대한 오존의 건강영향에 대한 종설에서 고농도 오존의 단기간 노출은 천식이 있는 어린이에게 영향을 주고, 많은 연구에서 오존의 장기간 노출이 천식 발생에 영향을 준다고 보고하고 있다.

3) 알레르겐 노출

집먼지 진드기와 고양이 비듬같은 알레르겐(allergen) 노출 수준이 알레르겐에 대한 IgE 항체 생성의 위험에 영향을 준다. 그러나 집먼지 진드기에 생애 초기에 노출될 경우 천식 발병의 중요한 위험인자는 아닌 것 같다는 것이 더 최근의 연구결과이다. 여러 전향적 출생 코호트 연구에서 생애 초기에 집먼지 진드기 노출 수준 증가와 어린이 천식의 다양한 표현형 사이에 관련은 없는 것으로 나타났다. 게다가 알레르겐과 음식 회피 전략을 실행한 후 1~8세 어린이에서 천식 위험이 감소한다는 것을 증명하는데 실패했다. 몇몇 연구에서는 실제로 생애 초기에 애완동물 노출이 천식 위험을 감소시키는 것으로 나타났지만 연구 간의 일관성은 부족하다. 하지만, 알레르겐의 실내노출은 알레르기성 천식을 가진 어린이에서 증상을 지속시킬 수 있다.

4) 비만과 식이

어린이와 성인에서 모두 천식의 유병률 및 발생률은 체질량지수와 함께 증가하고, 비만이 천식 발생의 주요 위험인자이다. 체중 증가가 천식 발생에 선행할 수 있고, 천식이 있는 환자의 체중 감소는 폐기능을 향상시킬 수 있다.

천식과 관련성이 있을 것 같은 과일, 야채, 곡류, 다양한 지방산, 비타민 A, C, E, 미네랄(나트륨, 마그네슘, 구리, 아연 및 셀레늄)의 식이섭취를 조사한 연구가 많다. 식이는 측정하기 복잡하고 어렵고, 표준화된 도구가 아직 부족하다. 임신동안 우유와 달걀 섭취를 제한하는 중개연구에서 영아의 천식을 예방하지 못했고, 모유 수유 또한 어린이 천식을 예방하지 않는 것으로 나타났고, 모유 수유와 천식이 양의 상관관계를 보인 것은 아마도 모유 수유가 천식의 원인 인자이기 보다는 천식의 위험 때문에 모유 수유를 권장하기 때문일 것이다.

5) 환경에서 미생물 노출

많은 역학연구에서 건물 침수나 습기로 인한 곰팡이 노출은 천식 증상을 악화시키는 것으로 나타났다. 하지만 곰팡이 노출과 천식 발생의 알레르기 반응의 인과관계는 아직 불명확하다.

바이러스 감염은 천식을 악화시키고, 급성 기관지 폐쇄나 천식을 앓는 어린이의 80~85%에서 혈청, 배양, PCR 검사 등의 방법으로 바이러스 감염을 확인했다. 영아는 호흡기세포융합바이러스(respiratory syncytial virus, RSV)와 파라인플루엔자바이러스가, 2세 이상 어린이에서는 리노바이러스 감염이 흔하다. 봄, 가을의 천식으로 인한 입원율 증가는 리노바이러스 감염률 증가와 일치한다.

4.4 예방대책

천식 치료 및 예방의 가장 기본은 원인 인자의 회피이고, 회피가 힘든 경우는 증상 조절 및 면역억제 치료와 원인 인자 노출의 최소화이다.

Been 등의 흡연 규제법이 주산기 및 어린이 건강에 미치는 영향에 대한 1975년 1월~2013년 5월까지 14개의 온라인 데이터베이스와 WHO 국제임상시험 등록단을 조사한 체계적 문헌검토와 메타분석에서 금연법 후 천식으로 인한 입원율이 10.1% (95% 신뢰구간 5~15.2) 감소하였다.

더 읽을거리

Anenberg SC, Henze DK, Tinney V, Kinney PL, Raich W, Fann N, Malley CS, Roman H, Lamsal L, Duncan B, Martin RV, Donkelaar A, Brauer M, Doherty R, Jonson JE, Davila Y, Sudo K, Kuylenstierna JCI. Estimates of the global burden of ambient PM2.5, ozone, and NO2 on asthma incidence and emergency room visits. Environ Health Perspect 2018; 126(10):107004.

Been JV, Nurmatov UB, Cox B, Nawrot TS, van Schayck CP, Sheikh A. Effect of smoke-free legislation on perinatal and child health: a systematic review and meta-analysis. Lancet 2014;3:383(9928):1549-60.

GBD Chronic respiratory disease collaborators. Prevalence and attriutable health burden of chronic respiratory diseases, 1990-2017: a systematic anaysis for the Global Burden of Disease Study 2017. Lancet Respir Med 2020;8:585-96.

Sousa SIV, Alvim-Ferraz MCM, Martins FG. Health effects of ozone focusing on childhood asthma: What is now known - a review from an epidemiologic point of view. Chemosphere 2013;90:2051-8.

제3장 환경보건 주요 이슈

제1절 미세먼지

권호장

1.1 정의

먼지(particulate matter)는 공기 중에 있는 고체 입자와 액체 방울의 혼합물이라고 할 수 있는데 입자 크기에 따라 미세먼지 초미세먼지, 나노입자 등으로 구분한다. 이중 미세먼지는 공기역학적 직경이 10μm 이하의 먼지(PM_{10})를 말하는데 비교적 크기가 큰 2.5~10μm의 입자($PM_{10\sim2.5}$)와 주로 연소과정에서 생성되는 2.5μm 이하의 작은 입자인 초미세먼지($PM_{2.5}$)로 구분된다. 미세먼지의 건강영향은 2.5에서 10μm 사이의 큰 입자($PM_{10\sim2.5}$) 보다 주로 초미세먼지에 의한 것으로 알려져 있다(그림 3-1).

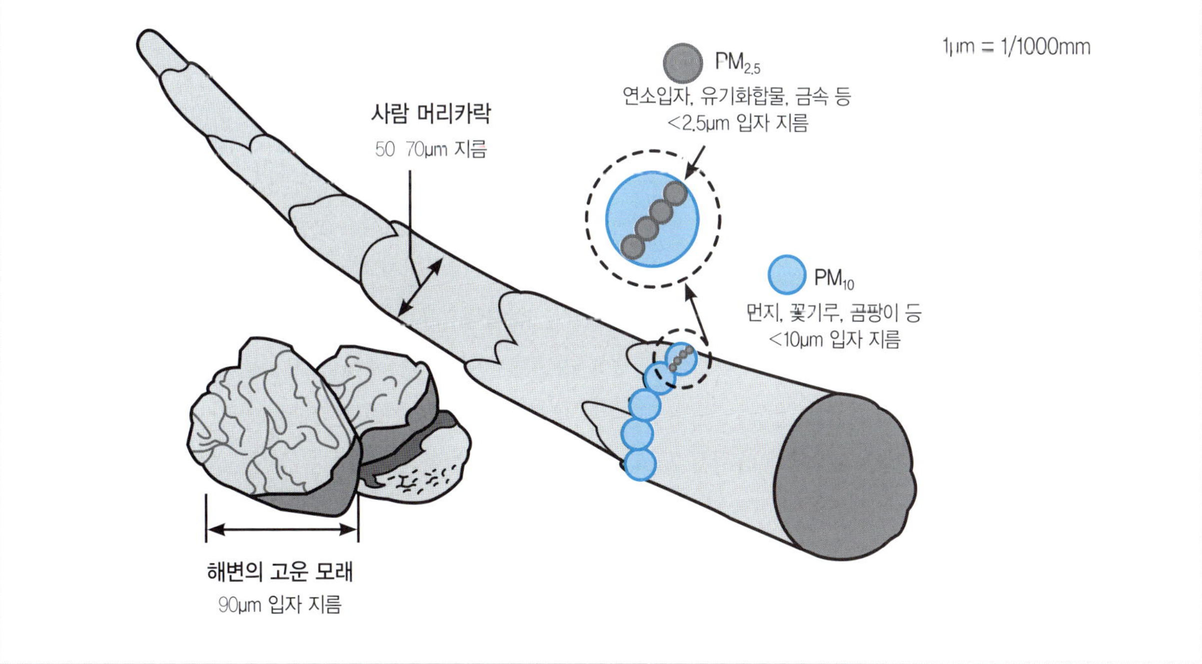

그림 3-1 미세먼지(PM_{10})와 초미세먼지($PM_{2.5}$)의 크기 비교

출처 : 미국 환경보호청

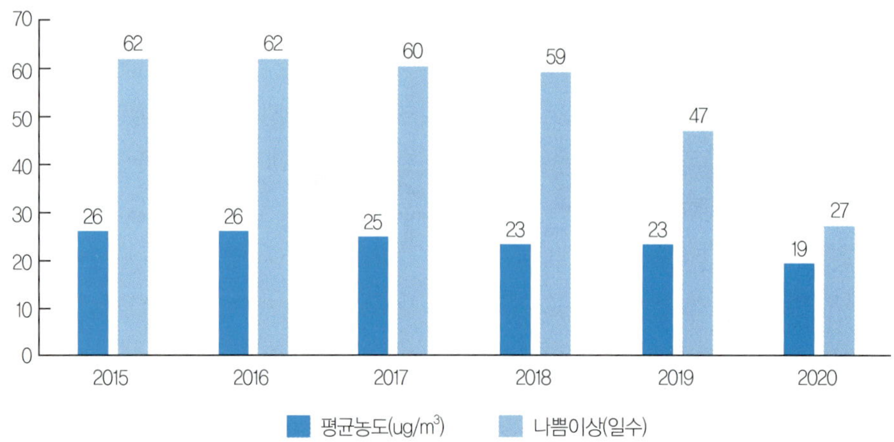

그림 3-2 전국 초미세먼지($PM_{2.5}$) 농도 추세

미세먼지는 발생과정에 따라 일차와 이차로 구분하는데 발생원에서 직접 배출된 먼지를 일차 미세먼지(primary PM)라고 하고 질소산화물, 황산화물, 휘발성유기화합물, 암모니아와 같은 가스 성분의 전구물질이 대기 중에서 화학반응을 거쳐 생성되는 먼지를 이차 생성 미세먼지(secondary PM)라고 한다. 일차 초미세먼지는 주로 연소과정에서 발생하는 반면 상대적으로 큰 입자의 미세먼지($PM_{2.5\sim10}$)는 지각에서 기인하거나 꽃가루 같은 생물성먼지, 또는 도로나 공사장의 부유먼지에서 기인한다. 이차 생성 미세먼지는 대부분 초미세먼지인데 우리나라 초미세먼지의 70% 이상은 이차 생성 미세먼지로 알려져 있다.

1.2 미세먼지 농도 현황

우리나라에서 초미세먼지에 대한 공식적인 측정은 2015년에 시작하였는데 전국 평균농도는 2015년 26μg/m^{3}에서 2020년 19μg/m^{3}로 감소하는 추세에 있다. 초미세먼지 24시간 기준인 35μg/m^{3}를 초과하는 나쁨 일수 역시 2015년 62일에서 2020년 27일로 감소하는 추세에 있다. 2020년 초미세먼지 오염이 크게 개선된 것은 코로나19 팬데믹의 영향을 받은 것으로 보인다(그림 3-2). 초미세먼지 농도의 지역별 분포를 보면 2020년 기준으로 연간 평균농도가 가장 높았던 서울, 경기, 충남, 충북이 21μg/m^{3}이고 가장 낮았던 전남이 15μg/m^{3}로 지역간 차이가 크게 나타나지는 않는 편이다.

1.3 용량결정(dosimetry)

기관지를 통해 들어온 미세먼지는 침착(deposition) 또는 이동(translocation)하여 제거(clearance)되거나 잔존(retention)한다. 흡입된 미세먼지 중 침착하거나 잔존하는 미세먼지의 양은 다양한 인자의 영향을 받는다. 일차적으로 노출 농도와 기간이 중요하고 활동량, 호흡방식(코 또는 코와 입, 호흡량)의 영향을 받는다. 미세먼지의 특성 중에는 입자의 크기, 습한 정도, 용해도 등이 영향을 미친다.

미세먼지의 침착은 확산(diffusion), 충돌(impaction), 침전(sedimentation)에 의해 결정된다. 확산에 의한 침착은 0.1μm 이하의 입자가 침착되는 주요 기전으로 기관지 말단부에서 일어난다. 관성에 의해 지배되는 충돌은 주로 근위부의 기관지가 분지되는 곳에서 일어나고,

중력의 영향을 받는 침전은 원위부의 기도에서 발생한다. 0.1에서 1.0μm의 입자는 침착되는 비율이 적은데, 충돌이나 침전으로 침착되기는 너무 작고 확산으로 침착되기는 크기 때문이다. 반면, 0.1μm 이하의 먼지는 확산에 의해 대부분 침착되고, 크기가 10μm 정도 되는 먼지도 충돌이나 침전에 의해 대부분 침착된다.

PM_{10} 중에 기관지 안으로 들어가는 것은 20% 이내이나 구강으로 호흡하면 기관지에 도달하는 비율이 40%까지 높아진다. 소아는 성인보다 구강호흡의 비중이 높고 전 연령대에 걸쳐 남성이 여성보다 구강호흡의 비중이 높은 것으로 알려져 있다. 알레르기나 상기도 감염으로 비강의 저항이 높아진 경우에도 구강호흡의 비중이 높아진다. 비만 아동의 경우 특히 남아의 경우에는 정상체중에 비해 구강호흡의 비중이 높아질 수 있다.

구강에 침착한 먼지는 삼켜지거나 가래로 제거되고, 비강 뒷부분에 침착된 먼지는 섬모운동을 통해 비인두를 거쳐 삼켜지고 앞부분에 있는 것은 재채기나 코를 푸는 과정에서 제거된다. 기도에 침착한 먼지는 섬모운동에 의해 비인두로 이동하여 삼켜지고, 폐포에 침착한 먼지는 주로 대식세포(macrophage)에 의해 제거된다. 용해도가 낮은 먼지 중에 기관지에 침착된 것은 48시간 이내 대부분은 제거되지만, 폐포에 있는 것은 제거되는 속도가 훨씬 늦은데, 특히 크기가 작은 나노입자의 경우에는 몇 달 또는 몇 년이 걸릴 수 있다. 나노입자의 경우에는 폐포에서 직접 혈액으로 이동하거나 후각신경을 통해 뇌로 이동하기도 한다.

1.4 건강영향

미세먼지의 건강영향은 역학연구, 인체노출연구, 동물실험연구 등을 통해 밝혀지고 있는데, 노출 기간에 따라 단기노출과 장기노출로 구분하여 건강영향을 평가하고 있다. 단기노출은 몇 시간에서 한달의 범위인데, 보통은 24시간에서 1주일 정도를 말하고, 장기노출은 최소 한 달에서 수년에 걸친 노출을 말한다.

체내에 들어온 미세먼지가 건강에 영향을 주는 기전은 자율신경계 조정(modulation)과 염증 반응인 것으로 알려져 있다. 기관지에 잔존하고 있는 미세먼지는 상피세포, 염증세포, 감각신경세포에 작용하여 산화환원반응을 일으키게 된다. 이 과정에서 활성산소가 생성되어 직접적 손상을 입힐 수 있고 산화적 스트레스와 염증반응을 유발한다. 또한, 불용성 입자들은 상피세포 아래 간질공간(interstitial space)으로 이동하여 면역반응을 야기하기도 한다. 이런 과정을 거쳐 천식, COPD를 유발하거나 악화시키고 폐 성장을 저해한다.

호흡기에서 염증을 통해 생성된 사이토카인(cytokines)은 순환계로 들어가 전신적 염증 반응을 일으키고, 허혈성심질환, 심부전을 포함한 다양한 심혈관질환을 일으키게 된다. 또한, 기관지의 감각신경의 활성화는 자율신경계를 조정하여 고혈압, 부정맥 등을 유발하는 것으로 알려져 있다.

미세먼지가 신경계질환을 일으키는 기전은 전신적 염증 반응 외에 나노입자들이 직접 혈관으로 들어와 전신순환을 거쳐 뇌에 도달하거나, 후각신경의 상피세포를 통해 흡수되어 뇌의 후각망울(olfactory bulb)로 이동하여, 뇌 신경세포에 염증을 일으키고 그 결과로 퇴행성 신경질환을 유발하는 것으로 알려져 있다.

미국 환경청(EPA)에서는 대기환경기준이 건강을 보호하는데 충분한지 여부를 주기적으로 평가해야 하는 법률에 따라 미세먼지 및 초미세먼지 노출과 다양한 건강영향의 관련성에 대한 근거들을 종합하여 인과성을 평가하고 있다.

초미세먼지의 건강영향은 노출 기간과 장기에 따라 다양한 양상으로 나타나는데, 장기 및 단기 노출에 따른 사망과 심혈관계 영향, 그리고 장기노출에 따른 호흡기계 영향은 인과성이 있는 것으로 평가되었다. 반면, 입자 크기가 상대적으로 큰 $PM_{10\sim2.5}$의 경우에는 사망, 호흡기계 영향, 심혈관계 영향, 대사 영향, 신경계 영향 등 인과성을 시사하기는 하지만 아직 인과성이 확인되지는 않고 있다(표 3-1).

표 3-1 미세먼지 건강영향 평가

		단기노출	장기노출
호흡기계 영향	$PM_{2.5}$	높음	높음
	$PM_{10\sim2.5}$	시사	자료 불충분
심혈관계 영향	$PM_{2.5}$	확인	확인
	$PM_{10\sim2.5}$	시사	시사
대사 영향	$PM_{2.5}$	시사	시사
	$PM_{10\sim2.5}$	자료 불충분	시사
신경계 영향	$PM_{2.5}$	시사	높음
	$PM_{10\sim2.5}$	자료불충분	시사
사망 영향	$PM_{10\sim2.5}$	확인	확인
	$PM_{10\sim2.5}$	시사	시사
생식 영향	$PM_{2.5}$	시사	
	$PM_{10\sim2.5}$	자료 불충분	
임신 출생 영향	$PM_{2.5}$	시사	
	$PM_{10\sim2.5}$	자료불충분	
암	$PM_{2.5}$	높음	
	$PM_{10\sim2.5}$	시사	

확인(인과성 충분함), 높음(인과성 가능성 있음), 시사(인과성을 시사하는 증거 있음), 자료불충분(인과성을 평가할 정보가 부족함)

1.5 황사의 건강영향

황사는 바람에 의해 하늘 높이 불려 올라간 미세한 모래먼지가 대기 중에 퍼져서 하늘을 떨었다가 서서히 떨어지는 현상 또는 떨어지는 모래흙을 말한다. 주로 몽골과 고비지역에서 발원하여 편서풍에 의해 우리나라와 일본에 영향을 미치고, 심한 경우에는 북미지역까지 날아가는데, 학술적으로는 아시안 더스트(Asian dust)라는 용어로 불린다. 황사는 사막이 건조해지는 봄철에 주로 발생하지만, 가을이나 겨울에 발생하기도 한다. 황사에 대한 최초 기록으로는 삼국사기에 흙비가 내렸다는 기록이 있을 정도로 역사가 오래되었지만, 최근 들어 기후변화로 인해 중국 북부 내륙지방의 사막화가 급속히 진행되면서, 2000년대 들어 황사의 발생횟수가 증가하고 있다. 황사의 영향은 우리나라에서는 2000년대 초반에 특히 심했는데 2002년에는 황사 지속일 수가 34일에 이르렀다.

황사의 성분은 주로 지각 성분인 실리카나 알루미늄이 많고 이동과정에서 질산염이나 황산염 등의 인위적 오염 성분이 섞일 수 있다. 황사의 건강영향에 대한 메타연구 결과에 따르면 황사 기간에는 심혈관계질환 사망과 호흡기계질환 사망이 각각 2.33%와 3.99% 증가하고 호흡기 질환, 천식, 폐렴으로 인한 입원을 각각 8.9%, 14.6%, 8.5% 증가시키는 것으로 나타나고 있다. 또한 폐기능이 감소하고 호흡기증상이 증가한다는 연구결과들도 보고된 바 있다. 하지만 아직 황사의 건강영향에 대한 연구도 제한적이고 연구방법에 대한 변이도 크기 때문에 앞으로 추가 연구가 필요하다.

더 읽을거리

대기환경연보 2020. 국립환경과학원 2021. 발간등록번호 11-1480523-001980-10

Hashizume M, Kim Y, Ng CFS, et al. Health Effects of Asian Dust: A Systematic Review and Meta-Analysis. Environ Health Perspect. 2020 Jun;128(6):66001. doi: 10.1289/EHP5312. Epub 2020 Jun 26.

Integrated Science Assessment for Particulate Matter. United States Environmental Protection Agency, Research Triangle Park, NC; 2019.

제2절 기후변화

강희태

2.1 기후변화의 과학적 근거

1) 원인 및 현황

기후변화에 관한 정부간 패널(Intergovernmental Panel on Climate Change, IPCC) 실무그룹 I 은 2021년 기후변화의 과학적 근거에 대한 6차 평가보고서(Sixth Assessment Report, AR6)에서 '인간이 대기, 바다, 육지를 온난화시켰다는 것은 명백하다'고 하였다. 기후변화는 화석연료 사용 등의 인간 활동에 의해 증가한 이산화탄소(CO_2), 메탄(CH_4), 아산화질소(N_2O) 등의 온실가스에 의해 태양으로부터 받는 에너지보다 지구가 방출하는 복사에너지가 작아지면서 발생한다. 산업혁명(1750년경)부터 2019년까지 이산화탄소는 278ppm에서 410ppm으로, 메탄은 772ppb에서 1,866ppb로, 아산화질소는 274ppb에서 332ppb로 증가하였는데, 이는 그 농도 및 증가속도에 있어서 80만년 동안의 빙하기 및 간빙기 사이의 자연적 변화를 벗어난 것이다.

그 사이 지구 기온은 2011년~2020년 평균이 1850년~1900년 평균에 비해 1.09 (예측 범위 0.95–1.20)℃ 증가하였으며, 특히 바다(0.88 [0.68–1.01]℃)보다 육지(1.59 [1.34–1.83]℃)에서 더욱 증가하였다. 2011년~2020년 평균 기온은 지난 6,500년 중 가장 높은 기온이며, 가장 최근 비슷한 평균 기온은 약 125,000년 전이다.

2) 전망

AR6는 인류에 의한 5가지 공통 사회 · 경제 경로(Shared Socioeconomic Pathway, SSP) 시나리오를 제시했다(표 3-2). SSP1-1.9와 SSP1-2.6은 각각 2050년경 및 그 이후 탄소중립(net zero)을 이룬 이후 탄소 흡수가 너 많은 시나리오, SSP2-4.5는 21세기 중반까지 현재의 탄소배출 수준을 유지하는 시나리오, SSP3-7.0과 SSP5-8.5는 각각 대략 2100년경 및 2050년경 현재의 탄소배

표 3-2 1850년~1900년 평균 기준 5가지 배출 시나리오에 따른 지구 표면 온도 변화 예측

시나리오	단기, 2021년~2040년		중기, 2041년~2060년		장기, 2081년~2100년	
	예측치(℃)	예측 범위(℃)	예측치(℃)	예측 범위(℃)	예측치(℃)	예측 범위(℃)
SSP1~1.9	1.5	1.2~1.7	1.6	1.2~2.0	1.4	1.0~1.8
SSP1~2.6	1.5	1.2~1.8	1.7	1.3~2.2	1.8	1.3~2.4
SSP2~4.5	1.5	1.2~1.8	2.0	1.6~2.5	2.7	2.1~3.5
SSP3~7.0	1.5	1.2~1.8	2.1	1.7~2.6	3.6	2.8~4.6
SSP5~8.5	1.6	1.3~1.9	2.4	1.9~3.0	4.4	3.3~5.7

출 수준의 2배에 이르는 시나리오이다. 5가지 시나리오 모두 21세기 중반까지 지구 표면 온도는 지속적으로 증가하여 1850년~1900년 평균 기온에 비해 2010년~2040년 평균 기온은 1.5℃ 이상 증가할 것으로 예측하였다.

3) 영향

기후변화는 자연, 생태계, 문명에 다양한 영향을 미치고 있다. 기후변화는 폭염, 가뭄, 홍수, 폭풍과 같은 극단적인 날씨를 증가시키는데, IPCC AR6은 1.5℃가 상승했을 때 10년에 한 번 일어나던 폭염은 4.1배, 폭우는 1.5배, 건조지역의 가뭄은 2.0배 더 많이 발생하는 것으로 예측하였다. 많은 지역에서 강수량이 변화하고, 눈과 얼음, 빙하가 녹으면서 수자원의 양과 질이 변화하고, 해수면이 상승한다. 생물종의 지리적 분포, 계절적 활동, 상호작용 등에 변화가 유발되고, 일부 생물종은 멸종되고 있다. 작물 수확에 있어서 부정적인 영향이 더 크게 나타나는데, 주요 곡물 생산 지역의 극한적인 기후 상황이 발생하면 급격한 식품 및 곡물 가격 인상을 유발한다. 수자원 및 식량 자원 등의 변화와 맞물려 국제적 분쟁이 증가된다.

기후변화로 인한 영향에는 불확실성이 존재한다. 기온이 올라갈수록 발생가능성은 불확실하지만 발생할 경우 문명과 생태계에 돌이킬 수 없는 상태가 되는 임계값인 티핑 포인트(tipping point)에 이를 가능성이 높아진다. 티핑 포인트에 이르면 빙하가 녹아서 태양 에너지 반사가 줄어들고, 해양의 이산화탄소 흡수 능력이 떨어져 대기 중 이산화탄소가 늘어나고, 숲이 불타거나 파괴되어 이산화탄소 흡수가 줄어들고, 영구 동토층이 녹으면서 메탄 가스가 배출되고, 해류 흐름이 변화해 기상 이변이 발생하는 등 양의 되먹임 작용이 발생할 수 있다.

2.2 기후변화의 완화

1) 국제적 협력

기후변화를 완화(mitigation)시키기 위해서는 국제적인 협력 관계가 필요하다. 1997년 제3차 당사국 총회에서 채택된 교토의정서에서는 부속서 I 국가로 불린 선진국을 대상으로 온실가스 감축 의무를 부여했다. 그러나, 미국을 포함한 일부 선진국이 불참하였고, 개발도상국의 온실가스 감축 의무를 부여하지 않는 등의 한계점으로 인해 이후 지속적으로 온실가스 배출량이 증가하였다.

이에 새로운 체제의 필요성이 제기되었고, 2015년에 제21차 당사국 총회에서 새로운 기후체계로 파리협정이 채택되었다. 파리협정은 지구 평균온도 상승을 2℃보다 훨씬 아래로 유지하고, 나아가 1.5℃ 이내로 억제하기 위해 노력한다는 내용을 담고 있다. 이를 달성하기 위해 교토의정서와는 달리 당사국 모두에게 온실가스 감축목표를 포함한 국가결정기여(Nationally Determine Contribution, NDC)를 자발적으로 정하도록 하였다.

2018년 IPCC는 1.5℃ 특별보고서를 발간하였는데, 산업화 이전 대비 2℃가 상승하였을 때에는 1.5℃ 이하로 상승을 억제했을 때에 비해 기후변화로 인한 위험이 크게 늘어난다는 연구결과를 내놓았다. 이에 지구 평균기온 상승을 1.5℃ 이내로 억제할 것을 제안하면서 목표를 달성하기 위해 2050년까지 전지구적인 탄소중립이 이루어져야 한다고 권고하였다.

2) 탄소중립을 위한 국내 현황

우리나라는 2021년 온실가스 감축 및 기후위기 적응대책 강화 등의 목적으로 '기후위기 대응을 위한 탄소중립 · 녹색성장 기본법(탄소중립기본법)'을 제정하였다. 이 법은 정부가 2050년까지 탄소중립을 목표로 하여 국가탄소중립녹색성장전략을 수립하도록 하였으며, 국가 온실가스 배출량을 2030년까지 2018년에 비해 35% 이상의 범위에서 감축하는 것을 중장기 국가 온실가스 감축 목표로 삼고 있다.

이에 정부는 2018년 배출량 대비 2030년까지 40%를 감축하는 '2030 국가 온실가스 감축목표(NDC) 상향안'과 2050년까지 탄소의 배출과 흡수 · 제거의 합을 0으로 하는 '2050 탄소중립 시나리오'를 제출하였다. 2018년

탄소 총배출량은 727.6백만톤 CO_2eq로 전환(269.6백만톤), 산업(260.5백만톤), 수송(98.1백만톤), 건물(52.1백만톤), 농축산(24.1백만톤), 폐기물(17.1백만톤) 순으로 많았다.

온실가스 감축을 위한 부문별 방향은 다음과 같은 것들이 있다. 전환 부문에서는 화석연료를 이용한 발전 대신 태양광, 풍력 등의 재생에너지의 비율을 높여야 한다. 산업 부문에서는 철강, 석유화학 · 정유, 시멘트 순으로 온실가스 배출량이 많은데, 에너지원의 전환 및 투입 원료의 변환 등을 추진해야 한다. 수송 부문에서는 대중교통 체계를 구축하고, 비동력 무탄소 교통을 강화하며, 내연기관차 대신 전기 · 수소차 등의 보급을 확대해나가야 한다. 건물 부문에서는 건물의 에너지 효율 향상, 고효율 기기 보급, 태양광 · 지열 · 수열 등 신재생에너지 이용 등의 대책을 마련해나가야 한다. 농축산 부문에서는 농작물 재배와 가축 사육 등에서 온실가스가 발생하는 것을 줄이기 위해 저탄소 에너지원으로 전환, 화학비료 저감, 가축분뇨의 에너지화, 육류소비 감소 등을 추진해나가야 한다. 폐기물 부문에서는 폐기물을 줄이고 재활용을 늘리는 정책들을 마련해야 한다. 탄소의 흡수를 늘리기 위해 산림의 흡수능력을 강화시키는 등의 노력이 필요하며, 이산화탄소 포집 및 저장 · 활용(Carbon Capture, Utilization and Storage, CCUS) 기술도 지속적으로 개발해나가야 한다.

2.3 기후변화와 건강

1) 기후와 날씨에 의한 직접적 건강영향

(1) 기온에 의한 영향

기후변화에 의해 폭염이 증가하면서 열사병 등으로 인한 초과 사망이 증가한다. 특히 노년층, 폭염 중 야외활동을 하는 노동자와 같은 취약계층에서 더 증가한다. 이외 기온상승이 심혈관계, 호흡기계, 신장 질환으로 인한 입원 및 응급실 방문을 증가시키는 것으로 보고되었다. 높은 기온이 낮은 강수량과 동반되었을 때 화재 발생 위험이 증가하며, 화재 발생으로 인한 화상 및 손상으로 인한 사망이 증가한다. 전지구적 차원으로는 추운 날이 감소하면서 추위로 인한 사망은 감소하지만, 이는 기온상승으로 인해 증가하는 사망보다는 적을 것으로 예측되고 있다.

(2) 홍수와 폭풍

기온이 올라갈수록 홍수와 폭풍의 빈도와 강도는 증가한다. 홍수와 폭풍으로 인해 익사, 상해, 저체온증, 감염성 질환(설사를 일으키는 질환, 렙토스피라, 매개체로 인한 질환, 콜레라)이 일어날 수 있다. 또한 홍수와 폭풍으로 인한 피해가 발생했을 때 정신 건강에 영향을 미치게 된다. 특히 적응 대책이 제대로 시행되지 않는 경우 피해가 더 커질 수 있다.

(3) 자외선 노출

기온이 증가할수록 자외선 노출 수준이 증가하면서 악성 흑색종 이외의 피부암과 백내장이 증가하는 반면, 비타민 D 합성에는 이로운 영향을 줄 수 있다.

2) 생태계를 통해 건강에 미치는 영향

(1) 매개체로 인한 감염성 질환

기온과 강수량이 변동하면서 말라리아를 매개하는 모기들의 서식지가 변화하게 된다. 이에 따라 지역적으로 말라리아 전파가 증가할 수도, 감소할 수도 있으며, 이전에 발생하지 않았던 지역에서 신규로 발생할 수도 있다. 이는 경제적 발전과 말라리아 관리 방안에 따라 증감이 달라질 수 있다.

뎅기열을 매개하는 모기는 기온, 강수량, 습도 등의 기후에 민감하다. 기후변화에 따라 지역적으로 뎅기열이 증가한 지역도 있고, 감소한 지역도 있으나, 전세계적으로는 50년 동안 뎅기열이 30배 증가하였다(WHO, 2013).

기타 진드기 매개 뇌염(tick-borne encephalitis), 라임병(Lyme disease), 신증후성 출혈열(hemorrhagic fever with renal syndrome), 페스트(plague), 치쿤구니아열(Chikungunya fever), 일본 뇌염(Japanese encephalitis), 리프트밸리열(Rift Valley Fever) 등도 기

후변화와의 연관성에 대해서 조사되고 있다.

(2) 식품과 물에 의한 감염

콜레라(Vibrio cholerae)는 식수, 해산물 등에 의해 전파되며, 다른 비브리오 세균들은 바닷물과 조개에 의해 전파된다. 기후변화에 의해 온도, 강수량, 바닷물의 염분 및 산성도 변화가 일어나 감염의 위험이 변화된다. 콜레라가 풍토병인 지역인 경우 기온이 증가하면 콜레라도 증가하며, 분변 처리가 안전하게 되지 않는 지역의 경우에는 강수량이 증가하는 경우 증가한다. 기타 박테리아(*Salmonella*, *Campylobacter*), 바이러스(enteric virus, rotavirus) 등에 의한 질환들과 기후변화와의 연관성에 대해서 조사되고 있다.

(3) 공기 질

대류권의 오존은 질소산화물(NO_X), 일산화탄소, 메탄, 휘발성유기화합물이 햇빛과 상승한 기온 속에서 광화학적 반응에 의해 발생한다. 기후변화에 의해 특히 도시지역의 경우 오존 농도가 상승하여 이로 인한 건강영향을 일으킬 수 있다.

폭염과 가뭄에 의해 산불 등이 발생하면 입자상 물질을 포함한 대기오염 물질들이 발생하여 건강영향을 일으킬 수 있다.

기온이 올라가고 기후변화를 일으키는 이산화탄소가 증가하면서 곰팡이 포자, 꽃가루와 같은 대기 중 알레르기를 일으키는 물질이 증가하고, 이로 인하여 천식, 비염, 결막염, 피부염과 같은 알레르기성 질환에 영향을 미칠 수 있다.

3) 인류의 제도에 의해 매개되는 건강영향

(1) 영양

기후변화로 인한 기온 상승과 강수량 변화는 식량 생산과 식량 가격에 영향을 미치며, 식량 안보가 불안정한 지역에서 부정적인 영향을 미칠 수 있다. 특히 홍수, 가뭄, 폭염과 같은 극단적인 기상 현상은 식량 가격에 영향을 미친다. 이로 인해 개발도상국에서 1인당 칼로리 가용성 감소, 발육부진을 포함한 아동기 영양실조, 영양실조와 관련된 소아 사망 및 장애보정생존연수(DALYs)의 감소가 일어난다.

(2) 직업 건강

열 스트레스가 증가하여 열탈진, 열사병이 증가할 수 있다. 특히 열대지역 개발도상국의 농업 및 건설업 종사자들이 취약하지만, 온도가 조절되지 않는 실내 작업이나 선진국의 일부 작업 작업자에서도 문제가 될 수 있다. 또한 기온 상승으로 인해 생산력이 감소하면서 생계에 위협을 받는 경우가 발생할 수 있다.

(3) 정신 건강

홍수, 가뭄, 폭염 같은 가혹한 날씨는 정신 질환이 있는 사람뿐만 아니라 그렇지 않은 사람들에게도 스트레스를 증가시킨다. 또한 기후변화로 인한 재난과 관련해서 외상후 스트레스 장애, 우울증 등을 일으킬 수 있다.

(4) 폭력과 갈등

기후와 관련된 토양 황폐화, 담수 부족, 인구 압력 및 기타 요인은 모두 잠재적인 분쟁 원인이다. 또한 폭력의 영향을 받는 인구집단은 건강과 사회복지에 대한 기후변화의 영향에 특히 취약하다.

4) 취약성

기후변화로 인한 건강영향에 특히 취약한 인구집단이 존재한다. 취약성에는 지리적 위치, 현재 건강상태, 연령 및 성별, 사회경제적 지위, 공중보건 및 기타 기반 시설 등이 영향을 미친다.

5) 건강 보호를 위한 적응

기후변화로 인한 건강문제 규모를 줄이기 위해서는 공중보건 및 보건의료서비스 향상, 취약 인구집단에 대한 지도를 작성하여 감시 · 대책 마련, 기후 관련 건강 위험에 대한 조기 경보 시스템, 보건 이외의 다른 부문(생태계, 물 공급 및 위생, 농업, 기반 시설, 에너지 및 운송, 토지 사용 관리 등)을 통한 질병 및 부상 위험 감소 등의 적응 대책들을 마련해야 한다.

하지만 기후 변화가 가속화되면 비선형적으로 건강 관련 문제가 증가할 수 있어서 적응 대책이 한계에 봉착할 수 있다. 기온이 더 올라가면 인간이 열에 견딜 수 있는 생리적 한계를 벗어나는 지역이 늘어나게 되고, 농작물 생산도 임계점을 넘어가면서 식량 안보의 전지구적 위험을 유발할 수 있으며, 난민 문제도 더 심각하게 악화시킬 수 있다. 이에 적응(adaptation) 대책은 완화(mitigation) 대책과 병행되어야 한다.

더 읽을거리

2050 탄소중립위원회. 2050 탄소중립 시나리오. 2021.

IPCC, 2014: Climate Change 2014: Impacts, Adaptation, and Vulnerability. Part A: Global and Sectoral Aspects. Contribution of Working Group II to the Fifth Assessment Report of the Intergovernmental Panel on Climate Change [Field, C.B., V.R. Barros, D.J. Dokken, K.J. Mach, M.D. Mastrandrea, T.E. Bilir, M. Chatterjee, K.L. Ebi, Y.O. Estrada, R.C. Genova, B. Girma, E.S. Kissel, A.N. Levy, S. MacCracken, P.R. Mastrandrea, and L.L. White (eds.)]. Cambridge University Press, Cambridge, United Kingdom and New York, NY, USA, 1132 pp.

IPCC, 2021: Climate Change 2021: The Physical Science Basis. Contribution of Working Group I to the Sixth Assessment Report of the Intergovernmental Panel on Climate Change [Masson-Delmotte, V., P. Zhai, A. Pirani, S.L. Connors, C. Péan, S. Berger, N. Caud, Y. Chen, L. Goldfarb, M.I. Gomis, M. Huang, K. Leitzell, E. Lonnoy, J.B.R. Matthews, T.K. Maycock, T. Waterfield, O. Yelekçi, R. Yu, and B. Zhou (eds.)]. Cambridge University Press. In Press

제3절 가습기살균제

박소영

3.1 가습기살균제 참사 발생과 원인 규명

2006년부터 소아에서 원인을 알 수 없는 중증 호흡부전을 보이는 급성 간질성폐렴이 유행하였고, 2008년에 의학계 내에서 실태조사를 실시하고 보건당국에 바이러스 검사를 의뢰하였으나 원인을 규명하지 못하였다. 2011년 4월 한 대학병원에서 발생한 6명의 주산기 여성의 급성 간질성폐질환이 보건당국에 보고되어 16명의 환자를 대상으로 한 역학조사가 실시되었고 그 결과 가습기살균제가 유력한 원인으로 지목되었다. 연이어 수행된 동물시험에서 가습기살균제의 독성이 확인된 후 2011년 11월 보건당국은 가습기살균제 제품 수거 명령을 내리고, 2012년 2월 가습기실균제가 집단적으로 발생한 '원인 미상 폐손상'의 원인임을 공식 발표하였다. 이후 역학 연구 결과에 따라 원인 미상의 폐손상은 '가습기살균제 폐손상(Humidifier disinfectant lung injury, HDLI)'으로 정의되었다.

가습기살균제는 물때 발생과 미생물 번식을 예방할 목적으로 개발된 제품이다. 당시 제조 · 판매 기업들이 내세운 '깨끗한 가습기, 건강한 실내공기, 내 아기를 위하여' 등의 광고 문구는 소비자에게 안전한 제품이라는 인식을 심어주었고, 가습기에 넣기만 하면 살균이 된다는 편의성을 강조하여 소비심리를 자극하였다. 1994년 출시된 가습기살균제는 2011년 판매 중단까지 약 43개 제품, 950만 개 이상이 판매되었다.

3.2 피해구제 제도

가습기살균제 수거조치 명령과 함께 보건당국의 공식적인 피해접수가 시작되었다. 2012년 말에 민·관 합동의 폐손상조사위원회가 발족되었고, 2013년 6월까지 접수된 가습기살균제 폐손상 의심 사례 총 361명에 대한 피해조사가 진행되었다(1차). 이후 피해신고 접수는 총 5차에 걸쳐 진행되어, 2022년 6월말 기준 총 7,761명이 신고하였다.

사태 초기 정부는 가습기살균제 피해는 제품 사용으로 인하여 발생한 피해로 피해자와 제조·판매사 사이에서 민사책임으로 해결되어야 한다는 입장이었으나, 2013년 8월 경제관계장관회의에서 피해자에게 의료비와 장례비를 우선 지원하고 가해기업으로부터 이를 구상한다고 결정하였고, 환경부는 2014년 3월 「환경보건법」 시행규칙을 개정하여 '가습기살균제로 인한 폐질환'을 환경성질환에 포함시켰다. 이를 통해 가습기살균제 피해구제업무가 보건복지부에서 환경부로 이관되어 정부의 피해구제가 시작되었다. 하지만 환경보건법에 따른 정부의 피해구제가 소엽중심성 섬유화를 동반한 특이적 폐질환, 즉 가습기살균제 폐손상 중심으로 제한적으로 이루어진 결과 피해지원 대상에서 배제된 피해자들의 불만은 극도로 팽배해졌다. 이에 2016년 5월 HDLI 외 건강피해 가능성에 대한 논의를 위하여 폐이외 질환 검토위원회가 구성되었고, 태아피해[1]에 관한 의학적 문제들을 인정대상으로 보고하였다. 2016년 가습기살균제 제조·판매사에 대한 검찰 수사와 국회 가습기살균제 국정조사특별위원회를 통한 진상규명 활동을 거쳐 2017년 2월 「가습기살균제 피해구제를 위한 특별법」이 제정됨으로써 피해자를 구제하기 위한 제도적 장치가 마련되었다. 이후 피해구제는 특별법에 따라 실시되었다.

1 임신 중 가습기살균제에 노출되고, 폐질환 1~2단계 산모의 건강영향으로 인한 유산·사산, 조산·태아곤란증·부당경량아 출산 및 이에 수반되어 나타날 수 있는 의학적 문제를 대상으로 함

3.3 독성학적 검토

가습기살균제가 폐손상의 원인물질로 지목되면서 흡입독성 연구가 수행되었다. 가습기살균제 성분은 구아니딘 계열의 PHMG와 PGH, 계면활성제류의 BKC와 DDAC, 이소치아졸리논 계열의 CMIT/MIT, 차아염소산을 발생하는 NaDCC 등이다.[2] 가습기살균제 성분들은 구조적으로 화학적 반응성이 높아 호흡기로 노출되면 점막조직에 대한 화학적 자극과 염증반응, 면역이상 반응을 유발할 수 있는 흡입독성물질로 확인되었다. 공기 중으로 분무된 가습기살균제는 에어로졸 상태로 존재하며 호흡기에 침착되고, 하루 사용시간이 길고 지속적으로 사용할수록 독성영향이 더 강하게 나타날 수 있음이 실험적 증거로 해석되었다.

가습기살균제 성분들은 세포막을 파괴하거나 산화적 손상을 유발함으로써 살균작용을 하는 것으로 알려져 있다(표 3-3). 물질안전보건자료에는 '장기간 또는 반복 노출되면 신체 중 표적장기(피부, 눈, 호흡기계 점막조직 등)에 손상을 일으키는 물질(H372)로 분류되었으며, 반복 노출 흡입독성 자료에 근거하여 등급을 부여한 결과 1등급으로 확인되었다.

흡입독성평가 결과를 종합하면 가습기살균제는 호흡기 자극 및 염증 관련 질환, 천식, 폐렴, 간질성폐질환 등을 발생 또는 악화시킬 수 있음이 설명되었다.

3.4 건강영향

호흡기를 통해 흡입된 가습기살균제는 상기도에서부터 폐포까지 호흡기계 전체에 영향을 주어 비염, 후두염, 기관지염, 천식, 폐렴, 간질성폐질환 등 다양한 질환

2 PHMG (Polyhexamethylene guanidine, CAS No. 89697-78-9), PGH (Phosphoglycolohydroxamic acid, CAS No. 374572-91-5), BKC (Benzalkonium chloride, CAS No. 8001-54-5, DDAC (Didecyldimethyllammonium chloride, CAS No. 7173-51-5), CMIT/MIT (Chloromethylisothiazolinone/Methylisothiazolinone, CAS No. 26172-55-4/2682-20-4), NaDCC (Sodium dichloroisocyanurate, CAS No. 2893-78-9, 51580-86-0(dihydrate))

표 3-3 가습기살균제 성분들의 물리 · 화학적 특성, 노출 특성 및 살균작용 기작 비교

		PHMG, PGH	BKC, DDAC	CMIT/MIT	NaDCC	산화은
물리 화학적 특성	분자구조	고분자 이온화합물		반휘발성/수용성 유기화합물	이온화합물	금속산화물
	휘발성	비휘발성		약(semi) 휘발성		비휘발성
	수용성	친수성				비수용성
	반응성	반응성 낮음		반응성 높음		반응성 낮음
	잔류성	잔류성 높음		잔류성 낮음		잔류성 높음
방출특성		에어로졸 분무				
		–		가스상 휘발		–
체내 거동 (흡수 · 분포 · 대사 · 배설) 특성		수용성이 높아서 흡입 후 점막에 녹아서 배출 어려움, 일부 가래와 함께 배출 가능				
		–		가스상의 경우 일부 배출가능		–
표적부위(장기)		점막 조직(호흡기계 피부, 눈)				
호흡기계 주요 침적 부위		상기도, 기관지, 기관지 말단, 폐포(에어로졸 노출)				
		–		상기도(가스상 노출)		–
살균작용 기작		세포막 파괴		친전자체	산화제	(나노입자의 흡입독성과 유사할 것으로 추정됨)
		세포막 인지질의 수용성 및 소수성 부분과 결합해서 세포막 파괴		단백질 티올기와 반응, 산화적 손상 발생	유리 염소 발생을 통한 유기물 산화작용에 의한 살균	

을 유발할 수 있다. 실제로 가습기살균제 피해자들은 다양한 형태의 호흡기계 증상을 경험하였다. 사용 이후 단순 기침과 비염 증상을 경험하기도 하였고, 모세기관지염으로 입원을 반복한 소아도 있었다. 원인을 알 수 없는 천식이나 폐렴으로 진단을 받은 성인도 있었다. 물론 가족 내 동일한 노출 환경에도 불구하고 아무런 증상을 경험하지 않은 사람도 있었다.

가습기살균제 폐손상(HDLI)은 소엽중심성 섬유화를 동반하는 중증의 폐손상으로, 가습기살균제 흡입에 의해 발생 가능한 호흡기계 건강피해 중 하나이다. 2011년 HDLI를 처음으로 인지하였던 의사들은 이 질환을 가습기살균제 노출에 의해 발생하는 특이적인(specific) 질환으로 생각하고, 전형적이고 엄격한 판정기준을 마련하였다.[3] 이러한 인식하에 이루어진 초기 피해조사 · 판정은 전형적인 HDLI 소견을 보이는 중증 피해자를 찾는데 주력하였고, 피해자를 찾아내려는 선의의 노력이 결과적으로는 상대적으로 경증의 폐손상과 HDLI 외에 다양한 임상 경과를 가지는 건강영향에 대한 피해구제를 지연시키는 결과를 초래하였다.

화학물질의 흡입으로 인한 건강영향에는 물질의 물리 · 화학적 특성과 노출의 특성뿐만 아니라 개인의 감수성도 영향을 미친다. 가습기살균제 흡입 노출은 건강한 사람에게는 새로운 호흡기 증상이나 질환을 유발할 수 있고, 호흡기계 기저질환이 있는 자에서는 질병을 악화시킬 수 있다. 특히, 호흡기계 기저질환자는 화학물질 노출 영향에 더 취약하며 기저질환의 급성 악화와 만성적이고 비가역적인 자연 경과 이상의 악화를 유발할 수 있다. 따라서 가습기살균제에 의한 건강영향을 평가할

3 가습기살균제 노출이 확인된 사례로서, 질병 경과를 따라서 소엽중심성 섬유화를 동반한 폐질환이 발생하고 진행하는 과정의 대부분을 일정 시점에서의 병리조직검사, 영상의학검사 또는 임상소견 등을 통해 확인할 수 있으며, 그 전체적인 진행경과를 설명할 수 있는 다른 특별한 원인이 없이 가습기살균제로 인한 말단기관지 부위 중심의 폐질환 가능성이 거의 확실하거나 높은 경우

때는 물질의 물리 · 화학적 특성과 노출 특성, 개인별 건강상태를 종합적으로 고려해야 한다.

3.5 교훈과 예방대책

가습기살균제 피해를 둘러싼 책임규명, 피해자에 대한 지원과 보상 등 이 문제를 해결하기 위한 많은 노력이 있어 왔지만, 기업, 정부, 전문가 모두가 이를 해결할 역량의 부족을 경험하고 있다. 일부 기업에 의한 보상, 배상이 이루어 졌지만 아직도 다수의 피해자들은 별다른 구제를 받지 못하고 있으며, 가습기살균제 피해구제법에 근거하여 정부가 시행 중인 피해자 구제제도도 기본적으로 행정적인 구제라는 한계가 있다.

가습기살균제 문제는 다수의 이해관계인이 존재하며, 그들의 이해관계 또한 매우 다양하다. 그리고 이러한 복합적 문제를 다룰 기준이나 선례도 없어 문제해결이 매우 어려운데다 오랜 시간이 경과하면서 피해자와 기업간, 피해자와 정부간, 피해자간 갈등이 심화되어 문제를 해결하는데 어려움이 가중되고 있다.

가습기살균제 참사는 호흡기로 노출되는 화학제품을 개발하면서 흡입독성에 대한 규제독성학적 평가가 실시되지 않은 채 제품이 시장으로 나왔던 것에 근본적인 문제가 있었다. 즉, 인체 안전성에 대한 사전 검토 없이 제품이 시판된 이후 인명 피해가 발생한 것이다. 국민의 안전과 생명을 보호할 책임이 있는 정부가 가습기살균제 문제에서 자유로울 수 없는 이유이다.

이제는 우리가 경험한 시행착오를 바탕으로 또 다른 사회적 참사가 발생하였을 때 현명하게 대처할 수 있는 사회적, 전문가적 역량을 길러야 할 것이다.

더 읽을거리

가습기살균제 노출과 질환 간 역학적 상관관계 검토보고서. 국립환경과학원

한국환경산업기술원 가습기살균제 피해지원 종합포털

EPA. https://www.epa.gov/pm-pollution/particulate-matter-pm-basics

Huh, J. W., Hong, S. B., Do, K. H., Koo, H. J., Jang, S. J., Lee, M. S., Paek, D., Park, D. U., Lim, C. M., & Koh, Y. (2016). Inhalation Lung Injury Associated with Humidifier Disinfectants in Adults. Journal of Korean medical science, 31(12), 1857-1862. https://doi.org/10.3346/jkms.2016.31.12.1857

제4절 미세플라스틱

유영재

4.1 개념과 특성

미세플라스틱은 육안으로 식별되지 않는 크기의 플라스틱 입자를 의미한다. 구체적으로는 직경 5mm 이하의 플라스틱 입자 또는 조각을 의미하며, 환경적 거동의 차이를 고려하여 생분해성 물질로 이루어진 입자를 제외하기도 한다. 또한, 100nm 미만의 플라스틱 입자를 나노플라스틱으로 구분하거나, 길이와 직경의 비율이 3을 초과하는 경우를 미세플라스틱 섬유로 구분하여 명명하기도 한다. 미세플라스틱이라는 용어는 이를 모두 포괄하는 상위 개념으로 볼 수 있다.

미세플라스틱은 발생원인에 따라 1차와 2차 미세플라스틱으로 구분할 수 있다. 1차 미세플라스틱은 제조 당시부터 의도나 목적을 가지고 5mm 이하의 작은 크기로 만들어진 고체의 플라스틱을 의미한다. 2차 미세플라스틱은 환경 중 쪼개짐이나 분해 등 미세화 과정을 거쳐 작은 크기로 변한 미세플라스틱과 비의도적 인간 활동으로 마모되거나 분해된 미세플라스틱을 포함한다.

표 3-4 환경 중 존재하는 미세플라스틱의 일반적 형태

구분	대체(유사) 용어	의미
비정형의 조각(fragment)	granule, flake	더 큰 조각에서 분해된 불규칙한 모양의 단단한 입자
폼(foam)	EPS(expanded polystyrene), PUR (polyurethane)	압력 상태에서 쉽게 변형되고 부분적 탄성이 있는 곡면의 입자
필름(film)	sheet	매끄러운 가장자리 또는 가장자리를 포함하는 평평하고 유연한 입자
선형(line)	fiber, filament, strand	길이가 너비보다 상당히 긴 섬유 소재
펠릿(pellet)	resin bead, mermaid's tears	매끄럽고 딱딱한 구형의 입자

미세플라스틱의 물리 화학적 특성은 플라스틱과 큰 차이가 없다. 즉, 고체 또는 왁스와 같은 반 고체형으로, 물에 잘 녹지 않으며, 낮은 자연분해율을 보인다. 환경 중에 존재하는 미세플라스틱의 형태는 크게 5가지로 분류할 수 있다(표 3-4).

4.2 발생원, 성분과 분포

1) 1차 미세플라스틱

1차 미세플라스틱은 치약, 세제 등에 포함되는 알갱이, 플라스틱 성형에 사용되는 플라스틱 분말, 화장품에 사용되는 마이크로비즈, 산업용 나노입자 등 처음부터 작은 크기로 만들어진 것을 말한다. 이외에도, 오일 및 가스 산업에 사용되는 테플론과 같은 강화 입자 형태의 미세플라스틱, 농업 분야에서 사용되는 영양분 펠릿(nutrient prills) 등 다양한 분야에서 널리 사용되고 있다.

1차 미세플라스틱의 사용량은 상당히 많은 수준으로 알려져 있다. 노르웨이 내 1차 미세플라스틱 배출은 연간 약 8,000톤(1인당 1.6kg)으로 추산된다는 보고가 있고, 유럽 내 화장품과 퍼스널케어 제품에 대한 무역 협회인 'Cosmetics Europe'에 따르면, 2015년 사용된 마이크로비즈는 약 714톤에 달한다. 이와 관련하여 영국은 2018년 1월부터 미세플라스틱이 포함된 화장품 및 퍼스널케어 제품의 제조금지를 시행했으며, 미국은 2015년 12월 "The Microbead-Free Water Act" 법안을 제정하였다. 현재는 1차 미세플라스틱을 이용한 제품의 생산과 공급은 점차 줄어들고 있는 것으로 보인다.

1차 미세플라스틱은 작은 크기로 인해 환경으로 유입될 가능성이 있지만, 하수 처리장의 여과 과정에서 대부분 제거된다고 알려져 있다. 폐수처리시설의 경우 300㎛보다 큰 크기의 입자는 98% 이상 수준으로 걸러지며, 20㎛보다 큰 크기의 입자는 90% 이상 수준으로 걸러진다고 알려져 있어, 기계적 처리를 통한 폐수처리로 인해 발생하는 미세플라스틱의 해양 배출량은 많지 않을 것으로 보인다.

2) 2차 미세플라스틱

2차 미세플라스틱은 큰 플라스틱 제품이나 이들의 파편에서 유래된 작은 알갱이를 지칭한다. 환경에서 플라스틱은 미생물에 의한 생분해, 햇빛에 의한 광분해, 느린 열산화분해, 고온 환경에서 열분해, 물에 의한 가수분해 등의 기전을 통하여 2차 미세플라스틱으로 단편화된다. 해양환경에서 발견되는 미세플라스틱은 2차 미세플라스틱이 다수를 차지한다. 플라스틱은 용도에 따라서 스타이렌, 우레탄 등 다양한 단량체로 제조된 중합체로, 2차 미세플라스틱은 단량체로 완전히 분해되지 않은, 작은 크기의 중합체로 볼 수 있다.

최근에는 공기 중에 존재하는 미세플라스틱에 대한 관심도 증가하고 있다. 의류 합성 직물, 타이어(자동차 및 트럭), 가정용품, 폐기물 소각, 건축 자재, 하수 슬러지, 매립지, 연마 분말, 3D 프린팅 등을 통해 미세플라스틱

소시키는 것으로 나타났다. 국내 연구에서도 임신 1분기와 3분기의 PM_{10}이 10㎍/㎥ 증가 시 저체중 발생에 대한 위험이 높아짐을 보고하였다.

대기오염은 출산결과 뿐 아니라 어린이 성장발달을 지연시키는 요인이다. 석탄 연료의 사용으로 인한 대기오염이 7살의 어린이들의 키를 감소시키고, 7개 개발도상국의 데이터를 분석한 또 다른 연구에서는 생후 59개월까지의 어린이들 사이에서 바이오 연료 연기와 발육부진 사이의 연관성을 보고하였다.

2016년 국내 환경부 연구에서 보고된 임신부터 이른 영유아 시기 미세먼지 노출과 성장발달 연구에서는 임신기간부터 출생 후 24개월까지 국내 연평균 미세먼지(PM_{10}) 관측농도(1㎥당 50㎍) 이상에 지속적으로 노출된 영유아는 낮은 농도의 환경에서 생활한 영유아에 비해 체중이 평균 5% 적었고, 생후 12개월, 36개월, 60개월까지 차이가 나타났다.

대기오염 노출은 신경발달의 위험요인으로 작용한다. 공기 오염에 노출되는 직접적이고 주요 경로는 흡입이지만, 입자가 작은 미세먼지는 호흡기를 지나 혈뇌장벽을 통과해 뇌로 전달될 수 있고, 태반을 통해서도 이동할 수 있다. 미세먼지로 발생한 염증 반응은 임산부와 태아의 두뇌에 간접적으로 영향을 끼칠 수 있다. 따라서 미세먼지 노출은 직간접적으로 특히 태아의 뇌 발달에 해로우며 발달 프로그램을 변화시켜 장기적으로 영향을 미치게 된다.

태아기부터의 생애 초기 노출이 인간과 동물 모델 연구에서 뇌기능, 수행 및 행동 변화 결과와 관련이 있다는 근거를 제공하고 있으며, 인지기능, 학습, 주의력, 반응시간, 의사소통, 그리고 행동 조절과 관련된 문제를 제기하고 있다.

미세먼지 중에서도 특히 $PM_{2.5}$의 노출이 어린이에서 아토피피부염과 알레르기를 유발한다는 연구들이 진행되어 오고 있다. 국외 연구에서 $PM_{2.5}$ 농도가 높은 지역에 사는 어린이들의 아토피피부염 발생이 높다는 결과가 보고되었다.

국내에서 수행된 출생 코호트 연구(MOCEH)를 통해 실내외 임신 2분기와 임신 3분기 PM_{10} 노출이 제대혈 내 total IgE 농도를 유의하게 증가시켰고, 임신 1분기 PM_{10} 노출은 IL10을 유의하게 증가시킴을 확인하였다. 국내의 20만9168명의 대상자를 장기간 추적관찰한 연구에서 초미세먼지($PM_{2.5}$), 미세먼지(PM_{10}), 이산화황(SO_2), 이산화질소(NO_2), 일산화탄소(CO)의 장기간 노출이 각각 아토피피부염의 발생위험을 증가시키는 위험요인으로 보고했다.

더 읽을거리

Seo et al., Exposure to air pollution and incidence of atopic dermatitis in the general population: A national population-based retrospective cohort study, Journal of the American Academy of Dermatology, 2021.

제3절 구미 불화수소 누출사고

윤성용

3.1 사고 개요

2012년 9월 27일(목) 15시 43분경 경북 구미시 국가산업단지 내 모 회사의 이동용 탱크로리(20t)에서 사업장 내부 반응기로 불화수소 원액을 이송하는 작업 중 압축된 불화수소가 가스 형태로 누출되는 사고가 발생하였다. 불화수소는 강한 자극성을 가진 무색 무취의 유독성 기체다. 불연성이지만 표면 장력이 작고 부식성이 강하여 피부나 눈, 코 점막을 침투하여 유해반응을 일으킬 수 있다. 실명, 화상, 폐점막 손상으로 인한 질식, 부정맥 유발로 인한 심정지 등이 발생할 수 있다.

사고 당일 근로자들이 탱크로리 상부로 올라가 불화수소 이송작업 중 작업자가 넘어져 배관 콕 밸브가 개방되면서 기화된 불화수소 가스가 분출되었다. 약 8시간 동안 8~12t의 불화수소가 누출된 것으로 추정된다. 이 사고로 탱크로리 상부에서 이송작업을 하던 근로자 2명과 하부에 있던 근로자 2명, 공장 내부 반응기에서 작업하던 근로자 1명, 총 5명의 근로자가 현장 또는 이송 중 사망하였다. 사고 직후 긴급대피 명령이 내려졌으며 인근 사업장 근로자나 주민들은 호흡기, 눈, 피부 자극 증상이 나타나 응급실을 찾는 등 급박한 상황이 전개되었다. 사고 수습과정에서 인근 지역 주민 등 12,243명이 건강검진을 받았고, 인근 사업장 근로자 및 주민 18명이 두통, 구토, 피부발진 등의 증상으로 입원치료를 받는 인명 피해가 발생하였다. 또한 212ha에 달하는 농지에서 벼, 멜론, 포도, 대추 등 농작물 피해와 가축들이 이상 증세를 보이는 등의 재산 피해가 발생하였다. 국내에서 처음 경험하는 불화수소 누출사고의 수습과정 속에 주민들의 불안에 떨었으나, 사고 초기 관리자 및 전문가들의 미흡한 대응으로 주민 불안 해소에 어려움이 있었다.

사고 발생 직후 관할 소방서에서 사고 신고를 접수하고 현장에 출동, 인명 구조 및 방제 활동에 착수하였다.

〈1단계〉

- **시기** : 2012.10.13.~2013.01.12.
- **대상**
  - 인근 마을주민, 근로자, 학생/교직원 등 1,364명
  - 입원/외래환자, 임시건강진단 수검자, 소방관/경찰관 등 7,519명
- **조사**
  - 설문조사, 노출평가(사고 직후 활동 양상, 대피/복귀 시간, 농작물/건물 부식 정도) 정신건강 평가(BAI, IES-R-K), 건강상담(자각 증상)
  - 의무기록, 건강검진 자료(영상 검사, 혈액검사, 소변검사) 분석

↓

〈2단계〉

- **시기** : 2013.02.19.~2013.06.30
- **대상** : 불화수소 노출 7개월 후 지속되는 자각 증상이 있는 자
- **조사** : 추적 설문조사, 임상 정밀검사
  호흡기 내과 : 흉부 X선 촬영, 폐 기능 검사
  안과 : 안저촬영, 안압 검사, 세극등 현미경 검사
  이비인후과 : 부비강입구부경 검사, 후두경 검사

↓

〈3단계〉

- **시기** : 2013.11.22.~2014.11.21.
- **대상** : 사고 2년 후, 피해가 확인된 주민 484명
- **조사** : 증상 설문조사, 건강진단, 정신건강 영향 평가

*BAI: Beck 불안 척도(Beck Anxiety inventory)

*IES-R-K: 한국판 사건충격척도(impact of event scale-revised Korean version)

중앙정부 차원에서는 환경부가 사고 발생으로부터 2시간 후인 17시 30분경에 위기 경보 "경계" 단계를 발령하였고, 이후 "심각" 단계로 상향 발령하였다. 소방방재청에서는 중앙재난안전대책본부 1단계 비상 근무체계를 가동하여 사고수습 체계를 구축 · 대응하였다. 사고 발생 다음 날인 9월 28일 구미시에서는 주민 복귀를 결정, 제독 활동을 완료하고 16시 30분경 사고 상황 종료를 선포하였다. 정부에서는 2012년 10월 5일부터 이틀간 정부 합동으로 '중앙 재난 합동조사단'을 구성하여 구미 불화수소 누출사고에 따른 피해 현황 조사를 시행하였다. 환경부는 10월 8일 구미시 전체를 대통령령을 통해 '특별재난지역'으로 선포하였고, 10월 9일부터 민관합동 조사단을 구성하여 사고로 인한 환경영향 및 주민건강 영향 평가 조사를 하였다. 10월 10일부터 환경부를 주관으로 하는 관계부처 합동 "현지 정부 종합 대책단"을 구성하여 피해조사와 주민지원 및 복구 사업을 종합 지원하였고, 이를 위해 집행된 예산은 554억 원에 이른다.

3.2 지역사회 건강영향조사

1) 건강영향조사 대상 및 조사 방법

환경부와 보건복지부는 불화수소에 노출된 지역주민과 근로자들의 건강영향평가를 위하여 민관합동 건강영향조사단을 구성(2012.10.5.)하여 영향권으로 판단하는 사고지역 반경 1.5km 이내 거주민 및 산업체 근로자를 대상으로 건강영향조사를 3단계에 걸쳐 실시하였다.

2) 건강영향조사 결과

(1) 입원 및 외래환자 진료자료 분석 결과

	입원 및 외래환자 진료자료 분석 결과
입원환자	1. 입원 환자 중 3명이 객혈 증상이 있었고, 기관지 내시경 검사에서 불화수소 노출에 의한 기관지염 소견 2. 폐부종, 간질성 폐렴 등의 하부 호흡기 병변은 관찰되지 않음
외래진료 환자	1. 초기 응급실로 내원한 환자의 상당수가 호흡기 증상을 호소하여 칼슘 글루코네이트 흡입치료를 받았으나, 분석결과 주증상은 인후통, 두통, 기침, 눈 자극감 순이었다. 노출거리에 따른 주증상 차이를 분석한 결과, 숨쉬기 불편함을 주증상으로 호소한 환자들은 가까운 거리에 있었고, 반대로 먼 거리에 있었던 환자일수록 무증상과 콧물 증상을 호소 2. 사고 후 분석한 66건의 진료환자 요중 불소는 평균 0.39mg/L, 최대값 1.6mg/L 로서 모두 기준치 이하로 검출되었다. 혈중 칼슘 농도가 측정된 외래진료 환자의 혈중 칼슘 농도는 모두 정상 범위였고, 사고 지점과의 거리차이에 따른 혈중 칼슘 농도의 차이는 없었다. 48명에게 실시한 폐기능 검사에서는 4명이 이상 소견을 보였으나, 노출거리에 따른 통계적 차이는 관찰되지 않음
총평	사고 초기 인근에서 비교적 고농도의 불화수소에 노출된 환자들 중 일부는 호흡기 손상이 확인되는 급성건강영향이 있었지만, 거의 대부분의 환자는 폐포를 통하여 혈액에 흡수될 정도의 불화수소 노출이 아닌 인후통, 두통, 기침, 눈 자극감 등의 상기도 자극증상의 급성 건강영향이 있었던 것으로 판단됨

(2) 노출수준 평가결과

	주요 노출수준 평가결과
노출평가의 주요 항목	사고발생 직후 4시간 동안의 활동양상(실내 및 실외노출 여부), 대피와 복귀여부, 대피 및 복귀 시간대, 주택 및 사업장 주변의 농작물이나 건물의 부식 목격여부, 자각 노출수준 및 자각 증상, 사고당시 근무형태 등
설문에 의한 노출수준 평가	불화수소 노출에 대한 주요 영향 요인으로는 대피 여부, 대피 시간대, 복귀여부, 복귀 시간대, 사고 후 또는 복귀 후 실내외 재실 여부 등의 변수가 주요 영향 요인이었음

생물학적 모니터링에 의한 노출수준 평가	소변의 평균 불소농도는 0.39ppm (0.14~0.87ppm), 손톱은 5.8㎎/㎏(손톱: 시화 4.79, 안산 5.3)으로 모두 정상인 수준이었음. 손톱의 불소농도는 사고 후 시간추이(0.5/2/3.5/4개월 후)에 따른 의미 있는 변화가 없었음
식물체 추정 노출수준 평가	식물 중 불소 이온 농도를 통해 추정한 최대값을 기준으로 가까운 곳은 IDLH의 50% 수준이었으며, ㅇㅇ마을의 주민들은(500m 이내) 대부분이 한 순간도 노출되면 안 되는 수준인 천장값(Ceiling, C)인 2ppm을 초과하였던 것으로 추정되었음. 또한 조금 멀리 떨어진 ㅇㅇ초등학교(750m 이내) 인근 지역은 공장 내에서의 8시간 가중평균 기준(TWA)인 0.5ppm을 초과하는 수준이었음. 이와 같은 결과로 볼 때 사고 당시 최소한 사고지점으로부터 1km 이내에 머물렀던 사람들은 불화수소에 의한 급성 중독 가능성이 충분히 발생할 만한 농도였을 것으로 추정되었음
노출수준 평가 참고사항	사고 현장에 투입된 소방관, 경찰관, 의용 소방대원의 노출수준은 거의 대부분이 고노출군에 포함될 것으로 판단됨. 그러나 이들의 건강진단 자료를 분석한 결과, 흉부방사선 및 폐기능 검사는 대부분이 정상이었고, 혈청 칼슘 농도 또한 모두 정상범위였음. 사고 현장에 투입된 소방관, 경찰관, 의용 소방대원의 임상검사 결과와 사고현장과의 거리 및 노출시간은 유의한 상관관계가 없었음. 다만 자각 증상인 눈 증상은 사고현장과의 거리가 가까울수록 유의하게 증가하였고, 호흡기 및 위장관 증상은 노출시간이 증가할수록 유의하게 증가하였음. 그리고 사고현장과의 거리가 1Km 이내에서 노출되었던 그룹이 1Km를 초과한 거리에서 노출된 그룹에 비해 노력성 폐활량(FVC) 및 노력성 폐활량 %(FVC%)이 유의하게 낮았으나 대부분이 정상범위였음

(3) 1,2,3단계 건강영향조사 결과

	1단계 건강영향조사 결과
노출수준	1. 사고 초기 인근지역으로 비교적 고농도의 불화수소가 대기 중으로 누출되었다는 사실을 식물 중 불소 이온 농도를 통해 추정할 수 있었고, 노출수준 평가, 자각증상 평가, 임상적 정밀검사 및 정신 건강영향평가 결과로도 인근지역의 주민 및 근로자들이 상대적으로 불화수소에 고노출 되었음을 파악할 수 있었음
노출수준에 따른 건강영향 특성	비교적 고농도의 불화수소에 노출된 고노출 그룹은 저노출 그룹에 비하여 발생한 자각증상의 수, 객관적 증상평가 점수, 주관적 증상평가 점수, 사건충격척도 및 불안척도 평가점수, 의료이용 여부 및 이용횟수 등이 높았고, 특히 ㅇㅇ리 주민이 가장 높은 것으로 파악되었음. 조사대상자의 50% 이상에서 불화수소 누출사고 이후 초기 자각증상이 하루 이상 지연되어 나타났고, 자각증상 또한 대부분이 목안통증 및 두통, 안구통증 등 경한 상부 호흡기 자극 증상이었다. 이들 자각증상의 호소율이 초기 90%대 수준에서 시간이 경과함에 따라 10%대로 감소하는 소견을 보였음. 이러한 결과는 비교적 고농도의 불화수소에 노출된 인근지역의 노출자들 외에는 조사대상자의 상당수가 비교적 저농도의 불화수소에 노출되었던 것으로 추정됨
노출수준에 따른 정신건강영향 특성	노출수준이 높을수록 사건충격 및 불안수준 평가점수가 유의하게 높았고, 사건충격 및 불안수준이 높을수록 지속되는 자각증상의 유소견율이 유의하게 증가하였음. 60대 이상의 ㅇㅇ리, ㅇㅇ리 주민들에서 사건충격 위험군과 극심한 불안군이 많았고, 시간이 경과함에 따라 사건충격 수준은 감소하였으나, 불안수준은 증가하는 경향을 보였음. 이는 연일 보도되는 언론의 자극적인 기사는 있었지만, 이를 바로잡고 주민 불안을 해소하기 위한 관계기관의 노력은 미흡했던 것이 주민들의 불안수준을 높였던 것으로 추정할 수 있음. 화학사고 이후, 정신건강영향을 많이 받은 노출집단과 노약자 등의 취약계층에 대한 세심한 관리가 필요할 것으로 판단되었음

	2,3단계 건강영향조사 결과
노출수준에 따른 건강영향 특성	2단계 정밀검진 참여자는 ㅇㅇ리, ㅇㅇ리 마을주민, 사고현장에 투입된 경찰관 등 비교적 노출수준이 높은 분들이었고, 이들을 대상으로 시행한 흉부 X선 촬영 및 폐기능검사 등 호흡기 내과 정밀검진, 안저촬영 및 안압검사, 세극등 현미경검사 등을 포함한 안과 정밀검진, 부비강 입구부경 및 후두경 검사 등을 포함한 이비인후과 정밀검진 결과, 불화수소 노출에 의한 직접적 손상의 개연성 확인 및 인과관계 증명에는 어려움이 있었음. 3단계 건강영향조사 결과, 건강진단 이상소견자 중 42명을 대상으로 CT촬영, 이비인후과 및 안과 전문의 검진 등 정밀검진에서 13명이 기관지확장증 등 흉부 CT 이상소견을 보였으나 불화수소 노출사고와 관련성을 확인하거나, 노출 이후 발생한 질환으로 진단하는데도 어려움이 있었음
노출수준에 따른 정신건강영향 특성	심리적 지원이 필요한 17명은 사건 발생 후 시간이 많이 경과하여 일상에서 겪게 되는 스트레스와 관련된 증상 등이 혼재되어 있는 경우가 많아 사고와 관련된 직접적 증상과의 명확한 구분이 어려웠음. 그러나 지속적인 관리가 필요하다고 판단되었고, 대부분의 증상은 향후 관리를 통해 완화될 수 있는 수준이었음

3.3 문제점과 의의

1) 사고 대응 시 제기된 문제점

(1) 부처 간 정보공유 및 협조 미흡

불화수소 누출사고는 산업안전을 담당하고 있는 고용노동부, 고압가스 및 산업단지의 안전관리를 담당하는 지식경제부 및 유해화학물질과 환경을 담당하는 환경부가 연관되어 있으나 사고 현장에서 부처 간 재난관리 공조 체계 미흡, 컨트롤 타워 부재로 인한 어려움이 있었다. 사고수습과정 중 불명확한 독성가스 관리책임소재 및 부처별로 보유하고 있는 기본적 위험물질 정보공유가 부족하여 초동대응 · 수습 · 복구에 있어 체계적으로 대응할 수 없었다.

(2) 체계적인 2차 피해 예방 미흡

정부는 국가 위기관리 매뉴얼에 따라 심각 단계에 따른 대응조치를 수행하였으나, 사고 현장에서 불소가 불검출됨에 따라 심각 단계를 해제하여 대피해 있던 주민들이 복귀하게 되었다. 당시 일정 기간 모니터링 및 정밀 사고조사 없이 주민 복귀 결정이 빠르게 내려졌고, 지자체가 독성가스 위험 기준에만 의존하여 소극적으로 대처하는 등 2차 피해 예방 활동이 부족하였다.

(3) 재난관리 재원 부족 및 방재자원의 효율적 공급지원 체계 미비

초기대응단계 때 300여 명의 소방관, 경찰관 및 조사단 인력이 동원되었으나 화학보호복 같은 보호장구 없이 현장에 투입되었다. 불화수소 누출사고 사업장 내 응급 누출에 대비한 중화제(소석회 등)가 없어서 사고 현장에 물을 뿌려 진압하는 등 상황대처가 미흡하였다. 또한 화학사고 대응 기관인 국립환경과학원에서도 특수 화학 분석 차량을 타지역에 1대밖에 보유하고 있지 않아 초기 단계에 신속한 대응이 불가능하였다.

(4) 이재민 구호 문제

피해지역이 노약자가 많은 고령화 지역임을 감안할 때, 불화수소 누출사고에 따른 주민대피조치 후 제공된 이재민 구호 서비스 및 임시대피소가 적절하지 않았다. 구미시에서는 대피주민에게 빵, 컵라면, 우유 등의 임시 구호 세트를 제공하였고, 대한적십자사에서 자체 구호 세트를 지급하고, 심리치료 프로그램을 운영하였다. 그러나 마을에 복귀한 뒤의 이재민 구호 조치(안전 생활 지원, 안전 정보 및 향후 재건계획)가 적절히 제공되지 않아 주민들은 불안감을 호소하였다.

(5) 안전관리 및 재난 예방 · 대비 활동의 문제점

① 예방관리 시스템의 법률 정비 미흡

불화수소는 독성이 강해 사고 발생 가능성이 크고, 사고 시 피해 규모가 클 것으로 우려되는 사고 대비 물질로 지정되어 있다. 그러나 사고 공장 내 불화수소에 대한 작업환경 측정이 사업장 설립 후 단 한 차례도 이뤄지지 않았고, 고용노동부로부터 지도 감독을 받은 적이 없었다. 불산을 제조하는 공장은 환경부에 조사대상 물질의 취급량, 유통량 등을 보고해야 하지만 종업원 수가 30인 미만이라는 이유로 조사대상에서 제외되었고, 고용노동부에 공정 안전 보고서(Process Safety Management) 심사 또한 2008년 공장설립 초기 상시근무 노동자가 5인 미만이라는 이유로 받지 않았다.

② 위험물질 운송 차량 추적시스템 미구축 및 소관부서의 매뉴얼 숙지 미흡

유관기관간 위험물질의 운송정보 공동활용, 이동탱크로리의 이동상황 모니터링 및 관제 체계 등 안전관리체계 구축이 미흡했고, 유독성 화학물질 중화제와 대응 매뉴얼 사전 정비도 부족하여 사고 처리가 늦어졌다. 또한, 재난 대응 소관부서는 재난 대비 매뉴얼 숙지 및 훈련 부족, 각 부서별 임무에 대한 이해 부족으로 재난 대응이 부족하였다.

③ 안전의식 결여로 인한 교육훈련 부재

2011년 3월 한국산업안전보건공단이 해당 업체에

사고상 재해 집중관리를 시행하면서 당시 불화수소 취급관리자에게 개인보호구(보호의, 송기 마스크) 착용 등 취급 주의 사항과 관련 물질안전보건자료(MSDS) 교육을 시행할 것을 요청한 바 있었으나, 관할 지청과 정보교류가 미흡하여 이뤄지지 않았다.

④ 유해화학물질 유출 사고대응을 위한 장비의 문제

해당 업체의 방재 장비는 삽 2자루와 소화기 2개가 전부였던 것으로 확인되었다. 화학사고 대응기관의 필수장비 부족과 민간의 방재 장비 부재, 안전불감증은 사고 발생 시 초동대응 및 긴급대응을 어렵게 하고 대형재난으로 발전하는 위험요인이 된다.

2) 구미 불화수소 누출사고의 의의

구미 불화수소 누출사고는 미흡한 화학물질의 관리, 안전관리대응매뉴얼 및 재난대응체계가 어떤 재앙을 가져오는지 보여주는 대표적 화학사고의 사례다. 본 사건을 통하여 국가정책의 중요한 의제로 화학물질의 안전관리가 포함되는 전환점이 되었고, 국가의 화학사고 대응체계와 관련 제도 및 법령을 재정비하는 계기가 되었다.

더 읽을거리

감사결과보고서. 구미 불산가스 유출사고 대응실태 (2013). 감사원.

김인혁·여은태·조영진. 재난관리 관점에서 본 유해화학물질 유출사고 예방기능 강화의 필요성과 법적 과제, 화학물질 관리법제의 개선방안을 중심으로. 공법학연구 제22권 제2호.

불산, 구미를 바꾸다. (주)휴브글로벌 불산 누출사고 백서 (2013.11). 구미시 안전재난과.

(주)휴브글로벌 불산누출사고 지역주민 건강영향조사 최종보고서. 순천향대학교 산학협력단. 경상북도 구미시(2013.8).

(주)휴브글로벌 불산누출사고 3단계 주민건강영향조사. 순천향대학교. 국립환경과학원(2014.11).

제5장

환경성질환 보상

제1절 석면피해구제법

이은수

1.1 제정 배경

2007년 7월 16일 언론에서 부산 연산동에 위치한 국내 최대의 석면방직공장 반경 2km 이내 주민의 암 발병률이 석면공장이 없었던 지역에 비해 11.6배 높다는 조사 결과가 보도되었다. 국내에서 환경성 석면 노출과 암 발생과의 연관성을 밝힌 첫 사례였다. 보도 이후 환경부에서는 국민들의 불안감 해소와 석면에 대한 정확한 정보전달을 위해 7개 지방환경청에 '석면피해 신고센터'를 지정하여 석면 피해 신고 접수 및 석면 노출력과 관련한 상담을 수행하게 하였다. 또한, '석면공장 및 광산 등의 인근 주민 석면 노출로 인한 건강영향조사를 위한 기초연구'를 의뢰하여 충남 홍성과 보령지역 석면광산 근처 주민들의 석면 노출로 인한 건강피해를 파악하고자 하였다. 그 결과 215명의 대상자 중에서 110명이 흉부방사선검사 결과 폐실질 및 흉막에 이상소견을 보였으며, 정밀검사를 위한 CT 촬영 결과 석면폐증 소견 55명 및 흉막반 소견 87명으로 조사되었다. 후속으로 확대 실시한 충청남도 14개 석면광산 1km 이내 지역주민에 대한 석면 건강영향조사에서도 4,057명의 대상자 중 973명이 이상 소견을 보였고, 정밀진단 결과 석면폐증 소견이 179명, 흉막반 소견이 227명, 폐암환자가 7명 확인되었다. 또한 석면 공장 인근지역 주민에서도 다수의 피해의심 사례가 확인되는 등 환경성 석면 노출에 의한 건강피해사례가 잇따라 밝혀졌다. 그러나 직업성 석면노출 피해자의 경우 「산업재해보상보험법」에 의한 보상 대상이 되었으나, 환경성 노출에 의한 건강피해자들은 보상의 근거가 되는 법령이 전무했다. 따라서 산업재해가 아닌 환경성 노출로 인한 석면피해를 구제할 수 있는 제도를 도입할 필요성이 제기됨에 따라 2010년 3월 22일 「석면피해구제법」이 제정되었고 이듬해인 2011년부터 석면피해구제제도가 본격적으로 도입되었다. 이로서 우리나라는 프랑스, 일본, 벨기에, 영국, 네덜란드에 이어 전 세계에서 6번째로 환경성 석면노출에 의한 피해 보상을 실시한 나라가 되었다.

1.2 개요

1) 구제 대상자

우리나라에서 석면에 노출되어 "석면관련 질병"에 걸린 사람(석면피해) 또는 이로 인해 사망한 사람의 유족(특별유족)으로 인정되면 석면피해구제 급여를 받을 수

표 5-1 석면피해구제법 지정질병에 대한 석면피해인정기준

<table>
<tr><td>원발성 악성중피종</td><td colspan="4">조직병리학적 검사 또는 세포병리학적 검사를 통해 원발성 악성중피종으로 인정되는 경우(단, 조직검사를 시행할 수 없는 경우 임상적 판단과 영상의학적 판단을 통해 인정되는 경우)</td></tr>
<tr><td rowspan="7">원발성 폐암</td><td rowspan="7">다음 1), 2)번 모두를 만족</td><td colspan="3">1) 조직병리학적 검사 또는 세포병리학적 검사를 통해 폐암으로 인정되는 경우(단, 조직검사를 시행할 수 없는 경우 임상적 판단과 영상의학적 판단을 통해 인정되는 경우)</td></tr>
<tr><td rowspan="6">2) 석면 노출과 발병 간의 인과관계를 알 수 있는 다음 (가)-(다) 중 하나 만족</td><td colspan="2">(가) 석면폐증의 병 유형이 진행형 또는 초기형인 경우</td></tr>
<tr><td colspan="2">(나) 흉막반이 있는 경우</td></tr>
<tr><td rowspan="4">(다) 조직 또는 기관지 폐포 세척액에서 석면 소견</td><td>건조 폐 중량 1g당 5,000개 이상 석면 소체</td></tr>
<tr><td>건조 폐 중량 1g당 길이 1μm 이상인 석면섬유가 5,000,000개 이상</td></tr>
<tr><td>건조 폐 중량 1g당 길이 5μm 이상인 석면섬유가 2,000,000개 이상</td></tr>
<tr><td>기관지 폐포 세정액 1ml당 5개 이상 석면 소체</td></tr>
<tr><td rowspan="3">석면폐증</td><td>제3급</td><td colspan="3">석면폐증의 병형이 초기형이며 폐기능 정상</td></tr>
<tr><td>제2급</td><td colspan="2">다음 (1),(2)번 중 하나 만족</td><td>(1) 석면폐증의 병형이 초기형이며, 폐기능 경도장해
(2) 석면폐증의 병형이 진행형이며, 폐기능 정상</td></tr>
<tr><td>제1급</td><td colspan="2">다음 (1),(2)번 중 하나 만족</td><td>(1) 석면폐증의 병형이 초기형이며, 폐기능 고도장해
(2) 석면폐증의 병형이 진행형이며, 폐기능 경도장해 또는 고도장해</td></tr>
<tr><td rowspan="4">미만성 흉막비후</td><td rowspan="4">다음 1)과 2) 모두를 만족</td><td rowspan="3">1) 컴퓨터단층촬영(CT)상 다음 (가)-(다) 모두 만족</td><td colspan="2">(가) 흉벽 부분의 길이가 5cm 이상</td></tr>
<tr><td colspan="2">(나) 상하(craniocaudal) 방향의 길이가 8cm 이상</td></tr>
<tr><td colspan="2">(다) 두께가 3mm 이상</td></tr>
<tr><td colspan="3">2) 폐기능 장해가 고도장해인 경우</td></tr>
</table>

표 5-2 석면폐증 폐기능 장해 판정 기준

폐기능 장해 단계	노력성 폐활량(FVC)	1초량(FEV_1) (1초량/노력성 폐활량이 70% 미만인 경우)	폐확산능(DL_{CO})
정상	정상예측치의 80% 이상	정상예측치의 80% 이상	정상예측치의 75% 이상
경도장해	정상예측치의 50% 이상 80% 미만	정상예측치의 45% 이상 80% 미만	정상예측치의 45% 이상 75% 미만
고도장해	정상예측치의 50% 미만	정상예측치의 45% 미만	정상예측치의 45% 미만

있다. 다만, 산업재해보상보험법, 공무원연금법, 군인연금법, 선원법, 사립학교교직원연금법 등 타법에 의해 보상을 받는 경우는 제외된다.

2) 구제 대상 질병

석면피해구제법의 대상이 되는 석면질병으로는 ① 원발성 악성중피종, ② 원발성 폐암, ③ 석면폐증, ④ 미만성 흉막비후(2014년 추가)가 있다. 각 지정질병의 진단기준은 [표 5-1]과 같다. 진폐법의 경우 흉부 단순방사선영상의 ILO 기준으로 진폐병형을 판정하나, 석면피해구제법에서는 흉부 CT를 기준으로 판정하여 초기 석면폐증을 더 민감하게 판정할 수 있으며, CT 촬영 시에는 특정 기준을 만족해야 한다.[1] 또한 폐기능 장해여부를 판정할 때에도 산재보험법이나 진폐법에서는 노력성폐활량(FVC)과 일초량(FEV_1)으로만 판정하지만, 석면피해

1 컴퓨터 단층촬영은 다음의 촬영기준에 따라 이루어져야 한다. 1) 촬영범위는 전체 폐야가 포함되도록 경부 하부부터 상복부까지 촬영해야 하며, 2) 종격동 창조절-누운 자세, 폐 창조절-누운 자세, 폐 창조절-엎드린 자세의 세 종류 영상이 모두 갖추어져 있어야 한다.

구제법에서는 폐확산능(DL_{CO})을 더해 세 가지의 척도로 장해정도를 판정한다. 검사방법 별로 판정 결과가 다른 경우 장해정도가 가장 높은 결과를 따르며, 석면폐증의 판정 시 폐기능 장해단계의 기준은 [표 5-2]와 같다.

3) 석면피해구제기금

석면피해구제법에 따른 구제급여를 지급하는 데 드는 비용을 충당하기 위해 환경부에서는 '석면피해구제기금'을 설치하였다. 석면피해구제기금 재원은 그간 석면사용으로 인한 혜택을 공유한 국가와 지방자치단체, 산업계가 공동으로 분담하여 마련하였다. 산업계가 분담하는 금액을 '석면피해구제분담금'이라 하며, 일반분담금과 특별분담금으로 이루어져 있다. 일반분담금은 산업재해보상보험의 보험관계가 성립되어 있는 상시근로자 수 20명 이상의 모든 사업 또는 사업장의 사업주와 모든 건설업 사업장(건설업자가 시공하는 건설공사)이 징수 대상이 된다. 또한 산업안전보건법에 따라 제조 또는 사용허가를 받은 석면량 누계가 10,000톤 이상인 사업주에게는 산정된 분담금의 100분의 5.5에 해당하는 금액을 특별분담금으로 부과 및 징수한다.

1.3 석면피해의 구제 절차

1) 구제 신청

석면피해구제 급여는 석면피해 당사자의 경우 요양급여, 요양생활수당이 지급되며, 사망 시에는 장례비와 구제급여소성금, 미지급 요양급여가 지원된다. 특별유족의 경우 특별유족조위금 및 특별장례비가 지급된다. 석면피해인정신청과 특별유족인정신청은 주민등록지(특별유족의 경우 사망자의 사망 당시 주민등록지) 관할 시, 군, 구청 등 지자체 환경업무 담당과에서 접수할 수 있다. 석면피해구제급여 지급액은 신청 당시 2인 가구 기준 중위소득을 기준으로 산정된다. 요양생활수당의 경우 원발성 악성중피종, 원발성 폐암, 석면폐증 1급, 미만성 흉막비후 인정자는 유효기간(인정일로부터 5년) 동안 매월 지급되며, 석면폐증 2급 및 3급 인정자는 24개월 동안만 지급된다. 만일 증상이 악화되었다는 의사 소견이 있을 때는 등급조정을 신청할 수 있으며, 등급조정이 될 경우 인정등급에 따라 요양생활수당이 재지급될 수 있다.

2) 구제 심의

석면피해인정 심의는 석면피해판정, 심사, 재심사위원회로 운영되며, 석면피해판정위원회와 심사위원회는 한국환경산업기술원에서, 석면피해재심사위원회는 환경부에서 운영한다. 석면피해판정위원회는 변호사, 석면관련 질병 전문의(영상의학, 직업환경의학, 호흡기내과, 병리학 등) 및 기타 환경보건전문가 등 위원장을 포함하여 15인의 석면피해판정위원으로 구성되며, 석면피해인정기준에 따라 인정여부 및 피해등급을 결정한다. 위원회는 과반수의 출석으로 열리고 출석위원 전원의 합의로 가결 또는 부결된다. 피해구제 신청자가 판정결과에 불복할 경우 심사청구와 재심사청구가 가능하며, 심사와 재심사위원회가 서로 다른 기관에서 운영되는 것은 산재심사과정에서 심사는 근로복지공단에서, 재심사는 고용노동부에서 심의하는 것과 유사하다고 볼 수 있다. 석면피해인정의 유효기간은 5년이며, 석면관련 질병이 나을 가망성이 없거나 그로 인한 중대한 후유증이 지속되어 치료가 필요하다고 판단되는 경우 유효기간이 만료되기 1개월 전까지 갱신을 신청할 수 있다.

3) 사후관리 절차

석면수첩은 한국환경산업기술원을 통해 교부되며, 석면피해의료수첩과 석면건강관리수첩 두 가지 종류가 있다. 석면피해의료수첩은 석면피해인정을 받은 사람에게 교부하며, 석면관련 질병의 진료, 검사 이력을 기록함으로써 건강관리를 지원하고 요양급여(치료비) 지급 청구 시 증빙자료로 활용될 수 있다. 수첩을 잃어버리거나 훼손되었을 때, 기재란이 부족한 경우, 기재내용이 변경된 경우에는 재발급 받을 수 있으며, 석면피해인정자의 석면질병이 나았거나 사망, 유효기간 만료, 인정 취소 등의 경우에는 반환해야 한다.

석면건강관리수첩은 흉부 CT판독 결과 석면폐증 의심형 또는 흉막반에 해당하는 사람에게 교부하며, 2년에 한 번씩 정기건강검진을 통한 건강피해 예방을 위해 사용된다. 석면피해의료수첩의 유효기간은 5년이지만 석면건강관리수첩은 석면질병이 서서히 진행되는 특성에 따라 별도의 유효기간을 정하고 있지 않다.

1.4 석면피해구제 통계

석면피해구제법이 시행된 2011년부터 2021년까지 11년간 총 8,316명(악성중피종 1,600명, 원발성 폐암 1,835명, 석면폐증 4,822명, 미만성 흉막비후 59명)이 석면피해 및 특별유족으로 구제 신청을 하였으며, 그 중 5,726명(68.9%)이 승인되었다. 인정률이 가장 높은 질병은 악성중피종(78.8%)이었으며, 석면폐증(70.9%) 원발성 폐암(56.9%)의 순이었다. 미만성 흉막비후의 경우 59명의 신청자 중 단 4명만이 석면피해로 인정되어 6.8%의 인정률을 보였다(표 5-3).

표 5-3 2011년~2021년 석면피해구제제도 접수 및 인정건수 ('21.12.31 기준, 단위 : 명)

연도	구분	악성중피종	폐암	석면폐증				미만성 흉막비후	계
				1급	2급	3급	계		
2011	접수	420	78				284		782
	인정	279	22	30	54	74	158		459
2012	접수	292	57				187		536
	인청	278	35	15	66	62	143		456
2013	접수	125	151				253		529
	인정	85	50	29	81	101	211		346
2014	접수	98	157				252	3	510
	인정	69	31	20	85	63	168	2	270
2015	접수	75	108				308	3	494
	인정	54	78	23	86	92	201	–	333
2016	접수	79	140				417	7	643
	인정	70	96	34	97	171	302	2	470
2017	접수	93	171				446	7	717
	인정	82	105	43	111	167	321	–	508
2018	접수	102	107				536	7	752
	인정	85	88	24	118	254	396	–	569
2019	접수	90	161				762	14	1,027
	인정	72	118	25	101	410	536	–	726
2020	접수	113	255				563	15	946
	인정	85	163	27	134	278	439	–	687
2021	접수	113	450				814	3	1,380
	인정	101	258	41	230	272	543	–	902
합계	접수	1,600	1,835				4,822	59	8,316
	인정	1,260	1,044	311	1,163	1,944	3,418	4	5,726

더 읽을거리

석면피해구제제도 10년사
석면피해구제법. 국가법령정보센터(https://law.go.kr/법령/석면피해구제법)
석면피해구제시스템(https://www.adrc.or.kr)
석면피해 및 특별유족 인정현황(21. 12. 31. 기준). 한국환경산업기술원

제2절 가습기살균제 피해구제를 위한 특별법

박소영

2.1 제정 및 개정 배경과 목적

1) 가습기살균제피해구제법 제정

「가습기살균제 피해구제를 위한 특별법」(이하 가습기살균제피해구제법)은 가습기살균제의 사용으로 인하여 생명 또는 건강상 피해를 입은 피해자 및 그 유족을 신속하고 공정하게 구제하는 것을 목적으로 2017년 2월 8일 제정(2017년 8월 9일 시행)되었다.

이 법에 따라 환경부장관은 가습기살균제 노출과 상당한 인과관계가 인정되는 경우 손해배상청구권의 대위를 전제로 가습기살균제 피해자에게 요양급여, 요양생활수당 등 구제급여를 지급하였다. 또한 특별구제계정을 통해 건강피해를 인정받지 못하였지만 피해지원이 필요하다고 인정되는 피해인정 신청자(의학적 개연성, 시간적 선후관계, 피해의 중증 내지 지속성이 모두 인정되는 경

표 5-4 구제급여 및 특별구제계정 비교

구분	구제급여	특별구제계정
재원	정부재정	기업분담금(1,250억원)과 정부출연금(225억원)
구상	피해지원 후 정부가 구상	구상 불필요
지원대상	가습기살균제 건강피해 인정자	가습기살균제 건강피해를 인정받지 못한 사람 중 피해지원이 필요하다고 인정되는 사람
건강피해인정	건강피해인정서 발급	건강피해인정서 미발급
지급결정	피해구제위원회	구제계정운용위원회
지급요건	1. 가습기살균제에 노출됨으로써 발생한 폐질환 2. 가습기살균제 피해자인 산모의 가습기살균제 건강피해가 원인이 되어 발생한 유산 · 사산 및 출생아의 건강 이상 등의 피해 3. 가습기살균제 노출과 상당한 인과관계가 인정되어 환경부장관이 고시하는 생명 또는 건강상의 피해	역학조사, 가습기살균제 노출 정도, 가습기살균제 사용과 생명 또는 건강상의 피해와의 관련성 등을 고려하여 구제급여에 상당하는 지원이 필요하다고 인정하는 사람으로, 다음 각 호의 요건을 모두 갖춘 사람 1. 가습기살균제에의 노출과 인정신청자의 건강상의 피해 발생 간에 의학적 개연성이 인정될 것 2. 가습기살균제 노출과 건강상의 피해 발생 간에 시간적 선후관계가 확인될 것 3. 건강상 피해의 정도가 중증(重症)이거나 지속적일 것
대상질환	가습기살균제 폐질환(1,2단계) 태아피해, 천식 독성간염, 아동간질성폐질환	가습기살균제 폐질환(3단계) 성인 간질성폐질환 천식, 기관지확장증, 폐렴
지원내용	동일	

우)에게 구제급여에 상당하는 급여를 지급하였다. 초기 특별법에서 특징적인 부분이 구제급여와 구제급여 상당 지원의 이원적 구제체계이다(표 5-4).

특별법 시행 이후 천식, 독성간염, 소아 간질성폐질환이 구제급여 대상 질환으로, 성인 간질성폐질환, 천식(구제급여 기준에 해당하지 않는), 기관지확장증, 폐렴이 특별구제계정 대상 피해질환으로 추가되었다.

2) 1차 개정

피해자 지원 강화가 필요하다는 의견을 반영하여 2018년 8월 1차 개정을 통해 특별구제계정 지원 대상자도 법상 피해자 지위를 부여하고, 특별구제계정 재원에 정부출연금을 추가하였다. 또한, 피해자 단체에 대한 재정지원 근거를 마련하였고 가습기살균제 피해에 대한 손해배상청구권 소멸 시효를 20년에서 30년으로 확대하는 등 피해자 지원을 강화하였다. 그러나 여전히 가습기살균제 건강피해는 “폐질환 및 법령으로 정한 생명 또는 건강상 피해”로 규정되어 있어 그 범위가 협소했으며, 피해자들의 다양한 피해 증상을 제대로 반영하지 못하여 신속하고 적극적인 피해구제에는 한계가 있었다.

3) 2차 개정

(1) 건강피해 개념 재정의를 통한 포괄적인 건강 피해 인정

2020년 3월 특별법 2차 개정을 통해 가습기살균제 건강피해를 “가습기살균제에 노출되어 발생하거나 악화된 생명 또는 건강상의 피해”로 포괄적으로 규정함으로써, 피해 질환을 특정하지 않고 다양한 피해가 인정될 수 있는 기틀을 마련하였다. 즉, 폐질환, 천식, 태아 피해, 간질성폐질환, 기관지확장증, 폐렴 등 특정 피해 질환이 아니라도 폭넓은 구제가 가능해진 것이다. 이에 따라 더 이상 ‘질환’이 아닌 ‘개인’의 가습기살균제 노출 전·후 건강상태를 종합 검토하는 방식으로 건강피해 조사·판정체계의 개편도 이루어졌다.

(2) 구제급여와 구제계정 통합 및 구제급여 지원 강화

구제급여와 특별구제계정으로 나누어져 있던 피해지원 재원을 구제급여로 일원화하였다. 또한 장해급여를 신설하였으며 특별유족조위금을 상향하는 등 경제적 지원 범위도 확대하였다.

(3) 인과관계 추정요건 완화

피해자들이 실질적으로 원하는 피해 소송 지원을 위한 법적 근거를 위해 피해자의 입증책임 완화 및 기업의 반대입증 규정을 마련하였다. 특이성 질환 피해자와 달리 손해배상소송에서 인과관계 입증이 쉽지 않았던 비특이성 질환 피해자도 피해 사실을 입증하기 쉽게 한 것이다. 즉 기존에는 “상당한 개연성”을 입증해야 했던 것을, “가습기살균제에 노출된 사실, 노출 이후 질환이 발생하였거나 기존 질환이 악화되었다는 사실, 노출과 질환 간 역학적 상관관계가 있음이 확인된 사실”이 모두 증명되면, 가습기살균제 사업자의 반증이 없는 한 가습기살균제로 인하여 생명 또는 건강상의 피해가 발생한 것으로 추정하도록 하였다. 사실상 입증책임이 기업에게 전환된 것으로 지금까지 환경소송에서 대법원 판례에 비해 획기적인 진전이 이루어진 것이다. 가습기살균제 노출과 질환 간 역학적 상관관계는 피해자들이 입증하기 어려우므로, 역학적 상관관계의 확인을 위해서는 환경부장관이 직접 또는 전문연구기관이 수행하는 역학조사, 건강모니터링, 그 밖에 코호트 조사, 독성연구 등을 통해 역학적 상관관계를 검토하고 그 결과를 공개하도록 하였다.

(4) 재심사전문위원회 설치

재심사전문위원회를 설치하여 최초 심사에 관여한 위원이 아닌 다른 위원이 재심사하도록 함으로써 이의신청권을 실질적으로 보장해 주었다.

(5) 구제급여 지급신청자의 의견진술권 보장

구제급여 지급신청자의 의견 진술의 권리를 보장함으로써 신청자의 피해 상황이 심사과정에 반영될 수 있도록 하였다. 또한 환경부장관에게 구제급여 지급 결정 이유 등을 통지할 의무를 부과하였다.

2.2 주요 내용

1) 적용대상

"가습기살균제 건강피해"란 독성 화학물질을 함유한 가습기살균제에 노출되어 발생하거나 악화된 생명 또는 건강상의 피해(후유증을 포함한다)를 말하며, "가습기살균제 피해자"란 가습기살균제 건강피해를 입은 사람으로서 피해구제위원회의 심의를 거쳐 환경부장관에게 구제급여 지급결정을 받은 사람을 말한다.

2) 구제급여의 종류와 지급절차

신청자가 한국환경산업기술원에 피해인정 신청을 하면 환경노출조사를 통해 사용력을 확인한 후 역학적 상관관계가 확인된 간질성 폐질환, 폐렴, 천식에 대해 신속심사를 통해 인정여부를 결정한다. 신속심사에서 피해인정을 받지 못하였거나, 신속심사를 거치지 않은 경우에는 조사판정전문위원회에서 피해인정 여부를 검토한다(그림 5-1).

구제급여의 종류는 요양급여, 요양생활수당(또는 장해급여), 장의비, 간병비, 특별유족조위금, 특별장의비, 구제급여조정금이 있다.

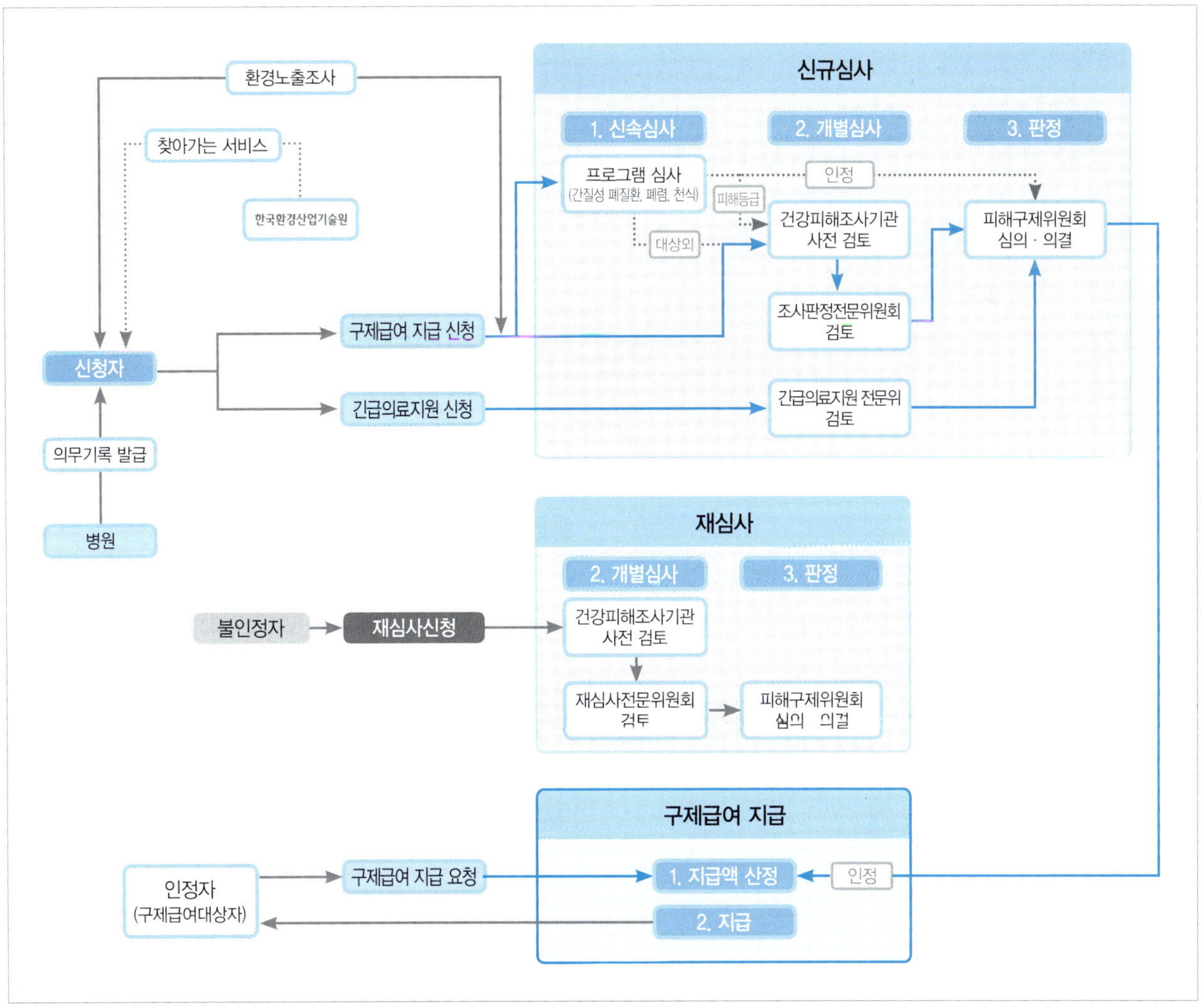

그림 5-1 가습기살균제피해구제법의 구제급여 신청 및 심의 절차

3) 구제급여의 지급결정 기준

환경부장관은 가습기살균제 노출 후 질환의 발생 또는 악화 및 전체적인 건강상태의 악화 여부에 대해 ① 가습기살균제 노출 여부, ② 가습기살균제 노출로 건강상의 피해(후유증을 포함한다)가 발생 또는 악화되거나, 전체적인 건강상태가 악화되었는지 여부, ③ ②에 대한 독성학적 기전 등을 포함한 의학적 설명 가능성을 종합적으로 확인 · 검토하여 구제급여 지급을 결정한다.

2022년 6월말 기준 총 7,761명이 가습기살균제 건강피해 인정 신청을 하였고, 이 중 4,318명이 피해자로 인정을 받았다(표 5-5).

표 5-5 구제급여 지급결정 현황(2022.6.30. 기준)

구분	신청자	피해자	진행 중		불인정	철회
			신규	재심사		
합계	7,761	4,318	3,197	19	48	198
생존	5,979	3,256	2,505	16	36	182
사망	1,782	1,062	692	3	12	16

더 읽을거리

가습기살균제 노출과 질환 간 역학적 상관관계 검토보고서. 국립환경과학원
가습기살균제 피해구제제도 백서 기획 연구. 한국환경법학회
한국환경산업기술원 가습기살균제 피해지원 종합포털

제3절 환경오염피해 배상책임 및 구제에 관한 법률

안연순

3.1 제정 배경과 목적

「환경오염피해 배상책임 및 구제에 관한 법률」(이하 '환경오염피해구제법')은 태안 원유유출사고(2007년 12월), 구미 불산가스누출사고(2012년 9월), 여수 유류유출사고(2014년 1월) 등 환경오염피해가 반복해서 발생함에도 불구하고 배상 및 구제가 미흡했던 문제를 해결하기 위하여 2014년 12월 31일 제정되어 2016년 1월 1일 시행되었다.

환경오염 사고는 미연에 방지해야 하지만, 불행하게도 환경오염사고가 발생한다면 사고 지역에 큰 피해가 발생할 수 있으며, 국가는 피해 복구를 위해 막대한 예산을 투입해야 한다. 시설을 설치 · 운영하는 사업자는 피해자에 대한 배상책임이 발생하여 이로 인하여 경제적 어려움을 겪을 수 있다. 또한 피해자는 환경오염사고의 특성상 피해의 입증이 어렵고, 고액의 소송비용, 소송의 장기화 등으로 소송포기 및 피해감수를 해야 한다. 이렇게 환경오염 사고로 인한 국가 · 기업 · 피해자의 어려움을 해소하여 사고 기업은 도산 위험 없이 지속가능한 경영이 가능하게 하고 피해자는 신속 배상이 가능하도록 제정한 것이다.

환경오염피해구제법은 석면피해구제법이나 가습기살균제피해구제에 관한 특별법 등 환경부의 다른 피해구제법과는 큰 차이가 있는데 피해에 대한 기업의 책임보험 가입 등을 중심으로 하는 배상과 배상받지 못하는 경우에 대한 국가의 구제라는 2개의 축으로 구성되어 있다는

것이다. 따라서 이 법은 환경오염피해에 대한 배상책임을 명확히 하고, 피해자의 입증부담을 경감하는 등 실효적인 피해구제 제도를 확립함으로써 환경오염피해로부터 신속하고 공정하게 피해자를 구제하는 것을 목적으로 하고 있다.

3.2 법의 구성과 주요 내용

환경오염피해구제법, 시행령, 시행규칙 및 행정규칙(고시)으로 구성되어 있고, 법은 6장, 49조로 구성되어 있다. 주요 내용은 제2장 환경오염피해 배상, 제3장 환경오염피해 배상을 위한 보험 가입 등, 제4장 환경오염피해 구제에 담고 있다.

1) 적용대상

"환경오염피해"란 환경시설의 설치 · 운영으로 인하여 다른 사람의 생명 · 신체(정신적 피해 포함) 및 재산에 발생된 피해(다만, 해당 사업자가 받은 피해와 해당 사업자의 종업원이 업무상 받은 피해 제외)를 말한다. 환경시설이란 환경오염피해구제법 제3조에 규정된 환경오염 유발시설로 대기시설, 수질시설, 토양시설, 폐기물시설, 화학물질 취급시설, 해양시설 등 10종의 시설이다.

2) 환경오염피해 배상

(1) 사업주의 배상책임

환경오염피해 배상은 원칙적으로 사업자의 환경오염피해에 대한 무과실책임을 원칙으로 한다. 환경오염 피해가 발생할 경우 사업자가 책임을 져야 하는 배상책임 한도는 일반적으로 2천억원의 범위에서 시설의 규모 및 발생될 피해의 결과 등을 감안하여 시설의 위해도 및 규모에 따라 정해진다. 다만 사업자의 고의 또는 중대한 과실로 발생한 경우, 원인 제공 시설에 대하여 관계 법령을 준수하지 않은 경우, 원인을 제공한 사업자가 피해의 확산방지 등 환경오염피해의 방제를 위한 적정한 조치를 하지 않은 경우는 배상책임 범위 한정을 하지 않는 예외 사항에 해당된다.

(2) 환경오염피해 인과관계의 추정

시설이 환경오염피해 발생의 원인을 제공한 것으로 볼 만한 상당한 개연성이 있는 때에는 그 시설로 인하여 환경오염피해가 발생한 것으로 추정한다. 상당한 개연성이 있는지의 여부는 시설의 가동과정, 사용된 설비, 투입되거나 배출된 물질의 종류와 농도, 기상조건, 피해발생의 시간과 장소, 피해의 상태와 그 밖에 피해발생에 영향을 준 사정 등을 고려하여 판단한다. 환경오염피해가 다른 원인으로 인하여 발생하였거나, 사업자가 환경오염피해 발생의 원인과 관련된 환경 · 안전 관계 법령 및 인허가 조건을 모두 준수하고 환경오염피해를 예방하기 위하여 노력하는 등 사업자의 책무를 다하였다는 사실을 증명하는 경우에는 인과관계의 추정은 배제된다.

3) 환경오염피해 배상을 위한 보험가입 또는 보장계약

환경책임보험이란 '환경오염피해구제법'에 따라 일정 조건의 시설을 설치 · 운영하는 사업자가 가입해야 하는 의무보험으로 환경오염사고 발생으로 인한 타인의 신체 또는 재산 피해를 보장금액 한도 내에서 보상하는 보험이다. 환경책임보험은 2019년 8월 1일 설립된 환경책임보험사업단에 의해 운영되고 있는데 환경오염피해구제법 제18조(보험자) 제2항에 근거한 비영리법인이다.

환경책임보험 의무가입 대상시설이 가입을 하지 못하는 경우는 한국환경산업기술원(환경부장관이 지정한 보험 운영기관)과 보장계약을 체결해야 하는데 보험 가입을 거절당하는 경우, 보험이 개발 운용되지 아니하는 경우, 보험의 거래조건 등이 현저하게 공정성을 잃은 경우 등이다.

4) 환경오염피해 구제

(1) 구제급여 지급 요건

환경오염피해구제법의 한 축은 국가에 의한 구제 제도로 환경부장관은 환경오염피해의 원인을 제공한 자를 알 수 없거나(원인자 불명), 그 존재 여부가 분명하지 아니하거나(부존재), 무자력인 경우 또는 배상책임한도를 초과한 경우 구제급여를 지급할 수 있다.

법에 따라 구제급여 선지급도 가능한데 선지급 요건은 첫째, 환경책임보험 계약 · 보장계약의 불성립/실효, 둘째, 보험자가 보험금을 선지급하지 않는 경우, 셋째, 그 밖에 환경부장관이 필요하다고 인정하는 경우로 이 법에 따른 구제 사례는 3개의 환경오염 피해 지역(대구 안심 연료단지, 서산 장항제철소, 김포 거물대리 등)에서 이루어졌는데 모두 세 번째 요건에 의한 선지급 사례이다.

(2) 구제 절차

구제급여의 지급절차는 피해자가 한국환경산업기술원에 신청하는 것으로부터 시작되며, 환경오염피해조사단의 조사 · 분석 후, 이에 근거하여 환경오염피해구제심의회의 구제급여 심의 · 결정에 따라 지급여부가 결정된다. 피해자가 불복한 경우 청구, 재심사청구 등 2회의 심리를 더 받을 수 있다. 구제급여 심의 · 결정은 환경오염피해구제위원회, 청구의 심리 · 결정은 구제급여심사위원회, 재심사청구의 심리 · 재결은 환경오염피해구제정책위원회가 담당한다(그림 5-2). 각 위원회는 전문의, 변호사, 교수, 손해사정사, 환경 분야 종사 경력자 및 환경오염피해 구제 및 손해보험에 관한 학식과 경험이 풍부한 사람 등으로 구성하며, 다수의 직업환경의학전문의가 3개 위원회와 전문위원회에서 활동하고 있다.

환경오염피해구제정책위원회는 환경부장관 소속으로 환경책임보험의 약정, 보험자의 선정 및 보험가입자의 지원에 관한 사항 등을 심의 결정하는 정책위원회의 기능과 함께 재심사청구를 심의하는 기관으로 환경오염피해의 배상과 구제에 모두 관여한다.

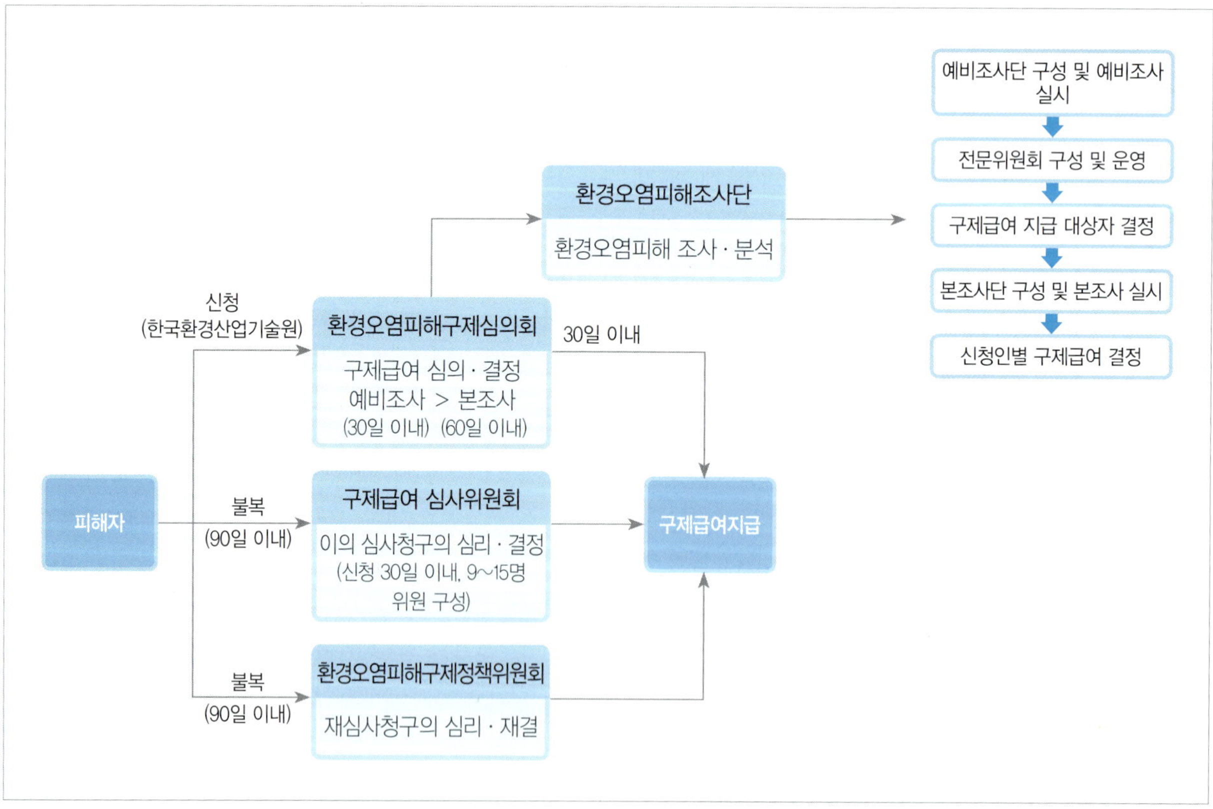

그림 5-2 환경오염피해구제법의 구제급여 신청 및 심의 절차

표 5-6 구제급여의 종류와 지급기준

구제급여 종류	지급 내용	지급 기준
의료비	요양기관에서 환경오염피해로 인한 상해 또는 질병의 치료비용 중 본인부담금 지급	
요양생활수당	의료비 외에 환경오염피해로 인한 치료 · 요양 및 생활에 필요한 비용	피해등급*에 따라 차등
장의비	환경오염피해로 인하여 피해자가 사망한 경우 그 장제를 지낸 유족에게 지급	2인 가족 중위소득의 897/1000
유족보상비	피해자(구제급여 지급 결정자)가 그 인정된 사유를 주 원인으로 사망하고, 사망 당시 생계를 같이 하던 유족이 있는 경우 그 유족에게 지급	피해등급*에 따라 차등
재산피해보상비	환경오염피해 중 재산피해의 일부에 대해 지급	피해규모에 따라 차등

* 피해등급은 환경오염피해구제법 시행규칙 별표 피해등급의 기준에 의한다. 환경오염피해로 인정되는 질병에 대하여 증상, 합병증, 예후, 치료예정기간 등 4개의 중증도 평가지표에 따라 각각 0-100점까지 점수를 부여하여 중증도 평가점수를 산정한다. 산정된 중증도 평가점수에 따라 피해등급을 1등급(90점 초과 100점 이하)-5등급(20점 초과 30점 이하) 및 등급외로 분류한다.

(3) 구제급여의 종류와 재원

구제급여의 종류는 의료비, 요양생활수당, 장의비, 유족보상비, 재산피해보상비 등 5종이다(표 5-6).

구제를 위하여 환경오염피해구제계정을 설정 운용하는데 구제계정의 재원은 기본적으로 재보험료이고, 기타 보장계약금, 운용수익금, 차입금, 구상금, 환수금, 기부금 및 정부 등의 출연금이다. 구제계정은 구제급여의 지급 이외에도 환경오염피해의 평가 및 피해 경감 등을 위한 조사 · 연구에도 사용할 수 있다.

5) 환경오염피해 소송지원제도

환경부장관이 구성한 환경오염피해 소송지원 변호인단에서 환경오염피해에 관련된 손해배상 청구에 필요한 법률적 서비스를 지원하는 제도이다. 지원대상은 저소득층, 고령자, 장애인, 고용촉진지원금 수급자, 새터민, 국가보훈대상자 등이며 지원내용은 법률자문, 소송서류 검토, 변호사 보수 및 소송비용 지원 등이다.

3.3 적용 사례

1) 배상 사례

환경오염피해구제법에 의해 배상된 사례는 주로 재산피해이지만 구체적인 통계는 없다. 환경책임보험사업단이 발표한 자료에 의하면 환경책임보험의 가입률은 2020년 말 기준으로 휴 · 폐업 등을 제외하고 98%에 이른다. 몇 가지 배상된 사례는 다음과 같다. 2018년 석유저장시설에서 담당 직원의 업무상 과실로 주변 토양과 수질이 오염된 사고, 석유 저장시설의 매립 배관 누유로 발생한 토양오염 사고에 대한 보험금 지급 사례가 있다. 토양, 수질오염 등으로 인한 피해뿐만 아니라 화학사고로 인한 배상 사례도 다수 있는데 2018년 가스저장탱크에서 염소가스가 대기 중으로 누출되어 인근 주민과 농작물 등에 피해가 발생한 사고, 혼합가스 누출사고로 인해 인근 주민 및 공장 주변 주차 차량 등이 파손된 사고 및 2019년 미상의 발화 열원에 의한 유증기 폭발 화재사고로 외부로 유출된 화학물질 오염피해에 대해 보험금을 지급한 사례 등이다. 그러나 이 보험의 보험사 손해율이 10% 미만(보험료의 10% 미만이 보험금으로 지급됨, 2020년 기준 7.3%)으로 환경오염피해구제법 제정 배경과 소기 목적 달성보다 보험사의 수익만 증대시킨 것으로 보험금 사용 용도의 확대, 지급 기준의 완화 등이 필요하다는 주장이 있다.

2) 구제 사례

2017년 12월 환경오염피해구제법에 의해 2곳 환경오염지역 주민 81명에 대한 첫 구제 결정 후 2021년 12월

기준 3곳 환경오염지역 주민 293명(대구 안심연료단지 5명, 서천 장항제철소 118명, 김포 거물대리 170명 등)에 대하여 구제급여 지급이 결정되었다. 대구 안심연료단지 주변 주민 선지급 사례는 20년 이상 대구 안심마을에 연탄공장 등 연료단지가 조성되어 있었는데, 이 단지 주변에 거주하는 주민들에서 진폐증 등 다수의 호흡기질환이 발생한 것이 환경보건법의 주민청원에 의한 역학조사를 통해 밝혀졌고, 이 중 13명이 구제급여 선지급 신청을 하여 5명이 진폐증으로 인한 선지급 대상자로 결정된 것이다. 서천 장항제철소 주변 주민의 선지급 사례건도 청원, 역학조사, 선지급 절차 등은 유사하며 구제급여 신청인 207명 중 카드뮴 중독 피해자[카드뮴 노출기준치(2μ/g cr)를 초과하고, 신장기능 이상 또는 동일 연령대 평균 골밀도 이하인 자] 76명이 선지급 대상자로 결정되었다. 이 두 건의 사례는 장기간의 환경오염에의 노출과 10여년 이상의 민원이 환경보건법에 의해 청원과 역학조사, 피해조사 등을 거쳐 환경오염피해구제법에 의해 구제된 첫 사례로 2017년 12월 결정되었다. 이 두 사례에서 구제 결정된 질병은 진폐증이나 카드뮴 중독과 같은 특이적 환경성질환으로 환경오염피해구제법의 인과관계 판단기준인 상당한 개연성을 판단하는데 있어 이견이 적었다.

이후 김포 거물대리 주민 8명의 환경오염피해가 2019년 9월 구제급여 선지급 대상으로 결정되었고, 시범사업 확대에 의해 162명이 추가되어 2021년 12월 기준 170명이 이 지역에서 구제급여 선지급 대상자가 되었다. 김포시 거물대리 지역은 공장입지 규제완화로 인해 주거 및 공장이 혼재되어 주민 건강피해 문제가 2013년부터 꾸준히 제기된 지역으로, 주민들은 2017년 시범사업을 통해 구제를 신청했다. 이후 한국환경산업기술원 환경오염피해조사단은 환경오염 정밀조사(2017년~2018년)와 선행 역학조사(2013년~2016년) 결과 분석을 통해 거물대리 지역의 중금속 오염과 주민 건강피해를 확인했고, 피해자 보유 질환과 환경유해인자와의 관계는 전문 의료인과 환경 전문가로 구성된 환경오염피해조사 전문위원회에서 10차례에 걸쳐 검토했다. 전문위원회는 천식 등의 특정 질병이 다른 지역에 비하여 초과 발생했고, 그 질병이 지역의 배출원으로부터 발생한 환경유해인자와 관련이 깊으며, 환경유해인자가 피해자 체내 또는 주거지 주변에서 확인되면 환경오염과 건강피해간의 상당한 개연성이 있는 것으로 판단하여 인과관계를 추정했다. 김포시 거물대리 사례는 비특이적 질환을 환경오염에 의한 피해로 포괄적으로 인정한 첫 사례로 의미가 매우 큰데 인정된 질환은 천식, 폐렴 등 호흡기 질환과 고혈압, 협심증 등 심·뇌혈관 질환, 당뇨병과 골다공증 등 내분비 대사질환, 접촉피부염 등 피부질환, 결막염 등 눈·귀 질환이고 이후 50여개 이상의 비특이적 질환으로 확대되었다.

3.4 문제점과 발전 방향

2016년 환경오염피해구제법이 시행된 후 환경오염피해에 대해 배상과 구제 부분에서 큰 발전이 있었다. 특히 장기간의 환경오염물질 누적노출로 인한 비특이적 질환을 상당한 개연성이라는 인과관계 추정에 의해 구제급여 대상자로 결정한 것은 향후 환경성질환의 배상과 구제에 있어 중요한 근거가 될 것이다.

법 시행 후 약 5년 동안 몇 차례의 법, 시행령, 시행규칙의 개정 등을 통해 보완이 있었으나 아직도 문제점이 다수 있다. 배상과 관련하여서는 사업체에 대한 홍보가 필요한데 가입률은 98%에 이르나 법의 내용을 제대로 이해하고 있지 못해 사고 후에 적절한 배상을 하지 못하여 소송으로 가는 사례가 다수 있다. 또, 사고 평균조사기간이 16개월로 길어 신속한 피해배상과 지속가능한 경영 보장이라는 도입 취지가 무색하다. 보험사 손해율이 10% 미만으로 보험사만 이득을 취하는 부분을 보험금 사용 용도의 확대, 배상수준의 상향 등을 심도있게 검토해야 한다.

구제와 관련해서는 초기 법에 비하여 구제 요건의 완화(선지급 사업 등), 구제급여 종류의 확대, 비특이적 질환에 대한 환경오염 피해인정 등 매우 큰 발전이 있었다. 그러나 여전히 구제 요건이 협소하고, 구제 절차가 복잡하고, 역학조사, 피해조사 등의 기간이 길고, 관련 전문가 풀(pool)이 적다. 인과관계 추정에 있어 상당한 개연성을 구체화 할 수 있는 연구와 합의도 여전히 부족하다. 또 피해등급의 중증도 판단 등에 대한 근거가 취약하고 미완성된 된 상태이다. 따라서 이러한 미진한 부분들에 대한 정부의 제도개선 노력과 재정 확보, 전문가들의 협력 연구 등을 통해 보완되어 환경오염피해구제법이 사회 안전망 확충에 기여하는 제도가 되기를 기대한다.

더 읽을거리

법제처 국가법령정보센터. 환경오염피해 배상책임 및 구제에 관한 법률

한국환경산업기술원. 환경오염피해구제법 입법 배경 및 목적. Available from URL: http://www.keiti.re.kr/env/relief.html

제6장

위해도 관리

제1절 위해도평가

권호장

인체에 해를 끼칠 수 있는 유해요인(hazard)에 노출되었을 때 피해가 나타날 수 있는 확률을 위험 또는 위해(risk)라고 하고, 노출되는 인구집단에서 발생할 수 있는 피해와 확률을 분석하는 과정을 위해평가(risk assessment)라고 한다. 환경유해요인과 건강의 관련성을 평가하는 궁극적인 목표는 유해요인을 제거하거나 피해를 줄이는 조치인 위해관리를 하는 것인데, 위해관리를 위해서는 먼저 위해평가가 수행되어야 한다. 위해평가는 역학, 독성학, 임상자료 등 관련 있는 모든 연구결과를 기반으로 정형화된 절차를 통해 수행된다(그림 6-1).

1.1 위해평가 계획 수립

위해평가를 수행하기 위해서는 사전에 계획을 세우는 것이 중요하다. 위해평가 계획을 세울 때 아래의 요소들

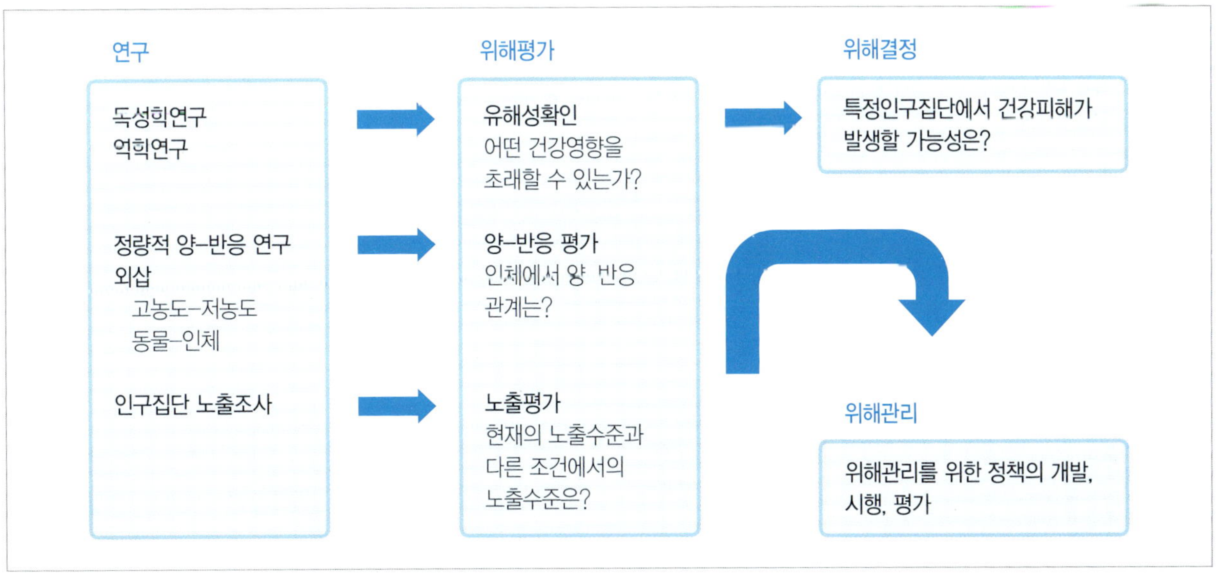

그림 6-1 위해평가와 위해관리

을 먼저 고려해야 한다.

1) 대상 인구집단

위해평가 대상은 개인이 될 수도 있고 일반인구집단이 대상이 될 수도 있으며 생애주기의 특정 시기(소아, 청소년, 임신부 등)가 될 수도 있다. 또는 특정 질환을 가지고 있는 집단이나 특정 유해요인에 고노출되는 집단이 될 수도 있다.

2) 유해요인

어떤 유해요인에 대해 위해평가를 하는지를 정해야 한다. 화학물질, 방사선, 먼지, 열이나 소음 같은 물리적 요인, 미생물, 영양학적 요인, 사회경제적 요인 등이 위해성평가 대상이 될 수 있다.

3) 유해요인의 배출원

유해요인의 배출원은 특정 공장이나 발전소 같은 점오염원, 대규모 산단 같은 면오염원, 또는 자동차 같은 이동오염원일 수 있고 산불 등 자연적 오염원일 수도 있다.

4) 노출경로

유해물질은 공기, 지표수, 지하수, 토양, 폐기물, 음식, 소비제품, 약물 등의 경로를 통해 노출될 수 있고, 흡수경로는 경구섭취, 피부접촉, 흡입, 손에서 입을 통한 섭취 등이 있다.

5) 건강영향

유해요인의 특성에 따라 건강영향이 결정되는데 주로 문제가 되는 건강영향은 암, 심혈관질환, 간질환, 신경계질환 등이다.

6) 시간

유해요인이 독성작용 사이의 시간에 따라 급성, 아급성, 만성 등으로 구분되고 유해요인이 가장 큰 독성을 나타내는 결정적 시기(태아발달, 소아, 노인) 여부도 확인이 필요하다.

1.2 유해성확인

위해평가의 첫 번째 단계는 독성학 연구나 역학 연구 결과를 통해 유해성을 확인하는 것이다(hazard identification). 유해성은 인체에 해를 입힐 수 있는 물질이나 요인의 고유한 성질로 사망이나 암발생 등 중증 피해뿐 아니라 소아의 발달장애나 면역상태의 변화 같은 기능의 장애를 포함하기도 한다.

유해성확인의 자료원으로는 역학적 자료와 독성학적 자료가 있다. 역학자료는 유해요인 노출과 건강영향 사이의 관련성으로 평가하는데 인간을 대상으로 확보한 자료라는 것이 큰 장점이지만, 정확한 노출에 대한 정보가 부족한 경우가 많고 관찰연구의 경우에 교란변수 통제가 어렵다는 한계가 있다. 역학자료가 부족한 경우에는 동물실험 자료를 사용하는데, 연구설계 상의 장점은 있으나 결과를 인간에게 바로 적용할 수 없고 외삽 과정을 거쳐야 하는 문제가 있다.

유해성확인 단계에서 유해요인의 체내 대사과정과 장기나 세포 또는 분자 수준에서 작용을 포함할 수도 있다. 유해성확인은 유해요인의 건강피해 가능성에 대한 질적인 판단과정이라고 할 수 있다.

1.3 양-반응 평가

두 번째 단계는 노출량 또는 흡수량과 유해작용의 빈도나 중증도의 관련성을 정량화하는 것으로 이를 양-반응 평가(dose-response assessment)라고 하는데, 주로 실험적으로 투여된 양에 따른 반응의 빈도나 심각성의 관련성을 조사하고 이 결과를 인체에 적용하게 된다. 이 과정에서 타당한 외삽(고농도 노출로부터 저농도 노출, 동물실험 결과 인체 적용, 단기 노출로부터 장기노출) 방법론을 사용하는 것이 매우 중요하다.

양-반응 평가를 할 때 역치(threshold)가 있어서 특정 농도까지는 피해가 나타나지 않는다고 가정할 수 있는 경우에는 비선형적 양-반응 평가를 하게 된다. 비선형적 양-반응 평가에서는 유해작용이 나타나기 시작하는 농도(POD, point of departure)를 정해야 하는데, 실험적으로 확인한 무영향수준(NOAEL, no-observed-adverse-effect level) 또는 최저영향수준(LOAEL, lowest-observed-adverse-effect Level)을 이용한다. 하나의 값이 아니라 수학적 모델링을 통해 기준용량(BMD, benchmark dose)과 기준용량하한값(BMDL, benchmark dose lower-confidence limit)을 산출하여 사용하기도 한다. 참고치(RfD, reference dose)를 정할 때는 NOAEL, LOAEL, 또는 BMDL 값에 동물실험 결과를 인체 적용하는 데 따른 차이와 사람 간의 변이 등을 고려한 불확실성 상수(UF, uncertainty factor)를 적용하게 된다.

$$\text{RfD} = \text{NOAEL(or LOAEL or BMDL)/UFs}$$

발암물질은 일반적으로 역치가 없는 선형모형을 적용한다. 관찰한 데이터에서 구한 BMDL 값에서 노출 제로 지점까지 직선을 그려 기울기(cancer slope factor)를 구한 후 노출량에 따른 발암위해도를 구하게 된다.

$$\text{발암위해도} = \text{노출량} \times \text{기울기}$$

1.4 노출평가

세 번째 단계는 노출을 평가하는 것이다(exposure assessment). 유해물질에 노출되는 인구집단의 규모와 인구학적 특성을 확인하고 노출원, 노출경로 및 노출경로별 노출량, 노출기간 또는 노출빈도 등을 평가한다. 위해성평가에서 자료 부족이 가장 흔히 발생하는 단계이고 노출평가 자료의 질적 수준이 위해도 평가의 정확성을 결정하는 경우가 많다. 모니터링이나 감시체계를 통한 실측자료를 활용할 수 있으며, 이런 자료가 없는 경우에는 배출자료로부터 수학적 모델링을 통해 매체 내 농도 분포를 구하고, 이를 기반으로 노출 집단의 인체 노출량을 추정할 수도 있다. 생체지표를 측정한 경우에는 이를 토대로 노출량을 재구성할 수도 있다.

노출의 실제 양상은 다양한 형태로 나타날 수 있지만, 보통은 두 개의 시나리오를 가정한다. 중심경향성은 인구집단이 환경농도, 노출빈도, 기간 등이 평균적이라고 가정하는 것이고, 고노출은 인구집단의 일부는 고노출(보통 상위 90분위 이상) 된다고 가정하고 위해도평가를 하는 것이다.

1.5 위해결정

위의 세 가지 평가 결과를 종합하는 것을 위해결정(risk characterization)이라고 한다. 위해결정을 통해 노출집단에서 다양한 노출 시나리오에 따른 위험의 크기를 정량적으로 제시하게 된다. 위해결정 과정에서 사용하는 수학적 모델이나 가정(assumption)에 따른 민감도 분석결과가 같이 제시되는 것이 일반적이다. 위해결정은 정책당국에서 위해관리의 근거로 활용하는 자료로서 위해의 특성 뿐아니라 불확실성의 크기, 사용한 가정에 대한 정보 등을 종합적으로 제시해야 한다.

특정한 노출상황에 대한 위해가 결정되면, 위해를 없애거나 낮출 수 있는 정책이 수립되어야 한다. 규제 당국에서는 다양한 정책 옵션에 대해 공중보건 측면 뿐 아니라, 법적, 경제적, 사회적, 정치적 결과 등을 종합적으로 고려하여 의사결정을 하게 된다. 위해관리의 예로는 노출기준 설정, 출시 전 독성검사 의무화, 독성물질 회수 또는 사용금지 등이 있다.

위해결정 할 때 준수해야 할 원칙으로는 투명성(transparency), 명확성(clarity), 일관성(consistency), 합리성(reasonableness) 등이 있다. 투명성은 위해평가 방법, 기본 가정, 외삽, 제한점 등을 명백하게 밝혀야 한다는 것을 의미하고, 명확성은 위해평가 결과를 이해당사자들이 정확하게 이해할 수 있게 기술해야 한다는 것을 의미한다. 일관성은 위해평가 기관의 원칙에 부합하게 일관된 방식으로 수행되어야 한다는 것을 의미하고 합리성은 최신의 방법론과 가정을 기반으로 합당한 판단에 근거해서 수행되어야 한다는 것을 의미한다.

❖ 위해평가 사례

2017년 계란에서 기준치를 넘는 살충제 성분이 검출되어 사회적으로 크게 이슈가 되었을 때, 식약처에서는 위해평가를 수행하고 결과를 발표하였다. 이중 피프로닐(fipronil) 성분에 대한 위해평가 결과를 보면 다음과 같다.

유해성확인 결과 피프로닐은 동물실험에서 신경과 간에 유해영향을 미치는 것이 확인되었으며, 유전독성은 없는 것으로 조사되었고 2년 랫드 발암성시험에서 갑상선암이 보고된 바는 있으나 사람에게 암을 일으킨다는 자료는 없어서 미국 환경보호청(EPA)은 발암가능물질(그룹 C)로 분류하고 있다.

국민건강영양조사('10~'15년) 결과 우리 국민 계란 섭취량은 하루 평균 27.5g으로 계란 0.46개 정도이며, 섭취량 및 살충제 독성, 검출량을 고려하여 위해평가를 실시하였다. 특히, 섭취량의 경우 연령대별로 계란을 많이 섭취하는 극단섭취자(상위 97.5%)의 섭취량을 고려하였으며, 이 경우 1~2세는 하루 123.4g으로 2.1개, 3~6세는 130.3g으로 2.2개, 20~64세는 181.8g으로 3개 섭취하는 것으로 확인되었다. 또한 검출량은 최대 검출량으로 계란이 오염된 것으로 평가하였다.

급성 영향을 고려하기 위하여 급성독성참고치와 비교하여 급성위해도를 평가한 결과 피프로닐은 경구 노출 시 급성독성참고치(0.009 mg/kg b.w./day) 대비 급성위해도는 1~2세는 2.39%, 3~6세는 5.79% 성인은 8.54% 수준으로 이는 하루 동안 최대로 오염된 계란을 1~2세는 24개, 3~6세는 37개, 성인은 126개까지 먹어도 건강상 유해한 영향이 나타나지 않음을 의미한다.

더 읽을거리

Annalee Yossi, Tord Kjellstrom, Theo de Kok, Tee L. Guidotti. Basic Environmental Health. Oxford University Press, 2001.

United States Environmental Protection Agency. Conducting a human health risk assessment https://www.epa.gov/risk/conducting-human-health-risk-assessment

제2절 위해성 소통

문재동

2.1 정의

위해성 소통(risk communication)이란 위해성의 본질, 크기, 중요성, 조절에 대한 정보의 교환 또는 위해성에 대한 정보의 목적적 교환이라고 정의하고 있다. 위해성 소통은 신뢰를 바탕으로 한 소통환경을 구축하고, 참여적이고 협조적인 협력자를 확보하며, 관련당국과 대중 사이를 연결하기 위해서 이용된다.

위해성 소통에는 여러 형태가 있을 수 있지만, 기능적인 측면에서 주의소통(care communication), 합의소통(consensus communication), 위기소통(crisis communication)으로 나눌 수 있다. 주의소통은 위해성과 그 관리방안이 이미 과학적 연구를 통해 잘 정립되어 있는 위해성에 대한 소통을 말하고, 합의소통이란 어떻게 위기를 관리할 것인지 결정에 이를 수 있도록 정보도 주고 권장하는 소통이며, 위기소통이란 크고 갑작스러운 위험에 직면한 경우에 필요한 소통을 말한다.

2.2 이용자

위해성 소통의 이용자는 정부의 전문가나 산업계 전문가, 건강분야의 조언자, 교육자, 미확인 위해성 발굴자, 중개자, 직업환경의학분야의 의사 등이 될 수 있는데 위해성 소통에 있어서 의사는 개인이나 가족 또는 지역사회에 대해 신뢰할 만한 조언자나 정보에 대한 해설자 또는 추가적인 정보 획득방법에 대한 조언자의 역할을 할 뿐만 아니라 미인지된 위해성이나 유행에 대한 확인자, 그리고 정부와 시민, 과학자, 지역사회 사이의 중개자 역할을 수행하게 된다.

2.3 위해성에 대한 대중의 인식

일반 대중들은 그들이 위험에 처하게 될 것으로 인식(perception)하면 위험에 노출이 되지 않거나 해를 입지 않았어도 그 인식을 쉽게 바꾸지 않는다. 위해성에 대한 인식은 경험, 문화, 교육수준, 분노요인, 누가 어떻게 영향을 받는가, 사건에 대한 통제의 수준 등에 의해 영향을 받는다.

대중들이 위해성을 보다 관대하게 수용할 수 있는 조건으로는 강요에 의한 것보다는 자발적으로 인식한 경우, 타인보다는 자기자신이 조절할 수 있다고 인식한 경우, 이득이 없거나 적은 경우보다 확실한 이득이 있다고 인식한 경우, 위험이 치우치지 않고 공평하게 분포되어 있다고 인식하는 경우, 인위적인 경우보다는 자연적이라고 인식한 경우, 출처가 더 믿을 만하다고 인식하는 경우, 낯선 위험보다는 친밀하다고 인식하는 경우, 아이들보다는 어른에게 영향을 미치는 것으로 인식한 경우 등이 해당된다.

2.4 위해성 소통의 원칙

1) 진행의 원칙

우선 소통의 한계와 목적을 알아야 한다. 효율적인 위해성 소통을 위해서는 왜 소통을 하는지와 소통능력에 있어서의 제한점들을 알아야 하는데 소통의 제한점들로 규정상의 요구조건(regulatory requirements)과 조직상의 요구조건(organizational requirements), 청중의 요구조건(audience requirements) 등을 들 수 있다. 이러한 조건들이 맞지 않으면, 청중들의 적대감이 증대되어 효과적인 위해성 소통은 어려워진다.

소통을 위한 시도를 진행하기 전에 위해성 소통의 목표와 그에 따른 메시지를 먼저 개발하여야 하고, 가능하면 전달하고자 하는 메시지에 대해서 사전조사(pretest)를 해야 한다. 청중의 읽기능력, 지식, 적대감의 정도를 파악하는 것은 효과적인 소통을 위해 꼭 선행되어야 하고, 전달하려는 메시지는 대상 청중을 대표할 수 있는 집단에 대해 사전조사를 해야 한다는 것이다.

소통은 조기에, 자주, 완전하게 해야 한다. 많은 청중들은 처음부터 참여하기를 바라므로 그런 기회가 주지 않으면 적대감이 증가하고 위해성 소통은 더 어려워진다. 따라서, 위해성 소통은 위해성이 인지되는 시점부터 시작하고, 새로운 정보가 생산되면 지속되어야 하며, 새로운 정보가 없더라도 청중에게 위해성에 대한 연구는 계속되고 있다는 점을 알려야 한다. 자료를 충분히 제공하지 않으면 청중들은 무언가 숨기고 있다고 생각하여 소통의 신뢰도는 떨어지고 적대감은 증대되므로 정보를 제한하지 말아야 한다.

인식이 실체(reality)임을 알아야 한다. 미국의 EPA는 가끔 단지 기술적인 측면보다 청중이 인식에 의하어 정책을 결정하기도 한다.

2) 발표의 원칙

(1) 먼저 청중에 대해 알아야 한다. 소통의 대상인 청중을 아는 것은 어떤 소통방법을 이용할 것인지를 결정하기 위해 반드시 선행되어야 하며, 청중들이 빨리 알고 싶어 하면 사전조사를 앞당기고 빠른 소통을 위해 매스컴을 이용해야 한다. 알아야 할 대상자들은 협력자, 주민, 선출직 관리, 시민조직, 건강관리자, 매스컴, 단속기관, 환경운동가, 도급

자 등이 있고, 파악해야 할 특성은 이들의 관심, 태도, 관심의 정도, 참여의 정도, 이력, 지식수준, 의견, 관심의 이유, 참여의 유형이다. 청중의 관심의 범주는 건강, 안전, 환경, 경제, 심미, 공평, 과정, 적법여부 등이다.

(2) 한 가지 양식과 한 가지 방법에만 의존하지 않아야 한다. 청중들은 각기 다른 지식수준을 가지고 있고, 위해성에 대한 흥미도 다양하기 때문에 한 가지 소통방법으로는 그들의 요구를 충족시킬 수 없으므로 각각에 맞는 소통방법을 찾아야 한다.

(3) 언어와 발표를 단순화해야 한다. 복잡한 문제에 대한 소통에서는 지나치게 기술적인 것은 제외하되 언어와 발표는 단순화해야 하지만 내용을 너무 단순화하는 것은 바람직하지 않다.

(4) 주관적이지 않고 객관적이어야 한다. 위해성의 발표내용은 가능하면 정량화하고, '유의한(significant)', '사소한(negligible)', '보다 작은(minor)' 등의 용어는 피한다. 사례와 숫자의 사용은 정보를 명확하게 한다.

(5) 정직하고 명확하게, 그리고 배려하여 소통해야 한다. 의견보다는 사실을 발표하고, 너무 쉽지도 어렵지도 않게 청중의 이해수준에 맞게 발표하며 청중의 관심을 무시하지 말고 항상 청중의 이야기에 귀를 기울여야 한다.

(6) 청중의 특정한 관심사에 대해서도 듣고 상대해야 한다. 설사 잘못된 과학정보에 근거하거나 하찮은 것에 대한 관심에도 귀를 기울여야 한다.

(7) 청중의 모든 계층에 같은 정보가 전달되도록 해야 한다. 계층별로 정보나 위해성에 대한 반응의 측면에서 다른 요구사항이 있을 것이므로 효율적인 소통을 위해 각 계층에 맞는 소통방법을 이용해야 한다.

(8) 불확실성에 대해 다루어야 한다. 어떻게 자료를 모으고 분석했으며 해석했는지 등 불확실성의 발생원에 대해서 다루어야 한다.

3) 위해성 비교의 원칙

(1) 비유를 들되 너무 하찮게 취급되지는 않도록 한다. 대부분의 사람들은 10^{-6}이나 E^{-6}과 같은 용어에 익숙하지 않다. 이해를 돕기 위해서 10^{-6}은 1년에 30초 정도에 해당한다와 같은 알기 쉬운 비유가 필요하다.

(2) 범위(range)를 사용한다. 안전수준과 위험한 수준을 표시하고 위해성 평가의 수준이 어느 정도에 속하는지 보여주는 방법으로 위해성을 나타내는 데에 숫자범위를 사용할 수 있다.

(3) 표준치(standards)와 비교한다. 노출수준을 안전수준과 비교하는 방법을 이용할 수 있는데 안전수준에 대해 청중들이 신뢰하지 못하는 상황에서는 좋은 방법이 아니다.

(4) 동일 위해성에 대한 다른 추정치들과 비교한다. 동일 사안에 대해 다른 평가자들이 평가한 결과와 비교하거나 한 평가자가 오랜 기간 반복적으로 평가하여 비교할 수도 있다.

(5) 특성에 따라 비교한다. 연령에 따른 위해성, 지역별 위해성, 생활방식 등에 따른 위해성을 비교할 수 있다.

(6) 공포감이나 실망감이 다른 위해성을 비교하지 말아야 한다. 예를 들면, 핵발전소의 방사능 노출에 의한 암발생 위해성을 흡연에 의한 암발생 위해성과 비교하는 것은 적절하지 않다.

4) 위해성 소통에서 하지 말아야 할 행위

위해성 소통에 있어서 하지 말아야 할 행위로는 반대자의 태도에 대해 반복적으로 말하는 경우, 가정을 전제로 한 질문에 대해 답변하는 경우, 다른 사람에게 휘둘리는 경우, 추측하는 경우, 경제적인 영향에 대해 언급하는 경우, 매스컴의 정당한 권리를 방해하는 경우, 언론에 은폐하거나 오해를 유발하는 경우, 책임을 떠넘기는 것 등이 지적되고 있다.

2.5 매스컴 및 소셜미디어와의 관계

매스컴을 상대하는 일은 대중과의 소통을 위한 중요한 기회이기 때문에 매스컴과 좋은 관계를 유지하는 것이 소통에는 결정적이다. 위해성 관련분야의 전문가와 매스컴 전문가의 이해가 맞아 성공적인 협력관계를 유지하기 위해서는 다음과 같은 노력이 필요하다.

(1) 지역매스컴과 지속적인 협력관계를 구축한다. 단지 자기업무만 수행하지 않고 위험도 정보의 출처가 될 수 있다는 것을 보여주는 것이 기자들과 협력관계를 구축하는 최상의 방법이다. 담당 기자와 편집자를 접촉하고 정보를 교환하며 이들을 응급훈련이나 연습 등에 참여시키는 것도 신뢰도를 쌓아 가는 방법이다.

(2) 언제 매스컴과 접촉해야 할지 알아야 한다. 근시일 내에 공중보건이나 환경적 위험의 가능성이 있다면 일반대중이 위험을 피하거나 줄일 수 있도록 지체없이 매스컴에 알려야 한다.

(3) 메시지와 교재를 신중하게 준비해야 한다. 매스컴을 접촉하기 전에 질문과 답을 예상해야 하며, 사진이나 비디오 등이 더 적절하고 대중들은 텔레비전이나 그림을 더 오래 기억한다는 사실도 알아야 한다.

(4) 한계를 분명히 해야 한다. 인터뷰 시 모르는 사항에 대해서는 명확히 '모른다'고 답하거나, 답을 구할 수 있는 출처에 대해 알려주어야 한다. '노코멘트'와 같은 답변은 대중들이 문제가 있는 것으로 여기게 되므로 적절하지 않다.

(5) 메시지는 청중들이 이해할 수 있는 용어로 표현한다. 매스컴을 대할 때 동료가 아닌 대중에게 말하고 있음을 알아야 한다.

(6) 위해성을 균형 잡힌 시각에서 표현해야 한다. 일반대중이 위해성의 크기를 가늠하는데 도움이 될 수 있도록 상대적 위해성과 실제적 위해성을 구분하여 표현해야 하고, 위해성이 개인적인 것인지 사회적인 것인지도 구분하여야 한다.

(7) 기자들의 마감시간을 존중해야 한다. 회신은 빠를수록 바람직하며 필요시 마감시간 확인이 필요하다.

(8) 정보공개의 윤리적 기준을 지켜야 한다. 개인이나 기관의 직접적 이익과 관계되는 부문이나 결과를 왜곡시킬 수 있는 조건들에 대해 밝혀야 한다.

(9) 부정확하거나 잘못된 자료가 발표되었을 때는 조치를 취해야 한다. 기자들은 대부분 방송이나 출간되기 전에는 내용을 확인할 출처에 대해서 묻지 않는다. 잘못된 내용에 대해서 알리되, 기자의 집필방식이나 불필요한 세부사항의 생략여부, 이야기의 줄거리에 큰 영향이 없는 요소들에 대한 불평은 삼간다.

조직은 소셜미디어(SNS)를 통해 상황이 변화함에 따라 신속하게 대응할 수 있다. 소셜미디어가 적절하게 사용되면, 전화회의, 과도한 회의나 회의실, 인쇄 매체와 같이 비싸고 비역동적인 방법을 보완하거나 대체할 수 있다. 전화선이나 기타 인프라가 손상되거나 과부하가 걸릴 수 있는 위기 통신의 귀중한 대안으로 작용할 수 있다.

하지만, 소셜미디어는 가짜 뉴스 아이템의 원천이 될 수 있고 잘못된 정보를 퍼뜨리고 증폭시키는 통로 역할을 할 수 있다. 사람들은 오해의 소지가 있거나, 최신이 아닌, 불완전한 위험정보를 무심코 공유하지만, 그 피해는 현실이 된다. 가짜 뉴스나 잘못된 정보는 사람들이 위험을 오해할 때 위험한 행동으로 이어질 수 있다.

2.6 위해성 소통에 있어서 직업환경의학 의사의 역할

효과적인 위해성 소통은 직업환경의학분야의 실무수행에 있어서 결정적인 역할을 하고 있는데, 위해성 소통은 직업환경의학의사와 근로자 또는 대중 사이에 쌍방향(two-way)으로 이루어져야 한다.

위해성이 어떻게 소통되는가는 누가 말하고, 누가 듣고, 무엇이 이야기 되는지에 달려있으며, 많은 연구결과에 의하면 직업환경의학의사는 직업 및 환경과 관련된 건강문제에 관한 정보의 가장 신뢰할 만한 출처가 된다는 것이다. 신뢰와 믿음은 위해성 소통에 있어서 가장 중요한 문제이며 소통에서 유용하고 견고한 채널을 구축하는 능력은 의사가 믿을 만하다고 인식되느냐에 의해 좌우되는데 공감과 관심, 자격과 전문성, 헌신과 책임이 신뢰와 믿음을 결정하는 중요한 요인들이다.

효과적인 위해성 소통은 실질적 지식과 훈련, 숙련이 요구되는 복잡한 예술과 기술이다. 이러한 관점에서 보면 직업환경의학의사는 임상의학, 생리학, 병리학 뿐만 아니라, 독성학, 역학, 산업위생학분야에 대해서도 정식 수련과정을 거치고 경험을 가지고 있으므로 위해성 소통에 관여하는 팀의 구성원으로서 적격이며, 위해성 평가 전문가와 위해성 관리자 사이의 소통에 있어서 가교역할을 해줄 수 있는 유일한 위치에 있다.

더 읽을거리

Lundgren RE, McMarkin. Risk communication. A handbook for communicating environmental, safety, and health risks. Piscataway: IEEE Press; 2018. p.259-283.

US Agency for Toxic Substances and Disease Registry. A Primer on Health Risk Communication Principles and Practices. 1994. Available from: URL: stacks.cdc.gov/view/cdc/7692

US Department of Health and Human Services (HHS). Communicating in a Crisis: Risk Communication Guidelines for Public Officials. 2002. Available from: URL: www.hhs.gov/od/documents/RiskCommunication.pdf

제3절 환경성질환 자문

임종한

3.1 외래에서 접하는 환경성질환

외래에서 흔하게 접하는 질환은 석면 노출에 의한 석면폐, 중피종, 유리규산에 의한 규폐증, 납에 의한 납중독, 유기인 살충제에 의한 살충제 중독, 석면 노출 지역 주민들에게서의 폐암, 곰팡이가 많은 주거환경에서의 천식, 다중화학물질과민증(Multiple Chemical Sensitivity), 비특이적 빌딩병증후군(Sick Building Syndrome) 등이다.

역학에서 환경성질환은 유전적 요인이나 감염과 구별되는, 환경적 요인에 직접적으로 기인할 수 있는 질병이다. 드물지만, 단일 유전자 장애 외에도 환경은 질병 발병의 주요 결정 요인이다. 식이, 독소 노출, 병원체, 방사선, 거의 모든 개인 위생 용품 및 가정용 세제에서 발견되는 화학물질, 스트레스, 인종 차별, 신체적 정신적 학대는 비 유전성 질병의 중요한 요인이다. 질병의 진행이 유전적 요인과 환경적 요인이 복합적으로 작용한 결과라고 결론지었다면, 그 병인학적 기원은 다인성 패턴을 가지고 있다고 할 수 있다. 최근에 환경성질환은 발병원인이 분명한 전통적인 형태와는 다르게 여러 요인에 의해 발병되는 형태가 많아지고 있다. 유해인자에는 식물, 균류 및 바이러스 박테리아에 의해 생성되는 화합물, 산업용 화학물질, 연소 생성물, 술, 자외선 및 전리방사선, 그리고 우리가 숨쉬는 산소까지도 인간에게 질병을 일으킬 수 있다. 뇌졸중, 심장병, 암 및 만성 호흡기 질환과 같은 비전염성질환(NCD, Non-communicable disease)은 현재 건강하지 못한 환경으로 인한 전체 사망의 거의 2/3에 해당한다.

세계보건기구의 추산(2016년)에 따르면 약 1,260만 명이 건강하지 못한 환경에서 거주하거나 근무한 결과로 사망했으며, 이는 전 세계 총 사망자의 거의 4분의 1에 해당한다. 대기, 수질 및 토양 오염, 화학물질 노출, 장시간 노동, 기후 변화, 자외선과 같은 환경 위험 요소는 100가지 이상의 질병 및 부상을 유발한다.

현재 세계에서 유통되는 화학물질이 35만여종에 이르나, 우리 생활에서 사용되는 대부분의 물질에게서 독성 정보가 완전하지 않으며, 환경과 인간에 대한 만성 영향에 대해서는 일반적으로 알려져 있지 않다. 살충제의 1/3 정도가 독성 검사조차 받지 않는다고 보고되는데, 국내에서 시판되는 살충제 역시 마찬가지이다. 상업용 화학물질의 80%가 일반적으로 독성검사를 받지 않았으며, 독성정보가 거의 없다. 생활속에서 여러 물질에 노출되어 발생되는 질환들 또한 많아지고 있다. 환경성질환 외래에는 노출과의 관련성이 분명한 경우도 의뢰되지만, 환경요인을 포함 여러 요인들에 의해 발생할 수 있는 상태도 의뢰된다. 종종 다중화학물질과민증(Multiple Chemical Sensitivity)이나 비특이적 빌딩병증후군(Sick Building Syndrome)과 같이 환경요인들에 의해 발생할 수 있지만, 잘 알려져 있지 않은 상태도 환경성질환 외래에 의뢰된다(표 6-1).

환경요인에 관련해서는 특수건강진단, 작업환경측정과 같은 접근가능한 전문적인 환경보건서비스 제공체계도 마련되어 있지 못하다. 또한 대부분의 임상의들이 환경성질환의 진단, 환경 원인에 대하여 많은 정보를 가지고 있지 못하다. 이러한 여건하에서 환경성질환 외래는 시민들에서 환경성질환에 대한 외래서비스를 제공할 뿐만아니라, 임상의들에게 환경성질환에 대해 자문을 제공할 수 있는 중요한 창구 역할을 하게 된다.

화학물질 안전에 관련된 해당 정부부처와 환경의학 전문가에 의하면, 화학물질의 사용은 미래에 지역사회건강에 미묘한 영향을 줄 것으로 예상한다. 독성학자들에 의해 연구되어야 할 미래의 연구 분야는 독성물질의 상호작용에 관련된 것이다. 한 물질이 다른 물질의 독성을 유도시킬 수 있으며, 다른 물질과의 상호작용으로 새로운 물질이 만들어질 수 있다. 이러한 여러 화학물질의 위협 속에서 환경의학전문가는 유해물질 노출로 인한 독성 영향 및 질병 발생에 대해 자문하고 적절한 정보를 제공해야 할 책임을 지니고 있다.

암은 우리나라에서도 사망원인으로 우위를 차지하며 급속히 증가하고 있다. 더욱이 암 발생에 환경적인 요인이 중요한 역할을 차지하고 있다는 것이 일반적으로 받아들여지고 있다. 이러한 이유로, 일차 그리고 이차적인 암 예방은 모두 중요하다. 지역사회는 이러한 예방적인 활동이 필요한 중요한 곳이다. 환경성 암으로 확인된 사례는 극히 드물다. 하지만, 일반국민에서 전체 사망원인 중 1위가 암이고, 암 발생률이 급증하고 있는 추세여서, 국내에서도 환경성 암 역시 증가되는 추세인 것으로 평가되고 있다. 국내에서 직업성 발암물질로 분류되어 건

표 6-1 환경성질환의 분류

분류	특성	사례
노출과의 관련성이 분명한 상태	• 특이하고, 특징적인 임상증후군 • 종종 유해인자에 대한 분명한 노출력을 보임 • 종종 노출 생물학적 지표로 확인됨	• 석면 노출에 의한 석면폐, 중피종 • 유리규산에 의한 규폐증 • 납에 의한 납중독 • 유기인 살충제에 의한 살충제 중독
환경요인을 포함 여러 요인들에 의해 발생할 수 있는 잘 알려진 상태	• 환경성 사례도 임상적으로 비환경성 사례와 유사해 보임 • 개별 사례에서는 인과관계를 입증하기 어려움 • 진단은 종종 확률적으로 이루어짐	• 석면 노출 지역주민들에게서의 폐암 • 곰팡이가 많은 주거환경에서의 천식
환경요인들에 의해 발생할 수 있지만, 잘 알려져 있지 않은 상태	• 종종 객관적인 표시나 검사결과가 없음 • 환경요인에 의해 발생되어 사회적 관심은 높음	• 다중화학물질과민증(Multiple Chemical Sensitivity) • 비특이적 빌딩병증후군(sick building syndrome)

강관리카드 발급을 받는 물질은 베타-나프탈아민, 벤지딘, 베릴륨, 비스-쿨로로메틸에테르, 벤조트리클로라이드, 벤젠, 특정분진, 석면, 염화비닐, 니켈, 카드뮴, 크롬류, 삼산화비소, 제철용 코크스, X-선(비파괴검사) 등 15종 물질에 불과하지만, 국제암연구소 등에서 사람에게 분명한 발암물질 및 발암가능이 높은 물질은 210종 이상으로 이들 발암물질 노출과 암에 대한 감시가 시급한 것으로 평가된다.

환경의학은 개인의 임상적인 치료와 지역사회에서의 예방적인 대책을 연계하는 유일한 의학분야이다. 그러므로 환경의학은 개인에게 뿐만 아니라 집단의 건강에 도 큰 영향을 미치게 된다. 유해인자의 확인과 예방 대책 수립에 있어서 환경의학 의료진의 노력 여부는 지역사회 질병과 장애의 예방에 아주 중요한 영향을 미친다.

환경성질환은 진단하기 어려울 수 있다. 증상의 원인이 무엇인지 모른채 증상을 다른 문제로 오인할 수 있다. 독성 화학물질에 노출되면 광범위한 일반적인 의학적 문제를 일으키거나 악화시킬 수 있다.

집, 직장, 습관, 직업, 생활 방식 및 취미에 대한 일련의 질문인 노출 이력은 무엇이 당신을 아프게 하는지 알아내는 데 도움이 될 수 있다. 최근 또는 과거에 노출된 화학물질 또는 기타 위험을 가리킬 수 있다. 증상 일지를 작성하고 증상의 패턴을 찾는 데 도움이 될 수 있다. 이것은 질병을 일으키는 원인을 찾는 데 도움이 될 수 있다.

3.2 제공되는 외래 서비스

(1) **환경성질환 진단:** 석면 질환, 접촉 피부염, 천식, 납 노출, 농약 노출, 실내 공기 오염, 곰팡이 알레르기, 가습기살균제 피해

(2) **제공되는 일반 서비스:** 환경적 상해 및 질병 진단, 환경피해 보상 상담, 보건 교육, 환경위생 평가

(3) **전문 서비스:** 환경관련성평가, 환경성 폐 질환, 환경 독성학, 중금속 질병, 인체 공학적 평가, 장애 평가, 사례 관리

(4) **비정기 검사:** 메타콜린 챌린지 검사, 정량적 인공 호흡기 적합성 테스트

3.3 환경관련성 평가

환경관련성이란 환경노출과 질병 발생과의 연관성을 평가하는 것으로 이러한 연관성을 정량적인 평가를 통해 객관적인 평가를 하려는 것이다. 환경관련성 평가를 위해선 의심되는 유해 환경 노출평가가 가능한지를 살펴보고, 적합한 노출평가 전략을 수립해야 한다. 오염원과 관련한 가능한 유해 환경인자에 대한 자료를 수집해야 하며, 그 노출 수준을 알고자 할 땐 직접 실측을 시행해야하는 때도 있다. 환경성질환의 자문에서 중요한 것은 질병 발병 혹은 악화에 관여하는 유해 환경인자가 측정되고 분석 가능하느냐 하는 것이다. 환경성질환의 확진이 이루어지고, 유해 환경인자의 노출 정보가 파악되면, 비로소 환경관련성 평가가 가능해진다.

다음의 기존의 역학적인 증거를 통해서 유해요인 노출과 질병 발생의 연관성을 평가하고, 당해 환자에게서 유해물질 노출과 질병발생의 연관성이 나타나는지에 대한 평가를 하게 된다.

(1) 과거의 연구들이 건강영향과 작업노출사이에 통계적으로 유의한 관련성이 있다는 것을 보여주는가? 그렇다면 그 관련성은 상대위험도로 산출할 때 어느 정도인가? (strength of the association)

(2) 환경관련성은 어느 정도 특이적인가 (specificity)? 다른 요인들도 해당되는 건강영향과 관련이 되지 않는가? (specificity of the association)

(3) 노출과 영향 사이에 시간적인 관련성이 있는가? 즉, 노출이 건강영향에 선행하여 발생하였는가? (사례보고와 단면연구는 시간적인 관련성을 평가할 수 없다.) (temporality of the association)

(4) 관련성에 있어서 일관성이 있는가? 즉, 하나 이상의 연구 또는 다른 상황에서 이러한 관련성이 반복되어 나타났는가? 사례의 정의가 연구마다 일관성이 있는가? (consistency of the association)

(5) 증상이나 질환은 유해요인노출(화학적, 물리적, 심리적, 생물학적)의 강도, 기간, 체내부하량, 용량에 따라 변화되는가? (predictive performance of the association)

(6) 이러한 관련성이 기존의 생물학적, 통계학적 증거와 논리적으로 잘 맞는가? (coherence of the association)

3.4 건강모니터링과 고위험군 추적조사

수많은 인간의 질병과 상태는 환경오염물질에 대한 노출과 관련이 있다. 환경오염물질과 관련될 수 있는 질병을 식별하고 해당 질병에 사용할 수 있는 기존 데이터 소스를 결정하는 것은 환경 노출과 건강에 좋지 않은 결과 간의 연관성을 더 잘 파악하려고 하는 노력의 일환이다.

노출과 무관하게 미국의 전체 질병률을 추적하면 질병 패턴과 새로운 경향을 평가할 수 있다. 추가 연구 또는 개입이 필요한 질병, 상태 및 가능한 위험 요소를 식별할 수 있으며 정책 또는 개입이 성공적인 위치를 식별하는 데 도움이 될 수 있다. 미국 질병통제예방센터(CDC)와 미국 국립암연구소(NCI)에서 제시한 9가지 건강지표를 활용할 수 있다. 즉, 천식, 선천성기형, 암, 심혈관질환, 소아 암, 만성폐쇄성폐질환, 전염병, 저체중, 미숙아와 같은 질환이 집단 발병된 지역이나 위험군이 있으면, 원인을 파악하고 적절한 개입을 위한 건강모니터링, 감시(surveillance)가 필요하다.

국내에서는 일정 직업군에 대한 건강모니터링이 특수건강진단으로 시행되고 있지만, 고위험군임에도 이러한 건강모니터링을 받고 있지 못하는 위험군이 많기에, 외래에서는 이들 환경성질환에 대한 모니터링, 감시가 필요하다.

석면, 가습기살균제, 초미세먼지($PM_{2.5}$) 등 유해물질 노출군에 추적조사를 통해 건강위험요인 등을 사전에 파악해 조기 개입할 필요가 있다. 환경 관련 질병 및 사망의 증가 추세를 역전시키기 위해 비용 효율적인 조치가 필요하다. 여기에는 고체 연료의 사용을 줄이고 저탄소 에너지 기술에 대한 접근성을 높이는 것이 포함된다.

3.5 환경성질환의 치료 및 관리

각 환경성질환에 대한 치료는 기존의 알려진 역학적인 증거 및 임상실험 결과를 질병 치료 및 예방 효과가 있는 치료방법(evidence-based treatment)을 선택하여 치료하게 된다. 유해 환경인자에 노출이 기존 질환을 악화시키며, 다른 질환을 추가로 발생시키기도 하기에, 유해 환경인자 관리에 대해서도 적절한 방안을 제시해야 한다. 조기 치료에는 유해요인 노출을 중단하거나 줄이는 것이 포함된다. 환경의학과 외래에선 환경성질환의 경우는 환경관련성 평가를 시행하고 그 결과에 따라 환경피해 구제에 대한 안내가 필요하다.

더 읽을거리

Agency for Toxic Substances and Disease Registry. Case studies in Environmental Medicine: Taking an Environmental History. Washington, D.C. Agency for Toxic Substances and Disease Registry, 1992.

Association of Occupational and Environmental Clinics. http://www.aoec.org/

International Agency for Research on Cancer. Agents classified by the IARC monographs, volumes 1–129. [homepage on the internet] Lyon: IARC; [cited 2021 May 19; updated 2021 Mar 26]. Available from: http://monographs.iarc.fr/ENG/Classification/index.php.

제**5**편

건강한 작업환경을 위하여

편집위원

박소영

OCCUPATIONAL AND ENVIRONMENTAL MEDICINE

제1장

근로자 건강관리

제1절 근로자건강진단

김정원

1.1 직업보건에서 근로자건강진단의 목적

직업보건의 목적은 (1) 작업장 유해요인으로부터 건강보호, (2) 작업과 작업환경을 근로자의 능력에 맞게 적용, (3) 근로자의 신체, 정신, 사회적 웰빙 증진, (4) 직업적 유해요인 노출, 사고와 부상, 직업병/업무관련성 질환의 감소, (5) 근로자와 가족에게 일반적인 보건서비스 제공 등이다. 근로자건강진단은 산업보건의 목표달성을 위한 유기적 구성요소 중 하나로, 근로자의 건강관리를 위하여 사업주가 실시하는 제도이다(산업안전보건법 제130조). 근로자건강진단 실무지침에서도 '특수건강진단제도는 직업병 예방과 근로자의 건강보호 · 증진을 위한 중요한 수단' 중 하나로 명시하고 있다.

세계보건기구(1968)에서 제시하는 건강진단의 일반적 원칙은 다음과 같다. 중요한 건강문제를 다룰 것, 질병의 자연사가 잘 알려진 것을 다룰 것, 조기발견이 가능한 질병일 것, 조기에 발견하여 치료가 가능한 질병일 것, 적절한 진단방법이 있을 것, 용이한 진단방법이 있을 것, 이상소견 발견 시 추가조치(치료 등)를 할 수 있는 장비가 있을 것, 점진적으로 발병하기 때문에 정기적인 검사로 발견이 가능할 것, 검진으로 인한 득이 해보다 클 것, 비용 대비 효과가 증명될 것 등이다.

근로자를 대상으로 하는 근로자건강진단은 지역사회 구성원을 대상으로 하는 일반 건강진단과 다르다. 주요한 차이점은 사업장을 기반으로 지속적인 건강상태 관찰, 사전예방 조치, 업무적합성 평가로 적절한 작업배치, 건강진단에 대한 사후조치를 할 수 있다는 점이다. 이러한 특수성을 고려하여 국제노동기구/세계보건기구에서 제시한 근로자건강진단의 목적은 작업장 관리 방법의 효과성 검증, 임상 또는 전임상 단계의 건강이상 발견, 근로자 건강의 추가적 악화 예방, 안전한 작업 방법과 작업자 건강유지의 강화, 근로자의 상태에 따라 작업환경을 변화, 특정 작업에서의 업무적합성 평가 등이다.

1.2 근로자건강진단의 종류와 틀

우리나라의 근로자건강진단제도는 주기적으로 시행하는 검진으로 일반건강진단과 특수건강진단이 있으며, 업무배치 전에 실시하는 배치전 건강진단과 비정기적으로 시행하는 임시건강진단, 수시건강진단으로 구분된다(표 1-1).

특수건강진단은 대상 유해인자에 노출되는 업무에 종사하는 근로자에게 실시하는 검사로 유해인자별로 시기,

주기, 검사항목 등이 규정되어 있다(표 1-2). 또한 고위험 근로자에게는 건강진단 실시주기를 다음 회에 한하여 단축해야 한다. 일반건강진단은 상시근로자를 대상으로 사무직은 2년에 1회, 비사무직은 1년에 1회 시행한다. 배치전 건강진단은 특수건강진단 대상 업무에 종사할 근로자를 대상으로 배치예정 업무에 대한 적합성 평가를 위하여 사업주가 실시하는 건강진단을 말한다. 수시건강진단이란 근로자가 유해요인과 관련된 증상을 호소할 때 정기적으로 시행하는 특수건강진단과는 별개로 실시하는 건강진단이다. 급성으로 발병하거나 특수건강진단으로는 발견하기 어려운 작업관련 건강이상에 대해서 신속히 대처하기 위하여 임시건강진단 개념을 확대한 근로자건강진단의 한 형태이다. 수시건강진단 대상 유해업무는 직업성 천식을 유발할 수 있는 물질을 다루는 업무와 직업성 피부질환을 유발할 수 있는 물질을 다루는 업무 등이다. 임시건강진단이란 같은 유해인자에 노출되는 근로자들에게 질병이 발생한 경우 등 동료의 건강을 보호하기 위하여 시행한다. 수시건강진단은 근로자, 근로자대표, 명예산업안전감독관의 요청 또는 산업보건의나 보건관리자의 건의에 따라 사업주가 실시하는 반면, 임시건강진단은 지방노동관서의 장의 명령에 따라 질병의 이환여부나 질병의 원인을 파악하기 위해 사업주가 실시한다.

정해진 발암물질에 노출되는 업무에 종사하다 이직 혹은 퇴직한 근로자에 대해 국가에서 시행하는 건강관리수첩소지자건강진단 제도 역시 근로자건강진단 제도의 한 종류라 할 수 있다. 일반건강진단은 국가건강검진 중 일

표 1-1 근로자건강진단의 종류와 실시 개요

종류	배치전 건강진단	특수건강진단	수시건강진단	임시건강진단	일반건강진단
시기	업무 배치 전	기본주기 및 단축할 수 있는 조건 명시	특수건강진단 시기 외에 작업관련 증상을 호소할 때	직업병 유소견자 다수 발생할 때 등	비사무직 : 1년 1회 사무직 : 2년 1회
대상자	대상업무 배치예정자	대상유해인자 노출근로자, 작업전환자	천식, 피부질환, 기타 건강장해 증상 호소자	동일부서 근로자	상시 사용하는 근로자
항목	1차/2차 검사항목				
직업환경의학적 평가	건강관리구분($A/C_1/C_2/C_N/D_1/D_2/D_N$)				
	업무적합성평가(가/나/다/라)				

표 1-2 특수건강진단의 시기 및 주기

대상 유해인자	시기 배치 후 첫 번째 특수건강진단	주기
N,N-디메틸아세트아미드 디메틸포름아미드	1개월 이내	6개월
벤젠	2개월 이내	
1,1,2,2-테트라클로로에탄 사염화탄소 아크릴로니트릴 염화비닐	3개월 이내	
석면, 면 분진	12개월 이내	12개월
광물성 분진 목재 분진 소음 및 충격소음	12개월 이내	24개월
상기 대상 유해인자를 제외한 별표 22의 모든 대상 유해인자	6개월 이내	12개월

반건강검진으로 대부분 대치되어 실행되고 있다. 이로 인해 대상자와 목적의 차이에도 불구하고 국가건강검진 제도의 변화에 따라 근로자건강진단이 영향을 받는다.

1) 작업장 유해인자와 표적장기

작업 중 근로자가 노출되는 유해요인은 크게 ① 중금속과 유기용제 등의 화학적 요인, ② 소음과 진동 등 물리적 요인, ③ 세균과 바이러스 등 생물학적 요인, ④ 과도한 힘, 부적절한 자세 등 인간공학적 요인, ⑤ 야간작업, 직무스트레스 등 사회심리적 요인 등으로 구분된다. 이에 비해 특수건강진단 대상 유해인자는 총 181종으로 제한적이다. 톨루엔, 크실렌 등 유기화합물 109종, 납, 크롬 등 금속류 20종, 불산, 염산 등 산 및 알칼리류 8종, 염소, 암모니아, 일산화탄소 등 가스상태 물질류 14종, 허가대상 유해물질 12종, 금속가공유 1종, 석면, 광물성 분진, 용접흄 등 분진 7종, 소음, 진동, 방사선 등 물리적 인자 8종, 야간작업 2종 등이다.

특수건강진단 대상 유해인자 이외 유해인자도 건강에 영향을 줄 수 있다. 하지만 새로운 유해인자는 법령이

표 1-3 고위험 직업군 건강검진

종류	철도종사자 신체검사	항공 신체검사	소방공무원 특수건강진단	경찰공무원 특수건강진단
관련법령	철도안전법	항공안전법	소방공무원 보건안전 및 복지 기본법	경찰공무원 보건안전 및 복지 기본법
검진의 주요성격	업무적합성	업무적합성	질병감시	질병감시
대상자	운전업무종사자 관제업무종사자 철도신호기 · 선로전환기 및 조작판 취급업무 종사자	운항승무원(기장, 부기장, 객실승무원) 항공교통관제사	소방공무원 소방공무원에 준하여 소방관서에서 소방활동업무에 종사하는 공무원	경찰청장과 해양경찰청장이 정하는 기준에 해당되는 경찰공무원
검사주기	최초검사 정기검사(2년마다) 특별검사	자격종류(1종,2종,3종)와 연령대에 따라 6개월부터 60개월로 다양	배치 전 · 정기 · 수시 · 정밀 건강진단	2년에 1회 이상
검사자격	의사	항공전문의사	의사	의사
검사항목	신장/체중/비만도 혈압 청력검사 시력검사 색신검사 심전도검사 흉부방사선검사 소변검사 CBC, T.Cholesterol/TG, AST/ALT/GGT, Glucose, Cr	신장/체중/혈압/맥박 청력검사 이경검사 시력검사 색각검사 시야검사/사위검사 안압검사 심선노검사 흉부방사선검사 뇌파검사 소변검사 CBC, T.Chole/LDL/HDL/TG, BUN/Cr, ESR, 요산, Glucose, AST/ALT/CPK, T3/fT4,TSH, HIV ※필요시 추가검사 심장초음파, 복부초음파, 관상동맥조영술, 폐기능검사	일반건강진단 항목 청력검사 고막운동성검사 T.Chole/LDL/HDL/TG 소변 뮤콘산 혈중 납/기드뮴 Anti-HCV, VDRL(RPR) 백혈구분획 포함한 CBC ※고연령 추가검사 당화혈색소 및 심전도 24시간심전도, 운동부하검사, 또는 심장초음파, 경동맥 초음파 경추/요추/어깨/무릎 MR	세부적인 규정은 없음 야간근무 및 장시간 집중근무로 인한 신장 · 뇌혈관 · 근골격계 질환, 매연 및 가스로 인한 호흡기 질환 등 경찰활동과 그와 관련된 환경요인에 의한 질병의 조기 발견에 필요한 검사

개정되지 않으면 건강진단 대상에 포함되지 않아 보고되지 않을 수 있다. 직업병 혹은 업무관련성 질환임에도 특수건강진단에서 적절히 발견할 수 없는 경우도 흔하다. 예를 들어, 피부질환의 경우 라텍스 노출 알레르기성 피부질환, 고열로 인한 땀띠나 부적절한 작업화로 인한 무좀 등 다양한 피부질환이 흔히 발생하지만 현재의 특수건강진단제도에서는 적절히 판정, 보고되지 못하고 있다.

유해요인별 건강영향은 작업조건과 노출정도, 그리고 근로자의 건강상태와 감수성 등에 따라 차이가 날 수 있다. 현행 특수건강진단에서는 주로 유해인자 혹은 개별 근로자의 유해인자 노출 유무로 대상자를 선정하고 있다. 유해요인별 건강효과는 호흡기계, 간담도계, 신경계, 조혈기계 등 표적장기별로 평가하고 있다.

2) 검사항목 및 실시절차

건강효과에 대한 평가는 대개 혈액이나 소변 등을 통한 임상검사를 이용한다. 검사항목 선정은 질병의 조기발견 가능성, 검사의 타당성(민감도와 특이도, 양성예측도와 음성예측도 등), 검사의 실행가능성(순응도, 선호도, 비용, 시설, 인력 등), 검진의 이득과 손해 등을 주요하게 점검한 결과로 결정되어야 한다.

현행 특수건강진단에서는 개인별로 건강수준 및 노출수준을 고려하여 건강진단항목을 선정하여 1차와 2차로 구분이 된다. 1차 검사는 대상 근로자 전부, 2차 검사는 1차 검사의 결과만으로는 평가가 곤란하거나 감별해야 할 질환이 있다고 판단이 되는 경우가 해당한다. 노출정도·과거병력 등을 고려하여 필요하다고 인정하는 경우, 1차 검사항목을 검사할 때 2차 검사항목의 일부 또는 전부를 추가하여 실시할 수 있다. 1차 항목은 주로 유해인자 노출 파악과 질병 조기발견이라는 감시체계의 성격으로 생물학적 지표, 문진과 간단한 혈액검사를 중심으로, 2차 항목은 보다 정확한 진단을 위한 초음파, 컴퓨터단층촬영, 신경행동학적 검사 등을 포함한 임상검사를 중심으로 구성되어 있다.

구체적인 실시절차는 직업력 및 노출력 검사, 과거 병력조사, 자각증상조사, 임상진찰, 임상검사, 생물학적 노출지표검사 순으로 이루어진다. 이중 직업력 및 노출력 조사는 2차 검사 실시여부 판단 및 직업환경의학적 평가를 시행할 때 활용한다.

산업안전보건법의 적용을 받지 않는 직업군도 별도의 법령에 의해 건강검진을 시행하고 있다(표 1-3).

제2절 생물학적 모니터링

김정원

2.1 정의

생물학적 모니터링(biological monitoring)은 생체시료로부터 유해물질 그 자체, 또는 유해물질의 대사산물 또는 생화학적 변화산물 등 '생물학적 노출지표(biological exposure indices, BEIs)'를 분석하여 유해물질 노출에 의한 체내 흡수정도 또는 건강영향 가능성 등을 평가하는 방법이다. 혈액이나 소변이 주된 생체시료이며, 모발, 모유, 침, 지방 등도 이용이 가능하다. 근로자건강진단에서의 생물학적 모니터링은 주로 작업 중 노출되는 중금속, 유기용제를 중심으로 활용되고 있다.

생물학적 표지자(biomarkers)는 크게 노출지표, 효과지표, 감수성지표로 구분된다(그림 1-1). 근로자건강진단 유해인자인 납을 예로 들어보자. 납의 노출지표는 혈중납, 요중납, 혈장납 등이 있다. 효과지표는 골수에서의 헴(heme) 합성에 영향을 주는 효소반응과 납의 상호작용을 측정하는 ALAD (delta aminolevulinic acid dehydratase), 요중 ALA, 혈중 ALA, ZPP (Zinc

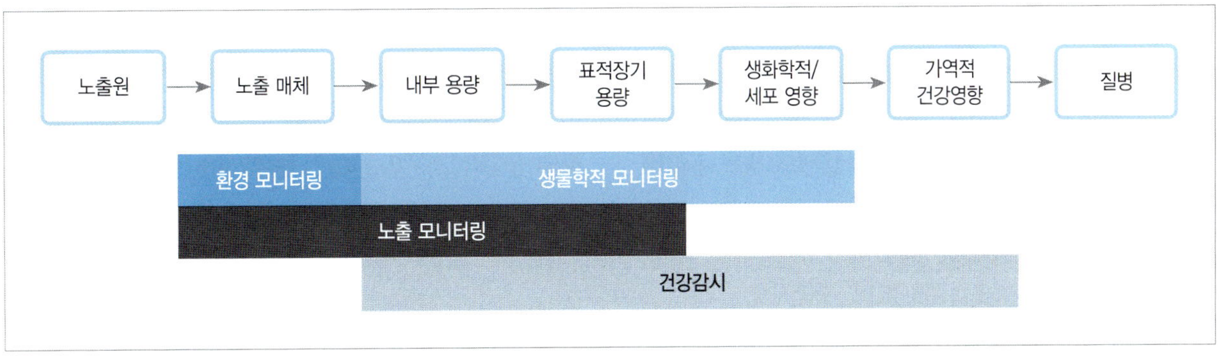

그림 1-1 환경, 생물학적, 노출 모니터링과 건강감시

protoporphyrin) 등이 있다. 이러한 대사 작용 정도에 영향을 주는 ALAD 유전자형은 감수성 지표로 활용이 가능하다. 근로자건강진단에서 이용되는 생물학적 표지자는 대부분 노출지표에 해당한다.

생물학적 모니터링 선정 시 고려해야 할 기본조건은 다음과 같다. 인체 내 인간 유기체에서 외인성 물질의 대사에 대한 정보(독성동태론, toxicokinetics), 해당 주요 장기에서 발생하는 변화에 대한 정보(독성동역학, toxicodynamics), 적절한 표지자(indicators)의 존재 여부, 해당 표지자의 생물학적 시료 채취 용이성, 충분한 수준의 정확한 분석 방법의 존재 여부, 용량-반응 관계의 존재 유무 및 관련 정보 존재 여부, 해당 표지자의 민감도, 특이도, 예측 타당도 등이다.

2.2 작업자의 노출상태와 생물학적 모니터링

생물학적 모니터링은 작업 환경 모니터링에 비해 인체 내 노출량을 직접적으로 파악하여 표적장기의 건강위험도를 평가할 수 있다는 장점이 있다. 장기간의 누적노출을 반영할 수 있고, 복합적인 작업을 수행하거나 이동이 많은 근로자의 노출량을 평가하며, 호흡기 외 피부, 소화기를 통한 노출도 평가할 수 있다는 장점이 있다. 이러한 특성을 활용하여 개인보호구 착용이 적절한지에 대한 평가도구로 활용할 수 있다. 반면 생물학적 유해요인은 작업환경평가와는 달리 모니터링이 가능한 유해인자가 제한되어 있고, 직업적 노출 외에 비직업적 노출원의 영향을 받으며, 개인의 유전적 특성이나 대사율과 같은 개인적 요인이 교란요인으로 작용할 수 있다.

2.3 근로자건강진단에서의 활용과 제한점

생물학적 노출기준값은 일주일에 40시간 작업하는 근로자가 고용노동부에서 제시하는 작업환경 노출기준 수준에 노출될 때 혈액 및 소변 중에서 검출되는 값으로 주 40시간의 작업을 할 때 대부분의 근로자들에게 증상이나 장해를 유발하지 않는다고 가정한다. 하지만 개별근로자의 감수성 요건을 고려할 때, 노출기준 미만이더라도 건강장해가 발생할 가능성을 무시해서는 안 된다. 또한 40시간 이상 근무하는 경우, 구체적인 작업장 환경 등을 고려한 신중한 판단이 필요하다. 특히, 천식 등 알레르기성 질환의 경우에는 이러한 노출기준이 적용될 수 없다.

특수건강진단 등에서 이용하는 생물학적 노출평가는 1차와 2차 지표물질로 구분되어 있다. 1차 지표물질은 건강진단의 1차 항목에 포함되어 반드시 검사하여야 한다. 반면, 2차 지표물질은 2차 항목 검사 시 필요하다고 인정되는 경우에 검사할 수 있다. 대개 작업장에서 흔히 노출되는 유기화합물, 금속류, 가스 상태 물질류 등이 대상으로 규정되어 있다(표 1-4).

생물학적 모니터링이 타당성을 확보하려면 통상적인 작업이 이루어지고 있을 때 실시되어야 한다. 그리고 가급적 작업환경측정 시점과 동일한 시점에 생물학적 모니터링을 실시한다면 개인별 노출량 평가 자료로서 작업환경측정자료와 함께 근로자건강진단에 활용할 수 있을 것이다.

생물학적 모니터링을 할 때는 지정된 시료 채취시기를 지켜야 한다. 시료 채취시기는 해당 물질의 생물학적 반감기를 고려하여 '수시', '당일', '주말', '작업 전'으로 구분된다. 납이나 카드뮴처럼 아무 때나 시료를 채취해도 일정한 농도 수준을 유지하는 물질이 있는 반면, 대부분의 유기용제와 같이 작업 종료 직후에 가장 높은 농도를 유지하다가 수 시간 이내에 농도가 급격히 낮아지는 물질이 있다. '수시(discretionary)'란 하루 중 아무 때나 시료를 채취하여도 된다는 것을 뜻한다. '주말(end of the workweek)'이란 목요일이나 금요일 또는 4~5일간의 연속작업의 작업 종료 2시간 전부터 직후까지를 말한다. '당일(end of shift)'은 당일 작업 종료 2시간 전부터 직후까지를 말하며 일산화탄소 및 불화수소의 경우 별도의 시간기준을 두고 있어 주의를 요한다. '작업 전(prior to shift)'이란 작업을 시작하기 전(16 hours after exposure ceases)에 채취하는 것을 의미한다. 근로자건강진단에 규정된, 당일작업 종료시점 채취 대상은 N,N-디메틸아세트아미드, 디메틸포름아미드, 크실렌, 톨루엔, n-헥산, 일산화탄소이다. 주말작업 종료시점 채취 대상은 메틸클로로포름, 트리클로로에틸렌, 퍼클로로에틸렌 등이 있다. 이 외에도 시료채취용기, 채취량, 채취방법, 시료운반과 보관방법, 시료분석 및 정도관리 전반을 모두 규정에 맞게 관리하여 생물학적 모니터링의 타당성을 확보하여야 한다.

표 1-4 생물학적 노출지표의 1차항목

구분	유해물질	생물학적 노출지표물질
유기화합물	N,N-디메틸아세트아미드	소변 중 N-메틸아세트아미드
	디메틸포름아미드	소변 중 N-메틸포름아미드
	1,2-디클로로프로판	소병 중 1,2-디클로로프로판
	메틸클로로포름	소변 중 삼염화초산 또는 총삼염화에탄올
	크실렌	소변 중 메틸마뇨산
	톨루엔	소변 중 o-크레졸
	트리클로로에틸렌	소변 중 삼염화초산 또는 총삼염화물
	퍼클로로에틸렌	소변 중 삼염화초산
	n-헥산	소변 중 2,5-헥산디온
	p-니트로아닐린 p-니트로클로로벤젠 디니트로톨루엔 N,N-디메틸아닐린 아닐린 및 그 동족체 에틸렌 글리콜 디니트레이트	혈중 메트헤모글로빈
금속류	납 및 그 무기화합물	혈중 납
	사알킬납	
	수은 및 그 화합물	소변 중 수은
	카드뮴 및 그 화합물	혈중 카드뮴
	인듐	혈중 인듐
가스상 물질류	일산화탄소	혈중 카복시헤모글로빈 또는 호기중 일산화탄소

제3절 업무적합성평가

김정원

업무적합성평가란 해당 업무 근로자 및 동료 근로자들의 건강에 악영향을 미치지 않으면서 해당 업무 수행에 적합한가 여부를 평가하는 것이다. 업무적합성평가는 ① 당해 근로자의 건강을 악화시킬 우려가 있는가(the first party risk), ② 동료 근로자의 건강 및 안전에 좋지 않은 영향을 미칠 것인가(the third party risk), ③ 신체 및 심리 상태가 업무수행에 적합한가(업무수행 능력) 등의 세 가지 측면에서 평가한다. 업무적합성평가는 단순히 질병의 유무와 그 정도 뿐 아니라, 해당 작업자의 신체적 및 심리적 기능을 중심으로 평가되어야 한다. 또한 업무와의 관련성 속에서 당해 근로자의 질병 상태 또는 감수성 요인 및 동료 근로자에 미칠 영향도 함께 평가한다. 그러므로 직업의학적 관점에서 업무 내용에 따라 특정 질병이 있더라도 업무에 적합할 수 있다. 반대로 임상의학적 관점에서는 경미한 수준의 건강 이상이라도 특정 업무에 의해 본인 혹은 동료 근로자의 건강에 영향을 미칠 수 있는 경우에는 업무 수행에 적합하지 않을 수도 있다. 업무 배제 등으로 인해 발생할 수 있는 법적, 윤리적, 경제적 문제가 함께 고려되어야 하는 경우가 많다.

3.1 평가 시기

업무적합성평가는 모든 근로자건강진단에서 검진판정 결과에 따른 조치에 상응하여 상시적으로 이루어지고 있다. 비상시적인 업무적합성평가로는 배치전 특수건강검진 업무적합성평가와 업무복귀 전 업무적합성평가가 있다. 채용 후 업무배치 전 또는 부서변경 전에 실시되는 배치전 특수건강진단은 근로자를 건강상 적합한 업무에 배치시키기 위한 조치라는 점에서, 질병이나 손상으로 휴업을 한 후 업무복귀할 경우 현재의 건강상태가 업무에 적합한지 평가한다는 점에서 중요하다.

3.2 업무적합성평가 내용과 절차

업무적합성평가는 업무요구도에 부합하는 업무수행능력을 갖고 있는지 평가하는 것이다. 업무요구도는 신체적 요구와 정신적 요구를 모두 반영해야 하며, 이를 위해 평가대상 근로자의 작업환경과 직무내용에 대한 이해가 있어야 한다. 업무수행능력은 진단명이나 장애와는 독립적으로 현재의 기능(functional capacity)을 보고 판단해야 한다.

첫째, 배치 업무의 직무 요구도는 현재 직무에 국한되지 않고, 미래의 직업경력과도 연관된다. 결국 작업내용의 파악이 필수적이다. 작업 시간, 작업 장소, 작업장 소음, 온도, 화학물질 노출, 인간공학적 측면 등 직업적 위험요인 등이 먼저 파악되어야 한다. 작업에 필요한 들기/당기기/시청지각 등 신체적 요구, 필요한 지식수준, 기술력 정도 등의 정신적 요구, 조직의 측면에서의 직무 스트레스 요인 역시 평가될 수 있다. 둘째, 기능 평가는 신체적, 심리적 측면 모두를 고려하여야 한다. 전반적 건강상태인 활력, 전일작업 가능성, 피로 정도 평가 등이 포함된다. 더불어 작업과 관련하여 직접적으로 문제가 될 수 있는 신체적 능력을 평가한다. 신경 및 근골격계 측면의 평가로 시력, 청력 등 감각기능, 소통 능력, 협응 능력, 근력, 자세, 이동가능성 등이 있다. 심폐기능 평가 등이 역시 포함된다. 또한 심리적 문제 역시 다양한 정신 및 심리 검사도구 등을 활용하여 평가할 수 있다. 작업 동기나 복귀 의지 등도 일종의 기능 평가 중 하나로 평가될 수 있다. 기능 평가는 기존의 표준화된 양식을 사용할 수도 있고, 구체적으로 배치될 직무 내용에 따라 다양한 방법들을 활용할 수 있다. 셋째, 업무적합성평가를 통해서 해당 업무의 요구도와 개별 작업자의 기능을 어떻게 조율할 것인가에 대한 내용이다. 이를 위해서는 앞서 언급하였던 업무요구도와 기능평가가 적절히 시행되어야 한다. 업무내용의 파악과 함께, 개별 작업자의 병력 및 직업력, 적절한 임상진찰, 필요한 기능 검토의 과정이 필수적이다. 적합성 평가에서 크게 주의할 두 가지는 다음과 같다.

(1) 업무내용과 관련하여 필요한 신체 및 심리 기능평가가 이루어져야 한다. 즉, '완전한 건강자'를 선택하는 것이 업무적합성평가의 목적은 아니다. 전체 장기를 모두 평가하기 보다는 업무내용에 필요한 신체 부위나 심리상태에 대한 임상진찰과 기능검사가 시행되어 이를 기반으로 업무적합성을 판단하는 것이 좋다.

(2) 작업자 배제가 목적이 되어서는 안 된다. 장애인은 「장애인차별금지 및 권리구제 등에 관한 법률」제4조(차별행위) 등에 기술된 직접적, 간접적, 정당한 편의제공 거부에 따르는 차별 등에 대해 함께 고려가 되어야 한다.

마지막으로, 평가서 작성 및 통보가 있다. 건강이나 안전상 이유로 작업이나 취업제한을 하는 경우, 평가서는 명확하고 구체적으로 작성되어야 한다. 우선적으로 과거 질병력, 가족력, 직업력, 업무내용, 진단명과 같은 평가의 근거를 제시되어야 한다. 또한 의학적 소견과 업무적합성 및 사후관리를 함께 기술한다. 이때 소견과 업무적합성 및 사후관리 등 평가결과에 대한 표현을 명확하게 하여 사업주와 근로자 간에 불필요한 논란을 최소화하여야 한다. 또한, 건강상태에 대한 의학적 정보는 당사자의 서면동의 하에 제한된 내용만 제공하는 것이 원칙이다. 결과 통보시 질병상태에 대한 상세한 건강진단결과를 포함하는 것은 바람직하지 않으며, 판정 구분(적합/부적합 등)과 필요한 업무상의 제한 또는 정당한 편의제공에 관한 내용만을 사업주에게 알려야 한다. 직업환경의학 전문의는 업무적합성을 판정할 때 단순히 건강수준에 따른 합격/불합격이 아니고 당해 업무와의 적합 여부를 평가하여야 한다. 이를 위해 직업환경의학 전문의는 업무적합성평가의 목적과 절차에 대하여 숙지하고 있어야 하며 윤리적 측면에 대해서도 관심을 가져야 한다.

3.3 근로자건강진단의 건강관리구분과 업무적합성평가

현행 근로자건강진단 제도로 배치적합성 평가와 업무수행적합여부 평가가 있다. 배치적합성 평가는 유해요인에 노출되기 이전이므로 과거병력, 가족력, 현 병력 등에 대한 문진을 통해 건강상태로 보아 새로운 업무에 배치해도 좋을 것인가 여부를 판단한다. 반면, 업무수행적합여부 평가는 현재의 유해요인 노출정도가 해당 공정 근로자의 건강에 악영향을 미칠 것인지를 판단한다. 두 평가 모두 건강상태에 대해 판단하는, 건강관리구분을 전제로 하여 진행된다.

건강관리구분은 건강자(A), 요관찰자(C), 유소견자(D)로 크게 구분된다. 근로자건강진단 건강관리구분은 일반건강검진에 있는 B판정이 별도로 없다는 점이 다르다. 건강관리구분 A란 건강진단결과, 이상소견이 전혀 없거나 경미한 이상소견은 있지만 건강관리상 사후관리가 필요 없는 근로자를 말한다. C와 D의 구분은 징후(sign), 장해(disorder) 및 질병(disease)에 따라 결정된다. C는 뚜렷한 장해가 아닌 이상 징후가 있는 상태를, D는 그 다음 단계인 뚜렷한 장해상태 이상이나 질병 상태를 판정기준으로 할 수 있다. 이와는 별개로 업무관련성이 있는 경우, C와 D는 C_1과 D_1으로 각각 판정한다. 이때 적용되는 원칙은 다음과 같다. 첫째, 건강관리구분 중 C_1과 D_1은 표적장기에 영향을 준 것으로 의심되는 유해인자를 기준으로 판정한다. 둘째, 하나의 유해인자는 복수의 표적장기에 영향을 줄 수 있으므로 각 유해인자별로 복수의 표적장기 판정이 가능하다. 다만, 야간작업 특수건강진단의 경우 C_1/C_2, D_1/D_2 구분을 하지 않고 C_N, D_N으로 판정한다. 이 외에도 U는 2차 건강진단대상임을 통보하고 30일을 경과하여 해당 검사가 이루어지지 않아 건강관리구분을 판정할 수 없는 경우를 말한다. 사업주와 건강진단기관을 통해 가능한 최소화되어야 한다.

건강진단 결과에 근거한 건강관리구분 판정 후 업무수행 적합여부는 네 단계(현재 조건하에서 현재업무 가능, 일정 조건하에서 현재업무 가능, 일정기간 현재업무

불가, 영구적으로 현재업무 불가)로, 사후관리 판정은 '사후관리 필요 없음'을 포함한 10가지로 구분하여 판정한다.

더 읽을거리

업무적합성평가의 원칙과 실제. 대한직업환경의학외래협의회. 2nd. 2016. 범문에듀케이션.

제4절 사후관리

김대성

근로자건강진단에서 사후관리의 의미는 명확하게 규정된 것이 없으나 건강진단 결과에 대한 건강진단기관 의사가 판단하는 직업환경의학적 평가 과정 중 하나로 규정하고 있다. 법규로 정해진 사후관리 조치는 일반건강진단, 특수건강진단, 배치전건강진단, 수시건강진단, 임시건강진단 또는 다른 법령에 따른 건강진단의 결과에 따라 근로자의 건강을 유지하지 위하여 사업주가 시행하는 것이다. 근로자건강진단 실시 후 사후관리 내용 및 절차에 대한 연구는 특히 유소견자와 요관찰자를 대상으로 시작되었다. 현재에는 건강진단주기 단축, 작업환경관리, 정밀업무적합성평가 의뢰 조치내용이 추가되어 현재 건강진단 사후관리조치에 활용하고 있다.

4.1 사후관리조치 구분 및 내용, 업무수행 적합여부 연계

사후관리조치 내용을 건강관리, 작업관리(근무상조치), 작업환경관리 등 3가지로 구분하면 그 조치 내용을 실행할 때 업무수행적합 여부와 연계하여 고려하게 된다(표 1-5).

건강관리는 생활습관 개선, 의학적 관리로 나누고 생활습관 개선은 건강상담이 해당되며, 의학적 관리는 추적검사, 건강진단주기 단축, 근무중 치료, 야간작업중 사이잠 제공, 정밀업무적합성평가 의뢰, 직업병확진의뢰 안내, 근무복귀 평가가 해당된다. 이때 대부분의 조치는 일정조건 하에 작업가능하나 휴업치료(질병휴가)의 경우는 치료 후 복귀하게 되므로 한시적 작업 불가 판정이 고려된다.

작업관리는 근무상 조치로 근로제한, 근로금지로 나누고 근로제한은 근무시간 제한(근무시간 단축, 연장근무 제한), 야간근로 제한(야간근무 제한, 교대근무시간 조정), 작업장소 변경이 해당되는데 이 조치는 한시적 해당 작업(근무형태) 불가 또는 일정조건 하에 작업가능 판정이 고려된다. 근로금지는 작업전환, 근로금지가 해당되는데 이 조치는 영구적 작업 불가 또는 한시적 작업 불가 판정이 고려된다.

작업환경관리는 보호구 지급 및 착용지도, 작업환경측정, 작업 시설 및 설비의 설치 및 개선 등이 해당되고 이 조치는 일정 조건하에 작업가능 판정으로 연계된다.

사업주가 일반건강진단, 특수건강진단, 배치전건강진단, 수시건강진단 실시결과 유기화합물, 금속류 등의 유해물질에 중독된 사람, 해당 유해물질에 중독될 우려가 있다고 의사가 인정하는 사람, 진폐의 소견이 있는 사람 또는 방사선에 피복된 사람에게 해당 유해물질 또는 방사선을 취급하거나 해당 유해물질의 분진·증기 또는 가스가 발산되는 업무 또는 해당 업무로 인하여 근로자의 건강을 악화시킬 우려가 있는 업무를 제한하도록 권고해야 한다. 또한 사업주가 일반건강진단, 특수건강진단, 배치전건강진단, 수시건강진단 실시결과 전염될 우려가 있는 질병에 걸린 사람(다만 전염을 예방하기 위한 조치를 한 경우에는 제외함), 조현병, 마비성 치매에 걸린 사람, 심장 · 신장 · 폐 등의 질환이 있는 사람으로서 근로에 의하여 병세가 악화될 우려가 있는 사람에 대하여 근로를 금지하도록 권고하고, 이 경우에 사업주가 해당 근로자를 다시 업무 시작하도록 하는 경우에는 미리 의사인 보건관리자, 산업보건의 또는 건강진단을 실시한 의사가 이에 대한 의견을 제시한다.

사후관리조치는 한 근로자에 대하여 중복하여 판정할 수 있다. 사후관리조치의 내용에 따른 업무수행적합여부 판정은 (1) "일정조건 하에서 작업가능"은 질병이 있는 근로자라 하더라도 작업에 제한은 없으나 생활습관 개선, 주기적 상담, 근무 중 치료 등의 조건 하에서 작업이 가능한 경우를 말하고, (2) "한시적 작업불가"는 질병의 악화 또는 합병증 발생으로 인한 치료를 위해 업무를 제한해야 하거나 만성질환의 악화가 우려되어 업무를 한시적으로 제한해야 하는 경우를 말하며, (3) "영구적 작업불가"는 질병의 합병증으로 인해 노동능력이 현저히 저하되어 있거나 업무로 인해 질병경과가 악화될 우려가 있어 해당 업무를 수행할 수 없는 경우로 구분한다.

4.2 사후관리조치 보고

근로자건강진단 실시결과에 따르면, 건강진단 실시 후 지금까지의 사후관리조치는 건강상담, 보호구 착용, 추적검사, 근무중 치료가 대부분을 차지한다(표 1-6). 반면에 근무상 조치는 활용도가 매우 낮다. 이는 특수건강

표 1-5 사후관리조치 구분 및 내용, 업무수행적합 여부 연계

구분	사후관리조치 내용[1]				업무수행적합 여부
건강관리			판정	건강상담	일정조건 하에 작업가능
	생활습관 개선		1	건강상담	
	의학적 관리		3	추적검사[2]	
			3	건강진단주기 단축	
			4	근무중 치료	
			9	야간작업 중 사이잠(nap) 제공	
			9	정밀업무적합성평가 의뢰	
			8	직업병확진의뢰 안내(산재요양신청서 발급)	
			3	근무복귀 평가	
			4	질병휴가(휴업치료)	한시적 작업 불가
작업관리 (근무상 조치)	근로 제한	근무시간 제한	5	근무시간 단축, 연장근무 제한	한시적 작업 불가, 일정 조건 하에 작업가능
		야간근로 제한	7,9	야간근무 제한, 교대근무시간 조정	
		작업장소 변경	6	근무장소 변경	
	근로금지		6	작업전환, 근로금지	영구적 작업 불가, 한시적 작업 불가
작업환경 관리	보호구 지급		2	보호구 지급 및 착용 지도	일정조건 하에 작업가능
	작업환경개선		9	작업환경측정 작업 시설 · 설비의 설치 및 개선	

(1) 사후관리조치 내용은 한 근로자에 대하여 중복하여 판정할 수 있음

(2) 건강진단의사가 직업병 요관찰자(C_1), 직업병 유소견자(D_1) 또는 "야간작업" 요관찰자(C_N), "야간작업" 유소견자(D_N)에 대하여 추적검사 판정을 하는 경우에는 반드시 건강진단의사가 지정한 검사항목에 대하여 지정한 시기에 추적검사를 실시하여야 함

진단기관 의사가 사후관리조치 판정함에 있어 해당 업무 내용에 대한 정보가 부족하고 고용상태 및 급여 지급과 직접 관련이 있는 작업관리 조치를 고려하기 어렵기 때문이다.

일반건강진단, 특수건강진단, 배치전건강진단, 수시건강진단, 임시건강진단의 결과 근로금지 및 제한(야간근무 제한), 작업전환(작업장소 변경), 근로시간 단축, 직업병 확진 의뢰의 사후관리조치를 받은 근로자가 있는 경우에 해당 사업장의 사업주는 그 특정 근로자에게 사후관리 조치의 내용을 알려주어야 하고, 2020년 1월 16일부터 시행한 건강진단의 경우에는 그 조치의 이행 결과를 고용노동관서에 정해진 기간 이내에 보고서로 제출해야 한다. 이 경우 사업주가 해당 조치의 이행이 어려울 때에는 건강진단을 실시한 의사 또는 산업보건의(의사인 보건관리자, 보건관리전문기관의 의사 포함)의 의견을 들어 사후관리 조치의 내용을 변경하여 시행할 수 있다. 다만 건강진단 실시 의사, 산업보건의(의사인 보건관리자, 보건관리전문기관의 의사 포함)가 근무상 조치를 결정함에 있어 타과 임상전문의인 주치의의 의견을 고려해야 하고 근로자 본인의 동의 및 개인정보보호가 필수적이며 사업주(부서장)의 이해와 합의, 고용 배려가 필요하다.

현행 제도에서 사후관리는 보건관리전문기관, 근로자건강센터, 산업보건의 등 다양한 자원을 활용할 수 있다. 하지만, 근로자건강진단 제도와의 연계는 더욱 보완되어야 할 것이다.

표 1-6 2019년-2020년 특수건강진단의 사후관리조치 현황(건, %)

구 분			전체	정상 근무	건강 상담	보호구 착용	추적 검사	근무중 치료	근로 시간 단축	작업 전환	근로 금지 제한	기타
직업병	소계	'20년	164,214 (100.0)	7,809 (4.8)	462 (0.3)	119,872 (73.0)	31,912 (19.4)	770 (0.5)	30 (0.01)	976 (0.6)	28 (0.01)	2,355 (1.4)
		'19년	171,426 (100.0)	9,942 (5.8)	739 (0.4)	123,376 (72.0)	32,878 (19.2)	782 (0.5)	172 (0.1)	1,454 (0.8)	19 (0.01)	2,064 (1.2)
일반 질병	소계	'20년	615,044 (100.0)	8,767 (1.4)	88,422 (14.4)	214,476 (34.9)	163,093 (26.5)	63,946 (10.4)	10 (0.01)	66 (0.01)	91 (0.01)	76,173 (12.4)
		'19년	665,442 (100.0)	11,416 (1.7)	105,697 (15.9)	231,715 (34.8)	182,739 (27.5)	62,116 (9.3)	16 (0.01)	114 (0.01)	165 (0.01)	71,464 (10.7)
작업 관련 질병	소계	'20년	600,025 (100.0)	13,525 (2.3)	166,596 (27.8)	–	128,395 (21.4)	188,570 (31.4)	56 (0.01)	207 (0.01)	96 (0.0)	102,580 (17.1)
야간 작업		'19년	584,004 (100.0)	19,084 (3.3)	155,716 (26.7)	–	121,878 (20.9)	183,331 (31.4)	228 (0.01)	241 (0.01)	173 (0.01)	103,173 (17.7)

더 읽을거리

김양호. 근로자건강진단 결과 사후관리 및 업무적합성 평가지침 개발(보건관리자용, 의사용). 산업안전보건공단 산업안전보건연구원. 2008.

제2장 사업장 보건관리

제1절 산업보건의와 보건관리자

이철호

직업적 요인으로부터 근로자의 건강을 보호하고 증진함으로써 사업장의 노동력을 보존하고, 근로자의 건강을 유지하기 위하여 시행하는 사업장 보건관리는 사업주의 의무이다. 사업주는 고용된 근로자의 근로조건을 개선하여 적절한 작업환경을 조성함으로써 근로자의 신체적 피로와 정신적 스트레스 등으로 인한 건강장애를 예방하고, 근로자의 생명 보존과 안전 및 보건을 유지·증진시키며 안전과 보건에 관한 정보를 근로자에게 제공하여야 한다. 사업장 보건관리가 성공적으로 수행되기 위해서는 사업주와 근로자의 적극적인 관심과 참여, 산업보건 전문가의 협조 그리고 지속적인 정부의 지원과 관리감독이 필요하다.

사업장 보건관리는 업무상 질병의 예방·관리를 목적으로 하고, 이를 위하여 필요한 실무적인 조치로는 사업상 보건관리체계를 구축하고, 산업안전보건규정을 제정하며, 이 규정에 따르는 실천행위인 유해·위험요인 예방조치와 근로자 보건관리를 하고, 이를 위한 적절한 비용을 집행하는 것이다. 또한 사업주가 이러한 실무적인 조치를 이행하는지를 정부가 관리·감독하고, 근로자 대표에게 감시하게 하는 것이 필요하다.

1.1 사업장 보건관리의 원리와 사업장 보건관리 조직체계

본 장에서는 기본적인 사업장 보건관리 원리를 제시하고, 산업안전보건법으로 규정된 사업장의 보건관리 조직체계를 설명하고자 한다.

1) 사업장 보건관리의 원리

사업장 보건관리는 산업보건전문가(보건관리자)의 보좌나 개입 없이는 효과적인 성과를 거두기 어렵다. 산업보건전문가는 사업주와 근로자에게 체계적이고 다양한 직업보건학(혹은 직업의학) 서비스를 제공하여야 하며, 이를 위하여 사업장 보건관리의 원리에 입각한 보건관리체계를 구축하도록 노력하여야 한다.

(1) 사업장 보건관리의 범위

사업장 보건관리는 근로자 건강관리, 작업환경관리 및 작업관리로 분류할 수 있고, 이러한 관리를 수행하기 위하여 업무상 유해·위험요인에 대한 위험성평가를 매년 수행하고, 위험성평가를 기반으로 보건관리의 우선순위 및 대책을 세울 수 있다.

① 근로자 건강관리

㉠ 건강진단 및 유소견자 건강관리 : 사업주는 해당 사업장의 근로자에 대한 일반건강진단과 특수건강진단을 실시하고, 요관찰자나 유소견자에 대해 건강진단 담당의사가 권고한 사후관리 조치사항을 수행하여야 한다. 사업주는 해당 사업장의 보건관리자의 조언(혹은 보좌)을 받아 근로자에게 사후관리 조치사항인 건강상담, 추적검사, 보호구 착용지도, 근무 중 치료, 근로시간 단축, 근로금지 및 제한 및 직업병확진의뢰 등을 수행하도록 하여야 한다.

㉡ 만성질환자 관리 : 우리나라가 고령화 사회 혹은 초고령화 사회로 진입하면서 근로자도 고령화되고 있고, 만성질환자도 업무를 수행하는 기업환경이 되었다. 고혈압, 당뇨, 고지혈증 등으로 인한 뇌심혈관계질환, 간장질환, 각종 암 질환자(수술 후 복귀자 포함)를 비롯한 만성질환을 앓고 있는 근로자가 많은 것이다. 사업장의 생산성을 유지하기 위해서는 만성질환자의 관리가 보건관리의 필수가 되었다. 건강진단결과, 근태현황 등을 확인하고, 개별 근로자에 대한 건강상담은 적절한 건강관리를 제공하여야 한다. 건강관리에서는 건강상담뿐만 아니라 해당 업무 수행이 가능한지, 해당 업무를 수행할 때 건강에 이상이 없는지, 그리고 해당 작업의 동료에 미치는 영향이 없는지에 대한 업무적합성평가를 실시하여야 한다.

㉢ 근골격계질환자 관리 : 근골격계질환에 대한 위험요인(인간공학적 유해요인)이 업무에 포함된 경우 사업주는 근골격계질환 유해요인조사를 3년마다 1회 이상 실시하여야 하며, 이 조사에서는 인간공학적 유해요인에 노출된 근로자에 대해서는 증상조사(설문지 조사)를 실시하고, 유증상자가 있는 경우 증상자에 대한 의학적 예방프로그램을 실시하여야 한다. 또한 수시로 발생하는 근골격계질환 증상자에 대해서는 보건관리자가 의학적 상담을 실시하여 근골격계질환에 대한 의학적 서비스를 제공하여야 한다.

㉣ 직무스트레스 관리 : 직무스트레스는 직무자율성, 직무요구 정도, 직장문화, 관계갈등, 보상부적절, 사회적 지지 등과 관련된 직무스트레스, 자신의 감정과 조직에서 요구하는 감정의 괴리에서 오는 서비스직의 감정노동, 그리고 중대재해를 처리하는 과정에서 사망자를 처치하거나 그 작업을 함께 하였던 관련자에서 발생하는 직업 트라우마 등이 있다. 보건관리자는 직업적 요인에 의해 스트레스 반응이 있는 근로자에 대해 정기적으로 혹은 사고가 발생할 시점에 적절히 개입하여 스트레스 반응에 대한 심리학적 혹은 정신건강의학적인 관리를 제공하여야 한다.

㉤ 업무복귀자 건강관리(업무적합성평가 포함) : 질병으로 휴무요양을 하고 돌아온 근로자가 근력이 약화된 상태에서 이전 업무에 투입되게 되면, 휴식과 의학적 치료에 의해 통증은 완화되었으나 노동기능은 질환발병 전에 비해 더욱 더 떨어진 상태이므로 오래 견디지 못하고 작업현장을 떠날 수 있다. 일정기간 이상 휴무요양을 하고 복귀하는 근로자를 위한 업무복귀 프로그램을 만들어야 한다. 이러한 업무복귀프로그램이 현실성 있게 실행되기 위해서는 복귀할 작업에 대한 직무분석과 함께 복귀프로그램에 맞는 운동처방과 기능회복운동 그리고 노동능력평가가 전제되어야 한다.

② 작업환경관리

㉠ 작업환경측정 및 작업환경개선활동 : 사업주는 업무상의 유해인자로부터 근로자의 건강을 보호하고 쾌적한 작업환경을 조성하기 위하여 작업환경측정을 실시하여야 한다. 또한 그 결과를 기록하고 보존하여야 하고, 해당 작업장의 근로자에게 알려야 하며, 그 결과에 따라 근로자의 건강을 보호하기 위하여 해당 시설 · 설비의 설치와

개선 등의 조치를 하여야 한다. 보건관리자는 작업환경측정 전에 근로자가 노출되는 유해인자를 확인하고 측정대상을 선정하여야 하고, 측정결과 해당 시설과 설비를 설치하거나 개선하여야 하는 경우, 이를 사업주에게 조언하여야 한다.

㉡ **작업장 유해인자 관리** : 사업주는 발암성 물질 등 근로자에게 중대한 건강장해를 유발할 우려가 있는 유해인자는 작업장 내의 그 노출 농도를 법에서 정하는 허용기준 이하로 유지하여야 한다. 사업장에서 근로자가 자신의 건강에 영향을 주는 화학물질을 취급하는 경우 사업주는 해당 물질을 양도하거나 제공하는 거래처에서 물질안전보건자료(MSDS, material safety data sheets)를 제공받아서 대상 물질을 취급하는 작업장 내에 이를 취급하는 근로자가 쉽게 볼 수 있는 장소에 게시하거나 갖추어 두어야 하며, 그 내용을 해당 근로자에게 교육하여야 한다.

㉢ **보호구 관리(선정과 착용지도)** : 작업장 환경개선만으로 유해인자로부터의 노출 방지가 완벽하지 않으면 사업주는 해당 근로자에게 적절한 보호구를 착용하도록 지시하여야 한다. 보건관리자는 해당 유해인자의 노출량 등을 고려하여 사업주가 적절한 보호구를 선정할 수 있도록 조언하여야 하며, 보호구의 적절한 착용을 위하여 관리감독자와 해당 근로자에게 정보를 주고 지도 · 조언 및 교육 등을 하여야 한다.

㉣ **작업장 순회점검** : 작업장 순회점검은 작업환경관리에서 가장 중요한 업무로서 보건관리자로 처음 선임되었거나, 해당 공정이 신설된 경우 우선적으로 수행하여야 한다. 점검결과 관리가 미흡하거나 불량한 사항이 있는 경우 개선사항을 관리감독자에게 지도 · 조언하고, 사업주에게는 보고서로 보고하여야 한다. 이후로는 정기적인 순회점검을 실시하여 지도 · 조언한 사항이 개선되었는지를 확인하고, 미흡한 경우 다시 지도 · 조언을 한다. 순회점검을 할 때는 일반환경점검으로 작업장 정리정돈 상태, 바닥의 미끄럼 방지 상태, 전체 환기상태, 지시안전표시의 게시여부 및 내용의 적절성, 사무실의 조도와 환기상태 그리고 휴게실과 세척시설의 관리 등을 점검하여야 하고, 유해환경점검으로는 국소배기장치의 작동과 그 효율성, 유기화학물질의 보관, 이동 및 취급상태, 특별관리물질의 관리상태, MSDS의 확보와 최근상태, MSDS의 게시상태, 안전보건표지의 적절한 부착상태, 보호구의 비치와 착용상태, 중량물안내 표지의 부착이나 근골격계 부담작업여부의 점검, 밀폐공간 작업여부와 적절성 여부를 점검하여야 한다.

③ 작업관리

㉠ **장시간 근무 및 교대작업 관리** : 장시간 근무와 교대작업은 작업자에게 신체적 과로나 스트레스로 작용하여 뇌 · 심혈관계질환의 위험요인으로 작용하게 되므로 보건관리자는 장시간 근무와 교대작업을 제한하도록 하여야 한다. 장시간 근무는 현재 주간 52시간 이상 근무가 금지되어 있으므로 제한할 수 있는 법률적 근거가 마련되었으나, 사무직의 비공식적인 연장근무가 문제가 될 수 있다. 그리고 밤 10시부터 새벽 6시까지의 야간근무를 포함한 교대작업은 전기, 가스, 운수, 수도, 통신, 병원 등 공익적 사업을 해야 하는 사업장에서는 피할 수 없는 작업방식이다.
교대작업으로 발생할 수 있는 질환은 뇌 · 심혈관계질환, 비만과 대사증후군, 당뇨, 수면장애, 위장관질환, 우울증 등의 정신질환, 유방암을 비롯한 암질환 등이 있다.

㉡ **인간공학적 유해요인의 관리** : 업무상 질병에 가장 높은 비중을 차지하는 직업관련성 근골격계질환은 육체적 노동을 하는 근로자의 근육 피로 혹은 통증으로 인하여 노동력 손실로 이어져서 기업의 생산성을 떨어뜨리는 주요한 원인이다. 근골격계 증상을 경험하는 근로자에 대한 의학적 관리와 함께 근골격계질환을 유발하는 작업에 대한 인간공학적 관리 또한 매우 중요하다.

모든 사업주는 고용된 근로자가 근골격계 부담작업(11개 작업으로 규정)을 수행하는 경우 3년 주기로 근골격계 유해요인조사를 시행하여야 하며, 보건관리자는 유해요인이 확인되면 이에 대한 개선조치를 할 수 있도록 하여야 한다.

㉢ **직무스트레스 원인의 관리** : 작업관리에서의 직무스트레스 관리는 개별 근로자의 스트레스 반응을 관리하는 것이 아니라, 직무에 포함된 스트레스의 원인을 관리하는 것이다. 어느 사업장이든지 직무스트레스는 발생할 수 있으며 그 필요성이 제기되는 사업장은 직무스트레스를 평가하고, 그 결과에 따른 스트레스 원인에 대한 관리 프로그램을 시행하여야 한다. 직무스트레스 요인을 관리하기 위한 조직적 차원의 전략은 근무시간 관리, 적절한 휴식시간 제공, 업무 일정의 합리적 운영, 적정 업무량 배정, 자신의 업무와 관련된 결정에 참여할 수 있는 기회 제공, 의사소통 창구 마련, 다양한 지지체계 구축, 자아 발전의 기회 제공, 근로자에 대한 상담, 교육과 훈련의 시행 등이다.

㉣ **위험성평가** : 위험성평가는 사업장에 존재하는 유해·위험요인을 파악하고 해당 유해·위험요인에 의한 부상 또는 질병의 발생 가능성을 추정하여 결정하고 감소대책을 수립하여 시행하는 일련의 과정을 의미한다. 사업주는 매년 위험성평가를 시행해야 한다. 위험성평가의 실시 주체는 사업주이나 안전보건관리책임자, 관리감독자, 보건관리자, 안전관리자 또는 안전보건담당자, 대상 작업의 근로자가 참여하여 각자 역할을 분담하여 실시하여야 한다. 위험성 평가의 실시 절차는 ① 평가대상의 선정 등 사전준비, ② 근로자의 작업과 관계되는 유해·위험요인의 파악, ③ 파악된 유해·위험요인별 위험성 추정, ④ 추정된 위험성이 허용 가능한 위험성인지 여부 결정, ⑤ 위험성 감소대책 수립 및 실행, ⑥ 위험성평가 실시내용 및 결과에 관한 기록 등으로 이루어진다.

(2) 사업장 보건관리의 내용(보건관리자의 역할)

① 산업안전보건위원회 참석

사업주는 사업장의 안전보건에 관한 중요 사항을 심의·의결하기 위하여 근로자위원과 사용자위원이 동수로 구성된 산업안전보건위원회를 구성하여 안전보건관리책임자의 업무내용, 안전보건관련 조치사항 그리고 근로자 안전과 보건을 유지·증진시키기 위한 사항을 심의하고 의결하게 한다. 보건관리자는 사용자위원의 일원으로 산업안전보건위원회에 참석한다.

② 안전보건관리규정 및 취업규칙에서 정한 업무와 산업안전보건위원회 의결사항 준수

보건관리자는 안전보건관리규정 혹은 취업규칙에서 정한 사업장 보건관리에 대한 규정이나 산업안전보건위원회에서 의결한 보건관리에 관한 의결을 준수하여야 한다.

③ 보건과 관련된 보호구 구입 시 적격품 선정에 관한 보좌 및 지도·조언

보건관리자는 해당 사업장의 공정별 유해요인을 파악하여 유해요인에 대해 적절한 개인 보호구를 확인한 후 보호구를 구매하고자 할 때 적절한 보호구를 구매할 수 있도록 지도·조언을 한다.

④ 위험성평가에 관한 보좌 및 지도·조언

사업장은 매년마다 위험성평가를 시행하여야 하므로, 보건관리자는 사업주가 위험성평가를 시행하도록 권고하고, 실제로 위험성평가, 감소대책 수립 및 실행 등에 참여하여야 한다.

⑤ 물질안전보건자료의 게시 또는 비치에 관한 보좌 및 지도·조언

사업주는 근로자가 업무상 노출되는 유해인자(화학물질 및 물리적 인자 등)에 대한 정보를 MSDS, 작업환경측정결과서 등을 통하여 확인하여, 대상 유해인자의 유해성 및 위험성과 그 예방방법을 근로자들에게 교육과 게시를 통하여 알린다. 또한 대상 유해인자에 대한 작업자의 노출 정도를 작업환경측정을 통하여 파악하여 노출평가를 수행하며, 이 노출 평가는 대상 유해인자에 대한 건강영향을 평가하는 특수건강진단의 기초자료로 활용한다.

⑥ 업무적합성평가 및 업무상질병 예방활동

보건관리자 중 의사만이 할 수 있는 업무적합성평가는 업무상질병이 발병 혹은 재발되는 것을 예방하기 위하여 건강진단결과 유소견자, 업무상질병 발병자, 3개월 이상의 휴무요양을 한 근로자, 기타 질병으로 업무수행여부를 확인할 필요가 있는 근로자를 대상으로 시행한다.

⑦ 보건교육계획의 수립 및 보건교육 실시에 관한 보좌 및 지도 · 조언

보건관리자는 사업주가 근로자 대상의 안전보건교육과 안전보건관리책임자 및 관리감독자 대상의 직무교육 그리고 안전관리자와 보건관리자의 직무교육을 계획하고 실시할 수 있도록 지도 · 조언하여야 한다.

⑧ 사업장 내 의료행위

㉠ 자주 발생하는 가벼운 부상에 대한 치료
㉡ 응급처치가 필요한 사람에 대한 처치
㉢ 부상 · 질병의 악화를 방지하기 위한 처치
㉣ 건강진단 결과 발견된 질병자의 요양지도 및 관리
㉤ ㉠부터 ㉣까지의 의료행위에 따르는 의약품의 투여

⑨ 전체 환기장치 및 국소 배기장치 등에 관한 설비의 점검과 작업방법의 공학적 개선에 관한 보좌 및 지도 · 조언

보건관리자는 작업장 내 공기 질을 향상시키기 위해 전체 환기장치나 국소배기장치를 효과적으로 설치하고 관리할 수 있도록 권고하고, 정기적인 점검을 통하여 장치의 효율이 떨어지지 않도록 관리하여야 한다.

⑩ 사업장 순회점검, 지도 및 조치 건의

이 업무는 보건관리자가 사업장의 보건문제를 현장에서 점검하고 그 개선대책을 세우기 위하여 기본적으로 수행하여야 하는 기본 업무이다. 순회점검을 위한 체크리스트를 만들고 정기적인 순회점검을 통하여 반복적으로 점검하고, 개선 관리도 추구하여야 한다.

⑪ 산업재해 발생의 원인 조사 · 분석 및 재발 방지를 위한 기술적 보좌 및 지도 · 조언

보건관리자는 산업재해가 발생한 경우 산업재해의 발생 원인을 조사하고 분석하여 재발 방지대책을 수립하는 과정에서 공학적 또는 의학적 지식에 대한 정보를 제공하여 합리적이고 현실적인 재발 방지대책이 수립되는 것을 지원하여야 한다.

⑫ 산업재해에 관한 통계의 유지 · 관리 · 분석을 위한 보좌 및 지도 · 조언

보건관리자는 사업장에서 발생한 산업재해에 관한 통계를 유지 · 관리 · 분석하는 업무에 지도와 조언을 함으로써 법적 규격에 맞는 통계량과 산업재해 예방대책을 수립하는데 기초 자료가 될 수 있도록 하여야 한다.

⑬ 법 또는 법에 따른 명령으로 정한 보건에 관한 사항의 이행에 관한 보좌 및 지도 · 조언

보건관리자는 사업주에게 보건관련 법령과 법에 따른 명령 등을 안내하여 사업장 보건관리를 법적 규범에 맞게 운영하도록 하여야 한다. 또한 고용노동부와 안전보건공단의 최신 공지사항을 안전보건관리책임자, 관리감독자 또는 보건업무 담당자에게 전달하여 근로자 보건관리에 활용하도록 지도 및 조언을 시행한다.

⑭ 업무 수행 내용의 기록 · 유지

보건관리자는 해당 사업장의 보건관리 업무 수행에 대한 기록을 유지하도록 하여야 한다. 이 기록을 유지하고 연속적으로 진전된 업무 수행이 가능하도록 하며, 사업장 보건분야에서 지도 · 조언을 한 업무가 개선되었는지에 대한 확인이 가능하도록 한다.

(3) 사업장 보건관리의 기획 및 평가방법

사업장 보건관리 수행에서 기획과 성과에 대한 평가는 반드시 필요하다. 기획이란 목표를 달성하기 위해 최적의 전략을 개발하기 위한 의도적인 조직 활동이다. 사업장 보건관리의 궁극적인 목적이 직업으로 인한 업무상 질병을 예방하는데 있지만, 그 목적을 달성하기 위한 중간단계의 목표의 설정이 필요하다. 또한 이 목표는 사업장의 자원과 요구도 등 현실적인 여건과 실현 가능한 구체적인 설정 등이 필요할 것이다. 보건관리의 평가는 수행한 사업이 사업단계별로 다음의 구성 요건을 충족시켰는지에 대하여 정보를 체계적으로 취합하고 분석하는 과정이다(표 2-1). 사업장 보건관리 사업의 효과적인 수행을 위해서는 기획, 프로그램 실행 및 활동 전반에 대한 평가가 수반되어야 한다. 기획 단계에서는 적합성을, 실행단계에서는 적절성과 진행과정을 평가하게 된다. 사업의 종료단계에서는 사업의 결과, 효율성, 지속 가능성에 대한 평가를 시행한다.

2) 사업장 보건관리조직체계

사업장 보건관리조직을 구성하기 위해서는 사업주가 사업장을 실질적으로 총괄하며 관리하는 사람에게 해당 사업장의 보건관리업무를 총괄하여 관리하도록 안전보건관리책임자로 선임하고, 사업장의 생산과 관련되는 업무와 그 소속 직원을 직접 지휘 · 감독하는 직위에 있는 사람을 관리감독자로 선임하여야 한다(그림 2-1). 주식회사인 경우 대표이사는 안전보건에 관한 계획을 수립하여 이사회에 보고하고 승인을 받아야 하며, 이 계획에는

표 2-1 사업장 보건관리 기획 및 단계별 구성요소

사업단계	투입(Input)	과정(Process)	산출(Output)	결과(Outcome)	
구성요소	인력 시설, 장비 정보, 자료 사업비	대상자 참여 진행정도 예산집행과 효율 사업의 질과 만족도 기술수준 문제점	사업량	기여요인 결정요인	건강수준 사회지표
평가유형	구조평가	과정평가		결과평가	

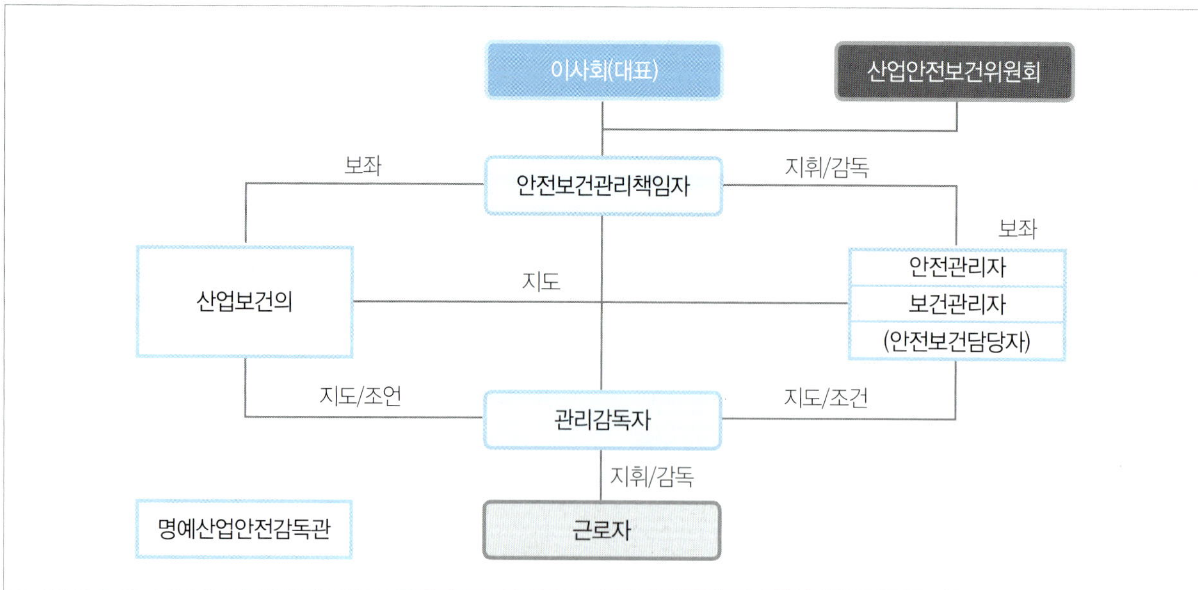

그림 2-1 사업장 안전보건관리조직체계도

안전보건에 관한 비용, 시설, 인원 등이 포함되어 있어야 한다. 또한 사업주는 사업장의 안전보건에 관한 중요사항을 심의 · 의결하기 위하여 근로자위원과 사용자위원이 같은 수로 구성된 산업안전보건위원회를 구성하여 안전보건관리책임자의 업무내용, 안전보건관련 조치사항 그리고 근로자 안전과 보건을 유지 · 증진시키기 위한 사항을 심의하고 의결하게 한다.

그리고 사업주는 안전과 보건에 관한 기술적인 사항에 관하여 사업주 또는 안전보건관리책임자를 보좌하고 관리감독자에게 지도 · 조언하는 업무를 수행할 안전관리자와 보건관리자를 선임하여야 한다. 또한 보건관리자를 의사가 아닌 직종을 선임한 경우에는 근로자 건강관리나 보건관리자의 업무를 지도하기 위하여 산업보건의를 선임하여야 한다.

사업장의 안전보건관리가 원활하게 잘 수행되고 있는지를 관리감독하기 위하여 정부(고용노동부)는 각 사업장별로 직접 근로감독을 하여야 하고, 해당 사업장의 산업재해 예방활동에 대한 참여와 지원을 촉진하기 위하여 근로자, 근로자단체, 사업주단체 및 산업재해예방 관련 전문단체에 소속된 사람 중에서 명예산업안전감독관을 위촉할 수 있다.

(1) 보건관리자

① 보건관리자의 자격

㉠ 산업보건지도사

㉡ 의사

㉢ 간호사

㉣ 산업위생관리산업기사 또는 대기환경산업기사

㉤ 인간공학기사

㉥ 전문대학 이상의 학교에서 산업보건 또는 산업위생분야의 학위를 취득한 사람

② 보건관리자를 선임해야 하는 사업장

보건관리자를 선임해야 하는 사업장은 50인 이상의 상시근로자를 고용한 사업장이며, 구체적인 사업장의 종류와 규모 그리고 선임방법을 산업안전보건법에 규정하고 있다.

③ 보건관리자 선임제도의 변화

우리나라의 보건관리자 선임제도는 1953년 근로기준법이 제정되면서 시작되었다. 근로기준법 제72조에 의거 사업장 보건관리자는 의사로서 50인 이상 근로자를 가진 사업장에 임명하며, 그 밑에 보건관리 전문가 또는 소정의 교육을 받은 보건관리요원을 두도록 하였다. 이때부터 보건관리자와 요원에게 소정의 교육이 실시되었고, 교육을 담당한 의사와 교육받은 의사가 중심이 되어 1963년 대한산업보건협회를 설립하였다. 당시 보건관리자는 대부분 사업장의 근로자를 진료하던 개원의 중심이었고, 보건관리요원은 방사선 기사, 간호사 등이 일부 있었고, 대부분은 사업장에서 차출된 일반 직원인 경우가 많았다. 근로자 정기건강진단이 실시되었으나, 직업병의 관리와 사업장 실태 조사는 일부 학계에서만 이루어지고, 사업장내에서의 산업보건 활동은 미미한 형편이었다. 이때까지는 보건관리자 제도는 있었으나 적극적인 사업장 보건관리는 이루어지지 않았다.

1981년 산업안전보건법이 공포되면서 보건관리자 제도에 변화가 생긴다. 보건관리자 자격은 여전히 의사로 한정되었으나, 보건관리요원의 자격을 기존의 사업장 직원에서 산업위생담당자(작업환경관리 담당자)와 간호사(건강관리 담당자)로 강화하였다. 이어서 1991년에는 산업안전보건법을 대폭 개정하여 보건관리자의 자격을 간호사, 산업위생 및 환경기사 자격자로 확대하고, 기존의 보건관리자 자격이었던 의사는 “산업보건의” 제도를 신설하여 운영하였다.

산업안전보건의 선진화를 위한 3개년 계획을 실시하고, 보건복지부에 강력하게 요청하여 1996년에는 산업의학 전문의 제도를 신설을 하게 되었고 근로자 건강관리에 산업의학전문의를 적극적으로 활용하려 하였다. 그러나 같은 해에 발효된 기업활동 규제완화에 관한 특별조치법으로 산업보건의의 선임을 사업장 자율로 선택하도록 함으로써, 사업장 보건관리 체계에서 산업보건의의 선임이 거의 이루어지지 않게 되었다.

현재는 보건관리자의 인력 기준 중 하나로 의사 인력을 선임하도록 하고 있으며, 농업 등을 포함한 일부 대규모 업종에만 의사 인력의 선임 의무를 부여하고 있으며, 대부분은 의사 또는 간호사 중 1인을 선임하도록 하거나, 사업장 자율에 맡기고 있다.

(2) 산업보건의

① 산업보건의의 자격

산업보건의의 자격은 의사로서 직업환경의학과 전문의, 예방의학 전문의 또는 산업보건에 관한 학식과 경험이 있는 사람으로 한다.

② 산업보건의를 선임해야 하는 사업장

산업보건의를 두어야 하는 사업의 종류와 사업장은 보건관리자를 두어야 하는 사업으로서 상시근로자 수가 50명 이상인 사업장으로 한다. 다만 의사를 보건관리자로 선임한 경우와 보건관리자의 업무를 보건관리 전문기관에 위탁한 경우에는 선임하지 않아도 된다. 그러나 1997년에 개정된 '기업활동 규제완화에 관한 특별조치법'에 의해 산업보건의 선임은 기업자율로 하도록 하여 대부분의 사업장에서는 선임하지 않고 있다.

③ 산업보건의의 역할

㉠ 근로자건강진단 결과의 검토 및 그 결과에 따른 작업 배치, 작업 전환 또는 근로시간의 단축 등 근로자의 건강보호 조치

㉡ 근로자의 건강장해의 원인 조사와 재발 방지를 위한 의학적 조치

㉢ 그 밖에 근로자의 건강 유지 및 증진을 위하여 필요한 의학적 조치에 관하여 고용노동부장관이 정하는 사항

④ 산업보건의의 지위와 권한

보건관리자로서 의사(산업보건의)의 지위를 유형별로 구분하면 사내의사(Factory doctor), 보건관리팀장(Medical director), 보건부문 임원(CHO, chief health officer), 보건관리전문기관의 의사 등으로 나눌 수 있다. 사내의사는 사업장 부속의원장으로 임명되어 있으며, 주로 계약직으로 의학적 권한은 지니나, 직원 인사권이나, 사업의 기획권이나 집행권은 없는 경우가 대부분이다. 사업장 조직체계 내에서 의사가 보건관리팀장을 맡는 경우에는 직위는 대체적으로 부장급이며 정규직이다. 팀장의 역할을 수행할 경우 인사권, 기획권, 집행권을 지니게 되나, 전체 운영은 해당 분야 임원의 결제를 필요로 한다. 사업장 보건관리의 모든 권한을 지니는 보건분야 임원은 사업의 전체 운영권을 지니는 형태이며 인사권, 기획권, 집행권을 모두 지니게 된다. 사업장과 계약을 맺은 보건관리전문기관의 의사는 주로 보건관리자의 업무를 위탁받아 사업장 보건관리를 수행한다. 이 경우 보건분야 기획권과 의학적 권한을 인정받을 수는 있다.

제2절 사업장 규모별 보건관리

사업장 규모별 보건관리체계는 [표 2-2]에 정리되어 있다. 2,000인 이상의 대기업은 사업장 내에 부속의원 등의 의료기관을 개설하여 자율적인 사업장 보건관리체계를 갖추고 있고, 300인 이상 2,000명 미만의 중대형 사업장은 전임 보건관리자를 채용·선임하여 자체적인 보건관리체계를 구성하고 있으며, 50인 이상 300인 미만의 중소형 기업의 경우에는 보건관리자 업무를 보건관리전문기관에 위탁하여 관리하고 있다. 보건관리자 선임 의무가 없는 50인 미만 사업장은 20인 이상의 사업장의 경우 자격조건이 필요하지 않은 안전보건담당자를 선임하여 안전보건관리 업무를 수행하게 하나, 20인 미만의 소규모 사업장에서는 대부분 보건관리업무 담당자가 없

표 2-2 사업장 규모별 보건관리 형태(보건관리자 중심)

사업장 규모	보건관리 형태(보건관리자)
2,000인 이상	직업환경의학 전문의 등 의사를 채용하여 자율적인 보건관리 시행(자율형 종합보건관리)
300인 이상~2,000인 미만	전임 보건관리로 의사, 간호사, 산업위생기사, 인간공학기사, 환경관리기사 중에서 보건관리자로 선임
50인 이상~300인 미만	보건관리전문기관 위탁
50인 미만~20인 이상	안전보건담당자 지정
20인 미만	보건관리가 이루어지지 않고 있거나 소규모 사업장 보건관리 기술지원(안전보건공단 위탁사업) 근로자건강센터

다. 이런 소규모 사업장은 안전보건공단의 민간위탁사업을 통하여 한정된 사업장에게 방문 보건관리서비스를 제공하고 있으며, 2011년부터는 전국에 근로자건강센터를 설치하여 관리하도록 하고 있다.

2.1 자율형 종합보건관리체계(대기업 모델)

| 이기현

근로자의 건강보호와 쾌적한 작업환경을 조성하는 일이 산업현장에서 귀중한 기술 인력을 확보하는 일임은 물론, 근로의욕을 고취시키고 생산능력을 높여 기업경쟁력의 증대로 이어진다는 인식의 변화로 국내 유수의 대기업들은 일찍부터 자체적인 보건관리체계를 갖추어 운영하고 있다.

대기업의 보건담당 부서는 직업환경의학과 전문의, 일반의사, 치과의사, 한의사, 간호사, 약사, 임상병리사, 방사선사, 물리치료사, 작업치료사, 산업위생사 등 여러 전문인력의 조합으로 구성되어 있다. 보건부서는 산업안전보건법상 보건관리자의 직무뿐만 아니라 작업환경관리, 작업관리, 건강관리를 위한 작업환경측정기관이나 특수건강진단기관을 운영하기도 하고, 만성질환자 관리, 가벼운 외상환자 치료를 위한 부속의원이나 직무스트레스 관리를 위한 심리상담실, 근골격계 질환자를 위한 재활센터, 체력단련을 위한 피트니스 센터와 같은 다양한 시설을 운영하고 있다.

사업장 보건관리는 적절한 작업환경조성, 근로자 건강관리라는 동일한 목표를 가지고 있지만 사업장의 위치, 규모, 근로자 수, 업종, 기업문화 등에 따라 보건관리의 내용과 수준이 다양하다. 특히 아무리 대기업이라 하더라도 기업의 궁극적인 목표는 이윤추구이기 때문에 제한적인 보건자원을 효율적으로 사용하기 위해 산업안전보건법 등 관련법 준수, 보건에 관한 기술적 사항 등 사업주의 의무를 준수하는 법률준거형 보건관리를 기본으로 하게 되는데, 이는 법률로 정한 최저 기준만 준수하는 소극적인 대처로 일관될 우려가 있고 규정을 다 준수해도 산업보건 목표달성에는 미흡하다는 단점이 있다. 이에 따라 노조의 요구를 수렴하는 노사주도에 의한 자주적 보건관리를 가미하기도 하고, 사업주의 자율적인 활동 지원을 위한 외부 자문위원을 두기도 한다. 이런 보완노력에도 근로자들의 요구가 노사협상의 지렛대로 이용되거나 근시안적인 복지정책의 남발로 이어지는 등 보건관리가 왜곡될 우려가 있으므로 직업환경의학과 전문의의 중재가 중요하다.

사업주가 안전보건관리 체계구축 및 이행조치와 안전보건 관계 법령에 따른 관리상의 소치 등을 이행해야 하므로, 직업환경의학과 전문의는 사업주에게 안전보건의 목표를 설정하고 그에 필요한 자원(인력 · 시설 · 장비)에 대해 요청할 수 있어야 하며, 위험요인에 대한 위험성평가, 산업재해 조사, 유해인자 파악, 위험요인별 위험성 평가 및 종합적인 대책마련에 대한 조언을 할 수 있어야 한다.

일부 대기업의 경우에는 작업환경측정기관, 특수건강진단기관, 부속의원을 모두 운영하고 있어 사업주가 근로자의 요구에 대해 적극적, 유기적인 대응이 가능하다. 직업병 이슈가 발생할 때, 현장 근로자들이 개인시료 채취로 특정지역의 오염 정도가 과소평가된다고 의구심을 가지면 즉시 해당 지역시료채취를 한다거나 임시작업·단시간작업 등 측정대상에서 제외되는 작업도 측정을 해 보는 등 빠른 대응이 가능하고, 근로자가 요구하면 언제든 부속의원에서 수시건강진단을 실시하여 작업환경측정결과와 함께 직업환경의학과 전문의의 신속한 평가관리가 이루어진다. 주의할 점은 작업환경측정이나 건강진단 후 결과에 대한 충분한 설명이 부족하거나 공정개선 등 작업환경의 실질적인 변화가 없으면 노사 양쪽으로부터 신뢰를 잃고 보건관리에 실패할 수 있다는 점이다. 따라서 근로자의 참여권을 확대·보장해야 하며, 장비 및 인력에 대한 적합여부와 분석에 대한 정도관리, 건강진단의 질 관리 등에 대한 지속적인 점검 및 개선이 중요하고 윤리의식 및 전문성을 강화하도록 노력해야 한다.

대기업에 근무하는 직업환경의학과 전문의에게 요구되는 업무는 기업 내의 직무에 따라 다를 수 있는데 산업보건의, 의사인 보건관리자, 건강진단의사, 일반 진료의사로서의 역할이라고 할 수 있다. 이들의 공통점은 건강진단 결과에 따른 작업전환 등 근로자 건강보호 조치를 취해야 한다는 점이므로 업무적합성평가가 필수적이며, 인사부서와 협력하여 근무부서, 장소, 시간 등의 배치에 관여하므로 근로자 현황파악 및 지속적인 모니터링이 가능하여 건강장해 원인조사 및 재발방지 조치에 유리하다. 그밖에 직무에 따라 임상의로서의 역할뿐만 아니라 산업보건 전문가의 역할을 수행하여야 한다.

부속의원을 운영하는 대기업은 대부분 내과, 가정의학과 등 내과계 의사를 고용하고 있기 때문에 1차 진료 목적의 직업환경의학과 전문의 수요는 적은 편이다. 하지만 만성질환 관리, 가벼운 급성기 질환·외상 등에 대한 처치 능력을 갖추면 산업보건의 겸임뿐 아니라 실무적으로도 경쟁력을 가질 수 있다. 기업과 업무내용에 대한 깊은 이해를 바탕으로 보건문제에 대한 노사갈등을 조절하고, 다양한 전문인력으로 구성되는 보건조직을 관리하고, 보건사업의 우선순위를 결정하는 역할을 수행할 수 있어야 한다.

2.2 전임 보건관리체계(중대형기업 모델)

| 이재명

300인 이상을 사용하는 사업의 사업장에서는 보건관리자 직무만을 전담하는 보건관리자를 두어야 한다. 300명 이상 2,000명 이하의 중대형 사업장의 경우 간호사, 산업위생관리기사 또는 대기환경기사를 보건관리자로 선임하여 보건관리자의 업무를 수행하게 하고 있다. 선임된 보건관리자 자격별로 사업장 보건관리 업무 수행과 관련해 다른 특성을 보이고 있어 법에 규정한 보건관리자의 업무를 전문적으로 수행하는 데 한계가 있다. 특히 산업보건의의 업무인 (1) 건강진단 결과의 검토 및 그 결과에 따른 작업 배치, 작업 전환 또는 근로시간의 단축 등 근로자의 건강보호 조치, (2) 근로자의 건강장해 원인조사와 재발방지를 위한 의학적 조치, (3) 그 밖에 근로자의 건강유지 및 증진을 위하여 필요한 의학적 조치 등은 보건관리자가 의사일 경우에만 수행할 수 있다. 그러나 중대형 기업 중 의사가 보건관리자로 선임된 사업장의 비율은 매우 낮은 상황이다. 따라서 이 규모의 사업장에서 근로자의 건강관리나 그 밖의 보건관리자의 업무를 지도하기 위한 산업보건의의 전문적인 업무를 수행하기는 어렵다. 이를 보완하기 위해 보건관리전문기관에 산업보건의 업무를 '부분위탁' 또는 '사업장주치의' 형태로 수행하는 것을 고려할 수 있다.

직업환경의학과 전문의는 부분위탁 또는 사업장주치의를 통해 해당 사업장의 보건관리자의 직무와 관련한 자문 및 법에 규정된 산업보건의의 직무를 수행한다. 사업장에 정기적으로 방문하여 업무관련성 질환에 대한 예방체계 구축과 해당 질환의 조기 발견 및 관리 업무를 수행하고, 근골격계질환, 뇌심혈관질환, 직무스트레스 및 건강증진 등에 대한 관리체계를 구축하고 실행한다. 그 외 사업장 내 보건문제에 대한 상시적인 자문 및 해결을 위해 노력할 수 있다. 직업환경의학과 외래를 운영하고 있다면, 사업장을 방문하여 건강상담 및 지도하는 내용을 연장하여 해당 사업장을 담당하는 의사가 진료하는 외래를 통해 치료하는 과정으로 확장함으로써 만성질환의 관리나 치료효과를 높일 수도 있다.

2.3 보건관리자 업무 위탁체계(중소형기업 모델)

| 손지언

50인 이상 300인 미만의 중소형 기업의 경우에는 보건관리 업무를 전문적으로 수행하는 기관(이하 "보건관리전문기관"이라 한다)에 보건관리자의 업무를 위탁할 수 있고, 보건관리자의 업무를 보건관리전문기관에 위탁한 경우에는 그 기관을 보건관리자로 본다. 보건관리전문기관이 되려는 자는 산업안전보건법에서 정하는 인력 · 시설 및 장비 등의 요건을 갖추어 고용노동부장관의 지정을 받아야 한다.

보건관리전문기관은 직무수행과 관련되는 서류인 '보건관리상태 보고서'와 '사업장관리카드'를 갖추어 두고 보존해야 한다. 보건관리전문기관은 직업환경의학 관련 의사, 간호사, 산업보건지도사 또는 산업위생관리 전문가가 함께 위탁받은 사업장을 정기적으로 방문하여 점검한 후 자격자별로 보건관리상태, 업무수행 내용 및 구체적인 개선의견 등을 포함한 '보건관리상태 보고서'를 작성하여 고용노동부장관이 정하는 전산시스템에 등록하고 사업주에게 제출해야 하며, 법령위반사항을 발견한 경우에는 그 위반사항과 구체적인 개선 대책을 해당 사업주에게 지체 없이 통보해야 한다. 또한 보건관리 업무의 수행 내용, 점검 결과 및 조치 사항 등을 기록한 '사업장관리카드'를 작성하여 갖추어 두고 보건관리 업무를 그만두게 된 경우에는 '사업장관리카드'를 해당 사업장의 사업주에게 제공하여 보건에 관한 사항이 지속적으로 관리될 수 있도록 해야 한다.

2.4 안전보건담당자 체계(소규모 사업장)

| 김은경

상시근로자 20명 이상 50명 미만의 제조업, 임업, 하수폐기물처리, 원료재생 및 환경복원업 등의 사업주는 보건관리자를 선임할 의무는 없으나, 소속근로자 중 양성교육 이수자를 안전보건담당자로 선임하여야 한다.

선임된 안전보건담당자는 안전보건교육의 실시, 위험성평가, 작업환경측정 및 개선, 건강진단의 실시 및 관리, 산업재해 발생의 원인조사, 산업재해 통계의 기록 및 유지, 산업안전, 보건과 관련된 안전장치 구입 시 적격품 선정 등 보건관리 업무의 일부를 수행하여야 한다.

2.5 근로자건강센터

| 김은경

1) 설립 목적과 인력구성

근로자건강센터는 보건관리가 미흡한 50인 미만의 소규모 사업장 등에 종사하는 근로자에게 직업건강서비스를 제공하기 위해 안전보건공단이 민간에 위탁하여 운영하는 기관이다. 2007년 3월 반월시화산업단지에 설치하여 안전보건공단이 직접 운영했던 '지역산업보건센터'를 시작으로 2022년 기준 전국에 23개소(21분소)가 운영되고 있다.

근로자건강센터는 산업보건을 수행하는 다양한 분야의 전문가들이 함께 근무하며 협업한다. 직업환경의학(예방의학, 가정의학) 전문의를 책임의사로 두고 간호사, 산업위생사, 근골격계전문가, 직무스트레스전문가 등이 50인 미만 사업장의 근로자들에게 양질의 산업보건서비스를 제공하는 것을 목표로 한다. 보건관리전문기관과는 다르게 근골격계전문가와 직무스트레스전문가가 필수인력에 포함되어 있어 폭넓은 예방사업을 수행할 수 있다.

2) 부여된 업무

근로자건강센터에서는 소규모사업장의 보건관리와 관련된 다양한 업무를 수행한다. 근로자건강센터 운영지침에 명시되어 있는 업무내용은 다음과 같다(표 2-3).

3) 역할

근로자건강센터는 다양한 업종의 소규모사업장 관리를 담당하고 있으며, 각 센터별로 사업을 계획하고 실행한다. 내방근로자를 대상으로 하는 사업과 출장을 통한

표 2-3 근로자건강센터의 업무

1. 직종별 유해요인 파악을 통한 직업병 예방활동에 관한 사항
2. 작업관련성 질병 예방활동에 관한 사항
3. 뇌심혈관질환 발병위험도 평가 등 직무스트레스 예방활동에 관한 사항
4. 건강진단결과 사후관리 등 건강상담에 관한 사항
5. "우리회사 건강주치의"사업장 등 작업환경관리 및 건강관리 등에 관한 사항
6. 직업건강 네트워크 및 직업병 감시체계 구축에 관한 사항
7. 산업보건 정보제공에 관한 사항
8. 고용노동부 및 공단사업과 연계되는 사업장 지원에 관한 사항
9. 산업안전보건법에서 정한 안전보건교육
10. 중대산업사고 등 충격적인 사고에 대한 직업관련 트라우마 관리
11. 근로자 건강에 영향을 미치는 사회적 이슈에 관한 건강영향조사 및 추적관리
12. 화상설비, 건강센터 앱 등을 활용한 원격상담
13. 트라우마 상담, 근골격계질환 예방 등 전문센터로서의 역할 수행
14. 의사에게 부여된 근로자건강진단결과 사후관리(근무중 치료, 추적검사, 작업적합성 평가 등), 근로자의 질병 악화예방 및 건강관리를 위한 행위
15. 근로자 건강보호 및 증진을 위해 건강센터가 수행하는 것이 필요하다고 판단되는 공단의 위탁사업
16. 그 밖에 이사장이 필요하다고 판단하는 사항

사업을 각각 계획하여 운영할 수 있으며, 필요에 따라 다양한 장비를 활용할 수 있다. 또한 센터 특성에 맞게 다양한 홍보자료와 교육자료를 만들어서 배포하기도 한다.

(1) 프로세스관리

연간 이루어지는 사업의 과정 관리를 통해 사업이 원활하게 이루어질 수 있도록 한다. 관내 고용노동부, 안전보건공단, 근로복지공단, 지자체 등 공공기관과의 협업, 노동조합이나 노사민정협의회 등 각종 단체와의 협약, 회사와의 협약 등을 통해 사업을 구상할 수 있다. 공공기관을 통해 지원이 필요한 고위험 사업장이나 고위험 근로자 정보를 취득할 수 있으며 해당 사업장이나 근로자에 대하여 집중적으로 지원을 할 수 있다. 노동조합이나 유관단체를 통해 정보를 얻는 경우, 잠재되어 있는 위험요인을 파악할 수 있으며 파악된 위험요인에 따라 지원 계획을 수립한다.

(2) 근로자관리

계약 시 부여된 이용자수 및 사후관리대상자 상담수를 달성하는 것도 중요하지만 실제로 도움이 필요한 사람들을 선정하여 적절한 도움을 지속적으로 주는 것이 중요하다. 센터 특성별로 수립한 계획에 따라 내방 및 출장 업무를 진행하면서 각종 평가에 의해 고위험군으로 선정되는 경우, 어플리케이션이나 화상을 통해 주기적 상담을 하거나 주기적 내방을 유도하여 위험도를 낮추는 것을 목표로 한다. 특수건강진단 사후관리 시 보호구 착용 등이 미비한 경우 올바른 보호구 착용 등을 지도하여 업무상 질병이 발생하는 것을 예방한다.

(3) 사업장관리

작업환경측정 결과, 유해화학물질의 노출기준의 1/2 이상을 초과하는 경우 과노출로 인한 건강장해가 발생하는 것을 예방하기 위해 컨설팅을 시행한다. 노출기준을 초과하지 않더라도 작업환경 내 건강장해를 유발할 수 있는 요인을 파악하여 개선의견을 제안한다. 컨설팅 이후 개선 여부를 확인하기 위해 수개월 후 재방문을 하는 것이 바람직하다. 근골격계 유해요인조사 지원이나 직무스트레스평가, 뇌심혈관질환 발병 위험도 평가가 필요한 경우 시행할 수 있도록 컨설팅을 하거나 직접 도와줄 수 있으며 결과에 따라 사후관리를 진행한다.

(4) 성과평가

연간 사업 수행 후에는 자체 평가를 통해 사업의 적절성, 지속 필요성 등을 확인하며 이용객들의 만족도에 대

하여 피드백을 받고, 개선이 필요한 부분을 확인한다.

4) 각 전문가의 역할

(1) 책임의사

센터의 책임의사는 각 분야의 전문가들이 협업하여 최상의 효과를 낼 수 있도록 가이드 하는 역할, 사업장이나 특정 직종의 보건관리상태 및 작업에 의한 건강영향을 분석하여 개선안을 제공하는 역할, 의사로서 근로자들을 상담하고 건강상태를 평가하여 필요한 조치를 사업장과 근로자에게 제시하는 역할 등을 수행해야 한다.

(2) 간호사

뇌심혈관질환 예방을 위해 기초검사를 시행하며, 결과에 따라 상담을 진행한다. 기초검사 후 심층상담이 필요한 경우 책임의사에게 연결하여 추가적인 상담과 업무적합성평가를 받도록 한다. 병원에서 근무하는 간호사와는 달리 작업환경에 대한 이해가 필요하므로 각종 유해인자에 의한 건강영향 및 업무상 질병 등에 대한 기초지식을 갖추어야 한다.

(3) 직업환경전문가

물리적 인자, 화학적 인자 등의 유해인자가 있는 사업장에 방문하여 노출징도를 평가하고, 과노한 노출로 인해 근로자들의 건강영향이 우려되는 경우 적절한 컨설팅을 제공하며 책임의사와 상의하여 개선이 이루어질 수 있도록 한다.

(4) 근골격계전문가

근골격계 부담 작업을 수행하는 근로자에게 근골격계질환 예방을 위해 올바른 작업자세 및 스트레칭을 지도하며 질병 발병이 의심되는 경우에는 책임의사에게 연결한다.

(5) 직무스트레스전문가

직무스트레스가 과중한 직종을 중심으로 집단 교육을 진행할 수 있으며, 개인적으로 스트레스를 호소하는 근로자에게 개인 상담을 시행한다. 자기기입식 설문에서 치료를 고려해야 할 경우, 책임의사와 상의하여 정신건강의학과에 연계한다.

2.6 안전보건공단 보건관리 기술지원사업

| 김은경

안전보건공단이 보건관리가 미흡한 50인 미만의 소규모 사업장에 대하여 민간재해예방기관(보건관리전문기관 등)을 활용하여 종합적인 보건관리 기술지원을 실시함으로써 소규모 사업장의 보건관리수준 향상을 시키는 사업이다. 보건관리 기술지원은 위탁받은 기관에서 해당 사업장을 방문하여 이루어진다. 제공하는 기술지원 내용은 사업장 실태평가, 안전보건제도의 안내, 안전보건교육, 위험성 평가 안내 및 보건관리의 기본요소인 작업환경관리, 작업관리 및 건강관리 등 이다.

더 읽을거리

원종욱. 사업장 보건관리체계의 효율화 방안에 관한 연구. 안전보건공단. 2015.
이철호. 보건관리전문기관 표준업무지침개발. 안전보건공단. 2016.

제3장 업무상 질병의 보상

김용규

제1절 업무관련성 평가의 원칙

1.1 업무상 질병의 개념

인체는 주변 환경과 동적 평형상태를 유지함으로써 끊임없이 변화하는 환경 속에서 체내 조건의 항상성을 지키게 되고, 이러한 안정적 상태를 유지함으로써 생존능력을 갖추게 된다. 일반적으로 "질병"이란 생체 항상성이 무너져 생리적 상태에서 일탈한 상태로, 심신의 전체나 일부가 일차적 또는 계속적으로 장애를 일으켜 정상적 기능을 할 수 없는 상태를 말한다. 업무상 질병은 개인적 소인, 각종 물리적·화학적·생물학적·인간공학적·사회심리적 원인, 기초질환 및 기존질병 등 여러 요인들이 관여하여 발생한다. 개인에게 발생한 질병이 노동 및 노동과정에 참여한 결과로 발생했는지를 판단하는 과정을 업무관련성 평가라고 부른다. 업무관련성을 판단하는데 있어 인과관계를 설명하는 2가지 개념이 있으며, 의학적 인과관계는 사고 또는 질병과 알려진 위험요인과의 원인론적 연관성을 과학적인 기준에 근거하여 사실로서의 원인을 확률로 결정하고, 법률적 인과관계는 법적인 기관에 의해 수립된 기준으로, 사실로서의 원인을 확인한 후 사회적 기준에서 유추하여 근사 원인을 고려하여 결정하게 된다는 것이다. 산재보험의 보호대상이 되는 업무상 질병은 "업무상 사유"로 인하여 발생한 질병을 일컫는 것으로서 업무상 질병에는 질병의 발생이나 악화의 원인이 돌발적이거나 시간적, 장소적으로 명확한 사건인 질병(사고성 질병)과 그렇지 않은 질병(직업성 질병)으로 구분한다.

1.2 업무상 질병의 판단기준

1) 업무수행성

업무상 질병을 판단하는데 있어서 업무수행성은 "근로자가 근로계약에 기인하여 사업주의 지배관리 하에 있는 상태"로 정의할 수 있으며, 근로자가 사업장에서 업무에 내재하는 각종 유해·위험요인을 취급하거나 그에 노출되어 질병이 발생된 것이므로 이들 유해·위험요인의 위험에 노출되어 있는 상태를 업무수행성(in the Course of Employment, COE)이라고 할 수 있다. 업무수행성은 근로자가 사업주의 관리 하에 있는 상태에서 유해·위험요인에 노출되는 것을 의미한다.

2) 업무기인성

근로자에게 발생한 질병에 대하여 업무환경에서의 유해요인의 존재, 유해요인의 노출조건 및 상병의 발생경과와 상병상태의 요건이 만족되는 경우에는 원칙적으로 업무기인성(Arising out of Employment, AOE)을 긍정적으로 생각할 수 있다. 업무기인성이란 「업무와 증상 발생 원인과의 인과관계」 및 「그 증상 발생원인과 결과로서의 질병사이의 인과관계」의 이중적 인과관계를 의미하며, 또한 각각의 인과관계는 단순한 조건관계가 아니라 질병에 각각 상대적으로 유력한 영향을 미쳤다고 인정될 수 있어야 한다.

1.3 다양한 원인이 경합된 질병의 판단 원칙

대부분의 직업성 질병은 근로자가 업무에 내재 또는 동반하는 각종의 유해 · 위험한 물질에 장기간에 걸쳐 노출되고, 유해한 근로조건과 작업환경 및 작업양태 하에서 근로를 계속함으로써 유해 · 위험요인이 서서히 축적되고 점진적으로 건강이 손상되어 발병에 이르게 되는 것으로 그 발병원인이 되는 유해 · 위험 작용이 가해진 시점이 명확하지 않다는 점에서 업무와 질병사이의 인과관계를 입증하는 것이 용이하지 않다는 특징이 있다. 따라서 업무상 질병은 1) 특정업무에 내재한 일정한 유해요인만으로 질병이 발생하는 경우, 2) 업무 외 유해요인과 경합하여 발생하는 경우, 3) 기초질환 또는 기존질병이 업무로 인하여 악화되거나 다른 질병을 유발한 경우로 나누어 볼 수 있다.

1) 업무상 유해요인만으로 발생하는 경우

업무상 질병에는 업무상의 유해요인만으로 발생하는 경우가 많이 있을 수 있는데 예를 들면, 인체에 유해한 화학물질을 흡입해 중독이 된 경우이다. 이와 같은 경우 그 유해요인의 노출에 의해 필연적으로 그 질병을 일으킨다는 관계가 있으므로 특정 유해요인의 일정량 이상 노출 사실과 경과 또는 상병상태로 업무기인성의 존재를 비교적 용이하게 판단할 수 있다.

2) 업무 외 유해요인과 경합하여 발생하는 경우

근로자에게 이환되는 질병 가운데에는 업무상의 유해요인과 업무외의 유해요인이 경합해서 발생하는 경우도 있는데, 업무 외 유해요인은 유전적 인자와 환경적 인자가 있으며, 업무상의 유해인자와 업무 외의 유해요인이 모두 인정되는 질병의 경우에도 업무상의 유해요인이 질병 발생에 상대적으로 유력한 원인이 된 경우에는 업무상 질병으로 취급한다.

3) 기초질환 또는 기존질병과 경합하여 발생하는 경우

근로자가 업무와 관계없는 기초질환 또는 기존질병을 갖고 있는 경우 당해 기초질환 또는 기존질병이 노동에 지장이 없는 정도의 상태에서 노동을 계기로 또는 노동에 종사하고 있을 때 자연적 경과를 넘어서 발생하거나 악화된 것이 분명한 경우에는 업무상 질병으로 취급한다.

1.4 업무관련성 평가의 단계

미국 국립산업안전보건연구원(NIOSH)에서 제안한 업무관련성 평가는 6단계로 구성된다.

1) 상병의 근거(Evidence of disease) : 명확한 상병명 및 상병 진단을 위한 객관적 근거 확인
2) 역학적 근거(Epidemiology) : 업무와의 관련성에 대한 역학적 근거를 확인하는 단계
3) 노출의 근거(Evidence of individual exposure) : 노출빈도, 노출강도, 노출기간 및 노출양상 등을 종합한 개인의 노출 수준과 업무관련성에 대한 객관적 근거 확인
4) 다른 관련요인의 고려(Consideration of other

relevant factors) : 업무적인 요인 외 다른 원인이 존재하는지 확인

5) 근거의 타당성(Validity of testimony) : 제출된 다양한 자료 및 정보의 신뢰성 검토

6) 종합적 소견(Conclusions) : 위 5단계를 종합하여 판단

이 중 2번째 단계인 역학적 근거를 평가하기 위한 세부적인 기준으로 상병과 관련된 역학적 문헌 수집, 연구 설계 확인, 연구 방법 평가, 통계적 유의성에 대한 확인, Updated Hill's criteria (시간적 선후관계, 관련성의 강도, 용량-반응 관계, 일관성, 기존 연구와의 일관성, 특이성, 생물학적 설명력, 가역성, 예방/제거 가능성, 실험적 증거, 예측력)를 이용하여 연구 검토 및 원인적 관련성에 대한 수준 결정을 제시하고 있다.

1.5 업무관련성 평가의 내용

1) 직업적 요인 조사

질환의 업무관련성을 평가하기 위해서는 해당 질환의 발생이나 악화에 관여하는 요인 중 직업적 요인과 비직업적 요인을 확인하고 비교해야 한다. 직업적 요인을 확인하기 위해서는 직업력 조사가 필수적이다. 직업력 조사는 직업환경의학과에서 환자를 파악하기 위한 가장 기본적인 술기이다. 직업력 조사는 직업성질환이 의심되는 경우에도 실시하나, 그 외 진단이나 치료에 도움이 될 수 있는 상황에서 실시할 수 있다. 직업력 조사는 환자와의 상담을 통하여 수행하며, [표 3-1]과 같은 내용이 포함되어야 한다.

2) 질환에 따른 조사 항목 및 관련 지침

직업력 조사는 평가해야 할 질환의 종류에 따라 특정 항목을 더 상세히 조사할 필요가 있다. 뇌심혈관질환인 경우 업무시간, 야간근무 여부 및 업무부담 가중요인(휴일근무, 교대제, 근무일정 예측 불가능성, 시차적응이 어려운 해외출장, 유해한 작업환경, 육체적 또는 정신적 부담이 높은 업무)에 대해 중점적으로 조사해야 하고, 근골격계질환은 업무의 내용과 중량물의 무게와 운반 빈도, 작업자세, 노동강도, 사용하는 도구를 중점적으로 조사해야 하며, 직업성 암이 의심되면 업무 수행 중 노출된 유해물질과 작업방법, 환기시설, 보호구 착용 여부 등을 중점적으로 조사해야 한다. 직업성 암 등 화학물질에 의한 업무상 질병이 신청된 경우 업무관련성 평가를 위한 근로복지공단의 조사 단계 및 구체적인 조사내용은 [그림 3-1]과 같다.

업무관련성 평가를 위해서는 우리나라의 업무상 질병 인정기준을 숙지해야 한다. 업무상 질병에 대한 구체적인 인정기준(산업재해보상보험법 시행령 별표 3)과 뇌혈관질환 또는 심장질환 및 근골격계질환의 업무상 질병 인정여부 결정에 필요한 사항(고용노동부고시 제2020-155호)에 인정기준이 기술되어 있고, 근로복지공단은 각각의 질환에 대해 조사 및 판정 지침을 마련하여 활용하고 있다.

표 3-1 직업력 조사 항목

항목	내용
병력	증상 발현 시기, 업무 수행과의 연관성
현재 및 과거 직종	직종, 담당 업무, 근무기간
작업시간	정규 작업시간, 식사/휴식시간, 연장근로시간
근무형태 및 고용형태	교대근무 여부, 정규직/임시직 여부
업무의 내용	구체적인 업무 수행과정(공정), 중량물 취급 여부, 작업자세, 노동강도, 걷기/앉기 시간
작업환경 유해요인	업무 수행 중 노출된 유해요인, 환기/배기시설
작업도구/설비, 보호구	업무 수행 중 사용한 도구와 설비, 보호구 지급 및 착용 여부

조사단계	조사내용
업무상 질병 민원서류 접수	
① 지사 재해조사 ② 전문조사 필요 여부 결정(본부) ③ 업무관련성 전문 조사 의뢰	
자료검토 및 근로자 면담	① 신청자료 검토 • 직업과 수행업무 • 질병명/진단방법/진단 시 나이 • 회사 인사자료/안전보건관리자료/화학물질사용실태 및 MSDS/기술 및 공정관리자료/건강보험자료/작업환경측정결과/건강진단결과 등 ② 정확학 의학적 진단 • 의무기록 검토 후 자체 진료 또는 특진 의뢰 ③ 근로자 면담 • 주증상과 질병경과 • 과거력/가족력/환경력 • 직업력/직업특성/공정 또는 직무의 변화/보호구/동료재해자 • 의학적 소견이 추가로 필요한 경우 특진 요청 ④ 질병별 유해요인 추정
사업장 작업환경조사 (예비조사)	① 작업공정 확인 • 작업특성/공정 또는 직무의 변화/보호구/환기설비의 관찰 ② 동료 및 관계자 면담 • 작업특성/공정또는 직무의 변화/보호구/환기설비/동료재해자 : 근로자 진술의 신빙성 확인 ③ 업무별 노출 가능한 유해요인 파악 ④ 질병 관련 유해요인 확인 ⑤ 노출수준 평가 필요한 유해물질 결정 ⑥ 벌크시료 채취 및 분석
사업장 작업환경측정 (유해물질 측정 및 분석)	유해물질 측정 및 관련 업무 특성 파악
문헌검토 및 보고서 작성	① 분석결과를 참고한 노출수준 평가 ② 문헌검토 • 유해요인과의 인과성/연관성자료/(역학연구/사례보고/독성학적조사) ③ 업무관련성 평가(잠복기 충족 여부 등) ④ 조사내용을 바탕으로 역학적 인과관계에 관한 보고서 작성
심의 · 평가위원회 개최	조사결과에 대한 전문가 심의
보완 후 결과 회신	심의 의견 반영한 보고서 수정
업무상질병판정위원회 심의 의뢰	

그림 3-1 직업성 암 등의 업무상 질병에 대한 조사 내용, 조사 과정 및 판정 절차(근로복지공단)

제2절 업무상 질병 인정기준

2.1 개요

근로자의 질병에 대하여 업무상 여부를 판단함에 있어서 입증책임과 인정범위의 신축성 정도에 따라 일반적 정의방식, 열거방식, 혼합방식의 3가지 방식을 사용하고 있다.

1) 일반적 정의방식

법령에 일반적 규정을 두고 개별 사안이 발생한 경우 사실관계를 확인하여 그 정의에 해당되는지 여부를 결정하는 방식으로, 업무상 질병의 범위가 한정되지 않아 산업 및 생산 공정 변화에 따른 새로운 직업병 발생에 신축적인 대응을 할 수 있다는 장점이 있지만, 근로자에게 입증책임이 과도하게 주어지는 단점이 있다. 주로 미국의 여러 주 및 뉴질랜드에서 채택하고 있다.

2) 지정 열거방식

산업재해 또는 업무상 질병의 인정기준을 둔 법령 또는 법령의 별표로써 업종 또는 직업별 해당 질병을 지정하여 그에 해당하는 질병에 한정하여 보상하는 방식으로, 일정한 직업이나 공정 등에서 해당 유해인자에 노출되었을 경우 발생한다는 것이 의학적으로 입증된 것을 업종 또는 직종별로 특정하여 열거하므로, 업무상 질병을 주장하는 근로자가 입증하는 데는 유리하고 안정된 인정기준을 확보할 수 있다는 장점이 있으나, 직업성 질병의 범위가 한정되어 새로운 직업병의 발생에는 신축적으로 대응하지 못하는 단점이 있다. 주로 영국, 프랑스에서 채택하고 있다.

3) 혼합방식

혼합방식은 위에서 설명한 일반적 정의방식과 지정 열거방식의 장점을 살리고 단점을 보완한 것으로, 열거방식에 의해 목록화 된 질병에 해당되면 근로자는 업무기인성의 입증을 면하게 되며, 목록화 되지 않은 질병의 경우에는 업무기인성을 입증하면 업무상 질병으로 인정된다. 주로 우리나라를 포함하여, 독일, 일본에서 채택하고 있다.

2.2 업무상 질병 인정기준과 관련한 국내 법령

1) 근로기준법

우리나라의 업무상 질병은 혼합방식을 채택하고 있으며, 근로기준법 제78조 및 시행령 제44조 제1항 [별표 5] 제1호 가목부터 차목까지 이를 열거하고 있다(표 3-2).

표 3-2 근로기준법의 업무상 질병의 범위

가. 업무상 부상으로 인한 질병
나. 물리적 요인으로 인한 질병
다. 화학적 요인으로 인한 질병
라. 생물학적 요인으로 인한 질병
마. 직업성 암
바. 무리한 힘을 가해야 하는 업무로 인한 내장탈장, 영상표시단말기(VDT) 취급 등 부적절한 작세를 유지하거나 반복 동작이 많은 업무 등 근골격계에 부담을 주는 업무로 인한 근골격계 질병
사. 업무상의 과로 등으로 인한 뇌혈관 질병 또는 심장 질병
아. 업무와 관련하여 정신적 충격을 유발할 수 있는 사건으로 인한 외상후스트레스장애
자. 가목부터 아목까지 규정된 질병 외에 「산업재해보상보험법」 제8조에 따른 산업재해보상보험 및 예방심의위원회의 심의를 거쳐 고용노동부장관이 지정하는 질병
차. 그 밖에 가목부터 자목까지에서 규정한 질병 외에 업무로 인한 것이 명확한 질병

(1) 업무상 부상으로 인한 질병(사고성 질병, 가목)

"업무상 부상으로 인한 질병"이라 함은 돌발적인 업무상 사고 또는 급성 중독 등으로 인하여 부상을 입고 그로 인하여 생긴 질병을 말하며, 이를 부상성 질병 또는 재

해성 질병, 사고성 질병이라고도 부른다. 이는 업무상 사유에 의한 부상이 원인이 되어 발생한 질병뿐 아니라 그 부상 때문에 발생된 속발성 질병과 최초 부상과 상당 인과관계가 있는 질병을 포함하며, 업무상 원인이 되어 발병한 것이 의학적으로 입증되어야 한다.

(2) 직업성 질병(나목~아목)

직업성 질병은 당해 업무에 내재하는 유해요인이 누적되어 발생하므로 노출 시기가 분명하지 않고 업무와의 관련을 명백히 파악하기 어려우므로, 고유의 작업환경이나 작업방법의 특수성이 있는 근로자에게 질병이 발생하면 일단 업무와의 인과관계를 추정하고 다른 반증이 없으면 직업성 질병으로 인정한다.

(3) 고용노동부장관이 지정하는 질병(자목)

나목~아목에서 열거된 직업성 질병 이외에 새로운 원료나 작업방법, 작업환경의 변화에 따라 유해요인에 접촉하게 되는 업무 등으로 새로운 유형의 직업성 질병이 발생한 때와 같이 새로운 업무상 질병으로 인정해야 할 필요가 있는 경우 법령 개정 없이 추가된 직업성 질병을 인정할 수 있다.

(4) 그 밖에 업무로 인한 것이 명확한 질병(차목)

차목에 따라 직업성 질병으로 인정되기 위해서는 업무의 성질 및 근무환경, 같은 작업장에서 근무한 다른 근로자의 동종 질병 발생 여부, 질병의 발병 및 악화원인에 대한 직업환경 전문가의 의견 등을 통해 신중하게 결정하게 된다.

2) 산업재해보상보험법

산업재해보상보험법에서는 근로기준법을 기초로 하여 업무상 질병의 인정기준을 구체적으로 정하고 있다(표 3-3). 산업재해보상보험법 제37조 및 시행령 제34조에서 업무상 질병의 일반적인 인정기준을 정하고 있고, 시행령 [별표 3] '업무상 질병에 대한 구체적인 인정 기준'에서 질병계통별로 세부질병과 유해요인을 연계하여 기술하고 있다.

표 3-3 산업재해보상보험법 시행령의 업무상 질병의 종류

1. 뇌혈관 질병 또는 심장 질병
2. 근골격계 질병
3. 호흡기계 질병
4. 신경정신계 질병
5. 림프조혈기계 질병
6. 피부 질병
7. 눈 또는 귀 질병
8. 간 질병
9. 감염성 질병
10. 직업성 암
11. 급성 중독 등 화학적 요인에 의한 질병
12. 물리적 요인에 의한 질병
13. 그 밖에 근로자의 질병과 업무와의 상당인과관계가 인정되는 경우에는 업무상 질병으로 본다.

(1) 업무상 질병의 인정기준

① 업무수행 과정에서 물리적 인자, 화학물질, 분진, 병원체, 신체에 부담을 주는 업무 등 근로자의 건강에 장해를 일으킬 수 있는 요인을 취급하거나 그에 노출되어 발생한 질병으로, 다음 각 호의 요건 모두에 해당하면 업무상 질병으로 판단한다.

1. 근로자가 업무수행 과정에서 유해·위험요인을 취급하거나 유해·위험요인에 노출된 경력이 있을 것
2. 유해·위험요인을 취급하거나 유해·위험요인에 노출되는 업무시간, 그 업무에 종사한 기간 및 업무 환경 등에 비추어 볼 때 근로자의 질병을 유발할 수 있다고 인정될 것
3. 근로자가 유해·위험요인에 노출되거나 유해·위험요인을 취급한 것이 원인이 되어 그 질병이 발생하였다고 의학적으로 인정될 것

② 업무상 부상이 원인이 되어 발생한 질병

업무상 부상이 원인이 되어 발생한 질병은 돌발적인 사고로 인하여 부상을 입고 이로 인하여 생긴 질병으로, 보통 사고성 질병(부상성 질병)이라고 부른다. 주로 골절, 절단, 염좌, 타박상, 창상, 화학물질의 누출 등에 의한 급성중독 등이 해당된다. 업무상 부상을 입은 근로자에게 발생한 질병이 다음 각 호의 요건 모두에 해당하면 업무상 질병으로 인정한다.

1. 업무상 부상과 질병 사이의 인과관계가 의학적으로 인정될 것
2. 기초질환 또는 기존 질병이 자연발생적으로 나타난 증상이 아닐 것

근로자가 기초질환 또는 기존질병이 있는 경우라도 사고나 부상으로 인하여 그 상병이 악화 또는 재발되었다면 자연발생적으로 나타난 상병이 아닌 한 업무상 질병으로 인정될 수 있다.

③ 근로기준법 제76조의2에 따른 직장 내 괴롭힘, 고객의 폭언 등으로 인한 업무상 정신적 스트레스가 원인이 되어 발생한 질병

④ 인정기준 적용 시 고려사항

산재보험법 시행령 제34조제4항에서는 "공단은 근로자의 업무상 질병 또는 업무상 질병에 따른 사망의 인정 여부를 판정할 때에는 그 근로자의 성별, 연령, 건강 정도 및 체질 등을 고려하여야 한다."고 규정하고 있다.

(2) 질병별 세부 인정기준

① 뇌혈관 질병 또는 심장 질병

가. 다음 어느 하나에 해당하는 원인으로 뇌실질내출혈(腦實質內出血), 지주막하출혈(蜘蛛膜下出血), 뇌경색, 심근경색증, 해리성 대동맥류가 발병한 경우에는 업무상 질병으로 본다. 다만, 자연발생적으로 악화되어 발병한 경우에는 업무상 질병으로 보지 않는다.
  1) 업무와 관련한 돌발적이고 예측 곤란한 정도의 긴장·흥분·공포·놀람 등과 급격한 업무 환경의 변화로 뚜렷한 생리적 변화가 생긴 경우
  2) 업무의 양·시간·강도·책임 및 업무 환경의 변화 등으로 발병 전 단기간 동안 업무상 부담이 증가하여 뇌혈관 또는 심장혈관의 정상적인 기능에 뚜렷한 영향을 줄 수 있는 육체적·정신적인 과로를 유발한 경우
  3) 업무의 양·시간·강도·책임 및 업무 환경의 변화 등에 따른 만성적인 과중한 업무로 뇌혈관 또는 심장혈관의 정상적인 기능에 뚜렷한 영향을 줄 수 있는 육체적·정신적인 부담을 유발한 경우

나. 가목에 규정되지 않은 뇌혈관 질병 또는 심장 질병의 경우에도 그 질병의 유발 또는 악화가 업무와 상당한 인과관계가 있음이 시간적·의학적으로 명백하면 업무상 질병으로 본다.

다. 가목 및 나목에 따른 업무상 질병 인정 여부 결정에 필요한 사항은 고용노동부장관이 정하여 고시한다.

② 근골격계 질병

가. 업무에 종사한 기간과 시간, 업무의 양과 강도, 업무수행 자세와 속도, 업무수행 장소의 구조 등이 근골격계에 부담을 주는 업무(이하 "신체부담업무"라 한다)로서 다음 어느 하나에 해당하는 업무에 종사한 경력이 있는 근로자의 팔·다리 또는 허리 부분에 근골격계 질병이 발생하거나 악화된 경우에는 업무상 질병으로 본다. 다만, 업무와 관련이 없는 다른 원인으로 발병한 경우에는 업무상 질병으로 보지 않는다.
  1) 반복 동작이 많은 업무
  2) 무리한 힘을 가해야 하는 업무
  3) 부적절한 자세를 유지하는 업무
  4) 진동 작업
  5) 그 밖에 특정 신체 부위에 부담되는 상태에서 하는 업무

나. 신체부담업무로 인하여 기존 질병이 악화되었음이 의학적으로 인정되면 업무상 질병으로 본다.

다. 신체부담업무로 인하여 연령 증가에 따른 자연경과적 변화가 더욱 빠르게 진행된 것이 의학적으로 인정되면 업무상 질병으로 본다.

라. 신체부담업무의 수행 과정에서 발생한 일시적인 급격한 힘의 작용으로 근골격계 질병이 발병하면 업무상 질병으로 본다.

마. 신체부위별 근골격계 질병의 범위, 신체부담업무의 기준, 그 밖에 근골격계 질병의 업무상 질병 인정 여부 결정에 필요한 사항은 고용노동부장관이 정하여 고시한다.

더 읽을거리

근로복지공단. 근로복지공단 지침 제2021-3호, 4호, 5호. 2021.

제4장

직업재활과 직장복귀

원종욱

4.1 직업재활

1) 개념

(1) 직업재활의 정의

직업재활은 장애나 질병을 가진 사람이 직업을 유지하거나 새로 구하거나 직업에 복귀하는데 직면하는 여러 가지 장애를 극복할 수 있도록 도와주는 과정을 말한다. 이 과정 중에는 직업재활을 필요로 하는 노동자나 사업주를 지원하는 것을 포함하며, 직업재활 프로그램에 접근할 수 있도록 돕는 것과 이를 실제로 관리하는 모든 과정이 포함된다.

직업재활 프로그램은 단순하게는 대상 노동자의 남은 능력과 직업의 핵심 기능을 수행할 수 있는지 평가하고 (Functional Capacity Evaluation), 이 결과를 직업과 직무 분석(Job, Task analysis) 결과와 비교하여 해당 노동자를 적합한 직업 또는 직장에 배치하는 것이다. 이 과정에서 장비나 근무 환경을 개선하거나 재배치하고 (Modify work), 장애가 있는 노동자에게 보장구나 보조구를 사용하여 일할 수 있도록 하고(Modify worker), 직무 분석을 통해서 근무시간이나 업무량 또는 목표를 조정하는 것(Modify job task)을 포함한다. 그러나 좀 더 포괄적인 관점에서 볼 때 직업재활은 노동자와 직업에 대한 분석과 평가 뿐 아니라 개인의 열망이나 욕구, 건강상태는 물론이고, 노동 시장의 상황이나 직업재활에 대한 개인적, 사회적 지지에 대한 평가를 포함한다.

직업재활 계획을 세우는 데는 노동자의 기능과 직무 분석 뿐 아니라 직무와 관련이 없는 개인적 능력과 태도도 고려하고, 직업 훈련기관의 상황도 고려해야 한다. 대상 노동자에게 적합한 직업이나 직장이 정해지면, 이에 맞는 훈련을 시키는 것 또한 직업재활의 기능이다. 직업 능력을 계발하고, work hardening, work conditioning은 물론이고, 직무 요구도에 대한 조정과 인간공학적인 조정, 직무나 직업에 대한 상담도 직업재활에서 제공해야 하는 서비스이다(그림 4-1).

결국 직업재활은 질병이나 손상 또는 장애로 경력이 단절된 노동자에게 개인의 잔여 능력에 맞는 직업이나 직장을 찾아주고, 그 직장에서 직업을 유지할 수 있도록 개인을 훈련시키고, 직무와 직업 환경을 조정하는 것을 포함하는 포괄적인 재활서비스이다.

(2) Functional Capacity Evaluation

Functional Capacity Evaluation (FCE)는 노동자의 신체 구조나 기능, 환경 요인, 개인적 요인과 건강상태를 고려하여 업무를 수행할 수 있는지 여부를 권고하기 위한 평가로 정의할 수 있다. FCE는 자기기입식 설문조사 방법부터 수일에 걸쳐서 표준화된 방법에 따라 직접 수행검사를 시행하는 방법까지 다양하다. 어떤 방법은 업무수행과 일상생활동작(ADL)까지 전반적인 수행 능력을 포괄적으로 평가하는가 하면, 다른 방법은 업무 수

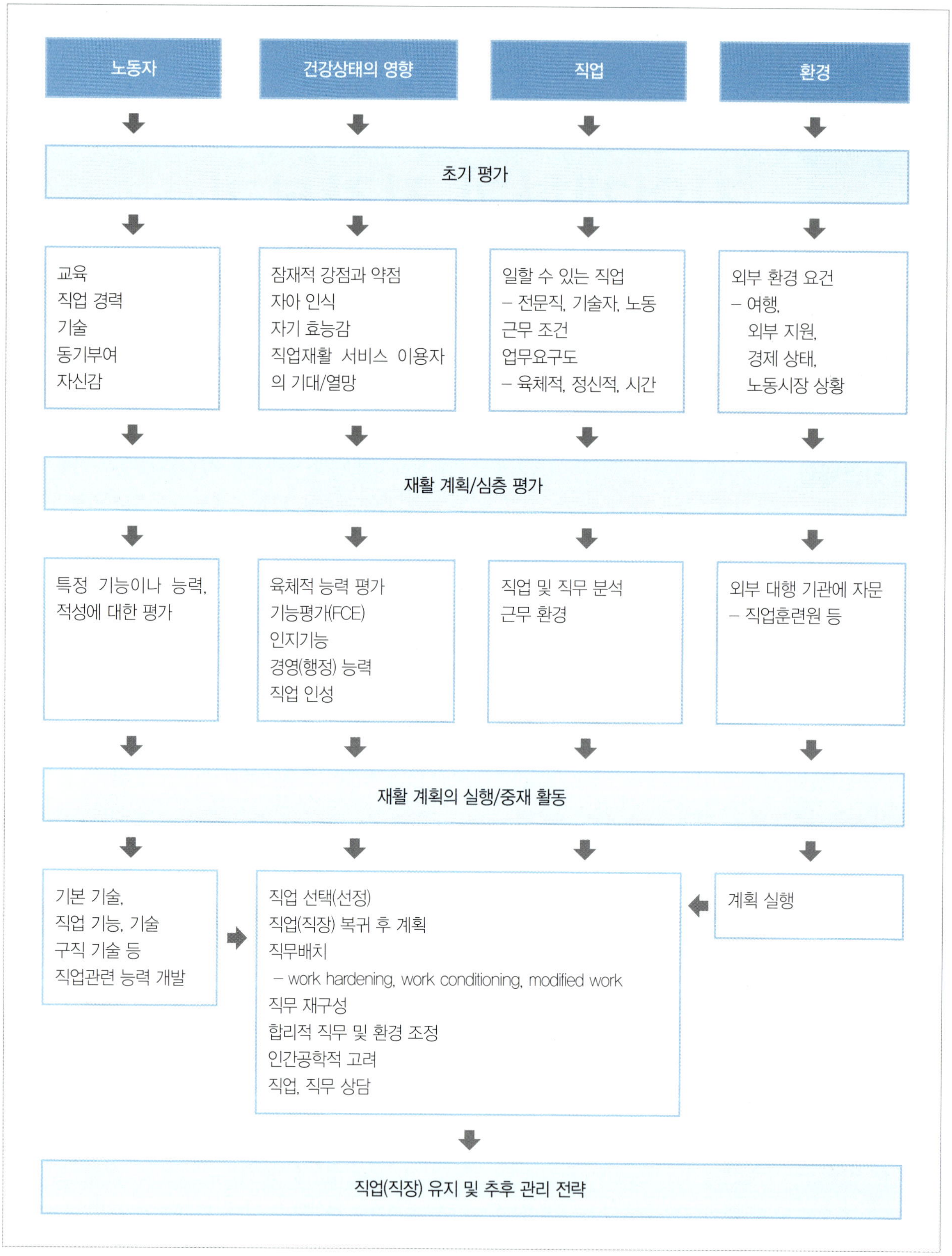

그림 4-1 포괄적 직업재활 서비스 요소

행이 꼭 필요한 능력에 초점을 맞추어 평가하기도 한다.

FCE의 목적은 평가를 받는 노동자가 안전하게 일을 할 수 있는 능력이 있는지 여부를 판단하는데 도움을 주기 위하여 피평가자의 기능상 제한과 능력에 대한 정보를 제공하는데 있다. FCE는 종종 직장복귀(return-to-work)나 장애평가 과정의 한 부분으로 수행되기도 한다. 그래서 FCE는 직장복귀 여부나 직무 조정(work activity modification)을 결정하는데 이용되는 의학적 결과와 자료를 보충하기 위한 기능적 정보를 제공한다.

FCE는 평가 목적에 따라 다음 3가지로 구분할 수 있다.

① **손상 예방** : 의료 문제 발생 예방, 직무 배치전 또는 직장 복귀시 신체 기능이 업무에 적합한지 평가

② **업무상 질병 관리** : 의료 문제 치료의 보조 역할, 조기 직장복귀 가능성 평가, 직장복귀 FCE

③ **만성 손상이나 질환 관리** : 주로 증세고정(Maximum Medical Improvement; MMI) 시기에 실시, 특정 직무에 배치하기 위해 실시하는 잔존 능력 평가, 장애 평가의 보조적인 역할로서의 평가, 기타 특별 평가

(3) Work Conditioning과 Work Hardening

'work conditioning'과 'work hardening'의 구분은 가끔 두 개의 의미가 서로 혼동되어 사용되는 문제가 있다. 미국물리치료협회(APTA)는 'work conditioning'을 신경근육계의 기능을 집중성, 업무관련성, 목표지향성을 가지고 회복시키도록 만들어진 프로그램으로 정의하고 있다[관절운동기능, 근육 운동성(강도, 힘, 지구력 포함), 운동기능(운동조절, 운동학습), 운동의 범위(근육길이 포함), 심혈관계, 호흡기계 기능(유산소 운동 능력, 순환, 호흡)]. 미국물리치료협회(APTA) 'work conditioning' 프로그램을 하나의 프로그램으로 보고 'work hardening' 프로그램은 경계선상의 프로그램으로 본다. 재활기관승인위원회(CARF)는 직업재활을 'work conditioning'으로 정의하고 있으며 좀더 포괄적인 직업재활을 'work hardening'으로 정의하고 있다.

비록 광범위하게 인정되고 있지는 않지만 몇몇의 의사들은 'work conditioning' 이 일반적으로 일을 원활하게 해주는 지구력과 근력강화를 목적으로 하는 것으로 보고 반면 'work hardening'은 환자의 업무와 직접 관련성이 있는 기능적 활동이나 업무의 스트레스와 관련된 프로그램으로 본다.

2) 산재 환자의 직업재활 서비스

(1) 직업재활 서비스 제공 단계

국가마다 직업재활 서비스를 제공하는 방법이 다소 차이는 있지만 일반적으로 다음과 같이 네 단계로 구분할 수 있다.

첫째, 직업재활 서비스가 필요하다고 판단되는 노동자를 찾아내는 단계. 여러 가지 방법을 통해서 직업재활 서비스가 필요한 노동자를 찾을 수 있지만, 대체로 재해 노동자를 치료한 의료진이나 환자 자신 또는 산재보험 담당자가 주체가 된다.

둘째, 재해 노동자의 상태를 파악하는 단계. 재해 노동자가 직업재활 서비스를 통해서 경제적으로 의미 있는 직장생활을 할 수 있는지, 사업장에서는 그 노동자를 수용할 수 있는지, 노동자의 남아 있는 신체 기능은 어느 정도인지 등을 파악한다.

셋째, 문서화된 개인별 직업재활 서비스 프로그램을 작성하고, 실시하는 단계. 여기에는 재해 노동자에 맞추어 작업장을 개조하는 것, 실제 재활 훈련을 실시하는 것, 현장실습이 포함된다.

넷째, 작업배치 및 추후관리. 직업재활 서비스의 종료는 재해 노동자가 성공적으로 직장 생활을 할 수 있을 때이다. 따라서 직업재활 훈련이 끝난 노동자를 작업장에 배치하고, 일정 기간이 지난 후 다시 노동자의 직장 적응 상태나 급여 수준 등을 평가하는 등 추후관리를 실시한다.

(2) 직업재활 서비스 대상 선정 원칙

직업재활 서비스는 직장복귀를 목적으로 여러 가지 서비스가 제공되는 고비용 프로그램이기 때문에 대상자의 적합성을 결정하는 것이 중요하다. 직업재활 서비스를 제공 받기 위해서는 일반적으로 다음 두 가지 기준을 만

족해야 한다.

첫째, 필요조건. 이는 장해 노동자가 남아 있는 작업 기능의 제한 때문에 작업환경이나 작업조건의 개조 없이 이전의 작업장으로 복귀할 수 없는 상황이 있거나 재훈련 없이 다른 직장을 구할 수 없는 상황이 있어야 한다.

둘째, 실현 가능성. 직업재활 서비스가 비용-편익 측면에서 현실성이 있는지 검토해야 한다. 즉 회복할 수 있는 기능의 가능성, 향후 직장 생활이 가능한 기간 및 재해 이전의 평균 수입 등을 고려하여 직업재활 비용과 재해 노동자가 얻을 수 있는 이익을 고려하여 판단해야 한다.

(3) 개인별 직업재활 프로그램

직업재활은 개인적으로 특화된 프로그램이기 때문에 대상자는 모두 개별화된 개인별 직업재활 프로그램을 작성해야 한다. 개인별 직업재활 프로그램의 목표는 재해 이전의 동일한 사업장에 동일한 업무로 복귀하는 것이다. 장해 노동자가 남은 기능을 최대한으로 활용하여 동일한 업무를 수행할 수 있도록 직업재활 서비스를 제공하고, 작업환경이 노동자에게 적합하도록 환경을 개조하는 것이 목표이며, 이것이 이루어지는데 최선을 다해야 한다. 만일 노동자의 기능적 상태와 사업장의 형편으로 이것이 불가능하다면, 재해 이전의 임금, 노동자의 작업 능력과 기능 및 직업력을 고려하여 가장 적절한 목표를 설정해야 한다.

직업재활 프로그램의 목표는 다음의 우선순위를 따라야 한다.

① 동일 고용주의 동일 업무로 복귀(장해에 맞게 개조된 작업 환경)
② 동일 고용주의 다른 업무로 복귀
③ 다른 고용주의 유사한 업무로 복귀
④ 다른 고용주의 다른 업무로 복귀
⑤ 재교육

확정된 개인별 직업재활 프로그램에는 직업재활 서비스의 구체적인 내용이 기록되어야 하며, 다음과 같은 내용을 포함한다.

① **직업 평가** : 직업력을 포함한 재해 이전의 업무에 대한 평가
② **작업 능력 평가** : 다른 작업에서 활용할 수 있는 기능이 있는지 평가
③ 직무 분석
④ 작업조건 또는 작업환경 개조
⑤ 직업 상담
⑥ 작업배치 및 추후 관리
⑦ 현장 훈련
⑧ **재훈련** : 재해 노동자가 남은 작업 기능으로 유사 직종이나 업무에 종사할 수 없을 경우 필요에 따라 실시

3) 우리나라 산재 노동자의 직업재활 서비스

우리나라 근로복지공단에서 제공하는 재활서비스는 의료재활, 사회심리재활과 직업재활로 구분한다. 2012년부터 실시되고 있는 맞춤형 통합서비스에서는 최초상담과 대면상담을 통하여 요양과 재활을 통합한 서비스를 제공한다. 직업재활에 해당하는 '내일찾기서비스'는 신체기능 손상이 크거나 장해 잔존 등이 예상되어 다시 직업에 복귀하는데 취약한 산재노동자에게 요양 · 보상 · 재활서비스를 적기에 체계적으로 지원하기 위한 서비스로 케이스매니저(Case manager) 교육을 받은 근로복지공단의 '잡코디네이터'에 의해서 수행된다. 내일찾기서비스 대상자로 선정되면 직업준비도 검사 등 직업에 대한 평가와 진단을 실시하고 개인별 재활계획을 수립하고 시행한다. 이들에게 지원되는 직업재활급여는 직업훈련 지원비용과 직업훈련수당이 있다. 또한 직장복귀를 지원하기 위하여 직장복귀 지원금, 직장적응훈련비, 재활운동비를 지급한다.

산재 노동자들의 직장복귀를 지원하기 위해서 2022년부터 근로복지공단은 6개월 이상 요양을 필요로 하거나 장해가 예상되는 등 직장복귀에 어려움이 있을 것으로 예상되는 노동자의 사업주에게 '직장복귀계획서'를 요구할 수 있다(산재보험법 제75조의2). 사업주의 직장복귀

계획서 제출을 지원하기 위해서 직장복귀지원 의료기관은 특별진찰을 통해 직무분석과 작업능력평가를 실시하여 직업복귀소견서를 제공하고, 직장복귀에 필요한 작업능력강화훈련 등 재활서비스를 제공한다.

4.2 직장복귀

1) 노동능력 상실, 직장복귀 그리고 사회보장

노동능력 상실과 직장복귀 문제는 광범위한 사회경제적 영향을 주고 있다. 그 중에서도 특히 노동과 경제적 관점, 노동자들의 건강문제, 사회보장 측면의 효과에 유의해야 한다.

첫째, 일하는 노동자가 더 건강하다는 점이다. 이는 건강노동자 효과를 고려해도 대부분의 사람들에 대해서 일하는 것은 전반적인 건강과 안녕상태를 개선하고 심리적 스트레스를 감소시킨다. 또한 실직은 육체적, 정신적 건강에 나쁜 영향을 미쳐서 전반적인 사망률을 증가시킨다. 더욱이 실직은 그 당사자 뿐 아니라 그들의 가족 특히 자녀들의 건강에도 나쁜 영향을 준다. 반대로 실직했던 사람이 다시 취업할 경우 건강지표가 향상되고, 자존감과 자기 만족감, 육체적, 정신적 건강이 향상되어 여러 가지 질병의 이환율이 감소된다. 따라서 직장복귀는 노동자의 건강을 향상시키는데 매우 중요하다.

둘째, 노동시장의 측면에서 살펴보면 매년 약 10%의 노동자가 건강문제로 직장을 떠나고 있고, 55세 이상의 노동자가 노동시장에 참여하지 못하는 주된 이유가 단순한 실직이 아니라 건강문제로 인한 노동능력 상실이다. 이는 거시적으로 생산성 있는 노동력의 감소와 장애 또는 실업급여의 증가, 사회보장 재정 수입의 감소로 연결된다. 특히 노령인구의 증가로 인한 노동력 감소를 생각하면 노동능력 상실로 인한 노동력 감소는 또 다른 사회문제를 낳을 수 있다. 따라서 노동력 상실과 실업 및 직장복귀를 보는 시각이 최근에는 사회적 부담 정도에 관한 것에서 직장복귀로 옮겨가고 있다.

셋째, 의학적 치료와 직장복귀는 다른 관점에서 보아야 한다. 노동능력 상실은 일을 할 수 있도록 하는데 영향을 주는 여러 의학적 요인 뿐 아니라 근로조건, 교육, 수입과 같은 여러 환경적 요인에 영향을 받는다. 의학적 치료의 성과는 여러 가지 방법으로 평가하고 있으며, 이를 근거로 과거에는 소수의 사람에게 적용되거나 일부 병원에서만 사용하던 치료법들이 현재는 표준 진료로 정착되기도 한다. 그러나 직장복귀는 아직도 성공적인 치료의 필수 인정기준으로 받아들여지지 않는다. 특히 의료재활의 종결과 직장복귀의 연계가 낮은 것이 약점으로 지적되고 있다. 의학적 치료 성공률과 직장복귀 성공률이 서로 일치하지 않는다. 직장복귀에는 의학적 치료보다는 사회심리적 요인, 고용주의 고용정책, 임금 등이 더 밀접한 관련이 있다.

넷째, 직장복귀는 사회보장에서도 중요한 의미가 있다. 사회보장의 기본적인 목적은 노동능력을 상실한 사람들에게 소득보장으로 최소 생활을 유지하게 해주는 것으로 실업급여나 장애급여는 이런 목적에 아주 적합하다. 그러나 실업급여나 장애급여는 노동자들에게 사회보장 급여 의존성을 높이고, 직장복귀나 재활 의지를 좌절시키는 부작용이 있다. 그래서 사회보장시스템은 서로 연관이 있는 보상과 예방, 재활의 세 가지 목적을 달성하기 위해서 노동능력 상실의 문제를 해결하기 위한 노력을 하였다. 물론 보상이 가장 우선시되었지만, 예방도 소홀히 하지 않았다. 많은 유럽 국가들이 재활을 사회보장시스템에 포함시킨 반면에 미국과 오스트레일리아에서는 재활을 노동시장에서 더 중요하게 생각하였다.

실직이나 휴업을 포함하여 장기간 정상적인 사회적 역할을 하지 못할 때 정신적, 육체적, 사회적 안녕을 악화시키기 때문에 의사들은 환자들에게 가능한 빨리 직장을 포함한 사회적 역할을 재개하도록 해야 한다.

2) 산재 노동자의 직장복귀에 영향을 주는 요인

산재 노동자의 직장복귀에는 재해 노동자의 인구사회학적 특성, 장애 특성, 입원 및 재해관련 요인, 재해 이전의 직업관련 요인 등은 물론이고 사업주의 특성을 포

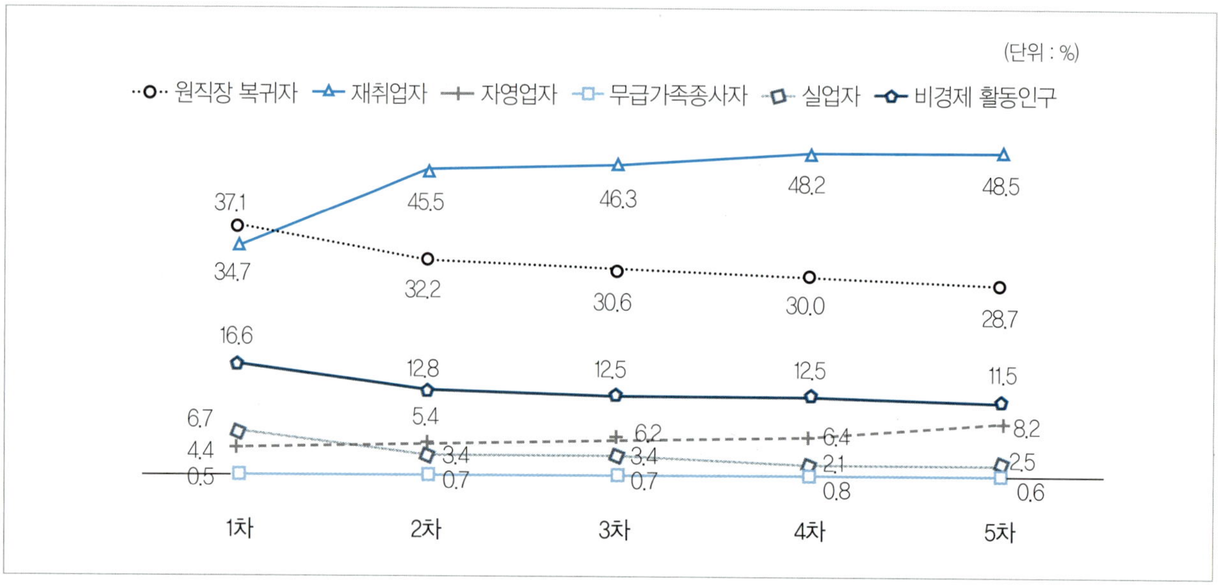

그림 4-2 산재 요양 종결 후 경제활동의 변화, 산재패널자료(2013년～2017년)

함한 사업장 요인, 노동시장을 포함한 사회경제적 상황 등이 복합적으로 작용한다.

인구사회학적 특성 중 고연령과 저학력 노동자들의 직장복귀가 낮다. 성별 차이는 연구에 따라 차이를 보이지만 여성의 직장복귀가 낮은 경향을 보인다. 저학력자의 경우 원직장 복귀를 하지 못하는 경우 전직이 쉽지 않기 때문에 노동시장에서 탈락하게 되는 경우가 많다. 또한 재해 이전의 근속년수가 짧을수록 직장복귀가 어렵다. 산재로 인한 손상의 중증도와 깊은 관련이 있는 산재 요양기간은 요양기간이 길고, 장애가 심할수록 직장복귀율이 낮다. 한편 동일한 장해등급이라 하더라도 장해의 종류에 따라 직장복귀에 차이가 있어 상지보다는 하지나 척추, 눈, 정신심리적 장애가 있는 노동자의 직장복귀율이 낮다. 산재 당시 사업장 규모가 작을수록 퇴직할 확률이 높았고, 직업에 복귀하더라도 원직장 보다는 전직할 가능성이 높다. 또한 사업장 규모와 관련이 있지만 노동조합이 있는 경우 원직장 복귀율이 높다. 사무직인 경우 생산직보다 원직장 복귀율이 높다.

산재 노동자가 다시 직업을 갖는 경로는 원직장에 복귀하는 것과 전직을 하는 경우, 그리고 창업을 하는 것 등으로 볼 수 있다. 그러나 산재 노동자의 직업복귀의 가장 중요한 경로가 원직장 복귀이고, 원직장에 복귀했을 경우 고용이 안정되기 때문에 원직장 복귀가 매우 중요하다. 한편 저학력자나 중증장해자, 미경력자들은 원직장 복귀와 재취업이 모두 불리하기 때문에 이들에 대한 직업훈련을 포함한 직업재활이 필요하다.

3) 우리나라 산재 노동자의 직장복귀 상태

산재 노동자의 직장복귀는 직장복귀 자체도 중요하지만 그 직장을 얼마나 잘 유지하는지도 중요하다. 2012년 산재 요양을 종결한 산재 노동자를 대상으로 한 패널 조사를 보면 종결 후 1년차에는 원직장 복귀자가 37.1%, 재취업자가 34.7%로 원직장 복귀자가 약간 높았고, 비경제활동 및 실업자는 23.3%였다(그림 4-2). 그러나 1년 후에는 원직장 복귀자는 32.2%로 감소하였고, 재취업자는 45.5%로 증가하였다. 또한 비경제활동자는 12.8%로, 실직자도 3.4%로 감소하였다. 이런 추세는 5년간 지속되었다. 5차년도인 2017년을 보면 원직장 복귀자 28.7%, 재취업자 48.5%, 비경제활동 11.5%, 실직자 2.5%이며, 자영업자도 4.4%에서 8.2%로 증가하였다.[1] 이러한 경향은 장해등급에 따라서도 비슷했지만 장

1 이정화, 신슬비. 제5차 산재보험패널조사 기초분석 보고서. 근로복지공단 근로복지연구원. 2018.

해 4급~7급인 경우 원직장 복귀자가 29.7%에서 17.7%로 제일 많이 감소하였고, 재취업자도 12.2%에서 38.9%로 가장 많이 증가하였다. 무장해자도 원직장 복귀자가 39.6%에서 29.7%로 감소하였다.

이러한 결과는 산재 노동자들이 장해자는 물론이고 무장해자 또한 원직장 복귀가 쉽지 않을 뿐 아니라 이를 유지하는 것도 쉽지 않다는 것을 시사한다. 따라서 산재 노동자들의 직장복귀에 있어 원직장 복귀뿐 아니라 이를 유지할 수 있도록 하는 것이 필요하다.

더 읽을거리

Holmes J. Vocational Rehabilitation. Blackwell Publishing. Oxford, UK. 2007.

Langman C. Introduction to Vocational Rehabilitation Polices, Practices and Skills. New York, US. 2012.

제5장 건강증진

김형렬

제1절 사업장 건강증진의 개념

1.1 건강증진의 개념과 중요성

20세기 후반에 접어들면서 질병양상의 변화에 대해 건강결정 요인에 대한 새로운 시각과 이를 해결하기 위한 새로운 접근 전략의 시도가 이루어졌다. 그동안 인류의 건강을 위협했던 빈곤으로 인한 영양결핍, 위생의 문제로 인해 발생하던 감염성 질병과 같은 질병의 양상이 풍요와 건강행태에 기인하는 만성퇴행성질환의 증가로 변화하기 시작하였다.

건강결정 요인으로 그동안 언급되어 온 생물학적 요인, 생활습관, 환경요인, 보건의료체계라는 네 가지 범주 중 생활습관은 다른 세 가지 범주에 비해 건강에 미치는 영향이 매우 클 뿐 아니라 개인의 노력에 의해 통제와 관리가 가능하다는 판단에 따라 건강수순 향상을 위해 개인의 생활습관을 변화하기 위한 노력이 강조되었다. 더불어 사회의 보건의료 비용의 급격한 증가와 함께 질병치료 중심의 의료에서 예방을 강조하는 방향으로 전환하는 과정에서 생활습관의 변화를 추구하는 방향이 중요한 핵심으로 자리를 잡게 되었다.

역학연구의 발달은 생활습관의 영향과 건강에 미치는 기여 정도를 객관화할 수 있었고, 이는 건강증진이 보건의료의 핵심적인 영역으로 자리 잡게 하는 근거를 제공하였다. 그러나 개인의 건강에 영향을 미치는 생활습관의 변화는 개인의 노력에만 맡겨질 경우 그 효과를 기대하기 힘들다. 개인의 생활습관은 개인이 속해있는 사회의 자연환경 및 문화, 풍습 등과 연관되어 있고, 개인의 생활습관을 변화하기 어렵게 하는 환경요인의 영향을 받게 된다. 개인이 속한 환경, 즉 가족, 직장 및 지역사회의 전반적인 인식의 변화가 이루어지고, 건강생활 실천을 지원하는 사회의 지지적 환경이 구축되어야 개인수준의 건강지향적인 생활 실천이 가능하게 된다. 이를 위해 교육적 접근과 함께 사회적, 경제적, 규제적 접근 등 다양한 차원의 노력이 필요하고, 정부, 지역사회, 직장, 보건의료기관, 개인의 노력이 통합적으로 이루어질 필요가 있다. 단순히 병이 없는 상태의 소극적인 건강을 넘어서서 몸과 마음, 정신적으로 안녕한 상태를 누리면서 활발하게 사회, 경제적 활동을 영위할 수 있고, 자신의 잠재력을 최대한 발휘하여 이상을 실현해 갈 수 있는 적극적인 건강상태를 추구해 나가는 과정에서 건강증진의 개념 또한 발전하게 되었다.

1.2 사업장 건강증진의 정의 및 필요성

사업장 건강증진은 모든 직원의 건강과 안전을 장려하기 위해 고안된 프로그램, 정책, 사회보장, 환경 지원 및 주변 지역사회와의 연결을 포함하여 사업장에서 구현되는 종합적이고 통합된 일련의 건강증진 및 보호 전략이다. 사업장 건강증진은 포괄적인 접근 방식을 통해 노동자들이 경험하는 여러 위험 요소와 건강상태를 동시에 해결하는 정책과 개입이며, 이는 노동자 개개인의 행동 변화뿐 아니라, 조직문화 및 작업환경을 포함한 여러 조직수준의 개입을 포함한다.

포괄적인 사업장 건강증진 프로그램은 노동자의 건강에 영향을 미칠 수 있는 개인 및 조직 차원의 전략과 개입을 조합하는 것이 중요하다. 생활습관의 개선이 건강증진의 핵심 요소임에는 분명하지만, 이를 개인의 선택이나 노력으로 맡겨둘 경우 효과적이고 지속적인 결과를 만들어 내기 어렵다. 조직된 단위로서의 사업장은 개인의 건강행태 변화에 조직수준의 개입을 가능하게 하고, 지속할 수 있는 공간이 된다. 조직의 구성원은 공통의 조직문화에 영향을 받으며, 조직의 정책과 제도, 환경에 영향을 받게 된다. 조직의 문화와 환경을 바꿈으로써 노동자 개인의 건강행태 변화를 쉽게 하거나 지속할 수 있는 계기가 될 수 있고, 사업장에서 운영하는 프로그램은 높은 접근성을 바탕으로 효과를 높일 수 있다. 사업장의 정책과 제도의 뒷받침을 통해 지속가능한 안정적인 변화를 만들어 낼 수 있다.

노동자들의 안전과 건강을 기업의 주요한 가치로 여기는 변화는 이를 통해 기업의 지속적인 성장과 발전에 기여할 수 있다는 여러 근거에 기반하고 있다. 노동자들이 건강을 추구하는 문화를 만들고, 이를 통해 건강수준이 높아질 경우 기업의 생산성이 높아지고, 경영이익이 증가한다는 수많은 증거들이 나오고 있고, 최근 ESG (Environment, Social and Governance) 경영 등을 강조하는 사회적 압력은 기업이 이러한 변화를 수용하는 계기가 되고 있다. 작업조건과 환경에 대한 개입 없이 생활습관 변화와 같은 개인의 노력만을 강조하는 건강증진은 노동자들의 반감을 가져오고 지속성의 문제를 가져오게 된다. 실제 1990년대 이후 금연사업이 지속되어 왔고, 국민 전체 흡연율은 지속적으로 감소해 왔지만, 노동자 집단 내에서 사무직과 생산직의 흡연율 격차는 더 확대되어 왔다. 이는 건강행태 뿐 아니라 건강행태 변화에 영향을 주는 직업적 요인에 대한 개입의 중요성을 보여주는 결과라고 할 수 있다. 다차원적이고 다수준적인 접근 전략, 건강행태에 영향을 줄 수 있는 환경적, 제도적 요인에 대한 개입까지를 사업장 건강증진이 담아낼 수 있는 요구가 증가하고 있다.

1.3 개입 요소

사업장 건강증진의 전략과 개입은 건강관련 프로그램, 건강관련 정책, 건강관련 보장제도, 지지적 환경의 네 가지 범주로 구분된다(표 5-1).

건강관련 프로그램은 직장 또는 외부 조직을 통해 직원들이 건강행동을 시작하거나, 자신의 건강행태를 변화시키거나, 좋은 건강행태를 유지할 수 있게 하는 내용을 담고 있는데, 좁은 의미의 건강증진 프로그램이라고 할 수 있다. 건강관련 정책은 사업장 건강증진의 지속성을

표 5-1 사업장 건강증진 개입전략의 네 가지 요소

- 건강 관련 프로그램
  직장 또는 외부 조직을 통해 직원들이 건강 행동을 시작, 변경 또는 유지할 수 있게 하는 내용
- 건강 관련 정책
  직원 건강을 보호하거나 증진하기 위해 설계된 공식 또는 비공식 서면화된 규정
- 건강관련 보장제도
  건강보험, 산재보험 등의 보장 서비스, 건강검진, 치료 지원 서비스 등
- 지지적 환경
  직원의 건강을 보호하고 향상시키는 데 도움이 되는 작업장 및 지역사회의 자원, 제도적 장치, 문화

담보할 수 있고 방향성을 유지할 수 있는 것으로 직원 건강을 보호하거나 증진하기 위해 설계된 공식 또는 비공식적으로 서면화된 규정이다. "우리 회사는 직원들의 안전보건을 최우선의 가치로 삼는다"와 같은 리더십의 선언이나 안전보건 분야 예산으로 매출액의 일정 비율을 지출하겠다는 규정, 안전보건 활동과 사업을 명문화한 법규와 이를 실행하기 위한 내부 규정 등도 이에 해당한다. 건강관련 보장제도는 직원들의 적정치료와 직장복귀를 보장하는 사회보장제도, 직장 내 치료 지원 서비스, 건강검진 등을 포함한다. 지지적 환경은 직원의 건강을 보호하고 향상시키는 데 도움이 되는 사업장 및 지역사회의 자원, 제도적 장치, 문화 등을 포함한다.

제2절 사업장 건강증진 프로그램 설계, 수행 및 평가

2.1 설계

사업장 건강증진 프로그램의 설계는 프로그램 설계 준비, 자료수집, 프로그램 내용과 관리구조 결정의 세 단계로 구성된다.

첫 번째, 프로그램 설계를 준비하는 단계에서는 조직의 현재 수준을 파악하고, 목표를 현실적으로 정해야 하고, 설계과정부터 노동자 참여를 고려하고, 위원회를 가동하고 건강증진프로그램 운영을 위한 기본적인 지식 습득을 위해 전문가의 도움을 받는 과정이 필요하다. 사업장 규모와 자원 정도, 예상하는 프로그램의 규모에 따라 준비를 위해 필요한 시간에 차이가 있을 수 있다.

두 번째, 자료수집 단계에서는 프로그램 설계에 필요한 정보를 수집하게 된다. 자료수집을 통해 다음의 질문에 대해 답을 할 수 있어야 한다. 1) 건강증진 프로그램을 고려하고 있는 목적과 동기는 무엇인지, 2) 건강증진 프로그램이 비용효과적인지, 3) 노동자, 중간관리자, 사업주의 관심과 요구는 어느 정도인지, 4) 사업장내 그리고 지역사회에 프로그램 수행을 위해 필요한 자원을 가지고 있는지, 5) 실제 프로그램 설계를 위해 고려해야 할 주요 요소는 무엇인지이다. 이를 위해 프로그램 수행의 목적과 동기를 명확히 확인하는 과정이 필요하고, 면접이나 포커스 그룹 인터뷰 등을 수행할 수 있다. 비용편익분석을 수행하기 위해 기초 자료수집도 필요하다. 측정가능한 지표로서 직원들의 의료비용 지원, 결근율, 건강수준 등의 자료 확보를 수행한다. 인사팀을 통한 자료확보가 가능하도록 해야 하고, 이때 개인정보보호방안도 함께 제시해야 한다. 건강검진자료도 프로그램 운영과 평가를 위해 필요하므로, 이를 확보할 수 있는 방안도 파악하여야 한다. 노동자들의 건강수준을 파악하기 위해 건강검진자료 뿐 아니라, 직접 조사를 수행할 수도 있는데, 이때 현재 건강 수준, 건강행태(음주, 운동, 흡연, 영양상태 등), 관심 영역, 프로그램 참여에 대한 관심 정도도 파악할 수 있다. 리더십의 관심과 지원 가능 정도를 파악하는 과정이 필요하고, 노동조합도 동일하게 관심과 지원의 정도를 파악할 필요가 있다. 지역사회, 사업장내 자원에 대한 파악은 사업장내 보건의료인력, 진행되고 있는 프로그램(보건관리 위탁, 피트니스 센터, 의료비지원 프로그램, 부속의원 서비스 등), 접근 가능한 지역사회 공공시설(보건소, 근로자건강센터, 대학병원, 복지센터 등), 사업장내 프로그램 수행 공간 등에 대한 파악이 필요하다. 접근 가능한 상업화된 프로그램을 구매할 수 있는지 파악해야 한다. 예를 들어 일부 대학병원 직업환경의학과에서 제공하고 있는 맞춤형 사업장 건강증진 프로그램, 근로자 지원 프로그램(Employee assistant program) 등이 있을 수 있다. 회사 내 조직체계를 파악하는 것도 중요하다. 프로그램을 어떤 조직이 수행하게 되는지, 협력 부서의 지원은 가능한지, 리더십의 역할에 대한 인식은 되어 있는지를 파악해야 한다. 프로그램을 수행하는데 장애가 될 요소는 무엇인지 파악하는 것도 중요하다.

세 번째 단계는 프로그램의 내용과 관리구조를 결정하

는 단계이다. 프로그램 수행의 목적에 따라 프로그램 내용이 결정될 수 있다. 예를 들어 사업장의 직접 의료비용이나 건강문제로 인한 결근을 줄이기 위한 목적을 가지고 있는 경우에는 위험성평가, 고혈압관리, 손상예방, 금연정책, 조기진단과 치료 지원 등을 프로그램의 내용으로 선택할 수 있고, 생산성 개선을 목적으로 한 경우에는 피트니스 프로그램, 부양가족의 건강문제나 돌봄을 지원하는 프로그램, 스트레스 관리 프로그램 등을 도입할 수 있다. 또한 개선 목표에 따라 적절한 프로그램의 내용이 결정될 수도 있다. 고혈압 관리가 목표라면 약물복용의 순응성을 높이기 위한 프로그램, 영양, 운동프로그램, 체중조절 프로그램, 금연, 스트레스 프로그램 등을 선택할 수 있다. 이러한 프로그램을 선택할 때에도 중점적인 목표설정을 고려하는 것이 필요한데, 이때 AMSO framework을 사용해 볼 수 있다(그림 5-1). 이는 Awareness (인지), Motivation (동기), Skill (기술), Opportunity (기회)를 의미하며, 변화전략을 기획할 때 어느 단계에 중점을 둘지, 어떤 목표를 설정할지 결정할 때 고려해야 하는 요소이다. 프로그램 수행을 위한 조직을 어떤 형태로 어느 위치에서 놓이게 해야 할지 결정해야 하고, 조직의 내외부 위계를 결정해야 한다. 프로그램을 수행하는 부서가 다른 조직과 협력관계를 잘 유지할 수 있도록 하는 구조화도 필요하다. 프로그램 수행 부서 인력의 수준을 결정하는 문제와 예산 확보의 문제도 중요하다.

2.2 관리

사업장 건강증진 프로그램이 잘 작동되고 효과를 발휘하기 위해서는 이를 관리할 수 있는 역량이 있어야 한다. 관리 주체로서 사업장내 관리자는 인적관리, 공간관리, 참여자 관리, 예산관리, 프로그램 내용에 대한 관리, 운영 관리 등의 영역을 다루게 된다. 프로그램 수행을 위해 필요한 전문인력 뿐 아니라 행정인력들을 선발하고 이들을 교육하고 목표를 공유하는 등의 훈련 과정을 수행해야 한다. 사업을 수행하는 인력에 대한 평가계획도 수립해야 한다. 프로그램이 수행되는 공간의 관리는 공간 확보, 운영시간, 시설 보수 및 점검, 청소, 분실물 관리, 응급상황 대처 등의 관리 방안이 마련되어야 한다. 참여자 관리를 위해 등록시스템 관리, 참여 비용 지불 방식, 데이터 관리, 정보보호 방안, 참여자의 참여 시간관리, 그룹 참여 방식 등을 고려해야 한다. 정해진 예산이 효과적으로 집행될 수 있도록 해야 하고, 예산을 유지 혹은 증액할 수 있도록 근거를 마련하는 작업도 수행해야 한다. 프로그램이 제대로 작동이 되고 있는지 체크리스트를 만들어 점검하는 작업도 수행해 볼 수 있다.

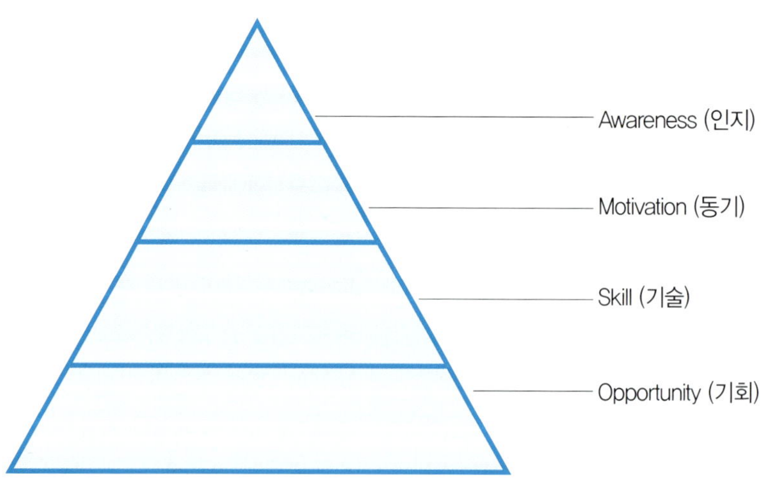

그림 5-1 변화를 유도하는 기획에서 고려해야 하는 접근 전략

프로그램 참여시 인센티브를 부여하고, 이의 효과를 파악해 보거나, 집단적인 참여를 독려하기 위한 리더십 참여, 멘토링 프로그램, 피드백 강화 등의 방식을 고민해 볼 수 있다. 프로그램 수행에 따른 결과를 매달, 혹은 분기별 보고서를 발행하여, 리더십, 참여자, 전체 직원들과 소통하는 것도 필요하다.

2.3 평가

사업장 건강증진 프로그램의 평가를 통해 기업에서 이를 수행하기 위한 근거를 제공하고, 진행하고 있는 프로그램을 일부 조정하거나 새로운 요소를 추가하게 할 수 있고, 개인이나 조직의 변화를 과학적으로 접근할 수 있게 한다. 사업장 건강증진 프로그램 평가는 구조(Structure), 과정(Process), 결과(Outcome)로 나누어 진행할 수 있다. 구조란 프로그램의 기본적인 골격과 청사진을 의미하는데, 일반적으로 다음 [표 5-2]에 나오는 질문의 내용을 담게 된다. 과정에 대한 평가는 프로그램 충실도(fidelity), 완결성(dose delivered), 참여율(dose received), 영향력(reach) 등을 포함한다. 프로그램이 계획에 따라 잘 수행이 되었는지, 프로그램의 내용이 완결된 형태와 내용으로 제공이 되었는지, 참석률이 높았는지, 이 프로그램의 대상이 된 집단 전체에서 참여한 비율이 어느 정도였는지 평가하게 된다. 결과에 대한 평가는 실제 건강행태의 변화나 건강지표의 개선을 평가하는 것이다. 의료이용이나 의료지출 비용, 장애, 이직률, 결근, 프리젠티즘 등을 결과 지표로 사용한다.

표 5-2 프로그램 구조평가에 담기는 질문

- 프로그램의 내용이 정확히 무엇인가?
- 얼마나 많은 내용이 담겨 있는가?
- 프로그램이 어떤 방식으로 참여자들에게 제공되는가?
- 프로그램이 어떻게 진행되는가?
- 근거에 기반을 둔 프로그램이 포함되어 있는가?
- 누가 참여 대상인가?
- 참여를 높일 수 있는 사회적, 환경적 지지체계가 갖추어져 있는가?

2.4 홍보와 소통 전략

프로그램에 참여하는 사람을 늘리고, 지속적인 참여를 유도하고, 과정과 결과를 공유하여 프로그램을 확장하고, 효과를 극대화하는 전략이 필요하다. 홍보와 소통의 대상(Audience), 방법(Channel), 메시지(Message), 홍보와 소통의 작동성(Evaluation)을 주요한 영역으로 전략을 만들어 나가야 한다. 홍보 대상자의 연령, 학력수준, 예측되는 주요 건강문제, 동질성을 갖는 집단인지, 이질성을 갖는 집단인지에 대한 파악이 필요하다. 전자매체, 인쇄된 종이, 플래카드, 교육, 소모임 지원 등 어떠한 홍보 방법을 선택할지 결정해야 하며, 홍보 메시지에 담겨야 할 내용이 무엇이 되어야 할지, 행동 단계에 입각하여 담겨야 할 메시지를 정하는 일, 동기부여를 할 수 있는 메시지, 슬로건에 담길 내용 등을 결정해야 한다. 이러한 홍보가 실제 작동이 되는지, 효과가 있는지 평가가 이루어져야 한다. 프로그램 수행에 따른 중간 혹은 최종 결과물이 전체 직원들에게 알려지고, 개선 지점 등에 대한 피드백을 받는 과정도 필요하다.

2.5 지지적 환경 구축

개인이 건강한 생활방식과 태도를 유지하는 것은 단지 개인의 의지나 노력만으로 되는 것은 아니다. 주변에 편의점이 가까이 있거나, 패스트푸드를 판매하는 상점이 많이 위치해 있는 지역에 거주할수록 관련된 음식을 섭취할 가능성은 높아진다. 건강한 생활방식을 유지할 수 있도록 하는 지지 환경은 건강한 생활방식을 보다 쉽게 선택하게 하는 방법이다. 지역사회에서 이루어지고 있는 대표적인 지지 환경의 사례를 살펴보면, 담배 판매장소 제한, 흡연공간 제한 등의 규제 정책과 음주 없는 행사를 진행하는 곳에 대해 인센티브를 주는 재정 정책, 아이들에 대한 정크푸드 광고를 금지하는 운동을 할 수 있도록 지지하는 정책 등이 있다. 또한 생활공간에서 보다 쉽게 걷거나 자전거를 탈 수 있도록 환경을 변화시킴으로써 개인이 보다 쉽게 운동을 할 수 있도록 하는 정책을 펴기도 한다. 지지환경에 대한 형평성 있는 접근을 보장하는 것도 중요하다. 이동의 제한이 있는 장애인에게는 지지환경이 마련되더라도 이에 대한 접근이 쉽지 않을 수 있다. 지지환경이 적용되는 것에서 접근성의 차이가 발생하지 않는지 확인이 필요하다. 지지환경을 만들기 위해 중요한 구성요소는 [표 5-3]과 같은 내용이 있을 수 있다.

사업장 지지환경을 마련하기 위해서는 직원들이 의사소통과 리더십, 갈등의 사전예방과 해결 방법 등을 배울 수 있는 기회를 제공받고 있는지 확인해야 한다. 회사 조직의 변화, 문제 상황이 발생하는 동안 직원들이 가능한 인지할 수 있도록 리더십이 소통해야 하고, 이를 통해 구성원들의 스트레스를 최소화하는 전략을 세워야 한다. 관리자들은 일과 생활 사이의 균형을 중요시하여 직원들에게 적정 업무량을 배정하는 것이 긍정적임을 인식하고, 이를 중요한 관리기법으로 사용할 수 있어야 한다. 관리자들이 건강한 생활 태도를 보임으로써 직원들의 롤 모델이 되어야 하고, 직원들의 휴가 사용을 장려하는 분위기가 필요하다. 직원들의 신체활동을 증가시킬 수 있도록 하는 인센티브를 마련할 수 있다.

표 5-3 지지환경 구축의 주요 구성요소

1) 의사소통
- 구성원의 요구가 파악될 수 있는 구조, 구성원의 참여에 의해 기획되는 프로그램 마련
- 진행되고 있는 다양한 프로그램에 대한 참여 구성원들의 피드백과 반영
- 건강증진의 목적이 직원들에 대한 통제로 인식되지 않도록, 사업의 목적과 방법에 대해 구성원들과 지속적인 소통이 이루어져야 함

2) 사회적 지지
- 동료, 상사의 건강 행태에 대한 지지가 중요. 금연한 동료에게 격려를 보내는 태도, 절주를 결의한 동료를 배려하는 회식문화, 건강을 걱정하는 동료에게 가장 적절한 프로그램을 찾을 수 있도록 안내하고 격려하는 문화 등

3) 믿음, 가치, 규준
- 건강한 생활 행태가 구성원의 중요한 가치가 되어야 함. 직원의 건강이 중요한 경영의 가치가 되어야 함. 이를 통해 공식, 비공식적인 규준이 마련되고, 이를 지키는 구성원간의 믿음이 만들어 짐. 이는 결국 사업장내 사회적 자본(social capital)의 상승을 가져옴

4) 실행전략
- 지지환경을 만들기 위한 구체적인 실행전략이 필요하고, 이를 주요한 자기 업무로 수행하는 보건의료 전문가가 있어야 함. 구체적인 실행전략 마련을 위해 다양한 전문가 지원이 필요함(건강증진 전문가, 보건정책 전문가, 직업의학 전문가 등)

5) 직원들의 태도
- 지지환경을 만드는데 직원들의 태도와 인식이 매우 중요함. 건강을 중요한 가치로 두는 태도, 회사의 정책을 신뢰하는 기본 문화 등이 지지환경 구성에 중요

6) 직무 만족
- 직장에 대한 만족 없이 건강한 지지환경이 만들어지기 어려움. 이를 높일 수 있는 다양한 정책들과 연계하여 지지환경을 만들 필요가 있음

7) 직무통제, 의사결정 권한 부여
- 지지환경을 만드는데 직원들의 참여를 높여야 하고, 직원들이 스스로 결정하여 만들어지는 프로그램이 많아야 함
- 업무 내용에서도 직원들의 직무 자율성을 높이고, 의사결정 권한을 더 많이 부여하는 방식으로 직무스트레스를 줄이는 전략이 필요함. 이는 직원의 참여를 높이는 결과를 가져와 지지환경을 만드는 데 핵심적인 계기를 마련할 수 있음

8) 리더십
- 리더십의 건강에 대한 인식은 매우 중요한 지지환경의 요소임. 건강에 대한 경영 가치 부여, 직원의 건강수준 향상을 위한 리더십의 투자 등은 지지환경 전반에 영향을 미침

9) 일과 삶의 균형
- 직원들의 삶의 영역에서 건강행태를 추구하기 위해서는 삶의 영역을 보다 건강하게 만들기 위한 전략이 필요함. 생활의 영역에서 지지환경이 마련될 수 있는 방안 마련 필요

10) 인사 제도
- 직원들이 자신의 업무역량을 효과적으로 발휘하고 이러한 업무역량이 지속될 수 있도록 적정배치, 업무역량 강화 교육, 소통 증가, 공정한 인사체계 등이 필요함. 또한 구성원의 건강유지가 인사 제도의 중요한 구성요소여야 함

지지환경의 궁극적 상태는 건강한 문화로 정착하는 것이다. 이는 구성원들이 공유된 가치로서 건강행태를 받아들이고, 일정한 규준으로 인식하기도 하고, 동료들의 건강행태를 지지하는 분위기가 만들어지고, 동료 간 연대의식이 강해지는 것을 의미한다. 운동을 하는 것, 금연을 하는 것이 긍정적인 태도와 행태로 인식되는 것이 아니라 건강만 챙기는 이기적인 태도, 소심한 행위, 연대 이탈 행위(흡연자 그룹에서 잘 나타남) 등으로 인식되는 부정적 문화가 있을 수 있다. 불건강 행태를 유지하는 사람도 건강행태를 시도하는 사람에게 긍정적인 메시지와 격려를 할 수 있는 문화를 만들 필요가 있다.

이러한 지지적 환경, 더 나아가 건강문화를 정착하기 위해서는 건강한 생활 행태를 유지하고 주변에 이를 전파할 수 있는 리더를 육성해야 한다. 건강행태를 유지하고 있는 사람들이 주변 동료에게 이를 지속적으로 권장할 수 있도록 하는 분위기를 만들고, 조직 내 유행을 만들 필요가 있다. 교육을 통해 동료 지지를 활성화하는 것도 좋은 방법이다. 가족들도 건강한 생활 행태를 유지할 수 있도록 하는 교육 프로그램과 가족이 함께하는 운동, 건강한 식단, 가족 내 갈등 해소 프로그램 등도 필요하다. 지역사회와 사업장 건강문제를 연결해 보는 전략은 매우 효과적인데, 지역사회 금연정책 돌아보기, 지역사회 음주문화 개선 캠페인, 지역사회 운동시설 접근성 높이기, 시자제와 연계하여 자전거 도로 넓히기, 등산로 확보 등의 사업도 해볼 수 있다.

2.6 소규모 사업장 건강증진 개입 전략

소규모 사업장에서 제대로 된 건강증진 프로그램을 운영하기는 쉽지 않다. 이를 수행할 자원, 인력, 사업주와 노동자의 관심과 요구가 모두 부족하다. 현재 50인 이상의 사업장에서는 보건관리자 선임의 의무가 있고, 해당 업무를 위탁하여 운영할 수 있도록 되어 있다. 이들 사업장에서는 보건관리자를 중심으로 사업장의 수준에 맞는 실천 계획을 세워볼 필요가 있다. 소규모 사업장에서 해볼 수 있는 프로그램으로 “좋은 사례를 통해 배우기”, “참여형 접근” 등이 적합할 수 있다. 지역 보건소, 근로자건강센터 등 지역사회 자원과 연계하여 프로그램을 운영해 보는 방안 등도 고려해 볼 수 있다. 작은 프로그램을 수행하더라도 사업주의 관심이 없다면 시작하기도 어렵고, 어렵게 시작한 프로그램을 지속하기는 더 어렵다. 지역사회에서 사업주들이 모이는 모임을 통해 노동자들의 건강증진 사업의 필요성을 공유하는 작업들이 다양하게 시도되기도 하였다. 사업주 모임에서 좋은 사례를 전파하는 방식도 필요하다.

소규모 사업장에서 진행하는 건강증진 프로그램은 준비 기간이 비교적 짧고, 시작이 쉽고, 시작을 위한 장해물이 상대적으로 적고, 조직문화로 만들기 쉬우며, 노동자들의 건강증진으로 인한 기업의 이익이 비교적 분명하게 나타날 수 있고, 여러 자원을 활용하거나 이를 수행하는데 따른 인센티브도 있을 수 있다. 특수건강진단 비용지원사업(디딤돌사업), 근로자건강센터 등 국가에서 주도하는 주요 사업들이 소규모 사업장 건강증진 프로그램에 활용될 수 있다.

더 읽을거리

CDC. Workplace health promotion. https://www.cdc.gov/workplacehealthpromotion/model/index.html

Michael P. O'Donnell, Health promotion in the workplace 5th edi. 2017

제6장

직업병감시

송재철

공중보건학적 문제 해결을 위한 접근은 1) 문제의 파악(무엇이 보건학적 문제인가?), 2) 원인의 파악(문제의 원인이 무엇인가?), 3) 해결방안 도출(문제해결을 위해 무엇을 해야 하나?), 4) 실행(어떻게 할 것인가?)의 단계를 밟으며, 사업의 성과를 평가하기 위하여 다시 문제를 파악하는 단계를 밟는다(그림 6-1). 공중보건의 한 분야인 직업보건의 목표는 직업병의 예방과 근로자의 건강증진이며, 직업병의 예방은 직업병 발생 또는 유해요인 노출 현황을 파악하는 감시(surveillance) 활동으로 시작한다.

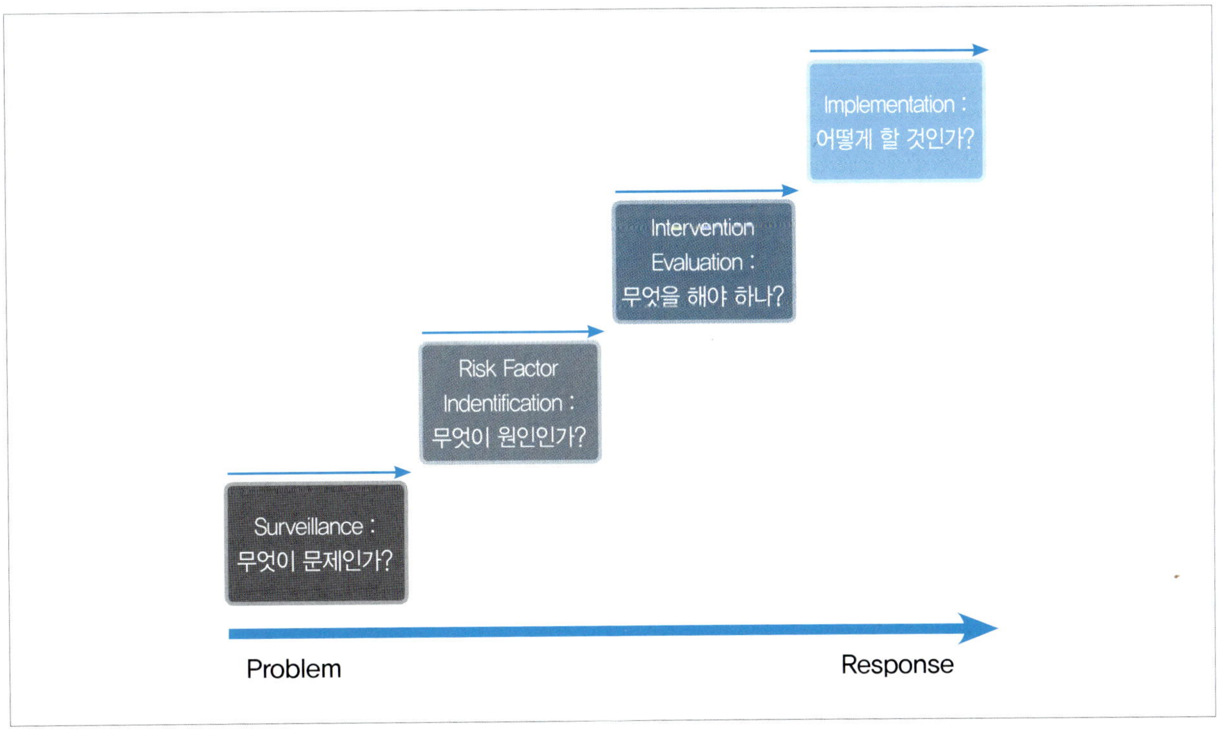

그림 6-1 공중보건학적 접근

제1절 직업병감시의 개념과 목적

세계보건기구는 공중보건 영역의 감시체계를 질병관리의 계획, 집행, 평가를 위해 역학적 정보를 체계적으로 수집, 분석, 사용하는 것으로 정의하였고, 미국 질병관리본부는 좀 더 구체적으로, 보건 자료를 지속적이고 체계적으로 수집, 분석, 해석하여 필요한 곳에 적시에 배포하며 이 정보를 질병 예방과 관리를 위한 공중보건 사업과 각종 보건 프로그램의 계획, 실행, 조사연구를 위해 사용하도록 하는 것으로 정의하였다. 따라서 공중보건의 한 분야로서 직업병감시는 지속적이고 체계적으로 직업병의 발생자료나 유해요인 노출자료를 수집 · 분석 · 해석하여, 도출된 정보를 알아야(사용) 할 사람(또는 기관)들에게 배포하여 직업병을 예방하기 위한 계획을 세우고, 이를 적용하여 개입(intervention)을 시행하며, 이러한 과정에 대한 평가를 위하여 사용하는 것으로 정의할 수 있다(그림 6-2).

감시체계의 구체적 목적은 ① 문제의 크기 추정, ② 질

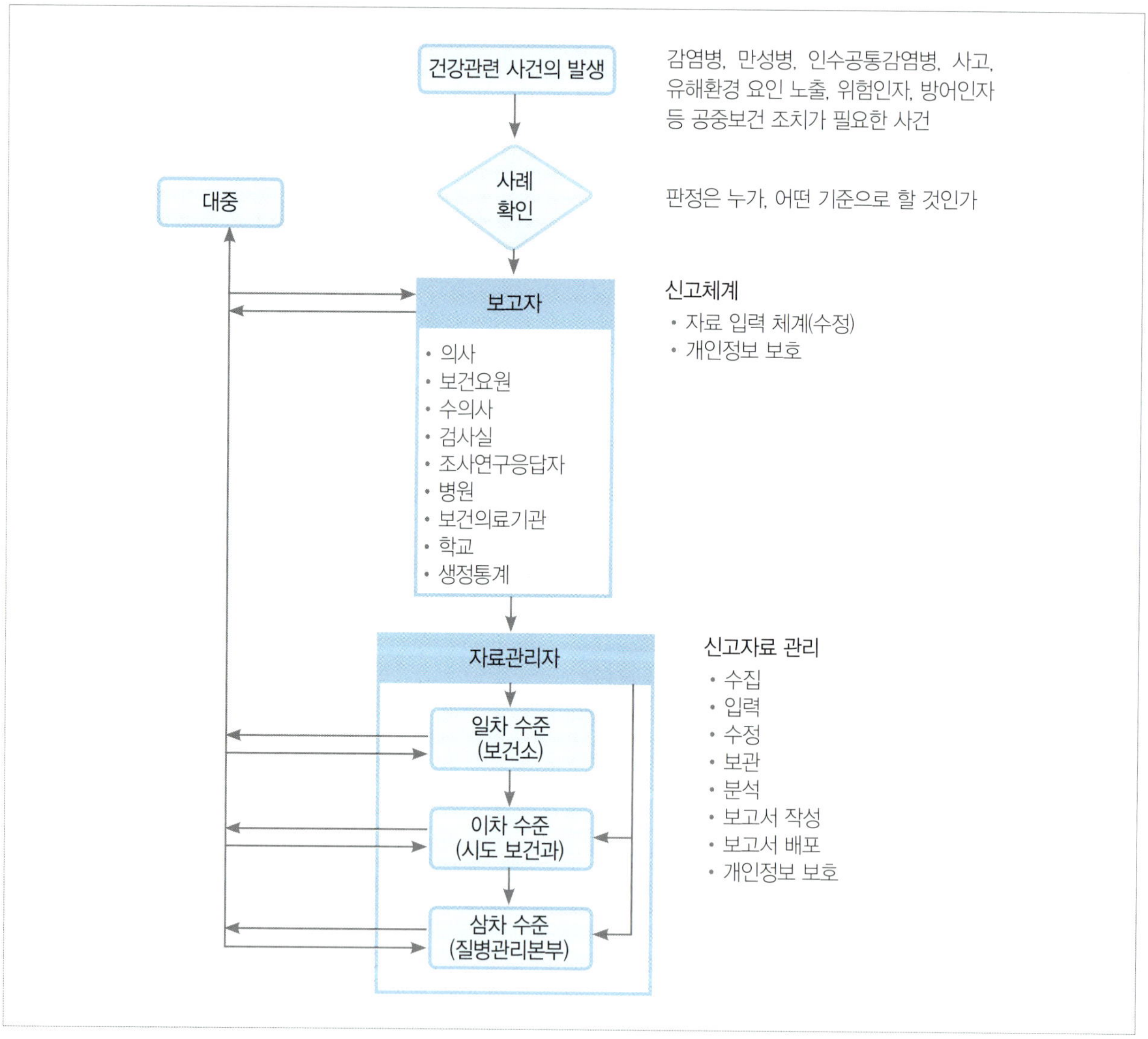

그림 6-2 우리나라에 적용한 일반적 감시체계의 기본구조

병의 추세(유행) 파악, ③ 연구과제 도출, ④ 예방사업을 위한 목표 설정, ⑤ 의사결정권자에게 개입 등 정책결정에 필요한 정보를 제공하는 것이다. 공중보건감시의 가장 중요한 고려사항은 감시 결과를 알아야 할 사람을 파악하고 그들이 필요로 하는 정보를 만드는 것이다. 결과 활용(표 6-1)을 위하여 정보를 알아야 할 사람들은 ① 증상 또는 질병이 확인된 환자, ② 보고에 참가한 의사나 고용주 등 관계자, ③ 동일 또는 유사한 건강위험(유해요인)에 노출된 사람, ④ 조치를 취할 담당 공무원 및 타 지역의 동일 또는 유사 업무담당자, ⑤ 관련 정책결정권자 또는 정책입안자, ⑥ 보건교육 또는 홍보 담당자, ⑦ 보건의료서비스 제공자 등이다.

표 6-1 감시결과의 활용

- 위험집단 건강문제의 크기 추산
- 질병 또는 손상의 자연사 이해
- 질병 유행의 감지
- 건강관련 사건(질병 등)의 분포와 확산 입증
- 역학적, 실험실적 연구의 촉진
- 병인론에 따른 가설의 설정 및 검정
- 관리와 예방 조처의 평가
- 질병원인의 변화 모니터링
- 격리활동의 모니터링
- 보건의료관련 행태 변화의 감지
- 보건계획수립

제2절 계획과 관리

효과적인 감시체계의 구축은 ① 목표의 설정, ② 사례의 정의, ③ 자료원과 수집방법의 결정, ④ 자료수집 도구의 개발, ⑤ 지역사회 시험, ⑥ 자료분석 방법의 개발과 검증, ⑦ 자료배포 방법의 개발, ⑧ 자료의 분석과 해석 결과 사용 여부 확인으로 이루어진다. 이 외에도 지원체계, 인력구성, 교육계획, 사례추적을 위한 우선순위 설정 등에 대한 고려가 필요하다.

2.1 사례의 정의

사례를 정의하는 것은 일관성 있는 자료의 취합과 시계열 분석과 타 감시결과와의 비교를 위하여 매우 중요하다. 사례정의 방법은 전문의사에 의한 의학적 진단과 같은 전문가의 판단, 노출감시 등에서 사용하는 노출기준을 적용하는 관리적 판단, 증상이나 검사결과를 활용하는 역학적 정의 등을 이용한다.

2.2 보고 환례의 분류

산업보건 영역에서 특히 관심을 가져야 할 방법론은 다양한 유해요인 자료를 수집하는 노출 감시와 그로 인한 건강상의 문제에 대한 자료를 수집하는 건강영향(질병) 감시이다. 각 건강영향은 명확한 사례의 정의와 업무관련성의 평가가 필수적이며, 업무관련성 정도를 '확실함(definite)', '가능성 높음(probable)', '가능성 있음(possible)', '의심스러움(suspicious)' 등으로 분류한다.

2.3 대상 인구집단의 선정

자료의 질을 높이기 위해서는 가능한 한 감시의 대상이 클수록, 기간이 길수록 효과적이다. 그러나 모든 인구집단을 대상으로 감시체계를 구축하는 것은 비용 면에서 불리할 뿐 아니라 현실적으로도 수행이 거의 불가능하다. 따라서 대부분의 질병감시는 표본감시체계로 수행한다.

2.4 자료수집 방법

자료수집 방법에 따라 능동적(active) 또는 수동적(passive) 감시로, 감시대상에 따라 일반감시와 표본감시로 구분한다. 유행이 없는 평상시에는 수동감시체계를, 질병의 유행이 있거나, 새로운 질환이 출현하거나, 특정 질병이 새로운 인구집단에서 발견되는 경우에는 능동감시체계를 운용한다.

1) 능동감시와 수동감시

수동감시란 의료인이 환자를 발견하여 신고하거나 보고하는 형태가 가장 전형적인 예이다. 사례신고와 보고는 주로 의료인이 하지만, 의료나 산업보건기관의 다른 인력이 보고하기도 한다. 보고 자료의 완전성을 확보하기 위하여 감시체계 운영자가 주요 보고자를 접촉하거나, 검사실이나 기타 관계된 기록들을 검토하여 사례를 확인하기도 한다. 수동감시체계는 운영이 효율적이고 보고받는 기관의 부담이 적다는 장점이 있으나 보고 자료의 완전성이 문제될 수 있다.

능동감시에서는 감시체계운영자가 직접 사례를 찾는다. 방문이나 전화 같은 소통 수단을 이용하여 의사, 검사실, 환례를 보고받는 기관(근로복지공단, 국민건강보험공단 등) 등의 주요 보고자와 주기적으로 접촉하거나, 대상기관을 방문하여 특정 상태의 환자, 검사실의 자료 등을 직접 검토하는 것이다. 능동감시는 보고사례의 완전성이 높기 때문에 기존 수동감시의 대표성을 확인할 수 있고, 특정 역학조사와 연계하기도 한다. 일반적으로 능동감시는 특수한 상황에서 사용하는데, 유행이 일어났거나 유행이 예측되어 집중적인 자료수집이 필요한 경우, 새로운 질병이나 새로운 전파경로 등에 관한 조사가 필요한 경우, 새로운 지역이나 인구집단에 유행이 일어난 경우, 특정 보건사업 후 효과를 타당성 있게 평가하기 위한 경우에 사용한다. 능동감시는 사례 발견의 완전성은 높으나 상당한 인력과 비용, 시간 투입이 필요하므로 상시운영이 어렵다는 약점이 있다.

흔히 사용하는 간단한 감시방법으로 보초감시(sentinel surveillance)가 있는데, 대표성 있는 의사나 응급의료기관의 환자자료를 이용하여 독감과 같이 비교적 발생률이 높은 질병에 대하여 질병 발생의 경향이나 감염병의 경우 균주를 파악하기 위해 사용한다. 비교적 적은 비용과 빠른 변화를 파악하는데 도움이 되며, 수동감시와 능동감시 모두에 적용할 수 있다.

2) 질병감시와 노출감시

질병감시(health surveillance)와 노출감시(exposure surveillance)로 나눌 수 있는데, 질병감시는 특정 질병 또는 건강상태의 발생양상을 파악하거나 지역 사업장 근로자들의 유병률과 발생률 등 직업병 발생양상이나 특성을 파악함과 동시에, 새로운 직업병을 발견하는데 기여한다. 특수건강진단, 산업재해보상보험 자료 또는 특정 직업병이나 일부 지역 근로자에서 발생하는 모든 직업병을 대상으로 한다.

노출감시는 유해한 물질에 노출되는 수준을 파악하고, 직업병이 발생하지 않도록 예방조치를 취할 수 있는 근거를 제공한다. 직업병 예방을 위해 집중관리 작업장을 선정하고, 유해물질에 노출되는 과정을 파악하거나 노출을 최소화하는데 활용한다.

3) 감시대상 선정의 우선순위

감시체계에서는 질병의 종류, 중증도, 또는 유병률에 따라 구체적인 질병을 찾아야 하는 경우도 있고, 질병의 추세를 파악하는데 목표를 두는 경우도 있다. 구체적인 질병을 찾기 위해서는 자료의 개별정보는 물론 가능하면 빠지는 사례 없이 수집하여야 한다. 반면 추세파악을 목적으로 하는 감시체계에서는 개개인의 정보가 필요한 것은 아니며, 반드시 모든 사례가 수집되어야 하는 것도 아니다. 전체가 보고되지 않더라도 선택적으로 누락되지만 않는다면(대표성을 확보할 수 있다면) 좋은 감시결과를 얻을 수 있다. 따라서 감시대상의 우선순위를 정하는 기준은 보건학적으로 중요한 질병이어야 하는 것인데, 이를 측정할 수 있는 지표들은 발생빈도(발생률, 유병률, 사망률, 손실년수 등), 중증도(치명률, 입원율, 장해율 등), 비용(직·간접 비용), 예방가능성, 공적 관심 등이다.

4) 감시 자료원

직업병감시의 주요 자료원은 특수 및 일반 건강진단과 산재보상, 사망, 건강보험, 암 등록 자료, 그리고 회사의 근무일지나 사고보고, 병원 의무기록 등이다. 특수건강진단 결과는 직업병 자료를 얻을 수 있는 대표적인 자료원으로 진폐증이나 소음성 난청 같이 근로자가 증상을 느끼지 못하는 시기에 검사를 통해 이상 소견(예: 흉부 방사선 또는 청력검사)을 보이는 경우에는 효과적이나 천식이나 근골격계질환과 같이 발병 전에 객관적인 검사에 나타나지 않는 질환에는 큰 도움이 되지 않는다. 특수건강진단 결과를 보완할 수 있는 것이 산재요양자료인데, 이 또한 일정 수준 이상의 중증이거나, 승인이 이루어진 자료만이 활용 가능하다는 한계가 있다. 때문에 임상의사의 진료 자료를 활용하는데, 환자는 증상에 따라 의사를 찾게 되므로 증상이 앞서는 직업성 질환에 대해서는 임상전문의의 참여로 직업병의 규모를 파악할 수 있다. 노출감시의 자료는 사업장의 유해물질 사용량, 배출량, 작업환경측정 또는 생체지표(혈액, 소변 등) 측정을 통해 얻을 수 있다.

제3절 우리나라의 직업병감시

직업병감시는 짧은 역사에도 불구하고 오랜 역사의 특수건강진단이나 산재보상자료를 보완하여 다양한 직업병의 분포와 양상을 보여주는데 큰 역할을 하였다. 그러나 우리나라의 직업병감시가 발전하기 위해서는 개별 감시체계의 통합 관리, 정책개발, 행정적 지원, 재원 조달, 정보제공 및 교육 입무를 주노할 중앙감시조직이 필요하다. 독립적으로 관리되고 있는 여러 부처의 직업병(일반질병 포함) 및 유해물질에 대한 정보공유가 가능하도록 하고 법적 지위를 보장하고 안정적 운영을 지원할 수 있는 공적 조직이 필요하다. 더욱이 우리나라의 직업병감시체계 운영현황(표 6-2)에서 알 수 있듯이 감시체계의 장기적 운영에 대한 지원과 감시의 성격에 부합하는 질환 선정이 필요하다.

또한 특정의 근로자를 대상으로 직업성질환의 발생과 양상을 볼 수 있는 감시모형이 필요하다. 예를 들어, 건설, 광업 등의 직종은 사고의 위험요인에, 보건의료 종사자는 특정 유해요인에 노출되고, 고령, 여성 및 외국인 근로자는 일부 유해요인에 특히 높은 감수성을 보이기 때문이다. 자료의 질을 높이고 새로운 자료원의 확보도 필요한데, 특히 산재요양 승인 자료는 보상과 요양에 막대한 비용이 지출됨에도 불구하고 기초적인 정보만을 제공하고 있다. 산재승인신청 단계에서부터 직업성질환의 원인을 파악하고, 재해발생 과정을 이해할 수 있는 자료를 포함하는 등 산업재해보상 자료의 질을 높여야 한다. 이외에도 다양한 국가적 조사사업(예: 국민건강영양조사)에 직업과 노동손실에 대한 설문을 포함한다면 매우 유용한 직업병감시 자료원이 될 것이다.

표 6-2 우리나라 직업병감시체계 운영현황(산업안전보건연구원 지원 사업)*

감시체계			운영 기간
직업병감시	질병중심	천식	1998~2002, 2004~11
		근골격계질환	2000~04
		피부질환	1998
		중피종암 및 백혈병 감시체계 구축	2001
		악성 중피종	2002~13
		폐암	2006~10
		조혈기계 암	2007~10
		손상	2008~11
		뇌 · 심혈관계질환	2010~11
	지역중심	인천지역	2001~10
		부산 울산, 경남지역	2001~03, 2005~10
		구미지역	2002~03
		창원지역	2004
		중/남부 권역 폐암, 조혈기계암	2011~16
노출감시		건설근로자	2002
		주사침 손상	2009~13
		생체시료 분석실 감시(DMF, dimethyl formamide)	2010
혼합형 감시		석유화학공단지역	1999~2000
		사업장 중심 직업성 질환 감시체계	2011~12
		급성중독질환	2016~20

*2021년 이후 자료는 제공하지 않고 있다.

더 읽을거리

산업안전보건연구원. 직업성 감시체계 중장기 발전방안 마련을 위한 로드맵 개발 연구. 산업보건연구원. 2010.

Maizlish NA, Work place health surveillance. New York: Oxford University Press; 2000.

Teutsch SM, Churchill R. Principle and practice of public health surveillance 2nd ed. New York: Oxford University Press; 2000.

제6편

새로운 노동환경

편집위원

송한수

제1장

취약한 노동자

제1절 장년근로자

김용규

1.1 특성과 현황

장년근로자는 50세 이상 65세 미만인 근로자와 65세 이상이지만 취업을 하고 있거나 취업 의사가 있는 사람을 말한다. 고령자고용법상 50~54세를 준고령자, 55세 이상을 고령자로 분류하고 있는데, '고령자'라는 명칭의 부정적 이미지와 한국인의 긴 기대수명을 반영하여 장년근로자로 변경한 것이다. 우리나라는 고령화 속도가 가장 빠른 나라 중 하나다. 2021년 통계청 장래인구추계에서 65세 이상 노인 인구는 2020년 15.7%이며, 2050년 40.1%로 전망하고 있다. 2018년을 기준으로 OECD 국가의 장년근로자 노동시장 평균 참여율은 55~64세 63.9%, 65~69세는 27.4%였으나, 우리나라는 55~64세 68.8%, 65~69세 47.6%였다. 향후 장년근로자가 사회

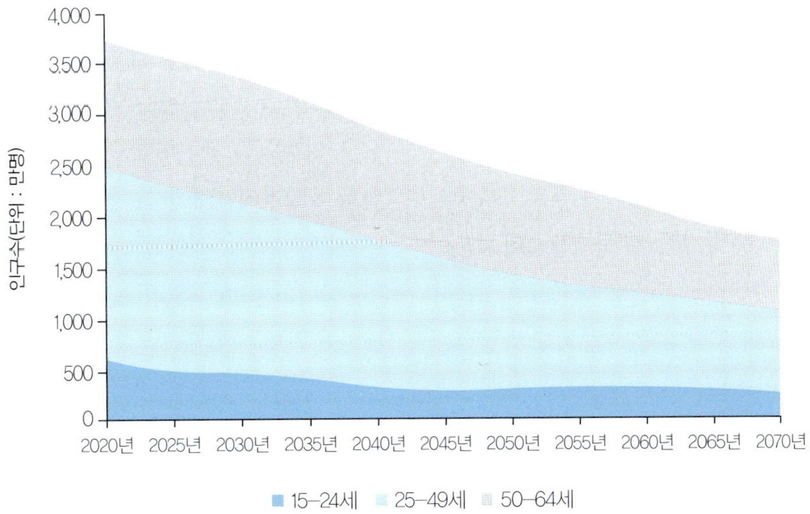

그림 1-1 생산연령인구 추계, 중위 시나리오

출처 : 통계청, 장래인구추계(2020–2070년)

적으로 중요한 역할을 수행하게 되고, 장년근로자의 건강관리가 산업보건 분야에서 중요한 과제가 될 것이다.

1.2 장년근로자의 신체적 변화

1) 심폐기능의 변화

나이가 증가함에 따라 최대 산소 섭취량이 감소한다. 최대 산소 섭취량은 인체가 완전히 발달하는 30세를 전후로 정점에 이른 후 감소하기 시작하는데, 매년 0.25~1.04mL/min/kg씩 감소하여 70세에 이르면 30세의 60% 수준이 된다. 심박출량은 20세에서 80세에 이르는 동안 50% 수준까지 감소한다. 나이가 증가함에 따라 심근 수축력 감소와 함께 수축 시간이 증가하고, 카테콜라민에 대한 반응성이 저하되며, 전도 자극에 대한 불응기가 증가한다. 허파꽈리 관(alveolar duct)의 크기가 증가하고 허파꽈리의 표면적은 감소하고, 폐 탄력성이 감소하며, 1초간 노력성 호기량이 감소하면서 폐잔기량은 증가한다. 또한 늑골 관절의 석회화와 등뼈의 퇴행성 변화는 흉곽의 경직성을 증가시킨다. 호흡근의 근력과 근지구력도 감소한다.

2) 근골격계의 변화

근력과 지구력은 심폐기능보다 근로능력에 더 큰 영향을 미친다. 근력은 20세에서 35세 사이에 정점에 이른다. 근력은 40대까지 유지되지만, 50세 이후로 10년마다 12~15%씩 감소한다. 근력 감소는 근육그룹마다 매년 0.8%에서 5.0%까지 다양한 수준으로 나타나며, 전반적인 근력 감소에도 불구하고 팔의 근력은 비교적 잘 유지되는 반면 다리 근력 감소는 현저하다. 이는 장년근로자의 작업장 안전에 영향을 주는 요소다. 골밀도는 50세 이후부터 뚜렷하게 감소되는데, 특히 폐경 이후의 여성에서 큰 폭의 감소가 나타난다. 50세 이후 여성은 남성보다 4배 이상 높은 골다공증 유병률을 보인다.

3) 눈의 변화

나이가 증가할수록 눈꺼풀은 위축되고 눈물샘의 기능은 감소하여 결막염의 발생이 증가한다. 수정체의 유연성 감소와 모양체근(ciliary muscle)의 긴장상태 소실로 가까운 물체에 초점을 맞추기 어려워지는 노안(presbyopia)이 생긴다. 동공 크기의 변화와 수정체와 각막의 빛 분산 증가로 인해 정적시력이 감소한다. 움직이는 물체를 식별하는 능력인 동적시력은 정적시력보다 더 급격한 감소세를 보인다. 암순응 능력의 감소와 눈부심의 증가도 흔히 나타나는 현상이다.

4) 귀의 변화

노화에 의해 외이도, 고막, 이소골 등의 해부학적 형태가 변화하고, 청각중추가 퇴화한다. 양측성 고주파 영역의 청력 손실은 30대 이후부터 나타나 40~60대부터는 1,000Hz의 회화영역까지 청력 감소가 나타나게 된다. 이에 따라 어음분별력이 감소하면서 배경 소음이 있을 때 특정한 소리를 구별하고, 대화를 이해하는 능력이 감소한다.

5) 신경기능의 변화

나이의 증가에 따라 말초신경계 및 감각기관의 신경전달속도와 정보처리속도가 감소한다. 중추신경계의 변성으로 인해 추상적, 개념적 사고에 어려움을 겪게 되고, 단기 기억력이 감소한다. 결과적으로 장년근로자는 새로운 기술의 습득 능력이 감소한다. 그 대신에 직업적 경험, 언어의 이해와 활용 능력, 복잡한 문제에 대한 해결능력이 작업수행 능력의 감소를 보완한다.

1.3 장년근로자의 고용 및 산업재해 특성

국내에서 장년근로자의 고용비중이 높은 직종은 청소원, 환경미화원, 경비원, 검표원, 자동차 운전원, 음식관련 단순 종사원, 경영관련 사무원, 의료복지 관련 서비스 종사자, 건설 및 광업 단순 종사원, 가사 및 육아 도우미, 조리사, 농림어업관련 단순 종사원, 제조관련 단순 종사원, 건설관련 기능 종사자 등이다. 2020년도 산업재해통계에 따르면 50세 이상의 장년근로자에서 발생한 산업재해는 전체의 52.6%를 차지하였으며, 재해율은 50~54세 13.4%, 55~59세 14.7%, 60세 이상 24.5%로 나이에 따라 증가하였다. 특히 여성은 남성과 달리 50세 이상 재해자 수가 50세 미만 재해자 수보다 많고, 여성과 남성 모두 50세 이상의 재해자가 증가하는 추세다. 여성은 단순노무자, 서비스종사자에서 남성은 농림어업 숙련종사자와 기능원에서 재해자가 많았다.

재해유형별로는 50세 이상 여성은 넘어짐 재해가 자주 발생하고 증가폭도 가장 큰 것으로 나타났다. 특히 넘어짐 재해는 50세 이상의 경우 50세 미만의 3배가 넘는 것으로 나타났으며, 남성의 경우 50세 이상은 떨어짐 재해가 가장 잦고, 절단·베임·찔림과 끼임 재해가 증가하고 있는 것으로 나타났다.

2020년 산재통계에 따르면 업무상 질병 중 50세 이상이 차지하는 비율이 70.3%였고, 이 중 60세 이상은 43.8%로 업무상 질병 대부분도 장년근로자에게서 발생하고 있다.

1.4 장년근로자를 위한 안전보건제도

장년근로자를 위한 안전보건대책은 작업장 낙상위험 환경의 개선, 작업장 운동프로그램, 건강검진 및 건강증진 활동을 통한 건강관리로 구성된다. 장년근로자들의 신체기능을 배려한 작업방법과 작업환경을 조성하기 위해 추락·전락 방지 대책, 전도방지대책, 중량물 취급방법의 개선, 작업자세의 개선, 시청각 기능 보조 등을 고려할 수 있다. 장년근로자에게 적합한 작업표준을 마련하고, 장년근로자의 기술과 지식을 활용할 수 있는 직무배치, 과로에 의한 건강장애 예방대책의 수립이 필요하다.

더 읽을거리

김양호. 고령근로자 친화적 작업환경 가이드라인 개발 연구. 산업안전보건연구원. 2016.
김헌. 중고령 근로자 안전보건 가이드라인 및 매뉴얼 개발 연구. 산업안전보건연구원. 2007.
KOSHA GUIDE H-176-2015 체크리스트를 활용한 장년근로자의 보건관리지침. 산업안전보건공단. 2015.

제2절 이주노동자

김규상

2.1 현황과 고용실태

이주노동자(migrant workers)는 비국민 신분으로 국적국이 아닌 국가 내 소재하는 사업·사업장에서 임금을 목적으로 근로를 제공하고 있거나 제공하려는 사람을 의미한다. 우리나라는 1991년에 처음으로 해외투자기업의 산업기술연수제를 통해 이주노동자가 도입되었으며, 2007년부터 산업기술연수제가 고용허가제로 일원화되어 지금에 이르고 있다. 고용허가제는 인력난을 겪고 있는 사업상에 일정한 요건 아래에 이주노동자를 합법적으로 고용할 수 있도록 허가해주는 제도지만, 내국인 우선 고용원칙과 정주화 방지원칙에 따라 사업장 이동, 취업 활동기간이 제한된다. 국내체류 중인 전체 외국인의 규모는 코로나19 유행병의 여파로 2019년 약 252만 명에서 2021년 199만 명(국내 총인구의 3.8%)으로 감소하였다. 이 중 외국인 취업자수는 2020년 기준 84만 8천 명으로 추정되며, 미등록 체류자와 단기 체류 외국인 취업자 규모를 고려하면 전체 이주노동자는 100만 명을 넘을 것으로 예상된다. 따라서 이주노동자는 이미 우리나라 산업의 한 축을 담당하고 있으며, 기피업종에 대한 내국인 노동자의 고용감소, 고령화로 인한 생산가능인구의 감소로 이주노동자에 대한 수요는 증가할 것으로 예상된다. 외국인 취업자는 단순기능인력 89.5%, 전문인력 10.5%로 분류된다. 단순기능인력은 외국인근로자의 고용 등에 관한 법률에 따라 비전문취업(E-9), 방문취업(H-2)이 있고, 선원법에 따라 선원취업(E-10), 출입국관리법에 따라 단기간 취업이 허가되는 계절근로(E-8)가 있다.

2.2 이주노동자의 산업재해와 건강영향

이주노동자들의 산업재해 발생률은 매년 증가하고 있으며, 이주노동자는 내국인 노동자에 비해 재해율과 사망률이 높다. 2021년 산업재해통계에서 이주노동자 산업재해자 수는 8,021명으로 전체 재해자수의 7%를 차지하였다. 이주노동자의 사고재해율은 0.87%로 전체근로자 0.49%에 비해 높았고, 사망만인율은 1.39‰로 전체 근로자 0.77‰에 비해 높았다(그림 1-2). 이 차이는 건설업에서 컸는데, 건설업의 이주노동자 재해율은 2.95%로 내국인 근로자 1.08%에 비해 2배 이상 높았다. 이주노동자의 업무상질병 만인율은 2.59‰로 전체근로자 8.43‰에 비해 낮았다. 이는 이주노동자들이 상대적으로 연령대가 낮고, 질병이 발생하기에 짧은 노출기간 때문일 수 있으나, 산재보험에 접근하기 어려움 때문일 수도 있다. 2005년 8명의 태국 노동자에게서 발생한 노말헥산중독사건, 2006년 중국동포 산업연수생의 디메틸포름아미드(DMF) 중독사망사건, 2008년 중국 노동자의 트리클로로에틸렌(TCE) 중독 사망사건이 연이어 발생하면서, 이주노동자의 유해물질 노출실태가 주목을 받았다.

이주노동자의 특수건강진단 수진자수는 매년 증가하고 있으며 전체 수검자의 6% 정도를 차지한다. 2018년 특수건강진단을 받은 외국인 노동자는 전체 외국인 노동자 중 남성이 89.1%, 50인 미만 사업장 근무자는 65.3%, 제조업종은 77.3%를 차지한다. 유해물질 노출사업장에서 이주노동자들의 유해물질 노출현황을 생물학적 지표로 분석한 연구에 따르면, 내국인 근로자에 비해 이주노동자들의 혈중 납, 요중 메틸마뇨산, 요중 N-메틸포름아미드가 2~3배 높았는데, 이 결과는 동일 유해위험작업이라도 내국인 근로자에 비해 더 열악한 작업조건에서 일하거나 보호구 착용이 더 부적절했음을 보여준다.

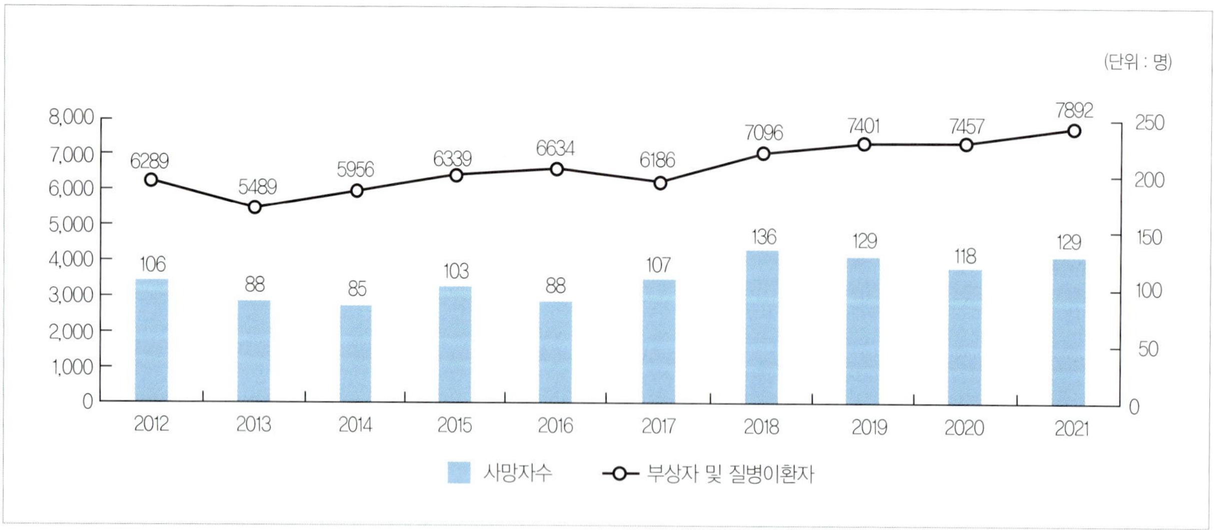

그림 1-2 이주노동자 산재발생추이

출처 : 고용노동부. 2022년 고용노동백서

2.3 이주노동자의 건강관리

저숙련 이주노동자를 주로 채용하는 사업장의 상당수는 소규모 영세사업장이거나 농어업 분야이다. 고용허가제는 우리나라 중소기업의 노동인력의 부족을 해결하기 위해 만들어졌고, 외국인 계절근로자 제도는 영세한 농어촌의 부족한 인력을 보충하기 위한 한시적 고용제도이기 때문이다. 산업안전보건법에서 규정된 여러 가지 안전보건정책들은 영세사업장에서는 잘 적용되지 않고 있고, 특히 농업, 축산, 어업 종사자는 근로기준법 제63조 근로시간 규정을 적용받지 않고 있다. 이는 이주노동자들이 산업안전보건의 사각지대에 놓이거나 직업적 위험이 이주노동자에게 집중되는 원인이 된다. 따라서 이주노동자를 보호하기 위한 제도적 장치가 강화되어야 한다.

한국어로 작성된 산업보건자료는 이주노동자에게 안전보건에 관한 정보를 정확하게 전달할 수가 없다. 안전보건공단에서는 2022년 현재 총 1,870종의 안전보건자료를 16개국 언어로 제공하고 있다. 공용어(영어), 중국, 우즈베키스탄, 베트남, 네팔, 태국, 인도네시아, 방글라데시, 파키스탄, 몽골, 스리랑카, 캄보디아, 미얀마, 동티모르, 키르기스스탄, 라오스어이다.

아울러 언어가 필요없는 동영상, 애니메이션, 가상체험자료 585종도 제공되고 있다. 건강진단에 사용되는 설문지도 외국어로 번역되어 있어 특수건강진단시에 활용할 수 있다.

더 읽을거리

박가영, 이경은. 유해물질 노출 사업장의 외국인 노동자 건강취약성 평가. 안전보건공단 산업안전보건연구원. 2020.
정연, 이나경. 이주노동자 산업안전보건 현황과 정책과제. 보건복지포럼. 2022. 02.

제3절 장애인 근로자

이미영

3.1 특성과 현황

장애인고용촉진 및 직업재활법(약칭: 장애인고용법)에서는 장애인이란 신체 또는 정신 상의 장애로 장기간에 걸쳐 직업생활에 상당한 제약을 받는 사람으로 규정하고 있다. 이 중 중증 장애인은 장애인 중 근로능력이 현저하게 상실된 사람을 말한다. 장애는 '개인의 불완전함이나 결함'이 있는 보호의 대상으로 여겼다. 2006년 유엔 장애인 권리협약에서 '장애는 점진적으로 변화하는 개념이며, 손상을 지닌 사람과 그들이 다른 사람과 동등하게 완전하고 효과적으로 사회에 참여하는 것을 저해하는 태도 및 환경적인 장벽 간의 상호작용으로부터 기인된다'고 선언하였다. 장애가 개인의 문제가 아니라 사회적 문제이며, 일상의 삶 속에서 장애인들을 가로막는 장벽에 내서하여 장애인의 사회참여를 향상시키자는 것으로 인식이 바뀌었다. 2021년 기준 우리나라 등록 장애인 통계에 따르면 총 264.5만명으로 전체 인구의 5.1%였다. 반면, 2017년 기준 OECD국가의 평균 등록 장애인은 15.2%였다. 이는 대다수의 OECD국가들이 WHO의 국제기능장애건강분류(International Classfication of Functioning, Disability and Health, ICF)의 장애 개념을 반영하여 '일상생활의 제약, 사회참여 제한, 능력'의 측면에서 장애를 측정하는 반면, 한국은 아직도 의학적 손상을 기준으로 장애를 측정하기 때문이다.

3.2 장애 유형과 원인

우리나라 장애인복지법 시행령에서 제시된 장애의 종류는 15가지이며, 신체적 · 정신적 특징에 따라 크게 세 가지 유형으로 나눌 수 있다. 외부 신체기능의 장애는 지체장애, 뇌병변장애, 시각장애, 청각장애, 언어장애, 안면장애로 6가지, 내부기관의 장애는 신장장애, 심장장애, 호흡기장애, 간장애, 장루 · 요루장애, 뇌전증장애로 6가지, 정신적 장애는 지적장애와 자폐성장애, 정신장애로 3가지가 있다.

2020년 장애인 실태조사에 따르면, 장애 유형별로는 지체장애가 45.9%로 가장 많다. 5대 장애(지체, 뇌병변, 시각, 청각, 발달)가 전체 장애의 90% 이상을 차지한다. 최근 지체장애는 감소하는 반면 발달장애가 증가하는 추세이다. 전체 장애인 중 중증장애는 37.4%를 차지한다. 특정 장애유형에서 중증장애의 비율이 높은데, 중증 발달장애와 정신장애에서는 100%, 호흡기장애에서는 97.2%가 중증 장애이다. 장애의 원인은 선천적인 장애보다 후천적인 장애가 훨씬 많아 서울복지포털의 통계에 따르면 장애인 중 88.1%가 후천적 장애였다. 후천적 원인은 질환에 의한 것이 56%로 사고로 인한 32%보다 많다. 특히 인구 고령화로 인해 질병에 의한 원인이 증가 추세이며, 2021년 장애인 중 65세 이상 고령자 분율은 51.3%였다.

3.3 장애인 근로자의 고용현황과 특성

2021년 장애인경제활동실태조사에 의하면, 장애인의 고용률은 34.6%로 전체 인구 61.2%에 비해 현저히 낮으며, 장애인 실업률도 7.1%로 전체 인구 4.0%보다 높다. 장애인은 자영업자 비율이 높으며, 취업자 중 임금노동자는 약 62만 명(69.4%)이다. 장애인이 많이 취업한 산업은 제조업, 농림어업, 보건업 및 사회복지서비스업 순이며, 전체 인구 대비 농림어업, 건설업, 운수창고업 등에 종사하는 비율이 높다. 직업별로 단순노무 종사자 비중이 가장 많고 사무 종사자, 장치기계조립 종사자, 농림어업 숙련 종사자 순이며, 전체 인구 대비 전문가 및 관련 종사자, 서비스 및 판매 종사자 비율이 낮다.

임금노동자를 대상으로 최근 3개월 평균 임금은 장애인은 189.4만원으로 전체 평균 273.4만원에 비해 낮다. 장애인 근로자의 42만 명(67.8%)가 비정규직에 속하여, 이는 전체 비정규직 비율인 38.4%에 비해 2배 정도 높다. 특히 비정규직의 비율은 여성장애인, 60세 이상, 중증, 정신적 장애인에서 높다.

장애인의 고용은 장애인 근로자가 자립하면서, 사회공동체의 일원으로 살아가기 위한 필수요소이지만 상대적으로 취약한 고용조건에서 일하고 있다. 따라서 장애인의 고용률과 고용조건을 향상시키는 것은 사회적 과제이다. 우리나라는 장애인고용법을 통해 의무고용률을 제시하고 있다. 이에 따라 국가와 지방자치단체는 소속 공무원 정원의 3.6% (2024년 이후 3.8%)를 고용해야 한다. 300인 이상 사업주는 사업장에서 고용하는 근로자수의 1%를 장애인으로 고용하도록 의무화하였고, 정부기관 및 공공기관은 3.4%를, 상시 50명 이상 근로자를 고용하는 사업주는 근로자 총수의 3.1%를 장애인으로 고용해야 한다.

3.4 장애인 근로자의 산업안전보건

장애인 근로자의 산업안전보건을 위해 전제되어야 할 것은 고용에서의 차별금지이다. 헌법 제12조와 장애인차별금지 및 권리구제 등에 관한 법률에 따라 고용의 전 과정에서 차별은 금지되며, 장애인 근로자에게 정당한 편의를 제공해야 한다. 정당한 편의란 장애인이 해당 직무를 수행함에 있어서 장애가 없는 사람들과 동등한 근로조건에서 일할 수 있도록 취하는 모든 수단과 조치를 말한다. 정당한 편의는 시설과 장비의 설치나 개조처럼 물적인 지원, 직무재배치, 근로시간 조정 등의 직무조정, 수화통역사 또는 훈련보조인과 같이 인적지원서비스, 휴가제도나 작업장 방침 변경과 같은 제도개선 등 다양한 유형이 있다.

직업환경의학전문의는 건강진단 사후관리나 업무적합성 평가를 통해 정당한 편의에 대한 권고로 장애인 근로자의 업무적응을 도울 수 있다. 특히 직무조정에서 중요한 역할을 담당할 수 있다. 직무분석을 통해 적합한 직무로 재배치를 하거나 업무내용의 조정을 권고할 수 있으며, 필요한 치료를 받도록 하거나, 업무와 개인적 필요 사이에 균형을 맞출 수 있도록 근무시간과 유형에 대한 조정을 권고할 수 있다. 장애인을 위한 위험성 평가는 특정 유형의 장애인 근로자가 직면하는 특정한 위험에 대해 모든 장애인 근로자가 동일한 위험을 가질 것이라고 가정하지 않고, 오직 장애인 근로자의 장애와 건강상태와 업무를 고려하여 맞춤형 위험성 평가를 시행하는 것을 말한다. 이때 장애인 근로자 개인의 능력, 개인별 장애의 성질과 장애 정도, 작업의 특정 요구 사항만을 고려해야 한다.

위험성 평가의 모든 단계에서 관련 장애인 근로자와 개별적 상의가 필요하며, 이해당사자들과 정보 공유와 협업을 통한 합리적인 조정이 필요하다. 위험성 평가를 통해 제안된 조정이 시행된 전후에는 이 조정이 적합하고 특정 상황에 잘 맞는지 확인하기 위해 해당 장애인 근로자와 상의해야 한다.

더 읽을거리

장애인고용촉진 및 직업재활법. 국가법령정보센터.
최승원. 장애인에 대한 정당한 편의제공 연구. 2021. 국가인권위원회
한국장애인고용공단. 2021년 장애인경제활동실태조사.

제4절 소규모 사업장 근로자

조성식

4.1 현황

소규모 사업장은 50인 미만 사업장을 말하고 이 중 5인 미만 사업장을 초소규모 사업장이라 한다. 산재보험 통계상의 전체 근로자수는 2021년 기준 약 1,938만 명인데, 이 중 50인 미만 소규모 사업장의 근로자는 약 1,160만 명으로 전체 노동자의 약 60%를 차지한다.

산업안전보건법은 40여 차례 개정을 통해 안전보건조치가 강화되었으나, 50인 미만 사업장에서는 법 적용이 일부 제외되어 있다. 5인 미만 사업장에서는 산업안전보건법 제2장 안전보건관리체계와 제3장 안전보건관리규정의 적용이 제외된다. 근로기준법도 5인 미만 사업장에서는 근로계약, 휴게시간, 주휴수당, 최저임금, 고용산재보험 가입 등은 적용되나, 해고제한, 휴업수당, 근로시간, 휴일, 연차유급 휴가 등은 제외된다.

2021년 산업재해통계에 의하면 50인 미만 사업장의 재해자수는 전체 재해자수의 72.8%를 차지하고, 사망자수는 전체 사망자수의 65.3%를 차지한다. 사고재해율과 사망만인율은 사업장 규모가 작을수록 높으나, 질병재해율은 사업장 규모가 클수록 높은 경향을 보이고 질병사망만인율은 사업장 규모에 따른 경향성이 나타나지 않았다(그림 1-3, 그림 1-4). 사고재해가 소규모 사업장에서 훨씬 높은 경향을 보이는 것은 사고자체가 많은 것에 더해 30인미만 사업장은 산재보험료의 할증이 없으므로 산재신청에 대한 사업주의 저항이 상대적으로 적은 것에 기인하는 것으로 보인다. 질병의 규모별 차이는 노동조합이 있는 대기업의 근로자들이 근골격계질환 등에서 수월하게 산재신청을 하고 승인을 받는 반면, 소규모 사업장의 근로자들은 산재신청이 어렵기 때문으로 보인다.

4.2 소규모 사업장의 안전보건 현황

소규모 사업장의 재해율이 높은 이유는 저임금 노동자와 비정규직 노동자의 비율이 높아 건강관리가 어렵고, 주로 위험한 작업을 하청받거나 위탁받고 있으며, 재정

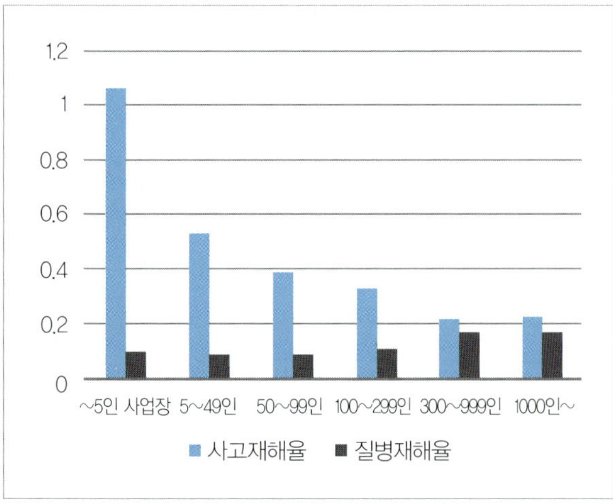

그림 1-3 사업장 규모별 재해율, 2021년

출처 : 2021년 산업재해통계 재분석

적으로 영세하여 작업환경개선의 여지가 부족하기 때문이다. 50인 미만의 사업장에서는 안전·보건 관리자 선임의무가 없다. 그러나 안전보건관리 규정 작성 의무에서 적용제외되는 일부 서비스업종을 제외하면 모든 사업장에서 안전보건규정은 준수해야 한다. 사업장의 규모와 관계없이 모든 사업장이 유해위험작업에 대한 특별 교육을 실시해야 한다.

2016년부터는 소규모 사업장 중 제조업, 임업, 폐기물 처리업에서 상시 근로자 20인 이상의 사업장은 안전보건관리담당자를 지명하여 최소한의 안전보건 업무를 하도록 하였다. 그럼에도 불구하고 경제적인 이유 등 여러 가지 사유로 일부 소규모 사업장에서 기초적인 안전보건 관리가 누락된다.

정부는 소규모 사업장의 산업안전보건관리를 지원하기 위해 산재예방기금을 활용한 다양한 사업들이 운영하여 왔다. 대표적인 사례로 산업보건서비스를 직접 제공하는 근로자건강센터, 산업보건전문기관을 통해 서비스를 제공하는 소규모 사업장 안전보건 기술지원사업, 20인 미만 사업장에 대해 작업환경측정 및 특수건강진단 비용을 지원하는 건강디딤돌사업이 있다.

근로자건강센터는 2022년 현재 전국에 산업단지를 중심으로 총 23개소 센터와 21개소 분소가 설치되어 교육과 상담서비스를 제공하고 있다. 소규모사업장 안전보건 기술지원사업은 외부민간기관을 통해 약 1만 6천 개소의

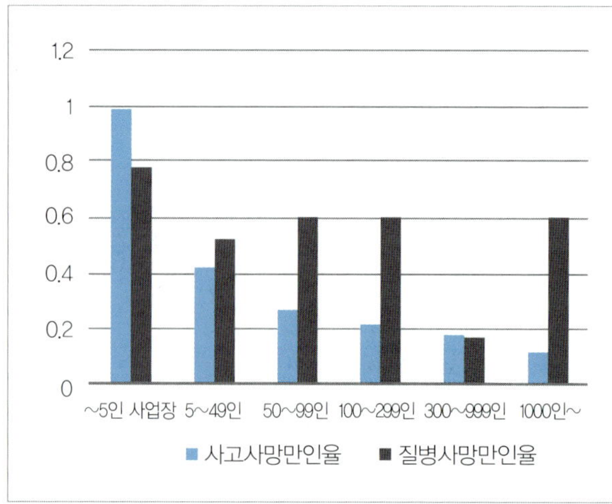

그림 1-4 사업장 규모별 사망만인율, 2021년

출처 : 2021년 산업재해통계 재분석

사업장에 연평균 3차례 정도 기술지원을 하고 있다. 이들 사업은 경제적으로 취약한 소규모 사업장을 지원하는데 의미가 있으나 적용대상과 지원횟수가 제한되는 한계가 있다. 건강디딤돌 사업은 사업주의 법준수를 지원하는데 그쳐 실질적인 작업환경개선이나 건강진단 사후관리까지는 연결되지 못하고 있다.

2022년에 발효된 중대재해처벌법은 50인 미만 사업장에 대해서는 적용 제외되었는데, 2024년부터는 5인 이상 사업장으로 확대 적용된다.

4.3 소규모 사업장 안전과 보건을 위한 과제

소규모 사업장의 안전보건관리가 부재하거나 취약한 원인은 다음과 같다. 소규모 사업장은 국가정책이나 전략에서 자주 다루어지지 않는다. 비정형 경제(informal economy)를 포함하여 소규모 사업장에 초점을 맞춘 종합적인 산업안전보건 데이터도 만들어지지 않는다. 국가의 산업안전보건기준이 소규모 사업장에는 적합하지 않은 경우도 많다. 정부기관에서는 소규모 사업장의 산업안전보건기준의 준수를 지원하기 위한 자원이 절대적으로 부족하다. 근로감독관은 넓은 지역에 분포하는 수많은 소규모 사업장들을 규제·감독하는데 어려움을 겪는다. 소규모 사업장은 자원이 제한되어 단기적인 문제에

집중하는 경향이 있으며, 산업안전보건에 대한 자각과 지식의 수준이 낮다. 소규모 사업장은 경영자나 관리자의 성향을 강하게 반영하는 비공식적인 관리체계에 의존하는 경우가 많아 체계적인 안전보건관리가 부족하다. 글로벌 공급망이나 원하청 구조는 소규모 사업장에게 하향압력을 가한다. 따라서 소규모 사업장의 조건과 특성에 맞는 효과적인 전략이 고안되어야 하며, 신뢰할만한 공적 규제가 일관되게 작동해야 한다. 소규모 사업장의 안전보건을 향상시키기 위해 다음과 같은 전략을 고려할 수 있다. 첫 번째는 규제를 강화하되 하나의 명확하고 포괄적인 기본 규제를 채택하는 것이다. 두 번째는 지속적이고 포괄적인 근로감독을 통해 규정을 준수하도록 하는 것이다. 세 번째는 부문별, 지역별을 포함한 모든 수준에서 정부, 근로자, 사용자 조직의 능동적인 참여를 활성화하는 것이다. 네 번째는 산업안전보건 네트워크를 통해 모범사례 공유와 정보교환을 촉진하는 것이다. 다섯 번째는 교육과 훈련을 통해 역량을 향상시키고, 안전보건에 대한 자각을 높이는 것이다. 여섯 번째는 경제적 인센티브를 활용하는 것이다. 일곱 번째는 개입의 지속성을 강화하고 유지하는 것이다. 특히 국제노동기구에서는 현장에서의 필요에 의해 현장에서의 아이디어를 바탕으로 개선 활동을 전개할 수 있고, 사업장 안전문화 정착에 장점을 갖고 있는 참여형 작업환경 개선기법(PAOT)을 소규모 사업장의 산업보건전략으로 권장하고 있다.

더 읽을거리

장성록, 서용윤, 이종빈 외. 중소기업 안전보건 강화방안 마련 연구. 산업안전보건연구원. 2020.

ILO Improving safety and health in micro-, small and medium-sized enterprises: An overview of initiatives and delivery mechanisms, 2020.

제5절 플랫폼 노동자

민지희

5.1 정의와 실태

플랫폼 노동자는 재화와 서비스가 교환되는 구조화된 디지털 플랫폼에서, 플랫폼 알고리즘의 통제 하에서 서비스를 제공하는 노동자이다. 2021년 기준 플랫폼을 매개로 노무를 제공하는 플랫폼 종사자는 취업자의 8.5%인 약 220만 명으로 추정된다. 이 중 고객만족도 평가 등의 방법으로 일의 배정에 영향을 미치는 플랫폼을 매개로 노무를 제공하는 협의의 플랫폼 노동자는 약 66만 명으로 이는 취업자의 2.6%에 해당된다. 세계경제포럼은 2025년에는 전체 글로벌 기업의 매출의 30%에 해당되는 60조 달러(약 7경 2000조 원)가 플랫폼 기업의 매출에서 창출될 것이라 전망하고 있어, 플랫폼 노동자의 수는 증가할 것으로 예상된다. 직종별로 보면 배달, 배송, 운전이 약 30%, 음식조리, 접객, 판매 23.7%, 통번역 등 전문서비스가 9.9%를 차지하였다. 협의의 종사자 66만 명 중 47.2%는 주업으로 플랫폼 노동을 하고 있었고, 부업으로 일하는 경우는 39.5%였으며, 간헐적으로 참가하는 유형은 13.3%였다. 배달, 배송, 운선업무는 플랫폼 노동을 주업으로 하는 경우의 82%를 차지하였다. 전통적인 경제 체제에서와 달리 플랫폼 경제 체제에서는 '노동의 탈경계화' 경향을 보인다. 플랫폼 노동은 플랫폼을 매개로 이용자와 공급자가 거래하는 형식을 취하기 때문에 서비스 공급자를 노동자로 인식하지 못하는 경우가 많다. 노동은 존재하지만 사용자를 특정할 수 없는 비고용 형식이 나타난다. 플랫폼 기업은 경쟁을 통해 단가를 낮추고 서비스 이용률을 극대화하기 위해 노동력의 과잉공급을 유도하고, 노동자간 경쟁을 강화시킨다. 또한 플랫폼 노동자들의 노동시간은 명확하게 산정하기 어렵고, 노동시간이 불규칙하며, 노동과 일상생활의 경계가 모호

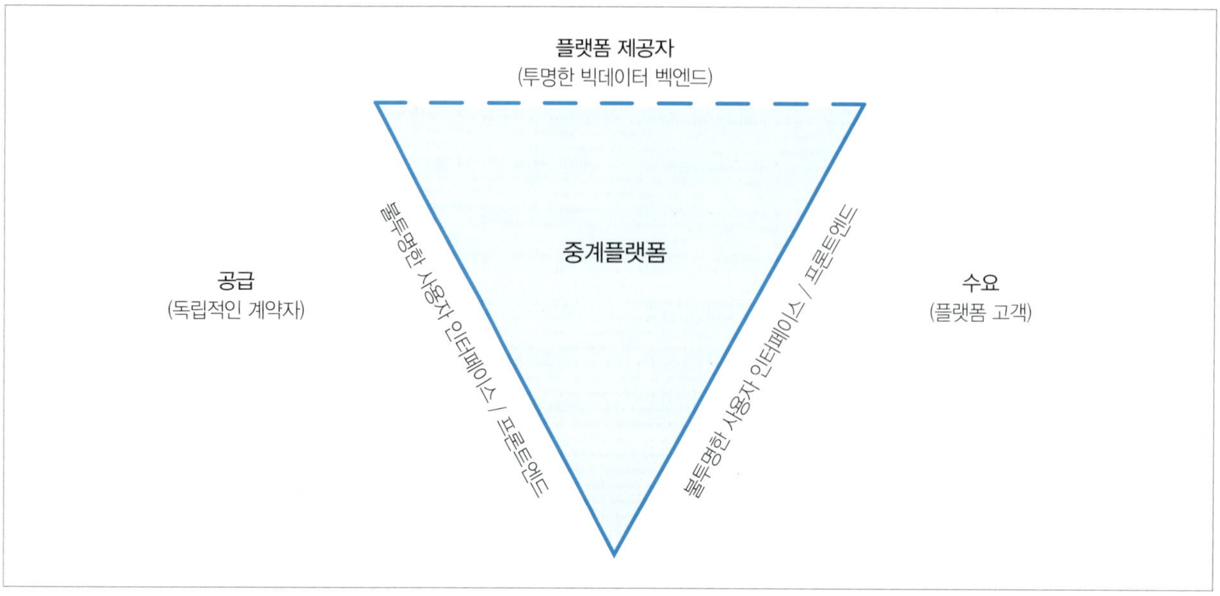

그림 1-5 디지털 플랫폼의 구조

출처 : Florian A. Schmidt. Digital Labour Markets in the Platform Economy. Mapping the Political Challenges of Crowd Work and Gig Work

해진다. 플랫폼 기업은 노동자를 직접 관리하지는 않지만, 일감 배분, 이용자 평가 노출, 게시자리 배치 변경 등과 같은 알고리즘으로 노동자를 통제할 수 있다.

5.2 플랫폼 노동자의 건강 유해인자

플랫폼 노동자는 고용계약이 아니라 일감의 형태로 거래가 이루어지기 때문에 극도로 짧은 고용계약이 반복된다. 노동 유연성이 극대화되는 대신 플랫폼 노동자들은

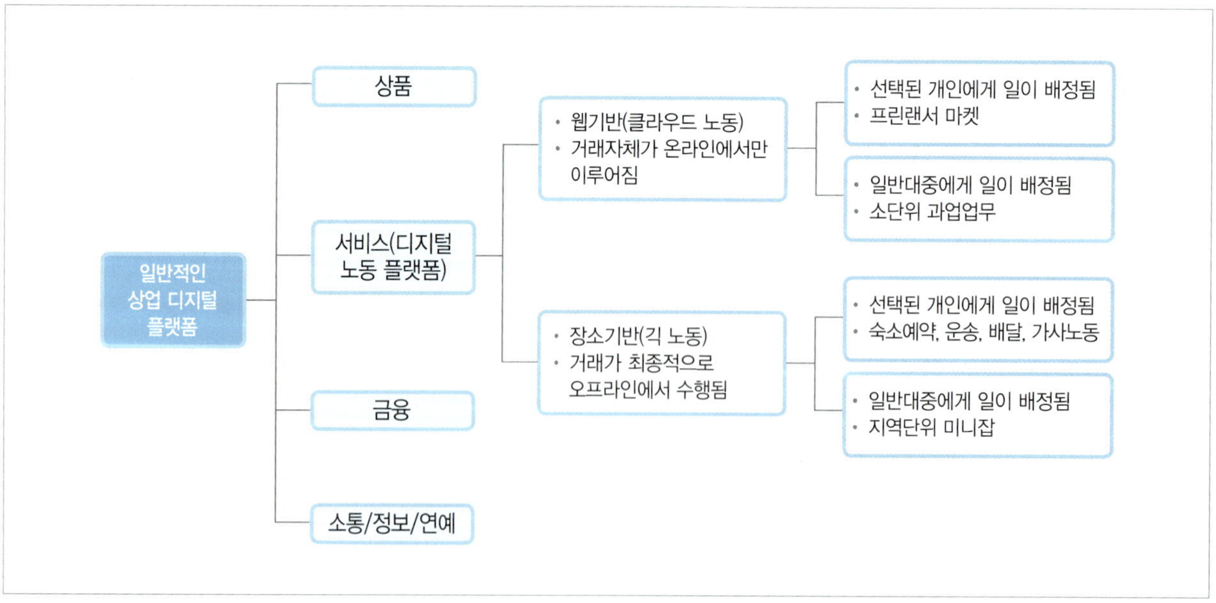

그림 1-6 플랫폼 노동의 유형

출처 : Florian A. Schmidt. Digital Labour Markets in the Platform Economy. Mapping the Political Challenges of Crowd Work and Gig Work

고용상태가 불안정해지면서 다양한 스트레스에 노출된다. 플랫폼 노동자는 채용과정의 진입장벽이 없기 때문에 서비스 제공자들이 과잉 공급되며, 저가 경쟁입찰 방식으로 일감이 배분된다. 그 결과 플랫폼 노동의 단가가 낮아져서 단위 시간 당 더 많은 일을 하거나, 더 많은 시간 노동을 하게 된다. 서비스의 질을 유지하기 위해 과도한 감정노동과 시간압박을 경험하게 된다. 불특정 다수를 접촉하면서 폭력과 범죄에 노출될 가능성이 있다. 또한 플랫폼 노동자는 독립적인 노동환경과 전속성을 갖는 공통된 사업주가 없기 때문에 산업안전보건 규제나 노동법의 적용이 어려워 플랫폼 노동으로 인한 직업적 유해요인을 관리하기 어려워진다. 이러한 조건은 사고 위험의 증가와 근골격계 질환이나 뇌심혈관계 질환의 발병과 연관된다. 코로나19의 여파로 온라인 쇼핑이 크게 증가하면서 택배기사 과로사와 교통사고 사망자의 발생이 사회적 문제가 되었다.

5.3 플랫폼 노동자의 산업안전보건관리의 취약성

플랫폼 노동자의 '근로자성'은 산업안전보건관리는 관리에 결정적인 요소다. 플랫폼 노동자는 상황과 조건에 따라 근로자일 수도 있고, 자영인일 수 있다. 최근 유럽연합 집행위원회에서는 플랫폼 노동자의 고용관계를 검토하여 자영업 혹은 프리랜서로 잘못 분류된 경우 근로자로 다시 분류하도록 권고하였다. 즉 근로자성과 사용자 책임성을 확인하여 산업안전보건 규제를 받도록 하는 것이 우선이라는 것이다. 그리고 근로자성을 규정하기 어려운 경우는 기존 산업안전보건 규제를 동등하게 적용받을 수 있도록 제도적 보완과 지원이 필요하다고 하였다. 2021년 7월부터는 '주로 하나의 사업 또는 사업장에 그 운영에 필요한 노무를 상시적으로 제공하고 보수를 받아 생활'해야만 산재보험을 적용받을 수 있었던 '전속성 요건'이 폐지되어 특수형태근로종사자들로부터 노무를 제공받는 사업장은 산재보험 당연적용사업장이 되었으며, 2022년부터는 사업장 노동자건강검진 대상에 포함되었다. 디지털 플랫폼 기업은 각 플랫폼의 알고리즘을 이용해 플랫폼 노동자를 관리한다. 따라서 플랫폼 노동자의 과잉 공급을 유발하거나 무리한 경쟁과 사고를 유발할 수 있는 알고리즘은 개선되어야 하고, 정부는 이러한 문제점을 점검해야 한다. 또한 플랫폼 노동자들의 의견을 반영하고, 이들을 보호하고 존중하기 위한 모니터링이 이루어져야 한다.

더 읽을거리

2021년 플랫폼 종사자 규모와 근무실태. 한국고용정보원
상지연. 플랫폼 노동자의 규모와 특징. 고용·노동브리프. 2020.

제6절 청소년 근로자

최민

6.1 청소년 노동 현황

청소년 근로자는 만 15세 이상 24세 미만의 근로자를 의미한다. 이는 청소년기본법에서 청소년은 9세 이상 24세 이하인 사람을 말하고, 근로기준법에서는 15세 미만인 사람의 근로를 금지하고 있기 때문이다. 여성가족부의 청소년 통계에 따르면 2020년 15~19세 취업률은 6.6%였고, 20~24세 취업률은 41.1%였다. 아르바이트 경험은 13~18세가 5.8%, 19~24세가 64.0%였다. 근로기준법에서는 도덕상 또는 보건상 유해하거나 위험한 사

업에는 청소년을 고용할 수 없도록 하고 있다. 또한 청소년의 법정 근로시간은 1일 7시간, 1주 35시간이며, 사용자와 청소년 근로자가 합의하면 법정 근로시간을 초과하여 1일 1시간, 1주 5시간 이내에서 연장근로를 할 수 있다. 단, 만 18세 이상 근로자의 경우는 법정 근로시간은 1일 8시간, 1주 40시간이며 당사자 간 합의 시 1주 12시간 이내로 연장근로를 할 수 있다. 18세 미만의 청소년은 오후 10시부터 오전 6시까지의 시간이나 휴일에는 일을 할 수 없다. 국제 노동 및 인권 규약에서는 청소년 노동을 '아동노동'의 일부로 본다. 유엔 아동권리협약(The Convention on the Rights of the Child)은 만 18세 이하의 자를 모두 아동으로 정의하고 있는데, 제32조에서 '경제적 착취 및 위험하거나, 아동의 교육에 방해되거나 아동의 건강이나 신체적 · 지적 · 정신적 · 도덕적 또는 사회적 발전에 유해한 여하한 노동의 수행으로부터 보호받을 아동의 권리'를 규정하고 있다.

6.2 청소년 근로자의 안전보건 현황

청소년 노동자는 성인 노동자에 비해 근로기간이 짧고, 단시간 노동의 비율이 높다. 이 때문에 산재보험을 포함한 사회보험 가입률이 낮고, 근로기준법 적용을 받지 않는 5인 미만 사업장에서 일하는 비율도 높다. 최저임금 지급이나 근로계약서 작성 및 교부 등의 기본적인 노동권이 침해되는 경우도 많다. 이는 안전보건에서의 취약성으로도 이어진다. 청소년 노동자들이 처한 노동조건 때문에 산재 발생 시 산재보험 처리 거부, 물리적 · 언어적 · 성적 폭력, 유해업무지시 등 다양한 안전보건 위험요인에 빈번하게 노출된다. 2017년부터 2021년까지 업무상 재해로 산업재해보상을 받은 청소년 노동자는 연 평균 4,010명이었다. 이중 18세 미만은 연평균 36명, 18세~24세는 3,974명이었다. 산업재해 사망은 대부분이 사고성 사망인데, 연평균 20명 정도 발생하고 있으며, 업무 중 교통사고 사망이 다수를 차지한다.

6.3 직업교육 과정의 위험 관리

특성화 고등학교는 특정 분야의 인재 및 전문직업인 양성을 목적으로 특성화 교육과정을 운영하는 학교로 전체 고등학생의 15%를 차지하며, 약 20만 명이 재학하고 있다. 특성화 고등학교 학생들은 인문계열 고등학생들에 비해 아르바이트 경험이 훨씬 많으며, 졸업 전에 산업체 파견형 현장실습을 시행하고, 졸업과 함께 채용이 연계된다. 공업계열 특성화 고등학교 학생들은 전공실습 교육을 받는 과정에서 용접 흄, 유기용제 등 화학물질, 소음, 근골격계 부담작업 등에 노출된다. 따라서 유해물질 노출로부터 학생과 교사를 보호하기 위한 측면뿐만 아니라, 학교에서부터 안전보건관리에 대한 경험을 갖게 하는 교육적 측면에서도 학교 내 안전보건관리체계를 수립하는 것이 중요하다. 유럽연합 산업안전보건청에서는 정규 교육 과정 내에 직업안전보건을 통합하고, 주요 교육 목표로 설정할 것을 권고하고 있다. 특정 과목의 형태보다는 통합교과의 형태로 구성하고, 교과목마다 학습목표에 안전보건 요소를 포함할 것을 강조하였다. 직업안전보건 부처와 교육부처가 협조하여 실용적인 교재를 개발하고, 교사 훈련과정에서 안전보건 교육을 강화할 것을 권고하였다.

더 읽을거리

UN 아동의 권리에 관한 협약

장명선 등. 청소년 노동인권 상황 실태조사. 국가인권위원회. 2020.

EU OSHA(2013), Occupational safety and health and education : a whole school approach

제7절 비정규 근로자

정최경희

7.1 정의

비정규 근로자는 표준고용관계를 맺고 있지 않은 근로자를 통칭한다. 표준고용관계란 일반적으로 고용 기간에 정함이 없이, 전일제로 근무하기로, 단일 고용주와 근로계약을 맺은 상태라 할 수 있다. 이 가운데 어느 하나라도 벗어난 고용 형태에 속한 근로자를 비정규 근로자라 한다. 비정규 근로자를 불안정 노동자와 혼용하기도 하나, 불안정 노동은 저임금, 높은 실업 위험, 낮은 직무 통제권, 안전보건 및 사회 보호 제도로부터의 소외 등 근로자가 맞닥뜨리는 노동의 특성으로 정의한 개념이다. 비정규 노동은 불안정 노동일 소지가 크지만, 반드시 불안정 노동인 것은 아니고, 반면 정규 노동이지만 불안정 노동일 수 있다. 비정규 고용은 네 유형으로 분류할 수 있다. 첫째, 무기 고용계약에서 벗어난 형태로, 한시성이 있는 고용이다. 기간제 노동, 계절 노동, 임시 노동, 일용 노동이 이에 속한다. 둘째, 전일제 고용에서 벗어난 형태로, 단시간 노동, 초단시간 노동, 호출 노동 등이다. 셋째, 단일 고용주와의 계약에 대한 예외로 다자간 고용관계에 놓여 있어 고용사업주와 사용사업주가 일치하지 않는 경우로, 파견 노동, 용역 노동을 말한다. 넷째, 소위 위장 고용 또는 종속적 자영업의 형태로 특수형태고용, 플랫폼 노동 등이 있는데, 특정 고용주에 속해 있지는 않지만 그 고용주와 유기적인 관계를 맺으면서 모집 · 판매 · 운송 등의 업무를 행한다.

7.2 한국 사회 비정규 노동 현황

2021년 고용노동부 통계 기준 비정규 근로자는 806만 6천 명으로 임금 근로자의 38.4%이며, 한시적 근로자는 24.6%(517만 1천 명), 시간제 근로자는 16.7%(351만 2천 명), 비전형 근로자는 10.9%(227만 8천 명)의 비중을 차지한다(표 1-1). 임시직과 일용직을 모두 포함하여 산출할 경우 2021년 비정규 근로자는 903만 6천 명으로 전체 임금 노동자의 43.0%에 달한다. 남성에 비해 여성 임금 근로자에서 비정규직 비중이 높고, 비정규직 유형 중 한시적 근로자 비중이 남성과 여성 모두에서 높다. 사업체 규모가 작을수록 비정규직 비율이 높다. 2021년 기준 비정규직의 시간당 임금은 정규직의 63.6%에 불과

표 1-1 고용노동부 기준에 따른 2021년 성별 비정규 노동자 규모

(단위 : 천 명, %)

분류	계	남성	여성
전체근로자	20,992 (100.0)	11,517 (100.0)	9,476 (100.0)
정규직	12,927 (61.6)	7,941 (69.0)	4,985 (52.6)
비정규직	8,066 (38.4)	3,575 (31.0)	4,491 (47.4)
– 한시적 근로자	5,171 (24.6)	2,234 (19.4)	2,938 (31.0)
– 시간제 근로자	3,512 (16.7)	1,011 (8.8)	2,502 (26.4)
– 비전형 근로자	2,278 (10.9)	1,342 (11.7)	936 (9.9)
* 일일(호출)	955 (4.5)	742 (6.4)	213 (2.2)
* 파견	211 (1.0)	109 (0.9)	102 (1.1)
* 용역	585 (2.8)	351 (3.0)	233 (2.5)
* 특수형태	560 (2.7)	207 (1.8)	354 (3.7)
* 재택가내	79 (0.4)	17 (0.1)	62 (0.7)

* 통계청 경제활동인구조사 근로형태별 부가조사 결과를 재구성. 근로형태별 비정규 노동자 규모는 유형 간 중복이 되는 경우가 있어 합계가 불일치함

하다. 남성 정규직의 시간당 임금을 100으로 할 때 여성 정규직 74.9, 남성 비정규직 64.3, 여성 비정규직은 52.0이다. 임금 근로자 중위임금 2/3 미만을 저임금 계층으로 정의할 때, 정규직의 3.6%, 비정규직의 32.5%가 저임금 계층이다. 현 직장에서의 사회보험(국민연금 · 건강보험 · 고용보험) 가입률은 정규직은 84~99%인데, 비정규직은 37~50%이다. 정규직은 69~99%가 퇴직금 · 상여금 · 시간외수당 · 유급휴가를 69~99% 적용받지만, 비정규직은 26~40%만 적용받고 있다.

7.3 직업안전보건 취약 요인

1) 고용 불안정과 경제적 불안정

고용이 불안정한 비정규 노동은 반복적인 실업 위험에 처하고, 이로 인해 경제적 불안이 초래된다. 비정규 근로자들은 이러한 불안에서 벗어나기 위해 높은 노동 강도나 위험 업무를 감수하며, 그 결과 손상과 질병의 위험이 증가한다. 고용 불안정은 아파도 일을 하거나(유병 출근), 일을 잃을까 두려워 무급으로 추가 노동을 하는 무급 노동을 조장한다. 무급 노동은 사회심리적 스트레스 반응을 유발하고, 부상의 위험과 질병 이환율을 증가시킨다. 비정규 노동은 일반적으로 급여가 적거나 불규칙하다. 일부는 성과기반 임금체계에 따라 단기간 집중적으로 수행해야 하는 작업에 투입되기도 한다. 저임금은 과도한 노동 시간 또는 다중 직업을 초래한다. 다중 직업은 부상 위험과 치명률을 증가시키고, 불규칙한 수입은 노동자로 하여금 일이 있을 때 너무 많은 일을 하거나 지나치게 열심히 일하게 만든다.

2) 사업장 내 안전보건체계 균열

비정규직의 비중이 커지면, 무경험 · 미숙련 근로자의 고용이 증가하고, 사업장 내 확립된 규칙, 절차, 역할의 지속성을 유지하기 어려우며, 이는 근로자 간 의사소통, 업무 협력, 관리 통제의 약화로 이어져, 결국 직업안전보건 지식과 관리 체계의 균열을 낳는다. 이러한 환경에서 비정규 근로자들은 조직을 결성해 자신을 보호하기 어려워진다.

3) 제도적 보호장치 미흡

비정규직에 대한 제도적 보호는 여러 수준에서 미흡하다. 첫째, 비정규직의 노동 시간, 임금, 직업안전보건 기준에 영향을 미치는 법적 보호장치가 미흡하다. 더군다나 다중 고용 관계에 놓여있는 경우 법적 책임이 있는 사람을 식별할 때조차 논란이 된다. 둘째, 저임금, 업무 관련 장애 등의 부정적인 결과를 상쇄하거나 최소화하기 위한 적절한 사회안전망이 미흡하다. 셋째, 비정규직과 관련되어 노동 시장의 변동성이 높아져 위험 노출 및 암과 같은 업무관련 질병에 대한 감시 체계의 역량이 약화된다.

7.4 비정규 근로자의 건강 수준

1) 부상 위험 및 사고

비정규 근로자는 정규 근로자에 비해 업무상 사고 발생과 손상 위험이 유의하게 높다. 비정규 근로자와 정규 근로자가 동일한 공장에서 나란히 일하더라도 비정규 근로자의 손상 위험이 높다.

2) 정신 건강 및 괴롭힘 위험

직무 불안정은 심리적 · 정신적 안녕, 직업 만족도, 전반적인 삶의 만족도에 부정적인 영향을 미친다. 만성적인 직무 불안정에 노출된 근로자는 안정적인 직업을 가진 근로자에 비해 경미한 정신 증상이 있거나 이환 상태일 가능성이 더 높다. 임시직은 우울 증상과 자살과의 관련성도 보고되었다. 비정규 근로자는 직무 불안정으로 인해 괴롭힘에 더욱 취약해진다.

3) 열악한 작업 조건과 유해요인 노출로 인한 건강 문제

비정규직 고용의 또 다른 심각한 건강 결과는 다양한 유해요인의 노출이다. 기업은 위험한 업무를 아웃소싱하거나, 비정규직에게 떠넘기는 경향이 있다. 노동 시간이 짧은 시간제 노동자라도 유해요인에 대한 노출 시간은 짧지만, 노출 양상이 다르고 강도는 오히려 높을 수도 있다. 농업에서 정규 근로자는 농약에 노출되는 시간이 길더라도 노출량이 낮고, 반면 수확 업무를 하는 임시 근로자는 농약 분무 직후 현장에 들어가거나 세탁 시설이 열악하거나 숙박 시설에 농약의 잔류 노출이 있으면 정규 근로자만큼 노출량이 많을 수 있다.

7.5 비정규 근로자 보건관리 방향

1) 제도적 보호장치 강화

단시간, 호출, 임시 근로자에게 최소 보장 시간을 설정하고 근무 일정의 변동성을 제한하는 것은 중요한 안전장치가 될 수 있다. 법률은 잘못된 고용 분류를 해결하고, 남용을 방지하기 위해 비정규 근로자의 사용을 제한하고, 다자간 고용 계약에서 의무와 책임을 할당해야 한다. 모든 근로자가 계약 형태에 관계없이 결사의 자유와 단체 교섭권에 접근할 수 있도록 하기 위한 노력이 필요하다. 국가는 모든 근로자가 사회보장 혜택을 받을 수 있도록 사회보장 체계를 강화하고 조정해야 한다. 비정규 노동자의 노동실태와 안전보건실태를 지속적으로 감시할 수 있도록 모니터링 체계를 마련해야 한다.

2) 단체협약 효력 확장

비정규 근로자의 노동조합 역량을 구축하기 위한 노력이 필요하다. 노동조합이 존재하는 경우, 업종 또는 직종 범주의 모든 근로자에 대해 단체 협약의 효력을 확대하는 것은 비정규 근로자에 대한 불평등을 감소시키는 데에 유용하다.

3) 사회적 위험을 관리하기 위한 고용 및 사회 정책

업무와 관계없이 발생하는 사회적 사건이나 위험들에 대해서도 비정규 근로자가 차별받지 않아야 한다. 실업보험은 경기침체기간 동안에 노동시간이 단축되거나 훈련 중인 근로자의 임시 결근에서도 적용되도록 범위를 넓혀야 한다. 육아휴직과 돌봄휴가를 지원하고, 전일제와 시간제의 전환을 용이하게 하는 정책과 요양시설 제공 등은 근로자에게 일과 가족을 양립하도록 돕는다.

4) 직업안전보건 전문가의 역할

사업장을 기반으로 직업안전보건사업을 제공하는 전문가는 일차적으로 자신이 제공하는 사업 대상에서 비정규 근로자가 누락되지 않도록 해야 한다. 비정규 근로자도 참여할 수 있는 사업장 직업안전보건 체계를 만들고 유지하도록 사업장 담당자에게 안내하고, 모든 근로자를 대상으로 한 직업안전보건의 중요성에 대해 사업주와도 충분히 소통하여야 한다. 한편 직업안전보건 연구와 모니터링, 감시 체계에서도 비정규 근로자와 정규 근로자의 차이가 충분히 반영되도록 설계하고 시행한다.

더 읽을거리

김유선. 비정규직 규모와 실태. 한국노동사회연구소. 2021.

International Labour Organization. Non-standard employment around the world: understanding challenges, shaping prospects. Geneva: ILO; 2016.

제8절 여성 근로자

손미아

8.1 여성 노동자의 고용과 산재현황

한국에서 여성의 경제활동 참가율은 남성보다 낮지만, 계속 증가해 왔다. 여성 노동자의 비중이 높은 산업은 보건업 및 사회복지 서비스업, 도매 및 소매업, 숙박 및 음식점업, 제조업, 사업시설관리 및 사업지원 서비스업, 교육 서비스업 등이다. 여성 노동자가 주로 집중된 직종은 성별 직업 분리현상이 뚜렷하고, 비정규직이 많은 직종이거나 저임금 직종이라는 특징이 있다. 2021년 경제활동인구조사에 따르면 여성의 비정규직 비율은 47%로 남성 31%보다 높고, 여성의 평균임금은 남성 평균임금의 67.7% 수준이다. 또한 여성 노동자는 열악한 노동환경과 장시간의 노동, 야간노동을 하는 경우가 많다. 한국에서 2020년 전체 산업재해자는 108,379명이었는데 이 중에서 여성은 24,031명으로 22.2%를 차지하였다. 여성에서 산업재해의 발생 비중이 높은 산업은 도소매 · 음식 · 숙박업 32.9%, 전문 · 보건 · 교육 · 여가관련 서비스업 20.2%, 제조업 15.5%, 시설관리 및 사업지원서비스업 13.0% 순이었다. 발생형태별로는 넘어짐 38.1%, 업무상 질병 11.9%, 끼임 9.4%, 이상온도물체접촉 8.1%, 절단 · 베임 · 찔림 7.0%, 떨어짐 4.9% 순이었다. 사망자는 총 76명이었는데, 이중 업무상 질병 사망자는 47명으로 전체 사망의 61.8%를 차지하였다.

8.2 여성에서 더 고려해야 할 직업성 질환

여성노동자가 많은 특정 업종에서 유병률 또는 발생률이 높아 성별 차이를 보이는 건강 문제 또는 직업성 질환이 있다. 첫째, 직장내 괴롭힘과 직장폭력이다. 직장내 괴롭힘이나 폭력이 발생하는 주요 업종은 숙박 및 음식점업, 보건업, 사회복지서비스업, 사업시설관리업, 사업지원서비스업, 제조업이고, 직종은 노인요양보험 간호사, 요양보호사, 정신보건 사회복지사, 백화점 및 대형할인점 근로자 등 단순 하위 사무직, 판매 · 서비스직 등이다. 둘째, 감정노동과 직무스트레스에 의한 정신건강 문제이다. 여성노동자들은 노동시장에서 고객 또는 민원인과 직접 접촉을 통해 대면업무에 종사하는 경우가 많다. 감정노동과 관련된 건강장해로 적응장애, 우울증, 외상후스트레스장애가 있다. 셋째, 돌봄노동에 의한 근골격계질환이다. 요양보호사, 간병인, 보육기관 종사자들은 사람들을 부축하거나 이동시키는 과정에서 과도한 힘에 의해 손상이나 근골격계질환의 위험이 증가한다. 넷째, 야간작업과 교대근무에 의한 건강 문제이다. 간호사, 간호조무사, 간병노동자, 요양보호사 등 교대근무와 야간근무가 큰 비중을 차지하는 직종에서 여성 노동자의 고용률이 높다. 관련된 건강장해는 유방암, 뇌심혈관계질환, 우울증, 수면장애, 업무상 손상이 있다.

8.3 여성 노동자의 생식보건

노동자의 생식보건은 작업장의 위험요인이 가임기 남녀 노동자의 생식기능과 태아의 발생, 영아의 발달에 미치는 건강영향의 영역을 말한다. 생식기계 이상은 일반인구에서도 흔하고, 비직업적 요인이 영향을 미치고 있어 직업적 위험요인의 기여정도를 평가하기 어렵다. 다만 학술문헌에서 중요하게 다루어지는 생식독성물질이나 직종을 고려하였을 때, 생식기계 건강장해 주요 위험직종으로 항공기 승무원, 축전지 제조업, 보건의료업, 플라스틱 제조업, 미용사, 농약 취급자, 실험실 근무자, 전자산업, 반도체 제조업, 그 외 화학산업 종사자들이 있다.

항공기 승무원은 우주방사선, 불규칙한 근무일정으로 인한 생체리듬 교란, 장시간 근로, 오래 서 있는 자세, 육체적 과로가 원인이 되어 자궁내막증, 생리불순, 다운증후군 출산, 자연유산의 위험이 증가한다. 축전지 제조공장은 납노출에 의해 불임과 자연유산의 위험이 증가될 수 있다. 보건의료업 종사자들은 마취가스, 항암제, 소독제, 방사선, 야간근무에 노출되고, 직무스트레스 수준이 높아, 자연유산, 선천성 기형, 조산, 감염의 위험성이 증가한다. 산전 또는 주산기 감염은 태아나 신생아 사망의 주요 원인이면서, 비정상적인 성장, 발달지연과 같은 다양한 후유증을 남길 수 있다. 특히 파르보바이러스(parvovirus), 풍진, 거대세포바이러스, 수두바이러스, 계절성 독감, 백일해, 코로나감염 등 병원내 감염의 위험이 높다. 플라스틱 제조업에서는 스티렌, 가열된 플라스틱, 열가소성 플라스틱, 폴리염화비닐 중합플라스틱에 노출되며, 저체중아 출산과 관련을 보였다. 그밖에 농약취급 여성노동자, 여성미용사, 여성실험실 노동자, 전자산업과 반도체산업 종사 여성노동자에서 자연유산, 불임, 월경이상과 같은 생식계 건강장해의 위험도가 증가하였음을 보고하는 연구들이 있다.

8.4 산업안전보건에서 성 주류화 전략

성 주류화(Gender-mainstreaming)는 1995년 북경 제4차 세계여성대회에 제시된 개념으로 젠더 관점과 성인지적 관점에서 모든 사회 영역을 바라보고 기존 성불평등한 사회 구조의 변혁을 목표로 성 평등한 새로운 사회를 모색하는 성평등 전략을 의미한다. 구체적인 실행방법으로 정책기구의 설치, 성인지 교육, 성별 영향평가, 성별 분리통계, 성인지 예산이 있다. 국제노동기구에서도 산업안전보건 영역에서 적용할 수 있는 성주류화 전략의 실용적인 가이드를 제시하고 있으며, 구체적인 내용은 아래와 같다.

산업안전보건 규제를 검토하고 개편하는 과정에서 성 주류화 접근 방식을 적용한다. 산업안전보건 실행에서 성 불평등을 다루기 위한 산업안전보건 정책을 개발한다. 위험 관리에서 성별 차이를 고려한다. 성별 차이를 고려하는 산업안전보건 연구를 시행한다. 성별로 분류된 데이터를 기반으로 성별에 민감한 산업안전보건 지표를 개발한다. 모든 근로자의 산업보건서비스 및 의료서비스에 대한 평등한 접근을 장려한다. 산업안전보건 조치, 건강증진 및 의사결정에 남녀 근로자와 그 대표자의 참여를 보장한다. 성별에 민감한 산업안전보건 정보, 교육 및 훈련을 개발한다. 남성과 여성 모두를 위한 작업 장비, 도구 및 개인 보호 장비 설계를 한다. 근무시간 조정 및 일과 삶의 균형을 촉진한다.

더 읽을거리

여성 근로자 생식독성 역학연구 설계를 위한 기초조사연구. 산업안전보건연구원. 2014-연구원-1125

ILO. 10 Keys for Gender Sensitive OSH Practice Guilelines for Gender Mainstreaming in Occupational Safety and Health. ILO. 2013.

제2장 고위험 직업

제1절 농업인

송한수

1.1 현황

경제활동인구 대비 농림어업 취업자 비중은 2005년 8.0%에서 2019년 5.1%로 약 2.9%p 하락하였다. 2019년 농업통계에 따르면, 한국의 농가인구는 224만 5천 명이다. 고령화는 농촌에서 급속하게 진행되어, 농업경영주 중 70세 이상은 37.8%, 60대는 30.5%를 차지하고 있다. 이러한 가운데, 귀농인구는 2013년부터 2019년 사이 연평균 1.8%씩 증가하였고, 2019년에는 11,504명이 귀농하였다.

영농형태별 농가현황을 보면, 논벼는 39.1%, 채소는 22.8%, 과수는 16.9%, 특용작물은 4.9%, 축산은 5.3%였다. 농업이외의 업종에서도 소득을 걷고 있는 겸업농가의 비중은 42.1%였다. 농축산물 판매규모를 보면 농축산물 판매액이 500만원 미만인 농가는 51.4%였으며, 1억 이상은 3.5%였다. 다문화농가인구는 54,198명으로 전체 농가인구의 2.41%를 차지한다.

기계화율은 전반적으로 꾸준히 증가하는 가운데, 벼농사의 기계화율은 98.4%로 매우 높지만, 밭농사 기계화율은 60.2%로 상대적으로 낮았다. 경운기의 보유대수는 54만 4천 대로 가장 많은 농기계였으나 감소추세이며, 반면 관리기는 41만 5천 대, 트랙터는 29만 8천 대로 꾸준히 증가추세를 보이고 있다.

농업법인 사업체(영농조합법인, 농업회사법인)는 2018년 기준 전국에 21,780개가 있으며 연평균 12.7%씩 증가하였다. 농업법인 종사자수는 14만 9천 명이고, 법인당 종사자수는 6.8명으로 대부분이 소규모 사업체다. OECD국가들과 비교하였을 때, 한국의 농업은 취업자당 생산성이 낮고, 경지면적이 적고, 농업 경영규모가 영세한 상태로 평가된다.

1.2 농업인의 질병과 유해인자

농업인은 다양한 유해요인에 노출될 수 있고, 이로 인해 여러 가지 건강영향이 나타날 수 있다. 주요 유해요인과 건강영향은 다음과 같다(표 2-1).

1) 농약중독

농약은 농업인이 가장 흔하게 노출되는 화학물질로 다양한 건강영향이 보고되었다. 농약노출은 살포과정뿐만 아니라, 농약 혼합과 준비과정, 살포 후 정리과정, 농약이 살포된 경작지에서 작업하는 과정에서도 노출될 수

표 2-1 농작업 유해요인과 건강영향

농작업	유해요인	건강영향
농약사용	농약(농약의 유효성분, 보조제)	농약급성중독, 피부, 신경계 독성, 발암 및 생식기계 독성
비료살포	암모니아	화상, 호흡기계 손상
곡물저장소	질소산화물	질식, 폐렴 및 폐쇄성세기관지염(silo-filler's lung)
면화생산	면분진, 내독소(endotoxin)	면폐증(Byssinosis)
담배수확	니코틴	담뱃잎농부병(green tobacco illness)
곡물수확	유기분진, 산소결핍	알레르기성 비염, 과민성폐장염, 질식
화훼작업	알레르기항원(꽃가루, 진드기 등)	알레르기성 피부염, 알레르기성 비염, 천식
가축사육	유기분진, 황화수소, 암모니아, 메탄, 각종 소독제	알레르기성 피부염, 천식, 과민성폐장염, 급성폐손상, 질식, 폭발
	인수공통감염	공수병, 브루셀라증, 큐열, 조류독감
	가축에 의한 사고(물림, 차임)	손상, 골절
신체부담작업	반복작업, 불편한 자세, 과도한 힘	근골격계질환
야외작업	식물알레르기 항원(옻, 꽃가루, 수확물)	알레르기성 접촉피부염, 알레르기성 비염, 천식
	자외선	일광화상, 피부암(기저세포암, 편평세포암), 백내장, 익상편
	한랭노출	동상, 저체온증
	온열스트레스	열탈진, 열사병
	독성생물(뱀, 벌, 거미)	뱀교상(괴사, 응고장애, 용혈 신경독, 신장독성, 근육독성), 쏘임(국소부종, 아나필락시스)
	매개체(진드기, 모기)	쯔쯔가무시병, 렙토스피라증, 중증열성혈소판감소증후군(SFTS), 신증후군출혈열(한탄바이러스), 말라리아
농기계	소음, 진동, 고온노출, 사고위험(충돌, 전복, 끼임), 디젤연소물질	난청, 화상, 신체손상 호흡기계 자극, 호흡기계 암
일반	정신적 스트레스 요인(재정, 기후, 인력부족, 사고 등)	우울증, 불안장애, 외상후스트레스장애

있다. 농약에 의한 건강영향은 크게 의도적 농약중독, 비의도적 급성농약중독, 농약에 의한 만성적인 건강영향으로 구분할 수 있다. 우리나라는 2011년 전체 자살사망 중 농약에 의한 자살이 16.7%를 차지하였다가, 2012년 파라쿼트(제초제) 판매중단 이후 9.4%까지 감소하였다. 비의도적 급성 농약중독으로 인한 사망은 급성 농약중독의 약 10%를 차지하는 것으로 추정된다. 농약에 의한 만성적인 건강영향으로 알츠하이머, 파킨슨병과 같은 신경퇴행성질환, 비호지킨림프종, 다발성골수종과 같은 암, 천식, 특발성폐섬유화증이 있으며, 임신상태나 출생 전후 농약 노출과 소아기 백혈병, 림프종, 뇌종양 발생의 관련성을 시사하는 다수의 연구가 있다. 농약 성분 중에는 감작물질이나 자극물질이 많은데, 특히 유기인계 살충제, 페녹시계 제초제가 천식 유발물질로 보고되어왔다. 농약 노출에 의한 천식 발생은 성인보다는 특히 어린이에게 더 큰 영향을 미친다.

2) 근골격계질환

허리, 무릎, 상지 통증은 농업인에게 흔하게 발생하는 질환이다. 농작업에서 중량물 들기, 부적절한 자세, 과도한 힘의 사용, 상지(목, 어깨, 팔꿈치, 손)의 반복동작은 근골격계질환의 명확한 유해인자다. 농업인은 근골격계질환의 유병률이 일반 인구집단에 비해 높고, 이른 나이에 퇴행성 관절질환이 발생한다. 근골격계질환은 농작업 중 손상과도 관련이 높다. 손상은 근골격계질환의 발생 또는 악화의 요인이며, 근골격계질환이 있을 경우 손상 가능성이 높아지기도 한다. 농업인에게서 호발하여 일반 인구집단에 비해 발생률이 높다고 보고된 근골격계질환은 요추 퇴행성질환, 무릎골관절염, 회전근개질환,

손 관절염 등이다.

3) 낙상

낙상(넘어짐)은 중요한 직업관련 손상 유형이기도 하다. 2019년 농촌진흥청의 농업인 업무상 손상 조사결과에 따르면 4일 이상의 치료를 요하는 넘어짐 손상 건수는 14,772건으로 전체 손상 중 56.3%를 차지하였다. 넘어짐 손상은 강수량이 많은 시기에 더 빈번하여 야외 농작업 환경이 영향을 미치는 것으로 보인다.

4) 호흡기계질환

농작업에서 바이오에어로솔은 주로 밀폐된 가축사육시설과 시설재배 환경에서 발생한다. 바이오에어로졸에 노출되는 농업인에게서 만성기관지염이나 만성폐쇄성폐질환이 증가하는 것으로 보고된다.

5) 심혈관계질환

농업인은 특정 시기에 장시간 집중적인 노동을 한다. 국내 연구에서 연령보정 심근경색증과 뇌졸중은 일반인구 표본집단에 비해 농업인에서 높다는 점이 확인되었다. 대사증후군은 남성 농업인에 비해 여성 농업인에서 더 높은 유병률을 보였다.

6) 피부질환

농업인들은 식물, 곤충, 농약, 햇빛, 열, 감염원과 같은 피부질환 유발인자에 노출되어 접촉성피부염, 감염성 피부질환, 절지동물에 의한 피부질환, 자외선에 의한 피부질환, 온열, 한랭, 다습 환경에 의한 피부질환이 발생할 가능성이 높다. 농약은 자극과 알레르기 접촉성 피부염 이외에 두드러기, 다형홍반, 피부색소질환, 잿빛 피부병, 잡색 부전각화증, 포르피린증, 손톱 및 모발 장애와 같은 다양한 피부질환을 유발할 수 있다.

7) 인수공통감염병

기후변화로 인해 매개체에 의한 질병이 확산되는 추세로 쯔쯔가무시병, 렙토스피라증, 말라리아와 같은 모기나 진드기 매개 감염병이 증가할 것으로 예상된다. 또한 국제적 교류의 증가로 신종 감염병(지카바이러스, 에볼라바이러스, 중증열성혈소판감소증후군, 웨스트나일열, 아나플라즈마증)이 국제적으로 확산되고 있다.

8) 질식

농작업에서 밀폐공간은 곡물을 저장하는 사일로(silos), 가축분뇨 저장 및 처리시설이나 탱크, 배출관, 과일이나 채소 저장소, 연료 저장소 등이 있다. 사일로에서는 질소산화물, 가축분뇨 처리시설에서는 황화수소로 인한 질식사고가 발생한다. 또한 과일이나 채소 저장시설은 장기간 보관을 위해 저산소상태를 유지한다. 이러한 밀폐공간은 질식사고의 위험이 있으므로 고위험시설로 철저한 관리가 필요하다.

9) 독성생물

우리나라 건강통계연보의 독액성 동물과의 접촉의 독성효과(T63)로 진료받는 환자는 2020년 기준으로 약 65,000명이다. 이 코드에는 뱀, 파충류, 전갈, 거미, 절지동물, 물고기, 바다동물 등이 포함되어 있다. 이중 뱀과 벌은 농업인들이 흔히 노출되는 생물이다. 뱀독은 부종, 혈액응고장애, 조직괴사, 신경독성을 특징으로 하며, 벌은 아나필락시스 쇼크를 유발할 수 있다.

1.3 농업인의 안전보건관리

우리나라 농업인은 열악한 작업환경으로 전체 산업재해율에 비해 높은 재해율과 사망률을 보이고 있다. 그러나, 농가인구 중 약 2~3% 정도만 산업재해보상보험에 가입되어 있으며, 정책보험인 농업인안전보험은 임의가

입형태의 실손보험으로 보상의 범위가 제한되어 있고, 예방과 재활은 미흡하였다. 이러한 가운데 2004년 농어업인 삶의 질 향상 및 농어촌지역 개발촉진에 관한 특별법과 2016년 농어업인의 안전보험 및 안전재해예방에 관한 법률이 만들어졌고, 농업인의 안전보건관리체계 개선을 위한 사회적 논의가 활발하게 이루어지고 있다. 농업인의 안전보건관리를 위한 대표적인 프로그램은 다음과 같다.

1) 농약노출예방 중재프로그램

농약노출을 줄이기 위한 중재프로그램은 단일한 방법으로는 효과가 단기간에만 머물렀으며, 교육과 행동에 기반을 둔 접근만으로는 효과가 제한적이었다. 반면, 다차원적 접근을 시도한 연구는 실제 노출수준을 경감시키는데, 중등도의 효과를 나타냈다. 다차원적 접근은 농약안전 교육과 훈련, 언론 홍보, 가정 방문, 개인보호장비나 안전보관함 보급 및 사용법 교육, 농약 노출모니터링, 건강검진, 농약 안전관리기술 개발, 농약중독 감시체계, 고독성 농약에 대한 판매 금지 등을 포함한다.

2) 근골격계질환 예방관리프로그램

농업인과 같이 육체적 부담이 높은 작업종사자에 대해 근골격계질환에 대한 통합적인 예방관리프로그램이 필요하다. 프로그램은 증상자에 대한 조기 의학적 평가, 신체부담작업의 인간공학적 개선, 치료와 관리에 대한 의학적 조언, 운동교육으로 구성된다. 운동교육의 증상 개선 및 예방 효과는 최근 연구에서 충분한 근거를 보여주고 있다. 근력강화운동, 유연성운동, 유산소운동을 결합한 개입은 진통제 복용이나 물리치료보다 나은 방법이고, 스테로이드 주사의 효과와 비슷한 수준이었다.

3) 참여형 작업환경개선활동

2007년부터 국내에서는 농작업 참여형개선활동(Participatory Action Oriented Training, PAOT)이 활발하게 이루어졌다. 참여형 개선활동은 우수한 농작업의 개선사례를 통해 실행하면서 배우는 프로그램으로 농업인들의 자발적 참여와 개선활동의 지속성을 촉진할 수 있다는 강점이 있다.

더 읽을거리

최성천, 김준기, 옥소연. 통계로 본 세계 속의 한국농업. 한국농촌경제연구원. 2021.4
2019년 농업인 업무상 손상조사. 수원대학교 산학협력단. 농촌진흥청
Khai TT, Kawakami T, Kogi K Participatory Action–Oriented Training

제2절 어업인

김정호

2.1 현황

어업은 수산동식물을 포획 · 채취하거나 양식하는 산업이며, 염전에서 바닷물을 자연 증발시켜 소금을 생산하는 산업을 포함한다. 포획 · 채취어업은 어선어업, 나잠어업, 맨손어업 및 기타 어로어업 등으로 구분할 수 있다. 어선어업은 근해어업, 연안어업, 구획어업으로 구분된다. 근해어업은 주로 10톤 이상 동력어선을 사용하며 먼 바다에서 1일 이상 어로작업을 하는 것이고, 연안어업은 주로 가까운 바다에서 무동력어선 또는 주로 10톤 미만 동력어선을 사용하며 당일 어로작업을 하는 것이다. 구획어업은 일정한 수역을 정하여 어구를 설치하거나 무동력어선 또는 특정 톤수 미만의 동력어선을 사용하여 포획하는 것이다. 반면 원양어업은 해외 수역에

서 수산동식물을 포획 · 채취하는 산업이다.

맨손어업은 손으로 낫 · 호미 · 해조틀이 및 갈고리류 등을 사용하여 해안선이나 갯벌에서 수산동식물을 채취한다. 나잠어업은 산소공급장치 없이 잠수한 후 낫 · 호미 · 칼 등을 사용하여 패류, 해조류, 그 밖의 정착성 수산동식물을 채취한다. 양식어업은 일정한 구역에서 어선 · 어구를 사용하거나 시설물을 설치하고 수산동식물을 양식한다.

2020년 해양수산 통계연보 및 농림어업 총조사에서 우리나라 해수면 어가 인구는 2015년에 128,352명이었던 것이 2020년에 97,062명으로 약 24.4% 감소한 것에서 보듯이 어업인구는 점차 감소하는 추세이다. 어가 인구의 연령별 비중은 65세 이상이 36.1%로 전체인구의 65세 이상의 15.7%보다 약 2배 이상 높은데, 특히 어업 경영주에서 연령 60세 이상의 비율이 67.4%로 매우 높아 어업노동인구의 고령화가 심각함을 보여준다. 어가의 주 경영형태는 어로어업 76.0%이고 양식어업 24.0%이다. 어업 외 직업활동을 하는 겸업 어가는 62.9%이다. 어선을 보유한 어가는 사고 위험이 높은 소형어선의 비중이 높다.

어로어업 어가의 주요 어법은 맨손어업이 32.7%로 가장 많고, 다음으로 연안복합어업 23.1%, 연안자망어업 13.3%, 나잠어업 8.0%, 연안통발어업 7.2%, 기타어업(근해어업, 정치성구획어업, 정치망어업 등) 15.7%이다. 어로어업 어가의 주요 어획 품종은 패류, 어류 및 연체동물류이며 그 외 갑각류, 해조류, 기타 수산동물류 등이 있다. 양식어업 어가의 양식 방법은 주로 가두리, 연승식 및 부류식이며 그 외 살포식, 지주식, 투석식, 기타 방법 등이 있다. 양식어업 어가의 주요 품종은 패류 및 해조류이며 그 외 어류, 종묘 어류, 갑각류 및 기타 수산동물류 등이 있다.

어업 노동인구가 감소한 현실에서 외국 국적 어업인의 고용이 점차 증가하고 있다. 2019년 외국인 어업인은 연근해어선 약 10,032명, 원양어선 약 3,869명, 양식어업 약 67,381명, 소금채취업 71명이 고용되어 있다. 외국인 어선원의 국적은 인도네시아, 베트남, 필리핀, 미얀마, 중국 등 다양하다.

2.2 어업인의 질병과 유해인자

어업인은 다른 직종에 비해 근골격계질환 유병률이 높으며 허리, 무릎, 어깨, 손 · 손목 부위에 발생한다. 위험요인으로 배 위에서 중량물을 취급하거나 과도한 힘을 사용하는 것 그리고 부적절한 자세에서 반복작업을 수행하는 것이다(표 2-2).

어업인은 실외 작업 중 자외선에 직접 노출될 뿐만 아니라 해수에서 반사된 자외선에도 노출되고 야간 어작업의 집어등의 광원에도 노출된다. 자외선 노출로 인하여 피부질환이나 안질환 등이 발생한다. 어업작업 특성상 더위를 피할 수 없는 경우가 많으므로 고온 노출과 관련한 건강장해가 발생한다. 한편 어업인은 물과 접촉하는 시간이 많고, 야간 또는 새벽작업이나 추위에 노출되는 실외작업이 많아, 동창 · 동상 · 저체온증의 위험이 있다.

어업작업은 선박 엔진 가동과 프로펠러, 펌프, 공기압축기, 공조장치 등의 가동에서 소음이 발생한다. 특히 디젤 엔진을 사용하는 선박에서 선박 규모가 클수록 높은 수준의 소음이 발생하며, 양망기, 크레인 등을 함께 사용할 경우에 소음 수준이 높아진다. 그러므로 어선원은 소음성난청이 발생할 가능성이 높다.

어선원은 화석연료를 사용하는 엔진에서 발생하는 탄탄화수소, 일산화탄소, 이산화탄소, 질소산화물, 황산화물, 알데히드 등과 같은 가스상물질, 입자상물질 및 휘발성 유기화합물 등에 노출될 수 있다.

한편 양식상에서 잡소 세서, 병해 방제, 싱장촉진용으로 활성처리제를 사용하는 경우도 있다. 이들 화학물질에 노출되면 호흡기계, 심혈관계 등의 건강장해가 발생할 수 있다.

잠수기 어업의 잠수 어부들은 깊은 수심까지 반복하여 잠수작업을 수행하므로 수압 변화에 따른 감압병이나 이압성 골괴사의 위험이 있다. 나잠 어업인들은 잠수 깊이가 보통 10m 이내이고 잠수 시간도 길지 않아 감압병의 발생 위험은 낮다. 어선어업의 경우 서로 밀접하게 접촉하면서 조업하므로, 호흡기 감염성 질환의 전파위험이 높다. 어업인은 육체적 노동강도가 높고, 야간작업이나 장시간 근로, 추위나 더위 노출 등으로 뇌심혈관계질환

표 2-2 어작업의 주요 유해요인 및 건강영향

어작업	유해요인	건강영향
신체부담작업	불편한 작업자세, 반복작업, 과도한 힘	근골격계질환
	장시간 근로	뇌심혈관계질환
실외작업 이상기온	태양광선	일광화상, 만성 광선피부염 또는 광선각화증
	자외선	백내장, 각막변성, 익상편, 피부암, 접촉피부염
	고온	일사병 또는 열사병, 땀띠 또는 화상
	저온	저체온증, 동창 또는 동상
화석연료사용 엔진, 시설 및 장비	소음	청력 손실
	연소배출물질	폐암, 호흡기계질환
	기계, 장비	손상
	전기	감전
어선 어업	야간작업	수면장애, 심혈관질환, 소화기질환, 암
	선박 석면	폐암, 호흡기계질환
	기상악화, 선박사고	손상, 익수, 해양 조난
	선박 내 밀접한 접촉	호흡기계 감염성 질환
	장기간 해상 생활	심리적 스트레스
	부적절한 해양생물 섭취	중독, 감염 등
양식 어업	중장비, 자동차, 선박 등	사고, 손상, 익수
	백신 주사	주사바늘 찔림
	수산생물 수의학적 약제	피부, 호흡기, 소화기, 눈 질환
	화학물질	피부, 호흡기, 소화기, 눈 질환
	수산물 부패(황화수소)	의식소실, 무호흡, 폐부종, 후각신경마비
	병원균	감염
잠수작업	이상기압	감압병, 압력외상, 공기색전증, 폐과팽창증후군, 기흉, 혈기흉, 종격동 심낭 또는 피하 기종, 이압성골괴사
	호흡기체	산소중독, 산소결핍증, 질소마취, 일산화탄소 중독, 질식
	해양생물의 공격	피부질환, 손상
수산물 가공작업	수산물 알레르겐, 독소, 자극물질	기관지 천식, 접촉피부염, 두드러기, 혈관부종
	수산물 보존제	기관지 천식
	수산물 부패(황화수소)	의식소실, 무호흡, 폐부종, 후각신경마비
	병원균	감염

의 발병 위험이 있다. 특히 출항하여 해상에서 수일간 조업하는 근해어선어업에서 장시간 또는 야간작업이 많아 고혈압이나 당뇨 등 생활습관성질환 관리에 어려움이 있을 수 있다. 해양이나 섬 지역에서 뇌심혈관계질환이 발병하면 응급치료를 위한 이송시간이 지연될 가능성이 높다.

2.3 어업인의 사고와 중독

어업은 전 세계적으로 가장 위험한 직업 중 하나로 인식되고 있다. 국립수산과학원이 어업인 안전보험과 어선원 재해보험 자료를 바탕으로 보험가입자 중 보험지급 현황으로 파악한 2018년 어업작업 산업재해율은 3.8% 였다. 같은 시기 산업재해율 0.54%에 비해 7배 높은 수준이다. 어업인 중 어선원의 재해율은 더 높아서 7.62%였으며, 2017년~2020년 평균 사망만인율은 19.74였다. 특히 30세 미만의 어선원의 사고재해율은 2~3배 더 높다. 어업 기술을 숙련하는데 상당한 기간이 필요한데, 새로 진입하는 어업종사자는 어업 숙련도가 낮아 사고위험이 높기 때문이다. 어업 인구의 감소에 따라 부족한 어업 노동인구를 외국인 근로자가 대체하고 있는데 이들은 상대적으로 사고위험이 높은 업무를 수행할 가능성이 있으나 의사소통이 원활하지 않아 사고의 위험이 더 커진다. 여성보다 남성의 사고 재해율이 더 높고, 어선어업이나 양식어업의 사고 재해율이 기타 어업보다 더 높으며, 어선어업에서는 연안어업보다 근해어업의 사고 재해율이 더 높다.

어업재해에서 사고 유형은 넘어짐이 가장 많았으며, 그 외에도 감김(걸림), 끼임, 떨어짐, 무리한 동작, 물체에 맞음, 부딪힘, 잠수작업에서 수압변화, 작업 도구에 의한 사고, 성게나 꽃게에 찔리거나 물림, 선박 전복, 화재 및 선박 충돌 등이 있다. 사고로 손상된 부위는 손이나 팔, 다리, 허리 부위이며, 사고로 인한 손상은 골절, 염좌나 좌상, 타박상, 베임 및 추간판탈출증 등이 많다. 연근해 어업에서는 주로 양망 또는 양승과정에서 로프 터짐, 양망기 끼임사고가 많고, 투망 또는 투승 과정에서 그물에 걸림 · 감김, 로프 터짐 사고가 많으며, 양륙과정에서 주로 무거운 어획물을 수작업으로 어창에서 양륙장으로 하역 시 무리한 힘 사용에 의한 사고가 많이 발생한다. 넘어짐 사고는 전 작업과정에서 발생할 수 있다. 양식어업에서의 사고는 주로 입식과정에서 부자 교체작업 중 손부위 손상, 양성과정에서 급이 중 넘어짐, 수확과정에서 넘어짐과 무리한 힘에 의한 손 부위의 손상이 빈번하다. 나잠어업 및 맨손어업은 인력으로 수산동식물을 채취하기 때문에 이동 중 넘어짐 사고나 채취한 어획물을 이동시키거나 선적시 무리한 힘의 사용에 의한 사고가 많다.

한편 어업인은 작업 중 안전사고, 선박 사고나 악천후 등으로 익수 또는 익사의 위험이 있다. 생물독소가 있는 수산동식물에 노출되면 중독될 수 있다. 복어류와 문어류에서는 테트로도톡신, 유독성 플랑크톤을 섭취한 조개류에 축적된 패류독소가 있다. 이러한 독소는 설사를 일으키거나 신경독성을 일으키는데 열에 의해 파괴되지 않는다. 노무라입깃해파리, 보름달물해파리, 입방해파리 등 독성 해파리에 쏘임, 쏨벵이, 조피볼락, 미역치 등과 같이 독소가 있는 가시에 찔림 사고도 흔하게 발생한다.

2.4 어업인의 안전보건관리

어업 작업환경을 관리하는 것은 직업성 질환의 질환의 근본적인 예방대책이다. 근골격계질환을 예방하기 위한 작업환경 개선의 방법으로 양망작업에서 양망기나 양승기를 사용하고 중량물 취급에서 리프트, 크레인, 컨베이어를 사용한다. 그러나 이러한 장비들은 로프의 파열, 충돌, 끼임과 같은 안전사고를 일으키는 기계적 요인이 된다. 좁은 공간에서 안전하고 효율적으로 사용하기 위해서는 체계적인 관리와 보호덮개, 긴급정지장치와 같은 안전공학적 디자인이 필요하다. 불가피한 유해요인의 노출로부터 어업인을 보호하기 위해 개인보호구가 중요하다. 익사 예방을 위한 라이프 자켓, 머리 보호를 위한 헬멧, 추락방지 안전벨트, 자외선 차단을 위한 선글라스, 고온이나 저온환경 또는 바닷물 또는 활성처리제를 사용하는 환경에 적합한 작업복이 필요하다. 어선의 기관실의 소음은 청력손실을 유발할 수 있는 높은 수준의 소음을 발생시킨다. 청력손실을 예방하기 위하여 저소음 엔진을 사용하고, 기관실이나 배기통 등 소음 발생 장비에 차음재나 방진장치를 적용하고 청력보호구를 사용해야 한다. 선박은 육상의 교통수단에 비해 디젤연소물질을 더 많이 배출한다.

어업인을 내상으로 하는 정책보험으로 어업인 안전보험제도가 있는데, 임의가입 형태이고 보장수준이 낮다. 반면 어선원 및 어선 재해보상보험은 3톤 이상 어선은 의무 가입, 3톤 미만 어선은 임의 가입으로 운영되는데, 보상수준은 산재보험과 동일하다. 행방불명된 경우와 직무 관련성이 인정이 되지 않은 일부 질환도 직무외 재해로 보상하는 것이 특징이다.

최근에 어업감독공무원, 선주의 안전보건조치 의무, 안전보건교육 이수 의무를 담은 어선안전조업법이 제정되었으며, 이에 따라 해양수산부에서는 2022년부터 제1차 어선안전조업기본계획을 수립하고, 안전항행관리, 안전조업관리, 어선안전 종합관리체계, 어선건조 기반관리라는 4대 추진전략을 수립하였다.

더 읽을거리

알기 쉬운 어업인의 직업성 질환. 어업안전보건센터. 2020.
어작업자 건강위해요소 측정 및 어업인 질환조사. 해양수산부. 2018.

제3절 소방공무원

정경숙

3.1 현황

소방공무원은 사건사고대응, 화재진압, 인명구조 및 응급환자 이송 등 현장대응 활동을 위주로 하는 외근근무자와 소방정책, 제도개선 및 집행 등을 처리하는 내근근무자로 구성된다. 우리나라 소방공무원은 2011년 37,826명에서 2021년 64,768명으로 증가하였고, 전체 공무원 중 5.7%를 차지한다. 이에 따라 소방공무원 1인당 담당인구는 2011년 1,341명에서 2021년 807명으로 감소하였다. 다른 나라의 소방공무원 1인당 담당인구를 살펴보면, 2019년 기준으로 미국 894명, 일본 763명, 독일 1,710명, 프랑스 1,184명, 영국 1,098명이었다. 구급활동 이송건수는 2011년 1,405,000여 건에서 2019년 1,825,000여 건으로 30%가량 증가하였고, 구조건수는 2011년 316,776건에서 2019년 719,228건으로 127% 증가하였다. 화재발생 건수는 2011년 43,875건에서 2019년 40,103건으로 감소하였으나, 재산 피해액은 2011년 2,565억원에서 2019년 8,585억원으로 235% 증가하였다.

3.2 소방공무원의 유해요인 노출

1) 소음

소방공무원은 지속적인 소음에 노출되기보다는 단시간 높은 강도의 소음에 노출되는 특성이 있다. 대표적으로 사이렌소음은 90dB을 초과한다. 직무 및 근무별 평균 소음에서도 난청을 유발할 수 있는 수준의 소음에 노출될 수 있는데, 3일간의 소방공무원의 주요 임무별 개인소음노출을 분석한 결과에 따르면 구조업무자는 85.5(SD 8.1)dB(A), 운전업무자는 83.8(SD 2.1)dB(A), 화재진압 81.2(SD 2.1)dB(A), 조사업무 72.4(SD 1.5)dB(A)였다.

2) 분진

화재현장에서 높은 수준의 호흡성 분진에 노출될 수 있다. 특히 지하실과 같은 밀폐된 공간에서는 고농도의 분진에 노출될 수 있다. 석면이 함유된 건축물의 화재진압에서는 석면이 방출될 수 있다는 사실이 확인되었다.

3) 진동 및 이상기온

구조대원은 차량 구조나 문 개방 시 절단기나 유압스프레다를 사용하면서 손이나 손목의 국소진동에 노출된다. 화재진압과 여름철 야외작업 시 고열에 노출될 수 있고, 겨울철 야외 화재진화, 잔불정리, 조사작업, 야외 구조활동 시 한랭에 노출될 수 있다.

4) 휘발성 유기화합물 및 다환방향족 탄화수소류

화재진압 시 벤젠, 1,3-부타디엔, 포름알데히드, 펜타클로로페놀, 다핵방향족 탄화수소, 휘발성 유기화합물 등에 노출될 수 있다. 연구마다 또는 화재 현장의 특성에 따라 노출농도의 차이가 크다. 또한 화재현장에 화학공장이나 유해한 화학물질이 함유된 제품이 있을 경우 해당 화학물질에 노출될 수 있다. 예를 들어 PCB (Polychlorinated biphenyl)가 함유된 변압기 화재에 대응하는 과정에서 PCB에 노출될 수 있다. 화재진압 차량의 디젤엔진 사용으로 디젤연소물질에도 노출될 수 있다.

5) 중금속

화재현장의 특성에 따라 호흡기를 통해 중금속에 노출될 수 있다. 화재현장의 환경노출평가 연구에 따르면, 납, 망간, 산화철, 카드뮴 등에 노출이 있었고, 노출기준치를 초과하는 경우도 있었다. 예를 들어 납은 10건의 화재현장 중 4건의 화재현장에서 노출기준 0.05㎎/㎥을 초과하였다. 소방관의 의복, 보호장비, 차량내부에서 닦아서 채취한 시료를 분석한 연구결과에서 크롬, 납, 구리, 아연, 니켈, 망간 등이 검출되었다.

6) 유해가스

화재 현장에서 각종 물질의 연소 시에 일산화탄소, 시안화수소, 이산화탄소, 할로겐화탄화수소, 아황산가스, 포름알데히드, 아크로레인 등의 유해가스가 발생할 수 있다.

7) 인간공학적 요인

소방공무원은 화재진압, 구조, 구급업무 시 중량물을 상시적으로 다룬다. 구조장비별 중량을 확인해보면, 유압스프레다는 30kg, 절단기는 20kg, 도어오프너는 14kg, 복식사다리는 25kg, 들것은 35kg, 공기 호흡기(self-contained breathing apparatus, SCBA) 15~20kg 정도이다. 이러한 중량물을 들고 사다리, 건물의 층계, 산악지형을 오르내리면서 화재진압, 잔화정리, 인명구조작업을 수행한다.

8) 생물학적 요인

소방공무원들은 응급환자에 대한 구조 및 구급활동을 하는 과정에서 환자의 혈액, 객담 등에 의해 간염, 후천성 면역결핍증, 결핵 등의 전염병에 이환될 위험이 있다.

9) 교대근무와 정신심리적 요인

소방공무원은 업무 특성상 24시간 대국민 서비스를 제공하므로 교대근무를 한다. 소방공무원은 3조 2교대로 주간근무, 야간근무, 비번으로 이어지는 순환근무를 한다. 근무시간이 불규칙하게 변화하거나, 보강근무 상황이 발생할 경우 연속근무를 할 수도 있다. 구급, 구조, 화재진압 업무 시 자살 사건을 목격하거나 사체 수습, 대형 재난 사고 현장에서는 동료의 죽음을 목격하는 등의 외상 사건에 노출될 수 있다.

3.3 소방공무원의 질병

1) 호흡기계질환

화재 시 발생되는 이산화황, 염화수소, 포스겐, 질소산화물, 알데하이드 및 입자상의 호흡기 자극물질에 의해 사극성 천식, 폐쇄성 세기관지염, 기관지확장증, 만성 기관지염, 기도 손상 및 폐섬유화증 등의 호흡기 질환이 발생할 수 있다. 염화수소와 같은 수용성 가스는 상기도에 침착되어 기관지염을 유발하고, 포스겐 등의 비수용성 가스는 세기관지염과 폐렴 등을 야기한다.

2) 암

2022년 7월 국제암연구소(IARC)에서는 기존 연구들에 대한 메타분석을 수행하여 암 발생가능성에 관하여 소방관은 중피종과 방광암에서 충분한 증거가 있고, 대장암, 전립선암, 고환암, 피부흑색종, 비호지킨림프종의 제한적 증거가 있다고 판단하였다. 또한 유전독성, 후생유전학적 변화, 산화스트레스, 만성 염증, 수용체 매개 영향의 변형의 발암 기전에 대한 강력한 증거를 기반으로 소방관 업무를 발암성 1군(Group 1)으로 분류하였다.

3) 심혈관질환

소방관의 근무 중 사망의 가장 중요한 원인 중 하나는 뇌심혈관계질환이다. 뇌심혈관계질환의 위험요소를 갖고 있는 취약한 소방관이 화재진압과 같은 격렬한 육체적 활동, 온열 스트레스, 감정적 스트레스, 환경적 오염원에 노출되는 업무를 수행할 때 심혈관질환의 발생 가능성이 증가한다.

4) 근골격계질환

소방공무원은 소방장비 취급, 환자이송, 절단작업용 공구사용, 무거운 보호장비 착용, 구조작업 중 구조물 제거작업 등에서 인간공학적 위험에 노출된다. 소방공무원은 과도한 힘을 사용하는 과정에서 요추손상위험이 높으며, 자가보고에 의한 요통 호소율이 높다.

5) 정신건강

소방공무원은 전반적으로 정신건강수준이 낮은 것으로 보고된다. 이는 교대근무, 정신적 긴장, 심리적 외상 노출 등 다양한 업무환경적 요인을 원인으로 고려할 수 있다. 소방관은 외상 후 스트레스 장애의 고위험 직종으로 분류된다. 한 연구에 따르면, 소방관은 근무를 시작한 첫 3년 동안 9개의 잠재적 외상사건에 노출되었고, 이러한 사건의 66%가 근무 중 발생하였다. 소방관의 3%가 3년 내에 외상 후 스트레스 장애, 주요우울증 또는 범불안장애에 노출되었다. 소방관이 느끼는 소속감와 사회적 지지 특히 관리감독자의 사회적 지지는 외상 후 스트레스 장애의 중요한 보호인자이다.

3.4 소방공무원의 직업성 질환 예방 및 관리

소방공무원은 소방공무원 보건안전 및 복지기본법에 따라 특수건강진단을 받도록 되어 있다. 정기건강진단에는 기본검사와 암검진 이외에 순음청력검사, 심전도, 24시간 심전도, 운동부하검사 또는 심장초음파, 경동맥초음파검사, 전혈구검사, 납과 카드뮴 중금속 혈중검사, 근골격계 자기공명영상촬영(40세, 50세, 60세), 수면장애, 감염성질환, 정신건강 설문조사 등을 시행한다. 특히 대형화재나 유독물질 발생 현장 노출 후, 정신적 외상 경험 후, 근골격계 증상이 1주일 이상 지속되면 수시건강진단을 받도록 하였다.

특수건강진단 결과 특별한 관리가 필요한 경우, 질병이나 손상에서 회복하여 업무에 복귀할 경우, 소방보건의의 자문에 따라 업무적합성평가를 받아야 한다. 특히 소방공무원의 정신건강을 관리할 수 있는 정신건강의학과 전문의나 임상심리상담사를 포함한 정신보건전문인력을 활용하여 능동적인 정신건강관리를 시행하여야 한다. 소방공무원에 대해 직업성 질환을 관리함에 있어 화재 현장에서 유해물질 노출원을 통제하는 것은 불가능하다. 따라서 적절한 보호구를 착용하는 것이 중요하며, 화재진압 후 방화복을 수거한 후 세탁하여 오염물질에 의한 2차 노출을 예방해야 한다.

더 읽을거리

소방공무원 보건안전관리규정. 소방청훈령 제206호.

Demers PA, DeMarini DM, Fent KW et al. Carcinogenicity of occupational exposure as a firefighter. Lancet Oncol 2022

제4절 경찰관

김인아

4.1 특성과 직무

경찰관은 국민의 위기상황에 가장 먼저 대응하는 공공안전서비스의 제공자로서 엄격한 체력검사와 심리검사를 통과한 후에 업무를 수행한다. 2020년 기준 전체 경찰관은 약 12만 6천 명이며 112 신고건수가 2010년 약 850만 건에서 2020년 1,830만 건으로 10년간 두 배 이상 증가하는 양상을 고려하여 매년 정원이 증가하고 있다. 그러나 경찰관 1인당 담당 인구수는 2020년 기준 411명으로 미국의 351명, 프랑스의 347명, 독일의 320명 등에 비해 인력이 부족하다. 경찰관은 남성이 약 87%로 다수를 차지하는 직업군이며 전체 경찰관의 약 40%는 지역경찰로서 지구대에서 교대근무를 한다.

경찰의 업무는 크게 민생치안, 사회질서 유지, 수사담당, 행정지원 등으로 나뉜다. 경찰청 산하기관으로는 경찰대학, 경찰인재개발원, 중앙경찰학교, 경찰수사연수원 등이 있고, 18개 시도경찰청과 시도경찰청 소속 하에 경찰서 257개, 지구대 585개, 파출소 1,437개가 있다. 경찰관의 기능별로 살펴보면 지구대(파출소)가 약 40%로 가장 많은 정원을 차지하고 있고, 수사 17%, 생활안전 12%, 경비 12%, 교통 8% 순으로 정원이 배치되어 있다. 이 외에도 인원이 적기는 하지만 경무, 정보, 보안, 감사, 외사, 정보화 장비 등의 기능이 포함되어 있다.

4.2 경찰관의 노출 가능 위험요인

1) 물리적 · 화학적 위험요인

경찰이 근무 중 경험할 수 있는 소음은 사이렌, 도로현장 경적, 차량소음, 총격소음 등으로 다양하다. 소음성 난청은 사격장에서 교관 등으로 업무를 수행한 경우, 교통소음에 노출된 교통경찰, 경비 업무를 수행하는 경찰관 등에서 발생한다. 통신기기 사용과 관련한 라디오파 노출도 잠재적인 위험요인이다. 캐나다의 직무노출매트릭스에서는 노출강도가 낮기는 하지만 근무시간 내내 노출이 가능한 유해요인으로 제시하고 있으며 약 4%정도의 경찰관이 노출이 된다고 하였다.

한편, 순찰업무를 지속적으로 수행하는 지역경찰과 교통경찰 등 실외 근무가 많은 상황에서 디젤엔진배출물질 및 초미세먼지, 대기오염 물질에 노출된다.

사격 훈련이나 사격은 납 노출 위험이 있다. 사격장 근무 경찰관의 경우 미국산업위생가협회(ACGIH)의 노출기준보다는 낮은 수치를 보였으나 일반인구집단에 비해서는 높은 수준이었다.

과학수사과정이나 각종 장비의 정비 업무 등에서 사용하는 시약, 세척제 등의 경우 만성 독성에 대한 연구결과 등이 매우 부족한 경우가 많아 잠재적 건강위험요인으로 고려된다. 그 밖에 경찰관들이 일상적 상황 이외에도 화재와 같은 재난적 상황에서 다양한 물리적 · 화학적 위험요인에 일시적으로 고농도 노출이 가능하다는 점도 고려해야 한다.

2) 인간공학적 위험요인

경찰관의 인간공학적 위험요인은 방탄 · 방검복 등 근무복과 장비 착용 및 순찰차 운전 등의 과정에서 확인할 수 있다. 각종 장비를 상시 착용하고 근무를 하기 때문에 근골격계 부담이 증가할 수 있다. 민원 업무 수행과정에서의 시민 이송 등 생활안전 업무로 인한 중량물 작업도 인간공학적 위험을 높인다. 특히, 생활안전 업무 및 심한 육체노동은 경찰의 근골격계질환, 요통, 추간판장애 및 어깨 부위의 부상 등과 관련이 있다. 장시간의 순찰차 운전 역시 요통의 위험요인이다.

3) 사회심리적 위험요인

경찰관은 사건의 최초 대응자로서 예측 불가능한 상황

에서 근무를 하고, 위험한 상황을 직면하기 때문에 직무 스트레스가 높다. 장시간 근무와 야간노동으로 인한 건강 영향도 받는다. 가장 많은 인원이 근무하는 지구대(파출소)의 일반적 근무형태는 4조2교대이며 일부 지역의 경우 3조2교대를 하고 있는 경우도 있다. 또한 변사체 처리, 폭력 사건과 주취 폭력 처리 등 업무 수행 과정에서 심리적 외상을 받거나 폭력에 노출된다. 특히 과학수사 업무를 수행하는 과정에서는 잔혹한 사건 현장을 재경험하게 되는데 이로 인한 심리적 충격을 호소하는 경우도 많다.

지구대와 파출소의 지역경찰은 순찰을 수행하거나 민원을 처리하는 과정에서 감정노동으로 인한 스트레스가 높은 편이며, 주취자 상대 과정에서 폭언과 폭력을 경험하는 경우도 많다.

4.3 경찰관의 건강위험과 직업보건관리

이러한 직업적 위험요인에 노출되면 다양한 질병이 발생할 수 있다. 국민건강보험공단 빅데이터를 분석한 결과에 따르면 경찰관은 일반 행정직 공무원에 비해 급성심근경색의 발생 위험이 1.8배 높았고, 협심증이 1.5배, 뇌혈관질환도 1.4배 높았다. 이 외에도 다양한 소화기계 질환, 성인병, 근골격계 질환, 정신질환 등에서 발생 위험이 증가하였다. 미국 사법부에서는 경찰관에게 우선순위가 높은 건강문제로 심장질환의 위험, 약물남용, 불면과 피로, 불균형 식이, 스트레스와 트라우마 등을 제시하였다.

4.4 경찰관의 직업보건관리

경찰공무원은 근로기준법을 적용받지 않으며 산업안전보건법의 적용 대상이 아니다. 경찰관의 보건관리는 2012년 제정된 『경찰공무원 보건안전 및 복지기본법』에 근거하여 이루어지고 있다. 5년마다 "경찰공무원의 업무적 특성을 감안한 심신건강연구, 건강검진 및 정신건강검사 등 의료지원에 관한 사항"을 포함하는 "경찰공무원 보건안전 및 복지 기본계획"을 수립하고 있다. 법 제8조 의료지원 조항에 건강검진을 제공하도록 하고 있으며, 시행령으로 2년에 1회 이상 다음 각 호에 따른 건강장애 요인을 고려하여 건강검진을 시행하고 있다. 제8조에는 "정신건강검사와 진료 등의 의료지원을 제공할 수 있다."고 명시하고 있으며 이를 바탕으로 전국에 정신건강 관리를 위한 마음동행센터를 운영하고 있다.

경찰청은 법령에 근거하여 2015년부터 야간교대근무 경찰을 대상으로 특수건강검진을 실시하고 있다. 2019년도 건강검진 결과에 따르면 고혈압, 당뇨, 이상지질혈증의 유소견자는 약 21%였다. 그런데 건강이상자 중 야간근로단축, 작업전환 등 적극적 조치를 받은 비율은 1% 미만으로 근무환경의 개선이 실질적으로 어려운 상황을 고려한다고 하여도, 건강진단 사후관리를 수행할 수 있는 보건관리체계가 미흡하다.

3차 예방의 차원에서는 공무상 재해 또는 병가나 질병휴직 이후 업무에 적절하게 복귀할 수 있도록 업무적합성 평가를 받도록 해야 한다.

더 읽을거리

경찰청. 2020년 경찰통계연보. 2021.
미국 사법부. 경찰관의 건강과 복지. 2021. (Available at; https://www.justice.gov/file/1354561/download)

제5절 군인

백기욱

5.1 현황

휴전상태로 북한군과 대치하고 있는 군사지리적 특성으로 우리나라는 약 55만명의 현역장병이 군인으로 복무하고 있으며 이는 인구 대비 1% 수준으로 세계적으로 매우 높은 비율이다. 군인은 하나의 직업군으로 분류되지만, 임무에 따라 매우 다양한 활동을 수행하게 된다. 군인은 전투를 상정한 훈련으로 많은 신체 활동을 요하며, 일부 임무는 생리학적으로 극한의 환경에 노출되는 양상으로 진행되는 경우도 있다.

직업군인의 경우 근무지 및 업무내용의 변경이 잦고 새로운 근무환경에 노출된다. 업무 외적으로는, 상명하복식의 지휘체계를 가진 집단생활을 유지해야 하며 업무의 선택권이나 거부권이 부족한 조직적 특성도 가지고 있다. 작전 및 훈련 외 병력을 유지하기 위한 업무는 취사, 판매, 운전, 의료 등으로 민간에서 업무와 큰 차이가 없으며, 군용 장비들의 지속적인 유지 · 보수를 위해 운영되는 정비 업무는 제조업 사업장과 유사한 작업환경을 보이기도 한다. 국군에서의 질환 발생의 역학에 대해서는 군 외에서 접근하는데 제한적이며, 증례 중심의 개별 보고나 국정감사 등의 언론보도자료 외 민간에 공개된 자료는 매우 드물다.

5.2 군인의 물리화학적 유해인자

1) 소음

군에서는 훈련 시 소총, 화기 등 다양한 충격소음에 노출된다. 국내에서 사용하는 소총 및 박격포의 경우 150dB(A), 곡사포, 무반동총 및 전차포 등의 화기에서는 160dB(A) 이상의 소음이 발생된다. 일부 화기의 소음수준은 단 1회의 발사음으로도 사수가 일시적 및 영구적 청력손실을 입을 수 있는 수준이며 귀마개 및 귀덮개 단독 착용으로 보호가 쉽지 않다. 이러한 충격음은 연속음에 비해 단시간에 높은 에너지가 방출되어 측정, 평가 및 관리가 어렵다.

공군 조종사의 경우 조종석 내에서 110dB(A) 수준의 소음에 노출되며, 군용 비행장에서 정비사와 무장사들이 항공기 이착륙, 제트엔진의 시험운전, 각종 부수 장비의 작동과정에서 다양한 주파수의 고출력 소음에 노출된다.

2) 압력

해군에서는 헬륨과 산소 혼합기체를 이용하여 깊은 수심에서 포화잠수 훈련을 수행한다. 해군 해난구조전대는 훈련 시 수심 300m에서 약 10일간 챔버 내에서 포화잠수를 수행한다. 포화잠수는 안전 한계보다 깊은 수심에서 장시간 잠수 활동을 하며 사람이 직접 바다 속 압력을 느끼는 환경압 잠수로, 기압의 증가가 물리적 스트레스원으로 작용하여 고압신경증후군, 고압관절통 등을 유발할 수 있다.

공군 조종사의 경우, 전투기의 성능은 조종사의 생리적 한계에 도달하거나 초과하고 있으며 조종사는 중력가속도에 지속적으로 영향을 받는다. 비행 중 급격한 기동 등으로 유발되는 원심가속도 및 관성력으로 인해 조종사의 혈액이 하체로 몰릴 경우 뇌 혈류와 안동맥의 혈류 감소로 회색시, 시야 협작, 일시적 시각소실, 중력에 의한 의식상실 등이 발생될 수 있으며 항공사고로 연결될 수 있다. 이에 항공의학의 발전과 함께 내중력 항공복, 하체로 혈액이 쏠리는 것을 막는 특수 호흡법(L-1 호흡법), 체력단련 프로그램 등을 통해 이를 극복하고자 하는 노력이 지속되고 있다. 비행과 관련된 심장 부정맥은 고공 상승에 의한 저산소증 및 가속도에 의해 발생되며, 지상 훈련 및 전투기 조종 중 심실 조기 수축, 비지속성 심실빈맥 등 심실 및 상심실성 부정맥이 나타날 수 있다. 항공기가 5,500m 이상의 고공으로 상승하면 기압이 강하하여 저압 감압병이 발생할 수 있다. 고공환경에서 임무를 수행하는 경우 임무 종결은 지상 고도로 하강하는 것, 즉 재가압과정을 통하여 완결되므로 잠수에 의한 감압병에 비해 증상이 경미한 편이다. 다만 임무 수행 중 증상이 발현할 경우 의학적 도움을 받기가 어렵다. 저압 감압병의 치료는 포화잠수 감압병에 적용하는 100% 산소치료 및 고압산소치료를 사용하고 있다.

3) 중금속

총기에 따라 탄환의 납 함량은 다르지만 M-16용 5.56 밀리 보통탄을 기준으로 2g의 납이 들어있으며, 군대에서 정기적으로 수행하는 사격 훈련 시 탄두가 철판에 부딪힐 경우 납 분진이 발생한다. 과거에는 주로 야외에서 사격훈련이 이루어졌으나, 실내 사격장이 보급되기 시작하며 사격 통제관, 교관, 조교 등 사격장 근무자들의 납 노출 가능성이 증가하였다. 군 사격장 근무자들의 평균 혈중 납 농도는 일반 인구 집단에 비해 높은 수준으로 보고되었으며 납 중독 사례도 보고된 바 있다. 군 내 군수품 정비를 위한 납땜, 용접, 도금, 착색 등의 공정이 다양한 규모의 정비공장에서 이루어지고 있으며, 전문적인 정비는 단기간 의무복무를 하는 병사보다는 주로 장교, 부사관 및 군무원에 의해 이루어지는 경우가 많다.

4) 유기용제

군 내에서는 탄약, 궤도차량, 일반차량, 항공기 등의 군수 장비의 정비를 상시 수행하며 다양한 유기용제를 사용한다. 이는 제조업 사업장에서 보이는 세척, 도장 등의 업무와 유사하다. 페인트 도장업무를 주로 수행하며 유기용제에 노출된 병사가 백혈병에 이환되어 국가유공자로 등록된 사례가 있지만, 아직까지 군 내 유기용제 노출 및 위험성 평가에 대한 정량적인 자료는 공개된 바가 없다.

5.3 생물학적 인자

감염병은 보건학적인 측면 뿐 아니라 작전 수행 측면에도 영향을 미친다. 감염병의 종류는 국내에서 주로 작전을 수행하기 때문에 국내 일반 인구 집단에서 발생 가능한 감염질환의 범위에서 크게 벗어나지 않으나, 야외활동이 많고 단체 생활을 수행하며 접경지역에 다수 근무하는 군인의 근무 특성에 따라 다소 상이한 양상을 보인다. 군 내에서는 법정 감염병환자 발생 시 각 군 참모총장 및 국군의무사령관에 통보하며 역학조사는 군 내 부대역학조사반 및 군역학조사반을 운영하여 수행하므로, 민간에서는 군 내 감염병의 현황에 대한 자료를 확인하기 어렵다. 또한, 군 내 대부분의 병사들이 다인실을 사용하고 있어 사람 간 전파가 가능한 감염병이 발생하여도 격리자의 생활 공간 확보가 지체되는 경우가 많다. 따라서 군 내의 감염병 관리와 관련된 업무 및 자문을 수행할 경우 이러한 특수성을 잘 이해하여야 한다.

1) 말라리아

한국 전쟁 이후 강력한 말라리아 퇴치 프로그램에 힘입어 1979년 세계보건기구는 우리나라의 말라리아 발생 상태를 퇴치 상태로 규정하였으나, 1993년 파주에서 군 복무 중이던 현역병이 말라리아에 확진된 것을 기점으로 2000년 이후 국내 연간 천명 이상의 말라리아 환자가 발생하고 있으며 약 반수는 군인에서 발생하였다. 2016년 이후 전체 발생률이 감소하였으며, 전체 발생률 중 군인의 발생비율도 낮아졌다. 2020년 통계에 따르면 전체 감염자 356명 중 41명(21.8%)이 군인이었다. 주로 삼일열 말라리아의 양상으로 5~10월에 비무장지대 인접 지역을 중심으로 발생하고 있으며, 북한에서 남하하는 감염 모기에 의해 영향을 받는 것으로 보인다.

2) 가을철 열성질환

야외 활동 및 훈련이 연중 지속적으로 수행되기에 설치류 및 진드기에 의해 매개되는 가을철 열성질환에 감염될 수 있다. 진드기 매개 감염병인 쯔쯔가무시병은 군에서 매년 꾸준히 발병하고 있으며, 열성 혈소판 감소증후군의 감염 및 사망사례도 보고된 바 있다. 설치류 매개 감염질환인 신증후군 출혈열은 한국전쟁 중 UN군에서 수천 명에게 발생한 적이 있다. 1990년대 초반까지 연간 수백 명의 환자가 한국군에서 발생하였다. 1990년대 이후로는 연간 50명 미만의 환자가 발생하지만 군 내 중증환자 및 사망자가 꾸준히 보고되고 있다. 한타바이러스 백신이 개발된 후 1990년대부터는 위험지역에 근무하는 장병들을 대상으로 접종을 수행하고 있다.

3) 아데노바이러스 폐렴

아데노바이러스는 군에서 매년 중증환자 및 사망자가 꾸준히 발생하고 있어 큰 관심을 가지는 병원체이다. 아데노바이러스의 군 내 유병률에 대한 자료는 제한적이며, 2017년 연중(1~10월) 집계된 자료에서 육군에서는 462건의 아데노바이러스 폐렴이 발생하였다고 보도된 바 있으나 집계되지 않은 기간, 군 내 통계에 나타나지 않는 민간 의료기관 진료, 원인 병원체 확인이 되지 않은 경우, 비육군부대 등에서 발생하는 아데노바이러스 폐렴을 고려하면 더 많은 군인이 감염되었을 것으로 추정된다.

일반적으로 아데노바이러스는 소아 환자에서 경한 호흡기 및 위장관 증상을 일으키고 대부분 자연적으로 좋아지는 양상을 보이지만, 군에서 발생하는 아데노바이러스, 특히 55형은 정상 면역을 가지는 20대 청년에서 비전형적인 양상의 심한 폐렴을 유발한다. 2012~2016년 국군수도병원에 입원한 폐렴환자 540명 중 아데노바이러스 폐렴은 179명이었다. 아데노바이러스 폐렴 환자 중 6명은 기계환기, 1명은 체외막산소공급 치료가 필요하였다. 반면 비(非)아데노바이러스 폐렴 환자에서는 기계환기 및 체외막 산소공급 치료가 필요한 환자가 없었다. 아데노바이러스 폐렴은 다른 폐렴에 비해 진행 경과가 빠르고, 파종성 감염 및 호흡부전이 발생하는 경우 50% 이상의 치명률을 보인다. 아직까지 한국군에서 유행하는 아데노바이러스 55형에 대한 상용화된 백신은 개발되어 있지 않다.

5.4 손상과 정신질환

1) 손상

국군은 북한과 휴전 상태로 대치하고 있음에 따라 지뢰가 매설된 비무장 지대에서의 작전 수행, 실탄과 수류탄을 사용한 훈련 등에서 총기 및 폭발물로 인한 손상이 발생할 수 있으며, 연간 약 20~30건의 총상 및 폭발상이 발생하는 것으로 추정된다. 총상의 경우 몸 안에 직접적으로 삽입되거나 관통되며, 총알의 회전으로 인해 일시적 및 영구적인 공동을 형성하며 신경손상이 빈번하게 동반된다. 군내 총기의 경우 소총 또는 그 이상의 고속 탄환이 관련되어 있어 경찰에서 사용하는 민간 총기에 비해 조직 손상, 다발성 파편상, 화상, 폭발 손상 등이 동반될 가능성이 높다. 군에서의 폭발물 손상의 경우 포탄류(수류탄, 박격포탄, 유탄발사기 등), 지뢰, 화약 및 연습용자재 등에 의해 발생할 수 있다. 여러 장기의 손상을 동반한 폭발연관 다발성 외상을 유발하여 뇌손상, 안면손상, 고막손상, 폐손상, 복부손상, 사지손상 등이 동반될 수 있다. 군 폭발물 손상은 대체로 척추와 골반에 비해서 사지의 부상이 빈번하게 발생하며, 지뢰손상의 경우 사지 절단이 동반될 수 있다.

군 내에서는 상대적으로 경미한 손상 후에도 사회심리학적 스트레스, 미흡한 휴식 환경 등의 요인으로 인해 복합부위 통증증후군(Complex regional pain syndrome, CRPS)으로 진행하는 경우가 많다. 한 민간병원에서 수행한 연구에서 남성 CRPS 환자의 47.5%가 군 복무 중에 CRPS를 진단받았다는 보고가 있으며 대개 사고 및 수술 이후 CRPS가 발생하는 경우가 흔하지만, 군 내 발생한 환자들은 단순 염좌 또는 좌상 이후 발생하는 경우가 40%로 높은 비율을 차지하였다.

2) 정신질환

의무복무로 인해 이전에 겪어보지 못했던 집단생활을 시작하게 되는 병사들의 특성상 환경 변화가 스트레스 요인으로 작용하여 적응장애, 주요우울장애 등의 정신과적 질환이 발생할 수 있다. 군 내 정신과 환자들은 일반적으로 과거 정신과적 질환으로 치료받은 병력이 없는 경우가 많고 복무의지 저하, 이차이득과 관련된 치료 저항 등이 동반된 경우도 있어 진료 현장에서도 많은 어려움을 겪는다. 수많은 복무 부적응자들이 정신건강의학과 진료를 받게 되나 복무 부적응자가 모두 정신과적으로 적응장애 및 주요우울장애에 해당하는 것은 아니며, 적응장애 또는 주요우울장애로 진단된 경우 약물치료 등 적극적 개입을 통해 증상의 개선이 충분히 가능하므로 적극적으로 치료해야 한다. 또한 치료 과정에서의 복무환경에 대한 개입 및 조정도 필요하다. 정신과 진료 시 흔히 동반되어 볼 수 있는 복무의 지저하의 경우 이를 꾀병과는 다른 개념으로 받아들이고, 이를 정신과적 증상과도 구분하는 것이 중요하다.

군에서는 훈련 상황에서 살상무기를 지속적으로 취급하므로 총기사고, 수류탄사고 등 여러 사고상황에 노출되며 스트레스 관련 장애에 이환될 수 있다. 미군의 경우 외상후 스트레스장애는 이라크 및 아프가니스탄 등에서 군사작전이 수행되면서 해당 질환의 빈도가 급격하게 증가하였으며, 국군에서도 군사작전과 같은 스트레스 요인의 노출이 증가할 경우 스트레스 관련 장애는 대폭 증가할 가능성이 있다.

군인의 사망 원인 중 가장 많은 분율을 차지하는 것은 자살이다. 일반 인구 집단에 비해서 자살자의 비율은 낮으나, 입영판정검사 등을 통해 정신과적 문제가 있는 사람이 배제된 집단이라는 것을 고려하면 일반 인구 집단과 직접 비교는 어렵다. 군대 내에서도 신인성검사, 전문상담관 운영, 그린캠프 운영, 정신과 군의관 배치 등 자살 예방을 위한 다양한 체계를 마련하고, 간부 및 병사들을 대상으로 지속적으로 자살예방 교육을 실시하고 있다. 그러나 이러한 노력에도 불구하고 국군 내 자살자 수의 감소가 뚜렷하지 않고, 실질적인 자살 원인 및 자살 예방정책의 효과성 등에 대한 자료가 충분치 않아, 군 내 자살에 대한 지속적인 관심과 적극적인 개입이 필요하다.

5.5 피부질환과 온열질환

1) 피부질환

군인들의 피부질환은 흔하게 발생하지만 다른 직업성 질환과 마찬가지로 대부분 국소적으로 발현하고 증상이 심하지 않아 실태파악이 어렵다. 야외활동이 많고 통풍이 잘 되지 않는 전투화 및 전투복을 착용하는 군인에서는 소와각질융해증, 무좀 등의 감염성 질환이 호발하며, 군인들은 장시간 전투화 착용과 행군 훈련에 의해 발생한 내성 발톱도 흔히 볼 수 있는 질환이다.

2) 온열질환

야외 활동, 신체 활동이 많고 다양한 보호장구 및 군용물자를 휴대하는 군인의 특성상 열 생성이 많고 열 발산이 어려운 상황이 자주 발생한다. 제3차 중동전쟁에서 이집트군 약 2만 명이 열사병으로 사망한 사례가 있는 만큼 온열질환은 군 작전 수행 측면에서도 간과할 수 없는 질환이다. 미군에서는 매년 열사병 및 열탈진의 역학을 공개하고 있으며 2020년 75건(천인년당 0.36건)의 열사병 및 1,667건(천인년당 1.26명)의 열탈진이 발생하였다. 한국군에서는 군병원으로 연평균 약 80명의 온열손상 환자들이 내원한다고 알려져 있어 민간의료기관에서의 진료를 포함하면 실제 그 이상의 환자가 발생하는 것으로 보이며, 사망자도 꾸준히 발생하고 있다.

군내 열사병은 무더운 6~8월 날씨에 주로 발병하나 온열손상의 가능성이 비교적 적은 기온에서도 발생하며, 열적응력이 취약한 신병훈련소의 훈련병에서 발병 비율이 높다. 온열질환의 예방을 위해서는 고온환경 노출시간을 조정하여야 하나, 북한군과 대치하고 있는 국군은 최전방 경계활동 등 작전의 일정 조정이 유동적이지 않고, 환자가 초기 대처가 힘든 지형에서 발생하는 경우도 있어 질병 예방과 조기 대처에 대한 인식과 교육이 타 직종에 비해 더욱 중요하다.

5.6 보건관리

1) 산업보건활동

산업안전보건법은 원칙적으로 국가 · 지방자치단체 및 공기업을 포함한 모든 사업 또는 사업장에 적용되고 있으나 한국표준사업분류표 상 "공공행정, 국방 및 사회보장행정"업에 대해서는 일부 규정만을 적용하고 있다. 국군에서는 국방부 훈령에 따라 노출되는 소음, 유기용제, 분진 등에 대하여 특수건강진단과 작업환경측정을 산업안전보건법에서의 규정을 준용하여 수행하고 있다. 군에서는 일반 제조업 사업장과는 다르게 시기에 따라 다양한 업무를 수행하므로 정형화되거나 반복되는 업무양상을 보이지는 않지만, 산업보건학적 유해인자를 군 내 산업보건 전문가 및 민간자원을 활용하여 지속적으로 파악하고 특수건강진단 및 작업환경측정을 하고 있다. 그러나 군의 특성상 임무 및 업무내용에 대한 보안을 유지해야 하므로 상세한 근무양상 및 보건학적 위험에 대해서 민간에 공개되어 있는 자료는 제한적이다.

2) 업무상 재해에 대한 보상체계

군인은 준공무원으로, 산재보험 적용을 받지 않는 대신 각 군 본부에서 실시하는 전 · 공사상 심의를 통해 전상 및 공상에 대한 보상을 받게 된다. 현역장병, 사관생도, 사관/부사관/준사관 후보생, 예비역 및 보충역 중 사상에 관한 심의를 신청할 경우, 각 군 본부에의 보통전공사상심사위원회에서 심사를 거치며, 이에 불복하는 경우 국방부로 재심사를 신청하면 중앙전공사상심사위원회에서 재심사를 거칠 수 있다. 공무상 부상, 질병, 사망에 대해서 군인 재해보상법에 의해 공무상 요양비, 장해급여, 재해유족급여, 부조급여를 지급받을 수 있다. 또한 군인으로 근무 중 상이등급 1~7급에 해당하는 부상이 있을 경우 국가보훈처의 국가유공자 등록대상이 되어 보훈급여금을 포함한 여러 혜택을 받을 수 있다.

더 읽을거리

양한별, 황일웅, 송대근, 문기호, 이나래, 김경남. 총기 및 폭발물에 의한 군인의 근골격계 손상: 최근 4년간 분석. J Korean Orthop Assoc 2021; 56(3): 234–244.

황성호, 박재범. 우리나라 군대 소총사격 훈련장에서의 소음노출평가. J Korean Soc Occup Environ Hyg. 2013; 23(3):261–265.

제6절 병원종사자

안연순

6.1 현황과 특성

병원의 직종은 약 200종 이상으로 크게 의무직, 사무직, 간호직, 약무직, 보건직, 기술직, 전산직, 의공직, 별정직, 기능직, 임시직 등으로 구분하는데 각 직종별로 다양한 기술과 자격수준별 구분이 있다. 세계보건기구는 의료종사자를 건강증진을 목적으로 하는 활동에 참여하는 모든 사람으로 정의하였다. 전 세계 의료종사자 수는 5천 9백여만명으로 인구 1천명당 9.3명이다. 우리나라의 2019년 보건 · 의료 관련 종사자는 795,155명이고, 의사 72,472명, 수의사 1,065명, 약사 15,031명, 간호사 및 치과위생사 227,490명, 치료사 50,809명, 의료장비 및 치과 관련 기술 종사자 59,161명, 의료 및 보건서비스 관련 종사자 31,510명, 5인 이상 사업체에 소속된 의료복지 관련 단순 종사자 337,619명이다. 직업보건학적으로 고려하여야 할 병원의 특성은 다음과 같다. 첫째, 병원종사자는 전통적으로 알려진 환자로부터 노출되는 생물학적 유해인자 뿐만 아니라 각종 시설, 장비, 약품, 소모품 등을 취급하는 과정에서 다양한 물리 · 화학적 유해인자에도 노출된다. 둘째, 환자의 전문 · 기술적 수요와 정서적 기대감으로 양질의 의료서비스 제공에 대한 압박감과 감정노동으로 인한 스트레스가 높다. 셋째, 상시적 긴장과 과도한 업무 및 교대근무 등의 유해요인에 노출된다. 넷째, 관료적인 병원조직의 특성상 인격적 지배보다는 형식적 규범을 중시하는 특징이 있어 직장 내 정신적, 신체적 폭력에 취약하다. 다섯째, 전문적 · 경제적으로 우위에 있는 직종과 취약계층인 미화, 경비직까지 다양한 직종이 상근, 계약, 일용 등 다양한 형태로 근무하고 있어 이로 인한 소외감 · 박탈감이 조직 갈등을 심화시킬 수 있다. 여섯째, 여성 근로자 비율이 높으며 모성보건을 위협하는 다양한 위험요인이 있다.

6.2 병원의 건강 위험요인과 영향

1) 생물학적 유해인자와 감염성질환

병원종사자는 환자에게서 배출된 비말, 비말핵, 개달물을 통해 호흡기 감염원에 노출될 수 있다(표 2-3). 이러한 호흡기 전파의 대표적인 예가 홍역, 결핵, 인플루엔자, 중증급성호흡기증후군(SARS), 코로나바이러스감염증-19(COVID-19)이다. 감염된 혈액을 매개로 전파되는 경우로는 AIDS, B형간염, C형간염 등이 있다. 감염된 병변부위 삼출액이 병원종사자의 피부, 안구점막 등에 직접 접촉되거나 환자의 분변에 노출될 경우 전파가 가능하다. 국내 업무상 질병 통계에 따르면, 병원종사자의 병원내 감염 중 가장 많은 질환은 결핵이었다. 다만 중동호흡기증후군(메르스)이나 COVID-19 유행시기에 해당 감염병에 대한 병원종사자 감염이 증가하였다.

2) 화학적 유해인자

병원은 환자의 진단과 치료 및 소독 등 병원 위생을 유지하기 위하여 각종 화학물질을 취급하는 곳이다(표 2-4). 미국 국립안전보건연구원은 병원 환경 중 발암성, 최기형성, 돌연변이성 인자가 135종이고, 눈이나 점막 자극성 인자가 179종이라고 발표하였다. 우리나라에서 항암제를 다루었던 간호사, 산화에틸렌가스 취급자에서 발생한 림프조혈기계 암이 업무상 질병으로 승인된 적이 있다. 최근에는 근무 중인 간호사의 선천성 심장질환아 출생이나 유산 등으로 촉발된 임신 태아의 건강 손상 시 산재보험 적용방안에 관한 논의가 있었고 대법원의 판결

표 2-3 병원의 건강 유해요인

분류	유해요인	노출형태(경로)
생물학적 요인	바이러스, 세균, 진균, 기생충 등	• 환자 및 환자 가검물의 미생물로 오염된 공기, 비말핵, 혈액 등에 노출되어 감염
화학적 요인	각종 의약품, 마취 가스, 소독제, 고정제 등	• 환자 치료용 약물 조제, 마취가스, 포르말린 등 고정제, 에틸렌옥사이드 등 기구 소독제 등에 노출
물리적 요인	방사선(비전리, 전리), 레이저, 소음, 분진, 이상온도 등	• 각종 진단 및 치료기구에서 발생하는 방사선, 레이저, 초음파 등에 노출 • 병원 시설의 보수 · 수리 등에서 발생하는 분진, 석면 등에 노출 • 보일러실, 조리실 등에서 발생하는 열 등에 노출
인간공학적 요인	부적절한 자세, 작업대, 조명 등	• 치과 치료, 수술, 처치 등의 의료 행위 시 부적절한 자세 및 작업공간에 노출
정신 · 심리적 요인	직무스트레스, 폭언, 폭행, 성희롱 등	• 환자, 환자가족 등에 의한 스트레스, 폭행, 폭언 • 병원의 상사, 동료 등과의 관계에서 발생하는 스트레스, 폭행, 폭언
기타	교대근무	• 다양한 형태의 교대근무에 노출

표 2-4 병원에서 흔히 사용하는 화학물질 종류

용도	화학물질 종류	주요 취급(노출) 부서
소독제	이소프로필 알코올, 차아염소산 나트륨(염소), 요오드 화합물, 페놀, 암모니아, 글루타알데히드, 포름알데히드 등	전 병원, 병동(간호부), 미화부
항암제	태아독성: 엽산 길항제, 6-mercaptopurine 및 일부 알킬화 약물	약제실, 병동(간호부)
	기형유발: 액티노마이신-D, 마이토마이신-C, 질소머스타드, 싸이클로포스파마이드, 프리드니존, 프로카바진, 스트렙토마이신 및 빈크리스틴 등	
	발암(IARC Group1): 싸이클로포스파마이드, 클로람부실, 1,4-부타니디올(부술판), 메틸-CCNU, 에토포시드 및 시스플라틴과 블레오마이신 함유 에토포시드, 멜파란, MOPP, 타목시펜, 티오테파, 트레오설판, 클로르나파진 등	
가스상 멸균제	산화에티렌(EO)가스	중앙공급실, 치과 수술실, EO 가스 사용 수술실
조직동결, 소독 및 냉매제	프레온(클로로플루오르카본 가스)	병리실 조직 동결 중앙공급실 소독 및 냉매제
의료재료	메타메크릴산(인공고관절 등의 아크릴 시멘트 성분)	수술실
폐 마취가스	NO 가스, 엔플루렌, 할로탄, 이소플루렌 등	수술실, 회복실, 분만실, 치과수술실, 응급실, 외래 등
라텍스	기관지내시경 튜브, 수술용장갑, 안면마스크, 접착테잎, 기도유지, 탄력밴드, 치아보호기, 보호시트, 고무패드, 호흡기호스, 소변카테터, 드레인, 혈압기 커프, 장 튜브, 위 튜브 등	병동, 수술실, 처치실, 내시경실, 응급실 등

로 업무상재해로 판결됨에 따라 논란이 10여년 만에 일단락되었다. 화학물질 노출이 많은 보건의료기관에서 모성보호에 고려할 중요요인이다.

3) 물리적 유해인자

병원의 각종 의료기기로부터 발생하는 방사선, 조리실 및 보일러실 등의 고온, 기계실의 소음이 흔한 물리적 유해인자이다. 2020년도에 의료기관 방사선관계종사자 수는 97,801명이며, 연간평균피폭선량은 0.40mSv로 2011년 0.56mSv에서 10년만에 28.6% 감소하였다. 직종별로는 방사선사가 0.86mSv로 가장 높고, 의사 0.29 mSv, 간호조무사 0.24mSv 순이었다. 우리나라에서 전리방사선에 노출된 보건의료인에서 백혈병 등 림프조혈기계 암, 갑상선암 등이 발생하였고, 2명의 영상의학 전문의가 방사선피부염 발생 후 백혈병으로 사망하였고, 손가락에 피부염과 각화증 발생 후 편평세포암이 발생하여 업무상 질병으로 승인된 적이 있다.

4) 인간공학적 인자

병원은 환자 운반, 돌봄 등과 조리, 미화 등의 업무 중 다양한 인간공학적 유해요인에 노출된다. 병원 내에서 환자의 체위변경이나 운반, 협소한 장소에서 부적절한 자세, 간호사실의 구조상 결함 등이 요통의 위험요인이다. 우리나라 산업재해로 승인된 여성근로자 사고성 요통의 35.3%, 비사고성 요통의 20.6%가 보건 및 사회복지사업 종사자이다.

5) 사회 · 심리적 인자

병원은 환자 및 보호자의 정서적 서비스 수요 증대, 관료적 · 위계적인 조직특성 및 의사 등 전문직부터 단순 노동 종사자까지 다양한 직종으로 이루어져 있어 직무수행 중 일어나는 대인관계에서의 많은 갈등이 발생한다. 병원의 다수 직종 중 간호직은 위계질서가 분명하고, 팀업무, 환자대면업무와 같은 요인들로 인해 직장내 괴롭힘이 상대적으로 많이 발생한다. 2018년 대한간호협회의 '간호사 인권침해 실태조사'에 따르면 41%의 간호사가 최근 1년간 직장내 괴롭힘을 경험했다고 응답했다. 직장내 괴롭힘은 간호사의 신체적 측면과 심리적 측면에 부정적 영향을 미칠 뿐만 아니라, 환자 간호의 질과 환자안전을 위협하고, 간호사 조직문화에 부정적 영향을 미친다.

6) 폭력

보건의료종사자에 대한 폭력은 환자나 그 보호자로부터 유발되는 경우와 동료 종사자로부터 유발되는 경우로 구분된다. 환자나 보호자의 폭력은 치료의 결과가 질병의 악화나 사망과 같이 의도하지 않은 방향으로 종결되거나 환자가 제공받는 의료서비스에 만족하지 못하는 상황에서 의료종사자와 환자 및 보호자간의 소통이나 신뢰에 장애가 생기면서 발생한다. 의료종사자 간 폭력은 팀의료 분업 과정에서 이종 직종 간 혹은 동종 직종 간 업무적 · 감정적 충돌로 인해 발생한다. 서로 동등한 지위에 있는 수평적 분업관계보다는 지휘, 감독관계의 양상을 띠는 수직적 분업관계에서 폭력의 빈도가 높다.

6.3 병원종사자 직업보건관리

산업안전보건법에 근거하여 병원 내부의 직업안전보건에 관한 조직 체계를 구축하고 병원 부서별, 직종별 유해 · 위험요인을 평가하고 각각에 대한 위험성을 평가하고 관리하여야 한다. 배치전 건강진단과 주기적 건강진단에 대한 계획 · 시행 · 사후관리 및 각종 유해요인 관련 손상 및 질병을 예방하는 프로그램이 필요하며, 병의원 종사자의 주사침 등에 의한 손상 예방 지침, 의료기관 근로자의 화학물질 노출에 대한 보건관리지침, 고객응대 근로자(간호사 부분) 건강보호를 위한 직종별 매뉴얼, 근골격계질환 예방 관리 프로그램, 교대작업자의 보건관리 지침, 직장에서의 뇌 · 심혈관질환 예방을 위한 발병위험도 평가 및 사후관리지침을 활용할 수 있다. 병원의 감염관리는 가장 중요한 보건관리로 주사침 손상 등 원내 감시체계를 구축하고 배치 전 및 주기적인 예방접종 체계도 구축해야 한다.

우리나라는 2007년 대한감염학회에서 의료인에게 필요한 예방접종을 4가지 경우로 분류하여 권고하였다. 첫째, 모든 의료인에서, 병력으로 면역을 확인할 수 없을 때, 항체보유 여부를 검사하고 음성일 때 접종할 것을 권하고 있는데 B형 간염(예방접종 후 항체 확인 필요, 음성이면 3회 재접종), 수두(40세 이하에서 면역이 증명되지 않았을 때), 홍역-볼거리-풍진(40세 이하에서 면역이 증명되지 않았을 때) 등이다. 둘째, 모든 의료인에게 검사 없이 접종할 질환으로 인플루엔자, 성인용 백일해, 홍역-볼거리-풍진(40세 이하에서 면역이 없을 때)을 권고하고 있다. 셋째, 병원내 유행시 또는 실험실 종사자에게 추가되는 예방접종으로 수막알균(4가) 접종을 권고하고 있고, 마지막으로 보건의료직무 종사에 관계없이 모든 성인에게 적용되는 표준예방접종 중 파상풍-디프테리아(Td)백일해, 사람유두종바이러스(10~26세 여성) 및 A형 간염 접종을 권고하고 있다.

더 읽을거리

김은아. 의료인의 직업병. HANYANG MEDICAL REVIEWS Vol. 30 No. 4, 2010.
안연순. 보건의료종사자 감염성 질환. J Korean Med Assoc 2010; 53(6): 454-466.

제7절 건설근로자

김용규

7.1 현황

건설업은 토지 위에 자본과 자재 및 노동력을 투입하여 반영구적인 구조물을 건축하는 산업으로서 복잡한 생산구조와 단계를 가지고 있다. 최근의 건설공사는 신기술, 신공법이 적극 도입되고, 건물 구조물 자체가 점차 고층화, 대형화 추세에 있으며, 사용설비도 복잡·다양화됨에 따라 위험요소도 복잡화, 다양화되고 있다. 건설업은 제조업과는 달리 건설업만의 산업적 특수성을 가지고 있다. 제조업은 보통 단일 기업에 의해 생산이 이루어지는 반면 건설업은 공정별로 전문기술이 필요하고 이를 단일 기업에서 모두 보유할 수 없으므로 중층 분할도급 생산구조가 형성된다. 작업현장으로 비교하면 제조업의 경우 실내 설비에 의해 생산품이 완성되므로 기후 의존성이 낮고 생산 및 안전설비가 갖추어져 있으며, 현장의 이동이 거의 없다. 반면 건설업은 실외에서 가설 생산 설비를 갖추어 작업하다가 건축물의 완성 이전에 이를 해체하는 방식으로 생산이 이루어지므로 기후 의존성이 매우 높고 생산 및 안전설비의 완전도가 낮으며, 생산의 일회성으로 현장의 이동이 매우 잦다. 또한 여러 공정의 공사가 같은 장소에서 동시다발적으로 진행되기 때문에 다양한 건강위험요인에 주변인 노출(by-stander exposure)이 가능하며, 제조업과 같이 작업의 기계화와 단순화, 분업화를 하기 어렵다는 특성이 있다. 특히 우리나라 건설 산업의 생산구조는 수평적인 전문생산구조의 측면과 수직적인 다단계 하도급생산구조의 측면을 동시에 지니고 있다. 특히, 선진외국에 비해 수직적 다단계 구조가 길게 나타나는 경향이 있다. 실제 시공단계에서는 불법적인 면이 많이 발생하게 되는데 이를 통제 또는 감독할 수 있는 체계가 제대로 작동하지 않고 있어 산업재해, 부실시공, 과도한 공기 단축, 임금 체불 등의 원인이 되기도 한다. 통계청에 따르면 우리나라 건설산업 취업자는 2020년 기준 약 202만명으로 전체 취업자 대비 7.5%를 차지한다. 반면 건설업 노동자의 절대다수인 건설기능인력의 절반 이상(56.3%)이 50대 이상으로 고령화가 매우 심각한 수준이다. 2000년 이후 20년간 고령층 노동자가 늘고 청년층은 줄어들었다. 구체적으로 50대는 2000년 19.4%에서 2020년 36.2%로, 60대 이상은

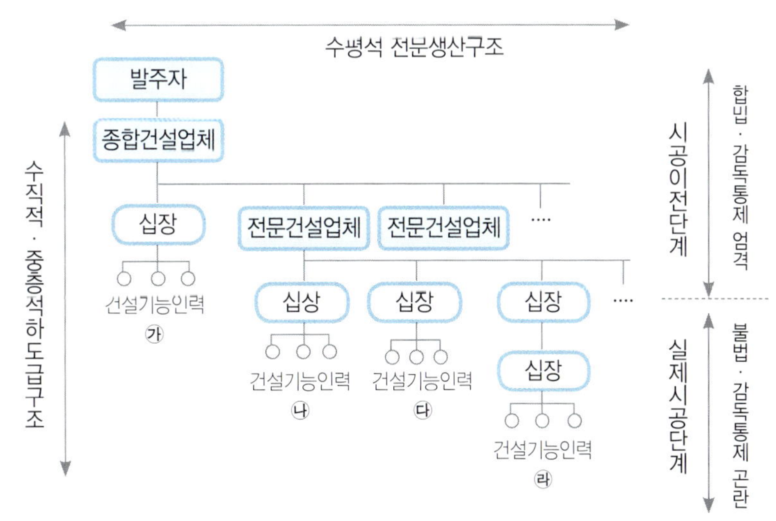

그림 2-1 건설현장의 다단계 하도급 구조와 고용구조

5.4%에서 20.1%로 증가했지만, 30대는 28.2%에서 12.9%로, 20대 이하는 13.0%에서 7.4%로 줄었다.

7.2 건설노동자의 주요 직종과 유해요인

건설공사는 건설산업기본법에서 "토목공사, 건축공사, 산업설비공사, 조경공사 및 환경시설 공사 등 시설물을 설치, 유지, 보수하는 공사(시설물을 설치하기 위한 부지 조성 공사 포함) 및 기계설비나 그 밖의 구조물의 설치 및 해체공사 등"으로 정의하고 있다. 각종 건설공사의 종류에 따라 참여하는 건설업 노동자의 직종 및 유해인자에 차이가 있으므로, 건설근로자공제회의 통합 직종 60개 중 30개 주요 직종을 중심으로 세부적인 직무내용, 유사한 직무를 수행하는 직종의 명칭 및 노출 가능한 주요 유해인자를 정리하면 [표 2-5]와 같다. 대부분의 건설노동자는 옥외작업자로서 기후환경에 직접적으로 노출되고, 중량물 취급 또는 부적절한 작업자세 등의 인간공학적 유해요인에 노출되는 특징을 보이며, 직종의 특성에 따라 소음, 분진, 유기용제 또는 석면 등에 노출된다.

7.3 건설노동자의 사고와 질병

최근 10년간 산업별 사망재해와 일반재해 현황을 살펴보면 건설업이 전체 산업에서 사망자가 가장 많이 발생하고 있으며, 증감을 반복하고 있다. 건설업에서의 사망재해를 줄이기 위하여 지난 수년간 고용노동부와 안전보건공단 등 공공기관과 안전관련 민간기관, 단위현장 및 건설관계자가 집중관리를 수행하여 왔음에도 불구하고, 사망재해의 저감이나 개선이 크게 이루어지지 않고 있다. 2009년~2018년까지 10년간 국내 건설업 근로자의 업무상 질병은 총 7,902건이 있었으며, 이 중 작업관련 질병이 6,648건(84%), 진폐 644건(8%), 직업병(진폐 제외) 610건(8%)이 발생하였다. 작업관련 질병 6,648건 중 에서는 사고성 요통 2,891건(44%), 신체에 과도한 부담을 주는 작업에 의한 질병(근골격계질환)이 1,937건(29%), 비사고성 작업관련성 요통 1,014건(15%), 뇌혈관 질환 497건(7%), 심장질환 176건(3%), 정신질환 69건(1%) 등 순이었다. 진폐를 제외한 직업병 610건 중에서는 소음성 난청 145건(24%), 세균바이러스 124건(20%), 직업성 암 77건(13%), 물리적 인자로 인한 질병 75건(12%), 석면 57건(9%), 이상기압 42건(7%) 등 순이었다.

표 2-5 건설업 주요 직종(30개)의 직무 내용 및 노출 가능한 주요 유해인자

직종	직무내용 및 관련 세부직종	주요 유해인자
토공	토목공사에서 토공단면 및 구조물을 시공할 목적으로 흙 굴착, 터파기, 암 굴착, 발파, 운반, 쌓기 등의 작업을 하는 일	소음, 폭염/한랭, 중량물 취급, 부적절한 자세
포장공	도로 포장 등의 공사에서 골재 포설, 도로의 표면처리 등의 작업을 하는 일	유기용제류, 아스팔트흄, 소음, 진동, 폭염/한랭, 부적절한 자세
형틀목공	콘크리트 타설 또는 흙막이 공사를 위해 형틀 및 동바리를 제작, 조립, 설치 또는 해체하는 일	소음, 진동, 폭염/한랭, 중량물 취급, 부적절한 자세
건축목공	건축물 내외부의 각종 공사에 필요한 목재를 가공설치 · 보수하는 일	목분진, 소음, 폭염/한랭, 중량물 취급, 부적절한 자세, 실리카
조적공	건축물의 내외벽, 기둥, 담장과 같은 수직구조물을 구축하기 위해 벽돌이나 콘크리트 블록 등을 쌓고 마무리 작업을 하는 일	분진, 실리카, 중량물 취급, 부적절한 자세
미장공	건축물의 바닥, 내외벽, 천장의 미관과 방음 · 방습효과를 높이기 위해 모르타르, 회반죽, 석고 플라스터 및 그 밖의 미장재료를 바르는 일	분진, 실리카, 소음, 폭염/한랭, 중량물 취급, 부적절한 자세
견출공	건축물의 콘크리트벽 내외부의 미관을 개선하기 위해 튀어나온 부위를 없애고 시멘트를 바르며 마무리 작업을 매끄럽게 하는 일	소음, 진동, 폭염/한랭, 분진, 실리카, 중량물 취급, 부적절한 자세
방수공	물로부터 건축물을 보호하기 위해 구조물의 바닥, 벽체, 지붕 등에 방수재료를 사용해 물이 새는 것을 방지하기 위한 작업을 하는 일	유기용제류, 폭염/한랭, 부적절한 자세

코킹공	소음 차단 및 이물질 유입 방지를 위해 간격 및 접합부에 실란트를 충전하는 일	부적절한 자세
타일공	타일 또는 아스타일(astile) 등 타일류를 구조물의 표면에 붙이는 일	중량물 취급, 부적절한 자세
석공	석축 구조물을 건립하기 위해 돌을 깨고, 다듬고, 붙이거나 쌓는 일	실리카, 소음, 폭염/한랭, 중량물 취급, 부적절한 자세
도장공	건축물의 미관 및 내구성 향상을 위해 붓, 롤러, 스프레이건 등을 활용하여 기능별 또는 용도별로 작업부위 및 바탕면에 적합한 도료를 칠하는 일	유기용제류, 폭염/한랭, 부적절한 자세
철근공	건설공사에서 콘크리트를 보강시키기 위해 절단, 가공 또는 조립한 철근을 콘크리트 틀이나 콘크리트를 타설할 곳에 넣어 고정시키는 일	소음, 폭염/한랭, 중량물 취급, 부적절한 자세
콘크리트공	콘크리트를 타설할 거푸집을 설치하거나 콘크리트를 타설 · 양생 · 검사 · 보수를 하여 콘크리트 구조체를 형성하는 일	분진, 실리카, 소음, 폭염/한랭, 중량물 취급, 부적절한 자세
창호공	건축물 내외부의 구조, 기능, 미관 및 안전성 등을 고려하여 계획된 설계도서에 따라 시공계획을 수립하고 창호, 유리, 커튼월(칸막이 벽), 목재, 철재, 창틀 등으로 된 문 또는 창문을 제작하거나 설치하는 일	이소시아네이트, 폭염/한랭, 중량물 취급, 부적절한 자세
비계공	건축물, 구조물 등의 건설, 보수, 변경 및 해체 시 높은 곳에서 일할 수 있도록 임시가설물(비계, 운반대, 작업대, 보호망)을 설치하거나 해체하는 일	소음, 폭염/한랭, 중량물 취급, 부적절한 자세
도배공	종이, 천, 플라스틱 등의 재질로 된 도배지를 건축물의 천장, 벽, 바닥, 창호 등에 풀 또는 접착제를 사용하여 붙이는 일	부적절한 자세
유리공	유리를 크기에 맞춰 절단하고 건축물의 내외벽에 그 유리를 설치하는 일	부적절한 자세
수장공	목재, 콘크리트 등의 바닥에 카펫 타일, 장판 및 마루를 설치하는 일	부적절한 자세
보온공	온도 보존을 위해 단열재를 사용하여 건축물, 배관류 등의 열 이동 제한, 열 손실 방지 등의 작업을 하는 일	소음, 부적절한 자세
플랜트공	플랜트시설(철강, 석유, 제지, 화학, 원자력 및 발전 등의 에너지시설)에서 엄격한 조건에 따라 설비, 기계, 전기, 계측 등의 작업을 하는 일	소음
철거공	구조물 등의 전체 또는 일부를 이전하거나 보수 또는 철거를 위해 분쇄 · 파쇄 · 절단하는 일	분진, 실리카, 소음, 폭염/한랭, 중량물 취급, 부적절한 자세
강구조공	강재로 설계된 구조물 등의 안전성, 시공성 및 경제성을 고려하여 강판, 강관 등 구조부재를 용접하거나 볼트로 조립하는 등의 방법으로 설치하는 일	실리카, 소음, 폭염/한랭, 중량물 취급, 부적절한 자세
설비공	급수, 오수, 배수, 냉방, 난방, 환기, 자동제어, 소화, 경보, 소화용수 등 건축설비를 설치하는 일	부적절한 자세
배관공	공장, 빌딩, 주택 등의 위생 · 냉방 · 난방 설비 등에 선형 · 이음 등의 방법으로 배관을 연결하여 조립 · 설치 · 보수하는 일	소음, 부적절한 자세
조경공	설계도서에 따라 시공계획을 수립한 후 현장여건을 고려하여 나무를 심거나 그 밖의 조경목적물로 조경을 하는 일	실리카, 폭염/한랭, 부적절한 자세
건설기계 운전원	토목, 건축, 공장 등의 공사를 위해 건설 장비를 조종하여 토공작업 및 운반작업 등을 하는 일	실리카, 디젤엔진배출물, 소음
용접공	일반철재, 일반기기 또는 일반배관 등을 용접하는 일	금속흄, 소음, 유해광선, 폭염/한랭, 부적절한 자세
전기공	전기사용장소에서 인입 전선로, 전원설비(수전, 변전, 예비전원 등), 전기공급설비(배전, 간선, 배선 등), 부하설비(동력, 조명, 전열 등) 및 방재설비 등을 시공, 시운전, 유지 · 보수 등을 하는 일	소음, 유해광선, 폭염/한랭
발파공	산업 현장에서 실시하는 발파 작업을 안전하고 효율적으로 수행하기 위해 화약류의 취급 · 관리, 발파 설계, 소음 공해 방지 등의 대책을 수립하여 친환경적인 굴착작업을 하는 일	실리카, 소음, 진동, 폭염/한랭

표 2-6 업무상 질병과 주로 발생하는 직종

업무상 질병	주로 발생하는 직종
소음성 난청	착암공, 견출공, 석공, 토공, 배관공, 용접공, 철거공 및 콘크리트공
열사병	단순노무직, 조경공, 철거공, 형틀목공, 철근공, 판넬공, 콘크리트공
직업성 암	석공, 견출공, 착암공, 용접공, 보온공, 도장공, 비계공, 플랜트공
석면에 의한 질병	보온공, 철거공, 배관공, 전기공, 용접공, 설비공
세균 · 바이러스에 의한 질병	조경공
유기화합물에 의한 질병	도장공, 콘크리트공, 용접공

건설노동자의 주요 업무상 질병과 그 질병이 주로 발생하는 직종은 [표 2-6]과 같다.

7.4 건설노동자의 안전보건관리

건설업은 하나의 공사 현장에 많은 공정과 하도급 구조의 사업주가 포함되어 진행되는 복합적인 산업이다. 이러한 건설업의 복합성으로 인해 유해요인의 관리와 직업병 예방의 필요성이 요구됨에도 불구하고 최근까지 다른 산업에 비해 연구 및 예방관리 활동이 저조하였다. 영국은 발주자 중심 안전책무체계의 종합안전관리자 제도로 적정 공사비 및 공기를 보장해 주고 있으며, 설계단계부터 안전을 고려하여 주설계자에 안전전문가를 임명하는 등 기업의 책임을 강조한다. 또한 근로자참여 플랫폼을 제공하여 우수 · 불량 사례 신고 및 포상제도를 운영하고 있다. 싱가폴은 인력자격관리, 고위험의 안전인증 관련 제도 및 사전검증 절차를 운영하고 있다. 또한 안전관리 실패에 따른 처벌 강화로 안전관리 미흡은 사고 유무를 떠나 기업 측의 큰 위험요소로 인식하고 있고, 정부차원의 기업감시프로그램을 운영한다. 최근 국내에서도 2015년 건설업 보건관리자 선임 의무 조치 후 건설현장에 대한 작업환경측정 및 특수건강진단 등의 보건관리업무가 이루어지고 있고, 2018년 산업재해보상보험법의 개정으로 소규모 건설현장의 노동자가 산재보험의 적용 제외 대상에서 삭제되어 건설업 모든 노동자를 포괄하게 되었다. 2020년 1월 시행된 산업안전보건법 제67조의 "건설공사 발주자의 산업재해 예방 조치"를 통해 발주자를 산업안전보건법 적용범주에 넣음으로써 건설 산업에서의 안전보건 문제가 건설공사 모든 과정으로 확대되게 되었다. 건설근로자공제회 가입조건 및 고용보험 확대로 인해 일용근로자가 다수를 차지하고 있는 건설업노동자들의 이력관리가 가능해진 점은 안전보건관리 측면에서 긍정적으로 평가되고 있다.

더 읽을거리

권영준. 건설근로자의 직업병. HANYANG MEDICAL REVIEWS Vol. 30 No. 4, 2010.
박현희. 건설업 직종별 노출 유해인자, 노출량, 노출분율에 관한 연구. 산업안전보건연구원. 2020.

제3장 사업장 재난

제1절 화학사고와 위험소통

윤성용

1.1 화학사고의 정의와 특징

화학사고는 시설의 교체 등 작업 시 작업자의 과실, 시설 결함 · 노후화, 자연재해, 운송사고 등으로 인하여 화학물질이 사람이나 환경에 유출 · 누출되어 발생하는 모든 상황을 말한다. 화학사고는 일반적으로 누출, 화재, 폭발 3가지 형태로 발생한다. 최근 6년간(2015년~2021년) 국내에서 발생한 화학사고 중 누출사고가 72%로 가장 많은 비율을 차지한다. 화학물질이 누출되면 운전압력, 저장량, 누출공의 크기 등 조건에 따라 누출된 화학물질이 운동량을 가지게 되고, 물리 · 화학적 특성에 따라 확산되게 된다. 누출된 화학물질이 액상인 경우 풀(Pool)을 형성하고 기상인 경우 증기운(Vapor cloud)을 형성할 수 있다. 풀을 형성한 경우, 화학물질의 증기압, 태양의 복사열, 지열 등이 반영된 증발률을 계산하여 증발된 양에 따라 확산범위 및 관심거리의 화학물질 농도를 예측할 수 있다. 증기운(Vapor cloud)을 형성한 경우, 자체적으로 가지고 있는 에너지로 거리를 이동하게 되며 주변 대기의 운동 에너지보다 클 경우 희석되지 않고 수평으로 이동한다. 일반적으로 증기운이 에너지를 잃어 대기와 혼합되기 전 시점까지를 근거리 확산, 누출된 화학물질이 주변 대기에 희석되어 수동 확산되는 것을 장거리 확산이라고 한다. 이처럼 화학사고는 화학물질의 특성에 따라 장거리 확산이 가능한 확산성, 사고원인물질의 확인이 어려운 비가시성, 다양한 급 · 만성 건강영향을 줄 수 있는 유해성, 난분해성에 의한 잔류성이 다양하다. 사고 당시의 풍속, 풍향, 대기안정도 등 기상조건에 따라 확산거동이 변화하기 때문에 범위를 예측하기도 어렵다. 또한 한 번의 화학사고로도 막대한 인적 · 물적 손실을 초래할 수 있고 환경오염으로 인해 사고지역 주민들에게 2차적인 피해를 발생시킨다.

1.2 국내 화학사고 현황

국내 화학산업의 지속적인 성장추세와 더불어 시설의 노후화 등으로 사고 위험성이 증대되고 있는 가운데 화학물질안전원 화학물질종합정보시스템의 "화학물질 사고현황 및 사례"에 따르면 2018년 국내 화학물질 유통량은 638.2백만 톤, 보고 사업장 수는 30,954업체, 보고 물질 수는 29,499종에 이른다. 이처럼 국내에 유통되는 화학물질 취급량과 배출량, 이동량이 지속적으로 증가하고 1970~80년대 산업화 시기에 구축되었던 각종 산업단지 시설의 노후화가 겹치면서 크고 작은 사고들이 증가하고

표 3-1 국내 주요 화학사고 사례

사고일자	사고내용	인명피해
2012. 9. 27.	경북 구미시 휴브글로벌 불산 누출사고	사망 5, 부상 18
2013. 1. 27.	경기 화성시 삼성전자 불산 누출사고	사망 1, 부상 4
2014. 2. 13.	경기 남양주시 빙그레 암모니아 누출사고	사망 1, 부상 3
2014. 7. 31.	전남 여수시 해양조선소 암모니아 누출사고	사망 1, 부상 19
2014. 9. 2.	경기 안양시 노루페인트 비스페놀 A중합체 증기 누출사고	부상 60
2015. 6. 22.	전북 군산시 오씨아이 실리콘테트라염화물 누출사고	부상 7
2016. 6. 28	울산 울주군 고려아연 황산 누출사고	사망 2, 부상 4
2017. 4. 10	부산 해운대구 인지중학교 나트륨 폭발사고	부상 4
2018. 9. 4.	경기 용인시 삼성전자 이산화탄소 누출사고	사망 2, 부상 1
2018. 11. 28.	부산 사상구 선양엔텍 황화수소 누출사고	사망 3, 부상 7
2019. 5. 17.	충남 서산시 한화토탈 폐 스티렌모노머 유증기 발생사고	-
2020. 3. 3.	충남 공주시 솔브레인 에칭액 누출사고	부상 4
2020. 7. 21.	인천 서구 에스티케이케미칼 수산화나트륨, 과산화수소 폭발사고	사망 1, 부상 7
2021. 3. 18.	충남 논산시 타코마테크놀러지 이소프로필에테르 폭발사고	사망 1, 부상 7

출처 : 환경부 화학물질안전원, 화학물질종합정보시스템

있다. 최근 6년간(2015년~2021년) 국내 화학사고의 월별, 원인별 발생 건수를 살펴보면 기온이 상승하는 3월부터 증가하여 7, 8월에 가장 높은 발생 건수를 보였다(표 3-1). 화학사고의 원인은 시설관리 미흡, 작업자 부주의, 운송차량 사고, 기타 순이었다. 화학사고의 대부분은 화학물질을 저장, 취급, 이송하는 설비에서 발생하고, 시설장비가 노후화한 경우 및 화학공장에서 시설장비의 보수·정비 작업 중 발생하는 것으로 분석된다. 정상운전작업 때보다 유지보수 등의 작업을 할 때, 작업자가 안전수칙 또는 절차를 준수하지 않을 때 그리고 설비보수 등의 도급을 받은 하청업체에서 사고위험이 더 높다.

주요 화학사고의 원인분석 결과를 보면 유해화학물질의 취급 및 취급시설의 결함, 관리 소홀이 전체 사고원인의 78%를 차지하고 있다. 최근 화학공장이나 화학물질 취급공정은 대부분 고도의 기술이 집약된 복잡한 공정들의 연속적 움직임으로 구성되는 장치산업 형태이다. 화학물질의 취급량이 많고, 사용하는 물질의 종류가 많을수록 공정과 설비가 복잡해진다. 이로 인해 기존의 화재·폭발·누출과 같은 화학사고가 누출+화재, 화재+폭발, 누출+폭발 등과 같이 복합적 유형의 사고로 발생하고 있다. 또한 화학사고+화학사고, 자연재난+화학사고, 사회재난+화학사고 등과 같은 복수형태의 재난발생이 가능하여 대량피해로 확대될 가능성이 높다. 주요 화학사고 사례와 같이 복잡한 공정에서 적정한 공정안전관리가 이루어지지 않을 경우, 사고발생 위험은 더욱 커지게 된다.

1.3 화학사고 발생 시 행동요령과 응급대처

화학사고에서 초기대응 및 응급대처의 중요성은 매우 강조된다. 화학사고에서 사망이나 중증 피해의 대부분은 호흡곤란, 폐손상, 인후두 부위 손상이다. 화학사고가 발생할 때 건강피해를 최소화하려면 사고현장 및 대피과정에서의 호흡기 보호가 가장 중요하다. 방독면이 있으면 착용하고, 방독면이 없다면 가능한 물수건, 마스크 등을 이용하여 입과 코를 감싸고, 우의나 비닐로 직접 피부가 노출되지 않도록 하여 최대한 멀리 대피해야 한다. 안전한 곳으로 대피한 후에는 비눗물로 샤워를 철저히 한 후 깨끗한 옷으로 갈아입어야 한다. 아래는 환경부 화학물질안전원에서 제공하고 있는 다양한 조건의 화학사고에서 요구되는 행동요령이다.

1) 실외대피 시 행동요령

내 위치를 중심으로 사고발생 지역 쪽으로 바람이 불 때는 바람이 불어오는 방향으로 대피한다. 사고발생지역에서 내 위치 쪽으로 바람이 불 때는 직각방향(노출 최단거리)으로 대피한다. 대부분의 고독성물질의 경우 화학물질이 지면을 타고 확산되는 특성이 있어 가급적 고층건물 또는 높은 곳으로 대피한다. 단, 불화수소, 암모니아와 같이 위로 퍼지는 특성을 가진 가벼운 물질은 예외다. 반드시 관할관청 등의 대피방송에 따라 신속히 대피한다.

2) 실내대피 시 행동요령

사고 발생 초기에 화학물질 누출이 집중되는 경우가 많으므로 노약자는 외부 출입을 자제하고 실내에서 머무르도록 한다. 가능한 외부와 연결된 모든 출입문을 닫고, 창문과 출입문을 젖은 수건이나 테이프를 이용하여 밀봉하여야 한다. 사고장소와 인접한 지역에서는 화학물질 폭발에 대비해 창문으로부터 떨어져서 대피해야 한다. 실외에서 스마트폰, 방송 등을 통해 외부 상황을 파악하도록 한다. 외부대피가 필요한 경우 방송 등을 확인 후 신속히 지정된 대피장소로 이동한다.

3) 화학물질 노출 시 응급대처

화학물질로 인한 건강피해는 주로 단시간 · 고농도에 노출되었을 때 나타나는 급성증상이다. 이러한 급성증상은 사고 원인물질의 특성에 따라 진료 및 임상검사 방법이 다를 수 있다. 매우 긴박하게 진행되는 화학사고 현장에서는 담당 의료진의 대응능력과 경험적 판단이 중요하다. 일반적인 화학물질 급성중독환자 응급처치는 기도 · 호흡 · 맥박을 평가하고 보조하고, 100% 산소를 공급하고, 호흡 부전이 동반된 경우 기도를 확보하고 기관삽관을 시행한다. 기도 연축이 있는 환자는 에어로졸 기도 확장제를 사용한다. 안구 노출은 적어도 20분 동안 생리 식염수로 세척한다. 화학물질에 의한 화상 치료의 첫 번째 단계는 가능한 빠른 시간 내에 접촉부위를 세척하는 것이다. 화학물질에 노출될 경우 산은 10분 이내에, 알칼리는 1시간 이내에 물 세척하는 것이 가장 효과적이다.

화학물질에 대한 정보와 환자의 상태에 따라 치료방법을 결정한다. 화학물질 유해 · 위험성 관련 정보를 구하거나, 화학사고 발생하였을 때 실질적인 응급처치를 위한 정보를 구할 수 있는 사이트로는 식품의약품 안전평가원, 안전보건공단 화학물질정보, 국립환경과학원 화학물질정보시스템, 환경부 지정 환경독성 환경보건센터가 있다. 국외 정보제공사이트는 ATSDR Emergency Response Program, National Toxic Substances Incidents Program, TOXNET, WISER가 있다.

1.4 화학사고 후 지역사회건강조사

2012년 9월 27일 구미 불화수소 누출사고 이후에도 염산, 황산 등 각종 유해화학물질 누출에 의한 화학사고가 연이어 발생하였고, 화학사고의 원인물질 특성에 따라 그 규모와 피해정도가 다양한 양상으로 나타났다. 화학사고는 화학물질이 지역사회로 확산되어 환경오염뿐만 아니라 다수의 피해자가 발생할 수도 있다. 이에 환경부는 화학물질관리법 제45조 및 제46조 및 환경부 훈령 제1305호에 따라 '화학사고 조사단 구성 · 운영 및 영향조사에 관한 지침'(2018.2.12 시행)을 제정하였다. 이에 따라 유해화학물질의 유출 · 폭발 · 화재 등으로 인해 인명피해 발생가 발생할 때 실시기준에 따라 주민건강영향조사를 시행해야 한다.

주민건강영향조사의 목적은 과학적인 방법으로 화학사고의 원인이 되는 화학물질이 화학사고 발생지역 인근 주민의 건강 및 주변 환경에 미칠 수 있는 영향을 규명하고 사고 원인을 조사하고 피해 규모와 금액 등을 확인하는 것이다. 화학사고 건강영향조사 항목은 사고물질에 노출된 인구의 규모 및 노출의 특성, 노출인구에 대한 노출 농도, 빈도 및 기간, 조사지역 주민에 대한 건강자각증상과 생체 내 오염물질 농도, 조사 대상자에 대한 건강검진 등 현장조사 및 추적조사 등으로 구성된다.

1.5 화학사고와 위해성 소통

위해성 소통(risk communication)이란 위해성의 본질, 크기, 중요성, 조절에 대한 정보의 교환 또는 위해성에 대한 정보의 목적적 교환이라고 정의하고 있다. 위해성 소통은 신뢰를 바탕으로 한 소통환경을 구축하고, 참여적이고 협조적인 협력자를 확보하며, 관련당국과 대중 사이를 연결하기 위해서 이용된다. 화학사고 후 위해성 소통은 사고수습과 원활한 건강영향조사를 위한 첫 번째 단계로서 사고 화학물질의 위해성과 위해성 관리의 책임이 있는 조직, 위해성 관리 결정과정 등에 이해 당사자들의 인식을 판단하고 필요한 정보를 정확하고 신속하게 제공하는 것이다. 과거 구미 불화수소 누출사고 초기, 신뢰할 만한 전문가 그룹에 의한 정확한 정보제공이 없었고, 이로 인해 무분별하게 과열된 언론보도로 지역사회의 과도한 불안과 불필요한 사회적 혼란을 초래하였다. 위해성 소통 담당자는 화학물질의 건강영향에 관한 전문지식을 갖추어야 한다. 건강영향조사가 진행되면 관련 정부 담당자, 사업장 관계자, 중재자, 특히 직업환경의학과 의사나 전문가들은 위해성 소통팀을 구성하고, 위해성 소통에 대한 개념을 가지고 소통업무를 수행해야 한다.

위해성 소통 담당자가 매스컴을 상대하는 일은 대중과의 소통을 위한 중요한 기회이다. 위해성 소통 담당자가 매스컴 상대의 원칙을 인지하고 이를 준수하며 매스컴과 협력관계를 잘 유지하는 것이 중요하다. 소통과정에서 요구되는 위해성 발표 시에는 지역주민, 시민조직, 건강 관련 전문가, 언론매체 등 관련자들의 태도 및 관심의 정도, 지식수준, 참여의 정도와 유형을 알고 대응해야 한다. 위해성 소통 담당자는 주관적이지 않고 객관적이어야 하며 가능한 한 정량화하고 명확하게 그리고 배려하며 소통해야 한다. 또한 청중의 모든 계층에 같은 정보가 전달되도록 해야 하며, 자료의 수집, 분석, 해석과정에 관한 설명과 자료의 불확실성과 그 원인에 대해서도 함께 설명할 수 있어야 한다.

더 읽을거리

행정안전부 화학사고 대응요령(2021.12)
화학물질안전원 화학물질종합정보시스템 공식 누리집, "화학물질 사고현황 및 사례"
환경부 화학물질안전원, 화학물질종합정보시스템

제2절 산업재해와 트라우마

양선희

2.1 정의

산업현장에서는 다양한 형태의 산업재해가 발생하며, 작은 손상에서부터 여러 명이 사망하는 대형재해에 이르기까지 다양하다. 이러한 과정에서 경험하는 심리적 외상을 트라우마(trauma)라 한다. 트라우마는 외상성 사건이 발생하였을 때 일어나는 자연스런 심리적 반응이고, 대부분의 사람들은 시간이 지날수록 증상이 없어진다. 그러나 그 트라우마의 치유과정이 실패하였을 때 증상이 지속되거나 악화되어, 외상후 스트레스 장애, 적응장애, 우울증, 범불안장애, 약물남용, 자살 행동 등으로 이어질 수 있다. 직업으로 인해 트라우마를 경험하는 경우는 군인, 경찰관, 소방관, 철도기관사, 교정관, 구급대원, 운전자, 의사, 간호사, 그 외 응급요원들을 포함한다. 직장에서 떨어짐, 절단, 부딪힘, 맞음, 무너짐 등의 사고로 절단이나 협착 같은 상해를 경험한 근로자, 폭발이나 화재 및 화학누출 사고를 경험한 경우, 또는 질식 사고에서 생존한 경우가 대표적인 산업재해 트라우마이다. 뿐만 아니라, 뇌심혈관계 질환과 같은 심각한 질병, 고객의 폭언·폭행, 동료 간에 괴롭힘이나 따돌림, 성폭력이나 성희롱, 회사의 해고나 구조조정 등에서도 심리적 외상을 입을 수 있다.

직접 피해 당사자가 아니더라도 2차적인 트라우마를 경험할 수 있다. 예를 들어, 사망이나 사고를 목격한 사람, 재해자를 구조했던 사람, 시신이나 사건을 수습했던 사람, 사건에 책임이 있다고 생각하는 사람 등은 직접 재해를 경험하지는 않았지만 간접 경험하거나 목격한 경우로 2차 피해자에 해당한다. 회사의 안전보건관리자는 사고를 수습해야 하는 역할을 맡게 되므로 이들은 트라우마를 경험할 수 있다. 그 외에도 팀원, 교대조원, 기숙사 룸메이트, 사건에 책임이 있다고 생각하는 사람, 대표자, 재해자의 가족, 가까운 사람 등 주변 여러 사람들이 트라우마로 고통받을 수 있다.

2.2 트라우마의 위험요인

1) 사건 이전의 요인

대부분의 사람들이 외상성 사건 초기에는 일정한 증상을 경험하게 되지만, 어떤 사람들에게서 증상이 지속되고, 외상 후 스트레스 장애 등 심각한 상태로 진행될 것인지를 정확하게 예측하기는 어렵다. 그러나 많은 연구들은 연령, 성별, 과거 트라우마에 노출 경험, 문화, 정신질환이나 약물남용의 병력, 가족의 정신병력, 일반적인 정서적 기능, 외상에 대한 개인의 다양한 반응, 성격, 조기분리, 애착문제, 부모와의 관계문제 등이 영향을 줄 수 있다고 보고한다.

2) 사건관련 요인

개인적인 다양한 위험요인에도 불구하고, 사고의 유형이나 심각도는 트라우마의 중요한 위험요인이다. 지속적으로 위험한 사건에 노출되거나, 다른 사람이 상해를 입는 것을 보거나 사체를 보는 것, 사건 당시 극도의 공포와 무기력감을 느끼는 경우, 신체적 정서적 근접성, 개인의 인지된 통제의 정도, 외상사건에 노출된 시간, 외상사건에 대한 다른 사람들의 반응, 사건의 원인(인재냐 자연재해냐, 전쟁이냐 등등)이 영향을 줄 수 있다.

3) 사건 이후의 요인

사회적 지지가 없거나, 사건 후에 사랑하는 사람을 상실하였거나, 고통과 상처, 직장이나 가정을 잃게 되는 등 추가적인 스트레스를 받는 경우에 트라우마가 심각할 수 있다.

2.3 외상성 사건에서의 심리변화

외상성 사건 이후에 스트레스 증상은 급성기에 있어서는 매우 흔하게 나타나는 반응으로, 일시적이며 비정상적 사건에 대한 정상적 반응으로 생각할 수 있다. 외상 사건 이후에 나타나는 마음의 상태는 시간의 경과에 따라 변화한다. 미국정신보건원에서는 심각한 재난이나 외상스트레스에 노출된 사람들이 대개 다음과 같은 심리적 반응 단계를 거친다고 보았다(표 3-2). 외상 후 심리상태와 변화과정은 사람마다 다르고 치료에 대한 반응도 다르며, 재난이나 애도와 관련된 반응의 수준이나 패턴도 다르다. 그러나 대부분의 사람들은 시간이 지나면 좋아지고, 슬픔은 1개월, 3개월경에 가장 많이 회복되고, 심각한 슬픔이 3개월 이상 지속되는 경우에는 만성화가 될 가능성이 높다.

표 3-2 외상 후 심리적 반응단계

단계	시기	내용
충격단계	사건발생-48시간	예상치 못한 충격으로 인해 흔히 맞서 싸우거나 도망가는 반응이 일어나며, 완전히 얼어붙거나 항복하는 행동을 보인다. 특징적으로 급성 스트레스 반응이 나타난다. 심리적으로는 감정변동, 수면장애, 악몽, 집중력저하, 공격적인 행동, 정서적 무감각, 타인과 분리된 느낌 등을 보일 수 있다. 심장이 두근거림, 메스꺼움, 흉통, 두통, 복통, 호흡곤란과 같은 신체증상이 나타난다.
구출단계 혹은 반응단계	사건발생 0-1주	충격이 더 심해져 소진되기도 하고 회복탄력성을 보여 적응하는 과정으로 진행하기도 한다. 재해경험 직후 죄책감, 상실감, 분노, 비탄, 짜증, 해리 등의 급성 스트레스 반응과 사고 경험이 계속 머릿속에 떠오르고, 악몽에 시달리는 등의 침습증상이 발생하며, 수면장애 등 다양한 증상이 심해질 수 있는 단계이다.
회복단계	사건발생 1-4주	생존자들은 애도하고 침습적 기억을 나타내지만, 재평가하고 의미와 맥락을 형성하는 과정(narrarive formation)을 거치면서 회복하는 단계이다. 수면장애, 주요우울증, 불안장애, 알코올 사용장애, 자살 등 모든 외상 후 스트레스 장애 증상이 고착될 수 있는 단계이다.
재건단계	사건발생 2주-2년	외상성 사건을 자신의 삶에 통합하고 재건하는 단계이다. 대부분의 사람들은 6개월에서 16개월에는 완전히 회복이 되는 것으로 많은 연구들이 보고하였다. 그러나 일부의 사람들은 지속적으로 문제를 가지기도 하고, 종종 외상 후 스트레스 장애로 진단을 받기도 하며, 약 25% 정도에서는 증상이 약하게 있다가 6개월이 지나서 심해지는 경우도 있다. 이런 경우를 지연성 외상 후 스트레스 장애라 한다.

2.4 산업재해 트라우마의 특성

자연재해보다는 인간에 의해 발생한 재해의 경우에 사람들은 더욱 더 심각한 증상을 경험할 수 있다. 산업재해 트라우마는 인간에 의한 재해라는 측면에서 더 심각한 증상을 일으킬 수 있고, 다른 트라우마에 비하여 몇 가지 특수성을 가진다. 첫 번째로 사업장에서 발생하는 사고는 안전에 대해 철저하게 관리하지 않거나 위험을 방치하여 발생하는 경우가 많고, 분노와 죄책감이 지배적인 감정이 되는 경우가 많다. 두 번째로 사업장은 근로자들이 매일 출근하는 곳이므로 직장에 복귀한다면 트라우마를 지속적으로 재경험하거나 재노출될 수밖에 없다. 근로자는 회사로의 출근길이 죽음의 길처럼 느껴질 수 있다. 세 번째로 사업장의 동료들은 매우 다양한 사람들로 구성되어 있어 외상성 사건에 대한 반응, 충격정도, 대처방법, 회복기간 등이 다르고, 근무경력, 친밀도, 사적인 관계 등 다양한 개인적 특성에 따라 충격 받는 정도나 회복되는 정도가 다를 수 있어 회복되는 과정에서도 갈등이 발생될 수 있다.

가정에서의 지지정도도 모두 차이가 난다. 재해 후에 트라우마를 경험하는 근로자들은 자신이 심리적으로 나약한 것으로 인식되는 것을 두려워하여 정서적인 고통을 호소하는데 주저한다. 그 외에도 사업장에서의 사고는 사고의 목격자 · 동료 등에 대한 현장조사, 사고재현조사, 사고에 대한 책임성 조사 등이 고통을 가중시킬 수 있다. 이런 특성들 때문에 산업재해로 인한 트라우마는 외상 후 스트레스 장애 증상으로 더 고통을 받으며, 정신사회적인 증상과 더불어 직장으로 복귀가 어려워지는 경향을 보인다.

2.5 외상 후 스트레스 장애의 예방 심리적 응급처치

심리적 응급처치는 급성기 재난정신건강 지원을 위한 대표적인 프로그램으로 고통에 처해 도움을 필요로 하는 사람들에게 인도적 도움을 주는 행위이다. 심리적 응급처치는 전문적인 심리 개입이라기 보다는 긴급상황에서 필요한 심리 · 사회적 서비스를 의미한다. 심리적 응급처치는 재난 직후부터 수 일까지 급성기에 재난 경험자의 초기 고통을 줄이고 실질적인 도움을 제공하여 재난 경험자의 단기적 · 장기적 적응을 향상시키는 것을 목적으로 한다. 사업장에서의 재해라는 부정적인 측면에도 불구하고, 다른 한편에서는 같은 사고를 경험하거나 목격한다는 점과 그 사고에 대한 공통의 인식과 해석이 존재한다는 측면에서 동료는 가장 큰 지지자가 될 수 있다. 외상성 사건 후에 주변사람의 도움과 지지가 매우 중요한 회복요인이다. 사고에 대한 책임성 있는 행동과 공동의 경험으로 서로를 지지한다면 피해자의 회복탄력성을 증가시키며, 외상 후 성장으로 이어지도록 한다.

1) 재해 발생 이전

사건이 발생하였을 때를 대비하여 교육과 훈련, 신속한 조치를 취할 수 있는 체계를 갖춘다. 병원이송, 안전확보, 지원체계, 모니터링, 심리상담사와 정신건강의학전문의 의뢰를 위한 매뉴얼을 갖추고, 팀을 조직하고, 훈련해야 한다.

2) 재해 발생 후 2일 이내

사고가 발생한 직후에는 신체적 부상의 정도를 파악하여 치료를 받도록 하는 것이 최우선이다. 작업을 중지시키고, 외상성 사건과 관련된 스트레스 요인이 없는 안전한 곳으로 재해자를 이동시킨다. 생존자의 기본적인 욕구를 파악하고, 정보를 제공하고, 위안을 주며, 실질적인 도움을 주는 것이 중요하다. 사고수습에 책임과 권한이 있는 사람이 정확한 사실과 사후 처리 방침 등을 공식적으로 고지해야 한다. 심리적 지지를 제공해줄 수 있는 사람을 파악하고, 지원을 부탁한다. 불안이나 해리가 심한 경우 급성기의 정상적인 반응이라는 것을 이해시키고, 증상완화를 위해 안정화기법을 적용할 수 있다.

3) 재해 발생 후 7일 이내

불안, 공포 등 급성 증상에 대해 심리적 안정화기법을 적용하고, 그러한 변화가 정상적인 반응이라는 점에 대해 교육이 필요하다. 향후 심리적 변화가 발생하였을 때 도움을 청할 수 있는 기관을 안내한다. 재해자의 욕구, 요구사항 등 현재 상태를 평가하고 수면장애를 포함한 극도의 심리적 · 신체적 반응이 나타날 경우 사고현장 출입 자제, 휴가 제공, 심리 상담, 의료기관연계가 가능하도록 여건을 조성한다. 증상이 심하지 않은 경우 최대한 일상생활로 복귀를 유도한다.

4) 재해 발생 후 8일~1개월

이 단계에서는 제공되고 있는 서비스와 회복환경을 종합적으로 모니터링해야 한다. 심리적 외상 정도를 파악하기 위해 스크리닝하거나 트라우마 상담을 시행한다. 증상의 호전이 없거나 악화되는 경우 정신과 치료를 의뢰하고, 증상이 심하지 않은 경우 최대한 일상생활로의 복귀하도록 유도한다.

5) 재해 발생 후 1~3개월

외상 후 스트레스 장애, 우울증 등으로 진단될 수 있는 단계이다. 트라우마 초점 인지행동 치료를 적용할 수 있고, 증상의 호전이 없거나 악화되는 경우 정신건강의학과에 의뢰하고, 증상이 심하지 않은 경우에는 일상생활로의 복귀하도록 유도한다. 작업장으로 안전하게 복귀하도록 당사자의 의견을 들어 부서, 공정, 작업장소를 바꾸는 것이 도움이 된다.

6) 재해 발생 후 3개월 이후

완전 호전 후 추적관찰이 진행되는 단계이다. 트라우마는 몇 개월 · 몇 년 후에도 재발 가능함을 주지한다. 대부분 평상시 활동으로 전환되며 최대한 일상 직장생활로 복귀를 유도한다. 완전히 호전되지 않은 경우에는 추적 관리가 필요하다.

2.6 직업성 트라우마의 관리 전략

1) 스크리닝

외상 후 스트레스 장애 평가도구 등을 이용한 스크리닝

은 즉각적인 영향을 평가하고, 위험에 있는 근로자를 찾아내는데 도움이 된다. 대표적인 도구로 PTSD Check List, IES-R (Impact of Event Scale-Revised-Korea), PDS (Posttraumatic Diagnostic Scale)가 있다. 알콜사용장애를 스크리닝(AUDIT-K)하는 것도 도움이 될 수 있다. 불이익과 차별을 우려하여 보고하지 않거나 면담을 거부할 수도 있고, 트라우마의 정도를 예측하기 어려우므로 모든 근로자를 스크리닝하는 것을 권장한다. 지연성 반응을 고려하여 6개월 후에 재평가를 권장한다.

2) 사회적 지지

트라우마로부터 회복을 촉진하는 요인으로서 친구나 가족, 동료, 전문가 등 다른 사람들로부터 지지를 받는 것은 매우 중요하다. 위험에 직면했을 때 자신이 한 행동에 대해 긍정적인 느낌을 받거나 외부로부터 긍정적인 평가를 받는 것도 회복을 촉진하는 요인이다. 동료로서 매우 일상적인 것에 관심을 가지고 지지하는 것이 좋다. 신체적 안전을 확보하는데 도움을 주고, 수면, 식사, 출·퇴근 등에 문제가 없는지 확인한다. 상황이나 대처에 대한 올바른 정보를 제공하고 함께 있어주며, 함께 하는 활동에 참가하도록 돕는다. 다른 관점에서 생각하고 바라볼 수 있도록 지원한다.

3) 전문가 상담

트라우마의 심리적 영향에 대해 재해자가 궁금해 하는 것을 알려준다. 불안, 화, 공포 등 심리적 변화를 조절하는 기술을 알려주고, 수면, 식사, 운동습관이 좋아질 수 있는 팁을 제공한다. 사람들로 하여금 죄의식, 부끄러움, 그 외 사건과 관련된 감정을 구체화하고 다룰 수 있도록 돕는다. 증상이 호전되지 않거나 악화되는 경우에 정신건강의학과 치료를 의뢰한다.

더 읽을거리

대한불안장애학회 재난정신의학위원회. 재난과 정신건강 : 재난과 사고의 정신적 후유증에 대한 분석과 치료. 지식공작소. 2004.

제3절 호흡기 감염병 집단발병

이원철

3.1 개요

감염은 병원체가 숙주에 침범하여 숙주 내에서 증식하여 세포와 조직에 병리 변화를 일으켜 증상과 징후를 나타내거나 면역 반응을 야기하는 상태이다. 감염의 원인은 병원체로서 세균, 바이러스, 리케차, 진균류 등의 미생물과 원충생물, 기생충 등의 각종 기생생물이 모두 포함된다. 직업성 감염성질환의 종류는 다양하고, 발생 원인이 직장내 활동에 국한된 것이 아닌 경우가 많다. 그러므로 특정한 직업 종사자가 특별한 감염에 이환될 때 이들 질환을 직업성 감염성질환이라고 한다. 직업성 감염성질환은 원인균, 직업군 및 전파 방법에 따라 여러 가지로 분류할 수 있다.

3.2 현황

1) 결핵

결핵은 법정감염병 중 발생 및 사망이 가장 많고 막대한 질병부담을 초래하는 질병으로 국가적인 관리가 필수적으로 요구된다. 2020년 국내 전체 결핵환자는 25,350

명(10만 명당 49.4명)이었고, 사망자 수는 1,356명이었다. 2020년 전체 결핵환자 25,350명 중 집단시설에 속한 환자는 7,234명(28.5%)이었으며, 우리나라 결핵환자 발생이 감소함에 따라 집단시설 관련 결핵환자 수도 매년 감소하고 있다. 특히, 2020년에는 코로나19 유행으로 학교 비대면 수업, 재택근무 등 사회적 거리 두기가 시행되면서 집단시설에서 환자 발생 감소 폭이 더 컸다. 환자 발생이 많았던 집단시설의 순서는 직장, 사회복지시설, 의료기관, 학교 순이었다.

2) 인플루엔자

인플루엔자는 매년 11월부터 다음 해 4월 사이에 유행하는 급성 호흡기바이러스 감염병으로 고열, 두통, 근육통, 오한 등의 전신 증상과 마른 기침, 인후통 등의 호흡기 증상을 유발한다. 노인, 만성질환자, 영유아, 임신부 등 고위험군에서 폐렴의 합병 또는 기저질환의 악화로 중증으로 진행하거나 사망할 수 있다. 인플루엔자 바이러스는 바이러스의 표면항원인 적혈구응집소(hemagglutinin, HA)와 뉴라민분해효소(neuraminidase, NA)에 의해 아형이 결정된다. 매년 유행하는 계절 인플루엔자는 인플루엔자바이러스의 항원 소변이에 의한 것인 반면에 대유행 인플루엔자는 10~40년 주기로 발생하는 항원 대변이에 의한 것이다.

20세기에 인류는 1918년 A/H1N1 스페인 대유행, 1957년 A/H2N2 아시아 대유행 및 1968년 A/H3N2 홍콩 대유행을 경험하였다. 21세기에 첫 대유행 인플루엔자는 2009년에 멕시코와 미국에서 처음 확인된 돼지유래 신종 인플루엔자 A/H1N1 바이러스에 의한 것으로써, 4~6주만에 전 세계 모든 대륙에 전파되었다. 우리나라는 2009년 5월 첫 환자 발생 후 2010년 4월까지 약 76만여 명이 감염, 263명이 사망했다. 세계보건기구는 2010년 8월 신종 인플루엔자 A/H1N1의 대유행 종식을 선언했다. 이후 우리나라는 신종 인플루엔자를 계절 인플루엔자로 분류해 관리하고 있다.

3) 중동호흡기증후군

중동호흡기증후군(MERS, 메르스)은 2012년 6월 처음 사우디아라비아에서 발견된 이후 중동지역에서 지속 발생하고 있는 호흡기 감염병이다. 코로나바이러스에 의해 발생했던 대표적인 감염병은 메르스 외에도 중증급성호흡기증후군(SARS)과 코로나바이러스감염증-19(코로나19, COVID-19)가 있다. 메르스 바이러스는 동물 숙주에게서 사람으로 옮겨가는 바이러스로 알려졌다. 명확한 감염경로는 밝혀지지 않았지만 중동지역에서는 낙타와의 접촉이 주요 원인으로 알려져 있다. 또한 사람 간 밀접접촉에 의한 전파가 가능하고, 현재까지 보고된 사례의 대부분은 의료기관 내 감염과 가족 간 감염이다. 국내에서는 2015년 5월 중동지역에서 입국한 내국인 1명이 처음으로 확진되었고, 총 186명의 확진환자가 발생하였다. 이들 중 44.1%는 병원에서 메르스 코로나바이러스에 노출된 환자들이고, 32.8%는 환자를 병간호한 사람, 13.4%는 의료인이었다. 따라서 신종감염병, 특히 호흡기 감염병에 가장 위험한 집단인 모든 의료종사자들의 감염 예방을 위한 보호조치들이 만들어졌다.

4) 코로나바이러스감염증-19(코로나19)

2002년부터 2003년까지 중국, 아시아 등에서 유행한 중증급성호흡기증후군(SARS) 및 2012년 이후 중동지역에 유행한 중동호흡기증후군(MERS)과 동일한 바이러스는 아니지만, SARS나 MERS와 같은 베타코로나비이리스계통의 SARS-CoV-2 바이러스로 인한 급성 호흡기 감염병이다. 코로나19 바이러스는 하기도에 감염되어 폐렴을 유발하지만, SARS나 MERS 코로나바이리스보다는 상대적으로 증상이 가벼운 것으로 보고되고 있다. 임상증상은 1~14일(평균 5~7일)의 잠복기 후에 무증상에서부터 중증까지 다양하게 나타난다. 주요 증상으로는 발열, 기침, 호흡곤란, 오한, 근육통, 두통, 인후통, 후각·미각소실 등이 있다. 사람 간 전파는 주로 감염자의 기침에 의한 호흡기 비말을 통해 감염된다. 비말 이외에도 표면접촉, 공기 등을 통해서도 전파가 가능하나, 공기 전파는 의료기관의 에어로졸 생성 시술, 밀폐된 공간에서 장시간 호흡기 비말을 만드는 환경 등 특정 환경에서 제한적으로 전파되는 것으로 알려졌다.

코로나19 유행을 종식하기 위하여 마스크 착용, 사회적 거리두기, 백신 접종, 그리고 새로운 치료제 개발과 같은 모든 방역 수단이 동원되고 있다. 하지만 새로운 바이러스 변이의 등장으로 인해 전 세계적인 유행은 지속되고 있으며, 특히 전파력이 강한 델타 변이나 오미크론 변이와 같은 우려 변이(variant of concern, VOC)는 코로나19의 대유행을 계속 이어감과 동시에 돌파감염을 통해 기존의 백신 접종으로 형성된 집단면역 상태를 약화시키고 있다.

3.3 직장의 대응 조치

1) 사업장 특성에 맞는 예방체계 마련

사업장 차원에서 경영유지 및 업무 지속을 위한 전담부서 또는 전담자(방역관리자)를 지정하고 대비 · 대응계획을 수립한다. 사업장 위험도평가를 하고, 이에 따른 사업장 특성을 반영하여 방역지침을 마련한다. 대상자에는 협력업체, 파견 · 용역 근로자 및 배달종사자, 특수형태근로종사자 등을 모두 포함하여야 한다. 의심환자 발생 시 즉시 대응할 수 있도록, 보건소 · 의료기관과 비상연락체계를 구축한다.

2) 의심증상 모니터링 및 유증상자 발생 시 조치

종사자 및 방문자의 발열 및 기침 등 호흡기 증상 여부를 확인한다. 출근 전 발열 또는 호흡기 증상이 있는 근로자는 재택근무, 병가 · 연차휴가 · 휴업 등을 활용하여 출근하지 않도록 조치한다. 근무 중 발열 또는 호흡기 증상이 있는 근로자는 사업주에게 알리도록 하고 다른 근로자와 분리되어야 하며, 발열 등 이상 소견이 있는 기간 동안 출근하지 않도록 한다.

3) 확진자 발생 시 조치 및 회복 후 업무복귀 관리

사업장에 확진환자가 발생 또는 방문한 경우에는 사업장에서 노무를 제공하는 모든 사람에게 발생 · 방문 사실을 즉시 알려야 한다. 사업주는 보건당국의 확진환자에 대한 역학조사에 협조하고, 확진환자의 이동 동선 소독 등 보건소의 조치 명령을 이행한다. 확진환자와 접촉한 근로자는 질병관리청 또는 관할 보건소의 조치에 따라 격리하거나 선별 검사를 받도록 한다.

사업주는 업무에 복귀한 근로자에 대한 불이익을 금지하고, 근로자가 두려움을 갖지 않고 정상적으로 업무를 수행할 수 있도록 지원한다. 감염 자체를 이유로 한 인사 상 불이익이나 퇴사 강요, 집단적 따돌림 등이 발생하지 않도록 노력한다. 복귀 근로자의 적응과 심리적 안정을 위한 상담 등을 지원하도록 노력한다.

4) 회의 · 교육, 모임 · 회식 및 출장 관리

회의나 교육은 온라인 또는 영상으로 실시하되, 불가피하게 대면으로 실시할 경우 방역수칙 및 사회적 거리두기 등의 조치 기준을 준수한다. 필수적이지 않은 모임 등은 가급적 자제한다. 출장은 업무상 긴급하거나 꼭 필요한 경우를 제외하고 연기 또는 취소한다. 국외 출장에 대해서는 외교부에서 발령하는 여행경보지침을 따르고, 여행경보 발령국가에 해외 출장이나 여행 등을 다녀오는 근로자에 대한 출장 · 여행 전후 관리를 강화한다.

해외에서 입국하는 근로자는 질병관리청 및 관할 보건소의 조치에 협조한다. 최근 해외에서 입국한 근로자가 발열 및 호흡기증상 등이 있는 경우, 의료기관 또는 선별진료소를 방문하도록 하고, 해외 여행력을 반드시 알리도록 한다. 또한 국내 입국 후 정해진 기간 동안 자가격리하여 타인과의 접촉이나 외부활동을 자제한다.

5) 위생 및 청결 · 소독

사업장 청결을 유지하고, 위생관리에 필요한 보호구

및 위생 물품을 사업장 상황에 맞게 비치하거나 구입할 수 있게 지원한다. 사무환경 개선 등 공간을 효율적으로 활용하여 밀집을 최소화한다. 좁은 공간에 노동자들이 밀집해 있는 사업장(콜센터 등)은 근로자 간 투명 칸막이 또는 가림막을 설치한다. 작업장, 사무실, 휴게실, 화장실, 출입구, 엘리베이터, 복도 등 다수가 이용하는 공간을 주기적으로 환기 및 소독을 한다. 실내 휴게실, 탈의실, 흡연실, 다기능 활동 공간 등 다중 이용공간은 여러 명이 함께 이용하지 않도록 하고, 이용 시 마스크를 착용한다. 신체접촉(악수, 포옹 등) 및 침방울이 튀는 행위(구호 외치기 등)는 자제한다.

3.4 감염병 역학조사

역학조사란 감염병환자, 감염병의사환자 또는 병원체 보유자가 발생한 경우 감염병의 차단과 확산 방지 등을 위하여 감염병환자등의 발생 규모를 파악하고 감염원을 추적하는 등의 활동과 감염병 예방접종 후 이상반응 사례가 발생한 경우 그 원인을 규명하기 위하여 하는 활동을 말한다. 감염병 역학조사는 감염병의 유행 인지, 기초자료 수집 및 역학조사 계획 수립, 현장 역학조사, 전파 예방 조치와 추가환자 발생 감시 등의 순서로 진행된다. 감염병 유행의 첫 환자에 대한 역학조사는 매우 신중하고 철저하여야 하며, 조사 결과에 따라 적절한 방역 대책을 수립할 수 있어야 한다. 특히 신종 감염병의 경우에는 역학적 특성에 대해 잘 알지 못하기 때문에 최대한 광범위한 방역 대책을 수립하여야 한다.

역학조사의 초기 목표는 환자의 수를 정확히 파악하여 유행 여부를 판단하는 것이다. 따라서 증상이 확실하지 않더라도 비슷한 증상을 보이는 모든 사람들은 확진 검사의 결과가 나오기 전까지 의심환자로 분류하여 함께 역학조사를 시행하여야 한다. 역학조사를 위해서는 일관된 사례 정의가 필요하다. 사례정의는 감염병 유행 역학조사에서 유행의 규모를 파악하기 위하여 역학조사 대상의 특성을 정의하는 것이다. 사례 정의는 반드시 장소, 시간, 사람, 증상의 4요소를 포함하여야 하며, 추정 노출기간 내에 추정 발생장소에서 추정 폭로원에 노출된 사람으로서 임상적인 증상이 해당 감염병에 부합하여야 한다. 역학조사 초기에는 어떤 질병인지, 병원체의 유전형이 무엇인지 등을 모르기 때문에 사례 정의를 되도록 넓게 정하고, 이후 검사실의 병원체 검사 결과에 따라 환례정의를 좁게 수정하면서 환자와 의심환자, 그리고 환자가 아닌 사람을 구분할 수 있게 된다. 이렇게 환자 발생규모가 파악이 되면 유행 여부를 판단할 수 있는데, 유행곡선 등을 활용하기도 한다. 그러나 신종 감염병과 같이 이전에 환자가 발생한 적이 없었거나, 전염력이나 치명률이 높은 감염병의 경우에는 환자의 수가 적더라도 유행으로 판단할 수 있어야 한다.

최근 코로나19 유행에서 콜센터 등 일부 집단 발병의 역학조사 결과들에 따르면 코로나바이러스와 같이 호흡기 전파를 통해 쉽게 전염되는 호흡기 감염병에서 3밀(밀집, 밀접, 밀폐) 환경과 같은 구조적 원인과 개인 호흡기 마스크 미착용 등의 개인적 원인 모두 중요한 위험 요인으로 확인되었다. 감염병의 유행으로 판단되고, 호흡기 감염병과 같이 사람 간 전파가 쉬운 감염병이라면 환자가 곧 감염원이 되므로 환자와 접촉자를 신속히 찾아서 검사하고 격리하는 것이 중요하다. 특히 증상의 발생 전인 잠복기 시기에도 전파가 가능하다면 병원체의 확산을 효과적으로 억제하긴 어렵다. 또한 감염이 되었어도 뚜렷한 증상 발현이 없는 무증상자의 비율이 높은 감염병 역시 전파의 차단이 어렵다. 예를 들어 메르스는 잠복기에는 감염력이 없고, 증상 발생 이후에 감염력이 있는 것으로 알려져 있어 환자와 접촉자를 찾아 입원 및 격리조치를 적극적으로 한 것이 효과적이었다. 하지만 코로나19는 잠복기에도 감염력이 있어 역학조사와 입원 및 격리조치는 유행을 억제하는데 효과적이지 못했다.

더 읽을거리

「코로나19(COVID-19)」 예방 및 확산 방지를 위한 사업장 대응 지침. 고용노동부

제4절 급성중독사고

최원준

4.1 현황

고농도의 화학물질에 노출되어 발생한 직업병은 역사적으로도 잘 알려져 있다. 사실상 대부분의 화학물질이 급성중독을 일으킬 수 있으며, 납이나 수은과 같은 유해금속 중독, 톨루엔과 같은 유기화합물(유기용제) 중독, 일산화탄소와 같은 유해가스 중독 등이 대표적이다. 그만큼 직업성 급성중독은 가장 잘 알려진 형태의 직업병 중 하나이다. 한편, 급성중독은 발생기전이 사고의 속성을 가지고 있어서 질병보다는 사고로 취급되는 경우도 많다. 2018년 우리나라 전체 손상 사망자 중 약 8%가 물질 중독에 의한 것으로 알려진 바가 있는 등 보건학적으로 중요하게 다루어지고 있으나, 대부분 약물이나 음독에 의한 급성중독이 보고되고 직업성 중독에 대한 체계적인 자료는 부족하다. 일반적으로 고농도 단시간 노출에 의해 중독질환이 발생한 경우를 급성중독으로 분류하지만, 노출수준이나 노출기간은 유해인자의 특성과 노출방식 등에 따라서 달라질 수 있기 때문에 만성중독과 엄밀하게 구분하기는 어려운 경우도 있다. 단 한 번의 고농도 노출에 의해 발생하는 경우도 있고, 수일에서 수개월에 걸쳐 반복적으로 비교적 높은 농도에 노출되고 발생하는 경우도 급성중독으로 분류할 수 있다.

우리나라는 산업화 과정에서 다양한 화학물질에 의한 중독성 질환이 많이 발생하였다. 온도계 제조 작업자의 수은 중독, 레이온(인조견)제조업 작업자의 이황화탄소 중독, 전자부품제조업 작업자의 2-브로모프로판 중독과 같은 만성집단중독 사례가 대표적이다. 1990년대까지도 중금속이나 유기용제 고농도 노출에 의한 급성중독이 자주 발생하였으나 전반적인 작업환경의 개선과 제도적 관리로 인해 급성중독 질환은 크게 감소하였다. 그러면서 저농도 만성노출에 의한 직업병과 발암물질에 의한 직업성 암에 대한 관심이 커지고, 고전적인 형태의 급성중독은 상대적으로 덜 중요하게 여겨졌다. 그러나 산업구조의 변화, 고용구조의 변화 등으로 인해 영세한 사업장에서 급성중독이 계속 발생하고 있다. 2000년 폐기물 재생작업자의 수은 중독, 2005년 이주노동자의 노말헥산 중독, 2015년 형광등 생산설비 철거작업자의 수은 중독, 2016년 부품가공 작업자의 메탄올 중독 등은 직업성 급성중독이 과거의 일이 아님을 보여준다.

직업성 급성중독의 발생 수준을 정확히 알 수 있는 자료를 찾기는 어렵다. 현재 가용한 자료원은 산업재해 현황분석(고용노동부) 자료인데, 이것은 엄밀히 말하면 「산업재해보상보험법」에 따른 산재 승인 현황이며, 급성중독과 만성중독을 모두 포함하는 것이다. 이 자료에 따르면 최근 5개년 간(2016년~2020년) 연평균 업무상질병자는 11,945명이었고, 이 중 금속 및 중금속 중독은 평균 9.4명, 유기화합물 중독은 평균 14명, 기타화학물질 중독은 평균 83명이고 총 106.4명이었다. 중독자 중 사망률은 38.5%로 높은 치명률을 보였다(표 3-3). 산업재해 현황분석 자료는 업무상 질병으로 승인받은 재해만을 대상으로 하므로 산재를 신청하지 않은 사례는 포함되지 않았고, 치명률이 높은 사례만 보고되었을 가능성이 높아, 실제 직업성 중독의 발생 규모는 이보다 클 것으로 추정된다. 무엇보다 지금까지 산업보건체계에서는 급성중독의 발생을 파악할 수단이 없었다.

4.2 급성중독의 특성

근로자 건강보호를 위한 다양한 산업보건제도가 있는데, 그 중 근로자 건강진단, 작업환경측정, 사업장 보건관리 제도가 대표적이다. 이러한 제도들은 평상시의 작업환경을 모니터링하여 노출수준을 일정 범위 이하로 유지하고, 증상이 없는 상태에서 만성질환을 조기에 발견하기에 적합하다. 즉, 작업환경을 관리함으로써 발병을 예방하고, 주기적인 건강진단을 통해 질병을 조기에 발견하는 체계는 비교적 잘 정립되어 있다. 그러나 급성중독은 평상시 진찰이나 검사를 통해 알기가 어렵고 증상

표 3-3 직업병(중독) 현황

구 분	산재보험가입 총근로자수	전체업무상 질병자수	직업성 중독							
			금속 및 중금속 중독		유기 화합물 중독		기타 화학물질 중독		합계	
			발생	사망	발생	사망	발생	사망	발생	사망
2016년	18,431,716	7,876	1	1	8	7	30	16	39	24
2017년	18,560,142	9,183	19	1	16	6	69	27	104	34
2018년	19,073,438	11,473	2	1	12	6	84	27	98	34
2019년	18,725,160	15,195	9	2	19	12	128	47	156	61
2020년	18,974,513	15,996	16	4	15	9	104	39	135	52
5개년평균	18,752,994	11,945	9.4	1.8	14	8	83	31.2	106.4	41

출처 : 2016년-2020년 산업재해 현황분석, 고용노동부

이 발생한 이후에 알게 되기 때문에 발병자를 관리하는 체계가 필요하지만, 이 부분은 우리나라 보건의료체계와 산업보건체계에서는 제외되어 있다. 반면, 화학물질에 의한 급성중독은 특이적인 증상보다는 일반적이고 명확하지 않은 증상을 호소하는 경우가 많기 때문에 임상의사 입장에서는 직업적 원인을 우선 떠올리기가 어렵다. 환자가 병원을 찾아 진료받은 시점에 비해 뒤늦게 직업성 중독임이 밝혀지게 된 이유이기도 하다. 일부 사례는 해당 근로자도 잘 몰랐지만 임상의사가 직업성 중독을 의심하여 직업환경의학과 협진을 통해 비교적 조기에 밝혀지기도 했다. 그러나 많은 경우 시스템을 통한 체계적 관리가 아닌 임상의사의 개별적 노력에 의존하고 있는 상황이다.

직업성 급성중독의 또 다른 특징은 위험에 노출되는 근로자의 규모는 드러난 급성중독 질환자에 비해 훨씬 크다는 점이다. 급성중독 사례를 분석해 보면, 해당 사업장에서만 독특한 방식으로 작업을 한 경우보다는 일반적으로 알려진 방식으로 작업을 하다가 발생한 경우가 대부분이고, 작업방식이 바뀌지 않았더라도 평소보다 작업량이 증가했을 때 발생하는 경우가 많다. 즉, 하나의 급성중독 사례가 발생한 것을 인지한 그 순간에도 같은 위험에 노출되고 있는 근로자는 매우 많다고 추정할 수 있고, 따라서 해당 사례를 바탕으로 적극적인 예방활동을 해야 똑같은 사례가 발생하는 것을 막을 수 있다는 것이다.

4.3 주요 사례

1) 휴대전화부품 가공업체 집단 메탄올중독

2015년에서 2016년 사이에 휴대전화 부품을 가공하는 업체 여러 곳에서 근무하던 근로자들이 시력장애를 호소하면서 응급실과 안과에서 진료를 받았다. 피해근로자들은 자동화 가공(computerized numeric cutting, CNC) 설비를 이용하여 알루미늄 판을 정해진 크기로 가공하는 작업을 하였는데, 발생하는 열을 식히기 위해 메탄올을 에어건으로 계속 분사하였다. 근무를 시작한지 짧게는 1주에서 길게는 4개월 정도 후에 눈이 잘 보이지 않는 증상이 생겨 응급실 또는 안과에서 진료를 받았다. 원인 미상의 시신경염, 간질에 의한 시력장애 등을 진단받고 치료받았으나 호전되지 않았다. 한 대학병원 응급실에서 환자를 진료한 안과의사가 직업병을 의심하여 직업환경의학과와 협진하면서 메탄올 중독에 의한 시신경 장애라는 것이 밝혀지게 되었다. 초기에는 산발적인 개별 사례로 보였으나, 조사를 통해 3개 업체에서 6명의 근로자가 메탄올 중독으로 시력을 잃었다는 것을 확인하였다.

해당 사업장들의 작업환경측정 결과 공기 중 메탄올 농도는 228~2,220ppm으로 노출기준을 최대 10배 이상 초과하였다. 고용노동부와 안전보건공단은 전국 3,100여개 사업장에 대한 일제 점검을 시행하여 작업중

지 등의 조치를 하였다. 메탄올 중독은 근로자의 시력상실 등 매우 큰 건강장해를 유발했을 뿐 아니라, 원·하청 관계, 파견근로자에 대한 산업보건 관리 책임 등 많은 사회적 이슈를 남겼다.

2) 형광등 제조시설 철거작업 집단 수은중독

2015년 4월, 형광등 제조시설 지하에서 철거작업을 수행하였던 9명의 노동자들이 두통, 무력감, 어지럼을 호소하였고, 철거작업을 한지 1주일이 지나서는 심한 통증을 느끼게 되었다. 근로자들은 산소 절단기를 이용하여 지하의 제조시설에 방치되어 있는 파이프나 대형 구조물들을 절단하고 지상으로 가져오는 업무를 수행하였다. 작업장에는 배관 파이프나 유리병 안을 비롯한 곳곳에 수은이 방치되어 있었고, 근로자들은 작업장에 수은이 있다는 것에 대한 아무런 정보를 받지 못하였다. 심지어 수은이 무엇인지도 모르는 근로자들도 있었다.

증상이 나타난 근로자 중 두 명이 내과, 가정의학과, 피부과나 한의원을 전전하다가 한 대학병원에서 수은 중독을 진단받았고, 언론에 보도되었다. 고용노동부는 임시건강진단 명령을 내렸고, 수소문하여 20명이 당시 철거작업에 참여하였다는 것을 확인하였으며, 12명이 수은중독 증상이 있었음을 확인하였다.

위 사례들의 첫 번째 공통점은 건강에 이상을 느낀 근로자가 직업병이라고 생각하지 못하고 증상에 따라 임상진료과를 찾아간 것이고, 해당 임상과 의료진도 대부분 직업적 원인을 떠올리지 못했다는 것이다. 직업성 급성중독은 직업보건체계를 통해 인지하는 것이 거의 불가능한 특성을 가지고 있다. 따라서 임상의료진과 직업보건전문가의 협업체계를 갖추는 것이 매우 중요하다.

두 번째 공통점은 직업성 중독이라는 것을 알게 된 다음 전국적인 조사를 시행했다는 점이다. 비슷한 작업환경에서 일하는 많은 근로자들이 위험에 노출되어 있기 때문에 예방을 위한 적극적인 개입이 반드시 필요하다. 이를 위해서는 첫 번째 사례를 파수꾼 사례(sentinel event)로 빨리 인지하고 즉각적인 대응을 하는 시스템을 갖추고 체계적으로 정보를 수집해야 한다.

더 읽을거리

김은아, 이지혜, 박가영, 엄희수, 신무영. 메틸알코올 중독발생 유사사업장 근로자 건강영향조사. 안전보건공단 산업안전보건연구원. 2017.

제7편

안전과 건강

편집위원

김용규

제1장 산업재해의 지표와 현황

강성규

제1절 산업재해의 지표

산업재해의 주 지표는 일 년간 재해 건수를 근로자 수로 나눈 사망만인율과 재해천인율이다. 이 지표는 재해 발생을 쉽게 표현할 수 있지만, 노동시간이나 재해의 강도를 고려하지 않아 정확한 재해 발생 현황을 표현하지 못한다.

노동시간이 길면 사고의 발생 가능성이 높아지고 단시간 노동이면 그만큼 낮아지지만 모수인 근로자수는 변함이 없기 때문이다. 이를 보완하기 위하여 장시간 근로자나 단시간 근로자가 많을 때는 발생 건수를 100만 근로시간으로 나눈 도수율(frequency rate)을 사용한다. 유럽에서는 도수율 대신에 노동시간으로 근로자수를 보정한 전일근무시간기준(full-time equivalent, FTE) 재해율을 사용한다.

재해 강도를 반영하기 위해서는 근로손실일수를 1,000 근로시간으로 나눈 강도율(intensity or severity rate)을 사용한다. 근로손실일수를 계산할 때 사망 또는 영구완전 노동불능의 경우에는 7,500일로 계산한다.

(1) 요양재해율(천인율) = 연간 재해건수/근로자 100인(1,000인)
(2) 도수율 = 연간 재해건수/1,000,000 작업시간
(3) 강도율 = 연간 근로손실일수/1,000 작업시간
(4) 업무상사고 사망만인율 = 연간 업무상사고 사망자수/근로자 10,000인
(5) 근로손실일수 = 신체 장해자 등급별 손실일수 + 사망자 손실일수(7,500일 계산) + 부상자 · 업무상 질병 요양자의 요양일수

산업재해 통계는 산재보험으로 4일 이상 요양을 인정받은 부상과 질병을 기준으로 생산하고 있다. 고용노동관서에서 적발한 산재미보고 사례를 추가하지만 이는 전체의 1% 내외 수준이므로 산재보상 숫자가 산업재해 통계로 활용되는 셈이다. 과거에는 산재미보고로 인한 통계 누락이 있었을 것으로 추정하지만, 현재는 사회적 인식과 보상 비용의 증가로 사망이나 심한 부상과 같은 중대재해가 누락되는 경우는 거의 없다. 그러므로 사고 사망률은 현실과 일치하는 것으로 보인다. 다만 경미한 부상은 사업주가 부담하여 스스로 치료하는 경우가 있다. 유럽국가들과 비교해 볼 때 단순 재해율은 현재 수준의 3~4배(재해율 1.5~2%)인 것으로 추정된다. 일본과 대만도 한국과 비슷한 통계 경향을 보인다.

공무원 · 사립학교 교원 · 군인의 재해는 각각 공무원연금, 사학연금, 군인연금에서 보상하므로 산업재해 통계에서 제외된다. 산재보험 대상이 되지 않는 자영업자, 가구내 고용활동(가사도우미), 근로자 5인 미만의 비법

인의 농림어업인의 재해도 통계에서 제외된다.

제2절 근로자수와 산업재해율

통계청 경제활동 인구조사에 의하면 2020년 우리나라의 경제활동 인구는 2,801만 명이고, 취업자는 2,690만 명이었고, 이 중 2,033만 명이 임금근로자이다. 전체 취업자의 75.6%는 임금근로자이고 24.4%는 비임금근로자이다. 임금근로자 중 상용근로자가 71.44%, 임시근로자가 22.0%, 일용근로자가 6.5%이다. 2020년 12월 산재보험법 적용 사업장에 종사하는 근로자는 1,897만 명이고, 산재보험 이외의 사회보험을 적용받는 근로자는 공무원 122만 명, 사립학교 교직원연금 33만 명, 직업군인 19만 명 등 174만 명 이상으로 2020년 기준 2,071만 명[1] 이상이 업무상 재해와 관련해서 보험 적용을 받고 있다. 경제활동인구의 74% 이상은 사회보장 제도권 내에 속해 있다. 비임금근로자 중 특수형태근로종사자[2]도 2008년부터 단계적 확대를 통해 산재보험에 포함시켜 왔다. 2023년 7월부터는 산재보험대상 선정의 근간이 되었던 근로자의 전속성을 폐지하고 특수형태근로종사자를 노무제공자로 정의함에 따라 배달대행기사 같은 플랫폼 노동자도 산재보험에 포함되게 되었다.

1970년에 산재보험 대상 근로자 수는 779,053명이었고 재해건수는 37,752건으로 재해율은 4.85이었다. 그러나 이때는 전 근로자가 대상이 아니고 위험업종의 대규모 사업장만 해당되었으므로 모든 근로자를 대상으로 한 실제 산업재해율은 알 수 없다. 2000년 7월부터는 1인 이상의 모든 근로자가 산재보험의 대상이 되었으므로 이때부터는 전체 사업장의 재해가 모두 포함되고 있다.

2020년에 산재보험법 적용사업장에 종사하는 근로자는 18,974,513명이었고 4일 이상 요양을 요하는 재해자는 108,379명(사망 2,062명, 부상 91,237명, 업무상질병 이환자 14,816명)으로 요양재해율은 0.57%, 업무상사고 사망만인율은 0.43, 신체장해자 수는 37,426명, 경제적 손실은 30조 원, 근로손실일수는 5,534만 일이었다(표 1-1).

요양재해율은 1970년대 4.0을 넘던 것이 지속적으로 감소하여 2000년부터는 0.7%대를 유지하고 있다. 산재 재해자수가 가장 많았던 1984년을 2020년과 비교하면 산재보험 대상자는 440만 명에서 1,897만 명으로 확대되었으나 재해자수는 158,000명에서 108,000여 명으로 감소하였다. 동기간 중에 재해율은 3.6%에서 0.57%로 감소하였다. 이는 일부 고위험업종의 재해가 감소한 것은 사실이나 비위험업종으로 확대, 일부 경미한 재해의 미보고 등에 기인하는 요인도 크다.[3] 사고사망률은 1970년대 5.0 이상에서 점차 감소하였으나 이는 업무상사고와 질병을 통합한 결과로 2000년 이전의 통계는 서로 비교하기 어렵다. 업무상사고 사망만을 분리한 2000년 업무상사고 사망만인율은 1.56이었고, 2020년에 0.48로 감소하였다. 2019년 EU 15개국의 업무상사고 사망만인율은 0.146으로 한국이 여전히 세배 정도 높은 사망률을 보이고 있다(그림 1-1).

산재보험과는 다른 사회보장체계에 속한 공무원, 사립학교 교직원, 직업군인의 2020년 총 인원수는 1,739,271명이었고, 이중 부상 및 질병자는 7,411명, 사망자는 107명이었고 재해율은 0.43%이었고 사망만인율은 0.62이었다(표 1-2).

1 연금에는 퇴직자도 포함되므로 사회보장 수급 전체 숫자가 임금근로자 숫자의 합보다 높게 나타남

2 2008(보험설계사, 건설기계자차기사, 학습지교사, 골프장캐디); 2012(택배기사, 전속퀵서비스기사); 2016(대출모집인, 신용카드모집인, 전속대리운전기사); 2020(방문강사, 방문판매원, 대여제품방문점검원, 가전제품설치원, 화물차주); 2021(소프트웨어기술자(프리랜서))

3 2018년 EU15개국가의 산업재해율은 1.90이었다.

표 1-1 시기별 산재보험 대상 근로자수 및 각종 재해율 지표

연도	근로자수	재해건수	재해율	사망자수	업무상 사고				도수율	강도율
					부상자수	요양재해율	사망자수	업무상사고 사망만인율		
1970	779,053	37,752	4.85		35,915	4.61	639*	–	–	–
1980	3,752,975	113,375	3.02	1,273	110,919	2.96	1,273*	–	11.12	–
1990	7,542,752	132,893	1.76	2,236	129,019	1.71	2,236*	–	6.70	2.15
2000	9,485,557	68,976	0.73	2,528	64,925	0.68	1,476	1.56	2.89	1.88
2010	14,198,748	98,645	0.69	2,200	89,459	0.63	1,383	0.97	3.27	1.87
2020	18,974,513	108,379	0.57	2,062	91,237	0.48	882	0.46	2.94	1.51

출처 : 연도별 산업재해 현황분석, 고용노동부, 세종(1982–2020) (재구성)

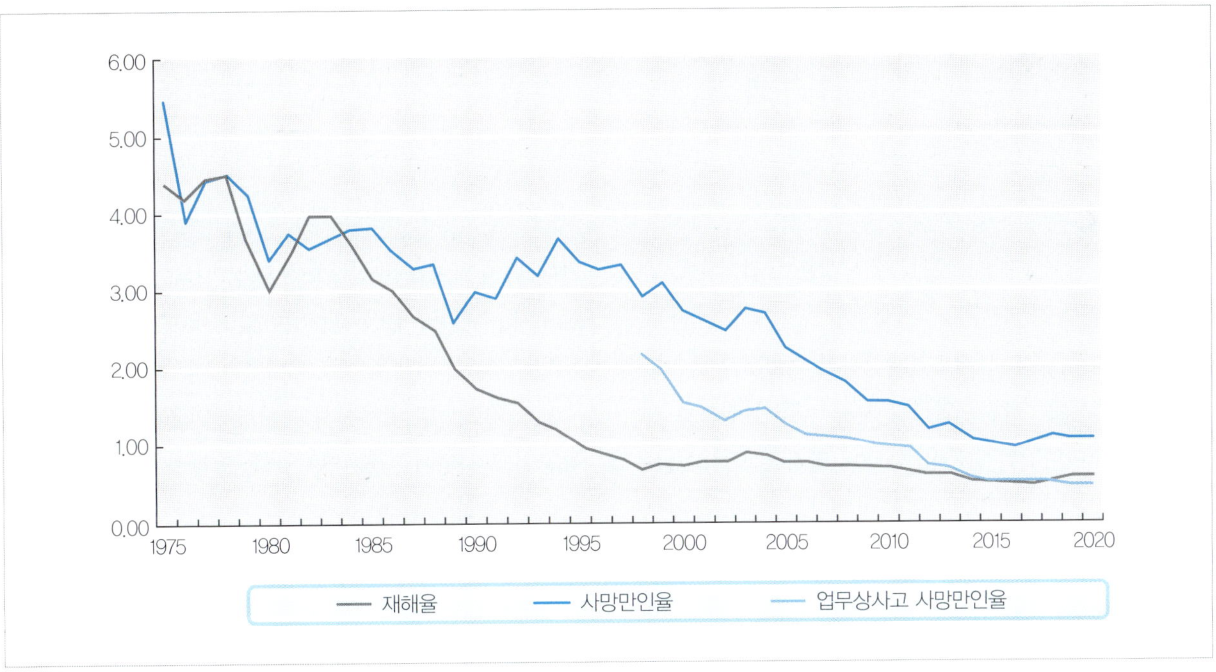

그림 1-1 연두별 재해율, 사망만인율, 업무상사고 사망만인율

제3절 재해율의 국제간 비교

국가 간 재해율을 비교하는 것은 쉽지 않다. 특히 산재가 사회보장제도 속에 포함되어 있는 영국과 같은 국가의 자료와 비교하는 것은 불가능하다. 영국은 경미한 사고부상은 산재여부에 무관하게 일반 손상과 같은 수준으로 치료받고 보상받는다. 미국은 주별로 독립적으로 운영하는데, 기본적으로 사업주가 사보험에 가입하여 근로자의 부상과 질병을 치료해주므로 산재여부를 알 수 없다. 미국은 사업주의 산재기록지를 바탕으로 노동통계국이 표본조사를 통해 산재추정치를 발표하고 있다. 반면 독일, 프랑스, 이탈리아는 한국과 같이 산재보험조합이

표 1-2 공무원, 직업군인, 사립학교교직원의 재해 현황의 변화

		총 인원 수	재해자수	부상 및 질병자	사망자
2001	계	1,276,836	4,336	3,956	380
	공무원	909,155	3,827	3,534	293
	직업군인	156,817	154	86	68
	사립학교교직원	210,864	355	336	19
2010	계	1,502,382	5,263	5,159	104
	공무원	1,052,407	4,674	4,627	47
	직업군인	182,494	118	66	52
	사립학교교직원	267,481	471	466	5
2020	계	1,739,271	7,518	7,411	107
	공무원	1,221,321	6,280	6,211	69
	직업군인	190,086	578	541	37
	사립학교교직원	327,864	660	659	1

출처 : 2010-2020 산업재해분석현황. 고용노동부.

존재하므로 산재보험으로 보상된 사례를 산업재해로 발표하고 있다.

2020년에 독일은 산재보험대상자가 7,262만 명이고 4일 이상 휴업을 요하는 업무상 사고는 76만 건으로 재해율은 1.85이었고,[4] 업무상 사고 사망자는 399명으로 업무상사고 사망만인율은 0.11이었다. 통근재해자는 152,823명이었고, 통근사고 사망자는 238명이었다. 장애연금을 새롭게 받게 된 근로자는 17,640명이었다. 2020년에 업무상 질병이 의심되어 보고된 사례는 106,491명이었고 이 중 52,956명이 업무상 질병으로 인정받았다. 이 중 휴업보상 대상자는 37,181명[5]으로 전년에 비해 두 배가 증가하였는데 코로나19 감염의 영향에 의한 것이다. 업무상 질병 사망자는 2,380명이었다. 이 중 석면에 의한 중피종이 765명, 폐암이 566명, 석면폐가 189명으로 전체 업무상 질병 사망자의 64%가 석면에 의한 질환이었다. 진폐와 관련된 것이 21%이었다.

2020년에 프랑스는 산재보험 대상이 되는 전일근무기준 근로자 수가 약 1,900만 명이었고 업무상 사고부상은 54만 건으로 재해율은 3.35이었다. 업무상사고 사망자수는 550명으로 업무상사고 사망만인율은 0.29이었다. 통근사고 사망자는 221명이었다. 업무상 질병은 40,219명이 인정되었고 이 중 87%는 근골격계질환이었다. 업무상 질병 사망자수는 214명이었다.

2020년 일본은 산재보험 대상자수가 5,629만명이었고 4일 이상 휴업을 요하는 사고는 131,156만 건으로 전일근무기준 근로자수 기준의 재해율은 0.23이었다. 업무상사고 사망자는 802명으로 업무상사고 사망만인율은 0.14이었다. 업무상 질병 15,038건이 인정되었는데 코로나19로 인정된 사례가 6,041건으로 이를 제외하면 8,997건이었다. 이중 직업성 요통이 5,582건이었고, 열사병이 959건이었다. 한국과 직업병 인정기준이 유사함에도 불구하고 인정된 직업병의 분포는 크게 다르다. 2020년에 소음성 난청은 11건, 진폐증은 127건이었고 직업성 암은 1건이었다. 과로사 또는 뇌심혈관계질환은 37건(사망 12건 포함), 정신질환 62건이 업무상 질병으로 인정되었다.

2020년 한국의 재해율은 0.57로 독일의 1.85, 프랑스

4 시간제 근로자를 모두 포함하여 이를 정규근로자 시간(주40시간)으로 보정하고 공공부분도 포함하여 산출한 재해율이 단순히 근로자수를 재해자수로 나눈 것과는 일치하지 않음. 2020년도 독일의 근로자수는 7,262만 명이지만 단시간 노동자를 보정한 전일보정근로자(FTE)수는 3,694만명이다.

5 독일은 개인이 진료비를 부담하지 않으므로 산재인 경우 휴업보상만 해당된다. 그래서 업무상 질병으로 인정자와 휴업보상자의 숫자가 다르다.

의 3.35보다 훨씬 낮고 일본의 0.23보다는 높다. 그러나 우리나라의 업무상사고 사망만인율 0.46은 독일의 0.11, 프랑스의 0.29, 일본의 0.14보다 훨씬 높다. 비슷한 유형의 법과 산재보험체계를 가진 독일과 프랑스에 비해 한국이나 일본의 재해율이 낮은 것은 산재신청을 해야만 재해자수로 집계되는 제도 때문에 경미한 부상은 산재로 처리되지 않기 때문인 것으로 추정된다.[6] 반면 사망을 포함한 심각한 부상재해는 사회적 인식의 증가, 보상 비용의 증가, 미신고 사업주에 대한 처벌 등의 이유로 거의 보고되고 있다. 한국의 2010년 이전 자료에는 업무상 사고 사망자에 질병사망자가 포함되고, 회식이나 체육활동에 의한 사망자, 사고 후 1년 이상 경과 후 사망자도 포함되어 사망률이 과장되었다.

더 읽을거리

강성규. 강성규가 들려주는 안전보건이야기. 이담북스. 2012.

6 독일이나 프랑스는 환자를 진료한 의사가 산재로 의심되는 경우 건강보험조합이 아니라 산재보험조합에 신고해야 한다. 독일의 경우 산재로 인정되면 10%의 진료비를 가산받는다.

제2장

사고의 이론 및 실제

김태구

제1절 사고발생이론

1.1 사고란?

하버트 윌리엄 하인리히(H. W. Heinrich)의 저서인 Industrial Accident Prevention (1931년)에서 사고(Accident)란 물체, 물질, 사람 또는 방사능의 작용 또는 반작용에 의해 결과적으로 인명상해를 초래하거나 초래할 가능성이 있는 계획되지 않은 그리고 통제되지 못한 사상으로 정의하였다. 다시 말하면 인간이 어떠한 목적을 수행하려고 행동하는 과정에서 뜻밖에 일어난 사건, 또는 의지에 반하는 예측불허의 사태로 고의성이 없는 불안전한 행동이나 조건이 선행되어 일의 능률을 저하시키고 인적 · 물적 손실이 발생되는 것을 말한다. 사고로 인한 손실을 예방하기 위해서는 다양한 사고발생이론들을 이해하고, 사고발생이론에서 제시하는 다양한 사고발생 요인들을 관리하는 것이 중요하다.

1.2 하인리히의 사고연쇄반응이론

사고발생의 대표적인 이론으로 하인리히의 사고연쇄반응이론이 있다. 하인리히는 사고의 원인이 어떠한 방식으로 연쇄반응을 일으키는가를 설명하기 위해서 도미노(Domino : 골패)에 비유하였는데, 골패를 일렬로 나란히 세워놓고 어느 한끝을 쓰러뜨리게 되면 차례대로

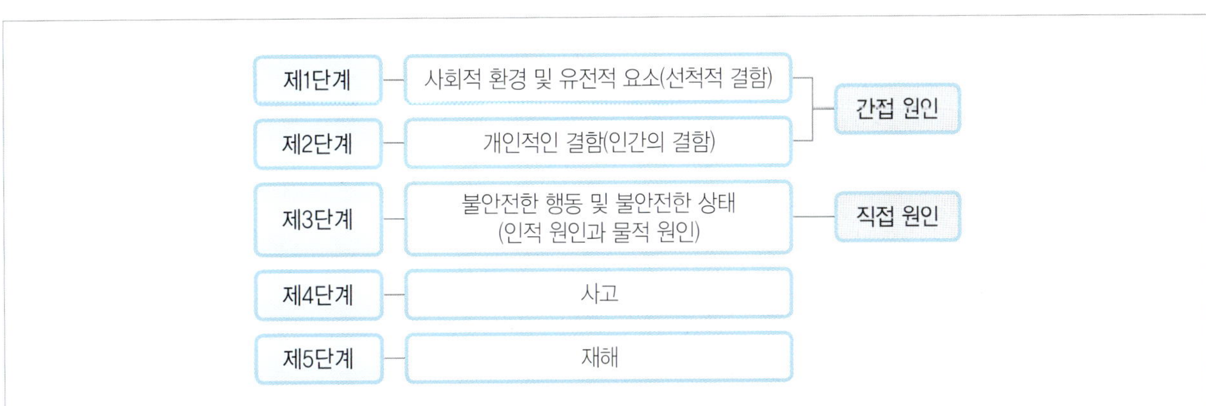

그림 2-1 사고발생 5단계(도미노 이론)

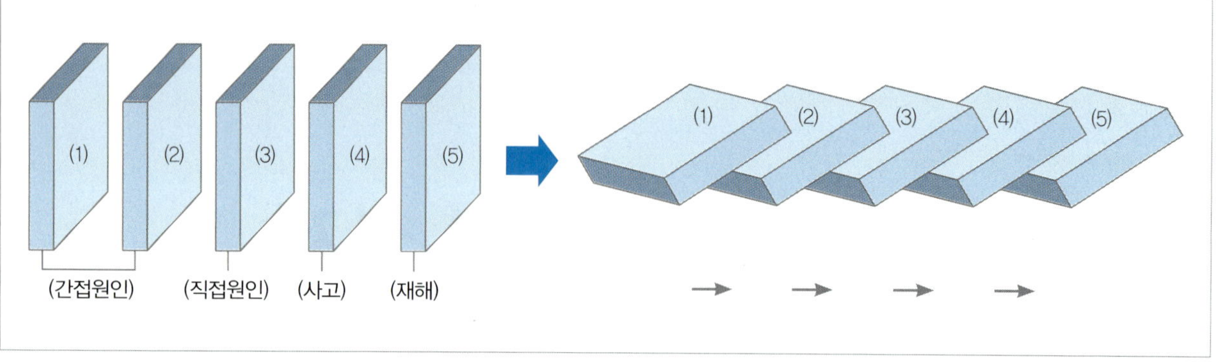

그림 2-2 골패에 의한 사고발생의 연쇄과정

모두 쓰러지는 것과 같이 사고는 선행요인에 의한 연쇄 반응의 결과라고 설명하였다.

하인리히는 사고의 발생과정을 다음과 같이 5단계로 정리하였으며, 이것을 사고발생 5단계 또는 도미노 이론이라 한다.

[그림 2-1]의 사고발생 5단계를 도미노에 비유한다면 [그림 2-2]와 같이 각 단계의 요소는 상호 밀접한 관련을 가지고 일렬로 나란히 서있기 때문에 한쪽에서 쓰러지면 연속적으로 모두 쓰러지게 되어 사고가 발생하게 된다. 사고발생의 주요 원인으로는 유전과 환경의 영향에 의한 인간 성격의 내적 요소와 심신의 일시적 결함, 부적절한 태도나 전문지식 결여 및 숙련도 부족 등의 개인적 결함, 보호구 미착용 및 안전장치 기능제거 등의 불안전한 행동(인적 원인), 결함 있는 기계설비 및 방호장치 미비 등의 불안전한 상태(물적 원인) 등이 있다.

하인리히는 사고를 예방하기 위한 중심문제로써 제3의 요인인 불안전한 행동(Unsafe act)과 불안전한 상태(Unsafe condition)의 제거가 안전관리의 핵심이라고 강조하고 있다(그림 2-3).

또한 하인리히는 산업재해 사례 분석을 통해 산업재해가 발생하여 사망자가 1명 나오면 그 전에 같은 원인으로 발생한 경상자가 29명, 같은 원인으로 부상을 당할 뻔한 잠재적 부상자가 300명 있었다는 통계적 법칙을 발견하였다. 다시 말하면 사전에 예방할 수 있는 원인을 파악, 수정하지 못했거나 무시하면 대형 사고가 일어날 가능성이 높은 것을 의미한다.

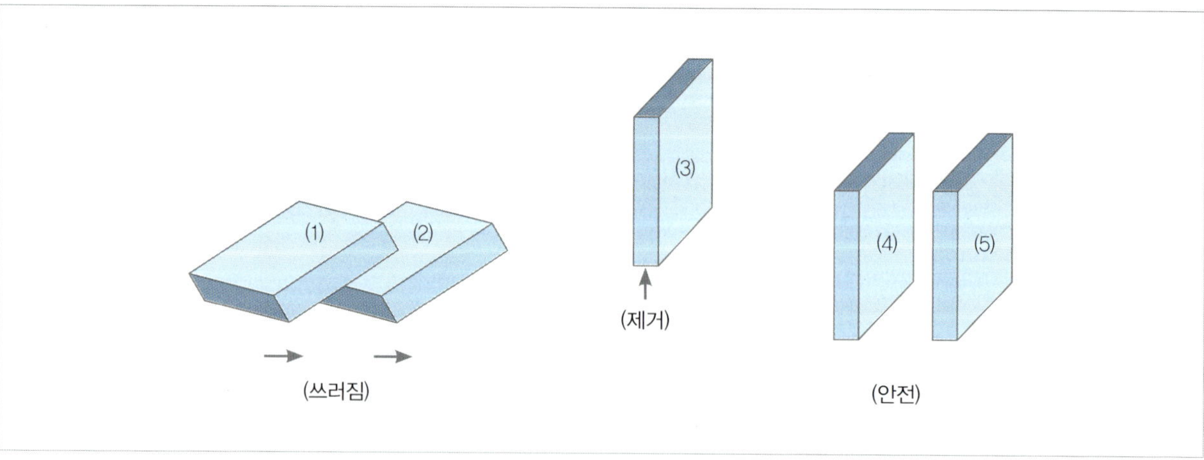

그림 2-3 불안전한 행동 및 불안전한 상태의 제거

단계	내용
제1단계	관리(통제)의 부족
제2단계	기본적 원인으로 개인적 요인과 작업상의 원인
제3단계	직접원인의 징후로 불안전한 행동 및 불안전한 상태
제4단계	사고(접촉)
제5단계	상해 또는 손실

그림 2-4 프랑크 버드의 재해발생 5단계

1.3 프랑크 버드의 사고연쇄반응이론

프랑크 버드 주니어(Frank Bird Jr) 또한 하인리히와 같이 연쇄반응의 개별요인이라 할 수 있는 5개의 골패에 빗대어 손실요인이 연쇄적으로 반응하여 사고가 일어나는 것으로 보았다. 그는 재해의 근원적 원인인 첫 번째 골패가 통제(관리)의 부족으로 발생한다고 주장하였으며, 불안전한 행동과 불안전한 상태의 원인은 기본적 원인인 4M, 즉 작업자(Man), 기계(Machine), 작업(Media), 관리(Management)에서 기인하는 것으로 보았다. 또 사고는 직접원인의 제거만으로는 예방하기 어려우며, 기본적 원인을 제거하여야 방지될 수 있다고 하였다. 버드의 재해발생과정은 다음과 같이 5단계로 구분된다(그림 2-4).

버드는 직접원인을 '징후'라고 표현하였는데, 이는 직접원인의 책임을 개인에게 묻는 것이 아닌 관리의 부재에서 온 징후로 본 것이다. 안전관리자의 대부분은 작업자에게 직접원인인 불안전한 행동이나 상태, 예를 들면 부적절한 방호조치, 안전장치의 무효화 등의 개인적 행위를 하지 않도록 강요하는 것이 일반적이지만 직접요인은 표면적으로 드러나는 것이 아니기 때문에 관리자가 시스템 속에 잠재되어 있는 위험을 발견하고 그에 대한

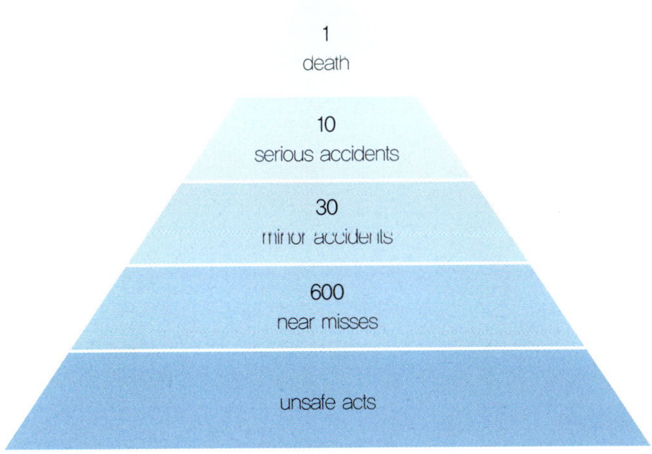

그림 2-5 버드의 사고연쇄반응이론의 법칙

출처 : https://commons.wikimedia.org/wiki/File:Pyramid_of_risks.svg#/media/%ED%8C%8C%EC%9D%BC:Pyramid_of_risks.svg

단계	내용
제1단계	관리구조(Organization defect, 경영조직 결함)
제2단계	작전적 에러(Operational error, 운영상 에러)
제3단계	전술적 에러(Tactical error, 고의적 에러)
제4단계	사고
제5단계	재해

그림 2-6 애드워드 애덤스의 재해발생 5단계

대비책을 마련하여 안전관리 시스템을 종합안전계획(Safety Program) 속에 포함시켜야 한다.

또한 버드도 산업재해 사례 분석을 통해 1:10:30:600의 법칙을 제시하였다. 이는 총 641건의 사고를 분석하였을 때, 1건(death): 10건(serious accidents): 30건(minor accidents): 600건(near misses)의 비율이다(그림 2-5).

1.4 에드워드의 관리구조(사고연쇄반응) 이론

에드워드 애덤스(Edward Adams)는 재해의 직접원인을 관리시스템 내의 불안전한 행동과 불안전한 상태로 보고 이를 전술적 에러(Tactical error)로 정의하였으며, 작업자의 전술적 에러는 경영자나 감독자에 의해 저질러진 작전적 에러(Operatioal error)에서 발생하는 것으로 보았다. 그는 재해발생 과정을 [그림 2-6]과 같이 5단계로 구분하였다.

이 관리구조이론에서는 전술적 에러가 작전적 에러에 의해 발생되며, 작전적 에러(감독함에 있어 발생한 관리적 에러나 감독부재 등)는 경영층에 의해 저질러진 하나의 의사결정일 뿐이라고 하였다. 이 에러는 경영상의 본질에까지 영향을 미쳐 '작전적'이라고 표현하였으며, 조직의 관리구조(조직의 계획과 추진), 즉 조직의 근본목표에서 우러나온 것으로 보았다. 따라서 관리구조는 의사결정자의 신념이나 목표, 기준을 강하게 반영하는 것이며 관리자나 감독 등의 행동에 대한 우선권, 기준 및 지휘지침이 확립되는 것도 여기에 달려있다고 강조하였다.

단계	내용
제1단계	유전과 환경
제2단계	인간의 결함(실수)
제3단계	불안전한 행동 및 불안전한 상태
제4단계	사고
제5단계	재해(상해)

그림 2-7 웨버의 재해발생 5단계

제1단계	사고의 근본원인 – 개인적 · 환경적 요인
제2단계	사고의 간접원인 – 불안전한 행동 및 불안전한 상태
제3단계	사고의 직접원인 – 물질 에너지의 예기치 못한 방출
제4단계	사고 – 인적 · 물적 손해
제5단계	구호 – 응급조치, 수리, 대체, 조사, 위험성분석, 안전의식

그림 2-8 자베타키스의 재해발생 5단계

1.5 웨버의 사고연쇄반응이론

웨버(Weaver)는 사고의 연쇄반응이론에 전술적 잘못의 발견(탐색)과 지적(명시)이라는 새 개념을 결합해 불안전한 행동이나 상태와 사고 및 재해까지도 전술적 에러의 징후로 보았다. 웨버의 재해발생 5단계는 [그림 2-7]과 같다.

웨버는 불안전한 공구, 결함이 있는 기계, 그러한 상태의 기계사용 등은 관리의 부재를 반증하는 것이며, 이러한 불안전한 행동과 상태에서 비롯된 재해 방지를 위하여 관리상의 전술적 에러를 최소화하는 것을 강조하였다.

웨버는 재해의 개선방향에 대하여 두 가지로 요약하였는데 첫째, 왜 불안전한 행동 및 상태가 이루어졌는가에 대한 답을 찾아야 하며, 둘째, 감독자가 재해방지를 위한 안전지식을 갖고 있었는지의 여부를 파악하는 것이라고 하였다. 웨버는 이러한 개선방향에 대한 답을 명확히 한다면 전술적 에러를 최소화할 수 있을 것이며, 회사의 관리방침, 목표, 인사배치, 책임, 라인과 스탭과의 관계, 규칙, 주도권 정비 등 많은 분야에서 일어날 수 있는 전술적 에러를 관리하여 개선해야 한다고 보았다.

1.6 자베타키스의 사고연쇄반응이론

자베타키스(Zavetakis)는 사고의 직접원인이 과도한 양, 또는 크기를 지닌 에너지(기계적, 전기적, 화학적, 열적, 전리방사선 등)나 위험물(일산화탄소, 메탄, 탄산가스 등)의 예기치 못한 방출에서 일어난다고 하였다. 그리고 이러한 에너지나 위험물의 예기치 못한 방출은 불안전한 행동이나 상태에서 일어나는 것으로 보았다. 자베타키스의 재해발생 5단계를 정리하면 [그림 2-8]과 같다.

자베타키스는 불안전한 행동이나 상태가 위험물의 예기치 못한 방출의 도화선 역할을 하게 되는 것으로 보았으며, 이 불안전한 행동이나 상태가 결함의 징후라는 것을 유념하여 그 근본원인인 개인적 · 환경적 요인을 관리할 것을 주장하였다. 근본원인의 개선을 위하여 경영자는 안전에 관한 관리방침을 확고히 하여 전 직원의 안전의식을 제고시키고, 작업자의 훈련과 교육, 동기부여 등을 통하여 개인적 요인을 관리해야 하며, 장비 · 기계의 점시, 점검 등의 환경적 요인 관리가 중요하다고 보았다.

제2절 사고의 유형 및 특성

2.1 안전사고와 재해

1) 안전사고

'안전사고(Accident)'란 고의성이 없는 불안전한 행동이나 조건이 선행되어, 업무활동의 능률을 저하시키는 바람직하지 않은 사상으로 직접 또는 간접적으로 인명, 재산상의 손실을 가져올 수 있는 사건을 말한다.

2) 재해

'재해(Loss, Calamity)'란 안전사고의 결과로 일어난 인명, 재산상의 손실을 가져올 수 있는 사건을 말하며, 국제노동기구(ILO)에서는 사람이 물질, 또는 작업방법 등에 의해서 상해를 입는 것을 뜻한다. 일반적으로 재해는 천재(자연적 재해)와 인재(인위적 재해)로 구분할 수 있다.

2.2 재해의 분류

1) 천재(자연적 재해)

자연적 재해는 미연에 방지하는 것이 불가능하므로 빠른 예견으로 피해를 최소화할 수 있는 대책을 수립하는 것이 중요하며, 자연적 재해의 예로는 지진, 태풍, 홍수, 번개, 가뭄, 적설, 동결, 이상기온 등이 있다.

2) 인재(인위적 재해)

원칙적으로 모든 인재는 예방이 가능하며 인재의 분류는 [표 2-1]과 같다.

산업재해의 대부분은 인위적 재해에 속하고 있으므로 산업재해의 예방은 원칙적으로 가능하다고 볼 수 있다. 그러므로 재해가 발생한 후의 대책만을 생각하기보다는 그것이 발생하기 전 예방대책에 대하여 고려해야 하며, 안전관리 시 재해의 예방을 첫째로 하고, 이와 함께 피해의 감소에 역점을 두도록 한다.

표 2-1 인재(인위적 재해)의 분류

① 공장재해 : 노동상해, 공업중독, 직업병, 화재 및 폭발, 기기 장치의 고장 또는 파괴, 산업공해 등
② 광산재해
③ 교통재해
④ 항공재해
⑤ 선박재해
⑥ 도시재해(화재 및 공해)
⑦ 학교재해
⑧ 가정재해
⑨ 공공재해

2.3 재해(사고)의 유형

인위적 재해는 위와 같이 다양하게 분류되며 각각의 재해는 다양한 업종에서 여러 가지 사고유형으로 나타나게 되는데, 한국산업안전보건공단의 KOSH GUIDE (G-83-2016)의 "산업재해 기록 · 분류에 관한 지침"에 따르면 사고의 발생형태는 [표 2-2]와 같다.

2.4 재해(사고)의 유형별 특성

사고를 예방하기 위해서는 각 유형의 사고 특성을 이해하는 것이 중요하다. 사고 특성의 이해는 작업 시 위험요소를 상기시키는 역할과 사고가 발생했을 시 피해정도 등을 인지할 수 있게 하여 작업자 및 감독자, 관리자 등이 보다 안전에 주의를 기울일 수 있도록 돕는다.

재해 유형별 특성은 한국산업안전보건공단에서 발표한 5대 재해유형에 대하여 살펴보도록 한다.

표 2-2 재해(사고) 발생형태 분류

① 떨어짐(높이가 있는 곳에서 사람이 떨어짐)	⑫ 반복적 동작
② 넘어짐(사람이 미끄러지거나 넘어짐)	⑬ 이상온도 노출 · 접촉
③ 깔림 · 뒤집힘(물체의 쓰러짐이나 뒤집힘)	⑭ 이상기압 노출
④ 부딪힘(물체에 부딪힘) · 접촉	⑮ 유해 · 위험물질 노출 · 접촉
⑤ 맞음(날아오거나 떨어진 물체에 맞음)	⑯ 소음노출
⑥ 끼임(기계설비에 끼이거나 감김)	⑰ 유해광선 노출
⑦ 무너짐(건축물이나 쌓여진 물체가 무너짐)	⑱ 산소결핍 · 질식
⑧ 압박 · 진동	⑲ 화재
⑨ 신체반작용	⑳ 폭발
⑩ 부자연스런 자세	㉑ 감전
⑪ 과도한 힘 · 동작	㉒ 폭력행위

1) 떨어짐과 넘어짐

사람이 중력에 의해 높은 곳에서 떨어지면서 자유 낙하하는 것을 말하며, 떨어진 결과 사람이 부상하거나 사망하는 것을 떨어짐(추락) 재해라고 한다. 넘어짐은 미끄러짐, 걸려 넘어짐, 계단에서 헛디딤 등에 의해 발생한다. 떨어짐과 넘어짐 사고는 안전시설물 미설치 및 미활용, 안전기준 및 안전수칙 미준수, 작업방법 및 순서 불량 등이 원인이다.

2) 끼임

기계의 움직이는 부분들 사이 또는 움직이는 부분과 고정 부분 사이에 신체 또는 신체 일부분이 끼이거나,

표 2-3 끼임재해의 위험점

위험분류	내 용	위험 위치
협착점 (Squeeze-Point)	협착점 = 왕복운동 + 고정부 왕복운동을 하는 동작부분과 움직임이 없는 고정부분 사이에 형성되는 위험점	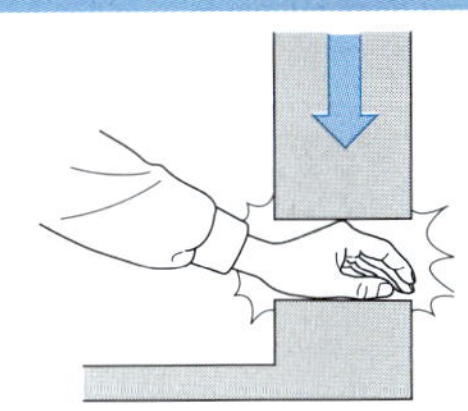
끼임점 (Shear-Point)	끼임점 = 회전 또는 직선운동 + 고정부 기계의 고정부분과 회전 또는 직선운동 부분 사이에 형성되는 위험점	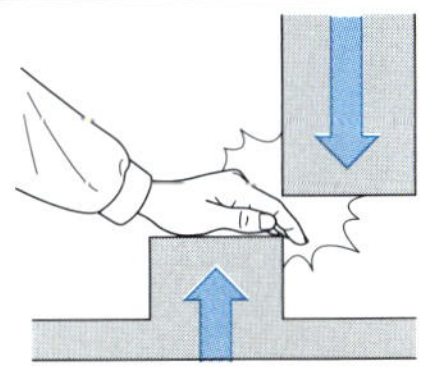
절단점 (Cutting-Point)	절단점 = 회전 또는 왕복운동 자체 회전운동 또는 왕복운동을 하는 절삭날 등 돌출 부위에 형성되는 위험점	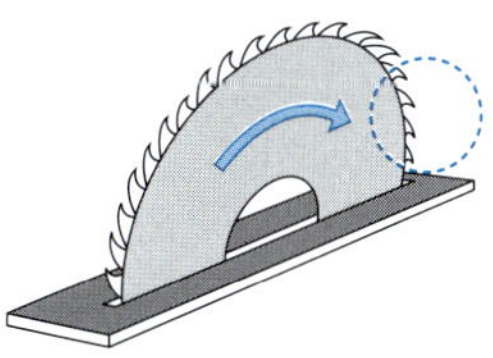
물림점 (Nip-Point)	물림점 = 회전운동 + 회전운동 서로 반대방향으로 맞물려 회전하는 두 개의 회전체에 물려 들어갈 위험성	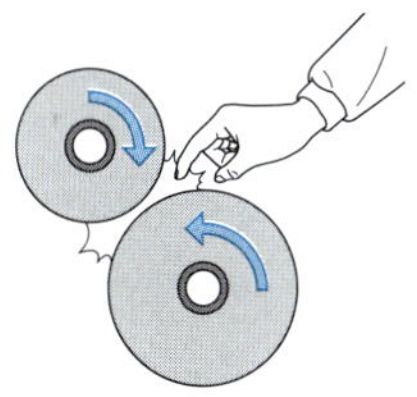

접선 물림점 (Tangential–Point)	접선물림점 = 회전운동 + 접선부 회전하는 부분의 접선방향으로 물려 들어가는 위험점	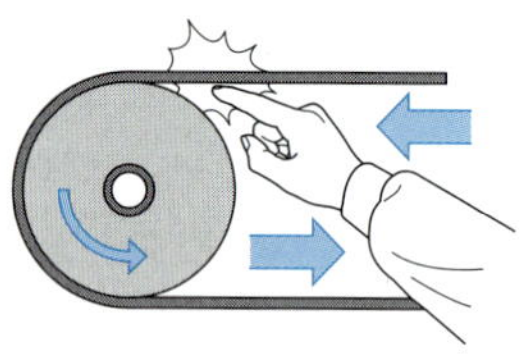
회전 물림점 (Trapping– Point)	회전물림점 = 돌기회전부 회전하는 물체에 의해 장갑, 작업복 등이 말려들어가는 위험점	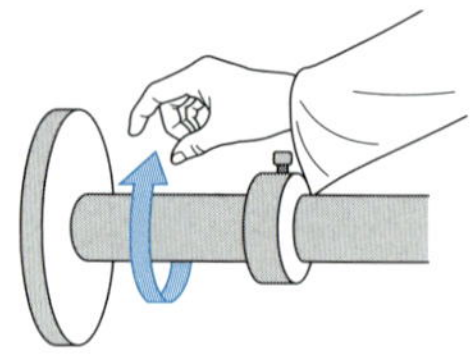

출처 : 한국산업안전보건공단 끼임재해예방 VR교안

물리거나, 말려 들어감으로 인해 발생되는 재해형태를 끼임재해라고 한다. 끼임 위험은 6가지로 분류할 수 있는데, 그 내용은 [표 2–3]과 같으며, 끼임재해는 60% 이상이 제조업에서 발생한다는 특징을 가지고 있다. 끼임재해는 방호장치가 미설치된 기계 · 설비의 작업점, 벨트 · 체인 등 주로 동력전달부에서 발생되어진다. 또 회전체 취급 작업 시 면장갑 등의 잘못된 복장으로 인하여 발생되거나 기계 · 설비의 정비 · 수리 등의 작업 시 기계를 정지하지 않거나 타 작업자의 기동스위치 오조작으로 인하여 발생한다.

3) 부딪힘

재해자 또는 기인물의 움직임, 동작으로 인하여 접촉 또는 부딪쳐 발생하는 재해를 부딪힘(충돌 · 접촉) 재해라고 한다. 부딪힘 재해는 지게차, 크레인, 굴삭기 등 각종 설비 · 기계나 출입문 등의 구조물, 망치나 햄머 등의 휴대용 공구 등의 설비로 인하여 발생할 수 있으며 작업장 및 통로의 정리정돈을 통하여 돌출물 등이 없도록 유지하여야 한다.

4) 물체에 맞음

구조물, 기계 등에 고정되어 있던 물체가 중력, 원심력, 관성력 등에 의하여 고정부에서 이탈하거나, 설비 등으로부터 물질이 분리되어 사람을 가해하는 경우를 말한다. 물체에 맞음 사고는 작업현장에서 근무 중 부주의뿐만 아니라, 작업현장 내의 안전점검 실시 및 관리 소홀 등이 원인이 되어 나타나는 경우가 많으며, 작업 전 안전점검 등을 통하여 미연에 방지하는 것이 효과적이다.

5) 폭발 · 파열, 화재

가연성 가스 및 인화성 액체 등 유해위험물질에 의하여 발생할 수 있으며, 정비보수 등 비정상적 작업에서 안전수칙 및 안전절차 미준수, 위험물에 대한 위험정보 미인지 등에 의한 사고가 증대되고 있다. 사고 빈도는 작으나 한번 사고가 일어나게 되면 대량의 사상자가 발생할 수 있으며 사업장 근로자 및 인근지역까지 연쇄적으로 피해가 확산될 수 있으므로 위험관리를 통한 예방이 중요하다.

더 읽을거리

김병석. 최신 산업안전관리론. 형설출판사. 2019.
한국산업안전보건공단 재해예방 VR교안(떨어짐, 끼임, 부딪힘). 2020.
KOSHA GUIDE(G–83 –2016). 산업재해 기록·분류에 관한 지침. 2016.

제3장 분야별 안전

제1절 건설 안전

이명구

1.1 건설산업의 이해

1) 건설공사 참여자

건설공사는 목적구조물의 건립을 계획·설계·시공·준공·양도하는 단계별로 여러 참여자가 공동으로 책임과 권한을 부여받고 진행하는 복합적 사업이라 할 수 있다(그림 3-1).

계획단계에서는 발주자가 해당 구조물의 건립을 계획하고 소요 예산을 편성하는 등의 과정을 거쳐 설계자에게 해당 구조물의 설계를 의뢰한다. 설계단계에서 설계자는 개략적인 배치도, 외형, 재료 등을 반영한 기본설계를 확정하고 이를 바탕으로 세부적으로 설계도면, 공사비용(이를 "설계내역서"라 한다), 공사기간, 필요한 구조계산서 등을 포함한 실시설계를 한다. 시공단계는 건설공사발주자가 설계사의 설계도서를 기준으로 시공자를 선정하고 시공자는 의뢰받은 목적구조물을 설계도서에 따라 공사하는 과정을 말한다. 이때 시공자는 굴착공사, 콘크리트공사, 창호공사 등 모든 공종을 직접 수행하기 어려우므로 각 공종의 전문건설사를 선정하여 시공토록 하고 있고, 이들은 직접 공사를 수행하는 근로자를 고용하여 공사를 수행한다. 또한 발주자는 목적구조물의 품질을 확보하기 위하여 시공자의 시공과정을 감리하는 감리사를 선정하여 설계도서에 맞게 시공하는지를 확인하는 과정을 위임하고 있다. 준공단계는 목적구조물이 완공되면 시운전 등 확인과정을 통하여 발주자와 시공자 간에 인수인계 과정을 거치고 물권을 양도하는 과정을 말한다.

이러한 공사단계별 과정에서 공사 관련 인허가기관이 존재하고, 발주자, 설계자, 시공자(하수급시공자 포함), 감리자 등이 참여하고 상호간 계약관계가 성립되어 진행되는 것이 건설공사의 특성이다.

건설공사의 발주자는 발주자의 신분이 정부, 지방자치단체, 공공기관 등인 경우는 공공발주라고 하며, 그 이외의 발주는 민간발주라고 한다. 민간발주인 경우에도 발주자가 개인 또는 법인으로서 본인이 사용할 목적으로 발주하는 경우가 있고, 「건설산업기본법」에 따라 등록한 건설사업자 또는 「주택법」에 따라 등록한 주택건설사업자가 타인에게 분양할 목적으로 발주하는 경우가 있다.

「산업안전보건법」에서는 건설공사의 발주자를 "건설공사발주자"라고 정의하고 있으며, 건설사업자 또는 주택건설사업자 등은 이 범주에서 제외하여 별도의 용어로서 "건설공사도급인"이라 정의하고 있다. 그 신분에 따라 안전보건관리 책무를 다소 차등적으로 부여하고 있다.

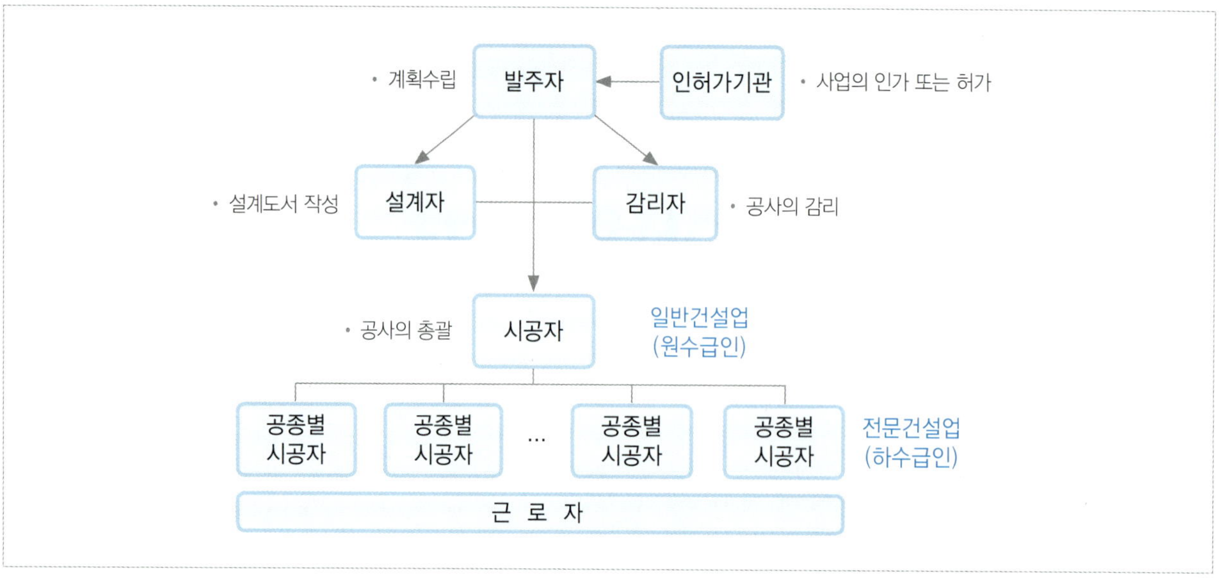

그림 3-1 건설공사 참여자

2) 가설구조물

건설공사는 목적구조물을 형성하기 위해 임시로 설치하여야 하는 시설물들이 있다. 이를 총칭하여 가설구조물이라 한다. 대표적인 예로 비계, 거푸집동바리, 흙막이지보공, 작업통로, 가설계단, 가설사다리 등이 있다. 이들은 목적구조물을 건설하는 도중에 작업을 용이하게 하거나 안전하게 작업할 수 있도록 임시로 설치하는 구조물이기 때문에 설계 또는 시공을 소홀히 할 개연성이 있고, 그로 인하여 사고발생의 주요 요인이 되고 있다.

비계(scaffolding)란 사람 손이 닿지 않아 작업발판을 설치하고 그 위에서 작업을 할 수 있도록 하는 모든 구조물을 말하며, 그 설치방식 또는 사용재료에 따라 강관비계, 틀비계, 시스템비계, 말비계, 달비계, 달대비계, 이동식비계 등으로 구분된다. 이러한 비계 구조에 목재 또는 철재의 작업발판을 설치하여 작업자가 작업발판 위에서 작업을 한다.

거푸집동바리는 콘크리트 구조물을 형성하기 위하여 굳지 않은 콘크리트가 굳은 콘크리트로 양생되는 동안 구조물의 형상을 갖추도록 틀을 짜는 것을 거푸집(form)이라 하고 그 거푸집이 무너지거나 붕괴되지 않도록 지지하는 것을 동바리(support)라 하며, 이를 통칭하여 거푸집동바리라 한다. 거푸집동바리는 그 구조 형식에 따라 지주형 동바리(강관지주, 강관틀지주, 조립강주 등), 지주형식이 없는 데크플레이트, 작업발판과 거푸집동바리 일체형(RCS Form, ACS Form 등), 이동식거푸집(Travelling Form) 등이 있다.

흙막이 지보공은 지반굴착공사에서 지반이 붕괴되는 것을 방지하기 위한 가설구조물로서 흙이 흘러내리지 않도록 하는 흙막이와 지반이 무너져 내리지 않도록 하는 지보공으로 구성된다. 흙막이는 엄지말뚝과 토류판, CIP, SCW, 시트파일 등이 있고 지보공은 버팀보, 어스앵커, 소일네일링, 레이커 등이 있다. 지반 여건에 따라 다양한 흙막이와 지보공이 조합되어 현장에서 적용된다.

3) 안전시설물

건설공사는 로봇이 작업하지 않는 한 근로자가 공사현장에서 작업을 하게 되며, 그들이 높은 곳에서 떨어지거나(추락), 높은 곳에서 아래로 떨어지는 물건에 맞거나(낙하 · 비래), 건설기계에 부딪히거나(협착) 하는 위험에 노출되어 있다. 이러한 사고를 방지하기 위하여 임시로 설치하는 추락재해방지시설, 낙하재해방지시설, 협착재해방지시설 등을 총칭하여 안전시설물이라 한다.

추락방지시설물은 추락방지망, 안전난간, 개구부덮개 등이 있으며, 낙하방지시설물은 낙하물방지망, 방호선반, 수직보호망, 작업발판의 폭목(toe-board) 등이 있다. 협착재해방지시설은 건설기계에 사람이 접근할 때 경보음 또는 영상 관찰이 될 수 있도록 스마트기기를 활용한 안전장치들이 사용되고 있다.

4) 건설기계

건설현장에 사용되는 건설기계는 굴착공사를 위한 굴착기(포크레인, 파워셔블, 드레그셔블 등), 양중기(타워크레인, 이동식 크레인 등), 암반 발파작업을 위한 천공기, 지중에 말뚝을 형성하기 위한 항타기, 지반 굴착·정지작업을 위한 불도저·스크레이퍼·모터그레이더, 콘크리트 타설을 위한 콘크리트 믹서트럭·콘크리트펌프카 등 다양한 종류의 건설기계가 사용되고 있다.

건설기계에 의한 사고는 건설기계가 전도·전락하거나, 경사지에 정차할 때 불시의 이동, 작동 중인 건설기계에 끼이거나 부딪힘, 양중작업 중 양중기의 붐대가 붕괴되거나 인양로프의 파단 등으로 하물이 떨어질 때 맞음 등이다.

5) 보호장구

건설사고는 발생되지 않도록 하는 것이 좋으나 사건이 발생되더라도 사고로 연결되지 않도록 하거나 사고의 크기를 최소화하도록 하여야 한다.

추락재해가 발생될 우려가 있는 장소에서는 출입금지 조치를 하거나 안전난간을 설치하는 등의 조치를 하여야 하며, 그러하지 못할 경우에는 안전대 등 보호장구를 착용하도록 하여야 한다.

건설현장에서 주로 사용하는 보호장구는 안전모, 안전대, 용접용보안면 등이 있다.

(1) 안전모

안전모는 물체의 낙하·비래 또는 사람의 추락으로부터 인체의 머리 부분을 보호하기 위한 개인보호구로써 그 용도에 따라 다음과 같은 종류가 있다(표 3-1).

안전모의 구조는 모체, 착장체, 턱끈으로 구성되고, 모체는 외부의 충격으로부터 견고한 재료이어야 하고 착장체는 착용자의 머리에 균등한 힘이 분배되도록 하여야 하며, 턱끈은 사용 중 탈락되지 않도록 확실히 고정할 수 있는 구조이어야 한다.

(2) 안전대

안전대는 사람이 고소에서 아래로 추락할 때 인체를 보호하기 위한 보호구로서 그네식 안전대, 1개걸이 전용안전대, U자걸이 전용안전대 등이 있다. 주요부재는 벨트, 지탱벨트, 죔줄, 충격흡수장치, 수직구명줄, D링, 버클, 신축조절기 등으로 구성되어 있다.

안전대는 사람이 추락하였을 때 위치에너지가 운동에너지로 변할 때 인체에 미치는 충격을 최소화할 수 있어야 하며, 인체에서 탈락되거나 안전대 각 부재가 파손되지 않아야 한다. 또한 안전대는 작업발판에서 사람이 추락할 때 사람을 매달리게 하는 보호구이므로 추락높이가 최소화될 수 있도록 가급적 사람의 허리 높이보다 위쪽에 안전대를 걸 수 있는 고리걸이 위치를 선정하는 것이 좋으며 고리걸이 구조는 인체가 추락할 때의 충격력에

표 3-1 안전모의 종류

종류(기호)	사 용 구 분	비 고
AB	물체의 낙하 또는 비래 및 추락에 의한 위험을 방지 또는 경감시키기 위한 것	
AE	물체의 낙하 또는 비래에 의한 위험을 방지 또는 경감하고, 머리부위 감전에 의한 위험을 방지하기 위한 것	내전압성*
ABE	물체의 낙하 또는 비래 및 추락에 의한 위험을 방지 또는 경감하고, 머리부위 감전에 의한 위험을 방지하기 위한 것	내전압성

*내전압성이란 7,000V 이하의 전압에 견디는 것을 말한다.

견딜 수 있는 견고한 구조이어야 한다.

(3) 용접용 보안면

용접용 보안면의 종류는 용접필터의 자동변화 유무에 따라 자동용접필터형과 일반용접필터형으로 구분한다. 용접필터 차광등급은 자외선 최대분광투과율, 시감투과율, 적외선 투과율에 따라 그 등급을 구분하고, 그 형태는 머리에 착용하는 헬멧형과 손으로 들고 사용하는 핸드실드형이 있다.

1.2 건설업 산업안전보건관리비

1) 관련 규정

건설업의 보건관리를 위한 재원으로서 대표적인 현행 제도는 「건설업 산업안전보건관리비 계상 및 사용기준」, [고용노동부 고시 제2020-63호, 2020.1.23.]가 있다.

건설공사발주자는 도급계약을 체결하거나 사업계획을 수립할 때에는 산업재해 예방을 위하여 사용하는 비용을 도급금액 또는 사업비에 계상(計上)하고, 산업재해 예방 외의 목적으로 사용하지 않도록 규정하고 있다.

2) 산업안전보건관리비 계상기준

산업안전보건관리비는 「산업재해보상보험법」의 적용을 받는 공사 중 총공사금액 2천만 원 이상인 공사는 산업안전보건관리비를 사업비에 반영하도록 하고 있다. 사업의 규모 및 종류별 [표 3-2]와 같이 계상하여야 하고, 입찰 당시 낙찰률에 따라 산업안전보건관리비가 낮아짐으로서 안전보건관리가 소홀히 될 것을 방지하기 위하여 설계예정 가격대로 공사비에 계상하고 이를 사용함에 따라 최종 정산하도록 규정하고 있다.

이때, 대상액이란 공사원가계산서 구성항목 중 직접재료비, 간접재료비와 직접노무비를 합한 금액을 말하며, 원가계산서 상에서 이를 명확히 구분하기 곤란한 때에는 총공사금액의 70%를 대상으로 하고 그 대상액에 [표 3-2]의 적용요율을 곱하여 다음 식과 같이 산업안전보건관리비를 산출한다.

산업안전보건관리비 = (대상액)×적용요율+(기초액)
(예) 대상액이 3억원이면서 일반건설공사(갑)인 경우
– 산업안전보건관리비 = 300백만원×2.93/100
(예) 대상액이 30억원이면서 중건설공사인 경우
– 산업안전보건관리비 = 3,000백만원×2.35/100+5.4백만원

3) 산업안전보건관리비 사용기준

(1) 사용항목

산업안전보건관리비의 사용가능한 항목은 [표 3-3]과 같다.

(2) 사용기준

산업안전보건관리비는 건설사업장에서 근무하는 근로자의 산업재해 및 건강장해 예방을 위한 목적으로만 사용하여야 한다. 사용목적에 대한 해석이 명확히 구분하

표 3-2 공사종류 및 규모별 안전관리비 계상기준표

(단위 : 원)

구분 / 공사종류	대상액 5억원 미만인 경우 적용비율(%)	대상액 5억원 이상 50억원 미만인 경우		대상액 50억원 이상인 경우 적용비율(%)	영 별표5에 따른 보건관리자 선임 대상 건설공사의 적용비율(%)
		적용비율(%)	기초액		
일반건설공사(갑)	2.93%	1.86%	5,349,000원	1.97%	2.15%
일반건설공사(을)	3.09%	1.99%	5,499,000원	2.10%	2.29%
중건설공사	3.43%	2.35%	5,400,000원	2.44%	2.66%
철도 · 궤도신설공사	2.45%	1.57%	4,411,000원	1.66%	1.81%
특수및기타건설공사	1.85%	1.20%	3,250,000원	1.27%	1.38%

기 어렵기 때문에 당초에는 사용가능한 범위를 규정하던 것을 사업장에서 산업재해 및 건강장해 예방을 위하여 자유롭게 판단하여 사용하되 사용하여서는 안 되는 사용불가항목을 일일이 열거하여 규정하는 방식으로 제도가 개선되었다. 따라서, 사용불가항목을 제외한 것이라면 사업장 자율적 · 합리적 판단에 따라 산업안전보건관리비를 사용 가능하도록 하고 있다.

근로자의 건강관리비 등의 용도로서 사용불가내역은 [표 3-4]와 같다.

개인보호구 및 안전장구비 등의 비목으로 사용불가내역은 [표 3-5]와 같다.

건설공사의 공정률에 따라 산업안전보건관리비를 적절히 안배하여 사용할 것을 유도하기 위하여 공정률에 따라 적절한 사용기준을 마련하고 있다. 공정률에 따른 사용기준은 [표 3-6]과 같다.

표 3-3 산업안전보건관리비의 사용항목

비목	사용내용
1. 안전관리자 등의 인건비 및 각종 업무수당 등	가. 전담 안전 · 보건관리자의 인건비, 업무수행 출장비(지방고용노동관서에 선임 보고한 날 이후 발생한 비용에 한정한다) 및 건설용리프트의 운전자 인건비. 다만, 유해 · 위험방지계획서 대상으로 공사금액이 50억원 이상 120억원 미만(「건설산업기본법 시행령」 별표 1에 따른 토목공사업에 속하는 공사의 경우 150억원 미만)인 공사현장에 선임된 안전관리자가 겸직하는 경우 해당 안전관리자 인건비의 50퍼센트를 초과하지 않는 범위 내에서 사용 가능 나. 공사장 내에서 양중기 · 건설기계 등의 움직임으로 인한 위험으로부터 주변 작업자를 보호하기 위한 유도자 또는 신호자의 인건비나 비계 설치 또는 해체, 고소작업대 작업 시 낙하물 위험예방을 위한 하부통제, 화기작업 시 화재감시 등 공사현장의 특성에 따라 근로자 보호만을 목적으로 배치된 유도자 및 신호자 또는 감시자의 인건비 다. 별표 1의2에 해당하는 작업(건설용 리프트 · 곤돌라를 이용하는 작업 등 14종의 작업)을 직접 지휘 · 감독하는 직 · 조 · 반장 등 관리감독자의 직위에 있는 자가 영 제15조제1항에서 정하는 업무를 수행하는 경우에 지급하는 업무수당(월 급여액의 10퍼센트 이내)
2. 안전시설비 등	법 · 령 · 규칙 및 고시에서 규정하거나 그에 준하여 필요로 하는 각종 안전표지 · 경보 및 유도시설, 감시시설, 방호장치, 안전 · 보건시설 및 그 설치비용(시설의 설치 · 보수 · 해체 시 발생하는 인건비 등 경비를 포함한다)
3. 개인보호구 및 안전장구 구입비 등	각종 개인 보호장구의 구입 · 수리 · 관리 등에 소요되는 비용, 안전보건 관계자 식별용 의복 및 제1호의 안전 · 보건관리자 및 안전보건보조원 전용 업무용 기기에 소요되는 비용(근로자가 작업에 필요한 안전화 · 안전대 · 안전모를 직접 구입 · 사용하는 경우 지급하는 보상금을 포함한다)
4. 사업장의 안전진단비	법 · 령 · 규칙 및 고시에서 규정하거나 자율적으로 외부전문가 또는 전문기관을 활용하여 실시하는 각종 진단, 검사, 심사, 시험, 자문, 작업환경측정, 유해 · 위험방지계획서의 작성 · 심사 · 확인에 소요되는 비용, 자체적으로 실시하기 위한 작업환경 측정장비 등의 구입 · 수리 · 관리 등에 소요되는 비용과 전담 안전 · 보건관리자용 안전순찰차량의 유류비 · 수리비 · 보험료 등의 비용
5. 안전보건교육비 및 행사비 등	법 · 령 · 규칙 및 고시에서 규정하거나 그에 준하여 필요로 하는 각종 안전보건교육에 소요되는 비용(현장 내 교육장 설치비용을 포함한다), 안전보건관계자의 교육비, 자료 수집비 및 안전기원제 · 안전보건행사에 소요되는 비용(기초안전보건교육에 소요되는 교육비 · 출장비 · 수당을 포함한다. 단, 수당은 교육에 소요되는 시간의 임금을 초과할 수 없다)
6. 근로자의 건강관리비 등	법 · 령 · 규칙 및 고시에서 규정하거나 그에 준하여 필요로 하는 각종 근로자의 건강관리에 소요되는 비용(중대재해 목격에 따른 심리치료 비용을 포함한다) 및 작업의 특성에 따라 근로자 건강보호를 위해 소요되는 비용
7. 건설재해예방기술지도비	재해예방전문지도기관에 지급하는 기술지도 비용
8. 본사 사용비	안전만을 전담으로 하는 별도 조직(이하 "안전전담부서"라 한다)을 갖춘 건설업체의 본사에서 사용하는 제1호부터 제7호까지의 사용항목과 본사 안전전담부서의 안전전담직원 인건비 · 업무수행 출장비(계상된 안전보건관리비의 5퍼센트를 초과할 수 없다)

표 3-4 근로자 건강관리비 등의 비목으로 산업안전보건관리비의 사용불가내역

근무여건 개선, 복리 · 후생 증진 등의 목적을 가지는 다음과 같은 항목에 소요되는 비용
가. 복리후생 등 목적의 시설 · 기구 · 약품 등
  1) 간식 · 중식 등 휴식 시간에 사용하는 휴게시설, 탈의실, 이동식 화장실, 세면 · 샤워시설
    ※ 분진 · 유해물질사용 · 석면해체제거 작업장에 설치하는 탈의실, 세면 · 샤워시설 설치비용은 사용 가능
  2) 근로자를 위한 급수시설, 정수기 · 제빙기, 자외선차단용품(로션, 토시 등을 말한다)
    ※ 작업장 방역 및 소독비, 방충비 및 근로자 탈수방지를 위한 소금정제 비, 6~10월에 사용하는 제빙기 임대비용은 사용 가능
  3) 혹서 · 혹한기에 근로자 건강 증진을 위한 보양식 · 보약 구입비용
    ※ 작업 중 혹한 · 혹서 등으로부터 근로자를 보호하기 위한 간이 휴게시설 설치 · 해체 · 유지비용은 사용 가능
  4) 체력단련을 위한 시설 및 운동 기구 등
  5) 병 · 의원 등에 지불하는 진료비, 암 검사비, 국민건강보험 제공비용 등
    ※ 다만, 해열제, 소화제 등 구급약품 및 구급용구 등의 구입비용은 사용 가능
나. 파상풍, 독감 등 예방을 위한 접종 및 약품(신종플루 예방접종 비용을 포함한다)
다. 기숙사 또는 현장사무실 내의 휴게시설 설치 · 해체 · 유지비, 기숙사 방역 및 소독 · 방충비용
라. 다른 법에 따라 의무적으로 실시해야 하는 건강검진 비용 등

표 3-5 개인보호구 및 안전장구비 등의 비목으로 산업안전보건관리비의 사용불가내역

근로자 재해나 건강장해 예방 목적이 아닌 근로자 식별, 복리 · 후생적 근무여건 개선 · 향상, 사기 진작, 원활한 공사수행을 목적으로 하는 다음 장구의 구입 · 수리 · 관리 등에 소요되는 비용
가. 안전 · 보건관리자가 선임되지 않은 현장에서 안전 · 보건업무를 담당하는 현장관계자용 무전기, 카메라, 컴퓨터, 프린터 등 업무용 기기
나. 근로자 보호 목적으로 보기 어려운 피복, 장구, 용품 등
  1) 작업복, 방한복, 방한장갑, 면장갑, 코팅장갑 등
    ※ 다만, 근로자의 건강장해 예방을 위해 사용하는 미세먼지 마스크, 쿨토시, 아이스조끼, 핫팩, 발열조끼 등은 사용 가능함
  2) 감리원이나 외부에서 방문하는 인사에게 지급하는 보호구

4) 산업안전보건관리비 관리기준

공사진행 중 설계변경으로 인하여 공사금액에 증감되는 때에는 대상액의 증감비율에 따라 안전보건관리비를 증감하도록 하고 있다. 이때 대상액의 증감비율은 당초 대상액에 대한 대상액 증감액의 비를 말하며, 안전관리비의 증감액은 당초 안전관리비에 대상액의 증감비율을 곱한 금액을 말한다.

공사금액이 4천만 원 이상인 건설공사인 경우에는 매월 사용명세서를 작성하여 두어야 하며, 매 6개월마다 발주자 또는 감리원의 확인을 받아야 한다. 이때, 사용목적에 위반하여 사용하거나 사용하지 않은 안전보건관리비는 계약금액에서 감액조정하거나 반환을 요구할 수 있다. 사용명세서는 건설공사 종료 후 1년 동안 보존하여야 한다.

표 3-6 공사진척에 따른 안전관리비 사용기준

공정률	50퍼센트 이상 70퍼센트 미만	70퍼센트 이상 90퍼센트 미만	90퍼센트 이상
사용기준	50퍼센트 이상	70퍼센트 이상	90퍼센트 이상

※ 공정률은 기성공정률을 기준으로 한다.

더 읽을거리

고용노동부. 건설업 산업안전보건관리비 계상 및 사용기준. 고용노동부 고시 제2020-63호.
한국산업안전보건공단. 2020년도 산업재해현황분석. 2021.

제2절 위험물 안전

박달재

일반적으로 위험물은 폭발성, 가연성 및 반응성 등과 같은 물리적 위해성으로 인해 인명 및 재산피해를 줄 수 있는 물질이며, 위험물안전관리법에서 위험물이란 "대통령령이 정하는 인화성 또는 발화성 등의 물품"을 의미한다.

2.1 위험물의 분류

화학물질 관리대상별 소관부처 및 관계법령을 나타내면 [표 3-7]과 같다. 이 중 위험물안전관리법상 위험물의 범위는 위험물안전관리법시행령 [별표 1]에서 세부적으로 정하고 있다. [표 3-8]은 위험물 유별 특성이다.

2.2 위험물 유별 위험성 및 안전대책

1) 산화성 고체

산화성 고체(아염소산 염류, 염소산 염류, 과염소산 염류, 무기과산화물 등)는 산소를 함유한 강력한 산화제이며 분해되어 산소를 방출하며, 자신은 불연성 물질로서 환원성 물질 또는 가연성 물질에 대하여 강한 산화성을 가진다. 즉 다른 가연물의 연소를 돕는 지연성 물질이다.

(1) 위험성

① **산화성** : 산소를 방출하고 지연성이 강하고, 가열하

표 3-7 화학물질 관리대상별 소관부처 및 관계법령

관리대상	물질 특성	소관부처 및 관계법령	관계법령의 목적
위 험 물	화재의 위험성 (액체, 고체)	위험물안전관리법 (소방청)	화재 예방
유 독 물	인체 유해성	화학물질관리법 (환경부)	인체 보건
고압가스	폭발, 화재	고압가스안전관리법 (산업통상자원부)	폭발, 화재 예방
건강장해 물질	인체 유독성	산업안전보건법 (고용노동부)	근로자 보건
환경오염 물질	환경오염	대기 · 수질환경보전법 (환경부)	환경 보전
화약 · 폭약	폭발	총포 · 도검 · 화약류 단속법 (경찰청)	치안 유지

표 3-8 위험물 유별 특성

유별	상태	연소성	대표적 성질	소화방법
제1류	고체	불연성	산화성 고체	냉각소화(일부금지)
제2류	고체	가연성	가연성 고체	냉각소화(일부금지)
제3류	고체(액체)	가연성	자연발화성, 금수성 물질	질식소화
제4류	액체	가연성	인화성 액체	질식소화
제5류	고체(액체)	가연성	자기반응성 물질	냉각소화
제6류	액체	불연성	산화성 액체	적합한 소화

거나 제6류 위험물과 혼합하면 산화성이 증대된다.

② **폭발 위험성** : 질산암모늄, 염소산암모늄과 같이 스스로 분해폭발하는 물질도 있지만, 가열 · 충격 · 정촉매 · 이물질 등과의 접촉으로 분해가 시작되어 가연물과 접촉 · 혼합에 의해 연소하거나 조건에 따라 폭발할 수 있다.

③ **유독 및 부식 위험성** : 염소산염류, 질산염류, 중크롬산염류 등은 유독 위험성이 있으며 과산화칼륨, 과산화나트륨은 부식 위험성이 있다.

④ **특수 위험성** : 무기과산화물(과산화나트륨, 과산화칼륨)은 물과 반응하여 발열하고 산소를 방출하며 삼산화크롬은 물과 반응하여 강산이 되며 심하게 발열한다.

(2) 취급 시 안전대책

① 가열, 충격, 마찰을 피하고 분해를 촉진하는 약품과 접촉을 피한다.

② 용기의 가열, 파손, 전도를 방지하고 취급 중 내용물의 누출을 방지한다.

③ 알칼리 금속의 무기과산화물[과산화나트륨($2Na_2O_2$), 과산화칼륨(K_2O_2)]은 공기나 물과의 접촉을 피한다.

④ 환원제, 산화되기 쉬운 물질, 2류~5류 위험물과의 접촉 및 혼합을 금한다.

⑤ 열원이나 산화되기 쉬운 물질과 떨어진 곳에 저장한다.

⑥ 강산류와 절대 접촉을 금지한다.

⑦ 조해성 물질($NaClO_2$, $NaClO_3$, Na_2O_2)은 방습을 위해 밀폐용기에 보관한다.

⑧ 저장 시 환기가 잘 되는 냉암소에 저장한다.

⑨ 무기과산화물, 삼산화크롬 – 물기 엄금

(3) 진압 및 보호구

① 무기과산화물류는 물과 반응하여 산소와 열을 발생시키므로 건조사 등으로 질식소화시킨다.

② 무기과산화물류를 제외한 류는 다량의 물을 이용하여 냉각소화(주수소화)시킨다.

③ 가연물과 혼합 연소 시 폭발위험이 있으므로 안전확보에 유의한다.

④ 진화후 생기는 소화잔수는 산화성이 있으므로 여기서 오염건조된 가연물은 연소성이 증가할 위험성이 있다.

⑤ 소화작업시 공기호흡기, 보안경 및 방수복 등 보호장구를 착용한다.

2) 가연성 고체

가연성 고체(황아린, 적린, 유황, 철분, 금속분, 마그네슘, 인화성 고체 등)는 상온에서 고체의 물질로 저온에서 착화하기 쉽고, 연소 시 유해성 가스를 방출하고 연소시 연소열이 크고 연소온도가 높다.

(1) 위험성

① **연소 위험성:** 비교적 다른 가연물에 비해 착화온도가 낮아 낮은 온도에서 발화가 쉬우며, 연소속도가 빠르고 연소시 다량의 빛과 열을 발생시킨다. 금속분은 산, 할로겐원소, 황화수소와 접촉하면 발열, 발화하며 습기와 접촉하면 자연발화한다.

금속분 + $H_2O \rightarrow H_2\uparrow$ (2차 폭발위험성)

② **폭발 위험성** : 산화제(1류, 6류)와 혼합한 것은 가열 · 충격 · 마찰에 의해 발화 폭발위험이 있으며, 연소 중인 금속분에 물을 가하면 수소가스가 발생하여 2차적인 폭발위험이 있다. S, Fe, Mg분 및 금속분은 밀폐된 공간 내에서 부유할 때 점화원 또는 충격, 마찰 등에 의해 분진폭발을 일으켜 대형화재로 확대되어 파괴력도 커진다.

③ **소화곤란** : 연소 시 발생한 복사열, 다량의 유독성 연소생성물 등으로 소화가 곤란하며, 연소현장 부근의 산소가 부족하여 질식위험이 있다.

④ **분진폭발 위험성:** 금속분이 미세한 가루일 경우 산화 표면적의 증가로 공기와 혼합 시 분진폭발 발생 위험성이 있다.

(2) 취급 시 안전대책

① 가열하거나 화기를 피하며 불티, 불꽃, 고온체와의 접촉을 피한다.

② 산화제(1류, 6류)와의 혼합, 혼촉을 피한다.

③ 철분, 마그네슘, 금속분류는 물, 습기, 산과의 접촉을 피하여 저장한다.

$$Mg+2HCl \rightarrow MgCl_2+H_2\uparrow,\ Mg+2H_2O$$
$$(\text{더운물}) \rightarrow Mg(OH)_2+H_2\uparrow$$

④ 저장용기는 밀봉하고 용기의 파손과 누출에 주의한다.

⑤ 통풍이 잘 되는 냉암소에 보관, 저장한다.

(3) 진압 및 보호구

① 유황은 물에 의한 냉각소화가 적당하다.

② 금속분, 철분, 마그네슘의 연소 시 물을 뿌리면 급격한 수증기 압력이나 물과 반응시 발생된 수소에 의한 폭발위험과 연소 중인 금속의 비산으로 화재 면적을 확대시킬 수 있다.

③ 연소시 발생하는 유독성 가스의 흡입 방지를 위해 공기호흡기를 착용한다.

3) 금수성 및 자연발화성 물질

자연상태에서 발화하기 쉬우며, 물과 반응하여 가연성 가스(수소)를 발생하는 물질(황린 제외)로 복합적 위험성을 가진다.

(1) 위험성

① 물과의 반응 위험성 : 황린를 제외하고 물과 반응하여 가연성 가스를 발생한다. 일부 물질은 물과 접촉에 의해 발화하고, 물과 반응 시 점화원이 될 수 있는 열을 발생시키고 물과 반응 시 생긴 부식성 물질은 발열하는 것도 있다.

② 자연발화 : 일부 물질은 공기 중에 노출되면 자연발화를 일으킨다.

③ 가열, 강산화성 물질 또는 강산류와 접촉에 의해 위험성이 증가한다.

(2) 취급 시 안전대책

① 저장용기는 완전 밀폐하여 공기와의 접촉을 방지하고 물과 수분의 침투 및 접촉을 금하여야 한다.

② 산화성 물질과 강산류와의 혼합을 방지한다.

③ K, Na 및 알칼리금속은 산소가 함유되지 않은 석유류에 저장한다.

④ 알킬알루미늄, 알킬리튬 및 유기금속화합물류는 화기를 엄금하고 용기의 내압이 상승되지 않도록 한다.

⑤ 자연발화성 물질의 경우는 불티, 불꽃 또는 고온체에의 접근을 방지한다.

(3) 진압 및 보호구

① 물뿌리는 것을 절대 금하며 어떤 경우든 물에 의한 냉각소화는 불가능하다. 황린의 경우 초기화재 시 물로 소화가능하다.

② 상황에 따라 건조분말, 건조사, 팽창질석, 건조석회를 조심스럽게 사용한다.

③ K, Na은 격렬히 연소하기 때문에 특별한 소화수단이 없으므로 연소확대 방지에 주력하여야 한다.

④ 소화작업 시 용융칼륨의 비산에 대비하여 보호의를 착용한다.

4) 인화성 액체

인화점이 낮아 인화하기 쉽고, 연소하한계도 낮아서 공기와 소량 혼합으로도 연소되며 액체상태에서는 물보다 가벼우나 증기는 공기보다 무겁다. 알코올을 제외하고는 물에 녹지 않는다.

(1) 위험성

① 인화위험이 높다.

② 연소범위의 하한이 낮다(예, 휘발유 1.4%).

③ 비교적 발화점이 낮다(예, CS_2 = 100℃).

④ 폭발위험성이 공존한다.

(2) 취급 시 안전대책

① 누출방지(밀폐용기의 사용, 배관의 이용, 누출의 극소화)
② 폭발혼합기의 형성방지(환기철저)
③ 점화원의 제거(정전기 발생 억제 포함)

(3) 진압 및 보호구

① 위험물을 제거한다.
② 소량 위험물의 연소시는 물을 제외한 소화약제로 질식소화하는 것이 효과적이며 대량의 경우에는 포, 탄산가스, 사염화탄소, 분말소화설비에 의한 질식소화가 좋다.
③ 높은 인화점을 가지거나 휘발성이 낮은 위험물의 화재 시 증기발생을 억제한다.
④ 수용성 위험물에는 알코올형 포(泡, bubble)를 사용하거나 다량의 물로 희석해 가연성 증기의 발생을 억제하여 소화한다.

5) 자기 반응성 물질

외부로부터 산소의 공급 없이도 가열, 충격 등에 의해 연소폭발을 일으킬 수 있는 물질로 모두 가연성의 액체 또는 고체물질이고 연소할 때는 다량의 가스를 발생한다.

(1) 위험성

① 유기과산화물류, 질산에스테르류, 셀룰로이드류, 니트로화합물류, 니트로소화합물류는 외부의 산소 공급 없이도 자기연소하며, 연소속도가 빠르고 폭발적이다.
② 아조화합물류, 디아조화합물류, 히드라진유도체류는 고농도인 경우 충격에 민감하며 연소 시 순간적인 폭발로 이어진다.
③ 유기질소화합물은 불안정하여 분해가 용이하고 공기 중 장시간에 걸쳐 분해열이 축적되면 자연발화하는 것도 있다.
④ 연소생성물은 다량이고 유독성 가스가 많아 밀폐된 곳에서도 중독위험이 있다.
⑤ 니트로화합물은 화기, 가열, 충격, 마찰에 민감하여 발화폭발위험이 있다.
⑥ 강산화제, 강산류와 혼합한 것은 발화를 촉진시키고 위험성도 증가한다.

(2) 취급 시 안전대책

① 점화원의 엄금, 가열, 충격, 마찰, 타격 등을 피한다.
② 직사광선 차단, 습도에 주의하고 통풍이 양호한 찬 곳에 보관한다.
③ 강산화제, 강산류와 혼촉을 금지한다.
④ 가급적 작게 나누어서 저장하고 용기파손 및 위험물의 누출을 방지한다.

(3) 진압 및 보호구

① 질식소화는 효과가 없으며, 다량의 물로 냉각소화하는 것이 적당하다.
② 초기화재 또는 소량 화재 시에는 분말로 일시에 화염을 제거하여 소화할 수 있으나, 재발화가 염려되므로 최종적으로는 물로 냉각소화하여야 한다.
③ 화재 시 폭발위험이 상존하므로 화재진압 시에는 충분히 안전거리를 유지하고 접근 시에는 엄폐물을 이용하며 방수 시에는 무인방수포 등을 이용한다.
④ 밀폐공간 내에서 화재발생 시에는 반드시 공기호흡기를 착용하여 유독가스에 질식되는 일이 없도록 한다.

6) 산화성 액체

산소를 포함하고 있으며 다른 물질을 산화(강산화제)시킨다. 불연성 물질이며 가연물, 유기물 등과의 혼합으로 발화하며, 증기는 유독하며 피부와 접촉 시 점막을 부식시킨다.

(1) 위험성

① 자신은 불연성 물질이지만 산화성이 커 다른 물질의 연소를 돕는다(지연성).

② 2류, 3류, 4류, 5류, 강환원제, 일반 가연물과 혼합 시 혼촉발화 위험성이 있다.

③ 과산화수소를 제외하고 물과 접촉하면 심하게 발열한다.

(2) 취급 시 안전대책

① 화기엄금, 직사광선 차단, 강환원제, 유기물질, 가연성 위험물과 접촉을 피한다.

② 염기 및 물, 제1류 위험물과의 접촉을 피한다.

③ 용기의 파손 등에 주의한다.

④ 가열에 의한 유독성 가스의 발생을 방지시킨다.

(3) 진압 및 보호구

① 불연성이지만 연소를 돕는 물질이므로 화재 시에는 가연물과 격리하도록 한다.

② 소량 화재 시는 다량의 물로 희석할 수 있지만 원칙적으로 주수하지 않는다.

③ 화재진압 시 공기호흡기, 방호의, 고무장갑, 고무장화 등을 반드시 착용한다.

$$2HNO_3 \rightarrow H_2O + 2NO_2 \uparrow (\text{적갈색}) + [O]$$

⇒ 갈색 병 사용

더 읽을거리

법제처. 법령정보센터. 위험물안전관리법. 2021.
오백균·한형순. 위험물 안전관리. 동화기술. 2021.
현성호·차정민. 위험물질론 이론과 실습. 동화기술. 2018.

제3절 기계 및 전기안전

박재학

우리 주위에는 엘리베이터, 크레인 등 많은 기계들이 사용되고 있고, 전열기, 모터 등 많은 전기 기구와 설비도 사용되고 있다. 이들 기구와 설비들은 생활을 편리하게 하지만 잘못 사용되거나 고장이 나는 경우 인체에 상해를 입히거나 화재, 폭발 등의 사고로 연결될 수 있다. 이 절에서는 기계와 전기를 잘못 사용하거나 해당 설비의 고장으로 인하여 발생하는 사고를 방지하기 위하여 알아야 할 기본 원리와 필요한 대책들에 대하여 살펴본다.

3.1 기계 안전

1) 기계 안전의 기본

기계 기구나 설비를 안전하게 사용하기 위해서는 설계 단계와 제작 단계에서 본질적 안전화가 강구되어야 한다. 본질적 안전화란 작업자의 실수나 기계설비의 고장이 있더라도 안전이 확보될 수 있도록 하는 것이다. 교육 등에 의하여 특정한 방법으로 기계를 사용하는 경우에만 안전을 확보할 수 있도록 하는 경우는 본질적 안전화에서 벗어나는 것이다.

본질적 안전화를 위한 두 가지 중요한 원리가 풀 프루프(fool proof)와 페일 세이프(fail safe)이다. 풀 프루프란 사용자가 실수를 하더라도 안전이 확보될 수 있도록 하는 것이고, 페일 세이프란 설비가 고장 또는 파손이 되더라도 안전할 수 있도록 하는 원리이다.

풀 프루프의 적용 예로서 가까이 볼 수 있는 것이 가정용 믹서기이다. 믹서기의 칼날이 위험하므로 믹서기의 뚜껑이 열리면 자동으로 작동이 정지되도록 하면 위험을 방지할 수 있다. 승강기에서 승객이 많으면 경고음이 울리고 작동이 되지 않는다거나, 프레스에서 작업자의 손이 금형 사이에 들어갔을 때 프레스의 작동이 멈추는 것, 세탁기의 뚜껑이 열리면 세탁기가 멈추는 것 등이 풀 프루프의 또 다른 예이다. 또한 위험 부위에 가드를 설치한다거나 위험 기계를 아예 격리시켜 접근자체를 제한하는 것도 풀 프루프의 원리를 적용한 예라고 볼 수 있다.

페일 세이프의 원리를 적용한 예로는 승강기에서 정전이 되면 브레이크가 작동되어 운전을 정지시킨다거나, 교통 신호등을 두 군데 달아 한쪽 신호등이 고장 나더라도 다른 쪽 신호등을 볼 수 있게 하는 것 등이다. 자동차의 브레이크 등이 좌우 양쪽에 달려 있는 것도 페일 세이프의 역할을 한다. 신호등과 자동차 브레이크 등의 예와 같이 2개 이상의 요소나 시스템을 두어 한 개가 고장 나더라도 전체 시스템은 고장이 나지 않도록 하는 설계를 중복설계라고 한다.

2) 기계의 방호

기계 기구나 설비는 작동 중에 위험한 부위들이 존재하고, 이들 부위에 사용자 신체의 일부가 들어가는 경우 상해를 입게 된다. 따라서 어떤 기계 설비에 위험 부위가 없는지 살펴서 그에 대한 적절한 대책을 강구하여야 한다.

위험점이 존재하는 기계에 대해서는 작업자의 상해를 막기 위하여 방호조치를 하여야 한다. 방호조치란 위험 기계 · 기구의 위험장소 또는 부위에 근로자가 통상적인 방법으로는 접근하지 못하도록 하는 제한조치를 말하며, 방호망, 방책, 덮개 또는 각종 방호장치나 가드(guard) 등을 설치하는 것을 포함한다. 여기서 방호장치란 작업자를 보호하기 위하여 일시적 또는 영구적으로 설치하는 기계적 안전장치를 의미한다. 가드란 위험한 기계의 작업점, 회전부 등을 접촉하지 않도록 방호하기 위한 장치로 방호장치와 같은 의미이나 통상 기계방호를 위한 덮개 또는 울 등을 좁은 의미로 가드라고 하고 그 외의 방호수단은 방호장치로 취급한다.

대표적으로 위험한 기계인 프레스에 사용되는 방호장치들을 예로 들면 다음과 같다.

(1) **게이트 가드(gate guard)식 방호장치** : 위험 부위에 접근하지 못하도록 가드를 설치하며, 작업은 게이트를 통하여 이루어진다. 게이트가 위험 부위를 차단한 경우에만 슬라이드가 작동되도록 한다.

(2) **양수조작식 방호장치** : 2개의 누름 버튼을 설치하고, 양손으로 동시에 버튼을 눌러야지 슬라이드가 작동되도록 하여 두 손이 위험 부위에 접근하지 못하도록 한다.

(3) **손쳐내기식 방호장치** : 슬라이드와 연동되는 손쳐내기 봉으로 슬라이드의 하강에 앞서 위험 부위에 있는 손을 쳐내는 장치이다.

(4) **수인식 방호장치** : 수인기구를 작업자의 손에 매달고, 슬라이드가 하강하면서 수인기구가 손을 위험 부위 밖으로 끌어내는 작용으로 방호를 하는 장치이다.

(5) **감응식 방호장치** : 슬라이드가 하강 중일 때 손이나 신체의 일부가 위험 부위에 접근하는 것을 검출기구를 통하여 감지하고 자동으로 슬라이드를 정지시키는 장치이며, 검출기구로 광선식이 많이 사용된다.

3.2 전기 안전

1) 전기재해

전기는 우리 생활에 없어서는 안 되는 편리한 에너지원이지만 잘못 사용하는 경우 감전을 당하거나 화재 등의 재해가 일어날 수 있다. 주요한 전기적 재해로는 전격(電擊, 또는 감전)재해, 전기화재, 전기폭발, 전자파 장해 등이 있다.

전격재해는 감전사고로 인하여 인체가 상해를 당하는 것이고, 전기화재는 전기 에너지가 점화원으로 작용하여 가연성 물질이나 시설물 등에 화재가 발생하는 것, 전기폭발은 전기 에너지가 폭발성 가스나 물질에 대해 점화원으로 작용하여 폭발하거나 전기설비 자체가 폭발하는 것, 전자파 장해는 전자파가 가지고 있는 에너지로 인하여 주변의 설비가 오작동하여 발생하는 재해이다.

전기적 재해 중 가장 많이 발생하는 것이 전격(또는 감전)재해이다. 인체를 흐르는 통전 전류가 작거나 통전시간이 짧은 경우 경미한 상해를 입기도 하고, 그렇지 않은 경우는 사망에까지 이르기도 한다. 또한 높은 곳에서 작업하는 경우 감전으로 인하여 추락하여 상해를 입기도 하는데 이러한 경우도 모두 감전사고로 간주한다.

감전사고에서 인체의 상해 정도는 통전 전류의 크기에 큰 영향을 받는다. 전류가 아주 작은 값에서부터 증가하는 경우, 고통은 느끼지 않으면서 짜릿하게 전기가 흐르는 것을 감지하는 전류 값이 있는데 이를 최소감지전류라고 한다. 이 값은 직류와 교류, 남녀, 연령 등에 따라 달라지는데, 상용 주파수 60Hz의 교류에서 건강한 성인 남자의 경우는 약 1mA 정도이고, 직류는 이보다 더 큰 값을 가진다.

통전 전류가 보다 커지는 경우 어느 순간부터 고통을 느끼게 되는데 이때 전류 값을 고통한계전류라고 한다. 상용 주파수 60Hz의 교류에서 건강한 성인 남자의 경우는 대략 7~8mA 정도이다.

전류가 보다 커지는 경우 쇼크와 함께 고통을 느끼게 되며 어느 한계 이상이 되면 자력으로 충전부에서 이탈하는 것이 불가능해진다. 이때 이탈할 수 있는 최대 전류 값을 가수전류(可隨電流, let-go current)라고 한다. 60Hz 교류의 경우 가수전류의 최저치는 남자 9mA, 여자 6mA 정도이고, 직류의 경우는 교류보다 더 큰 값을 가진다.

인체에 흐르는 전류가 보다 증가하면 전류의 일부가 심장 부분을 흐르게 되어 심장이 정상적인 동작을 하지 못하여 불규칙한 세동을 일으키며 혈액의 순환이 곤란해지고 심장이 마비되는 현상을 보이게 되는데 이 전류 값을 심실세동전류(心室細動電流, ventricular fibrillating current)라고 한다.

감전에 의한 인체의 상해에 가장 큰 영향을 끼치는 것은 통전전류이지만 저항이 동일한 경우 전류의 크기는 전압에 의하여 결정되므로 전압을 제한할 수 있는 경우는 전압의 크기를 제한하는 것이 전격재해 방지에 중요한 수단이 될 수 있다.

인체가 전격을 받을 가능성이 거의 없는 전압을 안전전압(safety voltage)이라고 하는데, 독일, 영국 등의 국가의 경우 24V로 정하고 있으며, 프랑스의 경우 교류는 24V, 직류는 50V로 정하고 있다. 국내에서는 안전전압에 대한 규정은 없으나 전기설비기술기준령 제42조에서 금속제 외함을 가진 저압의 전기 기계기구로서 60V를 넘는 전압을 사용하는 것에 대해서는 감전을 방지하기 위하여 누전차단기 등의 보호장치를 하여야 한다고 규정하고 있고, 산업안전보건기준에 관한 규칙 제324조에서는 대지진압이 30V 이하인 전기기계·기구, 배선에 대해서는 특별한 안전대책을 요구하고 있지 않고 있다.

2) 전기재해의 방지

전기기기 및 설비를 사용하는 중에 발생하는 감전사고를 방지하기 위해서는 다음과 같은 사항에 유의하여야 한다.

(1) 전기설비의 점검을 철저히 한다.

(2) 전기기기 및 설비의 정비를 철저히 한다.

(3) 전기기기 및 설비의 위험부에 위험표시를 한다.

(4) 설비의 필요 부분에 보호접지를 행한다.

(5) 충전부가 노출된 부분에는 절연 방호구를 사용한다.
(6) 고압선로 및 충전부에 근접하여 작업하는 작업자에게는 보호구를 착용시킨다.
(7) 유자격자 이외에는 전기기계 및 기구에 전기적인 접촉을 금지한다.
(8) 관리감독자는 작업에 대한 안전교육을 시행한다.
(9) 사고 발생 시의 처리순서를 미리 작성하여 둔다.

전기에 의하여 화재 사고도 발생할 수 있으며 전기화재의 원인으로는 다음과 같은 것들이 지적되고 있다.

(1) **누전** : 전류의 통로로 설계된 이외의 곳으로 전류가 흐르는 현상을 누전이라고 하며 누전에 의하여 큰 전류가 흐르는 경우 화재로 연결될 수 있다.
(2) **과전류, 과부하** : 과전류가 흐르는 경우 발열이 커지게 되며, 과부하는 과전류의 원인이 된다.
(3) **절연열화, 절연파괴** : 절연된 물질이 열화하여 전기저항이 감소되거나 절연이 파괴되는 경우 과전류가 흐른다.
(4) **전기불꽃** : 전기적 접점에서 전기불꽃이 발생하여 근처의 인화성 물질을 발화시킨다.
(5) **단락** : 보통 합선이라고 하는 것으로 두 전선이 어떤 원인으로 서로 접촉되는 현상이다.
(6) **지락** : 지락이란 전류가 정상적인 전기회로에서 벗어나 대지로 통하는 경우이다.
(7) **접촉불량** : 두 도체의 접촉상태가 불량하면 특별한 접촉저항을 나타내어 발열하게 된다.
(8) **열적 경과** : 전등, 전열기 등의 발열체를 열의 방산이 불량한 곳에서 사용하면 열의 축적이 일어나 주변의 가연물을 발화시킨다.
(9) **정전기** : 정전기의 전위가 높아질 경우 방전을 일으키며 스파크가 발생하여 주위의 가연물질을 발화시킨다.
(10) **낙뢰** : 구름과 대지 사이에 발생하는 낙뢰가 화재를 일으킬 수 있다.

이상으로 살펴본 전기화재의 원인이 발생하지 않도록 함으로써 전기화재를 방지할 수 있다.

더 읽을거리

신창섭, 박재학, 임현교, 김두현, 원정훈, 최영보, 정국삼, 이병곤. 안전공학개론. 동화기술. 2015.

제4장 사고의 인적 요인 및 작업환경 요인

장성록

제1절 인적 요인

우리나라의 산업재해 발생현황을 살펴보면 재해율은 완만한 감소 추세를 보이고 있으나, 산업재해로 인한 경제적 손실 규모는 계속 증가하고 있다. 또한 산업의 발달과 함께 신종 유해·위험 물질 등으로 인한 사망자, 장해자, 직업병 환자는 지속적으로 증가하여 사회문제가 되고 있다.

일본의 과거 통계를 빌리면 산업재해의 91.9%가 인간의 불안전행동과 관련된 것으로 밝혀져 있다. 구태여 Heinrich의 고전적 도미노 이론을 빌리지 않더라도 산업재해를 줄여가는 첩경은 불안전행동을 제거하는 방안을 강구해야 하는 것이 자명하다. 불안전행동에 의한 재해를 세부적으로 분류해 보면 불안전한 자세 및 동작, 기계·기구의 잘못 사용, 불안전한 상태의 방치 순으로 발생한다. 이러한 불안전행동을 유발하는 인간의 실수 유형은 크게 신호검출 실패, 신호의 부정확한 인식, 정보처리 및 의사결정 시 중요도의 잘못 산정, 행동선택의 실수, 수행절차의 실수로 구분할 수 있고, [그림 4-1]과 같이 설명할 수 있다.

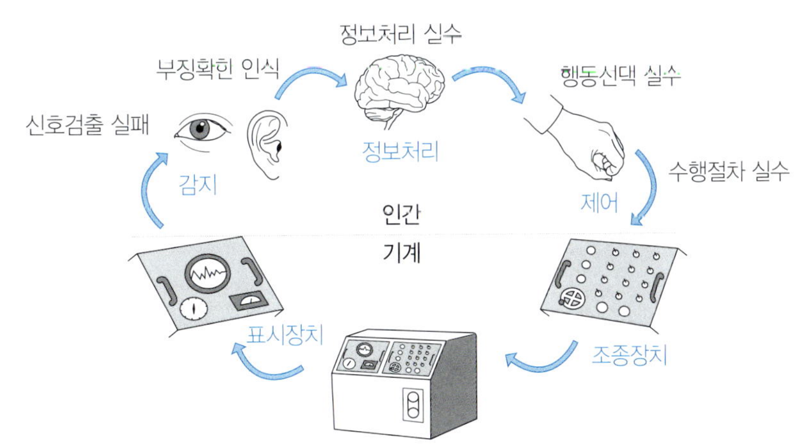

그림 4-1 인간의 정보처리과정에서 발생하는 불안전행동

출처 : 장성록. 안전인간공학. 다솜출판사. 2017.

그림 4-2 인적 요인과 작업환경 요인이 인간의 행동에 미치는 영향

출처 : 장성록. 안전심리학. 다솜출판사. 2013.

(1) 신호검출 실패

① 중요한 신호가 너무 많거나, 입력채널이 분산되는 등 입력신호가 인간의 감지기능을 초과한 과부하 상태
② 입력신호의 변동이 없거나 신호출현 빈도가 너무 적어서 발생하는 감지실수
③ 시각적인 대비가 낮거나 청각적인 소음의 효과에 의한 감지불능

(2) 신호의 부정확한 인식

① 암호화 형태 및 전달해야 할 전언의 부정확성
② 신호구분의 불명확
③ 일어날 결과의 예측치에 대한 오류
④ 인식기호의 혼란

(3) 정보처리 및 의사결정 시 중요도를 잘못 산정

① 비선형적인 예측이 요구되는 정보
② 다차원, 복잡한 내용의 판단이 요구되는 의사결정
③ 명확하게 정의되지 못했거나 이해할 수 없는 정보
④ 우발정보에 대한 불명확한 정의

(4) 행동선택의 실수

① 비양립성으로 인한 적절한 행동의 선택 방해
② 행동에 대한 절차의 인식 부족
③ 적절한 행동의 부재
④ 경제적 비용이나 절차상의 애로사항에 의한 정확한 행동의 방해

(5) 수행절차의 실수

① 적절한 도구의 부재
② 조종장치의 비양립성
③ 활동에너지 부족
④ 행동과 조종의 상관관계에 대한 이해부족
⑤ 피로누적으로 인한 동작 불능
⑥ 궤환 정보에 대한 조종행동의 불가능 또는 지연

이러한 인간의 불안전행동에 대한 배후요인은 매우 다양하지만, 레윈(Lewin)의 인간행동이론(Behavior theory)을 근간으로 [그림 4-2]와 같이 인적요인과 작업환경요인으로 나누어 설명할 수 있다.

1.1 심리적 요인

1) 망각

인간의 생활 속에서 건망증은 누구에게나 있다. 그러나 작업 중에 작업상의 필요한 절차를 망각하면 사고로 연결된다. 독일의 심리학자인 에빙하우스(E. Ebbinghaus)는 사람의 기억률을 다음의 식으로 산출하였다.

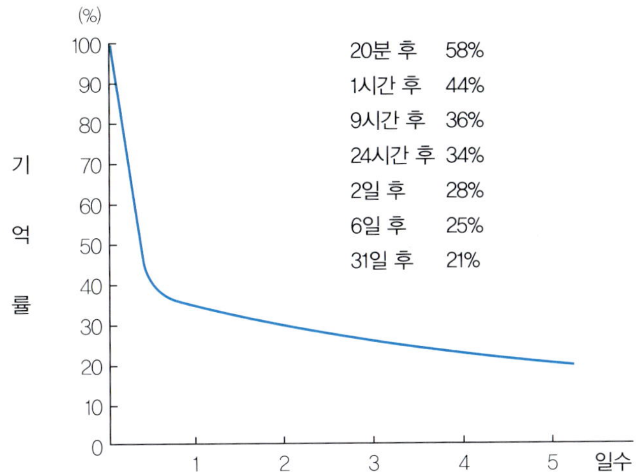

그림 4-3 에빙하우스의 망각곡선

출처 : 장성록, 안전심리학, 다솜출판사, 2013

$$\text{기억률} = \frac{\text{최초로 기억하는데 소요된 시간} - \text{그 후에 기억에 소요된 시간}}{\text{최초로 기억하는데 소요된 시간}} \times 100$$

예를 들어 최초에는 15분 만에 기억하였으나 24시간 후에 10분 만에 기억하였다면 그때의 기억률은 33.3%라고 할 수 있다. 이를 시간적 경과에 따라 그래프로 그린 것이 [그림 4-3]의 망각곡선이다. 기억해도 급속하게 잊어버리고 말지만 시간의 경과와 함께 기억률의 감소는 완만해진다. 오래되지 않은 기억은 잊어버리기 쉽고, 오래된 기억은 잊어버리기 어렵다.

작업 중의 연락이나 정보는 오늘, 내일의 행동에 관한 사항이 많다. 또, 긴급한 작업정보도 있다. 30분을 경과하면 절반을 잊어버리므로 중요한 내용은 문서로 연락하는 것이 필요하다.

2) 소질적 결함

소질성 사고 빈발자는 주의력의 산만, 주의력 지속 불능, 주의력 협소, 편중,낮은 학습능력, 생활의 불규칙, 작업에 대한 경시나 지속성 부족, 정직하지 못함, 흥분성(침착성 결여), 비 협조성, 도덕성의 결여, 소심한 성격(도전적), 감각운동의 부적합 등에 의해서 사고를 발생시키는 사람을 칭한다. 이러한 원인에 의한 재해 빈발자는 선발 과정에서의 능력 파악과 적절한 직무분석 및 배치, 작업방법의 개선, 교육훈련을 통하여 안전한 직무수행을 할 수 있도록 관리해야 한다. 특히, 위험 직종에 취업하는 사람의 경우 개인적인 특질을 고려해야 하며, 적성배치를 통한 안전관리가 되어야 한다.

3) 주변적 동작

일상적인 관습동작은 다른 문제에 집중할 때 의식하지 못하는 상태로 행해지는 경우가 있다. 주변적 동작은 대부분 주위의 상황을 보지 않고 행해지므로 외계의 위험을 알아차리지 못하는 경우가 많다. 주의를 하고 작업을 하더라도 모든 동작을 의식하고 행하는 것은 불가능에 가깝다. 작업 중에는 이와 같은 의식 외의 동작이 발생할 수 있다는 것을 염두에 두고, 위험한 곳은 울타리 등으로 방호하는 것이 필요하다.

4) 의식의 우회(迂廻)

인간은 하루 종일 긴장을 계속 유지하기는 곤란하다. 일상생활에서의 걱정, 불안, 불만 등이 작업 중에 나타날 수 있고 그것에 의식을 빼앗기는 현상이 나타나기 쉽다. 같은 우회라도 낮은 우회가 정상적인 의식상태로 빨리 돌아올 수 있다. 그러므로 깊은 우회를 얕은 우회로 변화시키는 것이 중요하며, 이를 위해 의식 · 무의식의 구조를 아는 것이 도움이 된다.

정신분석학의 창시자 프로이드(Freud)는 사람의 마음을 『의식』과 『무의식』으로 나누어 무의식의 작용을 특히 중시하였다. 무의식 속에 해소되지 않은 채 욕망이란 강박관념이 누적하게 되면 정신 위생상 바람직하지 않은 부적응 상태가 된다. 강박관념이 크게 넓어진다는 것은 의식의 우회를 깊게 하는 것과 연결되므로 안전행동을 유지하기 위해서는 평소부터 심리적 문제를 완화해야 한다. 일반적으로 우회를 나타내는 행동 특징은 day dream (직장에서 작업 중 무엇을 생각하는지 꿈을 꾸는 것과 같은 상태로 멍하니 있는 상태), 공상, 회상 등이다.

5) 걱정거리

작업 중에 작업 이외의 문제, 예를 들어 휴가 계획, 텔레비전 드라마의 회상 등의 잡념이 의식을 점유하고, 그 때문에 불안전 행동을 일으킬 수 있다. 특히 고민거리는 작업에 대한 주의력의 작용을 자주 중단한다. 잊고자 해도 떠오르는 것이 고민거리의 특징이다. 이와 같은 문제로 걱정이 시작되면 사태가 호전되지 않는 한 작업을 착수하기 어렵다.

6) 무의식 행동

주변적 동작은 의식의 중심에 없는 습관적 동작을 무의식적으로 해치우며, 걱정을 하고 있을 때에도 무의식 동작을 수반한다. 그러나 이 밖에도 무의식 행동은 가지각색으로 나타난다.

우리들은 일상 행동에서 주위의 사물을 객관적으로 관찰하고 행동하고 있는가 하면 거의 외계를 보지 않는 경우도 적지 않다. 뜨거운 차를 꿀꺽 마시어 데거나 친구와 이야기하면서 빨간 신호를 무시하고 달리는 경험을 가진 사람이 적지 않을 것이다. 이와 같은 것은 익숙해진 환경에서 일어난다. 또 급하게 서둘고 있을 때에도 일어나기 쉽다.

7) 위험 감각

개개인의 작업자가 무엇을 기준으로 하여 위험이라고 인식하는가도 중요하다.

산업재해에서의 위험은 작업을 하는 사람이 대상의 기계설비에 대해 어떠한 위험을 느끼는지에 대한 심리적인 문제와 관계가 있다. 같은 기계설비나 환경에 대해 어떤 사람은 위험을 인정하고 어떤 사람은 특별히 아무것도 인정하지 않는 경우가 있다. 산업안전보건법에 열거되어 있는 위험방지는 가장 대표적인 위험을 대상으로 한 것에 불과하다는 것을 알고 위험감각 즉, 위험에 대한 감수성을 높이기 위한 교육훈련 및 안전 활동을 전개하는 것이 필요하다.

8) 지름길 반응

지름길 반응이란 글자 그대로 지나갈 길이 있는데도 불구하고 되도록이면 지름길을 통하여 빨리 목적장소에 도달하려고 하는 것을 말한다. 교통질서 측면에서 보면 육교나 횡단보도가 있는데도 이와 같은 정규의 통로를 걷게 되면 시간이 아깝다는 생각으로 아무데서나 횡단하여 재해를 일으키는 예는 너무나 많다.

9) 생략 행위

생략 행위의 대표적인 것은 소정의 작업용구를 사용하지 않거나 정해져 있는 작업순서를 빠뜨리는 경우다.

작업은 짧은 시간에 끝날 수 있는데도 불구하고, 안전수단을 생략하지 않으면 일이 번거로워진다고 생각하는 경우도 있다. 중대한 작업에서는 그렇지는 않으나 부대적 작업이나 임시의 짧은 작업에서는 특히 이러한 경향이 있다. 작업자가 피로하거나 작업이 급하게 행해질 때에는 생략하는 경우가 많아진다. 대책은 규칙을 준수하는 직장의 분위기, 집단으로서의 규율과 사기, 지적 확인의 현장적용 등을 들 수 있다.

10) 억측 판단

억측 판단이란 주관적인 판단이나 근거없는 희망으로 확인도 하지 않고 행동에 옮기는 경우다. 자동차가 교차점에서 신호를 기다리고 있을 때에 전방의 신호가 청색이 되면 출발해야 하나 좌우의 신호가 적색으로 되는 찰나에 출발하는 것은 위험하다.

안전행동은 확인에 의해 보장되므로 작업정보는 정확하게 전달하고 정확하게 입수해야 한다. 또 과거의 경험에 사로잡혀 선입감을 가지고 판단하거나 자기의 형편이 좋은 대로 희망적 관측을 하는 것을 지양해야 한다.

11) 착각(착시)

인간의 대표적인 착각현상에는 다음과 같은 것들이 있다.

(1) 자동운동

광점 및 광의 강도가 작거나 대상이 단조로울 때 또는 시야의 다른 부분이 어두울 때 생기는 착각현상을 말한다.

(2) 가현운동

물리적으로 일정한 위치에 있는 물제가 순간직으로 출현하거나 소실함으로써 그 물체가 마치 움직이고 있는 것처럼 보이는 현상을 말한다.

① α 운동

Miiller Lyer의 기하학적 착시에서 가운데 선의 길이는 선 양 끝의 화살표 방향에 따라 길게 또는 짧게 보이는데 화살표의 방향이 다른 두 도형을 아주 짧은 시간 간격으로 동일한 장소에 제시하면 화살표 운동이 보임으로써 가운데 선분이 신축하는 것처럼 보인다.

② β 운동

주로 영화에서 응용되고 있는 것으로 어떤 장소에 자극을 순간적으로 제시하였다가 적당한 시간 경과 후 다른 곳에 동일한 자극이 순간적으로 제시되면 마치 물체가 처음 장소에서 다른 장소로 움직인 것처럼 보인다.

③ γ 운동

한 개의 자극을 아주 짧은 시간 동안 순간적으로 제시할 때, 나타날 때는 팽창하는 것으로 보이며 없어질 때는 수축하는 것처럼 보인다.

④ δ 운동

강도가 서로 다른 두 개의 자극을 아주 짧은 시간 간격을 두고 시점 좌우에 차례로 제시하면 보통의 β운동과는 달리 자극제시 순서와는 역으로 강한 자극에서 약한 자극으로 거슬러 올라가는 것처럼 보인다.

⑤ ε 운동

한쪽에는 흰 바탕에 검은 자극을, 다른 쪽에는 검은 바탕에 백색 자극을 아주 짧은 시간 간격을 두고 제시하면 자극이 옮아가는 것처럼 보이는 동시에 흑에서 백으로 또는 백에서 흑으로 색이 변화하는 것처럼 보인다.

정상적인 시력을 가지고도 물리적 상태를 왜곡해서 지각하는 착시 현상의 원인은 자극 자체에 있으며 인산의 실수 때문에 생긴 것만은 아니다. 이와 같은 착각이 작업 중에 발생하지 않도록 하기 위해서는 설비나 환경을 개선하는 것이 선결조건이다. 동일한 모양이나 크기의 벌브(Bulb)를 1개소에 정연하게 배치한다는 것은 보기에는 좋으나 선택의 에러를 일으키기 쉽다. 계통에 따라 색채, 크기 위치 등이 양립성에 맞도록 설계하는 것이 필요하다.

12) 성격

성격이란 각 개인의 그 감정적 및 의지적인 소질에 따

른 특유의 행동방식이다. 성격과 재해경향의 관련은 명확하지는 않으나 다음의 성격특성에는 주목할 필요가 있다.

(1) **주의 일탈성**(逸脫性) : 주의가 벗어난다.
(2) **천려성**(淺慮性) : 중요한 때에도 주의가 얕다.
(3) **집단이반성**(集團離反性) : 규칙이나 습관을 받아들이기 어렵다.
(4) **대인불감성**(對人不感性) : 타인에게 영향을 주지 않는다.
(5) **고통감이상성**(苦痛感異常性) : 고통을 마음에 두지 않는다.
(6) **자기과신성**(自己過信性) : 자신이 너무 지나쳐 위험감각이 약하다.
(7) **사회부정응성**(社會不適應性) : 자기주의가 강하고 팀웍이나 그룹의 목표에 무관심

1.2 생리적 요인

1) 피로

피로는 「노동생활의 과정에서 일상, 인간에게 경험되는 현상이다」라고 말할 수 있으나 피로의 본질은 아직도 분명하게 밝혀진 것이 없다. 따라서 피로에 대해 명확한 정의를 내리기는 어려우나 대체로 「육체적, 정신적 작업에 의해서 작업능률이 저하되는 것」을 뜻하고 피로의 내용보다도 피로의 결과로서 일어나는 현상을 말하는 경우가 많다.

피로는 정신적 피로와 육체적 피로, 급성 피로와 만성 피로 등으로 구분할 수 있다. 피로요인이 되는 작업 내용, 작업 환경, 근로에 대한 적응 능력 등을 고려하여 피로 대책이 강구되어야 작업을 안전하게 수행할 수 있다.

2) 영양과 에너지 대사

에너지 대사는 기초대사, 안정대사, 수면대사, 노동대사, 특이동적(特異動的) 작용 등으로 분류할 수 있다. 그러나 근로현장에서는 개인차, 성차, 계절차 등이 있으므로 노동강도로서 에너지 대사율(Relative metabolic rate; RMR)을 사용하고 있다. 작업에 소요된 에너지량, 즉 작업시간 중에 소비한 에너지의 총량에서 기초대사량을 뺀 수를 기초 대사량으로 나누어서 구한 값이 에너지 대사율이다.

에너지 대사율은 개인차를 제외한 작업에 특유(特有)한 값이므로 작업의 강도를 나타내는데 편리하다. 작업의 강도를 에너지 대사율로 구분하면 경작업에서는 0~2, 중(中)작업에서는 2~4, 중(重)작업에서는 4 이상이다.

$$\text{에너지 대사율} = \frac{\text{노동대사량(작업에만 필요로 하는 칼로리)}}{\text{기초대사량(생명유지에만 필요로 하는 칼로리)}}$$

$$= \frac{\text{(작업 시 소비 칼로리)} - \text{(안정 시 소비 칼로리)}}{\text{기초대사량}}$$

3) 적성과 작업의 종류

불안전행위를 없애고 산업재해를 예방하기 위해서는 작업의 내용과 근로자의 적성이 잘 맞아야 한다. 적성검사는 심리적, 생리적으로 여러 가지 방법이 제시되고 있다. 근로자를 적재적소에 배치하는 것이 노동생산성의 향상과 불안전행위의 제거에 도움을 주고 있다. 이때 고려될 사항은 신체적으로 결함이 있는 자 및 질환이 있는 자에 대한 취업이다.

더 읽을거리

장성록. 안전인간공학. 다솜출판사. 2017.
장성록, 정상교. “휴먼에러를 중심으로 한 위험요인 도출 방법론에 관한 연구”. 한국안전학회지. 29(3), pp.79~84. 2014.

제2절 작업환경 요인

2.1 인간관계 요인

근로자는 직장에서 자기 이외의 사람과 대인관계를 반드시 갖는다. 예를 들어 근로자가 한 사람밖에 없다고 하더라도 사업주가 있다.

각 작업자의 지식, 기능, 노력, 작업결과, 상호협조, 협력 등은 직장의 성적이나 사기에 관계가 있으며, 인간관계를 형성하는 데 중요한 요소가 된다. 인간관계가 좋지 않으면 사고나 재해의 발생위험이 커진다.

작업자에게 영향을 미치는 인간관계 요인으로서는 가정문제, 연애, 가정 내 불화 등이 있다.

2.2 물적 요인

기계설비나 원재료의 취급상 실수의 원인에는 기계설비 등의 설계나 유지의 부족에 의한 것이 상당히 많다. 설계가 좀 더 인간공학적으로 배려되어 있다면 불안전행동이 발생하지 않는 경우도 적지 않다.

기계설비의 안전성이라고 하면 과거에는 구조(재료, 강도 등), 기능(가동상태, 성능 등), 외관(모양, 위험부의 덮개 등) 등을 주로 생각하여 왔다. 그러나 최근에는 그것에 못지않게 작업성(부품배치 표시, 조작을 하기 쉽다는 등), 보전성(점검 · 정비를 하기 쉽고 횟수가 적다 등), 신뢰성(고장, 트러블 등이 적다) 등이 중시되게 되었다. 조작이나 유지의 불편을 해소하지 않고, 인간의 행동에만 확실성을 요구하는 것은 바람직하지 않다. 고장이 많게 되면 긴급대응도 빈번해지고, 쓸데없는 위험작업도 많아질 것이다.

산업안전보건법 시행규칙에는 기계 설비 등의 위험 방호에 대해 많은 규정이 있다. 이는 작업자가 불안전행동을 하더라도 위험을 방지하고 재해로 결부되지 않도록 하기 위한 최소한의 규정이다. 근원적 안전화의 하나인 Fool proof설계는 작업자가 실수를 하더라도 재해까지 사태가 진행되지 않도록 하는 것이다.

2.3 작업적 요인

작업적 요인에는 두 가지의 종류가 있다. 하나는 작업의 내용, 방법 등 작업 그 자체에 관한 요인(작업방법적 요인)이고, 다른 하나는 작업을 실시하는 장소의 조건에 관한 요인(작업환경적 요인)이다. 둘다 불안전행동을 유발하는 것으로서 중요한 의미를 갖고 있다.

1) 작업방법적 요인

(1) 작업자세

나쁜 작업자세에서 작업을 할 때에는 다음과 같은 영향을 받는다.

① 불필요한 정적 노력이 필요하게 되며, 피로하기 쉽다.

② 동작이 목적한 대로 되지 않으며 특히 운동의 조정에 필요한 노력이 커지며, 피로도 커진다.

③ 작업의 진척을 방해함과 동시에 작업의 질을 저하시킨다.

따라서 자연스럽지 못한 작업자세를 장시간 지속한다는 것은 안전보건상 문제가 된다.

(2) 작업속도

자동차에 경제속도가 있는 것과 같이 대부분의 작업에서도 경제속도는 존재한다. 숙련근로자는 다년간의 경험으로 이 경제속도를 체득하고 있다. 근로에 있어서의 경제적 작업속도는 피로가 축적되지 않는 범위에서 생산성과 안전성의 확보에 적합한 것이어야 한다. 작업에 소요되는 시간을 크게 나누면 ① 동작시간(작업자의 육체동작이 중심이 되는 시간), ② 기계시간(기계설비의 가동이 중심이 되는 시간), ③ 정신시간(작업자의 두뇌활동이 중심이 되는 시간)의 세 종류가 있으나, 작업을 서둘게 되면 동작시간과 정신시간에서만 절약하려고 하면서 불안전행동이 발생되기 쉽다.

최근에는 기계화, 자동화가 급속히 진행되어, 인간의 작업동작이 기계에 맞추게 되어 작업자가 작업속도에 적응하지 못하고 피로가 누적되는 상황이 생긴다. 자동화로 인해 재해의 총량은 감소되고 있으나 재해의 강도는 오히려 증대되고 있는 것도 이러한 사정과 관련이 있다.

(3) 작업강도

작업강도가 높은 작업은 단지 근육에 큰 피로를 미치게 할 뿐만 아니라, 정신적, 또는 감각적으로도 강한 영향을 미친다. [그림 4-4]는 육체적으로 근력을 많이 쓰는 작업이 지속됨에 따라 주의력, 추리판단, 심신의 조절기능 및 의지 동작이 서서히 저하되어 가고 있음을 나타낸다.

작업의 고통 정도는 근로가 생체에 미치는 생리적 부담의 무게를 작업강도라고 말하며, 저 칼로리의 소비를 목표로 하는 것이 보통이다. 어떤 작업의 칼로리 소비의 정도를 나타내는 것에는 에너지 대사율이 사용된다.

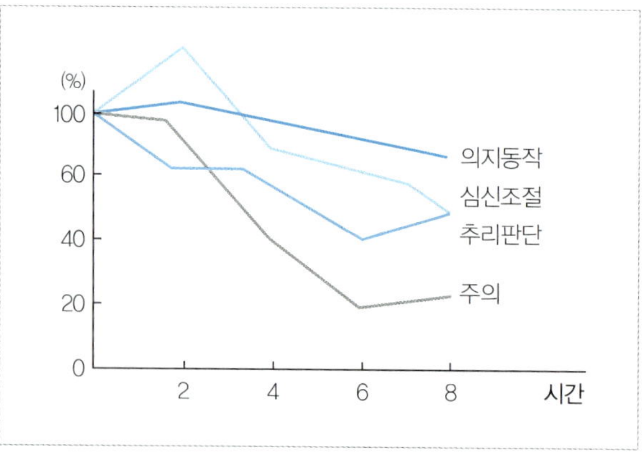

그림 4-4 8시간 근로에 있어서의 정신기능의 변화

출처 : 장성록. 안전심리학. 다솜출판사. 2013

(4) 근로시간

장시간의 근로는 근로자의 피로, 저 능률, 재해로 연결된다는 사실이 분명하다. 또한 근로시간이 길다는 것은 재해의 기회가 많아지는 것을 의미하므로 장시간근로는 안전을 저해하는 중요한 문제이다.

(5) 휴식시간

작업시간이 지속되어 어느 한도 이상을 넘어서면 작업자에게 고통과 피로감을 증가시키고 재해의 증가와 능률의 저하를 나타낸다. 따라서 이와 같은 신체적 영향이 나타나는 한도시간 내에 휴식을 줄 필요가 있다. 휴식시간은 작업의 강도와 작업환경인자(더위, 추위, 소음, 유해가스 등)를 고려할 필요가 있다. 작업강도는 가볍더라도 고도의 정신 긴장이 요구되는 때에는 장시간 작업을 계속하기 불가능하다

2) 작업환경적 요인

(1) 작업 공간

작업장소가 넓은가, 협소한가, 높은 장소인가, 또는 낮은 장소인가 등은 작업의 용이성과 관계가 있다. 작업 시의 자세를 편안하게 할 수 있는가, 신체의 움직임을 자유롭게 할 수 있는가, 시간이 길어지더라도 정확하게 작업을 할 수 있는가 등의 문제는 작업공간을 설정할 때 중요한 검토 사항이다. 정상적인 작업에서는 설비 배치나 작업위치를 합리적으로 정하고 있더라도 임시 또는 비정상적인 작업 특히 건설공사, 조선업 등 옥외 근로를 주로 하는 작업에서는 불안전한 작업공간을 설정하는 일이 적지 않다. 안전하고 무리가 없는 동작을 하기 힘든 공간에서는 언제든지 불안전행동이 나타날 수 있다.

(2) 온습도

온도와 작업 능률의 관계를 살펴보면 정신노동의 경우 17~22℃, 육체노동의 경우 15~17℃가 적합하다. 고온에서 작업을 할 경우 체온상승, 산소 소모량 증대, 혈압강하, 맥박 수 증가, 체내 수분 결핍, 발한, 체내 염분 부족이 발생한다. 이는 환기, 복사열차단, 근로시간 단축, 휴식시간 연장, 염분 및 비타민 공급으로 해결할 수 있다. 저온에서의 작업할 경우 피부온도 저하, 산소 소모량 증대, 호흡수 증가가 나타난다. 이는 작업시간의 단

축, 보온대책, 영양공급, 방한복 착용, 열량이 풍부한 지방질 음식 섭취, 단백질, 비타민 섭취로 해결할 수 있다. 냉방에서의 사무작업은 냉방병을 발생시켜 피로, 감기, 두통, 생리장애 등을 유발시킬 수 있다.

온도와 습도를 요인으로 한 쾌 · 불쾌 정도를 불쾌지수라 하고, 다음 식에 의하여 구한다.

불쾌지수(THI) = 0.72(ta+tw) + 40.6
ta = 건구 온도 (℉)
tw = 습구 온도 (℉)

불쾌지수에 따른 불쾌감의 정도는 아래와 같다.

70 이하 : 쾌적
70～75 : 약간 불쾌감
75～80 : 반수 불쾌감
80 이상 : 거의 모든 사람이 불쾌감

(3) 환기

환기는 온도와 습도의 조절과 관련이 있다. 외부공기가 깨끗할 경우 신선한 외부의 공기를 실내로 들여와 실내의 오염된 공기를 바꾸어 줄 수 있다. 외부공기의 오염이 심한 경우 공기 조화기(Air filter)나 공기 집진기(Air dust collector)로 공기를 정화하여 실내로 공급한다.

공기의 오염도는 공기 중에 포함된 이산화탄소(CO_2)의 양으로 측정할 수 있고, CO_2의 농도가 0.1% 이상일 경우 환기가 필요하다.

(4) 조명

조명은 시각적 작업 시 특히 중요하며, 인간의 시식별 능력에 영향을 미치는 요인으로는 물체의 크기, 밝기, 대비, 보는 시간, 나이, 휘광, 이동속도 등이다. 이에 대한 구체적인 내용은 인간공학의 정보 입력과정을 참고할 수 있다.

(5) 색채조절

색채학에서 강조하고 있는 조화의 원칙을 응용하여 작업의 목적을 보다 효율적으로 달성하기 위한 작업 환경의 색채를 배합 조정한다.

색상의 느낌은 난색계의 적, 황색은 따뜻한 느낌과 흥분감을 주고, 한색계의 청, 녹색은 차가운 느낌과 긴장감을 준다. 명도 측면에서 보면 명도가 높은 적색계열의 색은 신선하고 화려하며 경박한 감정을 느끼게 하며, 순도가 낮은 색은 탁하고 침울하며 중후한 감정을 느끼게 한다.

색채 조절에 적용되는 기본원칙은 다음과 같다.

① 천정에는 흰색이 가장 좋다. 밝은 색채의 경우에는 녹색이나 황색을 써도 좋다.

② 측면에는 녹황색~녹색의 색채가 잘 쓰인다. 벽을 상부와 하부로 나누어 색칠할 때에는, 색상을 같은 계통으로 하고 명도만을 바꾸는 것이 좋다. 상부와 하부의 명도 비율은 1:3 정도가 가장 알맞다.

③ 침상(寢床)은 황록색이나 녹색이 좋다. 반사율 30% 이상을 확보하는 것이 좋다.

④ 거실(居室)과 방(房) 안의 색채는 차분하고 안락성을 요하기 때문에 순도 4.0 이하의 색채를 쓰는 것이 좋다.

(6) 소음

소음이 인체에 미치는 영향은 생리적 장애, 심리적 장애, 근로의욕 저하에 의한 생산성 저하 및 사고 위험성 등을 들 수 있다.

소음의 허용한계는 장시간 반복하여 들어도 안전하다고 생각되는 음의 크기의 한계로 평균 80-90dB 정도이며, 이 이상의 소음에 대해서는 작업시간을 줄여야 한다.

소음의 대책으로는 소음원 자체에 대한 방시 수단으로 격리 및 흡음재의 사용이 있고, 진동 부분의 구조 개량이나 흡음기 부착, 귀마개, 귀덮개 사용, 배경음악(환경음악:BGM)의 이용 등이 있다.

(7) 진동

진동의 종류에는 전신 진동, 국소 진동이 있다. 진동장애에 대한 대책으로는 진동 원인 제거, 완충물을 이용한 진동감소, 작업 시간 조절, 정기적 진단 등을 들 수 있다.

2.4 관리적 요인

불안전행동의 직접원인이나 배후요인은 개인적인 인자도 있으며, 외적 인자도 있다. 관리적 요인이란 이러한 인자들을 해소 내지 억제하기 위한 계획, 실시, 평가에 관한 사항이다.

1) 교육훈련의 부족

교육훈련이 충분하지 못하기 때문에 작업자의 지식부족, 기능미숙 등에 의한 불안전행동이 끊어지지 않는 직장이 적지 않다.

2) 감독·지도 불충분

평소의 교육훈련의 성과를 작업에 적용하게 함으로써 불안전행동이 없는 작업이 진행된다. 그러므로 작업자의 작업행동에 대한 감독 · 지도의 자세는 대단히 중요하다.

인간은 타인으로부터 감독되고 제어되는 것을 본능적으로 기피하지만 직장의 생산 활동에는 미리 설계된 기계설비, 원재료 및 그것들의 취급방법과 일정한 기술적 원칙에 의거 대응될 수 있는 인간의 생산행동이 필요하다. 직장에서의 작업자의 행동원칙을 본인 스스로 수행할 수 있도록 노력하고 동시에 감독 · 지도에 의해 일탈을 방지하는 것도 필요하다. 작업개시전의 작업협의, 작업 중의 안전확인, 지시, 지도 등이 작업자의 불안전행동을 방지하는 필수불가결하다.

3) 적성배치 불충분

불안전행동은 적정한 배치가 되지 않고 있는 것이 원인인 경우가 많다. 신체적 및 정신적인 발달 정도, 능력적 결함, 고령화 현상 등에 의해 문제가 되는 작업자에 대한 적정배치의 배려는 안전상에도 필요한 것이다. 특히, 유해 위험작업에 근로자를 배치할 때에는 더욱 주의를 해야 한다.

더 읽을거리

장성록. 안전심리학. 다솜출판사. 2013.
장성록. 안전인간공학. 다솜출판사. 2017.
이관석, 임현교, 신승헌, 장성록, 김유창, 이동경, 이광원. 휴먼에러의 예방과 관리. 한솔아카데미. 2011.

제5장

위험성 평가 및 관리

백종배

제1절 위험성 평가

1.1 정의

위험성 평가(Risk Assessment)는 유해위험요인을 파악하고, 해당 유해위험요인에 의한 부상이나 질병의 발생 가능성(Likelihood)과 중대성(Consequence)을 추정하여 위험성(risk)을 결정하고 이에 대한 감소대책을 수립·실행하여 사고를 예방하기 위한 체계적인 방법이다.

위험성 평가가 활발하게 사용하게 된 계기는 1974년 28명의 사망자와 89명의 부상자가 발생한 영국의 플릭스보로(Flixborough) 폭발사고와 1976년 144명의 사망자와 7,231명의 부상자가 발생한 이탈리아 세베소(Seveso) 누출사고이다. 이와 같은 중대산업사고가 연이어 발생한 이후에 더 이상의 중대산업사고가 발생하는 것을 방지하고자 유럽연합이 고안해낸 하나의 산업안전보건관리체계가 위험성평가이다.

위험성 평가의 발상은 1982년 세베소 지침(중대산업사고예방 협약)이다. 당시 EC (European Commission)는 화학플랜트 등의 중대산업사고를 방지하기 위해서는 지금까지의 안전기준을 준수하는 것만으로는 불충분하고, 한 걸음 더 나아가 화학설비, 화학물질에 대한 위험성 평가의 중요성을 인식하였다. 1989년에는 유럽공동체 이사회에서 가맹국가들의 안전보건을 확보하고 그 수준을 향상시키기 위한 Council Directive 89/391/EEC를 채택하였다. 이에 따라 가맹국들은 1992년까지 필요한 법률, 규칙 등을 정비하여 1996년부터 시행하는 것으로 하였다. 이 명령에 의해 사업주에게 위험성 평가에

표 5-1 국가별 위험성 평가의 정의

국가	위험성 평가 정의
영국 (HSE)	근로자들이 일하는 동안 노출되거나 고용상태에 있지 않은 사람에게 발생하는 안전보건상의 위험성(Risk)을 평가하는 것
독일 (ArbSchG)	근로자의 작업과 관련된 위험성(Risk)에 대한 평가를 통하여 어떠한 산업안전보건상의 조치가 필요한지를 작업유형별로 파악하는 것
일본 (JISHA)	근로자의 작업에 관한 유해위험요인을 추정하여 발생 빈도와 부상 또는 직업병 등의 피해정도를 위험성(Risk)이라고 하고 산출된 위험성을 평가하여 그 결과를 기준으로 안전관리 대책을 수립
싱가포르 (WSH)	확인된 유해위험요인에 노출했을 때 상해나 질병을 일으킬 수 있는 가능성과 결과를 평가하고 위험성(Risk)을 제어하는 적절한 방법을 결정하는 것

대한 실시의무를 부과하게 되었으며 이에 따라 EU 각국에게 본격적으로 위험성 평가제도를 보급하게 되었다.

현재에는 EU와 우리나라뿐만 아니라 일본, 싱가포르 등 많은 선진국가에서 위험성 평가를 도입하고 있는데 위험성 평가는 안전관리를 위한 하나의 방법이라고 할 수 있다. 주요 국가의 위험성 평가에 대한 정의는 [표 5-1]과 같다.

1.2 위험성 평가의 방법과 종류

위험성 평가 방법은 크게 나누어 유해·위험요인을 도출하고 유해·위험요인에 대한 안전대책을 확인·수립하는 정성적 평가와 위험요인별로 사고로 발전할 수 있는 확률과 사고피해 크기를 정량적으로 계산하여 위험도를 수치로 계산하고 허용범위를 벗어난 위험에 대한 안전대책을 세우는 정량적 평가가 있다.

1) 정성적 평가 방법

정성적 평가 방법에는 체크리스트(Checklist) 방법, 위험과 운전분석(Hazard & operability studies, HAZOP) 방법 등이 있다.

(1) 체크리스트(Checklist)

체크리스트 방법은 사업장 내에 공정 및 설비의 오류, 결함 상태, 위험 상황 등을 목록화한 형태로 작성하여 경험적으로 비교함으로써 위험성을 정성적으로 파악하는 위험성 평가 방법이다. 이 방법은 관련 전문가들이 사전에 점검, 확인할 사항과 기준을 토대로 짧은 시간에 목록을 작성한다. 이후 운전자, 점검자 등이 현장에서 체계적으로 비교함으로써 위험성을 파악하는 방법이다. 관련 전문가들이 안전점검을 실시할 때 점검자에 의해 점검 개소의 누락이 없도록 활용할 수 있다.

(2) 유해위험요인과 운전분석(HAZOP)

HAZOP 방법은 대상 공정에 관련된 여러 분야의 전문가들이 모여서 공정에 관련된 자료를 토대로 정해진 연구 방법에 의해 공장이 원래 설계된 운전목적으로부터 이탈하는 원인과 그 결과를 찾아보며, 그로 인한 위험성과 조업도에 야기되는 문제에 대한 가능성이 무엇인가를 조사하고 연구하는 위험성 평가 방법이다.

2) 정량적 평가 방법

정량적 평가 방법에는 결함수분석(Fault Tree Analysis, FTA) 방법, 사건수분석(Event Tree Anaylsis, ETA) 방법 등이 있다.

(1) 결함수분석(FTA)

FTA 방법은 하나의 특정한 사고에 집중한 연역적 방법으로 사고의 원인을 규명하기 위한 평가 방법을 제공한다. 사고나 재해 등 정상사상(Top Event)의 원인을 게이트(Gate)인 논리기호(AND, OR)를 사용하여 더 이상 원인을 독립적으로 판단할 수 없는 기본사상(Basic Event)까지 분석한 것을 결함수로 나타내는 것이다. 특징으로는 AND, OR의 두 종류의 논리게이트로 위험성을 트리구조로 나타내어 시각적인 표현이 우수하다. 또한, 기본사상의 발생률로 중간 및 정상사상에 대한 확률을 순차적으로 확인하여 정량적 결과 도출이 가능하다.

(2) 사건수분석(ETA)

ETA 방법은 초기화 사건으로 알려진 특정한 장치의 이상이나 근로자의 실수로부터 발생하는 잠재적인 사고 결과를 예측·평가하는 방법이다. FTA 방법과는 반대로 최초 사상(원인)에서 최종 사상(사고)까지의 과정을 분석하고 각 연결부분에서 성공한 사상은 위, 실패한 사상은 아래에 작성한다. 각 사상의 발생확률을 검토하여 최종적으로 시스템의 사고 발생확률이 계산된다.

1.3 위험성 평가 절차와 방법

위험성을 확인, 분석 및 평가하는 기본적인 과정은 사

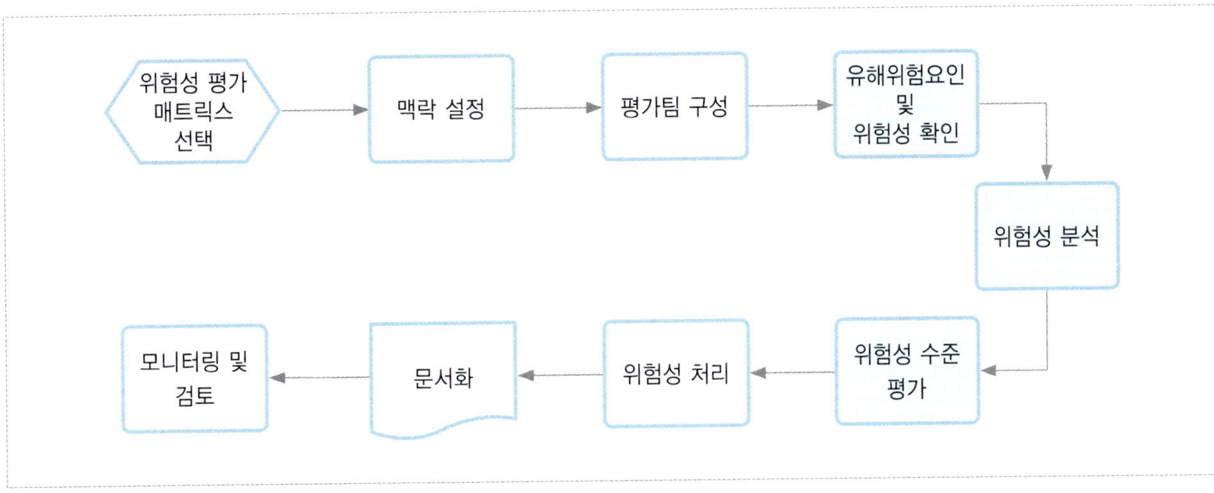

그림 5-1 위험성 평가 과정

업의 의사결정을 담당하는 담당자에게 위험성을 이해시키는 데 필요하다. 위험성 평가의 전체적인 과정은 [그림 5-1]과 같다.

1) 매트릭스 선택

위험성 평가 매트릭스의 목적은 발생 가능성과 결과의 조합을 분류하여 위험성 수준을 설정하는 방법을 제공하는 것이다. 본질적으로 위험평가 매트릭스는 의사 결정자가 위험성 및 조치와 관련하여 가장 적절한 조치를 취할 수 있도록 조직 내의 위험을 분류하고, 우선 순위를 정하는데 사용되는 위험성 측정 도구이다.

이 단계에서 조직은 계획된 위험성 평가 실행 측면에서 수용 위험성 수준을 고려해야 한다. 위험성 평가 매트릭스를 작성하는 사람은 허용 가능한 위험성 수준과 주어진 위험 상황에서 취해야 하는 관리 조치에 대해 서로 다른 생각을 가질 수 있다. 또한, 모든 직원이 위험성 평가 매트릭스를 이해할 수 있도록 이러한 차이점을 해결해야 한다(그림 5-2).

2) 맥락 설정

위험성 평가의 맥락인 목적과 범위를 설정해야 한다. 이 단계는 프로젝트의 방향, 분위기 및 기대치를 설정하기 때문에 중요한 과정이다. 맥락 설정을 통해 평가의 목적과 범위; 이해 관계자와 팀원의 책임; 평가의 정도, 범위; 위험성 평가 방법론; 위험성 기준; 사용 가능한 자원을 정의해야 한다.

		강도(Consequence)			
		소	중	대	최대
빈도 (Frequency)	최상	낮음	약간 높음	매우 높음	매우 높음
	상	낮음	약간 높음	매우 높음	매우 높음
	중	매우 낮음	낮음	약간 높음	매우 높음
	하	매우 낮음	낮음	낮음	약간 높음
	최하	매우 낮음	매우 낮음	매우 낮음	낮음

그림 5-2 위험성 평가 매트릭스 예시

위험성 평가 팀이 올바른 요소에 초점을 맞추도록 하려면 맥락에서 예상되는 내용을 "명확하게 설명"해야 한다. 예를 들면:

(1) 창문 청소 작업과 관련된 유해위험요인을 평가해야 한다면 실제 청소 작업만 포함되는가? 아니면 사다리 설치, 청소 작업용 화학물질의 이동과 같은 관련 유해위험요인이 포함되는가?

(2) 시설을 평가해야 한다면 현장의 공장 운영만 포함되는가? 아니면 시설로 들어오고 나가는 운송, 폐기물 및 배출물과 같은 항목이 포함되는가?

3) 평가팀 구성

위험성 평가를 수행하기 전에 위험성 평가팀을 구성해야 한다. 팀 구성은 팀 리더(평가대상 공정 또는 작업의 책임자), 대상 공정을 구성하는 작업책임자(반장 또는 특별한 경우 작업자), 정비작업자, 안전보건관리자로 이루어진다. 작업반장을 리더로 하여 근로자 참여하에 작업반별로 수행한 후 대상 공정 책임자를 리더로 검토팀을 구성, 작업반에서 작성한 위험평가서를 검토할 수도 있다.

여기서 팀 리더는 다음과 같은 역할을 해야 한다.

(1) 평가대상 공정(작업)에 대한 작업지식과 경험 보유

(2) 위험성 평가 방법 숙지

(3) 대상 공정의 안전보건정보(아차사고 사례 포함) 수집

(4) 팀원 간 안전보건정보 교환을 통한 완전한 이해

4) 유해위험요인 및 위험성 확인

유해위험요인은 위험성의 원천이기 때문에 위험성 평가를 진행하기 전 유해위험요인을 확인해야 한다. 위험성 확인은 유해위험요인을 찾고, 인식하고, 기록하는 과정으로 정의된다. 그 목적은 일어날 수 있는 일 또는 시스템이나 조직에 영향을 미칠 수 있는 사건 또는 상황을 확인하는 것이다.

5) 위험성 분석

유해위험요인이 확인되면, 팀은 잠재적인 위험성을 분석한다. 각 유해위험요인 및 위험성 분석에는 다음의 작업이 포함된다.

(1) 결과의 심각성 결정

(2) 발생 가능성 추정

(3) 기존 제어의 효과 평가

(4) 위험성 수준의 추정

위험성 수준은 가능한 결과와 가능성의 조합을 고려한다. 위험성 분석은 위험성 평가의 맥락과 사용 가능한 데이터에 따라 정성적, 반정량적, 정량적으로 분석할 수 있다.

6) 위험성 수준 판정

위험성 수준 판정에는 추정된 위험성 수준을 정의된 위험성 기준과 비교하여 위험성 수준 및 유형의 중요성을 결정한다. 이는 추정된 결과 및 가능성의 조합을 기반으로 하며, 유해위험요인과 위험성을 확인하고 위험성 분석 단계의 정보를 사용하여 의사 결정자를 위한 권장 사항을 제시한다.

정의된 위험성 기준은 대표적으로 [그림 5-3]의 ALARP (As Low As Reasonably Practicable)가 있다. 이 기준은 위험성 감소에 대한 추가적인 비용이 위험성 감소 및 안전에서 얻은 이익과 균형이 잘 이루어지는지 결정하는 데 사용된다.

또한, [그림 5-2]의 위험성 평가 매트릭스를 통하여 각 위험성에 대한 발생 가능성 및 결과의 위험성 수준을 고려할 수 있다. 매트릭스에서 "매우 낮음" 범주에 속하는 위험성은 조직에서 수용 가능한 것으로 여겨질 것이다. "낮음" 범주는 몇 가지 추가 제어를 통해 수용 가능한 것으로 간주될 것이다. "약간 높음" 범주는 즉각적인 조치가 필요하며, "매우 높음" 범주는 가장 높은 위험성이고 조직에서 수용할 수 없으므로 수용 가능한 수준으로 줄이기 위한 조치가 필요하다.

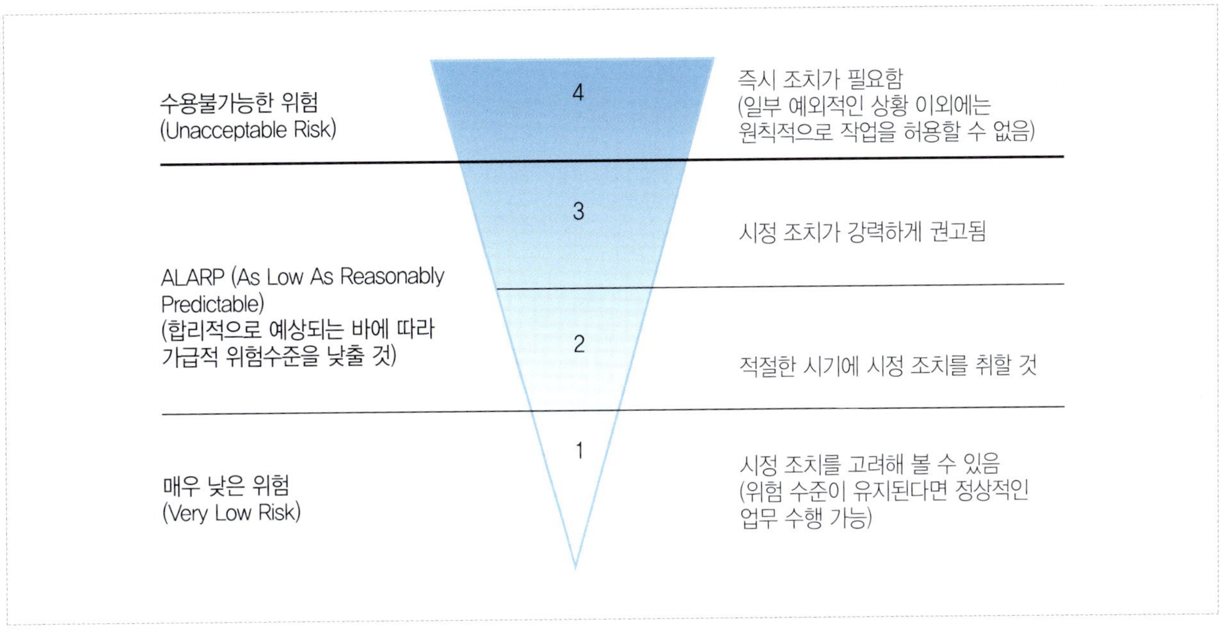

그림 5-3 ALARP 기준

이러한 결과의 심각성 및 발생 가능성에 대한 기준은 조직의 이해관계자를 통해 조정되고 정의되어야 한다.

7) 위험성 처리

위험성 처리는 위험성을 수정하는 과정이다. 앞서 언급했듯이 조직에서 허용할 수 없는 것으로 판단되는 위험싱은 제어를 통해 위험성을 감소시켜야 한다.

위험성 처리에는 일반적으로 하나 이상의 위험성 제어 조치 또는 기존 제어 개선 사항의 선택 및 구현이 포함된다. 위험성 처리 프로세스에는 ① 위험성 처리 평가, ② 잔여 위험성 수준의 수용 가능 여부 결정, ③ 수용할 수 없는 잔여 위험성에 대한 새로운 위험성 처리 선택, ④ 새로운 통제 조치의 효과 평가가 포함된다.

8) 문서화

문서화는 검증 및 의사소통의 중요한 형태이며, 위험성 평가 전 과정에 대한 세부 정보를 포함하여 문서화되어야 한다.

위험성 평가를 문서화하면 평가 과정의 노력과 결과, 유해위험요인 발견 및 권장 사항을 기록하는 데 도움이 된다. 그리고 직접 관여하지 않은 사람들이 위험성 및 위험성 감소 조치를 이해하고 조직이 자신의 노력과 행동을 증명하고 입증할 수 있도록 한다.

또한, 향후 검토자는 이전 위험성 평가 뒤에 있는 사고 과정을 재현하고 이해할 수 있다. 이를 통해 미래의 위험성 평가를 수행하는 팀은 이미 수행된 위험성 평가를 기반으로 개선할 수 있다.

9) 모니터링 및 지속적인 개선

유해위험요인과 작업은 지속적으로 변화를 하며 이러한 변화에 따라 새로운 위험성이 따르게 된다. 변화로 인해 기존의 위험성 감소 조치에 영향을 미칠 수 있다. 따라서 변경 사항을 고려하기 위해 위험성 평가를 업데이트하는 것이 적절할 수 있다. 새로운 기술과 제어도 개발되고 있으며, 모니터링을 통해 제어를 개선하고 위험성을 더욱 줄일 수 있는 기회가 제공된다.

제2절 위험성 관리

2.1 ISO 45001

ISO (International Organization for Standardization) 45001 국제표준은 안전보건경영시스템에 대한 요구사항을 규정하고 있다. 조직이 업무 관련 부상 및 건강장해를 예방하고 안전보건성과를 사전에 개선함으로써 안전하고 건강한 작업장을 제공할 수 있도록 활용 가능한 가이드를 제공한다. 이 표준은 안전보건개선, 위험요인 제거 등을 다루기 위해 안전보건경영시스템을 수립, 이행, 유지하고자 하는 모든 조직에 적용이 가능하다.

ISO 45001은 조직이 안전보건경영시스템의 의도된 결과를 달성하도록 지원한다. 조직의 안전보건방침과 일관성이 있는 안전보건경영시스템의 의도된 결과는 다음 사항을 포함한다.

(1) 안전보건성과의 지속적 개선
(2) 법적 요구사항 및 기타 요구사항의 충족
(3) 안전보건목표의 달성

하지만 근로자 및 기타 이해관계자의 위험성을 넘어서는 이슈, 예를 들어 제품 안전, 재산상의 손해와 같은 이슈는 다루지 않는다.

2.2 ISO 45001의 목표 및 성공요인

이러한 안전보건경영시스템을 구축하고 운영하는 것은 조직에게 안전하고 건강한 작업환경을 제공할 수 있다. 또한, 업무와 관련된 부상 및 건강상 장해를 방지하며 지속적으로 안전보건성과를 향상시킬 수 있다. 안전보건경영시스템의 목적은 안전보건의 위험성 및 기회관리를 위한 구조 및 틀을 제공하기 위한 것이다. 유해위험요인을 제거하고 효과적인 예방 및 보호조치를 취함으로써 위험성을 최소화하는 것이 매우 중요하다.

ISO 45001에 따라 안전보건경영시스템을 이행함으로써 조직이 안전보건에 관한 위험성을 관리하고 안전보건성과를 향상할 수 있게 한다.

안전보건시스템의 성공여부는 조직의 리더십, 의지표명 및 모든 계층과 기능의 참여에 달려있다. 안전보건경영시스템의 실행과 유지, 그 효과성 그리고 의도된 결과를 달성하는 능력은 다음과 같은 사항을 포함하는 많은 핵심요소에 의존한다.

(1) 최고경영자의 리더십, 의지표명, 책임 및 책무
(2) 최고경영자의 안전보건경영시스템에 의도된 결과를 지원하는 조직문화를 개발, 선도 및 증진
(3) 의사소통
(4) 근로자와 근로자 대표의 협의 및 참여
(5) 안전보건경영시스템을 유지하기 위해 필요한 자원의 할당
(6) 조직의 전반적인 전략적 목표 및 방향에 적절한 안전보건방침
(7) 위험요인 파악, 안전보건리스크 관리 및 안전보건 기회의 활용을 위한 효과적인 프로세스
(8) 안전보건성과의 개선을 위한 안전보건경영시스템에 지속적인 성과평가와 모니터링
(9) 안전보건경영시스템을 조직의 비즈니스 프로세스에 통합
(10) 안전보건방침과 정렬되고 조직의 위험요인, 안전보건리스크와 기회를 반영한 안전보건목표
(11) 법적 요구사항 및 기타 요구사항 준수

ISO 45001의 성공적인 실행에 대한 실증은 근로자 및 다른 이해관계자에게 보증을 제공하기 위해 효과적인 안전보건경영시스템이 있는 조직에 의해 사용될 수 있다. 그러나 이 표준의 채택만으로는 근로자에 대한 업무 관련 부상 및 건강상 장해의 예방을 보장하지 않고, 안전하고 건강한 작업장 및 개선된 안전보건성과의 제공을 보장하지 않는다.

상세수준, 복잡성, 문서화된 정보의 범위, 그리고 조

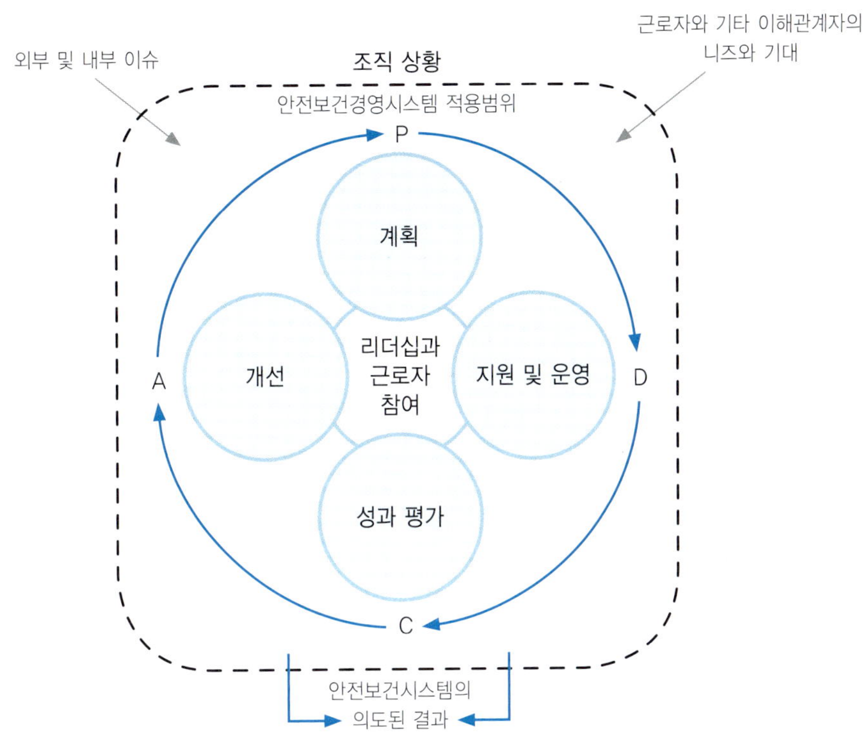

그림 5-4 PDCA 사이클

직의 안전보건경영시스템의 성공을 보장하기 위해 필요한 자원은 다음과 같은 많은 요소에 의존한다.

(1) 조직상황(예 : 근로자 수, 규모, 지리적 위치, 문화, 법적 및 기타 요구사항)
(2) 조직의 안전보건경영시스템의 적용 범위
(3) 조직의 활동 및 관련된 안전보건리스크의 성질

2.3 PDCA (Plan, Do, Check, Action) 사이클

ISO 45001에 적용된 안전보건경영시스템의 접근법은 타 경영시스템인 ISO 9001(품질경영시스템), ISO 14001(환경경영시스템)과 같이 [그림 5-4]의 PDCA 사이클 모형을 기반으로 하고 있다. PDCA 개념은 지속적 개선을 달성하기 위해 조직에 의해 사용되는 반복적인 프로세스인데, 그것은 다음과 같이 경영시스템과 개별 요소 각각에 적용할 수 있다.

P(Plan) 단계에서는 시스템과 프로세스의 목표 수립, 그리고 근로자와 기타 이해관계사의 요구사항과 조직의 방침에 따른 결과를 도출하기 위하여 위험성과 기회를 확인하고 안전보건경영을 이루기 위해 필요한 자원계획을 수립하는 단계이다. D(Do) 단계는 계획된 것을 실행하고 C(Check) 단계에서는 방침, 목표, 관계자 요구사항 및 계획된 활동에 대비하여 프로세스와 그 결과로 나타나는 결과 및 성과에 대한 모니터링과 측정, 그리고 그 결과를 보고하는 단계이다. 마지막으로 A(Action) 단계는 필요에 따라 결과를 개선하기 위하여 실시하는 활동을 말한다.

더 읽을거리

백종배. 위험성 평가 내실화 방안. 안전보건공단 산업안전보건연구원. pp. 6-10. 2015.

이영순. 위험성 평가기법 사업장 적용효과분석에 관한 연구. 안전보건공단 산업안전보건연구원. 2007.

찾아보기

ㄱ

ㅇ

ㅈ

1

2

3

4

6

편집 후기

"직업환경의학 교과서 개정판을 만든 지난 2년동안 정말 즐거웠습니다."

교과서 편찬작업과 함께한 지난 2년의 모든 순간이 즐거웠다는 뜻은 아닙니다. 분명 지치고 힘든 시간도 있었습니다. 하지만 집필하실 분을 찾고 원고를 모으는 과정에서 많은 분들의 다양한 생각을 접할 수 있었고, 그렇게 모은 원고가 다듬어져 가는 과정 전체를 지켜볼 수 있었기에 즐거움이 더 컸다고 말씀드리겠습니다.

많은 분의 참여와 도움으로 이 책이 나왔습니다. 구정완 학회장님, 강성규 편찬위원장님, 장태원 편집위원장님은 물론이고, 99분의 집필자께서 155편의 원고를 작성해 주셨으며, 총 일곱 편의 영역마다 각각을 책임지고 구성해 주신 편집위원들의 많은 헌신이 있었습니다. 2021년 3월 첫 번째 회의를 시작으로 해서 2022년 9월까지 약 20회의 정기회의와 편집회의를 가졌고, 800통이 넘는 이메일을 주고 받았습니다. 편집위원은 아니지만 오탈자 교정 등 원고검토에 참여해주신 분들도 계십니다. 출판을 맡아주신 계축문화사에도 감사드리며, 특히 이종언 편집부장님께서 함께해 주셔서 많은 부분을 수월하게 진행할 수 있었습니다. 이 자리를 빌어 교과서 편찬에 관심을 가져주신 모든 분들께 감사 인사를 드리며, 한편으로는 편찬 과정에서 겪으신 불편함과 혹시 모를 오해에 대해 양해 말씀도 드립니다.

'시간이 조금 더 있었으면 더 완성도가 높은 책을 만들 수 있었을텐데'라는 생각이 들지만, 이것은 실제로 시간이 모자라서가 아니라 간사로서 역할이 부족했다는 아쉬움 때문일 것입니다. 처음 시작할 때는 일정한 양식을 만들고 통일성을 유지하는 것은 제가 잘 할 수 있는 일이라고 생각했는데, 지나고 보니 이 부분이 가장 아쉽습니다. 다음 교과서 편찬작업 때 도움이 되도록 경험과 자료를 잘 보존해 두겠습니다. 감사합니다.

2022년 11월
직업환경의학 교과서편찬위원회 간사

최 원 준

직업환경의학 값 70,000원

2014년 11월 5일 1판1쇄 발행
2022년 11월 30일 개정판1쇄 발행

엮은이 : 대한직업환경의학회 편찬위원회
발행인 : 주 영 일
발행처 : 계 축 문 화 사

서울특별시 종로구 통일로12길 16-17
우편번호 : 03029
TEL : 735-2257 · 738-9746
FAX : 723-9025
E-mail : gyechuk@hanmail.net
홈페이지 : http://gyechuk.co.kr
1973. 10. 31 등록번호 제300-1973-8호
ISBN 978-89-5629-700-2 93510